现代声学科学与技术丛书

创新与和谐

——中国声学进展

程建春　田　静　主编

科 学 出 版 社

北　京

内 容 简 介

现代声学已渗透到几乎所有重要的自然科学和工程技术领域，在当代科学技术的发展、社会经济的进步、国防事业的现代化以及人民物质与精神生活的改善与提高中发挥着极其重要，甚至不可替代的作用。本书系统地介绍了声学领域各交叉学科方向的研究进展，重点突出中国声学工作者的贡献。

本书可作为声学专业的研究生及相关工程技术人员的参考书。

图书在版编目(CIP)数据

创新与和谐：中国声学进展/程建春，田静主编. —北京：科学出版社，2008

(现代声学科学与技术丛书)

ISBN 978-7-03-022480-4

I. 创… II. ① 程… ② 田… III. 声学-研究-中国 IV.O42

中国版本图书馆 CIP 数据核字(2008) 第 101599 号

责任编辑：王飞龙 胡 凯／责任校对：张怡君

责任印制：徐晓晨／封面设计：王 浩

科学出版社出版

北京东黄城根北街 16 号

邮政编码：100717

http://www.sciencep.com

北京厚诚则铭印刷科技有限公司 印刷

科学出版社发行 各地新华书店经销

*

2008 年 8 月第 一 版 开本：B5 (720 × 1000)

2019 年 2 月第三次印刷 印张：46 3/4

字数：905 000

定价：298.00元

(如有印装质量问题，我社负责调换)

前　言

声学既是一门经典学科，又是一门“常为新”的学科。从经典声学到现代声学，声学始终是最具生命力的学科之一，表现为其内涵不断深化、外延不断扩大。现代声学是一门跨层次的基础性学科，研究从微观到宏观、从次声(长波)到特超声(短波)的一切形式的线性与非线性声(机械)波现象。同时，现代声学具有极强的交叉性与延伸性，它与现代科学技术的大部分学科发生了交叉，形成了一系列诸如医学超声学、生物声学、海洋声学、环境声学等交叉学科方向，在现代科学技术中起着举足轻重的作用。现代声学更是一门具有广泛应用性的学科，对当代科学技术的发展、社会经济的进步、国防事业的现代化以及人民物质与精神生活的改善与提高中发挥着极其重要甚至不可替代的作用。

因此，声学学科已经大大超越了物理学的经典范畴，成为包括信息、电子、机械、海洋、生命、能源等学科在内的充满活力的多学科交叉学科。随着与当代电子与信息科学技术的不断融合，以及声学研究手段的不断进步，声学无疑是 21 世纪最具发展潜力的学科之一，将迎来更辉煌的篇章。

新中国的声学事业是由老一辈科学家创立的，他们包括：汪德昭院士、马大猷院士、魏荣爵院士、应崇福院士等。改革开放后，特别是党的十一届三中全会以来，在张仁和院士、张淑仪院士、侯朝焕院士、李奇虎院士、汪承灏院士、王威琪院士、杨士莪院士、马远良院士和宫先仪院士的带领下，中国的声学事业突飞猛进，有了很大的发展，在国际上占了一席之地。为了总结中国声学工作者在声学各子领域内的贡献，同时也为了让新涉及声学的科技人员和研究生对各子领域内学科发展情况有所了解，中国声学学会决定编写《创新与和谐——中国声学进展》一书。

本书全部由工作在一线的科技人员撰写而成，涉及的国内单位主要由中国科学院声学研究所，南京大学，同济大学，复旦大学，清华大学，北京大学，东南大学，西北工业大学，哈尔滨工程大学，杭州应用声学研究所，北京交通大学，华南理工大学，北京邮电大学，中国电子科技集团公司第二十六研究所，中国船舶科学研究中心，陕西师范大学，河海大学，后勤工程学院，深圳职业技术学院等。在此向所有的作者表示衷心的感谢！

最后，十分感谢南京大学 985 工程(二期)“声学与声信息处理”平台的资助！

中国声学学会理事长　田　静

2008 年 2 月

目　录

功率超声及应用

生物医学超声

环境声学和建筑声学

语言声学、通讯声学和声频工程

线性与非线性声学

颗粒介质中的声散射

钱祖文

(中国科学院声学研究所，北京　100080)

1　引言

一列声波在均匀各向同性介质中传播时，只要碰不到边界，它将以“自由场”的形式继续向前传播。如果介质中存在其他物体(该物体称为非均匀体)，且其声学特性与其周围介质有区别，则介质中的声场除了原来的入射波部分以外，还多了一部分声波，前者称为入射波，后者称为次级波(包括散射波、黏滞波等)，在线性声学范畴内，后者与前者叠加。液体中的气泡、空气中的尘埃、海水中的浮游生物和悬浮泥沙，甚至海洋沉积物中的颗粒部分等都是非均匀体的实例。由于非均体的散射改变了声场特性，故需要对它进行专门研究并加以利用，从而形成一门分支学科——散射。历史上的瑞利散射解释了天空是蓝色的原因。实际上非均匀体的形状各式各样，但在作理论研究时，用有关的特征尺度(如声波波长、黏滞波长等)来看它们时往往将它们抽象成规范形状(如球、柱等)，这样不仅方便于数学处理，同时让读者在物理上也易于理解。小尺度规范体单散射问题的研究已颇为深入，其解析解的形式也很干净利索，但是大尺度体的散射问题却并非如此。如果空间存在多个散射体，它们之间存在单次相互作用，我们将相应的问题称为多体一次散射问题；如果它们之间存在多次相互作用，我们将相应的问题称为多体多次散射问题。在规范体散射的基础上，本文将着重讨论后者。

本文讨论的内容是流体和固体中颗粒物质的散射问题，后者可以是固体粒子，也可以是气体(气泡)。今后我们所论流体称为主体，非均匀体称为散射体，而将整个介质(包括主体和散射体)称为颗粒介质(有的文献称为二相介质)。

2　球体的单散射

自然界散射体的形状是各式各样的，一般处理起来不那么容易。故在处理实际问题时，理论工作者总是根据物理实际来尽量简化它。如处理声波为主体的问题时，则用声波波长的尺度来看散射体。若波长很长，可以将一个小的散射体看成为小球体，将一个细长的散射体看成为一个细长柱体。若处理的问题是以黏滞波扩散为主体时，则要用黏滞波的穿透深度(或它的波长)为尺度来观察物体的形状。在通常的情况下，前者的尺度远大于后者，故对同一个物体而言，用前者的尺度去看它是一个光滑的球体，而用后者的尺度去看它就不一定光滑甚至不一定是球体了。这里只讨论各向同性介质，其波动方程为

$$\nabla^2 u = \frac{1}{C^2}\frac{\partial^2 u}{\partial t^2}, \tag{1}$$

$$u = u_i + u_s, \tag{2}$$

式中 u 是声场量，它可以是质点速度或者声压等量。u_i 和 u_s 分别为入射部分和次级(包括散射)部分，C 为颗粒介质中的声速。我们举个例子，设声波在主体介质中的声速为 C_0，于是有

$$\frac{1}{C^2} = \frac{1}{(C_0+\Delta C)^2} \approx \frac{1}{C_0^2}\left(1 - 2\frac{\Delta C}{C_0}\right), \tag{3}$$

将式(2)和(3)代入式(1)可得到次级场 u_s(这里为散射声)满足下述非齐次方程

$$\nabla^2 u_s - \frac{1}{C_0^2}\frac{\partial^2 u_s}{\partial t^2} = -2\frac{\Delta C}{C_0^3}\frac{\partial^2 u_i}{\partial t^2}, \tag{4}$$

这里忽略了 $O\left(\frac{\Delta C}{C_0}\frac{u_s}{u_i}\right)$ 二阶小项(称为波恩近似)。式(4)表明，只要声速变化了，就会出现附加场，在这里是散射波。式(4)在无界空间的积分解为

$$u_s(x,y,z;t) = -\frac{1}{4\pi C_0^2}\iiint_{r\leqslant\infty} 2\frac{\Delta C}{C_0^3}\frac{\partial^2 u_i(\xi,\eta,\zeta;t-r/C_0)}{r\partial t^2}\mathrm{d}\xi\mathrm{d}\eta\mathrm{d}\zeta, \tag{5}$$

式中 $r=\sqrt{(x-\xi)^2+(y-\eta)^2+(z-\zeta)^2}$。在处理连续介质中的非均匀散射问题时，利用积分解(5)是方便的；但在处理离散(颗粒)介质中的散射问题时，往往采用分离变量的方法。

2.1　液体中固体小球体的单散射(液-固散射)

上面列出了散射问题的积分解，其目的是说明只要声速或其他物理量变化了，就会出现附加场，在处理下面的问题时不打算从积分解出发，而是由分离变量的多极子叠加理论来处理。

一个颗粒物质的密度比其周围的主体介质密度大得非常多，以至于后者可以忽略不计时，我们将它称为“重”粒子，在声场的作用下它几乎不运动；如果它的弹性模量很大，则称它为“硬”粒子，在声场的作用下它几乎是刚性的。

瑞利计算了小粒子的散射，得到了散射截面与频率成四次方成正比的结果[1]。所谓小粒子是指其大小比声波波长小得非常多的粒子。Sewell 研究了当介质主体存在黏滞时的声场中不动硬粒子的声散射[2]。在声场中“不动”的要求是散射体的

密度远大于主体介质的密度，这对于水中的颗粒散射问题是难以满足的。为此，Lamb 研究了“可动”颗粒的散射问题[3]。

当然，很多实际情况下散射颗粒既不是很重，也不是很硬，故在一般情况下，要处理的问题是属于可动粒子的弹性散射范畴。文献[4]的作者研究了弹性粒子的散射，进一步处理了地震波在二相介质中的声传播。本章首先讨论流体中可动硬颗粒的散射问题。在处理球体散射时，最适配的坐标系是球坐标系。粒子的质点速度矢量为

$$\boldsymbol{V} = -\nabla\varphi + \nabla\times\boldsymbol{A}, \tag{6}$$

式中 φ 和 $\boldsymbol{A}$ 分别为声场的标量势和矢量势，后者描述的是介质中出现的黏滞波。在黏滞介质中运动的颗粒会产生这种波，它是一种非稳态横波。如果入射波为声(纵)波，颗粒散射声波的同时，还要产生黏滞波。这似乎表明，颗粒不仅产生散射纵波，还产生了“散射横波”。显然，它们都是次级波。为此，今后将次级波的产生过程统称为散射过程。这样不仅叙述方便，而且可以在液-固和固-固散射之间建立一个对应的联系。

我们假设入射场是简谐的，将式(6)代入黏性流体力学方程组可以分别得到标量势和矢量势说满足的波动方程组[6,7]

$$\nabla^2\varphi + k^2\varphi = 0, \tag{7}$$

$$\nabla^2\boldsymbol{A} + \kappa^2\boldsymbol{A} = 0, \tag{8}$$

式中 $\kappa^2 = \mp\mathrm{i}\omega/\nu$，$\nu$ 是主体介质的黏滞率，它与切变黏滞系数 η 的关系是 $\nu = \eta/\rho$，“$\mp$”号的选取取决于时间因子 $\exp(\pm\mathrm{i}\omega t)$ 的“$\pm$”符号。设球形粒子的半径为 R，其振动速度为 $u_0\exp(-\mathrm{i}\omega t)$，主体介质中流体的质点振动速度为 V。在颗粒的表面的边界条件可表为

$$V_r\big|_{r=R} = u_0\cos\vartheta, \qquad V_\vartheta\big|_{r=R} = -u_0\sin\vartheta, \tag{9}$$

式中 r, ϑ 为球坐标变量，如将极轴取在入射平面波 $\varphi_i = \exp(\mathrm{i}kx)$ 传播的方向上，则声场与方位角无关。将入射平面波、散射波和黏滞波展成球面波的叠加(分离变量法)

$$\varphi_i = \exp(\mathrm{i}kx) = \sum_{n=0}^{\infty}\mathrm{i}^n(2n+1)j_n(kr)P_n(\cos\vartheta),$$

$$\varphi_s = \sum_{n=0}^{\infty}\mathrm{i}^n(2n+1)A_n^{(1)}h_n(kr)P_n(\cos\vartheta), \tag{10}$$

$$A = -\sum_{n=0}^{\infty}\mathrm{i}^n(2n+1)C_n^{(1)}h_n(\kappa r)\frac{\mathrm{d}}{\mathrm{d}\vartheta}P_n(\cos\vartheta)$$

式中 φ_s 是散射标量势，A 是矢量势 A 的大小，由于轴对称，它只有沿方位角方向

的分量；$A_n^{(1)}$ 和 $C_n^{(1)}$ 是待定常数，它们由边界条件(9)来决定；$j_n(z)$、$h_n(z)$和 $P_n(x)$分别是球 Bessel 函数、第一类球 Hankel 函数和 Legendre 多项式。将式(10)代入式(6)并应用条件(9)，在 $kR<<1$ 的情况下可得

$$A_0^{(1)}=\frac{1}{3\mathrm{i}}(kR)^3 \tag{11}$$

$$A_1^{(1)}=\frac{1}{3}(kR)^3(\sigma-1)\left[g_r(\beta R)+\mathrm{i}g_i(\beta R)\right] \tag{12}$$

可以证明，$A_2^{(1)},A_3^{(1)},\ldots\approx O(k^5R^5)$ 为高阶小量，而

$$\begin{aligned}g_r(z)&=-\frac{12(\sigma-1)z^2(1+z)}{[2(2\sigma+1)z^2+9z]^2+81(1+z)^2},\\ g_i(z)&=\frac{4(2\sigma+1)z^4+12(\sigma+2)z^3+54z(1+z)+27}{[2(2\sigma+1)z^2+9z]^2+81(1+z)^2},\end{aligned} \tag{13}$$

式中 $\beta=\sqrt{\omega/2\nu}=2\pi/\lambda_\nu$ 为黏滞波的波数，λ_ν 为黏滞波的波长。如果主体介质是水，声波频率为 10kHz，λ_ν 接近于 2.51×10^{-3} cm, 而相应的声波波长是 15cm，这时的 $1/\beta$ (正比于黏滞波的穿透深度或者边界层的厚度)是 4×10^{-4}cm; $\sigma=\rho/\rho_l$ 是散射体的物质密度与主体介质的密度之比。

当 $kR<<1$ 的条件不满足，我们没有理由认为 $A_2^{(1)},A_3^{(1)},\cdots\cdots$ 很小，随着 kR 的增大，球面波叠加表达式收敛很慢。这时人们往往采用 T 矩阵方法来处理这类问题[8]。

散射截面

黏滞介质中的粒子对声波的影响可以这样来考虑，一方面是改变了声场的分布，例如在一列平面入射波的路径上有一个小粒子，它将一部分入射声能散射到周围空间，从而使入射场减弱，我们将称之为散射衰减；另一方面，由于粒子在黏滞介质中运动，它在介质中产生黏滞波，从而产生不可逆的能量耗散。需要说明的是，耗散掉的能量是机械能直接转化为热能，而散射衰减只是将机械能在空间重新分布，并不直接转化为热能。为了描写单个粒子对声场产生的这两部分影响，引入散射截面的概念是比较适宜的。结合文献[3]和[6]，可以将散射截面定义为

$$S_s=\frac{\text{散射功率}+\text{耗散功率}}{\text{入射声强}}=\frac{4\pi}{k^2}\left\{-\mathrm{Re}(A_0^{(1)}+3A_1^{(1)})+|A_0^{(1)}|^2+3|A_1^{(1)}|^2\right\}, \tag{14}$$

式中符号“Re(z)”的意思是取 z 的实部。需要说明的是，文献[6]的(13.3)式 中“Re”项后的宗量应该是取负号。Urick[5]应用 Lamb[3]的定义,不考虑偶极子散射功率(即 $A_1^{(1)}$ 所对应的散射)得到的归一化散射截面公式如下

$$\frac{S_s}{\pi R^2}=\frac{4}{9}(kR)^4+\frac{4}{3}kR\frac{(\sigma-1)^2s}{s^2+(\sigma+\tau)^2}, \tag{15}$$

式中

$$s=\frac{9}{4x}\left(1+\frac{1}{x}\right),\quad \tau=\frac{1}{2}+\frac{9}{4x},\quad x=\beta R. \tag{16}$$

式(15)中右边第一项是零阶散射波的归一化散射截面，第二项是由于黏滞衰减所引起的，在理想介质中为零，这时式(15)得不到 Sewell 结果[由(15)得到的是(4/9)而不是(7/9)$(kR)^4$]。如果从定义式(14)出发，利用式(11)、(12)和(13)，人们很易得到

$$\frac{S_s}{\pi R^2}=\frac{4}{9}(kR)^4+\frac{4}{3}kR\frac{(\sigma-1)^2 s}{s^2+(\sigma+\tau)^2}+\frac{S_{s1}}{\pi R^2}, \tag{15a}$$

当 $x>>1$，由式(12)和式(13)很容易计算出为

$$\frac{S_{s1}}{\pi R^2}=\frac{4\pi}{k^2}\frac{3|A_1^{(1)}|^2}{\pi R^2}=\frac{4}{3}(kR)^4\left(\frac{\sigma-1}{2\sigma+1}\right)^2 \tag{17}$$

对于理想流体中的重粒子，$\nu=0$，$\sigma>>1$，上式成为(1/3)$(kR)^4$，代入式(15a)，可得与 Sewell 一致的结果。

2.2 液体中小气泡的单散射

水中气泡共振时，对声波衰减很大，其原因是：第一，气泡共振时，在压缩过程中，它向周围介质传递的热量大于它在膨胀过程中外界给予它的热量。由于热传导是不可逆过程，因此有部分声能损耗于热传导上；第二，由于它的强迫振动，不可避免地要向外辐射声波，从而受到辐射损失；第三，如果气泡是在黏滞介质中运动，还会有部分声能损失于黏滞摩擦。在水声工作频段，热传导损失是主要的，黏滞摩擦损失可以忽略不计[9]。

单个气泡的散射[10]

将入射平面波展成球面波的叠加，

$$\varphi_i^{(0)}=\exp(\mathrm{i}kx)=\sum_{n=0}^{\infty}\mathrm{i}^n(2n+1)j_n(kr)P_n(\cos\vartheta), \tag{18}$$

气泡外面产生散射波

$$\varphi_{se}^{(1)}=\sum_{n=0}^{\infty}\mathrm{i}^n(2n+1)A_n^{(1)}h_n^{(1)}(kr)P_n(\cos\vartheta), \tag{19}$$

气泡内部产生声场

$$\varphi_{si}^{(1)}=\sum_{n=0}^{\infty}\mathrm{i}^n(2n+1)B_n^{(1)}j_n(k_0r)P_n(\cos\vartheta) \tag{20}$$

式中 k 和 k_0 分别是水中和气泡内的波数，$h_n^{(2)}(kr)$ 是第一类球汉克尔函数，$A_n^{(1)}$ 和 $B_n^{(1)}$ 是待定常数，它们由气泡表面的边界条件决定，而边界条件为压力连续和法向速度连续。当 $kR<<1$ 和 $k_0R<<1$ 时可得

$$A_0^{(1)} = \frac{-(kR)^2 + \mathrm{i}kR(1-\omega_r^2/\omega^2)}{(kR)^2 + (1-\omega_r^2/\omega^2)^2}, \tag{21}$$

式中

$$\omega_r = \frac{1}{R}\sqrt{\frac{3\rho_0 C_0^2}{\rho}}$$

ρ 和 ρ_0 分别为水和气体中的密度，C_0 为气体中的声速。如果气泡内气体的变化是绝热过程，则有

$$\omega_r = \frac{1}{R}\sqrt{\frac{3\gamma P_0}{\rho}}, \tag{22}$$

即为 Minnaert 共振频率公式，γ 和 P_0 分别为气体的比热比和大气压力。对于水中空气泡而言，在一个大气压时，共振频率 $f_r\,(\mathrm{Hz}) = \omega_r/2\pi \approx 320/R\,(\mathrm{cm})$。散射截面

$$\sigma_s = 4\pi\,|A_n^{(1)}|^2 = \frac{4\pi R^2}{\delta_{rad}^2 + \left(1-\omega_r^2/\omega^2\right)}, \tag{23}$$

由上式可知，在共振时，理想流体中小气泡(只有辐射阻尼)的散射截面远大于它的几何截面。但值得提起的是实际气泡在液体中振动时，不仅遭受到辐射阻尼 $\delta_{rad}=kR$，还要受到热扩散阻尼 δ_{th} 等(即式(23)中的 δ_{rad} 应当用 $\delta_m=\delta_{rad}+\delta_{th}+\delta_{vis}$ 来代替)。通常后者(≈ 0.1 的量级)比前者大得多，故实际气泡的共振散射截面比(23)式给出的要小得多，但它仍然很大。对于实际气泡，式(21)应写为

$$A_0^{(1)} = \frac{-kR\delta_m + \mathrm{i}kR(1-\omega_r^2/\omega^2)}{\delta_m^2 + (1-\omega_r^2/\omega^2)^2} \tag{21a}$$

下面将可看到，利用式(21)式算出单个气泡的阻尼常数比在气泡幕中测出的数据还是小很多，它表明气泡之间还存在相互作用(见后)。

2.3　液体中固体弹性粒子的声散射

通常的弹性固体中的声速比水中高 2~3 倍，故其波长要长 2~3 倍。只要水中的 $kR<<1$，那么固体中的 kR 就更加<<1 了。一般说来，声波在这类颗粒的内部形不成共振条件。当主体是非黏流体，文献[4]算出

$$A_0^{(1)} = \frac{K'-K}{3\mathrm{i}K'}(kR)^3, \quad A_1^{(1)} = \frac{1}{3\mathrm{i}}\frac{\rho-\rho'}{\rho+2\rho'}(kR)^3$$

式中 K 和 ρ 分别是体积弹性模量和密度，不带撇号和带撇号的量分别表示属于液体和固体的量，这里我们将[4]中的符号改写成本文 2.1 节的符号。由于 $A_1^{(1)}$ 对应于偶极散射，它与弹性无关，这一项很易由式(12)和(13)推出。对于砂和水 $K'>>K$，因

此，在处理这类问题时，可以近似地将砂看成是硬粒子[11]。

2.4 固体中粒子的声散射

即使在均匀各向同性的固体中，只要存在非均匀散射体，例如性质不同的弹性粒子(甚至刚性粒子)、空腔等都会产生散射，因此，研究这个问题对声学无损检测是有重要意义的。据作者所知，文献[12]是对这方面工作进行系统研究的早期论文。后来文献[4]进行了后续性的研究，可以证明，文献[4]中的全部解完全能够由文献[12]导出。

引入位移标量势ψ和位移矢量势$\nabla\times(\Pi\boldsymbol{r})$，于是位移矢量势可表为[12]

$$\boldsymbol{s}=-\nabla\psi+\nabla\times\nabla\times(\Pi\boldsymbol{r}) \tag{24}$$

由于轴对称，式中Π是只依赖于r,ϑ的标量函数，它和ψ分别满足方程(8)和(7)，这时的波数k和κ分别为P波的波数和S波的波数，因而它们的散射波解分别可表示为式(10)的形式，即ψ_s对应于φ_s。另一方面，很易证明，$\nabla\times(\Pi\boldsymbol{r})=-\boldsymbol{i}_\varphi\partial\Pi/\partial\vartheta$对应于式(6)中的$A$，$\boldsymbol{i}_\varphi$是沿方位角方向的单位矢量。设入射波为平面$P$波，它沿$x$方向传播，它的位移标量势可表为

$$\psi_i=\frac{A}{k^2}\exp\left[\mathrm{i}(kx-\omega t)\right]=\frac{A}{k^2}\exp(-\mathrm{i}\omega t)\sum_{n=0}^{\infty}\mathrm{i}^n(2n+1)j_n(kr)P_n(\cos\vartheta) \tag{25}$$

将平面波展成球面波的叠加，并用u和v分别表示球坐标系中介质的径向和横向位移，于是有(按[4]的符号，省去因子$\exp(-\mathrm{i}\omega t)$)

入射P波：

$$u_{i0}=-\frac{A}{k^2}\sum_{n=0}^{\infty}\mathrm{i}^n(2n+1)\frac{\mathrm{d}}{\mathrm{d}r}j_n(kr)P_n(\cos\vartheta),$$

$$v_{i0}=-\frac{A}{k^2}\sum_{n=1}^{\infty}\mathrm{i}^n(2n+1)\frac{1}{r}j_n(kr)\frac{\mathrm{d}}{\mathrm{d}\vartheta}P_n(\cos\vartheta); \tag{26}$$

散射P波(球外，其波数为k)：

$$u_{p1}=-\frac{1}{k^2}\sum_{n=0}^{\infty}B_n\frac{\mathrm{d}}{\mathrm{d}r}h_n(kr)P_n(\cos\vartheta),$$

$$v_{p1}=-\frac{1}{k^2}\sum_{n=1}^{\infty}B_n\frac{1}{r}h_n(kr)\frac{\mathrm{d}}{\mathrm{d}\vartheta}P_n(\cos\vartheta); \tag{27}$$

散射S波(球外，其波数为κ)：

$$u_{s2}=-\frac{1}{\kappa^2}\sum_{n=1}^{\infty}C_n n(n+1)\frac{1}{r}h_n(\kappa r)P_n(\cos\vartheta),$$

$$u_{s2} = -\frac{1}{\kappa^2}\sum_{n=1}^{\infty} C_n \frac{\mathrm{d}}{r\mathrm{d}r}[rh_n(\kappa r)]\frac{\mathrm{d}}{\mathrm{d}\vartheta}P_n(\cos\vartheta)\,; \tag{28}$$

球内 P 波(其波数为 k_1)：

$$u_{p3} = -\frac{1}{k_1^2}\sum_{n=0}^{\infty} D_n \frac{\mathrm{d}}{\mathrm{d}r} j_n(k_1 r)P_n(\cos\vartheta)$$

$$v_{p3} = -\frac{1}{k_1^2}\sum_{n=1}^{\infty} D_n \frac{1}{r} j_n(k_1 r)\frac{\mathrm{d}}{\mathrm{d}\vartheta}P_n(\cos\vartheta) \tag{29}$$

球内 S 波(其波数为 κ_1)：

$$u_{s3} = -\frac{1}{\kappa_1^2}\sum_{n=0}^{\infty} E_n n(n+1)\frac{1}{r} j_n(\kappa_1 r)P_n(\cos\vartheta)$$

$$v_{s3} = -\frac{1}{\kappa_1^2}\sum_{n=1}^{\infty} E_n n(n+1)\frac{\mathrm{d}}{r\mathrm{d}r}[rj_n(\kappa_1 r)]\frac{\mathrm{d}}{\mathrm{d}\vartheta}P_n(\cos\vartheta) \tag{30}$$

B_n、C_n、D_n 和 E_n 为四个待定常数，它们由边界条件来确定，其条件是：在球表面上两边的位移和应力连续，共有四个方程，因而可以决定四个常数。当各种波的波长远远大于颗粒的半径时可得(忽略$(kR)^5$以上的项)

$$\begin{aligned} &B_0 = \mathrm{i}A(kR)^3\frac{K-K_1}{3K_1+4\mu},\quad B_1 = \frac{1}{3}A(kR)^3\frac{\rho-\rho_1}{\rho} \\ &B_2 = \frac{20\mathrm{i}}{3}A(kR)^3\frac{\mu(\mu_1-\mu)}{6\mu_1(K+2\mu)+\mu(9K+8\mu)},\quad C_n = \left(\frac{\kappa}{k}\right)^{n+3}\frac{B_n}{n} \end{aligned} \tag{31}$$

式中，

$$\begin{aligned} &K = \lambda+\frac{2}{3}\mu,\ K_1 = \lambda_1+\frac{2}{3}\mu_1,\ \ k = \frac{\omega}{C_p},\ \kappa = \frac{\omega}{C_s},\ k_1 = \frac{\omega}{C_{p1}}, \\ &\kappa_1 = \frac{\omega}{C_{s1}},\ C_p = \sqrt{\frac{\lambda+2\mu}{\rho}},\ C_s = \sqrt{\frac{\mu}{\rho}},\ C_{p1} = \sqrt{\frac{\lambda_1+2\mu_1}{\rho_1}},\ C_{s1} = \sqrt{\frac{\mu_1}{\rho_1}} \end{aligned} \tag{32}$$

λ,μ是各向同性弹性材料的两个拉密常数。带下标的量是属于球内(散射体)材料的物理量，不带下标的量是属于球外材料的物理量。值得注意的是，固-固散射的情况下，$B_2\neq 0$，这一点不同于液-固散射(在那里，$A_2^{(1)},A_3^{(1)},\cdots\approx O(k^5R^5)$为高阶小量。另一方面，如果主体介质是流体，则上面的结果(固-固散射)难以退化到液-固散射，这种情况下的散射必须重新计算。

3　多体、多次散射

当应用单体散射理论处理实际问题，如水中气泡幕、海洋沉积物以及其他颗粒介质(如矿砂)中的声传播时，理论不能解释实验结果。这就提醒人们去研究多体、多次散射问题。当主体介质中存在许多小粒子时，每个粒子都要产生散射波，若主体介质的声吸收很小，如纯水的吸收系数是每千米不超过 2dB，故在水中一个粒子的散射波可以影响它周围很大一片的粒子。另一方面，即使黏滞波的衰减很大，但它对它的边界层内粒子的牵引却很大。当单位体积中的粒子数足够大时，这种影响越来越显著，彼此之间的相互作用必须要考虑。由于这种相互作用的结果，每个粒子所在处除了原始的入射场之外，还有其他粒子产生的一次、二次、⋯、n 次散射场，从而产生多体、多次散射场。文献[13]的作者较早地研究了这个问题,其目的是针对气泡幕中的声传播；文献[14,15]的作者应用熄灭定理研究相互作用介质中的声学性质；文献[16]的作者应用柱函数的加法定理处理粒子的相对位置的表示关系。毫无疑问，上述有关的工作其数学麻烦程度是可想而知的，本文不打算重复其数学陈述，而是介绍作者自己所做的简单易行的工作。

3.1 颗粒介质中相互作用理论

文献[7,20~24]的作者根据 Twersky 多次散射相互作用理论，以简洁的方式处理了此问题，作者认为当有一稳态声波在颗粒介质空间传播时，颗粒之间将产生相互作用，如果声衰减足够小时，不仅要考虑其一次相互作用，还要考虑二次、三次、⋯、n 次散射相互作用(至少对于靠得很近的那些粒子)，即要研究多体问题的多次相互作用，现介绍如下。

水中气泡的多体、多次散射[10,17~18]

当一列平面波入射到二相介质中，每一个颗粒(气泡)都产生(一次)散射，其散射势如式(19)所示。取一坐标系如图 1 所示。如空间有一点 P，其球坐标为 (r_0,θ_0,φ_0)，任一气泡 s，其球坐标为 $(r_{0s},\theta_{0s},\varphi_{0s})$，于是有 $r_{0s}\cos\theta_{0s}=r_0\cos\theta_0-r_s\cos\theta_s$，以及

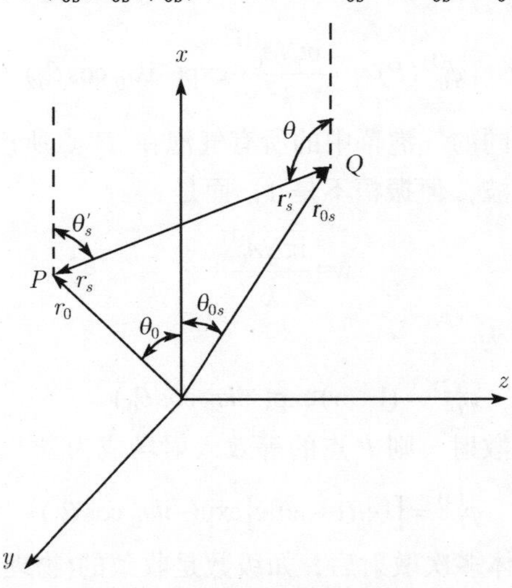

图 1 坐标图

$$\varphi_i^{(1)}\exp(-\mathrm{i}kr_0\cos\theta_0)=\exp(-\mathrm{i}kr_{0s}\cos\theta_{0s}-\mathrm{i}kr_s\cos\theta_s)$$
$$=\exp(-\mathrm{i}kr_{0s}\cos\theta_{0s})\sum_{n=0}^{\infty}(-1)^n(2n+1)j_n(kr_s)P_n(\cos\theta_s)$$

由此可知,气泡 s 在 P 点所产生的一次散射场为式(19)所示,这时的展开系数 $A_0^{(1)}$ 应当乘以一个因子

$$\exp(-\mathrm{i}kr_{0s}\cos\theta_{0s})=\exp(-\mathrm{i}kr_0\cos\theta_0-\mathrm{i}kr_s\cos\theta_s)$$

显然，在式(19)中 n=0 为对称振动模式，可以证明，通常这种模式是主要的，今后我们只讨论 n=0 的相互作用，因而任一个气泡 s 它在 P 点所产生的对称振动场可表为

$$A_0^{(1)}\exp(-\mathrm{i}kr_{0s}\cos\theta_{0s})h_0^{(2)}(kr_s)$$

由于空间有许多半径为 R 的气泡，则它们在 P 点产生的散射(一次)场为

$$\phi_0^{(1)}(P)=\iiint_{V_P}N(\boldsymbol{r},R)\exp(-\mathrm{i}kr_0\cos\theta_0+\mathrm{i}kr_s\cos\theta_s)h_0^{(2)}(kr_s)\mathrm{d}V_p$$

其中：N 为单位体积中的平均数，表示气泡在空间的分布，体积元 $\mathrm{d}V_p=r_s'^2\sin\theta_s'\mathrm{d}r_s'\mathrm{d}\theta_s'\mathrm{d}\varphi_s'$。由图 1 可知，$r_s=-\boldsymbol{r}_s'$，将源坐标换成场坐标，利用积分等式

$$\int_0^{\pi}\exp(-\mathrm{i}kr\cos\theta)P_n(\cos\theta)\sin\theta\mathrm{d}\theta=2(-\mathrm{i})^n j_n(kr)$$

以及

$$\int_0^{\infty}j_0(kr)h_0^{(2)}(kr)r^2\mathrm{d}r\approx\frac{(kr)^3}{4}\Big[2j_0(kr)h_0^{(2)}(kr)-j_{-1}(kr)h_1^{(2)}(kr)-j_1(kr)h_{-1}^{(2)}(kr)\Big]_{r=0}^{\infty}\approx\frac{\mathrm{i}}{4}$$

得到

$$\phi_0^{(1)}(P)\approx+\frac{\mathrm{i}\pi NA_0^{(1)}}{k^3}\exp(-\mathrm{i}kr_0\cos\theta_0)$$

由此可以看出，半径相同的气泡幕中的所有气泡在 P 点所产生多体一次散射场如上式所示，它也是平面波，但振幅不是 1，而是

$$w=\frac{\mathrm{i}\pi NA_0^{(1)}}{k^3}\tag{33}$$

故 P 点的等效入射场应为

$$\varphi_i^{(2)}=(1+w)\exp(-\mathrm{i}kr_0\cos\theta_0)$$

类似地，涉及多体二次散射，则 P 点的等效入射场成为

$$\varphi_i^{(3)}=\big[1+(1+w)w\big]\exp(-\mathrm{i}kr_0\cos\theta_0)$$

由此可以推出，经过多体多次散射后，如级数是收敛的(物理上应该如此)，则 P 点的等效入射场为

$$\phi_i^{(\infty)} = \frac{1}{1-\dfrac{\mathrm{i}\pi NA_0^{(1)}}{k^3}}\exp(-\mathrm{i}kr_0\cos\theta_0) \tag{34}$$

这里假定$|\pi NA_0^{(1)}/k^3|<1$，值得注意的是，从式(21)和式(33)可见，当气泡共振时，在多体一次散射场的表达式中，出现了与原始入射场有一个90°相位差的项，它阻滞了气泡的振动。若将式(34)作为等效入射场，则多体相互作用散射问题可以简化为单次散射问题，这时的气泡振动方程可写为

$$m_0\ddot{v}+b_0\dot{v}+\kappa_0 v=-p_0\left[1-\mathrm{i}\pi N\overline{A}_0^{(1)}/k^3\right]^{-1}\exp(\mathrm{i}\omega t) \tag{35}$$

式中 m_0, b_0，κ_0 分别为非相互作用气泡的惯性、阻尼和劲度系数。将它改写为

$$m\ddot{v}+b\dot{v}+\kappa v=-p_0\exp(\mathrm{i}\omega t) \tag{36}$$

上式的物理意义是：如果入射场是 $p_0\exp(\mathrm{i}\omega t)$ 时，具有相互作用气泡的惯性、阻尼和劲度系数应当是 $m=m_0+\Delta m$，$b=b_0+\Delta b$，$\kappa=\kappa_0+\Delta\kappa$，其表达式见文献[17]

$$\begin{aligned}
m&=m_0+\frac{3\kappa_0\tau_N}{8\alpha\omega^2(kR)^2}\frac{\omega_r^2/\omega^2-1}{\delta_m^2+(1-\omega_r^2/\omega^2)^2}\\
b&=b_0+\frac{3\kappa_0\tau_N}{4\alpha\omega(kR)^2}\frac{\delta_0}{\delta_m^2+(1-\omega_r^2/\omega^2)^2}\\
k&=\frac{k_0}{\alpha}-\frac{3\kappa_0\tau_N}{8\alpha(kR)^2}\frac{\omega_r^2/\omega^2-1}{\delta_m^2+(1-\omega_r^2/\omega^2)^2}
\end{aligned} \tag{37}$$

利用这些结果计算了气泡幕中的共振气泡的等效阻尼

$$\delta_r=\delta_m+\frac{3}{4}\frac{\tau_N}{3\delta_m}\frac{\rho}{\rho_0}\left(\frac{C}{C_0}\right)^2\approx\delta_m+3743\times\frac{\tau_N}{\delta_m} \tag{38}$$

图 2 绘出气泡幕中的共振气泡的等效阻尼 δ_r 与共振频率的关系，这里的 τ_N 是共振气泡的浓度，可由文献[19]的图 15 估计出，例如 $R=0.017\text{cm}$，1cm^3 中的气泡数 N=0.11，$\tau_N=2.26\times10^{-6}$。另外，由文献[9]的图 4 可以估计出(非相互作用)共振阻尼常数 δ_m。图 2 中实线 1 是绝热过程 $\alpha=1$，实线 2 是等温过程 $\alpha=1.41$，实线 3 是无相互作用的绝热过程 $\alpha=1$，实心圆点是实验数据[19]。由图 2 可知，不考虑相互作用的理论结果(曲线 3)比实验数据小得多。由此

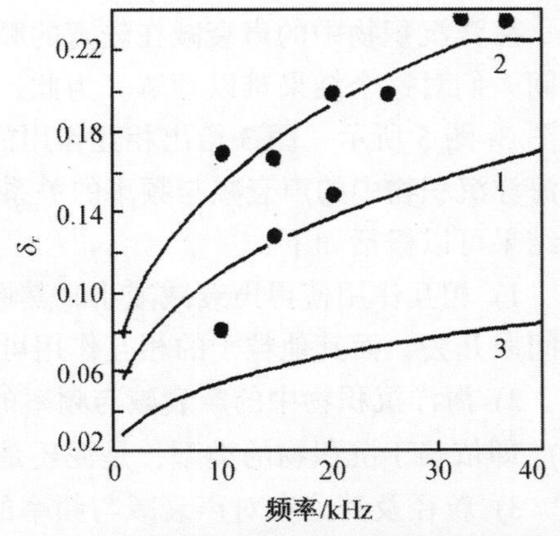

图 2　共振阻尼常数与共振频率的关系

可见，当气体的体积比达到 10^{-7} 时，必须考虑它们的相互作用。

液体中固体粒子的多体多次散射相互作用[7, 20~24]

液体中固体粒子的声学问题非常重要，例如工业用的粒度仪，声波在浑水中传播，以及水声中的海洋沉积物中声传播问题等都与它密切相关。特别是海洋沉积物中声传播所观察到的实验结果是经典理论[1~6]所不能解释的。在实际介质中，如果不考虑粒子之间的相互作用(包括声波和黏滞波相互作用)和粒径呈现确定的分布等因素，得到的理论必然与实际不相符合。文献[7,20~24]的工作考虑了上述因素。类似于水中气泡相互作用的处理，考虑了声波和黏滞波自己和它们之间的交叉相互作用，得到的等效入射场为

$$\phi_i = \left\{1 + \sum_{n=0}^{\infty} \gamma_n [A_n^{(1)} + A_n^{(2)} + \ldots]\right\} \exp(\mathrm{i}kr\cos\vartheta) \tag{39}$$

式中 $A_n^{(m)}$ 的演算矩阵关系是

$$\begin{pmatrix} A_0^{(m)} \\ A_1^{(m)} \\ C_1^{(m)} \end{pmatrix} = \varGamma^{m-1} \begin{pmatrix} A_0^{(1)} \\ A_1^{(1)} \\ C_1^{(1)} \end{pmatrix} \tag{40}$$

$\varGamma$ 是相互作用矩阵，所有符号参见文献[21, 22]。假设粒径的 ϕ 值是正态分布，得到了海洋沉积物中的声衰减表达式

$$\bar{\alpha} = \frac{3}{2} k \bar{g}_r \tau_N \left\{ \left[1 - \frac{\tau_N}{4}(1 - 9\bar{g}_i) - \frac{27}{4} \bar{\bar{E}}_2 \right]^2 + \frac{81}{16} \tau_N^2 \left(\bar{g}_r - 3\tau_N \bar{\bar{E}}_1 \right)^2 \right\}^{-1} \tag{41}$$

式中 $\bar{g}_r$， $\bar{g}_i$ 是将式(13)中的有关量对粒径的 ϕ 值分布进行平均； $\bar{\bar{E}}_1$， $\bar{\bar{E}}_2$ 的意义见文献[21]。 应当说明的是式(41)的结果仅考虑了多体二次相互作用，更严格的考虑见文献[22]。

海洋沉积物中的声衰减在较宽的频率范围呈现一个线性频率关系[25]，在很长时间人们对这个结果难以理解。为此，文献[20~24]进行了数值计算，得到的结果如图 3~图 5 所示：图 3 给出相互作用的影响，图 4 给出粒径分布的影响，图 5 表示海洋沉积物中的声衰减与频率的关系。图中曲线是理论，符号是实验数据。得到的结果可以概括如下：

1) 相互作用使得声衰减减小，其原因是单体、单次散射和黏滞波是将声能向空间散开去，而其他粒子的相互作用可能将部分声能“送”回来了；

2) 海洋沉积物中的声衰减与频率的关系较为复杂，依赖于平均粒径和方差(ϕ 值)，即依赖于沉积物的类型，是泥还是砂？

3) 粒径及其分布对声衰减与频率的关系影响很大，只当粒径 ϕ 值的分布方差 D 达到一定的数值时，声衰减与频率才会在水声频率范围内出现线性关系；

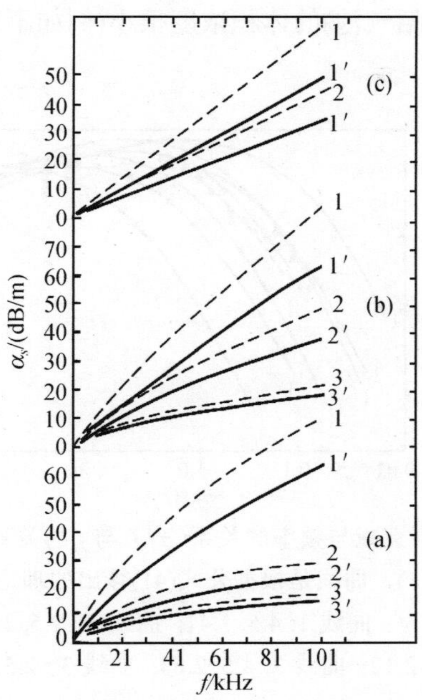

图 3　声衰减与频率的关系——相互作用的影响：τ_N =0.4，虚线表示没有相互作用，实线表示有相互作用。1—1′：$\bar{R}$ =10^{-3}cm；2—2′: $\bar{R}$ =3×10^{-3}cm；3—3′：$\bar{R}$ =5×10^{-3}cm。(a) $D(\phi)$ =0.707；(b) $D(\phi)$ =2.12; (c) $D(\phi)$ =3.54

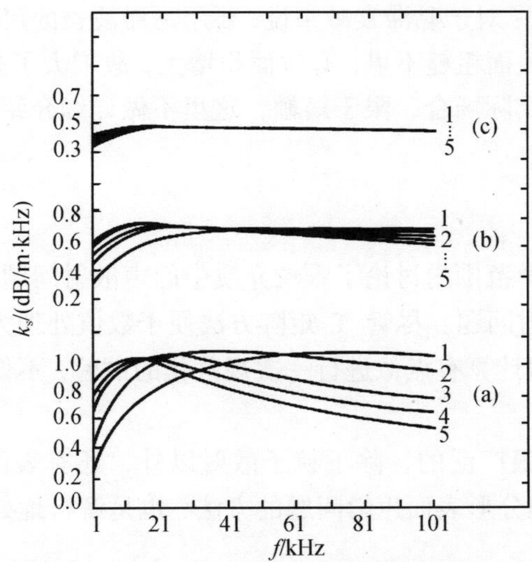

图 4　声衰减与频率的关系——相互作用和粒径分布的影响：τ_N =0.4, (a) $D(\phi)$ =0.707；(b) $D(\phi)$ =2.12; (c) $D(\phi)$ =3.54。1：$\bar{R}$ =3×10^{-3}cm, $\beta\bar{R}$ =0.17~1.7; 2：$\bar{R}$ =5×10^{-3}cm, $\beta\bar{R}$ =0.28~2.8; 3：$\bar{R}$ =7×10^{-4}cm, $\beta\bar{R}$ =0.37~3.7; 4：$\bar{R}$ =9×10^{-4}cm, $\beta\bar{R}$ =0.51~5.1; 5：$\bar{R}$ =11×10^{-4}cm, $\beta\bar{R}$ =0.62~6.2

(4) 当颗粒介质(不包括气泡)的体积浓度很小(例如不超过 0.01)可以不考虑相互作用的影响。

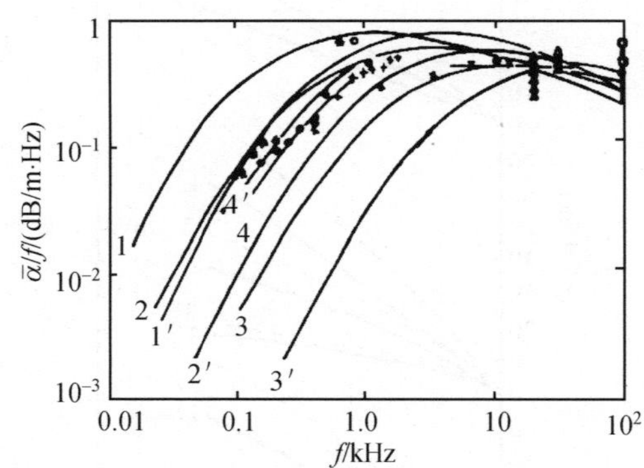

图 5　不同颗粒参数情况下声衰减与频率的关系(α/f 与 f 的关系). 图中的符号为不同作者的测量数据(见文献[23]的表 1)，曲线是根据公式(41)算出的理论曲线，其中 τ_N=0.4，各条曲线的 $\bar{R}$ ($\times 10^{-3}$)和 $D(\phi)$ 分别为：曲线 1: 4.5, 1.41；曲线 1′: 2.5, 1.41；曲线 2: 4.5, 2.12；曲线 2′: 2.5, 2.12；曲线 3: 4.5, 2.83；曲线 3′: 2.5, 2.83

3.2　不规则表面的颗粒

在测量粗砂的声衰减时，人们观察到的实验数据比用上述理论(即球形颗粒分布、相互作用等)所得到的结果还要大[26]，为此，文献[27]发展了颗粒介质的分形学理论。其基本思想是：对于黏滞衰减来说，要用黏滞波长的尺度来看颗粒的形状，这时所观察到的颗粒表面粗糙不堪，有效面积增大，故增大了黏滞衰减。这个理论已被许多作者应用于实际场合，限于篇幅，这里不做详细介绍。

4　结束语

本文仅在线性声学范围内讨论了颗粒介质中的声散射问题，包括小颗粒的单散射问题、多体多次散射问题。尽管 T 矩阵方法便于数值处理大物体的实际散射问题，但作者认为，数值计算有点像进行一次规范化的试验，不像解析解那样可以做更多的推理。

散射这个题目是很广泛的，除了粒子散射以外，还有表面散射等。文献[27]和[28]曾经提出过处理分形表面声学问题的方法，也是解析地处理散射和衰减的一条途径。

另一方面，随着声功率的增大(例如利用火箭进行人工增雨或驱雨)，会出现非线性散射和水滴的非线性振动，这个问题尚没有很好解决，特别是前者可以说还没有解决，甚至连文献都很少。因为非线性散射包括散射体的非线性振动辐射和散射波在它的传播过程中的非线性增长，其麻烦程度可想而知[29]。当然，牵涉到非线性的问题总是令人望而却步，据作者所知，到目前为止，通用可行的仅是微扰法，但它针对的只是弱非线性问题。

参 考 文 献

[1] Rayleigh L. The theory of sound. Vol.2. New York: Dover Publications, Inc, 1945.

[2] Sewell C J T. The extinction of sound in a viscous atmosphere by small obstacles of cylindrical and spherical form. Phil. Trans. Roy. Soc, 1910, (A210): 239.

[3] Lamb H. Hydrodynamics. 6th edition. Cambridge Univ. Press, 1945.

[4] Kuster G, Toksoz M N. Velocity and attenuation of seismic waves in two-phase media: part I. Geophy, 1974, 39: 587-618.

[5] Urick R J. The absorption of sound in suspensions of irregular particles. J. Acoust. Soc. Amer, 1948, 20: 283-289.

[6] Epstein P S, et al. Theabsorption of sound in suspensions and emulsions, I: Water fog in air. J. Acoust. Soc. Amer, 1953, 25: 553.

[7] 钱祖文. 球形粒子之间的声相互作用. 物理学报, 1981, 30: 433-441.

[8] Waterman P C. New formulation of acoustic scattering.J. Acoust. Soc. Amer, 1969, 45: 1417-1429.

[9] Jr Devin C. Survey of thermal, radiation and viscous damping of pulsating air bubbles in water.J. Acoust. Soc. Amer, 1959, 31: 1654-1667.

[10] 钱祖文. 水重气泡之间的声相互作用. 物理学报, 1981, 30: 442-447.

[11] 钱祖文: 未发表.

[12] Ying C F, Truell R. Scattering of a plane longitudinal wave by a spherical obstacle in an isotropically elastic solid.J. Appl. Phys, 1956, 27: 27-38.

[13] Foldy L L. The multiple scattering of waves. Phys. Rev, 1945, 47: 107-119.

[14] Lax M. Multiple scattering of waves. II: the effective field in dense systems. Phys. Rev, 1952, 85: 621-629.

[15] Waterman P C, Truell R. Multiple scattering of waves.J. Math. Phys, 1961, 2: 512-537.

[16] Twersky V. Multiple scattering of radiation by an arbitrary configuration of parallel cylinders.J. Acoust. Soc. Amer, 1952, 24: 42-46.

[17] 钱祖文，李保文等. 气泡幕中的声传播. 中国科学(A), 1992, 2: 193-199.

[18] Qian Z W. Sound propagation in a medium containing bubbles and the splitting of the resonance peak.J. Sound &Vibr, 1993, 168: 327-337.

[19] Carstensen E L, Foldy L L. Propagation of sound through a liquid containing bubbles.J. Acoust. Soc. Amer, 1947, 19:481-501.

[20] Qian Z W. Concentrated suspension theory of sound attenuation in marine sediments-linear dependence of absorption coefficient on frequency.J. Sound & Vibr, 1985, 103: 427-436.

[21] Qian Z W. Concentrated suspension theory of sound attenuation in marine sediments: sound- and viscous- waves interactions.J. Sound & Vibr, 1986, 108: 147-156.

[22] Qian Z W. Sound attenuation in marine sediments. Acustica, 1998, 84(4): 621-627.

[23] 钱祖文. 颗粒介质中声衰减的浓悬浮理论及其反演. 物理学报, 1988, 37: 64-70.

[24] 钱祖文. 浓颗粒介质中的声传播和参数反演. 自然科学进展, 1995, 5: 47-54.

[25] Hamilton E L. Geoacoustics modeling of modeling of the sea floor.J. Acoust. Soc. Amer, 1980, 68: 1313-1340.

[26] Wu D, Qian Z W, Shao D. Sound attenuation in a coarse granular medium.J. Sound & Vibr, 1993, 162: 529.

[27] Qian Z W. Fractal dimensions of sediments in nature. Phys. Rev. E, 1996, 53: 2304.

[28] Qian Z W. Wave scattering on a fractal surface.J. Acoust. Soc. Amer, 2000, 107: 260-262.

[29] Wang D, Qian Z W, et al. Nonlinear vibration of water droplets in atmosphere, 14th Nonlinear Acoustics, Nanjing University Press, 1996: 281-286.

声空化与声致发光研究进展

陈伟中

(近代声学教育部重点实验室，南京大学声学研究所，南京 210093)

1 引言

声波在液体中传播，在时空上产生压力起伏，出现低于静态压力的负压现象。在液体的负压区域，液体中的结构缺陷(空化核)会逐渐成长，形成肉眼可见的微米量级的气泡，这就是声空化(acoustic cavitation)[1]。声空化强度不仅与驱动声压有关，还与液体中的空化核数量有关。由于表面张力的作用，空化泡的形状几乎是球形的。描述它的动力学模型是著名的 Rayleigh 气泡动力学方程[2]。空化泡的运动具有明显的非线性特征，具体表现为缓慢的膨胀和急剧的压缩。通常声空化泡的半径压缩比可达 10^2 量级，体积压缩比就是 10^6 量级，因此它具有很高的聚能能力。当压缩至最小半径左右时，空化泡内部有数千度的高温和数千个大气压的高压。这是超声清洗、超声粉碎、声化学等一系列声空化应用的基础。当继续增大驱动声压，空化泡内部的温度压力继续上升，会导致光的辐射，这就是 20 世纪 30 年代发现的声致发光(sonoluminescence，SL)现象[3]。由于当时的声致发光来自大量随机产生的空化泡的破裂发光，故也称多泡声致发光。多泡声致发光的气泡动力学特征很难测量，直到 1992 年，Gaitan 等人在充分去气的水中结合声悬浮实现了空间上定位、时间上周期的单一气泡的声致发光，即单泡声致发光[4]，相关的研究才取得重要进展。和多泡声致发光的区别在于，它是一种稳态的振荡发光，不是破裂发光。空间定位的稳态单泡发光为实验测量提供了必要的条件，人们可以测量气泡的动力学演化过程，可以测量光子的各种关联。由于在早期的单泡声致发光实验中，没有测到多泡声致发光中的原子线状光谱，所以，人们认为多泡和单泡声致发光在机理上是不同的[5]。直到 2001 年，人们在极暗的(extreme dim)声致发光中开始观察到原子线谱[6]。

最近，人们在抖动的(moving)声致发光中，也观察到了 Ar 原子特征谱线[7]。这些实验观察[6,7]开始模糊了两种声致发光的界线。近几年，关于声空化和声致发光领域最热门的、也最具争议的话题可能是声致聚变 (sonofusion)[8~12]。最早，Moss 等人在数值计算中，提出了进一步提升空化泡内部高温高压实现轻核聚变的思想[8]。提升空化泡内部的高温高压有很多途径，人们首先想到的是提高驱动声压和降低驱动频率[8]。由于实验表明，在水溶液里，单泡声致发光的驱动声压范围为 1.1~1.5atm，超过 1.5atm 气泡会破裂，不能保持稳定振荡，因此，更多的人感兴趣于降低驱动频率。因为在较低频率声波驱动下，会导致气泡有更长膨胀时间并拥有更大的气泡平衡半径[13]。然而，实验并没有支持这个理论。2000 年，人们用一个 6L 的大球形烧瓶做声谐振器，将驱动频率从通常 250ml 谐振器的 25kHz 降到了 7.1kHz[14]，期望实现声致发光的实质性提升。结果不但没有观察到显著的提升，反而比通常的声致发光弱了很多，只是非常勉强地观察到了声致发光。人们把失败的原因归咎到水蒸气的存在[14]，因为原先的理论[13]没有考虑气泡壁内外的物质交换。实际上，人们还可以通过改变驱动超声的波形，实现声致发光的进一步提升。人们利用双频驱动、多频驱动(四频)、脉冲加强驱动和自相似驱动[15~18]，都实现了光强的有效提升。同时，我们也注意到，这样的提升都是牺牲悬浮的稳定性为代价的，虽然优化后尚能稳定气泡，但稳定性很差，而且提升的幅度有限。另一方面，人们尝试着优化和改变工作液体和饱和的气体，来提升声致发光的强度。人们发现，当液体(水)中溶解一定的稀有气体，可以显著提升声致发光的强度，尤其当水中溶入重稀有气体氙气之后，亮度提升超过一个量级[19]。同时，也看到了声致发光的同位素效应，即用重水(D_2O)替代水(H_2O)后，声致发光强度显著降低[20]。

最近，人们用低挥发度的浓硫酸做工作液体，其中溶解适量氩气，观察到比通常水中强 2700 倍的声致发光和氩原子线谱[7]。实际上，声致发光的亮度(光子数)的提升和内部温度压力的提升并不是一回事，人们更感兴趣的是，如何进一步提升空化泡内部的高温高压。同时，人们注意到，阻碍进一步提高驱动声压的是声悬浮，而提升空化泡内部温度压力并不需要稳定声悬浮。2002 年，美国 Oka Ridge 国家实验室的 Taleyarkhan 等人放弃稳定声悬浮，大幅度提升驱动声压，利用 15 atm 的驱动声压，相当于声悬浮单泡声致发光驱动声压的 10 倍，在氘代丙酮(C_3D_6O)上进行声空化实验。他们先后用脉冲中子发生器和 Pu-Be 同位素源产生的快中子(14MeV)诱发声空化，用塑料闪烁计数器来检测氘－氘聚变产物—— 2.5MeV 的中子。在开启和关闭驱动超声的情况下，得到一个 4%的 2.5MeV 中子的增长，声称已经观察到声致聚变的证据[9]。他们的工作发表之后，因为利用快中子诱发可能会污染实验结果，在使用工程上使用的、灵敏度偏低的塑料闪烁计数器作为中子探测器等问题上引起许多争议。不久，同一实验室的另一组研究人员反驳了 Taleyarkhan 等人的实验，声称用更灵敏、可靠的实验系统重复了实验，没有观察到任何 2.5MeV 中子的提升[10]。而 Taleyarkhan 等人继续给出新的、更为可靠的声致聚变实验结果[11,12]。一个围绕是否可能实现声致聚变的争论逐渐演变成科学家科学道德的争论。2007 年，美国 UCLA 的 Putterman 小组，受命重复 Taleyarkhan 的实验，结果表明，所测得的聚变信号比原文献[9,11]要小 1000 倍。但作者声称，如果能够进一步提高空化泡内部的温度，那么这个信号将大幅上升[21]。目前，这种争论仍在继续。

本文介绍了空化泡动力学研究和声致发光光谱研究方面的一些最新进展。第 2

节将介绍空化泡的动力学测量方法和我们的主要结果；在第 3 节介绍相应的气泡动力学理论; 在第 4 节将介绍我们的声致发光光谱研究成果，最后给出一个简单小结。

2 空化泡的动力学测量

空化泡是高速振荡的液体中微米量级的气泡，对它的测量并不容易。首先由于它的尺度是微米级，必须要经过显微放大，才能有效观察。同时它是一个悬浮在液体中的气泡，普通的显微镜难以胜任，必须要长距离显微镜才能进行观察。其次，由于空化泡运动是高速的，振荡周期通常是几十微秒，因此，即使是目前先进的百万帧高速相机也很难清晰记录空化泡的演化过程。由于相机前必须加显微镜，进一步降低了相机的有效灵敏度。因此，对空化泡拍摄成像的直接方法，目前仍然受限于设备条件。传统上，人们采用 Mie 散射的方法，来测量空化泡的演化过程。所谓 Mie 散射指的是：当光束通过不均匀介质时，波矢量大小不变、方向变化的一种现象。它要求散射粒子的线度大于或者接近散射光波长。在合适的散射角(约80°)，散射光的强度和散射粒子的大小成正比。对球形气泡，散射光强和气泡半径成平方关系。虽然，Mie 散射方法只能得到与空化泡大小成比例的一维光强数据，但是它具有极好的时间响应。相比于直接拍摄方法，Mie 散射设备简单、容易实现。

2.1 锁相积分拍摄成像

除了直接实时成像和 Mie 散射之外，目前还有一些基于声悬浮空化泡的周期振荡特性的非实时的积分拍摄[22]和非实时 Mie 散射[23]。传统意义上的非实时拍摄指的是差频法积分拍摄[22]。基本原理是，用一个重复频率和驱动超声 f 有小的频率差Δf 的脉冲信号(宽度为ΔT)去照明空化泡，而相机设置在普通曝光速度。在一个曝光时间里，气泡的某一相位ϕ_1 开始被曝光ΔT，下一个周期由于频率差Δf 的存在，光脉冲慢移动到下一个相位ϕ_2 继续照明一个ΔT，…，一直到相机曝光结束。假设这时相位总共慢移动了$\Delta\phi$，那么对应的慢移动时间为$\Delta t=\Delta\phi/2\pi f$。可见，这样一幅照片实际上是这些不同相位的积分平均值，考虑到脉冲本身的宽度ΔT，因此，实际时间分辨率为$\Delta T+\Delta t$。目前做得最好的时间分辨率是 200ns[22]。提高差频法的时间分辨率有两个途径，一是减少频率差Δf，这样可以减少慢运动时间Δt，但是，代价是拍摄一个周期的时间要变得非常长，因为差频法是一种等步长的积分拍摄。另一个途径是降低光脉冲宽度ΔT，这受限于脉冲光源的频率相应和输出功率。

针对差频法的这些限制，我们提出了数字移相的锁相积分拍摄方案[24]，其中的照明脉冲是和驱动超声严格同步的，频率差$\Delta f=0$，而脉冲的相位由计算机程序控制，这样不仅可以消除慢移动所需要的时间 Δt，而且在拍摄相位上可以实现跳跃、非均匀的移动。换言之，我们的拍摄是非等时间步长的，可以根据气泡运动的特征，调整我们的拍摄相位，在气泡急剧缩塌时期，尽可能多地分配拍摄相位，而在缓慢膨胀时期，可以节省拍摄时间，少安排拍摄相位。同时，利用高频声光调制器对连续激光进行调制处理形成窄脉冲激光。实现的时间分辨率可以高达 20ns，亮度也高于传统的 LED。图 1 是它的实验原理图。连续激光(532nm)经过声光调制器(AA.MT.350)变成脉冲光，其脉冲宽度取决声光调制器的频率响应，我们使用的 AA.MT.350 的最高工作频率是 350MHz，可以输出的激光的最小脉冲宽度是 20ns。声光调制器的驱动脉冲信号来自一台皮秒级的脉冲信号发生器(DG535)，脉冲的重复频率和相位受触发信号控制。我们用一个与声致发光驱动超声同步的 TTL 信号作为触发信号。这样就得到了一束锁相频闪激光。用这束锁相频闪激光照明空化泡，将 CCD 设置在标准的视频状态，即曝光时间为 1/30s 的连续拍摄状态，就可以积分拍摄到设定相位的气泡静态图像。然后，程序控制移动调制脉冲的相位，重复实验，得到一个超声周期中的空化泡各个相位的照片[24](见图 2)。对一系列照片的测量可以得到空化泡的绝对大小和形状随时间的变化关系。显然，这是一种利用空化泡运动的周期性克服实时成像中 CCD 灵敏度不够的困难的方法。图 3 给出了经过数据处理得到的气泡半径随时间演化的曲线，其中的半径值是直接来自照片的像素测量，反应气泡半径的绝对值，本质不同于通常 Mie 散射得到的半径相对值。

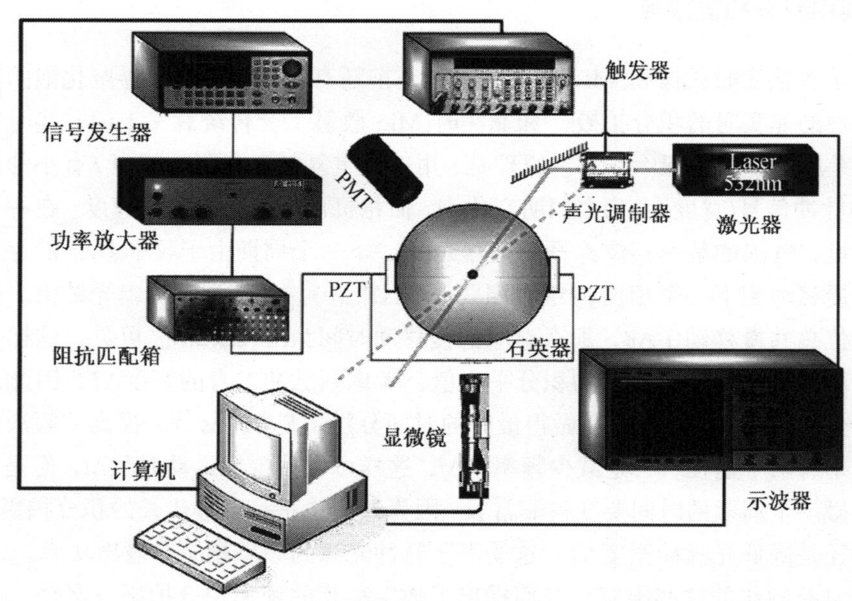

图 1　锁相积分拍摄成像实验系统

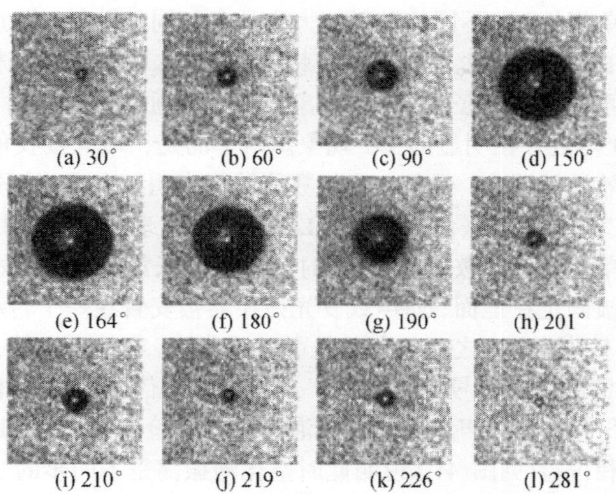

图 2　不同相位的发光气泡图像。其中(e)是气泡最大半径时的图像，(h)是气泡塌缩到最小时的图像，(i)到(l)是气泡塌缩后的两个反弹

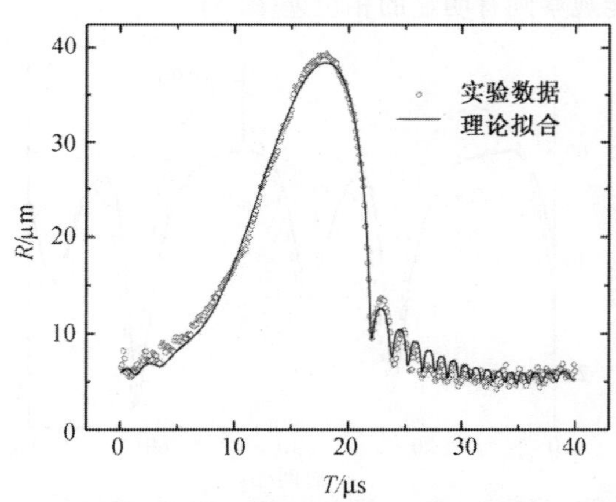

图 3　数字移相频闪拍摄数据曲线，时间分辨率是 100ns

2.2　双 Mie 散射测量空化泡的非球形运动

虽然 Mie 散射通常只能反映气泡相对大小，不能给出气泡的形状和绝对大小。但是我们发现，只要增加一路散射光测量系统，就可以非常方便地探测气泡的运动同步性。这种同步性，又可以用来推算空化泡的非球形运动。实验系统是在普通 Mie 散射系统上增加了一路光接收装置——一个透镜和一个光电倍增管。考虑了 Mie 散射的性质和换能器的遮挡限制，实验中两个光电倍增管 PMT1 和 PMT2 分别取了 50º和 80º的接收角。在每个光电倍增管的前面，放置了一个焦距为 50 mm 的凸透镜，一方面是为了获得足够强度的散射光，另一方面它增大光电倍增管的接收角达到 16º。我们知道，Mie 散射的散射光强和散射体大小之间的关系非常复杂，

有时候甚至是非单值的，即不同的散射体大小具有相同的散射光强度，这种现象称为 lobe clusters (LC) 现象[27]。LC 现象依赖于接收角，在 80º左右光强和大小之间有近似单调的关系，只有很轻微的 LC 现象，这正是通常 Mie 散射采用 80º散射角的原因。而在 50º附近存在明显的 LC 现象。所幸的是，增大接收角，通过平均光强的方法可以有效地抵消 LC 现象。我们数值计算表明，在 50º接收角，张角为 1º时存在明显的 LC 现象；而张角为 5º时，LC 现象明显改善；实际中在张角 16º时，已经具有很好的单调性。而散射角为 80º时，只要 1º张角就呈现很好的单调性。整个实验检测系统被固定在地面，而声致发光谐振器被安置在一个转动平台上，因此换能器对称轴和入射激光束之间的夹角是可以调节的。在检测之前，我们先用声致发光的光脉冲来检测两路信号的同步性，未发现两路信号的自身相位差，见图 4 的垂直线。然后我们对不同声压下的空化泡进行了实验测量。在低声压下，我们观察到明显的信号相位差(见图 4)，说明此时空化泡振荡是不同步的。考虑到球形运动不管在哪个方向测量的散射光变化都应该是同步的。于是，我们推论图 5 的空化泡运动是非球形振荡的。然而，这种非球形信号在高驱动声压下，相位差逐渐减少。在声致发光时，未能观察到有明显的相位差(图 5)。

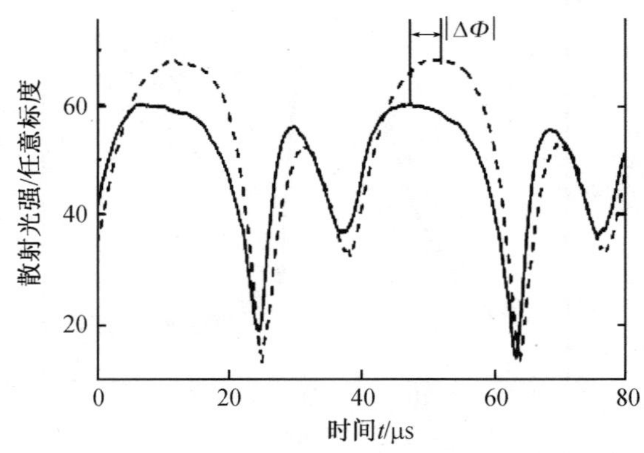

图 4　普通空化泡的双 Mie 散射测量。两路信号最大峰之间存在明显的相位(时间)差

我们还测量了这个相位差和驱动频率的关系，以及和液体表面张力系数、黏度、含气量等的相关性。结果表明，它和频率没有明显的关系、和表面张力系数有负关系(见图 6)、与黏度有正关系(见图 7)。其中和表面张力的关系是很容易理解的，气泡之所以是球形的，就是由于表面张力的作用，它是系统唯一维持气泡球对称的因素。增大表面张力系数 σ，气泡球对称性增强，气泡趋于球形，非同步振荡削弱，两路信号的相位差减少。而和黏度、含气量、驱动声压的关系，最终归结到和气泡平衡半径的关系。比如，在同等驱动声压下增加液体的黏度，等效于减少驱动声压，导致气泡平衡半径增大，由于表面张力除了和系数 σ 有关，还与气泡半径 R 反比，因此增大液体黏度导致非同步性的提高。

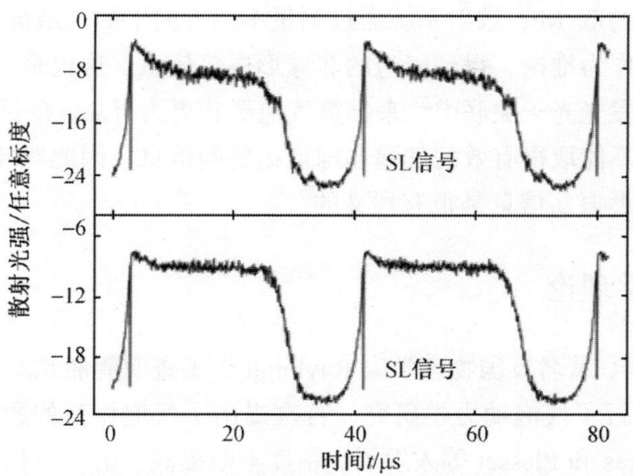

图 5 声致发光气泡的双 Mie 散射测量。上、下图分别来自两路散射测量，信号没有相位差

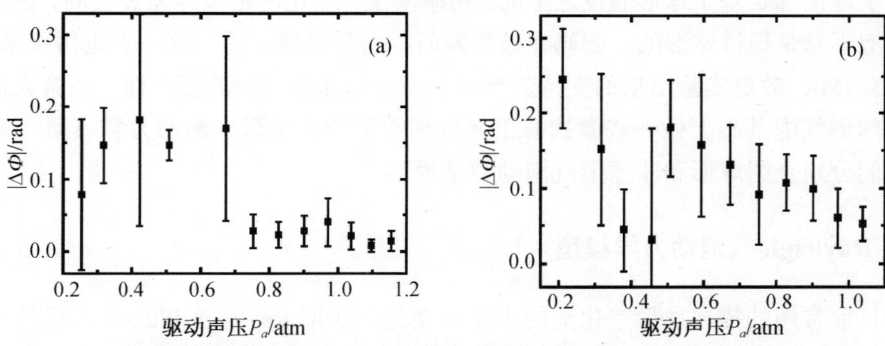

图 6 不同表面张力系数下的相位差$|\Delta\Phi|$随驱动声压的变化曲线。(a)为纯水，表面张力系数为σ=0.076 N/m；(b)为加入了表面活性剂的水，表面张力系数为σ=0.04N/m。驱动频率均为 25.885 kHz

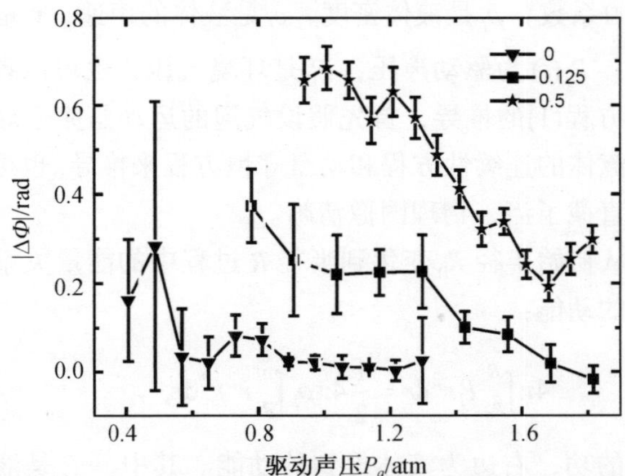

图 7 不同黏滞系数下的相位差$|\Delta\Phi|$随驱动声压变化的关系曲线，图中不同曲线的标注值为甘油和水的体积比

可见，我们的双 Mie 散射系统通过测量不同方向上的气泡截面振荡情况，得到同步性信息，作为推论，得到气泡的非球形振荡信息。这也是一种间接的方法，但相比利用声致发光光子关联[25,26]来推算气泡形状更为可靠。在目前，通过直接拍摄成像的方法还不能取得有效的气泡非球形振荡的信息，因此双 Mie 散射方法得到的空化泡非球形振荡信息是很有意义的。

3　气泡动力学理论

早在 1917 年，著名英国物理学家 Rayleigh 为了查明舰船螺旋桨性能下降的原因，最先开始进行了气泡动力学研究，首次提出了气泡振荡的数学模型[2]，后经 Noltingk、Neppiras 和 Plesset 等人发展，精度不断提高。由于空化泡通常是微米量级，其表面张力作用非常显著，使得气泡形状基本上保持球形。所以，常见的气泡动力学理论都是基于球形假设之上的。可事实上，空化泡是很容易破裂的，这表明空化泡不总是保持球形的，起码在破裂瞬间，它是非球形的。这一点也得到第 2.2 节的双 Mie 散射实验结果的支持。然而，由于非球形气泡的复杂性，通常人们只能在球形气泡基础上做一些微扰修正而得到所谓的非球形气泡动力学模型[27]。下面我们分别介绍球形和非球形气泡动力学模型。

3.1　Rayleigh 气泡动力学模型

目前常用的描述球形空化泡的半径 R 变化的所谓 Rayleigh-Plesset 方程是

$$R\ddot{R}+\frac{3}{2}\dot{R}^2=\frac{1}{\rho_l}\left[P_g-p_0-p_a(t)\right]+\frac{R}{\rho_l c_l}\frac{\mathrm{d}}{\mathrm{d}t}\left[P_g-p_0-p_a(t)\right]-4\nu\frac{\dot{R}}{R}-\frac{2\sigma}{\rho_l R}, \tag{1}$$

式中，σ 为表面张力系数，ρ_l 是液体密度，c_l 是液体的声速，ν 是黏滞系数，P_g 是气泡内的气体压强，$P_a(t)$ 为驱动声压，P_0 是环境气压，也可以理解为距气泡无限远处的压强。关于方程(1)的推导，首先假设气泡的运动是完全球对称的，然后，采用球对称坐标下流体的连续性方程和动量守恒方程来推导。也可以从能量守恒方程推出，这种方法直截了当，物理图像清晰。

我们考察气泡从初始半径 R_0 变化到半径 R 过程中的能量关系，即声压做的功应该等于液体得到的动能：

$$4\pi\int_{R_0}^{R}P_l r^2\mathrm{d}r=\frac{1}{2}4\pi\rho_l\int_{R}^{\infty}\dot{r}^2 r^2\mathrm{d}r, \tag{2}$$

式中左边为声压做的功，右边为液体得到的动能。其中，P_l 是液体中气泡附近的声压：

$$P_l = P_g - P_0 - \frac{2\sigma}{R} - \frac{4\nu}{\rho_l R}\dot{R} - p_a(t)\,. \tag{3}$$

由于液体被认为不可压缩，所以 $\dot{r}/\dot{R} = R^2/r^2$，这样有

$$4\pi\int_{R_0}^{R} P_l r^2 \mathrm{d}r = 2\pi\rho_l R^3 \dot{R}^2\,. \tag{4}$$

将式(4)代入式(2)，并将两边求微分，最后除以 $4\pi R^2\rho$，可以得到

$$R\ddot{R} + \frac{3}{2}\dot{R}^2 = \frac{1}{\rho_l}\left[P_g - p_0 - p_a(t)\right] - 4\nu\frac{\dot{R}}{R} - \frac{2\sigma}{\rho_l R}\,. \tag{5}$$

这就是所谓的 R.P.N.N.P.方程，是由 Rayleigh(1917)[2]、Plesset(1949)、Noltingk、Neppiras(1950、1951)和 Poritsky(1952)逐渐发展得来的。是 Rayleigh-Plesset 方程(1)的前型。再加上了声振动辐射项，就可以得出最常用的 Rayleigh-Plesset 方程(1)。

方程(1)或者(5)都包含气泡内部的压力 P_g，它是一个复杂的变量，起码它和气泡的半径(体积)、气泡内部温度、气泡内部质量有关，因此，我们还需要其他方程才能构成闭合的球形气泡动力学模型。如果不考虑气泡内外的物质交换，那么气泡内部质量是不变的，我们只需要气体的物态方程和气泡运动的过程方程就可以使系统闭合。前者通常取范德瓦尔斯气体：

$$P_g = \frac{(P_0 + 2\sigma/R_0)(R_0^3 - a^3)}{T_0}\frac{T_g}{R^3 - a^3}\,, \tag{6}$$

其中 T_g 和 T_0 分别代表气泡内部温度和初始温度，a 为 van der Waals 硬核半径。而关于过程方程，最简单的就是绝热方程，结合状态方程(6)，可以写成：

$$P_g(R^3 - a^3)^\gamma = (P_0 + 2\sigma/R_0)(R_0^3 - a^3)^\gamma\,, \tag{7}$$

其中γ是绝热指数。式(7)已经忽略了气泡内外的各种可能的能量交换过程。这样，方程(1)和(7)构成了一个闭合的动力学模型，通过数值积分得到球形空化泡的半径演化关系。图 3 中的实线就是相应的理论计算结果，与实验数据的一致性是令人满意的。

实际上，将绝热的气泡动力学模型应用到声致发光上是不完善的，起码我们应该考虑由于光辐射导致的能量丢失，气泡运动过程应该是非绝热的。在 1996 年我们考虑光辐射损失，引入一个非绝热方程，代替式(7)，得到更加准确的模型[28]。最近，人们进一步地发现，气泡内外存在各种形式的物质交换[29]，泡内还存在化学过程[30]，因此，气泡不能看成绝热的微正则系统，即使看成无质量交换的正则系统也是近似的，它应该是一个巨正则热力学系统。最后还应该指出的是，我们一开始假设气泡内部存在一个压强 P_g 也是一种简化。因为通常气泡壁运动最高速度可以达到 10 个 Mach 数，如此高速的过程，空化泡内部气体是否达到热力学平衡

是一个不得不考虑的问题。关于球形气泡动力学目前仍在发展，受限于篇幅，我们在此不再深入介绍。

3.2 非球对称声场下的非球形气泡动力学模型

由于非球形几何的复杂性，相应的气泡动力学理论通常是在 Rayleigh 球形气泡动力学的基础上，引入初始非球对称形状扰动项，然后研究非球形项的发展。输出的结果有两种，一是非球对称项衰减，气泡恢复到稳定的球形振荡；二是非球对称项成长，导致气泡破裂[27]。而文献[25,26]所期待的非球形稳定振荡是不存在的。这样的结果是可以理解的，通常人们将外界驱动取为时间上和简谐空间上的球对称，即使将时间变为多频的在空间上依然是球对称的[15~18]。可见，除了初始值(形状)具有非球对称特征以外，外界驱动、边界约束、媒质特性都具有各向同性，输出的稳定振荡解应该具有球对称性。然而实际驱动声场并非严格球对称，而是由球对称部分

$$p_{\text{sym}}(r,t)=A_0(t)P_0(\cos\theta)j_0(kr)\approx A_0(t)\left[1+O(2)\right] \tag{8}$$

和具有偶极子结构的非球对称部分

$$p_{\text{asym}}(r,\theta,t)=A_2(t)P_2(\cos\theta)j_2(kr)\approx A_2(t)P_2(\cos\theta)\left[\frac{1}{15}(kr)^2+O(4)\right] \tag{9}$$

叠加而成的,我们直接从流体力学基本方程出发,约化得到非球形气泡动力学方程。式(8)和式(9)中 r 和 θ 分别是球坐标的矢径长度和它与对称轴的夹角， $P_n(\cos\theta)$ 为第 n 阶 Legendre 函数， $j_n(kr)$ 为第 n 阶球 Bessel 函数，而 $O(n)$代表 kr 的 n 阶量，k 为常数， $A_n(t)=A_n\sin\omega t$ ，其中 A_n 为驱动幅度， ω 是驱动超声的圆频率。这是一个决定气泡表面函数。

$$S(\theta,t)=a_0(t)+a_2(t)P_2(\cos\theta)\,, \tag{10}$$

中系数 $a_0(t)$ 和 $a_2(t)$ 的时间演化方程组。气泡的表面由

$$F(r,\theta,t)\equiv r-S(\theta,t)=0 \tag{11}$$

定义。对这组演化方程的数值求解，不仅可以得到气泡恢复球形和破裂的解，还可以得到稳定的周期的非球形振荡解[31]。图 8 给出了在球对称声场和非球对称声场驱动下非球形气泡的发展,从图中可以看出,在球对称声场驱动下,初始的非球形运动逐渐减少,气泡将恢复球形;而在非球形驱动下,非球形运动得到保持,气泡做稳定的周期的非球形振荡。这种稳定周期的非球形振荡解为第 2.2 节的动力学测量结果和文献[25,26]的光子关联结果提供了理论依据。显然，这种非球形振荡能够稳定存在的原因是声场的非球对称分布。当然，对足够大的非球形扰动,气泡不管在球对称还是非球对称声场驱动下，都会破裂。

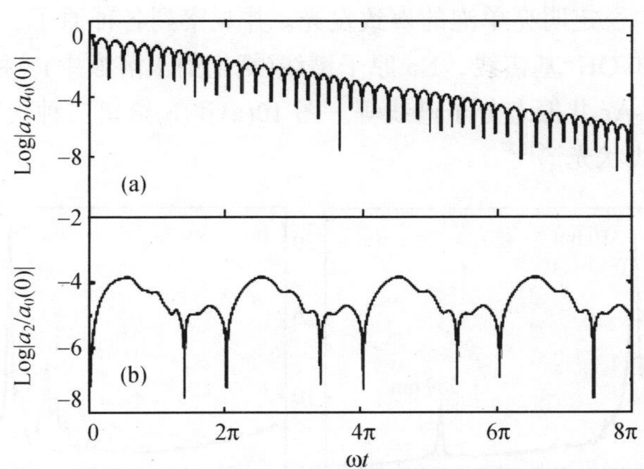

图 8 在非球对称声场驱动下气泡做稳定的非球形振荡。(a)球对称驱动下($A_2=0$) a_2 衰减，气泡恢复球形；(b)非球对称驱动($A_2=1$)下，a_2 做稳定非球形振荡

4 声致发光光谱

空化泡在时间空间上，具有惊人的聚能能力。当驱动声压超过 1atm 后，空化泡缩塌到最小体积的时候，会出现声致发光现象(见图 9)。这显示了声能量向光能量的转换。从空化泡研究的角度来看，稳定振荡的单泡声致发光也提供了一种窥探微米量级空化泡内部物质组分、温度、压力的途径。但通常的单泡声致发光光谱只有连续谱[4,5]，没有反映发光体组分的线状谱。虽然，最近人们已经在极暗的[6]和移动的[7]单泡声致发光中观察到线状光谱，但要么由于太暗，人们必须增大曝光时间到数天之久，导致了数据的不可靠性；要么由于发光泡的抖动导致显著的泡内外物质交流和线谱失真。因此，如何观察到稳定明亮的单泡声致发光的特征谱线，是通过声致发光研究空化泡物理特性的关键。

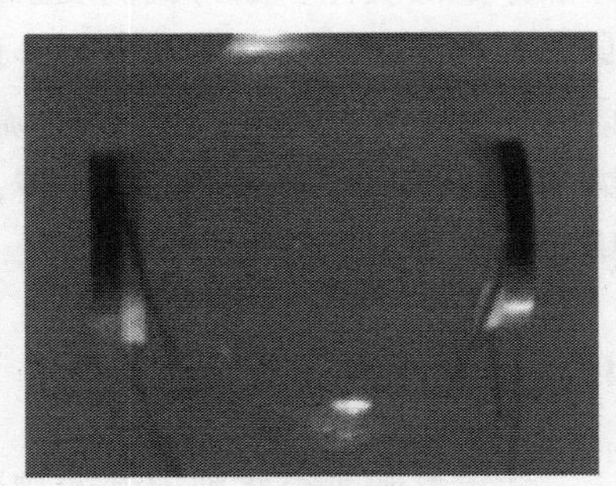

图 9 声致发光照片：中心亮点为发光的空化泡

4.1 稳定明亮声致发光的线光谱和泡内物质组分

在文献[6]中，人们在浓硫酸和氩气的组合系统里观察到了非常明亮的单泡声致发光，但没有实现稳定悬浮，发光气泡一直处于激烈抖动状态。我们研究了空化泡的抖动原因，并在长距离显微镜下观察到，泡和泡、泡和液体中杂质的相互作用与空化泡的抖动有密切联系。因此，抖动的空化泡存在着显著的泡内外物质的交流。我们对化学纯的硫酸进行了严格的去气处理，具体将硫酸在真空下搅拌了 10 天左

右，实现了硫酸中稳定明亮单泡的声致发光。并观察到各种原子、离子、共振态分子的特征谱线，如OH*基谱线，Na原子谱线(氯化钠水溶液中)，稀有气体Ar、Kr原子谱线以及Na-Ar共振态分子谱线等。图10(a)和(b)给出三种代表性的稳定明亮单泡声致发光的线状光谱[32]。

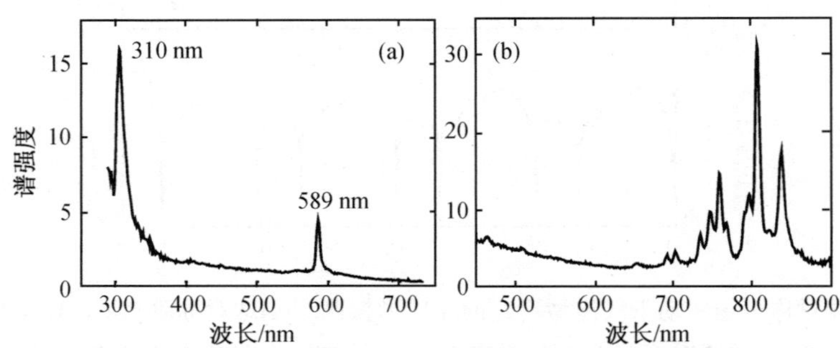

图10　稳定明亮单泡声致发光中的线光谱：(a)氯化钠水溶液中的OH*基(310nm)和Na原子(589nm)光谱；(b)浓硫酸中的Ar原子光谱

根据观察到的特征光谱，我们可以推断，空化泡内至少包含了三部分内容。首先是工作液体的蒸气，因为我们观察到OH*基的光谱(310nm)；其次，是溶解在工作液体中的气体，因为我们观察到Ar和Kr光谱；最后，我们还发现工作液体本身作为液滴进入了空化泡内部。理由是我们观察到氯化钠水溶液中的光谱包含Na谱线(589nm)。实际上，我们在硫酸和硫酸钠的粉粒的悬浮液中，偶然也能观察到纳谱线。由于硫酸钠不溶于硫酸，发射Na谱线的唯一途径是硫酸钠粉粒随机地直接随液滴进入空化泡内。

4.2　空化泡内外的物质交换

光谱反映了空化泡内部的物质组分，光谱的变化自然就记录了空化泡内部物质的变化。我们将光谱仪设置在连续拍摄状态，帧间隔为零。每帧光谱的积分时间最小可以取0.1s。先开启光谱仪，然后注射气泡开始声致发光，这样可以得到，声致发光的起始光谱。由于我们的注射气体是特别制备的，可以选择我们希望的任意气体作为声致发光气体。当我们注射的气体和液体里所包含的气体，或者液体的蒸气不同时，通常会出现变化的声致发光。这种变化表现为强度和颜色的变化。

由亮转暗的声致发光：当我们在溶解一定空气，或者较低浓度氩气的水中，注入纯氩气泡时，可以观察到亮变为暗的声致发光。图11给出了相应的光谱演化图，从中可以看到，光谱的结构相似，但是强度不断变弱。其原因是因为氩气在空化泡压缩形成的高温高压环境里，既不发生化学反应，也不发生物理相变，且具有高的声致发光效率。由亮变暗，说明空化泡内氩气浓度在降低。这种浓度降低可以解释为气体扩散的结果。根据图11，我们可以进一步推断，空化泡中气体扩散的时间标度是 10s 量级[32]。

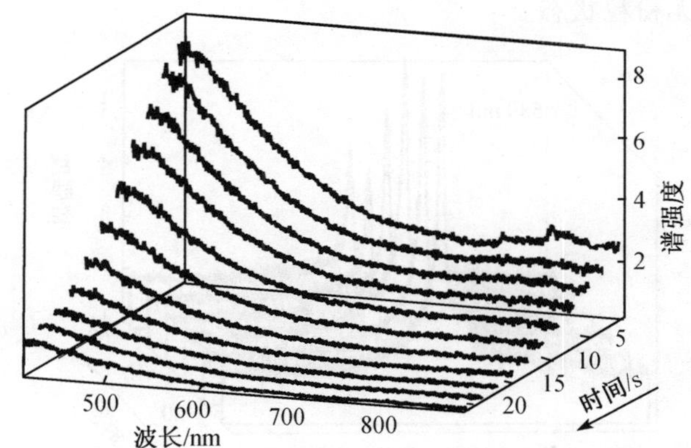

图 11 由亮转暗的声致发光，水中注入氩气泡的起始声致发光谱

由暗转亮的声致发光：当我们在溶解一定空气，或者较低浓度氩气的水中，注入纯空气泡时，则可以观察到相反的过程，即声致发光由暗转亮[32] (见图 12)。这是因为初始注入的空气中的活性气体(氮气和氧气)在高温高压下发生化学反应，形成液态物质不可逆地进入工作液体，而留下其中的稀有气体(氩气)。紧接着溶解在工作液体中的空气或者氩气通过气体扩散又进入空化泡内。如此往复，泡内的氩气成分会得到提升，这就是所谓的氩气精馏理论(argon rectification)[14],于是就出现暗变亮的现象。当然，这种氩气精馏的能力受限于超声驱动的能量和氩气的扩散，不能像有些文献[13]上说的空气泡最后被精馏成纯氩气泡。

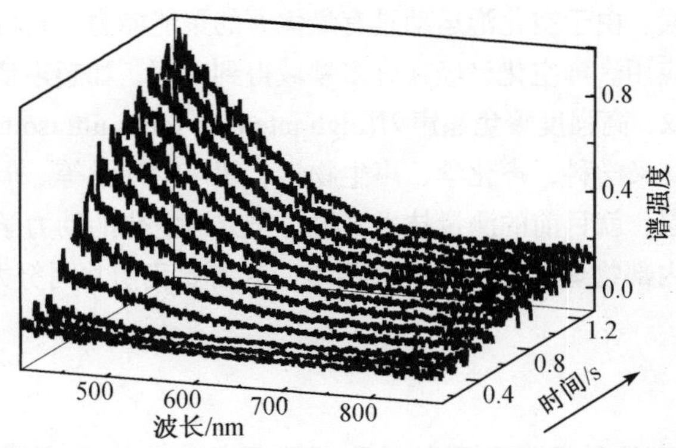

图 12 由暗转亮的声致发光(氩气精馏)，水中注入空气泡的起始声致发光谱

由黄转蓝的声致发光：我们在浓硫酸中加入不相溶的硫酸钠粉粒，注入泡后可以观察到通常的淡蓝色声致发光。但有时候，声致发光突然变为黄色，然后慢慢地恢复成淡蓝色，图 13 记录了该黄变蓝声致发光的光谱演化。由于硫酸钠粉粒完全

不溶于硫酸，实验中观察到了 589nm 的 Na 谱线只能说明固态的硫酸钠粉粒随机地进入了空化泡。黄转蓝色，是由于硫酸钠在高温高压下发生各种反应后返回了工作液体，泡内恢复无粉粒状态。

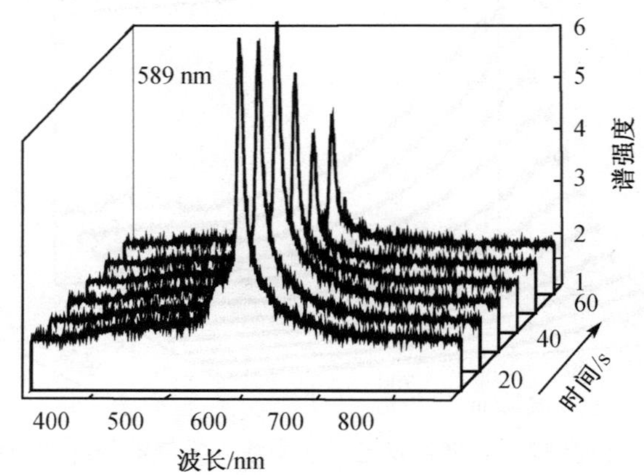

图 13　由黄转蓝的声致发光，钠谱线逐渐衰减，声致发光由黄转蓝

5　小结

在 3 + 1 维时空里，缓慢膨胀急剧压缩的球形空化泡运动体现了最强劲的聚能能力。而在能源领域，轻核聚变能量和平利用的关键是聚变反应所需要的极端高温(~10^7 K)条件。目前被认为最有希望获得成功的激光核聚变就是利用微米量级金属球在激光作用下，缩塌形成球内高温高压，导致球内的氘发生聚变。这和空化泡的声致聚变的机理是相似的。虽然目前声致聚变还只是一个开始，甚至只是一种设想，但仍然值得我们做进一步的探索。由于空化泡运动具有最优秀的聚能能力，它可以在很多需要高温高压的领域得到应用。声空化已经在许多领域得到应用，如超声清洗、超声粉碎、超声催化、超声萃取、高强度聚焦超声刀(high intensity focus ultrasound，HIFU)等，还形成了相应的声学交叉学科，声化学、声生物学、超声治疗学等。但由于空化泡的微米尺度和亚纳秒缩塌，就目前的测量技术来说，研究声空化的动力学过程仍是极具挑战性的，人们对它内部物理过程的了解并不多，这需要我们共同努力。

致谢

本文得到国家自然科学基金重点项目(批准号：10434070)的资助。

参 考 文 献

[1]　Leighton T G. The acoustic bubble. London: Academic Press, 1994.

[2] Rayleigh L. On the pressure developed in a liquid during the collapse of a spherical cavity. Philos. Mag, 1917, 34: 94-98.

[3] Marinesco N., Trillat J J. Action of supersonic waves upon the photographic plate. Proc R Acad Sci, 1933, 196: 858-860.

[4] Gaitan D F, Crum L A, et al. Sonoluminescence and bubble dynamics for a single, stable, cavitation bubble.J. Acoust. Soc. Am, 1992, 91: 3166-3183.

[5] Crum L A. Sonoluminescence, 1994, 47: 22-25.

[6] Young J B, Nelson J A, Kang W. Line emission in single-bubble sonoluminescence. Phys. Rev. Lett, 2001, 86: 2673-2676.

[7] Flannigan D J, Suslick K S. Plasma formation and temperature measurement during single-bubble cavitation. Nature, 2005, 434: 52-55.

[8] Moss W C, Clarke D B, et al. Sonoluminescence and the prospects for table-top micro-thermonuclear fusion. Phys. Lett. A, 1996, 211: 69-74.

[9] Taleyarkhan R P, et al. Evidence for nuclear emissions during acoustic cavitation. Science, 2002, 295: 1868-1871.

[10] Shapira D, Saltmarsh M. Nuclear fusion in collapsing bubbles-Is it there? An attempt to repeat the observation of nuclear emissions from sonoluminescence. Phys. Rev. Lett, 2002, 89, art. 104302.

[11] Taleyarkhan R P, et al. Additional evidence of nuclear emissions during cavitation. Phys. Rev. E, 2004, 69, art. 036109.

[12] Taleyarkhan R P, et al. Nuclear emissions during self-nucleated acoustic cavitation. Phys. Rev. Lett, 2006, 96, art. 034301.

[13] Hilgenfeldt S, Lohse D. Predictions for upscaling sonoluminescence. Phys. Rev. Lett, 1999, 82: 1036-1039.

[14] Toegel R, Gompf B, et al. Does water vapor prevent upscaling sonoluminescence. Phys. Rev. Lett, 2000, 85: 3165-3168.

[15] Holzfuss J, Rüggeberg M, Mettin R. Boosting sonoluminescence. Phys. Rev. Lett, 1998, 81: 1961-1964.

[16] Chen W Z, Chen X, et al. Single bubble sonoluminescence driven by non-simple-harmonic ultrasounds.J. Acoust. Soc. Am, 2002, 111: 2632-2637.

[17] Chen W Z, Chen X, et al. Effects of pulse drive on single bubble sonoluminescence. Chin. Phys. Lett, 2001, 11: 1126-1128.

[18] 王文杰，陈伟中，姜李安，等. 自相似声压驱动下的气泡振动. 声学学报，2005, 30: 31-35.

[19] Hiller R, Weninger K, et al. Effect of noble gas doping in single-bubble sonoluminescence. Science, 1994, 266: 248-250.

[20] Hiller R A, Putterman S J. Observation of isotope effects in sonoluminescence. Phys. Rev. Lett, 1995, 75: 3549-3551.

[21] Camara C G, Hopkins S D, et al. Upper bound for neutron emission from sonoluminescing bubbles in deuterated acetone. Phys. Rev. Lett, 2007, 89, art. 064301.

[22] Ketterling J A, Apfel R E. Experimental validation of the dissociation hypothesis for single bubble sono-luminescence. Phys. Rev. Lett, 1998, 81: 4991-4994.

[23] Weninger K R, Barber B P, Putterman S J. Pulsed Mie scattering measurements of the collapse

of a sonoluminescing bubble. Phys. Rev. Lett, 1997, 78: 1799-1802.

[24] Huang W, Chen W Z, et al. Precise measurement technique for the stable acoustic cavitation bubble. Chin. Sci. Bullet, 2005, 50: 2417-2421.

[25] Weninger K, Putterman S J, Barber B P. Angular correlations in sonoluminescence: Diagnostic for the sphericity of a collapsing bubble. Phys. Rev. E, 1996, 54: 2205-2208.

[26] Madrazo A, Garcia N, Vesperinas M N. Determination of the size and shape of a sonoluminescent sing bubble: theory on angular correlations of the emitted light. Phys. Rev. Lett, 1998, 80: 4590-4593.

[27] Hilgenfeldt S, Lohse D, Brenner M P. Phase diagrams for sonoluminescing bubbles. Phys. Fluids, 1998, 8: 2808-2857.

[28] Chen W Z, Wei R J, Wang B R. A non-adiabatic model of single bubble sonoluminescence. Acta Physica Sinica, 1996, 5: 620-629.

[29] Toegel R, Lohse D. Phase diagram for sonoluminescing bubble: A comparison between experiment and theory. J. Chem. Phys, 2003, 118: 1863-1875.

[30] Matula T J, Crum L A. Evidence for gas exchange in single-bubble sonoluminescence. Phys. Rev. Lett, 1998, 80: 865-868.

[31] Wang W J, Chen W Z, Lu M J, et al. Bubble oscillations driven by aspherical ultrasound in liquid. J. Acoust. Soc. Am, 2003, 114: 1899-1904.

[32] Xu J F, Chen W Z, Xu X H, et al. Composition and its evolution inside a sonoluminescing bubble by line spectra. Phys. Rev. E, 2007, 76, art. 026308.

大振幅驻波的研究进展

刘丹晓，范瑜晛，彭　锋，闵　琦，刘　克

(中国科学院声学研究所，北京　100080)

1　引言

近年来，研究大振幅声波(又称为高声强声波或有限振幅声波)的非线性声学得到了迅速发展，并已渗透到声学的多个方面。这主要是因为在科研、生产、国防、航空航天等领域中产生了很多高声强环境，这使得高声强在当代科学技术中显得越来越重要。宇宙飞船发射时所产生的声功率相当于一架大型客机的总机械功率，而如果把大型客机自身发出的声功率转换成机械功率又足以驱动一辆卡车。在喷气发动机实验室、高声强混响室内，声强可达到足以使小动物窒息的程度。火箭喷气发动机所发出的空气动力噪声、飞机部件和人造卫星的噪声试验、大功率超声设备的处理、固体在强烈激光照射下引起的强超声波等都涉及大振幅声波，而且大多数情况下都是驻波。

在声学研究领域，对大振幅驻波的研究可以说是一个待开发的“领域”。大振幅声波理论早在18世纪中叶就受到科学家的注意，到19世纪中叶行波已经形成比较完整的无损耗介质中的传播理论，耗散、频散等各种性质和效应也在20世纪得到研究和发展。就大振幅行波传播理论而言，至20世纪60年代初，经过学者们多年努力，从理论到实验均比较令人满意，可以说已形成比较完整的体系。相反，虽然在大振幅声波的实验研究中，实验大量采用的驻波有利于得到高声强的声场，但是驻波的理论研究较之行波困难得多。

国际声学界对于大振幅驻波的研究，在理论上基本上局限于传统的体系，尚无理论上的突破，许多问题的研究多采用微扰技术，或在前人已有的基础上，再加一些修正因素，没有实质性进展。对闭管中驻波的研究大多以在共振状况下闭管中已存在激波情况为起点。一般而言，数学公式比较复杂，不易直观地用实验加以验证。对于驻波形成激波前的情况，即驻波由小振幅(线性范围)过渡到大振幅(非线性范围)直到激波的形成，没有相应清晰、准确的物理图像和数学描述，对于闭管中大振幅驻波声场尚缺乏全面系统的研究。

2　闭管中大振幅波的研究

1935年，Fubini[1]在其著名的关于大振幅行波的论文中，专门有一节关于“驻波和反射波”的论述提及管道内形成驻波，Fubini 称“数学问题尚未得到解决”。他分析说：大振幅波在管中往返入射、反射、相互作用、干扰，分析起来很困难，最主要的原因是此时线性声学中迭加原理在分析入射波、反射波时不能再应用。Fubini 就一端为刚性封闭，一端为活塞简谐驱动的闭管情况进行了讨论，并加以 $kl=(4n+1)\pi$ 的条件限制，用近似法得到位移的二级近似表达式，但难以用实验加以验证。他自己也承认，所得公式局限性很大，不是严格的数学解。

1948 年 Echart[2]将微扰法引入声学领域后，许多人用此法处理驻波问题。基本方法与处理行波时相同，只是从一阶驻波开始。典型的处理情况如下：

取拉格朗日近似波动方程

$$\frac{\partial^2 \xi}{\partial t^2}-c_0^2\frac{\partial^2 \xi}{\partial a^2}=-c_0^2(\gamma+1)\frac{\partial \xi}{\partial a}\frac{\partial^2 \xi}{\partial a^2} \tag{1}$$

求一级近似时略去右端项而解线性微分方程，得出一级近似代入上式右方，可解出二阶项。高阶项可以从低阶项依次求得，但所得结果从物理上有些难以解释。

1950 年，Westervelt[3]在研究平均声场时，就驻波问题得到过稳定结果。他假设一阶项和二阶项的相互作用可忽略，因而一阶解二倍以上的简正频率不被激发，二阶量在求解时其方程只保留与时间无关的项，从而能得到二阶稳定解，但所作假设较难想象。

Keller[4]在 1953 年对有限振幅的周期声波的一维气体动力学方程进行了求解，讨论了闭管中的驻波问题。活塞的位移振幅始终限制在不使激波形成的范围内，根据不同的振幅给出了质点速度和比容作为空间和时间的函数的图形，表明其图形在明显偏离小振幅情况下应显示的是正弦波形。然而其所得推论只是定性的，不易从实验上给予验证。

1957 年，Fay[5]讨论了由相对方向传播的有限振幅波形成的声场，质点速度以马赫数表示，保留至幂级数的二次项。所得结果为声场中质点速度是每个单独分量波的质点速度的矢量和。

1958 年， Betchov[6]就闭管中空气柱共振进行了理论分析，他认为即使黏滞和热传导略去不计，非线性效应也会使共振时振幅为有限值；在不考虑黏滞和热传导的情况下，他假设共振时的解是由连续的和间断的两部分构成，激波的频率和活塞的频率相同，波形的连续部分是活塞正弦振动半频率所对应的部分；而黏滞边界层损失使得声压峰值不是出现在激波上而是在激波之后，实验观察证实了这个论断。

1960 年, Saenger 和 Hudson[7]研究了空气柱在共振时产生的周期激波在管中往复传播的问题，在其推导中考虑了管壁的耗损(摩擦和热传导)，对所得结果也进行了实验验证，其分析方法类似于 Betchov[6]所用的方法。

1964 年, Chester[8]提出了更为完善的理论。他所分析的情况依然是在共振频率附近，其理论模型在考虑耗散的同时考虑了管壁和主流的损失，而且在数学推导中考虑这些损失时采用的是基于物理基本原理的方法,而不是像前人那样做些人为的假设。Chester 所得结果表明：在每一共振频率附近的窄带内，会有激波出现，而在这窄带以外，波形是连续的，但不是完全正弦式的。

1965 年，冯绍松[9]用逐步近似法讨论了有限空间内大振幅波的传播，结果表明，在计及高级近似的情况下，大振幅波在一维有限空间内传播是不稳定的。

1966 年, Weiner[10]提供了一个估算有限振幅驻波非线性效应的方法。他假定声压波形是锯齿形，基频模式的非线性能量损失应等于高阶谐波对该模式所做的功，把功代入能量平衡方程可得振荡的极限振幅。

1969 年，Temkin[11]把弱激波的能量耗散理论应用于有限振幅驻波。他假设锯齿波在每一波长是弱间断的,管中的大振幅共振声场可以用相对传播的两锯齿波表示，其方法比较简单, 但所得结果与用比较复杂的严格方法所得结果基本相同。

1975 年, Coppens 和 Sanders[12]研究了有损流体在空腔中的驻波声场问题，用线性声学范围内所采用的空腔共振频率 f_n 和品质因数 Q_n 的经验值建立了三维驻波的数学模型。如果真实腔体的几何条件和边界条件距理想腔体相差不大, 也可以采用这一数学模型，条件是 $M(1+B/2A)Q_1$ 比较小，其中 M 为峰值马赫数，Q_1 为驻波基频的品质因数，B/A 为流体线性参量。在矩形腔体中，以一维和二维的方式激发驻波，并与理论作了比较。矩形腔体的几何尺寸为 $30.3\times21.0\times7.0\text{cm}^3$，实验中腔体内典型声压级约为 136dB, 除去非线性预测的模式与腔体本身模式简并情况外，理论和实验观察符合较好。

1985 年, Ochmann[13]用平均方法讨论了闭管中非线性共振问题。对于任意的外部共振激发,用平均方法求得带有耗散项的一维非齐次、非线性声波方程的近似解，一级近似解是两个调制的相向传播的波的叠加，每一个波的振幅则是 Burgers 方程的解。给出了外部激发力是简谐分布力(简谐振荡)的边界条件下的显式稳定解。

1994 年，马大猷先生[14~16]考虑到二阶声场本身的驻波性质，打破了以往对于大振幅驻波研究的传统方法, 从流体力学基本方程出发，提出了一维大振幅驻波的新理论，求得了稳定的波形公式。后又考虑耗散等因素，使其理论更加趋于完善。考虑到黏滞耗散及多次反射,进行必要的修正后,得到了质点速度和声压的表达式，但得到的声压公式中略去了一些非“波动”项。

2004 年，Vanhille 等[38,39]研究了含热黏流体的二维共振器中的强非线性波，对流体作无旋假设后,由守恒定律和状态方程在拉格朗日坐标下推导出了一组完整的非线性微分方程。并在时域和空域用有限差分法及置换矢量场的数学模型求解了这个问题。给出了二维共振腔的非线性压力场的几个特征，如失谐和衰减效应等，特别对于压力波的准驻波特性进行了描述,并对二维共振腔体的均方根压力再分配效应进行了探讨。

在模拟计算方面，1975 年，Burgen[23]用计算机模拟计算了闭管中的大振幅驻波,数学模型所描述的管中情况为一端活塞周期运动,另一端则给出阻抗边界条件。计算程序限制在激波形成前，在活塞正弦振动条件下且刚性端的情况，所得模拟结果与 Coppens 和 Sandors[12]的理论结果符合极佳。其基本方法可模拟任何一维大振幅驻波，只要求一端给出速度条件，而另一端给出阻抗条件。Burgen 的数学模型分成了几部分进行单独模拟计算：非线性畸变模型、吸收模型、频散模型、反射模型、波相互作用模型及叠加模型，最后综合在一起给出计算结果。

1998 年，Ilinskii 和 Lipkens[31]等从理想气体的基本气动方程出发，考虑衰减和黏性建立了形状任意的轴对称声学共振器中的非线性驻波的一维模型。理论预测了共振频率漂移、滞后效应和波形失真等现象, 对比不同形状(圆柱形、锥形、球形)的共振器, 发现共振强化或弱化以及波形失真依赖于共振器的几何形状。

同年，Elvira-Segura 等[24]使用 Galerkin-Bubnov 计权留数公式求解包含热耗散和黏性耗散效应的拉格朗日 2 阶波动方程,用有限元方法研究了腔体内的非线性驻波声场，该方法适用于场中的吸收效应，而无法得到简单的解析表达的高频驻波场的研究。

2001 年，Vanhille[38]等人利用有限差分法在时域内模拟研究了含均质、热黏流体的一维共振器管道中的非线性驻波声场。考虑阻尼效应，给出了不同激励条件和管长下不同位置的位移和压力波的计算结果,估算了沿共振器轴线的各个谐波成分的振幅分布。

国内,1999 年,黄东涛等[25]采用 Euler 方程和 MacCormack 四阶精度差分方法,成功地模拟了非线性驻波高次谐波成倍增长和饱和的现象,并与相应实验结果作了详细比较，符合很好。图 1 给出了共振条件下各次谐波声压级随激发声压级的理论模拟计算结果(图(a))及其随驱动电压变化的实验结果(图(b))。结果显示：激发声压级越大，得到的高次谐波声压值也越大；其增大幅度先大后小，阶次愈高，增大愈快；各次谐波先是线性增长，后是非线性增长，最后所有谐波都渐渐趋于不变增长量，有(增量)饱和的趋势。

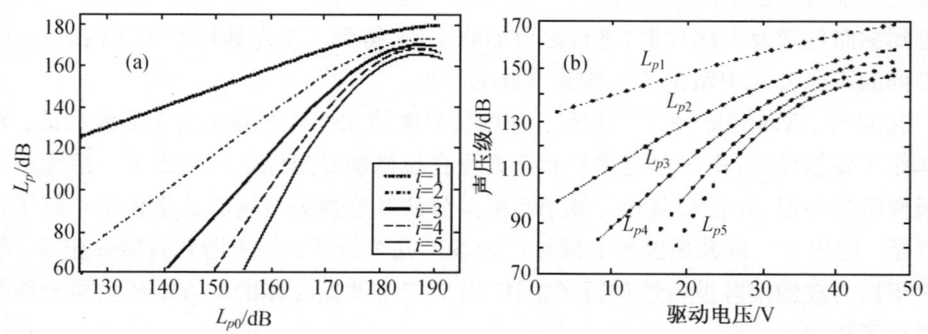

图 1　(a)各次谐波声压级随激发声压级的理论模拟计算结果；(b)随驱动电压变化的实验结果

1995 年，刘克[17~22]建立了一套较为完善的一维大振幅驻波实验系统(如图 2 所示)。在两端封闭的长 2.35m、直径 45mm 的驻波管中，采用 100W 电动扬声器，当激发频率为 148Hz 和 205Hz 时驻波管末端最大声压级实测可达 167dB。对大振幅驻波管中非线性现象进行系统研究，从而用实验验证了马大猷先生提出的大振幅驻波理论[14~16]。根据实验得到的二次谐波的变化曲线，将驻波场划分为四个区域(如图 3 所示)。马先生关于大振幅驻波的理论[14~16]极好的描述了 I 区二次谐波的最小值。实验同时分析了驻波声场中出现的分岔、次谐波和分数谐波以及高次谐波成倍增长以至饱和等非线性现象。实验结果显示，二次谐波变化曲线可近似用一简单初等函数描述，而三次谐波变化曲线比较复杂，不易用简单的初等函数描述，但两条曲线之间有密切相关的联系(如图 4 所示)。

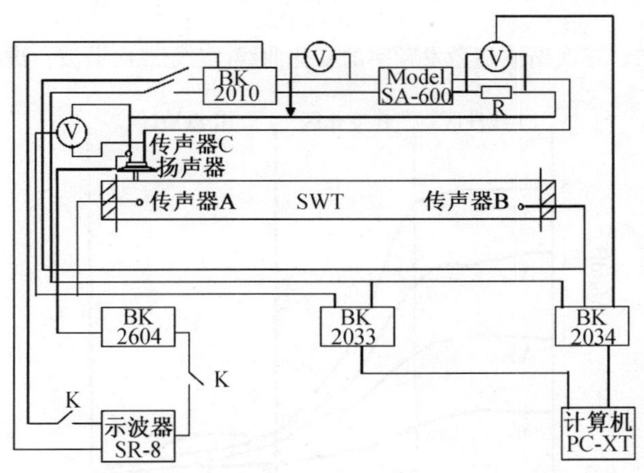

图 2　一维大振幅驻波实验装置框图

Ⅰ	Ⅱ	Ⅲ	Ⅳ
$\sin 2k_0 L \to 1$ Maa'公式 二次谐波最小值区域	过渡状态 二次谐波量值居中	$\sin k_0 L \to 0$ $\sin 2k_0 L \to 0$ 基波、二次谐波 峰值区域	$\sin k_0 L \to 1$ $\sin 2k_0 L \to 0$ 二次谐波峰值区域 基波的谷值区域
稳定区	过渡区	共振区	反共振区f_0(激发频率)

图 3　驻波场频域内的区域划分图

图 5 较为直观地反映了谐波增长变化情况，根据其变化规律在 $\Delta L_n - L_p$ 图上划分为三个区域：在 L_{p1} 小于 153dB 以前，ΔL_n 为一常数，即 L_{pn} 的变化与 L_{p1} 呈线性关系，这一区域称之为“线性区”；区域Ⅱ称之为“变化区”，此区域内 ΔL_n 不再是常数，其变化率(曲线斜率)与 n 成正比，L_{pn} 不再以 n 倍于 L_{p1} 的速率变化，谐波增长出现饱和趋势，可认为时域内驻波开始向激波发展；随着 L_{p1} 进一步增加，ΔL_n

的变化趋于平缓，逐渐趋于一常数值，这一区域称之谓“激波区”，此时时域内的波形已接近于激波。

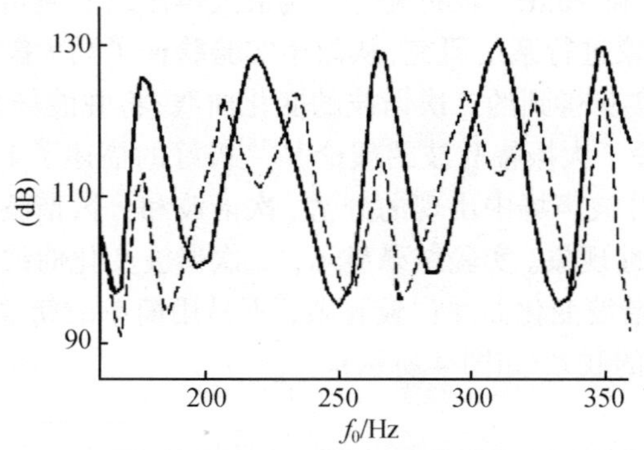

图 4 驻波场二、三次谐波随激发频率的变化曲线(实线:二次谐波；虚线为三次谐波)

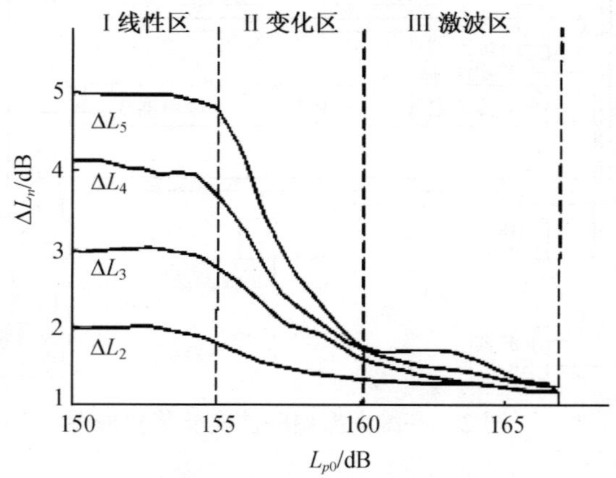

图 5 系统共振条件下谐波增长随基波变化情况

3 变截面管内声波的研究

近年来，以热声效应为基础的热声学得到迅速发展。热声学是研究热与声之间相互转换规律和关系的科学，涉及声学、热力学、传热学、流体动力学等多门学科。热声学中的非线性问题研究交叉了热声学与非线性声学两个领域的重要研究方向，它的研究重点是热声学中所涉及的大量的声学非线性问题，如大振幅驻波、声流等问题。这些问题是热声学和非线性声学这两门学科中的关键性问题，对于这两门学科的进一步发展有着重大的意义。近年来，热声发动机方面的一些研究发现[30]，利用变截面谐振管的共振强声特性，可以有效地抑制其内部高次谐波脉动，进而很大程度地提高了压比。目前，如何优化谐振管的设计以最大限度地抑制热声系统中的高次谐波成分正逐渐引起研究者们的关注。

1940 年，Oberst[26]提出了一种产生大振幅纯净波的方法，即将两个半径和长度不同的驻波管连接到一起，大管端放置声源，共振条件下在另一侧小管端会产生高声压级。如图 6 所示，若假定小管端为刚性界面，其声压级为

$$|p_2(l_2)|^2 = \frac{p_e^2}{A^2 + B^2 + [1-(S_2/S_1)^2]C} \tag{2}$$

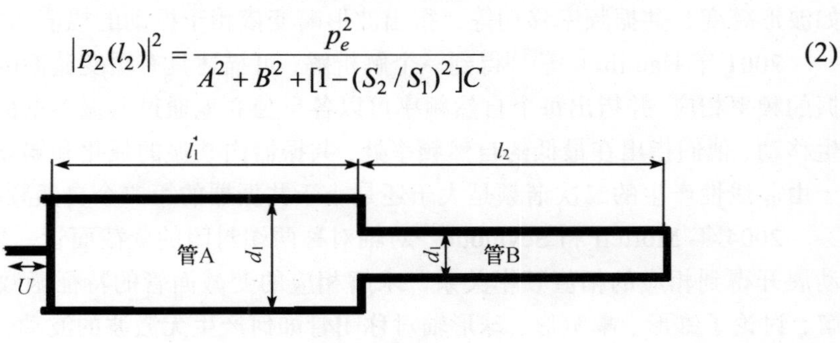

图 6　Oberst 管简图

其中 p_e 为声源端的声压级，S_1 和 S_2 分别为大、小管的截面积，l_2 为小管长度，A、B 和 C 为与声波频率、管长度、管的半径以及管的阻尼系数有关的量。

1977 年，Keller[27]讨论了变截面管内的二阶共振效应，指出当变截面管的截面积 $A(x) \sim x^{-2}$ 时，可以类似于 Chester 在等截面管中一样得到声压的解析解。

1993 年，Gaitan 和 Atchley[28]研究了活塞源共振驱动的谐波和非谐波变截面管中的有限振幅驻波，指出失谐管抑制了向高阶谐频的能量传播从而抑制了高阶谐波的产生，并且管子的形状决定了管中所产生的波形。

1994 年，Chester[29]研究了一端刚性封闭、一端在共振频率附近振荡的活塞源驱动的变截面管问题，指出在变截面管情况下，较小的变化可以对解产生很大的变化，还可能存在复杂的类似 Duffing 响应的情况，对于某些频率，解不唯一；而且在共振频率和非共振频率下，变截面管相对等截面管，声振幅都有很大提高。

1998 年，Lawrenson 等[30, 31]从实验和理论两方面研究了不同形状共振管内的有限振幅驻波，发现在变截面管的闭合端，大振幅声压波动很小。同年，他们对不同结构空腔内的驻波场进行了研究，指出，可通过设计空腔的几何形状来抑制基波的饱和，进而将极高的能量转移到管内的波动能量中去。他们称这类空腔为共振强声合成器(resonant macrosonic synthesis)。共振强声合成器的意义在于可以将很高的能量转移到波动能量中去，得到非常高的动态压力，同时避免由于激波带来的饱和。

Lawrenson 等[30]对柱形、锥形、喇叭－锥形、球形的共振器内的驻波场进行了实验研究，发现压力波形强烈依赖于空腔的几何形状，他们指出可以通过设计空腔几何形状来控制谐波相位和振幅，以避免激波的形成，抑制基波的饱和，使腔内达到共振强声压力；同时指出，通过这样的系统可以将高功率能量转化为共振腔内的声能，不同形状起到加强或弱化共振特性的作用。罗二仓等[32]则提出了采用锥形

谐振管的高压比聚能型热声发动机。

Ilinskii 等[33]给出了一个分析声学共振器中的非线性驻波的一维模型，并分别对柱形、锥形、球形空腔的共振器进行了研究，理论预测描述了一些非线性现象，如波形畸变、共振频率移动等，指出波形畸变依赖于振动的幅值和共振器的形状。

2001 年 Hamilton 等[34]得到一个解析解，可描述具有缓变截面的管内非线性共振的频率相应，并指出每个自然频率可以各自独立地通过共振器壁面的空间调制产生移动，他们指出在最低的自然频率处，共振器内共振的强化和弱化特性主要取决于由非线性产生的二次谐频是大于还是小于共振器的第二个自然频率。

2004 年 Mortell 和 Seymour[35]对轴对称两端封闭的变截面管，采用 Duffing 摄动展开得到相应的幅值频率关系，求解相应的变截面管的特征函数方程得到解析解，讨论了锥形、喇叭形、球形轴对称闭管如何产生无激波的波动，但他们所用的模型没有假设截面缓变。

近期对 Oberst 管进行的实验研究中，我们发现当变截面闭管的固有一阶反共振频率在接近共振基频的倍频处，共振基频激励下的二次谐波将受到极大抑制，从而在闭管末端可获得高声压、低畸变的波形，如图 7 所示。此方法对于热声发动机的谐振管的优化设计具有指导作用，具体可针对不同几何形状的谐振管进行分析，通过合理选择和控制管路参数，使谐振管共振基频等于热声发动机的工作频率，而使共振基频的谐频等于固有反共振频率，以最大限度抑制谐波增长，进而有效提高

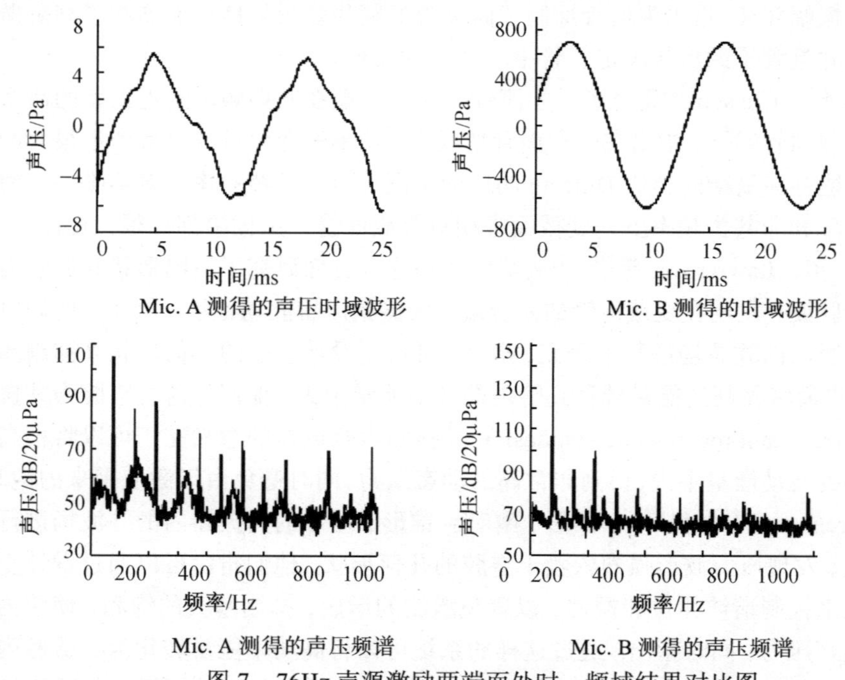

图 7　76Hz 声源激励两端面处时、频域结果对比图

声压比。同时，谐波特性和谐波饱和规律的实验研究表明，二次谐波特性不存在类似等截面闭管中的规律，在研究范围内，谐波随基波的增长而增长，未出现类似等截面闭管中的饱和趋势，如图 8 所示[36]。

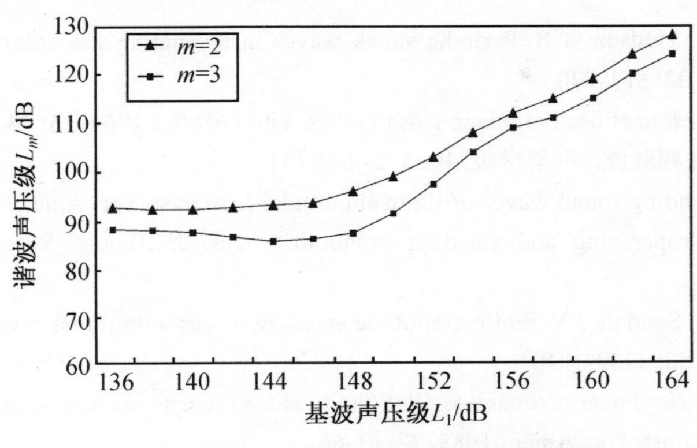

图 8　二、三次谐波饱和关系曲线

4　总结和展望

目前，对大振幅驻波的实验和理论研究都存在很多尚待解决的问题，人们在利用高声强效应进行实验研究和实际应用中，其声场强度基本都在 170dB 以下，我们称之为“中高强度场”。在实验室内产生极高强度声场是极其困难的，这使得人们无法对极高强度声场非线性基本理论进行直接的实验验证，从而无法证实理论所预测的新效应、新现象，因而阻碍了这方面基础研究的进展。

进一步完善和发展大振幅驻波理论[37,38]，加强对大振幅驻波场的认识，不但对非线性科学的基础研究具有意义，而且对非线性声学在国民经济、现代国防、科研等重要领域的广泛实际应用具有重大价值和直接的指导意义。

致谢

基金项目：国家自然科学基金项目(10574135)和中国科学院知识创新工程重要方向项目(KJCX3. SYW. W02)。

参 考 文 献

[1] Fubini G E. Anomalie nella proagation di onde acustische die grande ampizza alta freq. 1935, 4: 530-581.

[2] Echart C. Vortices and streams caused by sound waves, Phys. Rev., 1948, 73: 68.

[3] Westervelt P. The mean pressure and velocity in a plane acoustic wave in gas. J. Acoust. Soc. Amer., 1950, 22: 319-327.

[4] Keller J B. Finite amplitude sound waves. J. Acoust. Soc. Amer., 1953, 25: 212-216.
[5] Fay R D. Oppositely directed plane finite waves. J. Acoust. Soc. Amer., 1957, 29: 1200-1203.
[6] Betchov R. Nonlinear oscillations of a column of gas. The Phys. of Fluids, 1958, 1(3): 205-212.
[7] Saenger R A, Hudson G E. Periodic shock waves in resonating gas column. J. Acoust. Soc. Amer., 1960, 32: 961-970.
[8] Chester W. Resonant oscillations in closed tubes. Fluid Mech., 1964, 18: 44-64.
[9] 冯绍松. 大振幅驻波. 声学学报, 1965, 2: 149-151.
[10] Weiner S. Standing sound waves of finite amplitude. J. Acoust. Soc. Amer., 1966, 40: 240-243.
[11] Temkin S. Propagating and standing sawtooth waves. J. Acoust. Soc. Amer., 1969, 45: 224-227.
[12] Coppens A B, Sanders J V. Finite-amplitude standing waves within real cavities. J. Acoust. Soc. Amer., 1975, 58: 1133-1140.
[13] Ochmann M. Nonlinear resonant oscillations in closed tubes – an application of the areraging method. J. Acoust. Soc. Amer., 1985, 77: 61-66.
[14] 马大猷. 大振幅驻波理论. 声学学报, 1990, 15: 354-363.
[15] Maa D Y. Nonlinear standing waves in a tube. Chin. Phys. Lett., 1993, 10(6): 343-346.
[16] 马大猷. 闭管中大振幅驻波理论. 声学学报, 1994, 19(3): 161-166.
[17] 刘克. 大振幅驻波的实验研究. 中国科学院声学研究所博士学位论文，1992.
[18] 刘克. 有限振幅驻波声场中的分岔实验研究. 声学学报, 1995, 20(3): 170-173.
[19] 刘克. 大振幅驻波的实验研究Ⅰ：二次谐波的特性. 声学学报, 1995, 20(4): 256-263.
[20] 刘克. 大振幅驻波的实验研究Ⅱ：驻波场谐波的饱和. 声学学报, 1995, 20(5): 393-398.
[21] 刘克. 大振幅驻波的实验研究Ⅲ：三次谐波的共振. 声学学报, 1995, 20(6): 466-468.
[22] Maa D Y, Ke K L. Nonlinear standing waves: theory and experiments. J. Acoust. Soc. Amer., 1995, 98(11): 1-11.
[23] Van Burgen A L. Mathematical model for non-linear standing waves in a tube. J. Sound & Vibr., 1975, 42(3): 273-280.
[24] Segura L E, de Sarabia E R F. A finite element algorithm for the study of nonlinear standing waves. J. Acoust. Soc. Amer., 1998, 103(5): 2312-2320.
[25] 黄东涛等. 非线性驻波现象的数值模拟与实验结果的比较. 声学学报，1999, 24(3): 295-330.
[26] Hermann O. A method for producing extremely strong standing sound waves in air. Akustische Zeits, 1940, 5: 27.
[27] Keller J J. Nonlinear acoustic resonances in shock tubes with varying cross-sectinal area. Appl. Math. & Appl. Phys. 1977, 28: 107-122.
[28] Gaitan D F, Atchley A A. Finite amplitude standing wave in harmonic and anharmonic tubes. J. Acoust. Soc. Amer. 1993, 93: 2489-2495.
[29] Chester W. Nonlinear resonant oscillations of a gas in a tube of varying cross-section. Proc. R. Soc. Lond., 1994, A444: 591-604.
[30] Lawrenson C C, Lipkens B, et al. Measurement of macrosonic standing waves in oscillating closed cavities. J. Acoust. Soc. Amer., 1998, 104: 623-636.
[31] Ilinskii Y A, Lipkens B, et al. Nonlinear standing waves in an acoustical resonator. J. Acoust.

Soc. Amer., 1998, 104: 2664-2674.
[32] 罗二仓，凌虹，戴巍，等. 采用锥形谐振管的高压比聚能型热声发动机. 科学通报, 2005, 50(6): 605-607.
[33] Iiinskii Y A, Lipkens B, et al. Nonlinear standing waves in an acoustical resonator. J. Acoust. Soc. Amer., 1998, 104(5): 2664-2674.
[34] Hamilton M F, Iiinskii Y A, Zabolotskaya E A. Linear and nonlinear frequency shifts in acoustical resonators with varying cross sections. J. Acoust. Soc. Amer. 2001, 110(1): 109-119.
[35] Mortell M P, Seymour B. Nonlinear resonant oscillations in closed tubes of variable cross-section. J. Fluid Mech. 2004, 519: 183-199.
[36] 彭锋，范瑜晛, 等. 变截面闭管中非线性驻波场的实验研究. 声学技术(已录用待发表).
[37] Vanhille C, Pozuelo C C. Numerical model for nonlinear standing waves and weak shocks in thermoviscous fluids. J. Acoust. Soc. Amer., 2001, 109(6): 2660-2667.
[38] Vanhille C, Pozuelo C C. Numerical simulation of two-dimensional nonlinear standing acoustic waves. J. Acoust. Soc. Amer., 2004, 116(1): 194-200.

颗粒物质中的非线性波动与输运研究进展

缪国庆

(近代声学教育部重点实验室, 南京大学声学研究所, 南京　210093)

1　引言

颗粒物质在自然界比比皆是，而且它们与人类的生产(如工业、农业、建筑业等)和生活息息相关。在我们周围随处可见的诸如沙子、土壤、矿石、冰山、药品以及各种各样的化工产品，还有我们每天吃的食物如大米、面粉、玉米、大豆等都是以颗粒物质形式存在的。颗粒物质通常指的是肉眼可见的物体，其直径小到几百微米，大到几千千米，尺度跨越至少 12 个数量级。据统计，每年地球上使用的能源的 1/10 都是在处理颗粒物质中消耗的。自 20 世纪 90 年代以来，颗粒物质的研究逐渐成为热门课题。国际著名刊物 Nature、Science 及 Physical Review Letters 等经常有这方面的研究报道。Physical Review E 更是辟有专栏“Granular materials”专门刊登有关颗粒物质的研究论文。颗粒物质在不同的条件下可呈现类似固体、液体、气体的特性，并且具有很强的耗散性。 在实验室、生产实践及自然界发现了许多奇特现象如振动激励下颗粒物质中出现的斑图(pattern)——包括波动、表面局域激发(孤立波，振子(oscillon))、对流、隆起、分层、分离等[1~5]。在稠密颗粒物质中，除了可以传播通常的声波[6](亦与通常固体、液体中不同)外，颗粒间的互作用力还可以孤立波形式在力链中传播[7]。波动与输运现象是颗粒物质中最为普遍也是人们研究得最多的现象，如矿产品(煤炭、矿石等)及粮食等的储藏、输运、筛选，乃至自然界中沙丘的形成及迁移演化、地震、雪崩等过程均与波动与输运有密切关系。然而人们对这些现象的实质知之不多，许多还在探索研究之中。

由于颗粒物质的复杂性，对它的研究至今尚无完整理论体系。多借助经典流体理论或利用计算机作粒子动力学模拟计算。现在的情况是实验远走在理论的前头。许多实验现象都无法用现有理论解释。国外借助磁共振、正电子辐射粒子跟踪等技术，能进行三维系统的实验，研究其内部运动。但也并未将表面激发与内部运动联系起来研究。国内起步较晚，与国外相比还有一定差距。本文将主要介绍有关垂直激励下颗粒物质动力学行为的研究。

2 颗粒物质的耗散性质

实验表明，虽然单个颗粒的耗散很小，但大数目的颗粒系统一旦停止对其激励，其运动立即停止，这表明大数目的颗粒系统具有很强的耗散。研究表明，颗粒物质的许多集合现象如隆起、分层、表面波动等，均与其耗散性质有关。关于颗粒物质的耗散性质的研究主要通过实验、动力学理论、分子动力学模拟等。关于受振动激励颗粒层的运动，有振动板上的完全非弹性单球模型。我们利用单球模型研究了垂直振动激励下颗粒物质的能量输入、耗散及标度关系。理论分析及数值计算表明，输入系统的功率及系统内部动能并非随激励加速度线性增长，而是呈非线性变化，并且在一定的加速度范围内输入系统的功率及系统内部动能均趋于零，呈现“能量阱”及“温度阱”现象，如图 1 所示[8]。这一结论与实验完全吻合[9]。根据文献[9]描述，实验中随着无量纲激励加速度Γ($\Gamma = \omega^2 A / g$，ω为激励圆频率，A 为激励振幅，g 为重力加速度)的增加，颗粒层表面依次呈平坦、斑图、平坦、斑图、…… 状态，其中平坦状态对应极低甚至零能量输入，斑图状态对应较高能量输入。

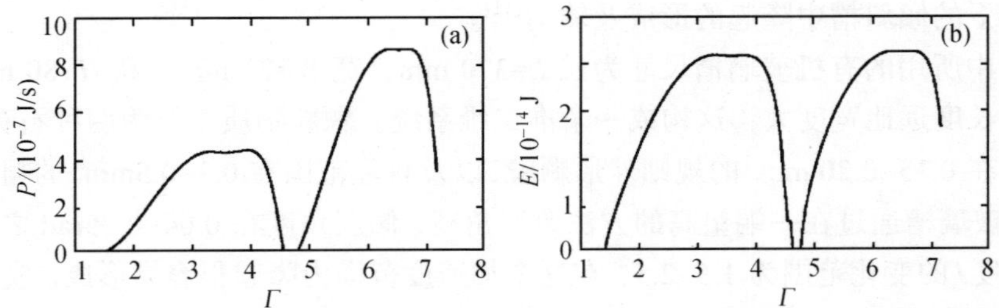

图 1 (a)对单个颗粒的平均输入功率 P；(b)系统温度 E_0(颗粒平均动能)与无量纲加速度Γ 的关系

3 颗粒物质中的对流

在一定的垂直激励下，颗粒物质呈现流体特性。实验发现，流体化的颗粒物质内部会出现类似通常流体的对流现象。透明容器中的二维颗粒对流可由肉眼直接观察，三维颗粒系统对流则是通过磁共振与示踪粒子技术相结合进行观察。关于颗粒物质中对流的机制有两种，一种认为对流是由于颗粒与容器壁面间的摩擦造成的；另一种认为对流机制与通常流体类似，是由于“热”驱动引起。我们[10]将振动下的颗粒系统模拟成“热”颗粒流系统，每个颗粒同时参与宏观流动及颗粒间相互碰撞引起的无规运动(“热”运动)，利用类似通常流体的动力学方程组，经过理论分析与数值模拟，得到了“热”驱动的对流图像(图 2)。计算表明，对流环角速度自外向内递增，我们将这种对流称为“主动”热对流。

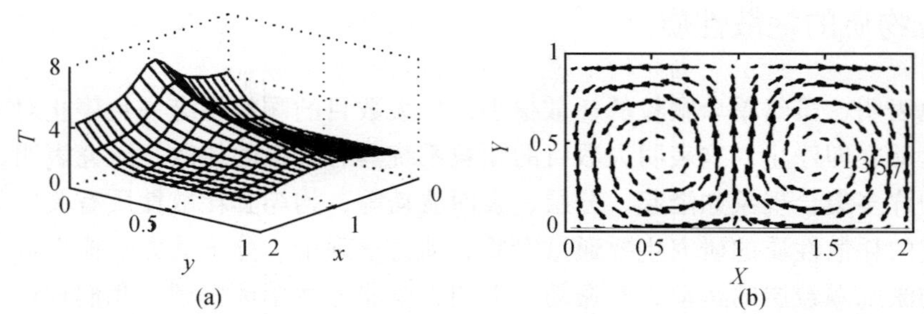

图 2　垂直二维热颗粒流系统中的“温度”分布(a)及对流环(b)图示

4　颗粒物质中的隆起

4.1　倾斜平底槽中的隆起

隆起是垂直激励下颗粒物质中出现的一个很有趣的现象。在一定的激励下，颗粒会自动堆积形成隆起。关于水平容器中的隆起国内外已经有过很多研究。认为颗粒流与壁面摩擦和气压差所导致的对流是隆起形成的主要原因。这里我们主要介绍垂直振动下的倾斜槽中隆起的形成及输运[11]。

实验中所用的有机玻璃槽尺寸为长 L=370 mm，宽 W=25 mm，高 H=80 mm。由于槽的长度远比宽度大，这构成一个准二维系统。颗粒物质主要为两种石英砂：直径范围在 0.15~0.20 mm 的规则球形颗粒，以及直径范围在 0.3~0.5mm 的粗糙颗粒。有机玻璃槽通过在一端垫高的方法改变角度，倾斜角度在 0.04~0.25rad 之间可调，加速度Γ的变化范围为 1.5~2.5，在这个加速度范围内隆起很容易形成。实验开始时，大约 80 ml 的石英砂被均匀地放置于水槽的低端，厚度大约为粗砂 60 d，细砂 80 d(d 为颗粒直径)。然后缓慢地增加加速度，石英砂会自发形成一个隆起，并缓慢向槽高端移动。图 3 显示的是粗糙石英砂形成的隆起，其中(a) 为隆起在槽中央，(b)为隆起移至槽高端时的形状。

图 3　粗糙石英砂形成的隆起: (a)隆起在槽中央; (b)隆起移至槽高端

图 4 为实验测量的四种激励频率下隆起向上输运速度 V 与激励加速度Γ及槽倾斜角α之间的关系，结果可以用 $V = A\tanh[k_1(\Gamma - \Gamma_c)]\tanh(k_2\alpha)$ 来拟合，其中 A、k_1、

k_2为拟合系数，它们依赖于驱动频率、颗粒特性(如密度、大小、形状等)以及填隙气体的黏滞系数。图 4(a)中实线为用$V = A\tanh[k_1(\Gamma-\Gamma_c)]\tanh(k_2\alpha)$拟合的结果，其中参数$\alpha = 0.045$ rad；图 4(b)中实线为$\tanh[k_1(\Gamma-\Gamma_c)]$；图 4(c)中实线为用$V = A\tanh[k_1(\Gamma-\Gamma_c)]\tanh(k_2\alpha)$拟合的结果，其中$\Gamma=2$；图 4(d)中实线为$\tanh(k_2\alpha)$；图 4(e)中实线对应于$\tanh[k_1(\Gamma-\Gamma_c)]\tanh(k_2\alpha)$。

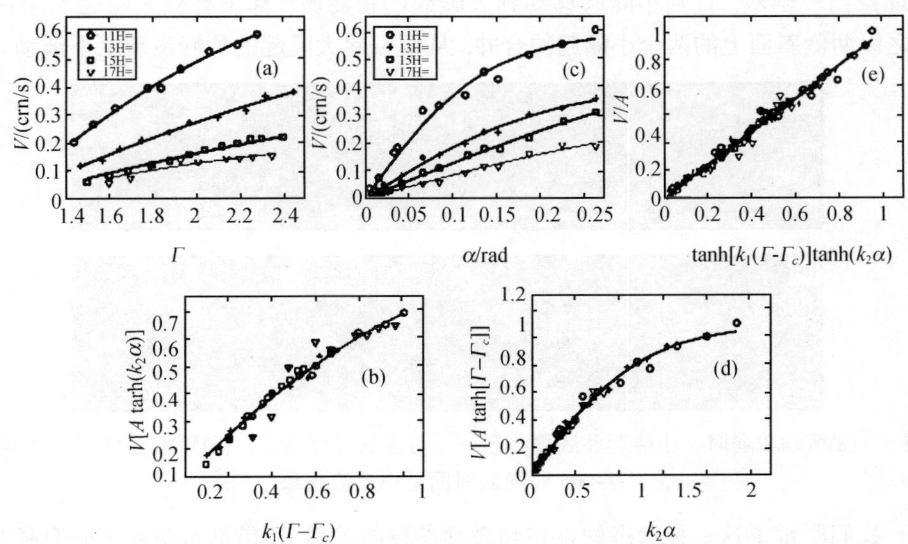

图 4　粗糙石英砂形成的隆起的输运速度 V 随参数的变化关系：(a)不同频率下 V 与Γ 的关系；(b)对(a)中数据重新标度的结果；(c)不同频率下 V 与倾斜角 α 的关系；(d)对(c)中数据重新标度的结果；(e)将(a)和(c)中数据一起重新标度的结果

很显然，隆起的输运是颗粒物质的集体运动。为此，我们用一个与隆起形状、大小都相同的有机玻璃块置于同一个水槽中做了模拟实验。并借此研究隆起的形成与输运机制。进一步的研究表明，隆起内填隙气体中的压力梯度在增强与维持隆起的稳定中起着至关重要的作用。隆起上方与底部间的压力差及隆起与容器底部的摩擦力导致的棘齿效应使得隆起向上输运。这一机制同样适用于垂直激励下水平槽中形成的隆起(无论隆起位于槽中央，还是在槽端)，在这里，隆起内填隙气体中的压力梯度同样起着增强与维持隆起的重要作用。压力梯度导致的合力 F 垂直于底面，即与重力方向一致，没有水平分量，隆起也就不会发生水平移动。

4.2　具有周期底部结构槽中的隆起

我们[12]还研究了在容器底部引入周期结构(矩形周期、锯齿形周期)对隆起的影响。结果表明，在外加垂直激励较弱时，颗粒层表面出现了一系列小隆起，并且这些小隆起和底部凸起位置一一对应。随着激励的增强，小隆起合并成一个大隆起，并呈现稳定隆起、隆起斜面呈小波浪和剧烈波浪三种状态(图 5)。所谓稳定隆起指的是大隆起形状稳定，表面没有明显的小隆起爬坡现象。小波浪指的是自大隆起的两侧底部持续出现新的微小隆起，并以波浪状沿着大隆起的坡面向顶峰移动，但在未到达顶峰前，被大隆起吞并，大隆起顶峰的形状稳定。剧烈波浪指的是出现的小波浪现象比较剧烈，直到小隆起移动到大隆起的顶峰时，都没有被大隆起完全吞并，代之以两侧斜面上的两个小隆起的合并，从而引起大隆起的顶峰出现上下波动。

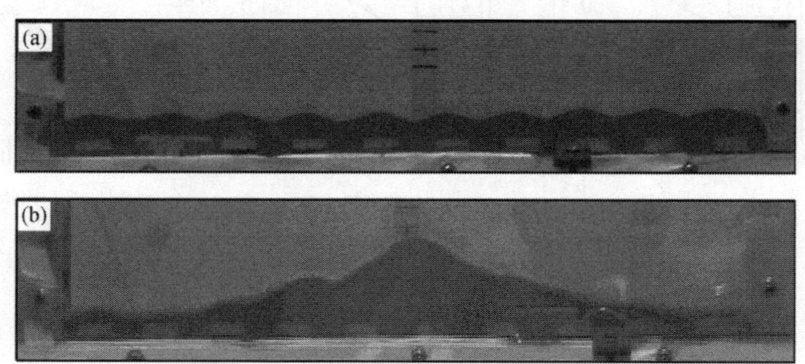

图 5　(a)激励较弱时，小隆起和底部凸起一一对应的过度状态；(b)频率 f=18 Hz，加速度 Γ=3.5 时隆起斜面呈小波浪现象

我们测量了这三种状态的存在和激励参数的关系，还借助示踪粒子研究隆起内部的输运情况，发现周期结构系统中隆起内部存在平底系统中所没有的局部对流。在三种底部一半呈平底，一半呈周期结构(以下简称半周期结构)的槽中，我们还观测到了类似于隆起在斜面上的输运现象。

5　颗粒物质中的波动

垂直振动激励下的颗粒物质系统中，类似流体的表面波动现象很早已被观察到并研究过。然而颗粒流体并非通常流体，其表面波动与通常流体中的表面波动还是有很大差别，很重要的表现是其色散关系与通常流体中的表面波动色散关系完全不同。颗粒物质中的波动模式与系统结构即边界条件无关，完全由激励参数及颗粒的性质决定。而通常流体中的波动的模式完全由边界条件决定。另外，其内部密度波极易出现激波。

5.1　表面波动

文献[13]报道，由直径为 1.5 mm 铝球组成的二维颗粒系统，当垂直激励加速度 $\Gamma > 2.5$ 时，表面呈驻波图象(图 6)，其振动频率为激励频率之半(参量激励)，其经验色散关系是$\lambda/\sqrt{N_h}=\lambda_{\text{off}}(d)+g^*/f^2$(其中$\lambda$为波长，$f$为激励频率，$N_h$为颗粒层数，$\lambda_{\text{off}}=7.2\text{ mm}$,称为截止波长，$g^*=1.05\text{ m/s}^2$，$d$为颗粒直径)。这一色散关系存在一截止波长，这是经典流体表面波动色散关系所没有的。同时，当颗粒流体波动幅度较大时，颗粒层底部呈现拱形结构(图 6(a))。垂直振动激励下，三维颗粒系统表面会出现多种形态的斑图结构，如正方形、六角形、条形等。

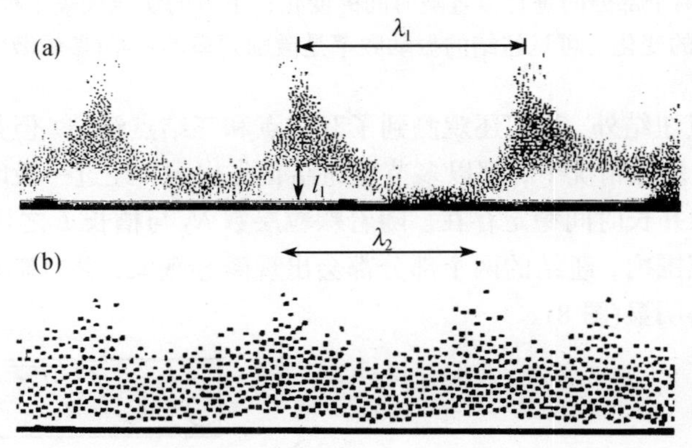

图 6　9 层颗粒形成的表面波动($\Gamma=3.4$)：(a) f=7.8 Hz；(b) f=12 Hz

5.2　激波

垂直振动激励下,颗粒物质系统中除了表面波动外,还存在内部密度涨落波动。目前对这一现象的研究主要是从实验与理论两方面进行。近年来，我们[14]主要以实验方法为主研究了垂直激励下二维颗粒系统中的密度波。通过高速摄像及图象处理方法，我们得到了颗粒物质内部密度和温度的时空分布。我们发现每当颗粒物质与底板碰撞后都存在向上传递的密度以及温度波。在温度波的波前区，马赫数会增加到 1 以上，存在向上传播的激波。通过对颗粒物质温度和背景速度场的比较，我们发现温度的峰值对应于向上和向下运动的颗粒流的交界区域。我们还研究了激励参数和粒子数对激波的影响。

5.3　纽结

垂直振动激励下薄层颗粒系统的另一个有趣现象是所谓纽结。这种情况下，颗粒层被分成两块或多块，相邻两块以相反相位作垂直振动，交界区可以是直的，也可以是弯曲的，类似于流体中的纽结孤立波。关于纽结的报道最早出现在准二维系统中，随后在三维系统中也有报道。在理想二维系统中的纽结现象则由我们[15]首先发现。图 7 是我们在实验中拍摄到的纽结照片。

图 7　理想二维系统中的纽结。N_h=10，f=20 Hz，L=284 mm，Γ=4.6。插图中上方的虚、实线分别代表纽结两个部分的垂直位置随时间的变化；下方的实线代表了槽底垂直位置随时间的变化。可见纽结的振动频率是激励频率的一半(参量激励)

除了单结点纽结外，我们还观测到了双结点和三结点纽结。但是多节点纽结是不稳定的。在大多数情况下，都以多节点纽结首先出现，经过一段时间后就会退化成单结点纽结，并长时间稳定存在。随着颗粒层数 N_h 与槽长 L 之比 N_h/L 的增大，在一定加速度范围内，纽结的两个部分都会出现隆起现象，并且随着 N_h/L 和 Γ 的增大而越发变得明显(图 8)。

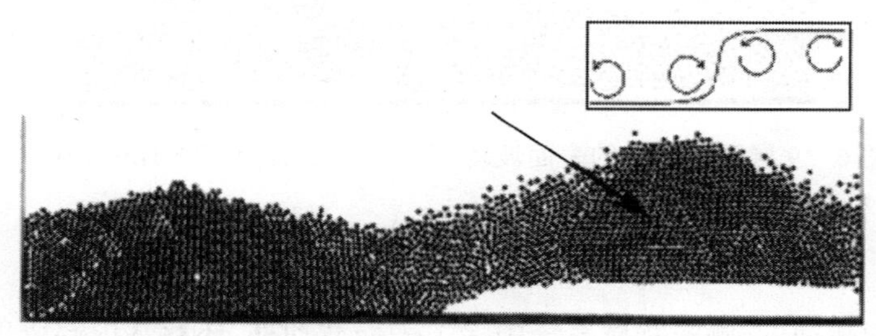

图 8　纽结引起的隆起：N_h =20，f=18 Hz，L=284 mm，Γ=5.4。插图中描绘了隆起内两种对流环的位置和方向

我们通过高速摄像及图像处理方法，研究了颗粒层内粒子的运动，发现颗粒层内在纽结的结点处及槽壁处存在对流，而颗粒正是在这两种对流的作用下形成了隆起。这种隆起现象在外形上以及颗粒的运动方向上与由气流和槽壁摩擦力引起的两种隆起现象有一定的相似之处。但是因为我们实验中选用的铜球颗粒的尺寸和密度足够大，气流对颗粒层中粒子运动的影响完全可以忽略。进一步的实验研究表明，纽结处的对流是由于纽结内部的粒子坍塌引起的。因此，这种由于纽结导致的隆起，其形成机理不同于上述由气流引起的隆起。

5.4　稠密颗粒物质系统中的孤立波

1984 年，Nesterenko[7]首先从理论上研究了紧排列的一维直线球形颗粒链，颗粒间的相互作用力遵从 Hertz 律，形成力链。他发现这种互作用力可以孤立波形式在力链中传播。这种孤立波是一种强非线性孤立波，孤立波的宽度与幅度无关。与弱非线性的 KdV 孤子不同！在两种颗粒物质界面，随预应力(这里为压力，在这一

压力作用下，颗粒链产生预压缩)的改变，孤立波的反射、透射会发生很大的改变，并呈现所谓声二极管效应[16]。Nesterenko[16]还预言了声二极管效应的潜在应用。二维、三维情形，力链构成二维、三维网络，问题变得很复杂。

6 展望

本文介绍了振动激励下颗粒物质系统的一些动力学特性及有关的研究工作。依赖于颗粒特性及振动激励的不同，颗粒物质呈现异常的固体、液体及气体特性。颗粒物质看似简单，却表现出极其复杂、高度非线性的性质，对于这些现象的解释常常向现有的物理学提出挑战。如虽然人们已知沙堆堆积与历史状态有关，但却不知道如何将这一关联包含到斑图理论中去。同样在对颗粒系统尝试作流体动力学描述时，很显然通常流体的无滑移边界条件不适用，但人们仍然不知道如何正确处理这一边界条件，以及牛顿流体力学如何修正才能正确描述颗粒流。

总之，大量的实验与理论工作还需要人们去做。相对而言，一维、二维或准二维系统的工作做的多一些，而三维系统中存在更丰富有趣的现象，比如斑图，局域化激发(oscillons) 等。对三维系统的研究将为理论研究提供更充实的实验依据，而且也将对更多的与颗粒物质有关的自然现象提出进一步解释。颗粒物质中大小和密度的分层与化学工业、制药业以及我们的日常生活密切相关。对于两种颗粒介质中声波的研究也许能对“巴西果效应”(“反巴西果效应”)中大粒子被小粒子向上(向下)推动作出解释。同时，对于“巴西果效应”(“反巴西果效应”)中机械波的研究也能告诉我们颗粒层中声波遇到障碍时是如何传播的。周期介质中声传播的带结构是近年来非线性声波研究的一个热门课题。由于颗粒介质有着类似流体的特性，研究存在周期结构系统中颗粒物质的运动，以弄清结构对颗粒物质运动的影响。颗粒物质中能量的输入，传递和耗散还有待进一步研究。

我们在实验中发现颗粒物质的能量有一部分会随着粒子碰撞转换为粒子表面振动而向空气中辐射，这种由碰撞转换成声能的现象具有一些有趣的性质。随着颗粒层由气态向液态和固态的转换，由于粒子碰撞逐渐被粒子集团碰撞所代替，声波的频率也将随之降低。对这种辐射声能如何反应粒子内部流体化程度作研究，通过测量辐射声波特性来探测颗粒物质属性，这对于如雪崩，泥石流等自然灾害的防范有着特殊的意义。稠密颗粒物质中的孤立波的研究尚处于起步阶段，二维、三维系统还有很多工作可做。这种孤立波在传播过程中色散很小，利用其反射与透射特性可以探测掩埋在颗粒物质中的异物、研究地质多层结构，而这是用电磁或普通超声方法所做不到的。还可以设计出一定的颗粒物质多层防护结构，用以阻止冲击、波动(例如地震波)的伤害。自然界中颗粒物质常常与液体共存，对湿的颗粒物质的研究同样很重要。总之,对颗粒物质中这些基本现象的深入研究，对人类认识自然、改造自然均具有极其重要的理论与实际意义，并有显著的应用前景。

参 考 文 献

[1] Jaeger H M. Nagel S R. Behringer R P. The physics of granular materials. Phys. Today, 1996, 49(4): 32.

[2] Umbanhowar P B, Melo F, Swinney H L. Localized excitations in a vertically vibrated granular layer. Nature, 1996, 382: 793.

[3] Rosato A, Strandburg K J, et al. Why the Brazil nuts are on top: size segregation of particulate matter by shaking. Phys. Rev. Lett., 1987, 58: 1038.

[4] Hong D C, Quinn P V. Reverse brazil nut problem: competition between percolation and condensation. Phys. Rev. Lett., 2001, 86: 3423.

[5] Rapaport D C. Mechanism for granular segregation. Phys. Rev. E, 2001, 64: art. 061304.

[6] Liu C H, Nagel S R. Sound in sand. Phys. Rev. Lett., 1992, 68: 2301.

[7] Nesterenko V F. Propagation of nonlinear compression pulses in granular media. Appl. Mech. Tech. Phys., 1984, 24: 733.

[8] Miao G Q, Sui L, Wei R J. Dissipative properties and scaling law for a layer of granular material on a vibrating plate. Phys. Rev. E, 2001, 63: art. 031304.

[9] Bizon C, Shattuck M D, et al. Patterns in 3D vertically oscillated granular layers: simulation and experiment. Phys. Rev. Lett., 1998, 80: 57.

[10] Miao G Q, Huang K, et al. Active thermal convection in vibrofluidized granular systems. Eur. Phys. J. B, 2004, 40: 301.

[11] Miao G Q, Huang K, et al. Formation and transport of a sand heap in an inclined and vertically vibrated container. Phys. Rev. E, 2006, 74: art. 021304.

[12] Zhang H, Wang Q, Miao G Q. Formation and transport of granular heaps in vertically vibrated containers with periodic corrugated bottoms. Chin. Sci. Bull, 2007.

[13] Clement E, Vanel L, et al. Pattern formation in a vibrated granular layer. Phys. Rev. E, 1996, 53: 2972.

[14] Huang K, Miao G Q, et al. Shock wave propagation in vibrofluidized granular materials. Phys. Rev. E, 2006, 73, art. 041302.

[15] Zhang P, Miao G Q, et al. Experimental observation of kink in a perfect bidimensional granular system. Chin. Phys. Lett., 2005, 22: 1961.

[16] Nesterenko V F, Daraio C, et al. Anomalous wave reflection at the interface of two strongly nonlinear granular media. Phys. Rev. Lett., 2005, 95, art. 158702.

高斯束展开法在计算菲涅尔场积分中的应用

丁德胜

(东南大学电子科学与工程学院，南京　210096)

(逢甲大学工学院，台中　40724)

刘晓峻

(近代声学教育部重点实验室，南京大学声学研究所，南京　210093)

黄锦煌

(逢甲大学电声硕士学位学程，台中　40724)

1　引言

无限大刚性障板振动源所辐射的声场，长期以来一直是声学研究中的基本问题之一。在许多实际情况下这一问题的解可归结于菲涅尔(Fresnel)场积分(瑞利表面积分或King积分的近似形式)。然而，在大多数情况下，菲涅尔场积分公式是一个二维的、强烈振荡的积分，计算十分复杂。它没有解析形式的解，声场分布通常只能用数值逐点积分或级数展开来计算。在无损检测、遥感、水下声学等应用中，为便于分析声场特性，人们更希望有解析形式的描述。

基函数展开方法为快速计算声场分布提供了很好的途径。这些方法的实质是将菲涅尔场积分展开为一系列简单的基本函数的叠加，从而把复杂的数值积分计算简化为一些简单函数(如Gaussian-Laguerre、Guassian-Hermite、Gauss高斯函数等)的计算，使计算量大为降低。

1975年，Cook等人首次提出了这种函数展开方法[1~3]。他们将菲涅尔场积分公式展开成一系列的高斯－拉盖尔(Gaussian-Laguerre)函数(在柱坐标系中)和高斯－厄密特(Gaussian-Hermite)函数(在直角坐标系中)的线性叠加，并计算了均匀圆形活塞换能器辐射声场分布，与运用瑞利表面积分所得到的数值解相比，获得了满意的结果[2]。1987年，Wen和Breazeale采用了高斯函数叠加的方法，将菲涅尔场积分展开成一系列复系数高斯(Gaussian)函数的线性叠加，来计算圆形轴对称声源的声场分布。对于均匀活塞换能器，仅用10或15项高斯函数展开项，就获得了相当高的精度[4~5]。接着，许多学者进行了各种推广[6~24]。

本文着重介绍高斯函数展开法及其推广，包括二维高斯函数展开方法、展开系数的求解方法、高斯角谱展开法等内容。讨论了这些方法的优点与不足之处。

2　菲涅尔场积分

这里我们仅给出菲涅尔场积分和它的无量纲形式，推导细节和这个公式的应用范围可以在许多文献和课本里找到。在直角坐标系中，声源或孔径位于平面z=0处，声源表面的振动速度或声压用$u(x',y')$来表示，在平面z=0的其他区域可定义为零。量$u(x',y')$也可以代表其他一些物理量，如光学中光源的分布或孔径函数或电磁场强度的分布等。在菲涅尔近似下，换能器辐射声场分布可以表示为

$$u(x,y,z)=\frac{1}{\mathrm{i}\lambda z}\int_{-\infty}^{\infty}\int_{-\infty}^{\infty}\exp\left[\frac{\mathrm{i}\pi}{\lambda}\cdot\frac{(x-x')^2+(y-y')^2}{z}\right]u(x',y')\mathrm{d}x'\mathrm{d}y' \tag{1}$$

即菲涅尔场积分公式。公式中λ为波长，传播因子$\exp[-\mathrm{i}(\omega t-kz)]$已省略。引入无量纲坐标

$$\xi=x/\sqrt{S}\,,\quad \zeta=y/\sqrt{S}\,,\quad \eta=\lambda z/\pi S=z/(\tfrac{1}{2}kS) \tag{2}$$

其中S与源的面积有关，在许多情况下，可直接定义为源的面积。我们得到无量纲形式的菲涅尔场积分公式

$$u(\xi,\zeta,\eta)=\frac{1}{\mathrm{i}\pi\eta}\int_{-\infty}^{\infty}\int_{-\infty}^{\infty}\exp\left[\mathrm{i}\frac{(\xi-\xi')^2+(\zeta-\zeta')^2}{\eta}\right]\cdot u(\xi',\zeta')\mathrm{d}\xi'\mathrm{d}\zeta' \tag{3}$$

当源分布为圆形轴对称时，场积分可表示为

$$u(\xi,\eta)=\frac{2}{\mathrm{i}\eta}\int_{0}^{\infty}\exp\left(\mathrm{i}\frac{\xi^2+\xi'^2}{\eta}\right)J_0\left(\frac{2\xi\xi'}{\eta}\right)u(\xi')\xi'\mathrm{d}\xi' \tag{4}$$

这里，无量纲径向坐标$\xi=r/\sqrt{S}$，$r=\sqrt{x^2+y^2}$，a 为声源的半径，相应地，公式(2)中的$S=a^2$。

3　高斯束展开法: Wen 和 Breazeale 方法[4, 5]

在Wen和Breazeale的论文中，他们将方程(4)中的源分布函数展开成一系列高斯函数的叠加，即

$$u(\xi)=\sum_{k=1}^{N}A_k\exp(-B_k\xi^2)\,, \tag{5}$$

其中A_k和B_k称之为展开系数和高斯系数。对于一给定的源函数，为确定系数A_k和B_k，通过令

$$Q(A,B)=\int_0^\infty\left[u(\xi)-\sum_{k=1}^N A_k\exp(-B_k\xi^2)\right]^2\mathrm{d}\xi \tag{6}$$

最小，即目标函数与原函数的均方差最小。在均方误差最小的意义上，这种展开平均逼近(收敛)于原函数。他们用计算机优化的方法来求解展开系数。一旦得出这些系数，则场积分化为一组高斯束的叠加：

$$u(\xi,\eta)=\sum_{k=1}^N A_k G(\xi,\eta;B_k) \tag{7}$$

其中

$$G(\xi,\eta)=\frac{1}{1+\mathrm{i}B_k\eta}\exp\left(-\frac{B_k\xi^2}{1+\mathrm{i}B_k\eta}\right) \tag{8}$$

为高斯声源 $\exp(-B_k\xi^2)$ 的场分布。

Wen和Breazeale给出了两个经典的例子，即圆形均匀活塞和边缘支撑活塞声源的两组展开系数。对于均匀活塞声源，只需用10项高斯函数，即能以相当高的精度计算其声场分布。他们计算结果表明，在整个声场区域中，除了极靠近声源的近场(< 0.12倍的菲涅尔距离)有一定的误差外，高斯函数展开方法所得结果，与直接数值积分计算结果符合很好[5]。在早先的一篇文章中，他们给出了另外一组15项的展开系数，精度更高(在小于0.08倍的菲涅尔距离，才开始出现明显差异)[4]。此外，对于边缘支撑型活塞声源，只要6项高斯函数，就可给出相当精确的结果。

Wen和Breazeale工作的一个非常重要的结果是，给出了均匀活塞声源函数的近似高斯展开，即圆形(circ)函数

$$\mathrm{circ}(x)=\begin{cases}1, & 0\leqslant x<1\\ 0, & x>1\end{cases} \tag{9}$$

展开为

$$\mathrm{circ}(x)=\sum_{k=1}^N A_k\exp(-B_k x^2) \tag{10}$$

展开系数共有两组，一组有10项，如文献[5]中的表1所列，另一组15项见文献[4]的表1。容易看出，矩形函数

$$\mathrm{rect}(x)=\begin{cases}1, & |x|<1\\ 0, & |x|>1\end{cases} \tag{11}$$

可以用相同的展开和系数来近似。这两个函数在衍射理论中非常重要。下面我们将看到，这两个函数的高斯展开在简化菲涅尔场积分计算中，十分有用。

4　二维高斯束展开理论

几乎所有的函数展开法研究都局限于圆形轴对称声束的研究。为克服这一限制，即要求声源形状和分布为圆形轴对称这一条件。我们将具有任意分布的源函数展开成二维高斯函数(相应于二维椭圆高斯波束)，将二重的、强烈振荡的Fresnel场积分化为一组高斯函数的叠加。以常用的矩形、椭圆形这些不具有圆形轴对称的换能器为例，采用这一方法，计算了声场分布，与数值积分结果和经典解析解精确相符[11,12]。

一个二维高斯声源具有形式

$$u(\xi',\zeta')=\exp\left[-(B_x\xi'^2+B_y\zeta'^2)\right], \tag{12}$$

其中，系数 B_x 和 B_y 通常为复数，实部大于零。用记号 G_2 表示二维高斯束声场分布

$$\begin{aligned}G_2(\xi,\zeta,\eta;B_x,B_y)&=\left[\frac{1}{\sqrt{1+\mathrm{i}B_x\eta}}\exp\left(-\frac{B_x\xi^2}{1+\mathrm{i}B_x\eta}\right)\right]\cdot\left[\frac{1}{\sqrt{1+\mathrm{i}B_y\eta}}\exp\left(-\frac{B_y\zeta^2}{1+\mathrm{i}B_y\eta}\right)\right]\\&\equiv G_1(\xi,\eta;B_x)\cdot G_1(\zeta,\eta;B_y)\end{aligned} \tag{13}$$

其中，G_1 分别等于(13)式中的两个方括号中的部分，实际上就是一维高斯束的表达式。当 $B_x=B_y=B$ 时，(13)式化为一般的高斯束。

我们给出如下面假定(无法严格证明)。假定函数 $f(x,y)$ 在整个x-y平面区域是平方可积的，那么，在平均收敛的意义下，这个函数总是可以分解成二维高斯函数之和。也就是说，若均方差

$$Q=\int_{-\infty}^{\infty}\int_{-\infty}^{\infty}\left[f(x,y)-\sum_{k=1}^{N}A_kG_2(x-a_k,y-b_k;B_{xk},B_{yk})\right]^2\mathrm{d}x\mathrm{d}y, \tag{14}$$

则当 $N\to\infty$，总有 $Q\to 0$。形式上这里 G_2 与方程 (12)式相同，为

$$G_2(x-a_k,y-b_k;B_{xk},B_{yk})=\exp\left\{-\left[B_{xk}(x-a_k)^2+B_{yk}(y-b_k)^2\right]\right\} \tag{15}$$

对于一给定的 $f(x,y)$，A_k,B_{xk},B_{yk},a_k 和 b_k 等是一组待确定的系数。原则上，方程(15)中的系数可由计算机优化方法求得。在这一假定下，一个任意的源函数可以近似分解为

$$u(\xi,\zeta)=\sum_{k=1}^{N}A_kG_2(\xi-\alpha_k,\zeta-\beta_k;B_{xk},B_{yk}). \tag{16}$$

则辐射场分布为

$$u(\xi,\zeta,\eta)=\sum_{k=1}^{N}A_kG_2(\xi-\alpha_k,\zeta-\beta_k,\eta;B_{xk},B_{yk}). \tag{17}$$

其中 G_2 由方程 (13)表示。

作为例子，我们计算了均匀椭圆形和矩形活塞换能器声源的声场分布。对于这些规则的源分布，展开式中所有参数 a_k 、 b_k 或 α_k 、 β_k 都等于零。且它们的展开系数可以直接应用Wen和Breazeale的结果，进行一些简单的组合而得出，不必另外去求解。

4.1 矩形活塞声场

在直角坐标系中，一均匀矩形活塞换能器的振动表面位于 $z=0$ 平面内，源分布函数可定义为

$$u(x',y')=\begin{cases}1, & |x'|\leqslant a, |y'|\leq b\\ 0, & \text{其他}\end{cases} \tag{18}$$

其中，a和b换能器的长半边和半短边的尺寸。应用无量纲坐标(2)式，令 $S=ab$，得

$$u(\xi',\zeta')=\begin{cases}1, & |\xi'|\leqslant\sqrt{a/b}, |\zeta'|\leqslant\sqrt{b/a}\\ 0, & \text{其他}\end{cases} \tag{19}$$

应用式(10)，上式可以写成

$$\begin{aligned}u(\xi',\zeta')&=\operatorname{rect}\left(\sqrt{b/a}\xi'\right)\cdot\operatorname{rect}\left(\sqrt{a/b}\zeta'\right)\\&=\left\{\sum_{k=1}^{N}A_k\exp\left[-B_k(b/a)\xi'^2\right]\right\}\cdot\left\{\sum_{k=1}^{N}A_k\exp\left(-B_k(a/b)\zeta'^2\right)\right\}\end{aligned} \tag{20}$$

由于方程(20)的坐标可分离性，将式(20) 进一步展开成一般形式的二维高斯函数的叠加。由(13)式，矩形活塞换能器声场分布为

$$u(\xi,\zeta,\eta)=\left[\sum_{k=1}^{N}A_kG_1\left(\xi,\eta;\frac{b}{a}B_k\right)\right]\cdot\left[\sum_{k=1}^{N}A_kG_1\left(\zeta,\eta;\frac{a}{b}B_k\right)\right] \tag{21}$$

直接从菲涅尔场积分公式(3)，可以得出矩形源声场的解析公式

$$\begin{aligned}u(\xi,\zeta;\eta)=\frac{1}{2\mathrm{i}}&\left\{F\left[\sqrt{\frac{2}{\pi\eta}}\left(\xi+\sqrt{\frac{a}{b}}\right)\right]-F\left[\sqrt{\frac{2}{\pi\eta}}\left(\xi-\sqrt{\frac{a}{b}}\right)\right]\right\}\\&\cdot\left\{F\left[\sqrt{\frac{2}{\pi\eta}}\left(\zeta+\sqrt{\frac{b}{a}}\right)\right]-F\left[\sqrt{\frac{2}{\pi\eta}}\left(\zeta-\sqrt{\frac{b}{a}}\right)\right]\right\}\end{aligned} \tag{22}$$

这里 $F(z)=C(z)+\mathrm{i}S(z)$ 是菲涅尔函数，一种广泛应用于衍射问题的特殊函数。

我们分别应用(21)式和(22)式计算了矩形换能器声场分布。用高斯展开方法计

算所得结果，与解析的精确解相比，符合得非常好。仅在极近场区域内，略有差异。

顺便指出，带状活塞换能器可以作为矩形活塞声源的特殊的情形(一边的长度比另外一边大许多倍)，其声场分布也可用此方法得出。

4.2　椭圆形活塞声场

椭圆形声源函数

$$u(x',y')=\begin{cases}1, & (x'/a)^2+(y'/b)^2\leqslant 1\\ 0, & \text{其他}\end{cases} \tag{23}$$

不失一般性，可设a为半长轴，b为半短轴。令$S=ab$，用无量纲坐标，源函数为

$$u(\xi',\zeta')=\begin{cases}1, & \sqrt{(b/a)\xi'^2+(a/b)\zeta'^2}\leqslant 1\\ 0, & \text{其他}\end{cases} \tag{24}$$

应用方程(10)，源函数展开成为

$$u(\xi',\zeta')=\mathrm{circ}\left(\sqrt{\frac{b}{a}\xi'^2+\frac{a}{b}\zeta'^2}\right)=\sum_{k=1}^{N}A_k\exp\left[-\left(\frac{b}{a}B_k\xi'^2+\frac{a}{b}B_k\zeta'^2\right)\right] \tag{25}$$

由(16)和(17)式，声场分布表示为

$$u(\xi,\zeta,\eta)=\sum_{k=1}^{N}A_kG_2\left(\xi,\zeta,\eta;\frac{b}{a}B_k,\frac{a}{b}B_k\right) \tag{26}$$

正如圆形均匀活塞换能器那样，椭圆形换能器辐射声场分布也没有解析解(除了在远场，场分布可简单地由第一类一阶贝塞尔函数来描述)。Thompson等人给出了椭圆形活塞换能器轴上的声场积分形式[3]。用这里的记号，结果可以重新写成

$$u(0,0,\eta)=\frac{1}{2\pi}\int_0^{2\pi}\left[1-\exp\left\{\frac{\mathrm{i}2\delta}{\eta\left[(1+\delta^2)+(1-\delta^2)\cos 2\theta\right]}\right\}\right]\mathrm{d}\theta\,, \tag{27}$$

其中，$\delta=b/a$是短半轴与长半轴长度之比。他们利用Cook的方法，将声源分布函数展开为一系列的高斯－厄密特函数的叠加，项数多至2000项以上(47×47)。我们利用二维高斯展开法，计算了椭圆形换能器声场分布，为便于比较，所取的换能器参数与文献中[3]的一致。计算结果表明，我们的方法仅用了10项高斯函数展开，结果却明显优于47×47或41×41项高斯－厄密特函数展开项所得结果。

Thompson等人计算了双柱面聚焦椭圆形换能器的声场[3]。这种聚焦的声场分布，也可以用高斯展开法来计算。

5 展开系数

我们知道，这些基函数展开方法的数学基础是，任一复杂的函数(平方可积)总是可以分解为某类简单函数的叠加。这里简单一词，意味着这类函数的菲涅尔变换或场积分可以化为一些数学上简单的函数。如高斯函数的菲涅尔变换仍然为一高斯函数。因此，如何展开一源函数为这类简单函数(基函数)的叠加，即如何求展开系数，是一关键问题。

Cook等选取的基函数是Gauss-Lagurrere函数和Gauss-Hermite函数。他们利用这些函数正交关系来求系数。对于圆形函数(均匀圆形活塞声源)，65项Gauss-Lagurrere展开可以很好地拟合原函数[2]。

由于高斯函数本身不具有正交性，Wen和Breazeale为了求展开系数，采用了最优化方法。这种方法有一显著的优点，也就是最优化算法的优点。即在相同均方误差情形下，最优化方法所需的展开项最少。反过来说，对于相同的展开项数，这种方法的均方误差，可能是所有算法中最小的。例如65项的Gauss-Lagurrere展开不如最优化的10项高斯展开给出的计算结果好。然而，Wen和Breazeale方法的缺点也是显然的，求展开系数的方法，即最优化算法极为复杂，非常费时。

以高斯函数作为基函数，还存在另一问题。当展开项数趋近于无穷大的，均方误差是否趋于零? 也就是说，对于一类平方可积的函数，高斯函数展开是否完备? 虽然实际计算中， 也不可能取无穷多项，这个问题倒不显得那么重要。但这是高斯展开法的基础，是十分重要的数学问题。Gauss-Lagurrere和Gauss-Hermite函数的完备性业已证明。直观上，高斯函数是完备的，但只有一些不完全的证明。

在我们的一篇论文[6]中，引入了一种正交高斯函数多项式，给出了确定高斯函数展开系数的另外一种方法。引入一种高斯函数多项式

$$G_n(x)=\sum_{m=1}^{n} C_{m,n}\exp(-mx^2) \tag{28}$$

令这一函数多项式是正交的，即在区间[0，∞]上有

$$\int_0^{\infty} G_n(x)G_l(x)\mathrm{d}x=0,\quad (n\neq l) \tag{29}$$

每一个函数 $G_n(x)$ 中，取系数 $C_{1,n}=1$，因而 $G_1(x)=\exp(-x^2)$。其他高斯函数多项式系数由Schmidt 正交化方法求出。因此，任一平方可积函数 $f(x)$，可以展开成

$$f(x)=\sum_{n=1}^{\infty} D_n G_n(x) \tag{30}$$

其中的展开系数 D_n 可用 $G_n(x)$ 的正交关系得出。我们也证明了这种“高斯函数多项式”或高斯函数组，对于某一类平方可积的函数，展开是完备的。应用这种方法，

求得圆形函数circ的13项高斯展开，并计算了活塞换能器声场的轴向分布和远、近场的径向分布，与菲涅尔场积分公式计算结果基本符合。但不如Breazeale的10项高斯函数的计算结果好，也不如Cook等的结果好。与Breazeale方法相比较，这种方法是代数的，即系数由线性方程组确定，相当简单。然而，欲求出展开系数，需分别确定系数C和D。系数C和D所涉及的线性方程组是极其难以求解的，会引起大的误差，尤其当项数多时，更是如此，不易精确求得展开函数。

一种改进的方法[14]，直接由均方差最小化条件(6)式，得出展开系数的线性方程组，而不必求高斯多项式的系数。只需一次求解线性方程组，即可得出展开系数，减小累积误差。应用这一方法，我们计算了声学中常见几种声场(边缘固定活塞、贝塞尔束等)，结果表明这种方法非常有用，而且简单。但对于均匀活塞之声场，取20项高斯展开的计算结果，仍不如Wen和Breazeale 的结果好。这两种方法的显著优点是简单，求展开系数只需求解线性方程组。然而，这种方法也有局限，仅适用于性状好的函数或源分布，即源分布不含有太多的极大，极小值，也即不能振荡太厉害，在孔径边缘无尖锐的振荡或跳跃(如均匀活塞函数即是一个例子，在边缘是不连续的)。

这些方法的共同点都是在平均收敛的意义下，将源函数展开为一系列高斯函数的叠加[3, 4, 6, 14]。差别仅在确定系数A和B的过程不同。在Wen的方法中，所有的系数都是待求的。它们之间的关系是复杂的，非解析的，最后由计算机最优化方法求出。在我们的方法中，高斯系数B是预先指定的、已知的。剩下的系数A由线性方程组确定。然而，也正是这一简化，失去了最优化理论的一些优点。在这一情况下，人们没有适当的判据来选择高斯系数的值。此外，展开方法的收敛性和稳定性也是值得注意的问题。尽管我们已证明了收敛性，一平方可积函数在全部区间$[0,\infty)$上平均收敛于高斯函数级数，条件为$\sum_{k=1}^{\infty} 1/B_k \to \infty$[9]。但这一条件对实际的有限项数情况下如何选择高斯系数并无太多用处。事实上，对于一些函数，如圆形函数，高斯展开的收敛是很慢的。另外还有稳定性问题。系数行列式是极其难以求解的，当展开项数N增大时，这一行列式几乎是奇异的，因此准确求解展开系数的线性方程组十分困难。换言之，通过增加项数来改善展开精度并无太大意义(实际上，最优化算法的均方差，即目标函数与原函数的均方差，与$\sqrt{N}$ 成反比。对于最优化算法，这样做也无太大意义)。据我们的经验，对于一性状好的函数，大约取20项高斯函数，可以给出一个好的近似展开。一旦超过50项，高斯函数之和强烈震荡(计算误差太大)， 不再收敛于源函数。这表明方法是不稳定的，不稳定性来源于系数行列式的奇异性[14]。因此，寻找有效的系数展开方法，依然是值得应用数学家探索的问题。

6 圆形或矩形函数高斯和的应用

高斯函数展开法是将声源分布函数展开为高斯函数的叠加,声场积分化为若干项 (如均匀活塞声场，仅需10项)高斯函数的计算，但确定展开函数系数计算很复杂。为避免这一困难,我们把Breazeale等的有关均匀活塞声源分布的函数高斯展开,看成一纯粹的数学结果，即圆形或矩形函数的高斯和，而将一般声源函数作为某些函数与这一圆形函数高斯和的乘积。这样就不必对每个源函数的高斯展开系数进行数值求解[7,9]。

可以注意到对于某些源分布，如

$$u(\xi')=q_\nu(\xi')=\frac{(B\xi'^2)^\nu}{\Gamma(\nu+1)}\exp(-B\xi'^2) \tag{31}$$

场积分可以积出为

$$q_\nu(\xi,\eta)=\frac{\exp\left(-\dfrac{B\xi^2}{1+\mathrm{i}B\eta}\right)}{1+\mathrm{i}B\eta}\left(\frac{\mathrm{i}B\eta}{1+\mathrm{i}B\eta}\right)^\nu M(-\nu,1,z) \tag{32}$$

其中

$$z=\frac{\mathrm{i}\xi^2}{\eta(1+iB\eta)} \tag{33}$$

M代表合流超几何级数。当$\nu=0$时，代表高斯束分布。当ν为正整数时，$M(-\nu,1,z)$化为拉盖尔多项式。另外，Bessel-Gauss声场也是解析的，且表述极其简单，也可用来简化场积分的计算。

对于活塞类声源，其分布函数

$$u(\xi)=\begin{cases}f_1(\xi), & 0\leqslant\xi<1\\ 0, & \xi>1\end{cases} \tag{34}$$

总可以表示成某一函数与圆形函数的乘积，即

$$u(\xi)=f(\xi)\mathrm{circ}(\xi) \tag{35}$$

函数 $f(\xi)$ 在区间[0，1]上有 $f(\xi)=f_1(\xi)$，不管在其他区间上性质如何。因此场分布可以按下式计算

$$\begin{aligned}u(\xi,\eta)&=\frac{2}{\mathrm{i}\eta}\int_0^1\exp\left(\mathrm{i}\frac{\xi^2+\xi'^2}{\eta}\right)J_0\left(\frac{2\xi\xi'}{\eta}\right)f_1(\xi')\mathrm{d}\xi'\\&=\frac{2}{\mathrm{i}\eta}\int_0^\infty\exp\left(\mathrm{i}\frac{\xi^2+\xi'^2}{\eta}\right)J_0\left(\frac{2\xi\xi'}{\eta}\right)f(\xi')\mathrm{circ}(\xi')\mathrm{d}\xi'\\&=\frac{2}{\mathrm{i}\eta}\int_0^\infty\exp\left(\mathrm{i}\frac{\xi^2+\xi'^2}{\eta}\right)J_0\left(\frac{2\xi\xi'}{\eta}\right)f(\xi')\left[\sum_{k=1}^N A_k\exp(-B_k\xi'^2)\right]\mathrm{d}\xi'\end{aligned} \tag{36}$$

原则上，只要上式可以表示成方程(32)或类似于这一方程的线性组合，则场积分可以很方便地得出。这种方法对绝大多数声学或光学理论分析和实际应用的声源或光源是适用的，源分布可以表示为一系列高斯型或M形或Bessel-Gauss源的叠加。利用这一方法，我们研究了声学和光学中常用的几种场分布，如活塞型(边缘固定、边缘钳定)声源，截断高斯声源和有限孔径Bessel、Bessel-Gauss束的场分布。我们提出的这个方法已为许多研究者采用。

7　其他推广[15]

对高斯展开法进一步推广，给出了计算菲涅尔场积分的另外一种方法。将出现在积分中的第一类零阶贝塞尔函数展开为一近似的高斯函数叠加，相应的场积分表示成指数函数或高斯函数叠加。这种方法可用于声学中大量重要的活塞类声源的场辐射问题，也适用于光学中大多数光源通过光阑的传播问题[15,24]。作为该方法的应用，计算了均匀活塞和简单支撑活塞辐射声场分布，结果与数值积分符合很好。

我们以均匀活塞声场说明一个方法。均匀活塞声场为

$$\overline{q}(\xi,\eta)=\frac{2}{\mathrm{i}\eta}\int_0^1\exp\left(\mathrm{i}\frac{\xi^2+\xi'^2}{\eta}\right)J_0\left(\frac{2\xi\xi'}{\eta}\right)\xi'\mathrm{d}\xi' \tag{37}$$

我们注意到下面的最简单的积分

$$\int \mathrm{e}^{ax}\mathrm{d}x=\mathrm{e}^{a}/a \tag{38}$$

假如上式中的贝赛尔函数可以表示成高斯函数之和，则上面(37)式的积分容易积出，亦为高斯函数。因此，关键问题事如何展开贝塞尔函数为高斯函数之和。当然，可以用优化方法来确定这些系数。但实际上只要注意圆形函数(10)的Bessel-Fourier变换关系，立即可以得出

$$J_0(x)=\sum_{k=1}^{N}A_k\exp\left(-\frac{x^2}{4B_k}\right) \tag{39}$$

因此，均匀活塞换能器声场可表示为

$$\overline{q}(\xi,\eta)=\sum_{k=1}^{N}A_kG_0(\xi,\eta;B_k) \tag{40}$$

其中

$$\begin{aligned}G_0(\xi,\eta;B)&=\frac{2}{\mathrm{i}\eta}\int_0^1\exp\left(\mathrm{i}\frac{\xi^2+\xi'^2}{\eta}\right)\exp\left[-\frac{1}{4B}\left(\frac{2\xi\xi'}{\eta}\right)^2\right]\xi'\mathrm{d}\xi'\\&=-\exp\left(\frac{\mathrm{i}\xi^2}{\eta}\right)\left\{\exp\left[\frac{\mathrm{i}}{\eta}\left(1+\frac{\mathrm{i}\xi^2}{B\eta}\right)\right]-1\right\}\Big/\left(1+\frac{\mathrm{i}\xi^2}{B\eta}\right)\end{aligned} \tag{41}$$

这一方法不仅可用于均匀活塞声场，且可用于其他源分布情形，如边缘简单支撑或钳定的声源。一般来说，只要源分布可以表示成偶数阶多项式，即分布函数具有 $f(x)=\sum_{k=1}^{n} a_k x^{2k}$ 的形式，或偶数次幂函数与高斯函数乘积形式，皆可用类似方式处理。

方法的精度取决于 $J_0(x)$ 的高斯函数展开的精度。15项高斯展开在大约0~30区间上，与 $J_0(x)$ 符合很好。因此，现在的方法，在声场分布直到的 $\xi/\eta \approx 15$ 的范围内是有效的，与积分解是一致的。

这一方法的最大优点是只用一组(15项)的高斯展开，可以化简声学中一大类活塞声场分布的计算，避免了高斯展开系数的求解。但不如Breazeale 的应用范围广(原则上，他们的方法可用于任意的源分布) 。此外，场展开函数(41)对于不同阶数的简单支撑和钳定活塞源，形式上会不一样。实际上对于较小的阶数n，场积分函数可以用积分公式解析得出，表示成高斯函数。对于大的n，实际计算时，简单可行的方法是应用迭代关系。计算过程中，所须知道的仅仅是均匀活塞的展开函数 G_0。

8 高斯角谱域展开[16]

我们给出了计算菲涅尔场积分角谱域高斯展开的方法，并且得出在空间域和角谱域中两者之间的互易关系。菲涅尔场积分(1)和(3)以角谱形式可等价地表示为

$$u(x,y,z)=\frac{1}{2\pi}\int_{-\infty}^{\infty}\int_{-\infty}^{\infty}\tilde{u}(k_x,k_y)\exp\left[-\frac{\mathrm{i}}{2k}(k_x^2+k_y^2)z\right]\mathrm{e}^{\mathrm{i}k_x x+\mathrm{i}k_y y}\mathrm{d}k_x\mathrm{d}k_y \tag{42}$$

其中

$$\tilde{u}(k_x,k_y)=\frac{1}{2\pi}\int_{-\infty}^{\infty}\int_{-\infty}^{\infty}u(x',y')\exp(-\mathrm{i}k_x x'-\mathrm{i}k_y y')\mathrm{d}x'\mathrm{d}y'. \tag{43}$$

采用无量纲波数

$$\kappa_x=k_x\sqrt{S} \quad 和 \quad \kappa_y=k_y\sqrt{S}, \tag{44}$$

在角谱域,，得场积分

$$u(\xi,\zeta,\eta)=\frac{1}{2\pi}\int_{-\infty}^{\infty}\int_{-\infty}^{\infty}\tilde{u}(\kappa_x,\kappa_y)\exp\left[-\frac{\mathrm{i}\eta}{4}(\kappa_x^2+\kappa_y^2)\right]\mathrm{e}^{\mathrm{i}\kappa_x\xi+\mathrm{i}\kappa_y\zeta}\mathrm{d}\kappa_x\mathrm{d}\kappa_y, \tag{45}$$

且

$$\tilde{u}(\kappa_x,\kappa_y)=\frac{1}{2\pi}\int_{-\infty}^{\infty}\int_{-\infty}^{\infty}u(\xi',\zeta')\exp(-\mathrm{i}\kappa_x\xi'-\mathrm{i}\kappa_y\zeta')\mathrm{d}\xi'\mathrm{d}\zeta' \tag{46}$$

显然，源函数的角谱正是它的傅里叶变换。

文献[13]将高斯函数展开法应用于这种形式的场积分。他们计算了矩形换能器

声场这一特殊情况。源的角谱具有 $\tilde{u}(\kappa_x,\kappa_y)=\tilde{u}(\kappa_x)\tilde{u}(\kappa_y)$ 的分布，源函数实际上为 $u(\xi',\zeta')=u(\xi')u(\zeta')$。这意味着源分布函数沿 x 和 y 轴方向是可分离的。

我们给出一般的高斯角谱展开法。 类似方程式(16)，一任意源函数的角谱可以展开为

$$\tilde{u}(\kappa_x,\kappa_y)=\sum_{k=1}^{N}A'_k G_2(\kappa_x-\alpha_k,\kappa_y-\beta_k;B'_{xk},B'_{yk}) \tag{47}$$

这里 G_2 表示二维高斯函数。其中，展开参量也要满足一些条件，如 $\mathrm{Re}(B'_x)>0$。相应的场分布可表示为

$$u(\xi,\zeta,\eta)=\sum_{k=1}^{N}A'_k G'_2(\xi,\zeta,\eta;B'_{xk},B'_{yk},\alpha_k,\beta_k) \tag{48}$$

这里 $G'_2(\xi,\zeta,\eta)$ 是一角谱分布 $\exp\left\{-[B'_x(\kappa_x-\alpha)^2+B'_y(\kappa_y-\beta)^2]\right\}$ 的场分布函数

$$G'_2(\xi,\zeta,\eta)=G'_1(\xi,\eta;B_x,\alpha)\cdot G'_1(\zeta,\eta;B'_y,\beta) \tag{49}$$

其中,

$$G'_1(\xi,\eta;B'_x,\alpha)=\frac{1}{\sqrt{2}(B'_x+\mathrm{i}\eta/4)^{1/2}}\exp\left[\frac{-(\xi-\mathrm{i}2\alpha B'_x)^2}{4(B'_x+\mathrm{i}\eta/4)}-B'_x\alpha^2\right] \tag{50}$$

原则上，只要(47)式中的角谱展开参量求出，则相应的场分布可由(48)式得出。由于源函数与其角谱分布之间关系为一对傅里叶变换，很容易得出坐标空间与角谱域的高斯展开系数之间的关系。若一源函数高斯展开参数已知，则相应的角谱参量容易用这组已知参量来表示。即，两组参量之间有如下对应关系：

$$B'_{x,k}=1/(4B_{x,k})\ ;\quad \alpha_k=-2\mathrm{i}B_{x,k}a_k\ ;\quad B'_{y,k}=1/(4B_{y,k})\ ;\quad \beta_k=-2\mathrm{i}B_{y,k}b_k\ ; \tag{51a}$$

$$A_{x,k}=\frac{\mathrm{e}^{-B_{x,k}a_k^{\ 2}}}{\sqrt{2B_{x,k}}}\ ;\quad A_{y,k}=\frac{\mathrm{e}^{-B_{y,k}b_k^{\ 2}}}{\sqrt{2B_{y,k}}}\ ;\quad A'_k=A_kA_{x,k}A_{y,k} \tag{51b}$$

反之，若角谱展开参量已知的话，源函数的展开参量也可由这组参量得出，经简单的代数运算，得

$$B_{x,k}=1/(4B'_{x,k})\ ;\quad a_k=2\mathrm{i}B'_{x,k}\alpha_k\ ;\quad B_{y,k}=1/(4B'_{y,k})\ ;\quad b_k=2\mathrm{i}B'_{y,k}\beta_k\ ; \tag{52a}$$

$$A'_{x,k}=\frac{\mathrm{e}^{-B'_{x,k}\alpha_k^{\ 2}}}{\sqrt{2B'_{x,k}}}\ ;\quad A'_{y,k}=\frac{\mathrm{e}^{-B'_{y,k}\beta_k^{\ 2}}}{\sqrt{2B'_{y,k}}}\ ;\quad A_k=A'_kA'_{x,k}A'_{y,k} \tag{52b}$$

显而易见，这两组参量是互易的。这一关系实际上反映了源与场点之间的互易性。利用上面的互易关系，以及前面的(20)和(25)式，在角谱域也很容易计算出均匀矩形和椭圆形换能器的声场分布。这种高斯角谱展开法不像原先的高斯展开法那么直

接，那是对源函数直接展开，而现在的这种方法，实际上是对声场的指向性函数，也就是声源的角谱进行展开。

9 结束语

菲涅尔场积分出现在许多与波动和衍射现象相关问题中，如超声换能器辐射的声场分布，激光束经过光阑的传播，以及天线辐射问题。高斯展开方法或者其改进形式可以应用于光学、电磁学等领域中波束分布的计算和分析。由于篇幅所限，其他学者的工作[8, 10, 17]以及高斯展开方法在非线性二阶声场计算中的应用[18~23]，未作介绍。

致谢

本文获得国家自然科学基金(批准号：10674024)和中国科学院声学研究所研究经费(合同号：8506003079)的支持，特此致谢。

参考文献

[1] Cook B D, Arnoult III W J. Gaussian-Laguerre/Hermite formulation for the nearfield of an ultrasonic transducer. J. Acoust. Soc. Amer., 1976. 59: 9.

[2] Cavanagh E, Cook B D. Gaussian-Laguerre description of ultrasonic fields-Numerical Example: circular piston. J. Acoust. Soc. Amer., 1980, 67: 1136.

[3] Thompson R B, Gray T A, et al. The radiation of elliptical and bicylindrically focused piston transducers. J. Acoust. Soc. Amer., 1987, 82: 1818.

[4] Wen J J, Breazeale M A. A diffraction beam field expressed as the superposition of Gaussian beams. J. Acoust. Soc. Amer., 1988, 83: 1752.

[5] Wen J J, Breazeale M A. Gaussian beam functions as a base function set for acoustical field calculations. IEEE Proc. Ultras. Symp., 1987, 1137.

[6] 丁德胜，林靖波，水永安，等: 活塞式超声换能器声场的一种解析描述. 声学学报, 1993, 18: 249.

[7] Ding D S. Lu Z H. A simplified method to calculate the sound field of pistonlike source, Chin. J. Acoust., 1996, 15: 213.

[8] Prange M D, Shenoy R G. A fast Gaussian beam description of ultrasonic fields based on Prony's method. Ultrasonics, 1996, 34: 117.

[9] Ding D S, Liu X J. Approximate description for Bessel, Bessel-Gauss and Gaussian beams with finite aperture. J. Opt. Soc. Amer., 1999, A16: 1286.

[10] Spies M. Transducer field modeling in anisotropic media by superposition of Gaussian base function. J. Acoust. Soc. Amer., 1999, 105: 633.

[11] Zhang Y, Liu J Q, Ding D S. Sound field calculations of elliptical pistons by the superposition of two-dimensional Gaussian beams. Chin. Phys. Lett., 2002, 19: 1825.

[12] Ding D S, Zhang Y, Liu J S. Some extensions of the Gaussian beam expansion: Radiation fields of the rectangular and the elliptical transducer. J. Acoust. Soc. Amer., 2003, 113: 3043.

[13] Sha K, Yang J, Gan W. A complex virtual source approach for calculating the diffraction beam field generated by a rectangular planar source. IEEE Trans.UFFC, 2003, 50: 890.

[14] Ding D S, Zhang Y. Notes on the Gaussian beam expansion. J. Acoust. Soc. Amer., 2004, 116: 1401.

[15] Ding D S, Tong X J, He P Z. Supplementary Notes on the Gaussian beam expansion. J. Acoust. Soc. Am., 2005, 118: 608.

[16] Ding D S, Xu J Y. The Gaussian beam expansion applied to Fresnel field integrals. IEEE Trans. UFFC, 2006, 53: 246.

[17] Fox P D, Cheng J, Lu J Y. Fourier-bessel field calculation and tuning of a CW annular array, IEEE Trans. UFFC, 2000, 49: 1179.

[18] Ding D S, Shui Y A, et al. A simple calculation approach for the second harmonic sound field generated by an arbitrary axial-symmetric source. J. Acoust. Soc. Amer., 1996, 100: 727.

[19] Ding D S, Lu Z H. A simplified calculation for the second-order fields generated by axial-symmetric sources at bifrequency. Proc. the 14th Inter. Symp. Nonlinear Acoust., 1996: 183.

[20] Ding D S. A simplified algorithm for the second-order sound fields. J. Acoust. Soc. Amer., 2000, 108: 2759.

[21] Ding D S, Zhang Y. A simple calculation approach for the second-harmonic sound beam generated by an arbitrary distribution source. Chin. Phys. Lett., 2004, 21: 503.

[22] Ding D S. A simplified algorithm for second-order sound beams with arbitrary source distribution and geometry. J. Acoust. Soc. Amer., 2004, 115: 35.

[23] Yang J, Sha K, Gan W, et al. A fast field scheme for the parametric sound radiation from rectangular aperture source. Chin. Phys. Lett., 2004, 21: 110.

[24] Huang J H, Ding D S. An alternative analytical description of truncated Gaussian beams. J. Opt. A: Pure Appl., 2008.

声子晶体研究的若干进展

倪 青，程建春

(近代声学教育部重点实验室，南京大学声学研究所，南京 210093)

1 引言

20世纪初半导体材料的出现引发了一场轰轰烈烈的电子工业革命，使我们进入了信息时代。半导体的原子呈周期性排列，电子在半导体中运动时，电子与原子周期势场相互作用使得半导体具有电子禁带，能够操控电子的流动。以硅晶体为代表的半导体带来了一次科学技术革命。随着晶体管、集成电路、大规模集成电路甚至超大规模集成电路的开发运用，半导体技术在工业中的应用越来越广泛。我们知道，半导体的理论基础是固体电子的能带理论，即电子在周期性势场的作用下会形成价带和导带，带与带之间有能隙。量子阱、半导体超晶格等模拟实际晶体设计的相关材料与器件的成功应用，使电子能带理论突破了原有天然材料的限制，进入了一个新的阶段。

约20年前，人们开始对结构功能材料光学特性的研究。理论和实验证明，如果结构功能材料中的介电常数在光波长尺度上周期性变化，光子与周期结构相互作用，会使得该材料具有类似半导体中电子禁带的能带结构，称之为光子禁带。具有光子禁带的周期性电介质结构功能材料称为光子晶体。光子能量落在光子禁带中的光波不能在光子晶体中传播，当光子晶体中存在(或引入)点缺陷或线缺陷时，禁带内的光波将被局域在点缺陷内或只能沿线缺陷传播。通过对光子晶体周期结构及其缺陷的设计，可以人为地调控光子的流动。1987年，Yablonovithch和John两人分别独立地提出了光子晶体的概念[1, 2]，Yablonovitch还通过实验验证了微波波段光子禁带的存在[3]。光子晶体迅速成为光电子以及信息技术领域研究的热点。

随后，人们发现当弹性波在周期性弹性复合介质中传播时，也会产生类似的弹性波禁带，于是提出了声子晶体的概念。声子晶体具有丰富的物理内涵及潜在的广阔应用前景。声子晶体的研究引起了各国研究机构的高度关注。

2 声子晶体研究概况

2.1 声子晶体概念及基本特征

声子晶体是具有不同弹性性质的材料周期复合而成的介质。在声子晶体内部材料组分(或称为组元)的弹性常数、质量密度等参数周期性变化。随着材料组分搭配的不同，以及周期结构形式的不同，声子晶体的弹性波禁带特性也不同。

声子晶体同光子晶体有着相似的基本特征：当弹性波频率落在禁带范围内时，弹性波被禁止传播；当存在点缺陷或线缺陷时，弹性波会被局域在点缺陷处，或只能沿线缺陷传播。同样，通过对声子晶体周期结构及其缺陷的设计，可以人为地调控弹性波的传播。

弹性波是由纵波和横波耦合的张量波，在每个组元中具有 3 个独立的弹性参数，即质量密度 ρ、纵波波速 c_l 和横波波速 c_t(在流体介质中 c_t=0)；光波是矢量波(只有横波)，在每个组元中只有一个独立的参数即介电常数(忽略材料的磁性)。因此，声子晶体的研究比光子晶体更困难，且具有更丰富的物理内涵。比较(电子)晶体、光子晶体及声子晶体的有关特性，发现三者具有惊人的相似之处[4]，因此，(电子)晶体、光子晶体的一些研究方法对声子晶体的研究有一定的指导作用。

根据声子晶体结构在笛卡儿坐标系中三个正交方向上的周期性，可以将声子晶体分为一维、二维、三维声子晶体。学者们已经对一些特定结构的声子晶体进行了研究：一维声子晶体，一般针对两种或多种材料组成的周期性层状结构；二维声子晶体，一般针对柱体材料中心轴线均平行于空间某一方向、并将其嵌入另一基体材料中所形成的周期性点阵结构，柱体材料可以是中空的或实心的，柱体的横截面通常是圆形，也可以是正方形，柱体的排列形式可以是正方形、三角形、六边形等；三维声子晶体一般针对球形散射体嵌入某一基体材料中所形成的周期性点阵结构，周期性点阵结构形式可以是体心立方、面心立方、六角密排结构等。

2.2　声子晶体禁带机理

大量的理论和实验研究都证明了声子晶体中弹性波禁带的存在，图 1 给出了一个典型的二维声子晶体色散关系(dispersion relation)图，图 1 中左图的阴影部分即为弹性波禁带，右图为正方排列声子晶体的第一 Brillouin 区。

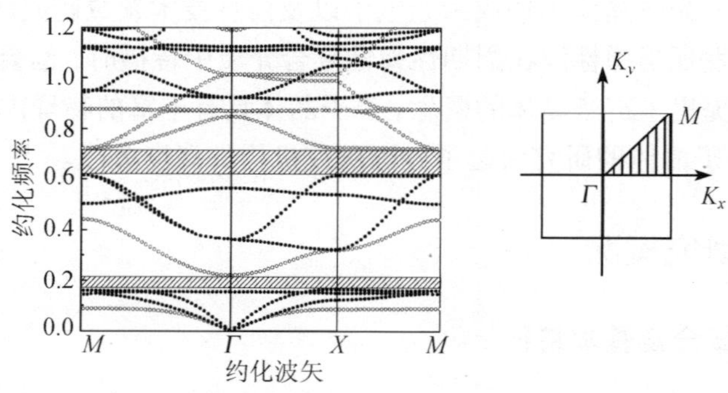

图 1　某种二维声子晶体的色散关系图，右图为第一 Brillouin 区

关于弹性波禁带形成的机理比较成熟的有两种：布拉格散射机理[4]和局域共振机理[5]。布拉格散射是由固体物理学的能带理论引出的，其造成禁带的原因主要是：周期变化的材料特性与弹性波相互作用，使得某些频率的波在周期结构中没有对应的振动模式，即不能传播，因而产生禁带。大量研究弹性波禁带形成的文献着重讨论了布拉格散射机理，研究表明：弹性波禁带的产生与复合和介质中组分的弹性常数、密度、声速、组分的填充率等有关；与晶格结构形式及尺寸有关。此外，布拉格散射形成的弹性波禁带对应的弹性波波长一般与周期结构尺寸参数(即晶格尺寸或晶格常数)相当，这与光子晶体周期结构产生禁带的机理在概念上是一致的，因此布拉格散射机理对声子晶体在低频(尤其是在 1kHz 以下)禁带方面的应用造成了一定的困难。

我国学者刘正猷等[5, 7]在研究用黏弹性软材料包覆后的铅球组成简单立方晶格结构嵌入环氧树脂中形成的三维声子晶体时发现，该声子晶体禁带所对应的波长远远大于晶格的尺寸，突破了布拉格散射机理的限制，而且在散射体并非严格周期分布、甚至是随机分布时，复合结构同样具有禁带，由此提出了弹性波禁带的局域共振机理。局域共振机理认为，在特定频率的弹性波激励下，单个散射体产生共振，并与入射波相互作用，使其不能继续传播。禁带的产生主要取决于各个单散射体本身的结构与弹性波的相互作用。因此，对于符合局域共振机理的声子晶体，禁带与单个散射体固有的振动特性密切相关，与散射体的周期性及晶格常数关系不大，这为声子晶体在低频波段的应用开辟了广阔的道路。中国国防科技大学 Wang 等[6]最近提出了不含包覆层的局域共振型声子晶体，他们的理论证明，把非常软的材料嵌入到某种硬基体中也存在很低的共振频率。

总之，布拉格散射机理强调周期结构对波的影响，如何设计其周期结构的晶格常数与材料组分的搭配是设计禁带的关键之一；局域共振机理则强调单个散射体的特殊结构对波的作用，如何设计单个散射体的共振结构与散射体在基体内的散布特性是问题的关键。

2.3 声子晶体缺陷态

符合布拉格散射机理的声子晶体具有理想的周期性结构，对这种理想周期性结构的破坏一般称为缺陷。缺陷按其维数可以分为点缺陷[8]、线缺陷[9]和面缺陷[10]。当声子晶体中存在某种缺陷时，会在其禁带范围内产生所谓的缺陷态，缺陷态的存在会对声子晶体的禁带特性产生重大的影响。因此，对声子晶体缺陷态特性的研究有着重要的意义。

Sigalas 等[8]研究了二维铅/环氧树脂声子晶体中存在点缺陷时弹性波传播情况，该点缺陷通过改变某个铅柱的直径来获得，计算表明点缺陷对弹性波具有局域作用。Kafesáki 等[9]采用有限时域差分法研究了弹性波在二维铅/环氧树脂声子晶体中存在线缺陷时的传播情况，该线缺陷是通过移去声子晶体中的一行或一列铅棒获得的。研究表明弹性波只能沿线缺陷传播。在实验方面，Torres 等[11]研究了二维水银/铝声子晶体中的表面态情况，指出声波在声子晶体界面上具有声波局域现象。同时还实验研究了通过移去部分水银柱形成的 L 形线缺陷情况下声波的传播情况。实验表明，声波只能沿线缺陷传播或被局域在点缺陷处，实验结果很好地验证了理论计算结果。关于三维声子晶体中的缺陷研究，Psarobas 等[10]研究了三维铅球嵌入环氧树脂基体中以面心立方晶格排列时，面缺陷的存在可以使得声子晶体的禁带中出现横波和纵波的局域现象。

对声子晶体中缺陷态的研究，大部分还只是理论计算工作，声子晶体虽然只有点缺陷、线缺陷、面缺陷三种缺陷形式，但每种缺陷形式又可以有多种多样的结构形式。对声子晶体缺陷态特性的研究将对声子晶体的工程应用提供广泛的理论指导。

2.4　声子晶体研究方法

比较成熟的声子晶体禁带计算方法主要有平面波展开(PWE)方法[4]、有限时域差分法(FDTD)[9]和多重散射法(MST)[5]。

PWE 法直接利用了结构的周期性，将波动方程从实空间变换到离散 Fourier 空间，将能带计算简化成代数特征值问题的求解，其应用最为广泛，易于理解，且计算相对简单。但由于其依赖于对弹性参数的傅里叶级数展开，因此该方法在计算含大弹性常数差界面的声子晶体的禁带特性时，需要使用大量的傅里叶级数项。MST 法可以解决这些问题，但其理论推导十分复杂，目前限于处理球形或柱形单元结构的声子晶体，MST 法的原理是基于电子能带结构计算的著名方法——Korringa-Kohn-Rostoker(KKR)理论[12]，它的基本思想是将入射到某一球体(散射体)上的入射波分成两部分：从其他散射体散射过来的散射波和介质接收到的外部场的入射波。FDTD 法适用于计算有限周期声子晶体结构的传输、反射特性，但对于大弹性常数差声子晶体结构，也需要大幅度减小离散时间步长，以满足计算稳定性的要求，这使得计算时间大大增加。其基本思想是：定义初始时间的一组场分布，然后根据周期性边界条件，利用波动方程求得场强随时间的变化，最终求得声子晶体的能带结构。

2.5　声子晶体应用领域

声子晶体的应用还处于探索阶段，但声子晶体具有的禁带特性、缺陷态特性使得它在减振、降噪、声学器件等方面有着潜在的广阔应用前景。

在减振方面，利用声子晶体的禁带特性，可以为高精密机械加工系统提供一定频率范围内的无振动加工环境，从而保证加工精度；也可以为某些精密仪器设备提供一定频率范围内的无振动工作环境，进而提高工作参数精度和可靠性，延长使用寿命。在降噪方面，利用声子晶体的禁带特性，有可能设计和制造出一种全新的降噪材料，这种材料既可以在噪声的传播途中隔离噪声，又可以在噪声源处控制噪声。根据局域共振机理，如果突破了声子晶体低频禁带的设计方法，声子晶体将在潜艇的消声瓦、声呐等方面有着广阔的应用前景。

根据声子晶体中存在缺陷时声波的局域特性，可以设计出新型的高效率、低能耗的声学滤波器，也可以设计出具有高聚焦特性、低能耗的声学透镜等。

关于声子晶体应用研究的文献较少。Diez 等[13]通过在光纤中刻蚀声学光栅构成一维声子晶体实现了光纤的声光调制；Cervera 等[14]采用弹性材料排列在空气中构成二维声子晶体实现了声学透镜的功能。美国国防部高级研究计划局(DARPA) 1999 年对声子晶体的应用研究进行了大力资助，主要是针对声滤波器、振动和噪声隔离等领域。随着声子晶体理论研究的日趋成熟，声子晶体的应用研究也将引起越来越多的关注。声子晶体的应用研究必将涉及声子晶体的制备理论与技术、声子晶体的测试表征，它们也是声子晶体研究内容的一部分。虽然目前专门报道这方面工作的文献较少，但随着声子晶体应用研究工作的展开，这部分研究工作必将引起重视。

3 表面波和兰姆波型声子晶体

3.1 声子晶体表面波禁带

早在 1984 年，法国的 Djafari[15]就研究了声表面波在两种材料组成的一维层状复合材料中的传播特性。随着声子晶体概念的提出，人们逐渐对声子晶体表面波的禁带特性有了更进一步的认识。目前，国际上有多个课题组在对声子晶体表面波进行研究，如美国的 Vines[16]、乌克兰的 Tartakovskaya[17]、日本的 Tananka[18]等。这些研究工作主要集中在一维和二维声子晶体的声表面波禁带特性理论计算方面，从理论计算上证实了声子晶体存在声表面波禁带。Vines 和 Meseguer 等[16]还从实验的角度证实了半无限周期性结构表面存在声表面波禁带。美国马里兰大学 Agis Lliadis 研究小组在基于硅和蓝宝石基体的声子晶体表面研究了声表面波禁带并应用于高频声表面波滤波器或生物传感器上，获得了美国自然科学基金的资助。

3.2 声子晶体兰姆波禁带

关于 Lamb 波在周期复合介质中的传播，Auld 等[20]第一次利用耦合模式近似方法研究了 Lamb 波在二维周期性复合材料中传播特性，并证明了 Lamb 波在周期材料中会产生禁带。Alippi 等[21]第一次在复合材料薄板实验中观测到最低对称 Lamb 波模式的禁带，并用近似的理论进行了解析。他们利用传递矩阵方法研究了 Lamb 波在有限长度周期性材料中的传播特性，其结果非常对应于 Kronig-Penney 方法结果。目前，南京大学声学所对 Lamb 波声子晶体进行了大量研究。

Cheng 小组[22]研究了一维周期性复合薄板中低阶 Lamb 波的传播，理论上严格证明了一维钨(tungsten)/硅(silicon)薄板结构中存在低阶 Lamb 波禁带(如图 2)，发现其禁带结构与体波禁带结构存在很大的差别，特别是提出了 Lamb 波禁带存在的一个关键参数，即晶格常数与薄板厚度之比。经有限元法计算 Lamb 波经过有限长周期结构薄板的能量传输谱与平面波展开法非常吻合。

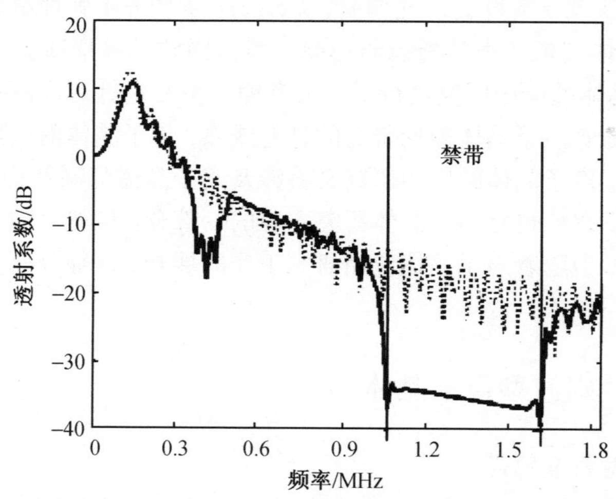

图 2 有限元计算的钨/硅薄板结构中 Lamb 波的透射谱(薄板厚度与晶格常数之比 L/D=0.5，占有比 f=0.5):点线为 Lamb 波经过同样厚度的均匀薄板透射谱

Cheng 小组[23] 进一步研究了钨/硅呈 Fibonacci 序列排列的一维准周期复合薄板中的 Lamb 波传播，发现其禁带结构比周期结构声子晶体的禁带结构更为丰富，如图 3。他们还研究[24]了均匀衬底上周期薄板中的 Lamb 波传播，发现当衬底较硬时，衬底对 Lamb 波的禁带影响较大，随着衬底变厚，Lamb 波禁带会逐渐减小最终消失；相反当衬底较软时，随着衬底变厚，Lamb 波禁带反而变大；而当衬底材料与基体材料相同时，衬底对 Lamb 波的影响介于二者之间。

3.3 压电声子晶体表面波、兰姆波

Wu[25]等人把研究声子晶体中表面波的方法推广到各向异性材料，并研究了表面波在周期压电材料中的传播特性。Laude[26]等人在周期性压电材料中观测到表面

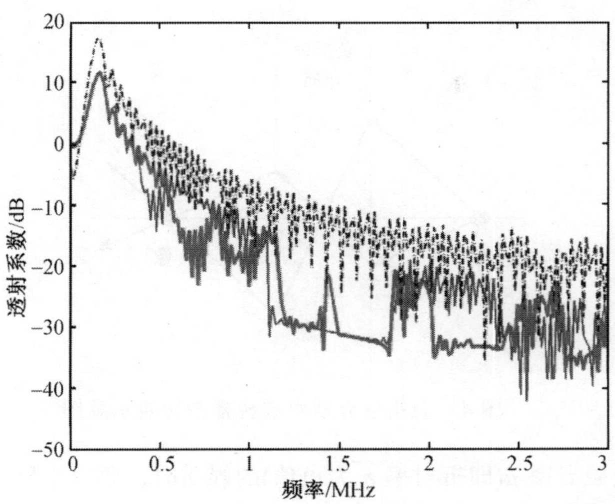

图 3 有限元计算的钨/硅呈 Fibonacci 序列排列的一维准周期薄板中 Lamb 波透射谱：粗线、点线和细线分别为 Lamb 波经过准周期薄板、同样厚度的均匀薄板和周期薄板的透射谱

波完全禁带。Wilm[27]等人利用三维平面波展开法研究了周期性薄板压电材料。Vasseur 等研究了均匀衬底上周期板中的板波传播，并研究了其中的缺陷态现象，从而提出了其在无线电通讯方面的应用[28]。

Cheng 小组[29]研究了压电陶瓷-环氧树脂声子晶体板中的板波禁带结构，详细研究了声子晶体的组成(填充率、板厚相对晶格的尺度大小)、压电陶瓷在不同电边界条件下不同的极化模式(开路边界和短路边界)对禁带的起始频率和宽度的影响。研究表明：极化过的陶瓷声子晶体具有更宽的禁带；在同一极化模式下，短路边界的压电陶瓷声子晶体具有更宽的板波禁带。研究还表明，三个关键参数决定了禁带的性质：极化方向、填充率以及板厚相对晶格的尺度大小。因此，通过选择合适的参数可以控制板波禁带的起始频率和禁带宽度。

4 声子晶体的负折射

要彻底了解声子晶体的特性，仅仅考虑禁带是不够的。还有必要了解频率落在禁带以外时波在声子晶体内的传播行为。这些研究成果将能帮助人们在未来以更多元的方式操控波的传播，并进而设计及制造各种有用的等效介质。目前，最重要的发现之一是所谓负折射现象[30]，即当电磁波由真空中入射到具负折射特性的人工介质表面后，折射波束会折向法线的另一边(有一个负的折射角)，如图 4 所示。由 Snell 定律可定义此介质具有负的折射率。

1968 年，前苏联科学家 Veselago 断言[31]：平面电磁波照射在一个同时具有负

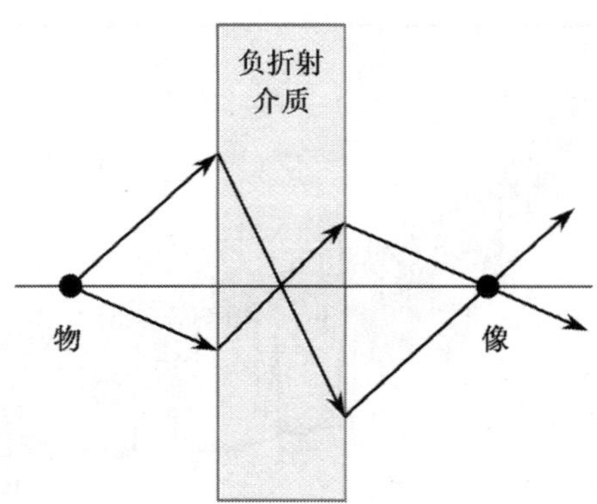

图 4　负折射介质对波传播的影响示意图

介电常数 ε 和负磁导率 μ(即折射率 n 为负值)的媒质时，要发生反常的折射现象。自然界已知的材料都呈现正折射率，因此负折射概念的提出，轰动了整个科学界。科学家们理论解释了存在负折射率的原理，并人工合成了这种媒质。实验进一步证明了当微波入射样品后，传播方向与入射方向在法线的同一侧，与 Snell 定律所描述的相反。

2000 年，Pendry 发表了一篇著名的论文[30]，证明一块折射率 $n=-1$(也要求 $\varepsilon=\mu=-1$)的负折射介质板是一个完美透镜，可将波源原像重现而超越绕射极限。这样的一块平板除了可聚焦由点光源发射出的传导波之外，还可以放大倏逝波，将本来不会有贡献的倏逝波还原成原来的强度。这篇论文发表后，立即在学术界掀起了负折射研究的热潮。其中不乏质疑完美透镜之可行性的声音，而且对实验结果的解读也有不同说法。目前对负折射介质的质疑包括：负折射是否真的存在，或只是对不熟悉之现象的一种错误解释；完美成像是否可能以及负折射介质是否有物理上的限制；绕射极限是否能被超越以及吸收与色散是否会破坏负折射。

声子晶体的负折射效应是利用声子晶体在禁带边缘的特殊色散关系制造出负群指数，模拟半导体能带理论中电子的负等效质量。在负群指数频率范围内，波向量 k 的方向由广义 Snell 定律决定，而平均能流的方向等于群速度方向。

目前学者对负折射现象的机制，以及其可能的限制(比如非均向性，强反射等)的认识还是很粗浅的。我国学者 Zhang 和 Liu 研究了二维声子晶体中的负折射现象[32]，它们与光子晶体中存在的负折射现象相似。Liu 等研究了二维三元声子晶体中的负折射现象[33]，利用局域共振机理实现了低频部分的负折射。

南京大学 Chen 小组[34]从理论和实验上研究了声子晶体在第一能带和第二能带的负折射现象：在第一能带中，由于波矢始终为正，因此，声波的群速度有正负两种情况，分别对应正折射和负折射。而在声子晶体第二能带中，声波具有负的波矢和负的相速度以及有效负折射率，从而实现了具有回波效应的负折射，这一现象是区分它和左手系材料以及声子晶体第一能带中的负折射现象的重要特征。由于回波效应引起的位相补偿，提供了同时放大具有负折射和正折射的近场倏逝波的方法，从而能够增强声波的分辨率并有可能得到突破衍射极限的亚波长成像。

最近, Chen 小组[35]研究了声子晶体中的双负折射现象。由于光子晶体一些能带的重叠，相同频率可能会同时属于不同的能带和不同的波向量，从而在光子晶体的高频能带部分可能会在相同极化状态时产生双折射现象[36]。Chen 小组[35]等实现了二维声子晶体中的双负折射现象，他们提出的双负折射现象发生在同一频率下的相同极化状态。利用声子晶体的这一特性，可实现新颖的双聚焦成像，在声聚焦、声全息，声表面波器件等方面可能有重要应用。

5 声子晶体低频弹性波传播

负折射现象可能出现在禁带附近或禁带以上的频率部分；对于周期结构，色散关系中低于第一条禁带以下的很大一部分对应的是线性色散关系(低频部分)，周期结构介质在这一部分的性质表现出来与自然介质相似的性质，但同时又有不同于自然介质的一些特有性质。

Cervera 等[14]首先报道了利用声子晶体在低频部分的性质，采用弹性材料排列在空气中构成二维声子晶体实现了声学透镜的功能。随后 Kafesaki 等[37]运用多重散射法研究了水中含空气泡的有效声速度问题，很好地验证了 Ruffa[38]提出的含泡液体中声速下降问题。

随着 Cervera 以及 Kafesaki 报道的出现，Krokhin 等[39]运用在研究光子晶体低频极限时的方法研究了水中含空气泡的有效声速度问题以及弹性材料排列在空气中构成二维声子晶体的低频声传播问题，他们的研究结果与之前的报道完全吻合。随后，出现了较多学者对声子晶体长波极限的研究。Hou 等[40]直接将长波极限时的声子晶体看成有效介质，然后运用有效介质的传输系数来研究二维声子晶体长波极限时的声传播现象。Mei 等[41]以及 Torrent 等[42]运用多重散射法研究液体介质中含周期排列悬浮物时的声波传播问题，研究结果与 Cervera 的实验以及 Krokhin 的理论结果完全一致，同时 Mei 等人还指出了传统复合介质有效密度(完全平均法)对液体介质中含固体悬浮复合介质的局限性，而 Berryman[43]的有效密度理论则适用于固-固以及液体介质中含固体悬浮物的复合介质。Torrent 等[42]则同时明确指出他们的长波极限理论可以适用的范围：波动的波长大于周期结构的特征长度三倍以上。Halevi 等[44]运用 PWE 法研究了流体介质作为基体的声子晶体的低频均一化(homogenization)问题，Mei 等以及 Cervera 等人的结果与他们的完全一致。

针对声子晶体中低频极限时传播问题的研究大多集中于对含空气泡流体介质或空气中含硬柱体的介质。声波在这些复合介质中的传播行为是各向同性的。对于固-固型声子晶体中弹性波的传播，处理各向同性的有效介质的理论将难以应用。由于固-固复合介质中弹性波动方程存在不同偏振方向的耦合，使得对其低频极限时的研究要比对各向同性有效介质的研究复杂得多。无论是从对物理现象本质的发现出发，还是从固-固型声子晶体的实际应用的需求出发，需进一步研究固-固型声子晶体中的长波极限问题。

Cheng 小组[45]运用平面波展开法和低频极限方法研究了二维声子晶体长波极限弹性波传播。随后利用周期结构的周期性特点和特殊方向波动的纯模性质，研究了三维声子晶体低频极限弹性波传播性质[46]，得出声子晶体低频极限时的各项物理参数。并且从理论上兼顾到了声子晶体的周期拓扑结构以及多重散射效果对有效参数的影响，克服了前人的一些相应理论在处理矢量波传播时的缺点。特别是，他们发现了声子晶体在低频具有各向异性的特点，研究了材料常数、填充率以及晶格拓扑形状对有效速度和各向异性的影响。对于含中间包层的局域共振型声子晶体，低频极限研究还发现软包层的引入并不是由于降低声子晶体中的波动传播速度而使禁带出现在低频，而且即使由于某种因素导致声子晶体中波动的传播速度变慢，也并不一定会引起声子晶体禁带对应频率的降低。

6　其他：安德森局域化

声子晶体的一个主要特征是波的安德森局域化。声子禁带与安德森局域化密切相关，而且研究缺陷(点缺陷、线缺陷和面缺陷)处的局域模式非常重要。利用点缺陷可以把声波俘获在某一个特定的位置，使其无法向外传播，这相当于微腔。声子晶体中引入某种线缺陷(如 L 型线缺陷)，可以使处于禁带频率范围内的声波沿该通道进行传播，即所谓的声波导。

Cheng 小组[47]研究了在声子晶体中嵌入由第三种材料组成的台球系统作为缺陷时弹性波的传播特性。通过与可积系统(圆形)比较，计算在台球区域中以及在整个声子晶体中的能量变化，发现了不可积系统的混沌效应。讨论了波数 k 对这种混沌效应的影响，发现 ka 必须足够大才能使这种效应得以体现。他们研究了不同形状的运动场台球，证明任何形状的运动场台球都是混沌的，并且通过计算空间声场分布显示弹性波被局域化在台球场内。

通过计算空间两点相关函数，比较了可积系统(圆形)和不可积系统(运动场台球)中波场在统计特性上的差异，发现不可积系统的空间相关函数幅度更小，对距离的变化更为敏感，类似于 $\mathrm{Corr}(s)=J_0(ks)$变化(其中 k 为波数，s 为两点距离，J_0 为零阶 Bessel 函数)，而这是混沌系统的基本特征。引入缺陷后，声波在声子晶体禁带内受到更强的抑制，并且运动场台球比圆形台球体现出更强的抑制效果。

7 发展方向

总之，声子晶体的研究仍然是目前的一个热点课题。从频率域来区分，研究内容向两个方向拓展：寻找低频(1kHz 以下)存在宽禁带的局域型声子晶体，物理上实现小尺度(厘米量级的晶体)控制大尺度(米量级的声波波长)；在高频段，研究经典波在非均匀、复杂介质中传播的基本规律，而声子晶体中周期结构介质是复杂介质的最简单形式。当然，探讨声子晶体的应用是研究的最终目标。

致谢

本文得到国家自然科学基金(Grant No. 10125417)和教育部项目(Grant Nos. 705017 和 20060284035)的资助。

参 考 文 献

[1] Yablonovitch E. Inhibited spontaneous emission in solid-state physics and electronics. Phys. Rev. Lett., 1987, 58 (20): 2059-2062.

[2] John S. Strong localization of photons in certain disordered dielectric superlattices. Phys. Rev. Lett., 1987, 58 (23): 2486-2489.

[3] Yablonovitch E, Gmitter T J. Photonic band structure: the face-centered-cubic case. Phys. Rev. Lett., 1989, 63 (18), 1950-1953.

[4] Kushwaha M S, et al. Theory of acoustic band structure of periodic elastic composites. Phys. Rev. B, 1994, 49 (4): 2313-2322.

[5] Liu Z Y, Zhang X X, Mao Y W, et al. Locally resonant sonic materials. Science, 2000, 289 (5485): 1734-1736.

[6] Wang G. et al. Two-dimensional locally resonant phononic crystals with binary structures. Phys. Rev. Lett., 2004, 93(15): art. 154302.

[7] 温维佳，沈平. 局域共振的光子、声子功能材料. 物理, 2004, 33(2): 106-110.

[8] Sigalas M M. Elastic wave band gaps and defect states in two-dimensional composites. J. Acoust. Soc. Amer., 1997, 101(3): 1256-1261.

[9] Kafesaki M, Sigalas M M, Garcia N. Frequency modulation in the transmittivity of wave guides in elastic-wave band-gap materials. Phys. Rev. Lett., 2000, 85(19): 4044-4017.

[10] Chandra H, Deymier P A, Vasseur J O. Elastic wave propagation along waveguides in three-dimensional phononic crystals. Phys. Rev. B, 2004, 70(5): art.054302.

[11] De Espinosa F R M, et al. Ultrasonic band gap in a periodic two-dimensional composite. Phys. Rev. Lett., 1998, 80(6): 1208-1211.

[12] Kohn W, Rostoker N. Solution of the schrödinger equation in periodic lattices with an application to metallic lithium. Phys. Rev., 1951, 94(5): 1111-1120.

[13] Diez A, Kakarantzas G, Birks T A. Acoustic stop-bands in periodically microtapered optical fibers. Appl. Phy. Lett., 2000, 76(5): 3481-3483.

[14] Cervera F, et al. Refractive acoustic devices for airborne sound. Phys. Rev. Lett., 2002, 88(2): art. 023902.

[15] Rouhani B D. Rayleigh waves on a superlattice stratified normal to the surface. Phys. Rev. B, 1984, 29(12): 6454-6462.

[16] Vines R E. Scanning phononic lattices with surface acoustic waves. Physica B, 1999, 263: 567-570.

[17] Tartakovskaya E. Surface waves in elastic band-gap composites. Phys. Rev. B, 2000, 62(16): 11225-11229.

[18] Tanaka Y, Tamura S I. Surface acoustic waves in two-dimensional periodic elastic structures. Phys. Rev. B, 1998, 58(12): 7958-7965.

[19] Meseguer F. Rayleigh-wave attenuation by a semi-infinite two-dimensional elastic-band-gap crystal. Phys. Rev. B, 1999, 59(19): 12169-12172.

[20] Auld B A, Shui Y A, Wang Y. Elastic wave propagation in three-dimensional periodic composite materials. Phys., 1984, 45: 159-163.

[21] Alippi A, Craciun F, Molinari E. Finite-size effects in the frequency response of piezoelectric composite plates. J. Appl. Phys., 1989, 66(7): 2828-2832.

[22] Chen J J, Zhang K W, Gao J, et al. Stopbands for lower-order Lamb waves in one-dimensional composite thin plates. Phys. Rev. B, 2006, 73 (9): art. 094307.

[23] Gao J, Cheng J C, Li B W. Propagation of Lamb waves in one-dimensional quasiperiodic composite thin plates: a split of phonon band gap. Appl. Phys. Lett., 2007, 90(11): art. 111908.

[24] Gao J, Zou X Y, Cheng J C, et al. Substrate effect on band-gaps of lower-order Lamb wave in thin plate with one-dimensional phononic crystal layer on substrate. Appl. Phys. Lett.

[25] Wu T T, Huang Z G, Lin S. Surface and bulk acoustic waves in two-dimensional phononic crystal consisting of materials with general anisotropy. Phys. Rev. B, 2004, 69(9): art. 094301.

[26] Wu T T, Hsu Z C, Huang Z G. Band gaps and the electromechanical coupling coefficient of a surface acoustic wave in a two-dimensional piezoelectric phononic crystal. Phys. Rev. B, 2005, 71(6): art. 064303.

[27] Laude V, et al. Band gaps and the electromechanical coupling coefficient of a surface acoustic wave in a two-dimensional piezoelectric phononic crystal. Phys. Rev. E, 2005, 71(3): art. 036607.

[28] Wilm M, et al. A full 3D plane-wave-expansion model for 1-3 piezoelectric composite structures. J. Acoust. Soc. Amer., 2002, 112(3): 943-952.

[29] Vasseur J O, et al. Waveguiding in two-dimensional piezoelectric phononic crystal plates. J. Appl. Phys., 2007, 101(11): art. 114904.

[30] Zou X Y, Chen Q, Cheng J C. The band gaps of plate-mode waves in one-dimensional piezoelectric composite plates: polarizations and boundary conditions, IEEE Trans. UFFC, 2007, 54(7): 1430-1436.

[31] Pendry J B. Negative refraction makes a perfect lens. Phys. Rev. Lett., 2000, 85(18): 3966-1969.

[32] Veselago V G. The electrodynamics of substances with simultaneously negative values of ε and μ. Sov. Phys. Usp., 1968, 10(4): 509-514.

[33] Zhang X, Liu Z. Negative refraction of acoustic waves in two-dimensional phononic crystals.

Appl. Phys. Lett., 2004, 85(2): 341-343.

[34] Zi J, Liu Z, Qiu C. Negative refraction imaging of acoustic waves by a two-dimensional three-component phononic crystal. Phys. Rev. B, 2006, 73(5): art. 054302.

[35] Feng L, et al. Acoustic backward-wave negative refractions in the second band of a sonic crystal. Phys. Rev. Lett., 2006, 96(1): art. 014301.

[36] Lu M H, Zhang C, Feng L, et al. Negative birefraction of acoustic waves in a sonic crystal. Nature Materials, 2007, 6(10): 744-748.

[37] Kosaka H, et al. Superprism phenomena in photonic crystals. Phys. Rev. B, 1998, 58(16): 10096-10099.

[38] Kafesaki M, Penciu R S, Economou E N. Air bubbles in water a strongly multiple scattering medium for acoustic waves. Phys. Rev. Lett., 2000, 84(26): 6050-6053.

[39] Ruffa A A. Acoustic wave propagation through periodic bubbly liquids. J. Acoust. Soc. Amer., 1992, 91(1): 1-11.

[40] Krokhin A A, Arriaga J, Gumen L N. Speed of sound in periodic elastic composites. Phys. Rev. Lett., 2003, 91(26): art. 264302.

[41] Hou Z L, et al. Effective elastic parameters of the two-dimensional phononic crystal. Phys. Rev. E, 2005, 71(3): art. 037604.

[42] Mei J. et al: Effective Mass Density of Fluid-Solid Composites, Phys. Rev. Lett. 2006, 96 (2): art. 024301.

[43] Torrent D, et al. Homogenization of two-dimensional clusters of rigid rods in air. Phys. Rev. Lett., 2006, 96(20): art. 204302.

[44] Berryman J G. Long-wavelength propagation in composite elastic media I spherical inclusions. J. Acoust. Soc. Amer., 1980, 68(6): 1809-1819.

[45] Halevi P, Krokhin A A, Arriaga J. Photonic crystal optics and homogenization of 2D periodic composites. Phys. Rev. Lett., 1999, 82(4): art. 719.

[46] Ni Q, Cheng J C. Anisotropy of effective velocity for elastic wave propagation in two-dimensional phononic crystals at low frequencies. Phys. Rev. B, 2005, 72 (1): art. 014305.

[47] Ni Q, Cheng J C. Long wavelength propagation of elastic waves in three-dimensional periodic solid-solid media. J. Appl. Phys., 2007, 101(7): art. 073515.

[48] Chen J, Cheng J, Li B W. Dynamics of elastic waves in two-dimensional phononic crystals with chaotic defect. Appl. Phys. Lett., 2007, 91 (12): art. 121902.

含气泡软媒质中声传播特性的研究进展

梁　彬, 程建春

(近代声学教育部重点实验室, 南京大学声学研究所, 南京　210093)

1　引 言

在自然界中存在的各种各样的固体媒质中，有一类固体具有极为特殊的性质，即满足 $\lambda/\mu>>1$ 的软媒质(soft media)，亦称弱可压缩媒质(weakly compressible media)，其中 λ 和 μ 为媒质的拉梅常数[1,2]。由于此类媒质的切变模量甚小，因而其力学性质在很大程度上与流体十分类似，表现出很强的“类水”性质，故又称作类水媒质(water-like media)。当软媒质中含有一定量气泡时，声波在其中传播时会引起气泡的强烈振动，使含气泡软媒质表现出普通固体媒质不具备的独特性质。软媒质在科学研究及生产应用中十分常见，软橡胶材料、高分子材料及医用仿生材料多属此类，气泡也常出于人为或非人为的原因被引入其中。此外含气泡软媒质在许多重要场合均有广泛的应用背景，如高效吸声材料等。因此对含气泡软媒质声学特性的研究十分重要。

作为含气泡软媒质的基本组成单元，软媒质中单个气泡的动力学特性引起了人们的广泛关注，开展了大量研究[1~9]。正确认识气泡的动力学特性使得对含气泡软媒质中声传播特性的研究成为可能。对此类媒质中声传播特性的研究主要集中于两个方面：(1) 随机媒质中声波的局域化现象一直得到相当多的研究[10~31]，而随机媒质对波的强散射作用是产生局域化的重要前提，含气泡软媒质的类流体性使其表现出对声波的强散射作用，而较之流体更具备固体特有的气泡稳定、易加工成形等特性，故十分有利于对声波局域化现象的理论及实验研究[32]，但现有的研究均是基于含少量气泡的理论模型展开，通过对声波在其中发生局域化的物理本质及基本特性的基础性研究，丰富了有关经典波在随机媒质中传播特性的理论体系[32,33]；(2) 对于真正应用于各种实际场合的含气泡软媒质，由于所含气泡的数目极大，必须引入新的描述方法来研究其中的声传播特性，通用的方法是对含气泡软媒质在低频条件下作均一化(homogenization)近似，将其视作一种均匀的等效媒质处理，利用等效参量来描述其中的声传播特性[1,2,7,9,34]。因此，对含气泡软媒质中声传播特性的研究工作不仅富于基础性的学术意义，对于生产应用的作用亦显而易见。

本文将近年来相关研究进展进行了综述，并在此基础上提出了当前研究中存在的主要问题及可能的发展方向。

2 软媒质中气泡的动力学研究

近半个世纪前 Meyer 等[3]就橡胶类材料中的气泡振动做了一些早期的工作，他们研究了橡胶材料中的球形、椭球形空腔的散射特性，提出了球形空腔最低阶共振频率的公式，并测量了一些橡胶体中空腔的共振频率。其后 Ying[4]与 Gaunaurd 等[5] 先后研究了各向同性固体中的气泡散射特性，亦部分验证了 Meyer 等的结论。然而，各向同性固体中气泡的共振频率公式表明[6]：对于普通的固体媒质，其过高的切变模量极大地阻碍了气泡可发生形变的程度，使气泡的振动在几个周期内迅速衰减，因而普遍缺乏共振特性。仅当固体媒质的 λ/μ 的值足够大时，气泡才可在声波作用下进行有效的共振。

1988 年起，Ostrovsky[1,2]对软媒质中的气泡动力学进行了一系列开创性工作，使此类媒质的声学特性开始受到广泛关注。Ostrovsky 着重研究了气泡振动模式中在低频处最主要的零阶模式，证明了此类媒质中的气泡在声波的作用下会发生很强的非线性振动，并导出了描述弹性软媒质中单个气泡径向振动的非线性动力方程。该方程在形式上与流体中著名的 Rayleigh-Plesset 方程十分类似，这也与软媒质特有的“类水”性质完全一致。但 Ostrovsky 仅假定包含气泡的软媒质为完全弹性体，而忽略了表征气泡散射引起的能量损失的辐射损失项，而该项的存在对正确描述软媒质中气泡的振动状态是必要的。Liang 等人[7]对 Ostrovsky 提出的气泡动力学方程进行了修正，主要包括两方面：(1) 保留了对软媒质而言至关重要的辐射损失项；(2) 在软媒质为黏弹性媒质的情况下，加入了摩擦损耗项来表征气泡振动时受到的摩擦阻尼效应。利用数值方法，Liang 等人证明了这种修正对于正确描述软媒质中气泡振动特性的重要性。

上述的各项研究中均假定包含气泡的软媒质处于一种无初始形变的平衡状态，此时气泡内压强(用 P_g 表示)等于媒质周围的环境压强(用 P_∞ 表示)，即满足 $P_g=P_\infty$，如图 1(a)所示。然而，在实际情况中软媒质经常处于存在初始形变的状态，即气泡壁面内外的压强不平衡，如图 1(b)和(c)所示。例如，对采用发泡技术在软媒质中产生的气泡通常满足 $P_g>P_\infty$(图 1(b)情形)，而软媒质受到外加压力作用时则有 $P_g<P_\infty$(图 1(c)情形)。在这些情况下，前面提到的气泡动力学方程已不再适用，必须对相关研究方法进行改进。2004 年 Emelianov 等[8]研究了不同形变状态下的不可压缩弹性媒质中的气泡振动，提出了描述内外压力不平衡时气泡振动行为的非线性方程，并定量分析了环境压力的改变对气泡平衡半径的影响。其后 Qin 等[9]在此基础上推导了描述不同形变状态下的软媒质中气泡非线性振动的动力学方程，计及了媒质可压缩性的影响，并加入了表征媒质黏弹性的摩擦阻尼项，进一步提高了对软

媒质中气泡动力学特性的认识。所有这些有关软媒质中气泡动力学的研究工作都为深入研究含气泡软媒质的声学特性奠定了重要的理论基础。

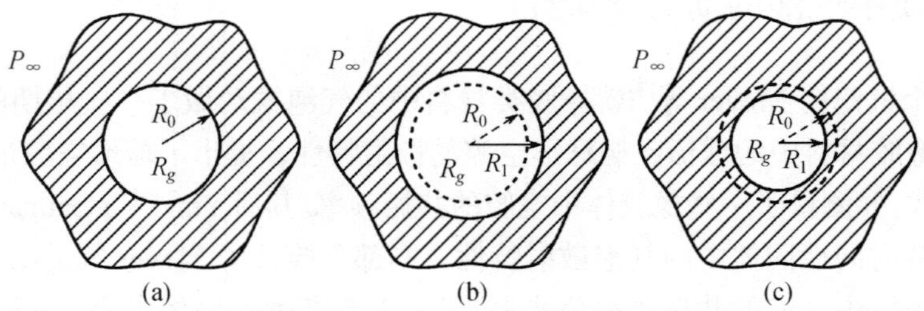

图 1　三种不同状态下的气泡平衡半径示意图

3　含气泡软媒质中声波局域化的研究

早在 1958 年 Anderson[10]研究电子行为时就首先引入了波局域化的概念。他发现电子在加入杂质的导体中传导时会受到杂质的散射作用，多重散射波会发生相互干扰，在适当的条件下能导致电子运动停止，金属导电性消失，呈现出绝缘体的性质。电子波的 Anderson 局域化的发现使局域化现象得到广泛关注并成为了研究的热点[11~13]。由于电子的局域化是源自电子的波动性，人们自然想到，经典波如光波、声波、水波等是否也会有类似的局域化现象？在过去的 20 多年中，局域化概念扩展到了经典波的领域[14~16]，围绕随机媒质(random media)中经典波的局域化现象展开了大量研究。对存在复杂地形的系统中水波行为的研究证明，随机形状的底面会导致水波的局域化[17]。其后随机媒质中微波[18,19]与光波[20]也先后被发现存在局域化现象。

1998 年 Ye 等[24~31]率先对声波在含气泡流体中的传播特性开展了大量的理论研究。他们建立了置于无限大的水媒质中、由有限个气泡组成的气泡云的理论模型，并采用自洽场方法(self-consistent method)对其中的声传播问题进行了严格求解。该方法基于最初由 Foldy[37]在 40 年代提出的自洽场理论，对于处理含有限数目散射体的非均匀媒质中的波动问题被证明是非常有效的[38]。Ye 等的数值计算结果首次在理论上证明了含气泡流体中的声波存在局域化现象，其典型结果如图 2 的能量透射系数频响曲线所示，其中的实线与虚线分别对应总能量及其相关部分(coherent portion)[24]。由图 2 可看出，含气泡流体中的声传播在略高于气泡本征频率的一个频段内受到极大抑制，该频段即为声波的局域化区(localization region)。在局域化现象最强烈的频率处，声能量的透射系数甚至可降至原来的 10^{-5} 倍以下。但由于样品的尺寸有限，声能量不能完全被限制在气泡云内部而会部分的泄漏出去，因此能量的透射系数不可能降至零。

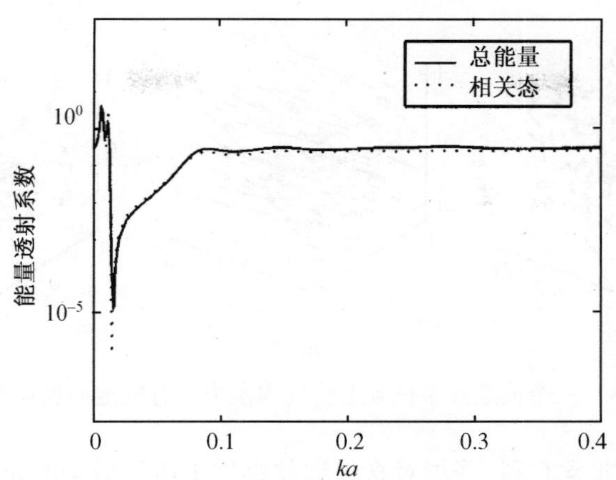

图 2　含气泡水中声能量透射系数随频率 ka 的变化曲线

2003 年 Ye 等[26]还首次提出了利用相位图法(phase diagram method)来研究气泡振动的相位关系、从而成为有效鉴别含气泡流体中声局域化现象的理论手段。图 3 为三个典型频率点上流体中所有气泡的相位图，图中小箭头的位置和指向分别代表了某个气泡的空间位置及振动相位。由声场的能流表达式可知，即使声压幅值不为零，只要振动相位为常数时，能流便无法传播并导致声局域化现象的产生[25,26]。图 3(a)与(c)对应的频率点分别为 ka=0.012(低于局域区)与 ka=0.1(高于局域区)。对比图 2 可知，这两种情况下气泡的振动相位均相当无序，无法满足声局域化条件，因此声传播并未受到抑制。而图 3(b)对应的频率点 ka=0.0176 则位于局域区当中，此时可观察到所有气泡的振动相位具有高度一致性。换言之，发生局域化时系统会出现相有序现象(phase ordering)，所有气泡表面呈现出同时扩张或收缩的整体行为，特别是其振动相位均与声源处的初始相位相反，表明气泡的同相振动有效抑制了声能量的传播。因此，声波在含气泡流体中发生局域化的物理机制可归于所有气泡在特定条件下表现出的整体振动行为。声波在非均匀媒质中的吸收效应(absorption effect)的存在也可能造成声能量随距离的显著减少，故极易与局域化现象相互混淆；然而前者并不存在上述的相有序现象，所以 Ye 等提出的方法可明确将两者区分开来，成为有效鉴别声局域化现象的理论手段。

Ye 等的理论研究首次揭示了含气泡流体中声波局域化现象的存在，深化了对经典波在随机媒质中发生局域化的物理本质的认识，也为进一步开展声局域化现象的研究工作提供了良好的基础。然而流体中的气泡难于控制且易于流动，具有高度不稳定性，不适宜于进行声局域化现象的实验研究。固体中的气泡虽具有好的稳定性和可控性，但前面已提到，普通固体中的气泡缺乏共振特性，无法像流体中气泡一样有效地散射声波，而随机介质对波的强散射作用是产生局域化的重要前提[24]。因此，软媒质作为一种兼具流体与固体两者优点的特殊媒质，对于声局域化现象的

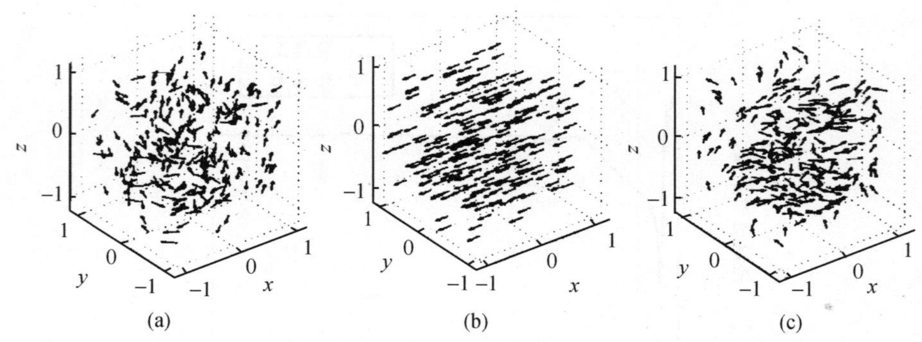

图 3　三个典型频率位置上含气泡水中所有气泡的振动相位图

理论与实验研究均非常有利，开展对含气泡软媒质中声局域化的研究工作也显得尤为重要。

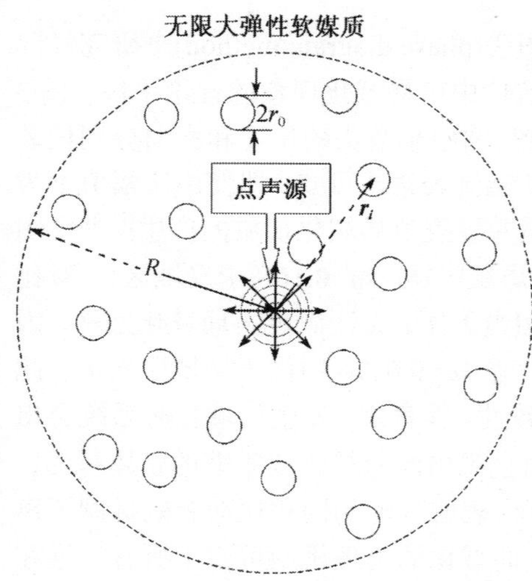

图 4　含气泡软媒质中声局域化研究的理论模型

基于现有的气泡动力学研究结果以及 Ye 等的理论体系，Liang 等[32,33]自 2006 年起率先开始了对含气泡软媒质中声局域化现象的理论研究。他们建立了包含有限数目气泡的软媒质的理论模型，如图 4 所示。在该模型中气泡云的形状被设为球形，声源则被置于气泡云中心，目的是为了消除不对称边界形状的影响，从而更明确的区分声波是否发生了局域化现象。此外，忽略了媒质黏弹性的影响以消除吸收效应可能造成的混淆，即假定软媒质为完全弹性体。对于声源发出的单频纵波在该模型中的传播问题，Liang 等在理论上进行了全面而深入的研究，得到了一系列有意义的结果。

由于软媒质本质上仍是固体，含气泡软媒质中波动问题上的首要难点在于入射纵波被气泡散射时的模式转换效应将使散射声场出现横波成分，导致问题复杂化。而当软媒质切变模量足够小时，显然可近似忽略这种模式转换，即假定散射声场中不存在横波。Liang 等利用数值方法计算了单个气泡对入射纵波的散射截面，并研究了声波平均自由程 (mean free path)与气泡云半径 R 之间的关系，进而证明了该理论近似的有效性，从而极大地简化了问题[33]。鉴于理论模型中已忽略了媒质黏弹性等各种效应的影响，Liang 等选择了 Ostrovsky[2]提出的气泡动力学方程作为出发点，由此导出了单个气泡对入射声波的响应函数。在此基础上，他们运用自洽场方法严格求解了纵波在含气泡弹性软媒质中的传播问题,得到的数值计算结果首次在理论上证明了此类媒质中的声波亦存在局域化现象。图 5 为含气泡软媒质中能量透射系数频响曲线的典型结果，其中选用了与图 2 中完全相同的气泡参数(半径、含量等)。对比图 5 与图 2 可知，与 Ye 等对含气泡流体得到的结果相比，含气泡软媒质中声传播同样在略高于气泡共振频率的频段内受到强烈抑制,声局域化的基本性质也极为相似,但发生局域化的频率位置略高,原因是气泡在固体中发生共振的频率略大于在流体中的共振频率[4,5]。由图 5 可看出，kr_0 在 0.017~0.024 的频率范围为声传播受到最强烈抑制的强局域化区(severe localization region)，而由于样品尺寸有限，声波在 kr_0 在 0.024~0.077 的频率范围内可部分透射出去，故称为中等局域化区(moderate localization region)。Liang 等还对用于判别局域化现象的一些经典参量进行了计算，其结果表明：在局域化区内，经典的 Ioffe-Regel 判据成立[22]，且能量扩散系数(diffusion coefficient)基本趋于零[28]，同样证明了局域化现象的存在。

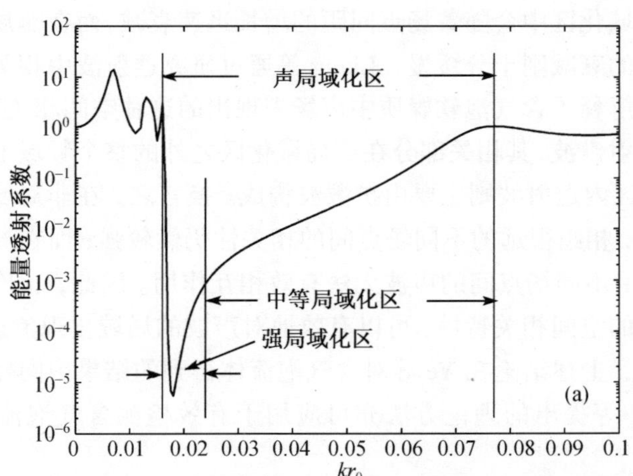

图 5 含气泡软媒质中能量透射系数随频率 kr_0 的变化曲线，所用软媒质为 gelatin

由于软媒质本身特有的类流体性，不同类型的软媒质中的纵波速度基本相同(与水中声速相近)，但切变模量仍可能存在较大差异。为此 Liang 等研究了含气泡的不同软媒质中的声传播问题,结果表明声波在含气泡软媒质中普遍存在着局域化现象,声波在不同类型的含气泡软媒质中的局域化性质基本相同,仅局域化发生的频率位置因气泡共振频率的不同而存在差异。此外,为进一步认识含气泡软媒质的结构参数对局域化性质的影响,他们还对具有不同的气泡半径、数目及含量的各种理论模型进行了大量的数值计算。结果表明：(1) 气泡体积含量 β 的减少会使声局域化区宽度随之减小,当气泡非常稀疏时声局域化现象消失,这是由于声波的多重散射条件已被严重破坏。声局域化现象随之消失。然而，在气泡体积含量约高于

10^{-4}时已经能明显观察到声波的局域化现象；(2) 声波在仅包含 50 个气泡的样品中已出现局域化现象，随着样品所包含的气泡数目 N 的增大，更多的声波可被局限在样品内部，导致强局域化区变得更宽；(3) 含气泡软媒质中的声局域化性质对气泡半径的变化并不敏感。

前面已提到，Ye 等提出的相图法可有效鉴别含气泡流体中的声局域化现象，Liang 等在对含气泡软媒质的声局域化研究中也分析了气泡的振动相位关系，同样观察到了发生局域化时气泡振动的相有序特性，证明该方法亦可应用于此类媒质中的声局域化研究。考虑到空间相关特性(spatial correlation)在物理上描述了不同场点间相互作用的有效程度，Liang 等在对含气泡软媒质中声局域化的研究中还着重关注了声场的空间相关特性，定义了可表征间距一定的所有场点对之间平均作用程度的总相关函数(total correlation function)，并在此基础上首次提出了一种通过检测相关函数有效鉴别声局域化现象的理论方法。他们对具有不同结构参数的各种理论模型中的总相关函数进行了大量的数值计算。结果表明：对含气泡软媒质中的声场，总相关函数在局域化区中会随着场点间距的增长迅速衰减，而在非局域化区总相关函数随场点间距的衰减则十分缓慢。Liang 等通过研究透射波中相关部分及扩散部分的关系很好地解释了含气泡软媒质中声场表现出的这种空间相关特性。对于含气泡软媒质中的透射声波，其相关部分在声局域化区之外的整个频域上均占据主导地位，而在局域化区内透射波则主要由扩散波构成。换言之，在非局域化区声波的传播主要为相关态，相距很远的不同场点间的相关性仍然较强；而在局域化区内声波的传播受到限制，不同场点间的声波无法有效相互作用。因此，正确分析通过含气泡软媒质中声场的空间相关特性，可以有效地对声波的局域化现象进行鉴别。另外观察图 2 可发现，上述结论在 Ye 等对含气泡流体得到的结果中同样得到了很好的体现，故 Liang 等提出的理论方法亦可应用于有效检测含气泡流体中声局域化现象。

4　含气泡软媒质中的等效媒质方法研究

当软媒质中含有一定量的气泡时，声波在传播时与气泡的相互作用将使得含气泡软媒质的声学特性显著发生改变，必须提出有效的理论方法来正确描述此类媒质中的声传播行为。尽管自洽场法对气泡数目有限的理论模型十分有效，但真正应用于各种实际场合中的软媒质所含气泡数目通常很大，严格求解问题所需的计算时间急剧增长，严重限制了此类方法的可行性，必须引入新的描述方法来研究其中的声传播特性。最常用的也是最有效的方法是采用均匀化近似，将非均匀媒质作为均匀的“等效”媒质处理，其声学特性由“等效”声参量描述。前人已对非均匀媒质的等效声学特性作了大量研究，并提出了许多理论方法[39~47]。由于该领域的相关研究具有广阔的应用前景，如用于吸声材料的设计等，因此至今仍作为热点问题得到广泛的关注[48~50]。

40 年代起 Foldy[37]首次得到了声波在包含各向同性散射体的媒质中的多重散射关系，在此基础上 Lax[40]进行了拓展，考虑了各向异性情形及前向散射效应。Foldy 与 Lax 的方法被 Waterman 等[41]推广到了更普适的情形，其精度也得到了很大提高。其后 Twersky[39]、Varadan[42]及 Javanaux 等[43]均进行了不同程度的改进。这些都是利用多重散射法对非均匀媒质声学特性进行的研究。Gaunaurd 等[44~47]基于共振散射理论提出了一种经典的等效媒质理论(effective medium theory，EMT)，其基本原理是假定等效媒质与原有的非均匀媒质在远处可产生相同的散射场，通过球函数的小宗量近似和行列式运算得到各等效声参量。与多重散射法相比，EMT 不需要表征多重散射过程的级数表达式，因此对等效声参量的计算更简便。Gaunaurd 曾将 EMT 与 Waterman 等的多重散射理论进行了比较，两种方法对含气泡的黏弹性固体媒质得到的等效声参量吻合很好[47]。

上述的各种经典方法为含气泡软媒质声学特性的研究提供了理论基础，具有启发意义。然而这些方法大都是考虑了非均匀媒质中包含散射体为固体、液体或气体的各种情形的一般性方法，尽管适用范围较广，但不能反映不同材料特有的具体性质。最重要的表现在于所有的经典方法均局限在线性范围，仅能得到非均匀媒质的线性等效声参量，而无法研究非均匀结构的存在对媒质非线性特性的影响。现有的理论与实验研究已证明了含气泡软媒质中存在着极强的非线性效应[1,2]，这正是含气泡软媒质区别于含气泡的普通固体媒质最重要的特质之一，无法用经典的线性理论方法进行有效描述。

1988 年起 Ostrovsky[1,2]对含气泡软媒质的非线性特性进行了一系列的理论与实验研究，证明了此类媒质特有的强非线性是源自非均匀结构的“物理”非线性(或称“结构”非线性)，而非通常情况下由有限振幅声波引起的“动力”非线性。Ostrovsky 对含气泡弹性软媒质进行了一定程度的等效媒质近似，并导出了可有效描述此类媒质非线性效应大小的等效非线性参量。然而，他并未考虑媒质的黏弹性的影响，且在求解过程中忽略了气泡动力学方程中表征气泡散射效应的辐射损失项，仅在远低于气泡共振频率的低频段得到了含气泡软媒质的等效声学参量的静态解，无法得到含气泡媒质的随频率变化的动态(dynamical)等效声参量大小。其后 Fan 等[34]利用 Runge-Kutta 方法对 Ostrovsky 提出的气泡动力学方程进行了数值求解，得到的单个气泡在声波驱动下表现出的非线性响应特性如图 6 所示。他们还得到了含气泡软媒质中等效非线性参量的随频率变化的动态解。由图 6 可看出，气泡的非线性响应在气泡共振频率的一半处达到极大值，对含气泡的不同软媒质的数值计算结果相应的表明动态的等效非线性参量亦在此处达到极大。而在远低于共振频率的低频段，Fan 等得到的动态的等效非线性参量退化后得到的值与 Ostrovsky 提出的静态值基本吻合。

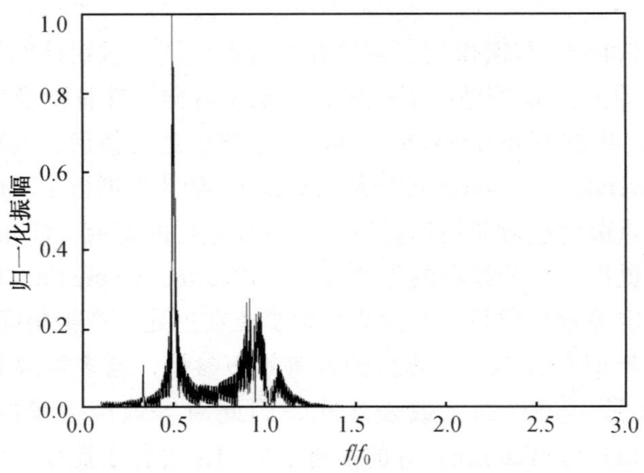

图 6 软媒质中单个气泡在不同频率的声波驱动下产生的二次谐波幅值

2006 年起 Liang 等[7]由 Ostrovsky 提出软媒质中单个气泡的非线性振动方程出发，基于对该动力学方程的修正(加入气泡振动的摩擦损耗项以及辐射损失项)，针对含气泡的黏弹性软媒质提出了一种等效媒质方法(effective medium method，EMM)，可得到此类媒质的线性及非线性的动态等效声参量。为了验证 EMM 的可靠性，他们将 EMM 退化到线性范围并结合数值方法，与 Gaunaurd 等的经典 EMT 进行了全面比较。图 7 为分别用两种方法对不同含气泡软媒质中基波计算的色散曲线及衰减曲线对比，图中所用三种软媒质分别为 silicone、neoprene 及 polyurethane。由图可看出，含气泡软媒质中的声波在共振频率附近发生了很大的声速变化，并在频域上存在着明显的共振衰减峰，表现出了很强的声色散及声衰减效应。而分别利用两种方法对几种不同媒质计算得到的声色散与衰减曲线亦能很好符合，EMM 的可靠性由此在理论得到了证明。与经典理论方法相比，EMM 可更好的描述含气泡软媒质的特性，对等效声参量的计算亦更为简便。

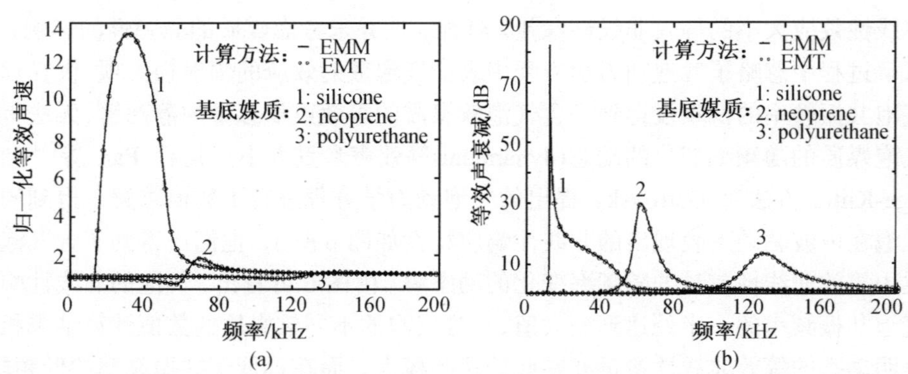

图 7 含有相同气泡的不同软媒质中基波的(a)色散曲线及(b)衰减曲线对比

对纵波在含气泡软媒质中的传播特性，Liang 等运用 EMM 进行了详细的理论研究，结果显示在共振频率附近，气泡在声波驱动下发生强烈的非线性振动，每个气泡都成为二次谐波的有效辐射源并从基波中吸取能量，使声能量从基波向二次谐波转移。因而含气泡黏弹材料的声衰减与非线性均显著增强，声场呈现高衰减及强非线性的特性。而根据 Ostrovsky 的结论，含气泡软媒质中特有的“物理”非线性并非因质点的大振幅运动引起，所以即使是小振幅声波在此类媒质中传播时仍可引起极强的非线性效应。Liang 等利用 EMM 计算了发生共振时含气泡软媒质中的基波与二次谐波声压随距离的变化曲线，如图 8 所示。由图可看出含气泡软媒质中基波与二次谐波的行为差异很大。随着传播距离的增长，与基波始终呈现指数衰减的趋势不同，二次谐波先后经历了能量积累效应引起的急剧增长过程以及达到饱和后的逐渐衰减过程，并且表现了出相当强的非线性。他们还计算了此时的声马赫数(Mach number)大小，结果表明声马赫数约为 10^{-6} 量级，即质点的振速仅大约相当于声速的百万分之一，证明了这种强非线性是由小振幅声波引起，很明显属于含气泡软媒质特有的“物理”非线性范畴。

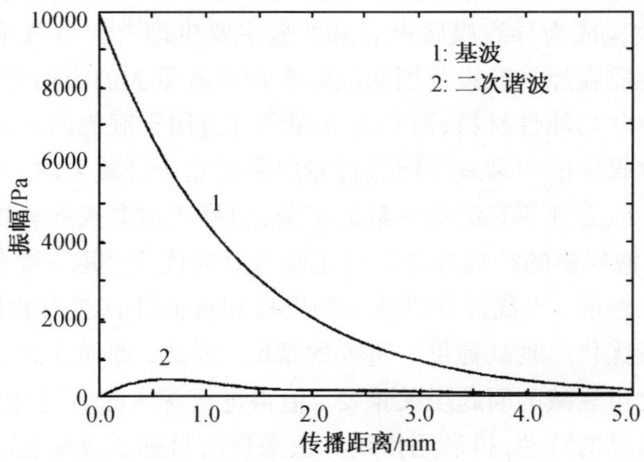

图 8 含气泡软媒质中的基波与二次谐波声压随距离的变化曲线，软媒质为 silicone

上述研究中提出的等效媒质方法可用于描述声波在含气泡软媒质中的传播特性，并能够有效反映此类媒质特有的高衰减和强非线性性质。但这些研究中均假定含气泡软媒质处于一种无初始形变的平衡状态(即气泡内压强等于环境压强，参照图 1(a))，却无法正确描述处于存在初始形变的状态下的含气泡软媒质的声传播特性(图 1(b)与(c))，而这些状态在实际情况中往往是不可避免的。针对这种情况，2006 年起 Qin 等[9]发展了 Liang 等的理论方法，提出了研究不同形变状态下含气泡黏弹性软媒质中声传播特性的等效媒质方法。他们对 Emelianov 等[8]提出的不同形变状态下不可压缩媒质中气泡的动力学方程进行了修正，包括计入媒质的黏弹性与可压缩性的影响，并在此基础上对含气泡软媒质进行均匀化近似，得到了气泡内外压力不平衡时媒质线性与非线性的等效声参量。利用这种方法，Qin 等分析了环境压力的变化对含气泡软媒质中声传播特性的影响规律，结果表明，当环境压力大于气泡内压力时，气泡的平衡半径减小，气泡的总体积含量亦随之减小，因此气泡发生共振的频率位置向高频移动，同时伴随着共振幅度的显著减小，导致等效声速与声衰减均发生相应变化；而当环境压力小于气泡内压力时情况则完全相反。Qin 等还将所提出的方法退化到线性范围，在气泡内外压力平衡的情形下与 Gaunaurd 等的经典 EMT 进行了对比，两种方法得到的结果可很好吻合，由此验证了该方法的有效性。其后 Qin 等[35,36]还在原有基础上进一步发展了他们的理论方法，将研究的理论模型由一维扩展到了三维。他们建立了含气泡软媒质与相应的等效媒质的三维微单元模型，并假定两者在相同外力作用下应产生相同的应变和应力，通过应力分析推导了更为普适的等效媒质方法，可得到三维方向上的等效声传播常数。Qin 等的研究有效地弥补了原有研究中仅关注一维方向声传播问题的不足，进一步提高了对含气泡软媒质中声传播特性的认识，拓展了此类媒质中的等效媒质方法的适用范围。

上述研究中已经证明，对含气泡的黏弹性软媒质，与媒质本身的黏弹性质相比，气泡引入的共振效应成为导致媒质声衰减的最主要机理[46]。含气泡黏弹软媒质特有的这种高衰减性质在经济建设及国防战略上均有着重大的应用背景，如民用方面可设计出高效能声学功能性材料，而军用方面则可应用于舰艇的声隐身技术。所以，针对含气泡黏弹软媒质的声衰减性能进行专门研究是十分重要的。显然含气泡黏弹软媒质的声衰减性能受到所有结构参数的影响，包括气泡参数和软媒质本身的力学参数。若能对含气泡媒质的结构参数进行正确有效的优化选取，将有可能显著增强此类媒质的声衰减性能。当代计算机技术的发展和数值计算能力的提高，更是为实现含气泡媒质的最优化声衰减提供了重要的帮助。因此，如何通过合理的设计与选取参数达到最优化声衰减的问题至关重要，值得进行深入的研究与探讨。然而，由于含气泡软媒质本身的特性，得利用传统方法来提出目标函数和选取优化算法均存在相当大的困难，这在很大程度上制约了提高含气泡媒质声衰减性能的有效优化算法的发展，导致无法正确有效地评价此类媒质的整体声衰减性能并快速高效的优化其结构参数。

针对这种现状，2007 年起 Liang 等[51]基于原先对含气泡黏弹软媒质提出的 EMM，在理论上研究了纵波在其中传播时的声衰减特性，结合模糊逻辑(fuzzy logic)[52~55]与遗传算法(genetic algorithm)[56~59]两种理论的优点，提出了可通过合理调整媒质结构参数得到最优化声衰减的数值优化算法。其基本原理是选用模糊逻辑构建目标函数，将多个输入参量映射到一个可表征媒质声衰减性能的输出值，并利用遗传算法寻找该目标函数的全局最优值，得到可产生最优化声衰减的结构参数最佳配比。通过在中频实现宽带、均匀声衰减的优化实例的数值模拟，证明了数值优化算法的有效性。数值模拟实例的结果表明，优化选取参数后含气泡软媒质可在中频范围内对纵波实现宽带、均匀、高效的衰减，表明了这种理论方法在提高含气泡软媒质声衰减性能方面的可行性与有效性。此外，该方法的不仅可直接针对声学材料的结构参数进行优化，目标函数和寻优参数亦可根据实际情况灵活调整，因此其核心思想可应用于指导除声学外各领域中不同系统的设计与优化，具有广泛的现实意义。

5 总结与展望

迄今为止，声波在含随机分布气泡的软媒质中的传播特性已得到了系统而深入的理论研究，其主要研究内容大致可分为两个层次：对含气泡弹性软媒质中声波局域化特性的研究，以及对含气泡软媒质适用的等效媒质方法的研究。相关研究已经取得了较大程度的进展，也得到了一些有意义的结果，包括在理论上证明了含气泡软媒质中声局域化现象的存在、提出并不断完善了可有效描述此类媒质中非线性效应的等效媒质方法等。然而，现有研究的体系与方法仍存在不足，许多问题尚有待进一步深入研究，主要表现为以下几方面：

1. 由于媒质衰减机制的影响，导致实验上一直无法明确观测到波的局域化现象。因此含气泡软媒质中的声局域化现象仅在理论上得到了研究，并且研究中只考虑了理想弹性媒质以排除声衰减的影响。进一步开展对含气泡软媒质中声波局域化现象的实验研究显然具有重要的学术意义与实用价值，但必须有效解决其中的一些关键性的问题，包括如何建立能有效验证理论的实验模型，以及如何消除声衰减的影响等。

2. 现有的有关含气泡软媒质中等效媒质方法的各种研究大都属于纯粹的理论研究，对所提出方法有效性的验证也主要是通过对比经典理论来完成。一个最主要的影响因素是当前含气泡软媒质样品的加工与制作工艺的制约，例如现有条件下尚无法有效控制气泡的尺寸及含量，甚至软媒质的模量大小亦难以精确测量。若能在实际制作工艺方面取得技术上的突破，不仅可在实验上进一步验证各种理论方法，更有望通过将实验手段与理论方法有机结合，从而更好地为含气泡软媒质样品的设计与制作提供理论指导与技术支持。

3.现有的对含气泡软媒质中声衰减性能的研究仅基于无限尺寸模型，亦忽略了声能量向高次谐波的转移效应。当考虑实际情况中常见的有限尺寸模型并计入非线性效应时，无限大媒质假设可能不再普遍成立，强非线性效应的存在更加剧了问题的复杂程度。在未来的工作中，若能在对无限大含气泡软媒质的研究基础上，结合数值计算方法，深入探讨该类复合模型中的声传播机理，相关研究成果将有助于深化对非均匀媒质中一些基本问题的认识和了解，富有重要的学术意义与应用前景。

致谢

本文得到国家自然科学基金(No. 10125417)和教育部项目(No. 705017 和 20060284035) 的资助。

参 考 文 献

[1] Ostrovsky L A. Nonlinearity acoustics of slightly compressible porous media. Sov. Phys. Acoust., 1988, 34: 523-526.

[2] Ostrovsky L A. Wave processes in media with strong acoustic nonlinearity. J. Acoust. Soc. Amer., 1991, 90(6): 3332-3337.

[3] Meyer E, Brendel K, TAmerm K. Theory of resonant scattering from sphereical bubbles in elastic and viscoelastic media. J. Acoust. Soc. Amer., 1958, 30: 1116-1124.

[4] Ying C F, Truell R. Scattering of a plane longitudinal wave by a spherical obstacle in an isotropically elastic solid, J. Appl. Phys., 1956, 27(9): 1086-1097.

[5] Gaunaurd G C, Scharnhorst K P, et al. Giant monopole resonances in the scattering of waves from gas-filled spherical cavities and bubbles. J. Acoust. Soc. Amer., 1979, 65(3): 573-594.

[6] Landau L D, Lifshits E M. Theory of elasticity. Oxford: PergAmeron, 1986.

[7] Liang B, Zhu Z M, Cheng J C. Propagation of acoustic wave in viscoelastic medium permeated with air bubbles. Chin. Phys., 2006, 15(2): 412-421.

[8] Emelianov S Y, et al. Nonlinear dynamics of a gas bubble in an incompressible elastic medium, J. Acoust. Soc. Amer., 2004, 115: 581-588.

[9] Qin B, Chen J J, Cheng J C. Influence of the surrounding pressure on acoustic properties of slightly compressible media permeated with air-filled bubbles. Acoust. Phys., 2006, 52: 490-496.

[10] Anderson P W. Absence of diffusion in certain random lattices. Phys. Rev., 1958, 109(5): 1492-1505.

[11] Lee P A, Ramerakrishnan T V. Disordered electronic systems. Rev. Mod. Phys., 1985, 57(2): 287-337.

[12] Thouless D J. Electrons in disordered systems and the theory of localization. Phys. Rep., 1974, 13(3): 93-142.

[13] Janssen M. Fluctuations and localization. Singapore: World Scientific, 2001.

[14] John S. Localization of light. Phys. Today, 1991, 44(5): 32-40.

[15] Lagendijk A, Van Tiggelen B A. Resonant multiple scattering of light. Phys. Rep., 1996, 270(3): 143-215.

[16] Hennino R, et al. Observation of equipartition of seismic waves. Phys. Rev. Lett., 2001, 86(15): 3447-3450.

[17] Belzons M, et al. Scattering and localization of classical waves in random media. Singapore: World Scientific, 1990.

[18] Genack A Z, Garcia N. Observation of photon localization in a three-dimensional disordered system. Phys. Rev. Lett., 1991, 66: 2064-2067.

[19] Dalichaouch R, Armstrong J P, et al. Microwave localization by two-dimensional random scattering. Nature, 1991, 354: 53-55.

[20] Wiersma D S, et al. Localization of light in a disordered medium. Nature, 1997, 390: 671-673.

[21] Kirkpatrick T R. Localization of acoustic waves. Phys. Rev. B, 1985, 31(9): 5746-5755.

[22] Condat C A. Acoustic localization and resonant scattering. J. Acoust. Soc. Amer., 1988, 83(2): 441-452.

[23] Sornette D, Souillard B. Strong localization of waves by internal resonances. Europhys. Lett., 1988, 7(3): 269-274.

[24] Ye Z, Alvarez A. Acoustic localization in bubbly liquid media. Phys. Rev. Lett., 1998, 80(16): 3503-3506.

[25] Ye Z, Hsu H. Phase transition and acoustic localization in arrays of air bubbles in water. Appl. Phys. Lett., 2001, 79(11): 1724-1726.

[26] Kuo C H, Wang K K, Ye Z. Fluctuation and localization of acoustic waves in bubbly water. Appl. Phys. Lett., 2003, 83(20): 4247-4249.

[27] Wang K X, Ye Z. Acoustic pulse propagation and localization in bubbly water. Phys. Rev. E, 2001, 64: art. 056607.

[28] Gupta B C, Ye Z. Localization of classical waves in two-dimensional random media: a comparison between the analytic theory and exact numerical simulation. Phys. Rev. E, 2003, 67: art. 036606.

[29] Ye Z, Hsu H, Hoskinson E. Phase order and energy localization in acoustic propagation inrandom bubbly liquids. Phys. Lett. A, 2000, 275: 452-458.

[30] Alvarez A, Ye Z. Localization transition in acoustic propagation in bubbly liquids. Phys. Lett. A, 1999, 252: 53-57.

[31] Ye Z, Hsu H, Hoskinson E, et al. On localization of acoustic waves. Chin . J. Phys., 1999, 37(4): 343-351.

[32] Liang B, Cheng J C. Acoustic localization in weakly compressible elastic medium containing air bubbles. Phys. Rev. E, 2007, 75(1): art. 016605.

[33] Liang B, Zhu Z M, Cheng J C. Acoustic localization in weakly compressible elastic media permeated with air bubbles. Chin. Phys. Lett., 2006, 23(4): 871-874.

[34] Fan Z, Ma J, Liang B, et al. The nonlinear acoustic wave propagation in porous rubberlike medium. Acustica, 2006. 92(2): 217-224.

[35] Qin B, Liang B, Zhu Z M, et al. Effective medium method of slightly compressible elastic media permeated with air bubbles. Frontiers of Physics in China, 2006, 4: 500.

[36] 秦波，梁彬，朱哲民，等. 含气泡弱可压缩弹性材料的等效媒质法. 声学学报，2007, 32(2): 110-115.

[37] Foldy L L. The multiple scattering of waves. 1. general theory of isotropic scattering by randomly distributed scatterers. Phys. Rev., 1945, 67: 107-119.

[38] Alvarez A, Wang C C, Ye Z. A numerical algorithm of the multiple scattering from an ensemble of arbitrary scatterers. Comp. Phys., 1999, 154: 231-236.

[39] Twersky V. On scattering of waves by random distributions. 1. free-space scatterer formalism. J. Math. Phys. 1962, 3(4): 700-715.

[40] Lax M. Multiple scattering of waves. Rev. Mod. Phys., 1951, 23(4): 287-310.

[41] Waterman P C, Truell R. Multiple scattering of waves. J. Math. Phys, 1961, 2: 512-537.

[42] Varadan V K, Ma Y, Varadan V V. A multiple scattering theory for elastic wave propagation in discrete random media. J. Acoust. Soc. Amer., 1985, 77(2): 375-385.

[43] Javanaux C, Thomas A. Multiple scattering using the Foldy-Twersky integral equation. Ultrasonics, 1988, 26: 341-343.

[44] Gaunaurd G C, Überall H. Theory of resonant scattering from spherical cavities in elastic and viscoelastic media. J. Acoust. Soc. Amer., 1978, 63(2): 1699-1712.

[45] Gaunaurd G C, Überall H. Resonance theory of the effective properties of perforated solids. J. Acoust. Soc. Amer., 1982, 71: 282-295.

[46] Gaunaurd G C, Barlow J. Matrix viscosity and bubble-size distribution effects on the dynamic effective properties of perforated elastomers. J. Acoust. Soc. Amer., 1984, 75: 23-34.

[47] Gaunaurd G C, Wertman W. Comparison of effective medium theories for inhomogeneous continua. J. Acoust. Soc. Amer., 1989, 85: 541-554.

[48] Baird A M, Kerr F H, Townend D J. Wave propagation in a viscoelastic medium containing fluid-filled microspheres. J. Acoust. Soc. Amer., 1999, 105: 1527-1538.

[49] Meulen F V, et al: Theoretical and experimental study of the influence of the particle size distribution on acoustic wave properties of strongly inhomogeneous media. J. Acoust. Soc. Amer., 2001, 110(5): 2301-2307.

[50] Aggelis D G, Tsinopoulos S V, et al. An iterative effective medium approximation (IEMA) for wave dispersion and attenuation predictions in particulate composites, suspensions and emulsions. J. Acoust. Soc. Amer., 2004, 116: 3443-3452.

[51] Liang B, Cheng J C. Optimal acoustic attenuation of weakly compressible media permeated with air bubbles. Chin. Phys. Lett., 2007, 24(6): 1607-1610.

[52] Zadeh L A. Fuzzy sets. Inform. Contr., 1965, 8: 338-353.

[53] Marinos P N. Fuzzy logic and its application to switching system. IEEE Trans. on Computers, 1969, 18: 343-348.

[54] Li H, Gupta M. Fuzzy logic and intelligent systems. Boston: Kluwer Academic Publishers, 1995.

[55] Zimmermann H J, et al. Fuzzy sets and decision analysis. North-Holland: Amersterd Amer, 1984.

[56] Mitchell M. An Introduction to Genetic Algorithms. Cambridge: MIT Press, 1996.

[57] Holland J H. Adaptation in Natural and Artificial Systems. Ann Arbor: Univ. of Michigan Press, 1975.

[58] Goldberg D E. Genetic algorithms in search, optimization and machine learning. MA: Addison-Wesly, 1989.

[59] Chang Y C, Yeh L J, Chiu M C. Optimization of double-layer absorbers on constrained sound absorption system by using genetic algorithm. Int. J. Numer. Meth. Eng., 2005, 62: 317-333.

水声学与水声信号处理

水声物理现状与发展趋势

李风华

(声场声信息国家重点实验室，中国科学院声学研究所，北京　100080)

1　引言

声波在海洋中的衰减比电磁波小 1000 倍以上，这一物理特性决定了声波是探测海洋的一个主要手段，且在水下战争中有重要应用。水声学主要是研究声波在海洋中产生、传播和接收的规律及利用声波探测海洋环境或水下目标的学科。

近代意义上的水声学可以追溯到 1826 年瑞士物理学家科拉顿和法国数学家斯特姆在日内瓦湖测量声在水中传播的速度。在英国科学家里查孙和美国科学家费森登提出的方案的基础上，1914 年第一台回声探测仪成功探测到了在两英里外的冰山。在第一次世界大战期间，法国著名科学家郎之万在塞纳河中利用压电晶体探测河中反射体，形成了现代声呐的雏形。

到了第二次世界大战，声呐已经成为海军的装备。在这期间声呐的使用中发现了很多奇怪现象(如著名的“午后效应”)，这些现象促使水声学的各个分支迅猛发展。有关水声学发展的论述需要由一系列专著来完成。受篇幅限制，本文只简要介绍与讨论水声物理各分支目前的研究进展及其发展趋势，并侧重回顾我国水声科研人员的研究成果。

2　声传播理论

水声传播理论(propagation)主要揭示声波在水中的传播规律，是水声学研究的基础。声传播理论的核心问题就是求解满足相应边界条件的波动方程：

$$\nabla^2 p-\frac{1}{c^2(r,z)}\frac{\partial^2 p}{\partial t^2}=0\,, \tag{1}$$

式中，$c(r, z)$是海水的声速在空间上的分布，p 为声压。从 20 世纪中叶开始，水声学家采用不同近似发展了大量求解上述方程的计算方法(有关海洋声学计算方法的详细讨论可参考文献[1]，对各种方法有很好的描述)，有代表性的计算方法主要包括以下几种。

2.1　射线方法

在 20 世纪 60 年代以前，射线方法(ray method)是海洋声学研究的主要方法。射线声学假设声波是通过射线来传递声能量，从声源出发的射线按一定的路径传播到达接收点，接收到的声场是所有到达的射线声能的叠加结果。所以利用射线方法计算声场时有两个基本的方程：一个是确定射线行走规律的程函方程(eikonal equation)；一个是确定单根射线强度的输运方程(transport equation)。图 1 是一个典型深海中的声线轨迹图。

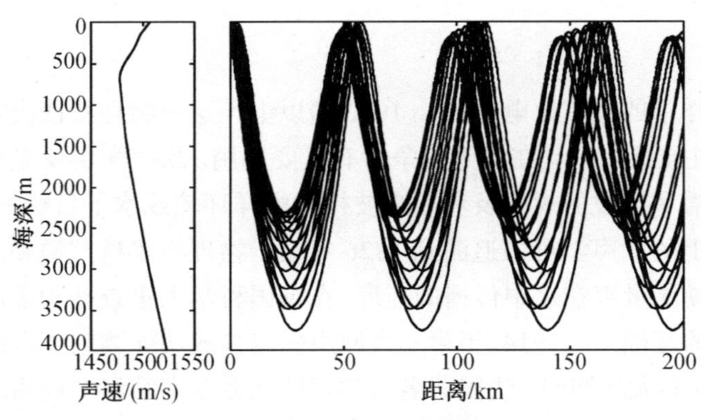

图 1　深海声线轨迹图

在采用经典的射线方法计算影区(shadowing zone)和焦散区(caustics zone)的声强时会出现严重的偏差。影区是指没有声线经过的区域，利用经典射线方法计算得到的该区域声强为 0。焦散区是指声线的截面为 0 的区域，此时经典射线方法计算得到的该区域声强无限大。当然这与客观事实不符。产生这个计算误差的主要原因是射线方法的高频近似。Gauss 束射线[2, 3]等多种方法就是为了解决上述问题而发展起来的。Gauss 束射线方法的一个基本思想是：声波在传播过程中，不仅在每条声线上声压不为 0，在声线附近声信号也不为 0，而是以 Guass 形式衰减。这样可以较好的解决射线理论在处理影区与汇聚区时出现的问题。虽然射线方法曾经是海洋声场计算的一个主要方法，但是在最近十年来，射线方法的使用越来越少。其原因之一是射线方法比较适合于高频和近程声场的计算，而在中远程低频声场的计算中没有优势。

2.2　简正波方法

简正波方法(normal mode method)是目前水平不变海洋中计算声场最重要的算法。简正波方法认为声波在海洋中按一定的模态进行传播，每一个模态能量与位相分别以一定的速度行走(群速度与相速度)，接收到的声场是所有到达模态的叠加结果。图 2 是在一种典型条件下简正波第 1 号、2 号、3 号和 10 号模态函数随深度的变化规律。简正波方法的早期思想可以追溯到文献[4]。在此基础上，国际上又发展了多种算法[5]或程序，其中最著名也是引用最广的程序是 Kraken[6]。我国学者也分别发展了适合深海的 WKBZ 理论[7]和浅海的波束位移射线简正波理论[8]，上述两个算法在大部分常见的海洋环境下具有计算速度快、精度好的优点。

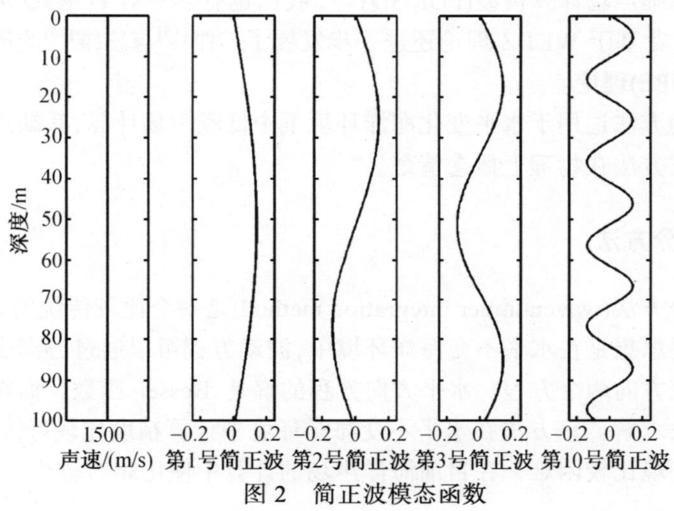

图 2 简正波模态函数

为了利用简正波方法计算水平变化海域中的声传播，Evans 等人发展了耦合简正波方法[9]。耦合简正波方法的主要思想是将水平变化的海洋环境近似为若干个水平不变的区域，在每个区域内，声波以各自的模态进行传播。在各个区域联结的地方通过边界条件确定各个模态的耦合系数。由于海洋环境水平变化，声波的能量会在不同模态之间进行耦合转换，所以这种方法被称为耦合简正波方法。如果在水平变化比较小的海区，不同模态之间的能量转换可以忽略不计，则耦合简正波方法退化为绝热近似简正波方法[10]。

在中低频与水平不变海洋环境情况下，简正波方法是一个非常好的计算方法。它具有计算速度快、物理概念清楚等优点。但是在近场情况下，使用简正波计算声场时需要注意侧面波对声场的影响。虽然耦合简正波方法可以很好的计算在水平变化海洋环境下的声场，但是由于其计算速度比较慢，与下文介绍 PE 方法相比优势不明显，但是在理论分析声场的能量转化时还是有其特点。

2.3 抛物方程方法

文献[1]最早正式命名抛物方程方法(parabolic equation method)。抛物方程方法的提出主要是解决在水平变化的海洋环境中声场传播的快速计算。在 20 世纪 90

年代有大量文献来研究抛物方程方法。抛物方程方法的基本出发点是考虑到海洋环境的水平变化远小于其在垂直方向的变化，在此近似下，可以将波动方程退化为抛物方程，再用数值方法直接计算抛物方程。经过上述变换后，与直接用数值方法计算波动方程相比，计算速度大大提高。从经典的 PE 方法提出以来，已发展了多种 PE 方法，有关抛物方程方法的一个早期的综述可以参考文献[12]。Lee 等还在此基础上发展了三维声场计算模型(FOR 3D)[13]，我国也有学者对 FOR3D 进行了深入研究[14]。我国学者基于 WKBZ 理论还进一步发展了二维[15]与三维[16]的耦合简正波与抛物方程(CMPE)理论。

抛物方程方法适用于水平变化海洋环境下中低频声场计算，其缺点是没有射线方法与简正波方法在物理上概念清楚。

2.4　波数积分方法

波数积分方法(wavenumber integration method)是一个比较传统的计算方法。这个方法的主要思想是在水平不变海洋环境中，波动方程可以通过分离变量方法转化为水平与垂直方向两个方程。水平方向方程的解是 Bessel 函数，而在垂直方向上采用数值方法求解。该方法在水平不变海洋环境中计算精度比较好,但是推广到水平变化海洋环境比较困难，在目前海洋声场的计算中使用相对较少，

2.5　有限差分或有限元方法

波动方程还可以直接采用有限差分或有限元数值方法(finite differences/finite elements method)求解。由于海洋声场的计算区域往往远大于声波的波长，在计算区域内需划分大量的网格，使得有限差分或有限元方法的计算量太大而不易实现，在海洋声场的计算中一般非常少用。但是对于目标散射、近程声传播或甚低频声信号传播，还是有一些应用前景。

3　海洋混响

混响(reverberation)是主动式声呐的主要背景干扰，对于混响的研究一直受到广泛关注。海洋本身与其界面包含了大量的不均匀性，如大大小小的海洋生物、泥沙粒子悬浮物、气泡、水中温度局部不均匀性所形成的冷热水团、海底界面的起伏、海面风浪等。因而当声波在海水中传播时，就会遇到大量的不均匀性介质，使得一部分声能再向各个方向辐射，这种声的再辐射称为散射，而来自所有散射体的散射声波在海洋中就形成混响声场。海洋混响声场的产生包括了三个过程：声源传播到散射源的过程，散射源的散射过程，散射声波再传播到接收器的过程。即包括了两次传播过程和一次散射过程，因而混响的计算也较为复杂。

根据海洋中产生混响的散射源不同可将混响分为体积混响、海面混响与海底混响。体积混响指由海水非均匀性、海水中海洋生物或非生物引起的混响，一般主要来自生物散射体。当频率超过 20kHz 时，散射体主要是浮游生物，而频率在 2~10kHz 时，主要的散射体为各类长有鱼鳔的鱼类。

海面混响主要由海面不平整性和由风浪引起的气泡等对声波的散射引起的混响。海底混响主要由海底界面的不平整性与海底沉积层中非均匀性对声波的散射引起。有时，海面混响与海底混响通称为界面混响。

由于声场传播理论的发展相对比较成熟，而人们对散射机理的了解还远不够，所以计算与预报混响的核心是建立正确的散射模型。对于浅海，一般来说海底混响往往是主要的。根据产生的机理，海底散射主要可以分成两类，海底界面散射与海底沉积层体积散射。目前已发展了大量的海底散射理论，比如关于海底界面散射主要有微扰(Rayleigh-Rice)近似与 Kirchhoff 近似，海底沉积层散射模型主要有一级扰动近似。Yamamoto[17]在文献中比较详细地讨论了在沉积层中散射模型，并且与实验数据进行了比较。Thorsos[18]比较详细地讨论了 Kirchhoff 近似的适用范围及准确性。Ivakin[19]发表了关于沉积层体积散射与海底界面散射的统一理论。Ivakin 和 Jackson[20]等在理论上研究了切变波对海底散射的影响。文献[21, 22]讨论了三维海底散射系数的多种形式。国内有关研究人员也对海底散射模型进行了研究[23, 24]。但是目前散射研究主要集中在高频，由于实验测量比较困难，对中远程低频混响起主要作用的低频小掠射角的海底散射机理还缺乏深入研究。

一般而言，近场混响倾向于根据射线理论来计算[25]；而中远场混响更适于用简正波理论[26, 27]计算。对于中程低频混响，一般混响从 1~10s 强度大约衰减 30dB，这和海底类型与海水声速分布有关。图 3 是我国学者测量得到的典型的混响衰减曲线。由于混响衰减特性和垂直相关特性与海底声学参数密切相关，所以也有文献利用上述特性反演海底声学参数[28, 29]。近期的文献也有研究简正波模态之间的干涉在混响中的表现[30]，并以此反演海底声学参数[31]。我国学者对异地(收发分置)混响[32]也有研究，异地混响是多基地主动声呐设计的理论依据。

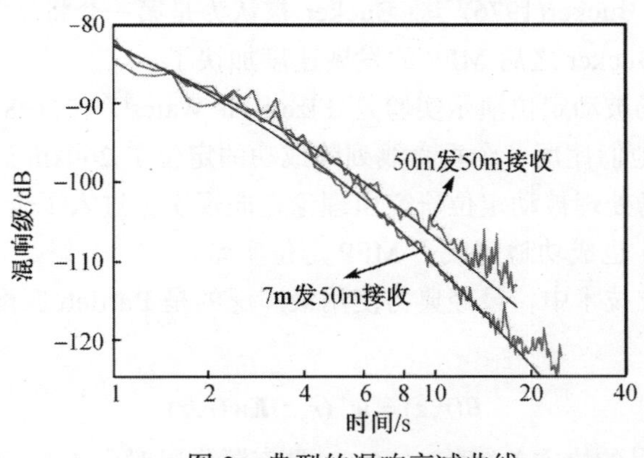

图 3 典型的混响衰减曲线

4　海洋噪声

海洋噪声(ambient noise)是水声信道的主要干扰背景场。在水声探测设备中，要求对“信噪比”作出预报。因此需要对海洋环境噪声的强度与时空统计特性进行研究。从第二次世界大战开始进行了大量的测量，获得了大量实验数据与理论结果。海洋环境噪声的形成机理包括风动海面、降雨、热运动、海洋生物及船舶运输等。

最具有代表性的是 Wenz[33]总结的噪声谱级曲线。在 10~500Hz(200Hz)范围内主要由船舶航行噪声引起，在 500Hz~25kHz 范围内主要与风速和海况有关，每倍频程按 5 ~ 6dB 衰减。在低海况情况下，1kHz 的海洋噪声级可低达 40~50dB；在高海况情况下，1kHz 的海洋环境噪声大约为 70~80dB。由于人类在海上经济活动的加强，海洋噪声呈上升趋势。文献[34]是最近的一个关于海洋噪声的综述。

海洋环境噪声模型包括噪声源特性及声传播特性两部分。一般噪声源假设为海面上均匀分布的偶极子源或海面下均匀分布的单极子源，而声源强度根据经验公式计算，声传播特性则可由声传播理论(波数积分理论、射线理论，简正波理论[35]，PE 理论等)计算。

5　匹配场定位技术

水声匹配场技术(matched field processing，MFP)是 20 世纪 70 年代发展起来的重要技术。其核心思想是：在空间若干点测量由水下声源发射的声信号，测量得到的声信号与声源的空间位置密切相关。通过假设一系列水下声源可能出现的位置，计算其对应的声信号，进而与测量的信号进行对比，就可以确定水下声源的实际位置。当然匹配场技术还可用于获得海底声学参数的地声反演与获得海水声速剖面的海洋声学层析，这将在下文中进行讨论。

最早明确提及利用匹配场技术进行水下目标被动定位的两个人是 Hinich(1973)[36]和 Bucker(1976)[37]。Bucker 被认为是第一个将 MFP 表示成现在使用形式的人。在 Bucker 之后 MFP 的发展速度加快了。

最早的匹配场被动定位演示实验是 Fizell 和 Wales[38]在 1985 年与 Yang[39]在 1987 年报道的。他们使用一个垂直线列阵成功的定位了 260km 远的低频信号源。自此以后，匹配场处理被动定位研究由理论走向现实，进入了全面发展的新阶段。几乎同时，Bucker 也成功地完成了 MFP 定位实验。

在匹配场定位技术中，最经典与使用最广泛的是 Bartlett 匹配处理器。其在数学上可以表示为

$$B(r,z)=\boldsymbol{w}^{+}(r,z)\boldsymbol{K}\boldsymbol{w}(r,z) \tag{2}$$

其中 $\boldsymbol{K}$ 为测量信号的协方差矩阵，$\boldsymbol{w}(r,\ z)$是声源位置对应于(r,z)时数值计算的接

收水听器阵对应的声压信号矢量，当数值计算对应的声源位置与实际位置一致时，公式(2)所表示的匹配处理器值达到最大。匹配场定位技术从提出以来得到了不断发展，又提出了诸如最小方差(MV)匹配处理器[40]、模式匹配处理器[41](matched mode processing, MMP)等多种匹配处理器。

我国在匹配场定位方面也取得了很多成果。比如采用宽带匹配场方法对水平变化海洋环境进行匹配场定位取得了很好的结果[42]，研究与发展了多种稳健的 MFP 处理算法[43, 44]。有关匹配场处理被动定位的早期综合可参考 IEEE 的海洋工程杂志于 1993 年 9 月的专辑和综述[45]，以及 Tolstoy 关于匹配场处理的第一本专著[46]。

6 地声反演

在浅海，海底声学特性是影响声场特性的重要参数。Hamilton 对于不同地质进行了广泛的测量，文献[47]给出了几种典型海底类型对应的海底声学参数的参考值。虽然海底的类型与有些海底声学属性可以通过在位采样测量获得。但是一般来说，在位采样耗时、昂贵，而且只能进行离散测量。所以采用声学方法对较大尺度的海底声学参数进行反演被认为是一个很有前景的方法。但是这种方法也有很大的难度，是近年来水声学研究的热点。

海底声学参数反演(简称地声反演) (geoacoustic inversion)的基本思想是：声波在海洋中传播会接触海底，从而携带海底声学信息，通过测量声波在海洋中的传播就可以获得表示海底声学特性的参数。

一般来说，地声反演有四个大的问题需要解决。1. 海底模型的选取；2. 声场模型的选取；3. 搜索算法的选取；4. 代价函数的选取。

海底模型目前最主要的是采用分层模型，与海洋中声传播有关的海底声学参数主要包括密度、纵波声速、横波声速、纵波吸收及横波吸收。一般来说，由于地层构造特有的结构，这些参数在水平方向的变化远小于垂直方向的变化，所以目前大量地声反演都假设海底声学参数只是深度的函数。以一个声速随深度线性变化的沉积层加上一个半无限基底构成的两层模型是目前国内外采用最多的海底模型。如果不考虑切变波，这样的两层模型有 8 个声学参数，包括沉积层表层声速、沉积层厚度、沉积层密度、沉积层声速梯度、沉积层吸收、基底声速、基底密度和基底吸收。但是考虑到声波在海洋中传播的特殊性，往往只有表层海底对声场起主要作用，文献[48]理论分析表明在适当高的频率与适当远的距离，均匀海底模型就可以较好地反映海底对声场的影响。这个模型的一个优点就是未知参数比较少，反演速度比较快。

有关声场计算模型在前文已经有讨论，从目前来看，国内外主要的计算程序都有很好的计算精度。

地声反演与匹配场定位的一个区别是地声反演未知参数比较多。当参数多于 3

个时，由于计算量的关系，不宜采用网格法，一般需采用全局优化算法。目前采用比较多的有遗传算法[49]、模拟退火等。全局搜索算法的优点在于当待反演的参数比较多时，可以以较快的速度给出反演结果。但是其缺点是不容易给出反演结果的可信度。为了解决多参数反演的不确定性，国内学者采用了分步反演方法[50, 51]，取得了较好的结果。

从利用声信号的特征参量反演海底参数来分，常用的几种地声反演方法如下：

6.1　匹配场反演

匹配场地声反演技术是最近二十年来非常活跃的海洋声学研究内容。匹配场地声反演技术的主要思想是在空间多个点测量声信号，同时数值计算不同海底声学参数对应的接收阵处的声压信号，通过比较数值计算与实验测量的声压信号可以获得海底声学参数。匹配场地声反演技术往往是多维问题，提高反演方法的速度与稳健性是匹配场地声反演的关键内容。

6.2　匹配波形技术

匹配波形技术是和匹配场技术很相似的一个地声反演技术[52]。匹配波形技术的基本思想是发射一个信号形式已知的声信号，在一定距离以外利用一个接收器接收到声信号。同时数值计算可以获得不同海底声学参数情况下的接收声信号波形，通过比较数值计算波形与实验测量的波形，就可以得到海底声学参数。图 4 是在文献[53]中给出的实验测量浅海夏季脉冲多途波形与数值计算的脉冲多途的比较。

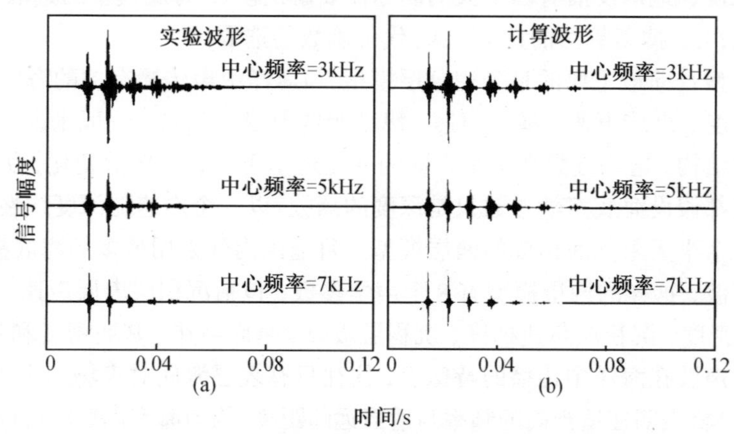

图 4　文献[53]给出的脉冲声传播测量与理论计算比较

6.3　简正波群速度反演方法

简正波的群速度与海底声速密切相关，通过测量简正波的群速度可以获取海底声速的信息。在实际的使用中，群速度的测量是比较困难的，在需要精确知道收发距离的同时，还需要准确同步。所以经常采用不同号简正波到达时间差来代替直接测量简正波的群速度。获得简正波群速度的方法包括空间滤波方法、时频分析技术(图 5)[54]等。

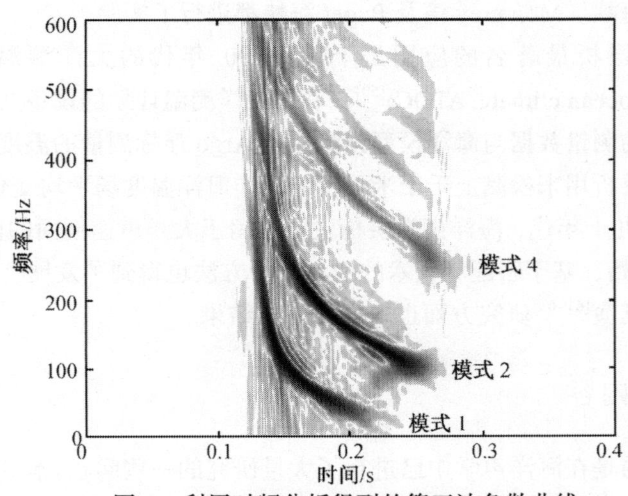

图 5　利用时频分析得到的简正波色散曲线

6.4　声传播损失反演方法

利用声传播损失反演海底声学参数是比较传统的方法。如果在海底声速与密度已知的情况下，利用声传播损失可以很有效地获得海底吸收。虽然传统的 Hamilton 模型在较大的频率尺度内认为海底吸收是频率的一次方关系，但是多次的实验表明，在几百到两千赫兹的频率范围内，海底吸收接近频率的二次方关系，Biot-Stoll[55] 模型可能可以更好的解释上述现象。

6.5　局地海底反射反演方法

局地海底反射反演方法利用海底分层界面的反射回波反演海底各层的声参数。利用垂直反射波和直达波反演获得海底各层的反射系数序列，进而得到海底声阻抗[56,57]，在斜入射的情况下，也可利用不同掠射角的海底回波直接给出小尺度范围内分层海底的声速。

7　海洋声学层析

海洋声学层析(ocean acoustic tomography)是遥测海洋内部变化的一种新方法。

其理论框架最早由 Munk 和 Wunsch[58]在 1979 年提出。声波在海洋中传播受传播途径上的温度场和流场影响，通过测量脉冲声信号在大洋中不同点之间的传播时间的变化，可以推导出海洋内部的声速和流速的三维分布场。从海洋声学层析技术提出以来，在大西洋、太平洋、北冰洋、印度洋、格陵兰、Barents 海、地中海、Labrador 海、佛罗里达海峡、Monterey 湾及 Puget 海峡都进行了实验。

海洋声学层析最著名的应用是上世纪 90 年代的大洋测温计划(acoustic thermometry of ocean climate, ATOC)[59]。利用大洋测温计划的设备共进行了 7 年的观测，从现有的测量数据与海洋模型预测以及 Argo 浮标测量的温度数据的对比来看，海洋声学层析用来检测上千千米尺度的大洋海洋温度场平均变化还是有效的。

20 世纪八九十年代，海洋声学层析主要应用于大洋声速剖面的监测。从 20 世纪 90 年代初开始，基于匹配场技术的浅海层析方法也得到了发展[60]。国内在浅海平均声速剖面反演[61~63]研究方面也取得较好的结果。

8　其他研究内容

上面介绍的是在海洋声学中已进行了大量研究的一些问题。本节简要介绍几个比较新的研究内容。

8.1　时间反转技术

时间反转技术(time reverse mirror)最早由 Kuperman 等在海上实验实现[64, 65]。时间反转技术的基本思想是一个收发合置换能器阵接收到距其一定距离处的声源激发的声信号后将该信号以相反时间序列发射出去，则收发合置换能器阵发射的信号将汇聚在原声源所在的位置。在这之后 Kuperman 与 Song 等还深入研究了时间反转技术的可变焦距、稳健性、分辨率等性能。与时间反转技术相似的还有相控阵技术，即以一定的方式控制一个发射换能器阵中各发射单元的发射方式。时间反转技术与相控阵技术在远程水声通信与主动探测方面有应用前景。

8.2　矢量场特性研究

21 世纪以来，由于矢量水听器可以同时获得声压与质点振速信息而受到了重视。但是目前的研究重点主要集中在矢量水听器的制作工艺与信号处理技术[66, 67]，有关矢量场的水声物理规律的研究还很初步。而矢量场的水声物理规律是充分提高矢量水听器性能与使用范围的重要基础。国内有学者对矢量场的特性[68, 69]及其在地声反演[70]中应用进行了初步的研究。

9 水声学发展趋势

9.1 与海洋学紧密结合，进行复杂海洋环境下声场理论与实验技术研究

海洋中广泛存在海洋内波、锋面、涡、流、斜坡等海洋现象。研究这些海洋内波等海洋物理现象对声场的影响已经成为水声物理研究的一个重要内容。已有的研究表明海洋孤立子内波可能对声场产生重要的影响[71]。但是目前人们对复杂海洋环境对声场影响的了解还远远不够。其主要原因在于：1)虽然目前的海洋声场程序在理论上可以计算上述海洋现象对声场的影响，但是对上述海洋现象的了解及其适合于水声的建模还不够成熟，这需要水声学家与海洋物理学家紧密合作。2)海洋声学本质上是实验科学，对上述的研究需要进行长期大量有针对性的海上实验研究。

9.2 与信号处理技术紧密结合，发展基于水声信道的信号处理技术

虽然现在已发展了大量水声信号处理技术，但是这些技术往往是基于简单的声场模型。在实际情况中，海洋信道复杂多变并且往往不是完全确知的，所以需要大力发展基于环境自适应水声信号处理技术，比如通过获得的声信号同时提前出当时的海洋环境信息。

9.3 主动探测技术

由于潜艇噪声的不断降低，主动探测技术日益受到重视。主动探测技术除了进行换能器技术、信号发射形式等研究以外，还需要深入开展利用水声信道提高主动探测性能研究，比如主动匹配场技术等。

本文简要对水声物理的现状与将来的发展趋势进行了回顾。由于篇幅与作者认识水平的原因，还有很多内容没有包括在本文中，比如目标散射[72, 73]、近场声全息[74]等，文中挂一漏万，请读者指正。

参 考 文 献

[1] Jensen F B, Kuperman W A, Porter M B, et al. Computational ocean acoustics. New York: AIP Press, 1994.

[2] Cerveny V, Popov M M, Psencik I. Computation of wave fields in inhomogeneous media-Gaussian beam approach. R. Astr. Soc., 1982, 70: 109-128.

[3] Porter M B, Bucker H P. Gaussian beam tracing for computing ocean acoustic fields. J. Acoust. Soc. Amer., 1987, 82: 1349-1359.

[4] Pekris C L. Theory of propagation of explosive sound in shallow water. Geol. Soc. Amer. Mem., 1948, 27: 1-117.

[5] Levinson S J, Westwood E K, Koch R A. An efficient and robust method for underwater acoustic normal-mode computations. J. Acoust. Soc. Amer., 1995, 97: 1576-1585.

[6] Porter M B. The kraken normal mode program. SACLANT Underwater Centre, 1995.

[7] 张仁和, 何怡, 刘红. 水平不变海洋声道中的 WKBZ 简正波方法. 声学学报，1994, 19: 1-12.

[8] 张仁和, 李风华. 浅海声传播的波束位移射线简正波理论. 中国科学(A 辑), 1999, 29: 241-251.

[9] Evans R B. A coupled mode solution for acoustic propagation in a waveguide with stepwise depth variation of a penetrable bottom. J. Acoust. Soc. Amer., 1983, 74: 188-195.

[10] 张仁和, 刘红怡, 阿库里塞夫 V A. 水平缓变海洋声道中的WKBZ绝热简正波方法. 声学学报, 1994, 19: 408-417.

[11] Tappert F D. The parabolic approximation method, in Wave Propagation in Underwater Acoustics. New York: Springer-Verlag, 1977: 224-287.

[12] Lee D, Pierce A D. Parabolic equation development in recent decade. J. Comp. Acoust., 1995, 3: 95-173.

[13] Lee D, Botseas G, Siegmann W L. Examination of three-dimensional effects using a propagation model with azimuth-coupling capability (FOR3D). J. Acoust. Soc. Amer., 1992, 91: 3192-3202.

[14] 朴胜春. 抛物方程方法中海底边界条件处理的改进研究.哈尔滨工程大学工学博士论文，1999.

[15] 彭朝晖, 李风华. 基于 WKBZ 理论的耦合简正波－抛物方程理论. 中国科学, 2001, 31: 165-172.

[16] 彭朝晖, 张仁和. 三维耦合简正波－抛物方程理论及算法研究. 声学学报, 2005, 30: 97-102.

[17] Yamamoto T. Acoustic scattering in the ocean from velocity and density fluctuations in the sediments. J. Acoust. Soc. Amer., 1996, 99: 866-879.

[18] Thorsos E I. The validity of the Kirchhoff approximation for rough surface scattering using a Guassian roughness spectrum. J. Acoust. Soc. Amer., 1988, 83: 78-92.

[19] Ivakin A N. A unified approach to volume and roughness scattering. J. Acoust. Soc. Amer., 1998, 103: 827-837.

[20] Ivakin A N, Jackson D R. Effects of shear elasticity on sea bed scattering: Numerical examples. J. Acoust. Soc. Amer., 1998, 103: 346-354.

[21] Williams K L, Jackson D R. Bistatic bottom scattering: Model, experiments and model/data comparison. J. Acoust. Soc. Amer., 1998, 103: 169-181.

[22] Lyons A P, Anderson A L, Dwan F S. Acoustic scattering from the seafloor: Modeling and data comparison. J. Acoust. Soc. Amer., 1994, 95: 2441-2451.

[23] 高天赋. 粗糙界面的波导散射和非波导散射之间的关系. 声学学报, 1998, 14:126-132.

[24] Li F H, Liu J J, Zhang R H. A model/data comparison for shallow-water reverberation. IEEE J. Oceanic Eng., 2004, 29: 1060-1066.

[25] 吴承义. 用射线方法计算浅海混响的平均强度(I). 声学学报, 1979, 4: 114-119.

[26] 张仁和, 金国亮. 浅海平均混响强度的简正波理论. 声学学报，1984, 9: 12-20.

[27] Ellis D D. A shallow water normal mode reverberation model. J. Acoust. Soc. Amer., 1995, 97:

2804-2814.

[28] Liu J J, Li F H, Peng Z H. Stochastic inversion of seabottom scattering coefficients from shallow water reverberation. Chin. Phys. Lett., 2003, 20: 2188-2191.

[29] Zhou J X, Zhang X Z, Rogers P H, et al. Reverberation vertical coherence and sea-bottom geoacoustic inversion in shallow water. IEEE J. Oceanic Eng., 2004, 29: 988-999.

[30] 李风华，金国亮，张仁和．浅海相干混响理论与混响强度的振荡现象．中国科学(A 辑) 2000, 30: 560-566.

[31] 李风华，刘建军，李整林，等: 浅海低频混响的振荡现象及其物理解释．中国科学(G 辑)，2005, 35: 140-148.

[32] Li F H, Liu J J. Bistatic reverberation in shallow water: modelling and data comparison. Chin. Phys. Lett., 2002, 19: 1128-1130.

[33] Wenz G. Acoustic ambient noise in ocean specters and sources. J. Acoust. Soc. Amer., 1962, 34: 1936.

[34] Dahl P H, Miller J H, et al. Underwater ambient noise. Acoustics Today, 2007, 3: 23-33.

[35] Kuperman W A, Ingenito F. Spatial correlation of surface generated noise in a stratified ocean. Acoust. Soc.Amer., 1980, 67: 1988-1996.

[36] Hinich M J，Sullivan E J. Maximum likelihood signal processing for a vertical array. J. Acoust. Soc. Amer., 1973, 54: 499-503.

[37] Bucker H P. Use of calculated sound fields and matched field detection to locate sound sources in shallow water. J. Acoust. Soc. Amer., 1976, 59: 368-373.

[38] Fizell R G, Wales S C. Source localization in range and depth in an Arctic environment. J. Acoust. Soc. Amer. Suppl. S5, 1985: 78.

[39] Yang T C. A method of range and depth estimation by modal decomposition. Acoust. Soc. Amer., 1987, 82: 1736-1745.

[40] Schmidt H, Baggeroer A B, et al. Environmentally tolerant beamforming for high-resolution matched field processing: deterministic mismatch. J. Acoust. Soc. Amer., 1990, 88: 1851-1862.

[41] Shang E C, Wang Y Y. Environmental mismatching effects on source localization processing in mode space J. Acoust. Soc. Amer., 1991, 89: 2285-2290.

[42] Zhang R H, Li Z L, et al. Broad-band matched-field source localization in the east China sea, IEEE J. Oceanic Eng., 2004, 29: 1049-1054.

[43] 杨坤德，马远良，张忠兵，等．不确定环境下的稳健自适应匹配场处理研究．声学学报，2006, 31: 255-262.

[44] 杨坤德，马远良．基于扇区特征向量约束的稳健自适应匹配场．声学学报，2006, 31: 399-409.

[45] Baggeroer A B，Kuperman W A，Mikhalevsky P N. An overview of matched field methods in ocean acoustics. IEEE J. Oceanic. Eng., 1993, 18: 401-424.

[46] Tolstoy A. Matched field processing for underwater acoustics. Singapore: World Scientific Publishing Co. Pte. Ltd., 1993.

[47] Hamilton E L. Geoacoustic modeling of the sea floor. J. Acoust. Soc. Amer., 1980, 68: 1313-1340.

[48] Zhang R H, Li F H, Luo W Y. Effects of source position and frequency on geoacoustic inversion. Comp. J. Acoust., 1998, 6: 245-257.

[49] Collins M D, Kuperman W A. Nonlinear inversion for ocean-bottom properties. J. Acoust. Soc. Amer., 1992, 92: 2770-2783.

[50] Yang K D, Ma Y L, et al. Multistep matched-field inversion for broad-band data from ASIAEX 2001. IEEE J. Oceanic Eng., 2004, 29: 964-972.

[51] Li Z L, Zhang R H. A broadband geoacoustic inversion scheme. Chin. Phys. Lett., 2004, 21: 1100-1103.

[52] 李风华, 张仁和. 由脉冲波形与传播损失反演海底声速与衰减系数. 声学学报, 2000, 25: 297-302.

[53] 何怡, 张仁和, 朱业. 水下声道中脉冲传播的 WKBZ 简正波方法. 声学学报，1994, 19: 418-424.

[54] Li Z L, Zhang R H. Geoacoustic inversion based on dispersion characteristic of normal modes in shallow water. Chin. Phys. Lett., 2007, 24: 471-474.

[55] Stoll R D. Acoustic waves in saturated sediments in physics of sound in marine sediments. New York: Plenum, 1974.

[56] 林俊轩，王恕铨. 由平面波垂直反射反演海底的声阻抗分布. 声学学报，1989, 14: 190-195.

[57] Wang N, Lin J X, Ueha S. Goupillaud inverse problem with arbitrary input. J. Acoust. Soc. Amer., 1997, 101: 3255-3260.

[58] Munk W, Wunsch C. Ocean acoustic tomography: a scheme for large scale monitoring. Deep Sea Res., 1979, 26A: 123-161.

[59] Worcester P F, Munk W H, Spindel R C. Acoustic remote sensing of ocean gyres. Acoustics Today, 2005, 1: 11-17.

[60] Tolstoy A, Diachok O, Frazer L N. Acoustic tomography via matched field processing. J. Acoust. Soc. Amer., 1991, 89: 1119-1127.

[61] 沈远海，马远良，屠庆平等. 浅水声速剖面的反演方法与实验验证. 西北工业大学学报，2000, 18: 212-215.

[62] 何利，李整林，张仁和，等. 东中国海声速剖面的经验正交函数表示与匹配场反演. 自然科学进展，2006, 16: 351-355.

[63] 张忠兵，马远良，杨坤德. 浅海声速剖面的匹配波束反演方法. 声学学报，2005, 30: 103-107.

[64] Parvulescu A, Clay C S. Reproducibility of signal transmission in the ocean. Radio Electron. Eng., 1965, 29: 223-228.

[65] Kuperman W A, Hodgkiss W S, et al. Phase conjugation in the ocean: experimental demonstration of an acoustic time-reversal mirror. J. Acoust. Soc. Amer., 1998, 102: 25-40.

[66] 孙贵青，李启虎. 声矢量传感器研究进展. 声学学报, 2004, 29: 481-490.

[67] 孙贵青，李启虎. 声矢量传感器信号处理. 声学学报, 2004, 29: 491-498.

[68] 惠俊英，刘宏. 声压振速联合信息处理及物理基础初探. 声学学报， 2005, 25: 303-306.

[69] Gulin O E, Yang D S. On the certain Semi-analytical models of low-frequency acoustic fields in terms of scalar-vector description. Chin J. Acoust., 2004, 23: 58-70.

[70] Peng H S, Li F H. Geoacoustic inversion based on a vector hydrophone array. Chin. Phys. Lett., 2007, 24: 1977-1980.

[71] Zhou J X, Zhang X S, Rogers P J. Resonant interaction of sound wave with internal solitons in

the coastal zone. J. Acoust. Soc. Amer., 1991, 90: 2042-2054.
[72] 汤渭霖．奇异点展开法(SEM)与共振散射理论(RST)之间的联系．声学学报，1991，6: 199-208.
[73] 徐海亭，涂哲民．积分方程法与求解谐振频率的声散射．声学学报, 1995, 20: 26-32.
[74] 何祚庸．声学逆问题－声全息变换技术及源特性判别．物理学进展，1996, 16: 600-612.

水声信号处理中若干研究方向的现状及发展趋势

孙　超，杨益新

(西北工业大学声学工程研究所，西安　710072)

1　引言

水声信号处理领域的早期研究成果大多是数学专业出身的科学家完成的，研究工作植根于对声及其特性的物理和数学观察与分析。作为一门交叉学科，近年来，水声信号处理研究领域也伴随着自适应信号处理、传感器阵列以及检测与估计理论中的进展而发展。同时，对海洋环境中多种现象的物理机理探究，促使水声信号处理领域研究成果逐步得到应用。

水声信号处理涉及广泛的研究课题，国内外对该领域的研究工作进展做过各种形式的综述。典型的有 1998 年发表于 IEEE 信号处理杂志的一组题为《水声信号处理的过去、现在与将来》的专稿[1]，而国内则于 2006 年在《物理》杂志发表了一组题为《声呐技术及其应用专题》的文章[2~9]。受时间、篇幅以及作者能力所限，本文将只对水声信号处理研究领域中有限的几个研究方向上的研究进展进行归纳总结。

2　被动定位——匹配场技术

20 世纪 80 年代以来，被动定位技术中的重要发展就是在信号处理算法中加入了声传播模型，主要用于估计一个辐射源的距离和深度(以及方位)。这种处理方法称作匹配场处理(matched field processing, MFP)。MFP 的核心就是对常规的一维平面波波束形成进行推广，使其能够对海洋中的点声源进行三维定位。一维平面波波束形成只能使基阵在方位上进行扫描，使其在所有可能的源方位上与测量数据进行“匹配”，并寻找其中相关程度最大处的参数值作为目标方位估计。在三维匹配场波束形成中，基阵能够对不同的目标参数(距离、深度、方位)组合进行描述，寻找其与测量数据匹配程度最大的参数值，认为是目标的位置参数估计。

MFP 的发展与海洋中声传播建模的进展是并行的。当 Clay 研究模态传播时，他最早发现了波导模型、基阵和信号处理之间的密切关系[10]。尽管他没有提到信号源定位或层析，但他清楚地建立了模态表示、传播和基阵处理之间的相互关系。Hinich 是第一个用垂直阵研究目标定位的人[11]。他推导了模态幅度系数和信号源深度的最大似然方程和克拉美罗界(Cramer Rao bound, CRB)。因为对噪声使用了零均值高斯噪声模型，他推导的估计器等同于线性化的最小方差估计器。该处理器对多普勒失配较敏感，特别是使用长积分间隔的时候。Bucker 意识到了这一点，并构造了一个二次型检测器，以降低这一敏感度。更重要的是，他使用了现实的环境模型，引入了模糊表面的概念，并证明了波场含有足够的成分来进行反演、定位。Bucker 被认为是最早将 MFP 表示成现在使用的形式的人，他给出的检测因子本质上就是现在所说的“常规 MFP”[12]。

在随后的 20 余年时间里，MFP 有了长足发展。Tolstoy 于 1993 年出版的专著[13]以及 Baggeroer 等人发表在 J. Oceanic Eng. 上的综述文章[14]对此前在 MFP 研究领域所做的工作进行了很好的总结与论述。早期的工作集中在浅海水域，主要关心的是各种方法对失配的敏感程度。试验研究主要采用垂直线列阵，工作频率较低，作用距离从几千米至上百千米。在处理方法上，自适应的最小方差无失真响应(minimum variance distortionless response, MVDR)技术被引入到 MFP 中，并给出了较之常规线性的 MFP 处理器(bartlett 处理器)更好的性能。除了直接将接收声场数据与通过模型计算得到的拷贝场进行匹配以获得目标位置信息外，还发展了匹配模处理方法并在多种实验条件下得到了验证。

与此同时，对宽带 MFP 的报道也相继出现[15~20]。Jesus 将匹配模技术应用到宽带的瞬态信号中，并对实验数据进行了分析处理。Brienzo 和 Hodgkiss[17]以及 Knobles 和 Mitchell[18]则对深海匹配场实验的宽带处理方法进行了研究并得到了实验结果。同时，有研究者将其他研究领域的信号处理方法引入到 MFP 当中，提出了新的处理算法[21~24]。

由于在 MFP 中使用的模型需要海洋和海底物理特性及参数的准确的先验知识，而这些知识的准确获取存在一定的困难，近年来，有研究者开始了基于基阵接收数据的 MFP 方法研究，以建立新的源定位方法，去除原有 MFP 方法对海洋环境完备知识的依赖。这就是所谓的数据驱动 MFP 方法。Hursky 等[25]利用实验数据分析得到的结果表明，这种方法在稳健程度与定位精度和处理增益之间的折中上，提供了一定的灵活性。

传统的匹配场处理技术主要应用于低频被动源的检测与定位。近年来，在主动声呐中也出现了利用 MF 技术的源深度估计研究。Hickman 和 Krolik[26]将 MFP 技术应用到一个主动声呐和一个水平接收基阵，估计浅海环境中一个漂浮散射体的深度。与被动 MFP 技术一样，主动 MFP 中对源的定位仍然基于多径传播的数值建模。然而，与被动 MFP 中源距离的估计严格地依赖于相对的模态相位建模不同，在主动 MFP 中，源的距离近似地从传播时间的测量值得到。所以，他们提出的匹配场深度估计(matched field depth estimation, MFDE)方法不需要知道相对多径幅度的信息，但也依赖于未知的散射特性。在这种方法中，通过对深度有关的相对时延和多径之间垂直角度散布的建模，来实现对源的深度估计。

在 MFP 处理中，随着频率的升高，大多数方法都对起伏和不确定性变得更加敏感，其结果是对 1kHz 以上频率上的 MFP 研究很少，并且人们有种感觉，就是数 kHz 以上 MFP 方法就不能再使用了。最近，Hursky 等[27]在美国沿岸不同的浅海区进行了水声通讯实验，研究结果表明，即使在 8~16kHz 的频率段内仍能观察到明显的多径结构。证明了模基处理可以用于这些频率上远至数千千米距离上的源定位。

国内较早开展匹配场被动定位技术研究的是中国科学院声学研究所和中船重工第 715 研究所，随后有西北工业大学等单位也开展了相关研究工作[28~34]。

3 合成孔径技术

传统的侧扫声呐成像分辨率受发射阵尺寸、发射信号频率以及作用距离等限制，成像精度不是很高，在一些高分辨应用中不能达到要求，因此人们将合成孔径雷达原理推广到水声领域，出现了合成孔径声呐(synthetic aperture sonar, SAS)。SAS 是一种新型高分辨水下成像声呐，可以用于水下目标的探测和识别、海底测量、水下考古和搜寻水下失落物体等，尤其可以进行高分辨海底测绘，对数字地球研究具有重要意义。

SAS 的基本原理是利用小孔径基阵的移动，通过对不同位置接收信号的相关处理，来获得移动方向(方位方向)上大的合成孔径，从而得到方位向的高分辨力。从理论上讲，这种分辨力和探测距离无关。直观地说，与目标之间的距离越远，合成孔径长度就越长，合成阵的角分辨率就越高，从而抵消了距离增大的影响，保持了方位向分辨力不变。

合成孔径声呐自 20 世纪 50 年代出现以来，至今已获得飞跃式发展。Walsh 在 1969 年第一次对 SAS 进行了描述[35]。1973 年，Sato、Ueda 和 Fukoda 给出了首次合成孔径实验结果[36]。在 1975 年，Cutrona 发表论文对使用真实孔径的声呐和使用合成孔径的声呐成像性能进行了比较，得出的结论是 SAS 系统可以在很低的频率下进行工作[37]。从此以后，SAS 技术才变得慢慢成熟起来，但由于介质的不稳定性、拖体速度的限制以及平台运动误差的影响，SAS 发展相当缓慢。70 年代和 80 年代由于相关性研究的发展减轻了人们对海洋媒质的担心，并且发现其他问题也不是不可能逾越的。1990 年，由欧共体资助欧洲开始进行实时 SAS 系统的研究工作。目前他们开发的 ACID 系统[38]及其改进的 SAMI 系统[39]成功地进行了海试，获得了相当好的合成孔径声呐地貌图像。美国 Raytheon 公司组织研制的 DARPA SAS 系统[40]应用于对水雷进行探测和识别，在 1km 的距离上分辨率能达到 10cm。

但合成孔径声呐作为一种水下成像设备，受水下复杂条件的影响，有不同于合成孔径雷达(synthetic aperture radar, SAR)的特点。首先是声传播信道的非理想性比合成孔径雷达中电磁波传播的严重;其次是声呐拖体的运动稳定性比合成孔径雷达要差得多;再者,因为声速大大低于电磁波在空间的传播速度,从而大大限制了拖体运动的速度;最后,由于声呐中常采用宽带信号而使雷达中的一些窄带信号处理方法在合成孔径声呐中不再适用,需对已有的算法进行改进或研究新的算法。这正是合成孔径声呐研究极富挑战性之所在。

从 1990 年开始,Zakharia、Chatillon 和 Bouhier 就开始研究合成孔径的宽带和窄带方法[41]。他们提出宽带处理无论在理想的还是干扰的运动中都可以提供好的分辨率。他们指出,即使在宽带处理中,当侧扫声呐的未知运动的幅度与波长同阶时,图像的质量还是会受到很大影响。1992 年,Rolt 和 Schmidt 针对方位图像模糊度即假目标问题,提出了缩短孔径处理方案[42]。他们提出,方位模糊度并不能通过声呐波束的零点而完全消除,这将给图像质量带来一定的影响,方位向的假目标可以通过空间处理来减少,即在合成孔径的过程中,强调可获得的合成孔径长度的中心部分,而弱化末端部分的影响。Johnson 等人在 1995 年,又针对声呐的小于一个波长的摆动,提出了一种适用于宽带合成孔径声呐的技术[43]。研究表明,在观测域内没有强目标的情况下,只要任意两个采样点之间偏离直线路径的位移不超过波长的 1/4,就可以通过回波数据的统计特性估计出适当的位移误差。1997 年,Gough 和 Hawkins 对各种成像算法的效率和稳定性给出了比较结果[44]。与此同时,Pinto 为了达到双倍成像率,对不同的频率和发射位置进行了讨论,得出了可行的方案[45]。同一时期,Chatillon 等在海洋环境下,成功地进行了利用合成孔径技术对海床进行制图和成像的试验[39]。这次试验表明,在现实的条件下,低频宽带合成孔径声呐成像和测绘系统是可行的。

干涉合成孔径声呐(interferometric synthetic aperture sonar, InSAS)是从干涉合成孔径雷达技术发展而来的[46,47],通过在合成孔径声呐系统中的垂直方向上增加一副(或多副)接收基阵,通过比相测高的方法得到场景的高度信息,从而得到场景的三维图像[48~50]。由于具备了 SAS 分辨率与成像距离和工作频率无关的优点以及干涉测深精度高的优点,InSAS 近年来在国际上发展迅速。1992 年 IEE 雷达与声呐杂志就有 InSAS 的水池试验结果报道,1998 年美国研制的 DARPA 合成孔径声呐具备干涉测深的功能,2000 年法国 Thomson-Marconi 公司的 IMBAT3000 也有 InSAS 功能。近年国外还报道了许多轨道 InSAS。

国内对 SAS 的研究始于"九五"期间,国家"863"计划于 1997 年支持中科院声学所和中船重工第 715 研究所联合开展合成孔径声呐的研究与试验工作,海军工程大学、哈尔滨工程大学等单位也相继开展了合成孔径声呐相关理论与技术的研究工作[51~57]。"十五"期间,InSAS 研究正式起步,并且得到了国家"863"计划的支持。

4　拖曳线列阵的研究

低频大孔径的拖曳线列阵是现代声呐技术发展的主要方向之一。由于拖曳线列阵的孔径可以做得很大，从而充分利用信号场的相干性，以获得高的处理增益，对于拖曳线列阵的研究早在 20 世纪初期就已经开始[58,59]。但是，由于在使用过程中阵形较难保持期望的形状，拖曳阵的信号处理较之常规固定结构声接收基阵的信号处理方法复杂，直到最近的 30 多年中才真正发展起来。

4.1　拖曳阵阵形估计

为了使基于固定结构基阵的多传感器阵列信号处理方法可用，对拖线阵阵形进行估计是必要的。目前已有多种阵形估计的方法，一种最常用的途径是在拖线阵上放置多个方向/深度测量仪，或者 GPS 天线，以获得阵元的位置信息，进而估计阵形[60~63]。这种方法应用起来比较直接，但是经济代价太高。另外一种方法是通过求解流体力学中的 Paidoussis 方程对拖线阵的阵形进行实时估计[64~68]；还有一种方法通过将阵元的实际位置偏离直线阵的位置之差建模为阵元位置的扰动误差，通过估计这些误差参数来实现对阵形的校正。20 世纪 90 年代以后，人们通过对阵列误差进行建模，将阵列误差校正逐渐转化为一个参数估计的问题。以此为基础的阵形校正方法通常可以分为有源校正类[69~75]和自校正类[76~80]。有源校正通过在空间设置方位精确已知的辅助信号源对阵元的位置进行离线估计，而自校正类方法通常根据某种优化函数对空间信号源的方位与阵元位置进行联合估计。这两类校正算法各有优缺点：对于有源校正而言，无需对信号源方位进行估计，所以其运算量比较小，在实际中被采纳的比较多。但这类校正算法对辅助信号源有着较高的精确方位信息的要求，所以当辅助信号源的方位信息有偏差时，这类校正算法会带来较大的偏差。自校正算法可以不需要方位已知的辅助信号源，而且可以在线完成实际方位估计，所以其校正的精度比较高，但由于阵元位置误差与方位参数之间的耦合和某些病态的阵列结构，参数估计的唯一辨识往往无法保证，更为重要的是参数联合估计对应的高维、多模非线性优化问题带来了庞大的运算量，估计的全局收敛性往往无法保证。所有这些阵形估计方法在实际声呐系统中的应用情况由于保密原因，几乎没有报道。

4.2　基于拖曳阵的目标参数估计

在研究拖曳阵阵形估计问题的同时，一些研究者已经从理论和实现两个角度考虑了基于拖线阵的目标参数估计问题。Rockah 和 Schultheiss 提出并分析了对近场和远场声源的基阵阵形校准技术[77,78]。Knapp 提出了一种方法来改善存在阵元位置不确定性时的信号检测性能[81]。Fuchs 提出了一种方法用于处理大的基阵形变[82]。Nicolas 和 Vezzosi 提出了一种方法用于未知阵形基阵时多个远场声源的联合估计[83]。Goldberg 考虑了多个运动源到达方位和基阵形状的联合估计问题[84]。JOE 也出了专刊，讨论了处理受扰动基阵的各种方法，包括利用受扰动的阵元估计目标方位和距离的问题，并且研究了扰动对估计精确度的影响[85]。

4.3 拖曳阵本舰噪声抑制

由于拖船与水听器之间的距离较远，拖船噪声对拖曳阵中水听器的影响相对较小。但是，拖船噪声的影响总是存在的，理解拖船噪声与接收水听器之间的声传播路径，从而采取措施对之加以抑制，这对系统性能的发挥具有非常重要的作用。

马远良等人解释了拖曳线列阵接收拖船噪声的响应所呈现的奇异现象，从机理上分析了拖船噪声到达水听器的复杂多径传播及拖曳线列阵绕轴对称分布的特征，声场建模和计算机仿真与实验观察的结果一致[86]。通过将匹配场的概念与最优传感器阵列处理的概念相结合，形成了新的匹配场噪声抑制原理[87]。李启虎等最近分析了主被动拖线阵声呐中拖曳平台的螺旋桨噪声和主动发射基阵(拖鱼)流噪声对被动接收基阵的干扰作用，给出了不同参数条件下干扰源的入射角关系[88]。

4.4 拖曳线列阵中的左右舷分辨问题

左右舷模糊是常规拖曳线列阵的主要问题之一。克服左右舷模糊的最初方法是使本舰机动一次，这在实际中有时是不现实的。杜选民等给出采用三元水听器组解决左右舷分辨的思路，并提出了两种处理方法[89]。何心怡等人研究了单根线列阵产生左右舷模糊的原因，提出利用线列阵在拖曳过程中产生阵形畸变现象来解决单根普通线列阵的左右舷分辨问题[90]。李启虎等于近期对双线阵区分左右舷目标的问题进行了理论分析与仿真研究，提出了一种评价分辨能力的方法[91]，讨论了在左右舷分辨过程中减小分辨盲区的方法[92]。

5 时反技术

声学中的时间反转(或频域中的相位共轭)的概念是由光学中的相位共轭法引申而来的。声学中的时反处理研究始于 20 世纪 60 年代。1965 年，Parvulescu 和 Clay 对时间反转、再发射以补偿多途影响的实验进行了报道，但该实验并未体现出时间反转场的空间聚焦特性[93]。此后的 20 多年中，一直没有出现相关研究的报道，直至 20 世纪 80 年代末，人们才利用超声比光学频率低的特点，将接收的声信号经过换能器转换成电信号，对此电信号利用电学上的混频方法获得相位共轭信号，并将该相位共轭信号再次通过换能器发射出去，实现声束在目标方位上的聚焦[94]。同时研制出了可以对声信号进行检测、采样、存储、时间反转并重发的实用性系统。自 1989 年 Fink 等在超声领域得出了时反阵具有聚焦能力的结论[95]后，时反技术才成为科学家们理论和试验研究的一大热点。

1992 年，Fink 提出了时反镜(time reversal mirror, TRM)的两个新应用[96~98]：时间反转腔(time reversal cavity, TRC)和迭代时间反转技术(iterative time reversal processing，ITRP)。其中迭代时间反转技术可实现多目标的选择性聚焦。1996 年，针对两个散射体的情况，Prada 在时间反转镜迭代算法的基础上提出时间反转算子分解的方法[99](decomposition of the time reversal operator, DORT)。该方法对时反算子进行特征值分解，通过对特征向量的处理来实现选择聚焦。理论和试验结果均证明了该方法在不均匀介质中对两个散射体定位的能力。

在人们对时间反转处理进行研究的初期，相位共轭法就已经被用来解决水中的多途问题[93]。Jackson 和 Dowling 对 TRM 应用于水声(主动)作了定义和基本的理论分析[100]，并对各种不同阵形的 TRM 技术进行了理论推导。他指出主动式时间反转技术可在对水声环境信息先验未知的情况下，将声信号在原声源位置形成时间和空间上的再聚焦，同时，对影响 TRM 聚焦性能的因素进行了初步分析[101]。近期，Dowling 等对水声传播环境的随机时变空变性、时反阵元及目标因洋流或载体的影响而导致的位置偏移、噪声的等因素对时反处理的影响作了一系列的研究[102]，并研究了时反阵变形对 TRM 的影响[103]以及动目标的 TRM 宽带检测性能[104]。这对时间反转镜的实际工程应用有极大的指导意义。

Kuperman 等人在美国海军研究局(office of naval research, ONR)的支持下，对水声 TRM 进行了 10 多年的持续研究，完成了多次海上实验，发表了一系列高水平的学术论文。前期，他们主要对水声 TRM 的时空聚焦原理进行理论研究和实验验证。他们在地中海进行了 TRM 浅海试验，验证了 TRM 在原声源处的时间和空间聚焦[105]，并进一步研究了浅海波导中时反聚焦的空间分辨率[106]。波导中界面引起的多途效应和波导中介质的不均匀性可以增强 TRM 的聚焦性能(Blomgren 等在文献[107]中深入讨论了这种特性，并将其称为“超分辨 TRM”)。为了实现聚焦距离和深度的变化，他们又分别提出了聚焦距离可变和聚焦深度可变的时反聚焦方法[108,109]。针对海洋波导中多目标的探测和定位问题，Kuperman 等研究了水声迭代时间反转技术[110,111]，可以在散射强度最大的目标处实现时反选择性聚焦。近年来，他们致力于将水声时反处理应用于主动声呐的回波信混比增强。Kim 等[112]研究了浅海波导中时间反转聚焦处理的信混比增强能力。当把粗糙海底的反射波看作是反射声源中的探测声源时，Song 等[113,114]提出了基于时反处理的混响凹槽设置方法并进行了海洋实验论证。通过设置时反阵列的激励，可以在某个距离区域上设置混响零点。

此外，Fink 为首的研究小组也开始将超声波领域中提出的时反算子分解方法应用于水声学[115~118]，通过时反算子可以获得浅海波导中散射体数目和选择性聚焦权向量信息。

由于时间反转处理的时间和空间聚焦特性，时反技术也逐步被应用于水声通信。最早提出将时反处理应用于水声通信的是 Abrantes 和 Smith 等[119]。2000 年 Smith 等[120,121]进行了利用 TRM 的高数据率水下声通信试验。与此同时，Edelmann 等[122,123]在意大利 Elba 岛附近进行了利用时反处理来减少 BPSK 和 QPSK 水声通信误码率的实验研究；Dowling 等[124]在西雅图进行利用被动时反处理实现水声通信的实验研究。这些实验结果表明，利用时反处理的时空聚焦特性可以有效地解决水声通信中由于多途产生的信号畸变，以去除(或大幅度地减低)码间干扰，减小通信误码率。这引起了许多学者的广泛兴趣[125~130]。

国内对于水声时反技术的研究刚刚起步[131~134]，其中蕴含着巨大的潜能有待我们研究开发。

6 波导/基阵不变性

6.1 波导不变性

声场中传播的声信号具有空-时相干性，这种相干性中存在确定性分量即不变性特征。俄罗斯水声学家于 1982 年发现海洋声场具有稳定的距离-频率干涉结构，Chuprov 等用简正波理论很好地解释了上述现象，并定义了一个称为波导不变量(waveguide invariant) β 的值来表征距离-频率面上输出声强的条纹的变化[135]。已经证明，波导不变量 β 与干涉条纹斜率以及声源的频率和水平距离存在着简单的函数。近年来有关波导不变性的研究成为海洋声学界的热点之一[136]。

Thode 和 Kuperman 等人在 2000 年首先指出：Bartlett 匹配场处理器输出端的距离-频率模糊度表面中出现的旁瓣随频率的变化发生偏移的现象可以用波导不变性的概念来解释，并提出了利用旁瓣结构进行声源定位的方法，实验仿真和海试实验证明了该理论的正确性[137]。2002 年，Rouselff 和 Leigh 用波导不变性的概念成功解释了主动声呐系统输出 LOFAR 图所出现的条纹[138]。徐海生用仿真和海试数据分析验证了旁瓣轨迹的这种特性，而且通过海试数据表明，即使在海洋环境信息和声源深度信息不存在的情况下(主瓣不存在)，旁瓣轨迹依然收敛到了正确的声源距离[139]。尽管如此，由于海洋的随机性和不均匀性，海洋波导不变量在实际情况下并不是一个不变的常量，而是受到环境影响的一种分布量。因此考虑到波导不变性概念描述的旁瓣结构定位技术，值得进一步研究[140]。

我国声场声信息国家重点实验室在张仁和院士的领导下，针对波导不变性开展了较系统的研究工作，在提高声场的水平纵向的频移补偿、基于波导不变性的水平阵列和垂直阵列的干扰抑制等方面取得了研究成果。并于 2005 年 6 月进行的一次浅海声学实验证实了利用波导不变性能够提高声场水平纵向相关性,从而有望用在多途信道中提高大尺度水平阵的阵列处理增益[141,142]。

Søstrand 提出了一种在随距离波导改变的波导环境中的估计距离的新方法。他发现，只要从波束-时间图上读出倾斜条纹的斜率值就可以用推导的一个公式得到目标距离的估计。实验结果得到，在距离超过 100km 时，距离估计的精确度可以控制在 ±5% 的范围[143]。

最近，Goldhahnd 等人还将波导不变性引入到主动声呐系统中的混响抑制当中，在 2007 年提出了基于波导不变性的恒虚警率(constant false alarm rate, CFAR)检测方法[144]。Rogers 和 Krolik 发现了一种基于波导不变性的时-频分析方法来对混响级(RL)进行估计[145]。Tao 和 Krolik 通过波导不变性与水平波数的差别关系，提出了一种称为波导不变性聚焦法(WIF)的自适应波束形成方法。实验结果显示，该方法相对于其他方法，具有有效抑制干扰的优点[146]。

6.2 基阵不变性

基阵不变性的概念最早是由 Lee 和 Makris 在 2004 年提出的，他们同时提出了依据被动声呐的波-时强度数据进行瞬时源定位的方法[147]。随后他们又提出了基于基阵不变性的宽带源的定位方法[148]，形成了基阵不变性的理论依据，并用实验验证了其实用性及相对于其他定位方法的优越性[149]。相对于波导不变性定位法和其他的定位方法，利用基阵不变量有下面几个优点：1) 除了要求接收场不是单纯的水下传播外，没有更多的对环境参数的要求；2) 计算量小；3) 充分应用了基阵增益。

基阵不变性是声学领域的新课题。到目前为止，除了 Lee 和 Makris 对这种方法有研究外，还没有发现其他的研究者，基阵不变性的良好性质，能否应用到更多的领域也是对该概念的一个课题和挑战。

参 考 文 献

[1] Vaccaro R J. The past, present, and future of underwater acoustic signal processing. Signal Processing Magazine, 1998, 15: 21-51.

[2] 李启虎. 进入 21 世纪的声呐技术. 2006, 35: 402-407.

[3] 张春华, 刘纪元. 合成孔径声呐成像及其研究进展. 2006, 35: 408-413.

[4] 莫喜平. 让声呐系统耳目一新——介绍新型水声换能器与换能器新技术. 2006, 35: 414-419.

[5] 余华兵，孙长瑜，李启虎. 探潜先锋——拖曳线列阵声呐，2006, 35: 420-423.

[6] 孙贵青，李启虎，杨秀庭，等. 新型光纤水听器和矢量水听器，2006, 35: 645-653.
[7] 李淑秋，李启虎，张春华. 水下声学传感器网络的发展和应用，2006, 35: 945-952.
[8] 许枫，魏建江. 侧扫声呐，2006, 35: 1034-1037.
[9] 蔡惠智，刘云涛，蔡慧，等. 水声通信及其研究进展，2006, 35: 1038-1043.
[10] Clay C S. Use of arrays for acoustic transmission in a noisy ocean. Rev. Geophys., 1966, 4: 475-507.
[11] Hinich M J. Maximum likelihood signal processing for a vertical array. J. Acoust. Soc. Amer., 1973, 54: 499-503.
[12] Bucker H P. Use of calculated sound fields and matched field detection to locate sound sources in shallow water. J. Acoust. Soc. Amer., 1976, 59: 368-373.
[13] Tolstoy A. Matched field processing for underwater acoustics. Singapore: World Scientific, 1993.
[14] Baggeroer A B, Kuperman W A, Mikhalevsky P N. An overview of matched field methods in ocean acoustics. IEEE J. Ocean. Eng., 1993, 18: 401-424.
[15] Jesus S M. Broadband matched-field processing of transient signals in shallow water. J. Acoust. Soc. Amer., 1993, 93: 1841-1850.
[16] Westwood E K. Broadband matched-field source localization. J. Acoust. Soc. Amer., 1992, 91: 2777-2789.
[17] Brienzo R K, Hodgkiss W S. Broadband matched-field processing. J. Acoust. Soc. Amer., 1993, 94: 2821-2831.
[18] Knobles D P, Mitchell S K. Broadband localization by matched fields in range and bearing in shallow water. J. Acoust. Soc. Amer., 1994, 96: 1813-1820.
[19] Booth N O, Baxley P A, Rice J A, et al. Source localization with broad-band matched-field processing in shallow water. IEEE J. Ocean. Eng., 1996, 21: 402- 412.
[20] Czenszak S P, Krolik J L. Robust wideband matched-field processing with a short vertical array. J. Acoust. Soc. Amer., 1997, 101: 749-759.
[21] Wilmut M J, Ozard J M. Detection performance of two efficient source tracking algorithms for matched-field processing. J. Acoust. Soc. Amer., 1998, 104: 3351-3355.
[22] Yang T C, Yates T. Matched-beam processing: Application to a horizontal line array in shallow water. J. Acoust. Soc. Amer., 1998, 104: 1316-1330.
[23] Harrison B F, Vaccaro R J, Tufts D W. Robust broadband matched-field localization: results for a short, spare vertical array. J. Acoust. Soc. Amer., 1999, 106: 515-517.
[24] Song H C, de Rosny J, Kuperman W A. Improvement in matched field processing using the CLEAN algorithm. J. Acoust. Soc. Amer., 2003, 113: 1379-1386.
[25] Hursky P, Hodgkiss W S, Kuperman W A. Matched field processing with data-derived modes. J. Acoust. Soc. Amer., 2001, 109: 1355-1366.
[26] Hickman G, Krolik J L. Matched-field depth estimation for active sonar. J. Acoust. Soc. Amer., 2004, 115: 620-629.
[27] Hursky P, Porter M B, Siderius M. High-frequency (8-16kHz) model-based source localization. J. Acoust. Soc. Amer., 2004, 115: 3021-3032.
[28] 何怡，张仁和. WKBZ 简正波理论应用于匹配场定位. 自然科学进展, 1994, 4: 118-122.
[29] 郭良浩，宋明凯，宫先仪. 浅海匹配场处理实验研究. 声场声信息国家重点实验室学术年

报，1994.

[30] 宫先仪. 声源检测与定位的匹配场处理. 1995.

[31] 陈耀明，高天赋，杨怡青. 浅海短垂直阵和稀垂直阵的声源定位性能. 声学学报, 1996, 21: 912-921.

[32] 马远良. 匹配场处理——水声物理学与信号处理的结合. 电子科技导报，1996, 4: 9-12.

[33] 李整林，张仁和，鄢锦，等. 大陆斜坡海域宽带声源的匹配场定位. 声学学报, 2003, 28: 425-428.

[34] 杨坤德，马远良，张忠兵，等. 不确定环境下的稳健自适应匹配场处理研究. 声学学报，2006, 31: 255-262.

[35] Walsh G M. Final report, feasibility study: synthetic aperture array techniques for high resolution ocean bottom mapping. 1967: AD851498.

[36] Sato T, Ueda M, Fukuda S. Synthetic aperture sonar. J. Acoust. Soc. Amer., 1973, 54: 799-802.

[37] Cutrona L J. Comparison of sonar system performance achievable using synthetic aperture techniques with the performance achievable by more conventional means. J. Acoust. Soc. Amer., 1975, 58: 36-348.

[38] Adams A E, Lawlor M A, et al. Real-time synthetic aperture sonar processing system, IEE Proc. Radar, Sonar, Navigation, 1996, 143: 169-176.

[39] Chatillon J, Adams A E, et al. SAMI: a low-frequency prototype for mapping and imaging of the seabed by means of synthetic aperture. IEEE J. Oceanic Eng., 1999, 24: 4-15.

[40] Nelson M A. DARPA synthetic aperture sonar. the Adaptive Sensor Array Processing (ASAP) Workshop, 1998, 1: 141-155.

[41] Chatillon J, Zakharia M A. Synthetic aperture sonar for seabed imaging: relative merits of narrow–band and wide-band approaches. IEEE J. Oceanic Eng., 1992, 17: 95-105.

[42] Rolt K D, Schmidt H. Azimuthal ambiguities in synthetic aperture sonar and synthetic aperture radar imagery. IEEE J. Oceanic Eng., 1992, 17: 73-79.

[43] Johnson K A, Hayes M P, Gough P T. A method for estimating the sub-wavelength sway of a sonar towfish. IEEE J. Oceanic Eng., 1995, 20: 258-267.

[44] Gough P T, Hawkins D W. Imaging algorithms for a strip-map synthetic aperture sonar: minimizing the effect of aperture errors and aperture undersampling. IEEE J. Oceanic Eng., 1997, 22: 27-39.

[45] Pinto M A. Use of frequency and transmitter location diversities for ambiguity suppression in synthetic aperture sonar system. Oceans'97, 1997, 1: 363-368.

[46] Graham L C. Synthetic interferometer radar for topographic mapping. the Proc. IEEE, 1974, 62: 763-768.

[47] Li F, Goldstein R M. Studies of multibaseline spaceborne interferometric synthetic aperture radars. IEEE Trans. on Geoscience & Remote Sensing, 1990, 28: 88-97.

[48] Gough P T, Hawkins D W. Unified framework for modern synthetic aperture imaging algorithms. Imaging Systems & Tech., 1997, 8: 343-358.

[49] Griffiths H D, Rafik T A, et al. Interferometric synthetic aperture sonar for high resolution 3-D mapping of the seabed. IEE Proc. – Radar, Sonar, and Navigation, 1997, 144: 96-103.

[50] Hansen R E, Olsmo T, Chapman S. Singal processing for AUV based interferometric synthetic aperture sonar. San Diego: Oceans 2003 MTS/IEEE, 2003.

[51] 唐劲松，蒋兴舟. 合成孔径声呐数字仿真的研究. 声学学报，1998, 23: 529-526.
[52] 孙大军，田坦. 合成孔径声呐技术研究(综述). 哈尔滨工程大学学报，2000, 21: 51-56.
[53] 许稼，蒋兴舟，唐劲松，等. 基于改进距离——多普勒算法的合成孔径声呐斜视成像研究. 声学学报, 2003, 28: 351-356.
[54] 姜南，孙大军，田坦. 基于时延和相位估计的合成孔径声呐运动补偿研究. 声学学报, 2003, 28: 434-438.
[55] 刘纪元，唐劲松，孙宝申，等. 斜视合成孔径声呐成像研究. 声学学报，2003, 28: 439-442.
[56] 徐江. 干涉合成孔径声呐三维成像技术研究. 国防科技大学博士论文，2003.
[57] 李宇，张扬帆，黄海宁，等. 被动合成孔径的非对称双线阵相位校正方法研究. 声学学报，2007, 32: 264-269.
[58] Lemon S G. Towed-array history, 1917-2003. IEEE J. Oceanic Eng., 2004, 29: 365-373.
[59] Lasky M, Doolittle R D, et al. Recent progress in towed hydrophone array research. IEEE J. Oceanic Eng., 2004, 29: 374-387.
[60] Felisberto P, Jesus S M. Towed array beamforming during ship's maneuvering. IEE Radar, Sonar Navig., 1996, 143: 210-215.
[61] Owsley N L. Shape estimation for a flexible underwater cable. IEEE EASCON, 1981: 20-23.
[62] Howard B E, Syck J M. Calculation of the shape of a towed underwater acoustic array. IEEE J. Oceanic Eng., 1992, 17: 193-203.
[63] Gerstoft P, et al. Adaptive beamforming of a towed array during a turn. IEEE J. Oceanic Eng., 2003, 28: 44-54.
[64] Paidoussis M P. Dynamics of flexible slender cylinder in axial flow; Part I theory. J. Fluid Mech. 1966, 26: 717-736.
[65] Paidoussis M P. Dynamics of flexible cylinder in axial flow; Part II experiment. J. Fluid Mech., 1966, 26: 737-756.
[66] Dowling A P. The dynamics of towed flexible cylinders. Part 1. Neutrally buoyant elements. Fluid Mech., 1988, 187: 507-532.
[67] Gray D A, Anderson B D O, Bitmead R R. Towed array shape estimation using Kalman filters-Theoretical models. IEEE J. Oceanic Eng., 1993, 18: 543-556.
[68] Lu F, Milios E, et al. A new towed-array shape estimation scheme for real-time sonar systems. IEEE J. Oceanic Eng., 2003, 28: 552-563.
[69] Wahl D E. Towed array shape estimation using frequency-wavenumber data. IEEE J. Oceanic Eng., 1993, 18: 582-590.
[70] Zhang M, Zhu Z D. Array shape calibration using source in known locations. Proc. IEEE National Aerospace & Electronics Conference, NAECO, 1993: 67-69.
[71] Stavropoulos K, Manikas A. Array calibration in the presence of unknown sensor characteristics and mutual coupling. Proc. European Signal Processing Conf. EUSIPO 2000, 2000, 3: 1417-1420.
[72] Fistas N, Manikas A. A new general global array calibration method. Proc. IEEE ICASSP, 1994, 4: 73-76.
[73] Ng B C, Ser W. Array shape calibration using sources in known locations. Proc. Singapore ICCS/ISITA'92, 1992, 836-840.
[74] Smith J J, Leung Y H, Cantoni A. The partitioned eigenvector method for towed array shape

estimation. IEEE Trans. on Signal Processing, 1996, 44: 2273-2283.
[75] Gray D A, Wolfe W O, Riley J L. An eigenvector method for estimating the positions of elements of an array of receivers. Proc. ASSPA, 1989.
[76] Weiss A J, Friedlander B. Array shape calibration using sources in unknown locations-A maximum likelihood approach. IEEE Trans. on ASSP, 1989, 37: 1958-1966.
[77] Rockah Y, Schultheiss P M. Array shape calibration using sources in unknown locations-Part I: Far field sources. IEEE Trans. on ASSP, 1987, 35: 286-317.
[78] Rockah Y, Schultheiss P M. Array shape calibration using sources in unknown locations- Part II: Near field sources and estimator implementation. IEEE Trans. on ASSP, 1987, 35: 724-735.
[79] Hong J S. Genetic approach to bearing estimation with sensor location uncertainties. Electronics Letters, 1993, 29: 2013-2014.
[80] 卓颉，孙超，冯杰. 基于多级恒模阵的拖线阵拖转时的阵形自校准方法. 声学学报，2006, 31: 263-269.
[81] Knapp C H. Signal detectors for deformable hydrophone arrays. IEEE Trans. on Acoust. Speech & Signal Processing, 1989, 37: 1-7.
[82] Fuchs J J. Shape calibration for a nominally linear equispaced array. IEEE Trans. on Signal Processing, 1995, 43: 2241-2248.
[83] Nicolas P, Vezzosi G. Localization of far-field sources with an array of unknown geometry. Underwater Acoustic Data Processing, 1989.
[84] Goldberg J M. Joint direction-of-arrival and array shape tracking for multiple moving targets. IEEE J. Oceanic Eng., 1998, 23: 118-126.
[85] Special issue on sonar system technology. IEEE J. Oceanic Eng., 1993, 18: 543-590.
[86] 马远良，刘孟庵，张忠兵，等. 浅海声场中拖曳线列阵常规波束形成器对本舰噪声的接收响应. 声学学报，2002, 27: 81-486.
[87] 马远良，鄢社锋，杨坤德. 匹配场噪声抑制: 原理及对水听器拖曳线列阵的应用. 科学通报，2004, 48: 1274-1278.
[88] 李启虎，李淑秋，孙长瑜，等. 主被动拖线阵声呐中拖曳平台噪声和拖鱼噪声在浅海使用时的干扰特性. 声学学报，2007, 32: 1-4.
[89] 杜选民，朱代柱，赵荣荣，等. 拖线阵左右舷分辨技术的理论分析与实验研究. 声学学报，2000, 25: 395-402.
[90] 何心怡，蒋兴舟，李启虎，等. 拖线阵的阵形畸变与左右舷分辨. 声学学报，2004, 29: 409-413.
[91] 李启虎. 双线列阵左右舷目标分辨性能的初步分析. 声学学报，2006, 31: 385-388.
[92] 李启虎. 用双线列阵区分左右舷目标的延时估计方法及实现. 声学学报，2006, 31: 485-487.
[93] Parvulescu A, Clay C S. Reproducibility of signal reanmsimissions in the ocean. Radio Electronic. Eng., 1965, 29: 223-228.
[94] Draeger C, Cassereau D, Fink M. Theory of the time-reversal process in solid. J. Acoust. Soc. Amer., 1997, 102: 1289-1295.
[95] Fink M, Prada C, et al. Self-focusing in inhomogenous media with time reversal acoustic mirrors, IEEE Ultras. Symp., 1989, 12: 681-686.
[96] Fink M. Time reversal of ultrasonic fields I: Basic Principles. IEEE Trans. UFFC, 1992, 39:

555-566.

[97] Jackson D R, Dowling D R. Time reversal of ultrasonic fields II: Experimental Results. IEEE Trans. UFFC, 1992, 39: 567-578.

[98] Prada C, Fink M, et al. The iterative time reversal process: Analysis of the convergence. J. Acoust. Soc. Amer., 1995, 97: 62-71.

[99] Prada C, Manneville S, Fink M, et al. Decomposition of the time reversal operator detection and selective focusing on two scatterers. J. Acoust. Soc. Amer., 1996, 99: 2067-2076.

[100] Jackson D R, Dowling D R. Phase conjugation in underwater acoustics. J. Acoust. Soc. Amer., 1991, 89: 171-181.

[101] Khosla S R, Dowling D R. Time-reversing array retrofocusing in simple dynamic underwater environments. J. Acoust. Soc. Amer., 1998, 104: 3339-3350.

[102] Sabra K G, Dowling D R. Effect of ocean currents on the performance of a time-reversing array in shallow water. J. Acoust. Soc. Amer., 2003, 114: 3125-3135.

[103] Sabra K G, Dowling D R. Effect of time-reversing array deformation in an ocean wave guide. J. Acoust. Soc. Amer., 2004, 115: 2844-2847.

[104] Sabra K G, Dowling D R. Broadband performance of a time reversing array with a moving source. J. Acoust. Soc. Amer., 2004, 115: 2807-2817.

[105] Kuperman W A, Hodgkiss W S, et al. Phase conjugation in the ocean: experimental demonstration of an acoustics. J. Acoust. Soc. Amer., 1998, 103: 25-40.

[106] Kim S, Edelmann G, Hodgkiss W S, et al. Spatial resolution of time reversal array in shallow water. J. Acoust. Soc. Amer., 2001, 110: 820-829.

[107] Blomgren P, Papanicolaou G, Zhao H. Super-resolution in time-reversal. J. Acoust. Soc. Amer., 2002, 111: 230-248.

[108] Hodgkiss W S, Song H C, et al. A long range and variable focus phase conjugation experiment in shallow water. J. Acoust. Soc. Amer., 1999, 105: 1597-1604.

[109] Walker S C, Roux P, Kuperman W A. Focal depth shifting of a time reversal mirror in a range-independent waveguide. J. Acoust. Soc. Amer., 2005, 117: 341-1347.

[110] Song H C, Kuperman W A. Iterative time reversal in the ocean. J. Acoust. Soc. Amer., 1999, 105: 3176-3184.

[111] Sabra K G, Rous P, et al. Experimental demonstration of iterative time-reversed reverberation focusing in a rough waveguide. application to target detection. J. Acoust. Soc. Amer., 2006, 120: 1305-1314.

[112] Kim S, Kuperman W A, et al. Echo-to-reverberation enhancement using a time reversal mirror. J. Acoust. Soc. Amer., 2004, 115: 1125-1131.

[113] Song H C, Kim S, et al. Environmentally adaptive reverberation nulling using a time reversal mirror. J. Acoust. Soc. Amer., 2004, 116: 762-768.

[114] Song H C, Kim S, et al. Experimental demonstration of adaptive reverberation nulling using a time reversal. J. Acoust. Soc. Amer., 2005, 118: 1381-1387.

[115] Mordant N, Prada C, Fink M. Highly resolved detection and selective focusing in a waveguide using the D.O.R.T. method. J. Acoust. Soc. Amer., 1999, 105: 2634-2642.

[116] Quinlan A, Barbot J P, Larzabal P. Automatic determination of the number of target present when using the time reversal operator. J. Acoust. Soc. Amer., 2006, 119, 2220-2225.

[117] Gaumond C F, Fromm D M, et al. Demonstration at sea of the decomposition of the time reversal operator technique. J. Acoust. Soc. Amer., 2006, 119: 976-990.

[118] Prada C, Rosny J, et al. Experimental detection and focusing in shallow water by decomposition of the time reversal operator. J. Acoust. Soc. Amer., 2007, 122: 761-768.

[119] Abrantes A A M, Smith K B. Examination of time-reversal acoustics and applications to underwater communications. J. Acoust. Soc. Amer., 1999, 105: 1364.

[120] Smith K B, Abrantes A A M, Larraza A. Examination of time-reversal acoustics in shallow water and application to noncoherent underwater communications. J. Acoust. Soc. Amer., 2003, 113: 3095-3110.

[121] Heinemann M, Smith K B. Experimental studies of applications of time-reversal acoustics to noncoherent underwater communications. J. Acoust. Soc. Amer., 2003, 113: 3111-3116.

[122] Edelmann G F, Akal T, et al. Quantitive bit error analysis of time-reversal communication sequences. J. Acoust. Soc. Amer., 2001, 109: 2476.

[123] Edelmann G, Akal T, et al. An initial demonstration underwater acoustic communication using time reversal. IEEE J. Oceanic Eng., 2002, 27, 602-609.

[124] Rouseff D, Jackson D R, Dowling D R. Underwater acoustic communication by passive-phase conjugation: theory and experimental results. IEEE J. Oceanic Eng., 2001, 26: 821-831.

[125] Rouseff D. Intersymbol interference in underwater acoustic communications using time-reversal signal processing. J. Acoust. Soc. Amer., 2004, 117: 780-788.

[126] Edelmann G, Song H C, et al. Underwater acoustic communication using time reversal. IEEE J. Oceanic Eng., 2005, 30: 852-864.

[127] Walker S C, Kuperman W A, Roux P. Active waveguide Green's function estimation with application to time-reversal focusing without a probe source in a range-independent waveguide. J. Acoust. Soc. Amer., 2006, 120: 2755-2763.

[128] Hursky P, Porter M B, et al. Point-to-point underwater acoustic communications using spread-spectrum passive phase conjugation. J. Acoust. Soc. Amer., 2006, 120: 247-257.

[129] Song H C, Hodgkiss W S, Kim S M. Performance prediction of passive time reversal communications. J. Acoust. Soc. Amer., 2007, 122: 517-2518.

[130] Song H C, Kim S M. Retrofocusing techniques in a waveguide for acoustic communications. J. Acoust. Soc. Amer., 2007, 121: 3277-3279.

[131] 张碧星，陆铭慧，汪承灏. 用时间反转法在水下波导介质中实现自适应聚焦的研究. 声学学报，2002, 27: 541-548.

[132] 陆铭慧，张碧星，汪承灏. 时间反转法在水下通信中的应用. 声学学报，2005, 30: 349-354.

[133] 殷敬伟，惠娟，惠俊英，等. 无源时间反转镜在水声通信的应用. 声学学报，2007, 32: 362-368.

[134] 郭国强，杨益新，孙超. 前后混响零点约束下基于时反算子分解的信混比增强方法研究，声学学报，2008, 33.

[135] Chuprov S D. Interference structure of a sound field in a layered ocean. in Acoustics of the Ocean: Current Status (in Russian), Moscow: Nauka, 1982: 71-79.

[136] Brekhovskikh L M, Lysanov Y P. Fundamentals of ocean acoustic, 3rd ed. New York: Springer-Verlag, 1991: 140-145.

[137] Thode A M, Kuperman W A, et al. Localization using Bartlett matched-field processor

sidelobes. J. Acoust. Soc. Amer., 2000, 107: 278-286.

[138] Rouseff D, Leigh C V. Using the waveguide invariant to analyze lofargrams. Proc. Oceans, 2002: 2239-2243.

[139] 徐海生．利用波导不变性概念实现声源定位的实验研究．声学技术，2004, Z1: 197-103.

[140] Kuperman W A, D'Spain G L. The generalized waveguide invariant concept with application to vertical arrays in shallow water. AIP Conf. Proc., 2002, 621: 33-36.

[141] 苏晓星，张仁和，李风华. 利用波导不变性提高声场的水平纵向相关、声学学报，2006, 31: 305-309.

[142] 苏晓星. 浅海中声场的水平纵向相关与波导不变性研究、中国科学研究院声学研究所博士论文, 2006.

[143] Søstrand K A. Range localization of 10-100 km explosions by Means of an Endfire Array and a Waveguide Invariant. IEEE J. Oceanic Eng., 2005, 30: 207-212.

[144] Goldhahn R, Hickman G, Krolik J K. Waveguide invariant reverberation mitigation for active sonar. Proc. ICASSP-2007, Hawaii, USA, 2007, 4.

[145] Rogers J S, Krolik J L. A study of active sonar reverberation using ultrasonic experiments in a shallow-water tank. Proc. Oceans 2007-Europe, 2007.

[146] Tao H L, Krolik J L. Waveguide invariant focusing for broadband adaptive beamforming in a shallow water channel. Proc. ICASSP 2007, 2007, II: 981-984.

[147] Lee S, Makris N C. A new invariant method for instantaneous source range estimation in an ocean waveguide form passive beam-time intensity date. J. Acoust. Soc. Amer., 2004, 116: 2646.

[148] Lee S, Makris N C. Range estimation of broadband noise source in an ocean waveguide using the array invariant. J. Acoust. Soc. Amer., 2005, 117: 2577.

[149] Lee S, Makris N C. The Array Invariant. J. Acoust. Soc. Amer., 2006, 119: 336-351.

水下噪声及其控制技术研究现状与发展概述

杨德森，时胜国

(哈尔滨工程大学水声工程学院，哈尔滨 150001)

1 引言

声波是迄今为止唯一可在海水介质中远距离有效传递信息的载体,因此声呐是水下唯一的远程探测手段,而舰艇和水下武器系统的噪声则成为影响其隐蔽性的主要因素。隐身技术的原理是：通过减缩和控制作战平台和武器系统的各类特征信号，使自身难以被发现、跟踪、识别和攻击，从而提高生存能力，同时提高舰载声呐的探测能力；而对于鱼雷，通过降低其辐射噪声，可提高鱼雷攻击的隐蔽性，并且有利于线导鱼雷准确捕捉和跟踪目标，提高鱼雷攻击的命中率。由于这些军事上的应用，水下噪声及其控制技术的研究一直处于广泛和快速的发展之中。

从噪声产生的机理上划分，水下噪声分为机械噪声、螺旋桨噪声和水动力噪声三大类。为了有效治理噪声和评价减振降噪的效果，合理分配噪声指标，必须定量地综合确定各类噪声源的贡献，并根据贡献的大小提出噪声控制的具体指标，因此水下噪声的测试分析是不可缺少的。

2 机械振动噪声和控制

2.1 机械振动噪声产生的机理和预报

机械噪声是由主辅机及其系统工作产生的水下噪声，主机、辅机运转不平衡和机械零件连接耦合的不平衡或摩擦等因素是引起机械结构振动的主要力源。多激励源同时存在时，源之间会相互作用，产生耦合共振并形成很强的共振声辐射。

对水中大型复杂结构的振动和辐射噪声的准确预报极为困难。在实际中，对大型复杂结构的局部结构往往简化为简单形式结构，如无限大板、圆形板、矩形板、球壳、圆柱壳或加周期性的肋条等。由于这类结构表面和正交坐标系的坐标面吻合，所以可用振动模态法求解[1]。多数情况无法采用解析法，甚至形式解也无法给出，一般采用声场测量与理论计算相结合方法分析计算，采用 Helmholtz 边值积分方程离散化或近场适配等方法进行声场预报[2]。更一般的振动和辐射声计算、分析方法是采用理论建模、有限元法近似和有限元法-边界元法近似数值计算以及差分法计算[3~5]，可采用的软件有 ANSYS 有限元和 SYSNOISE 边界元等[6]。

如果结构形状具有轴对称性，可采用传递矩阵——有限元、边界元相结合的方法。还可采用有限元——边界元法及有限元——有限元近似。对大型结构高频情况，采用有限元——流体有限元——球函数级数展开的近似方法计算[7]。还可采用解析法、数值计算方法和解析/数值混合计算方法进行结构振动与声辐射的预报。当频率较高振动模态频率密度较大时，采用统计能量流法进行结构振动预报[8]。

2.2 结构噪声的控制

结构噪声的控制一方面考虑选用低噪声设备，研究安静型动力技术；另一方面采用消声和隔振技术。在回波声隐身技术方面，目前主要是采用消声瓦和消声涂料等技术。采用综合优化措施，全面提升机械噪声的控制水平，才能有效地实现舰艇和水下武器系统的安静化。

1. 声源控制和优化设备布局

噪声控制首先应控制声源。选用低振动和低噪声机械设备，直接控制水下噪声。选用设备的振动和噪声量级越低，越有利于减振降噪设计和实现安静化目标。

壳体的声学设计可以通过壳体厚度的选取、肋骨的布置等措施来优化，避免壳体共振和强辐射模态的出现。多个机械系统的布防采取合理布局可以使不同来源的振动和辐射声产生抵消作用，降低舰艇的辐射噪声[9,10]。而对于鱼雷，其壳体分为若干段连接而成，这就提供了增大壳体传递损失的客观条件，可以通过研究不同连接方式及连接件材料对传递损失的影响，采用合适的连接方式来达到降低雷体振动辐射噪声[11]。

2. 隔振和隔声控制

机械设备的振动通过弹性安装、基座等支撑结构和管道等非支撑结构传递到壳体上，振动能量辐射到水介质中产生噪声，因此对结构振动传递试验、分析，采取隔振措施，可有效地控制辐射噪声。

在设备基座与船体间安装隔振器，以及在耐压壳和轻外壳之间进行隔振和隔声设计，增设一道隔离振动和噪声的屏障，降低水下噪声。现代舰艇和水下武器系统机械设备采用了单层隔振、双层隔振和浮筏隔振，尤其是浮筏隔振技术，将多个设备紧凑安装在一个共用基座上，基座再通过减振器柔性地支撑在船体上[12~14]，显著提高了水下结构的隔振水平，使辐射噪声显著降低。

3. 敷设消声瓦和涂敷消声涂料

艇体覆盖消声结构的研究早在二战后期就开展了。消声瓦是贴敷在潜艇壳体外表面的一种橡胶类或聚氨酯类吸声材料，一般兼有吸声和隔声的双重功能。目前，国外新型核潜艇和常规潜艇均敷设消声瓦[15]。也有采用主动方式的消声瓦[16,17]。根据潜艇不同航行工况所具有的不同辐射噪声和不同的主动声呐探测信号，采用主动式手段，自动调节消声瓦的隔声、吸声性能，建立“智能瓦”概念[18]。隔声去耦瓦技术是通过敷设去耦隔声材料“阻断”噪声潜艇噪声进入海洋的传播途径，隔离艇内振动噪声向艇外的辐射，从而降低潜艇的辐射噪声。对于强噪声源，可以采用隔声罩方式将其辐射声限制在一个密闭的空间内，为了提高隔声效果，隔声罩面板上一般敷设吸声层或阻尼层，在各面板的交接处可以采用阻抗失配技术。人们在改善并提高消声瓦吸声性能的同时，也努力提高其对于结构振动能量的吸收能力。而在鱼雷上喷射高分子聚合溶液或涂敷高分子聚合涂料可使噪声降低 8~10dB[11]。

4. 气幕降噪技术

气幕降噪技术是20世纪70年代开始被先进国家海军广泛使用的一种非常有效的舰艇综合性降噪技术，通过设置在舰艇机舱段船外壳表面和螺旋桨部位的喷气装置，在舰艇航行时向水中喷出适量压缩空气，在船壳外水下部位和螺旋桨叶片周围形成一层具有适当厚度的气泡幕，气泡有效隔离、衰减螺旋桨噪声和舰艇结构振动声辐射，从而使舰艇水下辐射噪声大大降低。气幕降噪技术也被应用在鱼雷隐身技术中[11]。

5. 有源与智能控制

有源消声又称噪声主动控制，是指利用声波干涉原理，在原噪声声场中人为地引入次级声源，并使之实时地产生与原噪声波幅值相等而相位相反的次级声波，通过该声波与原噪声声波在空间同向传播过程中的相消性干涉来达到降低噪声的目的。据称美国已在海狼、弗吉尼亚等核潜艇上装备了振动噪声主动控制系统与其全舰噪声监控系统配合使用[19,20]。加拿大大西洋防卫研究组织在舰艇上也进行了大量的有源振动噪声控制研究[21~23]，取得了良好的声隐身性能。在国内，振动控制的研究也得到广泛重视，柴油机振动主动隔离方面的研究也已经进行了十多年。在控制器、传感器和作动器等主动控制技术的关键部件方面，均取得了一定进展，而关于更复杂的浮筏系统的主动隔振研究也开始起步[24]。

除了上述主动控制的思想，人们还设想直接从壳体本身设计入手来降低潜艇的水下噪声，提出了智能材料的概念，智能材料和智能结构由激励器、传感器、控制器以及控制策略等部分组成，传感器接收到的振动信息，通过控制器和控制策略的处理输入到激励器对结构的振动状态实施控制，从而降低结构声辐射。据文献报道[25]，美海军研究机构将智能式艇体结构研究列为新型舰艇声隐身的战略研究内容。

6. 管路噪声控制

潜艇的管路系统是机械噪声的另一个重要来源。舰艇管路系统中，如液压系统、燃油系统、冷却水系统，工作过程中伴有工作介质的振荡或脉动，使管路及其连接的附件形成振动。另外如舰船动力装置的冷却水通常取自大海，系统中的泵、阀门以及弯头等所产生的流体噪声将随海水的吸入和推出从海底门辐射出去，将严重影响舰艇的隐身性能。

针对管路噪声，目前主要降噪措施有采用低噪声管路元件，在管路上安装海水管道消声器以隔离、抑制管路流噪声向潜艇外传递，在管路之间采用各类低刚度耐压挠性接管连接以隔离管路之间的振动传递，管路与潜艇之间采用弹性支撑元件，以吸收与隔离管路振动和噪声向潜艇的传递[15]。

3 螺旋桨噪声及其控制

3.1 螺旋桨噪声产生机理

螺旋桨是潜艇航行时的主要噪声源。由于螺旋桨叶片周向载荷不均匀，旋转时会产生空泡、鸣声和振动，发出高强度的噪声。螺旋桨的噪声大小与它的三种状态密切相关，即非空化状态、空化状态和“唱音”状态[26]。

1. 螺旋桨的非空化噪声：螺旋桨非空化噪声的谱特征表现为宽频带连续谱迭加有低频域线状离散调制谱。低频线谱是由于螺旋桨旋转周期性造成的，低频线谱由于特征明显，传播距离较远，是易于暴露给对方声呐的主要特征。

2. 螺旋桨的空化噪声：当螺旋桨转速超过一定值时，局部压力减小造成负压，形成不稳定空泡崩溃时所产生的单极子声辐射而形成螺旋桨空化噪声。空化噪声均方声压谱密度是带宽连续谱，谱密度级在较高频率上按 6dB/oct 规律下降。螺旋桨一旦出现空化，就成为水下航行器的主要噪声源。

3. 螺旋桨的涡旋噪声：流体流经螺旋桨桨叶产生涡发放，由于涡发放诱导压力场作用于桨叶从而产生声辐射，称为螺旋桨的涡旋噪声[27]。当螺旋桨桨叶随边涡发放频率与桨叶结构固有响应频率相吻合时将产生螺旋桨“唱音”。除由螺旋桨直接产生的几种水下噪声外。螺旋桨与艉部结构如鳍、舵、动力轴系、尾部壳体等结构之间机械弹性连接耦合以及诱发流体动力场耦合的作用，螺旋桨振动能量多途传递也产生声辐射，特别尾部壳体和鳍舵的耦合共振辐射也很强。关于螺旋桨噪声的研究主要有线谱频率及其声辐射预报、涡旋噪声的频谱特征分析和辐射声功率预报[28~30]。

3.2 螺旋桨噪声控制

在高速行驶时，螺旋桨噪声成为主要噪声源。对螺旋桨噪声的治理考虑优化螺旋桨的结构设计、设计新型的低噪声推进器和采用新材料几方面考虑，螺旋桨的研究朝着大侧斜、高阻尼、少桨叶、低转速方向发展。

1. 优化结构设计

低噪声螺旋桨首先是在无唱音的条件下，根据总体声学特性指标的要求，降低螺旋桨的窄带线谱噪声，就螺旋桨本身而言，通过设计实践在艇尾非均匀流场中采用大侧斜桨叶形式是降低螺旋桨非空泡噪声的一项有效措施。加大桨叶盘面比降低叶面负荷、降低噪声强度，叶型适当地侧斜可推迟空化、提高空化数抑制空化噪声。

2. 采用新型的推进器

在优化螺旋桨设计的同时，采用新型的推进装置的研究也取得实用性进展。国外在20世纪80年代初已着手开始研制一种新型的低噪声推进器－泵喷推进器来取代螺旋桨，采用泵喷射推进器可降低螺旋桨噪声[31]。所谓“泵喷射推进器”就是在一个多叶片、大螺旋桨外面罩以导管，导管的前方有一圈固定的叶片作为定子，螺旋桨在导管内作为转子低速转动，推动潜艇运动。这种推进器既能改变螺旋桨叶片的压力，防止空泡产生，又能改善尾流性能，减少尾波的形成，使航迹模糊。其特点是噪声低，产生空泡的临界航速高，推进效率较高。1983 年英国首次在核潜艇上采用泵喷推进器，替代了螺旋桨，据称可以使潜艇的辐射噪声降低十几分贝。瑞典的维斯特兰级后续艇也安装了泵喷推进器。最典型的美国新一代攻击型核潜艇弗吉亚尼级潜艇，其主推机器就是安静型的泵喷推进器。另外还有磁流体推进器[32]、无源磁浮推进器[33]、采用电力推进系统[34]。

3. 结构隔振

螺旋的振动会传到艇体上，采用桨与尾部结构隔振，减少叶片吸收流体能量经桨和桨毂和推力轴承传导艉壳，减小螺旋桨引发艇壳和附体振动与声辐射。

4. 高阻尼材料

采用高阻尼材料制造螺旋桨，可以有效地抑制桨叶振动，降低辐射噪声。如英国研制的锰铜铸造合金，日本的铁铬铝合金导等，减振效果明显。

5. 气幕降噪

采用气幕降噪[35,27]方法，在螺旋桨工作区域内注入一定压力的气体，延缓空泡的产生，同时也减少辐射噪声。

4　水动力噪声及其控制

4.1　水动力噪声产生机理

水动力噪声是潜艇和水下航行体航速较大时的主要噪声源，湍流边界层脉动压力激励结构振动产生噪声，是一个流体、结构和声场的相互作用问题。一般来说，水动力噪声作为舰艇、鱼雷的三种主要噪声源之一，其强度随航速增加而迅速增加，辐射声功率正比于航速的 5~7 次方。低航速时它对辐射噪声的贡献往往被机械噪声和螺旋桨噪声所掩盖，航速较高时，水动力噪声逐渐成为主要噪声源[36]。特别是声呐导流罩噪声以水动力噪声为主，导流罩是一种典型的舰船结构，其内外都有水介质，且相应的附加质量和辐射阻尼与结构本身的面密度和阻尼同一个量级。外力作用在导流罩壳体结构上，壳体结构产生振动，在导流罩内外产生声场，声场又反作用于壳体结构，使结构振动和声场相互耦合。在我国较早就注意到导流罩对自噪声的影响和罩内噪声测量、分析研究，并对湍流边界层起伏压力作用模拟导流罩内噪声预报及相关特性研究[8]。

水动力噪声其基本声特征表现为：远场是一种“伪声”，近场是声呐自噪声的主要来源。从流动区域分，有内部流噪声和外部流动噪声；从结构形式分，有封闭式结构表面流噪声和开口式腔体流激噪声，其中开口腔体结构的发声机制最为复杂。流体流经结构表面腔口时，导边脱出自由剪切层撞击腔口随边产生压力反馈，形成剪切层自持振荡。开口腔还存在声腔深度共振，其频率与腔深和腔底结构有关。

4.2 水动力噪声控制

水动力噪声控制主要通过优化线型及最佳附体布置方式来实现。具体措施是改进外部设计，如外形采用水滴型，保持艇体光顺，减少、封闭流水孔，线型优化，艇表涂覆柔性涂层等。尽量将舰艇体和鱼雷等水下结构设计成流线型的光滑表面并减少开孔，减少突出部；对突出式开口腔体流噪声控制主要是通过改变腔体形状如采用前高后低结构，减小突体前缘的曲率半径，甚至直接采取封盖处理。开孔数量应尽量减少，大的开孔能自动启闭，关闭后应看不到开孔。对封闭式结构表面附面层流噪声抑制除采用常规的线型优化设计外，据国内外最新资料结果，采用柔性界面材料，可以阻滞、推迟层流边界层向湍流边界层的转换，能获得 5~8dB 的降噪效果[37]。对航行体表面喷注高分子聚合物液体，可以增厚表面层流，减小湍流附面层对航行体表面脉动，推迟空化起始[38]，抑制湍流噪声。为了减小水动力噪声对声呐导流罩的影响，导流罩采用流线型设计，采用自适应噪声抵消技术减小流噪声的对声呐基阵的影响也有明显效果[39]。

5 水下噪声的测试分析技术

水下噪声的测试分析是实施对其有效控制的前提，进行结构振动与噪声的治理应先了解主要振动和噪声源的位置，贡献大小，主要能量传播方式和途径等，并能对治理后的效果给出合理评价。

舰艇水下辐射噪声的测量主要采用两种方法：一种是建立固定的海上试验场，优点是测量结果的精度高、便于舰艇机动和测试系统的校准，不足之处是设备复杂、投资强度大、维护困难；另一种是建立在特定海域临时布放与回收的活动式噪声测量系统。测量系统利用声压水听器或矢量水听器组成[40,41]。对噪声源进行准确的定位识别与分离量化，可以指导潜艇减振降噪措施的正确实施和辅助水下噪声系统的声学设计和噪声预报。常规的源识别方法有很多，如分部运转法、时历分析、相干分析法(偏相干法、重相干法)、基于多输入/输出模型的噪声源分析方法、声强测量法、声场空间变换法、通过特性法等[8,27,42]。

在传统方法研究的基础上，又有一些新的潜艇主要噪声源识别的方法，主要是自适应噪声抵消法、盲信号估计、合成孔径、基于时频和小波变换的噪声源识别法等[43]。

海军强国均十分重视舰船水下噪声的测试分析，投入了大量的人力和经费。美国建有大西洋水下综合试验场，采用多种方法分析噪声源的特性、产生部位及传递途径；增加潜艇内部振动和外部水听器测量点，建立同时基测量系统，分析和识别潜艇噪声源；利用近场测量和声成像技术，通过声强处理及声能流分布等方法，分析和识别潜艇辐射噪声源。俄罗斯采用多种用于噪声源识别的测试装置和设备，主要包括沉底阵、水平拖曳阵、水平阵以及安放在艇内的测试分析仪表，在噪声源识别技术研究方面，俄罗斯已形成了规范的方法和软件。从总体声学设计出发，俄罗斯建立了比较完整而且实用的技术文件体系，从噪声机理、噪声预报模型、查明主要振动噪声源、确定噪声源在辐射噪声中的贡献以及对本艇的声呐平台噪声干扰等方面实现对潜艇噪声源全面、系统的评价，对于超过设计指标的噪声振动源进行噪声控制。法国和意大利针对安静型潜艇建立垂直阵测量系统，采用声全息法分析潜艇噪声源；澳大利亚基于合成孔径技术设计和建造了新的辐射噪声测量系统，使测量系统得到简化，并可以精确地确定潜艇离散分布的噪声源位置[8,27,42,44]。

国内从 20 世纪 80 年代末开始研究声强法测量，1990 年利用自行研制的扫描测量系统和分析方法在国内首次重建了水下有限弹性受激板的表面振速分布，实雷声像重建，提出了一种基于 BAHIM 的声场全空间变换技术和 BAHIM 与 BEM 相结合的非共形声场变换技术[45~47]；并成功研制了双水听器线列阵测量系统，利用 16 对基元线阵对潜艇主电机舱外进行大面积声强扫描测量，并结合近、远场水听器以及艇内主、辅机和艇壳上的加速度计的测量，对其振动与声进行了综合分析，表明振动与声强综合测量分析方法用于潜艇水下噪声辐射特性分析以及噪声源识别是有效的[48]。2000 年还成功研制了水下声强声全息测量分析系统，该测量系统采用固定方向上由三只水听器组成 3 对声强探头弧形阵的设计方案，解决了声强宽带测量问题，在 715 消声水池利用该测量分析系统对潜艇缩比模型声学综合试验进行了测试[49]。

在利用传统的声压水听器进行噪声测量的基础上，采用新型的矢量水听器组建噪声测量系统，充分利用矢量水听器抑制各向同性干扰的优势，采用能量流抵消技术，利用单只矢量水听器解决国内低噪声潜艇的噪声测量和评价，已构建基于矢量水听器的活动式低噪声测量系统，该系统目前已为我国海军服务[40,41]。采用矢量阵作为水下噪声测量系统的核心，为更低噪声的潜艇噪声的准确有效测量提供基础。此外，国内还开展了矢量水听器声全息噪声源定位识别方法研究，采用矢量声全息、矢量线谱定位和矢量阵近场聚焦技术对水下噪声源进行定位识别和分离量化，为打造新一代低潜艇提供技术支持的对建立矢量水听器噪声源定位识别试验系统,突破矢量水听器声全息噪声源识别关键技术,为应用于潜艇噪声源定位识别奠定技术基础。

总之,从国外的研究情况看,在噪声源识别方面,其发展趋势是不断增加测量传感器的数量,尽可能多的获取噪声振动测量数据;通过时间同步系统控制采集实艇噪声振动数据,进而利用先进的声学分析系统,对所有的测量数据进行同时基处理。从大量有关技术资料中可以看出,多测点、同时基噪声振动综合测试,已被国外广泛采用,是国外分析研究新一代潜艇噪声源的基础技术手段和技术途径。在此基础上,采用多种分析技术,综合分析识别噪声源,有效地查明主要噪声源的分布,建立噪声源模型,分离机械噪声、水动力噪声和螺旋桨噪声对辐射噪声的贡献,从而全面获取被测潜艇的总体声学性能,评价各项噪声设计指标,并提出下一步噪声控制的方向和目标。

6 结束语

水下噪声及其控制技术由于其具有强烈的军事需求背景,在其快速发展过程中有着明显的不透明性。尽管技术本身在原理上与民用领域技术有着相同或者不可分割的关系,但准确地阐述水下噪声及其控制技术的每一最新发展仍然有着困难,一些新原理和在基本原理上的技术创新层出不穷。 在本文介绍的各方面新的发展和进步的同时,不断出现新的、或者仍然不具透明性的研究成果都是正常的。

参考文献

[1] 何祚镛. 结构振动与声辐射. 哈尔滨: 哈尔滨工程大学出版社, 2001.

[2] 李敬芳,何祚镛. 有限复合阻尼结构板的随机激励振动与声辐射的研究. 中国造船, 1988, 29: 46.

[3] Hunt J T, Knittel M P, Barach D. Finite element approach to acoustic radiation from elastic structure. J. Acoust. Soc. Amer., 1974, 55: 269.

[4] 张敬东,何祚镛. 有限元+边界元——修正的模态分解法预报水下旋转薄壳的振动和声辐射. 声学学报, 1990, 15: 12.

[5] 何元安,何祚镛. 水介质中弹性椭球壳体受激振动及声辐射场的数值分析. 哈尔滨船舶工程学院学报,1990, 11: 164.

[6] 商德江,何祚镛. 加肋双层圆柱壳振动声辐射数值计算分析. 声学学报,2001, 26(3): 193-201.

[7] Yu M S, He Z Y. The vibration and sound radiation of elastic stiffed cylindrical shell of finite length. CSNAME, 1990, 5: 24.

[8] 何祚镛. 水下噪声及其控制技术进展和展望. 应用声学,2002, 21(1): 26-34.

[9] Soize C. A model and numerical method in the medium frequency range for vibroacoustic predictions using the theory of structural fuzzy. J. Acoust. Soc. Amer., 1993, 94: 849-865.

[10] Strasberg M, Feit D. Vibration damping of large structure induced by attached small resonant structures. J. Acoust. Soc. Amer., 1996, 99: 335-344.

[11] 钱在棣．鱼雷噪声控制技术综述．中国造船工程学会学术论文集，2007, 4-9.

[12] 祝华．浮筏装置的理论建模与分析方法．舰船科学技术，1994, 16: 14.

[13] 吴崇建等．浮筏隔振系统的设计方法．舰船工程研究，1996, 17: 37.

[14] 韩祖舜等．浮筏设计中的若干问题．隐身技术，1999, 1: 33.

[15] 孔建益等．潜艇振动噪声的控制研究．噪声与振动控制, 2006, 26: 1.

[16] Lafleur L D, Shields F D. Acoustically active surfaces using piezorubber. J. Acoust. Soc. Amer., 1991, 90: 1230-1237.

[17] Howarth T R, Varadan V K. Piezocomposite coating for active underwater sound reduction. J. Acoust. Soc. Amer., 1992, 91: 823-831.

[18] Corsaro R D, Houston B. Sensor-actuator tile for underwater surface impedance control studies. J. Acoust. Soc. Amer., 1997, 102: 1573-1581.

[19] Walrod J. Sensor and actuator networks for acoustic signature monitoring and control. Undersea Defence Techn. 1999.

[20] 顾健．核潜艇新军: SSN-21 和 NSSN 现代军事. 1998, 12: 13.

[21] Koko T S, Akpan U O, et al. Active noise and vibration control literature survey. Sensors and Actuators, 1999, 99.

[22] Koko T S, Orisamolu I R, et al. Modeling and analysis of active vibration control of naval structural components, DREASR-97-002-PAP-36.

[23] Akpan U O, Beslin O, et al. Controller technologies for active control of low noise and vibration in ship structures. Inter. Conf. Smart Mater. & Struct., Quebec: 1999, 187.

[24] 缪旭弘，王振全．舰艇水下噪声控制技术现状及发展对策．第十届船舶水下噪声学术讨论会论文集，2005: 6.

[25] Us looks to ASAC research. Martine Defence, 1994, 19: 28.

[26] 汤渭霖．螺旋桨涡旋噪声预报．船舶力学, 1999, 3(2): 49-57.

[27] 何元安．水下结构振动与声及其控制研究进展．中国声学学会青年学术会议论文集, 1997: 29-39.

[28] Yankaskas K, et al. Acoustic characteristics of t-agos-19 class swath ships. Naval Engineers., 1995, 107(3): 95-119.

[29] 魏以迈．对转桨的噪声机理与降噪途径．第六届船舶水下噪声学术讨论会论文集，1995: 174-190.

[30] Wells V L, et al. Acoustics of a moving source in a moving medium with application to propeller noise. J. Sound & Vibr., 1995, 184: 651-663.

[31] 胡家雄, 伏同先. 21 世纪常规潜艇声隐身技术发展动态．舰船科学技术，2001, 23(4): 2-5.

[32] 尹真，尹群．船舶磁流体推进技术研究．造船技术，2002, 29: 1-3.

[33] 钱坤喜，曾培，茹伟民等．无源磁浮流线型螺旋桨的超静音研究．机械设计与研究, 2003, 19(1): 73-74.

[34] 林忆宁．21 世纪水面战舰设计的新攻略 – 隐身性和战斗力兼优．船舶工程，2004, 26(5): 1-7.

[35] 宋志杰，王冰，徐世昌．气幕对潜艇声屏蔽作用的数值计算．应用声学，2000, 19(3): 24-27.

[36] 俞孟萨，吴有生，庞业珍．国内外舰船水动力噪声研究进展概述．船舶力学，2007, 11(1):

152-158.
[37] 徐尚仁. 舰船流动噪声. 第六届船舶水下噪声学术讨论会论文集, 1995, 33-42.
[38] 金善熙. 高分子降噪涂层降辐射噪声机理研究. 第六届船舶水下噪声学术讨论会论文集, 1995: 214-223.
[39] Ruchaud E. UDT95. France, 1995: 393-396.
[40] 杨德森. 利用声矢量水听器实现对水下目标辐射噪声测量的研究. 声学技术(增刊), 2002, 20: 92-93.
[41] 陈宗歧, 于枫, 刘文帅. 利用矢量传感器测量舰船辐射噪声技术. 舰船科学技术, 2002, 24: 19.
[42] 杨德森. 水下航行器噪声分析及主要噪声源识别. 哈尔滨工程大学博士论文, 1998.
[43] 章林柯, 何琳, 朱石坚. 潜艇主要噪声源识别方法研究. 噪声与振动控制, 2006, 26(4): 7-10.
[44] 王之程, 陈宗歧等. 舰船辐射噪声测量与分析. 北京: 国防工业出版社, 2004.
[45] Yang D S. The image reconstruction of underwater noise sources by using fresnel integral. Acoust. Imging, 1992, 20: 375.
[46] 杨德森, 王金堂等. 水下声图像研究. 声学学报, 1996, 21(4): 752-758.
[47] 何元安. 大型水下结构近场声全息的理论与试验研究. 哈尔滨工程大学博士论文, 2000.
[48] 何祚镛. 实船设备结构振动和水声声强测试分析及噪声源判别. 中国造船, 2003, 44(2): 50-58.
[49] 时胜国, 杨德森. 水下声强测量分析系统及其在近场测量中的应用. 测试技术学报(增刊), 2002, A16: 475-480.

船舶随机声弹性研究进展

俞孟萨，吴有生

(中国船舶科学研究中心，江苏 无锡 116 信箱，214082)

1 前言

声弹性是研究结构、流体和声场相互作用的一个力学分支。任意弹性结构在各种外力作用下产生强迫振动，并向周围或内部声介质中辐射声波，声波又以负载形式反作用在弹性结构上，改变结构的振动甚至可能改变激励外力，形成激励——结构——流体——声场耦合的力学系统。潜艇、舰船和鱼雷航行时，物面绕流边界层由层流发展为湍流。湍流边界层为时间和空间上随机变化的流动状态，其内部随机的速度扰动产生随机脉动压力。船体和声呐罩结构在湍流边界层脉动压力激励下类似一个换能器，将部分水动力能量转化为振动能和声能，产生振动和水动力噪声，此过程涉及结构、流体和声场的相互作用，属于声弹性的研究范畴。因为湍流边界层脉动压力是平稳的时空随机面激励力，一般采用相关函数或功率谱密度函数表征，在其作用下的船体和声呐罩结构振动和辐射声场也都是平稳的时空随机物理量，也需要采用相关函数或功率谱密度函数表征。舰船水动力辐射噪声和声呐罩自噪声的水动力噪声分量计算涉及的声弹性问题是随机声弹性，并具有结构振动与内外声场耦合以及随机面分布激励两个基本特征。求解这个问题有三个基本内容：其一，确定湍流边界层脉动压力的频率——波数谱，作为输入参数；其二，求解结构耦合振动；其三，计算外部区域辐射声场或内部区域自噪声场。

水动力噪声作为潜艇、舰船和鱼雷的三种主要噪声源之一，其强度随航速增加而迅速增加，辐射声功率正比于航速的 5~6 次。低航速时它对辐射噪声的贡献往往被机械噪声和螺旋桨噪声所掩盖，航速较高时(10~12 节以上)，水动力噪声会在辐射噪声中占有一定比例，而且，随着机械噪声和螺旋桨噪声的有效控制，水动力噪声的作用将会有所增加；水动力噪声源紧邻声呐基阵，基本上没有传播损失而直接影响到声呐，而且这种噪声覆盖的频率范围一般是声呐的工作频率范围，它对声呐自噪声的作用往往不可忽略。

本文针对船舶随机声弹性研究的基本问题，简要介绍湍流边界层脉动压力波数–频率谱的主要模型和特点，在此基础上，针对舰船水动力噪声和声呐自噪声水动力噪声分量的预报，综述弹性结构受湍流边界层脉动压力激励的辐射声场计算方法的研究进展,以及湍流边界层脉动压力激励弹性结构产生的内部区域自噪声计算方法的研究进展，并提出船舶随机声弹性进一步研究的一些初步设想。

2 湍流边界层随机激励力

湍流边界层脉动压力是船舶声学中一种面分布的随机激励力源,它对结构的激励具有振动模式的选择性，频率–波数谱定量描述湍流边界层脉动压力与结构相互作用的空间和时间耦合程度。当边界层迁移速度和结构自由弯曲波速相等时，结构从边界层流动中获得最大的激励能量，产生所谓的水动力吻合，一般情况下，湍流边界层脉动压力与结构不会发生完全的空间耦合。一旦湍流边界层脉动压力激励结构的特性确定，考虑结构内外流体的耦合作用，即可确定结构的振动，相应的声辐射还取决于声波波长与结构模态波长的比值。当然，结构振动和辐射声场还会对湍流边界层脉动压力产生一定的影响，在大部分实际工程问题中，都认为这种影响为小量，可以忽略不予考虑。

湍流边界层脉动压力的定量描述可以追溯到 Kraichnan[1]和 Skudrzyk、Haddle[2]等的研究，经典的湍流边界层脉动压力频率–波数谱模型首先由 Corcos[3~5]建立，他根据试验结果，拟合得到窄带的空间相关函数，再通过空间域和时域 Fourier 变换得到频率–波数谱。Corcos 模型适用于迁移波数附近的高波数范围，在低波数区其估算值偏高。Williams[6]提出的湍流边界层脉动压力频率–波数谱模型形式上与 Corcos 模型一样，只是包含了几个需要由试验确定的常数。Chase[7~9]提出的湍流边界层脉动压力频率–波数谱模型，包含了多个由试验确定的可调常数，其适用范围往低波数可扩展到声波数附近。Martin 和 Leehey[10]由试验测量结果回归了低波数段的湍流边界层脉动压力频率–波数谱。这几种模型均针对低 Ma 数和光滑刚性平面界面的湍流边界层脉动压力，Howe[11,12]则建立了低 Ma 数条件下粗糙平面湍流边界层脉动压力的频率–波数谱模型，他认为，表面粗糙使湍流雷诺应力脉动增加，相应的脉动压力也增加，粗糙微粒散射湍流边界层脉动压力，也使脉动压力增强。

湍流边界层脉动压力频率–波数谱模型还有 Smol’yakav-Tkachenko 模型和 Efimtsov 模型[15]，它们将边界层排挤厚度引入作为模型参数，使模型与边界层流动状态相联系，适合用于实艇情况。Smol’yakav-Tkachenko 模型还将 Corcos 模型中纵向和横向相互独立的相关函数改变为双向组合相关函数。Howe[13]、Capone[14]和 Graham[15]归纳比较了各种湍流边界层的频率–波数谱模型的差别，明确 Chase 和 Smol’yakov 模型适用于低 Ma 数湍流边界层脉动压力激励下结构振动和声辐射的预报。

Dhanak[16]考虑了物面曲率对湍流边界层脉动压力的影响，在圆柱坐标下求解 Lighthill 方程，得到圆柱曲率对脉动压力的修正因子，针对低 Ma 数和低波数情况，建立了适用细长圆柱壳物面的湍流边界层脉动压力频率–波数谱模型。当物面势流存在压力梯度时，湍流边界层的内部结构发生变化，逆压梯度值边界层增厚，旋涡尺度大，顺压梯度的旋涡尺寸小，衰减快，前者的空间相关半径比后者大，相应的湍流边界层脉动压力也大，且差别主要在低频段，其原因是压力梯度主要影响大尺度旋涡。Schloemer[17]给出了顺压、零压和逆压梯度三种情况下的脉动压力测试结果，顺压梯度比零压梯度的脉动压力小，而逆压梯度比零压梯度的脉动压力大。Cipolla 和 Keith[18]对 Schloemer 的测量结果作了进一步的处理，得到了三种压力梯度下的湍流边界层脉动压力的频率–波数谱曲线。Blake[19]和穆宁[20]也分析了压力梯度对湍流边界层脉动压力的影响，但都未给出比较成熟和公认的顺压和逆压梯度条件下的频率–波数谱模型。

湍流边界层脉动压力不仅与物面形状有关，还与物面的声学特性有关。如果物面不是理想的刚性界面，而是弹性或黏弹性界面，则湍流边界层脉动压力将受到界面声学特性的调制。Dowling[21~23]根据 Lighthill 理论，研究了弹性壁面和柔性壁面对湍流边界层脉动压力的影响，提出了不同界面条件下湍流边界层脉动压力频率–波数谱的修正因子，它主要取决界面的声阻抗，他认为，弹性板的阻尼和柔性涂层可以降低湍流边界层脉动压力中的部分波数和频率分量，但是低声速涂层可能有相反的效果。Kadykov 和 Lyamshev[24]测量了水中掺和高分子溶液对湍流边界层脉动压力的影响，他们认为，高分子溶液不仅对降低摩擦阻力有效，而且对降低湍流边界层脉动压力同样有效，其机理是湍流边界层脉动压力与高分子溶液能够有效降低壁面剪切应力密切相关。Brungart[25]进一步测量了湍流边界层脉动压力与高分子溶液浓度的关系，并采用无量纲参数对测量结果进行归一化处理，若无量纲参数包含摩擦速度和切剪应力，则归一化结果令人满意。无论弹性界面情况，还是掺和高分子溶液情况，也都还没有归纳出较合理的湍流边界层脉动压力的频率–波数谱模型，在绝大部分应用中，仍然采用刚性平面上的频率–波数谱模型。

湍流边界层脉动压力的频率–波数谱模型只是在作用力层面描述了其激励特性，采用输入声功率不仅更能够定量描述湍流边界层脉动压力对结构的激励，而且包含了湍流边界层脉动压力与结构振动的相互作用，这是因为湍流边界层脉动压力输入给结构的声功率与结构表面输入机械阻抗有关。Han[26]依据湍流边界层脉动压力的相关谱密度函数和结构的模态特性，建立了湍流边界层脉动压力激励结构每一点的输入功率计算方法，为采用统计能量法和能量流方法预报结构受湍流边界层脉动压力激励的振动和声辐射提供了有效的输入参数计算途径。

3 湍流边界层随机激励的结构振动和声辐射

已知了湍流边界层脉动压力的统计激励特性，可以将它作为一种外力激励弹性结构，求解结构的振动和声辐射，在此过程中，一般认为湍流边界层脉动压力的激励特性是相对独立的参量，它与结构振动和声场之间没有耦合。求解湍流边界层脉动压力激励下的结构振动和声辐射需要考虑激励力为面分布的宽带随机激励力以及结构振动和辐射声场相互耦合，辐射声场以流体负载形式反作用于结构振动。Strawderman[27~29]较早地研究了无限大平板和简支平板受湍流边界层脉动压力激励的振动响应，考虑了流体负载的耦合作用，他利用湍流边界层脉动压力的互功率谱密度函数作为激励参数，求解振动响应的互功率谱密度函数和功率谱密度函数，数学表达式比较复杂，但计算直观方便，Thomas[30]和 Heatwole[31]延用 Strawderman 的方法，建立湍流边界层脉动压力激励平板振动和声辐射的主动控制模型。文献[32]采用波数–频率谱概念并考虑流体负载的耦合作用，建立了无限大平板辐射噪声场互谱函数的表达式。Davies[33]以及 Aupperle 和 Lambert[34]针对矩形平板，最早采用频率–波数谱概念，求解弹性结构受湍流边界层脉动压力激励的振动和声辐射，建立了比较完整的方法和过程，提出了模态波函数概念，并据此分析了矩形平板振动模态与湍流边界层脉动压力空间耦合的特征，计算结果与试验结果比较一致。

Chandiramani[35]将矩形板与湍流边界层脉动压力的空间相互作用分为五种情况：其一，脉动压力的低波数分量与模态波函数峰值分量的相互作用；其二，脉动压力的传输波数分量与模态波函数高波数分量的相互作用；其三，脉动压力的传输波数分量与模态波函数的峰值分量相互作用；其四，脉动压力的高波数分量与模态波函数峰值分量相互作用；其五，脉动压力的传输波数分量与模态波函数低波数分量相互作用。对于水中有限结构来说，主要以前两种作用为主，Chandiramani 称这两种情况为水动力面相互作用和边相互作用，经计算，面作用比边作用产生的模态响应谱密度又高约 20dB。但是，Chandiramani[36]又认为，不同流动状态下，湍流边界层脉动压力的低波数分量的大小变化较大，可能会出现量级很低的情况，相应的传输波数分量的贡献便不可忽略。Rumerman[37]以简支矩形板受湍流边界层脉动压力激励的振动响应空间均方值为例，进一步指出，面相互作用与矩形板的长度、宽度及边界条件无关，而角相互作用则与矩形板的长度和边界条件有关。因此，两种相互作用对弹性板振动和声辐射贡献的大小，取决弹性板和湍流边界层脉动压力两方面的参数。Hwang 和 Maidanik[38]认为，结构与湍流边界层脉动压力的相互作用，除了高波数区(传输波数)和低波数区的作用外，中间波数的作用也应该考虑，这三种作用的大小不仅与边界条件、模态阶数有关，还与模态共振频率上结构自由波数与传输波数的比值有关，对于简支和固支矩形板，湍流边界层脉动压力低波数分量的贡献最大，中间波数的贡献其次。Borisyuk 和 Grinchenko[39]针对低 Ma 数情况下湍流边界层脉动压力激励的流线型表面，采用 Corcos 模型、Chase 模型、Williams 模型以及 Smol’yakov-Tkackenko 模型，分别计算不同边界条件的弹性结构单元受湍流边界层脉动压力激励下的振动和声辐射，数值分析结果表明，湍流边界层脉动压力的传输波数分量对响应的作用不可忽略,这一点也说明了结构与湍流边界层脉动压力空间相互作用的复杂性。Filippi 等[40]认为,湍流边界层脉动压力激励的弹性矩形板振动响应,从结构方面来讲,主要是模态共振的贡献。

舰船壳板结构一般都采用加强肋骨提高强度,加强肋骨改变壳板结构的动力特性,同时也改变振动和声辐射特性。为了降低舰船壳体的振动和声辐射,实际工程中还经常在船体上粘贴阻尼材料,提高船体结构的能量耗散特性。在结构表面涂覆黏弹性材料,相当于增设一种声学缓冲层,能使辐射表面的振动减小并降低声辐射。Howe[41~43]以及 Shsh[44]研究了单根和多根肋骨加强的无限大平板、涂覆黏弹性层的无限大平板和半无限大平板与湍流边界层脉动压力的相互作用,他们将湍流或旋涡脉动压力作为一种入射场,采用 Green 函数法求解各种结构的激励响应和散射场,并考虑到入射场的时间和空间的随机性,以频谱密度函数形式给出振动响应和辐射声场,数学处理上难度较大。Rumerman[45,46]将实际结构简化为弦或膜,研究它们带有单根、多根或无限根加强肋骨时,受湍流边界层脉动压力激励的声辐射,湍流边界层脉动压力仅仅考虑低波数分量,且假设为白波数(white wave number)激励力,肋骨等效为空间点作用的质量或弹簧。通过空间或频域平均,给出有限带宽均方振速和辐射声功率的近似表达式。Rumerman 在文献[47, 48]中将所建立的方法推广到加肋均匀板和非均匀板,并考虑边界支撑力的作用。他的这些研究没有考虑肋骨对湍流边界层脉动压力的散射所产生的波数迁移,忽略了传输波数分量因波数迁移而使空间耦合增强的效应。

为了解决舰船水动力噪声预报的实际工程问题,文献[49, 50]借鉴国外随机声弹性的研究方法,采用有限单元法并通过适当近似处理,建立了潜艇和水面舰船湿表面结构受湍流边界层脉动压力激励产生的水动力噪声预报方法,计算精度与国外文献方法的计算结果偏差小于 3dB。

4 湍流边界层随机激励的内部声场

实船测试表明,高航速和高频段(约 300Hz 以上),声呐罩基阵部位自噪声以水动力噪声分量为主,它是声呐罩透声窗在湍流边界层脉动压力激励下的受激振动所产生的噪声。由于实际形状复杂,声呐罩在湍流边界层脉动压力激励下的自噪声研究,一般都采用简化的模型,Dyer[51]、Dowell[52]和 Leibowitz[53]分别建立了弹性平板覆盖在矩形腔上的声呐罩模型,计算弹性平板在湍流边界层脉动压力激励下矩形腔中的噪声,并以功率谱密度函数形式给出罩内自噪声,近几年,Rao[54]仍采用这种模型研究水面舰船的声呐自噪声。Maidanik[55,56]和 Kuo[57]采用无限大平行板模型,计算湍流边界层脉动压力面激励下声呐罩内的噪声。文献[58,59]中采用简化平行腔体模型研究夹芯透声窗受湍流边界层脉动压力激励在声呐基阵部位产生的水动力噪声，数值计算分析了黏弹性层的空间滤波效应对降低自噪声的效果及其优化参数。文献[60]进一步考虑了夹芯透声窗的周期性肋骨对自噪声的影响，由于肋骨的散射效应，湍流边界层脉动压力波数谱的峰值分量向结构振动波数谱的峰值位置迁移而产生空间共振，使声呐部位自噪声增加。Rao[61,62]采用简支矩形弹性板模型，解析求解弹性板在湍流边界层脉动压力谱激励下的振动加速度功率谱，再通过模型激振试验测定振动加速与罩内自噪声的空间传递函数，估算自噪声功率谱，这种方法可以用于复杂形状声呐罩自噪声的预报，但试验测试工作量较大。文献[63]针对潜艇舷侧声呐罩的非规则形状声腔，采用集成模态法和虚拟膜技术，考虑声腔内外声场与结构振动的耦合以及非正交界面产生的声模态耦合阻抗，建立声腔弹性壁面在随机面激励下产生的自噪声计算方法。算例结果表明：集成模态法与经典模态法计算的声腔自噪声谱级十分接近，模态耦合声阻抗加强了弹性壁面与声腔的耦合，使声腔自噪声的高频成分增大。

考虑到声呐自噪声中水动力噪声分量为中高频噪声，适合采用统计能量法计算，Muet[64]和 Vassas[65]采用统计能量法，建立了声呐罩在湍流边界层脉动压力激励下自噪声的计算方法，文献[66]考虑流体负载对统计能量法中模态密度等参数的影响及其修正方法，建立声呐罩自噪声的统计能量法计算模型，计算分析了罩壁材料特性、罩内非透声界面吸声处理对自噪声的影响。Han 等[26]采用能量流分析法预报弹性平板受湍流边界层脉动压力激励产生的振动以及平板下方矩形腔内声压均方值，他们采用时空平均能量密度为参数的平板振动方程，方程中的激励项为湍流边界层脉动压力给平板的输入功率，求解得到平均能量密度，并转化为平板的均方振动速度，再由平板的声辐射效率计算辐射声功率，在 200Hz 以上的高频段，计算与试验结果吻合较好，但是 Han 等的研究针对空气介质，没有考虑流体负载的作用。文献[67]针对非规则形状声呐罩，借鉴集成模态法的思路，采用虚拟弹性膜技术，发展建立了集成统计能量法。该方法的计算实例表明：集成统计能量法与经典法统计能量法计算的矩形腔声呐罩声呐自噪声总声级偏差小于 1.0dB。考虑边界层转捩区湍流猝发声源的贡献修正[68, 69]，集成统计能量法计算的潜艇艏部声呐自噪声与实艇测试结果相差 2~3 dB。

Graham[70]为了计算飞机机舱壳壁在湍流边界层脉动压力激励下产生的舱室噪声，将机舱壳壁划分为肋骨间距大小的平板子单元，计算每个子单元向内和向外的声辐射功率。因为湍流边界层脉动压力的相关长度小于平板子单元的长度，声介质为空气介质，子单元之间的水动力耦合和声耦合均没有予以考虑。Maury[71]针对湍流边界层脉动压力激励飞机机舱壁产生的舱室噪声，也将机舱划分为矩形单元处理，数值分析比较了流体负载、模态互作用、激励谱、结构阻尼、舱壁曲率、水动力吻合效应以及模态辐射特性等因素对矩形板声辐射的影响。他们的做法为预报复杂形状声呐罩内部自噪声提供了值得借鉴的技术途径，但需要考虑单元之间声场耦合的影响。

湍流边界层脉动压力与结构相互作用的声弹性研究，除了平板模型以外，还有圆柱壳模型，主要研究圆柱壳受内流湍流边界层脉动压力的振动响应，较早的工作见于 Rattayya 和 Junger[72]的研究，Clinch[73]采用模态平均法和联合导纳法(joint acceptance method)，研究了有限长圆柱壳受内流湍流边界层脉动压力激励的模态平均响应，计算结果与试验结果相当吻合，他所建立的计算模型没有考虑内外流体负载的影响。Blake[19]则比较全面地介绍了在湍流边界层脉动压力或噪声场激励下圆柱壳响应和内部声场的计算方法和特征。Durant[74]等采用边界积分方法，计算圆柱壳受湍流边界层脉动压力激励的振动和内外声场，将内外流体对壳体的耦合作用考虑为小扰动，并直接由振动响应和声压的积分表达式计算相应的互谱密度函数，虽然计算量较大，但计算结果与试验结果的差别较小，尤其在低频段。

随着水声技术的发展，声呐形式已经从传统的舰壳声呐发展到舷侧阵声呐和拖曳线列阵声呐。舷侧声呐安装位置的空间跨度大，不同位置受水动力噪声和机械噪声、螺旋桨噪声影响的情况也不同，一般来说，舷侧阵靠近艇艏部分在高速时主要受水动力噪声的影响，靠近艇艉部分主要受机械噪声和螺旋桨噪声的影响。考虑到舷侧阵通常在水听器外覆盖一层黏弹性层，用于衰减湍流边界层脉动压力对水听器的作用，Ko[75]建立了湍流边界层脉动压力通过黏弹性层的传输模型，计算表明，黏弹性层厚度和损耗因子增加时，脉动压力的衰减量增加。在此基础上，Ko[76]研究了埋置在黏弹性层内的水听器阵受湍流边界层脉动压力作用的响应，水听器阵的响应取决于阵空间增益和黏弹性层衰减量的双重效应。为了提高黏弹性层的降噪效果，经常采用多层结构的黏弹性层，Ebenezer[77]采用传递矩阵法研究了这种结构的降噪效果。Montgomery[78]则研究了换能器基板受湍流边界层脉动压力激励产生的弯曲波对换能器自噪声的影响，这种影响在低频段不可忽略，它与流噪声的直接影响相当，应采用大阻尼的玻璃钢材料作为基板。文献[79]采用有限尺寸的简支平面模型计算 PVDF 水听器对湍流边界层脉动压力的响应。

拖曳线列阵是一种将水听器安装在长数十米直径为几厘米的高分子柔软套管中的声呐装置，工作时拖曳在母船后面一定位置上，因而其自噪声主要为湍流边界层脉动压力引起的噪声。高分子软管在湍流边界层脉动压力激励下产生振动，并向管内声介质中辐射噪声，由于水听器离开壁面较近，受到的影响较大，而且软管壁厚与直径之比不满足薄壁管的要求，需要作为厚壁管处理。Shashaty[80]根据湍流边界层脉动压力的偶极子声源特征，将套管内的声场模拟为管壁上偶极子声源产生的声场，并讨论了线列阵中各种形状水听器在流噪声影响下的有效长度；Francis 等[81]采用 Fourier 变换方法，建立了多层套管在湍流边界层脉动压力激励下的内部声场计算模型，数值分析不同航速、不同套管材料和管壁参数情况下，流噪声传输峰值分量对自噪声的影响。Narayanan 和 Shanbhag[82]研究了噪声通过自由和约束阻尼处理圆柱壳的传输损失，计算模型考虑了圆柱壳振动模态和内部声模态的耦合以及入射噪声的空间相关性，并以功率谱形式给出圆柱壳内部声场。汤渭霖、吴一[83,84]采用波数-频率谱概念和随机场统计分析方法，建立了线列阵自噪声功率谱的计算模型，详细计算了套管直径、厚度、材料阻尼及航速与管内噪声的关系，还计算了管内水听器形状和水听阵元对噪声的抑制作用。

5 结束语

在舰船声隐身背景需求的促进和推动下，以舰船为主要对象的随机声弹性研究，针对舰船水动力辐射噪声和声呐罩自噪声的水动力噪声分量，国外已建立了若干种适用于低 Ma 数和光滑刚性平面物面湍流边界层脉动压力的频率-波数谱模型。低 Ma 数情况下舰船水动力噪声以湍流边界层脉动压力激励结构振动产生的声辐射为主，国外的研究大多数为采用频域和波数域 Fourier 变换，并以矩形板为对象的机理性研究，最新的研究涉及加肋平板。声呐罩内基阵部位自噪声的水动力噪声分量主要来源于罩壁受湍流边界层脉动压力激励产生的振动。声呐罩壁面受激振动不仅与外部无限区域的声介质耦合，还与内部有限区域声介质耦合。无论是采用解析方法还是统计能量法，国外针对声呐罩自噪声的计算大部分都是采用简单的矩形声腔模型。国内针对舰船水动力辐射噪声和声呐罩自噪声的水动力噪声分量的预报研究，偏重于解决实际问题，分别采用有限单元法和集成统计能量法建立了相应的计算方法。

舰船随机声弹性进一步研究的主要方向有

1. 柔性和弹性壁面湍流边界层脉动压力波数-频率谱模型，存在压力梯度壁面的湍流边界层脉动压力波数-频率谱模型；

2. 船体表面突体和空腔开口对湍流边界层的散射效应及其产生的脉动压力增量研究；

3. 敷设柔性层的复合圆柱壳结构受湍流边界层脉动压力激励产生的辐射噪声研究，加肋双层壳体结构受湍流边界层脉动压力激励产生的辐射噪声研究；

4. 基于解析子结构法的任意形状声腔受湍流边界层脉动压力激励产生的自噪声计算方法研究。湍流边界层脉动压力激励下，声呐罩等典型声腔自噪声空间互功率谱研究；

5. 基于输入声功率、结构声强和辐射声强概念，建立湍流边界层脉动压力激励的结构声辐射计算方法；

6. 高雷诺数情况下壁面湍流边界层脉动压力波数-频率谱的数值计算方法。

参 考 文 献

[1] Kraichnan R H. Pressure fluctuation in turbulent flow over a flat plate. J. Acoust. Soc. Amer.,

1956, 28(3): 378-390.

[2] Skudrzyk E J, Haddle G P. Noise production in a turbulent boundary layer by smooth and rough surface. J. Acoust. Soc. Amer., 1960, 32(1): 19-34.

[3] Corcos G M. Resolution of pressure in turbulence. J. Acoust. Soc. Amer., 1963, 35(2): 192-199.

[4] Corcos G M. The structure of the turbulent pressure field in boundary flows. J. Fluid Mech., 1964, 18(3): 353-378.

[5] Corcos G M. The resolution of turbulent Pressure at the wall of a boundary layer. J. Sound & Vibr., 1967, 6(1): 59-70.

[6] Williams J E. Boundary layer pressures and the Corcos model: A development of incorporate low-wave number constrains. J. Fluid Mech., 1982, 125: 9-25.

[7] Chase D M. Modeling the wave vector-frequency spectrum of turbulent boundary layer wall pressure. J. Sound & Vibr., 1980, 70(1): 29-67.

[8] Chase D M. The characteristics of the turbulent wall pressure spectrum at subconvective wave number and a suggested comprehensive model. J. Sound & Vibr., 1987, 112: 125-147.

[9] Chase D M. The wave-vector-frequency spectrum of pressure on a smooth plane in turbulent boundary-layer flow at low mach number. J. Acoust. Soc. Amer., 1991, 90(2): 1032-1040.

[10] Martin N C, Lechey P. Low wave number wall pressure measurements using a rectangular membrane as a spatial filter. J. Sound & Vibr., 1977, 52(1): 95-120.

[11] Howe M S. On the generation of sound by turbulent boundary layer flow over a rough-wall. Proc. R. Soc. London, Ser. A, 1984, 395: 247-263.

[12] Howe M S. The turbulent boundary layer rough wall pressure spectrum at acoustic and subconvective wave numbers. Pro. R. Soc. London, Ser. A, 1988, 415: 141-161.

[13] Howe M S. Surface pressures and sound produced by turbulent flow over smooth and roughs walls. J. Acoust. Soc. Amer., 1991, 90(2): 1041-1047.

[14] Capone D E. Calculation of turbulent boundary layer wall pressure spectra. J. Acoust. Soc. Amer., 1995, 98(4): 2226-2234.

[15] Graham W R. A comparison of models for the wave number-frequency spectrum of turbulent boundary layer pressures. J. Sound & Vibr., 1997, 206(4): 541-565.

[16] Dhanak M R. Turbulent boundary layer on a circular cylinder the low-wave number surface pressure spectrum due to a low-Mach-number flow. J. Fluid Mech., 1988, 191: 443-464.

[17] Schloemer H H. Effect of pressure gradients on turbulent boundary layer wall pressure fluctuations. J. Acoust. Soc. Amer., 1966, 42(1): 93-113.

[18] Cipolla K, Keith W. Effects of pressure gradients on turbulent boundary layer wave number frequency spectra. UDT'2000, 2000: 379-386.

[19] Blake W K. Mechanics of flow-induced Sound and Vibration. INC, Orlando: Academic Press, 1986.

[20] 穆宁 A T. 曹传钧. 航空声学. 北京：北京航空航天大学出版社，1993.

[21] Dowling A P. Flow-acoustic interaction near flexible wall. J. Fluid Mech., 1983, 128: 181-198.

[22] Dowling A P. Sound generation by turbulence near an elastic wall. J. Sound & Vibr., 1983, 90(3): 309-324.

[23] Dowling A P. The low wave number wall pressure spectrum on a flexible surface. J. Sound &

Vibr., 1983, 88(1): 11-25.

[24] Kadykov F, Lyamshev L M. Influence of polymer additives on the pressure fluctuations in a boundary layer. Sov. Phys. Acoust., 1970, 16: 59-63.

[25] Brungart T A, et al. The scaling of the wall pressure fluctuations in polymer-modified turbulent boundary layer flow. J. Acoust. Soc. Amer., 2000, 108(1): 71-75.

[26] Han F, et al. Prediction of flow-induced structural vibration and sound radiation using energy flow analysis. J. Sound & Vibr., 1999, 227(4): 685-709.

[27] Strawderman W A. Turbulent flow excited vibration of a simply supported rectangular flat plate. J. Acoust. Soc. Amer., 1969, 45(1): 177-192.

[28] Strawderman W A. Turbulence induced vibration: an evaluation of finite and infinite plate models. J. Acoust. Soc. Amer., 1969, 46(5): 1294-1307.

[29] Strawderman W A. Turbulence induced plate vibration: Some effects of fluid loading on finite and infinite plates. J. Acoust. Soc. Amer., 1972, 52(2): 1537-1552.

[30] Thomas D R, Nelson P A. Feedback control of sound radiation from a plate excited by a turbulent boundary layer. J. Acoust. Soc. Amer., 1995, 98(5): 2651-2662.

[31] Heatwole C M. Robust feedback control of flow induced structural radiation of sound. J. Acoust. Soc. Amer., 1997, 102(2): 989-997.

[32] 汤渭霖. 湍流边界层压力起伏激励下弹性平板的声辐射. 声学学报，1991, 16(5): 352-363.

[33] Davies H G. Sound from turbulent boundary layer excited panels. J. Acoust. Soc. Amer., 1971, 49(3): 878-889.

[34] Aupperle F A, Lambert R F. Acoustic radiation from plates excited by flow noise. J. Sound & Vibr., 1973, 26(2): 223-245.

[35] Chandiramani K L. Vibration response of fluid loaded structure to low speed flow noise. J. Acoust. Soc. Amer., 1997, 61(6): 1460-1470.

[36] Chandiramani K L. Response of underwater structures to convective component of flow noise. J. Acoust. Soc. Amer., 1983, 73(3): 835-839.

[37] Rumerman M L. Frequency flow speed dependence of structural response to turbulent boundary pressure exaltation. J. Acoust. Soc. Amer., 1992, 91(2): 907-911.

[38] Hwang Y F, Maidanik G. A wave number analysis of the coupling of a structural mode and flow turbulence. J. Sound & Vibr., 1990, 142(1): 135-152.

[39] Borisyuk A O, Grinchenko V T. Vibration and noise generation by elastic elements excited by a turbulent flow. J. Sound & Vibr., 1997, 204(2): 213-237.

[40] Filippi P J, et al. The role of the response of a fluid loaded structures. J. Sound & Vibr., 2001, 239(4): 639-663.

[41] Howe M S. The influence of an elastic coating on the diffraction of flow noise by an inhomogeneous flexible plate. J. Sound & Vibr., 1987, 116(1): 109-124.

[42] Howe M S. Structural and acoustic noise generated by turbulent flow over the edge of a coated section of an elastic plate. J. Sound & Vibr., 1994, 176(1): 1-18.

[43] Howe M S. Diffraction radiation produced by turbulent boundary layer excited of a panel. J. Sound & Vibr., 1988, 121(1): 47-65.

[44] Shsh P L, Howe M S. Sound generated by a vortex interacting with a rib-stiffened elastic plate. J. Sound & Vibr., 1996, 197(1): 103-115.

[45] Rumerman M L. Estimation of broadband acoustic power due to rib forces on a reinforced panel under turbulent boundary layer-like pressure excitation, I. derivations using string model. J. Acoust. Soc. Amer., 2001, 109(2): 563-575.

[46] Rumerman M L. Estimation of broadband acoustic power due to rib forces on a reinforced panel under turbulent boundary layer-like pressure excitation, II. applicability and validation. J. Acoust. Soc. Amer., 2001, 109(2): 576-582.

[47] Rumerman M L. Estimation of broadband acoustic power radiated from a turbulent boundary layer driven reinforced finite plate section due to rib and boundary forces. J. Acoust. Soc. Amer., 2002, 111(3): 1274-1279.

[48] Rumerman M L. Estimation of broadband acoustic power levels radiated from turbulent boundary layer driven ribbed plates having dissimilar sections. J. Acoust. Soc. Amer., 2003, 114(2): 737-744.

[49] 吕世金、俞孟萨. 水下航行体水动力辐射噪声预报方法研究. 水动力学研究与进展，A, 2007, 22(4): 475-482.

[50] 李东升、俞孟萨. 水面舰船水动力噪声预报方法研究. 第九届全国船舶水下噪声学术讨论会，苏州，2003.

[51] Dyer I. Sound radiation into a closed space from boundary layer turbulence. The Second Symp. Naval Hydrodynamics, Washington, D. C., 1958: 151-177.

[52] Dowell E H. Transmission of noise from a turbulent boundary layer through a flexible plate into a closed cavity. J. Acoust. Soc. Amer., 1969, 46(1): 238-252.

[53] Leibowitz R C. Vibroacoustic response of turbulence excited thin rectangular finite plates in heavy and light media. J. Sound & Vibr., 1975, 40(4): 441-495.

[54] Rao V B. Prediction of flow induced noise of a ship's sonar dome. UDT'98, 1998: 69-72.

[55] Maidanik G. Boundary wave vector filters for the study of the pressure field in a turbulent boundary layer. J. Acoust. Soc. Amer., 1967, 42(2): 494-501.

[56] Maidanik G. Domed sonar system. J. Acoust. Soc. Amer., 1968, 44(1): 113-124.

[57] Kuo E Y T. Acoustic field generated by a vibrating boundary, I. general formulation and sonar-domed noise loading. J. Acoust. Soc. Amer., 1968, 43(1): 25-31.

[58] Yu M S, Li D S. Design of sandwich window for sonar domes. Chin. J. Acoust., 2005, 24(2): 170-185.

[59] 俞孟萨，李东升. 声呐罩夹芯式透声窗的声学设计研究. 声学学报，2005, 30(5): 427-434.

[60] 俞孟萨, 李东升, 白振国. 周期加肋夹芯透声窗的声呐自噪声特性研究. 中国造船, 2008.

[61] Rao V B. Flow induced noise of a sonar dome-Part 1. Appl. Acoust., 1985, 18(1): 21-23.

[62] Rao V B. On the flow-induced structural noise of a ship's sonar dome. Marine Tech., 1987, 24(4): 321-331.

[63] 俞孟萨, 白振国. 随机面激励的非规则声腔自噪声计算方法研究. 声学学报, 2008.

[64] Muet I L E. Bruit dórigine hydrodynamique rayonné à i'intérieur d'un dŏme sonar: ětudes expérimentales et évaluation S.E.A. J. d'Acoustic, 1987, 21: 111-116.

[65] Vassas M. Evaluation of flow noise on a hull mounted sonar array. UDT'99, 1999: 356-359.

[66] 俞孟萨，李东升. 统计能量法计算声呐自噪声的水动力噪声分量. 船舶力学，2004, 8(1): 99-105.

[67] 俞孟萨，朱正道. 集成统计能量法计算声呐自噪声水动力噪声分量. 船舶力学，2007,

11(2): 273-283.

[68] Lauchle G C. Hydro-acoustics of transitional boundary layer flow. Appl. Mech. Rev., 1991, 44(12): 517.

[69] 俞孟萨，吕世金．水下航行体艏部低噪声线型的声学设计方法研究．水动力研究与进展，A, 2002, 17(5): 529-537.

[70] Graham W R. Boundary, layer induced noise in aircraft, Part 1. the flat plate model. J. Sound & Vibr., 1996, 192(1): 101-120.

[71] Maury C, et al. A wavenumber approach to modeling the response of a randomly excited panel, Part II: application to aircraft panels excited by a turbulent boundary layer. J. Sound & Vibr., 2002, 252(1): 115-139.

[72] Rattayya J V, Junger M C. Flow excitation of cylindrical shells and associated coincidence effects. J. Acoust. Soc. Amer., 1964, 36(5): 878-884.

[73] Clinch J M. Prediction and measurement of the vibrations induced in thin-walled pipes by the passage of internal turbulent water flow. J. Sound & Vibr., 1970, 12(4): 429-451.

[74] Durant C, et al. Vibroacoustic response of a thin cylindrical shell excited by a turbulent internal flow: comparison between numerical prediction and experimentation. J. Sound & Vibr., 1999, 229(5): 1115-1155.

[75] Ro S H, Schloemer H H. Calculation of turbulent boundary layer pressure fluctuations transmitted into a viscoelastic layer. J. Acoust. Soc. Amer., 1989, 85(4): 1469-1477.

[76] Ko S H, Schloemer H H. Flow noise reduction techniques for a planner array of hydrophones. J. Acoust. Soc. Amer., 1992, 92(6): 3409-3424.

[77] Ebenezer D D, Abraham P. Effect of multiplayer baffles and domes on hydrophone response. J. Acoust. Soc. Amer., 1996, 99(4): 1883-1893.

[78] Montyomery R E, Dubus B. An analytical evaluation of turbulence-induced flexural noise in planar arrays of extended sensors. J. Acoust. Soc. Amer., 1993, 94(3): 1688-1699.

[79] 葛辉良，何祚镛．平面 PVDF 水听器对湍流边界层压力起估的响应计算．第七届船舶水下噪声学术讨论会论文集，1997: 10-14.

[80] Shashaty A J. The effective lengths for flow noise of hydrophone in a ship-towed linear array. J. Acoust. Soc. Amer., 1982, 74(4): 886-890.

[81] Francis S H, et al. Response of elastic cylinders to convective flow noise, I. homogeneous layered cylinders. J. Acoust. Soc. Amer., 1984, 75(1): 166-172.

[82] Narayanan S, Shanbhag R J. Sound transmission through layered cylindrical shells with applied damping treatment. J. Sound & Vibr., 1984, 92(4): 541-558.

[83] 汤渭霖，吴一．TBL 压力起伏激励下黏弹性圆柱壳内的噪声场，I. 噪声产生机理．声学学报，1997, 22(1): 60-69.

[84] 吴一，汤渭霖．TBL 压力起伏激励下黏弹性圆柱壳内的噪声场，有限水听器和阵．声学学报，1997, 22(1): 70-78.

水声换能器技术展望

周利生，夏铁坚

(杭州应用声学研究所，杭州　310012)

1　引言

在现代海洋军事斗争中，探测安静型、隐形化目标，发展有效的水中兵器，加强自防御措施，都是建立可信赖的作战能力不可缺少的组成部分。然而，面临的严峻问题是作战对象高隐身性能所带来的威胁正在与日俱增，其先进的隐身技术、传感技术、信号处理技术的快速发展，使得潜艇作战、反潜作战、反水雷战等都变得越来越困难；在海洋科技日新月异创新发展的今天，基于水声技术进行海洋环境动态变化的监测和预测、海-气相互作用与气候变化预测、海洋生物和矿产资源调查与评估、领土划界和现代航海安全保障等成为十分有效的手段之一。为了实现海军攻防和海洋发展战略的要求，各国科学家正在不断追求新的解决方法，一方面加强水声物理和信号处理方法方面的基础研究，另一方面加强水声换能器及基阵技术的研究，重点研究新机理、新材料换能器及布阵技术。近 50 年来，随着机械学、电磁学、固体物理学及海洋声学的进步，水声换能器得到了快速的发展和应用，本文将重点总结水声换能器的发展趋势。

2　水声换能器技术发展历程

声呐换能器和基阵随着反潜战设备的发展已由二次大战期间的数百瓦声功率发展到今天兆瓦级的大型基阵，工作频率已由初期的 20kHz 左右，逐渐向两端拓展，一般为几赫兹到几兆赫兹。主要换能器的有源材料由原来的镍片材料、磷酸二氢铵(ADP)及罗谢尔盐压电单晶材料等逐步发展到今天的一元系、二元系的压电陶瓷材料之后的三元、四元系压电陶瓷材料以及新型 Terfenol-D 超磁致伸缩材料和压电复合材料等，换能器采用的振动模式由原来的纵向振动和径向振动方式逐步发展为除纵向振动和径向振动方式外，还有弯曲振动、容腔振动、弯曲伸张振动和非共振以及多种模式共存等。而实现电声转换的机理，除光声外没有多少发展，只是关键技术、关键工艺、关键材料不断得到解决。50 年来声呐换能器技术发展主要靠以下四个方面因素而推动[1~6]。

1. 水声传播领域的广泛研究已证实，为了提高声呐探测与定位能力，应选择低频和宽带的信号形式，对低频、大功率换能器和宽带换能器提出了越来越迫切的需求。

2. 新型换能器材料和概念的出现，使换能器的声电参数(灵敏度、功率容量和电声效率等)有了十分明显的提高。

3. 声呐基阵性能的改善，引入速度控制的概念，并解决了复杂的基元互作用问题。水下声系统综合分析的需求促进了先进的计算机建模技术不仅仅用于换能器本身的分析而且用于换能器、基阵、安装平台、声障板以及海水介质的一体化研究。

4. 此外，随着数值建模技术的发展，新结构形式、新有源和无源材料的新组合形式，也推动换能器技术的发展；硅片、光电技术、信号处理及传输技术的进步使大孔径、多维相控基阵得到有效发展；数字海洋、透明海洋的要求促进深水换能器及高频换能器及基阵的快速发展。

我国的水声换能器技术的发展虽仅仅四十多年，但已在材料、工艺和设计技术方面取得了长足的进步，集中表现为：常规压电陶瓷材料较好地满足了水声换能器应用需求，基本具备了压电复合材料、PMN-PT 压电单晶、PVDF 压电薄膜、Terfenol-D 超磁致伸缩等新型材料的小批量生产能力。常规的纵向发射换能器、圆柱形水听器较好地满足声呐基阵的布阵需求；基本掌握了低频溢流式圆柱换能器、弯张Ⅲ型和Ⅳ型换能器、纵向多模发射换能器设计方法和制作工艺。掌握了声呐圆柱、线和平面等常规基阵的设计方法；一些特殊场合应用的矢量水听器、中高频宽带收发换能器取得明显的进步。光纤、MEMS 新型水听器的关键技术取得较大进展，部分深水低频大功率发射换能器技术取得较大突破。

3 水声换能器技术进展和发展方向

声呐换能器的技术发展正如前面指出主要来自四方面的因素而推动。下面从材料技术、水听器和换能器技术三个方面分别阐述。

3.1 换能器材料

水声材料是水声换能器及基阵不可或缺的一部分，主要分为两大类，一类材料具有电声或声电转换能力，叫做水声换能材料；另一种材料本身不具备上述功能，可是在水下声系统内部，能有效地影响声学系统的声性能，叫做水声无源材料[7]。声呐工程实践证明，换能材料在水声工程中非常重要，但无源材料也不可缺少，其构件的性能好坏，直接影响着声呐系统的技术指标。目前主要使用的水声换能材料包括压电陶瓷材料、压电复合材料、压电单晶材料、压电聚合物材料、电致伸缩材料、磁致伸缩材料等。目前主要使用的无源材料包括透声材料、吸声材料、折声材料、反声材料、去耦材料、黏接剂、防海生物材料以及特殊用途其他声学材料等。

1. 新型换能材料

近年来，新型换能材料的出现和应用，促进了新型换能机理、新型结构形式的换能器技术的发展，取得了许多令人瞩目的研究成果。

弛豫铁电单晶材料 PMNT 和 PZNT 是 20 世纪 90 年代发展起来的新型压电材料，以其优异的压电性能引起了国际上的极大关注。其压电系数 d_{33} 和机电耦合系数 k_{33} 分别高达 2000pC/N 和 0.9 以上，应变量达到 1.7%，机电转换效率和应变量大大超过了现有 PZT 压电陶瓷材料，特别适合于高效率、高灵敏度收发换能器的研制[8, 9]。美国海军水下作战中心(NUWC)研究了 PMNT、PZNT 弛豫铁电单晶材料在电场和预应力作用下的特性，认为其力学性能基本满足换能器预应力设计要求。该中心研究用于未来轻型鱼雷和水下无人载体(UUVs)自导声基阵的阵元，并进行了相关实验。我国开展了弛豫铁电单晶材料的生长技术、性能表征、极化工艺、退火和加工工艺研究，已研制出高居里点、高相变温度的 PIMNT 弛豫铁电单晶材料，并通过对弛豫铁电单晶换能器的换能机理、性能与预应力变化规律、工艺技术等关系研究，形成了可以发挥弛豫铁电单晶材料优势的单晶换能器设计和工艺方法[10, 11]，研制的样品换能器如图 1 所示。

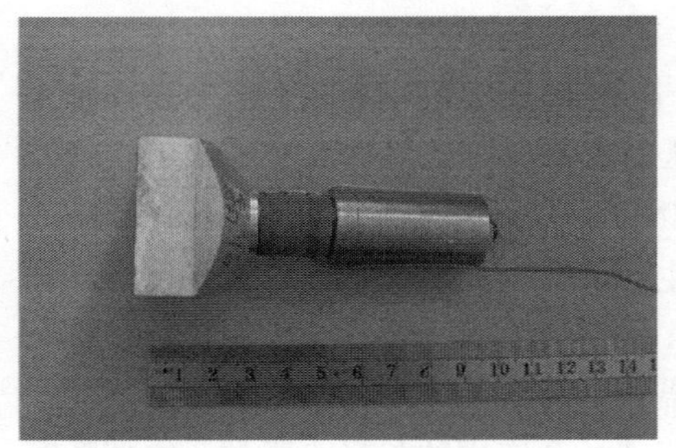

图 1　PMN-PT 铁电单晶换能器

稀土超磁致伸缩材料(giant magnetostrictive materials，GMM，国外称为 Terfenol-D)和铁镓材料(Fe-Ga 二元合金，国外称为 Galfenol)，是性能优越的功能材料，具有大应变、高能量密度等特性，作为战略材料受到各国的高度重视，特别适合于大功率、低频、小尺寸水声换能器的研制，与传统的压电陶瓷材料相比，具有独特的竞争优势[12~14]；同时由于材料具有的高能量密度、高可靠性等特点，也适合大功率磁致伸缩超声换能器的研制，与传统的压电陶瓷材料超声换能器相比，其功率输出、可靠性与寿命可得到大幅度提升。

国内外用 Terfenol-D 这种材料研制了多种结构形式的低频水声换能器，包括纵向振动换能器、多型弯张换能器和拼镶式换能器等[13]。1995 年美国研制的 Terfenol-D 材料Ⅶ型弯张换能器谐振频率为 930Hz，声源级达到 212dB，声功率达 14kW，机械 Q 值为 4.7，换能器重量为 15.4kg。美国水下作战中心和其他研究机构已经研制出了磁致伸缩-压电混合型多模态耦合纵向换能器，综合了磁致伸缩材料和压电陶瓷材料分别在低、中频范围的优势，具有低频、宽带、高效率和体积小等优点。我国开展此领域的研究工作始于 20 世纪 90 年代，尽管落后西方国家近 20 年，但取得了突出成就，具有自主知识产权的 Terfenol-D 材料批产技术和能力，国产的 Terfenol-D 棒如图 2 所示。并突破纵向振动换能器、弯张换能器和拼镶式换能器等关键技术，基本形成了工程应用能力[14, 15]。

图 2 Terfenol-D 棒

具有高磁致伸缩性能和优异力学性能的新一代超磁致伸缩材料 Fe-Ga 合金，压磁系数 $d_{33}\geqslant$20nm/A、拉伸强度≥600 MPa、在 0~100°C 范围内，磁致伸缩的温度系数≤0.6×10^{-6}°C、居里点≥650°C，在低场下有很高的磁致伸缩系数，在不同压力下压磁系数稳定，居里点高，温度稳定性高，并且具有良好的力学性能，具备发展成为深水高稳定性水声换能材料的必要条件，为研制深水水声换能器和实现水声换能材料和换能器更新换代提供了重大机遇。美国 ONR (office of naval research)高级研究人员 Linberg 在 2004 年撰文指出，"Fe-Ga 合金材料无压电 PZT 材料具有的脆性缺点，能够进行任意加工使用且保持足够的机械强度和高的磁致伸缩特性，具有天然的抗冲击性，具有取代现有的所有水声换能器驱动用压电陶瓷材料的潜力"。我国此方面研究应加强。

此外，纳米压电材料、压电复合材料以及铁电聚合物换能器等新型换能器也引起了各国的广泛重视[15~19]。IEEE 文库从 1998~2006 年有关压电复合材料及其水听器的研究报告近 100 篇，有关纳米压电复合材料及其水听器的研究报告近 50 篇。我国应加大压电复合材料的研究力度，尤其是提高 1-3 型压电复合材料的制备工艺水平和加强压电复合材料压电特性的基础理论研究。1-3 型压电复合材料的示意图如图 3 所示。

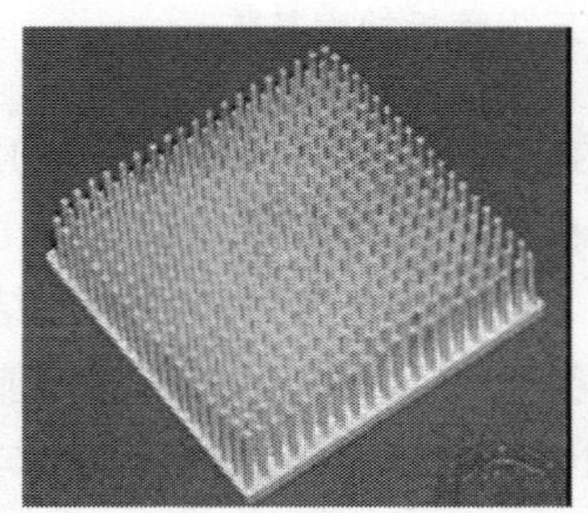

图 3 1-3 型压电复合材料

2. 新型水声无源材料

水声换能器一般由包含功能元件、金属或非金属结构件、水密透声件、其他辅助材料构件以及电缆等构成，涉及的主要无源声学材料包括水声透声材料、反声材料、去耦材料、匹配材料以及特殊用途其他声学材料等，要求材料和构件在使用温度、压力、频段范围内性能稳定是最基本的要求。

透声材料主要用作水声换能器的声辐射或接收面；反声材料和构件主要用在除

换能器声辐射面或接收面以外的部分，用来屏蔽反向声波、改善指向性，对于纵向棒式发射换能器，反声材料和构件置在换能器除辐射面的周围，以减少声波的后辐射能量；对于圆柱式空腔换能器，反声材料和构件置在换能器部分辐射或接收面的周围，以改善换能器的水平方向性；对于溢流式发射换能器，反声材料和构件置在换能器部分辐射面的周围或内腔，以改善换能器的方向性和灵敏度频响特性。通常材料或构件为封闭泡沫材料或封闭空气腔；去耦材料主要用在换能器驱动振子或接收敏感元件与非振动的结构件间的去耦，也就是声学失配材料，除此之外，一些特殊的换能器，如耐高静水压换能器、高频换能器、匹配层换能器等还涉及填充材料、背衬材料、折声透镜材料和声匹配层材料等。

反声障板是声呐基阵的重要组成部分，通常被安装在不希望的信号源或噪声源与传感器之间，用来屏蔽不需要的信号，以改善基阵指向性和频响特性。对于一个性能好的反声障板，要求其特性阻抗与海水的特性阻抗失配，即反声障板的特性阻抗远远大于(声硬障板)或远远低于(声软障板)海水的特性阻抗。一种典型的多孔反声障板如图 4 所示，带有反声障板的声基阵如图 5 所示。

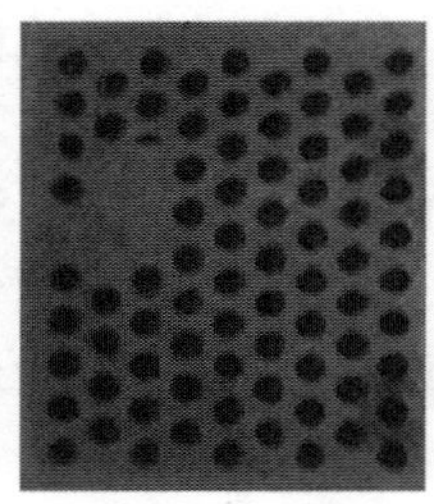

图 4　多孔反声障板

图 5　带有反声障板的声基阵

国外早在 20 世纪 20 年代就开始了水声材料的研制，随着水声换能器的发展，水声橡胶材料已发展成系列产品。如西方发达国家在大量可靠性试验和材料工艺改进的基础上，现有基于丁基、氯化丁基、天然橡胶、聚氨酯基体等多种不同结构形式的透声、反声、吸声材料等，这些材料可供不同类型和不同制作工艺的换能器和不同工作环境要求选择使用；为解决深水耐压换能器声学材料高的刚度的要求，研制出可在 500m 以上深度应用的透声、反声、吸声和去耦复合材料。我国从 20 世纪 60 年代开始水声材料的研究工作，现有透声、吸声、反声等多种系列产品，基本满足国内换能器的需要，但受国内材料发展的限制，现有声学材料存在不少缺陷，如材料的弹性模量随温度变化起伏较大，引起材料的声学特性发生变化，从而影响换能器的性能；现在使用的声学材料刚度差，耐压低，不能满足深水耐压使用等。

美国水声物理实验室在水声材料的开发和研究方面，投入了大量的人力和物力，从模型设计、材料参数设计和材料老化分析，积累了丰富的经验和可靠性数据。国内近多年来，结合换能器和基阵的应用需求，虽在模型设计、材料性能仿真和工艺技术等方面取得一定的成绩，但难以满足现代水声设备的发展要求，应加强以下几方面的技术发展：

(1) 提高材料的环境适应性研究。每种声学材料都具有不同的物理、化学、电学以及力学性能，但这些性能又与环境特性密切相关。声学材料，也就是机械滤波材料，非常关注其温度、压力、频率、时间等稳定性。需重点开展常用声学橡胶或塑料的配方和耐老化的改性研究，通过加速和长期环境试验相结合，获取可靠性数据，指导声学材料的选材及设计，在保证其物理、化学、电学以及力学性能的前提下，提高材料声学参数随温度、压力、时间以及频率变化的稳定性。

(2) 加强复合材料研究。建议材料和应用相结合，加强材料、结构、工艺、建模和检测方法等多方面研究，拓展声学材料构件的品种、范围，在声学材料构件复合结构设计、加工成型工艺研究方面突破关键技术，在理论研究方面形成系列理论体系。

(3) 加强特殊功能材料的研究。重点开展耐高低温高强度黏结剂、与海水声折射率相当或高的透声材料、特性声阻抗可控的声学匹配材料、环保型防海生物涂料材料、深水浮力材料等的研究。

(4) 加强水声无源声学材料的标准的研究和建立。

3.2 水声换能器

安静型潜艇、鱼雷、水雷和水下无人作战平台是未来海战的主要威胁，尤其在浅海环境下，由于海洋环境噪声、声传播时空特性的复杂性，水下目标远程探测具有相当的挑战性和艰巨性。对于被动声呐而言，发展远离平台的甚低频大孔径被动声呐、分布式网络探测系统；对于主动声呐而言，发展低频主动探潜声呐、低频宽带主动鱼雷报警声呐、低频宽带探雷声呐以及高频避碰声呐等。对于鱼雷声自导而言，发展低频宽带多基阵主被动声自导和高频声尾流自导。对于水雷声探测而言，发展低频大孔径被动探测系统。对于水下无人作战平台而言，发展必要的目标探测、地形地貌、避碰和水下导航的中高频声学系统。这就要求水听器向低噪声、高灵敏度、小型化和网络化的方向发展；发射换能器向高效优质化、宽带大功率的方向发展[20]。下面就一些最新进展介绍如下，

1. 水听器技术

(1) 光纤水听器及基阵

光纤水听器是光纤传感器的一种。光纤水听器是利用光纤的传光特性以及它与周围声场相互作用产生的调制效应，在海洋中接收水声信号的仪器。它与传统的压电水听器相比，具有极高的灵敏度(高出 2~3 个数量级) 、足够大的动态范围、本质的抗电磁干扰能力、无阻抗匹配要求、系统“湿端”质量轻和结构的任意性等优势，适合组成线阵列，适应反潜战略的要求[21]。

光纤传感器可分为振幅型(也叫强度型)和相位型(也叫干涉仪型)两种。振幅传感器的原理是，待测的物理扰动与光纤连接的光纤敏感元件相互作用，直接调制光强。这一类传感器的优点是结构简单、具有与多模光纤技术的相容性，信号检测也较容易，但灵敏度较低。相位型传感器的原理是：在一段单模光纤中传输的相干光，因待测物理场的作用，产生相位调制。相位型传感器的灵敏度要比现有的传感器高出几个数量级。目前光纤相位型传感器中采用 4 种不同的干涉测量结构。它们是：迈克耳逊、马赫-泽德、萨格奈克和法布里-珀罗结构。

图 6　加速度抵消型光纤水听器

光纤水听器的关键是传感臂要设计得对待测声场敏感，而传感臂的其余部分和参考臂要对声场不敏感。询问技术、复用方式、光源、偏振控制、水听器结构、温度补偿以及抗振动冲击等对环境的适配性也是光纤水听器研究要解决的重要关键技术问题。一种加速度抵消型光纤水听器如图 6 所示。

光纤水听器在军事上的主要应用为：全光纤水听器拖曳阵列全光纤海底声监视系统；全光纤轻型潜艇和水面舰船共形水听器阵列;超低频光纤梯度水听器；海洋环境噪声及安静型潜艇噪声测量设备，一种海底监测用光纤水听器如图 7 所示。世界上各先进国家都将光纤水听器视为国防技术重点开发项目之一。美国对这项技术的研究尤为重视，美国海军研究实验室(NRL) 、海军水下装备中心(NUWC) 、Gould 公司海事系统分公司、Litton 制导和控制公司联合开发了全光纤水听器拖曳阵列(AOTA) 、潜艇和水面舰船共形水听器阵列(LW2PA) 等各种不同反潜应用类型的海试系统，经过大量海上试验，已达可以部署的状态。目前他们正在开发大规模(几百个单元) 的全光纤水听器阵列系统及其相关技术。近 10 年来,美国已对全光纤水听器及其阵列的各种应用场合都进行了试验，试验结果很成功。英国对水听器的研究主要由 Plessey 国防研究分公司、海军系统分公司和马可尼水下系统有限公司承担，开发了全光纤水听器拖曳阵列、海底声监视系统等各种不同反潜应用的海试系统，也进行了一系列海上试验。

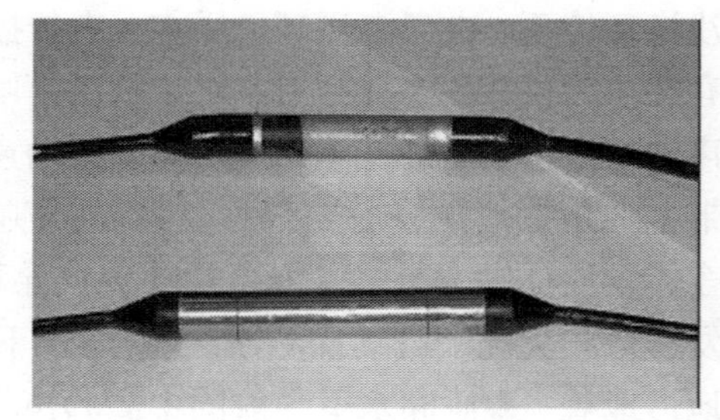

图 7　海底监测用光纤水听器

我国光纤水听器及其阵列研究起始于 20 世纪 90 年代，随着器件技术的发展，我国光纤水听器及其阵列研究已取得较大进展，在光源调制、偏振态控制、信号检测与抗噪声技术，阵列复用研究等方面取得比较多的突破，32 元复用阵列进行了湖上试验，取得了满意的结果，这为光纤水听器及其阵列走向实用化研究打下了良好的基础[22,23]。在光纤光栅水听器研究方面，建立了光纤光栅水听器理论模型，初步形成了基于分布反馈式(DFB)光纤激光器的光纤光栅水听器技术路线，研制出光纤光栅水听器样品，单元水听器的灵敏度大于−180dB[24,25]。

(2) 1-3 压电复合材料型水听器

压电材料发展近 50 年，显著地促进了水声换能器技术的发展，其主要优点是机电耦合系数高，性能相对单晶稳定，基本可烧结加工任意形状。主要缺点是声特性阻抗高，横向耦合严重。20 世纪 70 年代以来，压电复合材料的研究受到各国科学家的重视，着重开展了复合结构、声电机理和制备工艺等方面理论和实验研究。目前已取得突出成绩，尤其是 1-3 压电复合材料已广泛应用于水声换能器、检测超声换能器和医用成像换能器的研制之中，突出的优点是灵敏度高、工作频带宽，横向振动耦合低。

目前 1-3 压电复合材料的设计理论和方法基本建立，以美国为代表的西方国家较好地掌握了激光加工、注塑成型、备银极化、导线连接和声学匹配的制造工艺，基本满足了西方国家国防和民用工业的需求[26~34]。我国近 10 年来在 1-3 压电复合材料的设计理论和制造工艺方面也取得较大进展，材料样品基本可满足工程使用。该领域下一步的发展方向将集中在以下几方面：进一步优化复合体积比例和新材料的选择，满足不同应用领域的特定要求；进一步完善复合结构，拓展换能器的高低段工作频率，如 20kHz 或 10MHz 以上；进一步完善布阵结构和工艺研究以满足水下 UUV 声学成像及探测系统、高强声聚焦医疗系统等的发展需求等。一种由 1-3 型压电复合材料制作而成成像声呐声学基阵如图 8 所示。

图 8 压电复合材料制作的声基阵

(3) MEMS 水听器

MEMS 是微电子机械系统(micro electro-mechanical system)英文缩写。从广义上讲，MEMS 是集微型传感器、微型执行器、信号处理和控制电路、接口电路、通信装置及电源等于一体的完整微型机电系统。它是通过基于硅微电子加工工艺、大规模集成技术而发展起来的硅微加工(micromachining)技术，以及一系列独立于硅微加工技术而发展起来的非硅基机械加工技术(如 LIGA 技术、光成形技术等)，按照集成电路的制造原则，以高密度、低成本的方式在硅(Si)、镍(Ni)、石英(Quartz)、砷化镓(GaAs)、氧化锌(ZnO)以及钛镍合金(TiNi)等多种材料上把有关信息获取、处理、执行机构以及其他一些微器件一体化地集成在一起而形成的，其尺寸在亚微米到几个厘米之间。它不仅能够通过传感器感受运动、光、声、热、磁等现实世界的信号，并将这些信号转换成电子系统可以认识的电信号，而且还可以通过电子系统对这些信号进行转换、放大、计算等处理，进而发出指令，控制执行部件完成所需要的操作，从而对外部世界发生作用。

微型化水听器也称为微机电水听器系统，是在一个微小空间将声压或振速敏感元、电子电路、微处理器、驱动器集成在一起的系统。微机电水听器系统的最大优势在于体积小，重量轻，功耗低，易集成。微机电水听器系统还可以实现多传感系统一体化，在同一个基片上集成多种传感器，如温度传感器和静水压力传感器等。一个典型的 MEMS 水听器阵列如图 9 所示。以美国为代表的西方发达国家从 20 世纪 80 年代开始就投入大量的人力、物力进行微机电水听器系统的研究。近几年国内对微机电水听器系统进行了一些基础研究，取得了一些可喜的成绩，研究了硅微压电薄膜水听器和硅微电容式水听器的结构、微加工工艺、系统集成、微结构参数的测定和工艺控制，以及系统的密封和水密等问题[35~37]。并最终构成具有一定性能的微机电水听器系统样品。作为军民两用技术的 MEMS 技术日益受到各国的高度重视,它正处在快速发展中，并成为 21 世纪推动国民经济发展的一项重要技术。

图 9　MEMS 水听器阵列

(4) 矢量水听器技术

矢量水听器是水声设备获得多种信息的有效工具，它能够共点、同步、独立地测量声场的声压标量和质点振速矢量的各正交分量。单个矢量水听器在小尺度情况下具有良好偶极子指向性。矢量水听器根据工作原理不同，可分为三大类：压差式矢量水听器，不动外壳式和同振式矢量水听器。矢量水听器发展于 20 世纪 40 年代，主要用于水中质点振速测量，50 年代以后，其应用于无线电声呐浮标和噪声测量系统。近 10 年矢量水听器技术及其矢量信号处理技术取得快速的进步，已较广泛地应用于声呐系统的研制。我国相关工作起步较晚， 80 年代开展过偶极子传感器的研制并将其应用于航空定向声呐浮标，90 年代着眼于声压梯度水听器和双水听器在声学测量中的应用研究工作。目前，压力梯度矢量水听器、悬臂梁式二维组合矢量水听器、基于压电加速度计、MEMS 加速度计及 PMNT 单晶加速度计的同振式矢量水听器等方面都有新的进展和应用。尤其在小尺寸、低频宽带、高灵敏度和指向性的综合性能方面取得了显著的进步[38~43]。

小体积、重量轻、包含信息广的矢量水听器可满足多样的安装环境，主要应用领域可以覆盖水声警戒声呐、拖曳线列阵声呐、舰壳声呐、水雷声引信、水下潜器的导航定位、分布式传感器水声网络和石油地质勘探系统等，将大有发展前景。球形矢量水听器和柱形矢量水听器及其典型的偶极子方向性如图 10 所示。

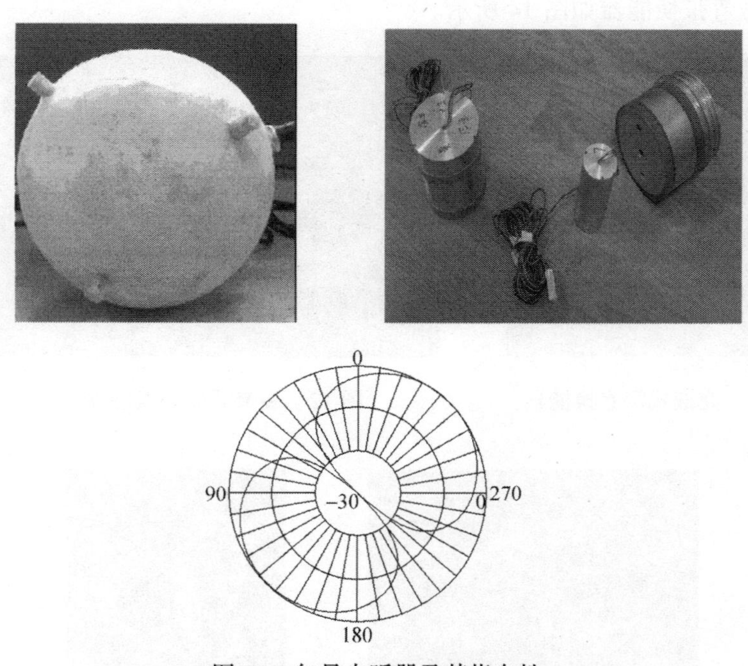

图 10　矢量水听器及其指向性

2. 发射换能器技术

随着新型功能材料以及数值建模技术的进步，基于新材料、新结构形式的低频宽带换能器和中高频宽带换能器是未来发展的主要方向。换能器的典型振动模式为纵向、径向和弯曲振动三种，驱动振子可以选择多源材料组合，追求换能器某一单项或综合性能可进行三种基本形式的任意组合，三种振动形式的多种组合可以开发多种新型结构形式换能器。 国外换能器专家利用数值建模技术开发出多种新结构形式换能器。比如弯张换能器、纵向圆柱复合换能器、多源激励纵向换能器等[44~50]。

近年来，我国水声界围绕低频、宽带、大功率等高性能要求的换能器展开了较为广泛的研究，取得了一些有意义的研究成果[51~56]。研制了 200~1200Hz 的系列 Terfenol-D 鱼唇式弯张换能器，具有体积小、重量轻、易于深水使用等优点，$Q<3.5$，声源级可达到 185dB；突破了永磁式稀土纵向换能器的永磁磁路和交流磁路设计、换能器结构设计等关键技术，研制出永磁式稀土纵向换能器样机在工作频率 1560Hz、机械 Q 值 5.0、电声效率超过 40%、声源级达到 199.9dB；研制出压电-压磁复合换能器，工作频段达到了一个倍频程，声源级达到 196.4~201dB；研制出了能在 6000m 下工作的深水换能器，如图 11 所示；低频大功率溢流式圆柱换能器

和Ⅳ型弯张换能器具有宽带、耐深水等优点，圆柱换能器工作频段达到了一个倍频程，声功率可达 3000W 以上，如图 12 所示。Ⅳ型弯张换能器工作频率在 1000Hz 以下，优质系数大于 10W/(kg·kHz)，声功率可达 1000W 以上，如图 13 所示。低频、小尺寸Ⅲ型弯张换能器如图 14 所示。

图 11　充液式深水换能器

图 12　溢流式圆环换能器

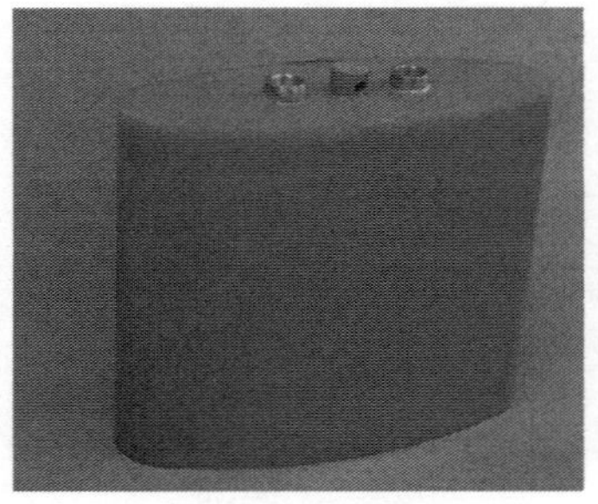

图 13　IV 型弯张换能器

图 14　III 型弯张换能器

近年来围绕中高频换能器的频带展宽问题方面，国内外学者对其进行了大量的研究。对于 100kHz 以下的宽带换能器，利用两谐振拓宽频带的换能器已获得工程应用，如纵弯耦合换能器、单匹配层换能器等，通常能获得近一个倍频程的带宽，如图 15 和图 16 所示。为了进一步获取带宽，许多学者开始对三谐振换能器进行了研究。如利用双激励加匹配层或柔顺层可获得三谐振耦合、利用奇次谐频和偶次谐

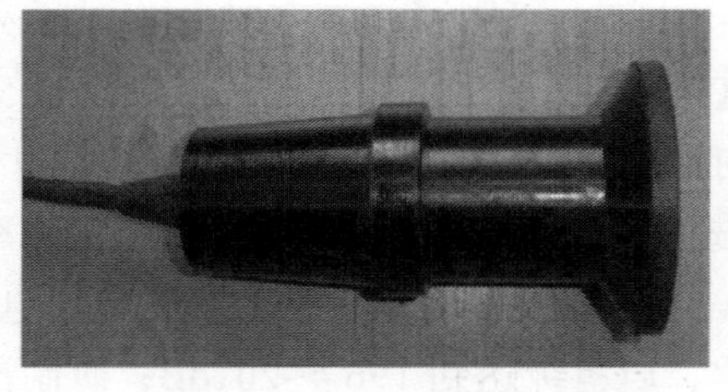

图 15 纵弯耦合宽带换能器(863 课题研制)

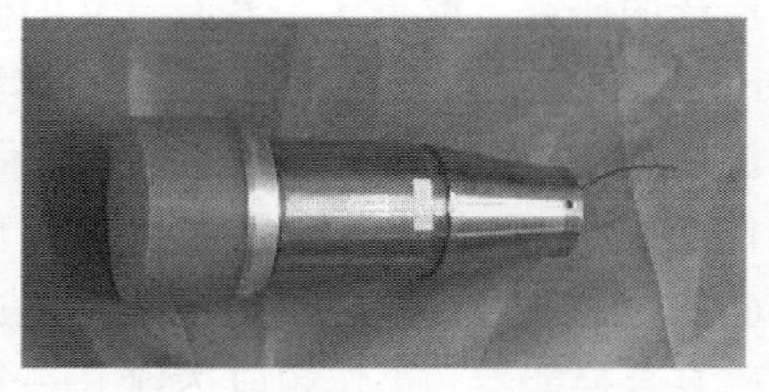

图 16 匹配层宽带换能器(863 课题研制)

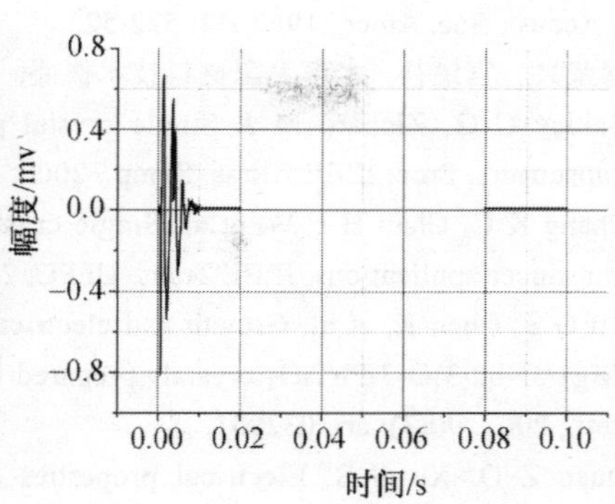

图 17 电火花声源及发射波形

频耦合拓宽换能器的工作带宽[57~63]。对于 100kHz 以上的宽带换能器，利用 1-3 型压电复合材料以及声学匹配层技术拓宽换能器的工作频带是十分有效的方法。

4 其他

在一些特殊的应用领域，超强功率的换能器或基阵得到较快发展。一类为应用于医疗超声或军用水声对抗的高强聚焦超声(HIFU)电声换能器基阵[64, 65]；另一类为应用于地质或石油勘探等的低频宽带爆炸类声源，如水动力声源、电火花声源、热声声源以及电磁脉冲声源等[66~68]。这些声源随着材料和控制技术的发展，在军用探测和对抗上将大有发展前途。电火花声源及发射波形如图 17 所示。

总而言之，提高换能器品质因素一直是设计者追寻的目标。如何实现这些目标呢？我们认为除了设计者加强专业基础理论研究外，还必须加强不同学科的综合研究和跨行业的协作。然而真正做到这一点，绝非易事。希望各级领导给予足够重视，重视青年学者培养，重视专业的均衡发展。

参考文献

[1] Stansfield D. Underwater electroacoustic transducers. Bath University Press, 1991.

[2] (a) Hardie D J W, Tanner S. Future trends in sonar sensor technology. Proc. IOA, Spring Conf. Salford, 2002; (b) Jones D F, Linberg J. F. Recent transduction developments in Canada and the United States, Proc. Institute of Acoustics, National Physics Laboratory, UK, 1995, 17(3).

[3] 俞宏沛，袁崇尧. 换能器与发射机阻抗匹配. 声学技术, 1990, 1(10): 22-29.

[4] LeBlanc C L. Handbook of hydrophone element design technology. NUSC Technical Document 5813, NUWC, Newport RI, 1978.

[5] Young J W. Optimization of acoustic receiver noise performance. J. Acoust. Soc. Amer., 1977, 61: 1471-1476.

[6] Woollett R S. Hydrophone design for a receiving system in which amplifier noise is dominant.

J. Acoust. Soc. Amer., 1962, 34: 522-523.

[7] 缪荣兴，宫继祥. 水声无源材料技术概要. 杭州: 浙江大学出版社，1995.

[8] Oakley C G, Zipparo M J. Single crystal piezoelectrics: A revolutionary development for transducers. Proc. IEEE Ultras. Symp., 2000: 1157-1167.

[9] Chang K C, Chan H L W, et al. Single crystal PMNPT/Epoxy 1-3 composites for ultrasonic transducer applications. IEEE Trans. UFFC, 2003, 50(9): 1177-1183.

[10] Xu G S, Chen K, et al. Growth and electrical properties of large size Pb(In1/2Nb1/2)O-3-Pb (Mg1/3Nb2/3)O-3-$PbTiO_3$ crystals prepared by the vertical Bridgman technique. Appl. Phys. Lett., 2007, 90(3): art. 032901.

[11] Duan Z Q, Xu G S. Electrical properties of high Curie temperature (1-x)Pb(In1/2Nb1/2) O_3-x$PbTiO_3$ single crystals grown by the solution Bridgman technique. Solid State Commun., 2005, 134: 559-563.

[12] Clark A E, et al. Giant room-temperature magnetostrictions in$TbFe_2$ and $DyFe_2$. Phys. Rev. B, 1972, 5: 3642-3648.

[13] Jones D F, Linberg J F. Recent transduction developments in Canada and the United States, Proc. Institute of Acoustics. National Physics Laboratory, UK, 1995, 17(3): 15-33.

[14] Srisukhumbowornchai N. Large magnetostrictrion in directionally solidified FeGa and FeGaAl alloys. J. Appl. Phys., 2001, 90(11): 5680-5688.

[15] Smith W A. The role of piezocomposites in ultrasonic transducers. Proc. IEEE Ultras. Symp., 1990: 755-766.

[16] Cochran A, Reynolds P, Hayward G. Progress in stacked piezocomposite ultrasonic transducers for low frequency applications. Ultrasonics, 1998, 36(10): 969-977.

[17] Farlow R, Galbraith W, et al. Micromachining of a piezocomposite transducer using a copper vapor laser. IEEE Trans. UFFC, 2001, 48(3): 639-640.

[18] 蔡海荣，易晓星，崔政，等. 纳米复合压电材料及宽带换能器研究. 声学技术，2006, 25: 547-548.

[19] 李俊红，汪承灏，黄歆，等. PZT 薄膜的制备及其与 MEMS 工艺的兼容性. 半导体学报，2006, 27(10): 1776-1780.

[20] (a) Hannon D B, Tanner S, Hardie D J W. Sonar sensors for the 21st century. Proc. the Institute of Acoustics, National Physics Laboratory, UK, 2005, 27; (b) Shepherd I. Transducer—the military requirement. Proc. Institute of Acoustics, National Physics Laboratory, UK, 2005, 27.

[21] Nash P. A32 element TDM optical hydrophone array. European Workshop on Optical fibre Sensors, SPIE, 1998, 3483.

[22] 曹家年，于晓之，朱学峰，等. 干涉型光纤传感器PGC检测中AGC的研究. 哈尔滨工程大学学报，2007, 28(8): 930-934.

[23] 葛辉良，王忠能. 光纤水听器及阵列复用技术报告. 715 所内部报告.

[24] 黄俊斌，尹进，张心天，等. 光纤光栅传感器及波分复用传感网络. 传感器技术，2003, 12: 9-11.

[25] Sun J, Dai Y T, Chen X F, et al. Stable dual-wavelength DFB fiber laser with separate resonant cavities and its application in tunable microwave generation. IEEE Photonics Techn. Lett., 2006, 15: 2587-2589.

[26] Bennett J, Hayward G. Design of 1-3 piezocomposite hydrophones using finite element

analysis. IEEE Trans. UFFC, 1997, 44(3): 565-574.

[27] Hayward G, Bennett J. Assessing the influence of pillar aspect ratio on the behavior of 1-3 connectivity composite transducers. IEEE Trans. UFFC, 1996, 43(1): 98-108.

[28] Bowen L J, French K W. Fabrication of piezoelectric ceramic polymer composites by injection-molding. Proc. 8th IEEE Inter. Symp. Appl. Ferroelectr., 1992: 160-163.

[29] Zhang D, Su B, Button T W, et al. Piezoelectric 1-3 composites for high frequency ultrasonic transducer applications. Ferroelectrics, 2004, 304: 1031-1035.

[30] Abboud N, Mould J, Wojcik G, et al. Thermal generation, diffusion and dissipation in 1-3 piezocomposite sonar transducers: finite element analysis and experimental measurements. Proc. IEEE Ultras. Symp., 1998, 895-900.

[31] Richard C, Lee H S, Guyomar D. Thermo-mechanical stress effect on 1-3 piezocomposite power transducer performance. Ultrasonics, 2004, 42(1-9): 417-424.

[32] Abrar A, Zhang D, Su B, et al. 1-3 connectivity piezoelectric ceramic-polymer composite transducers made with viscous polymer processing for high frequency ultrasound. Ultrasonics, 2004, 42(1-9): 479-484.

[33] Howarth T R, Ting R Y. Development of a broadband underwater sound projector. Proc. SPIE Conf., 1997: 1195-1201.

[34] Gachagan A, McNab A, Blindt R, et al. A high power ultrasonic array based test cell. Ultrasonics, 2004, 42(1-9): 57-68.

[35] 李德胜，等. MEMS 技术及应用. 哈尔滨工业大学出版社, 2002: 20-26.

[36] 陈丽洁，杨士莪. 压阻式新型矢量水听器. 应用声学, 2006, 25(5): 273-278.

[37] 田静，汪承灏，徐联，等. 硅微传声器研究进展. 声学技术，2006, 25: 161-165.

[38] Gabrielson T B, Gardner D L, Garrett S L. A simple neutrally buoyant sensor for direct measurement of particle velocity and intensity in water. J. Acoust. Soc. Amer., 1995, 97: 2227-2237.

[39] Bastyr K J, Lauchle G C, McConnell J A. Development of a velocity gradient underwater acoustic intensity sensor. J. Acoust. Soc. Amer., 1999, 106: 3178-3188.

[40] Woollett R S. Diffraction constants for pressure gradient transducers. J. Acoust. Soc. Amer., 1982, 72: 1105-1113.

[41] Lo Y E, Junger M C. Signal-to-noise enhancement by underwater intensity measurements. J. Acoust. Soc. Amer., 1987, 82: 1450-1454.

[42] Huang D, Elswick R C, McEachern J F. Acoustic pressure-vector sensor array. J. Acoust. Soc. Amer., 2004, 115: 2620.

[43] Gabrielson T B. Modeling and measuring self-noise in velocity and acceleration sensors. Acoustic particle velocity sensors, 1995, 368: 1-48.

[44] Rajapan D. Performance of a low-frequency, multi-resonant broadband tonpilz transducer. J. Acoust. Soc. Amer., 2002, 111(4): 1692-1694.

[45] Thompson S C, Johnson M P. Performance and recent developments with doubly resonant wideband transducers. Transducers for sonics and ultrasonics, 1992, 239-249.

[46] Thompson S C. Broadband multi-resonant longitudinal vibrator transducer. U.S.P 4633119, 1986.

[47] Butler S C. Development of a high power broadband doubly resonant transducer (DRT). UDT, 2001.

[48] Butler S C, Tito F A. A broadband hybrid magnetostrictive/piezoelectric transducer array. IEEE Conf. Proc., 2000, 3: 1469-1475.

[49] Butler J L, Butler A L. The X-spring tonpilz transducer, UDT, 2002.

[50] Gall Y L, Boucher D. Optimization of Janul-Helmholtz transducer for ocean acoustic tomography. Transducers & Instrumentation, 1994: 527-536.

[51] 林家旺，周利生，等. 圆柱换能器和弯张换能器技术报告. 715 所内部报告，1996.

[52] 俞宏沛，等. 双激励流振子的初步理论分析与实验研究. 声学与电子工程，1997, 4: 24-28.

[53] Xia T J, Zhou L S, et al. The design of one kind of folded hybrid transducer. Proc. the Institute of Acoustics, National Physics Laboratory, UK, 2005, 27(1).

[54] 夏铁坚，范进良，刘强，等. 一种指向性 IV 型弯张换能器的研究. 声学技术，2005, 24: 564-568.

[55] 莫喜平. 新型弯张换能器的研究与设计. 哈尔滨工程大学博士论文，1998.

[56] 周利生，夏铁坚，范进良，等. 深水小尺寸低频宽带大功率换能器技术报告. 715 所内部报告，2001.

[57] 俞宏沛，等. 采用匹配层的超宽带换能器实验研究. 声学与电子工程，1998, 1: 23-26.

[58] Butler S C. High frequency multi-resonant broadband transducer development at NUWC. UDT, 2002: 588-594.

[59] Nanri M, Iwata K, Ozawa Y, et al. Equivalent circuit analysis of underwater transducer with a matching layer. Conf. Proc. UDT, 1999: 326-326.

[60] Abrar A, Choi D, Cochran S, et al. Piezocomposite transducers for operation in 15~25kHz range. Proc. 2004 IEEE Ultras. Symp. 2005.

[61] Butler S C. Triply resonant broadband transducers. Proc. Oceans 2002 MTS/IEEE Conf. & Exhibition, 2002: 2334-2341.

[62] Hawkins D W, Gough P T. Multiresonance design of a Tonpilz transducer using the finite element method. IEEE Trans. UFFC, 1996，43(5): 782-790.

[63] Cochran A, Murray V, Hayward G. Multilayer piezocomposite ultrasonic transducers operating below 50kHz. Proc. IEEE Ultras. Symp., 2000: 953-956.

[64] Massa D P. High-power electromagnetic transducer array for Project Artemis. J. Acoust. Soc. Amer., 1995, 98(5): 2901-2902.

[65] Bouyoucos J V. Hydroacoustic transduction. J. Acoust. Soc. Amer., 1975, 57: 1341-1351.

[66] Butler J L, Rolt K D. Feasibility of high power, low frequency, high efficiency plasma spark gap projector. Final Report, SBIR Topic N92-088, Image Acoustics, Inc. and Massa Products Corporation, 1993.

[67] Schaefer R B, Flynn D. The development of a sonobuoy using sparker acoustic sources as an alternative explosive SUS devices. Oceans 99, IEEE, Seattle, USA, 1999.

[68] Verbeek N H, McGee T M. Characteristics of high-resolution marine reflection profiling sources. J. Appl. Geophys., 1995, 33: 251-269.

超声无损评价和检测超声

超声无损检测的一些新进展

王小民

(中国科学院声学研究所，北京　100080)

1　引言

接受了中国声学学会让我写一份关于工业超声无损检测进展的报告这一任务后，深感力不从心，难以胜任。除去个人能力有限的因素外，困难在于超声无损检测的应用领域十分广泛，被检测对象往往具有强烈的个性，内容非常庞杂，远非拙笔所能描画。但是，伴随着市场经济和社会需求的快速发展，我们毕竟已经走进了质量决定竞争成败的21世纪。作为保障工业生产安全和质量的科学技术手段之一，由于需求的牵引或技术的推动，工业超声无损检测又受到人们的普遍关注和重视，出现了许多热点问题和技术进展。本文只能就作者所知，简要地介绍超声检测领域的一些新的动向，勉强做到“虽不能至，心向往之”，在完成了中国声学学会之托的同时，也期望对关心这些问题的读者有所裨益。

超声无损检测利用超声波在介质中的传播特性检测目标的存在，评价目标的特性。与其他常规无损检测技术相比，超声无损检测具有被测对象范围广、穿透力强、检测灵敏度高、目标定位准确、成本低、使用方便、速度快、对人体无害及便于在线检测等优点。几十年来，超声无损检测已得到了广泛应用，几乎涉及所有工业部门，包括钢铁、机器制造、锅炉压力容器有关部门、石油化工、铁路运输、造船、航空航天、高速发展中的新技术产业如集成电路、核电等重要工业部门[1]。

超声无损检测适用于各种尺寸的锻件、轧制件、焊缝和某些铸件，无论是钢铁、有色金属和非金属，大量应用于金属材料和构件的在线监控和产品在役检查。超声无损检测的应用领域不断扩大，包括各种机械零件、结构件、电站设备、船体、锅炉、压力或化工容器等. 我国对各种大型结构压力容器和复杂设备都已具备检测能力。核电工业虽然是我国的新兴工业,但超声检测已用于核电工业的各个方面。我国已能按业主的要求及标准的规定,使用国际先进的装备,执行国际通用标准,完成核电厂和核设施的役前及在役检查。利用超声波测量流速、流量的技术在医疗、供水、排水、废水处理、电力、石油、化工、冶金、矿山、环保、河流、海洋等计量中有着广泛的应用,不仅可用于流体,液体两相流的测量,还可用于气体流量测量,其研究已有数十年历史。

超声检测领域受到人们关注和重视的热点问题来自需求的牵引和技术的推动，或者是因为工业或国防的发展提出了一些新的迫切需要解决的无损检测问题，或者是一些长期困惑人们的难题，在无损检测方法的关键技术有所突破时，再度成为大家关心的热点问题，本文主要介绍其中某些超声检测问题的新进展。

2　超声成像技术

人从视觉获取的信息量远远大于从其他感官获取的信息量，“眼见为实，耳听为虚”，说明人更相信眼睛所看到的现象。对于人眼看不见的光学不透明介质内部结构，超声成像技术能把被检测目标(厚度或缺陷等)转变成眼睛能够直观“看到”的图像。随着计算机和数字技术的突破，超声成像技术获得了飞速的进步，图像质量和成像速度有了很大的提高，在工业无损检测中得到了广泛应用，也长期成为人们关注的热点。

需要注意，对于超声成像技术形成的图像，也会有 “眼见不为实”的情况发生。一方面，从成像原理上有可能产生伪像，或者细微结构被遮盖；另一方面，图像形成时可能存在人为控制因素，尤其是用扫描成像技术和数字重建成像技术得到的图像。图像的色彩实际是‘伪色彩’，是由仪器制造者选择的调色板调出来的。而人眼对不同色彩的敏感程度存在差异，可能会导致不正确的结论。

2.1　便携式超声 C 扫描成像技术

超声 C 扫描成像技术是超声无损检测的传统方法之一[2~4]，可对缺陷的形状和大小以及位置直观地做多角度成像显示。一般用液浸法，将被测试件放在水槽中进行自动甚至手动逐点扫描采样，或者采用喷水法，用喷水探头使得超声波进入被测试件，完成逐点扫描采样，利用计算机对采样得到的数据进行成像处理。

传统的超声 C 扫描成像技术的缺点是：因为需要逐点扫描采样，所以检测速度慢，效率低，一般情况下扫描 $1m^2$ 的面积需要 1h；因为需要液浸或喷水，所以应用范围受到一定限制，有些检测对象不允许被水浸泡或不允许长时间受水浸泡，例如，航空航天领域广泛采用的纤维增强复合材料、国防工业中使用黏接结构部件、电子工业中的电路板等，由于设备庞大，因而移动不灵活，一般需安装在固定位置，设备昂贵。

电子、微计算机和换能器技术和性能的不断发展为解决上述问题奠定了基础，推动着超声 C 扫描成像这一传统超声检测方法的不断进步。不久前，英国 Sonatest 公司开发出了一种便携式快速超声 C 扫描仪(rapidscan)，其主要由超声主机、笔记本电脑和轮式探头组成。超声主机实际上就是一台多通道超声探伤仪，功能是发射和接收超声波；笔记本电脑的功能是信号处理和图像显示，减小了设备的体积和重量；轮式探头采用干耦合或者水雾耦合，可以大大提高扫描速度。轮式探头的制作中充分考虑了探头耦合表面与试件表面的阻抗匹配,使超声脉冲信号在试件表面的入射和反射能量损失最小；采用 128 个晶片阵列，与多通道的主机相配合可以实现对辐射声束的方式、方向和聚焦位置的控制，产生与相控阵技术类似的效果。

便携式快速超声 C 扫描仪(rapidscan)扫描 $1m^2$ 的面积仅需要大约 5min，大大提高了检测效率。该仪器也可以 B 扫描方式进行超声成像，还可以进行三维超声成像，已经应用于检测大型飞机的复合材料构件和蜂窝结构[5]。

2.2 超声相控阵成像技术

超声相控阵成像技术是近年来超声检测中的一个新的技术热点[6~9]，该技术用超声换能器阵列探头产生和接收超声波波束。单个阵元由各自独立的发射和时间延迟电路控制，这些独立的电路又被分别连接到单个或多个多通道开关上。多通道开关每次只激励一个或某几个阵元，按照预设的序次和延迟时间，依靠电子开关切换依次激励各个阵元，各个阵元发射的声波具有可调控的确定相位。所有阵元在检测对象中产生的超声场相互干涉叠加，可得到期望的超声波波束的入射角度和焦点位置。超声相控阵成像技术采用机械扫描和电子扫描相结合的方法来实现成像。

与传统超声检测方法相比，由于超声波束依靠电子线路实现角度控制且具有动态聚焦的特点，超声相控阵改变波束的角度和焦点位置十分快捷，可实现高速、全方位和多角度检测。对于一些规则的被检测对象，如管形焊缝、板材和管材等，超声相控阵技术可提高检测效率、简化设计、降低技术成本。特别是在焊缝检测中，采用合理的相控阵检测技术，只需将换能器沿焊缝方向扫描即可实现对焊缝的覆盖扫查检测。

超声相控阵技术采用电子扫描和聚焦，无需探头机械运动，检测速度快，探头放在一个位置就可生成被检查物体的完整图像，实现了自动检查，且可以检测复杂形状的物体，克服了常规超声检测方法的许多局限，近年来得到无损检测界的重视。

超声相控阵的阵元个数是决定该系统性能的最主要因素，阵元个数的增加则意味着价格的上升。超声相控阵采集的信号是全部数字化的渡越时间和振幅数据。超声相控阵技术的优势在于其可以实现电子变焦，工作性能大大优于普通聚焦探头作机械扫描的效果[10]。

国内已有中科院声学研究所、中国石油大学等单位将超声相控阵成像技术应用于声波测井井下成像中，阵元个数可达到 128 个，目前仍处于试验室测试研究阶段。国外已有 32 个通道的 X-32 便携式相控阵超声探伤仪投入使用，该仪器重量为 4kg，可以扩展到 128 个通道，其模拟带宽为 0.5~15MHz，采样频率为 100MHz，可实现 2000 种聚焦规律。在对试件检测之前，该仪器可用自带得 PhaseFX 软件进行模拟显示，以便选择最佳检测方式。

超声相控阵发展出许多变种，以适应不同的需要。比如，可以利用改变工作频率的方法来实现波束电扫描。为了产生干涉，相控阵需要使用窄带信号。与相控阵相近的一种方法是合成孔径聚焦成像技术，它可以使用宽频带信号，也值得关注。

3　非接触超声检测技术

传统的接触式超声无损检测技术均需要在超声探头和被检试件之间使用耦合介质，使得声能达到较好的传输。在某些场合，这种耦合方法很难达到稳定性、一致性好的效果，甚至无法使用。例如，若金属材料的表面为毛面，则很难达到良好的耦合；混凝土和耐火材料的检测，由于表面疏松会吸收液体而不能使用液态耦合介质，若使用软膏又难以清除；在高温状态下的检测，由于压电晶片在接近居里温度时不能工作，耦合介质在高温下亦迅速气化，使得常规方法难以应用。另一方面，在成批工件的超声检测中，一般是使用自动化系统，在金属型材的生产中也希望进行在线实时检测，而传统接触式的超声检测难以实现这些要求。因此，人们一直探索非接触超声无损检测技术，电容式静电耦合换能器频带较宽，成本低廉，但输出功率低，目前应用范围过窄；空气耦合探头的效率非常低，仅适用于大缺陷检测。常用的非接触超声检测主要是电磁超声和激光超声检测技术，取得了一些新进展。非接触超声检测的灵敏度一般较低，需要通过改善信噪比的方法来弥补这一不足。

3.1　电磁超声检测技术[11~21]

电磁超声检测可实现非接触自动化高速检测，这种方法需要高功率发射器以及偏置磁场和高增益的接收放大器。对于铁磁性导体，电磁超声的换能机理包括磁致伸缩力、Lorentz 力和磁化力三种力；对于非铁磁性导体，其换能机理只有 Lorentz 力。该方法的不足是只适用于导体，但可用于高温检测。另外，电磁声换能器可以根据需要激发多种模式的超声波，尤其是水平偏振横波(SH 波)，这对超声无损检测具有重要意义[22]。

美国、德国、英国、日本以及俄罗斯等发达国家的学者们在过去近 40 年间对电磁声进行了大量的实验与理论研究工作，国内中科院声学研究所[23]也较早地在该领域做了很多有意义的实验研究工作。这些理论与实验研究的成果为电磁超声的应用推广打下了坚实的基础。

电磁超声检测的实际应用主要有：第一，高温工作环境下的在线检测，在工作温度较高的环境下，一般必须采取相应的冷却措施进行冷却。线圈和磁铁可采用特殊的耐高温材料制作，可以满足很高温度工作环境的需求。高温工作环境下的电磁超声检测主要应用于金属产品的在线检测。航天工业总公司第二研究院研制了一套热钢板在线自动化电磁超声探伤系统，系统采用电磁超声换能器在钢板中激发出体波，数十个探头同时在钢板上探伤。可对 500°C 以下的钢板进行在线检测，可确定缺陷的类别、大小及位置。第二，移动扫描检测，基于电磁超声检测无需声耦合介质、不用校准的特点，可应用于金属传输管道的检测，而不必中断管道中的传输气体或液体，也可以检测由于长期负载而引起裂纹的车轮。北京钢铁研究总院张广纯等将电磁超声用于无损检测钢板或钢轨中的缺陷检测，通过发射机发射出大功率脉冲信号，在厚度为 18mm 的钢板中产生兰姆波检测缺陷。发射机功率超过 50kW。为消除电磁超声检测的盲区，采用了两个线圈同时进行检测。德国 Mannesmann 公司已经开发出了钢管电磁超声检测系统，可对钢管在线检测。美国 Magna-Tec 公司用电磁超声激发兰姆波用于检测在役钢管和压力容器，通过测量兰姆波的提离时间和幅值来确定缺陷的位置并检测厚度的变化。美国 McDermott 公司开发的电磁超声检测设备可用于工业锅炉壁厚的现场检测。另外，可以仿照压电换能器中的相控阵技术，用电学的方法来控制声波传播方向和角度，以获得激励和接收超声束扫描的能力。第三，真空工作环境下的检测，很多特殊的合金焊接需要在真空箱中进行，如火箭发动机等航空航天产品的加工。利用电磁超声检测无需声耦合介质和耐高温的特性，可在焊缝形成后立即在真空箱中进行检测，而不必将试样拿出即可进行下一步的焊接工作。第四，SH 波检测，电磁超声探头可以激励 SH 波，利用 SH 波的优势特点可进行黏接界面特性的研究、测厚、各向异性材料的检测、应力测量等。第五，电磁超声谐振检测，电磁声谐振是将电磁声与谐振检测法结合在一起的技术，国外已将其应用于板状材料性能的无损评估，如材料衰减系数的测量、材料晶粒尺寸的评估等。第六，黏接界面电磁超声检测，中国科学院声学研究所已经将电磁超声检测技术和信号处理技术相结合，用于黏接件的一界面和二界面脱黏检测中。

电磁声检测技术应用领域广泛，可以解决接触式检测不善解决的问题，是传统超声检测方法的重要补充。尽管电磁超声探头的总体效率比压电探头要低，但这可以通过对探头的优化设计加以改善。目前，蛇形线圈仍是电磁超声检测应用最多和比较成熟的探头，它主要用于激发兰姆波、表面波和各种导波；也有用 Nd:YAG 激光器发出激光，通过光纤照射金属表面产生激光超声，并通过电磁超声线圈对金属中的超声波进行检测，或者用电磁超声探头在薄板中产生单一模式的兰姆波，再通过 Michelson 激光干涉仪对兰姆波进行探测的报道。可见，电磁超声这种非接触检测方法应用范围广泛，方式多样，具有很大发展前景。

3.2 激光超声检测技术

激光具有单色性好、能量集中、方向性强等特点，在无损检测领域的应用不断扩大，逐渐形成了激光全息、激光散斑、激光超声等无损检测新技术。应用激光可实现非接触式的高灵敏度检测，但不能通过光学非透明材料的内部，但超声波却可以。当激光照射金属表面或金属表面上的其他介质涂层上时，被吸收的那部分激光能量会转化为热能,通过热弹效应或融蚀作用形成应变和应力场,可激发出超声波。

所以，激光超声检测技术就成为一种受到关注的新技术[24~29]，近年来发展迅速，它不使用耦合剂，有极强的抗干扰能力，易于实现远距离的遥控，可以在恶劣环境中进行检测，并能实现工件的在线检测，具有快速、非接触、不受被检对象结构形状影响的特点，已在许多领域得到较好的应用，如高温、真空等特殊环境的远距离超声检测、试件的在役在线检测等。

激光超声检测的应用主要有：第一，高精度检测，激光超声的脉冲宽度很窄，可达 lns，频率几千兆赫，波长几微米，具有探测微小缺陷的能力，可应用于复合材料和纳米材料的声学和力学性质测量、固体中数十微米量级的缺陷和微裂纹等高精度的无损检测，测量固体材料(钢板等)的厚度、分析材料表面的硬度、检测铝合金及金属材料的疲劳损伤及残余应力分布。与扫描探针显微镜相结合，还可在纳米尺度上研究材料的物性。用极短的激光脉冲激发超声短脉冲，分析超声波渡越时间差，可以准确地确定缺陷的位置，精度可高于 0.1mm。美国戴蒙实验室的一个研究小组利用这种 LGAP 与光探针结合的实验系统对弹壳进行检测，检测出了小于弹壳临界尺寸一半的缺陷；斯坦福大学、加拿大的 Qeen 大学等均做过类似的工作。将 LGAP 与光探针相结合，虽然能探测到亚表面的缺陷，但检测系统结构复杂、体积庞大，造价高昂，工作场所需要严格的激光防护措施，短期内还难以广泛应用于工程实践。第二，恶劣环境下的材料特性测量，在高温、核辐射等环境下，激光超声检测技术是工业在线监测的重要手段。这一方面的应用研究较多，如德国科学家用准分子激光作为超声波激发源，用 Nd:YAG 激光接收，在 1230°C 的温度环境下，对生产线上长 5.5~12 米的热轧无缝钢管成功地进行了管坯壁厚均匀性的在线检测,德国的 Paul 等在 1400°C 的温度环境下，用激光超声检测技术对铝、陶瓷和钢的材料特性进行测定；美国 EG&G 公司用激光超声检测技术对核反应堆中的石墨特性进行分析，可测范围为 15~25mm。激光超声检测技术也可用于化学气相沉积、物理气相沉积、等离子体溅射等高温镀膜工艺过程中膜层厚度的实时检测。第三，快速超声扫描成像，激光超声检测技术无需要耦合剂，激光的扫描速度也比机械式快，利用激光超声系统可实现快速超声扫描成像。英国科学家用波长为 1.06μm 的 Q 开关 Nd:YAG 激光器作为激光光源(功率 2MW、脉宽 20ns)在样品表面产生超声波，用共焦的法布里-珀罗标准具接收，对铝板中的人工缺陷进行了扫描成像，得到了令人满意的缺陷图像；Monchalin 等[29]把激光/FP 系统安装在飞机维修仓库中，对飞机部件进行定位检测和成像。国内也有对汽车喷漆质量、大坝裂纹等大面积同体材料的结构和性质的快速扫描检测的报道。

激光超声检测技术具有非接触、可远距离测量、高的时间分辨率及空间分辨率等优点，特别适合于恶劣环境条件下的在线检测、快速超声扫描成像等实际场合，但也存在着灵敏度低、完整的检测系统复杂、体积庞大、造价高等缺点，距大规模的工业应用还有相当远的距离。激光超声检测技术正朝着高精度、定量化、图像化、自动化、智能化方向发展，在高温条件下的应用明显增多，激光超声检测与断裂力学结合，可对重要工程构件进行寿命评价，与材料科学结合，可对新材料进行物性评价。

4 超声导波检测技术

作为一种有效的超声检测技术，导波方法被广泛应用在材料无损检测和评价中[30~36]，如钢板中的夹杂、裂缝检测，复合材料黏接的超声评价，输油气管道的腐蚀检测，甚至高空索道的钢索检测等。与传统的超声波检测技术相比较，超声导波具有传播距离远、检测速度快的特点，在大型构件(如板材、管道、铁轨等)和复合材料的无损检测中具有良好的应用前景。

超声导波检测技术应用成功的关键是对其传播规律的认识，超声导波是由超声波在板状体或者管状体中的边界面多次反射、干涉、叠加和波型转换而形成的，主要分为板中的兰姆波、漏兰姆波、SH 波和 SV 波以及圆柱体中的轴对称纵向模式、轴对称扭转模式和非轴对称弯曲模式导波等。频散和多模式是导波的主要特征，通过解频散方程可得到不同模式导波的相速度或群速度随着频率变化的频散曲线，材料中性质和几何形态的变化都会影响到超声导波的频散规律的变化。已有研究试验结果表明，通过研究导波的频散特性随着管材或板材的几何参数或者物理参数的变化而变化，可以达到对材料进行检测或评价[37]。

在应用方面，国内外可参考的文献很多，应用领域十分广泛。关于传统的线性导波传播规律及其应用，美国宾夕法尼亚州立大学的 Rose 教授进行了多年深入系统的研究工作，已经形成了一本专著[37]。国内在这方面的研究大多是跟踪式的，也有一些进展，在理论方面研究的比较深入的是南京大学程建春等在模式展开方面的研究工作[38, 39]。更值得注意的是近年来重庆后勤工程学院邓明晰[40]在非线性兰姆波传播规律和应用所做的研究工作，研究结果表明非线性兰姆波比常规的线性兰姆波可以更深刻地揭示材料的结构或物性特征，对材料结构和物性变化反应更为灵敏，具有良好的工程应用前景。

5 超声检测信号处理技术

超声无损检测是一个从信号中抽取信息并进一步推断出结论的过程，信号处理是无损检测中极其重要的手段[41~51]。许多先进的信号处理方法和技术已经引进到无损检测中，并取得了很好的效果。

实际采集到的超声检测信号可能受到多种因素的干扰，如被检对象本身结构中界面或边界形成的反射、实验环境引入的干扰等，统称为噪声。噪声的存在影响甚至淹没了有用信号，使检测效果不理想。超声检测信号处理就是在了解超声波在被检对象中传播规律的基础上，选用适当的信号处理方法，以改善采集的超声检测信号的质量，提高信噪比，去除噪声影响、增强目标信号。谱分析技术、时频分析法、小波变换、自适应滤波器和人工神经网络自适应滤波等都具有达到这些目标的功能，可以应用于超声检测信号的处理[52]。

另外，由超声检测信号反演得到被测对象的几何参数、物理参数，识别确定缺陷的位置，获得定量化的检测结果等，也是超声检测信号处理的目标，受到大家的关注。Wiener 滤波法解卷积、高阶谱解卷积、Born 近似法解卷积、Hartley 变换解卷积、自适应滤波解卷积以及小波变换解卷积等方法在缺陷定量评价中得到应用，超声检测信号经过解卷积后，回波信号主要与被测缺陷有关，根据信号的各种特征可以确定缺陷的量化指标。例如，可将缺陷按几何特征进行简单归类，寻找特征参量，再根据特征参量进行缺陷的识别。特征参量的选取具有多元性，可以是回波时间间隔、峰峰值等直接特征，也可以是相位谱、幅度谱中的信息以及相关函数等其他间接特征。

国内外在以上两个研究方面均取得了不少进展，可参考的论文数量很大，各种相关期刊均有专门的信号处理栏目可以参考，不胜枚举，这里仅仅列出几篇主要的参考文献。在实际检测工程应用方面，中科院声学研究所研制成功的多通道数字成像超声探伤系统，就采用了模式识别、小波变换等现代信号处理方法，获得了国家专利和科技进步二等奖。在基础研究方面，南京大学声学研究所程建春等用神经网络信号处理技术应用于超声导波检测信号，成功地反演材料的弹性常数[53, 54]。

我国在超声检测数据融合方面所做的工作较少，在信息提取时，综合多种信号的作用以及附加先验知识将是十分有利的，有的搞超声检测的人认为，专家系统的研究可能有助于解决这一问题。专家系统是一种面向特定领域，依靠大量知识与先验信息建立的人工智能系统，应用人工智能技术模拟专家的思维过程，解决特定领域内的问题，广泛地应用于医疗诊断、图像处理、石油化工、地质勘探、金融决策、实时监控、分子遗传工程、数学以及军事等领域。

在超声无损检测与无损评价领域，也有采用专家系统方法对超声探伤中缺陷的性质、形状和大小进行判别和分类。专家系统在传统超声无损检测与人工智能超声无损检测之间架起了一座桥梁，它能把一般的探伤人员变成技术熟练、经验丰富的专家。超声探伤智能系统可为咨询者提供咨询服务，帮助那些对超声检测应用不熟练的操作人员选择最好的检测方法和技术去解决所遇到的问题。从这方面来看，人工智能在超声无损检测领域中是值得研究的[55]。

6　黏接质量超声检测

黏接结构广泛应用于航空、航天尤其是国防工业，例如，飞机的铝蒙皮/衬层/

蜂窝黏接结构、固体火箭发动机的壳体/绝热层/包覆层/药柱黏接结构、核反应堆元件的包覆层/过渡扩散层/铀芯黏接结构、潜艇的壳体/消声层或壳体/减噪层黏接结构、坦克的壳体/消声层黏接结构等。因黏接层间出现脱黏缺陷或黏接界面强度降低而引发的各种灾难性事故时有发生。因此，黏接结构的安全和质量问题是人们十分关注的问题，黏接质量的定量无损评价是一个极其重要的研究领域[56~62]，研究这个问题具有重要的社会和经济意义[63]。

黏接质量的定量无损评价存在三大难题：第一个难题是高波阻介质层下多层低波阻介质界面脱黏检测，称为“二界面问题”。这一类脱黏检测的困难主要有两点：其一、高波阻介质的两个界面都是波阻抗相差较大的界面，接收到的低波阻介质界面脱黏的反射信号相对于入射信号而言是经过了高波阻介质两个界面四次镜面屏蔽作用之后的十分微弱的信号；其二、声波在高波阻介质内的多次反射强信号淹没了低波阻介质界面反射信号。对于低波阻介质界面脱黏超声检测，犹如光学中要看到一个双面镜子后面的物体一样。第二个难题是零间隙脱黏检测，由于零间隙脱黏是一种黏接强度低下而可以传递法向应力，使得实际检测中通常使用的超声纵波在穿越完好黏接界面和零间隙脱黏界面时的传播特性相似或完全相同，因而难以检测到零间隙脱黏；第三个难题是黏接强度评价，困难主要来自两方面：首先，黏接强度与声学物理参量之间一般只存在统计性相关关系而非直接性关系，建立这种相关性关系十分困难；其次，黏接强度取决于胶层内聚强度和界面黏附强度，前者主要与胶层的密度、弹性模量、厚度及是否含有裂缝、孔隙和夹杂等状况有关，比较容易用物理参数描述，后者主要取决于胶层与被黏接体界面间的连接状态，黏附应力的作用范围仅在界面附近数百纳米范围内，难以用物理参数描述。

对于第一个难题，中国科学院声学研究所[64~69]经过几十年基础研究和技术积累，结合国家任务，逐步形成建立了适用于“二界面”检测的共振匹配理论，发明了 6 项关键技术，通过技术集成研制出“多通道数字程序超声探伤设备”(如图 1)，实现了多通道、数字化、智能化、自动扫描、自动识别、实时成像、全方位立体显示等检测功能。获得了“2005 年度国家科学技术进步二等奖”，满足了国家的迫切需求。

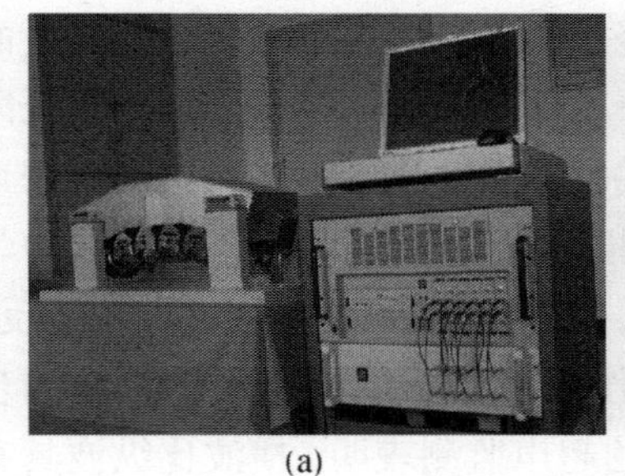
(a)

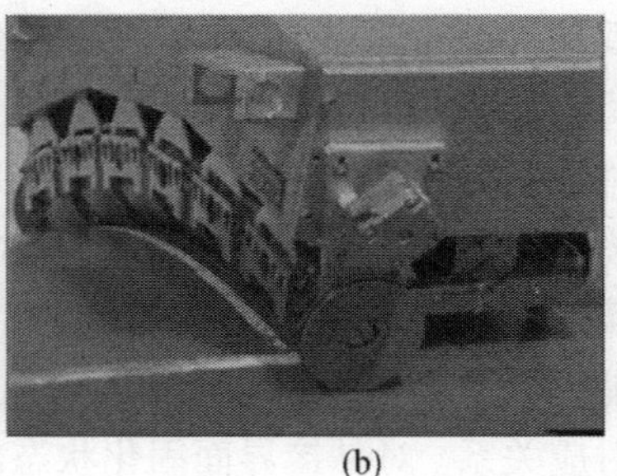
(b)

图 1 (a)“多通道数字程序超声探伤设备”系统; (b) 多通道阵列扫描器

对于第二、三个难题，即零间隙脱黏检测和黏接强度评价，国内外学者一直在进行着坚持不懈的探索。美国的 Rokhlin 和南京大学的王耀俊[70,71]曾用等效弹簧分布模型描述了两个固体介质界面的声学特性,零间隙脱黏在物理上可描述为等效弹簧的法向劲度系数趋于无限大而切向劲度系数为零。20 世纪 50 年代以来，也有一些商用仪器，如几个型号的福克胶接检验仪和谐变黏接检验仪，但其强度预报结果的可靠性值得怀疑。福克胶接检验仪只对与胶层的厚度变化最敏感的等效柔顺性作为黏接强度的检测参量，而对胶接剂和被黏体界面的状况缺乏敏感。由此可见，福克胶接检验仪只能对胶层厚度引起的内聚强度进行评价,实质上黏接强度是与胶层等效密度、弹性模量和厚度等多个参量有关，而对最为困难的黏附强度的变化更不敏感。如果能在黏接层界面上形成一个应力在理论上可估算、而大小从实验上可控制的激发力源,采用相应界面多个参量综合的声学检测技术对整个黏接界面的应力分布状态进行扫描，就有可能实现黏接强度的超声无损评价。目前已有共振法、阻抗法、超声频谱法、界面波法、Lamb 波法、声-超声法(AU)、激光超声法等多种技术，但仍只能在实验室水平上进行探索。研究表明，胶层的内聚强度与胶层的等效密度和等效弹性模量成正比而与胶层的厚度成反比;胶层与胶黏体界面间的黏附强度可用临界应力来描述，它是界面应力状态的函数。因为媒质中声波的传播速度和衰减特性与媒质的密度、弹性常数及应力状态有关，所以利用超声无损检测方法对黏接强度进行无损评价是解决问题的有效途径之一。国外对透明陶瓷-试样的激光超声实验表明:激光超声源激发的背中心直达波幅度与胶层内的回波幅度之比随激光脉冲能量的变化，能够反映三种表面应力状态。实验研究还发现：当界面状态发生变化时，会对非线性声波的传播具有显著影响。

2003 年以来，中国科学院声学研究[64~69]、同济大学[72]和南京大学[73]等单位，针对零间隙脱黏检测和黏接强度评价开展了研究工作。经过三年多的艰苦探索，研究工作已经取得重大进展:成功研制出适合零间隙检测的 SH 横波直探头,采用纵、横波综合判断技术实现了零间隙脱黏检测(如图 2)。利用等效弹簧模型对黏接界面声学特性进行了研究,深入分析了超声参量与界面特性的关系和弹簧模型界面的反射特性。基于弹簧模型得到的等效劲度系数与胶层等效弹性模量成正比而与胶层等效厚度成反比的结论,从理论和实验上已经取得了可以精确测量胶层厚度的方法技术，为内聚强度评价奠定了基础。在理论上实现了双层黏接板中两个最低阶兰姆波在低频条件下的分离,发现与拉伸强度有关的纵向劲度系数与对称模式密切相关而与剪切强度有关的横向劲度系数与反对称模式密切相关。在中国科学院力学研究所国家重点实验室初步进行了拉伸强度试验,并进行了相应的超声纵、横波反射测量,确定了声能反射系数和界面等效劲度系数作为评价进行强度拉伸试验,初步获得了有规律的对应关系。对黏接界面固化状态的超声监测表明，横波比纵波具有更多的优势。实验还发现，界面黏接强度的确与黏接层的厚度关系密切，声能反射强弱和界面劲度系数在统计意义上能够反映黏接强度大小。此外，在黏接界面微观物理模型建立、黏接界面扫描电子声显微镜成像(如图 2[72])、激光超声和非线性声学黏接界面特性研究[73]、黏接界面电磁超声检测和界面波检测方面也取得了一些有价值的结果。

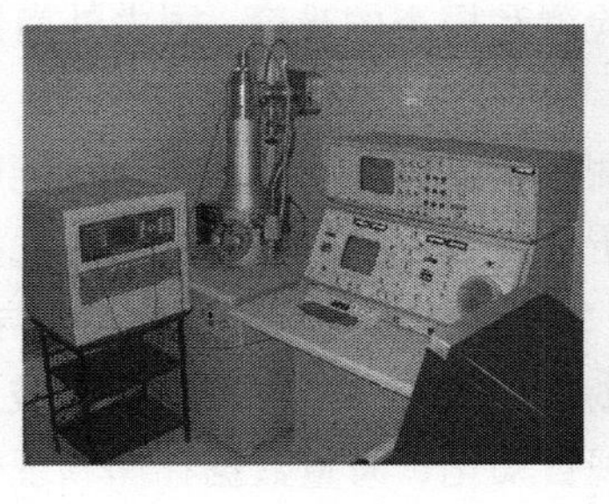

(a)

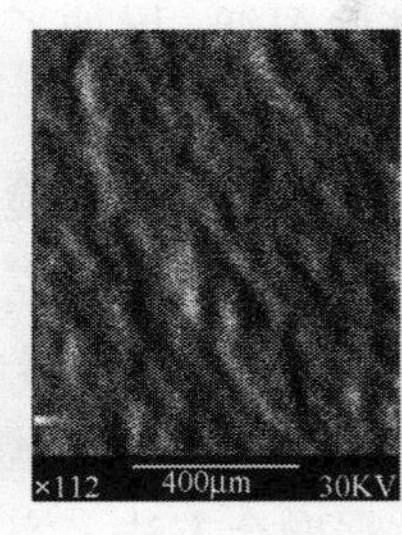

SEAM(98kHz);

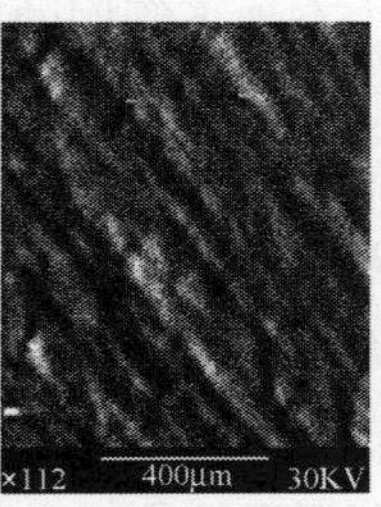

SEAM(107kHz)

(b)

图 2 扫描电子声显微镜成像系统(a)；两个不同频率对 30μm 厚的铝箔与环氧树脂黏结界面的 SEAM 像(b)

7 管线质量超声检测[74~77]

我国输油、输气管道数量巨大，总量达几十万千米，绝大部分为钢管，随着西气东输、海上油气开采和输送等工程的实施，数量还会继续增加。这类管道在长期运行中由于内外腐蚀导致管壁减薄或穿透，自然灾害和人为破坏等原因也会引起管道泄漏、爆裂等恶性事故。管道泄漏或破坏的在线监测，以防止重大损失的发生，就成为非常重要的问题。管道泄漏的在线探测，仍然是一个具有挑战性的课题，原因之一在于管道泄漏点与探测点的间距极长。发达国家已经建立起一整套检测规范和方法技术，逐渐形成管道内、外检测两个分支[78]。

管道涂层破损或失效处受到腐蚀，管道外检测技术通过旁侧开挖检测管体腐蚀缺陷，对于大多数管道检测还是有效的；管道内检测技术主要用于发现管道内外腐蚀、局部变形及焊缝裂纹等缺陷，间接判断涂层的完好性。在管道质量检测方面，美国的 TuboscopcGE PII 公司、英国的 BritishGas 公司、德国的 Pipetronix 公司和加拿大的 Corrpro 公司，均有系列化、多样化的产品。我国在管道外检测技术方面发展迅速，但管道内检测技术研究和应用比较缓慢。原因是管道内检测器所用的特殊清管器很长，早期的油气管道不具备智能检测设备的安放条件，需对管道、管件进行改造等，限制了它的推广与应用。目前国内一些管道公司也引进了内检测设备，但没有形成系列化，应用效果也不十分理想。北京航空航天大学新近研制出了一种新型的被动式石油管道超声检测机器人，将 4 个超声波探头均匀安装在机器人的周围，当机器人运动时，4 个探头绕周向旋转，并发射超声波，经管道反射回来的超声波被探头接收到，利用反射时差法确定管道壁厚度的变化，以探测管道的腐蚀或其他缺陷。

此外，城市的地下管线网因长期运行，造成管道和设备老化，泄漏容易引起爆炸，酿成重大安全事故。城市地下管网错综复杂，城市建设和老城区改造也容易造成对地下管网的破坏。管线质量超声检测环境特殊，难度很大，由于各种原因，许多城市很少有地下管网的准确图纸，增加了检测和探查的难度，国内外尚没有成熟的技术。

解决上述问题需要应用综合性的无损检测技术，单一的技术手段不能解决所有问题，不存在万能的技术手段，新技术研究十分重要。超声检测方面可选择的新技术包括超声阵列检测技术、智能超声传感器、非接触超声检测技术、超声导波检测、声-超声检测技术、声发射技术等。可以考虑综合其他技术，如漏磁检测技术、电测技术等，利用系统集成和数据融合方法，实现自动化、海量数据存储和现代信号处理等手段实现管线质量的无损检测，发展具有我国自主知识产权的管道检测技术。

8 结束语

超声无损检测不但可以探测材料表面或内部的各种缺陷,确定缺陷的位置、大小、形状和性质，而且能够对被检测对象的物理性质进行分析，甚至预测其安全性和剩余寿命等。计算机、数字图像处理、电子测量等技术的发展为超声无损检测技术的发展奠定了良好的基础。

数字化和可视化将成为超声无损检测技术发展的显著特点。随着计算机技术和数字图像处理技术在超声无损检测中的应用，以超声扫描成像和超声阵列成像为代表的检测技术将为人们提供更为直观和高质量的缺陷信息。数字式超声成像不仅可以方便地存储、复制、传递，使得远程监测、评估和实时分析成为可能，而且可以进行各种数字处理,使图像显示的效果和质量得以提高。

智能化是超声无损检测技术发展的趋势。智能化的超声检测设备将拥有友好的用户界面,实现人机对话式的操作，提供菜单式服务供用户调试选择、设定、和存储参数，与主机进行通讯和数据传输。超声无损检测设备可能还将拥有较完备的数据库和专家系统,具有缺陷自动识别和评价的功能，这方面的发展具有挑战性。

自动化一直是超声无损检测技术发展的主流方向。提高超声检测的自动化程度和检测效率，满足特殊工作环境和在线的检测需求,对超声检测技术的发展和实际应用十分重要。激光超声、电磁超声等非接触无损检测方法的发展，以及超声换能器技术的进步，都将推动超声无损检测技术的自动化进程。

致谢

本文得到国家自然科学基金(No. 10574138, No. 10474113)的资助。

参 考 文 献

[1] 应崇福，查济璇. 超声和它的众多应用. 长沙: 湖南教育出版社，1994.

[2] Cho H, Song S J. Development of a manipulator free mobile ultrasonic C-scan system. Key Eng. Mater., 2006, 321-323: 1293-1296.

[3] Petculescu P, Zagan R, Prodan G. Ultrasonic C-scan imaging for the bone sample. J. Optoelectr. & Adv. Mater., 2006, 8 (1): 225-229.

[4] Ruzek R, Lohonka R. Ultrasonic C-Scan and shearography NDI techniques evaluation of impact defects identification. NDT & E Inter., 2006, 39(2): 132-142.

[5] 方远. 超声无损检测技术的新发展. 材料工程，2005, 2: 63.

[6] Wilcox P D, Holmes C, Drinkwater B W. Advanced reflector characterization with ultrasonic phased arrays in NDE applications. IEEE Trans. UFFC, 2007, 54(8): 1541-1550.

[7] Friedl J H, Gray T A, et al. Ultrasonic phased array inspection of seeded titanium billet. Ann. Rev. Progr. in Quant. AIP, 2004, 23A: 809-816.

[8] Song S J, Shin H J, Jang Y H. Development of an ultrasonic phased array system for non-destructive tests of nuclear power plant components. Nucl. Eng. Des., 2002, 214: 151-161.

[9] Mahaut S, Roy O, Beroni C, et al. Development of phased array techniques to improve characterisation of defect located in a component of complex geometry. Ultrasonics, 2002, 40: 165-169.

[10] 沈建中. 无损检测的几个热点问题和技术. 无损检测, 2005, 27(1): 24-26.

[11] Morrison J P, Dixon S, et al. Lift-off compensation for improved accuracy in ultrasonic lamb wave velocity measurements using electromagnetic acoustic transducers (EMATs). Ultrasonics, 2006, 44: E1401-E1404.

[12] Jian X, Dixon S, Edwards R, et al. Effect on ultrasonic generation of a backplate in electromagnetic acoustic transducers. J. Appl. Phy., 2007, 102(2): art. 024909.

[13] Leshchenko N G, Muzhitskii V F, et al. Study of the efficiency of acoustic wave excitation by a single-wire radiator under the action of the Lorentz force: Development of an EMA transducer (instrumental realization), Russian J. Nondestr. Testing, 2005, 41(7): 421-429.

[14] Murayama R, Makiyama S, Kodama M, et al. Development of an ultrasonic inspection robot using an electromagnetic acoustic transducer for a Lamb wave and an SH-plate wave. Ultrasonics, 2004, 42(1-9): 825-829.

[15] Mirkhani K, Chaggares C, et al. Optimal design of EMAT transmitters. NDT & E Int., 2004, 37(3): 181-193.

[16] Bernstein J R, Spicer J B. Hybrid laser/broadband EMAT ultrasonic system for characterizing cracks in metals. J. Acoust. Soc. Amer., 2002, 111(4): 1685-1691.

[17] Kurozumi Y, Ohtsuka Y, Nishikawa M. Diagnosis of thermal aging of cast duplex stainless steel by electromagnetic ultrasonic method. Mater. Eval., 2002, 60(1): 71-77.

[18] Dixon S, Edwards C, Palmer S B. High accuracy non-contact ultrasonic thickness gauging of aluminium sheet using electromagnetic acoustic transducers. Ultrasonics, 2001, 39(6): 445-453.

[19] Murayama R. Non-destructive evaluation of formability in cold rolled steel sheets using the

SH0-mode plate wave by electromagnetic acoustic transducer. Ultrasonics, 2001, 39(5): 335-343.

[20] Kurozumi Y, Higashi M, et al. Performance characteristics of electromagnetic generation and detection of shear horizontal waves by electromagnetic acoustic transducers. Mater. Eval., 2001, 59(5): 638-644.

[21] Hirao M, Ogi H, Yasui H. Contactless measurement of bolt axial stress using a shear-wave electromagnetic acoustic transducer. NDT & E Inter., 2001, 34(3): 179-183.

[22] Wu D, Li M X, Wang X M. Shear wave field radiated by an electromagnetic acoustic transducer. Chin. Phys. Lett., 2006, 23(12): 3294-3296.

[23] 宋卫华. 电磁声黏接检测的实验研究. 中国科学院声学研究所博士论文，2007.

[24] Achenbach J D. Modeling for quantitative non-destructive evaluation. Ultrasonics, 2002, 40(1-8): 1-10.

[25] Tsai C D, Wu T T, Liu Y H. Application of neural networks to laser ultrasonic NDE of bonded structures. NDT & E Inter., 2001, 34(8): 537-546.

[26] Yang J S, Sanderson T, et al. Laser phased array generated ultrasound for nondestructive evaluation of ceramic materials. J. Nondestr. Eval., 1997, 16(1): 1-9.

[27] Jian X, Baillie I, Dixon S. Steel billet inspection using laser-EMAT system. J. Phys. D, 2007, 40(5): 1501-1506.

[28] Kim H, Jhang K, Shin M, et al. A noncontact NDE method using a laser generated focused-Lamb wave with enhanced defect-detection ability and spatial resolution. NDT & E Inter., 2006, 39(4): 312-319.

[29] 陈清明，等. 激光超声技术及其在无损检测中的应用. 激光与电子学进展，2005, 42(4): 53-57.

[30] Hay T R, Rose J L. Flexible piezopolymer ultrasonic guided wave arrays. IEEE Trans. UFFC, 2006, 53(6): 1212-1217.

[31] Fromme P, Wilcox P D, et al. On the development and testing of a guided ultrasonic wave array for structural integrity monitoring. IEEE Trans. UFFC, 2006, 53(4): 777-785.

[32] Croxford A J, Wilcox P D, et al. Strategies for guided-wave structural health monitoring. Proc. Roy. Soc. A, 2007, 463(2087): 2961-2981.

[33] Rajagopal P, Lowe M J S. Short range scattering of the fundamental shear horizontal guided wave mode normally incident at a through-thickness crack in an isotropic plate. J. Acoust. Soc. Amer., 2007, 122(3): 1527-1538.

[34] Park J H, Lee J H, et al. Application of laser-generated ultrasound for evaluation of thickness reduction in carbon steel pipes. Key Eng. Mater., 2006, 321-323: 743-746.

[35] Rajagopalan J, Balasubramaniam K, et al. A single transmitter multi-receiver (STMR) PZT array for guided ultrasonic wave based structural health monitoring of large isotropic plate structures. Smart Mater. & Stru., 2006, 15(5): 1190-1196.

[36] Balasubramaniam K, Krishnamurthy C V. Ultrasonic guided wave energy behavior in laminated anisotropic plates. J. Sound & Vibr., 2006, 296(4-5): 968-978.

[37] Rose J L. Ultrasonic waves in solid media. Cambbridge University Press,1999.

[38] Cheng J C, Zhang S Y. Quantitative theory for laser-generated Lamb waves in orthotropic thin plates. Appl. Phys. Lett., 1999, 74(14): 2087-2089.

[39] Cheng J C, Wang T H, Zhang S Y. Normal mode expansion method for laser-generated ultrasonic Lamb waves in orthotropic thin plates. Appl. Phys. B, 2000, 70(1): 57-63.

[40] 邓明晰. 固体板中的非线性兰姆波. 北京: 科学出版社, 2006.

[41] Rose J L. Guided wave nuances for ultrasonic nondestructive evaluation. IEEE Trans. UFFC, 2000, 47(3): 575-583.

[42] Polikar R, Udpa L, et al. Frequency invariant classification of ultrasonic weld inspection signals. IEEE Trans. UFFC, 1998, 45(3): 614-625.

[43] Song S P, Que P W. Wavelet based noise suppression technique and its application to ultrasonic flaw detection. Ultrasonics, 2006, 44(2): 188-193.

[44] Zhang G M, Olofsson T, Stepinski T. Ultrasonic NDE image compression by transform and subband coding. NDT & E Inter., 2004, 37(4): 325-333.

[45] Siqueira M H S, Gatts C E N, et al. The use of ultrasonic guided waves and wavelets analysis in pipe inspection. Ultrasonics, 2004, 41(10): 785-797.

[46] Rodriguez M A, Emeterio J L S, et al. Ultrasonic flaw detection in NDE of highly scattering materials using wavelet and Wigner-Ville transform processing. Ultrasonics, 2004, 42(1-9): 847-851.

[47] Bettayeb F, Rachedi T, Benbartaoui H. An improved automated ultrasonic NDE system by wavelet and neuron networks. Ultrasonics, 2004, 42(1-9): 853-858.

[48] Drai R, Khelil M, Benchaala A. Time frequency and wavelet transform applied to selected problems in Ultrasonics NDE. NDT & E Inter, 2002, 35(8): 567-572.

[49] Demirli R, Saniie J. Model-based estimation of ultrasonic echoes part II: nondestructive evaluation applications. IEEE Trans. UFFC, 2001, 48(3): 803-811.

[50] Legendre S, Goyette J, Massicotte D. Ultrasonic NDE of composite material structures using wavelet coefficients. NDT & E Inter, 2001, 34(1): 31-37.

[51] Kim D. Classification of ultrasonic NDE signals using the EM and LMS algorithms. Mater. Lett, 2005, 59(27): 3352-3356.

[52] 吴斌，等. 超声导波无损检测中信号处理研究进展. 北京工业大学学报，2007, 33(4): 342-347.

[53] Yang J, Cheng J C, Berthelot Y H. Determination of the elastic constants of a composite plate using wavelet transforms and neural networks. J. Acoust. Soc. Amer., 2002, 111(3): 1245-1250.

[54] 杨京，崔连军，程建春. 单向纤维增强复合板弹性常数的反演方法研究. 声学学报，2005, 30: 356-362.

[55] 王雅萍. 专家系统在超声无损检测中的应用. 西南科技大学学报, 2005, 20(1): 53-55.

[56] Barcohen Y, Mal A K, Yin C C. Ultrasonic evaluation of adhesive bonding. J. Adhesion, 1989, 29: 257-274.

[57] Guyott C C H, Cawley P, Adams R D. The non-destructive testing of adhesively bonded structure: a review. J. Adhesion, 1986, 20: 129-159.

[58] Guyott C C H, Cawley P. The ultrasonic vibration characteristics of adhesive joints. J. Acoust. Soc. Amer., 1983, 83: 632-640.

[59] Lavrentyev A I, Rokhlin S I. Ultrasonic spectroscopy of imperfect contact interfaces between a layer and two solids. J. Acoust. Soc. Amer., 1998, 103(2): 657-664.

[60] Rokhlin S I, Hegets M, Rosen M. An ultrasonic interface wave method for predicting the

strength of adhesive bonds. J. Appl. Phys., 1981, 52: 2847-2851.

[61] Lowe M J S, Challis R E, Chan C W. The transmission of Lamb waves across adhesively bonded lap joints. J. Acoust. Soc. Amer., 2000, 107(3): 1333-1345.

[62] Gachagan A, Hayward G , et al. Generation and reception of ultrasonic guided waves in composite plates using conformable piezoelectric transmitters and optical-fiber detectors. IEEE Trans. UFFC, 1999, 46(1): 72-81.

[63] Wang X M, et al. Low frequency features of the ultrasound echo from an adhesively bonded layer-substrate structure. Chin. J. Acoust., 2005, 24(1): 33-43.

[64] 李明轩. 黏接质量超声检测研究. 应用声学，2002, 21(1): 7-13.

[65] 廉国选，李明轩. 固体滑移界面的超声评价. 声学学报，2005, 30(1): 21-25.

[66] 廉国选，李明轩. 超声在黏接界面的反射和透射. 应用声学，2004, 23(4): 34-42.

[67] Li M X, Wang X M, Mao J. Thickness measurement of a film on a substrate by low-frequency ultrasound. Chin. Phys. Lett., 2004, 21(5): 870-873.

[68] Wang X M, Lian G X, Li M X. Decomposition of the two lowest lamb modes in a bonded plate. Chin. Phys. Lett., 2003, 20(7): 1084-1087.

[69] 廉国选. 固体滑移界面与黏接强度超声评价方法研究. 中国科学院声学研究所博士论文, 2005.

[70] Rokhlin S I, Wang Y J. Analysis of boundary conditions for elastic wave interaction with an interface between two solids. J. Acoust. Soc. Amer., 1991, 89: 503-515.

[71] Rokhlin S I, Wang Y J. Equivalent boundary conditions for thin orthotropic layer between two solids: Reflection, refraction, and interface waves. J. Acoust. Soc. Amer., 1992, 91: 1875-1887.

[72] 韩庆邦，钱梦騄. 黏弹模量对金属基底——胶黏涂层结构中类 Rayleigh 波传播特性的影响. 声学学报，2005, 30(2): 143-148.

[73] Chen J J, Zhang D, Mao Y W, et al. Contact acoustic nonlinearity in a bonded solid-solid interface. Ultrasonics, 2006, 44: E1355-E1358.

[74] Park I K, Kim Y K, et al. Long range ultrasonic guided wave technique for inspection of pipes. Key Eng. Mater., 2006, 321-323: 799-803.

[75] Cheong Y M, Jung H K, Kim Y S. Comparison of an array of EMATs technique and a magnetostrictive sensor technique for a guided wave inspection of a pipe. Key Eng. Mater., 2006, 321-323: 780-783.

[76] Siqueira M H S, Gatts C E N, et al. The use of ultrasonic guided waves and wavelets analysis in pipe inspection. Ultrasonics, 2004, 41(10): 785-797.

[77] Lehman S K, Norton S J. Radial reflection diffraction tomography. J. Acoust. Soc. Amer., 2004, 116(4): 2158-2172.

[78] 张道，丁希仑. 一种新型管道检测机器人的设计. 军民两用技术和产品，2007: 41.

激光超声和声成像技术

钱梦騄

(同济大学声学研究所，上海　200092)

1　引言

激光超声和声成像技术是当前检测声学研究的两个重要分支。当一束脉冲激光入射到固体表面时，由于试样吸收光能而形成一个局域的热弹声源，在试样中可激发多种模式的声波。利用各种形式的超声换能器或光检测技术，检测在试样中激发的激光超声脉冲，开展波传播理论、材料特性的无损评估和检测等研究，是新兴的“激光超声学”的主要研究内容。

声成像是人们利用声波来观察物质世界的一种手段。由于声波成像不仅可获得材料的表面像，而且可以获得不透明材料的亚表面的弹性像。随着材料学科的发展，各种新型的薄膜材料，纳米材料，微电子和微机电器件等的发展，声成像技术也已成为观察和研究物质微区结构和力学性质的重要手段。

本文主要对应用激光超声研究流-固界面波和固-固界面波的进展，以及空间分辨率分别为亚毫米、微米和纳米的三种声成像技术作简单的介绍。

2　激光超声及界面波的研究

脉冲激光器和激光干涉仪(或其他光检测技术)组成的全光学激光超声系统，由于具有宽带、灵敏和非接触激发和检测等优点而得到广泛应用。

图 1(a)是同济大学建立的激光超声研究系统。它由 Brilliant-B 脉冲激光器(532nm, 180mJ, 5ns), Tempo 光折变激光干涉仪(532nm, 200mW, 10^{-9}nm$(WHz)^{1/2}$), (PM10V1+PM5200) 光功率计(W_{max}=5J/cm^2)和 Newport 的三维平移台(精确度 0.5μm, 0.1μm)组成。实验由微机控制进行。图 1(c)是激光脉冲点源在单晶铜(001)表面上激发的各种表面波模式的群速度曲线的实验结果，它不仅正确地反映了单晶铜(001)表面上波传播的各向异性，而且检测到理论预计的所有模式的波,与理论结果(图 1(b))完全吻合[1]。

由于全光学的激光超声系统具有非接触检测的特点,不仅可以应用于弯曲表面的材料(如圆棒、圆管等)的表面波传播特性研究和无损评估[2~7]，而且还为各种界面

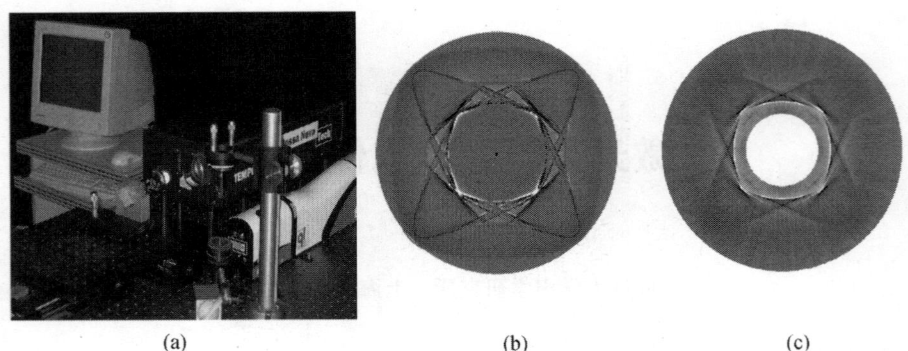

(a) (b) (c)

图 1 单晶铜(001)面上各表面波模式的群速度曲线的激光超声实验和理论结果
(a) 全光学激光超声系统；(b) 理论结果；(c) 实验结果

波传播特性的研究，为材料界面特性的无损评估提供了一种有效的新途径。

2.1 气–固界面波的研究[8,9]

1980 年 Brekhovskikh 曾提到气–固界面波的问题。1995 年, Godinez-Azcuage 和 Adler 也理论预计有一个脉冲波在空气–流体饱和的多孔材料界面上传播。但他们都没有在实验中检测到这个在界面气体层中传播的界面波。

图 2 是用激光超声技术在直径 26mm 铝棒的外表面上检测到的沿圆周方向传播的界面波。脉冲激光波长 533nm，能量 6.5mJ，波形是 512 次的平均结果。与铝棒轴线平行的一个脉冲激光线源，在铝棒的柱面上不仅同时激发了两个反向传播的周向表面波 R_1 和 R_2，还激发了一个传播速度低的界面波，它在 R_2 和行进了一周后的 R_1^* 波之间。这三个波的传播时间分别为 t_{R_1}=3.35μs，t_{R_2}=24.75μs，t_{sch}=28.60μs，$t_{R_1}^*$=31.45μs，由此可估算得到铝棒周向表面波的速度 C_R=2.907mm/μs，和界面波的速度 $Cs=C_R t_{R_1}/t_{sch}$=0.3405mm/μs (室温 T=23.3°C)。因此,激光超声实验证实在气–固界面上，确实存在一个声速与气体声速相近的界面波——Scholte 波。

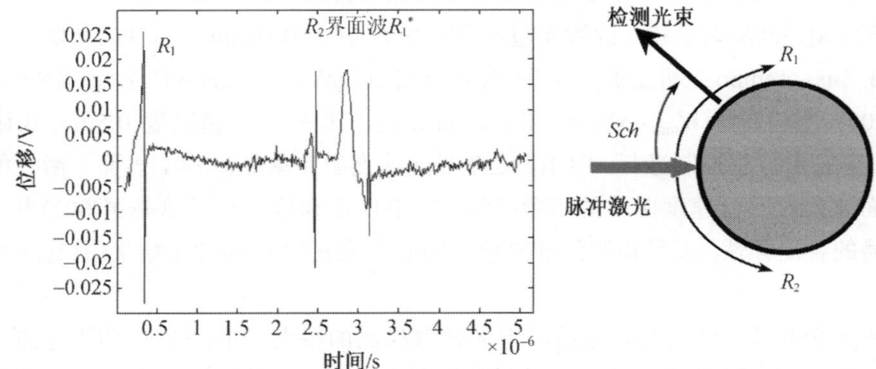

图 2 铝圆柱表面沿圆周方向传播的表面波和 Scholte 波的激光超声实验结果

图 3(a)是空气-铝板界面上，距离激光脉冲线源 7mm 处实验检测到的界面波，它同样由表面波和 Scholte 波组成。由它们的声时 t_R=2.50μs 和 t_{sch}=20.60μs 可以确定表面波和 Scholte 波的声速分别为 C_R= 2.80 mm/μs 和 C_{Sch}=0.339 mm/μs (室温 18°C)。图 3(b)是根据弹性理论，利用积分变换计算得到的空气中的界面波。理论研究结果表明：

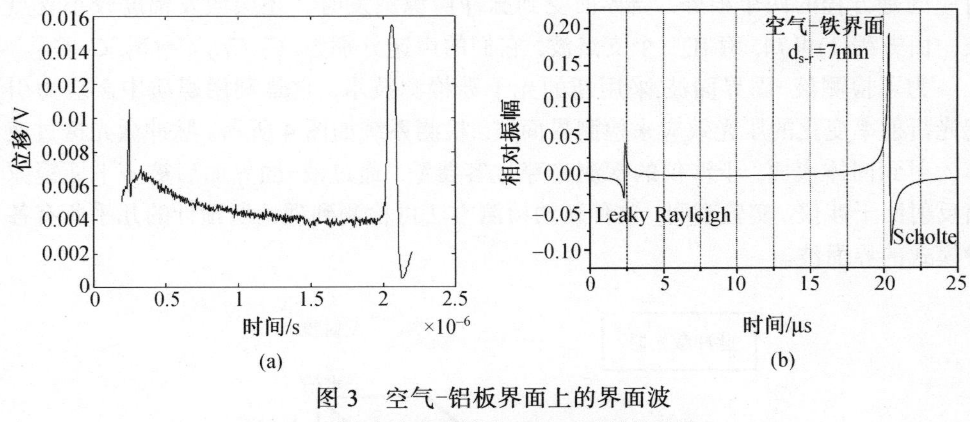

图 3 空气-铝板界面上的界面波

(a) 激光超声实验结果；(b) 理论计算结果

1. 在气固界面存在两种界面波，一是漏瑞利波，它以几乎与平面上瑞利波的波速 C_R 相同的速度传播；在界面上有较大的法向位移和小的声压；随着离界面法向距离增加，它在气体中的声压迅速衰减。所以，它的能量主要集中在气-固界面的固体表面层内。

另一是 Scholte 波，它的波速 C_{Sch} 略小，但可认为几乎等于气体中的声速 C_f，在界面上有很小的法向位移和大的声压；随着离界面法向距离增加，它在气体中的声压衰减缓慢。所以，它的能量主要集中在气-固界面的气体表面层内。

2. 两界面波的脉冲宽度主要由界面波在热弹源半径 a 上的声延时 $\tau_R = 2a/C_{LR}$、$\tau_s = 2a/C_{Sch}$ 和激光脉冲的宽度 τ 决定。由于 τ_R、$\tau_s \gg \tau$，表面波速 $C_R \gg C_{Sch}$，所以，Scholte 波的脉冲宽度大于漏瑞利波脉冲宽度,呈显相对低的频率特性。

3. 激光干涉仪的检测光束垂直与气固界面入射时，干涉仪的输出信号取决于检测光束的光程差 $\Delta(nL)$的变化。而表面位移 u_{zf} 和气体中的声压 p 引起媒质折射率变化 Δn 都可以被干涉仪检测。因此激光干涉仪检测的漏瑞利波信号主要是它的界面法向位移。而干涉仪检测的 Scholte 波信号主要是气体中的声压信号。

因此，激光超声技术是理论和实验上研究气-固界面波的有效手段。

2.2 液-固界面波的研究[10,11]

固-液界面波频率特征方程为

$$\left[2-\left(\frac{c}{c_{T2}}\right)^2\right]^2-4\sqrt{1-\left(\frac{c}{c_{T2}}\right)^2}\sqrt{1-\left(\frac{c}{c_{L2}}\right)^2}+\frac{\rho_1}{\rho_2}\left(\frac{c}{c_{T2}}\right)^4\frac{\sqrt{1-(c/c_{L2})^2}}{\sqrt{1-(c/c_{L1})^2}}=0 \quad (1)$$

式中：参量的下标 1、2 分别代表液体和固体，ρ 是材料密度，C_L 和 C_T 分别为媒质的纵波和横波速度。在流-固界面上，除了上述的 Scholte 波及 Leaky Rayleigh 波，对应的是方程的两个根外，当界面受到脉冲声源激发时，还会激发幅度较小支点波。由方程(1)可知，存在三个支点波，它们的声速分别为: $C=C_{L1}$, $C=C_{L2}$, $C=C_{T2}$。

为了检测液-固界面波,采用新的光干涉检测技术，它是利用媒质中声应力引起光折射率变化的压光效应来检测界面波，检测系统如图 4 所示。脉冲激光透过液体入射到固体表面，干涉仪的探测光穿过容器壁，通过液-固界面后被一平面镜原路反射回干涉仪。实验表明，这种新的检测方法可检测到理论所预计的几乎所有各种模式的界面波。

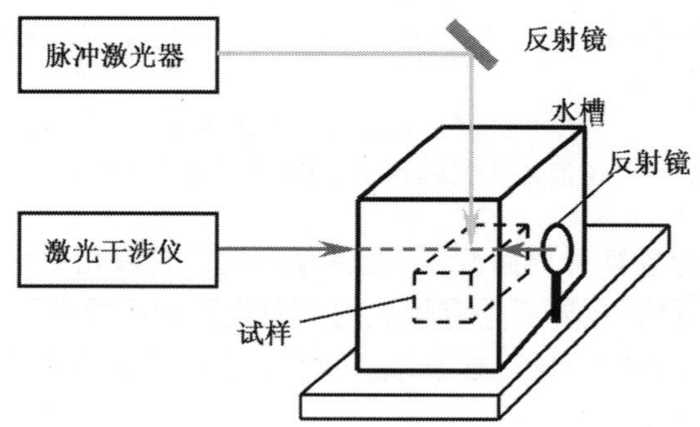

图 4　固-液界面波的激光超声检测系统

图 5(a)是实验中得到的一个典型的铝-水界面波信号。信号具有较大的幅度，信噪比好，波形清晰。根据波到达时间的顺序，可以发现三个波包，而第三个波包含有两个波。图 5(b)是连续 12 个不同源-接收点距离的铝-水界面波信号，相邻曲线的源-接收点距离增量为 0.5mm。对四个波的波峰或波谷进行线性拟合，得到 4 个相应的波速: 第 1 个波的速度为(6318 ± 60)m/s，这是一个支点波，对应于支点 $C=C_{L2}$ (铝的纵波波速)所形成的纵波头波，理论上它的波速为 6320m/s; 第 2 个波的速度为(2932 ± 20)m/s, 对应的是 Leaky Rayleigh(LR)波，理论上 LR 波速为(2930-85i)m/s(虚部表示衰减，实际速度大小为 2933m/s)。利用相位谱法和小波变换，证实以上两个波是非频散的。第 3 个波的速度是(1502 ± 4)m/s,它很接近液体纵波波速 1500m/s。这是聚焦激光脉冲在水中热弹激发的纵波。第 4 个波的速度是(1492 ± 6)m/s, 是铝-水界面上的界面波，它理论的波速值是 1496m/s。

所以，新的光检测技术对于检测液-固界面上界面波是十分有效的。

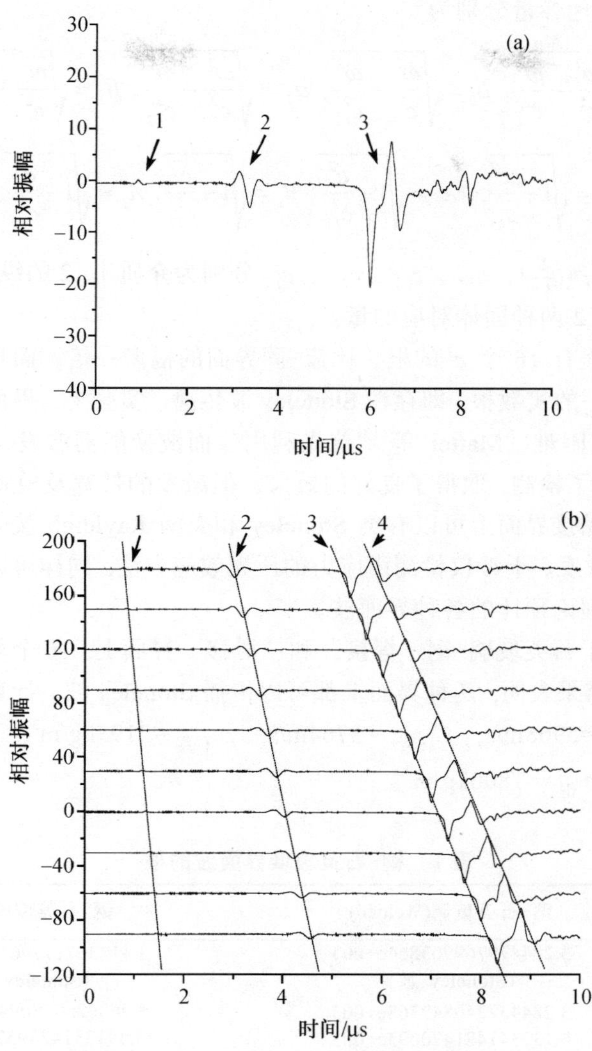

图 5 (a) 铝-水界面波的实验波形; (b) 12 个不同源-接收点距离的连续采样点的铝-水界面波信号，采样点间距 0.5mm，平均 64 次

2.3 固-固界面波的研究

对于两固体的‘焊接’界面 $z=0$ 上的界面波，由边界上位移、应力连续得到界面波的频率方程为

$$
\begin{aligned}
& c^4\left\{(\rho_1-\rho_2)^2-(\rho_1 A_2+\rho_2 A_1)(\rho_1 B_2+\rho_2 B_1)\right\} \\
& +2Kc^2\left\{\rho_1 A_2 B_2-\rho_2 A_1 B_2-\rho_1+\rho_2\right\}+K^2(A_1 B_1-1)(A_2 B_2-1)=0
\end{aligned}
$$

式中 $k=\omega/c$，其他参量分别为

$$\alpha_1=\sqrt{\frac{\omega^2}{c^2}-\frac{\omega^2}{c_{L1}^2}},\ \beta_1=\sqrt{\frac{\omega^2}{c^2}-\frac{\omega^2}{c_{T1}^2}},\ \alpha_2=\sqrt{\frac{\omega^2}{c^2}-\frac{\omega^2}{c_{L2}^2}},\ \beta_2=\sqrt{\frac{\omega^2}{c^2}-\frac{\omega^2}{c_{T2}^2}},$$

$$A_1=\sqrt{1-\frac{c^2}{{c_{L1}}^2}},\ A_2=\sqrt{1-\frac{c^2}{c_{L2}^2}},\ B_1=\sqrt{1-\frac{c^2}{c_{T1}^2}},\ A_2=\sqrt{1-\frac{c^2}{c_{T1}^2}},$$

以及 $K=2(\rho_1c_{T1}^2-\rho_2c_{T2}^2)$，$c_{L1}$、$c_{T1}$、$c_{L2}$、$c_{T2}$分别为介质 1、2 的纵波及横波波速，下标分别代表 1、2 两种固体对应的量。

上述频率方程有 16 个 c^2的根，比流-固界面的根多一倍，而且也只有少数材料的组合存在唯一的实数根，即存在 Stoneley 波传播。实验上，界面波的激发与检测也比流-固界面困难。Mattei 等[12]首先利用表面波换能器激发、光干涉检测对固-固界面波进行了检测，取得了良好的效果，但激发的带宽及模式有限。

在滑移和弱黏接界面上可以有类 Stoneley 和类漏 Rayleigh 波等界面波传播。同时，利用激光激发、干涉仪检测声应力的压光效应方法，同样可以在透光固体一侧界面上检测到理论预计的各种界面波。

表 1 是对应于石英玻璃-钢“焊接”和“滑移”界面上，16 个可能存在的界面波速的理论值。结果表明，两种界面上都可以传播 Stoneley 波。计算中采用的材料参数是：$C_{石英1}$ =5968m/s，$C_{石英2}$ =3764m/s，$\rho_{石英}$ =2195kg/m^3，$C_{钢1}$ =6100m/s，$C_{钢2}$ = 3300m/s，$\rho_{钢}$ =7800kg/m^3。

表 1 钢-石英玻璃界面波的根

Riemann sheet	钢-石英玻璃(Welded)	钢-石英玻璃(slip)
A	3.284479769903864e+003 (Stoneley 波)	3.112367177961524e+003 (Stoneley 波)
B	3.284432240842368e+003 6.137341481470093e+003	5.968025098099828e+003 −3.591331423957138e−001i
C	7.079452262938268e+003 3.252411818996575e+003	3.778135488151816e+003 −9.845415823115411e+002i
D	5.915116524634477e+003 +6.640552345112550e+002i	6.342007151017377e+003
E	6.142514061647993e+003 −4.957803052391586e+002i	5.808614069841011e+003 −6.028285229023960e+002i
F	2.963610634037090e+003	2.963978607175606e+003
G	5.879063280134279e+003 −8.231455762163595e+002i	3.262725039153787e+003
H	NO roots	6.452318909656901e+003 −3.502234545991119e+002i

图 6(a)是激光超声实验中得到的石英玻璃-钢“滑移连接”界面波信号。图 5(b)

是不同源-接收点距离上实测的界面波信号的组合图，相邻两个源-接收点距离变化的步长为 1mm。实验结果中可以清晰地发现一个幅度很大的波信号，对实验 30 组数据拟合分析得到它的波速为(3019 ± 9) m/s，而理论上 Stoneley 波速为 3024m/s。借助于小波分析还可发现这个波是非频散的，因而可以断定这是 Stoneley 波。同时，实验还测到的两个波速分别为(5992 ± 20) m/s 和(3756 ± 8) m/s 的界面波，可以判定它们是对应石英玻璃纵波和横波的支点波。

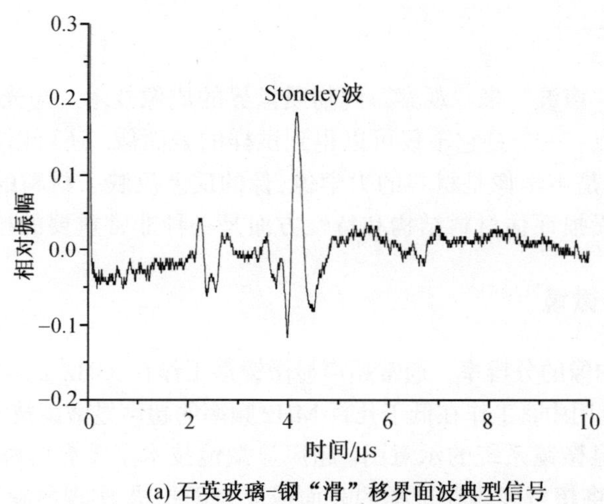

(a) 石英玻璃-钢“滑”移界面波典型信号

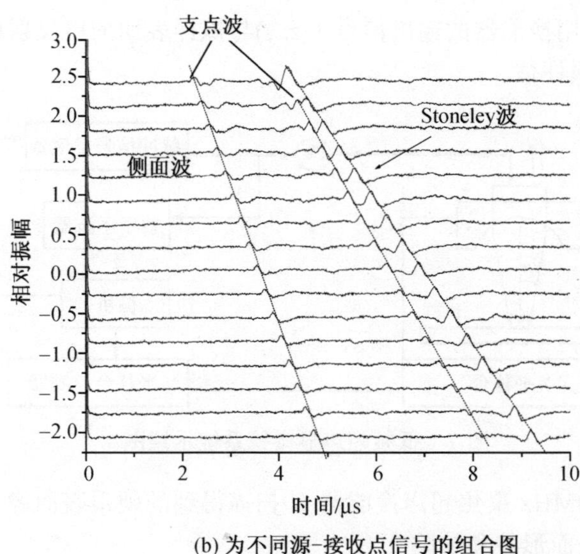

(b) 为不同源-接收点信号的组合图

图 6 石英玻璃-钢“滑”移界面波实验波形

利用极薄的环氧层将石英玻璃和钢黏结并固化 24h 后形成“焊接”界面。激光超声的实验结果表明,虽然信号的幅度及信噪比不如滑移连接界面那样高，但 Stoneley 波形仍清晰可见，而且实验波速(3236 ± 10)m/s 与理论上的 3229m/s 符合也很好。

因此，激光超声技术也是研究界面波传播特性的有效手段，它为黏结界面、涂层等的无损评估，提供了一种可行的检测新技术。

3 声成像技术

声成像是用“声波”来“观察”到物质世界的成像技术。与光成像相比，声成像有两个主要特点：一个是它不仅可以得到试样的表面像，还可以得到不透明试样的内部像;另一个是声学像是材料的力学像,像的反差反映了材料的力学特性差异。因此，声成像在无损评估材料结构和特性方面是一种非常重要的检测技术。

3.1 低频超声显微镜[13,14]

为了得到高的像的分辨率，通常超声显微镜都工作在 GHz 的频率范围。但是在材料的无损评估应用中，工作在低于几百 MHz 频率的超声显微镜技术是十分有效的。

图 7 是超声显微镜系统的示意图。超声显微镜技术主要有两种工作模式：一种是 C 扫描模式,它将超声聚焦在试样的表面或亚表面扫描,实现材料的表面和亚表面力学特性的成像。另一种是 $V(z, f)$模式，这时聚焦超声换能器沿 z 轴方向离开试样表面向上移动，利用换能器的输出信号 $V(z, f)$与试样表面的声反射函数 $R(f, \theta)$的关系,实现材料的无损评估。

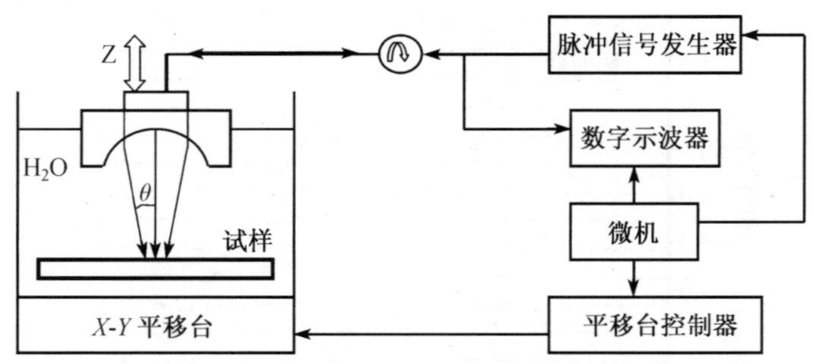

图 7 低频超声显微镜系统示意图

图 8 是用 100MHz 聚焦超声换能器 C 扫描得到的硬币表面像。这些声像清晰地显示了的试样表面形貌和缺陷。

如果将超声聚焦到材料亚表面结构上，可以获得试样的亚表面像。图 9 是用 20MHz 聚焦超声换能器得到的两个黏结试样的黏结界面像。扫描步长是 0.2mm，扫

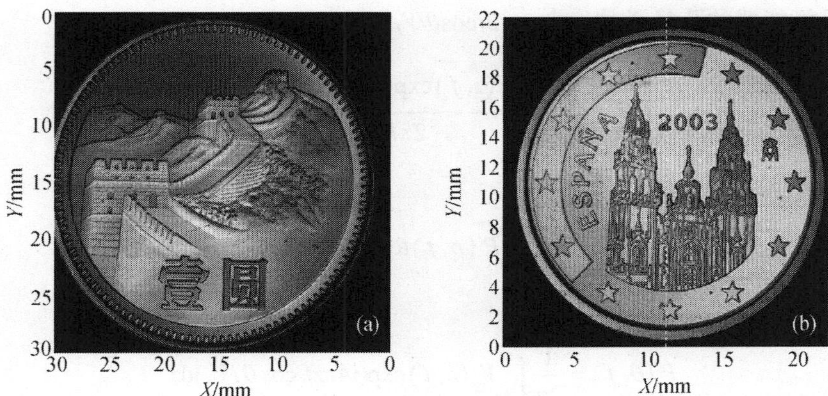

图 8 低频超声显微镜 C 扫描的硬币表面像。聚焦换能器的工作频率 100MHz，扫描步长：(a) 40μm; (b) 25μm

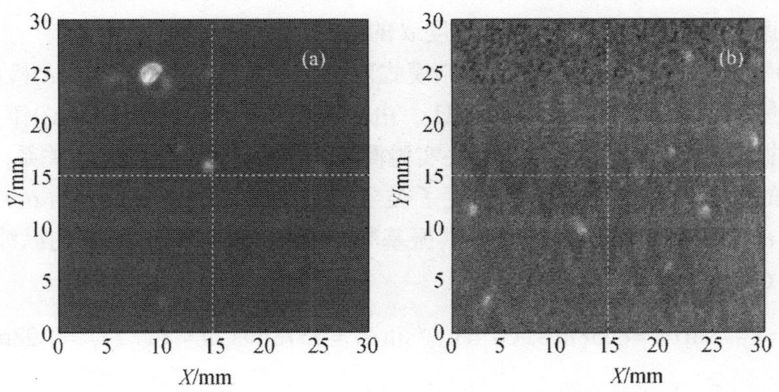

图 9 黏结试样的黏接界面 C 扫描像：(a) 试样 Al(1.6mm)-epoxy(0.2mm)-Al(0.6mm); (b) 试样 Al(1.6mm)-Teflon-epoxy(0.2mm)-Al(0.6mm)

描面积 30×30mm。图 9(a)是试样 AL(1.6mm)-epoxy(0.2mm)-AL(0.6mm)中 AL(1.6mm)-epoxy(0.2mm)黏结界面的像，它清楚地显示了界面的黏结状况。而图 9(b)是 AL(1.6mm)板表面上涂有 Teflon 薄层的试样 Al(1.6mm)-Teflon-epoxy(0.2mm)中黏结界面的像，声像上清楚地显示了铝板背面 Teflon 涂层的分布。由于 Teflon 层的存在，使铝板与环氧的黏结大大减弱，形成一个弱黏结界面。

当低频超声显微镜系统中的聚焦探头沿 Z 轴方向移动，换能器的输出信号 $V(z, f)$ 与试样的反射函数 $R(\theta, f)$之间关系为：

$$V(z,f)=\int_0^{\pi/2}(4\pi f/V_F)\cos\theta P(\theta,f)R(\theta,f)\exp(-\mathrm{i}4\pi zf\cos\theta/V_F)\mathrm{d}\theta$$

式中：f 是超声波频率，V_F 是耦合流体的声速，z 是试样表面与换能器焦平面的距离，

$P(\theta, f)$是换能器的孔径函数。令 $p=2f\cos\theta/V_F$，可以得到：

$$R(\theta,f)=\frac{\int_{-\infty}^{\infty}V(z,f)\exp(\mathrm{i}4\pi zf\cos\theta/V_F)\mathrm{d}z}{2\pi P'(\theta,f)}$$

则

$$V(z,f)=\int_0^{2f/V_F}P'(p,f)R(p,f)\exp(-\mathrm{i}2\pi zp)\mathrm{d}p$$

式中 $P'(\theta, f)$是校正函数：

$$P'(\theta,f)=\frac{1}{2\pi}\int_{-\infty}^{\infty}V_g(z,f)\exp(\mathrm{i}4\pi zf\cos\theta/V_0)\mathrm{d}z$$

它可以在实验中用反射函数 $R(\theta, f)=1$ 的试样的输出信号 $V_g(z, f)$来确定。

因此，利用 $R(\theta, f)$和 $V(z, f)$之间的积分变换关系，可以实验确定试样的反射函数，得到相应的纵波和横波临界角 θ_1 和 θ_2，以及试样的厚度谐振基频 f_T，实现对试样的纵波速度 C_1，横波速度 C_2 和厚度 d 的检测。

图 10 是用低频超声显微镜 $V(z, f)$模式对类金刚石膜(Φ50x1.08mm)检测的实验结果。聚焦换能器的中心频率是 5MHz，由实测的 $V(z, t)$信号(图 10(a))作变换得到的 $V(z, f)$曲线(图 10(b))。再利用铅块实验测定的 $P'(\theta, f)$和上述理论关系,可以拟合得到最佳的反射函数 $R(\theta, f)$,从而确定了类金刚石膜的纵波横波临界角 θ_1=10.0°，横波临界角 θ_2= 15.6°,以及试样的厚度共振基频 f_T= 4.0MHz。于是，它的纵波速度 C_1，横波速度 C_2 和厚度 d 可以得到：

$$C_1=V_F/\sin\theta_1=8638\text{m/s},\ C_2=V_F/\sin\theta_2=5578\text{m/s},\ d=C_1/2f_T=1.08\text{mm}$$

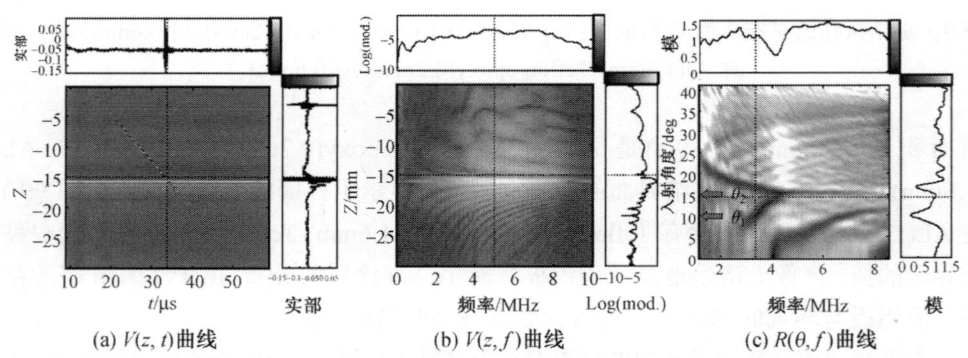

(a) $V(z, t)$曲线　　(b) $V(z, f)$曲线　　(c) $R(\theta, f)$曲线

图 10　低频超声显微镜 $V(z)$模式对类金刚石膜检测的实验结果

利用 C_1 和 f_T 实验结果确定的试样厚度与试样几何厚度非常一致，这表明 $V(z, f)$技术是可以同时测定材料声速和厚度的新检测方法，在薄膜和涂层材料特性的无损评估领域将有广阔的应用前景。

3.2 扫描电子声显微镜(SEAM)[15~20]

已建成的扫描电子声显微镜如图 11 所示,它由安装了调制电子束强度附件的电子显微镜、锁相放大器和数字成像系统组成。

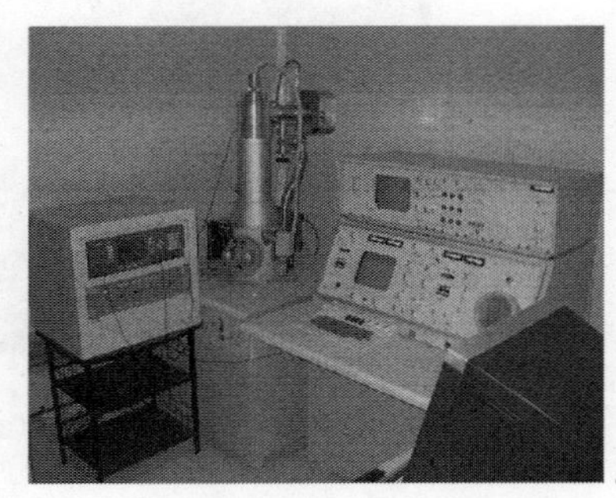

图 11 扫描电子声显微镜系统

当电子显微镜中的聚焦电子束强度以频率 f(几十 kHz 至 5MHz)周期调制后入射试样时，由于电子与试样之间的非弹性碰撞,在试样的亚表面内形成一个交变热源，同时激发出热波和声波。由热弹效应和热-声模式转换而产生的声波,将携带着受辐照区域材料的物理信息而被耦合在试样背面的压电晶片接收，经过锁相放大后输出，成为 SEAM 信号。当电子束在试样表面扫描时，就形成了反差与材料亚表面力学、电学、热学特性及材料表面形貌有关的 SEAM 像。

图 12 (a)是硅片上宽为 3μm 铜线的标准样品的 SEAM 像,它表明 SEAM 的分辨率可优于 1μm。而图 12 (b) 是钛酸钡陶瓷的 SEAM 像,图中剪头所示处表明 SEAM 的分辨率为 0.3μm。这表明 SEAM 是一种空间分辨率优于 0.5μm 的高分辨率成像技术。

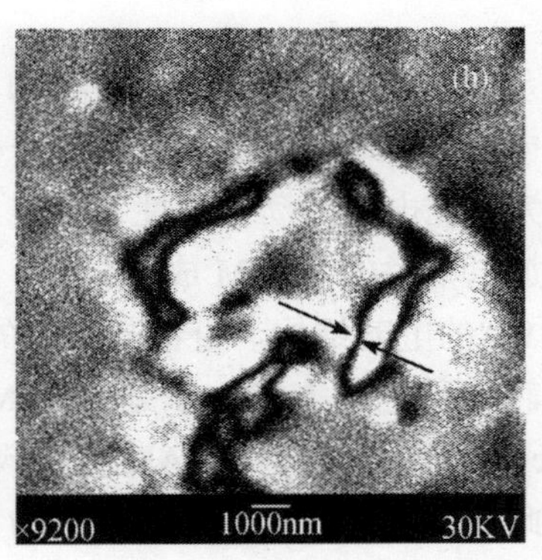

图 12 (a)宽为 3μm 的铜线试样的 SEAM 像(68kHz); (b) 钛酸钡陶瓷的 SEAM 像(106kHz)

亚表面成像是声成像技术的重要特性。比较图 13 中一个 MEMS 器件的表面像(SEM 像，图 13(a)和亚表面的 SEAM 像(图 13(b))。可以发现, SEAM 像不仅清楚地看到隐藏在内部的器件编号 B2271，而且还揭示了在矩形元件四个焊点的周围存在的残余应力场。

实现材料亚表面残余应力场的成像检测，是 SEAM 特有的本领。图 14 是对铝块上维氏硬度压痕的实验结果。图 14(b)的 SEAM 像表明：在维氏压痕的塑性形变

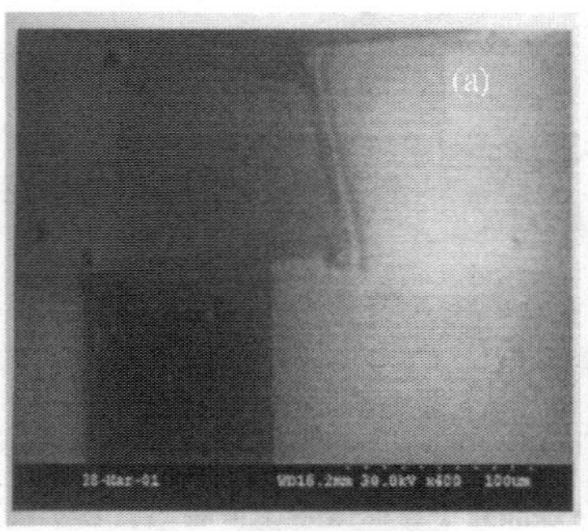

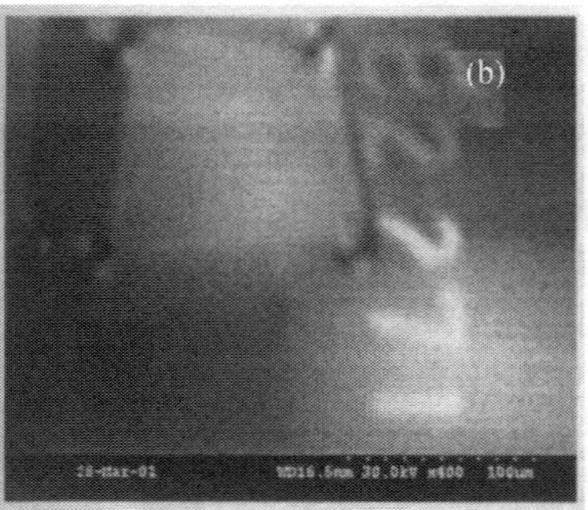

图 13　MEMS 器件的实验结果：(a) 表面像(SEM 像); (b)亚表面 SEAM 像，f=1.34MHz

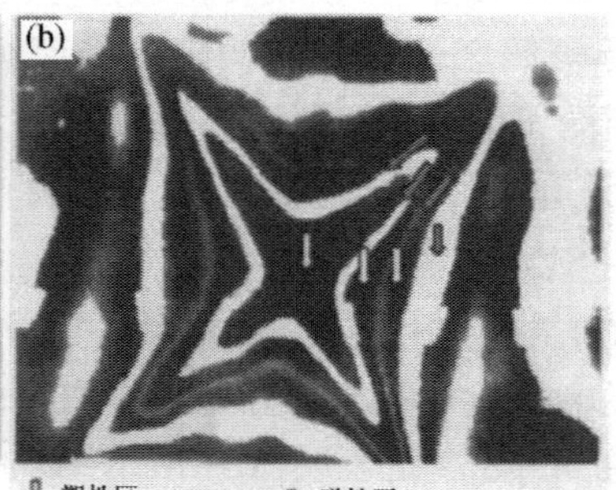

图 14　铝试样上维氏硬度压痕(F=490N)的实验结果: (a) SEM 像; (b)SEAM 像，f = 60.12kHz

区中，残余应力场是弹塑性交替分布的。

对铁电材料亚表面电畴结构实现原位的动态观察成像，这是 SEAM 技术的重大进展，为研究电畴的动态特性，提供了新的实验手段。图 15 是沿 PMN-PT 单晶的法向施加电场时的 SEAM 成像结果。当外电场 E=0 时(图 15(a))，SEAM 像显示了晶体内 90°的电畴结构。随着电场 E 的增大，自发极化取向与电场方向不一致的电畴逐渐转向外电场方向，于是 SEAM 像的反差出现显著变化。当外电场达到 E=7.2kV/cm 时(图 15(d))，SEAM 像呈现单畴结构，这意味着材料的极化过程已经完成，由此也确定了试样的极化电场为 7.2kV/cm。

近年来，利用 SEAM 技术对生物试样的研究也取得了很大进展。由于 SEAM 技术不仅有试样制备简单，有高的空间分辨率的优点，而且还能在原位得到 SEM 和 SEAM 两幅像，非常便于观测，是实现材料亚表面力学、电学和热学特性成像的新技术。

3.3　扫描探针声显微镜(SPAM)

扫描探针声显微镜是在商品的扫描探针显微镜(SPM)上，增加一个声激发和检测系统而组成，它使我们可以用声波在纳米尺度上来观察物质世界。

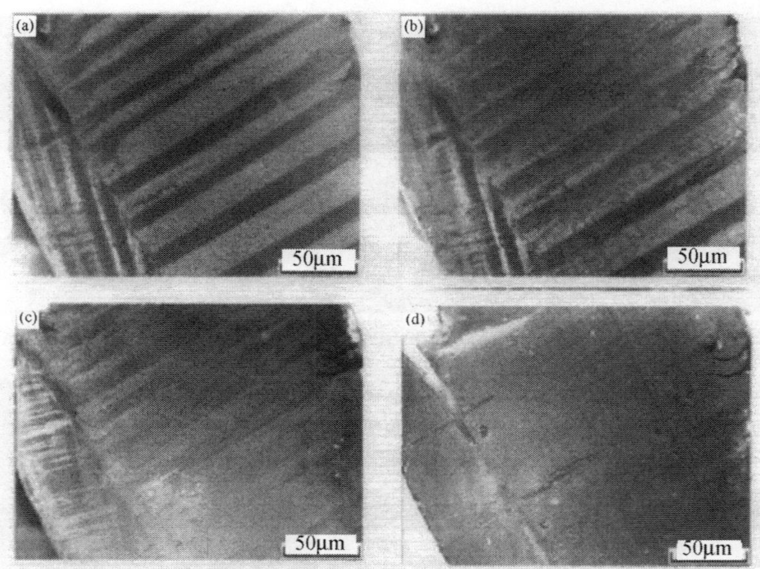

图 15 PMN-PT 单晶电畴结构的 SEAM 像：(a) f = 133.3kHz，E = 0；(b) f = 133.1kHz，E = 4.5kV/cm；(c) f = 133.4kHz，E=5.4kV/cm；(d) f = 133.4kHz，E = 7.2kV/cm

目前 SPAM 主要有三种工作模式。第一种是在探针上施加声振动[21,22]，并由探针检测信号；第二种是激发试样声振动，利用探针在试样表面检测成像[23,24]； 第三种是同时在试样和探针上施加频率略有差异的超声振动,由于探针和试样之间的非线性作用，利用两者的差频信号实现成像[25]。

试样激振的 SPAM 系统如图 16(a)所示。对于 PMN-PT 单晶的表面像，如图 16(b)所示。图 16(c)的 SPAM 像(f = 6.42kHz)，清楚地显示了晶体的畴结构[26]。图 17 是 $Bi_4Ti_{2.98}Nb_{0.02}O_{12}$ 陶瓷的 SPAM 成像结果。SPAM 像不仅给出了材料更精细的微区结构。而且由 Zoom 区的 SPAM 像中沿直线 CC′扫描的信号(图 17(d))可以看到，SPAM 成像的空间分辨率可以高达 12nm。

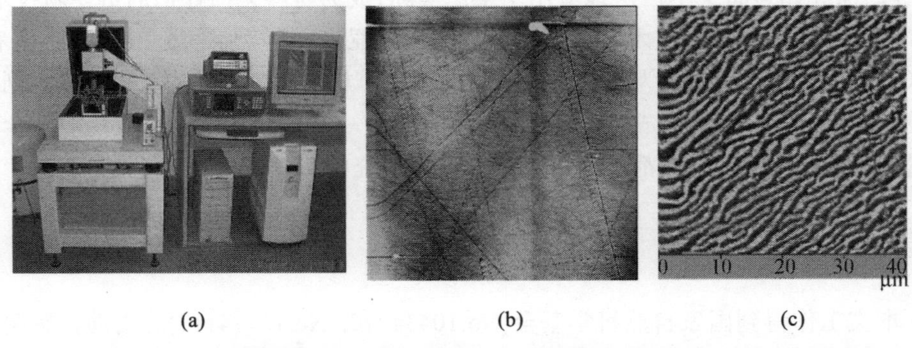

(a) (b) (c)

图 16 (a)试样激振的 SPAM 系统；(b) PMN-PT 试样的 SPM 像；(c) PMN-PT 试样的 SPAM 像

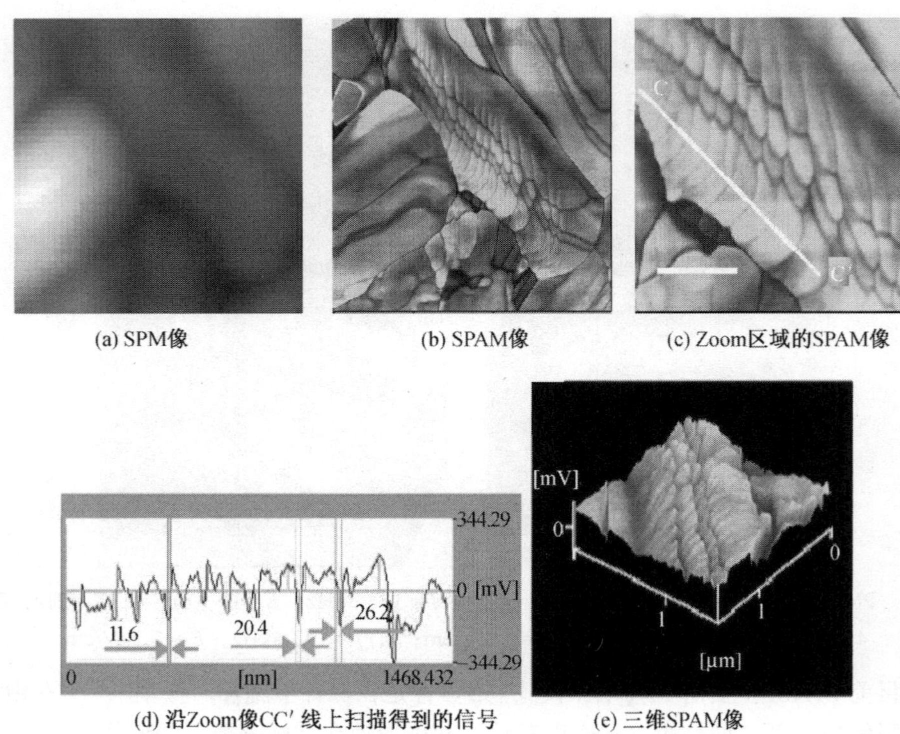

(a) SPM像　(b) SPAM像　(c) Zoom区域的SPAM像

(d) 沿Zoom像CC′ 线上扫描得到的信号　(e) 三维SPAM像

图 17　$Bi_4Ti_{2.98}Nb_{0.02}O_{12}$ 陶瓷的 SPM 和 SPAM 成像实验结果

4　结论

由于激光超声技术具有宽带、灵敏、非接触激发和检测等优点，它已成为研究复杂媒质中声传播特性的重要手段，是开展薄膜、涂层等新材料和黏结界面特性检测的有效方法。随着激光技术和光检测技术的发展,全光学激光超声系统的性价比的下降,激光超声将会更广泛地应用于生产实际,成为材料无损评估的重要新技术。

利用不同的声成像技术，可以对试样表面和亚表面实现空间分辨率为亚毫米，微米和纳米量级的成像，为我们提供直观的材料结构和特性的信息。换能器阵列在声成像中的应用，提高声成像的速率和分辨率，进一步使声成像技术发展成一个可定量的检测技术等，这些都是当前声成像技术研究的热点。

致谢

本文工作得到国家自然科学基金(No.10434070, No.10774113)的资助。感谢上海硅酸盐研究所殷庆瑞研究员，法国 Valenciennes 大学徐卫疆博士等在声成像研究方面的合作与支持。

参考文献

[1] Huet G, Rossignol C, Deschamps M, et al. Greenfunction of an anisotropic half space comparison between measurements and complex (and real) rays theory. WCU/UI'05, Beijing, China, 2006.

[2] Wu X M, Qian M L, Cantrell J H. Dispersive properties of cylindrical Rayleigh waves. Appl. Phys. Lett., 2003, 83(19): 4053-4055.

[3] Hu W X, Qian M L, Cantrell J. Thermoelastic generation of cylindrical Rayleigh waves and Whispering gallery modes by pulsed laser excitation. Appl. Phys. Lett., 2004, 85(18): 4031-4033.

[4] Pan Y, Rossignol C, Audion B. Acoustic waves generated by a laser point source in an isotropic cylinder. J. Acoust. Soc. Amer., 2004, 116(2): 814-820.

[5] Pan Y, Rossignol C, Audion B. Acoustic waves generated by a line pulse in cylinders, application to the elastic constants measurement. J. Acoust. Soc. Amer., 2004, 115(4): 1537-1545.

[6] Pan Y, Rossignol C, Audion B. Identification of laser generated acoustic waves in the two-dimensional transient response in cylinders. J. Acoust. Soc. Amer., 2005, 117(6): 3600-3608.

[7] Pan Y, Perton M, et al. Acoustic waves generated by a laser point pulse in a transversely iostropic cylinder. J. Acoust. Soc. Amer., 2006, 119(1): 243-250.

[8] Hu W X, Qian M L. The thermoelastic excitation of air-solid interface waves using the pulse laser, Science in China (Series G), 2004, 47(2): 199-207.

[9] Peng R L, Qian M L. Scholte wave at air-metal interface generated by a disc-like source. Chin. Phys. Lett, 2005, 22(9): 2342-2345.

[10] Han Q B, Qian M L, Wang H. Investigation of liquid/ solid interface waves with laser excitation and Photo-elastic effect detection. J. Appl. Phys., 2006, 109(9): art.093101.

[11] Han Q B, Wang H, Qian M L. Liquid-solid interface waves with laser ultrasonic and mirage effect. Chin. Phys. Lett., 2005, 22(12): 3104-3106.

[12] Mattei C H, Jia X, Quentin G. Direct experimental investigations of acoustic modes guided by a solid-solid interface using optical interferometry. J. Acoust. Soc. Amer., 1997, 102(3): 1532-1539.

[13] Briggs A. Advances in acoustic microscopy. New York: Plenum Press, 1995.

[14] Xu W J, et al. Layered material characterization using V(z) inversion technique. The Inter. Cong. Ultras. Vienna, 2007.

[15] Brandis B, Rosencwaig A. Thermal-wave microscopy with electron beams. Appl. Phys. Lett., 1980, 37(1): 98-100.

[16] Cargill III: Ultrasonic imaging in scanning electron microscopy, Nature, 1980, 286(14): 691-693.

[17] Qian M L, Cantrell J H. Signal generation in scanning electron acoustic microscopy. Mater. Sci. & Eng. A, 1989, 122: 57-63.

[18] Cantrell J H, Qian M L, et al. Scanning electron acoustic microscopy of indentation -induced cracks and residual stresses in ceramics. Appl. Phys. Lett., 1990, 57(18): 1870-1872.

[19] Qian M L, et al. Scanning electron acoustic microscopy of electric domains in ferroelectric materials. J. Mater. Res., 1999, 14(7): 3096-3101.

[20] 钱梦騄, 彭若龙. 各向同性媒质中扫描电子声显微镜的信号激发. 声学学报, 2007, 32(5): 435-441.

[21] Eling V B, Gurley J. Jumpiny probe microscope. US Patent No.5 226 801, 1993.

[22] Kester E, et al. Measurement of mechanical properties of nanoscaled ferrites using atomic force microscopy at ultrasonic frequencies. Nanostructuted Mater., 1999, 12: 779-782.

[23] Kolosov V, et al. Imaging the nanostructure of Ge islands by ultrasonic force microscopy. Phys. Rev. Lett., 1998, 81(5): 1046-1049.

[24] Rabe U, et al. Evaluation of the contact resonance frequencies in atomic force microscopy as a method for surface characterization (invited). Ultrasonics, 2002, 40: 49-54.

[25] Shekhawat G S, Dravid V P. Nanoscale imaging of buried structures via scanning near field ultrasound holography. Science, 2005, 310: 89-92.

[26] Zeng H R, Yin Q R, et al. Local elasticity imaging of ferroelectric domains in $Pb(Mg_{1/3}Nb_{2/3})O_3$-$PbTiO_3$ single crystals by low frequency atomic force acoustic microscopy. Solid State Commun., 2005, 133: 521-525.

多相孔隙储层介质声学研究进展

王秀明[1]，赵海波[2]

(1 中国科学院声学研究所超声物理与探测实验室，北京　100080)

(2 大庆油田有限责任公司勘探开发研究院，大庆　163712)

1　引言

油气储层介质中的声学问题属于多相孔隙介质声学研究范畴，是声波勘探和油气储层声学的精细描述的物理基础，这些研究具有很强的应用背景和重要的学术价值。

中国的发展如果没有持续、稳定的能源供应，就不能满足其现代化建设中的能源需求。因此，寻找新的能源、勘探新的油区、开发中老油田，对满足我国石油等能源的需求具有十分重要的作用。这具体表现在：在勘探方面，需要研究高精度声波勘探数据采集和成像方法，提高声波勘探的分辨率，圈闭复杂油气藏，隐蔽性油气藏；在开发方面，发展更加有效的储层预测、评价方法和技术，对开发过程中的储层进行精细描述，了解开发过程中油气水动态分布，为最佳井位部署提供依据。利用声波方法圈闭油气藏，描述储层特性，是目前广泛应用的地球物理方法之一。然而，储层声学的精细描述及其更深层次的理论问题并没有很好解决，许多问题都需要更加深入研究。

在大的方面，在石油勘探、超声检测和地表勘查中，常常需要研究声波在复杂地质构造中传播问题，如地震波勘探中具有不规则的近地表自由界面(空气和地层界面)的非均匀地层中的声传播问题，三维各向异性储层倾斜井和水平井中的声传播问题，储层井间声波传播问题，海洋石油勘探中的海底储层以及与陆地相连接的由陆地、海洋和空气组成的复杂地形中的声传播问题，这些都是陆地和海洋声波资源勘探中必须要很好解决的问题，它们是声波勘探和检测应用的基础。目前尽管相关研究报道很多，但相当一部分工作仍然没有很好地解决。

在小的方面，随着研究工作的不断深入，研究模型也越来越接近实际，也越来越复杂，特别是油气储集层中的声波传播模型，它是油气和天然气水合物能源勘探中的最基本的声学物理问题，是孔隙介质声学的重要课题。因此，利用声学方法对油气储集层岩性和储油物性进行定量描述，研究声波在油气储层(含储层钻井)中的表现形态和传播机理，深入探讨储层矿物组分和岩石物性对声波的影响因素并建立岩石物性与声学特性的关系。这些研究对设计和开发新的声波油气探测系统，提高储层断层和裂缝的探测精度，精确预测地层超压，精确反演储层孔隙度和渗透率，有效检测油气开采过程中的油气运移以及温室效应研究中的地层 CO_2 注入状况等都具有极其重要的意义，是国内外相关的油气声波勘探、岩石物理和环保工作者长期以来十分关注和迫切研究并想解决的问题，是提高石油储量和产量的重大课题之一。

在学术上，多相孔隙介质声学理论很不完善，深入研究非均匀多相孔隙介质，如同时含有油、气和水的储集层，同时含有天然气水合物、水和气的海底储层中的声波的传播模型，建立和完善精确描述声波在这类介质中的传播方程，对于发展和完善多相孔隙介质声学理论具有十分重要意义。它的突破直接关系到油气和天然气水合物的勘探精度的提高。

本文首先介绍了储层声学的概念、特点及研究内涵，然后介绍了 Biot 孔隙储层介质声学研究，其次详细论述了两液一固和两固一液孔隙储层介质声波研究进展，最后是展望与讨论。

2 储层声学的概念、特点及其研究内涵

2.1 储层声学的起源

要说明储层声学，首先要了解什么是储层。所谓储层，即储集层的简称，是地下岩层的一种，一般指能够存储油气水的岩层为储集层，而称能够存储油和气的储层为油气储层。实际上，构成地壳的三大岩类都可以成为储层，统计结果表明，全世界 236 个大型油田中，砂岩油气田占 59%，碳酸盐岩油气田占 40%，火成岩和变质岩油气田仅占 0.8%，因此，全球主要油气田的储层是沉积成因的碎屑岩和碳酸盐岩地层[1]。所以，人们将沉积岩储层称为常规储层，而称火成岩和变质岩等形成的储层为非常规储层。

储层的特征是油气勘探和开发工作者最关心的问题之一。岩层之所以成为储层，首先是因为其具有孔隙性，具有能够提供油气水储存的孔隙空间，其次是其渗透性，储层有较大的孔隙空间，固然很好，但是如果不是连同的，孔隙性很差，即使孔隙里面充满油气，也无法采集出来，所以好的储层应该是具备很好的渗透性，即高渗透率。油气储层是指具备储集油气能力的岩层，而非一定是储集了油、气和水。人们研究油气储层的沉积环境、古地理条件、沉积体系的空间展布特征及各沉积相带的相互配置关系，从而建立储层的沉积模式及其地质模型，以便全面而准确地评价和预测储层的空间分布、形态特征与空间上的物理性质变化规律，从而满足油气勘探开发需要了解的储层的范围及其岩石物性等。

近十几年来，世界各国陆上油气勘探产生了较大的变化，油气勘探从过去以寻找构造圈闭为主逐渐转化为以寻找复合型圈闭以及各类岩性圈闭为主的新阶段。而

这种转变，要求高精度的地球物理特别是声波成像技术和先进的资料处理手段。另外，在早期勘探时，人们的勘探目标是较大的构造圈闭。由于这些构造埋藏较浅，因此圈闭评价和井位部署主要考虑圈闭面积、闭合高度和高点埋深三个构造要素，储层描述只是在油田开发后期才受到关注，如目前大庆油田开采时期的储层描述研究。通常，人们所说的储层描述是指对储层的岩性、形态、物性和含油性四大方面的表征。储层描述的目的是搞清储层开采过程中的油水动态分布情况，以便更加合理的部署注采井网、提高采收率等。

储层描述，一般采用地质、钻井和测井资料通过地层小层对比来完成。随着勘探程度的不断提高和勘探领域的不断延伸，油气勘探对象也发生了变化。在实际勘探实践，人们发现所遇到的储层的非均质性很突出，储层物性的好坏不仅决定着探井是否高效，而且还决定着探井的成败。特别是对于岩性油气藏勘探更是如此。这就迫使人们不仅了解所感兴趣的储层的宏观形态特征，而且还需要了解储层物性的空间变化细节，因此，储层预测和评价逐渐成为人们所必须考虑的重要因素。早期的储层预测理论和技术为储层声学的发展奠定了重要的基础。建立在储层声学基础上的储层声学的精细描述是我们新提出的一个特色研究方向，它是从储层预测发展起来的一个新的分支。早期的储层地震预测研究是逐渐形成储层声学的前身和基础。

2.2 储层声学的概念及其特点

储层声学是属于多相孔隙介质声学的研究范畴，它是从地震勘探(含井中垂直地震剖面和井间地震)、四维声波、声波测井、岩石声学测量、沉积岩石学、数字信号和图像处理等通过学科交叉而发展起来的一个新的学科分支，它是研究声波在油气储层中的传播及其相互作用的一门学问，储层声学要回答声波是如何在孔隙性、裂缝性及各向异性储层介质中传播的，如储层的孔隙度、孔隙结构、孔隙中的流体含量及其声学特性、渗透率、组成储层固体骨架的各种组分及其声学特性等对声波在储层中传播的影响。需要指出，储层声学的另一个重要的研究内容是声波与储层的相互作用及其作用后的效应，如研究经过大功率声波作用后的储层的微观结构有何变化、其中孔隙中的稠油黏度有何变化以及储层物性有何变化等等。激发这一研究兴趣的主要来自于提高采收率的物理法声学采油，如生产井中的大功率超声解堵、解腊应用等。

储层声学尽管起源于储层地震预测，但是它们有一定的区别，这主要表现在：

第一，储层地震预测主要是利用地震波研究区域构造，随着勘探的不断深入，通过提高地震成像分辨率，来寻找岩性油藏和隐蔽性油藏。虽然人们也可利用地震属性来研究储层岩性甚至孔隙流体特性，但是由于其资料主要是低频的地震资料，因此它的应用受到很大限制，如分辨率太低、精度差等。对于储层声学而言，它包括储层地震预测研究，不仅如此，它更加注重储层微观结构等对声波的影响，如孔隙结构、孔隙流体性质、岩石骨架颗粒特性及其分布对声波的影响，而且声波频率段也不局限于低频，它可以是地震波频段(10~200Hz)，可以是井间地震频段(100~1000Hz)，可以是声波测井频段(1k~20kHz)，可以是井下超声电视频段(100~500kHz)，可以是岩石超声测量频段(200k~500kHz)，还可以是岩石超声显微镜频段(1MHz)。它的研究的最终目的是通过各种声学手段对储层进行更加精细的描述。这些研究不仅局限于野外，而且也包括在实验室的岩石声学描述。

第二，储层地震预测仅限于对储层的预测和评价，而储层声学不仅包括这些，而且涉及储层与声波作用后的效应研究，它包括功率超声对储层作用后产生的一系列影响。大功率声波在极短的时间内在局部空间区域产生高温高压，这种作用对于含有油气水的储层特性有何影响？范围多大？它是否会改变孔隙的微观特性，孔隙内流体的流动特性，毛细管压力等。

2.3　储层声学的研究内涵

储层声学是随着声学理论应用于油气勘探、开发和岩石物理领域并不断延伸和发展壮大而提出的，它是人们寻找能源资源勘探和开发过程中随着实际需要而产生的。所以，储层声学的发展和其研究内涵取决于实际需求以及诸多学者的共同努力，开辟和拓展油气储层声学的相关研究领域，完善其理论和方法，促进其应用。就目前来看，它的研究包括：

在声学理论上，深入研究多相孔隙储层介质的声学物理模型。通过深入了解岩石储层的构成和成分等，构建适合于实际地质情况的储层物理模型。通过深入分析储层的孔隙或者裂缝的结构、孔缝分布、储层骨架颗粒分选及其胶结情况、孔隙流体的分布规律，建立更加符合实际的储层声学物理模型，完善和发展描述声波在这种复杂储层中的传播规律的本构方程。

在声学实验上，开展多相孔隙储层岩样的实验测量研究，考察不同孔隙和裂缝结构与分布、不同孔隙流体组分及其在孔隙和裂缝中分布情况、不同骨架颗粒及其分布特点对声波幅度和速度的影响。通过这些工作，从实验的角度建立储层的孔隙度、渗透率、孔隙流体含量等储层参数与声波速度和幅度的关系，为储层声学精细描述提供坚实的物理基础。另一方面，利用储层的小样实验，研究复杂储层的不规则界面(如自由界面)、不规则井眼、裂缝带和断层区域小样物理模拟，为储层反演成像提供测量数据，验证反演算法的精度。

在声波数值模拟方面，发展高精度声场模拟算法，研究复杂储层构造情况下的声波响应特点，它包括起伏界面、断层、裂缝和各向异性等非均匀储层模型的声波数值模拟。这些工作一方面可以仿真声波在复杂储层模型中的传播，另一方面可以提供理论模拟数据，用以验证反演算法的精度。

在声波成像研究方面，深入研究声波在储层中的逆传播理论，研究建立在全波动方程基础上的声波高精度(地震波)成像算法，为下一代声波成像技术提供理论依据。

在储层强声作用研究方面，研究储层介质受到功率声波作用时的物性变化特点，从理论和实验的角度探讨大功率声波对储层岩石的作用机理及其作用范围，为声波采油和解堵提供依据。

3 孔隙介质声学研究评述

孔隙介质声学是近些年发展起来的应用性很强的声学分支。孔隙介质是固体单元(颗粒、基质等)的集合体，各单元之间的空隙形成孔隙空间本身，孔隙空间由一种或多种流体所充填。孔隙介质包括天然孔隙介质(如岩土)和人工孔隙介质(如混凝土)。孔隙介质声学的研究成果已经被广泛应用于资源的地球物理勘探、地震灾害预报、水文环境、地震工程、工程勘查等领域。特别对石油的地震勘探和声波测井，孔隙介质声学是最理想的应用领域，至少在经济效益方面是如此。

下面本文将对国内外与油气勘探和开发方面研究有关的孔隙介质声学研究工作和进展进行较为系统的综述。

3.1 一种流体饱和的孔隙介质

Gassmann[2]建立的 Gassmann 方程是较早的有关弹性波在孔隙中的传播理论。该方程的出现为流体孔隙介质的速度及弹性模量(固体和流体)的反演提供了基本的理论基础。Wyllie 等[3]提出了所谓的“时间平均关系”，假设多相孔隙介质可以用一系列固体与流体交错层来代替，声波通过孔隙介质所需时间等于分别通过各相时间之和。虽然 Wyllie 公式相对简单、应用方便，但是它们不能揭示岩石的声频散性质和孔隙流体等因素对岩石声学性质的影响。

从拉格朗日观点出发，同时引入了广义坐标概念，Biot[4, 5]首次建立了双相孔隙介质波动方程的半唯象理论，他的开创性工作奠定了该声学分支的理论基础。Biot 理论预言了在饱和孔隙介质中存在着两类纵波(快纵波和慢纵波)和一类横波。Plona[6]从实验室观测到 Biot 理论预言的孔隙介质中传播的慢纵波，这对 Biot 开创的孔隙介质理论的进一步研究和应用产生了极大的推动作用。

Geertsma[7]给出了各向同性 Biot 波动方程中弹性系数与干骨架体积模量、颗粒体积模量和流体体积模量之间的关系。饱和流体对剪切模量不产生影响，骨架的剪切模量等于饱和孔隙介质的剪切模量，而骨架的体积模量和剪切模量又可以由骨架纵波速度和流体纵波速度导出。与 Geertsma 的工作不同，Berryman[8]严格推导了求取 Biot 应变能方程中系数的计算公式，此计算方法对完全固结岩石是合法的，而对于未固结岩石，需要一定的近似。Ogushwitz[9]讨论了天然孔隙介质下 Biot 理论中的 13 个参数的确定方法，并采用自洽理论(self-consistent theory)分析了干骨架的弹性模量。

对于 Biot 双相孔隙介质的动力响应问题的解析解方面，已有很多研究成果。Garg 等[10]研究了饱和孔隙介质的一维瞬态动力响应问题，利用 Laplace 变换得到了近似解。应用 Fourier 级数展开，Gajo[11]给出了饱和孔隙线弹性介质一维问题的瞬态解，并分别讨论了惯性耦合和黏性耦合对饱和孔隙介质瞬态特性的影响。Dai 等[12]利用势函数的方法推导了均匀孔隙介质中纵波点源或线源激发声场的解析解。Carcione 和 Quiroga-Goode[13]利用 Green 函数法得到了黏弹性孔隙介质声学方程的解析式。Paul[14]利用 Hankel 变换及 Cagniard 方法并采用 Helmholz 分解，首次研究了饱和孔隙半空间的 Lamb 问题，在他的工作中忽略了孔隙流体的黏滞性。Philippacopoulos[15]同样采用 Helmholz 分解，考虑了固相的阻尼和固液两相之间的黏性阻尼，求解了饱和孔隙半空间的 Lamb 问题。黄义和张玉红[16]基于积分变换方法提出位移组合积分变换和应力组合积分变换式，研究了饱和孔隙介质的 Lamb 问题。由于双相孔隙介质波动问题的复杂性，只有在少数简单的情况下才可得到解析解，特别是对于各向异性、非均匀的复杂孔隙介质问题，需要借助数值模拟手段进行求解。在孔隙介质数值模拟方面的成果非常多，数值模拟方法也有多种，如有限差分方法，有限元方法，边界元方法和伪谱法。

在 Biot 理论框架中，质量耦合系数是描述固相和流相相互作用的关键参数，涉及描述几何形状的动态孔隙弯曲度(与速度和密度有关)和动态渗透率(高频下，由黏滞边界层引起)的研究。Beryman[17]给出了球形固体颗粒组成孔隙介质的弯曲度的简单计算公式。Johnson 等[18]采用特征长度的概念，给出了对大多数孔隙介质都能较好满足的动态孔隙弯曲度和动态渗透率公式。胡恒山和王克协[19]认为，动态渗透率的实部和虚部分别表示黏滞力和惯性力对平均渗流速度的影响，动态渗透率包含了 Biot 理论中黏滞修正系数和质量耦合系数的意义。

各向异性孔隙介质的研究在 Biot 及其合作者的早期工作[4, 5]中就有介绍。孔隙介质的各向异性产生原因有多方面，如骨架颗粒晶体本身的各向异性，地层在沉积过程中形成的层状结构，孔隙、微裂缝和微孔洞引起的各向异性。Brown 和 Korringa [20]首次利用骨架颗粒、孔隙流体和骨架属性获得各向异性饱和孔隙介质应力-关系的柔变张量。Thompson 和 Willis[21]从微观机制方面进一步分析了应力-应变关系，给出的本构关系方程中的系数均可测量得到。Parra[22]、Gelinsky 等[23]也进行了各向异性孔隙介质的波动传播研究，他们研究了层状介质情况和渗透率各向异性的影响。Sharma[24]进行了三维各向异性饱和孔隙介质的波动研究，分析了四种准波的相速度、群速度和极化方向。他的结论是，不同准波的极化方向不是相互正交的，流相质点与固相质点的运动不一致，这种不一致现象与骨架孔隙度有关。Carcione [25]数值研究了声波在横向各向异性孔隙介质中的传播，并从能量角度全面分析了各向异性孔隙介质的波动问题。声波在层状孔隙介质中的反射和透射及孔隙介质表面波的研究是孔隙介质声学的基本内容，也是基本的地球物理问题。Dereisewicz 及其合作者[26]发表了一系列文章讨论自由界面孔隙介质面波的传播和层状孔隙介质中波的反射和折射。Geertsma 和 Smit[27]导出了垂直入射低频纵波在平面界面的反射和衰减。Stoll[28]对声波在界面的反射、折射开展了大量的理论与实验研究。Santo 等[29]对于不同交界面条件下的反射和折射系数进行了计算。Wu[30]等研究了高频声波在流体和饱和孔隙介质界面上的反射和透射。Feng 和 Johnson[31]对慢表面波(相速度低于慢波速度)、伪表面波(伪 Stoneley 波)的速度与弹性模量的关系及格林函数进行了计算，预期在孔隙介质与流体界面上存在三种界面波，即伪 Rayleigh 波、伪 Stoneley 波和 Stoneley 波。三种面波的特点为：Stoneley 波沿界面无衰减传播；伪 Stoneley 波沿传播方向衰减严重，并向慢纵波辐射能量；伪 Rayleigh 波同样在传播方向上有较强衰减，向慢纵波及流体半空间辐射能量。与 Dereisewicz[26]的思路不同，Tajuddin[32]从三种体波的耦合角度来研究 Rayleigh 面波，他的研究结果显示，饱和孔隙介质中 Rayleigh 面波的速度要比单相弹性介质的 Rayleigh 面波速度高出 1.5~4 倍。Yang[33]质疑了这一论断，考虑孔隙流体流动引起的黏滞耗散，他重新推导了 Rayleigh 波的特征方程，认为前者仅略低于后者。最近，Gubaidullin 等[34]考虑了黏滞耗损对面波频散的影响。对于饱和孔隙介质半空间覆盖——低速弹性介质层模型，Sharma 和 Gogna[35]得到 Love 面波的频散方程。

很多学者对Biot孔隙理论的适用性进行了多方面的考察。Stoll 等[36]证明了 Biot 理论可应用于海底沉积物的声学问题研究。Plona[6]从实验室观测到 Biot 理论预言的孔隙介质中传播的慢纵波。Ogushwitz[37]利用已有的实验数据对 Biot 理论的正确性进行了验证。其他研究人员也从实验方面验证了 Biot 理论预计的速度和衰减(随频率)与实验结果吻合很好。一些学者认为 Biot 理论可以基本阐明声波在未固结的饱和孔隙介质中的传播特性或在高渗透性的沉积岩的传播。

尽管Biot理论已经证明声波在饱和孔隙介质中传播时具有耗散性和频散特性，但在很多情况下这种理论预测的能量耗散和速度频散要比实际的低。Biot 理论显示，在低频范围内，随着流体黏度的增加或渗透率的降低，衰减减小，这与 Jones[38]的实验相矛盾。Biot 理论另一个比较明显的不足是宏观流动机制低估了速度的频散和幅度衰减。Biot 理论是从宏观角度出发而建立起来的，即考虑大波长的扰动，这里波长的长短是与宏观单元体比较而言。因此，当波长较短时，Biot 理论在描述声波与孔隙介质的作用机制是不准确的，即 Biot 理论在微观尺度上描述孔隙流体与岩石骨架的相互作用存在着不足之处。

另一能量耗散损失机制是微观的喷射流流动，该机制被认为是引起速度频散和能量衰减的主要来源之一。一般，这种机制产生作用的频率范围 100~10kHz(孔隙流体黏度为 1cP)。Biot 流动耗损机制来源于孔隙流体与固相骨架的全局相对运动。基于喷射流动力学机制的喷射流动理论，它是基于单个孔隙中或者基于固体颗粒的相互接触处流体流动的力学机制而建立。

对于未固结砂岩或高渗透性岩石，Biot 理论在大多数情况下可以合理地解释速度频散和衰减变化，而在固结良好的砂岩(具有较低的渗透率)中，喷射流理论被认为是引起衰减的主要机制。Bourbie 等[39]认为，当喷射流机制只能部分地解释观察到的速度频散和幅度衰减时，不能将流体的全局流动和局部流动机制分开来分析复杂的孔隙介质的能量耗损机制问题。实际上，当声波在含流体的孔隙介质中传播时，由于固体和流体的相互作用、相互耦合，Biot 流动机制和喷射流机制同时发生，且作为一个耦合过程共同对声波的振幅衰减和速度频散产生影响。

Dvorkin 等[40]提出了一种孔隙弹性动力模型理论，这个理论结合了宏观尺度上的 Biot 机制和微观尺度上的喷射流机制，被称为 BISQ 理论。Dvorkin 等[41]比较了 BISQ、Biot 和喷射流机制，理论计算显示随着孔隙流体黏度的减小，喷射流机制下的衰减峰向高频移动，而 Biot 机制下的衰减峰向低频移动。尽管 BISQ 理论在解释声波数据方面有了很大的改善，但 BISQ 模型计算要用到微观尺度参数——喷射流长度，最终使得这种理论预计实际岩石样品的速度频散和衰减的能力有所折扣。为了避开 BISQ 理论中的喷射流长度，Diallo 和 Appel[42]提出了改进的 BISQ 模型(RBISQ)。该理论下，纵波速度和衰减系数与可测量的岩石物理参数有关，即 Biot 孔隙弹性常数、孔隙度、渗透率、孔隙流体的压缩率和黏度。RBISQ 预计衰减的程度与 BISQ 相同，预计渗透率对速度频散和衰减的影响的趋势与 Biot 理论一致。

Diallo 等[43]实验结果显示，RBISQ 预计的纵波速度与实验结果的吻合要好于 BISQ。但是，无论 BISQ 模型还是 RBISQ 模型，都不能很好的解释超声实验测量结果(包括速度和衰减)，他们认为黏土的存在引起实验结果和理论结果的不一致。Han 等[44]的实验发现，很少量的黏土(1%~2%)都会引起纵波和横波速度的明显降低，他认为黏土含量对纵波和横波速度的影响主要来源于黏土引起的剪切模量的降低。Klimentos 和 MacCann[45]的实验显示，在超声频率范围内的孔隙岩石衰减与黏土含量有较大的关系。一些学者把由黏土引起的衰减归因于孔隙流体与黏土颗粒间的黏滞相互作用 Wang[46]认为，黏土对岩石声学属性的影响依靠黏土颗粒在孔隙中的分布形式和黏土类型，除了对岩石密度有影响之外，黏土对岩石声学属性基本没有影响，除非孔隙被黏土完全填充。目前，黏土含量对衰减机制的影响仍没有定论。

上述介绍的研究工作主要与 Biot 孔隙介质理论有关。除了 Biot 双相孔隙介质理论之外，还有从微观结构角度考虑建立孔隙介质波动理论的方法：均一化理论(homogenization theory)和体积平均方法(volume-averaging method)。均一化理论也称为双尺度方法(two-space method)，该方法的基本思想是表征孔隙介质的物理量均与两个独立的参考尺度有关，一个是颗粒尺度，另一个是宏观尺度(如样品尺寸、波长)。Burridge 和 Keller[47]利用均一化理论推导了新的孔隙介质弹性动力学方程。

他们的分析表明，当无量纲黏滞系数很小时，他们给出的方程与Biot方程相吻合，当无量纲黏滞系数等于一时，他们的方程退化为单相黏弹性介质控制方程。Auriault等[48]也采用了均一化理论研究了孔隙介质的波动问题，推导出管状孔隙的动态渗透率公式。体积平均方法的核心是Slattery平均理论，该理论将物理量梯度的平均和平均物理量的梯度联系起来。de la Cruz 和 Spanos[49]首先尝试利用体积平均方法重新推导Biot理论，但他们在使用平均变量建立本构关系环节上存在问题。Pride等[50]重新推导了Biot方程，他们方程中的系数表达与Biot理论的一致。两种方法相比，体积平均方法相对要简单一些，同时平均物理量的物理解释更明确。此外，混合物理论(mixture theory)也是处理具有不规则内部结构的多相孔隙介质的一种方法。考虑热力学相容的孔隙度的演化方程以使模型封闭，Bowen[51]利用混合物理论建立了可压缩孔隙介质在一般情况下的场方程，并且还考虑了导热情况下饱和孔隙介质平面波动问题。Wilmanski[52]构造了一个新的关于孔隙度的平衡方程，考虑对每一组分的可压缩性的正确描述以及要求与热力学相容，提出了双相孔隙介质的拉格朗日模型。Wilmanski模型与Biot模型在如下条件下可以一致，即忽略Biot质量耦合系数ρ_{12}和耦合系数Q，忽略Wilmanski模型中的孔隙度动态变化。

另外需要指出的是，在Biot方程数值模拟计算方面，本文作者发展了Biot方程的交错网格的高阶有限差分算法，即空间8阶和时间2阶的差分算法，特别模拟计算了第二类慢纵波的传播和衰减特性，并与已有的工作进行了对比，认为在Biot方程不具有刚性条件时，计算效率较高。对于Biot控制方程系统而言，传播矩阵的所有特征值的实部都是负的。快纵波对应的特征值的实部(绝对值)较小，而慢纵波的实部相对较大。从非严格的角度上考虑，刚性方程系统是其传播矩阵的最大绝对特征值非常大，需要对时间步长做出不合理的严格限制以确保数值算法稳定或者累积误差在要求范围内。如采用极小的时间步长，那么利用数值方法求解则需要大量的循环迭代次数。从这个定义上看，Biot控制差分方程系统是刚性的。Carcione和Guiroga-Goode[53]采用一种分解法解决了Biot孔隙声波方程的刚性问题。这种方法是将方程系统分为两部分，一部分差分方程组是刚性的，另一部分是非刚性的。前一部分可以得到解析解，后一部分利用数值方法求解，Carcione等采用的数值方法是伪谱法。但是伪谱法在计算较强的非均匀介质时有严重的缺陷。最近，我们[54]发展了用高阶交错网格有限差分算法将Biot方程分为刚性部分和非刚性部分，非刚性部分用高阶有限差分算法，而刚性部分利用解析式，成功地解决了求解Biot刚性方程的困难。

3.2 两种流体饱和的孔隙介质

实际孔隙介质中可能存在两种或两种以上的流体。例如，在复杂的含烃类储集层中，油、气、水常存在于孔隙不同的区域，形成两种或三种成分的部分饱和、多种孔隙成分(油、气和水)共存的孔隙介质。因此在很多情况下，必须建立饱和多种流体的孔隙介质声学模型才更加符合实际状况。与一种流体饱和的孔隙介质相比，对两种流体饱和的孔隙介质中声学问题的研究并不是很多，有待研究者的发展和完善。

在研究声波在两种流体饱和孔隙介质中的传播机制时，比较简单的方法是对Biot双相孔隙介质理论进行扩展，即用液体-液体或气体-液体混合体的改进参数代替Biot理论(或Gassmann理论)中的相应参数，这种方法也被称为等效流体理论。Ravazzoli[55]利用等效流体模型及相关经验公式，探讨了饱和度、孔隙压力等对弹性波反射系数和透射系数的影响。

在实验方面，Brandt[56]报道指出，纵波速度随含水饱和度的降低而线性地减小，在含水饱和度低于50%下，纵波速度基本不变。Brutsaert[57]采用类似于Biot理论的Lagrangian方程建立了宏观模型，该模型描述了弹性波在两种不相混的可压缩黏性流体饱和的未固结孔隙介质中的传播，预计了三种纵波，但该模型没有考虑流体之间及流固之间的惯性耦合。随后，Brutsaert[58]提供了实验数据，结果与Brandt的结论一致。Elliott和Wiley[59]对Ottawa岩样进行了超声实验测量(700kHz)。他们的测量结果显示，含水饱和度在9%-85%范围内，纵波速度与含水饱和度无关。他们还利用Wyllie经验公式分析了部分饱和未固结砂岩的纵波速度，认为由于没有考虑围压和孔隙流体对岩石声学属性的影响，Wyllie公式不能给出合理的解释。Domenico[60]实验考察了含水饱和度对反射和折射以及弹性波(纵波和横波)相速度的影响。他们的研究表明，不同的饱和过程会导致速度的变化，速度与流体在孔隙中的微观分布有关。他还指出，驱替过程会导致气体在样品中分布异常不均匀。Murphy[61]对高孔隙度样品进行了低频实验测量，提供了进一步的实验数据分析含水饱和度对弹性波速度和衰减的影响。他的实验表明，含水饱和度变化对衰减的影响要大于对弹性波速度的影响。Murphy[62]对致密砂岩的实验测量中得到了不同的结论，他用一种接触松弛机制解释了其实验结果。Cadoret等[63]的实验表明(1kHz)：在干燥(drying)过程中，含水饱和度在60%~100%范围内，含水饱和度对纵波的衰减影响很大，而在吸吮(depressurization)过程中，这种影响很弱。Cadoret用流体分布的非均匀性解释了这种现象。他利用CT扫描观察到，在干燥的过程中，流体在切片剖面上的分布是不均匀的，而吸吮样品切片的流体分布是均匀的。Cadoret认为流体分布的非均匀性导致了斑块尺度上的孔隙流体流动，使得衰减增加。Cadoret的实验结果还显示，在5%~100%之间，横波对含水饱和度的变化不敏感。基于现场的实际资料及实验室测量的数据分析，其他学者也研究了含水饱和度对弹性波速度和衰减的影响。

在理论方面，基于混合物理论思想，Bedford和Stern[64]提出了含有气泡的液体饱和的孔隙介质理论，除加入了气泡振动引起的惯性影响之外，该理论与Biot理论基本一致。Smeulders和van Dongen[65]，Auriault等[66]的工作中也考虑自由气泡振动对孔隙介质速度和衰减的影响。他们认为，气泡的存在对孔隙介质中声波传播的影响主要有两方面：气泡的存在影响了孔隙流体的弹性模量，进而影响速度；波动引起的流体内压力的变化使气泡关于平衡半径振动，由于波的一部分能量要损耗在触使气泡振动，因此波在传播时产生衰减。

Garg 和 Nayfeh[67]将混合物理论应用于未饱和孔隙介质的波动研究。在他的工作中，忽略了流体相(气和水)之间的动量交换，且该理论仅限于低频情况。他们的平面纵波分析显示，在弱黏滞耦合下，未饱和孔隙介质中存在三种模式波，而在黏滞耦合作用非常大时，三个模式波的相速度相同。Berryman 等[68]利用改进的混合理论，同时考虑了各相之间的惯性耦合，推导出不相混及相混流体饱和的孔隙介质的 Lagrangian 形式的运动方程。该模型预计了存在类似于 Biot 快慢纵波的两种纵波。在忽略了毛细管压力影响下，他们的控制方程的退化形式与 Biot 方程基本一致。最近，利用混合理论，几种理论模型已被建立用以研究多相流体饱和的孔隙介质弹性动力学性质。Wei 和 Muraleethara[69]建立的模型中考虑了动态相容性条件(此条件反映各相之间微观交界面上的压力不连续性)，他们认为存在一种与毛细管压力有关的第三类纵波。在 Eulerian 描述下考虑惯性耦合和黏滞牵引力作用，同时引入流体的线性增量和孔隙度封闭条件，Lo 等[70]建立了一套耦合的偏微分波动方程。Lu 和 Hanyga[71]在建立的模型中加入了毛细管压力松弛效应引起的衰减机制。他们讨论了该机制对纵波和横波的速度及衰减的影响，结果显示，该机制对纵波模式的衰减有明显的影响。他们认为毛细管压力松弛过程是另一种评价两种流体饱和的孔隙介质衰减的重要机制。

Tuncay 和 Corapcioglu[72]采用体积平均理论考察了弹性波在两种不相混的牛顿流体饱和的孔隙弹性介质中传播特性。该模型预计此多相孔隙介质中存在四种体波，即三种纵波和一种横波。他们认为第三类纵波与两种流体之间的压力差有关，且对毛细管压力曲线的斜率变化敏感。从孔隙介质多相渗流力学观点考虑，当孔隙中同时存在两种不混溶流体时，蔡袁强等[73]通过三个运动方程、二个渗流连续方程以及相应的物性方程来描述孔隙介质动力特性，推导并求解了全频域波动方程。

Pride 等[74]认为可以通过两方面的共同作用来解释实验测量得到的衰减和速度频散，即中观尺度(mesoscopic-scale)的非均匀性和不同模式波之间能量的相互传递。他们把这种机制称之为中观能量损失。中观尺度的尺寸大于颗粒尺寸而小于声波波长。例如，如果不同位置处的流体压缩率(气和水)变化明显，则在孔隙压力差的作用下不同区域间的孔隙流体扩散将构成一种能量弥散机制，这种机制在 1~10kHz 频率范围内是非常重要的。在 Biot 理论框架内，White 等[75, 76]首次引入了中观尺度的耗散机制。他们考虑了在水饱和的孔隙介质中存在气包(gas pockets)，同时饱和水和气的孔隙介质成层交替排列。人们普遍称这种模型为斑块饱和模型。White 认为，流体分布的非均匀性(斑块)对声速和衰减有较强的影响，主要取决于气包尺寸(含气饱和度)、频率、渗透率和孔隙度。White 模型中没有考虑相邻气包的相互作用，在含气饱和度大于某一临界值($\pi/6$)，严格上讲，White 理论将失去合法性。Norris[77]在 White 模型基础上从微观结构角度出发，建立了宏观机制并讨论了低频下未完全饱和孔隙介质的频散和衰减。Shapiro 和 Muller[78]在中观流动机制下重新考虑了动态渗透率的作用,认为其对应于极限低频渗透率并控制着声波衰减。Johnson[79]进一步提出了周期性分布的任意形状流体斑块模型，该模型除了需要输入 Biot 参数外，还有需要两个几何参数：比表面积和板块尺寸。引入多次散射理论观点，Ciz 和 Gurevich[80]建立了流体斑块为随机分布的孔隙介质声学模型。

在均匀气包分布的 White 模型基础上，Carcione 等[81]利用 Biot 孔隙弹性理论数值研究了弹性波在部分饱和的孔隙介质中的传播,认为弹性波衰减及速度频散的主要机制来源于不同模式波之间能量传递。另外，Wang 等[82]利用交错网格有限差分模拟手段研究了多相随机分布的速度模型，该模型没有考虑单相之间的相互作用，无论是固相还是流相，不需要连续性条件。他们把所获的数值结果与 White 结果作了相应的对比分析。

考虑毛细管压力作用及各相之间的惯性耦合，Santos 等[83]利用补偿虚功原理和 Lagrangian 变分原理建立了两种黏性不相混的流体饱和的孔隙介质波动理论，该理论忽略了两种流体之间的摩擦引起的能量损失。该理论预计在此多相孔隙介质中存在着四种体波，即三类纵波和一类横波。基于 Santos 理论，Ravazzoli 等[84]讨论了含水饱和度和压力改变对储层砂岩声学及机械特性的影响。采用 Santos 理论，Carcione 等[85]利用伪谱算法从数值模拟角度考察了部分饱和的孔隙介质中的声波传播。在 Carcione 等的工作中，没有考虑流相之间的黏滞耦合效应。考虑了流体参考压力和流相之间牵引耦合，Santos 等[86]采用频域区域分解的有限元法模拟了 Santos 模型。实际上，Santos 多相孔隙理论是 Biot 理论的扩展。在熟悉 Biot 理论的背景下，开展 Santos 多相孔隙介质声传播研究是很自然的。在上述的工作中，在考虑参考压力、高频影响校正和流相之间的牵引耦合下，没有详细分析含气(水)饱和度和频率对四种体波速度和衰减的影响。同时，在 Carcione、Santos 的数值模拟中，对第二类纵波的模拟效果很差，这会对非均匀多相孔隙介质模型的数值结果产生影响。在求解 Biot 刚性方程的基础上，我们[87]也利用数值模拟手段来更加深入的研究 Santos 多相孔隙介质理论，并发展了此时方程呈现刚性时的时间分裂的高阶交错差分法，比较圆满的解决方程呈刚性时的数值计算方法。

3.3　两固-流多相孔隙介质

两固一流的孔隙介质是这样一种孔隙介质，它是由孔隙和固体骨架组成，而孔隙中含有一种流体(水或气)和一种固体，如冰冻的食品介质和含有天然气水合物的储层介质，都属于这类介质。

天然气水合物是一种类似于冰的固体介质，通常又称为干冰。它是由水分子包含在其中的甲烷等分子组成的，它通常存在于含有甲烷气体的低温高压储层中。目前人们在北极地区靠近大陆架的深水中发现了天然气水合物。天然气水合物是未来潜在的能源，据报道，它的储量远远超过在地下的所有的油气储量，具有巨大的开发潜力。另一方面，天然气水合物也可能产生灾害，因为这种干冰极不稳定，在钻井开采过程中，如果高温钻液使得临近地层的天然气水合物的温度升高，它会迅速分解，可能导致爆炸和火灾，而且它会对近海海底产生影响，对海洋生态环境造成不良后果。因此，勘探和开发天然气水合物也是目前大家很关心的热点。

目前，利用声波勘探天然气水合物已经取得了一定的进展，但是，大部分还在定性评估阶段，对地下或者海底储层的天然气水合物的定量圈闭和聚集度的定量估算还没有彻底解决。其原因在于，由于天然气水合物问题在 90 年代出才引起广泛重视，属于新问题，所以这方面的研究报道也不多，人们对天然气水合物储层的声学特性了解较少，声波在这种多相储层介质的传播规律尚未完全明了。而且，由于天然气水合物的样品难于获取，即使一旦获取，由于它极易挥发，保存条件极其苛刻，因此天然气水合物本身的声学性质也有待于进一步研究。目前相当一部分研究工作是将天然气水合物用冰来代替，因为这两者的声速和密度大致相似，但是有关声波在天然气水合物中传播的衰减问题和横波传播问题，目前几乎没有多少研究。

Whalley[88]在理论上预期了天然气水合物的纵波声速，认为它比冰中的纵波声速低 6%。Yuan 等[89]利用实际声波勘探资料分析了天然气水合物对储层声速的影响，并认为，储层纵波声速随着天然气水合物的含量(又称为聚集度)的增加而增加。Lee 等[90]利用三种速度模型估算了含有天然气水合物储层的纵波和横波声速，他们利用含有冰的未胶结的疏松储层研究了利用加权的时间平均模型和 Wood 方程，认为，含有天然气水合物的储层的泊松比随着天然气水合物聚集度的增加或者孔隙度的减小而降低。

Leclaire 等[91]从弹性动力学理论出发，建立了孔隙中含有一种固体和一种流体(两固一流)的孔隙介质声学理论，并研究了冻土层这种多相孔隙介质中的声波传播特点。他们的模型假定：1) 所研究的介质是由孔隙和骨架组成，孔隙中含有冰和自由水，因此组成整个介质的组分是水、冰和固体骨架；2) 水(流体)相、冰相和骨架相分别是连通的，冰相和骨架相不接触，封闭的孔隙被看做是骨架的一部分；3) 相对于参考状态，形变是微小的，位移、应变和质点速度都是微小量；4) 理论中的宏观量是相应微观量的体积平均；5) 忽略重力影响，不考虑温度变化引起的能量损失。在这些条件下，Leclaire 等从最基本的弹性动力学出发，推导出了两固一流多相孔隙介质中声波方程，并详细讨论了声波在这种介质中的传播特点。为讨论方便起见，我们称 Leclaire 等人建立的声学模型为 Leclaire 模型。该模型预期在这种两固-流的多相孔隙介质中存在 5 种波类型的波，它们分别为：第一类纵波、第二类纵波、第三类纵波、第一类横波和第二类横波，其中第一类纵波和第一类横波分别类似于我们通常在固体中所观测到的纵波和横波，而第二类纵横波和第三类纵波为非正常波模式，它们在通常测量条件下很难观测到，而且衰减很快，具有扩散特性。Leclaire 模型中的所有纵波和第一类横波在实验室中已经被观测到，得以证实，而第二类横波目前尚未被实验所证实。一般认为，第一类纵波与骨架固相有关，第二类纵波与骨架固相和流体相耦合有关，而第三类纵波是孔隙中的固体固相与流体耦合有关；而第一类横波与骨架相有关，第二类横波与孔隙中的固体(冰)相有关。由于 Leclaire 模型考虑的孔隙中的固体是冰，这一模型也自然适合研究天然气水合物储层介质中的声传播问题。Leclaire 模型的显然的缺点是，它没有考虑到孔隙中的冰与岩石骨架相接触时的情况，而实际上这种情况是存在的。

考虑到 Leclaire 模型的不足，Carcione 和 Tinivella[92]在 Leclaire 模型基础上将其推广到孔隙中的固相和骨架相接触时的情况，并详细地推倒了天然气水合物储层的声波方程。我们称这一模型为 Carcione-Leclaire 模型。与 Laclaire 模型相似，这一模型是基于严格的波动理论建立起来的，可以考虑声波在这一模型介质中的传播的速度和衰减。Carcione 等利用这一模型对声波在该种介质中的传播的 5 种波的速度和相应的幅度衰减进行了数值模拟计算，并利用伪谱法进行了声场数值模拟，给出了 5 种波的声场演化图像。由于伪谱法长算子的特性，其模拟计算具有一定的误差，显示明显的计算噪音 ，我们针对这一问题发展了高阶交错网格的有限差分算法，并利用完全吸收边界条件模拟了天然气水合物储层介质中的声场演化图像，清楚地计算出了这种多相孔隙介质中的 5 种类型的波[93]。

需要说明的是，不论是 Leclaire 模型还是修正的 Carcione-Lecliare 模型，它们都是 Biot 模型的推广，这些模型可以退化到原始的 Biot 模型[87]，因此 Biot 模型所具有的所有特性都会在这两种模型中表现出来，如 Biot 介质要求孔隙和固相都是连通的，这些模型也要求组成这些模型介质组分的各相都要求连通。同样 Biot 模型对声波传播的幅度衰减问题无法解释，如实际测量的幅度衰减和 Biot 模型预期的衰减要大，这些都会反映到 Lecliare 和 Carcione-leclaire 模型中。因为这些模型仅仅考虑连通介质的情况，而且只考虑流体的黏滞性引起的衰减。同样，如果在这些模型中引入喷射流机制，如 BISQ 修正，也可以在一定程度上解释声波传播的幅度衰减。另外，Carcione 等还将黏弹性理论引入他们所提出的模型中，较好地解释了声波在多相孔隙介质传播时的衰减问题。

4　结束语

多相孔隙储层介质的声学研究，特别是油气水和天然气水合物多相孔隙储层的声学研究，目前还在发展阶段，本文论述的几种建立在弹性动力学基础之上的严格理论的声学模型几乎都是 Biot 模型的推广，虽然有人也企图利用其他的办法来建立多相孔隙介质声学模型，但是后来大都被证明和 Biot 的声学模型相差无几或者与 Biot 模型结论一致。

在实用角度而言，声波方法是目前圈闭油气藏和天然气水合物储层较为有效的方法，它的另一个用途是监测注入地下的 CO_2 分布和泄漏情况。因此，实际的需要必定会推动这一学科分支的发展。由于多相孔隙储层介质的复杂性，到目前还没有一个十分令人满意的声学模型。因此从理论和实验的角度，更加深入研究多相孔隙储层介质的声学模型，精确地解释油气水或者天然气水合物含量对不同频率的声波速度和幅度衰减的影响，这对油气或者天然气水合物勘探和开发而言，是我们所面对的十分重要的研究课题。目前具体的研究工作应该包括：(1) 建立油气储层声学实验室，完善已有的岩石声学测量设备与装置，深入研究含气饱和度变化时的储层的声学特性的变化规律，研究多相孔隙储层的声波速度和幅度随天然气水合物含量的变化规律；(2) 在实验研究的基础上，深入研究多相孔隙储层中声波的本构关系，完善和建立更加适合实际的声学模型；(3) 深入研究声场可视化算法，从数值模拟的角度研究声波在多相孔隙储层中的演化规律等，同时将理论和实际结果相互对比验证；(4) 研究含有油气的岩石在受到功率超声作用时的变化规律，探索利用功率超声提高采收率的可行性；(5) 开展油气储层声学换能器的研究，如低频偶极子声波探头、井间声波探头和井下超声电视换能器。这些研究要从最基本理论分析和数值模拟入手，结合实际情况，提出最佳设计方案，研发高性能声学换能器，为油田勘探和开发服务。

储层声学的另一项重要任务，就是深入研究声波在预应力作用下的储层中传播特点，为利用声波方法预测地应力提供物理基础，由于这些涉及非线性声学和篇幅限制，在此不多述。

致谢

本项工作得到国家自然基金面上项目(No. 40774099 和 No.10674148)及重点项目(No.10534040)的资助。

参考文献

[1] 赵政璋，赵政正，王英民. 储层地震预测理论与实践. 北京：科学出版社，2005.

[2] Gassmann F. Elastic waves through a packing of spheres. Geophys., 1951, 16(4): 673-685.

[3] Wyllie M R J, Gregory A R, Gardner G H F. Elastic wave velocities in heterogeneous and porous media. Geophys. 1956, 21(1): 41-70.

[4] Biot M A. Theory of propagation of elastic waves in a fluid-saturated porous solid. I-Low-frequency range. J. Acoust. Soc. Amer., 1956, 28: 168-178.

[5] Biot M A. Theory of propagation of elastic waves in a fluid-saturated porous solid.

II-Higher-frequency range. J. Acoust. Soc. Amer., 1956, 28: 179-191.
[6] Plona T. Observation of a second bulk compressional wave in a porous medium at ultrasonic frequencies. Appl. Phys. Lett., 1980, 36, 259-261.
[7] Geertsma J. The effect of fluid pressure decline on volumetric changes of porous rocks. Trans. AIME, 1957, 210: 331-340.
[8] Berryman J G. Elastic wave propagation in fluid-saturated porous meida. J. Acoust. Soc. Amer., 1981, 69(2): 416-424.
[9] Ogushwitz P R. Applicability of the Biot theory: I. low-porosity materials. J. Acoust. Soc. Amer., 1985, 77(2): 429-440.
[10] Garg S K, Nayfeh A H, Good A J. Compressional waves in fluid-saturated elastic porous media. J. Appl. Phys., 1974, 45: 1968-1974.
[11] Gajo A, Mongiovi L. An analytical solution for the transient response of saturated linear elastic porous Media. Inter. J. Numer. Anal. Methods Geomech. 1995, 19: 399-413.
[12] Dai N, Vafidis A, Kanasewich E R. Wave propagation in heterogeneous, porous media: a velocity-stress finite-difference method. Geophys. 1995, 60(2): 327-340.
[13] Carcione J M, Goode G Q. Full frequency-range transient solution for compressional waves in a fluid-saturated viscoacoustic porous medium. Geophys. Prospecting, 1996, 44: 99-126.
[14] Paul S. On the disturbance produced in a semi-infinite poroelastic nedium by a surface load. Pure Appl. Geophys. 1976, 114: 615-627.
[15] Philippacopoulos A J. Lamb's problem for fluid-saturated porous media. Bull. Seism. Soc. Amer., 1988, 78(2): 908-923.
[16] 黄义，张玉红. 饱和土三维非对称 Lamb 问题. 中国科学(E 辑)，2000, 30(4): 375-384.
[17] Berryman J G. Confirmation of Biot's theory. Appl. Phys. Lett. 1980, 37: 382-384.
[18] Johnson D L, Koplik J, Schwartz L M. New pore-size parameter characterizing transport in porous media. Phys. Rev. Lett. 1986, 57: 2564-2567.
[19] 胡恒山，王克协. 孔隙介质声学理论中的动态渗透率. 地球物理学报，2001, 41(7): 135-141.
[20] Brown R, Korringa J. On the dependence of the elastic properties of a porous rock on the compressibility of the pore fluid. Geophys. 1975, 40: 608-616.
[21] Thompson M, Willis J R. A reformulation of the equations of anisotropic poroelasticity. J. Appl. Mech. ASME, 1991, 58: 612-616.
[22] Parra J O. The transversely isotropic poroelastic wave equation including the Biot and the squirt mechanisms: theory and application. Geophysics, 1997, 62: 309-318.
[23] Gelinsky S, Shapiro S A, et al. Dynamic poroelasticity of thinly layered structures. Inter. J. Solids & Struct. 1998, 35: 4739-4751.
[24] Sharma M D. Wave propagation in a general anisotropic poroelastic medium with anisotropic permeability: phase velocity and attenuation. Inter. J. Solids & Struct. 2004, 41: 4587-4597.
[25] Carcione J M. Energy balance and fundamental relations in dynamic anisotropic poro-viscoelasticity. Proc. Roy. Soc. London, A, 2001, 457: 331-348.
[26] Deresiewicz H, Levy A. The effect of boundaries on wave propagation in liquid-filled porous solid: Transmission through a stratified medium. Bull. Seism. Soc. Amer., 1967, 57: 381-391.
[27] Geertsma J, Smit D C. Some aspects of elastic wave propagation in fluid-saturated porous

solids. Geophys. 1961, 26: 169-181.

[28] Stoll R D. Sediment acoustics. New York: Springer, Lecture Notes in Earth Sciences, 1989.

[29] Santos J E, Corbero J M, et al. Reflection and transmission coefficients in fluid-saturated porous media. J. Acoust. Soc. Amer., 1992, 91: 1911-1923.

[30] Wu K Y, Xue Q, Adler L. Reflection and transmission of elastic waves from a fluid-saturated porous solid boundary. J. Acoust. Soc. Amer., 1990, 87(6): 2349-2358.

[31] Feng S, Johnson D L. High-frequency acoustic properties of a fluid/porous solid interface: I. new surface mode and II. the 2D reflection Green's Function. J. Acoust. Soc. Amer., 1983, 74: 906-924.

[32] Tajuddin M. Rayleigh waves in a poroelastic half-space. J. Acoust. Soc. Amer., 1984, 75: 682-684.

[33] Yang J. A note on Rayleigh wave velocity in saturated soils with compressible constituents. Can. Geotech. J. 2001, 38: 1360-1365.

[34] Gubaidullin A A, Kuchugurina O Y, et al. Frequency-dependent acoustic properties of a fluid/porous solid interface. J. Acoust. Soc. Amer., 2004, 116: 1474-1480.

[35] Sharma M D, Gogna M L. Propagation of love waves in an initially stressed medium consisting of a slow elastic layer lying over a liquid-saturated porous half-space. J. Acoust. Soc. Amer., 1991, 89: 2584-2588.

[36] Stoll R D, Kan T K. Wave attention in saturated sediments. J. Acoust. Soc. Amer., 1970, 47: 1440-1447.

[37] Ogushwitz P R. Applicability of the Biot theory: I. low porosity materials, II. suspensions, III. wave speeds versus depth in marine sediments. J. Acoust. Soc. Amer., 1985, 77: 429-464.

[38] Jones T D. Pore-fluids and frequency dependent-wave propagation rocks. Geophys. 1986, 51: 1939-1953.

[39] Bourbie T, Coussy O, Zinszner B. Acoustics of porous media. Paris: Technip, 1987.

[40] Dvorkin J, Nur A. Dynamic poroelasticity: a unified model with the squirt flow and the Biot mechanism. Geophys. 1993, 58: 524-533.

[41] Dvorkin J, Mavko G, Nur A. Squirt flow in fully saturated rocks. Geophys. 1995, 60: 97-107.

[42] Diallo M S, Appel E. Acoustic wave propagation in saturated porous media: reformulation of the Biot/Squirt (BISQ) flow theory. J. Appl. Geophys. 2000, 44: 313-325.

[43] Diallo M S, Prasad M, Appel E. Comparison between experimental results and theoretical prediction for P-wave velocity and attenuation at ultrasonic frequency. Wave Motion, 2007, 37: 1-16.

[44] Han D, Nur A, Morga D. Effect of porosity and clay content on wave velocities in sandstones. Geophys. 1986, 51: 2093-2107.

[45] Klimentos T, MacCann C. Relationships among compressional wave attenuation, porosity, clay content and permeability in sandstones. Geophys. 1990, 55: 998-1014.

[46] Wang Z. Fundamental of seismic rock physics. Geophys. 2001, 66: 398-412.

[47] Burridge R, Keller J B. Poroelasticity equations derived from microstructure. J. Acoust. Soc. Amer., 1981, 105: 626-632.

[48] Auriault J L, Borne L, Chambon R. Dynamics of porous saturated media, checking of the generalized law of Darcy. J. Acoust. Soc. Amer., 1985, **77**: 1641-1650.

[49] de la Cruz W, Spanos T J T. Seismic wave propagation in a porous medium. Geophys. 1985, 50: 1556-1565.

[50] Pride S R, Gangi A F, Morgan F D. Deriving the equations of motion for porous isotropic media. J. Acoust. Sco. Amer., 1992, 92: 3278-3290.

[51] Bowen R M. Compressible porous media models by use of the theory of mixtures. Inter. J. Eng. Sci. 1982, 20: 697-735.

[52] Wilmanski K. Lagrangian model of two phase porous material. J. Non-equillb. Thermodyn. 1995, 20: 50-77.

[53] Carcione J M, Goode G. Some aspects of the physics and numerical moldeling of Biot compressional waves. J. Comput. Acoust. 1995, 3: 261-272.

[54] Wang M X, Dodds K, Zhao H B. An improved high-order rotated staggered finite-difference algorithm for simulating elastic waves in heterogeneous viscoelastic/anisotropic media. Exploration Geophys. 2006, 37(2): 160-174.

[55] Ravazzoli C L. Analysis of the reflection and transmission coefficients in three phase sandstone reservoirs. J. Comput. Acoust. 2001, 9(4): 1437-1454.

[56] Brandt H. Factors affecting compressional wave velocity in unconsolidated marine sand sediments. J. Acoust. Soc. Amer., 1960, 32: 171-179.

[57] Brutsaert W. The propagation of elastic waves in unconsolidated unsaturated granular medium. J. Geophys. Res. 1964, 69: 243-257.

[58] Brutsaert W, Lutbin J N. The velocity of sound in soils near the surface as a function of the moisture content. J. Geophys. Res. 1964, 69: 643-652.

[59] Elliott S E, Wiley B F. Compressional velocities of partially saturate, unconsolidated sands. Geophys. 1975, 40: 949-954.

[60] Domenico S N. Effect of brine-gas mixture on velocity in unconsolidated sand reservoir. Geophys. 1976, 41: 882-894.

[61] Murphy W F. Effects of partial water saturation on attenuation in Massillon sandstone and Vycor porous glass. J. Acoust. Soc. Amer., 1982, 71: 1458-1468.

[62] Murhpy W F. Acoustic measures of partial gas saturation in tight sandsones. Journal of Geophysical research. J. Geophys. Res. 1984, 89 (B13): 11549-11559.

[63] Cadoret T, Mavko G, Zinszner B. Fluid distribution effect on sonic attenuation in partially saturated limestones. Geophys. 1998, 63: 154-160.

[64] Bedford A, Stern M. A model for wave propagation in gassy sediments. J. Acoust. Soc. Amer., 1982, 73: 409-417.

[65] Smeulders D M J, van Dongen M E H. Wave propagation in porous media containing a dilute ga-liquid mixture: theory and experiments. J. Fluid Mech. 1997, 343: 351-373.

[66] Auriault J L, Boutin C, et al. Acoustics of a porous medium saturated by a bubbly fluid undergoing phase change. Transport Porous Media, 2002, 46: 43-76.

[67] Garg S K, Nayfeh A H. Compressional wave propagation in liquid and/or gas saturated elastic porous media. J. Appl. Phys. 1986, 60: 3045-3055.

[68] Berryman J G, Thigpen L, Chin R. Bulk elastic wave propagation in partially saturated porous solids. J. Acoust. Soc. Amer., 1988, 84: 360-373.

[69] Wei C F, Muraleetharan K K. A continuum theory of porous media saturated by multiple

immiscible fluids: I. Linear poroelasticity, Inter. J. Eng. Sci. 2002, 40: 1807-1833.

[70] Lo W C, Sposito G, Majer E. Wave propagation through elastic porous media containing two immiscible fluids. Water Resour. Res. 2005, 41: 1-20.

[71] Lu J F, Hanyga A. Linear dynamic model for porous media saturated by two immiscible fluids, Inter. J. Solids & Struct. 2005, 42: 2689-2709.

[72] Tuncay K, Corapcioglu M Y. Wave propagation in poroelastic media saturated by two fluids. Journal of Applied mechanics. J. Appl. Mech. 1997, 64: 313-320.

[73] 蔡袁强，李保忠，徐长节. 两种不混溶流体饱和岩石中弹性波的传播. 岩石力学与工程学报，2006, 25(10): 2009-2016.

[74] Pride S R, Berryman J G, Harris J M. Seismic attenuation due to wave-induced flow. J. Geophys. Res. 2004, 109: B01201.

[75] White J E. Computed seismic speeds and attenuation in rocks with partial gas saturation. Geophys., 1975, 40(2): 224-232.

[76] White J E, Mikhaylova N G, et al. Low-frequency seismic waves in fluid saturated layered rocks. Phys. Solid Earth, 1975, 11: 654-659.

[77] Norris A N. Low-frequency dispersion and attenuation in partially saturated rocks. J. Acoust. Soc. Amer., 1993, 94: 459-470.

[78] Shapiro S A, Muller T M. Seismic signatures of permeability in heterogeneous porous media. Geophys. 1999, 64: 99-103.

[79] Johnson D L. Theory of frequency dependent acoustics in patchy-saturated porous media. J. Acoust. Soc. Amer., 2001, 110: 682-694.

[80] Ciz R, Gurevich B. Amplitude of Biot's slow wave scattered by a spherical inclusion in a fluid-saturated poroelastic medium. Geophys. J. Inter., 2005, 160: 991-1005.

[81] Carcione J M, Helle H B, Pham N H. White's model for wave propagation in partially saturated rocks: Comparison with poroelastic numerical experiments. Geophys. 2003, 68: 1389-1398.

[82] Wang D, Zhang H L, Wang X M. A numerical study of acoustic wave propagation in partially saturated poroelastic rock. Chin. J. Geophys. 2006, 49(2): 465-473.

[83] Santos J E, Corberó J M, Douglas J. Static and dynamic behavior of a porous solid saturated by a two-phase fluid. J. Acoust. Soc. Amer., 1990, 87: 1428-1438.

[84] Ravazzoli C L, Santos J E, Carcione J M. Acoustic and mechanical response of reservoir rocks under variable saturation and effective pressure. J. Acoust. Soc. Amer., 2003, 113: 1801-1811.

[85] Carcione J M, Cavallini F, Santos J E, et al. Wave propagation in partially saturated porous media: simulation of a second slow wave. Wave Motion, 2004, 39: 227-240.

[86] Santos J E, Ravazzoli C L, et al. Simulation of waves in poro-viscoelastic rocks saturated by immiscible fluids: numerical evidence of a second slow wave. J. Comput. Acoust. 2004, 12: 1-21.

[87] Zhao H B, Wang X M. Acoustic wave propagation simulation in a poroelastic medium saturated by two immiscible fluids using a staggered high-order finite-difference with a time partition method. Sci. in China (Series G), 2007.

[88] Whalley E. Speed of longitudinal sound in clathrate hydrates. J. Geophys. Res., 1980, 85: 2539-2542.

[89] Yuan T, Hyndman R D, et al. Seismic velocity increase and deep-sea gas hydrate concentration

above a bottom-simulation reflector on the northern Cascadia continental slop. J. Geophys. Res. 1996, 101(B6): 13655-13671.

[90] Lee M W, Hutchinson D R, et al. Seismic velocities for hydrate bearing sediments using weighted equation. J. Geophys. Res. 1996, 101: 20347-20358.

[91] Leclaire P, Tenoudji C. Extension of Biot's theory of wave propagation to frozen porous media. J. Acoust. Soc. Amer., 1994, 96: 3753-3768.

[92] Carcione J M, Tinivella T A. Bottom simulating reflectors: seismic velocities and AVO effects. Geophys., 2000, 65: 54-67.

[93] Wang X M, Seriani G. Acoustic wave propagation in layered gas-hydrate bearing sediments: a rotated high-order staggered grid method. The 7th Inter. Conf. Theor. & Comput. Acoust. Hangzhou, China, 2005.

光声光热研究及其应用进展

杨跃涛

(近代声学教育部重点实验室，南京大学声学研究所，南京　210093)

1　引言

当物质受到强度周期性调制的光束照射时，物质吸收辐射能而被激发，然后通过非辐射去激励将部分或全部吸收的能量转化为热能；周期性热流使周围的介质热胀冷缩，因而激发声波，这就是光声效应。光声效应实际上是光热和热声两个效应的叠加，其主要的研究过程为热的转换和传播的过程。

1880 年，Bell 发现光声效应。1938 年，苏联学者 Viengerov 利用光声效应研究了气体对红外光的吸收，并测定了混在 N_2 气中的 CO_2。但光声效应的深入研究与广泛应用则始于 20 世纪 70 年代中期。Rosencwaig 和 Gersho 于 1976 年提出了凝聚态物质中的光声效应理论，通称为 R-G 理论[1]，较系统地论述了凝聚态物质中光声效应的产生机理，从而奠定了近代光声学的基础。

近年来，光声学在理论研究和实际应用两方面取得了飞速发展，成为国内外引人注目的研究领域，它已广泛地应用于物理、化学、生物、医学及环境等各门学科的研究。受篇幅限制，本文只简要介绍与讨论光声学各分支目前的研究进展及发展趋势，并侧重回顾我国科研人员的研究成果。

2　光声效应理论

2.1　光声效应 R-G 的理论

物质吸收光能后，分子跃迁到激发态，在返回初始状态时，或者通过伴随发光的辐射跃迁过程，或者通过非辐射跃迁过程，以热的形式散逸。因入射的调制光具有一定频率，在试样吸收点上就产生一个周期性的热分布。固体试样的热量扩散至试样表面，传导给周围的耦合气体，界面层的气体在密闭的光声池里起到气体活塞作用，产生压力波动，被微音器检测为光声信号。

光声池的一维模型如图 1 所示，以热扩散方程为基础，R-G 理论导出了一束单色调制光入射至样品上产生的光声信号表达式。它是以气体压力作为时间变量函数来表示的。假设入射光为正弦波:

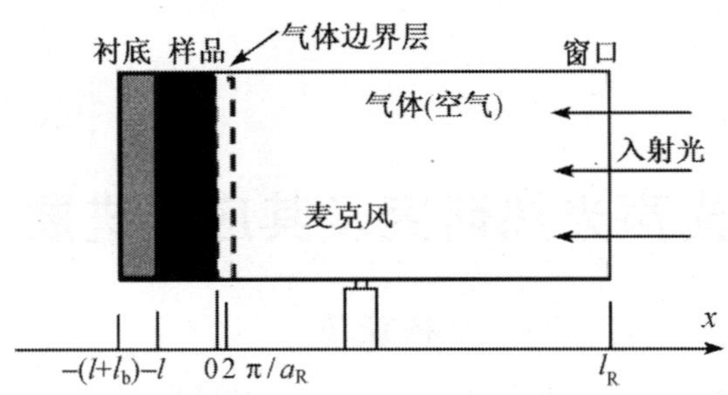

图 1　光声池结构示意图

$$I = \frac{I_0}{2}(1 + \cos \omega t) \tag{1}$$

固体吸收光能后产生的热部分传到表面，形成温度分布，进而在周围的气体中产生压力变化：

$$\Delta P(t) = \frac{\eta P_0 \mu_g}{\sqrt{2} l_g T_0} \theta \exp\left[\mathrm{i}\left(\omega t - \frac{\pi}{4} \right) \right] \tag{2}$$

其中η为比热比，P_0为大气压，T_0为环境温度，ω为调制入射光的角频率，θ为温度分布，l_g为池中空气柱长度，μ_g为气体的热扩散长度。进一步，可以导出光声信号的显式解。

为了简化光声信号的表达式，Rosencwaig 根据试样的厚度，热扩散长和光吸收长，讨论了 6 种特殊情况下的光声信号。各种情况下，均需光吸收长大于热扩散长，否则会产生光声饱和。在 R-G 理论之后，人们对它进行了进一步的改进，但总的来说并未改变 R-G 理论在多数实验条件下的基本结论[2-4]。同时光声信息与样品光吸收、弛豫过程和热扩散的关系得到了深入的研究[5-7]。

2.2　液体脉冲光声效应理论

当激光照射于液体时，液体由于吸收光能而加热，从而激发声波。对于脉冲光声技术,因其可对光诱导物理、化学或生物等变化过程产生的热能进行直接测定，也被称为光声量热法。Hu[8]曾对强吸收液体产生的半球形声场进行计算。对于弱吸收的情况，Patel 等[9]和 Lai 等[10]分别对圆柱形热源产生的声场提出了严格的理论。随后，Heritier[11]又对圆柱形热源的情况发展了近似的理论分析，三种理论的结果基本是一致的。当激光的脉冲宽度小于微秒范围时，在激发脉冲时间内声波传播距离比液体的体积小很多，所以在大部分情况下，脉冲形状与边界反射无关，即考虑液体为无限大。一般情况下，电致伸缩效应通常可以忽略不记。

在可见光波段，液体通常是弱吸收，热源基本是圆柱形。根据运动方程和热膨胀方程，可以导出窄脉冲激光光束激发的声压脉冲 $p_n(r,t)$ 为

$$p_n(r,t)=\frac{\alpha\beta E}{8\pi^{1/2}C_p}\left(\frac{v}{r}\right)^{1/2}\tau_e^{-3/2}\frac{\mathrm{d}\phi_0(\xi)}{\mathrm{d}\xi} \tag{3}$$

式中α是光吸收系数，β是热体积膨胀系数，E是脉冲激光能量，C_p是定压比热，v是声速。$\tau_e=(\tau_p^2+\tau_a^2)^{1/2}$，$\tau_p$为时间和空间均高斯分布激光束的脉冲宽度，$\tau_a$为声波通过光束的时间，$\xi=(t-r/v)/\tau_e$，$\phi_0(\xi)$是速度势函数的解。如果液体试样存在无辐射弛豫，且弛豫时间为τ_T，则$\tau_e=(\tau_p^2+\tau_a^2+\tau_T^2)^{1/2}$ [12]。

可以看出，声压脉冲的幅值与激光脉冲宽度、光束半径、溶液声速和弛豫时间有关。当测试系统的时间分辨率与瞬态反应的时间范围相适应时，实验得到的光声信号是声压信号和实验系统响应函数的卷积，样品中的声压可以通过解卷积算法求得。光声压力波形随弛豫时间的变化如图 2 所示。为了提高光声方法的时间分辨率，激光脉冲宽度和光束半径要尽可能减小。在液体中脉冲激光还可通过其他机制激发声波，如气化机制和介质击穿机制[13, 14]，但相比热膨胀机制而言，这两种机制的理论还不成熟。

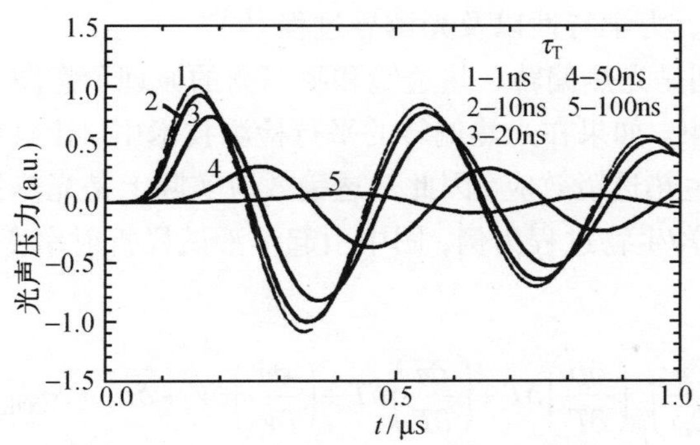

图 2 不同弛豫时间的光声压力波形

2.3 光声热波成像理论

经过调制的光束或电子束入射到样品的表面，周期性地加热样品表面而激发热波。热波为高衰减波，通常只能传播一个热波波长的范围。在热波传播的过程中，热波转化成声波，所以得到的声信号就携带有样品表面和亚表面结构的物理参量信息。热波波矢量 q 可写为复数[15]：

$$q=(1+\mathrm{j})(\omega\rho c/2k)^{1/2}=(1+\mathrm{j})/\mu_s \tag{4}$$

式中ω为光束调制圆频率，ρ为物质的密度，c为比热，k为热导率，μ_s则为热扩散长度。使用压电换能器紧贴样品的下表面，把声信号转换成电信号，经过前置放大器，使用锁相放大器后，得到的样品亚表面 x' 深度处的成像信号 $\bar{V}$ 可表示为[16]

$$\overline{V} = \int_0^{x_m} \left|V(x')\right| \cos[\psi(x') - \psi_0] \mathrm{d}x' \tag{5}$$

式中 x_m 是热波的最大传播深度，ψ_0 是从锁相放大器提供的参考信号相位，$V(x')$ 和 $\psi(x')$ 分别是在 x' 深度的声源产生声信号的幅值和相位。通过以下两种方法可实现热波分层成像：一是改变调制频率以改变热波长度，进而改变 x_m 来实现不同深度范围的成像；二是在频率不变的情况下，改变参考相位 ψ_0，$\overline{V}$ 可以反映不同深度范围附近的亚表面结构。

2.4　光热偏转、热透镜和瞬态栅理论

当试样吸收光能或其他能量后，其所吸收的部分或全部能量将会转变成热能，并在试样内及相邻媒质中产生温度梯度。由于物质的折射率为温度的函数，所以必然在试样的加热区域内以及邻近试样表面的媒质薄层内形成折射率梯度。如果让另一束小功率的检测光束通过试样或其表面邻近具有折射率梯度的区域，则探测光束将发生偏转和散焦。光热技术通过对光束偏转大小或散焦程度的测定，来定征试样的光学、热学、力学特性以及光诱导过程[17, 18]。

图 3~图 5 分别是光热偏转、热透镜和瞬态栅的原理示意图，其中绿光是泵光束，红光是检测光束。如果在光热偏转的平行检测技术中，让泵光束与检测光束的光轴重合，就会产生热透镜效应。因此热透镜效应实际上是光热偏转效应的一个特例。以光诱导的化学/生物过程为例，图中引起溶液试样折射率变化(δn)的因素包含以下几项[19]：

$$\delta n = \left(\frac{\partial n}{\partial \rho}\right)_T \left(\frac{\partial \rho}{\partial T}\right) \delta T + \left(\frac{\partial n}{\partial T}\right) \delta T + \left(\frac{\partial n}{\partial V}\right) \delta V + \delta n_k + \delta n_{\mathrm{OK}} \tag{6}$$

右边前两项是因试样释放的热引起，分别为试样因热膨胀导致密度变化引起的折射率变化，和仅由温度变化导致的折射率变化；第 3 项为试样分子结构体积变化引起的折射率变化；δn_k 为试样光吸收系数变化导致的折射率变化；δn_{OK} 为光学 Kerr 效应导致的折射率变化。实验中通过对上述各项折射率变化的产生和衰减过程进行分析，可以得到有关试样光学、热学性质以及热释放、焓变和结构体积变化信息。

以上简介了光声信号产生的几种标准模型，值得指出的是，各种不同的光声方法分别对不同的物理量敏感，且不同的材料吸收光能后所引起的物理效应不完全相同，因此，严格说来，对不同的材料与不同的检测方法，需采用不同的理论来计算光声信号产生的机理。

光声学得以迅速发展和广泛应用是因其自身特点所决定的，主要如下：1. 利用光声信号对样品光吸收系数的依赖关系，可开展光谱研究；利用其对光–热转换

的依赖性，可研究物质的热退激发过程，由此获得非热退激发过程的信息，如发光的量子效率；利用其对样品热扩散性质的依赖，可研究物质的热学性质，如测量热扩散系数、热导率等。2. 光声信号直接取决物质吸收光能的大小。反射光、散射光等对光声检测的干扰很小，因此它可以用来检测各种类型的固态物质，液体和气体试样。3. 在光声检测中，试样本身既是电磁辐射的吸收体，又是声波的发生器，可以在一个很宽的电磁波长范围内进行检测而不必改变检测系统。以下分别就光声技术在物理、化学和生物医学研究中的应用作简要介绍。

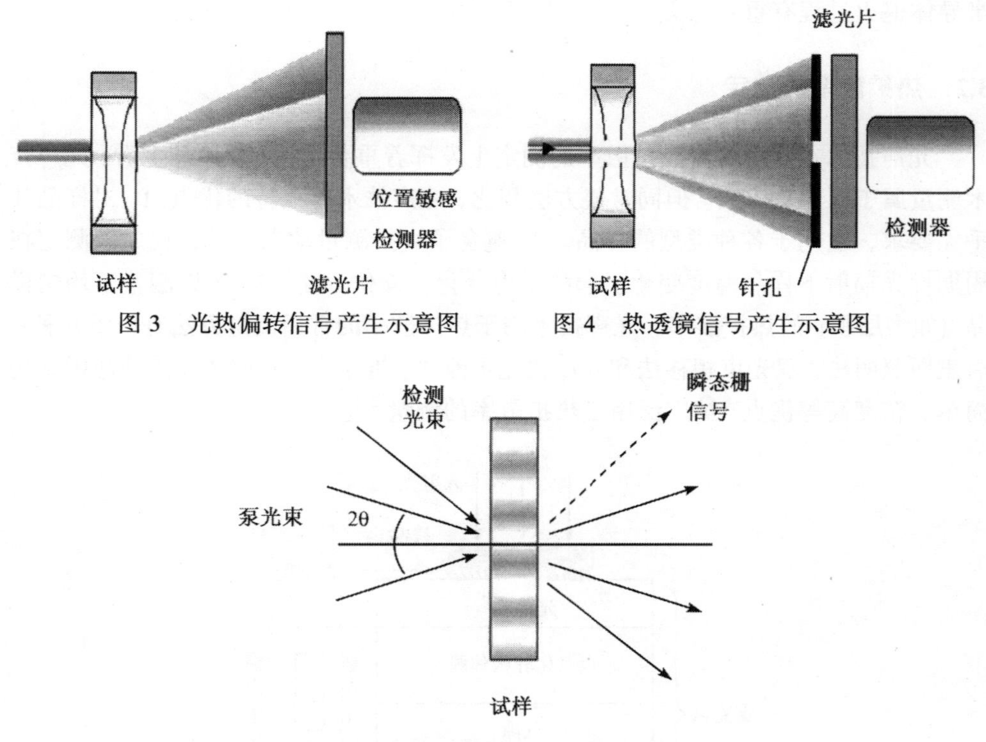

图 3　光热偏转信号产生示意图　　图 4　热透镜信号产生示意图

图 5　瞬态栅信号产生示意图

3　材料物理性质研究

3.1　光谱特性研究

光声光谱在物理材料上的应用非常广泛，研究对象涵盖半导体材料、电子器件、光电功能材料。如通过对半导体薄膜、晶体和无定型材料的光声光谱分析，可以得到其直接和间接的能带跃迁。当样品存在辐射弛豫通道，利用光声谱线之间的相对强度可以对光致载流子的非辐射复合效率进行研究[20, 21]。南京大学声学研究所对纳米材料、半导体材料的光声谱进行了研究，分析了材料能级状况与其形态和结构的关系，研究了纳米材料的尺寸效应及材料中的表面、界面、缺陷和杂质所导致的光吸收[22-25]。

在光声测试过程中，光声信号随调制频率变化，通过变调制频率，可进行物质纵深方向的状态分析。用高频入射光时，可用来测定电子器件的表面电性质。同表面光伏技术相结合[26]，越来越多地应用于半导体材料的表面物性和相间电荷转移过程研究。红外光声光谱用于表面电性质研究也具有优异的功能[27]。用光声光谱法分析半导体表面状态以及由于激光照射导致的缺陷、热性能变化等，对如何控制半导体退火过程有重要意义。

3.2　热扩散率的测定

光声技术在物理材料热扩散率的测定上发挥着重要作用。从原理上看，光声技术测量属于周期热流法。但同常规方法相比，光声技术有独特的优点: 1. 对样品几乎无要求，适用于各种类型的样品。2. 避免了直接测量动态温度，代之以测定在周期性光辐射下样品温度变化引起的压力变化，操作方便。3. 可以测量不均匀样品 (如多层膜) 的热扩散率。光声技术用于热扩散率的常用测量方法有以下几种：后表面照明法，双光束相移法和开放式光声池法。近年来，开放式光声池法因结构简单、精度高等优点，被广泛用于热扩散率的测量[28]。

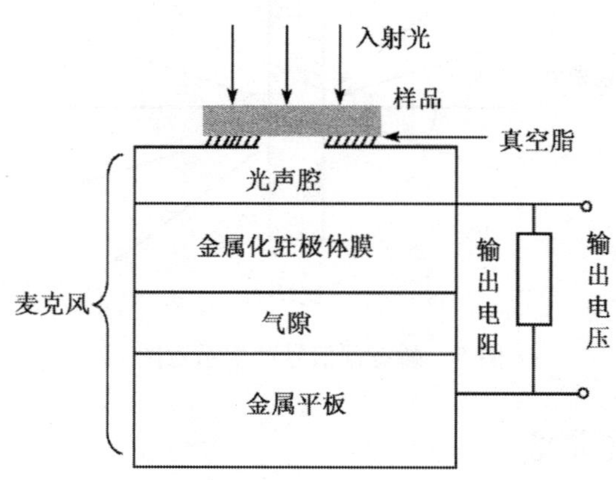

图 6　开放式光声池截面图

南京大学声学研究所采用瞬态热栅和光热偏转法，深入开展了系列磁性材料，热电材料的热学性质研究，分析了试样晶体结构和载流子掺杂对热扩散率的影响，实验结果表明瞬态热栅和光热偏转法是定征固体热学性质及结构的灵敏而有效的方法[29~33]。此外，测量了多种半导体、金属和合金等试样的热扩散率，并将实验测定值与理论预计值及公认值进行了比较，得到了满意的结果[34]。

3.3 热波成像和深度剖析

20 世纪 80 年代以来，光声热波成像技术作为光声学的一个重要部分迅速发展起来，特别是在半导体材料和器件的制备、检测及其对生产工艺流程的控制等方面发挥重要作用。到目前为止，最为成功也最有实用价值的是，光声热波显微镜对半导体器件的分层成像。南京大学声学研究所根据改变参考相位得到分层成像的原理，得到了集成电路不同深度的成像，如图 7 所示，并提出了一维理论模型来计算半导体中热波分层成像的机理[15, 35]。

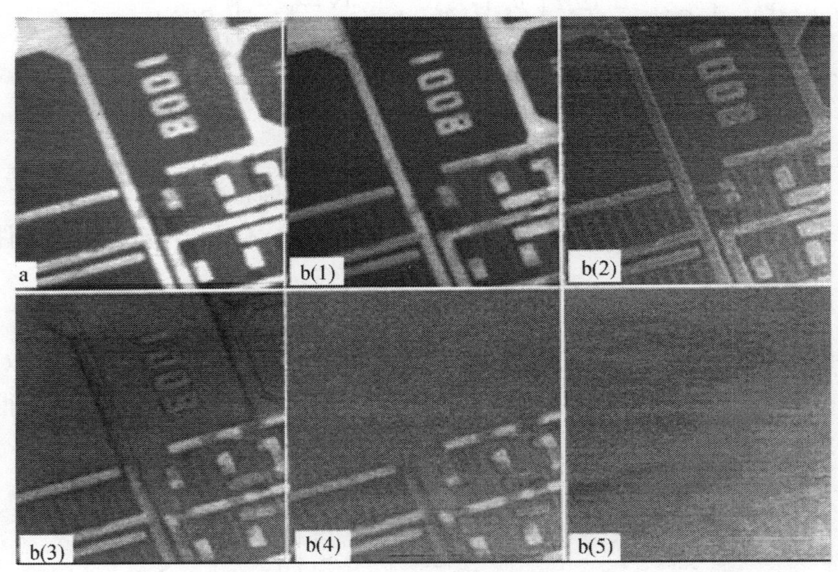

图 7 集成电路的扫描电子声分层成像图：调制频率在 173.2kHz
a, θ=0°; b(1), θ=40°; b(2), θ=80°; b(3), θ=100°; b(4), θ=120°; b(5), θ=160°

近年来，热波成像技术更发展为对机械零件在载荷作用下动态应力分布及断裂状况的检测，以及对大型机体焊接部分的无损检测及质量评价等[36]。作为无损评价技术，热波成像的机理及方法的研究引起了广泛的兴趣与重视，迅速发展成为检测和研究固体表面和亚表面的宏观、细观和微观结构的新技术，其独特的功能常常是其他传统的无损测试方法所不能替代的。

4 材料化学性质研究

4.1 光谱跃迁振子强度研究

长期以来，光谱跃迁振子强度在金属化合物的晶体场理论分析和光电性能设计中起着重要作用。但是对于不透明、高反射或散射样品，吸收光谱通常难以测定。

南京大学声学研究所提出了振子强度的光声分析法[37]。对于光学不透明、热厚样品其光声信号为

$$Q=\frac{-\mathrm{i}\beta\mu_s}{2a_g}\left(\frac{\mu_s}{k_s}\right)Y \tag{7}$$

其中β, μ_s和 k_s分别为样品的光吸收系数，热扩散长度和热传导率。a_g为池内气体的热扩散系数，Y是常数。结合光谱跃迁振子强度(P_j)的定义式，通过下式将光声谱峰强度(I_j^{PA})与振子强度联系起来：

$$\begin{aligned}I_j^{\mathrm{PA}}&=\int_j Q\mathrm{d}\nu=-\frac{\mathrm{i}\mu_s Y}{2a_g}\left(\frac{\mu_s}{k_s}\right)\int_i\beta(\nu)\mathrm{d}\nu=\frac{\mathrm{i}\sqrt{2}\alpha_g^{1/2}Y}{\rho_s c_s\omega^{3/2}}\int_j\beta(\nu)\mathrm{d}\nu\\&=\frac{\mathrm{i}\sqrt{2}\alpha_g^{1/2}XcY}{4.318\times10^{-9}\rho_s c_s\omega^{3/2}}P_j=AP_j\end{aligned} \tag{8}$$

其中 c, ρ_s, c_s和α_g分别为样品的摩尔浓度，密度，比热和池内气体的热扩散率。ω为入射光的调制频率；$X=(n^2+2)/9n$，n为试样折射率；A对于特定的实验条件和样品为一常数。

光声谱仪如图 8 所示，以 Nd_2O_3, $NdCl_3\cdot6H_2O$ 和 NdF_3 化合物粉末为例。根据光声谱峰强度，计算了 f-f 电子跃迁振子强度的相对值，并与理论值进行比对。进一步结合由 *f-f* 跃迁的光声谱位移得到的晶体场参数，进行晶体场分析，取得了满意的结果。

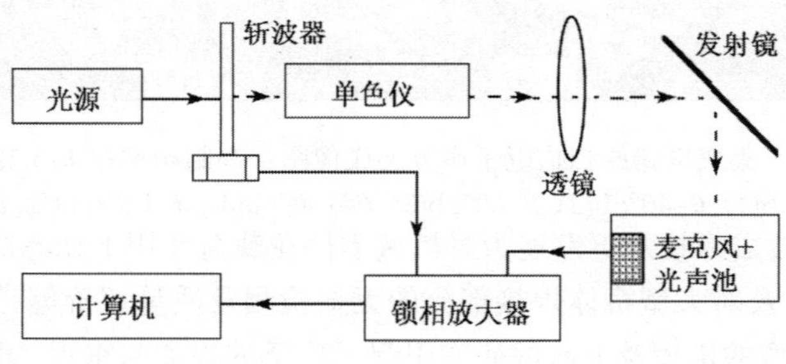

图 8　光声光谱仪示意图

4.2　相分辨光声光谱研究

理论位相模型给出的是广义的位相变化，没有明确的针对性，南京大学声学研究所通过检测光声位相与斩波频率的关系，在理论和实验的基础上，建立了经过调整的，适合于反映金属配合物的位相模型：

$$\psi=\frac{\pi}{4}+\tan^{-1}(\omega\tau)+\tan^{-1}\left(1+\frac{2}{\beta\mu_s}\right) \tag{9}$$

其中τ为非辐射弛豫寿命，β为样品的光吸收系数，μ_s为热扩散长。

稀土离子常用于生物体系的光谱探针。但稀土与生物体系的吸收会相互交叠，使此方法的应用受到限制。据上述模型，建立了基于光声位相的谱峰分离技术。以钕色氨酸(Trp)化合物为例，通过计算光声同相和交相谱，得到色氨酸振幅最大时的光声位相，当位相改变 90°，光声信号仅来源于中心离子 Nd^{3+}的光声响应。从图 9 可见被色氨酸覆盖的 Nd^{3+}光声信号可很好地分开[38]。相分辨光声法有它独特的优点，它不受谱峰的形状和重叠程度的限制，而仅与不同吸收中心产生的位相有关[39]。

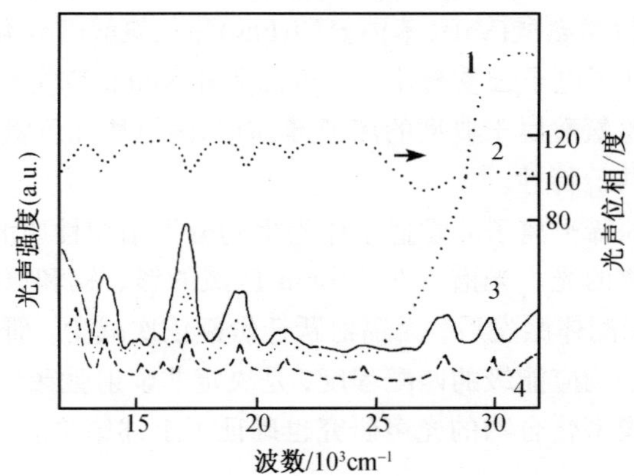

图 9 $Nd(Trp)_3Cl_3\cdot 3H_2O$ 的光声谱: 强度谱 1; 位相谱 2; 位相 16°的强度谱 3; Nd^{3+}离子的吸收谱 4

光声位相在发光材料弛豫过程的研究中同样发挥重要作用。图 10 为 Tb_{1-x}

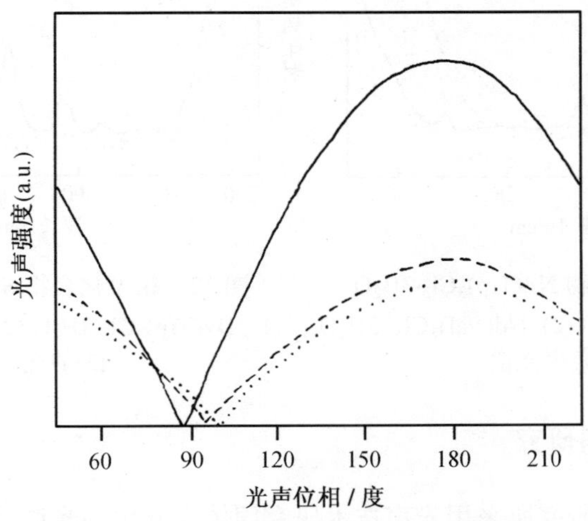

图 10 光声强度与位相关系: $Tb_{0.9}Nd_{0.1}(Sal)_3\cdot H_2O$ (实线); $Tb(Sal)_3\cdot H_2O$ (虚线); $Tb_{0.9}Ln_{0.1}(Sal)_3\cdot H_2O$ (点线)

$Ln_x(Sal)_3 \cdot H_2O$ 共发光体系的光声振幅随位相的变化曲线，Gd^{3+}离子的引入使配体吸收处的光声位相增大，而 Nd^{3+}离子的引入使位相减小。光声位相的变化反映了掺杂离子改变了配体的非辐射弛豫寿命，进而改变了共发光体系的发光效率[40]。

4.3　生物模型化合物研究

南京大学声学研究所对氨基酸模型化合物进行研究，系统地分析了甘氨酸、丙氨酸、缬氨酸、色氨酸、酪氨酸和苯丙氨酸稀土化合物的晶体场状况和弛豫过程[38, 41~43]。图 11 为钕缬氨酸(Val)、苯丙氨酸(Phe)和色氨酸(Trp)化合物的光声光谱，通过谱峰分析，得到了电子云重叠比，共价参数和 Sinha 参数等晶体场参数。结果表明化合物中钕与缬氨酸属于典型的离子键，而苯丙氨酸和色氨酸化合物中金属离子与配体之间存在共价特性。

具有荧光性质的稀土离子非常适于作为生物分子结构性质的光谱探针。图 12 为稀土色氨酸配合物的光声光谱，在 310nm 区域的钐、镝和铽配合物光声强度依次明显减弱，对应于配体激发后，无辐射跃迁份额依次减少。研究结果表明配体三重态能级和稀土离子响应能级的匹配程度，是决定非辐射弛豫效率的主要因素。对酪氨酸和苯丙氨酸模型化合物的光声研究也确证了上述结论。

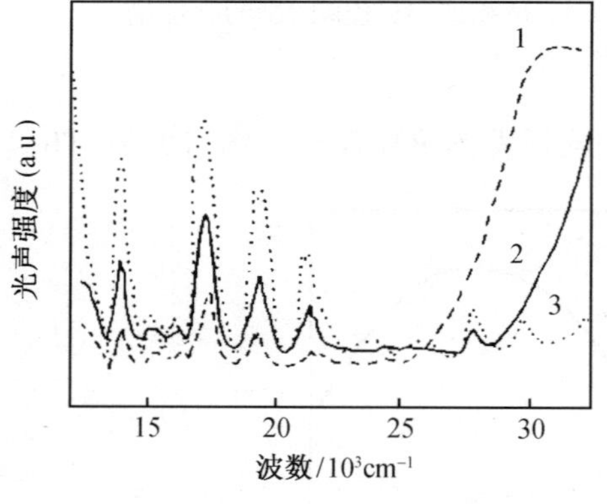

图 11　模型化合物 $Nd(Trp)_3Cl_3 \cdot 3H_2O$ (1), $Nd(Phe)Cl_3 \cdot 5H_2O$ (2), $Nd(Val)_3Cl_3 \cdot 3H_2O$ (3)的光声光谱

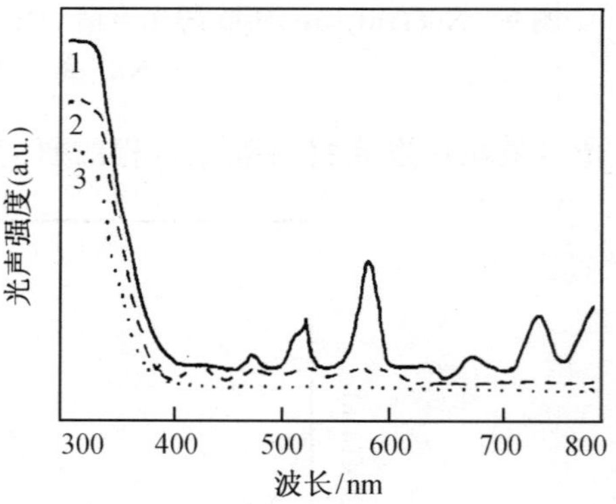

图 12　模型化合物 $Sm(Trp)_3Cl_3 \cdot 3H_2O$ (1), $Dy(Trp)_3Cl_3 \cdot 3H_2O$ (2), $Tb(Trp)_3Cl_3 \cdot 3H_2O$ (3)的光声光谱

4.4　功能发光材料研究

南京大学声学研究所采用光声技术研究固体发光中的光谱黑箱，确定非辐射弛豫通道与分子结构和能级状况的关系，并以此为指导，成功构筑多种新型光电功能材料。稀土水杨酸 (Sal) 配合物具有高效发光的特点，同时在生物荧光免疫分析中

有重要作用。通过铕和铽水杨酸配合物的光声谱 (图 13)[44]，可以发现对铕配合物，邻菲咯啉 (Phen) 的引入使样品的非辐射弛豫几率减小，而对于铽配合物则有相反的结果。结合配合物的能级结构，建立了稀土三元配合物的能量传递模型。

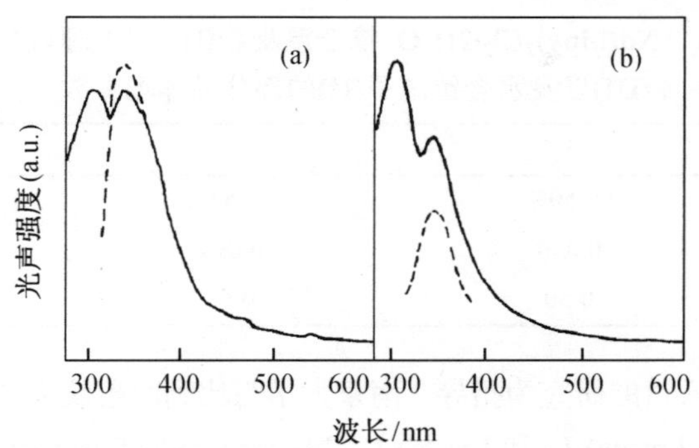

图 13 水杨酸配合物的光声光谱：(a) $Eu(Sal)_3Phen$ (实线), $Eu(Sal)_3 \cdot H_2O$ (虚线); (b) $Tb(Sal)_3Phen$ (实线), $Tb(Sal)_3 \cdot H_2O$(虚线)

在研究发光材料惰性离子掺杂的光声效应时，发现 La^{3+}、Gd^{3+}或 Lu^{3+}的低浓度掺杂可显著降低发光离子的非辐射弛豫效率。La^{3+}的掺杂对 Eu^{3+}配合物的光声强度的影响如图 14 所示。可以发现在 La^{3+}的低浓度掺杂时，可降低铕苯甲酸(Hba)的非辐射弛豫效率[45]。结合对发射光谱和能级结构的研究，建立了经由分子间能量传递的共发光模型如图 15 所示。同时发现了多种固态共发光体系，如：铽-钆水杨酸-邻菲咯啉；铕-钆-铽二苯甲酰甲烷-邻菲咯啉；铕-钆噻吩三氟乙酰丙等体系[46~48]。

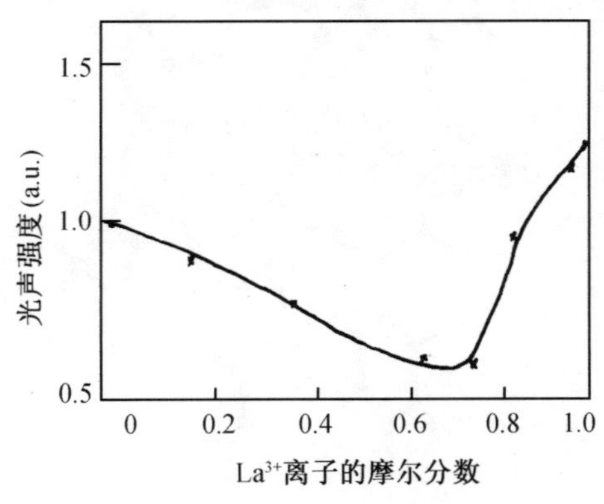

图 14 $Eu_{1-x}La_x(Hba)_3$光声强度与 La^{3+}离子摩尔分数的关系

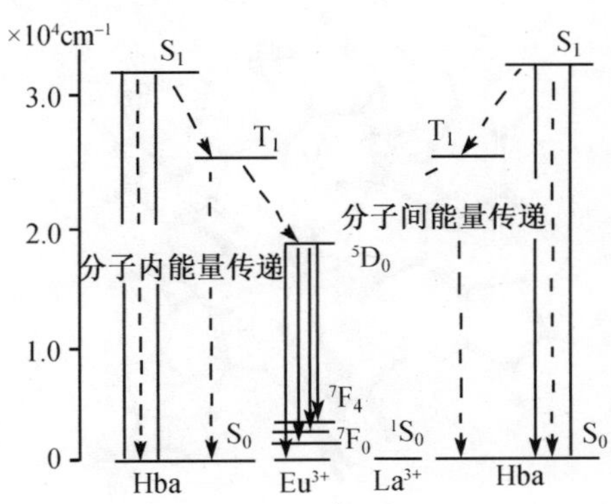

图 15 $Eu_{1-x}La_x(Hba)_3$共发光体系的激发弛豫过程模型

在无机/有机复合发光材料的研究中，利用光声技术适应性强，灵敏度高的特点，在材料合成过程中同步分析光活性分子结构和所处微观化学环境的变化，提出了无机/有机光功能复合材料的光声光谱在线分析方法[49]。表 1 为铵联吡啶(bipy)化合物掺杂的二氧化硅凝胶，在热处理前后的部分晶体场参数。可以发现湿凝胶中配合物的晶体场参数与水合钕离子相同，说明配合物已分解；而经过适当的热处理过程，电子云重叠效应(1-β)明显增强，表明配合物得以形成[50]。

表 1　$Nd(bipy)_2Cl_3 \cdot 2H_2O$ 掺杂湿凝胶(I)；热处理后凝胶(III)以及水合钕离子(II)的部分晶体场参数

	I	II	III
β	99.50%	99.52%	98.62%
$b^{1/2}$	0.050	0.049	0.083
δ	0.50	0.48	1.40

以非辐射弛豫通道的研究为指导，南京大学与比利时鲁汶大学合作，合成了室温下强发光稀土液晶：$Ln(bta)_3L_2$ 和 $Ln(tta)_3L_2$ (bta=benzoyltrifluroacetonato; tta=2-thenoyltrifluo-roacetonato;L=2-hydroxy-N-octadecyl-4-tetradecyloxybenzaldimine)[51]。美国化学学会网站曾对该工作做专文评述。其晶体结构如图 16 和图 17 所示。进一步对相变过程进行光声研究，$Eu(bta)_3L_2$ 光声强度和位相随温度变化曲线如图 18 所示[52]。在玻璃态→近晶相，近晶相→液相转变时，光声强度明显呈现凹陷行为，而光声位相突然增强。光声技术可以从非辐射跃迁的角度，有效地表征各种形态试样的相变行为。

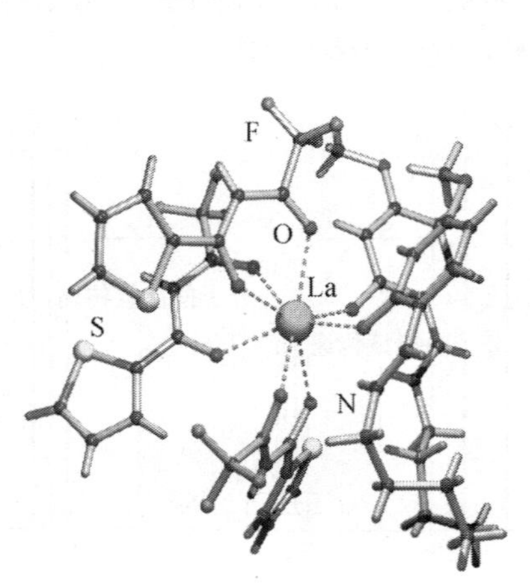

图 16　$Ln(bta)_3L_2$ 的晶体结构

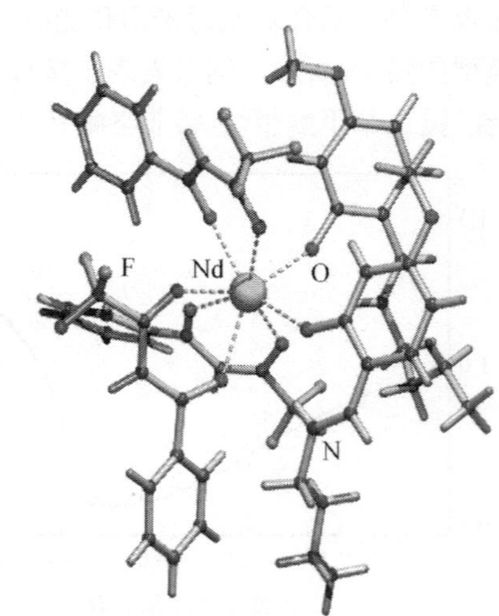

图 17　$Ln(tta)_3L_2$ 的晶体结构

中国科技大学化学系结合化学材料的研究，开展了同步辐射光声谱研究，化合物晶体场分析以及红外光声谱研究，取得了大量创新性成果。化学材料具有丰富的能级结构和复杂的非辐射弛豫机制，两者的结合有力地促进了光声科学和材料科学的融合发展。

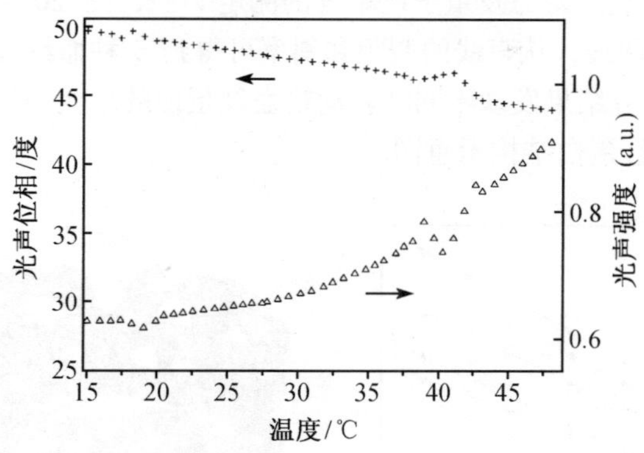

图 18 $Eu(bta)_3L_2$ 光声强度和光声位相与温度的关系

5 生物医学研究

5.1 生物分子的光解反应

视紫素是生物的光传感器，Braslavsky 小组利用光声量热法对细菌视紫素的研究，有相当多的论文发表，主要测定其焓变和体积变化，以及量子产率等，并将光致色变与电荷重组与蛋白质结构改变相联系[53]。Rohr 采用飞秒脉冲激光研究视紫素，并建立相应的动力学和热力学理论，这是第一次采用飞秒脉冲激光研究生物分子[54]。植物光敏色素和叶绿素的光诱导过程同样引起人们的重视。

宋小清等曾研制光声量热装置，并用以研究香豆素激光染料无辐射跃迁过程[55]。南京大学光声研究室与配位化学实验室合作，在激光超声技术的基础上，发展了光声量热技术，实验系统如图 19 所示，并对具有生物活性的金属配合物以及氧合血红蛋白

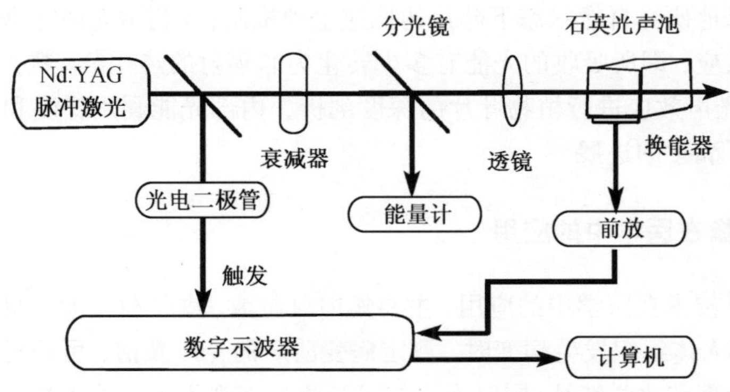

图 19 激光量热系统的实验装置图

的光化学和光生物化学反应进行研究，包括对激光诱导瞬态产物引起的焓变、结构体积变化、中间瞬态产物的寿命及量子产率等的测定[56~60]，图 20 为部分血红蛋白ϕE_{hv}对 $C_p\rho/\beta$的线性关系曲线，从直线的截距和斜率可得到 5 种血红蛋白光解反应的焓变和结构体积变化，研究结果发现不同哺乳动物血红蛋白的焓变和体积变化差异较为显著。图 21 是氧合血红蛋白结构示意图。

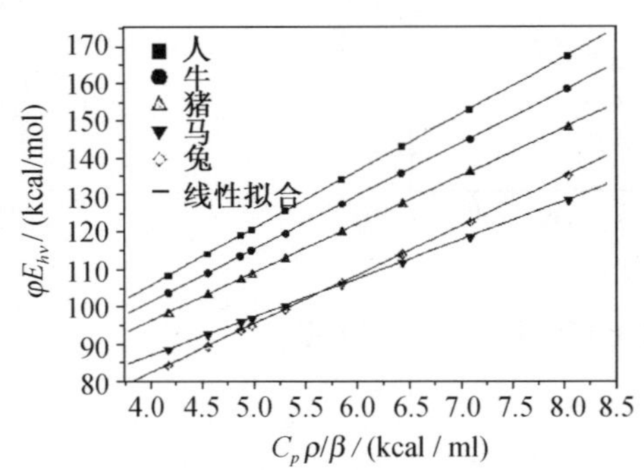

图 20　血红蛋白ϕE_{hv}对 $C_p\rho/\beta$的线性关系曲线

血红素
O_2
Fe^{2+}
N
血红蛋白分子链

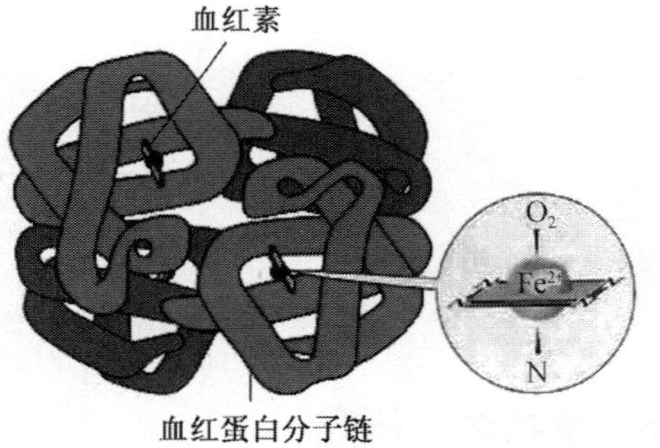

图 21　血红蛋白分子结构示意图

5.2　光合作用研究

近年来，光声技术被越来越广泛地运用到光合作用研究领域。相比于其他技术，光声光谱技术具有独特的特点：1.光声光谱技术是目前光合作用放氧测定技术中时间分辨率最好的一项技术，这是因为普通氧电极是通过电化学的方式，而光声光谱技术通过物理的光声效应来检测放氧信号；2.利用光声技术可以方便地研究叶片的状态转换和环式电子传递生理功能，而过去对状态转换和环式电子传递的研究主要利用叶绿体；3.利用光声技术可以监测到光合作用中快速 CO 吸收情况；4.利用光声技术还可以了解光合反应中心在照光后因为分子结构重排而导致的体积变化，从而研究这种体积变化对瞬态光谱吸收造成的影响；5.利用光声光谱结合叶绿素荧光技术可以很好地研究自然状态下叶片的抗逆生理机制；6.利用光声光谱技术可以直接测量光热效应，即所吸收的光能有多少转化为非辐射的热耗散。樊大勇，方建文等[61, 62]利用光声效应进行植物叶片的深度剖析、内部光能利用梯度和放氧动力学研究，取得了满意的进展。

5.3　光声成像在医学中的应用

早期光声技术在医学中的应用，主要集中对血液、皮肤和牙齿等组织进行光声谱学研究。当人体组织发生病变时，测定病变前后的光声光谱，可获得正常组织和病变组织的物理和化学特征。同时光声技术为测量细观不均匀的生物组织的等效热扩散率提供了一种可能的途径，高椿民等[63, 64]利用压电光声方法研究了动物各类组织的热散率。近年来，光声成像成为生物医学无损伤成像的研究热点，它结合了光学成像的高对比度特性和超声成像的高穿透深度特性，可以提供高分辨率和高对比度的组织成像。

大多数光声成像系统采用单元声探测器探测光声信号，要获得一幅完整的光声成像图，成像时间较长。而采用多元线性阵列扫描探测器，结合电子扫描和相控聚焦技术，可实现高灵敏度实时快速的光声层析成像。近来提出的一种原位光声信号检测方法，利用一束单频探测超声穿过光声激发区域，使之与光声场产生非线性作用，光声信号将非线性耦合到探测束上，这种非线性作用的特征信号只发生在光声激发区域，通过解调探测超声来重建原位光吸收分布，可以实现高灵敏度的原位光声信号检测。华南师范大学激光生命科学研究所对光声成像中换能器响应、解析算法和图像重建等进行了广泛而深入的研究。

6 其他研究内容

光声光谱方法在微量气体探测方面有着高灵敏度、高选择性的优势。为了提高光声传感器的性能及实用性、降低成本，光声传感器向着小型化的方向发展。半导体激光二极管和高灵敏度麦克风的出现为光声传感器的小型化提供了必要条件[65]。而且由于半导体微机械技术的发展，光声传感器进一步沿着 MEMS (micro-electro-mechanical system) 的方向发展。

美国麻省理工采用半导体激光器作为光源，通过微机械技术加工制作微型光声腔体，采用麦克风检测声信号，构成光声传感器，实现了对微量气体的检测。西门子公司采用光声传感器原理，与瑞士应用科技大学合作研究了火灾现场探测系统。目前国内多家单位如清华大学，中国科技大学和复旦大学开展了 MEMS 光声传感器的制作和火灾探测系统的研究。

光声联用技术也取得了飞速发展，光声技术与其波谱结合产生了新型的波谱仪，如二色性谱仪，FTIR/PAS, 光声 EXAFS，毫微秒谱仪，光声拉曼光谱等，并在物理、材料和生物化学的研究中得到广泛应用。随着激光光声光谱研究的不断深入，适用于各种色谱检测系统的激光光声检测方法相继出现，且具有相当高的灵敏度。

7 结论及发展趋势

光声学研究和应用已取得了巨大进展，光声效应的机理和方法已广泛地在实验和理论两方面做了系统深入的研究。由于篇幅所限和作者认识水平的原因，不能详细介绍。光声技术在物理、化学、生物、材料科学以及环境科学和医学等重要领域有广泛应用，已发展成为重要的无损检测技术，有着广阔的发展前景。但它仍需不断完善和改进，许多尚待开发的领域等待人们去探索。结合以上的介绍和分析，本文认为光声学的发展趋势有以下几点：

7.1 复杂材料的光声理论和实验技术研究

光声学研究始终与物理、化学和生物医学等学科紧密联系，融合发展。现代物理化学和生物试样具有复杂的光学、热学性质和激发弛豫过程，对材料中的热转换和传播过程产生重要影响，需要光声学家与相关专家紧密合作，提出和建立有针对性的实验技术和光声理论。

7.2 基于光声热波成像的信号处理技术

针对光声成像中的图像重建，目前已发展了大量信号处理技术，但往往是基于简单的理论模型。而在实际情况中，材料的结构性质千差万别，复杂多变，这需要优化已有信号处理技术，大力发展新型自适应信号处理技术，以实现具有高灵敏度和高分辨率的实时光声成像。

7.3 光声分析检测技术的实用化

国内光声科学工作者在理论、应用和仪器等各个方面都有很好的成果。遗憾的是质优价廉的仪器供应却很少，使光声技术的发展和应用受到限制。能够有体积小、操作方便、价格适当的仪器供应，光声技术将会在各个领域普及，成为科技和生产发展的一种有力工具。

参 考 文 献

[1] Rosencwaig A, Gersho A. Theory of the photoacoustic effect with solids. J. Appl. Phys. 1975, 47(1): 64-69.

[2] Tam A C. Applications of photoacoustic sensing techniques. Rev. Mod. Phys. 1986: 381-431.

[3] Sunandana C S. Physical applications of photoacoustic spectroscopy. Phys. Stat. Sol. A, 1988, 105: 11- 43.

[4] Lachaine A, Pottieer R, Russell D A. Photoacoustic and fluorescence spectroscopy for biological systems. Spectrochim. Acta Rev., 1993, 15(3): 125-151.

[5] 阎宏涛，韩权．激光热透镜光谱分析法．化学进展, 2002, 14(1): 24-31.

[6] 于清旭，李少成．高灵敏度光声光谱仪及其生物应用研究．激光技术, 2001, 25(1): 15-18.

[7] 胡继明．二十一世纪的分析化学．北京：科学出版社, 1999.

[8] Hu C L. Spherical model of an acoustical wave generated by rapid laser heating in a liquid. J. Acoust. Soc. Amer., 1969, 46: 728-736.

[9] Patel C K N, Tam A C. Pulsed optoacoustic spectroscopy of condensed matter. Rev. Mod.

Phys., 1981, 53(3): 517-550.

[10] Lai H M, Young K. Theory of the pulsed optoacoustic technique. J. Acoust. Soc. Amer., 1982, 72(6): 2000-2007.

[11] Heritier J M. Electrostrictive limit and focusing effects in pulsed photoacoustic detection. Opt. Comm., 1983, 44(4): 267-272.

[12] 张淑仪. 脉冲光声法研究液相光化学和光生物化学反应. 声学学报. 2004, 29(4): 289-296.

[13] 尚志远，张军平. 凝聚态物质的光声效应. 陕西师范大学学报，2001, 29(2): 40-49.

[14] 戚诒让，张德勇，许龙江. 液体中的激光超声脉冲. 自然杂志，2003, 25(2): 63-70.

[15] 张淑仪. 光声热波成相及其应用. 物理学进展，1996, 16(3-4): 439-449.

[16] 高椿民. 扫描电子声显微镜成像及对材料结构和特性研究. 南京大学博士学位论文，2004.

[17] 殷庆瑞，王通，钱梦騄. 光声光热技术及其应用. 北京：科学出版社, 1999.

[18] 李斌成，陈潇潇，杨亚培. 光学薄膜测量时平顶光束激励的表面热透镜理论模型. 物理学报, 2006, 55(9): 4673-4678.

[19] Gensch T, Viappiani C. Time-resolved photothermal methods: accessing time-resolved thermodynamics of photoinduced processes in chemistry and biology. Photochem. & Photobiol. Sci. 2003, 2: 699-721.

[20] Mandelis A. Photoacoustic and thermal wave phenomena in semiconductors. Elsvier Science Publishing, 1987.

[21] Zegadi A, Slifkin M A, Tomlinson R D. A photoacoustic spectrophotometer for measuring sub-gap absorption spectra of semiconductors. Rev. Sci. Instrum., 1994, 65: 1-9.

[22] Liu X J, Ding D S, et al. Photoacoustic spectroscopic and atomic-force-microscopic studies on modification of C_{60} film under laser irradiation. Prog. Nat. Sci.,1996, 6: S30-S33.

[23] Liu X J, Zhang S Y, et al. Measurement of solid C_{60} in amphibious crystalline states by photoacoustic spectroscopy. Prog. Nat. Sci., 1996, 6: S26-S28.

[24] Zhou L, Zhang S Y, et al. Optical absorptions of nanoscaled $CoTiO_3$ and $NiTiO_3$. Mater. Sci. Eng. B, 1997, 49: 117-122.

[25] 周岚，刘晓峻，张淑仪，等. 纳米$NiTiO_3$光声光谱研究. 南京大学学报, 1997, 33(1): 32-36.

[26] 丁莹莹，李葵英. 纳米晶二氧化钛光声与表面光伏特性. 物理化学学报，2007, 23(4): 569-574.

[27] 王卫乡，刘颂豪. 激光合成纳米硅的红外光声光谱. 华南师范大学学报，1996, 1: 28-34.

[28] 张国斌，石军岩，等. 光声技术在固体材料热扩散率测量中的应用. 物理，2000, 29(7): 416-419.

[29] Liu X J, Huang Q J, et al. Thermal diffusivity of ordered double perovskite A_2FeMoO_6(A=Ca, Sr and Ba). Chin. Phys. Lett., 2004, 21(11): 2281-2284.

[30] Niu D L, Liu X J, et al. Determination of thermal diffusivity of a manganite thin film. Chin. Phys. Lett., 2005, 22(10): 2659-2662.

[31] Liu X J, Niu D L, Zhang S Y. Influence of halogen substitution on optical property of mixed-valence gold halide investigated by photoacoustic spectroscopy. J. Phys. IV, 2005, 125: 19-21.

[32] Huang Q J, Liu X J, et al. Lattice effect on thermal diffusivity in double perovskite molybdenum oxide investigated by mirage technique. J. Phys. IV, 2005, 125: 149-151.

[33] Niu D L, Liu X J, et al. Thermal diffusivity of $La_{0.6}Sr_{0.4}MnO_3$ film investigated by transient thermal grating technique. J. Phys. IV, 2005, 125: 249-251.

[34] 罗爱华，赵超先，等. 利用瞬态热栅法测定固体材料的热扩散率. 中国激光，2004, 31(12): 1478-1482.

[35] Zhang S Y. Photoacoustic microscopy and detection of subsurface features of semiconductor devices. Photoacoustic and thermal wave phenomena in semiconductors, Elsvier Science Publishing, 1987.

[36] Favro L D, Ahmed T, Han X. Rev. Prog. QNDE, Plenum Press, 1995.

[37] Yang Y T, Su Q D, et al. Study of f-f transitions of powdered neodymium compounds by photoacoustic spectroscopy. J. Rare Earths, 2002, 20(1): 10-14.

[38] Yang Y T, Zhao G W, Zhang S Y. Photoacoustic spectral studies on lanthanide amino acid complexes. Rev. Sci. Instrum., 2003, 74(1): 309-311.

[39] 杨跃涛，张淑仪. 稀土色氨酸固态配合物的光声光谱研究. 南京大学学报，2002, 38(4): 499-504.

[40] Yang Y T, Zhang S Y, Su Q D. Photoacoustic spectroscopy study on the co-luminescence Phenomena of solid rare earth complexes. Mater. Res. Bull., 2005, 40: 1010-1017.

[41] Yang Y T, Zhang S Y. Photoacoustic spectroscopy study of neodymium complexes with alanine, valine, pheylalanine and tryptophan. Spectrochim. Acta, 2003, 59A: 1205-1212.

[42] Yang Y T, Zhang S Y. Photoacoustic spectra of complexes of phenylalanine with La^{3+}, Nd^{3+}, Sm^{3+} and Tb^{3+}. J. Mol. Struct., 2003, 646(1-3): 103-109.

[43] Yang Y T, Su Q D, et al. Photoacoustic spectra of complexes of trytophan with Sm(III), Tb(III) and Dy(III). Spectrochim. Acta,1998, 54A: 645-649.

[44] Yang Y T, Zhang S Y. Study of lanthanide complexes with salicylic acid by photoacoustic and fluorescence spectroscopy. Spectrochim. Acta, 2004, 60A: 2065-2069.

[45] Yang Y T, Zhang S Y. Photoacoustic spectroscopy study on the co-fluorescence effect of Eu^{3+}-La^{3+}-Hba solid complexes. J. Phys. Chem. Sol., 2003, 64(8): 1333-1337.

[46] Yang Y T, Zhang S Y. Spectral study of the co-luminescence effect of lanthanide ternary complexes with benzoic Acid and Phenanthroline. Spectrosc. Lett., 2004, 37(1): 1-12.

[47] Yang Y T, Zhang S Y, Photoacoustic spectroscopy study of lanthanide ternary complexes with salicylic acid and phenanthroline. Phys. Stat. Sol. (A), 2003, 198(1): 176-182.

[48] 杨跃涛，张淑仪. 稀土二苯甲酰甲烷、邻菲咯啉固态配合物及其掺杂凝胶共发光效应的光声光谱研究. 高等学校化学报, 2003, 24(4): 666-670.

[49] Yang Y T, Zhang S Y. Photoacoustic spectroscopy study on lanthanide complexes with aromatic carboxylic acid in silica gels. J. Phys. IV, 2005, 125: 59-61.

[50] Yang Y T, Zhang S Y. Study of lanthanide complexes in silica gels by photoacoustic spectroscopy. Mater. Sci. Eng. B, 2005, 116: 82-86.

[51] Yang Y T, Driesen K, et al. Lanthanide- containing metallomesogens with low transition temperatures. Chem. Mater., 2006, 18: 3698-3704.

[52] Yang Y T, Li J J, et al. Photoacoustic spectroscopy study on the mesophase of lanthanide complexes. Proc. WESPAC IX, Seoul, Korea, 2006.

[53] Losi A, Braslavsky S E. The time-resolved thermodynamics of the chromophore-protein interactions in biological photosensors as derived from photothermal measurement. Phys.

Chem. Chem. Phys. 2003, 5: 2739-2750.

[54] Rohr M, Gartner W, et al. Quantum yields of the photochromic equilibrium between bacteriorhodopsin and its bathointermediate femto- and nanosecond optoacoustic spectroscopy. J. Phys. Chem. 1992, 96(14): 6055-6061.

[55] 宋小清，陈建新，等. 脉冲光声量热装置的研制及用于对香豆素激光染料无辐射跃迁过程的研究. 物理化学学报, 1989, 5(4): 463-467.

[56] 傅少伟，罗来斌，等. 光声量热法测定辅酶 B12 的光解量子产率. 物理化学学报，1997, 13(3): 193-195.

[57] 张飞飞，李刚，等. 脉冲激光量热法测量 n-$C_4H_9Co(salen)H_2O$. 无机化学学报, 2000, 16(1): 144-146.

[58] Yang N L, Zhang S Y, et al. Photo-dissociation quantum yields of mammalian oxyhemoglobin investigated by a nanosecond laser technique. Biochem. Biophys. Res. Comm. 2007, 353(4): 953-959.

[59] Yang N L, Zhang S Y, et al. Enthalpy and conformational volume changes of mammalian oxy-hemoglobins investigated by pulsed photoacoustic calorimetry. Ultrasonics, 2006, 44: E1233-E1237.

[60] Zhang S Y, Sun L, et al. Laser-induced dissociation of bovine oxy-hemoglobin studied by a pulsed photoacoustic method. J. Phys. IV, 2005, 125: 709-711.

[61] 杜浩，方建文，郑金菊. 植物叶片的相位解析光声光谱和光声相位谱. 生物化学与生物物理进展，1994, 21(2): 158-161.

[62] 樊大勇，韩涛，李竞. 大叶黄杨叶片内部光能利用梯度. 植物学报，2003, 45(2): 169-176.

[63] 向良忠，邢达，等. 基于探测超声的生物组织无损光声层析成像. 光子学报，2007, 36(7): 1037-1311.

[64] 谷怀民，杨思华，向良忠. 光声成像及其在生物医学中的应用. 生物化学与生物物理进展，2006, 33(5): 431-437.

[65] 林书玉. 超声换能器的原理及设计. 北京：科学出版社, 2004.

非线性超声兰姆波在板材无损评价中的应用

邓明晰

(后勤工程学院，重庆　400016)

1　引言

超声兰姆波因其灵活的激发和检测方式，且能与板材缺陷产生有效的相互作用，可携带大量检测所需的信息，作为固体板材的一种有效检测手段已被广泛采用[1]。尽管如此，从实际应用角度考虑，在板材的微小缺陷检测方面，仍需进一步开展深入的研究工作。如在航空及航天等领域广泛采用了各种高性能的铝合金板材，对其性能及可能包含的缺陷(如夹杂物、裂痕和疲劳等)进行准确的无损评价，依然是当前急需解决的一个重要课题。此外，金属经轧制产生塑性变形后，由于晶粒的滑移和旋转，具有各向异性的特点；材料结构的各向异性，导致了弹性性质呈现各向异性，一般情况下，材料各向异性的程度较弱，可视为是各向同性的微小偏离，比较难以检测。目前采用超声兰姆波对固体板材的性能进行无损检测与评价研究，均只考虑了超声兰姆波的线性传播规律，很少考虑并应用超声兰姆波传播过程中的非线性效应。

人们已认识到介质的非线性声学参数与介质的微观结构、内部组分及缺陷等因素密切相关，反映了介质的动力学特征，是介质的一个重要特征参数。对于层状固体板构件，人们已利用板材的弹性非线性效应，对其进行非线性声无损检测与评价研究[2~4]，Zheng 等就此问题作了一个较全面的评述[5]。分析已有的在非线性声无损检测方面的研究结果不难发现，它们均是采用声波的非线性反射或透射效应对板材质量或板间黏接状态进行检测，还很少采用超声兰姆波的非线性效应对板材性质进行无损检测与评价。既然采用超声兰姆波可对固体板材的性质进行有效的检测与评价，为何不采用其非线性效应呢？一个根本原因在于，在固体板结构中传播的兰姆波是频散的，一般情况下不存在显著或强烈的非线性效应，在实验上难以对其进行有效的测量；另一方面，固体板结构至少包含两个以上界面，超声兰姆波在其中传播时所引起的非线性相互作用异常复杂，使得研究者不愿探究这一理论上复杂、实验上也不易测量得到的超声兰姆波非线性现象，这种情形造成了多年来超声兰姆波非线性的研究工作进展缓慢，而非频散的 Rayleigh 波和 Stoneley 波的非线性效应却得到广泛关注和深入研究[6~10]。

近年来，关于超声兰姆波非线性的研究工作已引起人们的重视，Lima 和 Hamilton[11]在超声兰姆波非线性效应的理论研究方面开展了一系列工作；Jacobs 研究组[12]采用激光超声技术从实验上验证了超声兰姆波在一定条件下可存在强烈的非线性效应，并利用超声兰姆波的非线性效应对板材性质进行了实验定征研究。本报告撰写人近十年来在超声兰姆波非线性效应研究方面开展了一系列理论和实验工作[13~19]；在对超声兰姆波的非线性效应进行深入研究的基础上，首先从实验上验证了超声兰姆波可具有强烈的非线性效应，并在板材表面及界面性质定征、板材各向异性评价及板材疲劳损伤评价等方面开展了实验研究[20~23]。目前取得的理论与实验结果均表明，将超声兰姆波的非线性效应用于板材性质的无损检测与评价，具有超声兰姆波方法检测速度快及非线性超声测量方法检测灵敏度高的特点。

2 非线性超声兰姆波的理论分析

当超声兰姆波在固体板中传播时，板材的体弹性非线性效应将导致二次谐波的发生。本报告撰写人首先对单层固体板中兰姆波的非线性以及二次谐波的发生问题进行过探讨[13]，得到了兰姆波二次谐波的一些基本性质。采用界面非线性声发射技术，结合兰姆波的有关性质及二次谐波的初始激发条件，文献[14]对具有积累增长性质的兰姆波二次谐波的发生过程进行了深入的分析，得到兰姆波传播过程中具有积累增长性质的二次谐波的解析表达式。进一步，采用二阶微扰近似方法并结合模式展开分析方法，更为全面地解决了兰姆波传播过程中的二次谐波发生问题[11,15,16]。

在采用二阶微扰近似方法对超声兰姆波的非线性效应进行分析时，可将该非线性效应认为是在基波响应基础上作的一个二阶微扰修正(忽略三阶以上效应)，且基波与二次谐波之间无相互耦合。在此情形之下，非线性波动方程可线性化为两个线性方程，即波动方程在二阶微扰近似下仍是线性的，叠加原理是成立的。在已知二倍频激发源的条件下，模式展开分析方法可用于分析超声兰姆波二次谐波的发生问题。

2.1 单层固体板中兰姆波的二次谐波发生

考虑在单层固体板中(见图 1)传播的一个基频兰姆波模式(频率为 f，模式阶次为 l)，因板材的体弹性非线性效应，基频兰姆波传播所到之处，在板内将存在二倍频(或二阶)的彻体驱动力 $\boldsymbol{F}[\boldsymbol{U}^{(f,l)}]$ ($\boldsymbol{U}^{(f,l)}$ 表示基频兰姆波模式的位移场)，在板表面将存在二倍频的表面驱动应力张量 $\boldsymbol{P}[\boldsymbol{U}^{(f,l)}]$ [15]。在固体板表面的 $\boldsymbol{P}[\boldsymbol{U}^{(f,l)}]$和板内的

$\boldsymbol{F}[\boldsymbol{U}^{(f,\,l)}]$，按照模式展开分析方法(任意声场分布可视为由一系列导波模式叠加而成)，其作用就是在固体板中激发出一系列二倍频兰姆波模式，也就是说，将 $\boldsymbol{P}[\boldsymbol{U}^{(f,\,l)}]$ 和 $\boldsymbol{F}[\boldsymbol{U}^{(f,\,l)}]$视为一系列二倍频兰姆波模式的激发源。

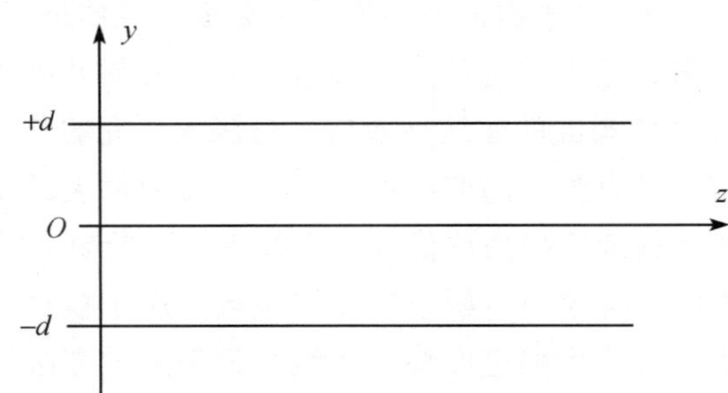

图 1　固体板及计算坐标系

当基频兰姆波模式传播至下一位置时，同样也存在相应的 $\boldsymbol{P}[\boldsymbol{U}^{(f,\,l)}]$和 $\boldsymbol{F}[\boldsymbol{U}^{(f,\,l)}]$，也将激发出一系列二倍频兰姆波模式。基频兰姆波传播所到之处的二次谐波，是此前各个位置的 $\boldsymbol{P}[\boldsymbol{U}^{(f,\,l)}]$和 $\boldsymbol{F}[\boldsymbol{U}^{(f,\,l)}]$所激发出的一系列二倍频兰姆波模式在此位置叠加的结果。至于各个二倍频兰姆波模式对总的二次谐波声场的贡献大小，则可通过模式展开分析方法予以确定[11,15,16]。$\boldsymbol{P}[\boldsymbol{U}^{(f,\,l)}]$和 $\boldsymbol{F}[\boldsymbol{U}^{(f,\,l)}]$在固体板中激发出一系列二倍频兰姆波模式，它们叠加起来即构成了 l 阶基频兰姆波的二次谐波声场 $\boldsymbol{U}^{(2f)}$，即有

$$\boldsymbol{U}^{(2f)} = \sum a_n(z)\boldsymbol{U}_n^{(2f)}(y) \tag{1}$$

其中 $\boldsymbol{U}_n^{(2f)}(y)$表示由 $\boldsymbol{P}[\boldsymbol{U}^{(f,\,l)}]$和 $\boldsymbol{F}[\boldsymbol{U}^{(f,\,l)}]$激发的阶次为 n 的二倍频兰姆波模式的声场函数；$a_n(z)$表示 n 阶二倍频兰姆波模式的展开系数，形式上可将其表为[15]

$$a_n(z) = a_n \sin\left(2\boldsymbol{\pi} f\,R\,z\right)/R \tag{2}$$

其中 a_n 与板材的密度、二阶及三阶弹性常数有关，还与 n 阶二倍频兰姆波的声场函数有关，且正比于 l 阶基频兰姆波振幅的平方[15, 16]；$R=[c_n^{(2f)}-c_l^{(f)}]/c_l^{(f)}c_n^{(2f)}$，$c_l^{(f)}$ 和 $c_n^{(2f)}$ 分别表示 l 阶基频兰姆波和 n 阶二倍频兰姆波模式的相速度。

图 2 给出了板厚为 2mm 的各向同性铝板中兰姆波的频散曲线。分析发现，反对称二倍频兰姆波模式的展开系数为零[15]，故图 2 仅给出了对称二倍频兰姆波的频散曲线。在竖直虚点线 V_1(或 V_2)所确定的频率 f_1(或 f_2)处，点 F_0(或 F_0')对应的基频兰姆波模式的相速度与点 D_0 (或 D_0') 对应的二倍频兰姆波模式的相速度相等(或近似相等)，即有 $c_l^{(f)}=c_n^{(2f)}$ (l=F_0; n=D_0)或 $c_l^{(f)} \approx c_n^{(2f)}$ (l= F_0'; n= D_0')。在此情形之下，式(2)表明，展开系数 $a_n(z)$将随传播距离 z 积累增长，即 n 阶二倍频兰姆波模式的振幅随传播距离积累增长。相速度与 l 阶基频兰姆波模式不相等的其他二倍频

兰姆波模式(点 $D_1, D_2, D_3,\ldots$或 $D_1', D_2', D_3',\cdots$)的振幅随传播距离的变化表现出“拍”效应，用一定大小的换能器在固体板表面接收 $\boldsymbol{U}^{(2f)}$时，这些二倍频兰姆波模式对$\boldsymbol{U}^{(2f)}$的贡献可予以忽略[15]。因此，当 $c_l^{(f)}=c_n^{(2f)}$ 或 $c_l^{(f)}\approx c_n^{(2f)}$ 时，n 阶二倍频兰姆波在二次谐波声场 $\boldsymbol{U}^{(2f)}$中占主导地位，可不考虑其他二倍频兰姆波模式对 $\boldsymbol{U}^{(2f)}$的贡献，故在二次谐波的接收信号中不存在多个二倍频兰姆波模式相互混叠的问题。显而易见，积累二倍频兰姆波模式的声场分布应与 $c_l^{(f)}$ 和 $c_n^{(2f)}$ 之间的差异、激发源位置、频率和基频兰姆波模式等因素有关，图 3 给出了两个算例。

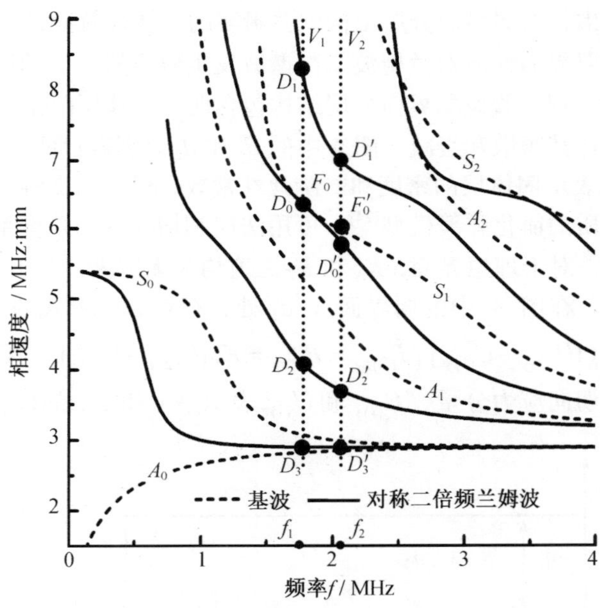

图 2　兰姆波频散曲线

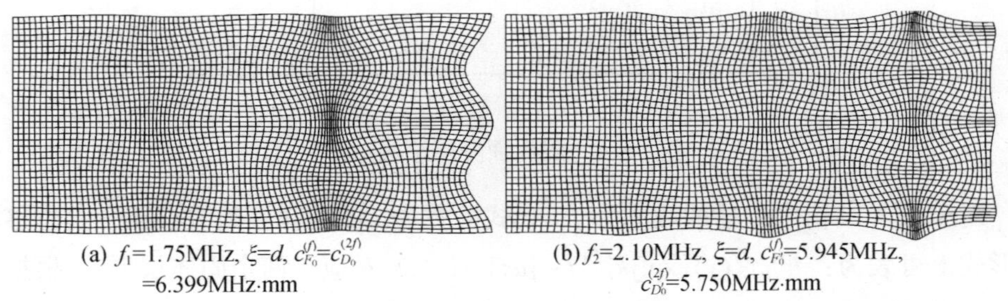

(a) f_1=1.75MHz, $\xi=d$, $c_{F_0}^{(f)}=c_{D_0}^{(2f)}$=6.399MHz·mm　(b) f_2=2.10MHz, $\xi=d$, $c_{F_0}^{(f)}$=5.945MHz, $c_{D_0}^{(2f)}$=5.750MHz·mm

图 3　积累二倍频兰姆波模式的声场分布, ξ 表示基频兰姆波激发线源所在位置

2.2　含弱界面分层固体板中兰姆波的二次谐波发生

分层结构的界面性质主要取决于固体层之间界面薄层的性质,该薄层的力学参

数与两边固体层的力学参数不同。因使用过程中的疲劳、老化或其他原因，固体层之间界面薄层的力学性能将降低，从而形成所谓的弱界面。采用界面弹簧模型可有效地描述弱界面的物理特性[24]。理论和实验研究表明，弱界面性质的变化将导致兰姆波频散特性发生改变并由此可对界面状况进行定征。若界面薄层的力学性质仅发生微小的变化，或描述弱界面性质的界面劲度系数的改变甚小以至于不足以引起兰姆波频散特性发生较显著的变化，用超声兰姆波定征分层结构的弱界面性质则存在一定的局限性。探索一种可准确反映分层结构弱界面性质的非线性超声兰姆波方法很有必要。文献[16]对理想界面分层结构中兰姆波的非线性效应进行了分析，从实际应用角度考虑，对弱界面分层结构中兰姆波的非线性效应进行研究更具意义。下面将简要论述弱界面性质对兰姆波二次谐波发生效应所产生的影响。

为简化分析过程，假设弱界面分层结构包含两个固体层(见图 4)，各固体层材料各向同性且不计其频散和衰减。图 4 中的 d_1 和 d_2 分别表示两个固体层的厚度；$\rho_{(i)}$, $\lambda_{(i)}$和$\mu_{(i)}$分别表示固体层的密度和二阶弹性常数，下标 i=1,2 对应于两个固体层。根据描述界面性质的简化弹簧模型[24]，可用法向和切向界面劲度系数 K_N 和 K_T 描述弱界面的性质。对于理想界面，K_N 和 K_T 之值均为无穷大；对于弱界面情形，K_N 和 K_T 取有限值。在图 4 中的弱界面 $y=d_1$ 处，存在如下形式的力学边界条件：$P_{(2)yy}=P_{(1)yy}=K_N[U_{(2)y}-U_{(1)y}]$，$P_{(2)zy}=P_{(1)zy}=K_T[U_{(2)z}-U_{(1)z}]$，其中 $P_{(i)yy}$ 和 $P_{(i)zy}$ 分别表示法向和切向应力分量，$U_{(i)y}$ 和 $U_{(i)z}$ 表示沿 y 和 z 轴的位移分量。

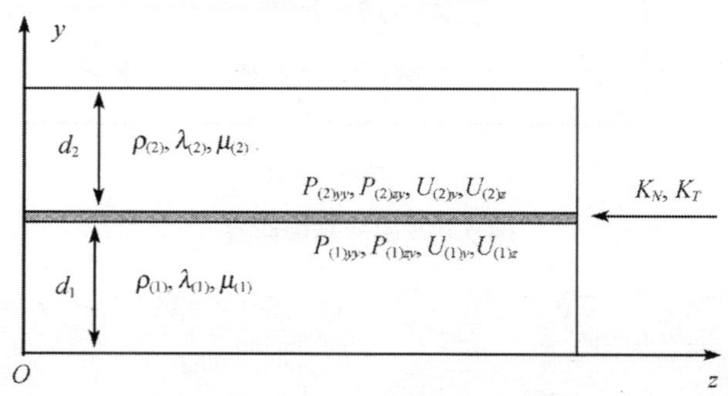

图 4　弱界面分层结构

对于图 4 结构中传播的频率为 f、模式阶数为 l 的基频兰姆波模式，其位移场在形式上可表为：$U_{(i)}^{(f,l)}(y)\exp[\mathrm{j}k_l^{(f)}z-\mathrm{j}\omega t]$ (i=1,2 对应于两个固体层)[25]。根据有关力学边界条件，兰姆波的频散关系在形式上可表示为 $\left|M[\lambda_{(i)},\mu_{(i)},\rho_{(i)},d_i,K_N,K_T,\omega,k_l^{(f)}]\right|=0$，$i$=1,2，其中 $M[\cdots]$是边界条件方程对应的系数矩阵。$k_l^{(f)}$ 表示各固体层中构成兰姆波模式的各个体声波的波矢量沿 z 轴方向的分量(见图 4)，第 l 阶兰姆波模式的相速度 $c_l^{(f)}=\omega/k_l^{(f)}$。为简单起见，认为 K_N、

K_T 与频率无关[24]。显而易见，兰姆波的频散特性与描述界面性质的界面劲度系数密切相关。

当 l 阶基频兰姆波模式在图 4 所示的分层结构中传播时，在二阶微扰近似下，在各固体层的内部将存在二倍频的体驱动力 $\boldsymbol{F}[U_{(i)}^{(f,l)}(y)]$ (i=1,2)；在各固体层的两个表面还存在二倍频的面驱动应力张量 $\boldsymbol{P}[U_{(i)}^{(f,l)}(y)]$[16]。根据模式展开分析方法，$\boldsymbol{F}[U_{(i)}^{(f,l)}(y)]$ 和 $\boldsymbol{P}[U_{(i)}^{(f,l)}(y)]$ (i=1,2)的作用就是在图 4 所示的结构中激发出一系列二倍频兰姆波模式，它们叠加起来即是 l 阶基频兰姆波的二次谐波声场[见式(1)]。在计算 n 阶二倍频兰姆波模式的展开系数时，式(2)中的 a_n 还与界面劲度系数 K_N 和 K_T 直接相关[25]。为突出界面特性对兰姆波传播过程中二次谐波发生效应产生的影响，假定图 4 中两固体层材料的性质保持不变，仅考虑界面劲度系数 K_N 和 K_T 发生变化的情形。在 $a_n \neq 0$ 且 $c_l^{(f)} = c_n^{(2f)}$ 或 $c_l^{(f)} \approx c_n^{(2f)}$ 的条件下，$a_n(z)$ 随传播距离积累增长，实际应用中可有效地对此情形下的二次谐波信号进行测量。

这里重点考虑 K_N 和 K_T 的变化(相对于理想界面情形，即有 $K_N = K_T = \infty$，且 $c_l^{(f)} = c_n^{(2f)}$)对二次谐波发生效应所产生的影响。首先，式(2)给出的展开系数 $a_n(z)$ 是与 K_N 和 K_T 直接相关的[25]。其次，K_N 和 K_T 的变化将影响到兰姆波的相速度，原本满足的条件 $c_l^{(f)} = c_n^{(2f)}$ 或 $c_l^{(f)} \approx c_n^{(2f)}$ 不再满足，这将显著地影响到 n 阶二倍频兰姆波的积累增长程度[15]；当 K_N 和 K_T 的变化使得 $c_l^{(f)}$ 与 $c_n^{(2f)}$ 相差较大时，$a_n(z)$ 随传播距离的增长将表现出显著的“拍”效应，二次谐波发生效应变得非常微弱以至于无法对其进行有效的实际测量。此外，K_N 和 K_T 的变化一定程度上还将影响到第 l 阶基频兰姆波模式的声场 $U_{(i)}^{(f,l)}(y)\exp[\mathrm{j}k_l^{(f)}z - \mathrm{j}\omega t]$，而 $\boldsymbol{F}[U_{(i)}^{(f,l)}(y)]$ 和 $\boldsymbol{P}[U_{(i)}^{(f,l)}(y)]$ (i=1,2)正比于基频兰姆波声场振幅的平方[16]，这也将导致 K_N 和 K_T 对 $a_n(z)$ 产生影响。综上所述，K_N 和 K_T 的变化可从上述三个方面对 $a_n(z)$ 产生影响，即弱界面性质可显著地影响到兰姆波的二次谐波发生效应。

对于给定的弱界面分层结构：铝板(1mm)-界面(K_N 和 K_T)-铝板(0.8mm)，在 f=1.9MHz 和 $K_N = K_T = \infty$ 的条件下，存在 $c_l^{(f)} \approx c_n^{(2f)}$，表明在 l 阶基频兰姆波模式传播过程中所发生的第 n 阶二倍频兰姆波模式随传播距离积累增长。对于各类弱界面，K_N 和 K_T 的取值是不一样的[24]。在数值模拟时不考虑固体层参数的变化，只考虑 K_N 和 K_T 变化的影响。$c_l^{(f)}$ 和 $c_n^{(2f)}$ 是与 K_N 和 K_T 密切相关的，当 f=1.9MHz 时，原本在 $K_N = K_T = \infty$ 条件下满足的关系 $c_l^{(f)} = c_n^{(2f)}$ 或 $c_l^{(f)} \approx c_n^{(2f)}$ 不再满足，这将显著地影响到 n 阶二倍频兰姆波模式随传播距离的积累增长效应。作为例子，图 5 给出了 K_N 和 K_T 取值相等并同时发生变化时二倍频兰姆波的声场曲线。与 $K_N = K_T = \infty$ 情形下的二次谐波发生效应相比，随着 K_N、K_T 数值的逐渐减小，在分层结构的表面，原本具有积累增长效应的二倍频兰姆波模式的振幅随传播距离表现出“拍”效应，从实际测量角度考虑[15]，分层结构表面的二次谐波信号将迅速减小，此效应可作为评价弱界面性质的理论依据。

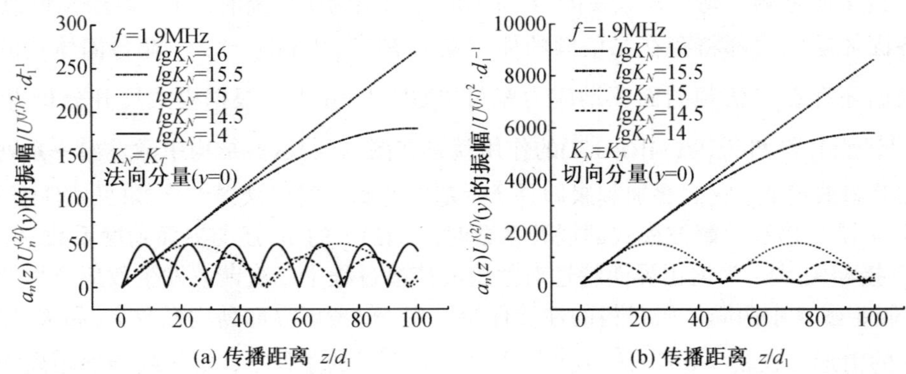

图 5　K_N 和 K_T (单位: N/m^3)发生变化时二倍频兰姆波模式的振幅随传播距离的关系曲线

3　实验研究

3.1　超声兰姆波非线性效应的实验观察

为观察到显著的二次谐波发生效应，可选择适当的基频兰姆波模式，使其相速度与某一二倍频兰姆波模式的相速度相等。实验中用到的固体板是厚度为 1.85mm 的单层铝板，将其视为各向同性。在频率 f=2.70MHz 处，基频兰姆波 A_2、S_2 模式的频散曲线与某一二倍频兰姆波的频散曲线同时相交于点 D_0，存在 $c_{A_2}^{(f)}=c_{S_2}^{(f)}=c_{D_0}^{(2f)}$=8.222km/s。采用斜劈换能器激发和接收兰姆波，为使斜劈换能器激发出的兰姆波具有强烈的非线性效应，应使基频兰姆波的相速度等于 8.222km/s，由此可确定出斜劈倾角：$\theta=\sin^{-1}[c_L/c_l^{(f)}]$=19.3° (斜劈材料为有机玻璃，其纵波声速 c_L=2.717km/s)[19]。实验系统如图 6 所示，RAM-5000-SNAP 系统可输出幅度、宽度 τ 和载波频率 f 可调的射频激励脉冲，同时并对接收信号进行分析处理[26]。接收斜劈换能器 R 接收到的时域信号 $f(t)$形式上可表为：$f(t)=A_r(t)\sin(2\pi f_r+\varphi_r)$；当 $f_r=f$ 或 $2f$ 时，$f(t)$分别表示基频兰姆波和二次谐波的时域脉冲。定义积分振幅为

$$\overline{A}_r(f_r)=\int_{t_1}^{t_2}A_r(t)\,\mathrm{d}t$$

要求时域包络 $A_r(t)$完全位于 t_1~t_2 之间。分析表明[19]，$\overline{A}_r(f)$表示多个基频兰姆波模式叠加的合振幅，$\overline{A}_r(2f)$可用于描述超声兰姆波二次谐波的发生效率。

在图 6 中，当 T 与 R 之间的距离确定时，对于给定的射频脉冲载波频率 f，采用 RAM-5000-SNAP 系统可测出相应的 $\overline{A}_r(f)$ 和 $\overline{A}_r(2f)$；改变 f 即可得到超声兰姆

波的基波与二次谐波的幅频曲线。改变 T 与 R 之间的间距 z，即可得到 T 与 R 处于不同距离时的 $\overline{A}_r(f)$ 和 $\overline{A}_r(2f)$ 曲线。实验中 z 从 5cm 开始最终移至 18cm，移动步距是 1cm。图 7 给出了 $\overline{A}_r(2f)/\overline{A}_r(f)^2$ 随传播距离 z 的变化曲线，该图清晰地显示出在一定传播距离范围内，$\overline{A}_r(2f)/\overline{A}_r(f)^2$ 随传播距离积累增长，表明在 f=2.67MHz 附近(理论值 2.70MHz)的超声兰姆波具有强烈的非线性效应[19]。随着传播距离的增加，拟合曲线存在下弯趋势，这一现象与兰姆波传播过程中的声衰减及声束衍射有关，或许还与基频兰姆波相速度与二倍频兰姆波相速度的匹配程度有关[15]。实验过程中 z 取不同值时换能器和铝板之间的声耦合可能存在一定的差异，表现为图 7 中的实验数据在拟合曲线邻近存在一定程度的起伏。

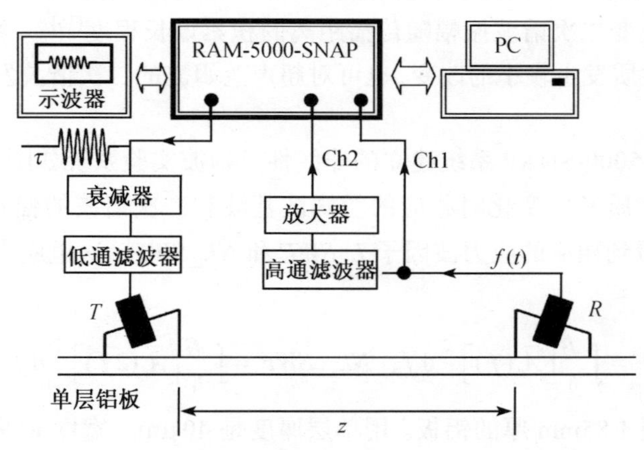

图 6　兰姆波非线性实验系统框图

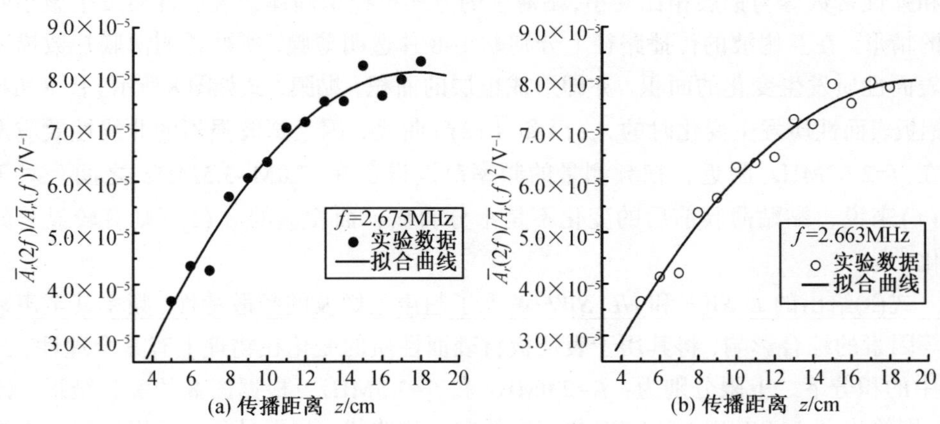

图 7　二次谐波振幅与基频兰姆波振幅平方之比随传播距离的关系曲线

上述实验结果表明，超声兰姆波在一定条件下具有强烈的非线性效应，其二次谐波表现出随传播距离积累增长的性质。

3.2　板材表面性质定征

固体板材在实际应用中得到广泛使用,因氧化或腐蚀等原因其表面性质将发生变化，从而在表面形成厚度甚小(几微米到数十微米不等)的覆层。对于不能直接观察固体板表面性质发生变化的场合，要准确定征其表面性质是困难的。超声兰姆波作为一种有效手段在固体板材的无损检测方面已得到应用,当板材表面性质的变化甚小以至于不足以引起兰姆波的频散特性发生较明显的变化时,超声兰姆波定征方法的有效性将受到影响。对于固体板材表面性质发生变化的情形，一方面表面覆层的厚度、面积、密度和弹性常数等将对伴随基频兰姆波传播所发生的二次谐波振幅产生影响；另一方面，表面性质的变化将影响到兰姆波的频散特性，而频散特性的变化将显著地改变二次谐波振幅随传播距离的积累增长程度[15]。鉴于上述理由，即使板材表面性质发生较小的改变,也可对超声兰姆波的二次谐波发生效应产生较显著的影响。

基于 RAM-5000-SNAP 系统建立的非线性兰姆波实验系统如图 6 所示,通过测量固体板表面性质发生变化时相应的兰姆波基波和二次谐波的幅频特性 $\overline{A}_r(f)$ 和 $\overline{A}_r(2f)$ ，则可得到相应的应力波因子 *L_SWF* 和 *NL_SWF*，这里应力波因子定义如下[20,21]：

$$L\_SWF=\int_{f_1}^{f_2}\left[\overline{A}_r(f)\right]^2\mathrm{d}f,\quad NL\_SWF=\int_{f_1}^{f_2}\left[\overline{A}_r(2f)\right]^2\mathrm{d}f \tag{3}$$

固体板材仍选用 1.85mm 厚的铝板。用单层厚度是 40 μm 、宽度 w 是 1.1cm 的透明薄膜紧贴于铝板表面，以此来模拟固体板表面形成的覆层。因透明薄膜的厚度、密度和弹性常数等与铝层相比甚小,贴薄膜的方式可模拟固体板表面性质发生微小变化的情形。在兰姆波的传播路径上分别贴 1~8 片透明薄膜，所贴透明薄膜片数描述了表面性质发生变化的面积，亦即形成覆层的面积，贴膜方式如图 8 所示。图 8 给出了铝板表面性质发生变化时的 $\overline{A}_r(f)$ 和 $\overline{A}_r(2f)$ 曲线，因兰姆波强烈的非线性效应发生在 f=2.67MHz 附近，扫频测量的频率范围设定在 2.0M~3.5MHz 之间。对于 $\overline{A}_r(f)$ 来说，黏贴薄膜前后的变化不是十分明显，而相应的 $\overline{A}_r(2f)$ 则有较显著的变化[20]。

式(3)给出的 *L_SWF* 和 *NL_SWF* 考虑了超声兰姆波的频散特性、频率甚至声衰减等因素的综合影响,将其用于表征板材表面性质的变化在物理上有其合理性。式(3)中的积分下、上限分别为：f_1=2.0MHz 和 f_2=3.5MHz，根据图 8 的实验结果，图 9 分别给出了 *L_SWF*、*NL_SWF* 和相应的归一化曲线。显而易见，兰姆波的应力波因子可单调反映覆层面积(透明薄膜片数)的变化，相比之下，*NL_SWF* 具有更高的敏感程度。图 8 给出的实验结果表明，*NL_SWF* 可望用于定征覆层的面积大小。

根据上述实验结果不难发现,超声兰姆波的二次谐波发生效应及相应的二次谐

波应力波因子 *NL_SWF* 可对表面性质所发生的微小变化予以准确表征，尤其是 *NL_SWF* 与覆层面积之间存在的单调对应关系，可为评价覆层面积的大小提供了一条有效途径。

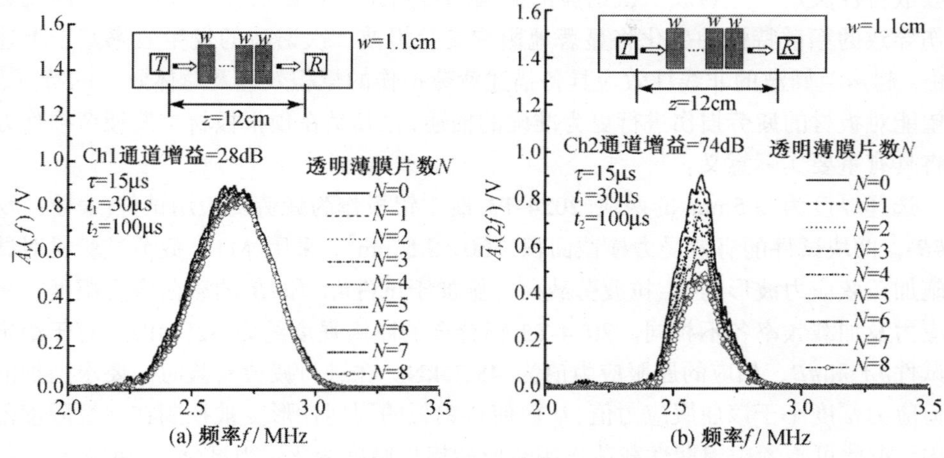

图 8 铝板表面存在不同覆层面积时的 $\bar{A}(f)$ 和 $\bar{A}(2f)$ 曲线: (a) 基波; (b) 二次谐波

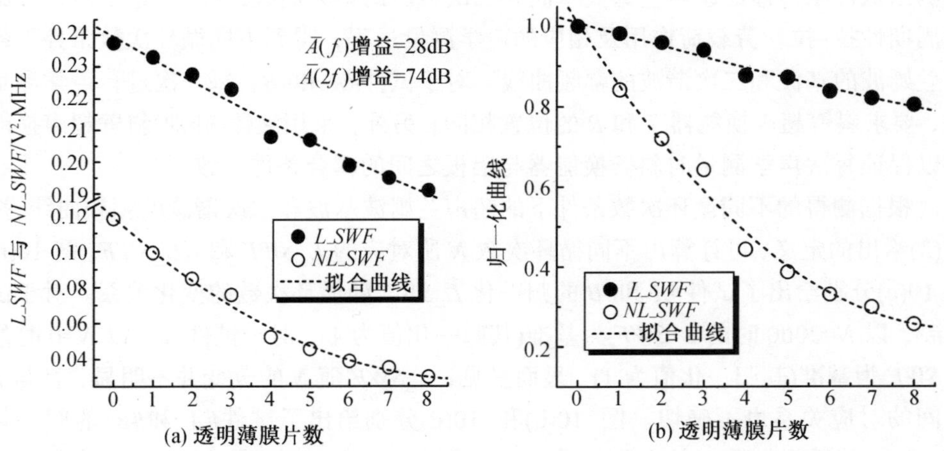

图 9 兰姆波应力波因子与覆层面积的关系曲线: (a) *L_SWF* 和 *NL_SWF*; (b) 归一化曲线

3.3 板材疲劳损伤评价

在周期性疲劳载荷的作用下，板材的微观结构将发生变化，板材弹塑性发生的细微改变将使相应的三阶弹性常数(或声非线性参数)有较显著的改变；同时，疲劳可使板材参数发生变化，进而影响到超声兰姆波的频散特性；此外，疲劳还可能在板材中导致可扩展的微裂纹，使得超声兰姆波发生模式转换并改变其声场分布及声衰减等。对于在已承受周期性载荷作用的固体板中传播的超声兰姆波，其二次谐波发生效应受诸多因素的影响，归纳起来主要有：1. 疲劳可使板材的三阶弹性常数发生较显著的改变[23]；2. 疲劳对板材力学参数的影响可使兰姆波的频散特性发生变化，而频散特性决定了兰姆波二次谐波的振幅随传播距离积累增长的程度[15]，即疲劳损伤导致的频散特性的变化将显著地影响到兰姆波二次谐波的发生效率基于上述理由，超声兰姆波的非线性效应具备描述疲劳损伤的累积效应及总体效果的特点，可望能对板材的疲劳损伤进行更为准确的描述，尤其是在预报板材早期疲劳损伤方面将具有重要实际意义。

选择厚度为 2.5mm 的两块 2024-T3 航空铝板作为疲劳实验用试件(编号：#*A* 和#*B*)，两块试件的有效受力横截面积：$60\times2.5\,\mathrm{mm}^2$。采用 MTS 疲劳试验机对试件施加正弦应力波形的拉–拉疲劳载荷，施加于试件#*A* 和#*B* 的载荷应力幅度、平均应力及加载频率各不相同。2024-T3 铝合金的屈服强度约为 325MPa，对于给定的试件#*A* 和#*B*，相应的屈服应力值为 48.75kN。在进行疲劳实验时，要求施加的载荷应力幅度小于该屈服应力值，从而使得铝板的周期性形变被控制在弹性限度范围内，据此可不考虑周期性载荷作用造成的铝板厚度变化。当试件#*A* 和#*B* 承受一定循环次数(用 N 表示)的周期性载荷作用之后，采用图 6 所示的超声兰姆波测量系统测出试件中传播的超声兰姆波基波和二次谐波的幅频曲线；之后，重复对试件施加周期性拉–拉疲劳载荷作用及相应的声学测量过程，得到不同循环次数条件下超声兰姆波的基波和二次谐波的幅频曲线。对于试件#*A* 和#*B*，每一次进行声学测量时，要求斜劈超声换能器 T 和 R 的位置相同；另外，采用液体(硅油)斜劈超声换能器以保证每次声学测量时斜劈换能器与铝板之间的耦合条件一致。

根据测得的不同循环次数条件下的超声兰姆波基波和二次谐波的幅频曲线，按式(3)给出的定义，可计算出不同循环次数 N 所对应的 *L_SWF* 和 *NL_SWF*。图 10(a)和 10(c)分别给出了试件#*A* 和#*B* 的归一化 *L_SWF* 随循环次数的变化关系。对于试件#*A*，以 N=2000 时的 *L_SWF* 为基准(其归一化值为 1)；对于试件#*B*，以 N=0 时的 *L_SWF* 为基准(其归一化值为 1)。显而易见，*L_SWF* 随 N 的改变并不明显，且与 N 之间的对应关系也不确切。图 10(b)和 10(d)分别给出了试件#*A* 和#*B* 的归一化 *NL_SWF* 随循环次数 N 的变化关系。对于试件#*A*，以 N=0 时的 *NL_SWF* 为基准(归一化值为 1)；对于试件#*B*，以 N=0 时的 *NL_SWF* 为基准(其归一化值为 1)。显而易见，与 *L_SWF* 相比较，*NL_SWF* 随 N 的变化表现出更为敏感的性质，尤其是在循环载荷作用的最初阶段(试件#*A* 的 N 在 8000 以内；试件#*B* 的 N 在 30 000 以内)，*NL_SWF* 随 N 的变化非常显著，且表现出明显的单调对应关系。

随着板材疲劳损伤的进一步累积(N 继续增大)，板材内微观裂纹将逐渐形成并扩展，从而使得基频兰姆波的传播衰减有所增加，而兰姆波二次谐波的振幅正比于基频兰姆波振幅的平方[16]，故 $\overline{A}_r(2f)$ 和 *NL_SWF* 的数值应有所降低。随着循环次

数 N 的进一步增加，*NL_SWF* 的数值有所降低的另一原因可能是，疲劳损伤的累积导致板材参数的变化越来越明显，使得在某一频率附近原本满足的条件 $c_l^{(f)}=c_n^{(2f)}$ (或 $c_l^{(f)}\approx c_n^{(2f)}$)不再成立，$c_l^{(f)}$ 与 $c_n^{(2f)}$ 之间的差异逐渐增大，这将导致二次谐波发生的效率降低，从而使得 *NL_SWF* 的数值显著减小[15]。图 10 给出的实验结果的实际意义在于，在固体板材疲劳损伤的最初阶段，即使板材的线性声学参数(包括声速及声衰减等)的变化并不明显，但采用超声兰姆波的非线性效应及相应的超声兰姆波二次谐波的应力波因子 *NL_SWF*，可为准确而有效地评价此阶段板材的疲劳损伤程度提供一条有效途径[23]。

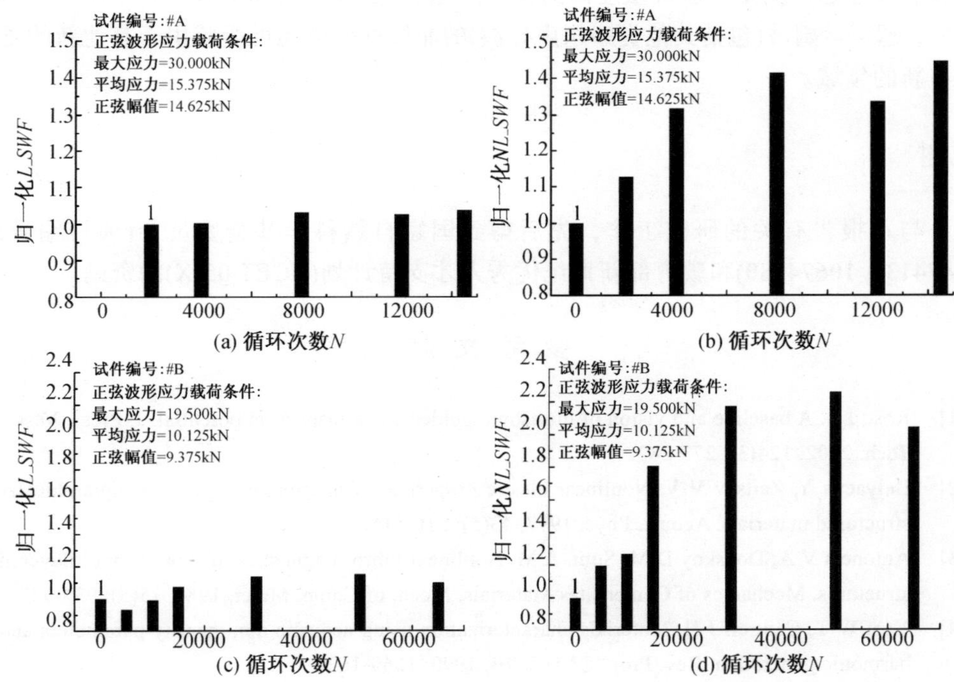

图 10 超声兰姆波的归一化应力波因子随循环次数的变化关系: (a) 基波，试件#*A*; (b) 二次谐波，试件#*A*; (c) 基波，试件#*B*; (d) 二次谐波，试件#*B*

4 结束语

固体板结构至少包含两个以上界面，在其中传播的超声兰姆波是频散的。一般说来，在超声兰姆波传播过程中产生的非线性相互作用异常复杂，同时因超声兰姆波具有频散特性，通常情况之下其二次谐波不存在显著或强烈的非线性效应，实验上难以对相应的非线性效应进行测量。鉴于这些原因，多年来对超声兰姆波非线性效应的研究工作一直进展缓慢。

本报告从理论上论述了超声兰姆波在固体板结构中传播时的二次谐波发生及传播问题，并给出了有关实验研究结果。通过所给出的分析过程和所得到的超声兰姆波二次谐波的解析解，以及数值计算和实验结果，可对超声兰姆波的二次谐波发生与传播问题有一个较全面的了解。需指出的是，所有的分析结果均是在二阶微扰近似下推得的，这些结果的存在是有前提的。尽管如此，有关结果对深刻理解超声兰姆波二次谐波的积累增长效应有着重要意义。在实际应用方面，给出了采用超声兰姆波的非线性效应评价板材表面性质及板材疲劳损伤的实验结果，表明将超声兰姆波的非线性效应用于板材性质的无损检测与评价，具有超声兰姆波检测方法速度快和非线性超声测量方法灵敏度高的特点。当然，随着理论和实际研究工作的不断深入，超声兰姆波(包括其他类型超声导波)的非线性效应还可望应用于其他新的场合与新的领域。

致谢

与本报告有关的研究工作，先后得到国家自然科学基金委员会(项目编号: 10474139, 10674180)和教育部新世纪优秀人才支持计划(NCET-05-X)的资助。

参 考 文 献

[1] Rose J L. A baseline and vision of ultrasonic guided wave inspection potential. J. Press. Vessel Tech. 2002, 124(3): 273-282.

[2] Belyaeva Y, Zaitsev V V. Nonlinear elastic properties of microinhomogeneous hierarchically structured materials. Acoust. Phys. 1997, 43(5): 510-515.

[3] Antonets V A, Donskoy D M, Sutin A M. Nonlinear vibro-diagnostics of flaws in multilayered structures. Mechanics of Composites Materials. Mech. of Comp. Mater. 1986, 15(5): 934-937.

[4] Yost W T, Cantrell J H. Materials characterization using acoustic nonlinearity parameters and harmonic generation. Rev. Prog. QNDE, 9B, 1990: 1669-1676.

[5] Zheng Y P, Maev R G, Solodov I Y. Nonlinear acoustic applications for material characterization: A review. Can. J. Phys. 1999, 77(12): 927-967.

[6] Lardner R W. Nonlinear rayleigh waves: harmonic generation, parametric amplification, and thermoviscous damping. J. Appl. Phys. 1984, 55(9): 3251-3260.

[7] Shui Y, Solodov I Y. Nonlinear properties of Rayleigh and Stoneley waves in solids. J. Appl. Phys. 1988, 64(11): 6155-6165.

[8] Qian Z W. Second-order harmonics of surface waves in isotropic solids. J. Sound & Vibr. 1995, 187(11): 369-379.

[9] Zabolotskaya E A. Nonlinear propagation of plane and circular Rayleigh waves in isotropic solids. J. Acoust. Soc. Amer. 1992, 91(5): 2569-2575.

[10] Hamilton M F, II'inskii Y A, Zabolotskaya E A. Local and nonlocal nonlinearity in Rayleigh waves. J. Acoust. Soc. Amer. 1995, 97(2): 882-890.

[11] Lima W J, Hamilton M F. Finite-amplitude waves in isotropic elastic plates. J. Sound & Vibr., 2003, 265(4): 819-839.

[12] Bermes C, Kim J Y, Qu J M, et al. Experimental characterization of material nonlinearity using Lamb waves. Appl. Phys. Lett. 2007, 90(2): art. 021901.

[13] 邓明晰. 兰姆波的非线性研究(I), (II). 声学学报, 1996, 21: 429-438; 1997, 22: 182-187.

[14] Deng M X. Cumulative second-harmonic generation of Lamb mode propagation in a solid plate. J. Appl. Phys., 1999, 85(6): 3051-3058.

[15] Deng M X. Analysis of second-harmonic generation of Lamb modes using a modal analysis approach. J. Appl. Phys. 2003, 94(6): 4152-4159.

[16] 邓明晰. 分层结构中兰姆波二次谐波发生的模式展开分析. 声学学报, 2005, 30(2): 132-142.

[17] Deng M X, Wang P, Lu X F. Experimental verification of cumulative growth effect of second harmonics of Lamb wave propagation in an elastic plate. Appl. Phys. Lett. 2005, 86(12): art.124104.

[18] 邓明晰, Price D C, Scott D A. 兰姆波非线性效应的实验观察. 声学学报, 2005, 30(1): 37-46.

[19] 邓明晰. 兰姆波非线性效应的实验观察(II). 声学学报, 2006, 31(1): 1-7.

[20] Deng M X. Characterization of surface properties of a solid plate using nonlinear Lamb wave approach. Ultrasonics, 2006, 44: e1157- e1162.

[21] Deng M X, Wang P, Lu X F. Influences of interfacial properties on second-harmonic generation of Lamb waves propagating in layered planar structures. J. Phys. D, 2006, 39(14): 3018-3025.

[22] Deng M X, Yang J. Characterization of elastic anisotropy of a solid plate using nonlinear Lamb wave approach. J. Sound & Vibr. doi: 10.1016/j. jsv. 2007. 07. 029, 2007.

[23] Deng M X. Pei J F. Assessment of accumulated fatigue damage in solid plates using nonlinear Lamb wave approach. Appl. Phys. Lett. 2007, 90(12): art. 121902.

[24] Rokhlin S I, Wang Y J. Analysis of boundary conditions for elastic wave interaction with an interface between two solids. J. Acoust. Soc. Amer. 1991, 89(2): 503-515.

[25] Deng M X. Analysis of second-harmonic generation of Lamb waves propagating in layered planar structures with imperfect interfaces. Appl. Phys. Lett. 2006, 88(22): art. 221902.

[26] Ritec Advanced Measurement System. Model SNAP-0.25-7. Operation Manual. RITEC, 2002.

[11] de Lima W J N, Hamilton M F. Finite-amplitude waves in isotropic elastic plates[J]. J. Sound & Vib., 2003, 265(4): 819-839.

[12] Bermes C, Kim J Y, Qu J M, et al. Experimental characterization of material nonlinearity using Lamb waves. Appl Phys Lett, 2007, 90(2): art. 021901.

[13] 邓明晰. [illegible]

[14] Deng M X. Cumulative second-harmonic generation of Lamb-mode propagation in a solid plate. J. Appl. Phys., 1999, 85(6): 3051-3058.

[15] Deng M X. Analysis of second-harmonic generation of Lamb modes using a modal analysis approach. J. Appl. Phys., 2003, 94(6): 4152-4159.

[16] [illegible]

[17] Deng M X, Wang P, Lv X F. Experimental verification of cumulative growth effect of second harmonics of Lamb wave propagation in an elastic plate. Appl. Phys. Lett., 2005, 86(12): art. 124104.

[18] 邓明晰, Pei J F, Scott D A. [illegible]

[19] 邓明晰. [illegible]

[20] Deng M X. Characterization of surface properties of a solid plate using nonlinear Lamb wave approach. Ultrasonics, 2006, 44(S1): e1157-e1162.

[21] Deng M X, Wang P, Lv X F. Influence of interfacial properties on second-harmonic generation of Lamb waves propagating in layered planar structures. J. Phys. D, 2006, 39(14): 3018-3025.

[22] Deng M X, Yang J. Characterization of elastic anisotropy of a solid plate using nonlinear Lamb wave approach. J. Sound & Vib., doi:10.1016/j.jsv.2007.07.029, 2007.

[23] Deng M X, Pei J F. Assessment of accumulated fatigue damage in solid plates using nonlinear Lamb wave approach. Appl Phys Lett, 2007, 90(12): art. 121902.

[24] Rokhlin S I, Wang Y J. Analysis of boundary conditions for elastic wave interaction with an interface between two solids. J. Acoust. Soc. Amer., 1991, 89(2): 503-515.

[25] Deng M X. Analysis of second-harmonic generation of Lamb waves propagating in layered planar structures with imperfect interfaces. Appl. Phys. Lett., 2006, 88(22): art. 221902.

[26] Ritec Advanced Measurement System. Model RAM-5 [illegible] Operation Manual. [illegible]

超声电子学

声学微电子机械系统

汪承灏

(中国科学院声学研究所，北京　100080)

1　引言

微电子机械系统(micro-electro-mechanical system, MEMS，也可简称微机电系统)近来获得高速发展。MEMS 是起码在一维尺度上是微米级，用半导体微加工工艺制出的器件系统。微机电系统与纳米技术和微系统一道构成的微技术，成为 21 世纪的“下一波技术”，其经济影响力有人认为将超过 20 世纪后期以集成电路-微机-因特网为代表的繁荣时期的影响。MEMS 技术已伸向各个领域，当然也伸向了电声、超声、水声等声学各个领域。声学微机电系统已成为 MEMS 领域一个重要组成部分。最近硅微电容式传声器取得突破性进展，已开始量产，走向市场。Scientific American 在 2004 年作出评论[1]称它是“MEMS 的重大事件”，“声学芯片的前景有助克服目前 MEMS 领域所遇到的挫折”，这是指目前提出的 MEMS 器件原理方案虽然很多，而实际 MEMS 器件大规模生产应用的，却只有喷墨打印头，汽车防撞传感器两种；而硅微传声器将是第三种大规模生产应用的器件。

目前声学 MEMS 已经横跨 10~10GHz 频率范围，由音频、超声频直到微波频。它们的代表性器件分别是硅微传声器、微超声换能器和薄膜体声波谐振器，它们都有重大的应用前景。本文就以这三种声学微机电系统为代表，给出声学 MEMS 的研究现状和发展前景。

2　硅微传声器

硅微传声器(silicon microphones)是声学微机电系统 20 世纪 80 年代最早发展的器件[2]。它目前发展的主要有两种：一种是电容式，一种是压电式。

2.1　硅微电容传声器(silicon condenser microphone)

硅微电容传声器的基本结构与普通的电容传声器相类似，也可以用类似的等效电路来分析。它是由一个薄振动膜和一个刚性的带有声孔的厚背极板之间隔有一个气隙，组成一个平行板电容传声器。因此问题的关键是如何采取微加工技术控制好各个参数，制出器件来。

硅微电容传声器最初是采用双芯片结构[3]。该结构是两块硅基片通过淀积、光刻、腐蚀等半导体工艺，分别制作背极板芯片和振动膜芯片。再利用键合技术将两片接合在一起组成电容传声器。由于双芯片的硅微电容传声器需要键合黏接，因此器件的稳定性、重复性都不好，而且由于不可避免引入较大的分布电容，从而降低了灵敏度。另外，键合黏接需要大量的操作，生产效率不高。

随着牺牲层技术的出现，单芯片结构逐渐代替了双芯片结构[4]。牺牲层是淀积在振动膜与背极板之间的，之后将释放牺牲层，将其腐蚀掉，形成空气隙。

我们将中国科学院声学研究所研制的硅微电容传声器[5]作为一个例子(图 1)，来说明声学 MEMS 的制备工艺过程：

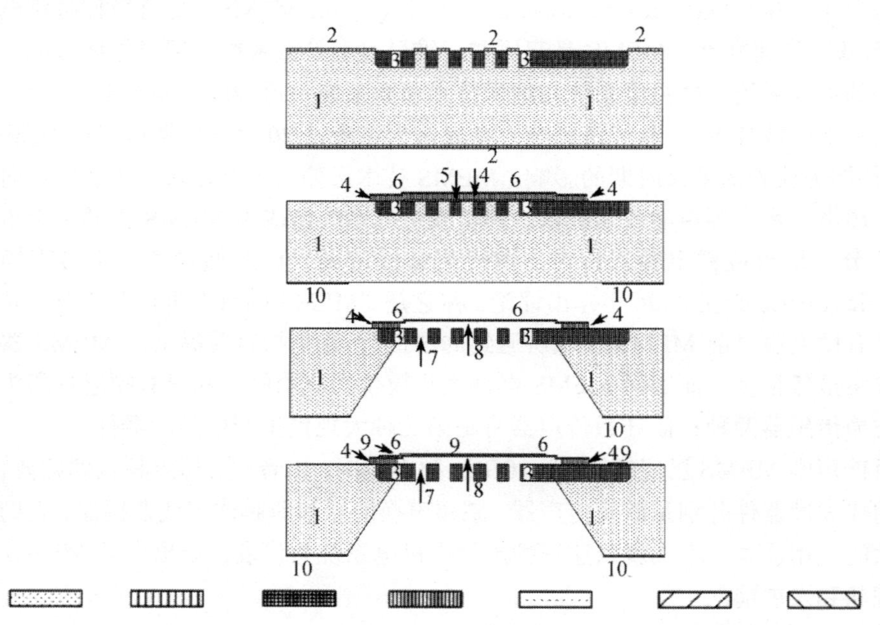

1 n⁻(100)Si　2 高温SiO_2　3 p^+掺杂Si　4 低温SiO_2　5 氧化锌　6,10 氮化硅　9 铝膜及电极
7 声学栅孔　8 空气隙(释放牺牲层后形成)

图 1　硅微电容传声器微加工工艺流程

1. n 型硅基片在掩膜下，进行深度硼扩散，形成背孔栅格 p+型掺杂层；

2. 硅片上淀积低温二氧化硅，光刻腐蚀出圆环形支撑隔离层，淀积 ZnO 作牺牲层，淀积富硅氮化硅膜作弹性振动膜；

3. 氢氧化钾溶液进行硅的体刻蚀，形成带有栅格孔的背板(没有硼扩散部分被腐蚀形成声学栅孔)，ZnO 牺牲层被腐蚀，形成圆形氮化硅膜与背板之间气隙；

4. 蒸镀金属膜，邻近光刻出顶电极。

此工艺流程中，除了采用通常的蒸发镀膜、光刻工艺，还采用了扩散、磁控溅射、低压化学气相沉积(LPCVD)、等离子体增强化学气相沉积(PECVD)、感应耦合等离子体刻蚀(ICP)、体硅腐蚀等微加工工艺。

此器件的特点是利用一个较常规工艺制备出圆形振动膜。由于硅的各向异性腐蚀，只能形成方形的振动膜支撑墙。而方形振动膜结构边角易产生应力集中，常导致振动膜的破裂，成品率较低。为此我们在工艺上让其形成圆形振动膜(参见图 1 的步骤 2)，从而使应力分布均匀，大大提高了成品率。这种传声器在带宽 100Hz~10KHz 范围内有平坦的响应，频响最好可达 16mV/pa，即 −36dB(ref. 1V/pa)(图 2)，等效噪声级为 35dB。此灵敏度与在张力控制下电容传声器的低频段灵敏度公式[6] $S=V_e a^2/8Td$ 结果是相符的。其中 V_e 为偏置电压，a 为振动膜半径，T 为单位长度上的张力，d 为气隙厚度。

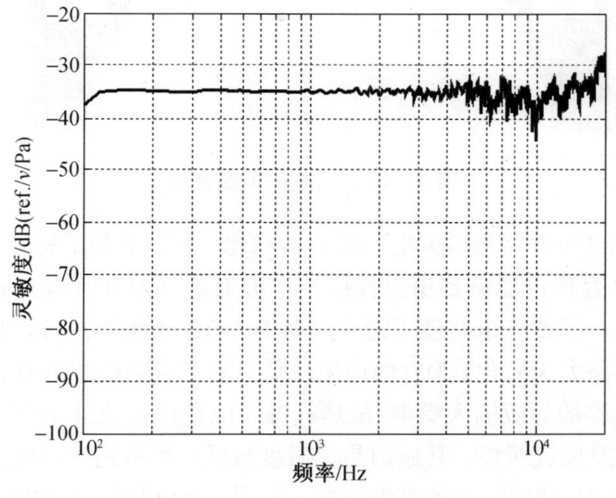

图 2　硅微传声器频响

目前美国 knowles 公司已量产硅微传声器，提供给高端手机使用。但是该公司的产品，还是硅微传声器与后续电路(包括提供置偏电压 DC-DC 变换器和跟随放大器)分别集成在两个芯片上，再组装在一起组成传声器系统。今后的硅微传声器的方向，是将硅微传声器与后续电路集成在一个芯片上，形成所谓单芯片系统(system on a chip, SOC)

2.2　硅微压电传声器

硅微压电传声器(silicon piezoelectric microphone)的基本结构如图 3 所示。它是 ZnO 压电薄膜和 Si_3N_4 弹性基底膜构成的叠层结构。这种结构与压电蜂鸣器和水声中弯曲换能器相类似。在那里是作为发射换能器工作的：在压电片上下电极之间施以一电压，利用 3-1 方向压电耦合，压电片将做平面膜沿径向的伸缩振动，由于与之结合成一体的基底弹性片的限制，因此换能器将只能做弯曲振动。而硅微压电传声器是做接收换能器使用的，它是在声的作用下，做弯曲振动，其压电薄膜做伸缩运动，利用 3-1 耦合，在压电薄膜上下电极间产生一个交变电压。此时，它是在基模谐振频率之下低频工作。

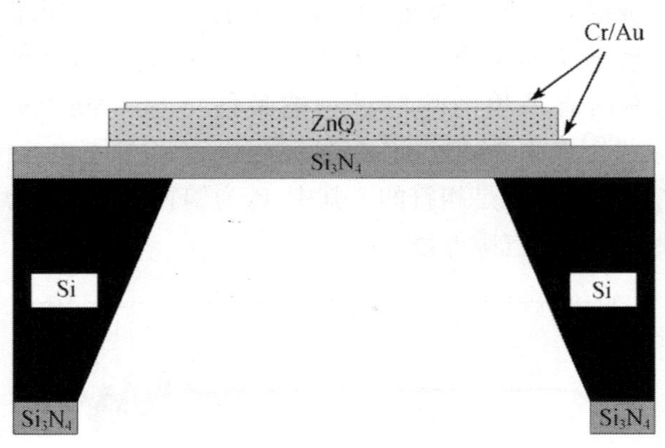

图 3　硅微压电传声器结构

这种硅微压电传声器与硅微电容传声器相比，它具有如下特点：1)结构比较简单，没有硅微电容传声器需要用牺牲层技术形成的气隙和带有声孔的厚背板。2)不需要置偏电压，因此外电路就不需要制备 DC-DC 变换器；只需要一个跟随放大器，这将使外电路大为简化。3)它的内阻较低，不像硅微传声器有很高的内阻，可望降低跟随放大器的等效输入噪声。虽然硅微压电传声器比硅微电容传声器提出的更早，但是之后发展较缓慢，其原因是灵敏度较低，达不到实用的要求。目前采用圆形膜的 ZnO/Si_3N_4 结构的灵敏度为 0.3mv/pa[7]；而已报道灵敏度最高的硅微压电传声器，它需要根据测量表面振动分布做成复杂的多圈电极结构，其灵敏度也只有 0.82mv/pa[8]。

因此，硅微压电传声器面临的最大的问题是要提高其灵敏度。提高灵敏度的方法是采用具有较高压电系数的 PZT 薄膜代替目前常用的 ZnO 压电薄膜，预计 PZT 压电薄膜的压电系数 d_{31} 比 ZnO 薄膜要高一个数量级，再加上结构上的改进，能使其灵敏度达到实用上的要求。如能实现，可望作为硅微电容传声器的一种替代。

硅微压电传声器，经过水封装，还可以形成微型水听器。它比硅微电容传声器更适合于做微型水听器，因为它没有硅微电容传声器有一个脆弱的气隙。图 4 是我们研制的一种硅微压电水听器[9]。其尺寸较小，带有跟随放大器的尺寸只有 10×6×4mm(经过改进体积还可以更小)，灵敏度也能达到−192dB(ref. 1v/μpa)；但通带较窄为 20-2KHz。图 5 是用振动液柱法测量的频响曲线。

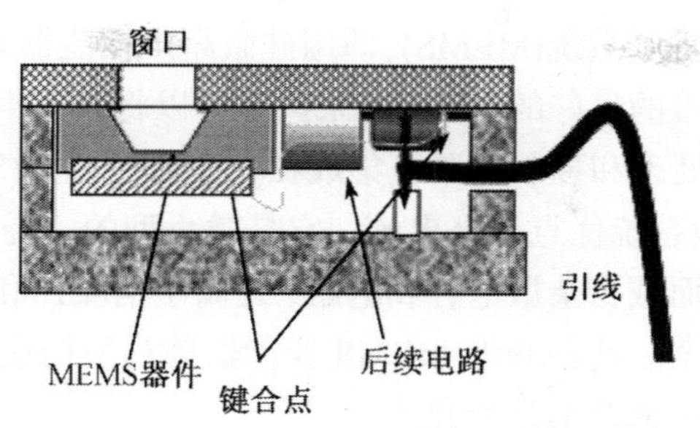

图 4 硅微压电水听器结构示意图

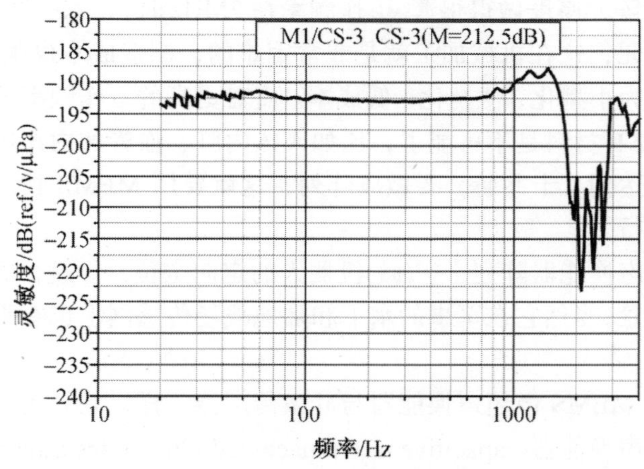

图 5 硅微压电水听器响应曲线

频响的高频端限制是由于硅微压电水听器在水中辐射声抗(关联质量)比空气中大的多(约 800 倍)造成的。因此延展带宽的办法是减小辐射面积，或减小振动膜的线度与厚度之比，这将造成灵敏度的下降。为此，同样需要用较高压电系数的 PZT 薄膜代替 ZnO 薄膜,以保持足够的灵敏度。

3 硅微超声换能器

硅微超声换能器(micromachined ultrasonics transducer)的发展不仅是硅微传声器由音频向超声频的延拓，而且有这样的需要，特别超声医学成像方面的需求。

超声成像无疑是目前超声学中最活跃分支。现在常用的超声 B 扫描成像(俗称 B 超)已成为医学上一个很重要的诊断方法。B 超是用一维阵实现二维成像。而目前超声成像与其他成像方法一样，正在向三维立体成像方向发展，成为新的生长点和发展方向。而实现三维立体成像需要二维阵列，对于二维阵列，由于的超声换能器阵元可达上万个以上，并且要求各阵元的一致性要好。用分立的阵元(超声换能器)和电子电路制备，将带来巨大的困难，目前只能做成较少的阵元的二维阵列。

采用集成化的微机电系统(MEMS)，即用硅微超声换能器 MEMS 阵列结构代替分立结构是克服此困难的最好的办法。未来甚至可以将微超声换能器阵列、发射电路、接收电路、信号处理和控制电路等集成在一个单一芯片(SOC)上，形成超声成像 SOC。这样一个微系统优点是突出的：它是微小型的，轻便的，由于缩短传感阵列与后电路的引线而减少杂散电容和电阻，提高了信噪比和灵敏度，减少能量损耗，以及节省制造成本。这种基于 MEMS 换能器阵列所构成的超声成像系统的实现，将会给超声成像带来革命性变化。

另外就是对用一维阵列的 B 扫描超声成像，为了实现高频的相控阵扫描成像，需要将 PZT 片状阵元厚度做得很薄。工作频率在 7MHz 时，阵元厚度要求为 0.15mm 左右，众多的阵元，这在机械加工就是非常困难的，制造成本也很高。用 CMUT 代替将使设备更为小型化、便携化、低成本。而对更高的工作频率的地方将使得用机械方式加工 PZT 材料是不可能了，比如人体内脏、血管的内窥成像、眼等声成像，工作频率将达到几十兆赫，要做成阵列，这就要用 MEMS 技术制造的硅微超声换能器阵列才行。

还有，微超声换能器阵列，在(微)机器人的定向定位，导航，成像和目标识别也有重大应用前景，当然它在军事的水下和陆地战场传感网上也有重要潜在应用价值。

目前国际上 MEMS 微超声换能器与硅微传声器一样，它分为两种类型，一种是电容式硅微超声换能器(capacitive micromachined ultrasonics transducer, CMUT)，另一种是压电式硅微超声换能器(piezoelectric micromachined ultrasonics transducer, PMUT)，作为超声成像和 MEMS 技术的两个前沿领域交叉，发展的非常迅速，特别集中在电容式微超声换能器(CMUT)方面，近几年来一改过去主要集中于美国，而其他国家较少的现象，在 2004 年，特别 2005 年的 IEEE 超声会议上，论文急剧增加，很多国家，甚至像土耳其这样不甚发达的国家都加入研究的行列。

压电微超声换能器(PMUT)方面的工作则较少，主要的限制还是灵敏度低。这里必须指出，做超声换能器与微传声器不同。传声器仅作声的接收；而超声换能器作超声检测和成像时，它既作为接收又作发射(即作为声辐射源)。这时就显出微电容式超声换能器的缺陷，因为它的内阻很高，需要提高电压来增加输出功率；但它在结构上，不能施以太高的电压，否则就使换能器击穿。相比而言，微压电式换能器与微压电传声器一样其内阻较低，对作为发射换能器有好处的。此外，电容式微超声换能器同样也还需要做偏置电压的 DC-DC 变换器，这对阵列来讲也使结构更为复杂。因此，这两种硅微超声换能器，各有优缺点，我们认为都应加强研究发展。对 PMUT 当务之急也是提高其灵敏度。

硅微电容传声器(CMUT)的研究和发展，到目前为止主要是斯坦福大学 Khuri-Yakub 领导的研究组进行的[10]。它开始于 20 世纪 90 年代。这种硅微超声换能器做成元胞(cell)，多个元胞形成一个阵元(如 B 超的一维阵列的条状阵元)，而阵列就是有这些阵元组成的。

作为元胞的硅微超声换能器如图 6 所示，其结构与音频硅微传声器基本相同，只是其后板上并不需要打孔，是一个封闭的空间。此时振动膜，由于其膜的线度直径与厚度相比较小，在超声频段工作时，振动膜是在弹性力控制以“板”方式振动。

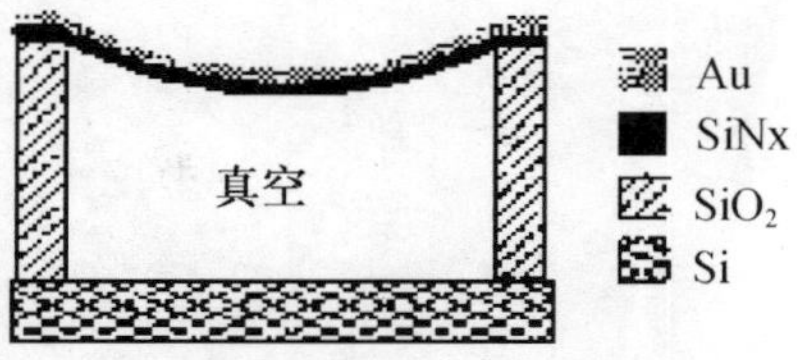

图 6　电容式硅微超声换能器元胞

图 7 是一个中心频率为 3MHz 的一维换能器阵。其中左下图为阵列全貌，左上图为阵列的细部。右边为此阵列的参数。该一维阵列包含 128 个条状阵元，每个条状阵元包括 750 个直径为 36 μm 的微超声换能器(元胞)。即总共含有 96000 个微超声换能器。

中心频率3MHz的一维线阵的参数		
阵列的阵元数		128
阵元长度	μm	6000
阵元宽度	μm	200
阵元间隔	μm	250
每个阵元的元胞数		750
元胞数		96000
元胞直径	μm	36
膜厚	μm	0.9
气隙厚度	μm	0.11
绝缘层厚度	μm	0.2
硅基底厚度	μm	500

图 7　电容式微超声换能器一维阵列

目前 GE 公司[11]已将 Sensant 公司根据斯坦福大学方法制备的 CMUT 阵列(图 8(a))装备成 B 超探头(图 8(b))。

对该探头进行了检测。CMUT 探头的带宽达到 110%，而通常的 PZT 做的 B 超探头只能达到 70%~80%，所以 CMUT 具有更高的分辨率。但是回路增益 CMUT 探头比 PZT 探头要低 10dB，即灵敏度要低 3 倍左右。图 9 是对颈动脉分别用 PZT 和 CMUT 探头进行实时成像实验的结果。从中也可以看出 CMUT 探头具有较高的分辨率，图像比较清晰，但其穿透的深度较浅。

斯坦福大学还初步研制了用于立体成像的二维阵列，如图 10 所示，它含有近 124 万个微超声换能器，并提出了立体成像的系统方案如图 12 所示。二维阵的实验方面，仅对 16×16 二维阵作了初步的成像实验。更多的阵元成像实验估计由于外电子电路的复杂性还没见到报道。

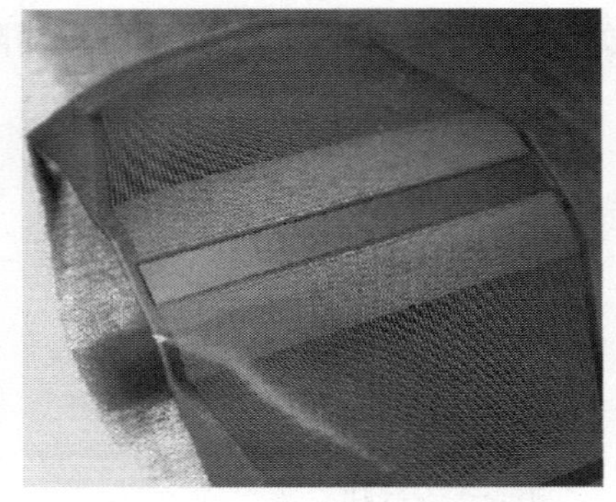

(a) CMUT

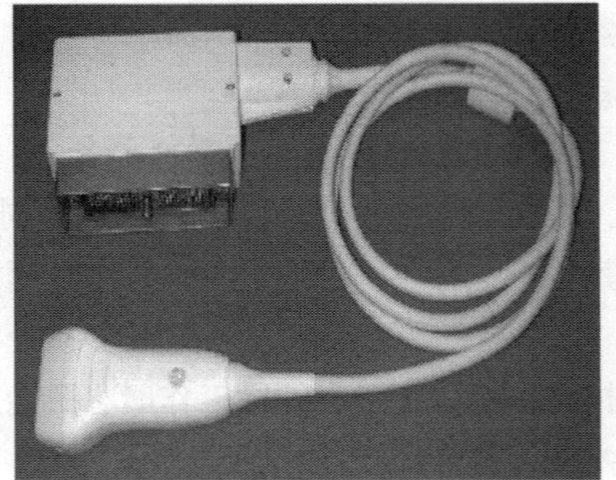

(b) CMUT装配的探头

图 8　CMUT 超声探头

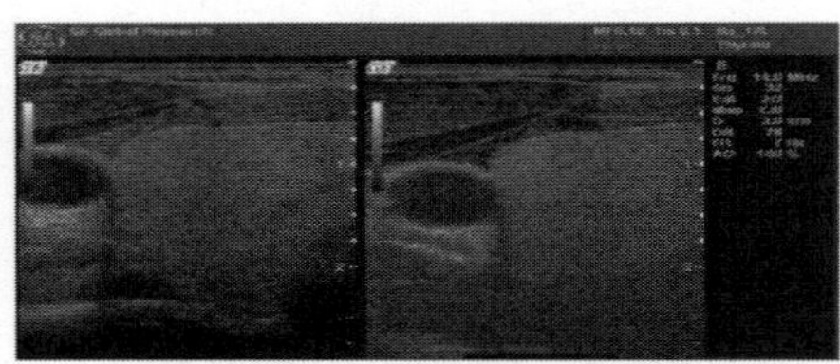

(a) 颈动脉(短轴)和甲状腺的B超图像
左：PZT；右：CMUT

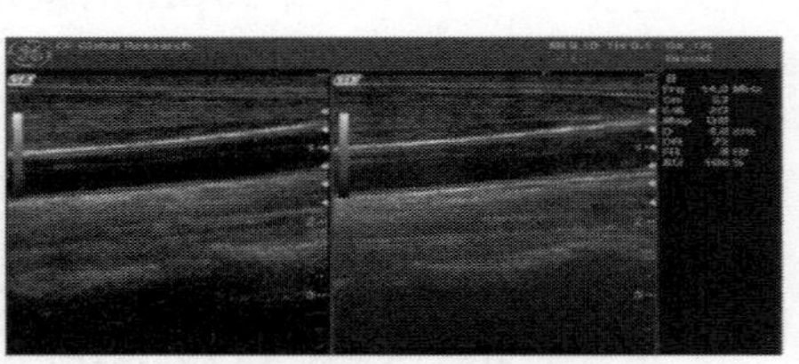

(b) 颈动脉(长轴)的B超图像
左：PZT；右：CMUT

图 9　用 CMUT 和 PZT 探头成像的结果

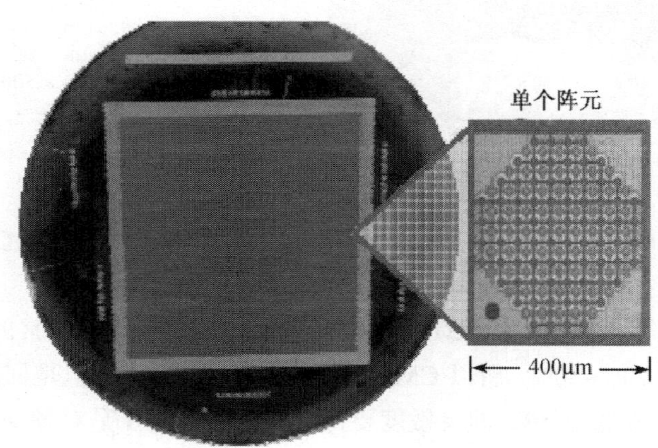

图 10　电容式微超声换能器二维阵：阵元数：128×128 = 16284；
每个阵元元胞数：76；总元胞数：~124 万

压电微超声换能器及阵列也有一些研究，但较少，还处在起步阶段。如日本的 Osaka 大学[12]，在硅片上利用硅微技术做出了基于 PZT 压电薄膜的换能器阵列。中心频率为 100kHz，18 个元的阵列，在空气产生一个较窄的声束，其主瓣宽度为

30°，并用它进行了简单成像实验。美国斯坦福大学[13]已经使用 ZnO 压电薄膜作出了换能器阵。美国宾州大学作一个十六阵元用 PZT 薄膜的硅微超声换能器[14]。

后电路集成化，即后续 IC 电路方面，美国的杜克大学研制了 64 通道的超声接收集成电路[15]。英国曼彻斯特大学做了 8 路波束形成发射电路 ASIC，脉冲幅度为 100V，延时步进为 1ns，尺寸为 6.5mm×6.5mm[16]。美国斯坦福大学研制了包括高压脉冲发射、低噪声声前端放大两部分电路的 8 通道集成电路[17]。对基于 MUT 超声成像系统，估计下一步先做成双芯片结构，一片是微超声换能器阵，另一片是后续 IC 电路。

总体来讲，MEMS 硅微超声换能器阵列和相应的成像系统研究正如火如荼的展开，其中微电容超声换能器阵列方面已经做了不少工作，取得了实质性进展。

正如美国物理医疗师协会所指出的：基于 MEMS 换能器阵列的多功能、智能化、便携式超声成像设备，提供了一种准确、方便、快捷的新型诊断手段。它必将首先进入急诊室、手术室和重症监护病房，并寄希望未来想听诊器一样在各科室和病房普及使用，成为大众化的基本诊断工具，同时能够在远程医疗诊断中发挥重要作用。

4　薄膜体声波谐振器

压电薄膜可以做得很薄，其厚度在微米和亚微米级，它在作厚度模振动时，其谐振频率可至微波频段。但是在 MEMS 技术出现之前，压电薄膜只能沉积在厚的固体基底上。要构成谐振器，只能将此固体介质两个平面磨成两个平行的表面，构成所谓高次泛音体声波谐振器(high overtone bulk acoustic resonator，HBAR)。但是，该谐振器具有频率很接近的多种模式，不适宜用作需要频谱单纯的谐振器。

自从 MEMS 技术出现后，就可以将基底用体刻蚀方法除去，形成一个厚度为半波长的谐振器，称之为薄膜体声波谐振器(film bulk acoustic resonator，FBAR)。它的基本结构与硅微压电传声器结构相似，但此时它是以很高频率作厚度振动。工作频率最高可达到 10GHz。

FBAR 主要结构方式如图 11 所示。

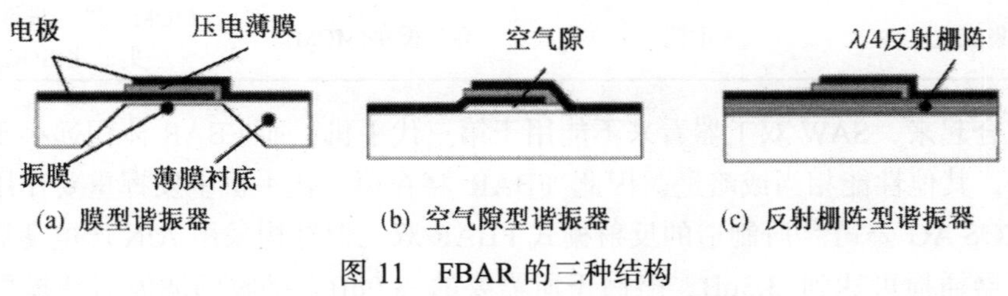

(a) 膜型谐振器　(b) 空气隙型谐振器　(c) 反射栅阵型谐振器

图 11　FBAR 的三种结构

其中压电薄膜由磁控溅射方式淀积有择优取向的 ZnO 或 AlN 压电薄膜。电极材料为 Au、Al 等，薄膜衬底用 Si_3N_4、SiO_2 等。在(c)结构的反射栅阵中低阻抗材料为 SiO_2，高阻抗材料为 ZnO、AlN、W 和 Mo 等。

FBAR 谐振器可以用等效电路来分析。它是工作在厚度模式，此时与压电薄膜的厚度相比，上、下电极和基底膜的厚度是可比拟的，因此它们是不可忽略的，必须将它们以力学传输线等效电路引入到分析中。另外，由于工作在很高频率，必须考虑介电损耗和机械损耗，机械损耗可以将波数视为复数。

FBAR 的第一种应用是可以作微波频振荡器。UC Berkeley 制作了 FBAR 振荡器[18]。其性能为：中心频率 1.88GHz，Q 值>1000，相位噪声为-120dBc/Hz@100kHz offset，功耗 89μW。它是目前为止功耗相噪综合性能最好的微波振荡器。它可作微波信号源 VCO。当然这种振荡器，也可作称重的质量传感器[19]，感度可达 Ng/cm^2。

FBAR 第二个应用，也许是最大的应用，是作第三代手机中射频前端双工器(滤波器)。第三代手机工作在~2GHz，目前在第二代手机作射频前端的 SAW 双工器，由于插损将增大，而不适宜应用。FBAR 双工器与陶瓷双工器通带性质和隔离性能比较(表 1)：通带性能相当，而隔离度略差。但 FBAR 双工器体积(127mm^3)比陶瓷双工器(674mm^3)体积要小得多。在第三代手机中，陶瓷双工器已成为其中体积最大的器件。为了小型化，降低双工器体积是至关重要的。用 FBAR 双工器代替陶瓷双工器可大大缩小它的体积。

表 1　FBAR 与陶瓷、SAW 双工器各种性能比较如表 1[20]

	陶瓷	SAW	FBAR
尺寸	675mm^3	140mm^3 (第二代手机，900MHz)	126mm^3 (体积还可以减小)
电气性能： 插损、过渡带滚降	优	好	优
功率容量	最好(>35dBm@2GHz)	差 (31dBm@900MHz)	好 (>32dBm@2GHz)
温度系数	0~−5 × 10^{-6}/°C	(−35~−94) × 10^{-6} /°C	(−20~−35) × 10^{-6}/°C
抗静电性	优	差	好
适合的频率范围	第二代手机及第三代手机前端双工器 (900MHz，2GHz)	第二代手机前端双工器 (900MHz)及中频滤波器	第二代和第三代手机前端双工器
集成化	不能	多片模块(MCM)	MCM，进一步可完全集成化(SOC)

综合起来，SAW 双工器看来不能用于第三代手机，而 FBAR 体积远小于陶瓷双工器，其他性能相当或略逊。因此 FBAR 将在第三代手机中发挥重要作用。德国 EPCOS AG 公司[21]所制造的反射栅式 FBAR 双工器结构采用 AlN 压电薄膜，发射滤波器插损可达到 3.3dB，略高于所需要的 3.0dB。接收的滤波器插损可达到 3.1dB，已满足需要的 3.5dB。其尺寸较小为 3.8 × 3.8mm^2。

这两种 FBAR 双工器据称已经可以量产。我们认为 FBAR 进一步发展方向：首先是要加强压电薄膜的质量和膜厚的控制，它们是量产关键；其次是寻求更大耦合系数的压电薄膜和降低损耗的结构。目前采用的 ZnO 和 AlN 压电薄膜其耦合系数较低，所以其带宽和损耗达到指标要求都是属于临界状况；第三，是走向单片集成，构成 SOC。

5 小结与展望

本文讨论声学微机电系统三个典型的和具有重要应用的声学和声电子学器件：硅微传声器、硅微超声换能器及薄膜体声波谐振器，说明 MEMS 技术已渗入到声学各个领域，构成一类新的声学换能器，不但能使器件小型化，提高性能，可集成化制造，并可进而与后电路一道集成为单芯片系统(SOC)，构成声学系统芯片。另外，有些器件用以往制备方法无法实现，只有采用了 MEMS 工艺技术才能实现，如上述基于 MEMS 技术制成的 FBAR 才能实现千兆赫级的谐振器。

MEMS 声学传感器除了对声学量传感，还有可传感非声学量的传感器。MEMS 弯曲板波(flexural plate wave，FPW)质量传感器就是一个典型例子。对于 FPW 传感器，可以想象，板越薄其灵敏度越高。但以往板材与体声波谐振器一样不可能磨得很薄，限制了它的发展。出现了 MEMS 技术后，可得到微米级厚的薄膜(板)，因此可做成 MEMS FPW 质量生化传感器[22]。

它是由压电薄膜/基底膜/传感膜所构成。其上镀有叉指金属电极，激发出弯曲板波(反对称基模板波)经过一段距离后被接收叉指电极所接收。接收电信号反馈接到激发叉指电极上，构成一个延迟线振荡器，其敏感膜选择吸附待测气体后，敏感膜质量发生变化，造成板波声速发生变化，而使延迟线振荡器谐振频率发生变化，通过质量变化作生化传感器，应用于生物化学中。这种 MEMS FPW 传感器性能优异，它与其他几种声波和振动传感器性能比较如表 2。

表 2　弯曲板波质是传感器与其他几种声波和振动传感器性能对比

器件	工作频率/MHz	质量灵敏度 /(cm^2/g)	Q 值	封装难易	液体检测
体波	1000	1000 高	1000	一般	不适合
表面波	100	90 低	10000	一般	不适合
悬臂梁	0.01	~1000 高	~1	一般	不适合
弯曲板波	10	1000 高	1000	简单	适合

从表 2 可以见到：对于 MEMS FPW 传感器，由于其膜(板)很薄，所以是有很高的质量灵敏度；延迟线振荡器结构具有较高的 Q 值；由于电极和敏感膜结构置于传感器两面，所以封装容易；而且它不仅适合于气体检测，还适合于液体检测。

它可以用于瓦斯、毒气、水质及其他有害气体、气溶胶及液体的检测。另外也需要指出，上表中体波、悬臂梁型传感器也是采用了 MEMS 技术。

目前声学 MEMS 器件愈来愈多，应用愈来愈广。声学 MEMS 已成为 MEMS 的一个重要分支，反过来，被称为微纳时代的 21 世纪，MEMS 技术的引入，推动了声学技术的发展，“将声学带入 21 世纪” [1]。

对于声学 MEMS 的发展，我们认为：(1) 加强声学 MEMS 基础研究，虽然声学 MEMS 还属于宏观的范畴，但是由于它尺寸细微，相互作用较强，各种参数测量和控制比较困难，它的优化设计，都需要加强对它的应用基础研究；(2) 对已有硅微传声器、微超声换能器和 FBAR 等有重大实用前景的声学 MEMS 器件要深入研究，寻求新型结构，提高性能，并促使走向实用化和扩大应用范围；(3) 大力发展声学 MEMS 用于非声学量的测量，如生化传感器；(4) 大力开展声学 MEMS 的驱动器(actuators)的研究。目前声学 MEMS 主要用作传感器，今后要加强诸如微超声马达、微扬声器的研究；(5) 声学 MEMS 与其他 MEMS 一样应该向单芯片系统(SOC)发展，即它应包括声传感器和驱动器以及电子电路(接收、发射、信号处理和控制电路)做在一个单一的芯片上，形成微型化、智能化、多功能阵列化的系统。比如声成像系统，助听器系统等。

本文在成文过程中，得到汤亮、郝震宏、刘梦伟和师芳芳等同学的协助。

参 考 文 献

[1] Stix G. Micro(mechanical) phones—Integrating microphones and speakers on a chip could be a big deal for MEMS. Scientific American, 2004, 290(2): 28.

[2] Royer M, et al. ZnO on Si integrated acoustic sensor. Sensors & Actuators A, 1983,(4): 357-362.

[3] Hohm D, et al. A subminiature condenser microphone with silicon nitride membrane and silicon back plate. J. Acoust. Soc. Amer., 1989, 85: 476.

[4] Scheeper P R, et al. Fabrication of silicon condenser microphones using single wafer technology. J. Microelectromech. Sys., 1992, 1: 147.

[5] 徐联，等. 一种硅微电容传声器芯片及其制备方法. 中国专利, 200510005385. 1, 2005.

[6] 汪承灏. 硅微电容式传声器的灵敏度分析. 声学技术，2002, 21: 507.

[7] 杨楚威，李俊红，黄歆，等. 圆形振动膜 ZnO 压电微传声器的研制. 应用声学, 2006, 25: 197.

[8] Ried R P, et al. Piezoelectric microphone with on-chip CMOS circuits. J. Microelectromech. Sys., 1993, 2(3): 111.

[9] 马军，等. MEMS 压电水听器的研究. 声学技术, 2007, 26(2): 296.

[10] Yakub B T K, et al. (a) A surface micromachined electrostatic ultrasonic air transducer. IEEE Ultrasonics, 1994: 1241; (b) A surface micromachined electrostatic ultrasonic air transducer. IEEE Trans. UFFC, 1996, 43(1): 1; (c) The microfabrication of capacitive ultrasonic

transducers. Transducers'97. 1997: 437; (d) Micromachined capacitive transducer arrays for medical ultrasound imaging. IEEE Ultras. Symp. Proc., 1998: 1877; (e) Fabrication and characterization of surface micromachined capacitive ultrasonic immersion transducers. J. Microelectromech. Sys., 1999, 8: 100; (f) Initial pulse-echo imaging results with one-dimensional capacitive micromachined ultrasonic transducer arrays. Proc. IEEE Ultras. Symp., 2000: 959; (g) Characterization of one-dimensional capacitive micromachined ultrasonic immersion transducer arrays. IEEE Trans. UFFC, 2001, 48: 750; (h) Capacitive micromachined ultrasonic transducers: next-generation arrays for acoustic imaging. IEEE Trans. UFFC, 2002, 49: 1596; (i) Volumetric ultrasound imaging using 2-D CMUT arrays". IEEE Trans. UFFC, 2003, 50: 1581.

[11] Mills D M. Medical imaging with capacitive micromachined ultrasound transducer (cMUT) arrays. Proc. IEEE Ultras. Symp., 2004: 384.

[12] Yamashita K. Ultrasonic micro array sensors using piezoelectric thin films and resonant frequency tuning. Sensors & Actuators A, 2004, 114: 147.

[13] Percin G. Piezoelectrically actuated flextensional micromachined ultrasound transducers. IEEE Trans. UFFC, 2002, 49: 573.

[14] Berthsten J, et al. Micromachined ferroelectric transducers for acoustic imaging. Transducers' 1997, 97: 421.

[15] Morizio J. 64-channel ultrasound transducer amplifier. IEEE SSMSD, 2003: 228.

[16] Altanasopoules G I, et al. A high voltage pulser ASIC for driving high frequency ultrasonic arrays. IEEE Inter. UFFC Joint 50th Ann. Conf., 2004: 1398.

[17] Kaviani K, et al. A multichannel pipeline analog-to-digital converter for an Integrated 3-D ultrasound imaging system. IEEE J. Solid-State Circuits, 2003, 38: 1266.

[18] Chee Y H, et al. A sub-100μW 1.9GHz CMOS oscillator using FBAR resonator. Proc. IEEE RFIC Symp., 2005: 123.

[19] Zhang H, et al. Micromachined acoustic resonant mass sensor. J. Microelectromech. Sys., 2005, 14: 699.

[20] Bradley P D, et al. A 5 mm × 5mm × 1.37 mm hermetic FBAR duplexer for PCS handsets with wafer-scale packaging. Proc. IEEE Ultras. Symp., 2002, 1: 931.

[21] Heinze H, et al. 3.8 × 3.8mm^2 PCS-CDMA duplexer incorporating thin film resonator technology. IEEE Inter. UFFC Joint 50th Ann. Conf., 2004: 425.

[22] Pepper J, et al. Detection of proteins and intact microorganisms using microfabricated flexural plate silicon resonator arrays. Sensors &Actuators B, 2003, 96: 565.

超声电机的发展与展望

周铁英，陈　宇

(清华大学物理系，北京　100084)

1　引言和回顾

超声电机是利用压电材料的逆压电效应制成的新型驱动器。它由定子、转子以及施加预压力的机构等部件构成。把超声频交变电压加在压电陶瓷上可以在定子表面产生超声振动，通过定子与转子之间的摩擦力驱动转子运动[1~2]。超声电机是多学科交叉的学科，它集超声学、振动学、材料学、摩擦学、电子学和控制科学为一体，需要众多领域合作研究。与电磁电机相比，超声电机的主要特点包括：1. 大力矩低转速，不需减速机构；2. 能量密度大，可达电磁电机的 3~10 倍；3. 响应速度快，仅 ms 量级；4. 定位精度高；5. 无电磁干扰；6. 因靠摩擦驱动，具有自锁功能。

国际上第一个超声电机的发明专利是 1942 年美国人 Williams 和 Brown 申请的，该专利 1948 年授权[3]。1982 年日本成功地开发出行波型超声波电动机，仅在 5~7 年之后， 佳能、新生等几家日本公司就把超声波电动机推向市场，其中相机和打印机最为成熟。近期 FUKOKU、ASUMO、精工仪器、佳能精机、京瓷、奥林巴斯光学工业、MITSUBA，SIGMAPHOTO(适马镜头)等单位都引入了超声电机的研发。图 1 是 1998 年日本超声电机投放市场的分布图[4]，其中照相机和工业机械的市场占有率为 88.2%，医疗器械 5.9%，汽车电器 3.6%。

如图 1 所示，日本用于照相机调焦的主要超声电机是佳能使用的行波型和摇头型，有数百个专利，基本形成市场的垄断。现在，除了日本之外，美国、德国、法国、瑞士、韩国、土耳其、新加坡等都有超声电机产品进入市场。美国的一些著名大学，如 Stanford、Wisconsin、Berkeley、Penn. State 等都投入很多力量研究超声电机。美国国防部门也投入很多人力物力从事超声电机的研究。美国某些公司生产的超声电机产品已经在航空航天、半导体工业、MEMS 和 BioMEMS 等领域先后得到应用。

中国的产业化进程相对缓慢。我国超声波电动机的研究是从 20 世纪 80 年代末 90 年代初开始的，大致经历了跟踪学习、自主开发、实际应用推广 3 个发展时期。1985 年到 1991 年间，国内学者开始撰写文章介绍超声波电动机[5, 6]， 1989 年清华大学和上海大学分别研究开发出了压电蠕动型超声波致动器，哈尔滨船舶工程学院研制了环形超声电机[7, 8]，1993年浙江大学试制了行波型旋转超声波电动机，1994年南京航空航天大学成立超声电机研究小组，并于1995年研制成功输出力矩和速度较稳定的环型行波型超声波电动机。1997年南京航空航天大学成立了超声电机研究中心，仅比美国宾州大学的换能器和驱动器研究中心晚5年[9,10]。我国的超声电机事业在国家自然科学基金的支持下，进行了应用基础研究和关键技术研究[11, 12]，迄今得到长足的发展。

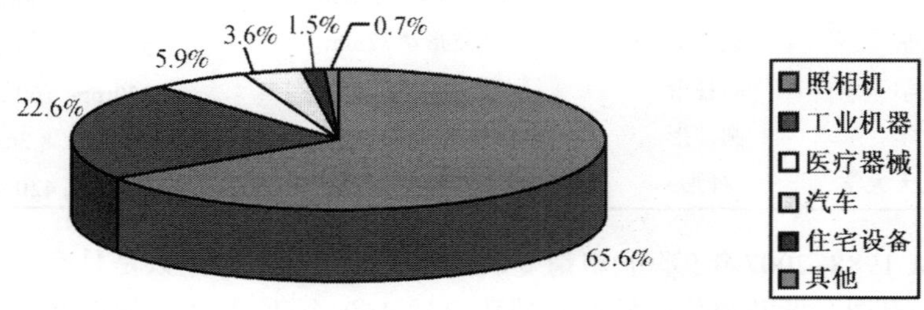

图1 1998年日本超声电机投放市场的分布图

2 我国超声电机从模仿进入独创的阶段

经过10年的努力，中国制造的行波型旋转超声波电动机的主要性能指标，除效率以及耐久性之外，已经非常接近日本新生工业公司的产品样本值了。表1显示了南京航空航天大学、东南大学、浙江大学和新生工业的超声波电动机的性能比较。

表1

开发者	名称	无负荷转数 /rpm	最大力矩 /mN·m	额定转数 /rpm	额定力矩 /mN·m
南京航空航天大学	TRUM-30	250	100	180	50
南京航空航天大学	TRUM-60	150	1200	100	500
东南大学	UMT30	200	100	150	60
东南大学	UMT60	140	800	80	500
浙江大学	UMT30	140	100	120	60
浙江大学	UMT60	110	900	75	500
新生工业	USR30	300	100	250	50
新生工业	USR60	150	1000	100	500

除了行波型之外，纵扭复合振子型、弯曲模态回转型、模态变换型、复合模态型、双转子型、非接触型以及自校正步进型等各种各样的旋转超声波电动机也正在研究开发。表2介绍了现在正在开发的旋转超声波电动机，其中浙江大学的大力矩

型性能突出：直径 80mm 的纵扭型电动机的最大力矩可以达到 13Nm[13]。在原理和结构的创新方面，清华大学始终走在国内各单位前列，迄今共申请并获得批准的发明专利约 20 项，实用新型专利约 10 项，申请并公开的发明专利约 20 项。

表 2

研究者	名称	类型	主要特征(无负荷转数和最大力矩)
清华大学	棒形	模态回转型 Φ 10mm	400rpm, 300mN·m
清华大学	环形	行波型 Φ 100mm	60rpm, 4000mN·m
清华大学	纵扭形	驻波形 Φ 32mm	60rpm, 1600mN·m
扬州大学	圆柱形	双转子 Φ 20mm	220rpm, 160mN·m
浙江大学	圆柱形	弹性鳍形 Φ 10mm	200rpm, 8.2mN·m
南京航空航天大学	杆形	模态回转型 Φ 15mm	225rpm, 420mN·m

我国从 1988~2007 年(部分)申请专利逐年增加，其中大多数是具有独立知识产权的发明专利[4]，批准和公开的总专利数超过 150 个(见表 3)，说明我们的研究工作已经有创新思路，从开始模仿国外的初级阶段到知识独立创新的新阶段。

表 3　我国申报超声电机专利数量逐年增加

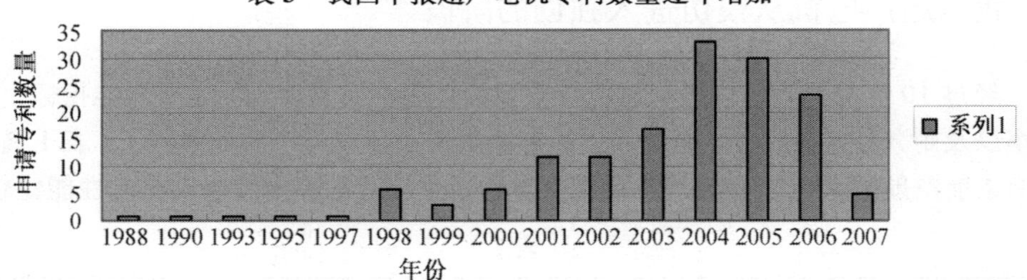

从南京航空航天大学与清华大学完成的国家自然科学重点基金项目(2006 年通过专家鉴定)来看，创新成果包括(图 2~图 5)：系列微型超声波电动机的研发和应用[14,15]、大力矩行波超声电机[16]、转速达万转的棒板超声波电动机[17]、多自由度超声波电动机[18]、以及直径 100mm 的行波电机最大力矩达到 4Nm，直径 30mm 行波电机性能达到国际同类产品的水平。另外，还研制出性能突出的超声电机，如：南京航空航天大学研制的直径 30mm 非接触式行波超声电机[19]，无载转速达到 5300rpm；清华大学材料系研制的直径 12mm 棒板超声波电动机转速大于 10000rpm；清华大学物理系研制的直径 1mm 圆柱形和边长 0.8mm 的方柱形超声电机。

2005 年，美国发明了一种 SQUIGGLE 电机[20]，见图 6。它是利用矩形压电片黏到金属方管上制成摇头定子，用定子的两个端部直接驱动与其配合的螺纹堵头，然后通过螺纹堵头(具有内外螺纹的加压机构)与具有外螺纹的转子接触。转子做螺旋直线运动。该电机用于手机相机镜头调焦和自动注射器。但是该电机用于镜头调焦时还需要其他机构的转换和支撑。

图 2 直径 1mm 弯曲模态超声电机：32kHz,1800rpm, 4μNm, 350V_{pp}；8×0.8×4mm 切角方柱超声电机：129 kHz, 2460 rpm, 3.5μNm, 65V_{pp}

图 3 1.6×1.6×6.6mm^3金属方柱压电片复合超声电机：90kHz, 2100rpm, 60μNm, 88V_{pp}

图 4 转速超过 10000 转/min 的压电电机

图 5 外径 30mm 转速 5300 转/min 非接触电机

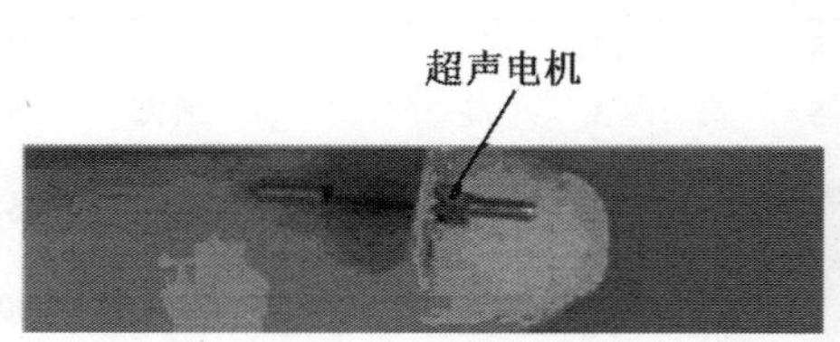

图 6 SQUIGGLE 电机和模组

值得一提的是, 清华大学 2005 年开发了能用于手机和数码相机的多面体螺纹驱动(简称螺母型)超声波电动机，并初步研制了样机[21]，2005 年申请了发明专利[22]，目前正在申请国际专利。螺母型超声电机性能如下：电压 20~40Vpp,工作频率 16kHz, 消耗功率 0.1~0.2W, 运动速度 0.5~1mm/s, 驱动力 20gf, 响应时间< 1ms, 分辨率(μm) < 2。

图 7 给出了两种多面体管状面内行波型 USM 驱动系统的样机图。图 7(a)是压电陶瓷环电机定子，图 7(b)是压电陶瓷片 12 面体定子。它们都可以直接安装到定

子的厚底座上。在底座的中心可以放置感光成像元件(CCD 或者 CMOS 元件)。定子为空心的金属 12 面体，其外表面粘贴 12 个压电陶瓷片。定子内部带有内螺纹，转子上带有外螺纹，定子通过螺纹驱动转子旋转。定子和转子上均可以安装光学透镜组以便实现变焦。该设计把镜头作为转子，可实现一体化调焦或变焦结构。图 7(c)是当今世界上制作的最小的 AF 手机模组。

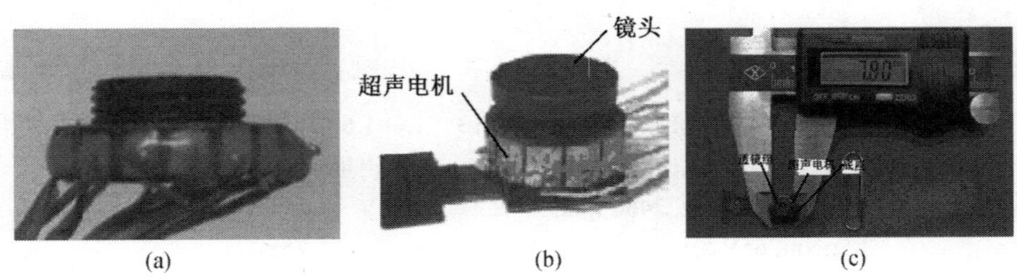

(a)　　(b)　　(c)

图 7　两种面内行波螺母型超声电机和最小的 AF 手机模组

表 4 给出各类调焦模组性能比较。表中最后一列是利用清华大学螺母型超声电机技术和博立码杰(深圳)通讯公司开发的一体化模组的性能，该模组的各项指标已经达到国际先进水平，证明了螺母型超声电机的优越性。

表 4　各类调焦模组性能比较

性能/评分 参数	AF 模组						AF + 变焦模组					
	音圈电机		液体镜头		压电式直线电机		电磁/步进电机		压电式旋转电机		螺母型超声电机驱动一体化模组 专有：清华大学与博立码杰合作	
模组整体尺寸	小	8	中	6	小	8	大	5	小	9	最小	10
模组高度加分	中	3	中	4	低	5	高	3	高	3	最低	5
可用于变焦加分	否	0	否	0	否	0	可以	5	可以	5	可以	5
部件数目	少	8	少	8	少	8	多	5	少	9	最少	10
可加工性加分	易	5	难	2	较难	3	中	4	较难	3	易	5
力矩/速度	大	9	小	6	小	6	大	10	中	7	大	8
定位精度	差	5	未知	6	≤10 μm	8	10 μm	7	≤1μm	10	1~2μm	9
抗振性能加分	弱	2	弱	2	弱	2	尚可	3	好	5	好	5
功耗	高	4	低	8	最低	10	高	5	低	9	低	9
总评分		44		42		50		47		60		66

因为手机市场巨大，据相关报道，2007 年将超过 5 亿部。实际上，2007 年我国已经拥有 8 亿部。按照 20%的镜头将带有光学调焦功能来算，其市场占有率是可观的。到 2008 年，手机将成为人们主要的拍照工具，因此研发螺母型超声电机用于手机调焦更具有紧迫性。

3 应用基础研究水平迅速提高

日本的超声电机的论文数虽然很多，但是理论研究不够深入。欧美的几位学者在超声电机的理论建模、接触驱动机理、运动轨迹分析、控制策略分析等基础研究方面作了系统深入的工作，如德国 Wallaschek[24]，美国 Hagood 等[25]。我国超声电机的理论建模、接触驱动机理、运动轨迹分析、控制策略分析等基础研究得到国家自然科学基金的大力支持[26~36]，发表的与超声电机相关的论文数量逐年增加。从 1994 年到 2007 年共发表论文总数 405 篇，质量逐年明显提高，表 5 给出有关超声电机研究论文发表状况。

表 5 国内刊物发表超声电机研究论文状况(2007 年只是一部分)

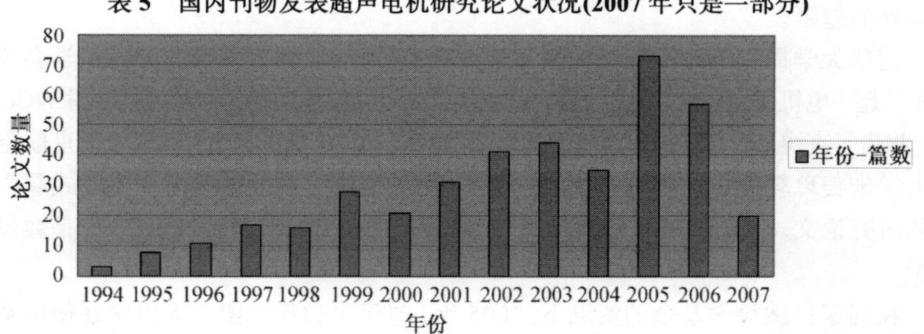

表 6 是国际刊物发表的与超声电机和致动器相关的论文，其数量逐年增加(2007 年只是一部分)：总论文数 2024 篇，集中发表在 Ultrasonics, UFFC, Vibration and Sound, Smart Materials and Structures 和 JASA 等杂志上。与国际刊物发表论文比较，说明我们正与国际同行同步发展。

表 6 国际刊物发表超声电机类论文的数量和趋势

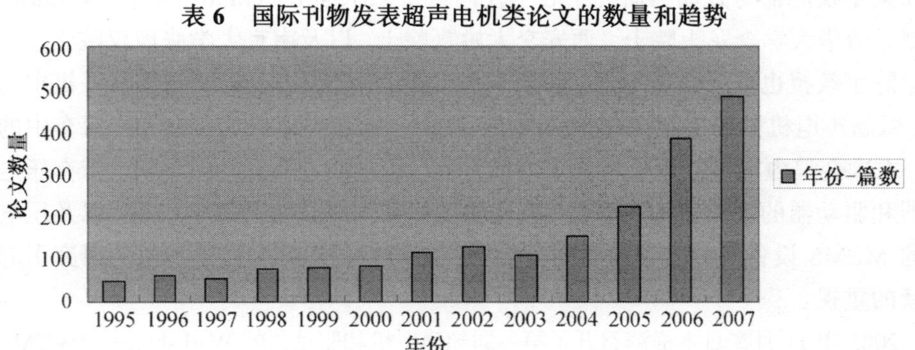

最早介绍超声电机的专著是由日本学者上羽贞行(Ueha)和富川义朗(Tomikawa)撰写的《超声电机的理论和应用》，该书于 1991 年出版，并由吉林大学杨志刚教授译成中文，推动了国内超声电机的研究。日本东京大学内野研二(Kenji Uchino)撰写的《超声电机导论》等也发挥了较大作用。国内，浙江大学陈永校和郭吉丰教授编辑了《超声波电动机》(1994)，东南大学胡敏强等由科学出版社出版了《超声波电机原理与设计》(2005)，赵淳生院士由科学出版社出版了《超声电机技术与应用》(2007)。这些书籍的出版既反映了我们的研究水平，也反映了在理论和技术方面的成果。这些都对我国的超声电机研究起着或正在起着推动作用。

4　国际国内交流逐年增加

10 多年来，国内采用走出去、请进来的方式，与超声电机研究最早和最成功的日本交流最多。日本东京工业大学的上羽贞行教授、佳能的奥村一郎，山形的富川义郎等先后到我国讲学交流。我国学者也多次出国参加相关会议，这也促使减少与国外的差距。

清华大学周铁英教授和董蜀湘博士首次在 1992 年北京召开的国际声学会议上发表了超声电机研究论文，之后周铁英教授参加了 1995 年在柏林召开的第一届 WCU 会议，报告了直线自校正步进超声电机的原理与实验；1997 年，周铁英教授与南京航空航天大学朱美玲教授一起在日本参加第二届 WCU 会议，宣读了电流变流体式超声电机的研究论文。之后我们有些论文发表到国际刊物，受到同行的好评，但是数量还较少。

在国家自然科学基金的资助下，2005 年，赵淳生教授率团 7 人出席在德国举办的第三届压电材料和其在驱动器中的应用研讨会 IWPMA3(The 3th International Workshop on Piezoelectric Materials and Applications in Actuators)，报告了超声电机在中国的研发，获得国际人士的赞赏，并争取到于 2007 年在中国南京举办了 IWPMA4 国际研讨会。这次参会代表有国外学者 49 人，国内学者 120 余人。代表中包括：美国宾州大学换能器与致动器研究中心主任内野研二(Kenji Uchino)，德国 Wallaschek 教授，清华大学李龙土院士，西安交大姚熹院士，以及南京大学张淑仪院士。清华大学陈宇教授也作了特邀报告，主要讲述了螺母型超声电机的研制和在手机中的应用、微超声电机的研制和在窥镜中的应用、大力矩超声电机的研制和在汽车中的应用。本次会议内容包括压电材料研制和特性、压电驱动器和超声电机、带有压电传感器和驱动器的智能结构和系统、在相机手机和陀螺仪中的压电应用、以及压电材料的 MEMS 设备等。值得注意的是无铅压电材料的研究和压电发电的研究引起与会者的重视。

2005 年 11 月在日本横滨召开了第一届超声电机和驱动器的 Workshop——IWUMA，

我国约有 10 多位代表和 20 篇论文参会。其中赵淳生教授做了“超声电机在南航的研究”的大会特邀报告，上海大学李朝东教授做了“利用厚方板的轮廓和弯曲振动，设计 *X-Y* 平面两自由度超声波电动机” 报告。

1999 年,第一届全国超声电机研讨会在南京航空航天大学举行。之后, 2002 年和 2005 年, 第二、三届研讨会分别在南京和杭州举行。从 2001 年起，超声波电动机出现在每年一次在上海举行的“中国小电机展暨小电机技术”研讨会上。2005 年的论文集中有关超声波电动机的论文数超出全部论文数的 1/3。在同年的小电机展上,特别设立了超声波电动机的展位,把超声波电动机以及驱动器从实验室拿出来,展示在厂商以及研究部门的人们面前。

5 超声电机的市场前景广阔，需要加速创新与产业化的步伐

我国超声电机的研究主要是从高校开始的，多年来，得到国家自然科学基金的支持。由于我国基础工业薄弱，超声电机产品化迟迟到来。近些年来，一些高校采用研、学、产结合的方式开展超声电机的产品化，取得不少成果。

5.1 建立研、学、产结合的研发基地

南京航空航天大学和浙江大学建立了自己的研、学、产基地，研制系列超声电机，并建立小批量超声电机生产车间，这在一定程度上加速了产品化过程，也有利于提高样机的工艺水平，或许还可以提留销售利润，加强基地的生命力；国电南京自动化研究所与东南大学联合建立产、学、研基地，这是以工厂研究所为主建立的基地，有利于减少教师的管理生产的负担。他们已经研制出系列行波型超声电机，并有产品进入市场；山东华海科技有限公司与清华大学物理系协作，研制汽车用大力矩行波型超声电机，现在还在继续研制中；清华同方与清华大学材料系协作研制多种超声电机。博立码杰通讯(深圳)有限公司与清华大学物理系合作，用物理系发明的螺母型超声电机开发出手机用的 AF 模组，已经取得初步成效，并制成世界最小的 AF 模组。

世界经济一体化的趋势，在超声电机领域里也凸现出来。目前中国的超声电机市场极为薄弱，日本，韩国、以色列、德国、美国的超声电机产品已经前来光顾。13 亿人口对各类电机的需求量日趋增长，这个市场很可观。目前国内对超声电机使用的基础材料，如压电材料和摩擦材料，进行了广泛的探讨和研制。基本可以满足基础研究和小规模产品的需求，如无锡海鹰集团提供的压电材料具有相对稳定性；国电南自和哈工大研制的用于小力矩的摩擦材料寿命可达 2000~3000 小时。应该说，这些研究成果既反映了我们的创新，也反映了我们的超声电机在产品化方面的成就。

5.2 超声电机发展方向

细微型超声电机：随着微机械、微电子的快速发展，特别是纳米技术等国防尖端技术，生物医学技术，半导体技术对微型电机的需求越来越多。由于超声电机的结构多样、灵活，在直径小于 6mm 的电机中性能大大优于电磁电机，因此研发微型超声电机有宽广的发展前景。清华大学已经将直径 1mm、长 5mm 和 0.8mm×0.8mm×4mm 微型超声电机用于 OCT 窥镜，获得分辨率小于 30μm 的离体生物活体图像。当然，进行微型超声电机的研究的同时，还需要解决微型超声电机测量技术。

压电多层层叠式结构的低电压、低成本的超声电机和驱动器：清华大学李龙土院士的低温共烧多层流延技术已经成功地用于压电变压器和集成陶瓷电容和电感，大大提高了电容和电感量的体积比。如果将此技术用于超声电机和驱动器，则将使超声电机和驱动器在低电压运行，并大大降低成本。以日本佳能的摇头型超声电机为例，最初近 2000 日元/台，现在 200 日元/台。此外，打破外国公司(如 PI)的垄断也势在必行。

直线型超声电机与精密微动工作台[9]：直线型超声电机的位置控制精度可达微米级，甚至纳米级。日前，世界各国都在发展基于压电型直线电机的定位系统：美国 Nanomotion 公司 HR 系列压电型直线电机的定位系统，分辨率 100nm，最大速度 200mm/s；德国 PI 公司采用层叠式压电型直线电机驱动，定位精度达 50nm，速度 130mm/s，行程 50mm，可在真空度 25mTorr 的状态下工作。值得注意的是，东京工业大学 Kurosa 教授，自 20 世纪 90 年代以来长期从事声表面波超声电机的研究，目前已经达到应用的阶段，工作频率 l0~100MHz，体积 4mm×4mm×3mm，步距可达 0. 5nm，每一步的响应时间为 0. 2ms。

精确定位(控制)和引导治癌药物进入癌细胞，使之仅仅杀死病人的癌细胞而不致伤害患者的正常细胞一直是癌症治疗专家们和患者梦寐以求的目标。微小精密的超声直线电机的研制成功给癌症专家们实现这一目标提供了有效工具。

特种环境使用的超声电机[9]：为了发展我国的宇航事业需要研究特种环境使用的超声电机。近年来，对宇宙的探测表明，夏季在南半球上空的气温为−63 ~20°C，而冬季在南极上空气温低至−100°C, 平均大气压为 5.6mbar(=560Pa)。美国 NASA 和 JPL 对超声电机在高/低温和真空环境下进行了大量的试验研究；日本 Shinsei 公司 USR-30 超声电机在-80℃和 25mTorr 的环境条件下(Cryovac conditions), 经过 67h 运转损坏。在此试验的基础上 NASA/JPL 研制出一种 SRPD 型超声电机，在采取了一些特殊措施后，在 Cryovac 环境条件下运行了 336h，具有很好的 Cryovac 特性。尽管转速和力矩都有大幅度降低，但它仍然能够很好地运转。

除了改善胶接材料和胶接技术之外，提高压电陶瓷材料的低温性能至关重要。一般压电陶瓷只能在–40~100°C 工作。原清华大学董蜀湘博士最近在美国发展了一种用单晶体(pb(M gvs Nbz)s) Os- PbT i0s)做的小型直线压电低温超声电机,能在–200℃低温工作。

集成可控的超声电源: 由于超声电机的非线性特性,需要研究超声电机的控制方法和策略[13~14]，特别是电源集成与降低成本。

研究驱动界面的物理化学稳定性: 已经发现有些超声电机由于加了较大的预压力，存放一段时间后定转子之间黏着在一起，需要几倍的外力才能使之转动。这需要继续研究驱动界面的物理化学稳定性，以便解决这个问题。

尽管我国已经申报 150 多项超声电机专利,发表了 400 多篇有关超声电机及其控制的研究论文，培养了数十名超声电机领域的博士、博士后。但由于超声电机涉及多学科交叉，我国超声电机的研发队伍还要继续扩大。由于我国基础工业薄弱，因此超声电机产业化依然处于起步创业的艰辛阶段。产业化不仅需要理论而且更需要工艺；产业化不仅需要教授而且更需要工程师和熟练工人。因此，需要着力培训技术开发型的工程师和具有一定技能的工人。首先需要每个环节的工程师制定出稳定的工艺过程，设计出流水作业、建立自动或半自动生产机械和测试仪表。

因为超声电机的许多优良特性，特别适合国防装备，航空航天。因此建议国家投资，制定军工厂安排生产。然后，部分转为民用。多做实事，多作贡献！能够争取在 2008 年北京举办奥运会的时候，我们的超声电机产业也能赶上世界超声电机产业的步伐，制造出我国高性能的超声电机，满足国内市场的需要，进一步打入国际市场。

致谢

本工作是在国家自然科学基金 NSFC：50577035 和 10676015，和 863-2006 AA02Z472 的支持下，并吸纳了李朝东教授的表格 1 和表格 2，以及赵淳生院士的部分资料整理完成的。

参 考 文 献

[1] Ueha S, Tomikawa Y. Ultrasonic motors—theory and application. Oxford: Clarendon Press, 1993.

[2] 陈永校，郭吉丰，等. 超声波电动机. 杭州：浙江大学出版社, 1994.

[3] Williams A L W, Brown W J. US Patent No 2439499, 1948.

[4] 周铁英. 我国超声波电动机发展的回顾与展望. 第 10 次中国小型电动机技术研究会论文集, 2005: 122-126.

[5] 周铁英，董蜀湘，刘呈贵. 压电超声马达简介. 物理, 1991, 20(5): 298-302.

[6] 王大春. 表面波型电机, 压电与声光. 1986, 1: 1-11.
[7] 董蜀湘, 周铁英. 直线微动马达箝位超声换能器研究. 声学学报, 1993, 18(1): 29.
[8] 周铁英, 董蜀湘, 刘小萍, 等. 超声振子箝位压电微动马达研究. 声学学报, 1993, 18(1): 19.
[9] 赵淳生. 21 世纪超声电机技术展望. 振动、测试与诊断, 2000, 20(1): 7-12.
[10] 赵淳生. 对发展我国超声电机技术的若干建议. 微电机, 2006, 39(2): 64-67.
[11] 朱美玲, 金龙, 赵淳生. 行波超声马达传动机理的研究——传动机理及定子中存在弯曲行波的条件. 振动、测试与诊断, 1997, 17(1): 18-22.
[12] 周铁英, 刘勇, 袁世明, 等. 声悬浮对超声减摩的影响. 声学学报, 2004, 29(2): 111-114.
[13] 郭吉丰, 吴建国. 航天用大力矩高精度超声波电机研究. 宇航学报, 2004, 25(1): 70-76.
[14] Chen Y, Lu K. Study of a mini-ultrasonic motor with square metal bar and piezoelectric plate hybrid. Jpn. J. Appl. Phys. B, 2006, 45 (5): 4780.
[15] Zhou T Y, Zhang K, et al. A cylindrical ultrasonic motor with 1mm diameter and its application in an endoscopic OCT. Chin. Sci. Bull., 2005, 50(8): 826.
[16] 陈宇, 刘庆利, 周铁英. 大力矩行波超声电机的性能. 清华大学学报 (自然科学版) 2006, 46(3): 396-398.
[17] 马龙. 棒板复合型压电微电机理论与实验研究. 清华大学硕士论文, 2007.
[18] 黄卫清, 展凤江, 赵淳生. 圆柱-球体三自由度超声波电动机及其控制. 微特电机, 2004, 5: 34-36.
[19] 季叶. 非接触式超声电机的研究. 南京航空航天大学博士论文, 2006.
[20] Henderson D A. Simple ceramic motor, inspiring smaller products. The 10th Inter. Conf. New Actuators, Bremen, Germany, 2006.
[21] 鹿存跃. 几种新型超声微电机的研究和应用. 清华大学博士后出站报告, 2006.
[22] 周铁英, 鹿存跃, 陈宇, 等. 螺纹驱动多面体超声电机. 中国专利, CN200510114849.2.
[23] 周铁英, 鹿存跃, 陈宇, 等. 螺纹驱动多面体超声电机. 国际专利申请号 PCT/CN2006/003088.
[24] Wallaschek J. Contact mechanics of piezoelectric ultrasonic motors. Smart Mater. & Struct., 1998, 7: 369-381.
[25] Hagood N, Andrew W, Mcfarland J. Modeling of a piezoelectric rotary ultrasonic motor. IEEE Trans. UFFC, 1995, 42(2): 210-224.
[26] 赵向东, 刘长青, 赵淳生. 圆柱体弯曲行波压电超声电机运动机理的研究. 应用力学学报, 2000, 17(3): 120-123.
[27] 张凯, 周铁英, 王欢, 等. 1mm 直径的压电柱超声电机研制. 声学学报, 2004, 29(3): 258-261.
[28] Li C D. Design of an X-Y multi-degree-of-freedom ultrasonic planar actuator using contour and flexural vibrations of square thick plate. The First Inter. Workshop Ultras. Motors & Actuators, 2005: 19-20.
[29] Mo Y P, Duan X H, et al. Study on the cylindrical bending vibration ultrasonic motor with double rotors. The First Inter. Workshop Ultras. Motors & Actuators, 2005: 29-30.
[30] Huang W Q, Zhan F J, Zhao C S. Cylinder-sphere 3-DOF ultrasonic motor and its control. Proc. IEEE Ultras. Symp., 2003: 609-612.
[31] Chu X C, Yan L, Li L T. Characteristic analysis of an ultrasonic micromotor using a 3 mm

diameter piezoelectric rod. Smart Mater. & Struct., 2004, 13(2): N1-N7.

[32] 陈超，赵淳生．旋转型行波超声电机中三维接触机理的研究．中国电机工程学报，2006, 26(21): 149-155.

[33] 朱华，陈超，赵淳生．一种微型柱体超声电机的研究．中国电机工程学报，2006, 26(12): 128-132.

[34] 王光庆，沈润杰，郭吉丰．超声波电动机胶黏技术及其对定子特性的影响．机械工程学报，2006, 42(9): 91-96.

[35] 龚文，褚祥诚，李龙土．行波超声马达摩擦材料的研究．压电与声光, 2003, 25(4): 79-81.

[36] Qu J J, Zhou T Y. An electric contact method to measure contact state between stator and rotor in a traveling wave ultrasonic motor. Ultrasonics, 2003, 41(7): 561-567.

声表面波传感器的研究进展

何世堂，王　文，李红浪
(中国科学院声学研究所，北京　100080)

1　前言

1885 年，瑞利(Lord Rayleigh)[1]首先在半无限各向同性固体中发现声表面波(surface acoustic wave, SAW) 的存在。这种瑞利波具有纵向与剪切分量并与介质耦合在基片表面传播(通常声波能量集中于在基片表面下 1 个波长范围内)，且声波速度比电磁波速度低了大概 5 个数量级。White 和 Voltmer[2]利用沉积在压电晶体上的叉指换能器(interdigital transducer, IDT)有效地激励和检测 SAW，采用半导体平面工艺可以大批量制造 SAW 器件。这种 SAW 器件自其诞生之日起，就被用于信号处理技术，包括滤波、延时、脉冲压缩、相关、卷积等功能，广泛应用于雷达、航空航天、广播电视、通信等领域。SAW 器件实现商用化已经超过 40 年了，而且随着 SAW 技术的发展，各种具有良好特性的压电基片材料的涌现，各种新型的低损耗器件结构与声波模式(瑞利型 SAW、剪切型 SAW、BG 波、漏表面波以及 Love 波等)的产生以及各种器件模拟理论(如等效电路模型以及耦合模理论模型)的出现均为性能优良的 SAW 器件研制以及开辟应用新领域创造了条件。正是由于声表面波的本质特点，即声波沿基片表面传播，使得 SAW 对其表面扰动的物理、化学或者其他机械参量相当敏感，由此有可能制作各种具有高灵敏度的传感器。其基本原理是由于物理或者化学参量以各种不同机理作用于 SAW 器件表面时，形成对 SAW 传播的扰动从而引起其速度与幅度的变化，通过测量输出信号(相位、频率或者幅度)的相应改变，即可实现对待测对象的检测。

本文回顾了目前基于 SAW 技术的各种传感器的研究。经过数十年的发展，这些传感器形成了 SAW 技术的另外一个新兴市场，开始广泛应用于自动控制(力矩与轮胎压力控制系统等)、医疗应用(生物传感器)，工业、商业以及军事应用(气体、湿度、温度检测等)。SAW 传感器相对于其他类型的传感器而言具有其独特优点，即低成本、高灵敏度、良好的稳定性与可靠性，而且借助于无线读取系统可以实现无线无源检测。

SAW 传感器的类型各种各样，本文从其物理结构出发，将传感器分为两类，一类为有源传感器，这一类传感器通常采用基于延迟线或者谐振器的有源振荡器作为其传感元，结构简单，输出信号为频率信号，易于与计算机接口组成自适应适时处理系统。目前化学/气体传感器、生物传感器多采用这种结构。另外一类为无源无线传感器，这种传感器结合无线读取系统以及无线天线，一般采用单端对谐振器或者反射型延迟线等无源器件来实现对待测参量的无线检测。目前温度、湿度、压力以及力矩等物理传感器多采用无线测量方式，具有无源，能在危险环境应用的特点，是未来 SAW 传感器的一个重要发展方向。本文重点回顾了 SAW 技术在温度、压力、湿度、力矩、气体、角速率以及生物等方面的应用。另外，对 SAW 传感器的发展趋势作了展望，智能化、便携式、多功能集成式以及无线检测是未来 SAW 传感器的主要发展趋势。

2 有源声表面波传感器

这一节主要介绍一些采用有源 SAW 振荡器结构作为传感元的 SAW 传感器及在温度、压力、角速度、气体以及生物检测中的应用，其中 SAW 气体传感器应用最为广泛也最具有应用前景，因此本节重点介绍 SAW 气体传感器的基本原理、发展现状以及未来发展趋势等。

2.1 声表面波温度传感器

SAW 传播速度与温度(T)关系为 $\Delta v = v_0 \cdot TCD \cdot (T - T_{ref})$，其中 TCD 为延迟温度系数，通常取决于压电基片材料的晶体结构以及切向，Δv 为速度变化，v_0 为 SAW 速度，T_{ref} 为参考温度。因此，SAW 技术可用于温度的检测。

一些具有较高温度系数的压电基片如铌酸锂、钽酸锂以及 $La_3Ga_5SiO_4$ 等材料广泛应用于温度传感器之中。Wohltjen 等[3]首先报道了基于 SAW 延迟线振荡器结构的温度传感器，表现出了良好的灵敏度(毫度级)与线性特性。随后也陆续有基于 128° YX$LiNbO_3$ 材料(温度系数为 75×10^{-6}/°C)的温度传感器报道。然而，在温度传感器的实际应用中，传感器易受到外围环境质量负载效应的影响，因此，在随后的温度传感器研究中，通常采用密封封装技术。近来一种 124MHz 基于 ST 切割的石英基片材料所激发的表面掠射体波(SSBW)以其良好的温度系数(32×10^{-6}/°C)应用到了温度传感器[4]，其分辨率达到了 0.22°C。外围质量负载效应对这种传感器的干扰比一般 SAW 传感器低 3 个数量级，而且响应时间达到了 0.3s。

2.2 声表面波压力传感器

1975，Cullen 等[5]首次报道了基于 SAW 技术在压力检测中的应用。其基本思想为：以 SAW 器件压电基片如石英等为压力振动膜，由于外加压力引起振动膜弯曲变形及其表面的应力/应变的分布变化导致 SAW 传播速度发生改变，通过采用以 SAW 器件为反馈元的振荡器模式，其频率输出信号即与所施加压力呈现良好的线性关系，以此检测所加压力。这种压力传感器响应机理的分析公式为 $v=v_0(1+\gamma_i\varepsilon_i)$，其中 $\gamma_i(i=1,2,3)$为基片材料有关的弹性常数，而 ε_i 为施加压力引起的基片表面分布的应变分量。这种 SAW 压力传感器在某些心脏肺部驱动以及一些生物技术、工艺流程中提供驱动压力的精确监控，从而得到一些较好的应用。

但是在压力传感器的实际应用中，外围环境温度的变化严重干扰了其实际应用，而上述报道的压力传感器并没有实现温度补偿功能。为此，Cullen 等[6]在随后的压力传感器研究中将一参考延迟线集成到压力传感器之中，通过优化设计，对温度效应予以良好的补偿，其基本结构为：温度传感器接近压力传感器以确保置于相同温度状态之下，另外，温度传感器通过置于振动膜边缘的方式以避免压力的干扰，以此仅仅实现对温度的检测，然后由两路延迟线振动器差频输出从而完成对压力传感器的温度补偿。Talbi 等[7]也报道了一种基于 98MHz 延迟线型 SAW 压力传感器，基于有限元的方法分析了器件结构如 IDT 位置、石英振动膜膜厚与切向与传感器性能的关系，以达到性能优化的目的。上述压力传感器均采用延迟线型振荡器作为传感元，Das 等[8]将单端对的 SAW 谐振器应用到压力传感器之中并采用双谐振器的振荡器模式用以实现温度补偿，提高器件的品质因子与工作频率，改善传感器的灵敏度。Yakovkin 以及 Jiang 等[9,10]相继对这种基于石英压电基片的谐振器为传感元的压力传感器的性能予以试验与理论上的优化设计。Jungwirth 以及 Chai 等[11,12]分别就预应力状态下的不同基片材料(弱压电特性的如石英等材料，具有强压电特性的如 $LiNbO_3$ 等)的 SAW 传播特性进行了分析，以此对具有优良性能的压力传感器的设计奠定了基础。王文等[13]对基于 ST 石英与一种强压电特性的 41°YX $LiNbO_3$ 基片的 SAW 压力传感器的灵敏度进行了理论对比，为压力传感器的优化设计提供了良好的理论指导。然而，目前这种有源压力传感器的应用仍然受到了较大的限制，主要原因是压力传感器多是应用在一些工艺流程控制以及机动车轮胎压力控制之中，由于功耗而引起传感器的使用稳定性以及寿命等问题。因此，近年来借助于 SAW 电子标签技术，结合一种单端对 SAW 器件而研制了一种无线 SAW 压力传感器，在轮胎压力监控系统(TPMS)中得到很好的应用，在下文中将详细介绍。

2.3　声表面波露点/湿度传感器

目前各种湿度传感器在大气科学、农业以及微电子、钢铁、纺织、医药、造纸以及食品等工业流程中应用非常广泛。对水汽浓度予以高精度、低成本检测是其基本要求。当前实际应用的湿度检测传感器分为两类，一种是相对湿度传感器，另外一种则是冷冻式表面露点传感器。相对于前者而言，露点湿度计价格昂贵，但是可以实现更高的检测精度与表面水汽浓度的绝对检测。因此，湿度计的研制大都采用后一种技术。应用最为广泛的是光学式露点湿度计，通过镜面反射率的变化来实现对水汽的绝对检测。尽管这种传感器应用广泛，仍然存在着高成本、频率镜面污染、连续使用的不稳定性以及难以实现对霜点转移的检测等缺点，而且其精度限制于±0.2°C，而且在露点低于−70°C 时候性能出现劣化。Galipeau 等[14]首先将 SAW 技术应用到了凝结表面密度与露点检测之中，并基于质量负载效应对其频率响应机制进行了分析，研制了采用 ST 石英的延迟线型振荡器结构的 SAW 露点传感器，实现了 3.0 ng/cm^2 的表面浓缩密度检测。随后 Hoummady 等[15]也研制成功了一种基于 LST 切割的石英基片的 SAW 露点传感器。其基本原理是 SAW 传感器在具有温度控制的条件下，在任意大气环境中，水汽在其露点温度下冷凝在 SAW 器件表面，通过某种质量负载效应或者黏滞效应，引起 SAW 速度变化，从而实现一种有效露点传感器。这种 SAW 露点传感器具有高精度、低成本与良好的稳定性特点。但是上述 SAW 露点式湿度计仍然存在一些问题，如由于利用频率检测温度变化以及采用冷凝法检测露点而无法实现对露点的连续测试。Vetelino 等[16]报道了一种采用 *YZ* $LiNbO_3$ 基片的基于 50MHz 双延迟线振荡器结构的 SAW 露点传感器。一路延迟线检测凝结物，而另外一路延迟线作为参考用以消除温度以及振动等干扰效应。这种露点传感器能很好地避免一般污染物的影响，相对于光学式传感器 0.2°C 的分辨率，这种传感器实现了 0.025°C 的分辨率。

如果在 SAW 器件表面镀上一层吸湿聚合物膜材料，可以实现另外一种相对湿度传感器。这种湿度传感器大致采用三种响应机理模式：质量负载效应、声电耦合效应以及黏弹性效应，通过对每一种响应机理模式进行优化设计以获得一种较高精度、低成本的湿度传感器。Cheeke 等[17]报道了一种覆盖聚 XIO 膜的 50MHz 基于 *Y* 切割 $LiNbO_3$ 的 SAW 湿度传感器，检测相对湿度范围为 0~100%，迟滞率低于 5%。Radeva[18]报道了另外一种采用 ST 切割的 767MHz 剪切型 SAW 湿度传感器，敏感膜材料采用等离子修正 HMDSO，表现出良好的传感性能，其灵敏度为 1.4×10^{-6}/%相对湿度，迟滞率为 5%。另外，Radeva 等还对覆盖同类敏感膜材料的 SAW 模式与 14MHz TSM 谐振器模式的传感器性能进行了对比，SAW 模式表现出相对于 TSM 模式 4~10 倍的灵敏度。

2.4 声表面波陀螺仪(角速率传感器)

SAW 陀螺仪在消费类产品、工业以及医疗产品中有着广阔的应用前景，特别在军用应用方面，如一些智能弹以及新型武器系统的旋转稳定系统。目前角速率检测应用的陀螺仪大致有 4 种，旋转轮式、纤维光学式、激光式以及 MEMS 陀螺仪，前三者体积大且价格昂贵。所以应用最为广泛的是 MEMS 陀螺仪。但是当前的

MEMS 陀螺仪由于其本身机理的缺陷限制了其进一步的实际应用：它是基于悬浮式振动元件，通常制作困难，成本较高，而且悬浮式的振动元件由于本身的谐振振动而无法牢固绑定在基片上，这样对外围震动相当灵敏，从而严重干扰了传感器检测工作。SAW 陀螺仪则有很强的抗击震动能力，可靠性高，成本低，可不用真空封装而保持较高的灵敏度而成为最有潜力的陀螺仪。其基本思想是通过旋转(Ω)对 SAW 的传播(质点 m 的垂直旋转方向的速度分量 V)形成一种 Colriolis 力效应 $F=mV\cdot\Omega$，结合参考振动模式来实现对角速率的检测。

目前 SAW 陀螺仪大致有两种类型，一种是基于驻波模式，传感器由一两端谐振器、分布于谐振腔内的金属点阵以及接收传感器组成，如图 1 所示；两端谐振器作为稳定的参考振动源，由于沿某一方向(以 x 方向为例)的旋转，形成垂直于速度(z 方向)与旋转方向的 Coriolis 力(y 方向)，并通过分布于驻波反节点位置的金属点阵同相叠加获得沿 y 向的 SAW，并由传感器接收形成电信号输出，以实现对角速率的有效检测。Kurosawa 等[19]首先报道了在 Y 128° $LiNbO_3$ 基片上基于驻波模式的 15MHz SAW 陀螺仪，随后 Jose 以及 Varadan 等先后对这种驻波模式的 SAW 陀螺仪的原理、结构进行了进一步的分析[20,21]，研制了相应的工作频率分别为 75MHz 的基于 Y128° $LiNbO_3$SAW 陀螺仪，其灵敏度达到了 2.9μV/°/s。Woods 等[22]为这种驻波式陀螺仪的性能进行了优化分析，特别针对于谐振腔内金属点阵的分布对传感器的性能影响做了详细讨论。但是这种驻波模式的 SAW 陀螺仪仍然存在一些明显的缺陷：输出信号为微伏级的电信号，影响了传感器的精度；另外由于采用具有高压电特性的 $LiNbO_3$ 作为器件基片，其较高的温度系数导致了传感器的温度不稳定性，而限制于传感器交叉结构难以实现对传感器的温度补偿。因此，Lao 等[23] 提出了另外

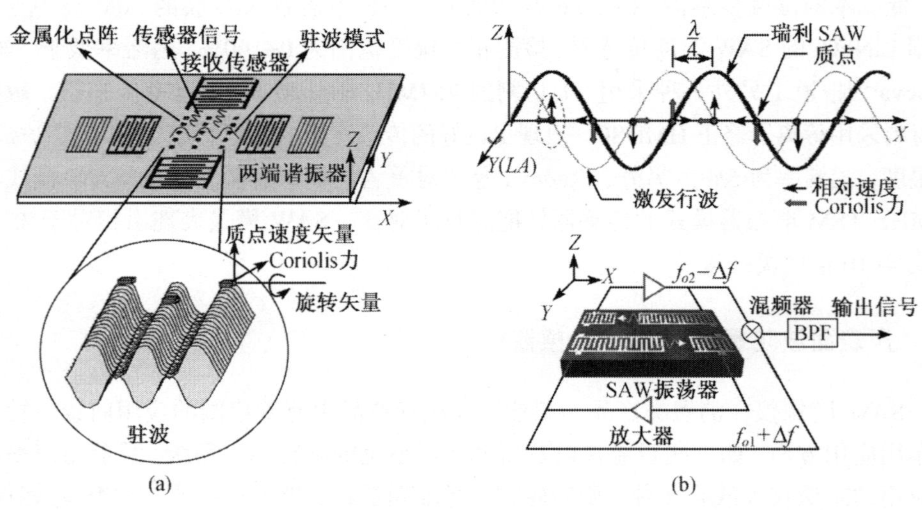

图 1　(a) 驻波模式的 SAW 陀螺仪; (b) 行波模式的 SAW 陀螺仪

一种陀螺仪模式，即行波模式：其基本思想是由波的旋转效应引起 SAW 的陀螺效应，垂直于声波传播方向的旋转矢量通过 Coriolis 力效应引起声波传播速度变化，从而引起传感器的频率发生变化，这样将驻波模式的微弱电信号输出变为频率信号输出，易于检测；另外采用具有良好温度特性的 ST-*X* 石英压电基片，并采用双延迟线振荡器结构有效地实现了温度补偿。 Lee 等[24]研制了 100MHz 的基于行波模式的 SAW 陀螺仪，并结合 LTCC 封装技术，其灵敏度达到了 0.431Hz/°/s (检测范围为小于 2000°/s)。

2.5 声表面波气体传感器

基本原理：在环境保护、出入境检验检疫、工农业生产以及公共安全等涉及有毒污染微量气体检测领域，声波气体传感器以其高灵敏、快速响应、体积小、低成本以及良好的可靠性与稳定性等独特优点而得到了广泛应用。这种传感器主要包括 4 种声波模式，即体声波(BAW)，声板波模式(SH-APM)，弯曲板波模式(FPW)以及 SAW 模式(SAW)[25]。其基本性能对比见表 1。前三种模式灵敏度等性能均取决于其基片材料的厚度。由于工艺的限制，极薄的薄膜基片难以实现，这就阻碍了其灵敏度指标的进一步改善，也限制了其实际应用。SAW 模式工作频率依赖于叉指电极宽度，其声波沿基片表面传播，对外围扰动极为敏感，因而成为最有潜力的声波传感模式，应用也最为广泛，但是由于其声波纵向分量在液体环境中的耦合衰减而不适合于液体传感器的检测。SAW 气体传感器基本原理是以延迟线/谐振器型振荡器为传感元，利用覆盖于 SAW 器件表面的敏感膜对待测气体的吸收或吸附，基于各种传感机理引起声波传播特性发生改变，从而导致振荡器振荡频率发生变化，完成对待测气体量的测量[26]。

关键技术：SAW 气体传感器的基本性能即灵敏度以及检测下限等指标取决于其物理结构以及化学传感界面，即作为传感元的振荡器结构和作为传感器检测界面的敏感膜材料及相应传感机制的分析。从物理结构上来说气体传感器的传感元即振荡器类型有两种，一种是延迟线为振荡元的振荡器结构，另外一种则是以两端谐振器作为振荡器反馈元。Mauder[27]与 Rapp 等[28]分别对应用于传感器的这两种结构的振荡器进行了对比：SAW 谐振器具有高品质因子和低损耗的特点，由它作为频控元件组成的振荡器容易起振且能获得良好的频率稳定性能。但是谐振器利用了声波的多次反射，膜材料对声波吸收的影响比仅利用直达声波的延迟线要大得多，导致声波有较大的衰减从而增加了传感器检测的不稳定性。同时这种结构容易受到振荡环路相位变化的影响，这就需要对电子线路进行严格设计，使电路复杂化。另外谐振器很难提供足够面积的气体传感器敏感膜成膜所需要的传感区域。对于延迟线而言，来自振荡环路相位影响很小，覆盖膜材料所引起声波衰减也相对较小，另外延迟线更容易提供传感器所需的传感区域。SAW 延迟线的插入损耗相对较大，随着 SAW 技术的发展，各种新型的低损耗 SAW 器件的理论模型与设计技术不断涌现以及器件性能的不断完善[29,30]，为具有低损耗的 SAW 延迟线的研制创造了条件。因此，目前 SAW 气体传感器主要采用延迟线型振荡器结构，其基本结构也从早期的单延迟线振荡器结构发展到双延迟线型振荡器结构，用以降低输出频率幅度，有效抵消外围环境变化(温度、振动、电极老化以及湿度等干扰因素影响)。典型 SAW 气体传感器结构如图 2 所示：一路延迟线作为传感界面，覆盖具有对待测气体具有选择性吸收特性的敏感膜材料，另外一路延迟线则作为参考，通过两路振荡器频率输出混频来抵消由于外围检测环境变化(温度、湿度以及振动等)所引起的干扰，通过振荡器频率输出的线性变化以获得对待测气体的精确检测。

表 1　不同声波模式的气体传感器的性能对比

类型	原理	优点	缺点
体声波谐振器(BAW)	在器件两电极上应用可变电压从而在晶体表面获得最大声位移，从而对表面扰动有良好的响应	结构简单、可靠性强且成本低	低质量负载灵敏度，低能量约束。绝对薄膜的基片材料难以实现，因为工作频率难以提高
声板波模式(APM)	利用基片顶层与底层的多次反射	具有较高频率(>100MHz)且能应用于液体传感	声能量分布于器件顶层与底层表面，难以集中于传感表面，灵敏度依赖于基片厚度
弯曲板波模式(FPW)	也即 Lamb 波，瑞利型 SAW 传播于薄板两面	能应用于液体介质，且利用硅微机械工艺制作，因而易于与电子电路集成	同样这种模式的传感器灵敏度与薄板厚度有关
SAW 模式(SAW)	利用叉指换能器淀积于压电基片表面，声能量集中于基片表面从而对外界扰动极为敏感	高质量灵敏度，平面工艺而且相对简单	由于液体介质中的高传播损耗，因而不能应用于液体传感器

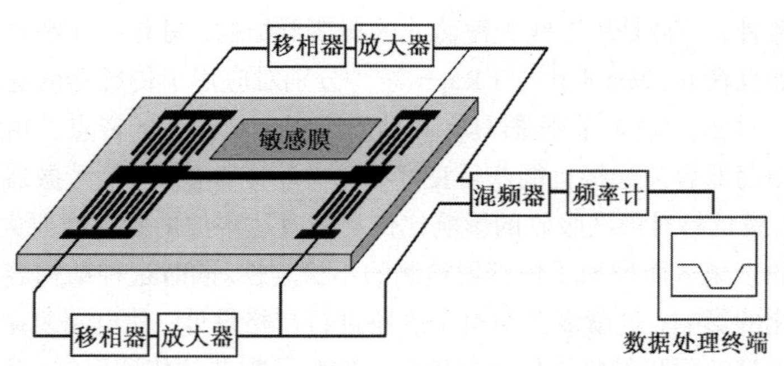

图 2　典型的 SAW 气体传感器的结构图

然而，在 SAW 传感器研制过程中，振荡器的物理结构仍然存在以下几个方面的问题，从而影响其频率稳定性。其一，目前所研究的 SAW 气体传感器中采用的 SAW 延迟线的损耗较大。在早期的 SAW 气体传感器研究中，SAW 器件采用了一些具有较高机电耦合系数的基片材料，如不同切向的铌酸锂等，以获得较低的插入损耗(15dB 左右)。这种基片材料虽然具有较高的机电耦合系数，但是它们的温度稳定性很差，一阶温度系数为$(75\sim90)\times10^{-6}/°C$，从而振荡器的频率稳定度也很差。为了克服这一问题，后来逐步采用不同切割方向的石英作为基片。石英材料具有良好的温度稳定性，一阶温度系数趋于 0。但是它的机电耦合系数小，而且通常采用双向换能器结构，因此器件插入损耗很大(通常大于 20dB，有的甚至达到 40dB)，只有通过振荡电路中高增益的放大器来补偿器件损耗(通常采用多个放大器)，这样器件数量的增加不但增加了功耗，而且增加了引起频率变化的因素，直接影响到振荡器的频率稳定度，进而影响到传感器的检测下限。

其二，由 SAW 延迟线型振荡器的基本原理可知道，SAW 振荡器可以在一系列梳状分布的频率上起振，因此，要获得单一频率的振荡，必须采取一定的选频措施。现有技术中一般采用附加电路系统来实现振荡器的选频功能，如采用自动增益控制(AGC)等。尽管这种方法能较好的实现选频，但是同样由于系统元件数量的增加不但增加了功耗，而且增加了引起频率变化的因素，直接影响到振荡器的频率稳定度。

其三，为尽可能减少检测环境诸如温度、压力变化以及振动等因素的影响，通常 SAW 气体传感器采用双延迟线振荡器结构，即一路作为传感延迟线覆盖敏感膜材料，另外一路作为参考延迟线。这种结构能较好地消除检测环境压力、振动以及器件电极老化效应的影响，却不足以抵消环境温度的干扰。主要原因是覆盖敏感材料的传感延迟线与参考延迟线的温度系数很难匹配。通常情况下，外围环境的变化将引起敏感膜材料如聚合物膜的机械弹性特性发生变化(如聚合物膜材料的弹性常数具有明显的频率温度关联)，其物理状态发生转移，这样直接影响了对气体的吸附特性，从而导致传感器系统的不稳定性。这样利用普通的传感/参考双延迟线结构难以有效地消除检测环境温度变化引起的传感器的不稳定性。

从传感器的物理结构即振荡器的频率稳定性的分析以改善传感器性能大致从两个方面出发：一种是从改善振荡器电路系统，降低系统噪声，Schickfus 等[31]通过分析外围环境温度变化、换能器电极老化效应以及敏感膜材料对振荡器的频率稳定性的影响来改善其稳定度，所研制应用于 600MHz 基于 36°*YX* 石英的气体传感器的振荡器频率稳定度达到了 0.1×10^{-6}； Hoyt 等[32]针对由于敏感膜本身的温度不稳定性特点，提出采用双膜振荡器结构，即在参考延迟线上也镀上一层与敏感膜机械性能接近但对待测气体不具有选择性的膜材料，用以抵消温度对膜材料的影响，取得了较好的应用效果；Schmit 等[33]直接报道了振荡器的振荡器电路设计来获得高频率稳定度的 SAW 振荡器。Sternhagen 等[34]认为传感器的温度影响也来自于压电基片表面的温度梯度误差，为消除这一影响提出了一种集成式的气体传感器结构，利用 ST 石英表面不同方向所激发的 SSBW 于瑞利型 SAW 波分别制作两个交叉的延迟线，SSBW 延迟线作为温度传感器，为 SAW 气体传感器提供良好的温度补偿。

上述工作均是从振荡器的电路结构等方面出发来改善其稳定性能，而王文等[35~38]从器件结构出发也较好地改善了振荡器的频率稳定性。针对上述传感器物理结构中存在器件高损耗，且无模式控制功能的不足，将一种单相单向换能器(SPUDT)与梳状换能器结构应用到基于 ST-X 石英基片的延迟线的设计研制中，大大降低了器件损耗，将目前应用于气体传感器的延迟线损耗从大于 20dB 降低到了 10dB 左右，其中 158MHz 延迟线其损耗降低到了 7dB 以内。另外通过器件本身实现了振荡器的单一模式选频功能。结合稳定的振荡器电路结构，所研制的 158MHz 与 300MHz 金电极振荡器频率稳定度达到了 0.07×10^{-6}。以此振荡器为传感元所研制的针对 DMMP 以及 GB 的气体传感器表现出良好的灵敏度与检测下限性能。

SAW 气体传感器的基本原理是敏感膜材料对待测气体的吸附引起 SAW 传播速度的扰动，从而导致振荡频率的变化，完成对待测气体的检测。因此，对于 SAW 气体传感器而言另外一个关键技术就是敏感膜材料的选取以及相应传感器响应机制的研究，这也是目前 SAW 气体传感器研究的一个热点。在传感器领域对于 SAW 技术的应用主要感兴趣的是测试对象与声波之间相互作用的不同机制，包括与质量密度、弹性常数以及电场和介电特性有关的传播介质的许多线性和非线性特性，如式(1)所示

$$\frac{\Delta v}{v_R}=\frac{1}{v_R}\left(\frac{\partial v}{\partial m}\Delta m+\frac{\partial v}{\partial c}\Delta c+\frac{\partial v}{\partial \sigma}\Delta\sigma+\frac{\partial v}{\partial T}\Delta T+\frac{\partial v}{\partial p}\Delta p+\frac{\partial v}{\partial \varepsilon}\Delta\varepsilon\cdots\right), \tag{1}$$

其中 v_R 为未扰动瑞利型 SAW 速度，m，c，σ，ε 分别为敏感膜的质量，弹性常数，电导率和介电常数。T 和 p 分别为环境温度和压力。

不同的敏感膜材料对应于传感器的不同响应机理。从气体传感器的发展历史来看其敏感膜材料大致有 4 类，一类是早期所采用的半导体材料或者金属氧化物敏感膜材料[39,40]，其基本原理是通过膜材料对待测气体的吸附引起膜材料电导率发生变化，通过对 SAW 传播电场的扰动从而引起声波速度的变化来检测气体浓度；这种模式通常具有良好的灵敏度，但是有着致命的缺陷：其一半导体或者金属氧化物膜的制备通常需要高温条件，难度大；其二基片材料的机电耦合系数越高越容易获得高灵敏度，然而伴随而来的则是难以克服的温度补偿问题，因为一般高压电系数的基片材料具有较高的温度系数。另外一类膜材料是有机薄膜或者极薄的聚合物膜材料，Wohltjen[41]从 Auld 的微扰理论[42]出发，对这种敏感膜材料所对应传感机理予以分析，推导了对于 SAW 传播的扰动公式以及气体吸附浓度与振荡器频率之间的

近似线性关系。这种模型忽略了膜材料对声波的扰动效应，且假设传感器的气体吸附特性的线性效应；在随后的传感器研究发现这种响应机理有着较大的缺陷，特别是针对于大多数聚合物膜材料并不适用。因此 Martin 等[43,44]首先对这种覆盖聚合物膜的 SAW 传感器响应机理和动力学特征进行了详细分析，提出了考虑聚合物黏弹特性的传感器响应机理分析的 Martin 理论。其基本思想是覆盖聚合物膜的传感器的非线性效应主要来自于聚合物的黏弹性效应(与温度以及工作频率有关)，由于聚合物膜的黏弹性效应，在 SAW 传播过程中，膜的上表面部分相对与膜/基片驱动界面出现了一个相对滞后，这样就导致了在薄膜内的纵向(厚度方向)应变，这种纵向应变即是引起声波衰减的根源。聚合物膜的机械特性以体模量与剪切模量表示，考虑其黏弹特性均为复数，模量虚部即对应于声波能量的衰减。通常这些弹性参数均具有很强的频率温度关联特性。另外，Martin 等认为聚合物根据其模量参数的大小分成三类，即所谓玻璃状膜(glassy film)、玻璃状-橡胶态膜(glassy-rubbery film)和橡胶态膜(rubbery film)。对于玻璃状膜，黏弹性效应不明显，在膜厚较薄的情况下近似于 Wohltjen 公式，即认为传感器响应主要来自于膜对气体吸附造成的质量负载效应。但是在后两种类型的聚合物膜，由于具有很强的黏弹性，在一定膜厚处传感器响应呈现非线性效应，并且引起声波的较大衰减。这种模式为聚合物敏感膜材料的选取、制备以及膜厚度优化提供较为准确的理论指导。

影响传感器的性能的另外一个方面是敏感膜的制备方法。不同的敏感膜材料出现了针对性的制备方式。由于聚合物膜材料的良好特性(成膜简单，且具有优良的吸附特性)而广泛应用于各种气体传感器的研制之中。因此，所考虑的气体传感器敏感膜制备方法多是针对聚合物膜的制备。其膜的均匀性，膜厚的精确控制对于传感器的性能优化有着重要的意义。膜制备最初多采用旋涂、空气刷、溶剂挥发法、LB 等制备法，这些膜制备方式比较简单，但是有些均匀性不好且膜厚难以准确控制如旋涂、空气刷、溶剂挥发法等，有些则是受限制于温湿度等条件，目前气体传感器的研究多采用自组装、分子印迹以及辅助脉冲激光基质挥发等新型成膜方法，大大提高了敏感膜的均匀性与膜厚控制精度，改善了传感器的使用寿命。然而新型成膜技术的采用对于传感器响应机理分析而言提出了新的挑战，因为如自组装以及分子印迹等技术，在敏感膜与压电基片之间有一层表面活性金膜，这样 Martin 等提出的针对传统镀膜方式的覆盖聚合物膜材料的响应机理模型就不能完全实用。王文等[45]针对新型成膜方式下的聚合物膜对声波的扰动特性、气体吸附以及传感器响应的频率特性作了分析，对 Martin 分析理论进行了扩展。

实际应用：目前 SAW 气体传感器已开始在军用毒剂的检测、环境监测及工业分析中得到应用。应用于环境气体检测的传感器检测对象多集中于工业生产流程中所释放的一些有毒气体如 SO_X，NO_X，CO_X 以及 H_2S 等，表 2 列出了一些以延迟线振荡器为传感元的气体传感器的基本结构以及性能指标。

表 2　部分以延迟线振荡器为传感元的气体传感器的基本结构与性能指标

时间	测试对象	基片材料	延迟线结构	工作频率	敏感材料	灵敏度及检测下限	参考文献
1981	SO_2	YZ-$LiNbO_3$	双	60MHz	TEA	133Hz/ppm① 70ppb②	46
1982	H_2	YZ-$LiNbO_3$	单	76MHz	Pd	50ppm	47~49
1983	SO_2 H_2S	YZ-$LiNbO_3$	双	60MHz	TEA	SO_2：10ppb H_2S：10ppm	50
1985	NO_2	Y-$LiNbO_3$	双	110MHz	PbPc		51
1985	NO_2	ST-X 石英	双	39.48MHz	Phthalocy-anine(Pc)	100Hz/ppm 0.5ppm	52
1986	H_2S	YZ-$LiNbO_3$	双	60MHz	WO_3	10ppb	53
1987	H_2S	YZ-$LiNbO_3$	双	60MHz	WO_3	10ppb	54
1987	NH_3	ST-X 石英	双	30MHz	Pt		55
1987	NO_2	ST-X 石英	双	39.48MHz	Pc	100Hz/ppm	56
1987	vapors	ST 石英	双	31,52,112, 290MHz	organic	100ppb	57
1988	H_2	$ZnO/SiO_2/Si$	双	80MHz	Pd	50ppm	58
1989	NO_2	$ZnO/SiO_2/Si$	双	70MHz	CuPc	50ppm	59
1991	NO_2	38° YX, AT, ST 石英	双	98MHz	CuPC	109Hz/ppm	60
1992	NO_2	$LiNbO_3$	双	600MHz	Pc	ppb 量级	61
1994	NO_2	34°YX 石英	双	600MHz	PbPC，CuPC	25ppb	62
1995	SO_X	$LiTaO_3$	双	54MHz	CdS	<100ppb	63
1995	H_2S	YZ-$LiNbO_3$	双	38MHz	WO_3：Au	ng	64
1998	Mercuy	38°YX 石英	双	261MHz	金	ppb	65
1998	SO_2	$LiTaO_3$	双	54MHz	CdS	<200ppb	66
1998	NH_3	128° YX $LiNbO_3$	双	42MHz	polypyrrole	20ppm	67
1998	CO_2	ST-X 石英	双	97MHz	Polyimides PNVP		68
2004	Ammo-ia	128° YX $LiNbO_3$	双	100MHz	L-Glutamic acid hydroc-hloride	<0.56ppm	69
2005	NO_2/H_2	XZ-$LiNbO_3$ /ZnO	双	45MHz	InOx	ppm	70

注：① $1ppm=10^{-6}$,下同；② $1ppb=10^{-9}$,下同

SAW 气体传感器的另外一个重要应用则是军用毒剂特别是神经性毒剂(GB，GA，GD 以及 VX)的检测。以 SAW 技术检测化学毒剂，使用何种灵敏度高、选择性强、并能够进行可逆性吸附-解吸的膜材料是至关重要的。因此人们对膜材料的选择、制备方法、传感器评价技术等进行了广泛深入的研究。膜材料从早期的含氟聚多羟基化合物(FPOL)、聚乙烯马来酸酯(PEM)、乙基纤维素(ECEL)、聚乙烯基吡咯烷酮(PVP)到聚十六烷基异丁烯酸-XAD-4Cu^{2+}-二胺、聚氯苯乙烯-四甲基乙二

胺、四钠钴(II)硫代酞菁染料、四氨钴(II)酞菁染料、2,3-二氢化茚、3-PAD,triton X-100,NaOH 混合物、氯化丁二酰胆碱、氯化丁二酰胆碱、咪唑铜(II)氯、二氯异氰脲酸钠、聚乙烯马来酸酯、金属镧(III)化合物发展到 PEM、PAOX、OV210、ABACD、PVP、OVERMAC、PBAN、PIP、PECH、FPOL 等具有良好选择性与稳定性的敏感膜材料[71]。但在多种干扰气体共存或干扰气体浓度过高的复杂条件下实现对毒剂气体的准确检测，仍存在一些困难，如果借助模式读取技术并结合阵列式传感技术，将能够提高检测的准确度。另外以 SAW 传感器检测化学毒剂，要求在最短的时间内准确地检测到低浓度的毒剂气体，模式读取技术和分子印迹技术的发展为此提供了可能。美国海军实验室、空军实验室、BAE 公司将这一技术实际应用于化学毒剂的检测当中，如美国海军实验室的 Grate 等人研制的一种小型、灵敏的 SAW 系统来检测低浓度的剧毒有机膦、有机硫类化学毒剂。这一系统含有四个 SAW 传感器、温度控制系统、分析传感器数据的模式读取及预浓缩、解吸的自动采样装置，实现了对多种毒剂气体的同时检测。美国 Sandia 实验室开发了一套关于多传感阵列气体检测的模式读取软件包，即可视化试验式区域影响模式读取方法 (VERI)。这种方法特别有利于测试数据无法图示处理的大型传感阵列以及从大量传感膜材料之中降低阵列的优化选取工作。美国海军实验室考虑到现有 SAW 传感器对神经类战剂的响应时间是 15~40s，响应速度较慢，而且易受环境温度、湿度的影响，而研制了一种新型 NRL pCAD 的掌式 SAW 传感器。这一装置不仅提高了选择性和灵敏度，降低了环境温度、湿度的影响，携带方便，而且对有机膦类化合物的响应时间只有 0.05s，检测后 2s 内即可恢复，真正做到了即时分析。荷兰研制的用于个人的微型传感器，在 10s 内能够检测到浓度为$(1\sim10)\times10^{-9}$的神经类化学战剂，使用寿命为 5~10 年，已基本能够形成装备，以提高单兵的机动性和生存能力。因此，发展联合化学战剂检测传感器，尤其是便携式、快速、灵敏、准确的检测系统，是目前各国争逐的焦点，也是今后实际作战及未来反恐战争的需要。另外，美国空军也研制出了能够同时检测多种化学战剂的 SAW 联合化学战剂检测器(JCAD)。此装置由 4 个 SAW 传感器单元(8 个 SAW 延迟线)组成传感器阵列，工作频率为 275MHz，并带有一个预浓缩器对低浓度战剂进行浓缩。

SAW 气体传感器的另外一个应用则是采用两端谐振器(高 Q 值低损耗，且具有良好的频率稳定性)作为传感元与气相色谱分析结合实现对极低浓度的检测。目前在某些特殊领域，特别是在出入境检验检疫中，一般包括爆炸物如 TNT、PETN、C4(RDX)等以及如可卡因、海洛因以及大麻之类的违禁物通常会释放出限量极低浓度(通常在毫微微克量级(10^{-15}g))的气体，需要有具有极高灵敏度的选择性的检测手段。一般采用覆盖敏感膜材料的常规 SAW 气体传感器难以满足其要求，这是因为这种传感器通常采用具有相对较大面积与低 Q 值的延迟线型振荡器微传感元，需要将敏感膜材料覆盖与整个声波传播路径之上，而且在测试过程中大量的物质被预浓缩，这样在检测或者定义限量未知浓度的气体之时将对导致低灵敏度。如果将声表面波器件与气相色谱层析(gas chromatography, GC)方法结合起来，则可以实现极低浓度物质的检测。Wohltjen 等[72]首先报道基于气相色谱技术的 SAW 气体传感器，基于石英与 $LiNbO_3$ 基片的 SAW 器件成功的检测了各种极性与非极性分析对象，检测下限为 10μg，但是其线性度与灵敏度性能并不令人满意，这就导致长达 10 余年未见此类传感器的相关报道，直到 1990 年 Thompson 等[73]为研究气相分析对象与敏感膜表面的相互作用而设计了一种 SAW GC 传感器以来相继出现了各种不同结构的 SAW GC 传感器。其中最为成功的目前也已经走向实际应用是 Watson[74,75]提出的针对违禁物检测的便携式 GC-SAW 现场检测系统，这种传感器结合具有低损耗高 Q 值的 500MHz SAW 两端谐振器与 GC 技术，主要检测对象如上文所提及的爆炸物以及毒品，该系统提供了 pg 甚至毫微微克量级的检测下限，结合数据采集系统技术，其响应处理时间达到了 10~15s，而且其小体积便携式特点使其成为对违禁物质进行快速现场检测的理想工具。因为便携式 GC-SAW 系统具有高灵敏度、现场操作与实时分析的特点而成为环境分析的有效工具，大量的被应用于气体/水/土壤样本检测，如 2005 年底的松花江水污染监测就采用了该仪器。EST 公司还研制了一种叫 7100 快速 GC 分析仪的 GC-SAW 系统[76]，用于在大气与水中的挥发性有机物(VOCs)的快速分析，典型检测下限为 10^{-9} 量级，响应分析时间小于 10s。其独特之处在于 SAW 器件的石英基片粘在半导体制冷单元上，以此控制器件表面温度(0~125°C)，进行气体检测时，降低石英晶体表面的温度有利于气体的吸附；检测过后提高石英晶体表面的温度以清除掉被吸附在其上的气体，以提高检测灵敏度。

基本模式：目前 SAW 气体传感器主要采用瑞利型 SAW 模式，结构简单，且表现出良好的传感性能。但是人们发现这种 SAW 模式的气体传感器在实际应用中也面临一些亟待解决的问题：首先，如图 3(a)所示的单层结构中，金属叉指电极裸露于外围环境，易于氧化另外本身的老化效应均将直接引起振荡器的频率稳定度的劣化，降低传感器的使用寿命；其二，在敏感膜镀膜过程中叉指电极容易受到污染，从而增加了镀膜难度；另外传感器的灵敏度有待于进一步的提高以满足日益增加的使用需求。为此目的，Jakoby 和 Zimmermann 等[77~79]相继提出了一种基于 Love 波模式的气体传感器(如图 3(b))。其基本思想是在支持剪切型 SAW(SH-SAW)模式的压电基片如 AT 与 ST 石英(SSBW)、36°*YX* $LiTaO_3$ 以及 41°*YX* $LiNbO_3$(漏 SH-SAW)表面覆盖低速波导层，通过优化设计，将声波能量集中于波导薄层内，有效的降低声波衰减，以改善传感器的灵敏度。而且由于波导层的存在对叉指电极进行有效的保护，减少金属电极材料的老化和氧化效应，改善传感器的稳定性；同时敏感膜直接镀膜于波导层表面，这就消除了镀膜过程对叉指电极的污染，改善了镀膜条件。上述报道的针对DMMP的检测试验灵敏度比相应频率的SAW模式高出10倍以上，由此看出采用Love波模式的气体传感器获得更高的灵敏度。Zimmermann等并对这种Love波模式的传播特性予以理论分析，以获得优化的波导层结构。

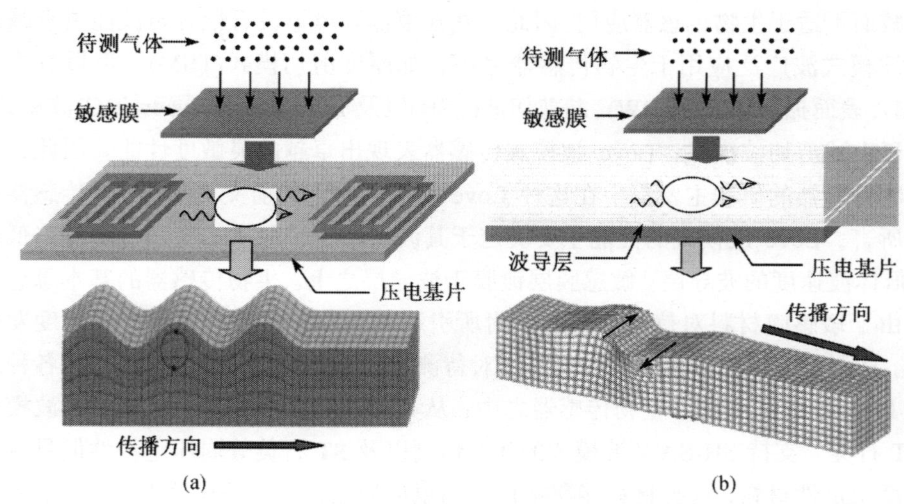

图3 (a) 基于瑞利型SAW模式的气体传感器；(b) 基于Love波模式的气体传感器

但是这种Love波模式的气体传感器仍然处于试验阶段，尚未走向实际应用，其主要障碍在于：相对SAW模式的传感器研制难度增加，对于Love波器件而言，其性能决定于波导层的机械弹性性质与物理厚度，在研制过程中需要对波导层的膜厚进行精确控制；其二，波导层的材料对于Love波模式的转换效率有着决定意义，目前广泛采用的波导层材料大致有两类，一种为SiO_2，这种刚性材料具有低衰减，高强度特点，但是体波速度较高(>2000m/s)，这样Love波模式转换效率低，限制了传感器灵敏度的进一步提高，另外SiO_2的镀膜过程相对复杂。而另外一种波导层材料则为各种聚合物膜，典型的如PMMA，具有低密度，低体波速度(<1100m/s)，这样Love波转换效率高，传感器有可能获得更高的灵敏度，而且聚合物膜镀膜过程简单。然而，由于聚合物膜材料本身的黏弹特性，随着膜厚的增加，对声波的衰减效应明显增加，这就增加了传感器的不稳定性。因此需要综合考虑，选取合适的波导层材料。其三，理论模拟与计算对于Love波模式器件的研制有着重要的指导作用，目前Zimmermann等仅仅针对弱压电特性的石英基片的Love波模式进行分析，忽略其压电性能，目前尚未有针对高压电特性，且针对不同波导层材料进行综合分析的理论，这就不利于Love波的气体传感器的发展。

2.6 声表面波生物传感器

SAW 传感器的另外一个较为广泛的应用领域是与生物技术相结合，形成各种类型的生物传感器。不同于上述 SAW 气体传感器，生物传感器的检测对象为液体介质。瑞利型的 SAW 模式由于传播波的纵向分量在液体环境中受到抑制导致很大的衰减而不适于生物传感器应用。因此一些在液体环境下没有耦合声波能量衰减的剪切波模式波广泛应用于生物传感器之中，如厚度剪切模式(TSM)，声板波模式(APM)，表面掠射体波(SSBW)、漏剪切波(LSH)以及 Bleustein-Gulyaev (BG)波模式。相对于上述剪切波模式，Love 波模式传感器表现出卓越的灵敏度性能。因此，目前生物传感器的研制主要集中在这种 Love 波模式。正如前文 SAW 气体传感器一节内所言，Love 波模式的性能主要决定于其波导结构，即 SH 型压电基片与低密度、低体波速度的波导层。敏感膜层镀膜于波导层之上。生物传感器的基本思想主要是由于敏感膜材料对待测物质的吸附所引起的质量负载效应导致声波速度发生变化，从而引起振荡频率的改变而完成对待测物的浓度或者质量检测。目前各种结构的 Love 波模式应用于生物传感器之中：从其基片材料来看，激发 SSBW 波模式的 AT 石英、支持 SH-SAW 波模式的 *YZ* 切割以及 ST 石英等弱压电特性但具有良好温度稳定性材料，这类材料能获得良好的温度稳定性，但是器件损耗较高，另外一类则是激发漏剪切波模式的 36°*YX* $LiTaO_3$ 以及 41°*YX* $LINbO_3$ 等强压电性能但温度系数较高的材料，能获得低器件损耗，但是需要对传感器进行温度效应的补偿。从波导层材料来看，SiO_2 与聚合物膜材料(PMMA 以及 Polyimides)应用最为广泛，如前一节所言各有其特点，因此近来有人结合两种膜材料作为波导层形成三成波导结构，利用波导层的温度系数的极性相反的特点，改善传感器的温度稳定性，同时改善传感器的灵敏度。Gizeli 等[80,81]先后报道了基于油脂(lipid)与蛋白质 A(protein A)修饰的金表面针对免疫球蛋白 G(IgG)的 Love 波生物传感器试验，分别采用 *YZ* 石英与 ST 石英以及 36°*YX* $LiTaO_3$ 压电基片与聚合物 Novolac 波导层结构，获得了良好的灵敏度性能。Branch 等[82]报道了一种基于 36° *YX*$LiTaO_3$ 并结合 polyimides 2613 与 polystyrene 波导层激发的两种针对 Bacillus anthracis stimulant 检测的 Love 波模式的生物传感器，并对其性能予以对比。传感器金表面由蛋白质 G(protein G)修饰。Polyimides 具有更低的检测下限(1~2.0ng/cm^2)。

3 无线无源声表面波传感器

本节主要介绍无线无源 SAW 传感器在温度、压力以及力矩等物理量的检测的研究发展。这是一种借助于无线读取系统(reader unit)与无线天线，结合无源单端 SAW 元件如单端对谐振器与反射性延迟线(一种由一叉指换能器与多个沿声波传播方向设置的反射器构成的单端 SAW 器件)研制的无线传感器。这种传感器具有其独特的优越性即无需任何能量提供，可实现绝对无源，解决了有源传感器的功耗影响问题，另外，由于无线传感，可以应用于剧毒危险环境，如某些工业流程、战地环境等。目前已经广泛应用于机械物理量如温度、湿度、压力、应变以及力矩等的检测，特别是对压力的检测目前已经成功实现商业化应用(轮胎压力监控系统 TPMS)。因此本节重点将介绍无线压力传感器的相关基础原理，应用进展以及发展趋势。同时，无线传感器在化学气体、生物等领域也具有良好的应用前景。

无线传感器的基本原理是：由无线读取单元(reader unit)发射一定频率的电磁波信号，经由无线天线由 SAW 器件的叉指换能器接收转换成 SAW，再由反射器反射回叉指换能器重新转换成电磁波信号由无线天线传输回读取单元，如果在 SAW 器件表面施加物理(如温度、湿度或者应力、压力等)或者化学(如气体吸附等)参量扰动即会引起声波速度发生变化，从而引起无线单元接收的反射信号的频率或者相位发生相应改变，实现对待测参量的无线检测。无线 SAW 传感器研究内容主要在于两个方面，其一是无线读取单元与无线天线的研制，另外一个方面则是各种类型 SAW 传感器的结构设计与研制，将在后文予以详细介绍。应用于无线 SAW 传感器系统之中的无线读取单元类似于传统雷达系统，因此所有传统雷达系统中所采用的技术均可应用于无线 SAW 传感器的读取单元设计之中。目前的无线读取单元的设计技术大致分为两类，一种是时域采样技术，包含两种方式，一种基于脉冲雷达，这种方式适应于快速变换或者移动的检测对象，通过采用开关器件实现简单的双工器，但是由于需要快速采样与信号处理器件，成本较高，另外由于低占空度，因此应用范围较低；另外一种时域采样方式采用调频雷达，类似于脉冲式雷达，但是由于 TB 产品(其中 B 受限于 SAW 器件的工作带宽， 而 T 则限制于发射机的初始延时)的使用改善了占空度，因此扩展了其应用范围。无线读取单元的另外一种设计技术为频域采样技术，也包含两种类型，其一为利用网络分析仪结构，这样即可实现低成本，降低信号处理元件使用量，具有较高的占空度，但是这种模式仅仅适宜于低速变换对象测量，另外双工器仅能以一环形元件或者两个独立天线组成，接收器设计需要有较高的动态范围；另外一种频域采样技术则是利用调频连续波(FMCW)设计，这种方法类似于前面采用网络分析结构，但是具有更高的动态分辨率。因此，在无线传感器读取单元的设计之中，多采用这种频率采样模式。根据欧洲 ISM 规定，目前主要有两个频段分配于无线 SAW 传感器读取单元设计：433.0~434.77MHz 与 2.4~2.483MHz。

另外，作为无线传感器的另外一个重要性能指标则是传感距离 r，

$$r = \frac{1}{4\pi} \cdot \sqrt[4]{\frac{P_0 \cdot {G_i}^2 \cdot {G_e}^2 \cdot \lambda^4}{kT_0 \cdot B \cdot F \cdot S/N \cdot D}} \tag{2}$$

其中 P_0 为读取单元发射功率，G_i 与 G_e 分别为无线天线增益，λ 为波长，kT_0 为接收天线的噪声系数，B 为系统带宽，F 为系统噪声，S/N 为信噪比，D 为 SAW 器件损耗。由此式可以看出，无线天线与 SAW 器件性能对传感距离有着重要影响。目前各种不同结构不同类型如环形、偶极子、螺旋形以及片状等具有较宽频带、低增益的无线天线广泛应用无线传感系统，获得了较好的传感距离，据报道最大传感距离目前已经达到 6m 以上[83]。

3.1 无线声表面波温度传感器

如前文 2.1 节所言，由于压电基片的温度特性，环境温度的变化将导致 SAW 传播速度的变化，基于这一特点，多种具有高温度系数的压电基片如各种切割的 $LiNbO_3$ 广泛应用于温度检测之中。结合无线读取以及无线天线技术，以一种反射性延迟线为传感元可实现无线温度传感器。其基本原理如下：环境温度的变化 ΔT 导致了反射性延迟线声传播途径以及 SAW 速度的变化(分别表示为 Δl 与 Δv)，从而引起声传播时延的改变 $\Delta\tau$：

$$\frac{\Delta\tau}{\tau}=\left(\frac{1}{l}\frac{\Delta l}{\Delta T}-\frac{1}{v}\frac{\Delta v}{\Delta T}\right)\Delta T-TCD\cdot\Delta T \tag{3}$$

其中 TCD 表示压电基片的一阶温度延迟温度系数，f 为传感器工作频率，对于多数切割方向的 $LiNbO_3$ 材料，其 TCD 多在 80×10^{-6}/K 以上。通常传感器信号输出采用相位信号 $\Delta\varphi=2\pi f\Delta\tau$，这样相对时延而言能提供更高的分辨率与灵敏度。

Reindl 等[84]先后报道了基于这种压电基片的无线温度传感器的理论分、结构设计与信号处理法则，成功研制了一种 2.4GHz 的无线 SAW 温度传感器。在设定的信噪比与相位分辨率的条件下，温度检测的精度主要取决于最大反射器距离，在优化设计的情况，可以获得小于 0.1K 的温度检测分辨率。另外，为了克服相位模糊，一般采用两种方式，一种是采用相邻反射器之间的最大相位差小于 2π，但是这种方式明显导致较低的分辨率与灵敏度；另外一种则是采用最少 3 个反射器，通过信号处理的手段来获得高分辨率与灵敏度。Reindl 等所研制的无线传感器采用标准封装与表面贴装技术，用以改善传感器的温度测量范围(室温~200°C)，其灵敏度达到了~34°/°C。此外，还对反射性延迟线的反射峰时延信号的提出方法予以分析，采用抛物近似法有效地解决了反射峰信号的不规则所造成的信号误差。另外，Schuster 等[85]对这种无线 SAW 温度传感器的性能评估法予以理论探讨，以其改善传感器的性能指标。Hauser 等[86]也实现了一种基于 *YZ* $LiNbO_3$ 的无线温度传感器，其检测范围达到了 400°C。Varadan 等[87]报道了一种无线温度传感器的设计过程，通过采用一种感性耦合微带天线，与温度传感器集成，以改善无线传感器的传感距离，其检测距离达到了 1m 以上。

在 SAW 温度传感器的应用之中，通常随着温度的升高，声波衰减也相应增加，这样对于传感器的温度检测范围形成阻碍。为提高其动态检测范围，改善传感器的信噪比，降低器件损耗是一条有效途径。而目前一些低损耗的器件结构如单向单相换能器(SPUDT)与一些具有较高压电系数与良好的温度稳定性的基片材料为其奠定了良好的基础。

3.2 无线声表面波压力传感器

无线传感器的另外一个重要应用则是压力检测，如前文 2.2 节所言，外加压力引起振动膜弯曲变形导致表面应力/应变分布发生变化，从而实现对声波传播的扰动，引起声波相应变化导致传感器输出信号发生改变，完成对压力的检测。无线压力传感器的主要应用在于轮胎压力监控系统(TPMS)之中，被称为“智能轮胎”。据调查，超过 80％的漏气轮胎是源于轮胎内压力的逐渐损耗而不是由于路面尖锐物如钉子与石头等物造成。如果能对轮胎内压力实现实时监控，将可以大大降低由此引发的交通事故。因此，这种无线 SAW 压力传感器具有极大的商用潜力。

SAW 压力传感器传感元的结构主要有三种类型：一种是 Transense 公司所研制的基于单端谐振器的无线压力传感器[88]；第二种则是由 Scherr 等[89]提出的采用反射性延迟线结构的压力传感器。为保持良好的温度稳定性，这两种类型的传感器多采用石英材料作为其振动膜与 SAW 器件的基片。另外一种则是西门子公司所研制的阻抗式压力传感器[90]，这是一种以 IDT 作为反射性延迟线的反射器，其中一 IDT 型反射器外接一传统电容式微机械压力传感器，通过传统压力传感器接收压力信号改变连接 IDT 反射器的阻抗特性，这样此反射器所反射的 SAW 的幅度与相位也就发生相应变化，通过读取单元即可实现对压力的检测。

对于单端对谐振器型压力传感器以及具有温度补偿功能的压力传感器，其基本原理为：压力传感器位于振动膜的压力传感区，由于外加压力导致的应力/应变分布引起声波速度发生变化，从而导致谐振器频率发生变化。而另外两个谐振器则位于压力传感区之外，一个谐振器与压力传感器平行设置，以获得相同的温度响应信号，用以对压力传感器予以温度补偿，而另外一个谐振器则倾斜设置，利用压电基片的各向异性，不同传播方式温度系数不同的特点，通过与补偿温度传感器的频率差以获得对环境温度的检测。另外，基于有限元分析通过采用全石英封装技术消除封装残余应力的影响，并有效地消除外围环境湿度以及质量负载效应的干扰。目前这种无线压力传感器已经开始应用到 TPMS 系统之中，其基本性能指标：分辨率达到 0.01psi，最大传感距离为 0.5m。

另外一种压力传感器则以 SAW 反射性延迟线作为其传感元，其基本原理如图 4 所示：由 SAW 器件压电基片作为传感器振动膜，通过全石英密封封装形成参考压力腔而构成整个压力传感器。由无线天线接收来自无线读取单元的电磁波信号，通过 IDT 转换成 SAW 沿振动膜表面传播，在由反射器反射回 IDT 重新转换成电磁波信号由无线读取单元接收。在施加压力状态下，振动膜发生弯曲其表面的应力/应变分布也同时发生变化，引起声波速度以及传播距离的变化，从而导致反射波信号的相位发生相应改变以此实现对压力信号的检测。Jungwirth 等[11]对这种模式的压力传感器的系统原理、结构设计以及温度补偿等做了详细的讨论，通过有限元方法对传感器进行结构分析，获得其应力应变分布特点，根据有限元分析结果，在振动膜表面存在两种不同区域，即压缩区与拉伸区，两者应变分布极性相反从而导致声波速度变化相反，压缩区位于振动膜两边缘区，声波速度变大，拉伸区位于振动膜中间区域，声波速度降低。因此用过优化设计，即对于包含三个反射器(R_1, R_2, R_3)的反射性延迟线，前两个反射器分别位于压缩区与拉伸区交界处，而最后一个则位于振动膜的压缩区，以此通过差分法获得灵敏度的优化，同时由于外围环境温度的变化所引起的传感器温度漂移主要是因为压电基片的非零温度系数，根据下式：

$$\Delta\Phi_T = 2\pi f_0 l / v_0 \cdot TCD \cdot (T - T_{ref}), \tag{4}$$

其中 TCD 为压电基片的一阶温度延迟系数，由上式看出温度效应实际上决定于反射器之间的距离，这样也通过差分法有可能较好的实现传感器的温度补偿，利用式(4)即可优化传感器灵敏度($\Delta\Phi$)和实现温度补偿：$\Delta\Phi=\Delta\Phi_2-w\cdot\ \Delta\Phi_3$， 其中 $\Delta\Phi_2$ 与 $\Delta\Phi_3$ 分别为相邻两反射器之间的相位差，加权因子 w 为相邻两反射器之间距离比。

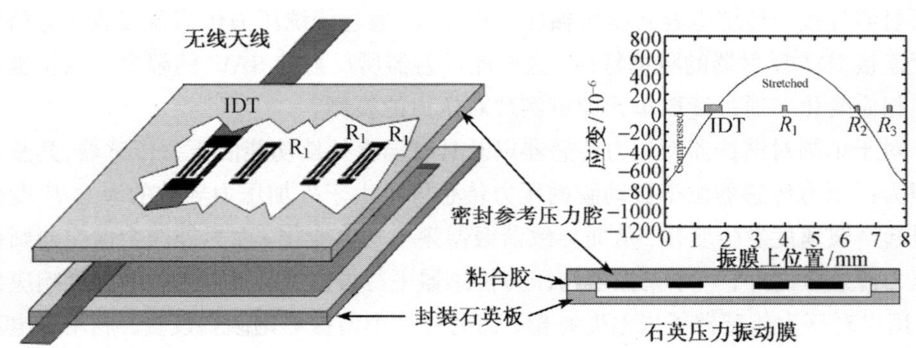

图 4　以反射性延迟线为传感元的无线 SAW 压力传感器的基本原理图

Scherr 等利用这种方法成功研制了一种基于 434MHz 无线 SAW 压力传感器，线性率达到了±0.7，有效温度补偿范围为 – 20~100°C，典型线性压力检测范围为其 0~250kPa，其灵敏度为 1.6°/kPa。全石英封装技术也是系统保持良好的稳定性。王文等[91~93]相继开展了基于耦合模理论对 SAW 反射性延迟线的优化设计，将一种 SPUDT 结构应用到反射性延迟线的换能器设计，显著改善了器件的损耗以及信噪比性能，所研制的 440MHz 与 2.4GHz 基于 41°*YX* $LiNbO_3$ 的无线 SAW 压力传感器其灵敏度达到了~2.6°/kPa 与~2.9°/kPa， 其线性范围也分别达到了 350kPa 与 450kPa。另外，Lee 等[94]报道了一种 440MHz 集成温度以及 8 为电子标签的无线 SAW 压力传感器，可以同时实现温度补偿、温度检测以及电子 ID，其检测灵敏度 2.9°/kPa，20~200°C 的温度检测范围内灵敏度为 10°/°C。但是这种反射性延迟线型的传感器最大的问题来自于参考压力腔的密封封装，这对于传感器性能评估有着重要作用。

第三种压力传感器利用阻抗型反射性延迟线，通过外接传统压力传感器改变连接反射器的阻抗特性，从而引起反射波信号的幅度以及相位变化来实现对压力的检测。其基本原理图如图 5 所示。西门子公司等研制了这种模式的无线压力传感器，其有效压力检测范围达到了 600kPa。

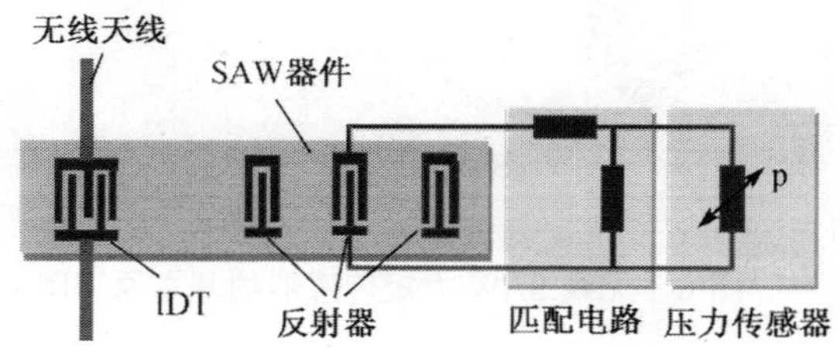

图 5 阻抗型无线 SAW 压力传感器基本结构

3.3 无线声表面波力矩传感器

如果将 SAW 器件牢固绑定在机械轴的平点(flat spot)，施加力矩于机械轴，将会引起 SAW 器件表面应力/应变分布变化，从而引起 SAW 传播特性发生改变，如果由此 SAW 器件连接无线天线即可构成无线传感器，这种变化即可转换成频率或者相位信号输出，实现对力矩的检测。由于机械轴沿不同方向旋转会导致轴上不同的应力分布区域即压缩区与拉伸区，与前文所提到的压力传感器类似，不同的应力/应变区域，其 SAW 速度的扰动幅度与极性均不同，如果采用两路正交设置的 SAW 力矩传感器(图 6)，当一路传感器处于压缩区时，另外一路传感器则位于拉伸区，这样，由于两传感器位于相同外围环境温度条件下，通过两路信号的差分可以获得最大灵敏度，同时也可以对温度实现有效补偿。ST 公司以及 Transense 公司先后开发了这种无线 SAW 力矩传感器。

相对于目前应用比较广泛的阻抗式应变尺，光学换能器以及扭力杆等传统力矩测试工具，这种无线 SAW 力矩传感器具有低损耗、高可靠性以及无线无源测量的特点。这种传感器主要用于卡车等机动车的力矩监控，有效地改善了机动车辆的制动。

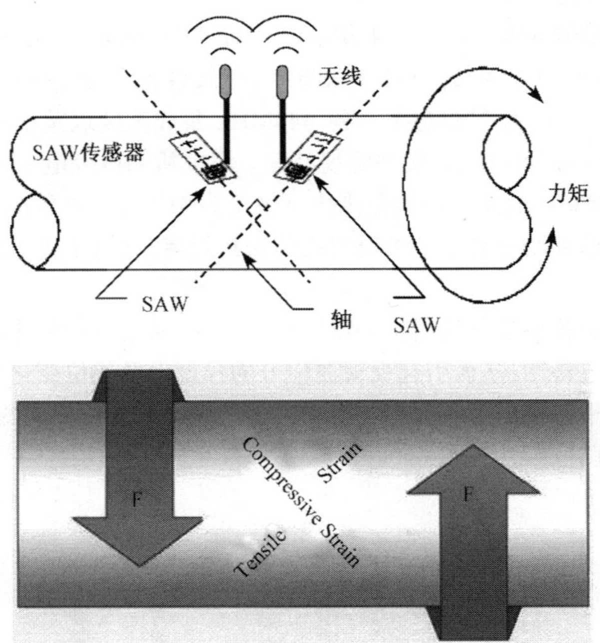

图 6　无线 SAW 力矩传感器的基本原理图

3.4　无线声表面波气体传感器

如果在 SAW 反射性延迟线表面镀上对气体具有选择性吸附特性敏感膜材料，即可实现一种无线 SAW 气体传感器，其基本原理是：敏感膜材料通过对待测气体的吸附作用，引起声波传播特性包括速度与衰减的变化，从而使得无线读取单元的反射波信号的相位或者幅度发生相应变化。这种无线气体传感器相对目前广泛应用的有源气体传感器而言具有明显的特点，即结构简单而且能实现无源无线检测，对于某些剧毒危险环境有着特别的意义。王文等[95]首先开展了此类气体传感器的试验研究，所试验研制的气体传感器如图 7 所示，结合 440MHz 平面偶极子无线天线并以网络分析仪作为读取单元，利用 440MHz 基于 41°*YX*LiNbO$_3$ 的 SAW 反射性延迟线作为传感元，覆盖 TeflonAF2400 膜材料开展对 CO_2 的无线检测，并实现了温湿度效应的补偿，获得了良好的灵敏度(1.98°/10^{-6})。另外，基于前文 2.5 节中所提到的 Love 波模式将有效地改善气体传感器的性能，王文等[96]研制了一种基于 440MHz PMMA/41°*YX* LiNbO$_3$ 结构的 Love 波反射性延迟线作为无线传感元，开展了针对 CO_2 的无线检测，通过对这种 Love 模式的传播特性计算以及波导层膜厚对传感器灵敏度的影响分析获得波导层的优化膜厚参数，以此波导结构的气体传感器获得了相对于 SAW 模式更高的灵敏度(7°/10^{-6})。此工作为进一步开展基于 Love 波模式的气体传感器研究提供了一个良好的起点。

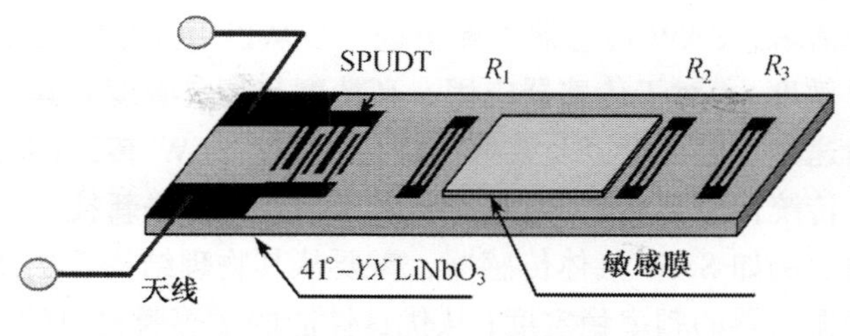

图 7 无线 SAW 气体传感器的基本结构

3.5 无线声表面波传感器的其他应用

除上述主要应用以外，也有很多报道关于无线 SAW 传感器还在湿度、加速计、摩擦力检测、应力/应变、电流、磁场以及土壤水分含量等方面的应用与试验研究。如 Hollinger[97]报道了一种基于多孔状 SiO_2 敏感膜结合反射性延迟线，并通过感性耦合一种微带天线实现了一种无线 SAW 湿度传感器，其灵敏度为 1.44°/(%RH)。Pohl 等[98]研制的基于附加地震负载的 SAW 加速计，考虑到利用轮胎胎面变形可以通过评估轮胎接触地面部分的机械应变变化来检测摩擦系数，Pohl 等[99]还研制出检测轮胎与地面的摩擦系数的摩擦力传感器；另外，如果在 SAW 器件表面覆盖一层磁致伸缩层可以有效检测由电流所激发的磁场，这样即可形成另外一种无线电流传感器[100]。如果将类似于阻抗式无线 SAW 压力传感器结构，将阻抗型反射性延迟线的一反射器与一阻抗型传感器相连，如果将阻抗传感器置入土壤或者沙地中，由于其中水分的存在将改变阻抗传感器的阻抗特性，由此也就改变相连反射性延迟线反射器的阻抗，这样由此反射器的反射波信号的幅度与相位也就发生相应变化，即可完成对土壤或者沙地中水分含量的检测，形成水分含量无线 SAW 传感器[83]。

尽管无线传感器的应用非常广泛，具有的优势也非常明显，相关报道也充斥于各种刊物书籍，但是真正走向实际应用的仍然是少数，其中主要原因在于，其一：系统稳定性有待于进一步提供高，对外围环境如温湿度、振动、外加电磁场等影响因素的抵抗力不足；其二，由于技术原因无线传感距离难以进一步提高，涉及无线天线设计、SAW 器件的性能改善以及读取单元设计等多个方面。目前许多科技工作者正为此作持续不断的努力，相信在不久的将来，会有更多的无线传感器走进人们的生产生活之中。

4 声表面波传感器的发展趋势

SAW 传感器经过 30 多年的发展，显示出巨大的应用潜力与商业价值，各种性能优越、价格低廉的 SAW 传感器将会渗透到人们生产生活的方方面面。SAW 传感器的研究也是 SAW 技术从信号处理、通讯领域市场走向另外一个更大的新兴市场，为满足这一市场需求，SAW 传感器需要更进一步从以下几个方面改善其性能：

高精度高灵敏度： 对于传感器应用，高精度与高灵敏度是其基本要求。在一些应用领域如角速率、温湿度以及某些气体传感器，SAW 传感器的检测精度以及灵敏度还不能与传统传感器相比，因此需要采用一些新方法新技术，改善器件性能，提高系统稳定性。例如 SAW 气体传感器，需要从其物理结构、从器件设计、电路系统规划来改善振荡器的频率稳定度；从优良性能的敏感膜材料的选取、合成及膜的制备并结合传感器阵列与模式识别技术来提高传感器的检测精度、灵敏度与稳定性。

小型化/便携式： 传感器的应用大都不是单一的，多是与其他机械或者电子系统集成或者共同使用，这样 SAW 传感器系统必须尽可能减小体积，便携式且低功耗，满足各种机载、车载、航载等要求，这样才能相对于其他类型的传感器具有更大的竞争力；

多功能集成化/低成本： 单一功能的传感器逐渐消失于人们的视野，主要是使用单一功能传感器成本高，系统合成困难且稳定性低。这样多功能集成 SAW 传感器就成为人们的一个兴趣热点，结构简单、系统体积小且大大降低了系统成本；如文中所提及的一种集成温度、压力以及电子标签的无线 SAW 传感器，结构简单，体积与单一功能传感器相同，这样就有效地降低了成本。将检测原理接近的传感功能进行集成这是未来 SAW 传感器的一个发展趋势

智能化与无线传感网络： 许多参量的检测条件是危险剧毒环境，有的测试对象本身就是变化的，这样有源传感器难以满足这一检测需求，而无线传感网络则由于其无源多面特点即可解决这一问题。另外，智能化是当今信息化时代的一个显著特征，结合自动控制等实现传感器的智能化也是 SAW 传感器的一个重要发展方向。

5　总结

SAW 传感器以其良好的检测性能获得了广泛应用。本文对近几十年来 SAW 传感器的发展与应用作了回顾。从其物理结构出发，介绍了有源与无线无线 SAW 传感器在物理(温度、压力、湿度、角速率等)、化学(生物、气体检测)等方面的基本原理与研究应用。特别是着重介绍了有源 SAW 气体传感器以及一些无源无线 SAW 传感器的应用。另外，本文还对未来 SAW 传感器的发展趋势作了展望，低成本、小型化、多功能集成以及智能化与无线传感网络等是未来 SAW 传感器的主要发展趋势。

参 考 文 献

[1] Rayleigh L. On waves propagating along the plane surface of an elastic solid. Pro. London

Math. Soc., 1985, 7: 4-11.

[2] White R M, Voltmer F W. Direct piezoelectric coupling to surface elastic waves. Appl. Phys. Lett., 1965, 17: 314-316.

[3] Wohltjen H. Surface acoustic wave microsensors. Proc. 4th Inter. Solid-State Senors & Actuators Conf.,1987: 471-477.

[4] Wold C, et al. Temperature measurement using surface skimming bulk waves. Proc. Ultras. Symp., 1999, 1: 441-444.

[5] Cullen D E, Reeder T M. Measurement of SAW velocity versus strain for YX and ST quartz. Proc. Ultras. Symp., 1975: 519-522.

[6] Cullen D E, Montress G K. Progress in the development of SAW resonator pressure transducers. Proc. Ultras. Symp., 1980, 2: 696-701.

[7] Talbi A, et al. Surface acoustic wave pressure sensor. Ferroelectrics,2002, 273: 53-58.

[8] Das P, et al. A pressure sensing acoustic surface wave resonator. Proc. Ultras. Symp., 1976: 306-308.

[9] Vlassov Y N, et al. Precision SAW pressure sensors. IEEE Int. Freq. Contr. Symp.,1993: 665-669.

[10] Jiang Q, et al. Analysis of surface acoustic wave pressure sensors. Sensors & Actuators A, 2005, 118: 1-5.

[11] Jungwirth M, Scherr H, Weigel R. Micromechanical precision pressure sensor incorporating SAW delay lines. Acta. Mechanica, 2002, 158: 227-252.

[12] Chai J F, et al. Propagation of surface acoustic waves in a prestressed piezoelectric material. J. Acoust. Soc. Amer., 1996, 100(4): 2112-2122.

[13] Wang W, et al. Pressure sensitivity analysis of passive SAW pressure sensor on 41-YX $LiNbO_3$ integrated with temperature and ID tag. Proc. The 14th Inter. Conf. Solid-State Sensors, Actuators & Microsystems, Lyon, France, 2007: 1935-1938.

[14] Galipeau D W, et al. A study of condensation and dew point using a SAW sensor. Sensors & Actuators, B, 1995, 24-25: 696-700.

[15] Hoummady M, et al. Surface acoustic wave dew point sensor: application to dew point hygrometry. Sensors & Actuators, B, 1995, 26-27: 315-317.

[16] Vetelino K, et al. Improved dew point measurements based on a SAW sensor, Sensors & Actuators. B, 1996, 35-36: 91-98.

[17] Cheeke J, et al. Surface acoustic wave humidity sensor based on the changes in the viscoelastic properties of a polymer film. Proc. IEEE Ultras. Symp., 1996, 1: 449-452.

[18] Radeva E, et al. Humidity sensing properties of plasma polymer coated surface transverse wave sensor. Proc. IEEE Ultras. Symp., 1998, 1: 509-512.

[19] Kurosawa M, et al. Surface acoustic wave gyro sensor. Sensors & Actuators A, 1998, 66: 615-620.

[20] Jose K A, et al. Surface acoustic wave MEMS gyroscope. Wave Motion, 2002, 36: 367-381.

[21] Varadan V K, et al. Design and development of a MEMS-IDT gyroscope. Smart Mater. & Struct., 2000, 9: 898-905.

[22] Woods C, et al. Evaluation of a novel surface acoustic wave gyroscope. IEEE Trans. UFFC, 2002, 49: 136-141.

[23] Lao B Y. Gyroscopic effect in surface acoustic wave. IEEE Ultras. Symp., 1980: 687-691.

[24] Lee S W, et al. A micro rate gyroscope based on the SAW gyroscopic effect. J. Micromech. Microeng., 2007, 17: 2272-2279.

[25] Ballantine R D S, et al. Acoustic wave sensors. San Diego: Academic, 1997.

[26] Wohltijon H, Ressy R. Surface acoustic wave probe for chemical analysis: part I— instruction and instrument description. Anal. Chem., 1979, 51: 1458-1464.

[27] Mauder A. SAW gas sensors: comparison between delayline and two port resonator. Sensors & Actuators B, 1995, 26-27: 187-190.

[28] Rapp M, Reibd J, et al. Influence of phase position on the chemical response of oscillator driven polymer coated SAW resonators. IEEE Trans. UFFC, 1998, 45: 621-627.

[29] Hartmann C S, Write P V. An analysis of SAW interdigital transducer with internal reflections and the application to the design of single-phase unidirectional transducers. IEEE Ultras. Symp. Proc, 1982: 40-45.

[30] 何世堂, 许钊庚, 汪承灏. SAW 低损耗滤波器研究进展. 声学技术, 1999, 18: 5-8.

[31] Schickfus M V, Stanzel R, Kanmereck T. Improving the SAW gas sensor device, electronics and sensor layer. Sensors & Actuators, B, 1994, 18-19: 443-447.

[32] Hoyt A E, Ricco A J, Barthdomew J W. SAW sensors for the roon-temperature measurement of CO_2 and relative humidity. Anal. Chem., 1998, 70: 2137-2145.

[33] Schmit R F, Allen J W, Wright R. Rapid design of SAW oscillator electronics for sensor applications. Sensors & Actuators, B, 2001, 76: 80-85.

[34] Sternhagen J D, et al. A Novel integrated acoustic gas and temperature sensor. IEEE Sensors J., 2002, 2: 301-306.

[35] Wang W, He S T, Pang Y. High frequency stability oscillator for surface acoustic wave-based gas sensor. Smart Mater. & Struct., 2006, 15: 1525-1530.

[36] Wang W, He S T, et al. Enhanced sensitivity of SAW gas sensor coated molecularly imprinted polymer incorporating high frequency stability oscillator. Sensors & Actuators B, 2007, 125: 422-427.

[37] Wang W, He S T, Pang Y. Enhanced sensitivity of SAW gas sensor based on high frequency stability oscillator. Proc. IEEE Sensors Conf., Korea, 2006: 675-678.

[38] 王文, 何世堂. 应用于 SAW 气体传感器的 SAW 振荡器的频率稳定性分析. 传感技术学报, 2005, 18(2): 421-425.

[39] Ricco A J, Martin S J, Zipperian T E. Surface acoustic wave gas sensor based on film conductivity changes. Sensors & Actuators, 1985, 8: 319-333.

[40] Khlebarov Z P, Stoyanova A I, Topalova D I. Surface acoustic wave gas sensor. Sensors & Actuators B, 1992, 8: 33-40.

[41] Wohltjen H. Mechanism of operation and design considerations for surface acoustic wave device vapor sensors. Sensors & Actuators, 1984, 5: 307-325.

[42] Auld B A. Acoustic wave in solid. Krieger Pub. Malabar, 1990.

[43] Martin S J, Frye G C, Senturla S D. Dynamics and response of polymer—coated surface acoustic wave driven: effect of viscoelastic properties and film response. Anal Chem., 1994, 66: 2201-2219.

[44] Frye G C, Martin S J. Velocity and attenuation effects in acoustic wave chemical sensors. IEEE

Ultras. Symp. Proc., 1993: 379-383.

[45] Wang W, He S T. Analysis of viscoelastic effects of polymer coatings on surface acoustic wave gas sensor based on gold film. Chin. J. Chem. Phys., 2006, 19(1): 47-53.

[46] Bryant A, Lee D L, Vetelino J F. A surface acoustic wave gas detector. IEEE Ultras. Symp. Proc., 1981: 171-174.

[47] D'Amico A, Palma A, Verona E. A surface acoustic eave interaction for hydrogen detection. Appl. Phys. Lett., 1982, 46: 300-302.

[48] D'Amico A, Palma A, Verona E. Surface acoustic wave hydrogen sensor. Sensors & Actuators, 1982, 3: 31-39.

[49] D'Amico A, Palma A, Verona E. Hydrogen sensor using a palladium coated surface acoustic wave delay line. Proc. IEEE Ultras. Symp., 1992, 308-311.

[50] Bryart A, Poirier M, Riley G. Gas detection using surface acoustic wave delay line. Sensor & Actuators, 1983, 4: 105-111.

[51] Barendesz A W, Nieuwenhniezen V J C. A saw-chemosensor for NO_2 gas concentration measurement. Proc. IEEE Ultras. Symp., 1985, 586-590.

[52] Ricco A J, Martin S J, Zipperian T E. Surface acoustic wave gas sensor based on film conductivity changes. Sensors & Actuators, 1985, 8: 319-333.

[53] Vetelino J F, Lade R K. Hydrogen SAW gas detector. Proc. IEEE Ultras. Symp., 1986: 549-554.

[54] Vetelino J F, Lade R K. Hydrogen SAW gas detector. IEEE Trans. UFFC, 1986, 33: 154-161.

[55] D'Amico A, Petri A, Verardi P. SAW gas detector. IEEE Ultras. Symp. Proc, 1987: 633-636.

[56] Venema A, Nibeuwkoop G. NO_2 gas concentration measurement with a SAW Chemosensor. IEEE Trans. UFFC, 1987, 34: 148-155.

[57] Wohltjen H, Snow A W, Barger W R. Trace chemical vapor detection using SAW delay line oscillator. IEEE Trans, UFFC, 1987, 34: 172-178.

[58] D'Amico A, Verardi P. SAW H_2 sensor on Si substrate. Proc. IEEE Ultras. Symp. Proc,1988: 569-574.

[59] Nieuwenhuizen M S, et al. Preliminary results with a silicon–based surface acoustic wave chemical sensor for NO_2. Sensors & Actuators, 1989, 19: 385-392.

[60] Rrapp M, Stanzel R, Schickfas M V. Gas detection in the ppb-range with a high frequency high sensitivity surface acoustic wave devices. Thin Solid Films, 1992, 210/211: 474-476.

[61] Rebiere D, et al. Surface acoustic wave (SAW) NO_2 sensors: theoretical studies, measurements and design. IEEE Ultras. Symp., 1991: 351-354.

[62] Schickfus M V, et al. Improving the SAW gas sensor: device, electronics and sensor layer. Sensors & Actuators B, 1994, 18-19: 443-447.

[63] Lee Y J, et al. Development of SAW gas sensor for monitoring SOx gas. Proc. IEEE Ultras. Symp., 1995: 473-476.

[64] Galipeau J D, et al. Theory, design and operation of a surface acoustic wave hydrogen sulfide microsensor. Sensors & Actuators B, 1995, 24-25: 49-53.

[65] Caron J J, et al. A surface acoustic wave mercury vapor sensor. IEEE Trans. UFFC, 1998, 45: 1393-1398.

[66] Lee Y J, et al. Development of a saw gas sensor for monitoring SO_2 gas. Sensors & Actuators A,

1998, 64: 173-178.
[67] Penza M, et al. Gas sensing properties of Langmuir-Blodgett polypyrrole film investigated by surface acoustic waves. IEEE Trans. UFFC, 1998, 45: 1125-1132.
[68] Hoyt. A E. SAW sensors for the room-temperature measurement of CO_2 and relative humidity. Anal. Chem., 1998, 70: 2137-2145.
[69] Shen C Y, et al. Gas-detecting properties of surface acoustic wave ammonia sensors. Sensors & Actuators B, 2004, 101: 1-7.
[70] Ippolito S J, et al. Highly sensitive layered ZnO/$LiNbO_3$ SAW device with InO_x selective layer for NO_2 and H_2 gas sensing. Sensors& Actuators B, 2005, 111-112: 207-212.
[71] 潘勇. SAW 技术在检测有机膦毒剂中的应用研究. 防化研究院博士学位论文, 2004.
[72] Wohltjen H, Ressy R. Surface wave probe for chemical analysis: part Ⅱ — gas chromatography detector. Anal Chem., 1979, 51: 1465-1470.
[73] Thompson M, et al. Surface acoustic wave detector for screening molecular recognition by gas chromatography. Anal. Chem., 1990, 62: 1895-1899.
[74] Watson G, et al. Gas chromatography utilizing SAW sensors. Proc. IEEE Ultras. Sym., 1991, 1: 305-309.
[75] Watson G, et al. Portable detection system for illicit materials based on SAW resonators. Proc. IEEE Ultras. Sym., 1992, 1: 269-273.
[76] Watson G, et al. Performance evaluation of a surface acoustic wave analyzer to measure vocs in air and water. Envir. Prog., 2003, 22: 215-226.
[77] Zimmermann C, Rediere D. A love-wave gas sensor coated with functionalized polysiloxane for sensing organophosphorus compounds. Sensors & Actuators, B, 2001, 76: 86-94.
[78] Jakoby B, Ismail G M, Byfield M P. A novel molecularly imprinted thin film applied to a love wave gas sensor. Sensors & Actuators, A, 1999, 76: 93-97.
[79] Zimmermann C, et al. Love-waves to improve chemical sensors sensitivity: theoretical and experimental comparison of acoustic modes. IEEE Int. Freq. Contr. Symp., 2002: 281-288.
[80] Gizeli E, et al. Antibody binding to a functionalized supported lipid layer: a direct acoustic immunosensor. Anal. Chem., 1997, 69: 4808-4813.
[81] Gizeli E, et al. Sensitivity of the acoustic waveguide biosensor to protein binding as a function of the waveguide properties. Biosensors & Bioelectronics, 2003, 18: 1399-1406.
[82] Branch D W, et al. Low-level detection of a bacillus anthracis stimulant using love-wave biosensors on 36° YX $LiTaO_3$. Biosensors and Bioelectronics, 2004 19: 849-859.
[83] Reindl L, et al. Passive radio requestable SAW water content sensor. Proc. IEEE Ultras. Symp., 1999: 461-466.
[84] Reindl L M. Wireless measurement of temperature using surface acoustic wave sensors. IEEE Trans. UFFC, 2004, 51: 1457-1463.
[85] Schuster S, et al. Performance evaluation of algorithms for SAW-based temperature measurement. IEEE Trans. UFFC, 2006, 53: 1177-1185.
[86] Hauser R, et al. A wireless SAW-based temperature sensor for harsh environment. IEEE Sensors, 2004: 860-863.
[87] Varadan V K, et al. Design and development of a smart wireless system for passive temperature sensors. Smart Mater. & Struct., 2000, 9: 379-388.

[88] Lohr R, Vickery P. SAW based TPMS, the next revolution for Tires. Tire Technology EXPO 2005, Germany, 2005.

[89] Scherr H, et al. Quartz pressure sensor based on SAW reflective delay line. Proc. IEEE Ultras. Symp., 1996: 347-350.

[90] Schimetta G, et al. A wireless pressure measurement system using a SAW hybrid system. IEEE Trans. Microwave Theory Tech., 2000, 48: 2730-2735.

[91] Wang W, Lee K K. Optimized design on SAW pressure sensor based on equivalent circuit model. Sensor & Material, 2006, 18: 301-312.

[92] Wang W, Lee K K. Optimal design on SAW sensor for wireless pressure measurement based on Reflective Delay Line. Sensors & Actuators A, 2007, 139: 2-6.

[93] Lee K K, Wang W. Long range wireless characterization of 2.4GHz SAW-based pressure sensor using network analyzer. Electronics Lett., 2006, 42: 889-891.

[94] Lee K K, Wang W. Development of a 440MHz wireless SAW microsensor integrated with pressure-temperature sensors and ID tag. J. Micromech. & Microeng., 2007, 17: 515-523.

[95] Wang W, Lee K K, et al. A novel wireless, passive CO_2 sensor incorporating SAW reflective delay line. Smart Mater. & Struct., 2007, 16: 1382-1389.

[96] Wang W, Lee K K, et al. Wireless love-wave chemical sensor on 41° YX $LiNbO_3$. Electronics Lett., 2007, 43: 1239-1241.

[97] Hollinger R D, et al. Wireless surface acoustic wave-based humidity sensor. SPIE, 1999, 3876: 54-62.

[98] Pohl A, et al. Measurement of vibration and acceleration utilizing SAW sensors. Sensors's 1999, 1999, 2: 53-58.

[99] Pohl A, et al. The "intelligent tire" utilizing passive sensors–measurement of tire friction. IEEE Trans. Instr. & Meas., 1999, 48: 1041-1046.

[100] Robbins W, Hietala A. A simple phenomenological model of tunable SAW devices using magnetostrictive thin films. IEEE Trans. UFFC, 1988, 35: 718-722.

声表面波滤波器技术的发展状况

吴 江，曹 亮

(中国电子科技集团公司第二十六研究所，重庆 400060)

1 引言

声表面波(SAW)是一种沿物体表面传播的弹性波。SAW 技术是 20 世纪 60 年代末期才发展起来的一门新兴科学技术，它是超声学和电子学相结合的一门学科。由于可以用制造半导体的光刻技术大批量生产质量很好的 SAW 芯片，各种 SAW 器件很快推出并投入实际应用。用 SAW 去模拟电子学的各种功能，可使 SAW 器件实现小型化和多功能，从而在雷达、通信、导航、识别和电子战等领域获得了广泛的应用。

SAW 滤波器以极陡的过渡带使 CATV 的邻频传输得以实现，与隔频传输相比，频谱利用率提高了一倍。电视接收机如果不采用 SAW 滤波器，不可能工作得这么稳定可靠。在 20 世纪 70 年代中期，SAW 滤波器成功应用于电视机中频处理，掀起了 SAW 器件的第一次应用高潮，至今每台电视机均有 SAW 滤波器。进入 80 年代末之后，由于电子信息特别是通信产业的高速发展，为 SAW 滤波器提供了一个广阔的市场空间，致使其产量和需求呈直线上升趋势。移动通信系统的发射端(TX)和接收端(RX)必须经过滤波器滤波后才能发挥作用，由于其工作频段一般在 800M~2GHz、带宽为 17~30MHz，故要求滤波器具有低插损、高阻带抑制和高镜像衰减、承受功率大、低成本、小型化等特点。由于在工作频段、体积和性能价格比等方面的优势，SAW 滤波器在移动通信系统的应用中独占鳌头，这是压电陶瓷滤波器和单片晶体滤波器所望尘莫及的。20 世纪 90 年代以来，掀起了 SAW 器件的第二次应用高潮，目前每个手机上包含有 2~6 个 SAW 滤波器，世界移动通信用小型 RF SAW 滤波器每年需求约 4.3 亿只。

随着 Internet 的迅猛发展，全球上网的用户愈来愈多，但目前通过电话上网的最大缺点是带宽太窄(几十 kHz)，下载速度极慢，而 CATV 的网络频率资源丰富，不少商家因而均在开发基于 CATV 网的宽带多媒体数据广播系统(如 VOD 等)，通过 CATV 上网可使信息传输速度提高几十倍以上，在这些系统中都要用到高性能的 SAW 滤波器来解决邻频抑制问题。另外，在汽车电子市场、无线 LAN 及数字电视的传输系统中，也需要大量的中频 SAW 滤波器。可见，SAW 滤波器的市场前景十分可观。

除了 SAW 滤波器以外通常还可使用介质滤波器、LC 滤波器等；近年来，利用体声波(bulk acousitic wave, BAW) 的滤波器也已实现商业化了。表 1 所示为滤波器的种类和特征。SAW 滤波器在 1~3GHz 频段与它们存在竞争，但 SAW 滤波器最大的优势是具有陡峭的频率选择性。而且，在对电极进行设计时，可以方便实现平衡或不平衡的转换设计。近年来，在原有基础之上，通过各种研究使 SAW 滤波器在小型化、高频宽带化、集成化、耐高功率等方面取得了很大进展，价格进一步降低。现在，在发送、接收用滤波器基本实现了全部使用 SAW 滤波器。

表 1　滤波器的种类和特征

滤波器的种类	使用的频带	特征
介质滤波器	300M~30GHz	高稳定性；低损耗；耐高功率
LC 滤波器	300M~30GHz	低价格；低损耗
SAW 滤波器	10M~3GHz	高稳定性；小型；高选择度；平衡或不平衡输入输出
BAW 滤波器	1.5G~5GHz	高稳定性；小型；生产成本高；耐高功率

在生产 SAW 滤波器的厂商中，市场份额在前 3 位的是 EPCOS、村田制作所、富士通 Media Device。EPCOS 公司 2005 年的 SAW 器件的销售额为 3.7 亿欧元，2006 年销售额为 4.09 亿欧元，同比增长 11%。EPCOS 的生产规模很大，既有中频 SAW 滤波器的生产，也有射频(RF)滤波器的生产，同时研发水平居世界领先水平。与其竞争对手相比，EPCOS 的突出优势还在于其半导体工业，它将 SAW 和 BAW 的制造结合起来，于 2007 年 2 月完成了应用在 W-CDMA Band 上的 BAW–SAW 组合双工器。

中国估计大约有 40 家 SAW 滤波器的大批量供应商。CETC 德清华莹电子有限公司、南京电子研究所、CETC 26 所、Shoulder 电子有限公司等是生产规模比较大的单位。但国内的 SAW 元件生产量只占到全球共计 SAW 元件供应量的 1%~3% ，而且大部分是低价位的产品，在手机 RF 滤波器方面还无法与国外厂家竞争。在研发设计能力方面，CETC 26 所居于国内领先水平。

2　声表面波滤波器的发展状况

2.1　小型片式化发展

SAW 滤波器的小型片式化，是移动通信和其他便携式产品提出的基本要求。随着功能集成度的增加和体积的减小的需求，推动了 RF SAW 滤波器的改进。为缩小 SAW 滤波器的体积，通常采取三方面的措施：一是优化设计器件用芯片，设法使其做得更小；二是改进器件的封装形式，现在已经由传统的圆形金属壳封装改为方形或长方形扁平金属封装或 LCCC(无引线陶瓷芯片载体)表面贴装的形式；三是将不同功能的 SAW 滤波器封装在一起，构成组合型器件以减小占用 PCB 的面积，如应用于 1.9GHz PCS 终端 60MHz 带宽的双频段 SAW 滤波器以及近来富士通公司开发的双制式(可支持模拟和数字两种模式)便携式手机用 SAW 滤波器，均装有两个滤波器。

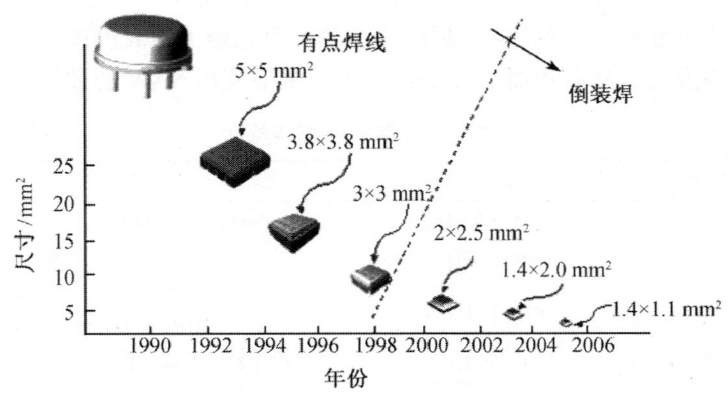

图 1　SAW 滤波器外壳改进过程

SAW 器件封装技术的不断改进，使得 SAW 滤波器的体积越来越小。20 世纪 90 年代前广泛采用有引脚的金属外壳封装 SAW 器件。为了降低成本，后来大量用塑封外壳封装电视机用 SAW 滤波器。这两种外壳都存在一个缺点，就是需要在 PCB 板上下面作引脚孔。为了满足元器件自动贴片要求，无引脚的陶瓷表贴(SMD)外壳得到了大量使用，同时体积也大为减小。先前的 SMD 器件需要点焊线，后来出现了倒装焊(flipchip)技术，不需要有点焊线，因此为进一步实现 CSP(芯片尺寸封装)打下了基础。由这类小型化的技术，已经将尺寸为 $1.35\times1.05\text{mm}^2$ 的 SAW 滤波器实现了商业化。在一个外壳中装载数个滤波器的复合产品也已实现了小型化，现在，尺寸为 $2.0\times1.6\text{mm}^2$ SAW 双工器也已实现了商业化。

然而，韩国三星采用的另外一种片式封装技术(wafer-level-packaged, WLP)能得到更小尺寸的滤波器。它采用芯片内联技术和片–片间黏合技术取得了超小型 SAW RF 滤波器，其尺寸为 $1.0\times0.8\times0.25\text{mm}^3$。该方式封装的滤波器性能与通常的倒装焊封装滤波器相同，密封测试表明它适合用于移动电话。在生产成本、体积及进一步集成方面该片式封装技术具有更大优势。

2.2　高频、宽带化

为适应电子整机高频、宽带化的要求，SAW 滤波器也必须提高工作频率和拓展带宽。研究表明，当压电基材选定之后，SAW 滤波器的工作频率则由 IDT 电极条宽度所决定，IDT 电极条愈窄，频率愈高。采用半导体 0.2~0.35μm 级的精细加工工艺，可制作出 2~3GHz 的 SAW 滤波器。

提高工作频率的手段主要从两方面考虑：1. 提高细线条加工的设备能力；2. 利用声表面波传播速度更高的压电材料。曝光设备和光刻技术是制作高频 SAW 滤波器的关键设备。目前实验室可以制作 0.1μm 的线条，SAW 滤波器的频率可以达到 10GHz。

腐蚀方法是制作 GHz 滤波器的又一关键技术。干法刻蚀法，尤其是反应离子刻蚀(RIE)，是非常适合于 RF SAW 器件的，用 BCl_3 气体，能干净的蚀刻 Al 或掺杂的 Al 膜，不会出现过腐蚀或腐蚀不完全情况。

利用传播更快的声表面波波动模式或传播速度更高的压电材料是提高滤波器工作频率的另一个手段。最近在四硼酸锂中，发现了纵向漏波(LLSAW)，也就是说，其质点运动在表面几乎与波矢量平行。由于与体波纵波强烈相关，它的速率非常快，被称为 PSAW 或 HVPSAW。切型是$-43°Y$-$X+90°$，速率为 V_f=7000m/s，$\Delta V/V$=0.7%。在 YZ-LN 基片上，当 Al 膜厚度 h/λ 达到 7.8%时，也会出现纵漏波，速率为 V_f=6100m/s。这么快的速度对制作高频器件非常有吸引力。图 2 是利用 YZ-LN 基片上纵向漏波设计的中心频率为 5.25 GHz、−6.2 dB 带宽为 343 MHz、损耗为−3.23 dB 的射频滤波器。

压电薄膜用于 SAW 器件已经有很长的历史了，这使得非压电基片也得到了应用。为了方便分析，可对每层介质进行波的求解，再利用边界条件转换，得到 SAW 和漏波的解。玻璃上加氧化锌膜(ZnO)膜制成的器件已经用于 TV IF 滤波器。最近技术进步，采用了速度更快的蓝宝石基片，使蓝宝石加氧化锌用于高频器件，1.5GHz IIDT 滤波器插损仅为 1.3dB。同样在蓝宝石基片上还采用了氮化铝薄膜。另一个高速非压电基片是金刚石，SAW 速率可达 11000m/s，它可以在硅基片上生长，这对于 SAW 滤波器和 IC 集成非常有利。加上 ZnO 薄膜后，SAW 速率会有所降低。但根据厚度，在速率和 $\Delta V/V$ 之间应该有个折中考虑，一般地讲，V_f值在 7000~10000m/s，$\Delta V/V$ 值在 1~2%。加上 SiO_2 薄膜后 TCD 可降到零。图 3 是采用 SiO2/ZnO/金刚石基片制作的 5GHZ 和 10GHZ SAW 滤波器频响。图 3(a)是用干法刻蚀制作 0.5μm 线宽得到的一个时钟恢复滤波器，实际中心频率为 4.978GHz、Q 值 650、损耗 13dB。与采用一般的水晶基片相比，其制作容限增加，同时器件的功率承受能力提高。图 3(b)是采用 5 次谐波制作的 10GHz 滤波器，其线宽为 0.8μm。

随着通讯系统的发展，拓展 SAW 滤波器的带宽是必要的。为此，通常从优化设计 IDT 的电极结构入手。比如将 IDT 按串联和并联形式连接成梯形结构，采用 0.4μm 以下的精细加工技术，就可制作出用于无线局域网(LAN)的 2.5GHz 梯形结构谐振式 SAW 滤波器，带宽达 100MHz；在多模式滤波器中，采用纵向连接的滤波器带宽要比横向耦合型滤波器大一些，因此被广泛用于蜂窝电话和寻呼机的 RF 滤波，而后者具有陡峭的窄带特性，可用于个人数字蜂窝(PDC)和模拟电话的中频(IF)滤波。

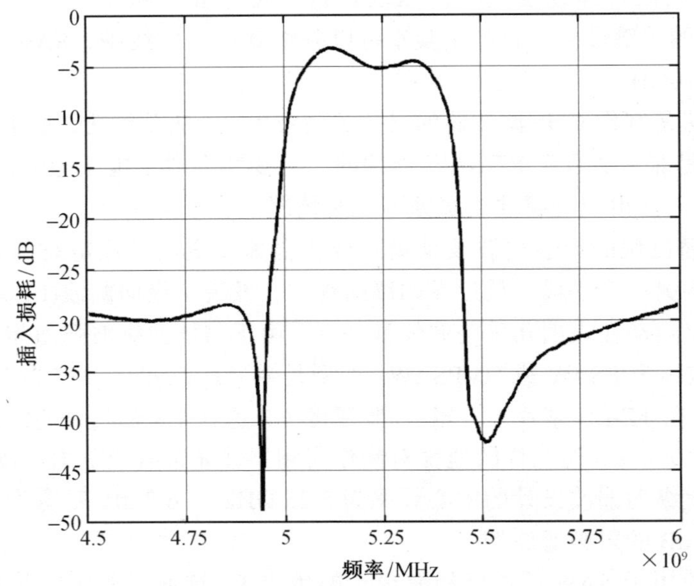

图 2　5.25GHz 射频 SAW 滤波器频率响应

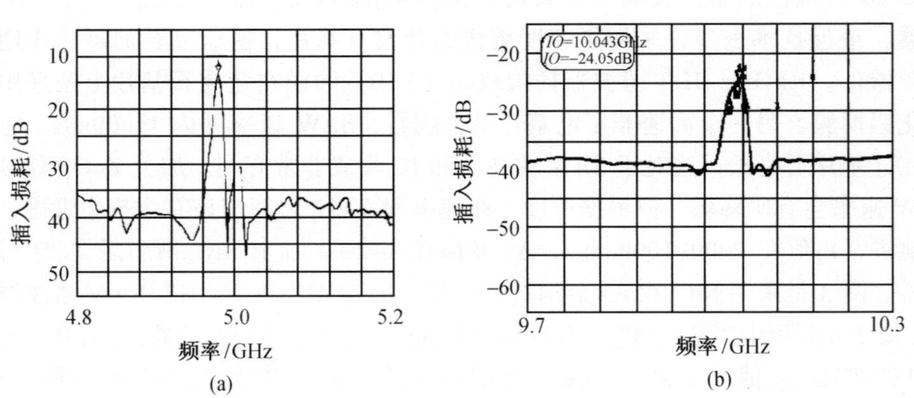

图 3　采用 SiO_2/ZnO/金刚石基片制作的 RF 滤波器频响

有希望得到的最宽带宽 Ladder 结构 RF 滤波器是日本千叶大学 Hashimoto 小组研究的超宽带 RF 低损耗滤波器。采用 15°*YX*$LiNbO_3$ 基片 Cu-grating 电极设计了一个由 4 极阻抗元构成的梯形滤波器，15°*YX*$LiNbO_3$ 基片具有大的 SH-波机电耦合系数。但不幸的是该切型激励的横波模式也很强。为了抑制横波模式产生的假响应，采用了孔径方向的假指加权(图 4)，另外在芯片表面涂覆一层黏性膜吸收掉表面 Rayleigh SAW 产生的假响应。得到了中心频率 1 GHz 、−3dB 相对带宽 19%，损耗 0.6 dB 的宽带低损耗滤波器。图 5(a)、(b)分别是采用和没采用孔径方向假指加权得到的频响比较。

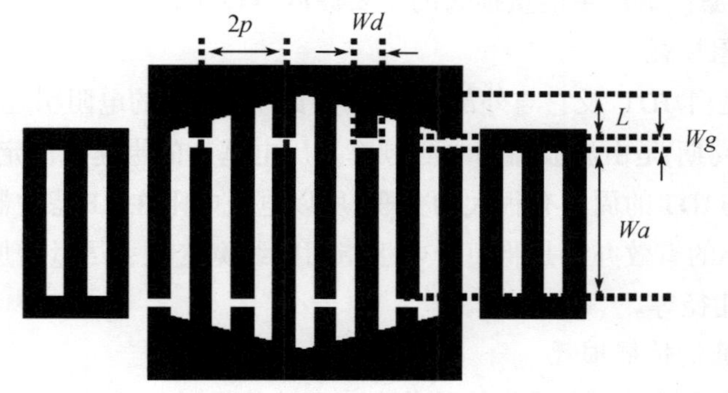

图 4　孔径方向的假指加权

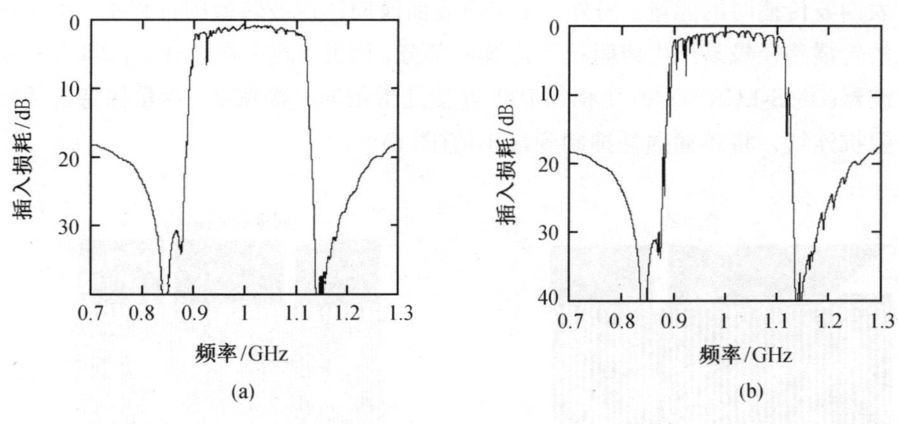

图 5　孔径方向假指加权频响的比较

(a) 采用孔径方向的假指加权频响 (b) 没有采用孔径方向的假指加权频响

2.3　降低滤波器插入损耗

早期 SAW 滤波器的最大缺陷是插入损耗大，一般在 15dB 以上，这对于要求低功耗的通信设备特别是接收前端是无法接受的。为满足现代通信系统以及其他用途的要求，人们通过开发高性能的压电材料和改进 IDT 设计，使器件的插入损耗降低到 3~4dB，最低可达 1dB。在众多压电材料研究成果中，最引人注目的是日本村田制作所发明的 ZnO/蓝宝石层状结构基片材料，利用这种基片材料，该所已制造出 1.5GHz PDC 用射频 SAW 滤波器，其插入损耗仅 1.2dB。

作为滤波器的特性，我们希望在特定的通带频率上，通过滤波器的电信号的能量损耗为 0。而事实上能量损耗为 0 是不可能达到的，但我们可以通过各种选取来实现低损耗的 SAW 滤波器。

分析 SAW 滤波器产生能量损失的主要原因有以下几种：

1. 电极电阻损耗

阻抗损耗是由 IDT 及它与外部电极相连接的汇流条的电阻引起的。由于 IDT 的指条宽度(或周期)是由滤波器的中心频率及压电基片的声速来决定的，同时 IDT 的金属膜厚度与 IDT 的周期有很大的关联，所以电极电阻在 RF 滤波器时尤为突出。将电极电阻变小的有效办法是将每个电极指间的线宽变大、尽量增加电极膜厚度、减小 IDT 的声孔径等。

2. 声表面波的传播损耗

声表面波传播损耗原意是指伴随着声表面波传播时的能量减少，这里还包含有声表面波在传播过程中转换成体声波的能量损耗。提高基片表面的加工质量可以减小声表面波传播时的能量。另外，在由声表面波向体声波转换的过程中，由于声表面波的传播路径极易产生声阻抗不连续的部分，因此，现在在设计纵向耦合双模谐振滤波器(DMS-LCRF)时改变相邻 IDT 连接处指条的电极宽度，尽量保持传播路径上声阻抗连续，将传播损耗抑制到最小值(图 6)。

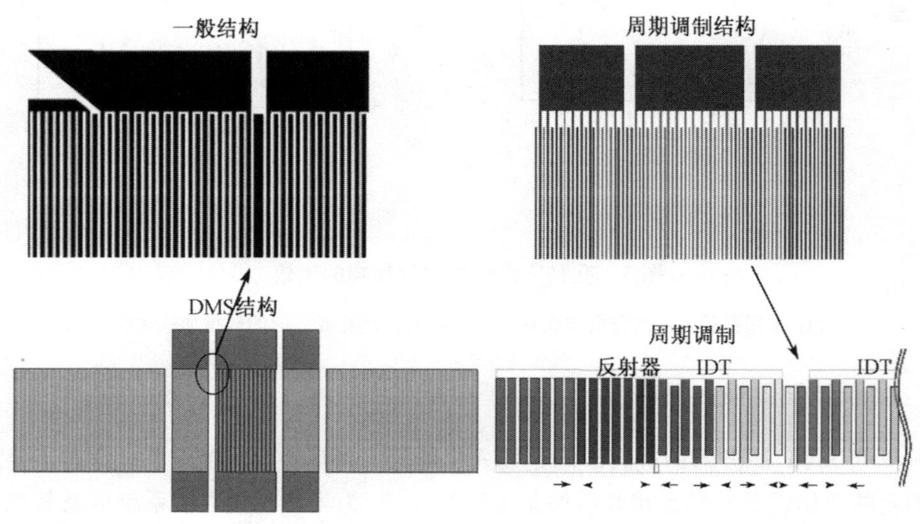

图 6　周期调制 DMS-LCRF 结构

3. 匹配失配损耗

RF低损耗SAW滤波器的输入输出端口阻抗与所使用的电路的端口阻抗如果有不匹配的情况，将引起电信号反射的能量损耗。SAW滤波器的阻抗特性大多由所使用的压电基片的机电耦合系数和IDT的静电容量来决定，能够比较容易的进行调整。但是，在通带范围的全部区域内要使阻抗特性恒定是非常困难的，所以要对压电基片的常数、IDT的结构、布线及封装等有含有的寄生元件成分进行模拟，将输入、输出的阻抗特性调整到最匹配的状态。

2.4 提高滤波器带外抑制

理想状态的滤波器是在从各种频率信号中滤出特定的频率信号，而将特定频率以外的信号完全除去。虽然SAW滤波器中IDT结构的最优化是提高带外抑制的主要手段，但在RF SAW滤波器设计时还得利用其他手段对特殊频段加以抑制。这也是SAW滤波器较其他方式的滤波器在近端抑制方面的优势。

(1) 通过SAW谐振器添加陷波器

通过SAW谐振器添加陷波器是对特定的频率进行高衰减化的方法之一。在滤波器通带附近要求高抑制时这种方法特别有效。使SAW谐振频率与通带范围一致，衰减最大时的反谐振频率与阻带一致，这样，通带内的插损不会产生恶化，就能实现高带外抑制。

(2) 有效利用电磁耦合

SAW滤波器电磁耦合是指输入电信号不经过SAW滤波器中IDT声电变换而直接到达输出端。其原因是在输入、输出电端子间由电容耦合及布线之间互相的电感产生的耦合，及输入、输出IDT的通用接地上的电感成分造成了电磁耦合。在中频滤波器中，要尽量降低这类影响，提高带外抑制。但在RF SAW滤波器中，由于外壳的减小和电感电容的杂散分布对RF的电磁耦合更大，对杂散分布的准确分析比减小电磁耦合更为重要，对电极的配置、布线、封装等进行分析并最优化设计，利用好电磁耦合也可以提高带外抑制。

2.5 耐功率性的改善

在实际应用中，RF SAW滤波器(特别是用于发射的SAW滤波器)的功率承受能力是一个重要指标。SAW滤波器的输入IDT将电信号转换成SAW在表面传播，输出IDT接收SAW再转换成电信号。因此，SAW引起IDT电极指条的位移。如果对SAW滤波器施加大的电功率，应力迁移(通过应力引起的原子移动)会引起电极破坏，出现空洞或断裂，使滤波器的功能丧失(图7)。

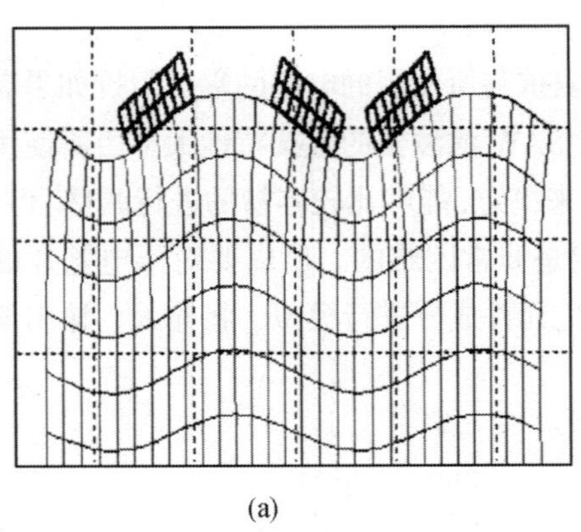

(a)

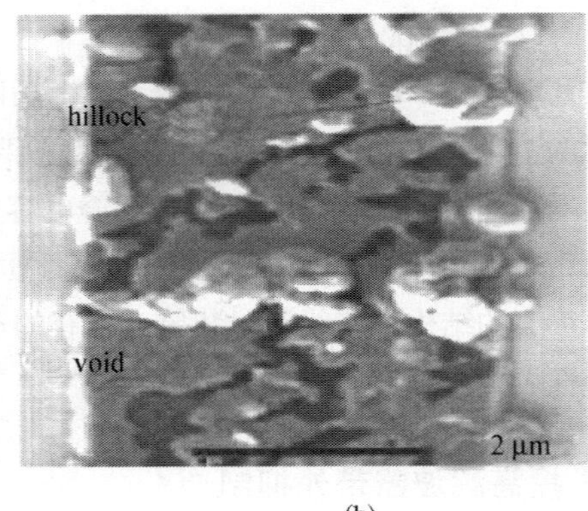

(b)

图 7　(a) IDT 电极指条的位移; (b) 大功率烧毁电极指条

为了解决这个问题,我们研究了提高电极膜的耐迁移性的方法。具体的方法是,采用比 Al 更难发生迁移的薄膜材料，如 Al/Ti、Al/Cu/Al、Al/Ti/ Al 等叠层膜。而且,在电极中添加别的材料也可有效抑制迁移，添加 Cu 或 Ti。无论采用哪种材料,所使用的材料都会引起电极阻抗的变大，因此，必须要控制叠层膜厚和添加量。

单层 Al-Cu 膜能提高 SAW 滤波器的功率承受能力，最近研究表明：Cu 被插入 Al-Cu 膜之间的三层膜结构更好。图 8 给出了这种观点。在这种结构的膜中，不同的金属被插入 Al-Cu 膜之间。如果中间层的金属是机械性强的,那么通过真空的冲击和 Al 膜的移动被这个中间层阻止了。我们试了多种金属作为中间层，发现 Cu 是最合适的。图 9 给出了承受时间和输入 RF 功率的比对。与现在使用的单层 Al-Cu 膜相比，承受时间大幅度提高。在 1W 的功率水平下，获得了足足 500000h 的承受时间。Cu 最适合作中间层的原因是，$CuAl_2$ 没有对于机械应力非常困难的高温退火。

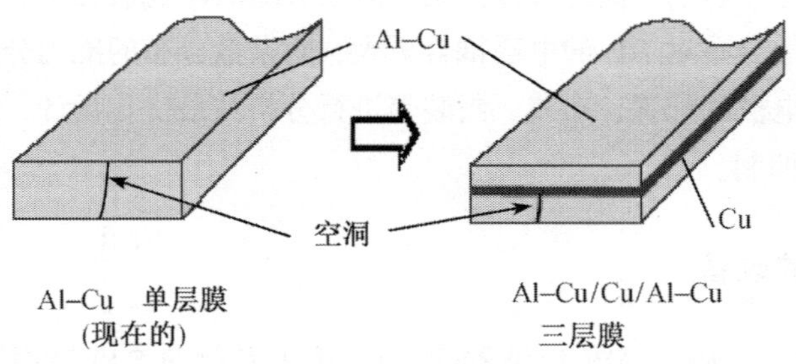

图 8　三层膜的结构

另外，SAW 滤波器的 IDT 结构也是影响功率承受能力的重要因素。RF 低损耗滤波器结构通常有交错对插换能器(IIDT)结构、纵向耦合双模谐振滤波器(LCRF)和阻抗元滤波器(IEF)。LCRF 滤波器虽然损耗小，但近端抑制和功率承受能力两项指标在 RF 前端双工系统使用还有些问题，而阻抗元(IEF)滤波器具有损耗小、近端抑制高和功率承受能力大的优点。IEF 不依靠从一个换能器传输到另一个换能器的 SAW，滤波器通带中产生的 SAW 非常小；同时其 IDT 孔径小、指条数多。因此，IEF 滤波器是所有 SAW 滤波器中承受功率最高的。

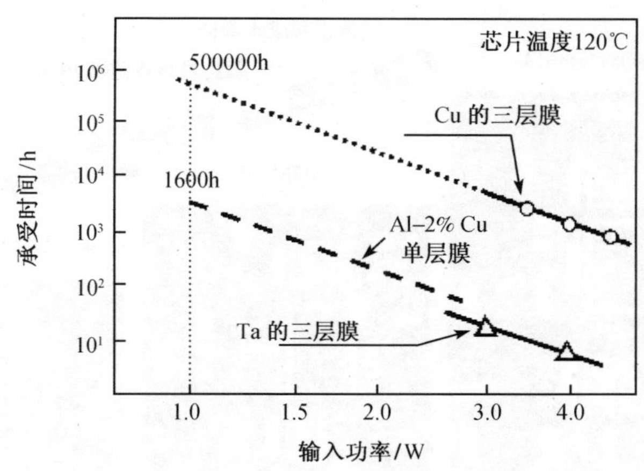

图 9　承受时间和输入 RF 功率的比对

综上所述，Ladder 结构适于低插损、宽带、高功率耐受力的要求。LCRF 结构适于低功率应用中低插损和高带外抑制要求。最近，IIDT 结构由于插损大，很少用于 RF。

2.6　对集成化的研究

蜂窝电话不断增加功能部件，手机生产商也不断提高要求前端中的 RF 集成度以保持它们产品的体积大小。RF 集成化的迅猛而持续的变革将是一个让人兴奋的领域。分立元件和功能块将被模块化所取代。这些模块在体积、成本和性能方面都将优于先前的分立元件。

集成化的最后结果可能是所有器件组成一个单一的无线射频模块。但是，这个模块中将会包含多种技术混合的多芯片组，而不是单一芯片。在这些技术中，Si、GaAs、SAW 器件将对优化器件性能起到举足轻重的作用。

SAW 滤波器封装的进一步发展就是基于低温共烧陶瓷(LTCC)技术和倒装焊技术，将 SAW 芯片与其他多芯片集成，实现多功能的模块。目前已经有包括 SAW 滤波器的射频功放模块在手机上使用。

图 10 所示为一种典型的 GSM 功放模块(外模成型前)。其体积的减小仅仅是这两年才办到。在图 10 的左图中，上边和下边的芯片模块分别是低频和高频 GaAs

三级放大器；中间较大的芯片是 CMOS 控制器。所有芯片用引线键合连接。图 10 的右图是采用了一种新的倒装焊芯片封装技术，这种技术拥有更高的集成度。这种模块中附加的芯片是无源 GaAs 输出匹配元件；注意在这种模块中大部分分立元件已经消失了。

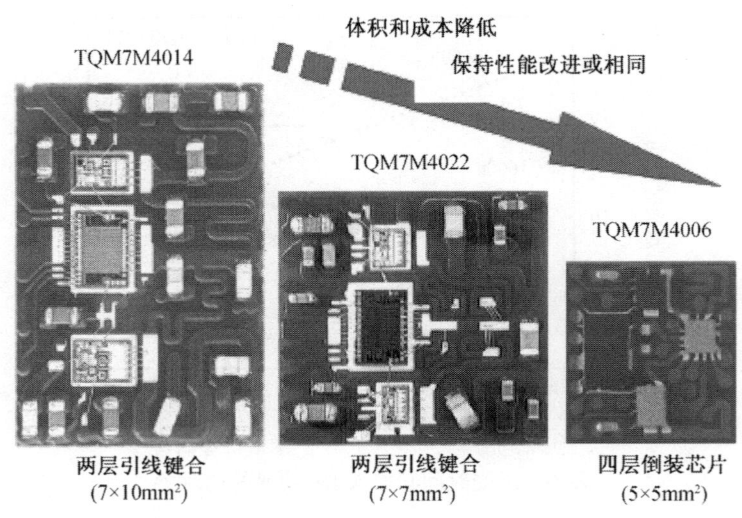

图 10　一种典型的 GSM 模块尺寸的减小

如今的手机一般具有多模式、多媒体功能，可以工作在世界上主要网络的频段中，甚至可以使用如 GPS、蓝牙，广域网等。尽管手机的功能不断增加，但是其体积和成本都在不断明显减小，当然这和集成化程度分不开；CDMA 单频段功放模块目前可以做到 $3\times3\text{mm}^2$，GSM 四波段功放模块可以做到 $5\times5\text{mm}^2$。目前的 CDMA 模块已经集成了包括 SAW 双工器及功率放大器，而在 GSM 中，天线开关和发射滤波器已经整合到功放模块中。将来的模块化发展趋势将会是多标准的，同时也是多频段的。因此对 SAW/BAW 滤波器制造厂商来说手机的滤波器市场将会出现一个由分立元件主导转变为模块化主导的局面。

手机市场的增长从未出现减缓。这种疯狂的增长率和巨大的市场潜力将会吸引更多的投资，并且将会推动降低手机中元件成本减小体积的技术改进。因此我们可以预言对射频前端的集成化的要求将会不断持续下去。在这个领域的一些比较明显的趋势是：RF 模块集成化程度会越来越高，最终的目标是一个无线射频模块。目前剩下的分立元件，滤波器等将会被纳入到这些模块中。模块将会是多波段，多种非蜂窝状电话功能标准的。

由于 3G 和 4G 标准的加入，甚至是非蜂窝电话标准的加入，如 WLAN，Bluetooth 和 WiMax。因此，RF 器件将来会变得更加复杂。

2.7 设计模型的进一步完善

SAW 器件的发展除了与工艺水平提高有关外，还与器件的分析模型和优化设计手段有很大关系。

声表面波器件看似结构简单、制作工艺也不如 IC 复杂，但要精确分析器件的性能却是一件非常复杂的事情。需要在满足一定电学边界条件和一定力学边界条件下求解压电基片上的耦合波动方程。SAW 求解问题的数学实质是特定边界条件下二阶非齐次线性偏微分方程求解。Green 函数方法是解决这类问题的一个普遍适用方法。然而精确求解 Green 是非常复杂、且计算量非常大。最具代表性的是 Milsom 等人的一维格林函数(Green's function)理论，汪承灏等人将其推广为适合任意表面源分布激发的广义格林函数理论，可以将指条的质量加载等考虑在内。为了加快运算速度达到优化设计目的，人们建立了大量的唯象模型来模拟器件的性能，如等效电路模型、COM 模型、P 矩阵模型等。模型所用的参数都必须由第一类的精确理论或实验来确定。这些参数的可信度决定了这些模型分析 SAW 器件的准确度。一维 COM 模型和 P 矩阵模型已经成熟用于一般器件设计，其计算和优化速度快，但预计的器件响应与实际还有偏差。

最近 COMDEV 公司采用简化的 Green 函数模型，并在此基础上直接优化的处理方法，可以用于 SAW 和 LSAW 器件的设计。其兼顾了计算时间和优化的准确性。

一般来说，LCR(纵向耦合谐振)滤波器的设计要求复杂的非线性优化。其优化效果依赖于优化算法的优劣和使用的模型的准确度。图 11 是 COMDEV 采用该方

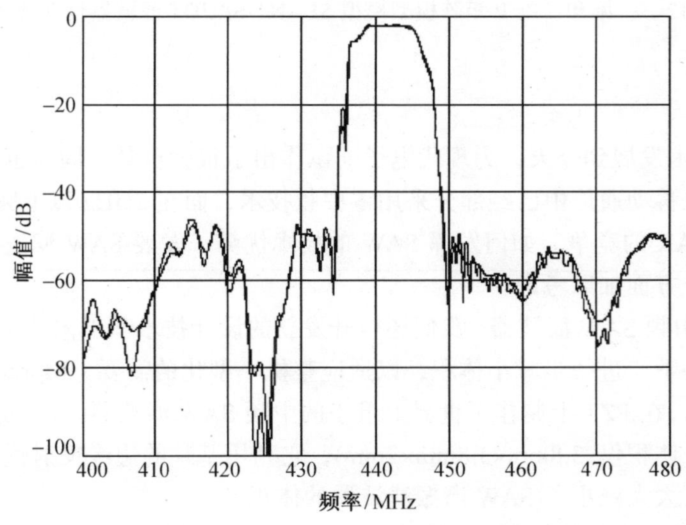

图 11 利用简化的 Green 函数模拟优化结果和实际器件测试对比

法优化的结果和实际器件测试的对比。可以看出：采用简化的 Green 函数模型模拟十分准确，而优化的结果对带外抑制改善很大，明显去掉了一般 LCR 滤波器高端过渡带的台阶。

最近二维 P 矩阵模型或二维 COM 模型的使用，在 SPUDT 中频滤波器设计中发挥了很大作用，可以预计包括二阶效应如衍射、横波模式的器件响应。图 12 是一维和二维 P 矩阵模型分析一个 SLANT-SPUDT 滤波器结果的比较，从图中可以看出二维 P 矩阵模型分析比一维 P 矩阵分析更准确。

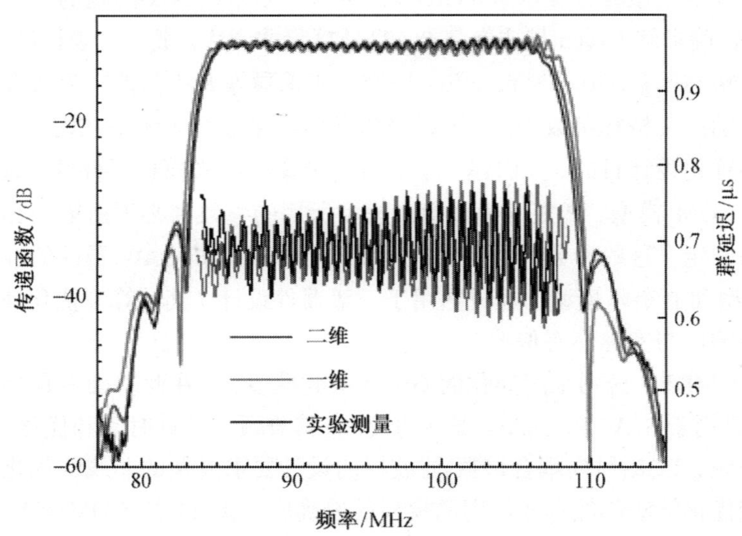

图 12　一维和二维 P 矩阵模型模拟 SLANT/SPUDT 滤波器性能比较

3　结束语

SAW 技术发展到今天，为现代电子通讯作出了很大贡献。同时也面临其他技术的竞争：在移动通信中已经部分采用零中频技术，而在 2GHz 以上频段 SAW 滤波器面临 FBAR 的竞争。如何发挥 SAW 的技术优势，发展 SAW 滤波器市场，需要在以下几个方面加以考虑：

1. 对于中频 SAW 滤波器，我们还得开发新的设计技术和工艺技术，在保持性能不变的条件下，进一步减小体积，以适应整机小型化的需要。Murata 公司开发了一种新技术，在 PZT 上制作了世界上最小的中频 SAW 滤波器(中心频率 40MHz，带宽 6MHz，体积仅 3.8mm×3.8mm×2mm)，它利用基片的边缘反射代替通常的金属条反射器，大大减小了 SAW 谐振滤波器的体积。

2. 对于指标要求高的系统还得依赖 SAW 中频滤波器，因此需要继续提高中频 SAW 滤波器的性能指标，在设计中更加完善各种二阶效应的分析和补偿，提高带外抑制、减小通带波纹、提高形状因子。

3. 在将来，移动通讯的频率会更高。例如，WLL 和 ITS 系统计划在 5GHz 频段。第 4 代系统计划要高于 3GHz 的频率。另一方面，要求 2GHz 滤波器的功率承受能力由现在的 200mW 提高到 1W，从而实现 IMT2000(第 3 代)的天线双工器。因此，需要提高射频 SAW 滤波器的工作频率和功率承受能力。

4. SAW 滤波器与 IC 的集成，得到功能强大、体积更小的器件。目前国外研究很热的两种集成技术是：(1) 基于各种元件的技术，将多个元件芯片封装(MCM)集成在一个外壳中(SiP)；(2) 将不同功能的技术集成在一个芯片上(SoP)。SiP 技术比 SoP 技术简单灵活、可靠性高。因此，今后 SAW 器件厂家将积极开展与 IC 厂家的合作，开发新的集成封装技术；(3) 生长具有高机电耦合系数和高声速的压电单晶和压电薄膜，以便为制作损耗更低频率更高的 SAW 器件打下基础；(4) 研究新的 SAW 波动模式，如高速纵漏波(LLSAW)、B-G 波等，掌握它们的特性，并用来设计高频、宽带低损耗 SAW 滤波器。

在国外，SAW 滤波器的设计技术已经很成熟，生产设备和生产工艺很先进，器件的封装和与 IC 的集成发展也很快。在我国，SAW 滤波器设计技术还不完善，相对国外，设计模型还比较粗糙，需要大力加强技术交流和合作。在 RF 滤波器方面，国内无法提供 SMD 的外壳，也没有倒装焊设备，短期内不可能进入移动通讯的主流市场。一方面我们缺乏工艺基础，另一方面 SAW 器件厂家与 IC 厂家缺乏沟通，现在还谈不上 SAW 滤波器与 IC 的集成。我们深切地体会到：我们需要集中人力、物力，整合国内 SAW 厂家的力量，大力追赶国外 SAW 器件水平。

参 考 文 献

[1] Satoh Y, Ikata O, et al. Resonator-type low-loss filters. Proc. Inter. Symp. SAW Devices for Mobile Comm., 1992: 179.

[2] Matsukura N, Kamijyo A, Ootsuka E. Power durability of highly textured Al electrode in SAW devices. Jpn. J. Appl. Phys., 1996, 35: 2983.

[3] Hartmann C S, Abbott B P. Overview of design challenges for single phase unidirectional SAW filters. IEEE Ultras. Symp. Proc., 1989: 79.

[4] Ventura P, Solal M, Dufilié P, et al. A new concept in SPUDT design. IEEE Ultras. Symp. Proc., 1994: 1.

[5] Solal1 M, Abboud T, Ballandras S. FEM/BEM analysis for SAW devices. The Second Inter. Symp. Acoust. Wave Devices for Future Mobile Comm. Sys. 2004.

[6] Rupple C, Hagn P, Heide P. Integration of SAW (BAW) device, The Second Inter. Symp. Acoust. Wave Devices for Future Mobile Comm. Sys. 2004.

[7] Kadota M, Miniaturization of IF SAW filters, The Second Inter. Symp. Acoust. Wave Devices for Future Mobile Comm. Sys. 2004.

[8] Lim J H, Hwang J S, et al. An ultra small SAW RF filter using wafer level packaging

technology. IEEE Ultras. Symp. Proc., 2006: 196.

[9] Wagner K, Mayer M, et al. A 2D P-matrix model for the simulation of waveguiding and diffraction in SAW components. IEEE Ultras. Symp. Proc., 2006: 380.

[10] Hanckes C J, Laude V, et al. 3D charge distributions along edges and corners of electrodes in SAW transducers. IEEE Ultras. Symp. Proc., 2006: 92.

[11] Peach R C, Xu Z G. Design of LCR filters using non-linear optimization applied to simplified green function models. IEEE Ultras. Symp. Proc., 2006: 78.

[12] Hikita M, Minami K, et al. Investigation of attenuation increase at lower-side frequency bands of SAW- and SMR-filters. IEEE Ultras. Symp. Proc., 2006: 1887.

声表面波的精确理论——FEM/BEM

王为标[1]，吴浩东[2]，水永安[2]

(1 无锡市好达电子有限公司；2 南京大学声学研究所)

1 引言

分析表面声波器件的数学模型基本上可以分成两种类型。一类是唯象模型，包括脉冲响应模型、等效电路模型、P 矩阵模型和 COM 模型。这类借用其他领域的类似模型与概念进行近似，得到简单近似的结果，非常实用。在 20 纪世 70 年代理论上提出了脉冲响应模型和等效电路模型，加上各种二阶效应分析与修正以及各种器件的结构和设计方法，形成了一个比较完整的体系，较好地满足了当时各应用系统对器件性能的要求。然而，要实现低损耗高性能滤波，工程上需要采用单相单向换能器，或者耦合谐振滤波器，这些结构必须利用以前被当成二阶效应而加以抑制的指间多次反射效应，这使得脉冲响应模型和等效电路模型不再适用。为此提出了将指间多次反射效应考虑在内的耦合模式模型(COM 模型)，成为低损耗滤波器设计提供了较好的分析工具。COM 理论已经成为目前主流的设计工具。这些模型的共同特点是其所需的参数必须由外部提供，参数的精确与否直接决定了模型对器件模拟的精度。

第二类是遵循基本波动方程满足特定边界条件来求系统的确切解，在数学上等效于对于给定的激发条件求解压电偏微分方程的解，由于表面声波比体波复杂得多，这样的求解过程也是很复杂的。较早的以 Milsom 等人的理论[3]为代表，他们从波动方程和边界条件出发导出了系统对表面一维线电荷源激励的响应——一维格林函数(Green's function)，通过数值计算求出表面电荷分布，进而由此得到换能器激发和接受的包括体波辐射在内的各种声波模式的全部信息。此后这方面的理论工作一直在不断进行，其中汪承灏等[4]提出的任意表面源分布激发的广义格林函数为这类问题的研究提供了理论基础，可以将指条的质量加载效应等考虑在内。精确理论分析的关键问题是将场量在空间域展开，即要找到一个合适的展开基函数。Milsom 等的做法是在电极的空间分布上等间隔取点，在每个电极上需要很多的取样点才能拟合场量的分布。Gamble 等将场量展开成脉冲函数，同样需要很多的展开项来拟合场量的分布[5]。这些展开方法都将导致最终的系统方程组太大，从而计算量和内存占用都非常大，最多只能分析数十根指的器件，因而这些方法长期以来得不到实用化。直到 1995 年 Ventura 等 [6]采用了 Chebyshev 多项式作为电荷分布和应力分布展开的基函数，精确理论分析方法才能够用于实际器件的分析。Chebyshev 多项式的性质和电极上电荷分布非常相似，所以只需少数几项(3~5 项)即可达到很高的计算精度，和 Milsom 与 Gamble 的方法相比，计算量和内存占用大大降低，因而即使对于几百根指的器件，在普通的 PC 机上就可以计算。

在 Ventura 的理论中，利用有限元法(finite element method, FEM)模拟电极的质量加载的力学效应，利用格林函数法(或称为边界元法，boundary element method, BEM)模拟半无限大基片的力学和电学效应，因而这一理论通常称为有限元/边界元法(FEM/BEM)。该理论有以下优点：1. 以切比雪夫多项式作为电荷与应力展开的基函数，只需很少的展开项即可有效的拟合场分布，因而计算量较小；2. 有限元法非常适宜于模拟有限电极，边界元法又天然的适用于半无限大压电基片，而且除了二维假设，即不考虑电极方向场的变化，没有引入其他的近似，所以该理论具有很高的精确度；3. 没有对结构和材料作任何限制；4. 包括体波辐射在内，所有的声学和电学相互作用以及质量加载效应均考虑在内；5. 不但可以得到有限长器件的电学参量，还可以得到诸如界面的应力、电荷、位移以及电势等物理量的场分布，进一步还可以计算体波的辐射。

但是，有限长 FEM/BEM 理论有一个很大的缺点，就是计算量很大，不能用于器件的优化，一般用来验证设计的结果。目前，COM 理论是声表面波器件设计的主流工具。提取 COM 理论所需的参数，中心频率、发射系数、静态电容和激发系数，必须由外部提供。为了提取 COM 理论所需的参数，人们发展了周期 FEM/BEM 理论，即用 FEM/BEM 理论研究无限周期栅格下的声表面波的传播特性[7]。由周期 FEM/BEM 计算出无限周期栅格的谐波导纳，搜索谐波导纳的极点和零点又可以得到色散曲线，由色散曲线即可确定反射系数和中心频率。由低频下的谐波导纳可以计算出静态电容和激发系数。这样确定的 COM 参数都是常数，即不随频率变化而变化。对于瑞利波，利用常数的参数 COM 理论即可很好地模拟器件；但是对于漏波，由于声波的能量随着传播向基片体内泄漏，在 COM 理论中还要加上一个传播损耗，而且 COM 参数是随频率变化的。COM 参数的这种色散关系也可以用周期 FEM/BEM 理论确定。

FEM/BEM 理论包括周期 FEM/BEM 理论和有限 FEM/BEM 理论两个体系。有限 FEM/BEM 理论可以实现对实际器件的精确模拟，已经受到各声表面波公司的重视。利用周期 FEM/BEM 理论提取 COM 参数，尤其是提取 COM 参数的色散关系，是近些年来声表面波领域的热点问题。在 2007 年 IEEE 超声年会上专门辟出了一节讨论 FEM/BEM 理论。FEM/BEM 理论的发展大大地推动了商业器件，尤其是通信用低损耗滤波器的研发水平。南京大学声学研究所在 FEM/BEM 理论的研究方面一直紧跟国际进展，在上述领域均做了深入的研究，本文是对我们所做工作的一个小结。

2 有限长 FEM/BEM 理论

2.1 基本理论[2,6]

计算采用的坐标系如图 1 所示。设压电基片占有 $x_3 \le 0$ 的半无限空间；电极平行于 x_2 轴排列，电极 x_2 方向的长度和其厚度和宽度相比足够大，则可以作 2D 近似，即 $\partial/\partial x_2 = 0$；表面波沿 x_1 方向传播；电极可以有任意的位置与形状；电极的电学边界条件可以是任意的：既可以是有源指，也可以是接地指或悬浮指。

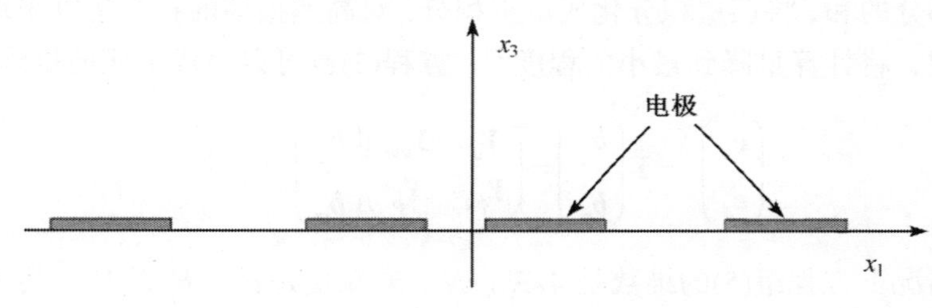

图 1 计算坐标系

压电介质的表面上，外力 $\boldsymbol{t}_s(x)$ 与电荷密度 $\sigma(x)$ 一起共同作为激发源激发声表面波以及寄生体波，这时空间域上表面的位移 $\boldsymbol{u}(x)$ 、电势 $\phi(x)$ 与外力 $\boldsymbol{t}_s(x)$ 与电荷密度 $\sigma(x)$ 的激发与被激发关系可以通过格林函数 $\boldsymbol{G}(x)$ 联系起来，表示成以下卷积形式：

$$\begin{bmatrix} \boldsymbol{u}(x) \\ \phi(x) \end{bmatrix} = \int_{-\infty}^{+\infty} \boldsymbol{G}(x-x') \begin{bmatrix} \boldsymbol{t}_s(x') \\ \sigma(x') \end{bmatrix} \mathrm{d}x' \tag{1}$$

其中空间域的格林函数 $\boldsymbol{G}(x)$可以通过对波数域的格林函数 $\overline{\boldsymbol{G}}(k)$ 进行傅里叶变换得到[2,6,10]。

设有限长声表面波器件共有 N_e 根指条，第 j 根指的应力和电荷密度的 Chebyshev 展开式为

$$\begin{pmatrix} \boldsymbol{t}_s(x) \\ \sigma(x) \end{pmatrix} = \sum_{n=1}^{N_{ch}} \begin{pmatrix} \boldsymbol{b}_{t_s} \\ b_\sigma \end{pmatrix}_n T_n\left(\frac{x-c_j}{a_j}\right) \Bigg/ \sqrt{1-\left(\frac{x-c_j}{a_j}\right)^2} \tag{2}$$

其中 a_j 是第 j 根指条宽度的一半，c_j 是指条中心位置，T_n 是第一类 Chebyshev 多项式，N_{ch} 是多项式加权的最大阶次。$\boldsymbol{b}_{t_s}$ 、b_σ 分别是应力 $\boldsymbol{t}_s(x)$ 、$\sigma(x)$ 的 Chebyshev 多项式加权系数。将方程(2)代入(1)，得到一线性方程组

$$\begin{pmatrix} \boldsymbol{c}_i^u \\ c_i^\phi \end{pmatrix}_m = \sum_{j=1}^{N_e}\sum_{n=1}^{N_{chj}} \boldsymbol{Y}_{mn}^{ij} \begin{pmatrix} \boldsymbol{b}_j^{t_s} \\ b_j^\sigma \end{pmatrix}_n \qquad \begin{matrix} i = 1....N_e \\ m = 1....N_{chi} \end{matrix} \tag{3}$$

其中

$$\boldsymbol{Y}_{mn}^{ij} = a_j \int_{-1}^{1}\int_{-1}^{1} \frac{T_n(x_j')}{\sqrt{1-x_j'^2}} \frac{T_m(x_i')}{\sqrt{1-x_i'^2}} \boldsymbol{G}(a_i x_i' + c_i - a_j x_j' - c_j)\mathrm{d}x_i'\mathrm{d}x_j' \tag{4}$$

方程(4)的计算非常复杂，计算量也非常之大，占整个计算量的一半以上。在编写程序的过程中，能否准确快速的计算出系数矩阵 $\boldsymbol{Y}_{mn}^{ij}$ 是这一方法的关键。对于(4)的计算，我们做了大量的物理和数学的处理，如根据其物理性质将格林函数 $\boldsymbol{G}$ 分解成几个部分的和，将三重积分化成单重积分，对高速振荡的积分运算采取特殊的算法等处理，将计算量降到最小的程度[2]。方程(3)也可以写成下面的矩阵形式

$$\begin{pmatrix} \boldsymbol{c}_u \\ \boldsymbol{c}_\phi \end{pmatrix} = \boldsymbol{Y} \begin{pmatrix} \boldsymbol{b}_{t_s} \\ \boldsymbol{b}_\sigma \end{pmatrix} = \begin{pmatrix} \boldsymbol{Y}_u & \boldsymbol{Y}_{u\varphi} \\ \boldsymbol{Y}_{\varphi u} & \boldsymbol{Y}_\varphi \end{pmatrix} \begin{pmatrix} \boldsymbol{b}_{t_s} \\ \boldsymbol{b}_\sigma \end{pmatrix} \tag{5}$$

一般情况下方程组(5)的维数是 $4\times N_{ch}\times N_e$，未知量是 $\boldsymbol{c}_i^u$ 、$\boldsymbol{b}_j^{t_s}$ 及 b_j^σ ，共 $7\times N_{ch}\times N_e$ 个。系数矩阵 $\boldsymbol{Y}$ 可以分成 $\boldsymbol{Y}_u$, $\boldsymbol{Y}_{u\varphi}$, $\boldsymbol{Y}_{\varphi u}$ 和 $\boldsymbol{Y}_\varphi$ 四个部分，其中 $\boldsymbol{Y}_u$ 反映了力学量之间的关系，$\boldsymbol{Y}_{u\varphi}$ 和 $\boldsymbol{Y}_{\varphi u}$ 反映了力学量和电学量之间的相互作用，$\boldsymbol{Y}_\varphi$ 则反映了电学量之间的关系。这些相互关系可以将一些物理量之间的关系分离开来，对于 FEM/BEM 理论进一步应用很有帮助，例如我们成功地将这种关系用于分析声表面波的反射、散射和透射的分析[14]。

方程(5)的维数 $4\times N_{ch}\times N_e$ 小于未知量的个数 $7\times N_{ch}\times N_e$，故尚不能求解。$\boldsymbol{c}_i^u$ 和 $\boldsymbol{b}_j^{t_s}$ 之间的关系可以用有限元法(FEM)分析电极和基片界面上的应力和位移的关系来确定。由于电极是一个有限的区域，有限元法是一个很好的数值方法。但是在这里，有限法的应用和标准的有限元方法不太相同。首先将电极离散化处理，由通常的有限元步骤可以得到有限元方程

$$(\boldsymbol{K} - \omega^2 \boldsymbol{M})\bar{\boldsymbol{U}} = \boldsymbol{F} \tag{6}$$

其中，$\boldsymbol{K}$ 和 $\boldsymbol{M}$ 分别称为整体刚度矩阵和整体质量矩阵。$\bar{\boldsymbol{U}}$ 和 $\boldsymbol{F}$ 分别为求解域内所有节点的位移和所受等效外力组成的矢量。欲求界面上位移和应力的关系，标准有限元的方法是所谓的自由度压缩法。对于本问题，这一方法涉及矩阵的求逆，所以计算量非常大，程序计算速度难以接受。这里使用了一个数学技巧，使得计算量大幅度减少。由于应力可以展开成切比雪夫多项式的形式，我们可以将多项式的每一项分别代入到方程(6)式求解，得到对应的位移分量，然后将位移分量叠加，即可得到总的位移。这样就避免了矩阵的求逆，因而计算量大为减少。这样求得每个电

极与基片界面上位移与应力的关系,则整个换能器电极与基片界面上位移与应力关系可以得到

$$\boldsymbol{c}_u = \boldsymbol{Y}_e \boldsymbol{b}_{t_s} \tag{7}$$

联立方程(5)和(7),问题就可以求解。当然根据具体的电学连接方式,还要加上电荷平衡条件,只需增加一个或几个方程即可。解系统方程组(5)和(7),我们得到向量:

$$\begin{pmatrix} \boldsymbol{b}_j^{t_s} \\ b_j^{\sigma} \end{pmatrix}_n (n=1,\cdots,N_{ch}, j=1,\cdots,N_e)$$

其中包含了器件中所有指条与基片界面上的应力与电荷分布的 Chebyshev 展开系数。代入到方程(2),可以直接得到所有指条与基片界面上的应力与电荷分布。事实上这一向量包含了器件的全部力学和电学信息。当然我们最关心的是器件的电学参量,流入第 j 根指上的电流可由下式计算

$$I_j = \frac{1}{2}\mathrm{j}\pi\omega a_j b_{j,0} \tag{8}$$

一旦每一根指条上的电流求得,我们可以很容易的根据电路理论得到具有任意电端口数的表面波器件的导纳矩阵,进而求出其散射矩阵,得到器件的频率响应。

利用系统方程组的解我们还可以求得器件基片表面上的位移分布和电势分布。将计算得到的 Chebyshev 系数代入方程(1),得到位移分布和电势分布为

$$\begin{bmatrix} \boldsymbol{u}(x) \\ \phi(x) \end{bmatrix} = \sum_{j=1}^{N_e} a_j \sum_{n=1}^{N_{ch}} \left[\int_0^{\pi} \boldsymbol{G}(x - a_j\cos\theta - c_j)\cos(n\theta)\mathrm{d}\theta \right] \begin{pmatrix} \boldsymbol{b}_j^{t_s} \\ b_j^{\sigma} \end{pmatrix}_n \tag{9}$$

我们将从由 FEM/BEM 得到的应力与电荷的分布出发讨论体波辐射。一般情况下,换能器激发三种体波向基片体内辐射:1. 纵波(LW); 2. 快切变波(FSW); 3. 慢切变波(SSW)。在 $x_3=-\infty$ 的条件下各个部分波是解耦的[3],所以在 $x_3=-\infty$ 对波印亭矢量在 $-x_3$ 方向上的分量在 x_1 域上从 $-\infty$ 到 $+\infty$ 积分,然后经傅里叶变换到 s 域,得到第 n 个体波的辐射功率的表达式为

$$p_n = -\frac{1}{4\pi} W \,\mathrm{Re}\int_{-s_n}^{s_n} \mathrm{j}\omega^2 \,|B_n|^2 \,(\overline{D}_3^{(n)}\overline{\varphi}^{(n)*} + \sum_{i=1}^{3}\overline{T}_{i3}^{(n)}\overline{u}_i^{(n)*})\mathrm{d}s \quad n=1,2,3 \tag{10}$$

其中,ω 为圆频率,W 为孔径,s_n 为第 n 个体波的截止慢度,Re 表示取实部,B_n、$\overline{D}_3^{(n)}$、$\overline{\varphi}^{(n)}$、$\overline{T}_{i3}^{(n)}$ 和 $\overline{u}_i^{(n)}$ 分别为第 n 个体波对应的部分波的线性组合系数、电位移、电势、应力和位移,*表示复数共轭运算。B_n 由边界的应力及电荷分布求得,空间域的应力及电荷分布已经由有限元/边界元法解得,对其作傅里叶变换得到对应的 s

域分布为

$$\begin{pmatrix} \overline{\boldsymbol{t}}_s(s) \\ \overline{\sigma}(s) \end{pmatrix} = \pi \sum_{j=1}^{Ne} a_j \mathrm{e}^{\mathrm{j}\omega s c_j} \sum_{n=1}^{N_{ch}} \begin{pmatrix} \boldsymbol{b}_{t_s} \\ b_\sigma \end{pmatrix}_n \mathrm{j}^n J_n(\omega s a_j) \tag{11}$$

其中 $J_n(\cdot)$ 表示 Bessel 函数，则方程(10)可作数值计算。体波的功率得到之后，可以按下式换算到它们各自对输入导的贡献,因而就可以把体波对输入导的贡献从总的输入导中分离出来。进一步还可以计算出各体波功率跟辐射角度的变化关系：

$$\frac{\mathrm{d}p_n}{\mathrm{d}\theta_n} = W\omega \operatorname{Re}\left(\sum_{k=1}^{4} \sum_{l=1}^{4} R_n^{kl} \overline{T}_{k3} \overline{T}_{l3}^{*} \right) s_b^{(n)} \cos\theta_n \tag{12}$$

上式反映了体波辐射功率随辐射角度 θ_n 的变化关系，θ_n 定义为波矢量与 $-x_3$ 轴的夹角，$s_b^{(n)}$ 为体波的慢度，R_n^{kl} 是辐射阻密度[2,3]，是一个只与材料有关的量。事实上由于基片材料的各向异性，波矢量与能流方法一般不在同一方向，因此方程(12)式中用波矢量表示功率的角度分布并不恰当，应当使用能流角度。我们不难从体波的慢度面来计算 θ_n 和能流角度 φ_n 的关系，从而得到的 n 个体波的辐射功率随能流角度的变化 $\mathrm{d}p_n / \mathrm{d}\varphi_n$。

综上所述，由有限长 FEM/BEM 理论不仅可以精确得到声表面波器件的电学性能，这对于声表面波器件的开发设计具有很重要的实用价值，目前国际上各大公司都自己开发或者购买了相关的软件；我们还可以将这一理论应用于声表面波的理论研究，比如计算声表面波的场分布、体波的能量激发及声表面波的反射、散射和投射等[11]。

2.2　计算结果

图 2(a) 给出了 42° Y旋转 $LiTaO_3$ 基片上一个 11 根指条均匀换能器上在中心频率附近的电势分布情况。图 2(b)~图 2(d) 是同一器件相同频率下的位移分布情况。从位移分布上看，三个分量中 u_2 的幅值远大于另外两个。这是因为这时的工作模式是漏切变波，它的主要位移分量就是水平位移分量 u_2。

图 3 给出了一个频率为 450MHz 42°Y 旋转 $LiTaO_3$ 基片上的同步单端对谐振器的导和纳的理论值与测量值。谐振器的参数为：总的铝指条数 119，其中换能器 81 根，两边各 19 根反射栅，电极厚度 h=6800Å，结构周期 p=4.375μm，金属化比 m/p=0.6，孔径 W=119μm。计算中引入了适当的电极中的欧姆损耗和材料损耗，以及汇流条之间的电容。实验结果与理论模拟二者符合的很好，但在一些频率范围内仍有一些差别：(1)在频率低于共振频率导的谷点附近。其原因是在这些频率点附近体波辐射较强，体波经基片底面反射后被换能器接受，导致测量的导的值大于计

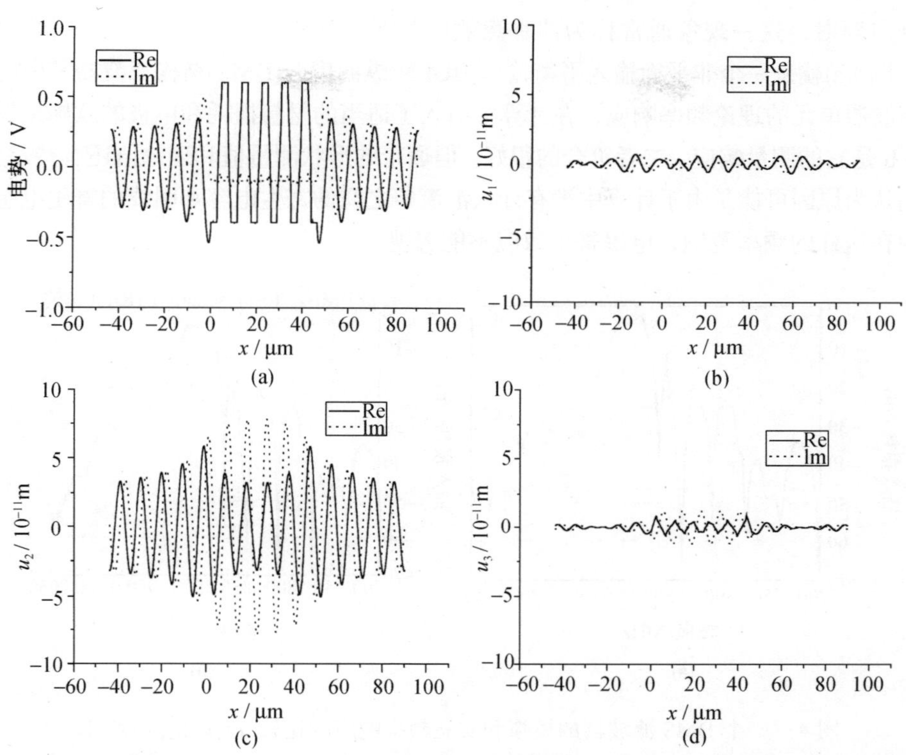

图 2　42°*Y* 旋转 $LiTaO_3$ 基片上一个 11 根指条均匀换能器上在中心频率附近的场分布情况: (a) 电势; (b) 位移分量 u_1; (c) 位移分量 u_2; (d) 位移分量 u_3

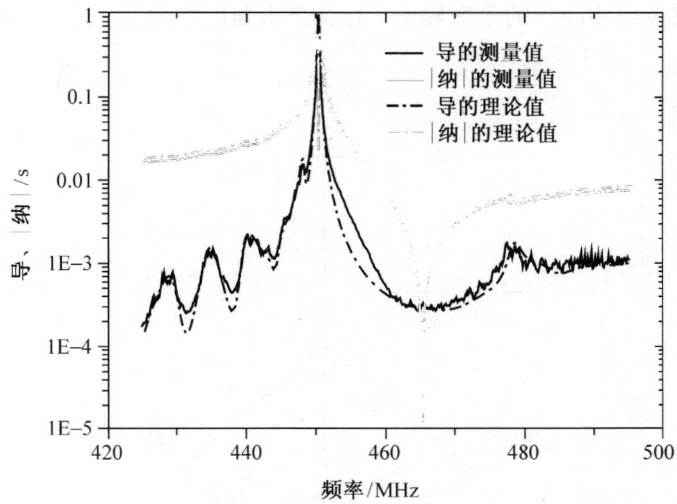

图 3　一个单端对谐振器导和纳的理论和实验值的比较

算值; (2) 从 450M~460MHz 的范围内。原因是在这一段频率范围内表面波有较强的侧向辐射，这一现象通常称为“香蕉效应”[12]。

图4(a)就是一个非平衡输入平衡输出(BULN)纵向耦合(DMS)结构滤波器其中的一个滤波器单元的理论频率响应，在计算中引入了适当的材料损耗和电极的欧姆损耗。图 4.b 是它的测量响应。二者符合的很好。但通带的形状测量值和理论值还有些差异，我们认为原因可能是由于计算中没有计入汇流条之间的寄生电容和引线的寄生电感，因为在这样的频率范围，电磁寄生效应不能忽视。

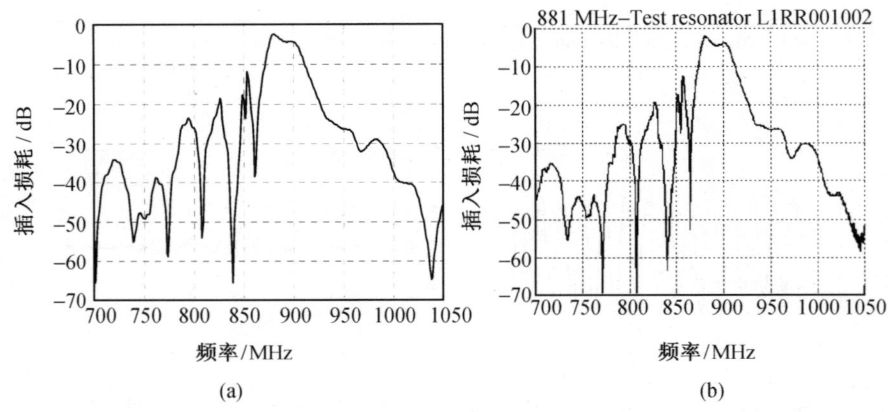

图 4　一个 DMS 滤波器的模拟和实验频率响应的比较: (a)理论; (b)实验

图 5 一个单端对谐振器在谐振频率处，慢切变波、快切变波和纵波的归一化功率的角度分布。我们看到体波向体内辐射时向前后两个方向是对称的。慢切变波以与基片表面成大约 40.3° 的角度辐射，且具有很强的指向性。这一结果与文献[13]实验相符合。

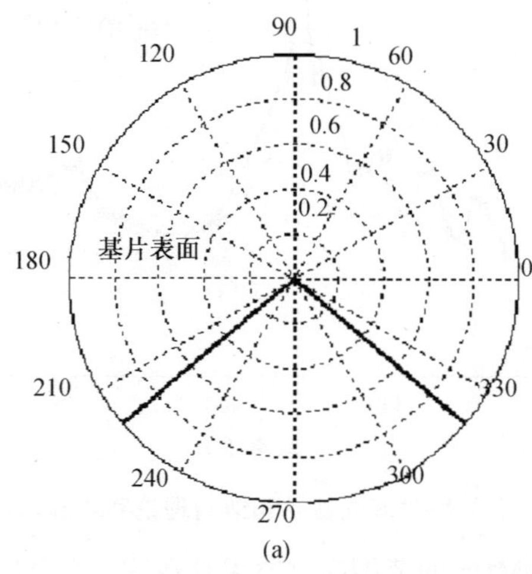

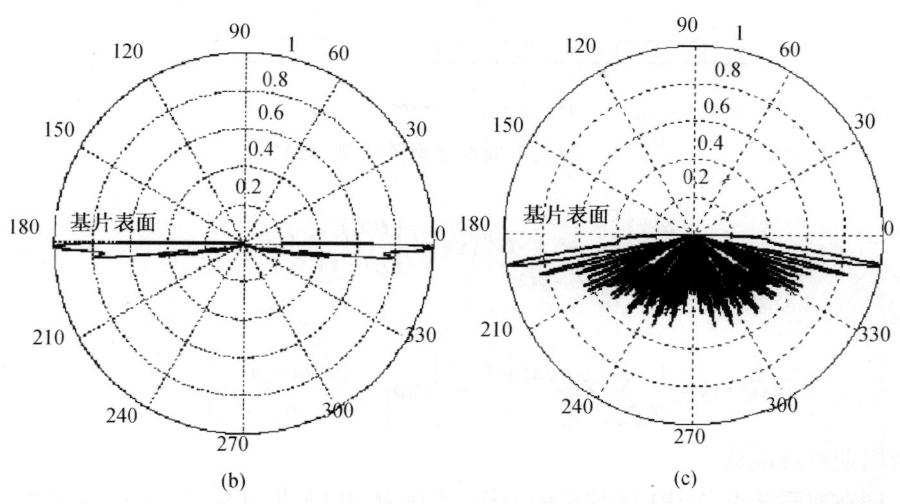

图 5　450MHz 42°*Y* 旋转 $LiTaO_3$ 上同步单端对谐振器体波辐射功率随辐射角度的变化：(a) 慢切变波; (b) 快切变波; (c) 纵波

3　周期 FEM/BEM 理论

3.1　周期 FEM/BEM 理论[1,7]

周期 FEM/BEM 理论是为了提取耦合模(COM)参量而发展起来的。COM 理论已经成为低损耗声表面波器件分析和设计的主流工具。但是 COM 作为一种唯象模型其参数需要外部提供。FEM/BEM 理论是目前提取 COM 参数最常用也是最精确的理论方法。早期的理论一般将 COM 参数作为常数来提取。对于瑞利波来说已经具有足够的精度，可以满足器件的分析和设计。但是对于漏波器件来说，由于从物理上来说漏波的传播特性是色散的，COM 也应该是色散的，如果仍然把 COM 参数作为常数处理，COM 理论对漏波器件模拟的误差就比较大，在要求较高的情况下就不能满足设计的要求。所以最近几年人们又致力于色散 COM 参数的提取[8,9]。COM 参数有 5 个表面波传播相速(或中心频率)、传播衰减、反射系数、激发系数和静态电容。这五个参数和无限周期栅格传播特性具有一一对应的关系，我们可以通过周期 FEM/BEM 对周期栅格的理论分析来提取 COM 参数。

设所分析的基本结构如图 6 所示，栅格在半无限大基片上无限周期排列，根据 Floquet 定理，存在周期移相解

$$\begin{cases}\varphi(x+p)=\exp(-\mathrm{j}2\pi\beta)\varphi(x)\\ \boldsymbol{u}(x+p)=\exp(-\mathrm{j}2\pi\beta)\boldsymbol{u}(x)\end{cases} \tag{13}$$

根据格林函数的性质[1,7]，我们可以得到周期结构中位移、电势和应力、电荷之间的关系

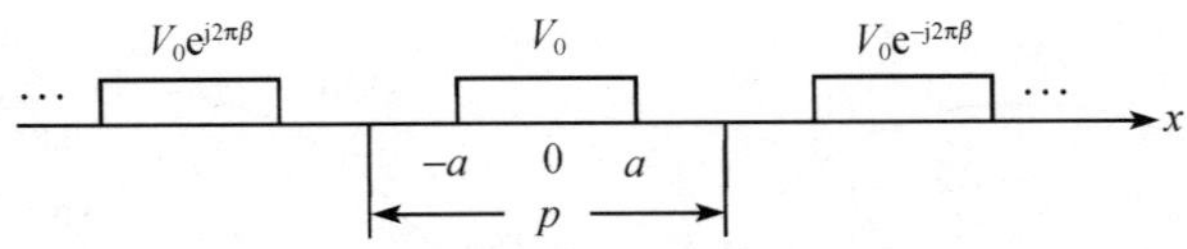

图 6　单电极周期栅格阵的基本结构

$$\begin{bmatrix} \boldsymbol{u}(x) \\ \varphi(x) \end{bmatrix} = \frac{1}{p}\int_{-p/2}^{p/2} \boldsymbol{G}^p(x-x')\begin{bmatrix} \boldsymbol{t}(x') \\ \sigma(x') \end{bmatrix}\mathrm{d}x' \tag{14}$$

其中

$$\boldsymbol{G}^p(x) = \frac{1}{p}\sum_{m=-\infty}^{\infty}\bar{\boldsymbol{G}}\left[\frac{2\pi(m+\beta)}{p}\right]\exp\left[-\mathrm{j}\frac{2\pi(m+\beta)}{p}x\right]$$

称为周期格林函数。

同在有限长 FEM/BEM 理论中一样，将应力和电荷展开成 Chebyshev 多项式的形式，表达式与方程(2)相同，代入到方程(14)，经过数学处理，得到线性方程组：

$$\begin{pmatrix} u_{mi} \\ \pi V\delta_{mi} \end{pmatrix} = a\sum_{n=0}^{N_{ch}} D_{i,j}^{mn}\begin{pmatrix} c_{nj} \\ b_{nj} \end{pmatrix},\ (0 \leqslant i \leqslant N_{ch}) \tag{15}$$

线性方程组系数 $D_{i,j}^{mn}$ 的计算也非常复杂[1]，这里不赘述。解线性方程组，我们可以计算得到周期栅格下的导纳，这是关于频率和移相因子β的函数，通常称之为谐波导纳。图 7 是β=0 时典型的谐波导纳曲线。谐波导纳反映了周期栅格结构全部的力学和电学性质，因此 COM 参数的提取即由谐波导纳的性质提取。

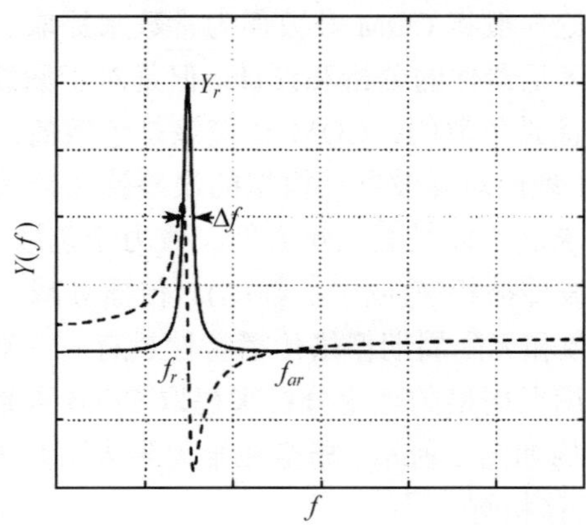

图 7　β=0 时典型的谐波导纳曲线

3.2　COM 参数提取

首先讨论常数 COM 参数得提取，通常的方法是计算周期栅格的色散曲线，再由色散曲线得到中心频率和反射系数。这一方法的缺点是，一是用优化的方法搜索色散曲线所需计算量较大，二是计算常常不稳定，特别是对于像石英这一类的弱压电材料，使得计算比较困难。我们则提出了“虚拟相移”的方法提取 COM 参数，其优点是计算量大大减少，稳定性大幅度提高，即使对于石英也可以很稳定地提取 COM 参数。计算的稳定性对于利用程序自动计算大规模 COM 数据库来说尤其重要。

对于给定周期栅格的激励，假设有一个移相因子β，根据 COM 理论，我们可以推导出一个周期的导纳：

$$Y = -\lambda_0 4\mathrm{i}\left|\alpha^2\right| \frac{\delta+\kappa}{\delta^2 - |\kappa|^2 - \beta^2} + \mathrm{i}\omega C \lambda_0 \tag{16}$$

Y是β和频率的函数，对应于周期 FEM/BEM 理论中的谐波导纳。由(16)式可知，当β=0 时，谐波导纳有一个峰值，如图 7 所示，当$\beta \neq 0$ 时，谐波导纳有两个峰值，如图 8 所示；当β增大时，两个峰往两边移动，当β足够小时，两个峰的位置基本固定，其中的大峰和β=0 时峰的位置基本重合；当我们取一个足够小的β值时，这两个峰就恰好对应于周期栅格禁带的上下边缘。数值计算中搜索这两个峰的位置 f_1 和f_2，要比计算色散曲线简单得多，计算量也小得多。所以我们可以很容易的确定禁带的上下边缘。中心频率和归一化反射系数就可以确定：

$$f_0 = \frac{1}{2}(f_1 + f_2) \tag{17}$$

$$\kappa = \pi \frac{f_2 - f_1}{f_0} \tag{18}$$

归一化静态电容可以在低频下的导纳值 Y 计算得到

$$C = \frac{|Y|}{2\pi f \ \varepsilon_0} \tag{19}$$

设在f_1处的导为 r，则归一化的激发系数为

$$\alpha = \frac{1}{2}\sqrt{\frac{r\gamma}{2\pi C \varepsilon_0}} \tag{20}$$

在图 7 中我们可以搜索到导的两个半功率点，若二者的频率差为Δf，则归一化的衰减系数为：

$$\gamma = \pi \Delta f / f_1 \tag{21}$$

至此，作为常数的 COM 参数全部提取出来。我们用这个方法编写的软件可以自动大规模的计算 COM 参数，稳定性很好。

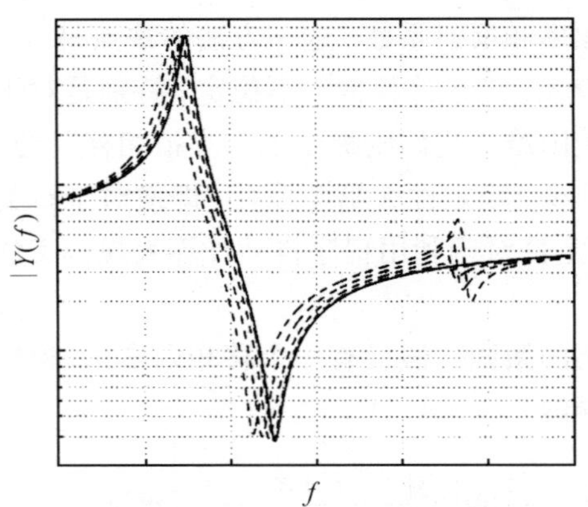

图 8 引入一个β 值时，谐波导纳出现另一个峰

下面我们讨论利用周期栅格的色散曲线提取随频率变化的 COM 参数。图 9 是周期 FEM/BEM 提取的 41ºLiNO3 上周期栅格的色散曲线。根据 COM 理论，如果我们不考虑声波的激发，即只考虑平面波在周期栅格中的传播，则色散关系满足下面的关系：

$$q = \pm\sqrt{\delta^2 - |\kappa|^2} \tag{22}$$

其中

$$\delta = 2\pi\frac{f - f_0}{f_0} - \mathrm{j}\gamma = 2\pi\frac{f}{f_0} - 2\pi - \mathrm{j}\gamma \tag{23}$$

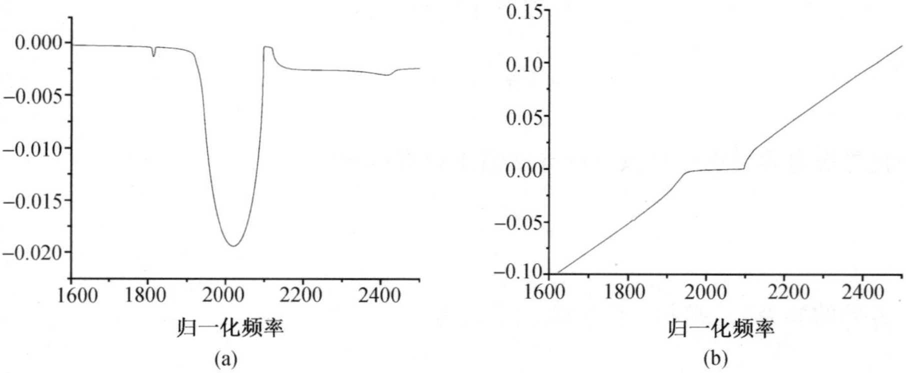

归一化频率

(a)

归一化频率

(b)

图 9 $LiNbO_3$上周期栅格的色散曲线，相对膜厚 4%，金属化比 0.5: (a)虚部;(b)实部

q 是波数，它是一个复数，其实部和虚部分别对应于周期 FEM/BEM 得到的色散曲线。在某一频率下，根据这种对应关系，可以得到两个方程，可以确定两个量。但是上式中包含三个 COM 参数κ、γ和 f_0，还不能唯一地确定这三个量的数值。这里我们假设κ为常数。从物理上来说，反射系数κ和激发系数α也应该是色散的。这里我们暂时只考虑γ和 f_0 的色散关系，其他 COM 参数依然作为常数处理。目前，我们正致力于将全部 COM 参数均看作频率函数来提取的工作。

令 $2\pi f/f_0=F$，将方程(22)和(23)做适当变换，则 COM 参数γ和 f_0 的色散关系由以下两式唯一地确定：

$$2\pi\gamma-F\gamma=q_r q_i \tag{24}$$

$$F^2-4\pi F-|\kappa|^2-\gamma^2-q_r^2+q_i^2+4\pi^2=0 \tag{25}$$

图 10 所示的是 41°LiNbO$_3$ 基片上，金属化比为 0.5，相对膜厚为 2%周期栅格的表面波传播速度 v 随频率变化的曲线；图 11 则是衰减系数γ随频率变化的关系。利用色散的 COM 参数，我们模拟了一个宽带滤波器，相对带宽为 5.8%。结果如图 12 所示。作为比较，在图 12 中同时给出了有限长有限元/边界元(FEM/BEM)的

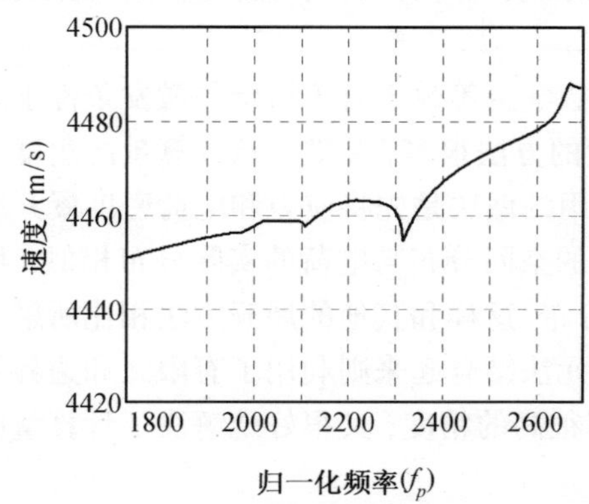

图 10　41°-LiNbO$_3$ 周期栅格表面波传播速度的色散关系，金属化比 0.5，膜厚 2%

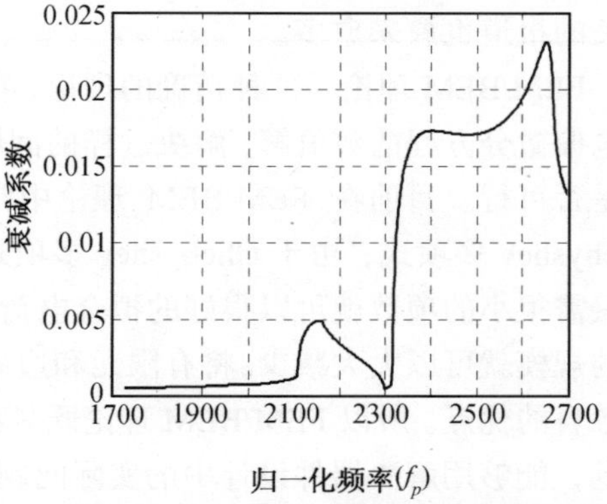

图 11　41°-LiNbO$_3$ 周期栅格表面波传播衰减系数的色散关系，金属化比 0.5，膜厚 2%

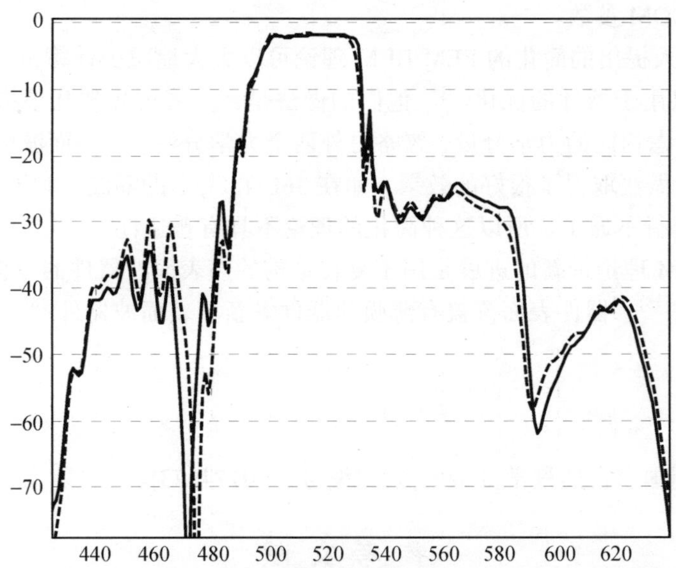

图 12　41-LiNbO$_3$ 上宽带滤波器的模拟频率响应，实线：COM 模拟结果；虚线：FEM/BEM 模拟结果

模拟结果，可以看到 COM 理论的模拟结果和有限长 FEM/BEM 模拟的结果非常接近。所以考虑了 COM 参数的色散性后，COM 理论的精度大幅度提高。由于 COM 理论运算速度很快，适合用优化算法对器件优化，所以用本文的结果结合全局优化算法，可以实现高性能器件的优化设计。

4 总结

FEM/BEM 理论已经在声表面波理论的研究和器件的设计方面得到了广泛的应用，特别是最近几年，愈来愈受到声表面波领域的研究者和器件设计者的重视，有关的报道也愈来愈多。

FEM/BEM 理论是一种精确的理论，在数学上等效于对于给定的激发条件求解压电偏微分方程的数值解，解决这样的问题的方法很多，关键是从计算量的角度来看是否可行。目前在 FEM/BEM 理论中常用的做法是先将应力和电荷密度展开成 Chebyshev 多项式，由于 Chebyshev 多项式的空间分布与电荷的实际分布相似，所以只需很小的项数就可以很好的拟合电荷分布，这样和其他的展开方法相比所解方程的规模就可以大大减少。将有限元和边界元法结合起来则利用了有限元和边界元的各自的优点。所以 FEM/BEM 理论既具有很高的精度，又很好地解决了计算量的问题，能够用解决器件设计中的实际问题。

有限长 FEM/BEM 理论可以很精确地模拟声表面波器件，主要用于对所设计器件的验证和对参数的微调；周期 FEM/BEM 则主要用于提取 COM 参数，包括常数的和色散的 COM 参数。

Peach 等人提出的简化的 FEM/BEM 理论可以大大地减少计算量，提高计算速度，甚至可以用于器件的优化[14]。他们的做法是，只考虑相邻几根指条的相互作用，同时只考虑切向的力学分量，忽略另外两个力学分量。当表面波以切向振动为主时，这种的做法取得了很好的效果，如在 36$LiTaO_3$ 上的漏波。对于瑞利波而言，这样做显然就行不通了。所以这种简化的理论不具有普适性。

FEM/BEM 理论最新的进展是用于复合结构的声表面波器件的分析，如层状复合基片的器件[15]，器件表面覆盖有薄膜的器件等新型表面波器件[16]。

致谢

本文得到国家自然科学基金的资助(编号：10774073)。

参 考 文 献

[1] 林基明. 表面波和漏表面波在周期栅格阵中的传播特性研究. 南京大学博士论文, 2001.

[2] 王为标. 声表面波器件的精确模拟. 南京大学博士论文, 2005.

[3] Milsom R F, Reilly N H C, Redwood M. Analysis of generation and detection of surface and bulk acoustic waves by interdigital transducers. IEEE Trans. Sonics and Ultras., 1997, SU-24: 147-166.

[4] Wang C, Chen D. Analysis of surface excitation of elastic wave field in a half space of piezoelectric crystal—general formulae of surface excitation of elastic field. Chin. J. Acoust., 1985, 4: 232-243.

[5] Gamble K J, Malocha D C. Simulation of short LSAW transducers including electrode mass loading and finite finger resistance. IEEE Trans. UFFC, 2002, 49(1): 47–56.

[6] Ventura P, et al. Rigorous analysis of finite SAW device with arbitrary electrode geometry. Proc. IEEE Ultras. Symp., 1995: 257-262.

[7] Ventura P, Hodé J M, Solal M. A new efficient combined FEM and periodic Green's function formalism for the analysis of periodic SAW structure. Proc. IEEE Ultras. Symp., 1995: 263-268.

[8] Pastureaud T. Evaluation of the P-matrix parameters frequency variation using periodic FEM/BEM analysis. Proc. IEEE Ultras. Symp., 2004: 80-84.

[9] Sveshnikov B V, Shitvov A P. Evaluation of dispersion in com-parameters. Proc. IEEE Ultras. Symp., 2003, 715-719.

[10] Qiao D H, Liu W, Smith P M. General Green's functions for SAW device analysis. IEEE Trans. UFFC, 1999, 46(5): 1242-1253.

[11] Wang W, Han T, Zhang X, et al. Rayleigh wave reflection and scattering calculation by source regeneration method. IEEE Trans. UFFC, 2007, 54(7): 1445-1453.

[12] Koskela J, Knuuttila J V, et al. Acoustic loss mechanisms in leaky SAW resonators on Lithium Tantalate. IEEE Trans. UFFC, 2001, 48(6): 1517-1526.

[13] Knuuttila J V, Koskela J, et al. BAW radiation from LSAW resonators on lithium tantalite. Proc. IEEE Ultras. Symp., 2001, 193-196.

[14] Peach R C, Xu Z G. Design of LCR filters using non-linear optimization applied to simplified green function models. 2006 IEEE Ultras. Symp.

[15] Hashimoto K, Omori T, Yamaguchi M. Extended FEM/SDA software for characterizing surface acoustic wave propagation in multi-layered structure. 2007 IEEE Ultras. Symp.

[16] Kawaguchi M. Accurate FEM/BEM modeling of SAW devices with dielectric coating layers. 2007 IEEE Ultrason Symp.

[2] 王[illegible]. [illegible]. [illegible], 2005

[3] Milsom R F, Reilly N H C, Redwood M. Analysis of generation and detection of surface and bulk acoustic waves by interdigital transducers. IEEE Trans. Sonics and Ultras., 1977, SU-24: 147-166

[4] Wang C, Chen Y. Analysis of surface excitation of elastic wave fields in a half space of piezoelectric crystal—general formulae for surface excitation of elastic field. Chin. J. Acoust., 1985, 4: 232-243

[5] Gamble K, Malocha D C. Simulation of short LSAW transducers including electrode mass loading and finite finger resistance. IEEE Trans. UFFC, 2002, 49(1): 47-56

[6] Ventura P, et al. Rigorous analysis of finite SAW devices with arbitrary electrode geometry. Proc. IEEE Ultras. Symp., 1993: 157-162

[7] Ventura P, Hode J M, Solal M. A new efficient combined FEM and periodic Green's function formalism for the analysis of periodic SAW structure. Proc. IEEE Ultras. Symp., 1995: 263-268

[8] [illegible] C. Evaluation of the P-matrix parameters frequency variation using periodic FEM/BEM analysis. Proc. IEEE Ultras. Symp., 2001: 81-84

[9] [illegible] B, Shitvov A P. Evaluation of dispersion [illegible] parameters. Proc. IEEE Ultras. Symp., 2003: 71-319

[10] Zhao D H, Liu W, Smith P M. General Green's functions for SAW device analysis. IEEE Trans. UFFC, 1999, 46(5): 1242-1253

[11] Wang W, Han T, Zhang X, et al. Rayleigh wave reflection and scattering calculation by means of regeneration method. IEEE Trans. UFFC, 2007, 54(7): 1430-1435

[12] [illegible], [illegible] V, et al. Acoustoelectric mechanisms in leaky SAW resonators on Lithium Tantalate. IEEE Trans. UFFC, 2001, 48(6): 1527-1536

[13] [illegible] J V, [illegible] J, et al. BAW radiation from LSAW resonators on lithium tantalate. Proc. IEEE Ultras. Symp., 2001: 145-150

[14] [illegible], Xu J G. [illegible] of [illegible] using non linear optimization applied to simplified green function model. 2004 IEEE Ultras. Symp.

[15] Hashimoto K, Omori T, Yamaguchi M. Extended FEM/SDA software for characterising surface acoustic wave propagation in multi-layered structures. 2007 IEEE Ultras. Symp.

[16] Kawaguchi M, Yamamoto F. FEM/BEM modeling of SAW devices with dielectric coating layers. 2007 IEEE Ultrason. Symp.

功率超声及应用

功率超声技术在环保、能源领域的应用

邓京军

(中国科学院声学研究所, 北京 100080)

1 引言

20 世纪后期，随着能源供应的紧缺和环境污染治理任务的加重，许多新的技术和工艺、方法逐步进入实验室或工业部门，人们寄希望于新技术、新工艺的研究和应用，能够最大限度地提高能源的产出率、利用率；尽可能降低由于工业化造成的环境污染以及对已经遭到污染的水体、大气、固体废弃物进行治理，进入一条低能耗、低污染，资源循环利用，环境友好的可持续发展轨道，不断推动国民经济健康发展。在众多的新技术应用中，功率超声技术以其特有的优势日益受到人们的重视和关注，在能源和环境保护领域逐步开展了系列的研究和应用。本文仅就功率超声技术在我国石油工业和污水处理中的应用情况做一简单介绍。

2 功率超声作用的机理

所谓功率超声，是指具有一定强度的超声波，其声功率、声强都比较大，一般声强在 0.3 W/cm^2 以上，在媒质中传播时会产生非线性效应。在其他应用领域，如检测声学中使用的超声波，一般都在小振幅的线性范围内。功率超声波在媒介中传播时，伴随着能量的传播和介质的吸收，在介质中会产生一系列物理、化学效应，使被作用介质的状态或物质结构、组成发生显著变化。这些效应大致可归纳为以下三个。

2.1 机械效应

线性小振幅声波在液体中传播时,液体质点受到声波的扰动后会在其平衡位置附近做微小的振动，振幅约μm 量级，液体质点没有宏观上的移动和迁移，但其振动速度和加速度很大。例如，考虑声强为 1W/cm^2、频率为 20kHz 的超声波在水中传播，如果液体质点位移振幅为 5μm，则质点要经受压力在正负 1.7atm 之间以每秒 2 万次的重复频率做周期性变化，质点振动速度约为 0.63m/s,而振动的加速度达到 8.9×10^4 m/s^2 ,大约为重力加速度的 9000 倍。对于液体中的固体微粒、大分子团聚等，这样激烈而快速变化的机械运动，使其与溶剂分子之间产生剧烈的摩擦，强大的剪切作用足以使固体颗粒被粉碎，有机体和聚合物中的 C-C , C=C , C=O 键被打断，微生物体被撕裂等。

大振幅声波作用于液体介质时，由于有限振幅波的非线性作用，在液体中会产生声流和声辐射压。声场中的物体受到一个时间平均不为零的辐射力的作用，会引起物体的宏观迁移。同时，在液体中还会产生声空化和微射流效应。在均相介质中，以空化现象为主；而在非均相介质中，则以微声流为主。例如，可以在液-固边界上产生 Jet 喷注现象，射流速率可达 100m/s, 是广泛应用的超声清洗技术的主要机理。

2.2 空化效应

空化是液体介质中普遍存在的一种自然现象。当声波或超声波作用于液体介质时，液体介质中某点会经历周期性的压缩、膨胀过程。当处于膨胀相时，如果此时声压的幅值小于该点所在温度下的液体饱和蒸汽压，即出现负压，则原来溶解在液体中的气体会以气泡形式析出并迅速长大，直径几个微米至数十微米不等；在随后到来的压缩相中，这些气泡在正压的作用下快速闭合，气泡体积急剧减小直至崩溃。一般称这种现象为声空化。声空化主要表现在下述两个方面。

1. 气泡内部及气泡外部极小的空间区域内：气泡在闭合、崩溃之前，在气泡内部会产生高温、高压、声致发光等现象，泡内的高温、高压会使气泡内的气体产生常温下难以发生的物理、化学变化，主要包括：

(1) 基于普遍被接受的 Noltingk-Nappiras“热点”空化模型[1,2]，空泡溃灭时，在空泡的内部和空泡周围极小的空间内出现高温(5200K 以上)、高压(50MPa 以上)。这样的极端条件(高温、高压)足以打开结合力强的化学键，如 C-C,C=C ,C=O 等，发生所谓的“水相燃烧”反应，空泡内的水蒸气以及在气泡膨胀相内由气泡壁扩散进去的溶质蒸汽都可能被热分解。

(2) 空化泡产生的高温、高压，可以将含水溶液中的 H_2O 水分子分解为·H 和·OH 自由基[3,4]。氧化能力仅次于氟的羟基自由基·OH，以及由·OH 结合成的 H_2O_2, 可以直接氧化水中的有机体、聚合物，使常规条件下难以处理的污染物得以降解。

(3) 空泡溃灭时产生的高温高压超过了水的临界点(T_c=374°C , P_c= 22 MPa), 存在瞬态局域超临界水，将发生超临界水氧化反应[5]。超临界水被认为是氧化有机物的良好介质，可以去除绝大部分水中的污染物。但是，由于常规获得超临界状态的方法对容器壁的腐蚀非常严重，在实际应用中有一定的局限性。与此相比，超声引发的超临界水氧化反应是在常温、常压的液体中很小的局部区域内进行的，没有超临界水对容器壁的腐蚀问题，因而成为人们关注的处理有机污染物的新方法之一。

2. 气泡外部：在气泡外部，由于气泡的剧烈塌缩、崩溃，会产生强烈的向外辐射的激波，同时，气泡内部高压的释放、高温急剧降落，可以形成极大的压力、温度梯度。这种冲击波作用于气泡周围的液体介质，会使液体的结构发生变化。单一气泡产生的激波其作用距离是“近程”的，介质的吸收等很快耗散掉，但在功率超声产生的声场中，由于存在大量的空化气泡，整体累积作用相当明显。另外，在泡内形成的自由基、过氧化氢等强氧化剂随着气泡的溃灭进入到气泡周围的液体中，对液体中的有机物、聚合体产生氧化作用。

综上所述，可以认为在气泡内部以化学效应为主；气泡外部以力学、机械效应为主。

2.3 热效应

超声波在介质中传播，其振动能量不断被介质吸收转变为热能，使得液体温度升高，形成对液体的加热。在液-固边界处还可以形成对固体的局部加热。总的来说，超声加热效率比较低，不如其机械、化学、空化效应显著。

3 功率超声技术在环保领域的应用

环境保护是全球化的问题。对于我国这样一个发展中国家，随着工业化、城市化进程的加速，治理环境污染和加强环境保护工作刻不容缓。在众多的污染治理研究中，水污染治理是功率超声技术应用比较广泛的领域。目前，一般工业和生活污水的处理工艺已日益成熟，但对于造成水污染最严重的难降解有机污水的处理仍是十分困难的问题，特别是对于已经经过处理但浓度仍然超标的低浓度有机废水，由于传统方法已经无法处理，深度处理成本太高，大多数企业采取了直接排放，造成地表及地下水源的污染积累，加剧了水体污染的程度，成为污水处理的难题。功率超声技术集空化效应产生的自由基氧化、高温热解、超临界水氧化等特点，可以分解污水中难以降解的有毒有机污染物[6]。具有处理成本相对低廉、操作简单、降解速度快、有机物矿化率高，不受有机污染物种类的限制等优点，是污水物理处理方法中具有发展前途的方法之一。

自 20 世纪 80 年代后期开始，国外开展了超声污水处理的研究，超声降解研究的物系为脂肪烃类、芳香烃类、酚类、酯类、醇类、酮类、胺、酸类、天然有机物和杀虫剂等有机物和部分无机物，涵盖了工业污水的多种种类[7, 8]。这些有机污染物大多是难降解、具有毒性的物质，对生态环境的影响很大。大量的研究结果表明，经超声或超声联合其他方法处理，大多数污染物能够得到降解，效果显著。国内许多单位相继开展了这方面的研究，取得了丰硕的成果，发表了大批的文章和综述评论[9~14]。概括起来，功率超声技术在污水处理领域的应用情况主要涉及下列两个方面.

3.1　处理装置

目前，已报道的成果大部分是在实验室完成的。所使用的超声处理设备以带有变幅杆的 Langevin 换能器为主。大多采用浸入方式对容器中的液体进行处理。处理量比较小，间歇式工作。也有采用超声清洗槽式的处理装置，由此开发出杯式、玫瑰花式、平行板式等变形装置[15]，间歇工作，或带有局部循环，处理量比变幅杆浸入式装置要大，但容器中单位体积内的声强不如前者大。近年来，国内外一些企业和研究单位开发出一种新型的推-拉式管状超声振子[16]，液体可以在管外部，也可以进入管的内部，具有声聚焦功能，单管功率达 2kW，用于连续处理流体介质，是一种比较有实际应用前景的声处理设备。最适合工业化应用的处理装置是流体动力声发生器，包括液哨、孔板、文丘里管、亥姆霍兹共振腔等。孔板、文丘里管是以高速流体为动力，通过节流-扩张，使流体产生湍流。在涡的中心区，当压力低于与温度有关的液体蒸汽压时，流体中会发生空化现象[17]。液哨是高速流体冲击以悬臂形式支撑的金属薄板，当流体自持振动的频率与金属板的固有频率吻合时，激发起金属板的共振，向流体中辐射声波，产生声空化现象[18]。亥姆霍兹共振腔是当稳定液体流过喷嘴谐振腔的出口收缩断面时，产生自激压力激动，这种压力激动反馈回谐振腔形成反馈压力振荡。通过适当控制谐振腔尺寸和流体的马赫数及 Strouhal 数，使反馈压力振荡的频率与谐振腔的固有频率相匹配，则腔内流体会产生强烈的自激震荡，使喷嘴出口射流变成断续涡环流，从而在涡环中心导致空化现象的产生[19]。

3.2　影响控制因素

影响超声降解的控制因素主要有频率、声场分布、声强及声功率、被降解物系的物理化学性质等[20]。

关于声反应器的工作频率是一个值的研究和探讨的问题。许多研究者针对不同的物系通过实验的方法找到了最佳的工作频率，其分布范围从几十 kHz 到几百 kHz[5]。显然，所谓最佳频率或最大声化学产额频率与被降解物质的物理化学性质相关，它们的物化性质影响了空化效果。目前大多数声反应器的工作频率为 20~60kHz，这主要是功率超声所使用的换能器大多设计在这一频段，低于或高于这一频段的换能器制作起来很困难，换能器的频率范围限制了超声降解的适应范围。许多研究者研究了双频及多频声反应器[21~23]，效果令人满意。具体机理值得进一步研究，很可能是多频声系统改变了声场的空间分布以及对空化核的初生、空化气泡尺寸的最可几分布产生了积极的影响。双频以及多频声反应器是将来声反应器的发展方向，应该给予高度关注。值得一提的是，近来国外一些公司提出了“MMM”超声振动系统的理论和装置，即 Multi-frequency, Multimode, Modulated technology[24]。他们在换能器的设计和控制上摒弃了传统的驻波振动系统设计理念，将振动系统和被处理系统作为一个整体来考虑，通过监测、反馈装置，由计算机给出控制超声换能系统的最佳调制频率，使换能器工作在最佳模式，最大限度地提高工作效率。国内这方面的工作还没有开展，但已有一些企业购买了国外的产品来学习、借鉴，这也是我们应该高度关注的一个发展方向。

声反应器中的声场分布十分复杂，主要是大多数反应器采用了多个换能器振子或单一换能器在一个狭小的空间内工作，由于声波的干涉、边界的反射等，很难描绘出声场分布的空间图像。一般认为，混响声场比较有利于液体的超声处理。

目前超声污水处理所用到的声强大多在 0.5~100W/cm^2 范围。一般而言，提高声强相应会提高污染物的降解率，所以，许多企业有不断追求高声强声反应器的倾向。但是，许多研究表明，降解率随声强的增加存在一个极大值[20]。当超过这一极值后，降解率反而减小，这种现象可以用空化气泡的动态性质和声散射的理论解释。因此，并不是声强越大越好。要注意声强与声功率之间的相互关系。有研究表明，大面积低声强有利于污染物的降解[25]。片面追求高声强不可取，应更多关注声能量的利用以及如何提高空化的效率。我国超声学科的创始人应崇福院士指出，“声化学的核心问题是超声怎样促进化学反应的速率或产量”，“按照当前的认识，促进化学反应的驱动者是声空化，或许再加上声流”，“高效的换能器通常是指能把电能转换成很强的声能，但在声化学中，我认为，这也许是转换的中间目标，却不是转换的最终目标，而最终的、直接的转换目标是产生大量的、强“活性”的空化气泡”“在大体积的化学液体内产生大量分布的空化气泡，而且最好是以最小的能量来产生”[26]。上述论述精辟地阐明了今后超声降解的主要研究方向。

被降解物系的物理化学性质对超声降解污染物有重要影响，主要有液体的黏滞系数、表面张力、饱和蒸汽压、溶质的化学组成和结构以及液体的温度、液体中含气量的大小和气体的种类等，这些影响因素都直接与空化现象有关。经过多年的研究，已经有许多实验和理论分析的结果供实际应用参考[20]。

实践表明，超声与其他物理或化学方法结合是解决有机污染物降解的有效途径[27]。现已发展了超声与臭氧联合[28]，超声与紫外光技术联合[29]、超声与过氧化氢联合[30]、超声与催化剂联合[31]等，都取得了较为理想的效果。同样，这些协同方法都与功率超声的机械、空化效应有关，也是今后重点研究的方向。

超声降解有机污水已经显示出强大的生命力，但仍有许多问题需要解决。例如，到目前为止，真正意义上的工业化应用的实例还不多，大部分还停留在实验室或少量工业试验的水平。主要受到以下几方面的限制：

(1) 适应大规模处理量的声化学反应器;

(2) 处理的成本和经济性;

(3) 降解机理的研究工作相对滞后;

作为今后的发展方向，应当加强有关的基础研究，特别是空化理论的研究，为超声降解有机污水提供有力的理论支持和指导。重视大规模处理量声化学反应器的研制，对于流体动力声发生器、MMM 技术给予足够的关注，使这方面的研究、实验、生产尽快开展起来。随着技术、设备水平的提高带来的降解率、降解效率的提高，超声污水处理的成本会下降，其经济性会逐步显露出来。另一方面，随着污染物排放标准的提高，在对常规方法难以处理的有机污水的处理上，超声等高级氧化方法的优势也会显示出来，此时经济性不完全是由处理成本决定，应与环境、社会发展等因素一起考虑，到那时超声降解有机污水技术将会得到长足的发展。

4　功率超声技术在能源领域的应用

随着经济全球化和我国经济的高速发展，能源供应形势日趋紧张，石油、煤炭等资源的价格一路攀升，成为制约国民经济发展的主要因素。进一步提高能源的利用率，降低能源生产领域的能源消耗成为当务之急。功率超声技术很早就在石油的开采、加工、运输、应用等环节得到了应用，由于当时能源形势没有现在这样紧张，功率超声技术在能源领域应用的优势没有受到人们的重视。近些年来，人们开始关注它在这一领域的应用问题，主要有以下几个方面。

4.1　超声波解堵、驱油

在油井的采液过程中，常常会有一些固体物将油井堵塞，降低了原油的渗透率，阻碍了原油的流动，致使油井堵塞，原油产量受到影响。人们发展了多种物理、化学方法用于油井的疏堵。其中，包括功率超声技术在内的物理方法由于操作简便，作用周期短，无二次污染等优点，受到人们的重视。早在 20 世纪 60 年代，美国、前苏联的科学家就开始了用大功率超声技术进行解堵、驱油的试验，取得了较好的效果[32]。我国科学家也于 90 年代开始了这方面的试验工作，开发出了相应的仪器、设备[33]。许多文献提出了多种解释来阐述超声解堵的机理，但最后还是要归结为本文第一部分所说明的机械、空化和热效应。例如，井下套管附近是多种液、固界面，功率超声产生的大振幅高频振动通过这些界面时，由于各部分的声阻抗不同、振动的固有频率不同，相临界面会产生宏观相对运动，使得堵塞物松动、剥落。同时，空化产生的声流、激波，使得脱落的堵塞物进一步变为细小的颗粒被原油带走；气泡崩溃时产生的局部高温、高压又会使原油及蜡垢发生裂解，导致原油黏度降低，蜡垢在未凝结前成为微粒悬浮在原油中。这样，被堵塞的油流通道得以疏通，提高了原油的渗透率和产率。目前，将要用于油井解堵的超声波发生器电功率可达70kW 以上，换能器电功率≥30kW，换能器的声功率也达到 8kW[34]，深度接近3000m，频率 20kHz 左右。存在的主要问题是：换能器驱动电源放在井上，高频电信号经过上千米的传输送到井下的换能器上，能量的传输损耗太大，利用率很低。另外，换能器大多采用径向振动压电圆管，施加的预应力很小，大振幅工作条件下抗张强度比较低，加上井下高温、高压的工作环境无法散热，换能器很容易损坏。因此，研制新型的换能器和降低高频电信号传输损耗是今后工作的重点。

4.2 超声降黏、降解

超声波可以改变黏滞流体的流变性。对于黏滞性很高的原油，超声波处理后可以降低其黏度已为实验所证实[35]。但是，采用超声波来降低原油的黏度是否经济，值得商榷。另外一个问题是聚合物水溶液的降黏和降解。目前，我国原油生产中大量采用以聚合物为代表的三次采油技术，常用的聚合物是聚丙烯酰胺(PAM)，分子量高达数千万。聚合物水溶液的性能中最主要的是其黏度，加入 PAM 就是为了增加驱替液的黏度，改善油水流度比，提高驱油效率。但是，在处理含 PAM 的采出水时，高黏度的污水对水处理系统中的过滤环节造成很大影响，增加了过滤系统维护的困难。另外，未经处理的 PAM 进入地表水或地下水，经自然降解后的单体丙烯酰胺(AAM)对人体是有害的。因此，对于采油污水中高浓度 PAM(浓度为 30~100 mg/L)的降黏、降解是人们关注的问题。近年来，国内外一些学者和工程技术人员利用超声空化的物理、化学效应对含聚污水进行处理方面做了许多工作[36,37]，取得了一定效果。主要问题是超声处理量太小，无法满足实际生产的需要，流体动力声发生器可能是解决问题的有效途径。

4.3 超声防垢、除垢

在采油和运输环节中，随着温度、压力的下降，原来溶解在地层水中的各种矿物盐类将沉积在井底设备泵内及管线内，同时，原油中所含的蜡质也会析出沉积在设备和管线中，产生结垢现象。结垢对油田的生产影响较大，可以使泵类设备无法运转、输送成本和能耗增加，且清理比较困难，费用高昂。超声用于防垢、除垢同样是基于空化的各种效应。一般而言，超声用于防垢、防蜡效果较好，除垢效果则逊色得多。国内一些专家采用流体动力声波发生器，如簧片哨、哈特曼哨等，在声波防蜡，降黏，防垢和解堵等方面做了大量工作，并且用于实际生产中，取得了较好的效果[38~41]。

4.4 超声杀菌、灭菌

利用超声的空化作用来杀灭细菌和病毒已有较长历史，医用超声洗手器就是应用的实例。超声单独作用或联合紫外光(UV),臭氧等技术，可以最大限度地杀灭常见的各种细菌、病毒、微生物，无污染，并且不会产生抗药性，是极具发展前景的物理灭菌方法。石油生产的采出液中含有大量的硫酸盐还原菌(SRB)，它是一类形态各异、营养类型多样、能利用硫酸盐或者其他氧化态硫化物作为电子受体来异化有机物质的严格厌养菌。硫酸盐还原菌代谢产生的硫化氢是强还原剂，具有强腐蚀性，所以它是主要的金属腐蚀微生物，与土壤接触的地下构筑物、尤其是管线的腐蚀半数以上是由该菌参与或引起的，这个问题在世界各国都普遍存在且日趋严重，造成巨大的经济损失[42]。目前，我国石油生产中采用化学杀菌剂、紫外线光照射等方法杀菌。由于硫酸盐还原菌对化学杀菌剂有耐药性，投药量不断加大，成本增加较多。紫外线光照射杀菌经济简便，费用较低，效果比较理想，存在的问题主要是紫外光管外表会结垢，需经常清理，保证光线无阻挡进入液体中。如果紫外线光照射结合超声清洗、防垢技术，可能会解决这一问题。超声可以杀灭硫酸盐还原菌，笔者曾经进行过实验，对 250ml 取自大庆油田某污水处理站的进水原液采用频率 18kHz、电功率 70W 的超声波辐照 20min，黏度降为 1.2mPa·S，SRB 25 个/ml，铁菌未检到。紫外线光照射与超声技术的结合用于 SRB 的杀灭值得进一步研究。

4.5　超声乳化、破乳

把两种互不相溶的液体在超声的作用下混合成乳浊液的工艺过程称为超声乳化[43]。超声乳化的机理主要是空化作用和微声流。超声乳化与一般乳化工艺和设备(如螺旋桨、胶体磨合均化器)相比具有许多优点：(1) 所形成的乳液平均液滴尺寸小，可为 0.2~10μm ; (2) 超声乳化的一个重要特点就是可以不用或少用乳化剂便可产生极稳定的乳液; (3) 可以控制乳液的类型。超声乳化，在某些声场条件下，O/W(水包油)和 W/O(油包水)型乳液都可制备，这是其他乳化方法不可能实现的; (4) 简单便捷，体积小，能耗低，投资少，成本低。

超声乳化的明显优点已促使它在食品、造纸、油漆、化工、医药、纺织、燃油热电、石油、冶金等许多工业处理中越来越多地得到应用，其中燃油掺水燃烧就是重新兴起的一个重要项目。中国科学院声学研究所早在 20 世纪 60 年代就研究成功以簧片哨为代表的超声重油掺水乳化技术，并得到了应用。目前，在能源领域超声乳化主要用于柴油乳化和重油乳化。采用超声乳化一方面可以节约能源，另一方面可以减轻燃烧对环境造成的污染。经超声掺水乳化的重油或柴油，可不添加任何化学助剂直接制成油包水(W/O)型乳化油，提供给各种工业炉(窑)或内燃机燃烧。当乳化油燃烧时，由于油和水的沸点不同，水受热汽化，产“微爆”作用(又叫二次雾化)，使油滴更加微粒化，进而增大了油和氧的接触面积，使燃烧更加完全充分，从而达到节约油料的目的，一般节油率为 5%~10%左右。又因水的汽化吸热，抑制了炉内氮氧化物、一氧化碳、二氧化硫等有害气体的生成量，烟气中烟灰和炭黑的含量也大幅降低，从而减轻了空气污染，使大气环境质量得到改善。我国科技工作者在这方面做了大量的研究、推广工作[44~46]，申请了一批专利，取得了可喜的应用成果。

目前，我国广泛采用三次采油技术，与一次、二次采油技术得到的油包水形式的乳状采出液不同，大多为水包油乳状液或复合型复杂乳状液，前者可以用常规的电-化学联合破乳方法实现油水分离，而后者在有效采用电-化学方法破乳方面存在一些问题[47]。另外，进入炼油厂的原油一般在油田已脱过水，但仍然含有一定量的环烷酸、盐、硫和水，所含盐类除有一小部分以结晶状态悬浮在原油中外，绝大部分溶于水中，并以微粒状态分散在油中，形成较稳定的油包水型乳状液。原油中的酸类对原油加工设备有较强的腐蚀作用，含水量过多会造成蒸馏塔操作不稳定及增加热能损耗，原油中的盐类会水解生成强腐蚀性的 HCl，同时盐类还会在管壁上沉积形成盐垢，降低热效率，增大流动阻力，甚至会堵塞管路。另外原油中的盐和水还会造成催化剂中毒，因此原油在加工前都要先进行脱酸、脱盐、脱水等预处理[48]。

功率超声技术不仅可以实现乳化，适当控制声强、声功率和声场条件，也可以进行乳状液的破乳，即实现油/水分离。超声破乳主要利用超声波的机械振动作用和热作用：

1. 机械振动作用可促使水“粒子”产生位移效应，然后根据碰撞效应使小水滴凝聚成大水滴，在重力作用下沉降分离[49]；

2. 降低油水界面膜强度和污油的黏度。一方面，界面摩擦使油水分界处温度升高，使界面膜容易破裂；另一方面，油相吸收部分声能转换成热能，降低了油相的黏度。从而有利于水滴聚并，使油水分离[50]。

一般而言，超声破乳过程中需要控制超声波的强度，其声强要低于待处理乳状液的空化阈值，也就是说不希望有空化现象发生。否则，由于空化作用又会发生新的乳化过程，可能形成复杂的变型乳液，无法实现破乳。空化阈一般用实验方法，如铝箔腐蚀法得到，同一液体在不同温度、不同环境压力等情况下空化阈值会发生变化。超声的频率大约 20kHz 左右，驻波场形式的声反应器比较有利于超声破乳。另外，超声作用的时间、方式，破乳剂的选择，温度等因素对超声破乳都有较大影响，实际应用过程中应予以注意[51,52]。

超声破乳用于原油脱盐脱水或油水分离已经逐步进入工业生产中，今后工作重点应放在成熟技术的推广上，使其在推动企业技术进步中发挥更大的作用。

5 结束语

功率超声技术在环保、能源领域还有许多的应用，本文只是粗略介绍了一些作者所了解的情况，由于作者水平有限，文中可能会有不妥之处，恳请专家、学者批评指正。

在声学的各个分支中，功率超声是研究历史比较长、应用范围比较广的一个学科。尽管已经取得了长足的进展，但仍有许多问题没有解决，例如，适应大规模工业应用的声反应器仍是制约其应用的主要瓶颈，又如，声空化的机理研究相对其应用还是滞后，许多理论问题目前仍不清楚。所以，今后应当着重加强应用基础研究和成果推广，促进学科的发展，使声学这一古老的学科焕发新的青春。

参 考 文 献

[1] Mason T J, Lorimer J P. Sonochemistry—theory, applications and use of ultrasound in chemistry. Ellis Horwood Limited, 1988.

[2] Suslick K S. Sonochemistry. Science, 1990, 247: 1439-1445.

[3] Yoshio N, Hiroshi O, et al. Acoustic cavitation in water under rare gas atmosphere. Chem. Lett., 2001, 30(2): 142-143.

[4] Drijvers D, van Langenhove H, Beckers M. Decomposition of phenol and trichloroethylene by the ultrasound/H2O2/CuO process. Wat. Res., 1999, 33(5): 1187-1194.

[5] 吴胜举. 声学技术, 2002, 21(1-2): 91-95.

[6] Dewulf J, van Langenhove H, et al. Ultrasonic degradation of trichloroethylene and chlorobenzene at micromolar concentrations: kinetics and modeling. Ultras. Sonochem., 2001, 8: 143-150.

[7] Price G J, Mattias P, Lenz E J. Use of high power ultrasound for the destructon of aromatic compounds in aqueous solution. Process Safety & Envir. Prot. B, 1994, 72(1): 27-31.

[8] Hiral K, Nagata Y, Maeda D. (a) Decomposition of chlorofluorocarbons and hydrofluorocarbons in water by ultrasonic irradiation. Ultras. Sonochem., 1996, 3: 205-207. (b) Decomposition of chlorinated hydrocarbons in aqueous solution by ultrasonic irradiation. Chem. Lett., 1993, 22(1): 57-60.

[9] 贾桂芝，董志明，高雷. 超声辐射技术在水处理中的应用. 净水技术, 2004, 23(6): 21-23.

[10] 黄延召，王光龙，张保林. 超声技术在工业废水处理中的现状与进展. 江苏化工，2005, 33(6): 52-55.

[11] 蒋建华，许春建，周明. 超声降解水体中有机污染物的研究进展. 化工进展，2005, 2: 11-14.

[12] 李淼，王有乐，徐晓鸣. 超声空化技术净化有机废水应用研究. 广东化工, 2005, 2: 48.

[13] 王金刚，郭培全，王西奎，等. 空化效应在有机废水处理中的应用研究. 化学进展，2005, 17(3): 549-553.

[14] 王建信，李义久，曾新平，等. 水中有机污染物超声强化氧化技术研究进展. 环境污染治理技术与设备, 2003, 4(4): 66-69.

[15] 朱昌平，何世传，单鸣雷，等. 水处理用声化学反应器研究进展. 应用声学，2005, 24(3): 197-200.

[16] 周光平， 梁召峰，李正中，等. 超声管形聚焦式声化学反应器. 科学通报，2007, 52(6): 626-628.

[17] Sivakumar M, Pandit A B. Wastewater treatment: a novel energy efficient hydrodynamic cavitational technique. Ultras. Sonochem., 2002, 9: 123-131.

[18] 应崇福. 超声学. 北京: 科学出版社, 1990.

[19] 付胜, 李海涛, 刘丽丽, 等. 空化水射流的形成方法及其应用研究. 机械科学与技术, 2006. 25(4): 491-496.

[20] 冯若, 李化茂. 声化学及其应用. 合肥: 安徽科学技术出版社, 1992.

[21] Kanthale P M, Gogate P R, et al. Modeling aspects of dual frequency sonochemical reactors. Chem. Eng. J., 2007, 127: 71-79.

[22] Tatake P A, Pandit A B. Modelling and experimental investigation into cavity dynamics and cavitational yield: influence of dual frequency ultrasound sources. Chem. Eng. Sci., 2002, 57: 4987-4995.

[23] 朱昌平, 李良学, 冉勇, 等. 频率对双频超声辐照声化学产额增强效应的影响. 应用声学, 1998, l7(1): 15-17.

[24] www.mpi-ultrasonics.com, MP Interconsulting • Marais 36, 2400 Le Locle, Switzerland.

[25] 冯若. 声化学基础研究中的声学问题. 物理学进展, 1996, 16(3,4): 403-412.

[26] 应崇福. 我国的声化学应尽快大力开展实用化工作. 应用声学, 2005, 24(5): 265-268.

[27] 张光明, 常爱敏, 张盼月. 超声波水处理技术. 北京: 中国建筑工业出版社, 2006.

[28] Olson T M, Barbier P F. Oxidation kinetics of natural organic matter by sonolysis and ozone. Wat. Res., 1994, 28(6): 1383-1391.

[29] Shirgaonkar I Z, Pandit A B. Sonophotochemical destruction of aqueous solution of 2,4,6-trichlorophenol. Ultras. Sonochem. 1998, 5(2): 53-61.

[30] Lin J G, Chang C N, et al. Enhancement of decomposition of 2-chlorophenol with ultrasound/ H_2O_2 process. Wat. Sci. Tech., 1966, 34(9): 41-48.

[31] Okouchi S, et al. Cavitation induced degradation of phenol by ultrasound. Wat. Sci. Tech., 1992, 26(9-11): 2053-2065.

[32] 黄序韬. 超声波采油应用的国外研究现况. 应用声学, 1985, 4(4): 7-10.

[33] 黄序韬. 声波采油的机理与特点研究. 石油学报, 1993, 14(4): 110-116.

[34] 2007 年国家“八六三”计划项目申请指南.

[35] 董贤勇, 张平, 林日亿. 超声波对胜利浅海原油降黏试验研究. 油气储运, 2004, 23(3): 32-35.

[36] 孙仁远, 扬怀杰, 李学富, 等. 超声技术在油田水处理中的应用. 声学技术, 2000, 19(4): 201-202.

[37] Yen H Y, Yang M H. The ultrasonic degradation of polyacrylamide solution. Polymer Testing, 2003, 22: 129-131.

[38] 路斌, 张建国. 超声旋笛声波发生器在防蜡降黏方面的研究. 石油矿场机械, 2004, 33(1): 74-76.

[39] 路斌, 张建国. 喷注式声波增注器的实验研究. 石油矿场机械, 2001, 30(5): 8-12.

[40] 丁建国, 潘运和. 声波降粘防蜡配套技术. 大庆石油地质与开发, 2003, 22(3): 61-62.

[41] 陈军. 液哨式声波发生器在油田防垢防蜡方面的应用. 油气地质与采收率, 2004, 11(3): 68-70.

[42] 鄢卫东. 关于硫酸还原菌的特性及运用. www.kjxz.net, 2006.

[43] 程存弟. 超声技术–功率超声及其应用. 西安: 陕西师范大学出版社, 1993.

[44] 中国科学院声学研究所内部资料汇编.

[45] 李守华，陈永昌，谭家隆. 应用功率超声技术制备乳化柴油. 石油化工，2006, 35(11): 1030-1033.

[46] 吕效平，韩萍芳. 超声波对柴油乳化的影响. 石油化工, 2001, 30(8): 615-618.

[47] 孙宝江，乔文孝，付静. 三次采油中水包油乳状液的超声波破乳. 石油学报，2000, 21(6): 97-101.

[48] 祁高明，吕效平. 超声波原油破乳研究进展. 化工时刊, 2001, 6: 11-14.

[49] 孙宝江，颜大椿，乔文孝. 乳化原油的超声波脱水研究. 声学学报，1999, 24(3): 327-331.

[50] 张玉梅，彭飞，吕效平. 超声波处理炼油厂污油破乳脱水的研究. 石油炼制与化工，2004, 35(2): 67-71.

[51] 谢伟，叶国祥，吕效平等. 动态超声原油脱盐脱水的实验研究. 石油学报(石油加工), 2006, 22(2): 93-97.

[52] 孙宝江，付静. 三次采油生产中含油污水超声波分离实验. 石油大学学报(自然科学版), 1999, 23(5): 115-116.

功率超声的产生及测试研究进展

林书玉

(陕西师范大学应用声学研究所，西安 710062)

1 引言

功率超声是超声学的一个重要分支，近几十年的发展极为迅速。功率超声的主要研究内容包括功率超声的产生、功率超声的作用机理和效应以及功率超声的各种应用研究等。其中功率超声的产生技术是功率超声的核心研究内容，因为所有功率超声的应用研究都必须以一定频率和一定功率的超声波能量作为基础。同时，为了定量地研究功率超声在不同的应用技术中的影响和作用机理，必须对其频率、功率以及声波强度等参数加以严格的测试，这就涉及功率超声的具体测试问题。针对这两方面的问题，本文就功率超声的产生和测试技术的研究现状，以及未来的发展进行了一些初步的探讨，目的在于为功率超声换能器的优化设计和性能改善提供一些有用的设计指南和解决措施。

在功率超声领域，声能的产生主要通过三种不同的方法，即流体动力法、压电效应法以及磁致伸缩效应法[1~15]。流体动力型超声发生器包括气流声源和液体动力发生器声源两种。气流声源是一种机械式的声频或超声频振动发声器，它依靠气流的动能作为振动能量的来源，可分为低压与高压声源两种。低压声源也称为哨，如通常的哨子及旋涡哨等。高压声源包括哈特曼哨及其各种变异体等。低压气流声源的效率较高，可达 30%左右，但声功率不高，通常不超过数瓦。因此低压气流声源主要应用于控制以及测量设备中，如声控开关等。高压声源的效率较低，但此类声源可获得较大的声功率，因而至今仍存在一定的市场。利用流体动力法产生超声的装置主要包括用于气体中的葛尔登哨(图 1(a))、哈特曼哨(图 1(b))及旋笛；用于液体中的簧片哨(图 1(c))，以及可同时用于气体和液体中的旋涡哨等。

流体(液体)动力发生器声源是将液态流体中的涡流能量转换成声波辐射的一种声波换能器。它的工作原理是利用由喷嘴出来的射流与一定几何形状的障碍物(腔体)的相互作用，或者利用周期性地强迫射流中断的方法使液体媒质发生扰动，从而产生某种形式的速度场与压力场。液体声波发生器也称为液哨，如簧片哨等。此类流体动力发声器能在相当宽的频带内工作，能在 0.3k~35kHz 频带内辐射 1.5~2.5W/cm^2 的声强。流体(液体)动力发生器声源的优点是可以廉价地获得声能，结构简单。液体流一方面是产生振动的动力源和振动体，另一方面又是传播声波的载体，因此易于声匹配。流体动力型超声发生器的共同特点是以流体作为动力源，利用高速流体来产生超声，其转换效率一般比较低，大概在 10%左右。其主要应用包括气体中的超声除尘、空气中尘埃的凝聚、气体和重油的阻燃、加速热交换、超声干燥、超声液体处理、超声化学、超声除泡沫以及液体中的油水乳化、加速晶体化过程等。

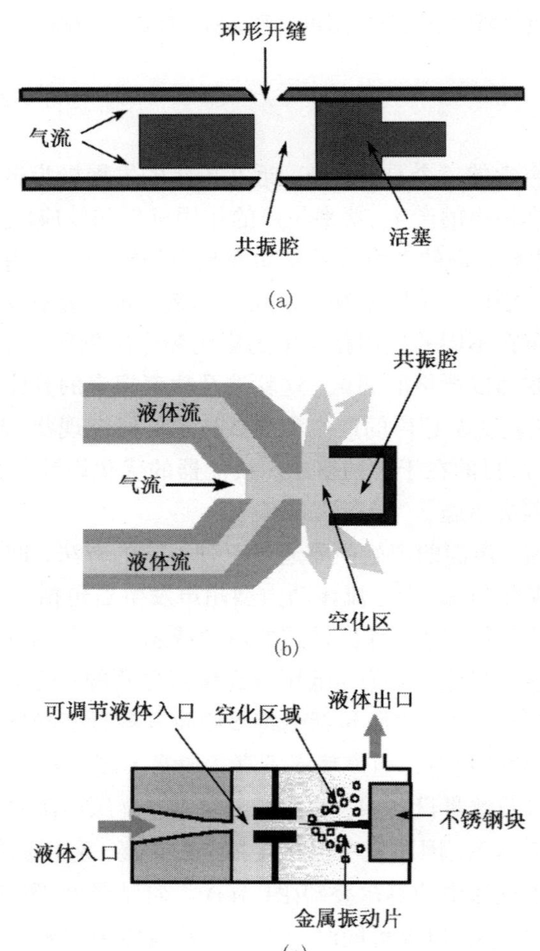

图 1　(a) 用于在气体中产生超声的葛尔登哨; (b) 用于在气体或液体中产生超声的哈特曼哨; (c) 可在液体中产生超声的金属簧片哨

基于压电效应原理工作的换能器统称为压电换能器。在功率超声领域，应用最广的是夹心式压电换能器，又称为复合棒换能器或郎之万换能器(图 2)。除了常用的纵向振动模式换能器外，为适应功率超声新技术的需要，发展了扭转振动模式、弯曲振动模式、纵-扭以及纵-弯复合振动模式功率超声换能器。换能器的分析理论已经从一维发展到了三维。除了传统的等效电路法和波动方程法以外，一些近似的分析方法，如等效弹性法以及有限元法等，在大尺寸功率超声换能器的分析中得到了广泛的应用。一些大型的数值分析软件，如ANSYS等，不仅可以分析换能器的振动模式和共振频率，而且可以给出换能器任意位置及任意时刻的应力和应变状态以及位移分布，非常适用于换能器的优化设计。目前，功率超声换能器的工作频率也从常用的较低频率(如20kHz)，发展到了较高频率(如几百千赫兹甚至兆赫兹数量级)，如应用于硅片清洗的兆赫兹换能器和用于集成电路微点焊机的小型高频超声焊接机。另外，换能器的工作频率也从单一工作频率发展到了多个工作频率。例如用于超声清洗中的复频换能器和宽频换能器等，以及用于超声焊接中的双工作频率超声振动系统等。单个换能器的功率容量也从几十瓦发展几百瓦甚至几千瓦。大功率超声换能器主要用于超声焊接中。例如在汽车零部件的焊接中，超声换能器的功率可达几千瓦，而且采用子母焊头，母焊头通常是一种特大型的焊接工具头，其具体形状有正方形、长方形以及圆形等。每一个母焊头可带动几十个子焊头，整个振动系统的最大焊接面积可达数万平方毫米。另外在超声金属焊接中，为了提高功率，还发展了功率合成换能器以及振动方向变换换能器等。在气体中的超声应用技术中，除了气流声源外，由夹心式纵向换能器和弯曲振动圆盘或矩形板组成的复合振动换能器也得到了较大的发展。

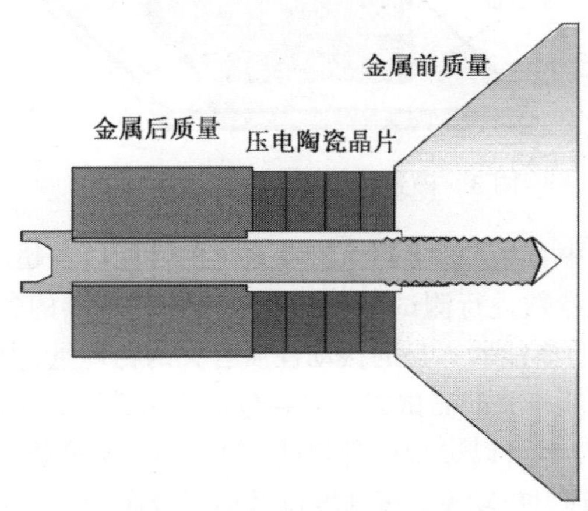

图2 夹心式压电陶瓷超声换能器

在压电超声换能器的发展过程中，压电材料的性能提高是关键。据报道，国内外的相关单位已研制出一类新的压电单晶材料(PMN-PT)，其压电常数是现有的传统压电材料(如锆钛酸铅材料)的几倍乃至几十倍，但这种材料的工作频率上限还需进一步提高。可以预计，这种材料一旦商品化，换能器的功率容量以及振动位移将发生革命性的变化。另外，现有的压电陶瓷材料绝大部分都采用铅基的压电材料，但是由于国际环境保护法的实施，对无铅压电材料的研制提高到了一个新的高度，目前国内已有相当多的关于无铅压电陶瓷的研究报道，但真正能用于功率超声换能器且和锆钛酸铅陶瓷材料相媲美的廉价的无铅压电陶瓷材料实际上不存在。

磁致伸缩换能器是基于某些铁磁材料及陶瓷材料所具有的磁致伸缩效应而制成的一种机声转换发声器件(图 3)。传统的磁致伸缩材料包括镍、铝铁合金、铁钴钒合金、铁钴合金以及铁氧体材料等。与压电超声换能器相比，由传统的磁致伸缩材料制成的磁致伸缩换能器的应用范围已经很小，造成这种情况的原因在于磁致伸缩换能器的机电转换效率较低，而且其激励电路较复杂。然而随着材料科学技术的发展以及稀土超磁致伸缩材料的研制成功，磁致伸缩换能器又受到了一定的重视。预计将来不久，利用稀土超磁致伸缩材料制成的大功率换能器将在超声技术中获得大规模应用。

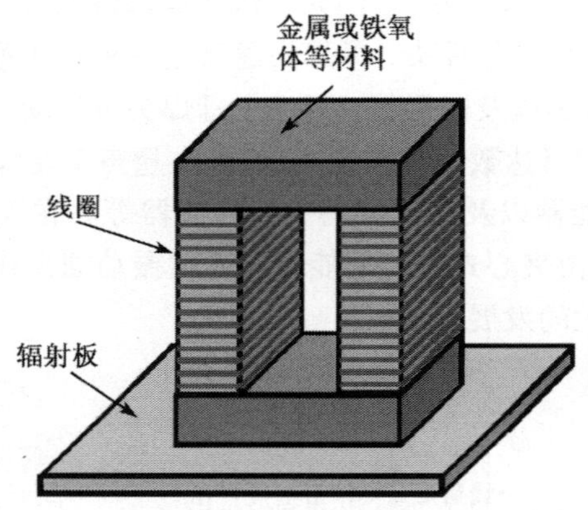

图 3　磁致伸缩超声换能器示意图

在功率超声技术中，为了评价超声振动系统的性能以及超声的作用效果，必须对超声换能器的性能参数进行测试[16~22]。功率超声换能器的各种参数大概可以分为两大类：第一类是与换能器本身的振动性质有关的物理量，如换能器的振动位移和振速及其分布，与其相关的测试方法主要包括显微镜法、干涉法以及全息法等，既可以进行绝对测量，也可以进行相对测试；第二类是与换能器的辐射声场有关的物理量，如换能器的辐射声功率，声强度以及声场分布等。关于超声换能器的性能测试，主要有两种方法，即小信号法以及大信号法两种。目前有关功率超声换能器的测试基本上限于在小信号状态下的测试，常用的方法包括导纳和阻抗圆法，传输线法以及功率曲线法等。然而，功率超声换能器大都工作在比较大的输入信号下，而且换能器在大信号状态下的性能参数与小信号下的参数是有很大差别的。因此，为了客观真实地评价换能器在实用状态下的振动性能，必须研究换能器的大功率参数测试。

关于超声换能器的大功率性能测试，由于换能器的非线性以及振动系统的复杂性，如波形畸变以及负载变化等，国内外至今没有一种通用的测试方法，也缺乏统一的国际和国家标准，因此，对于一些实用功率超声技术的评价缺乏统一的标准，也无法衡量大功率超声设备，如超声清洗机以及焊接机等的性能。

日本学者于20世纪70年代提出了一种可以测量大功率超声换能器振动性能的高频电功率计法。该法可以测量换能器在大功率状态下的辐射声功率及电声效率。然而，这种方法存在一些致命的缺点，限制了其在实际中的应用。第一，为了测量换能器的介电损耗功率，需要两个性能完全一致的换能器，这一点在实际中是很难做到的。第二，为了得到换能器的介电及机械损耗功率，事先必须测出换能器的介电及机械损耗功率与换能器端电压和振动速度之间的依赖关系。鉴于上述原因，这种方法至今仍没有在实际中得到广泛的应用。在高频电功率计法的基础上，我国的学者提出了一种能够测量超声换能器在实际状态下振动性能的新方法。在这种方法中，不需要测量换能器的介电及机械损耗功率，因此，测量过程简单，节约时间。

功率超声在液体中的应用技术基本上都与超声的空化现象有关，所有的大功率超声液体声场实际上就是微观超声空化场的宏观表现。因此大功率超声场的测试实际上也就是超声空化场或空化现象的测试。由于超声的空化现象是一个极为复杂的非线性微观过程，其实际的测试极为困难和复杂，因而大功率超声场的定量精确测试也是很难的。目前有关这一方面的研究主要和超声空化的研究是紧密结合在一起的。比较流行的测试方法主要有两种，即直接测量法(直接测量声场物理量的方法，这些物理量包括声压、声强以及声功率等)以及间接测量法(通过观察功率超声场的空化效果间接测量低频高强超声场)。超声场的直接测试方法包括水听器法，如压电水听器、磁致伸缩水听器及光纤水听器等；热敏探头法，如热电偶和热敏元件等；以及光纤探测法和量热法等。间接测试方法包括薄膜腐蚀法，影像法，如淀粉碘化钾反应法，染色法，液晶显色法，声致发光成像法等；以及谱分析法，如频谱和功率谱分析法，声发射谱法，空化噪声谱等。

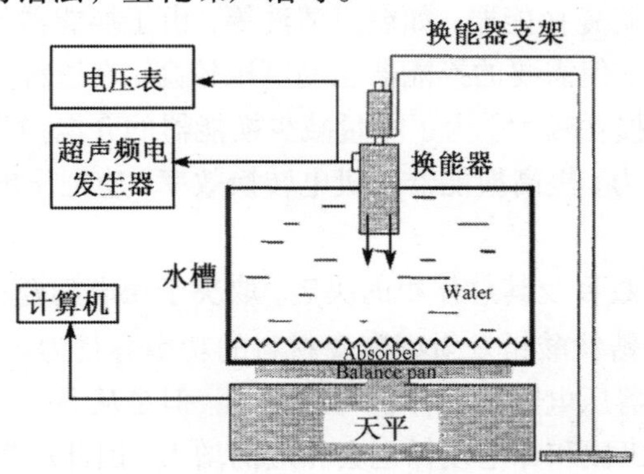

图 4　利用辐射力法测量超声换能器的声功率

在功率超声技术中，声功率是一个非常重要的物理量，有关其测试方法的研究报告也很多。声功率的直接测试方法主要包括用于小功率的辐射压力法(图 4)和用于大功率超声的量热法。辐射压力法主要用于医学超声功率的测试，测试范围从毫瓦级到几瓦乃至几十瓦不等，测试精度较高，基本上可以控制在10% 左右。目前用于大功率超声功率的测试方法主要是量热法，随着灵敏的热敏器件的研究技术不断提高，可以预计超声功率的量热法测试将会受到更多的关注和重视。

2 功率超声换能器的工程设计思考及优化设计

在功率超声技术中，夹心式压电陶瓷换能器(也称为朗之万换能器或复合式压电陶瓷换能器)的应用最为广泛，其研究也较为深入和成熟。夹心式功率超声压电陶瓷换能器主要由压电陶瓷片、前后金属盖板、预应力螺栓、金属电极片以及预应力螺栓绝缘套管等组成。为了保证换能器的性能，必须对换能器的各个组成部分进行严格的挑选和精心的设计[23~25]。

压电晶片主要是实现大功率及高效率的能量转换，因此应选择机械及介电损耗较低而压电常数和机电转换系数较高的材料。压电陶瓷晶片的数量、形状、直径和数量，主要是根据换能器的工作频率、工作模式、需要的声功率输出以及各种不同的应用场合来确定的。压电陶瓷片的位置对换能器振动性能的影响也是比较大的。根据理论、实验测试以及许多换能器设计工程师的实践经验，人们发现，在不同的应用场合，压电陶瓷晶堆的位置对换能器的影响关系是不同的。对于处于轻负载工作状态的压电陶瓷复合换能器，如超声加工、超声钻孔以及超声金属和塑料焊接等技术，由于换能器的负载较轻，因此换能器的振动位移较大，而电压不是太高，因此，对于轻负载换能器，换能器的机械损耗占主导地位，而换能器的介电损耗则较小。在这种情况下，当换能器的压电陶瓷晶堆偏离位移节点时，可以减少换能器的机械损耗，以避免陶瓷晶堆所受的应力过大而导致损坏及损耗增大。对于处于重负载工作状态下的压电陶瓷换能器，如超声清洗等，由于换能器的负载较重，因此换能器的振动位移较小，但需要的换能器驱动电压较高。在这种情况下，换能器的机械损耗较小，而介电损耗较大。为了尽量减少换能器的介电损耗，充分发挥压电陶瓷元件的机电转换能力，提高换能器的机电转换效率，应把压电陶瓷晶堆放在换能器的位移节点附近。

压电陶瓷晶片的数目及其总体积的决定，取决于压电陶瓷材料的功率容量。根据国外的资料报道，锆钛酸铅发射型陶瓷材料的功率容量为 6 W/(cm^3·kHz)。由此可见，对于高频换能器压电陶瓷的体积可以很小。但是从另一方面考虑，当频率升高时，换能器的内部机械和介电损耗也会相应的增大。因此应采用辩证的观点来看待这一问题。在现有的工艺条件下，换能器的功率容量一般取为 2~3 W/(cm·kHz)。

至于压电陶瓷元件的厚度，以及所利用的压电陶瓷片的数目选择，也需要仔细的全面考虑。这和换能器的电阻抗、机械品质因数以及机电耦合系数都有关系。晶片的厚度不能太厚，否则不易激励；但也不能太薄，因为太薄时会造成片与片之间的接触面太多，形成多个反射层，影响声的传播。在功率超声领域，单个压电陶瓷片的厚度一般取为 5~10mm。而换能器中压电片的总长度，即每片的厚度乘以数目，应为换能器总长度的 1/3 左右为宜。

夹心式压电陶瓷换能器的前质量块，即前盖板，主要是保证实现将换能器产生的绝大部分能量从它的纵向前表面高效的辐射出去。另一方面，前盖板实际上也充当一个阻抗变换器。它能够将负载阻抗加以变换以保证压电陶瓷元件所需的阻抗，从而提高换能器的发射效率，保证一定的频带宽度。这些作用的实现主要是通过适当选择前盖板的材料、几何尺寸和形状等因素。在水声及超声领域，换能器前盖板的材料基本上采用轻金属，如铝合金、铝镁合金和钛合金等。而换能器的后盖板则主要采用钢、铜等重金属，以便提高换能器的前后振速比，从而实现换能器的单向辐射。

在大功率超声换能器中，换能器的实际输出功率受到许多因素的限制。所有这些因素可以分为两大类，一是外部因素，二是换能器的内部因素。换能器的内部因素主要包括热极限、电极限和机械极限。影响换能器输出声功率的外部因素主要是由换能器的负载性质所决定的，也可以称为换能器的声极限。

下面将就换能器设计中的一些具体问题进行简要介绍，以便为换能器的实际设计提供一些有益的帮助。

2.1 功率超声压电陶瓷夹心式换能器的性能参数

对于大功率高强度超声换能器，换能器的电声效率是一个非常重要的参数。在一些实际应用技术中，假设换能器的相关参数满足关系 $k_{\text{eff}}\sqrt{Q_e Q_{m0}} \gg 1$，并且 $Q_l \ll 0.1Q_{m0}$，则换能器的电声效率可由下式近似给出：

$$\eta_{ea} \approx 1 - \frac{1}{k_{\text{eff}}^2 Q_e Q_l} - \frac{Q_l}{Q_{m0}} \tag{1}$$

式中，k_{eff} 是换能器的有效机电耦合系数，Q_{m0} 表示换能器的空载机械品质因数；Q_e 表示换能器的电学品质因数，它是换能器介电损耗因数 $\tan\delta$ 的导数；Q_l 是换能器仅由负载引起的机械品质因数；$1/(k_{\text{eff}}^2 Q_e Q_l)$ 表示换能器的介电损耗项，而 Q_l / Q_{m0} 则表示换能器的机械损耗项。从上述公式可以看出，换能器的电学和机械品质因数决定了换能器的电声效率。如果换能器的介电损耗和机械损耗忽略不计，即 $Q_e = Q_{m0} = \infty$，换能器的电声效率等于 1。一般情况下，轻的声负载对应高的机械品质因数，而重负载则对应低的机械品质因数。当换能器的声学品质因数满足 $Q_l = k_{\text{eff}}^{-1}\sqrt{Q_{m0}/Q_e} = Q_{lopt}$ 时，换能器的电声效率最大，其表达式为

$$\eta_{ea\max} \approx 1 - \frac{2}{k_{\text{eff}}\sqrt{Q_e Q_{m0}}} \tag{2}$$

很显然，当换能器的声学品质因数 Q_l 小于换能器的最佳声学品质因数 Q_{lopt} 时，公式(1)中的第三项可以忽略不计。也就是说，对于重负载的换能器，换能器的机械振动位移振幅较小，由此而引起的机械损耗可以忽略不计。另一方面，当换能器的声学品质因数 Q_l 大于换能器的最佳声学品质因数 Q_{lopt} 时，公式(1)中的第二项可以忽略不计。也就是说，对于轻负载的换能器，换能器的激励电压较低，由此而引起的介电损耗可以忽略不计。然而，值得指出的是，换能器的介电和机械损耗依赖于换能器的激励电场强度和换能器的机械位移振幅大小。在高的激励电场强度下，换能器的电学品质因数和空载机械品质因数不能看作常数，而且它们的数值也远小于小信号激励下的数值。

2.2　预应力对换能器振动性能的影响

在大功率压电陶瓷换能器的设计过程中，对预应力的选择、控制、测量以及预应力对换能器性能的影响等一直是人们非常感兴趣的一个问题，因为它涉及换能器的性能好坏。在现有的功率超声以及水声换能器中，预应力的施加通常有三种方法，即中心单螺栓法，外圆周多螺栓法以及外加预应力套。鉴于预应力均匀以及方便易行的原则，目前绝大部分换能器在构造过程中采用中心单螺钉方法。

利用金属螺杆对压电陶瓷施加预应力需要适当控制。预应力过小时，压电元件与接线电极片及金属块之间接触不良，导致界面之间的机械损耗增大，换能器的机械损耗阻抗也增大，而且对压电陶瓷材料的抗张强度的补偿作用也不明显，致使换能器的性能不佳。反之当换能器的预应力太大时，会使压电陶瓷材料发生退极化现象。如果预应力超过压电陶瓷材料的抗压强度会导致压电陶瓷材料破裂。有时预应力太大，会导致螺杆内的应力接近其材料的疲劳强度，从而埋下一个隐患。另一方面，在换能器的批量生产中，换能器的性能不一致，其原因除了机械零件加工和陶瓷材料元件性能不一致外，预应力的大小也有很大的影响。

预应力的施加通常采用力矩扳手，它可以实时地显示力矩的大小。有时为了更加精密的控制预应力，也可以采用其他的办法控制预应力。首先，可以通过测量压电陶瓷产生的应变来控制压电陶瓷元件所受到的应力，而应变的测量则是通过应变仪来完成的，如电阻式应变仪等。其次，利用压电效应，可以通过测量压电元件产生的电压来控制预应力。最后，也可以通过测量压电陶瓷元件因受压而产生的电荷量来控制其预应力，而所有这些方法都是利用压电陶瓷材料所特有的压电效应原理

而实现的。在实际过程中，预应力的控制一方面要借助于实验仪器的监控，更重要的是要靠实践经验。

关于换能器预应力的作用，可归纳为以下几点。第一，预应力可以对换能器的共振频率起到一定的微调作用，从而保证换能器共振频率等性能的一致。第二，适当的预应力基本上不会改变换能器组成材料的材料参数大小。第三，随着预应力的增大，换能器的共振频率升高，并最终达到一个稳定值。第四，预应力的增大，可以增加换能器有效接触面积，增大弹性波的作用范围，从而降低机械损耗。第五，对于常用的压电陶瓷材料，如 PZT-4 型材料，预应力选择在 300kg/cm^2 左右较为合适。当然这一数值的大小不是绝对的，因为预应力的大小与许多因素有关，例如接触面的光滑程度，机械零件的加工精度以及压电陶瓷元件性能的不一致等。

通过上面的分析可知，施加预应力对纵向振动夹心式压电陶瓷换能器是极为重要的，它是纵向夹心式换能器制造工艺中的关键，可以使纵向换能器承受大功率，提高换能器的可靠性、稳定性和一致性。

2.3 螺纹形状及几何尺寸对换能器振动性能的影响

在现在常用的夹心式压电陶瓷换能器中，基本上都采用中心螺钉或圆周螺钉紧固的方法。由于采用了预应力螺钉，对压电陶瓷施加了预应力，提高了压电陶瓷材料的抗张强度，使其机械强度可以和金属换能材料相比拟，从而提高换能器的功率重量比。同时，还可以提高换能器的可靠性和稳定性。预应力的适当选择在前面已作了简要的分析，其重要性也得到了人们的普遍认可。而作为提供预应力的预应力螺钉的研究，则很少见到报道。关于预应力螺钉的选择，主要牵涉到两方面的内容，一是螺钉材料的选择，二是螺钉形状及几何尺寸的选择。关于预应力螺钉的材料选择，主要是保证螺钉材料的高强度、高弹性以及低的机械损耗。根据理论及实际经验，目前用得最多的预应力螺钉的材料包括弹簧钢、工具钢、40 号铬钢、钛合金以及不锈钢等。为了保证螺钉材料的性能，对于要求较高的超声应用，还必须对螺钉材料进行适当的热处理。关于螺钉选择的第二方面就是螺钉的几何尺寸，如横截面积和长度等。影响螺钉的横截面积的因素很多，如频率、换能器的功率及辐射声强度等，而所有这一些都与预应力螺钉的预应力密不可分，因而其选择是很复杂的。一般情况下，决定换能器预应力螺钉横截面尺寸的主要因素就是换能器的功率，而换能器功率又和换能器的横截面积有关。因此，根据一些实际考虑，预应力螺钉的横截面尺寸应为换能其横向尺寸的 1/4~1/3 之间，以保证足够的机械强度。关于预应力螺钉的长度，原则上应越长越好，但考虑到工艺及成本等问题，预应力螺钉的最佳长度应为压电陶瓷元件总长度的三倍以上。至于具体的长度，还要考虑换能器功率及螺钉的螺距等因素的影响。在换能器预应力螺钉的选择过程中，螺钉的螺距选择是很重要的，它对换能器的性能影响很大。根据一般的原则，细牙螺纹优于粗牙螺纹，螺纹的螺距不能大于 2 mm，而对于同一种规格的螺钉，如同为细牙或粗牙螺纹，则螺距越细，换能器的性能越好。具体地体现为：预应力螺纹的螺距越细，换能器前后金属盖板与压电陶瓷的接触面之间受到的预应力越均匀，预应力螺杆本身受到的应力分布也越均匀，从而可保证换整个换能器较高的机械品质因数和较低的机械损耗，从而提高换能器的电声效率。以上分析仅是一些定性的结论，如果要详细地研究预应力螺钉的影响，则必须利用较为复杂的模型，例如螺钉的摩擦接触模型、螺钉的弹性形变及塑性形变等模型。

2.4　换能器的组成部件接触面情况对换能器振动性能的影响

换能器各组成部分接触面的光洁度和粗糙度对换能器性能的影响也是比较大的。首先，要求接触面必须光滑平整，以保证声波的传播。其次，必须控制接触面的粗糙程度，以保证尽可能大的有效接触。同时提高接触面的光滑和平整度也可以减少接触面之间的机械损耗，提高换能器的电声效率。采取的措施包括提高加工的精度，对于一些要求严格的场合，还需要对接触面进行研磨，同时对压电陶瓷元件的表面也进行研磨。另外，对于用中心螺钉固定的夹心式压电陶瓷换能器，预应力的施加可能导致螺栓周围的金属发生形变。为了不致因接触面的变形而影响换能器接触面的密合接触程度，可以在前后金属盖板的中间螺纹孔处再加工一个直径稍微大一点的小圆槽，这一小圆槽可以对螺栓的变形起到一定的补偿作用。

2.5　换能器的功率容量和功率限制的问题

关于换能器的最大输出功率，或称为功率容量或功率极限等问题，国内外一直没有一个普遍接受的统一说法。这其中的原因很多，而这其中最重要的是，对于大功率超声换能器，换能器的机电特性是非常复杂的。首先，大功率超声换能器的性能特性与换能器的材料、结构、振动模式、制作工艺、电端特性、机械端特性以及负载特性等有关；其次，大功率换能器的工作状态基本上属于非线性的，描述其电力声参数之间关系的表达式很难用解析的方法给出，从而限制了人们在这一方面的深入研究。然而，从定性的角度来说，换能器的功率极限可以分为电极限、机械极限、热极限和声极限。这其中换能器的最大声极限则是由换能器的电极限、机械极限和热极限所决定的。在计算换能器的电极限时，首先要确定最大允许电场强度，它取决于压电材料的退极化、介电损耗、绝缘破坏及非线性畸变等。换能器的电极限包含几方面的内容，首先换能器的电极限可以通过换能器中压电陶瓷元件所能承受的最大激励电压来加以定义，一般以每单位厚度所能承受的最大电压来表示，对于不同的压电陶瓷材料这一数值是不同的。通常，对于一般的发射型压电陶瓷材料，其最大激励电压为 2.5k~4kV。其次，换能器的电极限也可以通过另外一种定义加以描述，即换能器在输出最大的声功率时，所能承受的最大电功率。对于发射型压电陶瓷材料，其最大声功率大概为 2~5W/kHz/cm^3。一般情况下，为了提高换能器的电功率极限或激励电压，可以采用对压电陶瓷材料进行热老化处理和场老化处理的措施。换能器的机械极限主要由换能器组成部分所能承受的最大应力来衡量，主要是压电材料的最大允许动态和静态应力。一般情况下，发射型压电陶瓷材料的允许最大应力为 250kg/cm^2 左右。但是这一数值受材料的耐压程度、老化特性压电元件的刚性以及高应力下的退极化等因素限制。另外，过大的机械应力也会降低换能器的机电耦合系数。除此以外，换能器的输出功率及振动特性还受到换能器的热极限和声极限的限制。热极限主要是指换能器的最高工作温度，也就是受压电材料的居里温度所限制，一般情况下换能器的长期工作最高温度可达到陶瓷材料居里温度的一半。另外，采用强制的风冷和水冷也是提高换能器热极限的重要措施之一。至于换能器的声极限，正与上面所述，它是由电极限、机械极限和热极限密切相关的，可由上述三种极限加以分析。

3 功率超声换能器研究的一些新进展

3.1 大功率管状超声辐射器[26,27]

Frei 首次提出了一种用于超声清洗的新型超声波换能器——管状换能器(tube resonators)，结构如图 5(a) 所示。它由一个普通纵向振动换能器和一个圆管连接而成，圆管受换能器激励并将纵向振动转化为径向振动向周围液体辐射超声波。圆管可为实心也可为空心，其长度为振子工作时所对应半波长的整数倍。引线用于连接超声电源，引线处密封防止液体进入管中，保证实际使用时管形振子可以全部浸入液体中。由于该管状换能器沿管体均能辐射超声波，故其辐射面积较普通夹心式换能器大很多，而且它通过径向振动向周围辐射声能，所以产生的声场也比较均匀。后来，Walter 等人对管形振子进行了改进，通过在圆管两端使用两个纵向振动换能器同时激励，从而更有效地将纵向振动转化为径向振动，并称这种振子为推拉换能器(push-pull transducers),其结构如图 5(b) 所示，它和图 5(a) 所示管状换能器的结构相似，不同的是此时圆管两端均有纵振换能器激励，两个换能器通过内部导线相连接，最后经引线连接到超声电源。当圆管长度为振子工作时所对应半波长的奇数倍时，两个纵振换能器需同相激励；相反，当圆管长度为半波长的偶数倍时，两端的换能器需反相激励。虽然上述两种超声换能器的名称不同，但它们的结构相似，工作原理相同，可归结为同一类换能器。目前，瑞士 TELSONIC、美国 CREST 等公司均推出了该类换能器的系列化产品，工作频率有 20kHz、25kHz、30kHz、40kHz，输出功率最高达 2000W，振子最长近 1.5m。我国也有单位于近年研制成功了此类管状换能器。

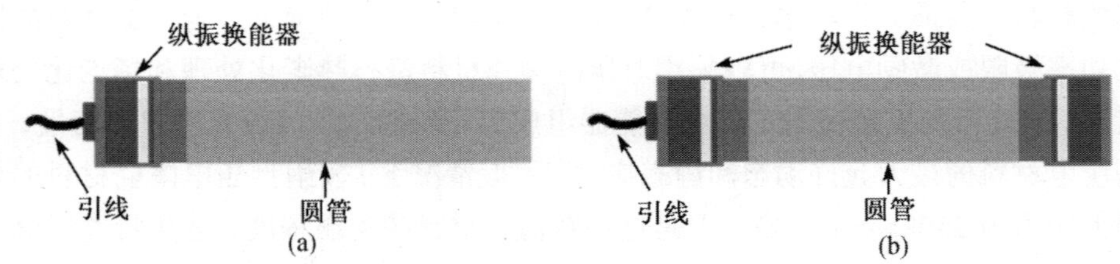

图 5　管状换能器结构示意图

3.2　复频换能器研究[28~32]

在超声清洗以及声化学等应用中，需要宽频带或具有多个共振频率的换能器。尽管可以利用电路技术中的扫频技术，但由于传统的夹心式压电换能器的频带较窄，因此扫频技术的效果不很理想。为了使换能器的频带加宽，或设计具有多个共振频率的换能器，可以采用措施包括：(1) 通过改变换能器电端匹配电路中的电感可以改变换能器的共振频率；(2) 通过调节换能器被动端电感和电容可以改变换能器共振频率；(3) 利用换能器的径向振动和纵向振动之间的耦合振动可以对换能器的共振频率和频带进行调节；(4) 利用穿孔换能器可以展宽换能器的频带；(5) 利用换能器辐射头的弯曲也可以展宽换能器的频带宽度；(6) 利用矩形辐射板的弯曲振动，可以实现复频功率超声换能器，如图 6 所示。

图 6　弯曲振动矩形辐射板复频超声换能器

3.3　大功率气介超声换能器的研究[33~38]

西班牙学者提出了一种由纵向振动夹心式压电陶瓷超声换能器与弯曲振动板(圆板或矩形板)组成的大功率气介超声换能器(图 7)，通过相位补偿技术，单个换能器的辐射功率可以达到 500W，电声效率可以达到 75%。换能器的辐射面直径可以达到 1m。此类换能器主要用于超声除尘、超声去泡沫以及超声清洗纺织品等。

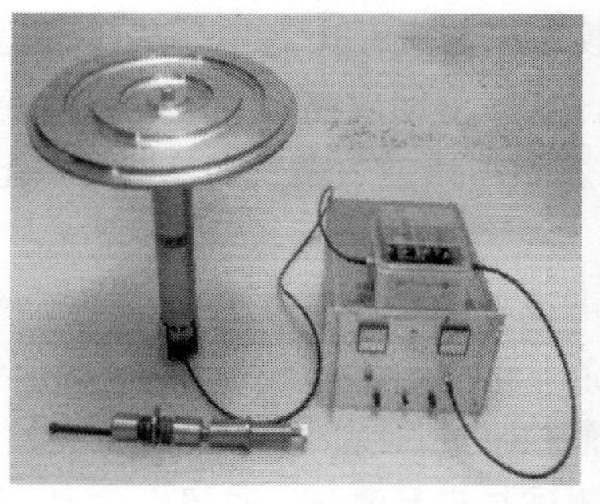

图 7　大功率气介超声换能器

3.4　复合振动模式换能器的研究[39~42]

随着超声技术的发展，一些新的超声应用技术对超声振动能量的传播方式及作用形式提出了不同的要求。例如超声旋转加工等需要扭转或纵-扭复合振动模式超声换能器；超声振动切削以及超声外科手术需要弯曲以及纵-弯复合模式超声换能器；超声马达需要纵-扭、纵-弯或扭-弯复合振动系统。另外，一些传统的超声应用技术，如超声焊接、超声疲劳实验等，为了提高振动能量的作用效果，往往也需要一些复合模式的超声振动系统。

组成复合模式超声振动系统的基本振动模式主要是纵向振动模式、扭转振动模式以及弯曲振动模式三种。产生纵向振动模式的压电陶瓷元件中的外电场激励方向与压电陶瓷元件的极化方向是一致的；而产生扭转振动模式的压电陶瓷元件的外电场激励方向与压电陶瓷元件的极化方向是相互垂直的。弯曲振动模式实际上是一种振动模式的转换。

在有关复合模式超声换能器的研究中，目前的研究热点在于如何实现同一换能器中不同振动模式的同频共振、不同振动模式之间的相互影响、以及不同振动模式的负载特性和输入阻抗特性。

另外，在一些特殊的场合，例如超声拉拔金属丝或金属管的应用中，需要超大功率的超声波。由于现有的单个换能器的功率容量有限，很难达到所需的超声功率，此时可以应用大功率的超声功率合成器[43~45]，如 R-L 或 L-L 振动方向变换器等。

4　结束语

功率超声是超声学中一个重要的传统研究方向，其应用遍及航空、航海、国防、生物工程以及电子等各个领域。超声技术已成为国际上公认的高科技领域，可以预见，随着科学技术的发展，它必将在我国的国民经济建设中发挥越来越大的作用。

然而，功率超声的各种应用发展并不平衡。一种新的功率超声技术能否很快从实验室走向工业化，取决于它的经济性和可替代性。这一规律决定了一些功率超声技术，如超声清洗和超声焊接等，发展规模越来越大；而其他一些功率超声技术，如超声加工、超声提取和超声金属成型等，从提出到现在，几十年规模变化不大；而另外一些功率超声应用技术，如超声干燥和超声空气清洗等，基本上已经不再存在。

功率超声的产生和测试技术与功率超声技术的发展息息相关。关于功率超声的产生，目前的发展方向主要包括高效、廉价、无污染的新型换能材料的研制，新的换能机理的研究以及换能器分析方法的完善和改进。换能器的测试技术则主要体现在如何实现大功率超声换能器性能的实时测试与定量测试，如超声功率、超声空化场等的定量测试等。

功率超声的产生与测试是功率超声技术中的两个主要的研究方面，其发展是相互联系相互促进的。就目前的发展来看，功率超声的测试技术发展滞后于功率超声的产生技术研究，需要引起从事功率超声技术工作人员的重视。可以预见，随着功率超声测试技术的水平提高，功率超声技术的发展必将出现一个崭新的时代。

致谢

本文工作得到了国家自然科学基金(10274046，10674090)、教育部博士点基金(20050718003)以及教育部优秀青年教师资助计划(教人司[2003]355 号)的资助，特此致谢。

参 考 文 献

[1] 冯若，等. 超声手册. 南京：南京大学出版社, 1999.
[2] 张沛霖，张仲渊. 压电测量. 北京：国防工业出版社, 1983.
[3] 周福洪. 水声换能器及基阵. 北京：国防工业出版社, 1984.
[4] 陈桂生. 超声换能器设计. 北京：海洋出版社, 1984.
[5] 栾桂东，张金铎，王仁乾. 压电换能器和换能器阵. 北京：北京大学出版社, 1990.
[6] 应崇福. 超声学. 北京：科学出版社, 1993.
[7] 袁易全. 近代超声原理与应用. 南京：南京大学出版社, 1996.
[8] 程存弟. 超声技术-功率超声及其应用. 西安：陕西师范大学出版社, 1992.
[9] 路德明. 水声换能器原理. 青岛：青岛海洋大学出版社, 2001.
[10] 袁易全. 超声换能器. 南京：南京大学出版社, 1992.
[11] 林书玉. 超声换能器的原理与设计. 北京：科学出版社, 2004.
[12] Mason W P. Physical Acoustics. Vol.1, New York & London: Acedamic Press, 1964.
[13] Brown B, Goodman J E. High-intensity ultrasonics. London: Iliffe Books Ltd, 1965.
[14] Rozenberg L D. Sources of high-intensity ultrasound. New York: Plenum Press, 1969.
[15] Mattiat O E. Ultrasonic transducer materials. New York & London: Plenum Press, 1971.
[16] Mori E, Ito K. Measurement of the acoustical output power of ultrasonic high power transducer

using electrical high frequency wattmeter. Proc. Ultras. Inter. Brightton, 1981: 307.

[17] Kikuchi Y. Ultrasonic transducers. Tokyo: Corona Publishing Company Ltd, 1969.

[18] Lin S Y, Zhang F C. Measurement of ultrasonic power and electro-acoustical efficiency of high power transducers. Ultrasonics, 2000, 37(8): 549.

[19] 林书玉. 一种测量功率超声振动系统振速比的简单方法. 应用声学, 2000, 19(4): 31.

[20] 梁召峰, 周光平, 林书玉. 大功率低频超声场测量研究进展. 声学技术, 2004, 23(1): 61.

[21] 林书玉. 超声换能器的高功率性能测试. 物理, 1992, 21: 234.

[22] 林书玉, 张福成, 周光平, 等. 一种近似测量换能器效率及其等效电路参数的简易方法. 应用声学, 1990, 9(5): 29.

[23] Lin S Y. Analysis of the sandwich piezoelectric ultrasonic transducer in coupled vibration. J. Acoust. Soc. Amer. 2005, 117(2): 653.

[24] Lin S Y. Load characteristics of high power sandwich piezoelectric ultrasonic transducers. Ultrasonics, 2005, 43(5): 365.

[25] Lin S Y. Optimization of the performance of the sandwich piezoelectric ultrasonic transducer. J. Acoust. Soc. Amer. 2004, 115(1): 182.

[26] 周光平, 梁召峰, 李正中, 等. 超声管形聚焦式声化学反应器. 科学通报, 2007, 52(6): 626.

[27] 梁召峰, 周光平. 一类用于清洗的新型超声波振子. 清洗世界, 2006, 22(8): 25.

[28] 林书玉, 张福成, 郭孝武. 一种具有多共振频率的功率超声换能器. 声学技术, 1994, 13(4): 164.

[29] Lin S Y. Study on the multifrequency Langevin ultrasonic transducer. Ultrasonics, 1995, 33(6): 445.

[30] 林书玉. 复频超声换能器的研究. 声学与电子工程, 1995, 1: 9.

[31] 林书玉. 夹心式压电超声复频换能器的研究. 压电与声光, 1995, 17(5): 19.

[32] 何涛, 林书玉, 梁兆峰. 多频扭转夹心式换能器研究. 陕西师范大学学报, 2004, 32(1): 47.

[33] Juarez J A G, Corral G R, et al. A macrosonic system for industrial processing. Ultrasonics, 2000, 38: 331.

[34] Juarez J A G, Corral G R, et al. An ultrasonic transducer for high power applications in gases. Ultrasonics, 1978, 16: 267.

[35] Juarez J A G, Corral G R, et al. Electroacoustic unit for generating high sonic and ultrasonic intensities in gases and interphases. US Patent, 1994: 5 299 175.

[36] de Sarabia E R F, Juarez J A G, et al. Application of high-power ultrasound to enhance fluid/solid particle separation processes. Ultrasonics, 2000, 38(1-8): 642.

[37] de Espinosa F M, Juarez J A G. A directional single element underwater acoustic projector. Ultrasonics, 1986, 24: 100.

[38] Juarez J A G, Corral G R, et al. Recent developments in vibrating-plate macrosonic transducers. Ultrasonics, 2002, 40: 889.

[39] Lin S Y. Study on the langevin piezoelectric ceramic ultrasonic transducer of longitudinal-flexural composite vibrational mode. Ultrasonics, 2006, 44: 109.

[40] Lin S Y. Composite mode ultrasonic transducers. Xian: Shanxi Normal Univ. Press, 2003.

[41] Lin S Y. Study on the pre-stressed sandwich piezoelectric ceramic ultrasonic transducer of torsional-flexural composite vibrational mode. J. Acoust. Soc. Amer. 2002, 112(2): 511.

[42] Lin S Y. Study on the half-wavelength resonant cylinder with slanting slots in longitudinal-

torsional compound ultrasonic vibration. Acustica, 2000, 86(6): 992.

[43] Tsujino J, Ueoka T. Characteristics of large capacity ultrasonic complex vibration sources with stepped complex transverse vibration rods. Ultrasonics, 2004, 42: 93.

[44] Tsujino J, Ueoka T, et al. Transverse and torsional complex vibration systems for ultrasonic seam welding of metal plates. Ultrasonics, 2000, 38: 67.

[45] 林仲茂. 超声变幅杆的原理及设计. 北京: 科学出版社, 1985.

超声化学法合成功能纳米材料

朱俊杰[1]，耿 珺[1,2]

(1 南京大学化学化工学院，南京 210093；
2 江苏教育学院化学系，南京 210013)

1 引言

纳米科学技术是 20 世纪 80 年代诞生并逐渐崛起的新兴科技，它的基本内涵是：在纳米尺寸(10^{-10}~10^{-7}m) 范围内认识和改造自然，通过直接操作和安排原子、分子创造具有特定功能的新的物质材料[1]。早在 1959 年，美国著名的物理学家，诺贝尔奖获得者 Richard Feynman 就曾设想："如果有朝一日人们能把百科全书存储在一个针尖并能移动原子，那么这将给科学带来什么！"这正是对纳米科技的预言，也就是人们常说的小尺寸大世界。

纳米科技所研究的领域是人类过去从未涉及的非宏观、非微观的中间领域，从而开辟了人类认识世界的新层次,也使人们改造自然的能力直接还原到分子、原子，这标志着人类的科学技术进入了一个新时代——纳米科技时代。美国 IBM 首席科学家 Armstrong 说[2]:"正像 70 年代微电子技术产生了信息革命一样，纳米科学技术将成为下一世纪信息时代的核心"。著名科学家钱学森也预言："纳米和纳米以下的结构是下一阶段科技发展的一个重点，会是一次技术革命，从而将是 21 世纪又一次产业革命"。显然，纳米新科技将成为 21 世纪科学的前沿和主导科学。

纳米材料和技术是纳米科技领域富有活力、研究内涵十分丰富的科学分支。"纳米"作为一个尺度的度量，把这个术语用到技术上最早是在 1974 年底的日本，但是以"纳米"来命名的材料是在 20 世纪 80 年代。它作为一种材料的定义把纳米颗粒限制在 0.1~100nm 范围内。当回顾自然的结构时，会发现自然界中存在着无数的天然纳米结构材料，如蒙脱石、滑石、氟化云母等。而自然界的纳米结构不仅是非生命的，也有许多是生命体内的，如人的骨头、牙齿、细胞内部结构等等；自然界的叶子、树的组织等也无不体现着纳米结构的存在，特别是其神奇的有序性组装等，是难以穷尽的。而人工制造的纳米材料，早在一千多年以前，我们的祖先就有了制造和使用纳米材料的历史。如我国古代利用燃烧蜡烛的烟雾制成炭黑作为墨的原料以及用于作色的染料，就是最早的纳米材料。现在，广义地，纳米材料是指在三维空间中至少有一维处于纳米尺度范围或由它们作为基本单元构成的材料。如果按维数划分，纳米材料的基本单元可分为三类：(1) 零维，指在空间三维尺度均处于纳米尺度，如纳米尺度颗粒、原子团簇等；(2) 一维，指在空间有两维处于纳米尺度，如纳米线、纳米带、纳米棒和纳米管等；(3) 二维，指在三维空间中有一维在纳米尺度，如超薄膜、多层膜、超晶格等。因为这些单元往往具有量子性质，所以对零维、一维和二维的基本单元分别又有量子点、量子线和量子阱之称。

纳米材料尺寸上介于单原子/分子和单晶的块材料之间,其性质也介于量子力学所描述的这两种状态的性质之间，因而显示出一系列独特的电学、磁学、光学和催化性能。这些特性包括电子能级的不连续性、量子尺寸效应、小尺寸效应、表面效应、宏观量子隧道效应和库仑阻塞与量子隧穿效应等[1]。量子尺寸效应[3]是指当粒子尺寸降到某一值时，金属费米能级附近的电子能级由准连续变为分立能级的现象,以及纳米半导体微粒存在不连续的最高被占据分子轨道和最低未被占据分子轨道能级能隙变宽的现象均称为量子尺寸效应。能带理论表明，金属费米能级附近电子能级一般是连续的，这一点只有在高温或宏观尺寸情况下才成立。对于只有有限个导电电子的超微小粒子来说，低温能级是离散的；对于包含无限个原子的大粒子或宏观物体能级间距几乎为零；而对纳米粒子所包含的原子数有限，能级间距发生分裂，这将会导致纳米粒子的磁、光、声、热电及超导电性与宏观物体有显著不同。如纳米粒子所含的电子数的奇偶性不同，低温下的比热、磁化率有极大差别，而块材料的磁化率和比热与电子数的奇偶性无关。此外，纳米粒子的光谱线频移、催化性质也与粒子所含电子数的奇偶性有关，导体变为绝缘体。小尺寸效应[4]是指当超微粒子的尺寸与德布罗意波以及超导态的相干长度或透射深度等物理特征尺寸相当或更小时，晶体周期性的边界条件将被破坏；非晶态纳米粒子的表面层附近原子密度减小，导致声、光、电、磁、热力学等特性呈现新的小尺寸效应。例如，磁有序态向磁无序态、超导相向正常相的转变；光吸收显著增加并产生吸收峰的等离子体共振频移；声子谱发生改变等。如强磁性纳米粒子(Fe-Co 合金，氧化铁等)，当颗粒尺寸为单磁畴临界尺寸时具有很高的矫顽力，可制成磁信用卡、磁性钥匙、磁性车票等，还可以制成磁性液体，广泛用于电声器件、阻尼器件、选矿等领域。纳米粒子的熔点远远低于块状金属，此特性为粉末冶金工业提供了新工艺。利用等离子体共振频率随颗粒尺寸变化的性质，可通过改变尺寸控制吸收边的位移，制造具有一定频宽的微波吸收材料，可用于电磁波屏蔽、隐形飞机等。表面效应[4,5]是指随着粒径减小，表面原子数迅速增加，表面能增高。由于表面原子增多、原子配位不足及高的表面能，使表面原子有很高的化学活性，极不稳定，很容易与其他原子结合。这种表面原子的活性，不但引起纳米粒子表面输运和构型的变化，同时也引起表面原子自旋构象和电子能谱的变化。例如化学惰性的 Pt 制成纳米微粒 Pt 后成为活性极好的催化剂。微观粒子具有穿越势垒的能力称为隧道效应。人们发现一些宏观量，例如微粒的磁化强度，量子相干器件中的磁通量也具有隧道效应，称为宏观量子隧道效应[6]。宏观量子隧道效应对基础研究及实际应用都有重要意义。量子尺寸效应和隧道效应将会是未来微电子器件的基础，或者说它确定了现存微电子器件进一步微型化的极限。当微电子器件进一步细化时，必须考虑上述量子效应。

2 纳米材料的主要制备方法概述

由于纳米材料的特殊层次和相态，若想将其特殊性能以材料的形式加以应用，则必须使它以某种形式与体相材料实现复合与组装。为了实现这种组装，对纳米粒子的尺寸大小、粒度分布、组装维数、表面修饰的控制是研究的关键，而好的制备和组装方法可以保证上述过程的实现。

制备纳米材料的方法总体上可分为气相法、液相法和机械粉碎法三大类。气相法在纳米微粒制备技术中占有重要地位，利用气相法可以制备出纯度高、粒径分布窄而小的纳米超微粒，尤其是通过控制气氛可制备出液相法难以制备的金属碳化物、硼化物等非氧化物的纳米超微粒。气相法主要包括气相冷凝法、溅射法、混合等离子法、激光诱导化学气相沉积法(LICVD)和化学气相沉积法(CVD)等。液相法不需要复杂仪器，通过简单的溶液过程就可以得到纳米材料，而且可以很方便的调控所得材料的组成、结构、形貌，并实现纳米结构的进一步组装，液相法制备纳米材料发展非常迅速，液相法包括化学沉积法、水热法、微乳液法和溶胶凝胶法等。这些方法相对而言出现得较早，被研究得较多，因而也发展得相对成熟，而且各有优势，但依然存在一些缺点，应用范围也有一定的限制。探寻方便、快捷、高效的新方法来制备纯度高、粒径分布窄而且形态均一的纳米材料一直是合成化学家和材料科学家们共同努力的方向。近些年来，一些新的方法被用于纳米材料的制备并初步显示了其优越性。这其中包括γ射线辐射法[7]、模板合成法[8]、光化学方法[9]、溶剂热方法[10]和低温固相反应法[11]等。这些方法的出现，大大扩展了纳米材料的制备手段，极大地推动了纳米材料科学研究的进一步发展，为纳米科学技术注入了新的活力。

而近些年来，超声技术被广泛地应用在纳米材料的合成中，由此产生的超声化学法和超声电化学方法为新型纳米结构的生成提供了一个独特的平台。下面将对超声化学进行简单的介绍。

3 超声化学简介

超声化学是超声技术与化学相结合的产物，它通过对化学反应体系施加超声辐照从而引发、促进或形成新的化学反应。20世纪20年代Rechards和Loomis首次报道了超声波的化学和生物学作用，90年代Suslick课题组对超声化学机理等进行了深刻的研究，超声化学取得了前所未有的进展，受到极大的关注与重视，已广泛应用于催化、有机合成、材料制备等领域。

超声波是由一系列疏密相间的纵波构成的，并通过液体介质向四周传播。超声波为一种机械波，其速度一般为1500m/s左右，频率在15k~10MHz之间，波长为10~0.01cm，该尺寸远大于分子尺寸，说明超声波本身不能直接对分子起作用，而是通过对分子周围环境的物理作用转而影响分子，所以超声波的作用与其作用的环境密切相关。超声波所作用的环境，包括固相、液相(均相、非均相)和液-固相三种。在均相液体中，超声波通过液体时，产生的机械波推动液体质点运动形成膨胀波和压力波，当膨胀波足够大时，它推动液体形成气泡——空化压力波沿着气泡压去时，另一个膨胀波产生，所以在超声波的作用方向上，可以得到一系列气泡，多达20000个/s。气泡在声场中的产生叫空化(cavitation)，空化过程包括气泡核的产生、长大和崩裂，当超声波能量足够高时，就会产生“超声空化”现象[12]。

空化气泡的寿命约0.1μs，它在崩裂时可释放出巨大的能量，并产生速度约110m/s的具有强烈冲击力的微射流，使碰撞压力高达1.5kg/cm^2。空化气泡在崩裂的瞬间产生约4000 K和180MPa的局部高温高压环境，冷却速度可达 10^{10} K/s[13,14]。为了比较，如果我们把一块红热的铁投入冰水中，冷却速率大致在每秒几千度。如果将熔融的金属放到液氮表面，冷却速率为每秒几百万度。当气泡在声场中长大并与声场产生共振时，它吸收声场能量，但周期却极为短暂；一旦气泡吸收能量就不再与声场同步，泡表面与下一个压力波产生冲击，在次微秒内马上破灭。当气体受到压缩时，产生巨热，气体压缩快，气泡所吸收的能量来不及送出去，所以其瞬时产生的能量因作用范围小而导致其周围温度、压力剧增，这就是为什么超声波在瞬时产生高热高压的原因。这些条件足以使有机物在空化气泡内发生化学键断裂、水相燃烧或热分解，并能促进非均相界面间的扰动和相界面更新，从而加速相界面的传质和传热过程。化学反应和物理过程的超声强化作用主要是由液体的超声空化产生的能量效应和机械效应引起的。

对于超声空化的理解有助于我们将超声化学与其他化学形式做比较。基本上，化学是能量与物质的相互作用。控制相互作用的参数有作用时间、作用的总能量和压力，可以用三维图来描述。三维图可以显示中等压力、时间和能量下的热化学，以及高压力、长作用时间下的高压化学的鞋跟状的区域。超声化学的区域接近光化学和火焰化学。所有的区域都是相联系的，因为它们都是相互作用的能量和物质的各种形式。但是，每种化学又因其在三维空间中占有不同的区域而具有自己独特的特点。

化学家和物理学家在超声化学领域里完成了许多开创性的研究工作。他们发现超声的化学和一些机械性的作用是由于在稀薄或负压期间产生的空化引起的。在负压周期中，液体在含一些气体杂质的成核位点上被断开，形成空穴。成核位点在流体中也称为“弱斑点”。当使用超声时，空化作用直接与介质中存在的粒子的密度成正比[15]。当体系中没有溶解气体时、当声强度小于体系空化所需声强度或当反应物的挥发性不足以进入空化形成的气泡中时，观察不到超声引起的化学效应。超声的物理和化学作用是稳态空化和瞬态空化的结果。现有两种理论解释超声的化学作用，即“热点理论”(hot-spot theory)[14]和电学理论(electrical theory)[16,17]。“热点理论”假定，当气泡空化时，形成区域化的热斑，其温度可达到5000K，压力可达到5×10^7 Pa。电学理论假定，在空化气泡的表面产生电荷，形成横跨气泡的巨大电场梯度，该电场梯度的崩溃导致键的断裂[14]。尽管Margulies报道了许多与热点理论相矛盾而支持电学理论的现象，但是人们更普遍地接受热点理论。Lepoint-Mullie等[17]认为电学理论在超声发光和超声化学中作为一种有效的机理是不完整的。反应体系的外部条件强烈地影响空化强度，而空化强度直接影响反应速率和产率。这些外部条件包括反应温度、流体静力学压力、辐射频率、超声功率和超声强度。显著影响空化强度的其他因素有溶解气体的存在和性质、溶剂、样品和缓冲液。超声频率能改变空化气泡临界大小，因此，超声频率对空化过程有显著的影响。非常高的频率使空化作用由于下列原因而减小：(1) 声波在其稀薄周期内产生的负压在它的持续时间内引发空化强度不足以产生显著的空化效应；(2) 压缩周期比微气泡破裂所需的时间短。在过去，大部分超声化学反应在20~50kHz频率范围内进行，这是因为频率的改变对几个反应体系，例如二硫化碳的溶解，没有表观的影响。然而，当代研究发现，在其他反应中，例如氧化反应，高频率产生高反应速率。氧化速率的巨大增加并不是由于比较大的输入功率，而是由于空气存在下体系中产生的自由基所致。最佳频率决定于体系的特殊性和所需的温度和压力(因此被低频率增强)，或决定于单电子转移速率(被高频率增强)。许多研究者发现，随着输送到反应体系中功率的增加，反应速率也随着增加，随后反应速率随着功率的继续增加而降低。对于高功率时反应速率降低的一种可能的解释是在探针尖附近形成一个空化气泡氛阻碍了能量从探针向流体的传输[18]。最佳功率的大小也决定于操作频率。

超声发光是与空化有关的光发射，是1934年由Frenze和Schultes发现的。当把水浴暴露在强超声下，他们观察到弱发光。尽管已经提出了几种假设，但是，什么引起这种发光目前还没有普遍一致的解释。他们认为主要是由于在空化气泡破裂中产生的自由基重新结合的原因[19]。但是，Suslick等[20]认为光发射是由热产生的化学发光引起的。超声的物理和化学作用的理论还很不完善，只是形成了一些定性的成果，从一些现象中获得了一些规律性的结论，机理的研究和理论的完善是当前一个十分重要的研究课题[21]。

超声化学是声学与化学相互交叉渗透而发展起来的一门新兴的边缘学科，目前仍处于探索阶段，但已引起了世界各国有关研究者的重视。1986年4月14日英国《泰晤士报》曾作过这样的评论：“一场新的工业革命正在兴起，取代了塑料、清洁剂、药品和农药等传统的制造方法。新的工艺因为不需要现在所用方法中的高温高压，就会更安全。新的工艺也会更加便宜，因为所需燃料比提供热能以活化化学反应所需燃料要少。在室温下注入能量的方法，是靠超声化学这一新兴学科的发现而取得的”。利用超声能量能够加速和控制化学反应、提高反应产率、改变反应途径、改善反应条件以及引发新的化学反应等[14,22,23]。

声化学效应的主要机制是声空化(包括气泡的形成、生长和崩裂)。在超声辐射系统中，声化学反应可发生在三个区域，即空化气泡的气相区、气液过渡区和本体液相[24]。(1) 空化气泡的气相区由空化气体、水蒸气及易挥发溶质蒸气的混合物组成，它处于空化时的极端条件。在空化气泡崩裂的极短时间内，气泡内的水蒸气可发生热分解反应，产生OH·和H·自由基，并且非极性、易挥发溶质的蒸气也会进行直接热分解；(2) 气液过渡区是围绕气相的一层很薄的超热液相层，含有挥发性的组分和表面活性剂(假如反应体系中有的话)。它处于空化时的中间条件，此处存在着高浓度的H·和OH·自由基，且水呈超临界状态；(3) 本体液相区，它基本处于环境条件，在前两个区域未被消耗的氧化剂，如OH·自由基，会在该区域继续与溶质反应，但反应量很小。非挥发性溶质的反应主要在边界区(气液过渡区)或在本体溶液中进行。液体与固体界面处的空化与纯液体中的空化有着很大的不同。由于液体中的声场是均匀的，所以气泡在崩裂过程中会保持球形。而靠近固体表面的空化泡崩裂时为非球形，气泡崩裂时会产生高速的微射流和冲击波，射流束的冲击可以造成固体表面凹蚀，并可除去表面不活泼的氧化物覆盖层。在固体表面处，因空化泡的崩裂产生的高温、高压，能大大促进反应的进行。在化学反应过程中，超声辐射可以连续地清洗反应金属的表面，从而提高反应速度。这种反应活性的增加，意味着反应可以在低温下进行且易于控制。超声波可改变液体、固体发生化学反应的途径，它所产生的高温和高压可使声化学通过一条不同寻常的途径来促成声能量和物质的相互作用。

功率超声波的频率范围为 20~100kHz，声化学研究使用的超声波频率范围为200k~2MHz，其中功率超声主要利用了超声波的能量特性而声化学则同时利用了超声波的频率特性。在纳米材料的制备中多采用功率超声，其中，有的利用了空化过程的高温分解作用，有的利用了超声波的分散作用(如超声雾化)，有的利用了超声波的机械扰动对沉淀形成过程的动力学影响，以及超声波的剪切破碎机理对颗粒尺寸的控制作用。实际上，到底哪一种机制在起主导作用取决于纳米材料的制备途径以及溶剂和反应体系的性质。为了在实验室中将超声引入溶液，我们使用一种由固体钛棒构成的高能超声探头，探头与压电陶瓷相连，输入频率 20kHz，电压 500V。这个可购买的仪器可以调节温度，也可以控制溶液上方的气氛，可用于小规模工作。

4　超声化学在制备纳米功能材料方面的应用

近些年来，超声辐射的一系列的特殊效应引起了材料科学家和合成化学家们越来越多的关注。超声化学方法已成为制备具有特殊性能新材料的一种有用的技术。

声空化所引发的特殊的物理、化学环境已为科学家们制备纳米材料提供了重要的途径。超声波对反应体系的作用主要表现在：利用超声能量进行分散；利用空化过程进行高温分解；利用剪切破碎机理对颗粒尺寸进行控制；利用机械搅动影响沉淀的形成过程。

用超声化学分解高沸点溶剂中的挥发性有机金属前体时,可以得到具有高催化性能的各种形式的纳米结构材料，如纳米结构金属、合金、碳化物和硫化物、纳米胶体和纳米结构催化剂等[24]。在制备方法上主要有：超声雾化分解法、金属有机物超声分解法、化学沉淀法和超声电化学法[25]。著名的声化学家，美国Illinois大学Urbana Champeign分校的Suslick教授，其研究小组在纳米结构材料的合成方面做了大量的工作。早在1991年Suslick[26]就利用超声辐射方法诱导金属羰基化合物$Fe(CO)_5$的分解从而制备了无定形的Fe纳米粒子，产物为粒径约4~6nm的粒子组成的聚合体，磁性研究结果表明，这种非晶形为一种非常软的铁磁性材料，居里温度高达580K。Suslick等还利用超声化学技术制备了多种纳米结构的金属、合金、碳化物、氧化物及硫化物的纳米材料，并成功地将这些纳米材料应用于催化领域。其工作在1999年的材料科学年度综述中被全面地总结和评价[23]。以色列Bar-Iran大学的Gedanken教授课题组[27,28]在超声合成纳米材料领域内开展了大量的工作,大大拓展了超声方法在合成纳米材料领域里的应用，尤其是在超声合成纳米孔结构材料、超声合成核壳结构纳米复合材料和超声多羟基过程制备硫属化合物纳米粒子[29]等方面的工作具有开创性的意义。南京大学朱俊杰课题组在超声化学合成硫族化合物半导体材料，包括一系列V-VI族和IV-VI族主族金属硫属化合物、II-VI族过渡金属硫属化合物以及其他一些过渡金属硫化物和氧化物纳米半导体材料亦有一定进展。例如王辉等[30]采用超声化学方法合成了一系列的硫属金属化合物，徐庶等[31]采用超声化学的方法构建了一系列纳米粒子空心球状团簇，一维量子点组装，核壳结构材料和无机有机复合材料。

在超声体系中合成的纳米材料具有各种形态，如粒子[32]，棒状[33]，线状[34]，管状[35]以及多孔状[36]。由此可见，超声化学方法不仅可以用来合成众多非常有用的材料，还可以通过此方法来控制和制备不同形态和不同性质的材料，这将有助于纳米科学技术的发展。但是，在超声化学领域里的研究还处于开始阶段，对超声化学反应条件下各类纳米材料的反应机理还有待于进一步深入研究。

下面将列举近期一些超声化学法在纳米材料合成方面的应用，主要包括金属、半导体和其他一些功能纳米材料的合成。

4.1 超声化学法合成金属纳米材料

近些年来，纳米尺度的金属得到了科学界各个领域的广泛关注，这是因为金属纳米材料跟体材料相比较而言有着明显不同的、突出的催化、电学、磁性、光学以及机械特性[37]。除此以外，金属纳米材料在光学器件，表面增强拉曼方面也有较多的应用[38]。

Gedanken等[39]将超声作用于二氧化硅微球、硝酸银和氨水的混合液，在氩气和氢气气氛中反应90min，得到了Ag-SiO_2纳米复合物(图1)。平均直径5nm的银纳米粒子通过超声作用沉积在二氧化硅微球上。银纳米粒子的形成与水分子吸收超声后产生的自由基有关：H_2O))))))H · + · OH。产生的H自由基作为还原剂引发如下反应：Ag^++ H · =Ag^0+H^+。而银纳米粒子结合在二氧化硅表面则与气泡崩裂后产生的微射流和冲击波有关。

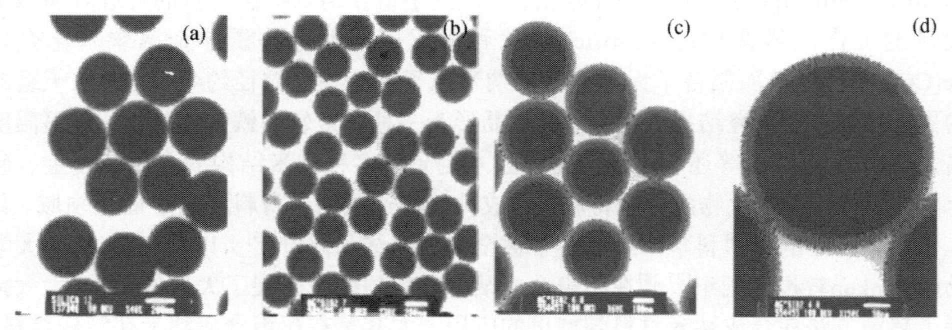

图1　(a,b) 二氧化硅微球的TEM图像，(c,d) 银纳米粒子沉积在二氧化硅微球上的TEM图像

Gedanken研究组[40]后续又发展了利用超声辐射将一系列金属纳米晶体(Au, Ag, Pd, Pt)沉积到聚苯乙烯球上的方法。

姜立萍等[41]采用超声化学的方法在DMF 溶液中合成了均一的片状银和环状金纳米结构(图2)。由于分散剂聚乙烯吡咯烷酮(PVP) 在不同晶面上的选择性吸附以及超声辅助下的Ostwald ripening 过程，从而导致了银片状结构的产生。这种片状结构可以作为模板进一步在超声作用下通过置换反应生成金的环状结构。所合成的银片和金环均以(111) 面为基面，并且均为高度定向的单晶结构。

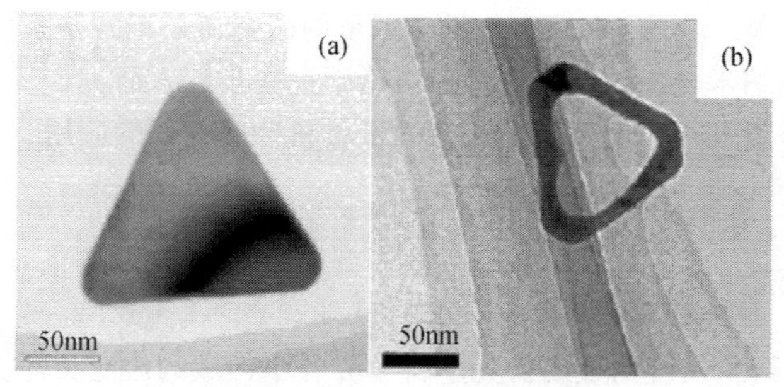

图2　(a) 银纳米片的TEM图像；(b) 金纳米环的TEM图像

Mayers等[42]用液相超声法合成了Se纳米线(图3)，超声被用作成核和分散的驱动力。Se晶种在超声中形成，并以类似Ostwald熟化的过程消耗溶液中的无定形Se而长大。产物为单晶Se纳米线，调节反应条件可以改变产物的形态。

图3 (a) 室温下在乙醇溶剂中超声合成的t-Se纳米线的SEM图像；(b) 在乙醇溶剂中但不施加超声合成的Se纳米线的SEM图像

Haas等[43]在液相中使用超声电化学方法合成了尺寸可控的球形铜纳米粒子，合成中使用聚乙烯吡咯烷酮(PVP)作为铜纳米团簇的稳定剂，研究发现PVP可以极大地提高铜粒子的形成速率并减小铜的沉积速率。通过改变实验参数如电流密度、温度和超声功率，可以实现对粒子尺寸的控制，改善铜粒子的均匀性。

4.2 超声化学法合成半导体纳米材料

半导体纳米材料是纳米材料的一个重要组成部分，当半导体材料的尺寸逐渐减小到纳米量级时，其物理长度与电子自由程相当，载流子的运输过程呈现出显著的量子力学特征，主要是小尺寸效应、表面与界面效应、量子尺寸效应和宏观隧道效应等，上述效应使得半导体纳米器件具有独特且优良的光、电、热和力学行性能，从而使其在微电子技术和光电子技术等方面，如光电通信、数据处理、信息存储、成像技术、光开关等各个方面，有着广泛的应用。

缪建军等[44]通过超声的方法以 CeO_2 纳米粒子作为前驱物合成了 CeO_2 纳米管，反应在强碱性水溶液体系中进行，无需外加任何模板剂。所得纳米管壁厚约2nm，直径约 10~15nm，长度为 150~200nm，紫外可见吸收光谱出现明显的蓝移，证明所得到的纳米管具有明显的量子尺寸效应。对比实验的研究发现超声辐照和溶液的碱性对 CeO_2 纳米管的形成起关键作用。

缪建军等[45]还通过超声辐照的方法，在水溶液体系中从 $Cd(OH)_2$ 纳米盘出发构建了 $Cd(OH)_2$ 纳米环(图 4)，所得纳米环为六边形单晶结构，外径约 200~250nm，内径约 100nm。研究发现超声辐照对 $Cd(OH)_2$ 纳米环的形成起关键作用，超声效应可能来自于超声过程中气泡内爆形成的高速射流，高速射流冲击 $Cd(OH)_2$ 纳米盘，腐蚀出一个个空洞从而形成了纳米环结构。使用该合成的 $Cd(OH)_2$ 纳米环作为牺牲模板，通过与相应的硫属元素反应，还可以得到硫属化合物的空心纳米环结构。

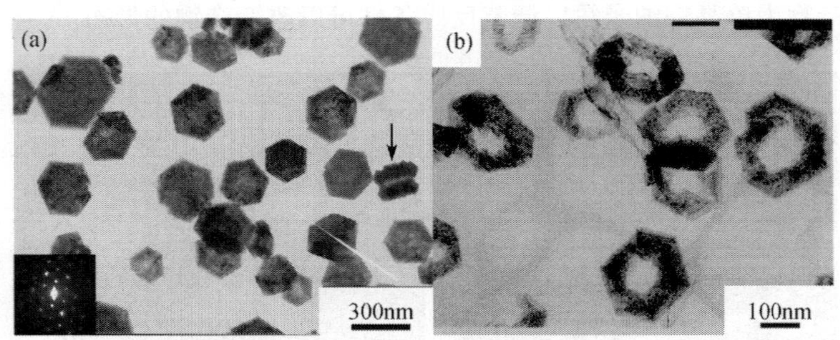

图4　(a) $Cd(OH)_2$纳米盘的TEM图，插图为单个纳米盘的选区电子衍射图，(b) $Cd(OH)_2$纳米环的TEM图

耿珺等[46]报道了一种简便的化学转化方法直接合成纳米晶态的 ZnE(E=O, S, Se) 半导体纳米球、空心球和核壳结构。以单分散的 ZnO 纳米球为初始反应物和现场模板，通过超声辅助的液相转化路线可以制备 ZnS、ZnSe 的实心和空心纳米球，以及 ZnO/ZnS 和 ZnO/ZnSe 核壳结构，研究发现这些纳米晶体的形成机理与超声辐射的作用密切相关。通过选择合适的反应物，此方法还可以用来制备其他球形纳米功能材料。

Gao 等[47]对 ZnO 纳米棒、氯化镉和硫脲的混合溶液施加超声辐射 2h，得到了核壳型的 ZnO 纳米棒/CdS 纳米粒子(ZnO/CdS)的复合物。该复合物的导电性与未复合的 ZnO 纳米棒相比有较大的提高，并且可用于乙醇气体传感器。

邱晓峰等[48]用一种简单的电辅助超声化学方法室温液相合成了直径在10~40nm的具有单个和多个异质结的 Bi_2Se_3 纳米线，这些纳米线具有六方相和正交相的周期性相边界。如图5所示，可以清楚地从TEM图像中看到纳米线具有清晰界

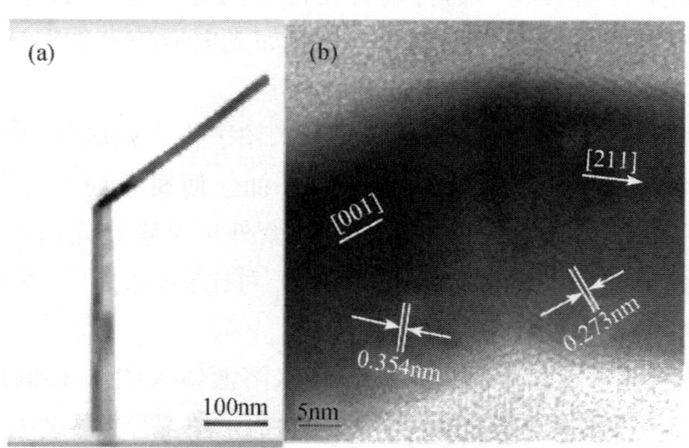

图5　(a) 具有heterostructure的 Bi_2Se_3 纳米线的TEM图像；(b) heterojunction的HRTEM图像，0.273nm的晶面间距对应正交相的[211]面，0.354nm的晶面间距对应六方相的[001]面

面的异质结。并且在较长时间超声下得到的产物中发现了具有多个异质结的纳米线(图6)，显示特征的ABAB超晶格，这样就合成了沿着纳米线主轴方向的异质超结构。具有多个异质结的纳米线产量随着超声时间和超声强度的增加而增加，但过长的超声时间和过高的超声强度会使得纳米线断裂。

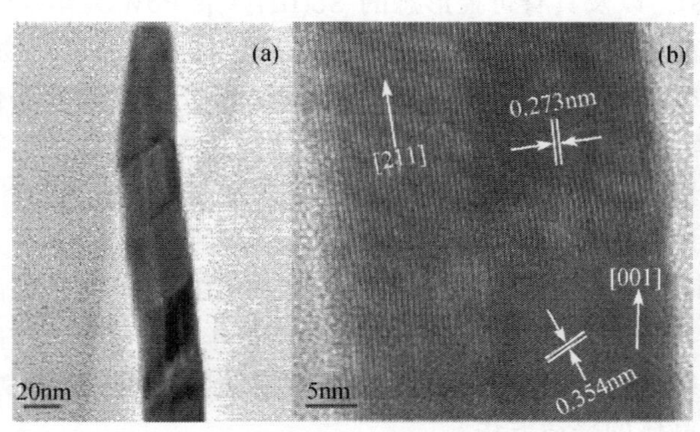

图6 (a) 具有周期性相边界的多heterojunction的Bi_2Se_3纳米线的TEM图像，纳米线厚度29.2 nm，长径比13.2；(b) 纳米线节点的HRTEM图像，晶面间距分别对应于Bi_2Se_3正交相的[211]面和应六方相的[001]面

Wang等[49]在溶液中用超声辐射制备了CdTe/CdS核/壳结构纳米晶体，该核/壳结构纳米晶体的荧光量子产率高达20%，比原CdTe纳米晶体高出约10倍。作者研究了反应条件如反应物浓度、摩尔比、pH值等，发现超声辐射控制硫脲的分解和CdS壳在CdTe核上的形成。

4.3 超声化学法合成其他纳米功能材料

$BiPO_4$是良好的催化剂、正磷酸盐离子传感器；BiOCl 具有光致发光、热激发传导性，并对甲烷的氧化耦合反应(OCM)具有良好的催化活性和选择性。耿珺等[50]采用超声化学的方法，发展了在无表面活性剂/配位剂的体系中制备规则的 $BiPO_4$ 纳米棒的方法，简单地控制 pH 调节剂可以在同一反应体系中选择性地合成 BiOCl 纳米片(图 7)，这是一种新的、方便而有效的途径。作者研究了 pH 值和超声辐射对产物相态及形貌的影响，讨论了一维和二维结构的超声形成机理。不同反应时间下得到的产物 TEM 图像显示了超声诱导的成核和定向附着的生长机理。

$PbWO_4$是一种重要的无机闪烁晶体，具有高密度、短衰减时间、高辐照硬度、热发光和受激拉曼散射等性质， 因而被用于构造大型强子对撞机(LHC)中的电磁量能器(ECAL)。耿珺等通过温和而快速的超声化学方法，室温液相合成了具有不同形态的 $PbWO_4$ 纳米结构。合成采用不同的配位剂或表面活性剂，可以对产物形态进行有效的控制。其中，以柠檬酸三钠为配位剂，在合适的配位剂用量和 pH 值条件下，可以合成 $PbWO_4$ 纳米粒子[51]；以氨三乙酸为配位剂，通过控制反应条件，如 pH 值和配位剂浓度，可以选择性地合成 $PbWO_4$ 多面体、纺锤体和量子点[52]；以乙二醇辅助超声合成，在不同的乙二醇浓度下可以制备具有枝状、花形和星形结构的 $PbWO_4$ 晶体[53]；以 P123 辅助合成，在合适的条件下首次制备了 $PbWO_4$ 空心纳米纺锤[54](图 8)，以及具有可控形态的 Sb(III)掺杂 $PbWO_4$ 单晶[55]。体现了超声化学方法在纳米晶体尺寸和形态控制上的有效性。作者对各种产物进行了 XRD、TEM、SEM、HRTEM 等表征，详细分析了各种合成方法中实验条件，如配位剂用量、pH 值、表面活性剂浓度和超声作用，对产物形态和相态的影响。通过跟踪反应进程研究产物形成机理，提出了超声诱导下的定向附着机理。针对 $PbWO_4$ 的功能，研究了各种形态 $PbWO_4$ 晶体的光学特性，包括拉曼光谱和荧光光谱，发现了一些变化规律，其中空心结构的 $PbWO_4$ 晶体和 Sb(III)掺杂 $PbWO_4$ 晶体显示出较好的荧光特性。制备得到的这些 $PbWO_4$ 纳米结构可作为构建或改进高能物理领域小型功能装置的结构单元而极富吸引力，而超声辅助合成可以成为制备掺杂 $PbWO_4$ 晶体和其他光学晶体的普适方法。

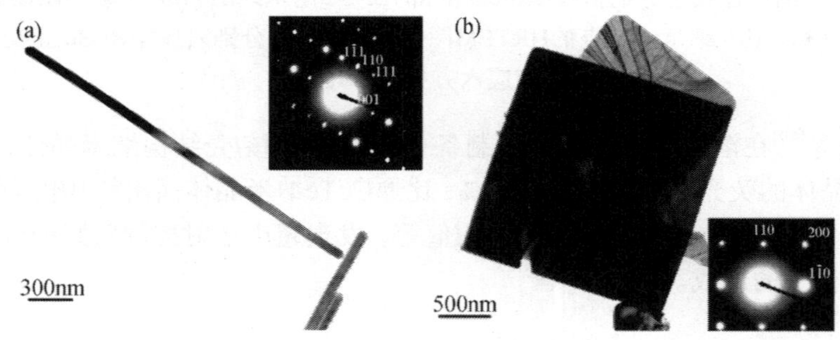

图7　(a) $BiPO_4$纳米棒；(b) BiOCl纳米片的TEM图像

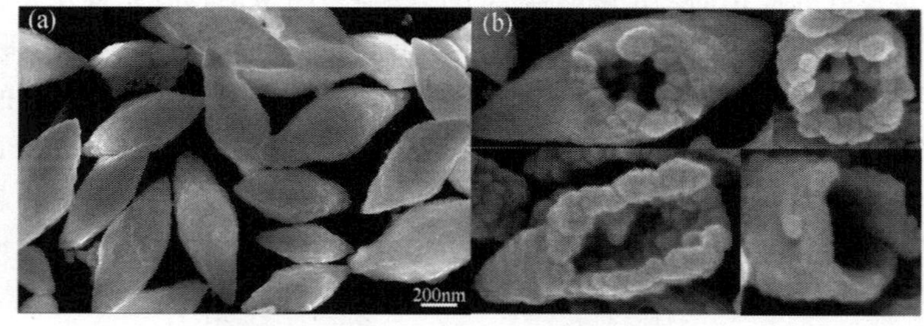

图 8　(a) $PbWO_4$ 纳米纺锤的 SEM 图像；(b) 一些破裂的空心纺锤的 SEM 图像

在超声条件下，通过前体$K_4Fe(CN)_6$的直接分解而制备得到具有不同尺寸的单晶普鲁士蓝$Fe[Fe(CN)_6]_3$纳米方块(图9)。纳米方块的尺寸依赖于反应温度、前体的浓度以及超声条件[56]。

图 9 $Fe[Fe(CN)_6]_3$纳米方块

Sivakumar等[57]用一种简单的超声化学方法合成了一系列稀土正铁氧体的纳米粒子。超声化学过程使得可以用简单的前体(五羰基合铁和稀土碳酸盐)，并在较低的烧结温度下合成稀土正铁氧体。特别值得一提的是，没有发现产物中有用传统方法合成时通常存在的石榴石相。烧结温度的大大降低可归因于由$Fe(CO)_5$经超声辐射而产生无定形氧化铁。通过此超声化学方法合成了纳米尺寸的$GdFeO_3$、$ErFeO_3$、$TbFeO_3$和$EuFeO_3$。

Suslick研究组[58]利用高强度超声以碳纳米粒子为模板合成了空心的Fe_2O_3，表征发现产物为热力学稳定的赤铁矿结构，具有弱铁磁性，烧结后产物结晶但仍保持空心结构。

5 结论

以上工作成果表明超声化学方法是合成纳米材料的有效方法之一。通过选择合适的反应路径，控制反应条件，还可以对产品的相态、尺寸或形态进行有效的控制。由于超声化学方法具有反应条件温和、操作简单易行、反应时间短和反应效率高等优点，而且产品纯度高、粒径分布窄且形态均一，因而适于推广到大规模的工业生产中去。超声化学方法大大拓展了纳米材料的制备手段，在纳米材料合成领域里具有良好的发展态势和广阔的应用前景。

参 考 文 献

[1] 张立德, 牟季美. 纳米材料和纳米结构. 北京: 科学出版社, 2001.

[2] 张立德. 纳米材料. 北京: 化学工业出版社, 2000.

[3] Kamat P V, Dimitry N D, Colloidal semiconductors as photocatalysts for solar energy conversion. Solar Energy, 1990, 44: 83.

[4] Cavicchi P E, Silsbee R H. Coulomb Suppression of Tunneling Rate from Small Metal Particles. Phys. Rev. Lett. 1984, 52: 1453.

[5] Ball P, Li G W. Science at the atomic scale. Nature, 1992, 355: 761.

[6] 张立德，牟季美. 开拓原子和物质的中间领域——纳米微粒和纳米固体. 物理，1992，21: 167.

[7] (a) Xie Y, Qiao Z P, et al. γ-Irradiation Route to Nanocrystalline Lead Selenide. Chem. Lett., 1999, 9: 875; (b) Qiao Z P, Xie Y, et al. γ-Irradiation Preparation and Phase Control of Nanocrystalline CdS. J. Mater. Chem., 1999, 9: 735; (c) Yin Y D, Xu X L, et al. Synthesis of cadmium sulfide nanoparticles in situ using γ-radiation. Chem. Comm., 1998: 1641; (d) Qiao Z P, Xie Y, et al. γ–Radiation Synthesis of the Nanocrystalline Semiconductors PbS and CuS. J. Colloid Interface Sci., 1999, 214: 459; (e) Jiang X, Xie Y, et al. Simultaneous In Situ Formation of ZnS Nanowires in a Liquid Crystal Template by γ–Irradiation. Chem. Mater., 2001, 13: 1213; (f) Qiao Z P, Xie Y, et al. Synthesis of lead sulfide/(polyvinyl acetate) nanocomposites with controllable morphology. Chem. Phys. Lett., 2000, 321: 504; (g) Chen M, Xie Y, et al. Synthesis of short CdS nanofiber/poly(styrene-alt-maleic anhydride) composites using γ-irradiation. J. Mater. Chem., 2000, 10: 329; (h) Qiao Z P, Xie Y, Zhu Y J, et al. Synthesis of PbS/polyacrylonitrile nanocomposites at room temperature by γ–irradiation. J. Mater. Chem., 1999, 9: 1001.

[8] (a) Hulteen J C, Martin C R. A general template-based method for the preparation of nanomaterials. J. Mater. Chem., 1997, 7: 1075; (b) Martin C R. Template synthesis of electronically conductive polymer nanostructures. Acc. Chem. Res., 1995, 28: 61; (c) Martin C R. Nanomaterials: a membrane-based synthetic approach. Science, 1994, 266: 1994; (d) Yang C M, Sheu H S, Chao K J. Templated synthesis and structural study of densely packed metal nanostructures in MCM-41 and MCM-48. Adv. Funct. Mater., 2002, 12: 143; (e) Ringsdorf H, Schlarb B, Venzmer J. Molecular architecture and function of polymeric oriented systems: models for the study of organization, surface recognition, and dynamics of biomembranes. Angew. Chem. Int. Ed. Engl., 1988, 27: 113; (f) Li M, Schnablegger H, Mann S. Coupled synthesis and self-assembly of nanoparticles to give structures with controlled organization. Nature, 1999, 10: 1358; (g) Kwan S, Kim F, Arkana J, et al. Synthesis and assembly of $BaWO_4$ nanorods. Chem. Commun., 2001: 447; (h) Yu Y Y, Chang S S, et al. Gold nanorods: electrochemical synthesis and optical properties. J. Phys. Chem., 1997, B101: 6661; (i) El-sayed M A. Some interesting properties of metals confined in time and nanometer spce of different shapes. Acc. Chem. Res., 2001, 34: 257; (j) Martin C R. Nanomaterials: a membrane-based synthetic approach. Science, 1994, 266: 1961; (k) Routkevitch D, Bigioni T, et al. Electrochemical fabrication of CdS nanowire arrays in porous anodic aluminum oxide templates. J. Phys. Chem. 1996, 100: 14037; (l) Piraux L, Dubois S, et al. Template synthesis of nanoscale materials using the membrane porosity. Nucl. Instrum. Meth. 1997, B131: 357; (m) Li W Z, Xie S S, Qian L X, et al. Large-scale synthesis of aligned carbon nanotubes science. Science, 1996, 274: 1701; (n) Xu D S, Xu Y J, Chen D P, et al. Preparation and characterization of CdS nanowire arrays by dc electrodeposit in porous anodic aluminum oxide templates. Chem. Phys. Lett., 2000, 325: 340; (o) Xu D S, Chen D P, et al. Preparation of II-VI group semiconductor nanowire arrays by dc electrochemical deposition in porous aluminum oxide templates. Pure &

Appl. Chem., 2000, 72: 127; (p) Xu D S, Shi X S, et al. Electrochemical preparation of CdSe nanowire arrays. J. Phys. Chem., 2000, B104: 5061; (q) Xu D S, Xu Y J, Chen D P, et al. Preparation of CdS single-crystal nanowires by electrochemically induced deposition. Adv. Mater., 2000, 12: 520.

[9] (a) Jin R C, Cao Y W, et al. Photoinduced conversion of silver nanospheres to nanoprisms. Science, 2001, 294: 1901; (b) Sun Y, Xia Y. Triangular nanoplates of silver: synthesis, characterization, and their use as sacrificial templates in generating triangular nanorings of gold. Adv. Mater., 2003, 15: 695; (c) Callegari A, Tonti D, Chergui M. Photochemiclly grown silver nanoparticles with wavelength-controlled size and shape. Nano Lett., 2003, 3: 1565; (d) Maillard M, Huang P, Brus L. Silver nanodisk growth by surface plasmon enhanced photoreduction of adsorbed [Ag^+]. Nano Lett., 2003, 3: 1611; (e) Zhu J J, Liao X H, et al. Photochemical synthesis and characterization of CdSe nanoparticles. J. Mater. Lett., 2001, 47: 339; (f) Zhu J J, Liao X H, et al. Photochemical synthesis and characterization of PbSe nanocrystals. Mater. Res. Bull. 2001, 36: 1169; (g) Wang C Y, Mo X, Zhou Y, et al. A convenient ultraviolet irradiation technique for in situ synthesis of CdS nanocrystallites at room temperature. J. Mater. Chem., 2000, 10: 607; (h) Mo X, Wang C Y, et al. A novel ultraviolet-irradiation route to CdS nanocrystallites with different morphologies. Mater. Res. Bull., 2001, 36: 2277; (i) Hao L Y, Mo X, et al. Convenient microemulsion route to star-shaped cadmium sulfide pattern at room temperature. Mater. Res. Bull., 2001, 36: 1925; (j) Wu S D, Zhu Z G, et al. Preparation of CdS semiconductor nanowire by a convenient ultraviolet irradiation technique. Chem. Lett., 2001, 396.

[10] (a) Xun W, Sun X, et al. Rare earth compound nanotubes. Adv. Mater. 2003, 15: 1442; (b) Fang Y, Xu A, You L, et al. Hydrothermal synthesis of rare earth(Tb,Y) hydroxide and oxide nanotubes. Adv. Funct. Mater., 2003, 13: 955; (c) Fang Y, Xu A, Song R, et al. Systematic synthesis and characterization of single-crystal lanthanide orthophosphate nanowires. J. Am. Chem. Soc., 2003, 125: 16025; (d) Zhang Y, Guan H. Hydrothermal synthesis and characterization of hexagonal and monoclinic $CePO_4$ single-crystal nanowires. J. Cryst. Growth, 2003, 256: 156; (e) Yan Z, Zhang Y, et al. General synthesis and characterization of monocrystalline 1D-nanomaterials of hexagonal and orthorhombic lanthanide orthophosphate hydrate. J. Cryst. Growth, 2004, 262: 408; (f) Li Y D, Ding Y, Wang Z Y. A novel chemical route to ZnTe semiconductor nanorods. Adv. Mater., 1999, 11: 847; (g) Yang J, Zeng J H, et al. Pressure-controlled fabrication of stibnite nanorods by the solvothermal decomposition of a simple single-source precursor. Chem. Mater., 2000, 12: 2924; (h) Yu S H, Yoshimura M, et al. In situ fabrication and optical properties of a novel polystyrene/semiconductor nanocomposite embedded with CdS nanowires by a soft solution processing route. Langmuir, 2001, 17: 1700. (i) Gautam U K, Rajamathi M, et al. A solvothermal route to capped CdSe nanoparticles. Chem. Commun., 2001: 629; (j) Hu J, Lu Q, Tang K, et al. Solvothermal reaction route to nanocrystalline semiconductors $AgMS_2$ (M=Ga, In). Chem. Commun., 1999: 1093; (k) Jiang Y, Wu Y, et al. Elemental solvothermal reaction to produce ternary semiconductor $CuInE_2$ (E = S, Se) nanorods. Inorg. Chem., 2000, 39: 2964; (l) Cui Y, Ren J, Chen G, et al. A simple route to synthesize $MInS_2$ (M=Cu, Ag) nanorods from single-molecule precursors. Chem. Lett., 2001: 236.

[11] (a) Ye X R, Jia D Z, et al. One step solid-state reactions at ambient temperatures — A novel approach to nanocrystal synthesis. Adv. Mater., 1999, 11: 941; (b) Chen Y T, et al. A solid-state reaction for the synthesis of CdS nanowires. Chem. Lett., 2002: 602; (c) Niu X S, et al. Gas sensitivity of ZnS prepared by solid-state reaction at room temperature. Inorg. Mater., 2002. 17: 817; (d) Wang W, Liu Y, Zhan Y, et al. A novel and simple one-step solid-state reaction for the synthesis of PbS nanoparticles in the presence of a suitable surfactant. Mater. Res. Bull., 2001, 36: 1977; (e) Wang W Z, Wang G H, et al. Synthesis and characterization of Cu_2O nanowires by a novel reduction route. Adv. Mater., 2002, 14: 67.

[12] 冯若, 李化茂. 声化学及其应用. 合肥: 安徽科学出版社, 1992

[13] Mason T. Sonochemistry atechnology for tomorrow. J. Chem. & Ind., 1993, 1: 47.

[14] Suslick, K S. Advances in Sonochemistry. Science, 1997, 247: 1439.

[15] Mandanshetty S I, Aapfel R E. Acoustic microcavitation: enhancement and application. J. Acoust Soc. Amer., 1991, 90: 1508.

[16] Margullies T S, Schwarz W H. Sound wave propagation in fluids with coupled chemical reactions. J. Acoust Soc. Amer., 1985, 78: 605.

[17] Lepoint M F, De Pauw D. Analysis of the ‘new electrical model’ of sonoluminescence. Ultras. Sonochem., 1996, 3: 73.

[18] Ratorinoro N, Contamine F, et al. Power measurement in sonochemistry. Ultras. Sonochem., 1995, 2: s43.

[19] Walton A J, Reynolds G T. Sonoluminescence. Adv. Phys., 1984, 33: 595.

[20] Suslick K S, Doktycz S J, Flint E B. On the origin of sonoluminescence and sonochemistry. Ultrasonics, 1990, 28: 280.

[21] 张成孝. 超声电化学及其研究进展. 陕西师范大学学报(自然科学版), 2001, 29: 103.

[22] (a) 林书玉. 功率超声技术的研究现状及其最新进展. 陕西师范大学学报(自然科学版), 2001, 29: 101; (b) Thompson L H, Doraisamy L K., Sonochemistry: science and engineering. Ind. Eng. Chem. Res., 1999, 38: 1215.

[23] Doktycz S J, Suslick K S., Interparticle collsions driven by ultrasound. Science, 1990, 247: 1067.

[24] Suslick K S, Price G. Applications of ultrasound to materials chemistry. J. Annu. Rev. Mater. Sci., 1999, 29: 295.

[25] 李春喜, 王子镐. 超声技术在纳米材料制备中的应用. 化学通报, 2001: 268.

[26] Suslick K S, Choe S B, et al. Somochemical synthesis of amorphous iron. Nature, 1991, 353: 414.

[27] Gedanken A, Tang X, Wang Y, et al. Using sonochemical methods for the preparation of mesoporous materials and for the deposition of catalysts into the mesopores. Chem. Eur. J., 2001, 7: 4546.

[28] (a) Dhas N A, Gedanken A. Characterization of sonochemically prepared unsupported and silica-supported nanostructured pentavalent molybdenum oxide. J. Phys. Chem. B., 1997, 101: 9495; (b) Dhas N A, Zaban A, Gedanken A. Surface synthesis of zinc sulfide nanoparticles on silica microspheres: sonochemical preparation, characterization, and optical properties. Chem. Mater., 1999, 11: 806; (c) Zhong Z, Mastai Y, et al. Sonochemical coating of nanosized nickel on alumina submicrospheres and the interaction between the nickel and nickel oxide with the

substrate. Chem. Mater., 1999, 11: 2350; (d) Ramesh S, Cohen Y, et al. Organized silica microspheres carrying ferromagnetic cobalt nanoparticles as a basis for tip arrays in magnetic force microscopy. J. Phys. Chem. B, 1998, 102: 10234; (e) Dhas N A, Gedanken A. A sonochemical approach to the surface synthesis of cadmium sulfide nanoparticles on submicron silica. Appl. Phys. Lett., 1998, 72: 2514.

[29] (a) Harpenness R, Palchik O, et al. Preparation and characterization of Ag_2E (E=Se, Te) using the sonochemically assisted polyol method. Chem. Mater., 2002, 14: 2094; (b) Kerner R, Palchik O, Gedanken A. Sonochemical and microwave-assisted preparations of PbTe and PbSe: a comparative study. Chem. Mater., 2001, 13: 1413.

[30] (a) Zhu J J, Wang H. Synthesis of metal chalcogenide nanoparticles. Encyclopedia of Nanosci. & Nanotech., American Scientific Publishers, 2004: 347; (b) Wang H, Li Y N, Zhu J J, et al. Sonochemical fabrication and characterization of stibnite nanorods. Inorg. Chem., 2003, 42: 6404.

[31] Zhu J J, Xu S, et al. Sonochemical synthesis of CdSe hollow spherical assemblies via an in-situ template route. Adv. Mater. 2003, 15: 156.

[32] (a) Shafi K V, et al. Sonochemical synthesis of functionalized amorphous iron. Langmuir, 2001, 17: 5093; (b) Harpeness R, Palchik O, et al. Preparation and characterization of Ag_2E (E=Se, Te) using the sonochemically assisted polyol method. Chem. Mater., 2002, 14: 2094.

[33] (a) Wang H, Zhu J J, et al. A sonochemical method for the preparation of bismuth sulfide nanorods. J. Phys. Chem. B, 2002, 106: 3848; (b) Pol V G, et al. Synthesis of europium oxide nanorods by ultrasound. J. Phys. Chem. B, 2002, 106: 9737.

[34] (a) Gates B, Mayers B, et al. A sonochemical approach to the synthesis of crystalline selenium nanowires in solutions and on solid supports. Adv. Mater., 2002, 14: 1749; (b) Zhu J J, et al. Synthesis of silver nanowires by a sonoelectrochemical method. Inorg. Chem. Comm., 2002, 5: 242.

[35] Katoh R, Tasaka Y, Sekreta E, et al. Sonochemical production of a carbon nanotube. Ultras. Sonochem., 1999, 6: 185.

[36] (a) Srivastava D N, et al. Sonochemistry as a tool for preparation of porous metal. Pure Appl. Chem., 2002, 74: 1509; (b) Dhas N D, Suslick K S. Sonochemical preparation of hollow nanospheres and hollow nanocrystals. J. Am. Chem. Soc., 2005, 127: 2368.

[37] (a) Forster S, Antonietti M. Amphiphilic block copolymers in structure-controlled nanomaterial hybrids. Adv. Mater., 1998, 10: 195; (b) Marinakos S M, et al. Gold nanoparticles as templates for the synthesis of hollow nanometer-sized conductive polymer capsules. Adv. Mater., 1999, 11: 34; (c) Eychmuller A. Structure and photophysics of semiconductor nanocrystals. J. Phys. Chem, B, 2001, 104: 6514; (d) Mirkin C A, Lestinger R L, et al. DNA-based method for rotationally assembling nanoparticles into macroscopic material. Nature, 1996, 382: 607.

[38] (a) Zhao M, Crooks R M. Dendrimer-encapsulated Pt nanoparticles: synthesis, characterization, and applications to catalysis. Adv. Mater., 1999, 11: 217; (b) Valden M, Lai X, Goodman D W. Onset of catalytic activity of gold clusters on titania with the appearance of nonmetallic properties. Science, 1998, 281: 1647; (c) Che G L, Lakshmi B B, et al. Carbon nanotubule membranes for electrochemical energy storage and production. Nature, 1998, 393: 346; (d)

Goodman D W. Correlations between surface science models and "real-world" catalysts. J. Phys. Chem., 1996, 100: 13090; (e) Aiken J D, Lin Y, et al. A perspective on nanocluster catalysis: polyoxoanion and $(n\text{-}C_4H_9)_4N^+$ stabilized $Ir(0)_{\sim300}$ nanocluster 'soluble heterogeneous catalysts'. J. Mol. Catal. A: Chem., 1996, 114: 29; (f) Reetz M T, Helbig W. Size-selective synthesis of nanostructured transition metal clusters. J. Am. Chem. Soc., 1994, 116: 7401; (g) Lewis L N. Chemical catalysis by colloids and clusters. Chem. Rev., 1993, 93: 2693.

[39] Pol V G, Srivastava D N, et al. Sonochemical deposition of silver nanoparticles on silica spheres. Langmuir, 2002, 18: 3352.

[40] Pol V G, Grisaru H, Gedanken A. Coating noble metal nanocrystals (Ag, Au, Pd, and Pt) on polystyrene spheres via ultrasound irradiation. Langmuir, 2005, 21: 3635.

[41] Jiang L P, Xu S, Zhu J M, et al. Ultrasonic-assisted synthesis of monodisperse single-crystalline silver nanoplates and gold nanorings. Inorg. Chem., 2004, 43: 5877.

[42] Mayers B T, Liu K, et al. Sonochemical synthesis of trigonal selenium nanowires. Chem. Mater., 2003, 15: 3852.

[43] Haas I, Shanmugam S, Gedanken A. Pulsed sonoelectrochemical synthesis of size-controlled copper nanoparticles stabilized by poly(n-vinylpyrrolidone). J. Phys. Chem. B, 2006, 110: 16947.

[44] Miao J J, Wang H, et al. Ultrasonic-induced synthesis of CeO_2 nanotubes. J. Cryst. Growth, 2005, 281: 525.

[45] Miao J J, Fu R L, Zhu J M, et al. Fabrication of $Cd(OH)_2$ nanorings by ultrasonic chiselling on $Cd(OH)_2$ nanoplates. Chem. Comm., 2006, 28: 3013.

[46] Geng J, Liu B, Xu L, et al. Facile route to Zn-based II-VI semiconductor spheres, hollow spheres, and core/shell nanocrystals and their optical properties. Langmuir, 2007, 23: 10286.

[47] Gao T, Li Q H, Wang T H. Sonochemical synthesis, optical properties, and electrical properties of core/shell-type ZnO nanorod/CdS nanoparticle composites. Chem. Mater., 2005, 17: 887.

[48] Qiu X F, Burda C, Fu R L, et al. Heterostructured Bi_2Se_3 nanowires with periodic phase boundaries. J. Am. Chem. Soc., 2004, 126: 16276.

[49] Wang C L, Zhang H, Zhang J H, et al. Application of ultrasonic irradiation in aqueous synthesis of highly fluorescent CdTe/CdS core-shell nanocrystals. J. Phys. Chem. C, 2007, 111: 2465.

[50] Geng J, Hou W H, et al. 1D $BiPO_4$ nanorods and 2D BiOCl lamellae: fast, low-temperature sonochemical synthesis, characterization and growth mechanism. Inorg. Chem., 2005, 44: 8503.

[51] Geng J, Zhang J R, et al. Sonochemical synthesis of $PbWO_4$ nanoparticles. Inter. J. Modern Phys. B, 2005, 19: 2734.

[52] Geng J, Zhu J J, Chen H Y. Sonochemical preparation of luminescent $PbWO_4$ nanocrystals with morphology evolution. Cryst. Growth & Design, 2006, 6: 321.

[53] Geng J, Lu Y N, Lu D J, et al. Sonochemical synthesis of $PbWO_4$ crystals with dendritic, flowery and star-like structure. Nanotechnology, 2006, 17: 2614.

[54] Geng J, Zhu J J, Lu D J, et al. Hollow $PbWO_4$ nanospindles via a facile sonochemical route. Inorg. Chem., 2006, 45: 8403.

[55] Geng J, Lu D J, Zhu J J, et al. Antimony(III)-doped $PbWO_4$ crystals with enhanced

photoluminescence via a shape-controlled sonochemical route. J. Phys. Chem. B, 2006, 110: 13777.

[56] Wu X L, Cao M H, et al. Sonochemical synthesis of prussian blue nanocubes from a single-source precursor. Cryst. Growth & Design, 2006, 6: 26.

[57] Sivakumar M, Gedanken A, et al. Sonochemical synthesis of nanocrystalline rare earth orthoferrites using $Fe(CO)_5$ precursor. Chem. Mater., 2004, 16: 3623.

[58] Bang J H, Suslick K S. Sonochemical synthesis of nanosized hollow hematite. J. Am. Chem. Soc., 2007, 129: 2242.

超声波与光协同降解水中污染物的研究

刘晓峻

(近代声学教育部重点实验室，南京大学声学研究所，南京 210093)

1 引言

超声波因其波长短而具有束射性强和易于聚集能量的特点。超声波辐射可以加速化学反应，提高化学产率[1]。超声化学反应主要源于超声波作用于溶液引发的声空化现象。当超声辐照溶液时，液体中的微小气泡核在超声波的激励下经历振荡、生长、收缩及崩溃等一系列动力学过程，该过程是集中声能量并迅速释放的过程。空化泡崩溃时，极短时间在空化泡周围的极小空间内，会产生 5000K 以上的高温和大约 50MPa 的高压，温度变化率高达 10^9K/s，并伴生强烈的冲击波和(或)时速达 400 km 的射流以及化学性质十分活泼的自由基[1~5]，这为在一般条件下难以实现或不能实现的化学反应，提供了一种新的非常特殊的物理化学环境，开启了新的化学反应通道。

超声空化发生时，从空化泡中心到液相主体一般可划分为三个主要区域[2]：(1) 空化泡内部气相区；(2) 空化泡的气液相界面区；(3) 常温的本体溶液区。在空化泡内部气相区内，超声空化作用产生的高温高压效应将导致水分子发生裂解，形成羟基自由基和氢基自由基。这些自由基化学性质十分活泼，可以与溶液中的物质发生反应，也可能互相结合成为新的分子或自由基。部分自由基会扩散到本体溶液区，成为氧化介质。在空化泡的气液相界面区，也即液壳区，在空化作用下温度可以达到 2000K。液壳区附近的·OH 和 H_2O_2 浓度明显高于周围液体。溶液中物质的反应主要由热解和自由基反应完成。部分自由基会从液壳区扩散到本体溶液区，并与其中的物质发生反应。主体溶液区中主要为羟基自由基和过氧化氢与溶液中物质的反应。此外，在含有聚合物的多相体系中，由于空化泡崩溃时产生的强大的流体剪切力，会使大分子主链发生断裂，产生自由基并引发各种反应。此外，声波的机械效应如声媒质的质点振动、加速度等力学量引发的搅拌作用以及声波产生的热效应等对溶液中物质的反应也不容忽视[6,7]。

1.1 超声在降解工业废水中的应用

现代工业的发展使得含有高浓度难降解的工业废水日益增多。废水主要来源于化工等行业。酚类化合物作为化学工业的基本原料，广泛应用于工业制造中。每天都有大量的含酚废水通过各种途径被排放到环境中。含酚废水对环境的危害很大，它可以使蛋白质变性、凝固，损害神经系统，并且还会引起农作物减产和枯死[8~11]。此外，大量偶氮染料废水的排放也给周围环境造成了极大的威胁。偶氮染料就是分子中含有偶氮基-N=N-的染料，是品种最多、应用最广的一类合成染料。偶氮染料废水在厌氧条件下被还原分解时，会释放出具有致癌性的芳香胺[12~18]，这些芳香胺被人体皮肤吸收后，在体内通过代谢作用而使细胞的脱氧核糖核酸(DNA)发生变化，成为人体病变的诱发因素，具有潜在的致癌致敏性。此外，部分偶氮染料在化学反应分解中会产生多种致癌芳香胺物质。鉴于有机废水对环境的极大危害，废水中有机污染物降解方法和技术的研究已引起广泛关注。

常规的物理、化学和生物降解方法难以达到污染物的完全降解，并且降解过程中容易产生有毒的中间产物，给周围环境造成二次污染。超声废水处理技术以其无污染，造价低等特点引起了人们的广泛关注。一般来说，声化学反应发生过程中不会附加产生有毒物质并且操作简单，对设备的要求较低，因此被广泛应用于环境保护等领域。特别是在降解废水中毒性高、稳定性强的有机污染物方面被认为是一种潜在的有效方法之一。超声波辐照降解有机物是通过诱导声空化效应进行的。通常来说，每个空化泡都可以看作一个微型反应器。在空化泡崩溃的瞬间，产生局部高温高压等极端物理条件，并释放出自由基。一方面，释放的自由基及其相互结合的产物一般都具有氧化还原作用，能分解有机物分子，另一方面，产生的高温高压等极端物理条件为有机物分子的降解反应创造了条件。此外，超声空化引起的搅拌及冲击等物理效应在有机物分子降解过程中也起着重要作用。

超声空化过程中会产生化学性质十分活泼、活性极强的自由基如羟基自由基(·OH)、氢基自由基(·H)等。羟基自由基的氧化电位为2.80eV，仅次于氟的2.87eV，因此羟基自由基可以与有机化合物进行直接的加合、取代、电子转移、断键等，从而使水体中的大分子难降解有机物氧化降解成低毒或无毒的小分子物质，甚至直接降解成水和二氧化碳，接近完全矿化。由于羟基自由基活泼的化学性质，而且是氧化过程中的中间产物，因此可以作为引发剂诱发后面的链反应发生，特别适用于溶液中难降解的物质。另一方面，羟基自由基几乎无选择性地与废水中的任何有机污染物反应，将有机污染物彻底氧化分解为二氧化碳、水或矿物质，使污染物矿化，一般不会在降解过程中产生新的中间产物，从而对环境造成二次污染。此外，超声空化需要的反应条件温和，易于达到，可以实现大规模的工业应用。因此，超声辐照技术是一种高效节能型的废水处理技术。目前国内外学者做了很多有关超声降解废水中难降解有机污染物的研究，并在实验室规模上取得了较好的效果。Rechorek[14]等研究了强超声在降解偶氮染料中的应用，研究结果表明活性黑5等6种偶氮染料在频率为850kHz，功率为90W的强超声辐照3~15h后均达到完全降解；

当功率加大至 120W 时，经超声辐照 1~4h 后可以达到完全降解。Guyer[3]等也研究了超声在降解偶氮染料类有机污染物方面的效果,发现活性红 141 等 4 种偶氮染料在频率为 520kHz，功率为 100W 的超声辐照 2h 后，4 种染料溶液均达到了 80%~99%的降解率，取得了较好的降解效果。此外，Vinodgopal[12]等也研究了高频超声对偶氮染料 Remazol Black B 的降解效果，也得到了较高的降解率。

然而，由于超声波的局限性，用超声波方法降解一些有机污染物时，降解速率和产率都不是很高，如超声波单独作用对酚类污染物的降解效果并不理想[19]，在一定程度上影响了超声波方法在环境废水治理方面的实际应用。因此，人们试图结合其他已有的催化方法，形成超声协同效应促进化学反应，例如超声波与电化学的结合，以及超声波与催化剂的结合，超声波与生物降解的结合来协同降解有机污染物[20~26]。研究结果表明，超声波与其他能量相结合，能够大大提高有机污染物降解的效率和产率，甚至达到完全的降解。卞华松等[21]研究了硝基苯水溶液在超声和微电场作用下的降解效果，结果表明，当硝基苯溶液经超声单独辐照 60min 后硝基苯的降解率为 70.5%左右，但在相同实验条件下，硝基苯溶液经超声波和微电场共同作用 30min 后，其降解率达到 98.3%，降解速率和产率都有很大程度的提高。赵德明等[26]研究了超声和过氧化氢组合工艺催化降解苯酚水溶液，结果表明 100mg/l 的苯酚溶液在 15W/cm^2 的超声辐照 2h 后，降解率为 10%左右，经超声和过氧化氢组合工艺处理后，苯酚的降解速率明显提高，降解率在 90%以上。

1.2　超声和光联用技术及其在降解工业废水中的应用

太阳光是一种天然的、取之不尽用之不竭的能源。利用太阳光来降解废水中的有机污染物，被认为是一种很有前景的废水治理方法。光催化氧化技术是水处理高级氧化技术的重要组成部分。水处理高级氧化技术是指通过化学或物理化学的方法将污水中的有机污染物直接氧化成无机物，或将其转化为低毒的易生物降解的中间产物[27]。相对于传统的生化或化学氧化法，光催化氧化技术具有反应迅速、降解彻底的优点，但较高的处理成本限制了其在工业上的广泛应用。如果能将光能量和超声能量相结合，各取所长，克服各自的缺点，声光联用技术在有机废水处理方面将兼具高效、低成本、环保等优势，必将成为一门新型的污水处理技术[28, 29]。Guyer 等[13]观察了酸性橙Ⅱ水溶液在超声(520kHz)和紫外光(253.7nm)共同辐照下的降解现象。结果表明，当紫外光单独辐照 60min 后，酸性橙Ⅱ没有发生降解。当超声单独辐照 60min 后，酸性橙Ⅱ水溶液降解率为 70%。然而当超声和紫外光共同辐照 60min 后，酸性橙Ⅱ的降解率达到了 84%，呈现了明显的声光协同效应。Chen 等[11]研究了超声、光催化技术联用处理苯酚以及对氯苯酚的效果，观察到声光联用技术能大幅提高降解率。这些研究成果都为声光联用技术的进一步应用提供了切实可行的依据。

需要特别指出的是，目前报道的声光协同效应，基本上是紫外光和超声波的协同效应，利用可见光的情况很少。然而，紫外光能量仅占太阳光能量的 4%，并且紫外光辐照会严重影响人体的健康。因此，如何利用占绝大部分太阳光能量的可见光已引起人们的广泛关注[30]。Stulidi[31]等进行了可见光诱导下光催化降解酸性橙Ⅱ水溶液的研究，发现经辐照 47h 后酸性橙Ⅱ才达到完全降解，降解周期很长。因此，单独运用可见光能量降解有机污染物的效果很不理想，难以大规模实用化。

2 碘化钾水溶液中碘释放现象的超声可见光协同效应研究[6,32]

为了能够深入地研究超声波与光协同作用的机理，我们首先研究了碘化钾水溶液中超声波与可见光协同作用下的碘释放现象。一方面，碘化钾水溶液中碘释放现象被认为是衡量声空化效率的标志性实验之一[33,34]，在超声波辐照下碘释放现象的机理比较清晰；另一方面，在光的辐照下，碘化钾水溶液中碘释放现象的原理也比较简单[35]。研究发现，超声波和可见光共同辐照下碘化钾水溶液中碘释放的产率显著高于超声波和可见光分别辐照下碘化钾水溶液中碘释放的产率之和，即该反应体系呈现出声光协同效应。此外，还从超声、可见光分别辐照下以及共同辐照下碘释放现象反应动力学的角度进一步探讨了声光协同效应的作用机理。

2.1 超声波和可见光共同辐照下碘释放现象

图 1 为碘化钾水溶液在超声波和氙灯分别辐照下及共同辐照下碘释放量随辐照时间变化的关系：A、B、C 分别表示超声单独辐照(20kHz，1.5W/cm^2)、氙灯单独辐照(白光，7.64mW/cm^2)和共同辐照时的碘释放量与辐照时间关系曲线。其中，A 曲线随时间的变化呈线性变化趋势，而 B、C 曲线随时间的变化呈指数增长。可以发现，声光共同辐照下碘释放的产率和速率均高于超声和光单独辐照下的产率和速率。为了进一步讨论声光共同辐照下的协同效应，定义协同效率 η 为

$$\eta = \frac{[I_2]_{us+vis} - ([I_2]_{us} + [I_2]_{vis})}{[I_2]_{us} + [I_2]_{vis}} \times 100\% \tag{1}$$

其中$[I_2]_{us+vis}$、$[I_2]_{us}$、$[I_2]_{vis}$ 分别为碘化钾溶液在超声和光共同辐照下、超声以及可见光单独辐照下的碘释放量。图 2 表示协同效率 η 与辐照时间的关系。可以发现，在共同辐照时间较短的情况下(小于 10min)，声光协同效应比较显著，如辐照时间为 5min 时，协同效率 η 为 67%，即共同辐照下的碘释放量是超声和可见光单独辐照下碘释放量之和的 1.67 倍，呈现了显著的协同效应。随着辐照时间的增加，协同效应逐渐减弱，协同效率 η 趋于饱和。通过进一步的拟合，发现声光协同效率 η 随辐照时间的增加呈指数衰减。

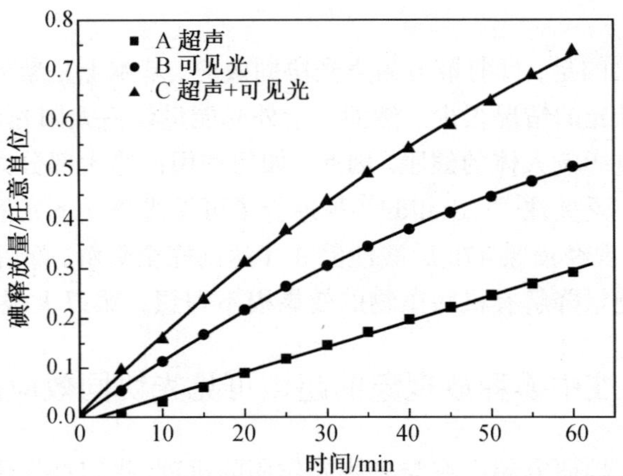

图 1 超声和可见光分别辐照及共同辐照下碘释放量与时间的关系

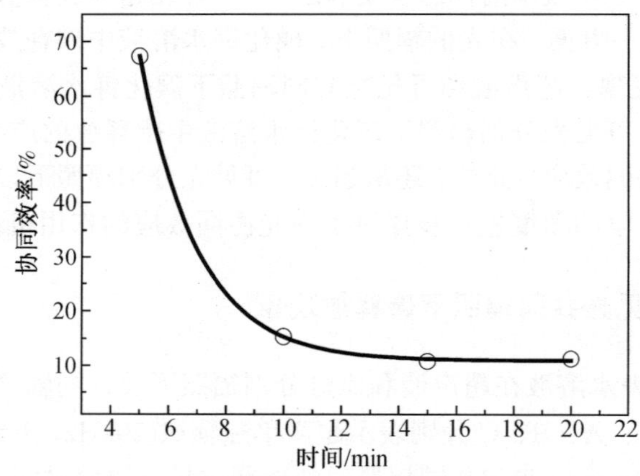

图 2 声光协同效率与辐照时间的关系

2.2 声光协同效应的动力学分析

研究光化学反应的动力学过程是探讨光化学反应机制的有效方法之一[3,6]。由于声光协同效应研究涉及光化学、声化学以及超声空化引起的其他物理化学效应，目前有关超声与光协同作用的反应动力学过程还研究得很不深入[13]。我们从反应动力学的角度探讨超声和光协同效应的机理。

1. 超声和光分别辐照下碘释放反应动力学：碘化钾水溶液在超声辐照下发生如下反应

$$2I^- + \xrightarrow[\text{超声辐照}]{k_{us}} I_2 \tag{2}$$

其中 k_{us} 表示超声辐照下声化学反应速率常数。一般，超声单独辐照下碘化钾水溶液中碘释放量随辐照时间近似呈线性变化，可看作零级反应[34]。零级反应的速率常数 k_{us} 是常数，与碘化钾溶液的浓度无关。碘的生成速率可表示为 $v_{\mathrm{I}_2,us}=k_{us}$。在可见光辐照下，碘释放反应可以表示为

$$2\mathrm{I}^- + h\nu \xrightarrow{k_{vis}} \mathrm{I}_2 \tag{3}$$

其中 k_{vis} 为可见光辐照下碘释放反应的速率常数，$h\nu$ 表示光辐照。光化学反应速率与溶液吸收的光子密度有关，光辐照下碘释放反应速率可表示为[35] $v_{\mathrm{I}_2,vis}=k_{vis}I_{abs}$，其中 I_{abs} 为溶液中单位体积内吸收的光子数。

2. 非均匀光化学反应系统中碘释放速率方程：光化学反应系统在普通搅拌方法的作用下光能量往往不能被溶液均匀吸收，通常靠近光源的溶液对光能量有较强的吸收，而远离光源的溶液吸收较弱，即反应溶液中单位体积内吸收的光子数与其距光辐照表面的距离有关，为非均匀光化学反应系统。设反应溶液体积为 $V=SL$，其中 S 为溶液受光辐照的面积，L 为光透过溶液的长度，α 为溶液的吸收系数，$[K_\mathrm{I}]$ 表示碘化钾溶液的浓度。在非均匀系统情况下，光子被溶液吸收后，光子密度会随着光线透过溶液的长度呈指数衰减。碘释放反应速率方程可表示为

$$\overline{v}_{\mathrm{I}_2,vis}=\frac{k_{vis}}{L}\mathrm{I}_0[1-\exp(-\alpha[K_\mathrm{I}]L)] \tag{4}$$

由于反应中消耗碘化钾的量与碘释放量成比例关系，则辐照时间为 t 时，碘化钾的浓度$[K_\mathrm{I}]$可表示为

$$[K_\mathrm{I}]=[K_\mathrm{I}]_0-\mathrm{A}[\mathrm{I}_2] \tag{5}$$

其中$[K_\mathrm{I}]_0$ 为碘化钾溶液的初始浓度，$[\mathrm{I}_2]$为反应过程中的碘释放量，A 为比例系数。光辐照下非均匀反应系统中碘释放平均反应速率与碘释放量的关系可表示为

$$\overline{v}_{\mathrm{I}_2,vis}=\frac{k_{vis}}{L}\mathrm{I}_0[1-\exp(-\alpha[K_\mathrm{I}]_0L+A\alpha[\mathrm{I}_2]L)] \tag{6}$$

在普通磁力搅拌器的搅拌下，光辐照能量不能被溶液均匀理想吸收，实验结果显示光化学反应速率与碘释放量成指数衰减关系，与公式(6)的规律是一致的。因此，在光辐照下，碘化钾溶液中碘释放反应是非均匀系统的光化学反应。

3. 均匀光化学反应系统中碘释放速率方程：均匀系统中，溶液各部分吸收的光子数相同，光辐照下碘释放反应速率与碘释放量的关系可表示为

$$v_{\mathrm{I}_2,vis}=k_{vis}\mathrm{I}_0\alpha[K_\mathrm{I}]_0-Ak_{vis}\mathrm{I}_0\alpha[\mathrm{I}_2] \tag{7}$$

即光化学反应速率与碘释放量成线性衰减关系。

4. 超声波和光共同辐照下碘释放反应动力学：如图 1 曲线 C 所示，超声和光共同辐照下碘释放量与时间呈指数增长关系，表明该反应为准一级反应过程[36]。该反应可表示为

$$2\mathrm{I}^- + hv \xrightarrow[\text{超声辐照}]{k_{us+vis}} \mathrm{I}_2 \tag{8}$$

其中，k_{us+vis}为反应速率常数。碘释放反应速率可表示为

$$v_{\mathrm{I}_2,us+vis} = k_{us+vis}[K_\mathrm{I}] \tag{9}$$

反应速率与碘释放量的关系为

$$v_{\mathrm{I}_2,us+vis} = k_{us+vis}[K_\mathrm{I}]_0 - Ak_{us+vis}[\mathrm{I}_2] \tag{10}$$

5. 协同效应的动力学分析：当超声波和光共同辐照时，若反应动力学过程仅为超声和光单独辐照时的线性叠加，其反应速率为

$$v_{\mathrm{I}_2,us+vis} = v_{\mathrm{I}_2,us} + \bar{v}_{\mathrm{I}_2,vis} = k_{us} + \frac{k_{vis}}{L}\mathrm{I}_0[1-\exp(-\alpha[K_\mathrm{I}]_0 L + A\alpha[\mathrm{I}_2]L)] \tag{11}$$

表明协同作用下反应速率与碘释放量呈指数关系。事实上，实验结果显示超声和光共同辐照时，反应速率与碘释放量呈线性衰减关系。因此超声和光共同辐照时的效应不是超声和光单独辐照下效应的简单叠加。

众所周知，如果利用超声辐照光化学反应系统，超声空化过程中空化泡的形成、振荡、崩溃等可以给反应溶液提供普通方法无法达到的理想化搅拌作用[7]。这种搅拌作用可以增加溶液各部分吸收光子能量的机会，使得光化学反应系统趋向均匀，从而提高光化学反应的产率和效率，甚至可能改变化学反应的动力学过程。当超声波和可见光共同辐照碘化钾溶液时，若超声空化提供的搅拌作用使得反应系统趋向均匀，由公式(7)可得动力学方程：

$$\begin{aligned} v_{\mathrm{I}_2,us+vis} &= v_{\mathrm{I}_2,us} + v_{\mathrm{I}_2,vis} \\ &= k_{us} + k_{vis}\mathrm{I}_0\alpha[K_\mathrm{I}]_0 - Ak_{vis}\mathrm{I}_0\alpha[\mathrm{I}_2] \end{aligned} \tag{12}$$

在这种情况下，协同作用下反应速率与碘释放量呈线性衰减关系，与实验结果一致。由动力学过程分析可以发现，超声的辐照可以使反应系统均匀化，从而改变了光化学反应的动力学机制，并进而提高了光化学反应的产率和速率。超声空化过程中提供的理想化搅拌作用可能是该体系中声光协同效应产生的主要原因。

3　对氯苯酚水溶液降解现象的超声可见光协同效应研究

3.1　对氯苯酚水溶液在超声波和紫外光分别辐照下的降解现象

图 3 为对氯苯酚水溶液在超声辐照下 225nm 处吸光度值与辐照时间的关系:A 和 B 曲线分别表示超声功率为 100W 和 200W 时的实验结果。可以发现，在超声的辐照下，对氯苯酚的吸光度值不断变小，表明对氯苯酚的浓度不断下降。超声功率 100 W 时辐照 60min 后，对氯苯酚降解率仅为 2.4%。当超声的功率增大至 200W 时，经辐照相同时间后降解率增大至 5.7%。由于对氯苯酚分子含有苯环结构，相

对稳定，在超声辐照下不易降解。同时，可以发现，在超声辐照下对氯苯酚的吸光度随时间呈一阶指数衰减，符合准一级反应动力学规律。在超声功率为 100W 和 200W 时，反应速率常数分别为 $4.09\times10^{-4}min^{-1}$，$9.36\times10^{-4}\ min^{-1}$。反应速率常数的大小直接反映了化学反应的快慢和难易程度。

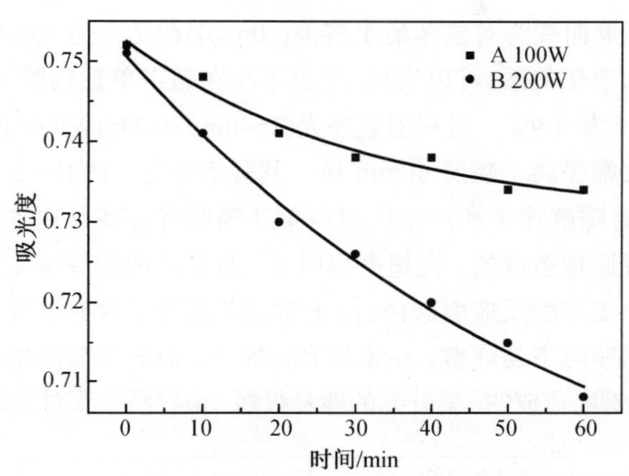

图 3　不同功率超声辐照下对氯苯酚水溶液吸光度(225 nm)与辐照时间的关系

在紫外光(254nm，$6.24mW/cm^2$)辐照下，对氯苯酚水溶液由初始的无色变为橙黄色，在辐照 9h 后变为无色。此时，对氯苯酚水溶液吸收谱中在检测范围内(190~900nm)吸光度值均为 0，对氯苯酚完全降解。图 4 为对氯苯酚水溶液在不同功率紫外光辐照下降解率随时间的变化。A、B、C 曲线分别表示紫外光功率为 3.57 mW/cm^2、4.20 mW/cm^2 和 6.24 mW/cm^2 时的时间变化情况。可以发现，经 90min 辐照后，对氯苯酚的降解率随着光辐照功率的增大而增加。进一步研究发现，在各功率紫外光辐照下对氯苯酚降解率的变化满足一阶指数衰减规律，符合准一级反应动力学规

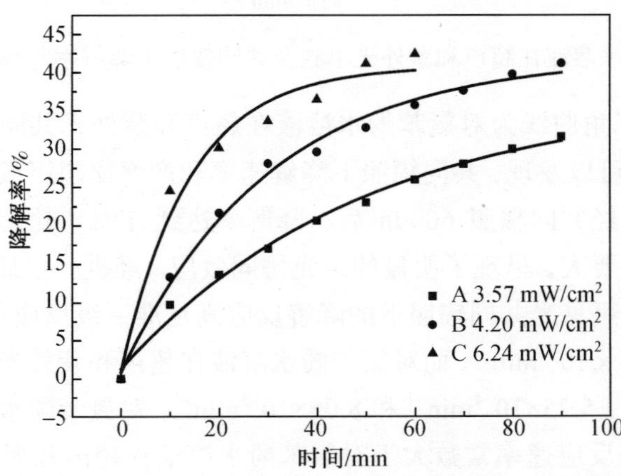

图 4　不同功率紫外光辐照下对氯苯酚水溶液的降解率与辐照时间的关系

律。对氯苯酚水溶液在功率为 3.57mW/cm^2、4.20mW/cm^2、6.24mW/cm^2 紫外光辐照下反应速率常数分别为 3.92×10^{-3}min^{-1}、5.37×10^{-3}min^{-1}、8.22×10^{-3}min^{-1}。

3.2 对氯苯酚水溶液在超声波和紫外光共同辐照下的降解现象

图 5 中实心矩形曲线为对氯苯酚水溶液(10mg/l)在功率为 150 W 超声单独辐照下降解率随时间的变化关系。可以发现，对氯苯酚在超声单独辐照下降解效率很低，经辐照 60min 后仅为 2.9%。当利用紫外光(254nm，6.24mW/cm^2)辐照时，降解的速率和产率均有大幅提高，辐照 60min 后，其降解率达 51%(图 5 实心圆形曲线所示)。紫外光辐照时降解速率和产率比超声单独辐照时要高。这主要是由于两种辐照方式的不同降解原理造成的。在超声辐照下，对氯苯酚的降解主要由于空化作用产生的自由基与对氯苯酚反应引起的。由于对氯苯酚分子含有苯环，结构十分稳定，对氯苯酚在超声辐照时不易降解。在紫外光辐照下，对氯苯酚降解主要是由于分子吸收光子能量发生键断造成的。紫外光的能量很强，很容易导致对氯苯酚的大量降解。

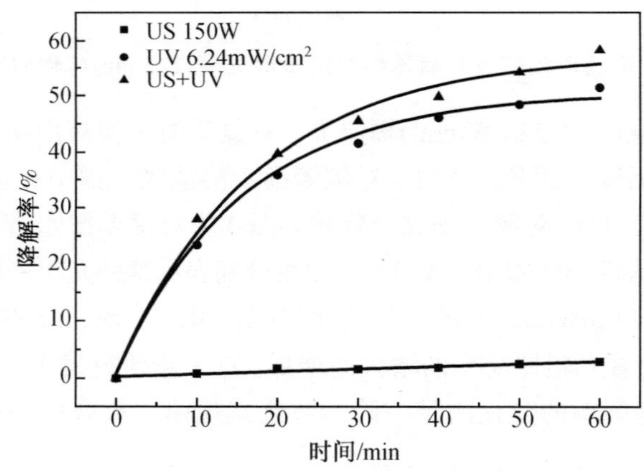

图 5 对氯苯酚水溶液在超声和紫外光单独及共同辐照下降解率与辐照时间的关系

图 5 中实心三角曲线为对氯苯酚水溶液在超声和紫外光共同辐照下降解率随时间的变化关系。可以发现，共同辐照下降解速率和产率比超声或紫外光单独辐照时均有明显提高。经共同辐照 60min 后，降解率达到 58%，比超声和紫外光单独辐照时降解率之和要大，呈现了明显的声光协同效应。经进一步研究发现，对氯苯酚水溶液在超声和可见光共同辐照下的降解反应满足准一级反应动力学规律，反应速率常数值为 1.65 × 10^{-2}min^{-1}，而对氯苯酚水溶液在超声和紫外光单独辐照下的反应速率常数分别为：5.25×10^{-4}min^{-1} 和 8.05×10^{-3}min^{-1}。对氯苯酚水溶液在超声和紫外光共同辐照下的反应速率常数大于对氯苯酚水溶液在超声和紫外光单独辐照下反应速率常数之和。

众所周知，声空化现象发生时会产生大量的羟基自由基。大部分羟基自由基与溶液中的物质会发生反应，导致物质的降解。此外，部分羟基自由基还会互相结合成过氧化氢。过氧化氢会与溶液中的羟基自由基反应生成过氧化羟基自由基(·HO_2)[2]。而过氧化氢和·HO_2 的氧化能力较羟基自由基弱，对于一些结构稳定物质的降解作用较小，如对氯苯酚。因此，过氧化氢和·HO_2的形成在一定程度上阻碍了物质在超声辐照下的降解。另一方面，过氧化氢在紫外光的辐照下会将过氧化氢裂解为羟基自由基。溶液在超声和紫外光共同辐照下，紫外光对超声空化过程中产生过氧化氢的裂解作用可以使单位体积溶液内羟基自由基的浓度上升，从而提高溶液中物质与羟基自由基反应的几率，导致降解率的提高。因此，对氯苯酚水溶液在超声和紫外光共同辐照下显现的声光协同效应可能是由于紫外光对空化过程中产生过氧化氢的裂解作用造成的。

4 酸性橙Ⅱ水溶液在超声波和紫外光辐照下的降解现象[37~39]

酸性橙Ⅱ($C_{16}H_{11}N_2NaO_4S$)分子由一个萘环和一个苯环通过-N=N-键连接而成。这种结构称为偶氮结构(azo form)。在水溶液中，酸性橙Ⅱ分子会发生异构互变效应，产生腙结构(hydrazone form)。因此，酸性橙Ⅱ在水溶液中往往以偶氮-腙混合结构的形式存在[40,41]。

图 6 为初始浓度 3.60 mg/l 的酸性橙Ⅱ水溶液在超声(20kHz，200W)辐照下吸收光谱随时间的变化。吸收谱中在 485nm 处的主吸收峰标志腙结构的存在；在 400~430nm 处的肩峰标志偶氮结构的存在。在超声波辐照下，酸性橙Ⅱ的主吸收峰及肩峰的吸光度均有大幅降低，表明酸性橙Ⅱ的降解。定义酸性橙Ⅱ的降解率 *R* 为

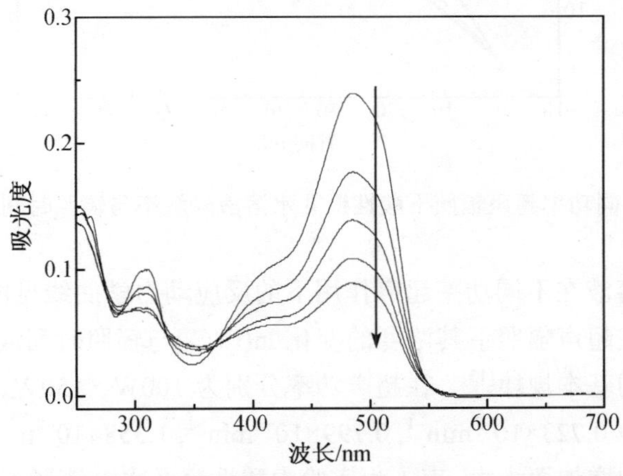

图 6 酸性橙Ⅱ水溶液吸收光谱在超声波(20 kHz, 200 W)辐照下的时间变化，箭号方向的曲线分别对应时间为：0, 15, 45, 30 和 60min

$$R=\left(1-\frac{C}{C_0}\right)\times 100\%=\left(1-\frac{A}{A_0}\right)\times 100\% \tag{13}$$

其中: C_0 为酸性橙Ⅱ水溶液的初始浓度；C 为酸性橙Ⅱ水溶液经处理后的浓度；A_0 为酸性橙Ⅱ水溶液未经处理时吸收峰处的吸光度；A 为酸性橙Ⅱ水溶液经处理后吸收峰处的吸光度。

4.1　酸性橙Ⅱ水溶液在超声波辐照下的降解现象

首先我们研究酸性橙Ⅱ水溶液在超声辐照下降解率的变化规律。图 7 中为初始浓度为 3.60mg/l 的酸性橙Ⅱ水溶液在超声(20kHz, 100~200W)作用下降解率随时间的变化。在超声作用下降解率的大幅上升，表明酸性橙Ⅱ在超声辐照下迅速降解。超声空化效应产生了大量羟基自由基(·OH)，其化学性质十分活泼，可以断裂酸性橙Ⅱ分子中的 N-N 键和(或)C-N 键，导致酸性橙Ⅱ的降解。此外，超声空化过程中产生的高温高压在一定程度上也促进了酸性橙Ⅱ的降解。随着超声功率的增加，降解幅度及速率明显加大，表明降解速率随超声功率的增大而增加。

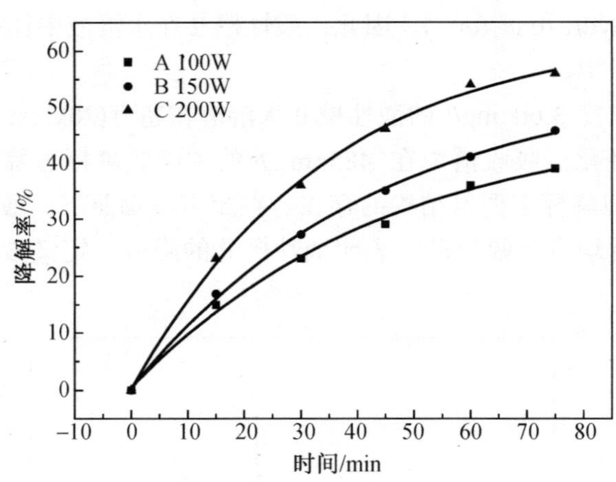

图 7　不同功率超声辐照下酸性橙Ⅱ水溶液降解率与辐照时间的关系

酸性橙Ⅱ水溶液在不同功率超声作用下的反应动力学曲线见图 8。可以发现，酸性橙Ⅱ水溶液在超声辐照下其浓度的变化 $\ln(C/C_0)$与辐照时间成线性衰减关系，符合准一级反应的基本规律[13]，在超声功率分别为 100W、150W、200W 时，其反应速率常数分别为 $0.723\times10^{-2}\text{min}^{-1}$, $0.799\times10^{-2}\text{min}^{-1}$, $1.358\times10^{-2}\text{min}^{-1}$，即反应速率常数随超声功率的增加而增大。表 1 为实验中酸性橙Ⅱ水溶液经不同功率超声辐照后降解数据，与以前的观察基本一致[13]。

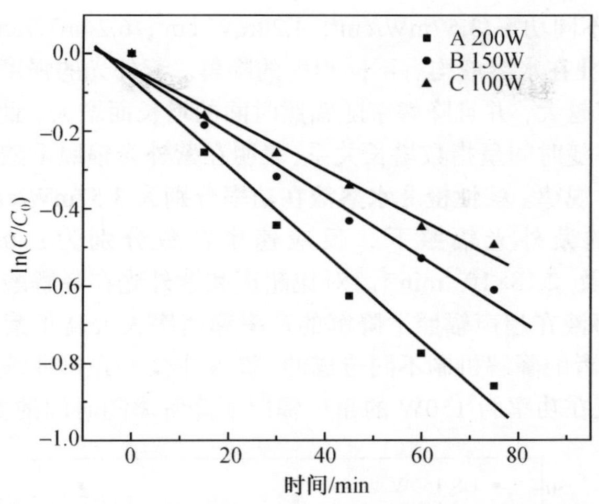

图 8 酸性橙Ⅱ水溶液在不同功率超声作用下的反应动力学过程

表 1 酸性橙Ⅱ水溶液(3.60 mg/l)在不同功率超声辐照 75min 后的降解效果

辐照功率/W	辐照后浓度/(mg/l)	降解率/%	反应速率常数/10^{-2}min^{-1}
100	2.20	39	0.723
150	1.94	46	0.799
200	1.58	56	1.358

我们还进一步研究了酸性橙Ⅱ水溶液初始浓度的变化对超声降解效果的影响(见表 2)。研究发现，酸性橙Ⅱ水溶液的降解产率和降解速率随初始浓度的增加而降低。例如：初始浓度为 3.60mg/l 的酸性橙Ⅱ水溶液经超声辐照 90min 后降解率达到 59%,而对于浓度为 4.70mg/l、10.00mg/l 的溶液其降解率则分别为 55%和 39%。由于在一定的超声功率和反应时间内，声空化的反应能力是一定的，即产生羟基自由基的数量保持在一定的水平。在自由基氧化酸性橙Ⅱ的反应中，酸性橙Ⅱ分子单位时间内捕获自由基并被氧化降解的量主要取决于羟基自由基的数量。当起始浓度增大，而一定时间内被降解的酸性橙Ⅱ(C_0-C)基本不变，但是初始浓度 C_0 值相对较大，从而导致其降解率(C_0-C)/C_0 变小。

表 2 不同初始浓度的酸性橙Ⅱ水溶液经超声(200W)辐照 90min 后的降解效果

初始浓度/(mg/l)	辐照后浓度/(mg/l)	降解率/%	绝对降解量/10^{-1}mg	反应速率常数/10^{-2}in^{-1}
10.00	6.10	39	3.90	0.565
4.70	2.12	55	2.59	0.997
3.60	1.48	59	2.12	1.358

4.2 酸性橙Ⅱ水溶液在光辐照下的降解现象

酸性橙Ⅱ水溶液(3.60 mg/l)在中心波长为 254 nm 的紫外灯辐照下的降解规律

如图 9 所示，经不同功率(3.57mW/cm^2, 4.20mW/cm^2, 6.24mW/cm^2)的紫外光辐照 90min 后，酸性橙Ⅱ在水溶液均有不同程度的降解。紫外光的强度越高，酸性橙Ⅱ降解的产率和速率越大，并且降解率随辐照时间的增长而增大。此外，紫外光辐照下酸性橙Ⅱ降解率随时间呈指数增长关系，表明在紫外光辐照下酸性橙Ⅱ降解遵从准一级反应动力学规律。酸性橙Ⅱ水溶液在功率分别为 3.57mW/cm^2，4.20mW/cm^2 和 6.24mW/cm^2 的紫外光辐照下，反应速率常数分别为：0.363× 10^{-3}min^{-1}，1.28×10^{-3}min^{-1} 以及 2.18×10^{-3}min^{-1}。对比超声和紫外光在降解酸性橙Ⅱ水溶液效率，酸性橙Ⅱ水溶液在超声辐照下降解的产率和速率大大高于紫外光辐照下的结果。这可能是由两者的降解机制不同造成的。图 9 中实心矩形曲线为相同初始浓度的酸性橙Ⅱ水溶液在功率为 150W 的超声辐照下降解率随时间的变化曲线。

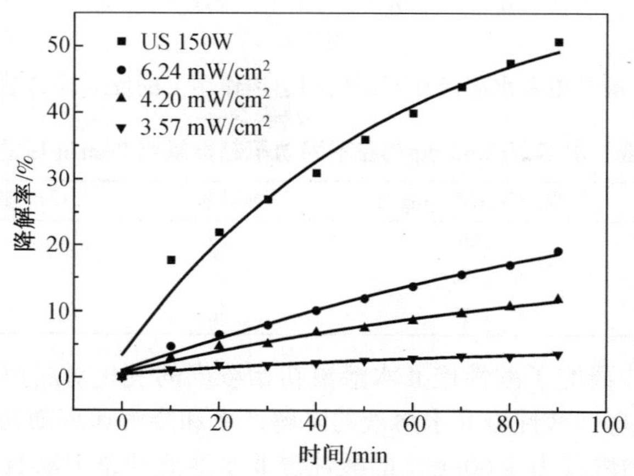

图 9　酸性橙Ⅱ水溶液在不同功率紫外光辐照下降解率与辐照时间的关系

我们还研究了酸性橙Ⅱ水溶液初始浓度的变化对紫外光辐照效果的影响。结果表明，对初始浓度为 4.70mg/L 的酸性橙Ⅱ水溶液在强度为 4.20 mW/cm^2 的紫外光辐照下，经紫外光辐照 90min 后其降解率仅为 8%，而初始浓度为 3.60mg/L 的溶液经相同功率的紫外光辐照 90min 后其降解率达到 11.9%，而初始浓度为 1.78mg/L 的溶液，其降解率则达 18%。因此，当紫外光辐照功率不变时，酸性橙Ⅱ的浓度越低越利于降解率的提高。此外，各初始浓度下反应溶液的降解率随辐照时间均成指数增长关系，满足准一级反应条件。不同初始浓度下反应速率常数分别为：8.23×10^{-4} min^{-1} (C_0 = 4.70mg/L), 1.28×10^{-3} min^{-1} (C_0 = 3.60mg/L)以及 2.09×10^{-3} min^{-1}(C_0 = 1.78mg/L)。酸性橙Ⅱ水溶液在紫外光的辐照下，其初始浓度越低则反应速率常数越大，表明降解反应越易进行。

4.3　酸性橙Ⅱ水溶液在超声波和紫外光共同辐照下的降解现象

图 10 中曲线 B 为酸性橙Ⅱ水溶液(初始浓度 3.60mg/L)在紫外光(254nm,

4.20W/cm^2)辐照下降解率随时间的变化关系。辐照 90min 后，其降解率为 11.9%。曲线 A 为同样初始浓度酸性橙Ⅱ水溶液在超声(20kHz,150W)辐照下降解率随时间的变化。可以发现，辐照 90min 后降解率达到 50.7%。令人感兴趣的是，超声和紫外光共同辐照下，酸性橙Ⅱ的降解效率和产率相对于超声和紫外光单独辐照时均有大幅提高，经共同辐照 90min 后，降解率达到 70.7%，高于超声和紫外光单独辐照下的降解率之和，如图 10 曲线 C。该结果表明超声和紫外光共同辐照时，其效应不是超声和紫外光效应的简单叠加，而是倍增效应，呈现了声光协同效应。

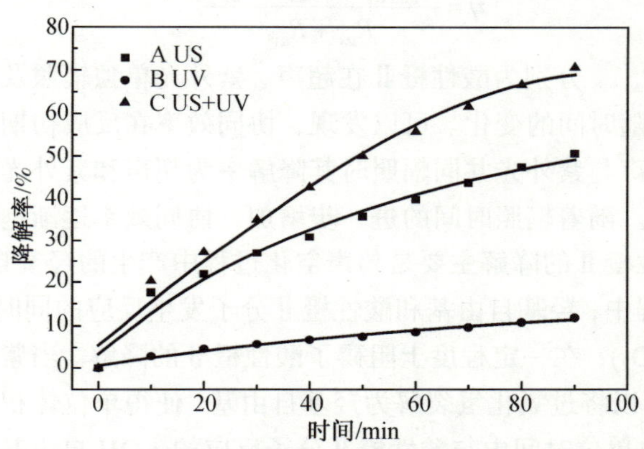

图 10 酸性橙Ⅱ水溶液在超声和紫外光分别辐照及共同辐照下降解率与时间的变化关系

图 11 表示了酸性橙Ⅱ水溶液在超声、紫外光单独以及共同辐照下的反应动力学过程。可以发现，酸性橙Ⅱ水溶液在三种辐照条件下，其瞬时 $\ln(C/C_0)$值与时间均呈线性衰减关系，为典型的准一级反应过程。通过拟合，可得酸性橙Ⅱ水溶液在超声、紫外光以及超声和紫外光共同辐照下的反应速率常数：$0.799\times10^{-2}\text{min}^{-1}$，$1.28\times10^{-3}\text{min}^{-1}$ 和 $1.378\times10^{-2}\text{min}^{-1}$。共同辐照时的反应速率常数明显高于超声和紫

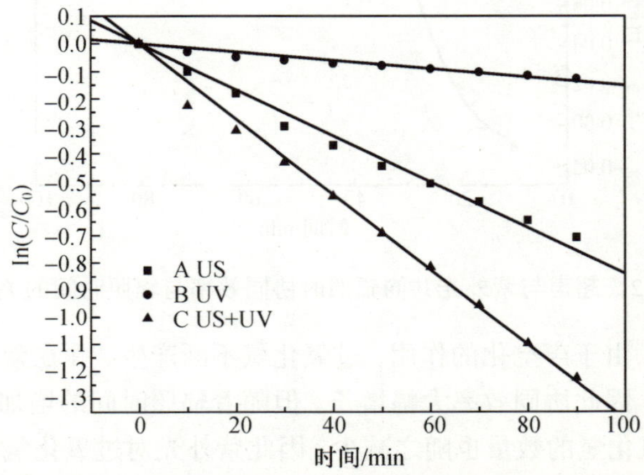

图 11 酸性橙Ⅱ水溶液在超声、紫外光单独及共同辐照下的反应动力学曲线

外光单独辐照时反应速率常数之和，表明共同辐照时反应速率加快，呈现了明显的声光协同效应。酸性橙Ⅱ水溶液在超声和紫外光的单独及共同辐照下其降解反应均遵从准一级反应动力学规律，表明声光协同效应并没有改变反应动力学规律。

4.4　超声与紫外光协同效应机理讨论

为了进一步研究声光协同效应的机理，定义协同效率 η 为

$$\eta = \frac{R_{us+uv} - (R_{us} + R_{uv})}{R_{us} + R_{uv}} \tag{14}$$

其中，R_{us}、R_{uv}、R_{us+uv} 分别为酸性橙Ⅱ在超声、紫外光单独辐照及共同辐照下的降解率。图 12 为 η 随时间的变化。可以发现，协同效率在反应初期随辐照时间的增长而迅速增大，超声与紫外光共同辐照时其降解率为超声和紫外光单独辐照时降解率之和的 1.15 倍。随着辐照时间的进一步增加，协同效率逐渐饱和。一般来说，在超声辐照下酸性橙Ⅱ的降解主要是超声空化过程中产生的羟基自由基引起的。但是在超声空化过程中，羟基自由基和酸性橙Ⅱ分子发生反应的同时，还会互相结合形成过氧化氢(H_2O_2)，在一定程度上阻碍了酸性橙Ⅱ的降解。当紫外光和超声共同辐照时，紫外光可以将过氧化氢裂解为羟基自由基，使得单位体积溶液羟基自由基的浓度上升，导致单位时间内与酸性橙Ⅱ分子反应的 · OH 自由基总量增加，从而加速了酸性橙Ⅱ的降解，产生声光协同效应。

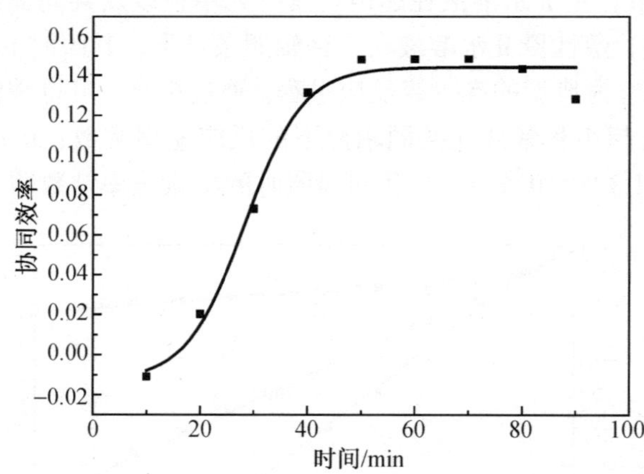

图 12　超声与紫外光共同辐照时协同效率与辐照时间的关系

在反应初期，由于声空化的作用，过氧化氢不断产生，并在紫外光的作用下裂解为羟基自由基，因此协同效率大幅增长。但随着辐照时间的增加，溶液中空化泡核不断减少，过氧化氢的数量也随之减少，因此紫外光对过氧化氢的裂解作用就变得越来越不明显，从而使得协同效率趋于饱和。Guyer 等[13]也研究了酸性橙Ⅱ水溶

液在超声和紫外光辐照下的变化规律，发现当超声辐照单独时，溶液中过氧化氢的量随时间增加而增加。当超声和紫外光共同辐照时，反应初期溶液中的过氧化氢随着时间增加而增多，最后逐渐趋于饱和。这一发现在一定程度上也验证了声光协同效应的产生应归结于紫外光对超声空化过程中产生过氧化氢的裂解。

5 总结

以三种物质为对象(无机物碘化钾；含有一个苯环的对氯苯酚；含有多个苯环的复杂有机物酸性橙Ⅱ)研究了超声波与光(紫外光、可见光)联用技术在降解水中污染物方面的应用效果，系统研究了超声波与光单独及共同作用降解水中污染物的反应动力学规律，对超声波与光共同作用时出现的声光协同效应进行了深入的讨论，初步建立了声光协同效应的动力学反应机制。今后将从气泡动力学的角度探讨声空化对声光协同效应的影响。

致谢

本工作得到国家自然科学基金项目(No.10574071)的支持。

参考文献

[1] 冯若，李化茂. 声化学及其应用. 合肥：安徽科学技术出版社，1992.

[2] Adewuyi Y G. Sonochemistry in environmental remediation. Ⅰ. Combinative and hybrid sonophotochemical oxidation processes for the treatment of pollutants in water, Environ. Sci. Technol., 2005, 39: 3409; Sonochemistry in environmental remediation. Ⅱ. Heterogeneous sonophotochemical oxidation processes for the treatment of pollutants in water, Environ. Sci. Technol., 2005, 39: 8557.

[3] Tezcanli-Guyer G, Ince N H. Degradation and toxicity reduction of textile dyestuff by ultrasound. Ultras. Sonochem., 2003, 10: 235.

[4] Yano J, Matsuura J I, Ohura H, et al. Complete mineralization of propyzamide in aqueous solution containing TiO_2 particles and H_2O_2 by the simultaneous irradiation of light and ultrasonic waves. Ultras. Sonochem., 2005, 12: 197.

[5] Didenko Y T, McNamara W B, Suslick K S. Hot spot conditions during cavitation in water. J. Am. Chem. Soc., 1999, 121: 5817.

[6] 马春莹，许坚毅，刘晓峻. 碘化钾水溶液中碘释放现象的超声可见光协同效应研究. 声学学报, 2007, 32: 232.

[7] Gáplovský A, Oonovalová J, Toma S, et al. Ultrasound effects on photochemical reactions .1. Photochemical reactions of ketones with alkenes. Ultras. Sonochem., 1997, 4: 109.

[8] Kidak R, Ince N H. Ultrasonic destruction of phenol and substituted phenols: a review of current research. Ultras. Sonochem., 2006, 13: 195.

[9] Tiehm A, Neis U. Ultrasonic dehalogenation and toxicity reduction of trichlorophenol. Ultras.

Sonochem., 2005, 12: 121.

[10] Hao H W, Chen Y F, Wu M S, et al. Sonochemistry of degrading p-chlorophenol in water by high frequency ultrasound. Ultras. Sonochem., 2004, 11: 43.

[11] Chen Y C, Smirniotis P. Enhancement of photocatalytic degradation of phenol and chlorophenols by ultrasound. Ind. Eng. Chem. Res., 2002, 41: 5958.

[12] Vinodgopal K, Peller J, Makogon O, et al. Ultrasonic mineralization of a reactive textile azo dye. Remazol black B, Wat. Res., 1998, 32: 3646.

[13] Guyer G T, Ince N H. Individual and combined effects of ultrasound, ozone and UV irradiation: a case study with textile dyes. Ultrasonics., 2004, 42: 603.

[14] Rehorek A, Tauber M, Gubitz G. Application of power ultrasound for azo dye degradation. Ultras. Sonochem., 2004, 11: 177.

[15] Voncina B, Marechal A M L. Grafting of cotton with beta-cyclodextrin via poly(carboxylic acid). Appl. Polymer Sci., 2005, 96: 1323.

[16] Okitsu K, Iwasaki K, Yobiko Y, et al. Sonochemical degradation of azo dyes in aqueous solution: a new heterogeneous kinetics model taking into account the local concentration of OH radicals and azo dyes. Ultras. Sonochem., 2005, 12: 255.

[17] Bauer C, Jacques P, Kalt A. Photooxidation of an azo dye induced by visible light incident on the surface of TiO_2. Photochem. Photobio. A, 2001, 140: 87.

[18] Muthukumar M, Sargunamani D, Senthilkumar N. Statistical analysis of the effect of aromatic, azo and sulphonic acid groups on decolouration of acid dye effluents using advanced oxidation processes. Dye Pigment., 2005, 64: 39.

[19] Petrier C, Lamy M F, Francony A, et al. Sonochemical degradation of phenol in dilute aqueous solutions: comparison of the reaction rates at 20 and 487kHz. J. Phys. Chem., 1994, 98: 10514.

[20] Yasman Y, Bulatov V, Gridin V V, et al. A new sono-electrochemical method for enhanced detoxification of hydrophilic chloroorganic pollutants in water. Ultras. Sonochem., 2004, 11: 365.

[21] 卞华松，张大年，赵一先. 水溶液中硝基苯的超声微电场降解. 环境化学, 2002, 21: 264.

[22] Mrowetz M, Pirola C, Selli E. Degradation of organic water pollutants through sonophotocatalysis in the presence of TiO_2. Ultras. Sonochem., 2003, 10: 247.

[23] Ince N H, Tezcanli G. Reactive dyestuff degradation by combined sonolysis and ozonation. Dye. Pigment., 2001, 49: 145.

[24] Destaillats H, Colussi A J, Joseph J M, et al. Synergistic effects of sonolysis combined with ozonolysis for the oxidation of azobenzene and methyl orange. J. Phys. Chem. A, 2000, 104: 8930.

[25] Lin J G, Chang C N, Wu J R, et al. Enhancement of decomposition of 2-chlorophenol with ultrasound/H_2O_2 process. Wat. Sci. Tech., 1996, 34: 41.

[26] 赵德明，史惠祥，雷乐成，等. US/H_2O_2组合工艺催化降解苯酚水溶液的研究. 浙江大学学报(工学版), 2004, 38: 240.

[27] 陈琳，雷乐成，杜瑛珣. UV/Fenton光催化氧化降解对氯苯酚废水反应动力学. 环境科学学报, 2004, 24: 225.

[28] Zhao Y Y, Feng R, Shi Y S, et al. Sonochemistry in China between 1997 and 2002. Ultras. Sonochem., 2005, 12: 173.

[29] Hirano K, Nitta H, Sawada K. Effect of sonication on the photo-catalytic mineralization of some chlorinated organic compounds. Ultras. Sonochem., 2005, 12: 271.

[30] Zou Z G, Ye J H, Sayama K, et al. Direct splitting of water under visible light irradiation with an oxide semiconductor photocatalyst. Nature, 2001, 414: 625.

[31] Stylidi M, Kondarides D I, Verykios X E. Visible light-induced photocatalytic degradation of Acid Orange 7 in aqueous TiO_2 suspensions. Appl. Cataly., 2004, B47: 189.

[32] Ma C Y, Xu Z, Xu J Y, Liu X J. Dynamical property of synergistic effects on iodine release by combination of ultrasound and light irradiations. ICU Proc., Vienna, Austria, 2007.

[33] Weissler A, Cooper H W, Snyder S. Chemical effect of ultrasonic waves: oxidation of potassium iodide solution by carbon tetrachloride. J. Am. Chem. Soc., 1950, 72: 1769.

[34] Koda S, Kimura T, Kondo T, et al. A standard method to calibrate sonochemical efficiency of an individual reaction system. Ultras. Sonochem., 2003, 10: 149.

[35] Schllowitz M, Wlesenfeld J R. State-specific production of electronically excited potassium atoms in the ultraviolet photolysis of potassium iodide. J. Phys. Chem., 1983, 87: 2194.

[36] 葛建团，曲久辉，王国华. H_2O 超声过程中 H_2O_2 生成动力学. 环境化学, 2004, 23: 140.

[37] Ma C Y, Xu J Y, Liu X J. Decomposition of an azo dye in aqueous solution by combination of ultrasound and visible light. Ultrasonics, 2006, 44: e375.

[38] Ma C Y, Zhang H X, Xu J Y, Liu X J. Dynamical process for decomposition of an Azo Dye under combined irradiation of ultrasound and ultraviolet light. ICU Proc., Vienna, Austria, 2007.

[39] 刘晓峻，等. 偶氮染料废水处理方法. 国家发明专利，2L 200610085548.6

[40] Ozen A S, Aviyente V, Guyer G T, et al. Experimental and modeling approach to decolorization of azo dyes by ultrasound: degradation of the hydrazone tautomer. J. Phys. Chem., 2005, A109: 3506.

[41] Bauer C, Jacques P, Kalt A. Investigation of the interaction between a sulfonated azo dye (AO7) and a TiO_2 surface. Chem. Phys. Lett., 1999, 307: 397.

功率超声在有机废水处理中的应用研究进展

朱昌平，黄　波

(河海大学计算机及信息工程学院，常州 213022)

1　引言

利用功率超声(power ultrasonics)处理有机污染物是近年来发展起来的一项极具潜力的新型水处理技术，它集高级氧化、热解，超临界氧化等技术为一体，具有操作简单、降解速度快、无二次污染等优点，是当前声化学(sonochemistry)领域研究的热点之一。

超声降解水溶液中的有机污染物主要是通过声空化(acoustic cavitation)机制作为主动力来实现的。在超声水处理技术中，声化学反应器的参数优化与设计是制约该技术从实验室走向实际应用的瓶颈，对超声降解有机废水的物理参数(频率、声功率、声强及声场分布规律)和化学参数(溶液的初始浓度、pH 值及反应溶液物系的特性)与处理效果的关系是该技术推广的基础。为提高超声在处理有机废水的降解效率，将超声与其他技术联合处理有机废水是近年来超声波水处理技术发展的新方向。

2　声化学反应的主动力——声空化

声空化是一个极其复杂的物理现象。当超声作用液体时，液体中的微小泡核被激活，表现为泡核的振荡、生长、收缩乃至崩溃等一系列动力学过程称为声空化效应。通常把声空化分为稳态空化(stable cavitation)和瞬态空化(transient cavitation)。稳态空化是指在较低声强作用下即可发生的，内含气体与蒸汽的空化泡行为。当稳态空化泡在定向扩大过程中扩大到使其自身共振频率与声波频率相等时，发生声场与气泡的最大能量耦合，产生明显的空化效应。瞬态空化则在较大的声强下发生，而且大多发生在一个声波周期内。在声波负压相中，空化泡迅速扩大，随之则在声波正压相作用下被迅速压缩至崩溃[1]。

超声化学的主要理论有基于空化效应的热点理论、声致自由基理论和超临界水氧化理论等。利用功率超声降解有机废水则主要是自由基氧化、高温热解、超临界水氧化和水相燃烧共同作用的结果[2~6]。在热点理论中，声化学反应是通过超声空化作用把声场能量聚集在微小空间内，产生异乎寻常的高温高压，形成所谓的“热点”。而热点周围的高温高压以及伴生的机械力量，可产生类似于化学反应中增温、加压，以提高分子活性，从而加快化学反应的速度。同时进入空化泡内的有机物也可能发生类似燃烧的热分解反应。这就为一般条件下难以实现的化学反应、分子键的断裂、重组提供一条新的路径。在声致自由基理论中，空化泡绝热崩溃时产生的高温高压可把热点周围的物质分子裂解成自由基，同时也可使热点附近的水分子裂解成·OH 和·H 自由基。但是，两种理论对于反应的贡献并不相同，它由具体反应物系及反应物初始浓度等决定，其中被降解溶液的物系组成对降解效果起主导作用。对挥发性有机物，在空化核生长时就进入空化泡并被崩溃产生的高温高压优先热解；对疏水性有机物(如烃类、有机农药等)，积累并在空化泡疏水边界层发生反应，边界层的·OH 和 H_2O_2 浓度明显高于周围液体，降解主要由热解和自由基反应完成，但热解占主导地位；对液体中亲水性有机物(如酚类、苯系物、有机酸等) 的降解主要由自由基或 H_2O_2 反应完成。而超临界水氧化理论则认为，空化产生的高温高压足以使空化泡表层的水分子超过临界点而成为超临界水，超临界水是有机物的优良溶剂，气体可以任意比例溶解其中，同时它具有介电常数低、扩散性好的特点，因而使传质和反应均大大增快，特别有利于常规条件下难溶解、大分子有机物的降解。

作为声化学的基础理论研究，国内外众多学者在空化理论方面做了大量的研究，为超声降解有机废水的研究奠定了理论基础[7~15]。

3 声化学反应器的研究进展

声化学反应器是指超声波引入并在其作用下进行化学反应的容器或系统，是实现声化学反应的场所。应崇福院士指出，声化学应用长期在实验室而无法在工业上推广应用的瓶颈是缺乏高效的、大批量处理或流水式连续运行的声学操作系统，即声化学反应器。因此，为提高超声水处理的降解效率，对声化学反应器的研制工作迫在眉睫。目前所用的声化学反应器主要有 6 种，分别是液哨式、超声清洗槽式、变幅杆浸入式、杯式、平行板近场式和管式声化学反应器。其中除液哨式声化学反应器是利用机械办法产生功率超声外，其余 5 种反应器都是利用机电效应产生超声波。

液哨式声化学反应器的显著特点是从媒质内由射流冲击簧片产生超声波，而不是从外部把换能器产生的超声波引入媒质内(见图 1)。中科院声学所成功开发了 X 型簧片超声乳化器，为机械式声化学反应器的进一步研究奠定了基础。

清洗槽式声化学反应器是一种价格便宜，应用普通的功率超声设备。小型的清洗槽式声化学反应器结构简单，由不锈钢和若干固定在水槽底部的超声换能器组成

(见图 2)。但在利用清洗槽式声化学反应器进行声化学产额研究时应该注意三点：弄清楚反应液中声功率；控制清洗槽内的温度；以及确定不同型号的清洗槽的频率。

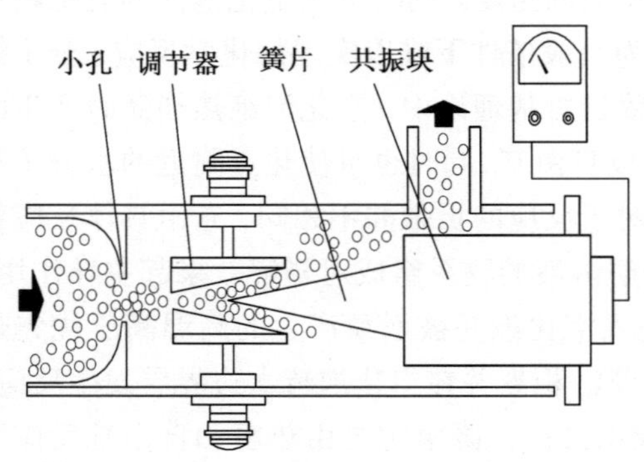

图 1　液哨式声化学反应器

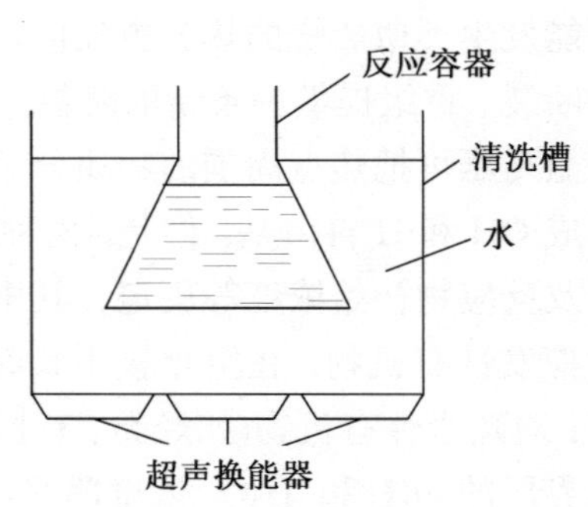

图 2　超声清洗槽式反应器

变幅杆浸入式声化学是把发射超声波的探头直接浸入到反应液中，探头利用变幅杆或聚能器使能量集中，变幅杆端面的质点振动幅度或声强靠改变输入换能器的电功率来控制(见图 3)。中科院声学所研制的 88-1 型超声处理机，其频率在 14~20kHz 之间可调，电功率从 0~250W 可控，有良好的消噪、稳频和稳幅措施。

将变幅杆超声系统的探头发射功率可调这一优点与超声清洗槽相结合便得到杯式变幅杆结构反应器(见图 4)。这种反应器能量密度高且可调、频率固定、温控精确，探头表面强烈振动时可能被空化腐蚀掉的微小颗粒不污染反应液体。

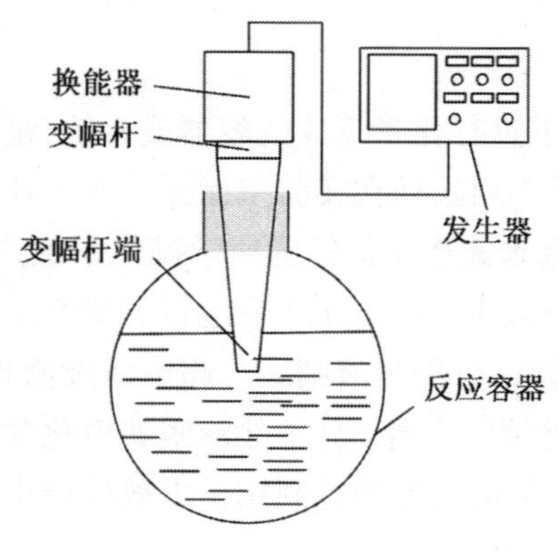

图 3　变幅杆浸入式声化学反应器

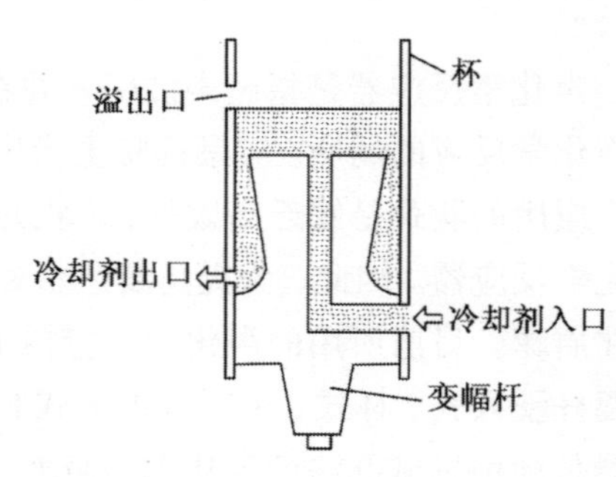

图 4　杯式变幅杆结构声化学反应器

平行近场声处理器(parallel-plate near-field acoustical processor, NAP)是为了提高超声反应器的声强和能量效率由美国 Lewis 公司开发的声化学处理器[16]。该系统由一个矩形空间构成，矩形空间上下 2 块平行金属板上都镶嵌有磁致伸缩换能器，分别由 2 个不同的超声发射源提供，产生频率分别为 16kHz 和 20kHz 的超声(见

图 5)。被处理液体从矩形空间的一端流入，另一端流出，当液体流经上下 2 块金属板构成的区域时，即会受到超声波的辐射，矩形空间内的超声声强是单一金属板发射的超声声强的 2 倍以上。这样，该矩形空间便构成了一个超声混响场。

管式声化学反应器是让超声通过管壁的振动引入到反应器中的液体中，完全排除了换能器振动表面受腐蚀的问题，对高黏度和含有重粒子的液体都能很好处理。南京大学声学所利用声场与磁场的协同作用发明了一种管式磁声场废水处理器(见图 6)，该处理器利用水流流过管子中的喷嘴时带动谐振板产生超声波，可大大节约能源，且由于利用了磁场与声场的协同作用，其处理效果较单一超声处理效果好。

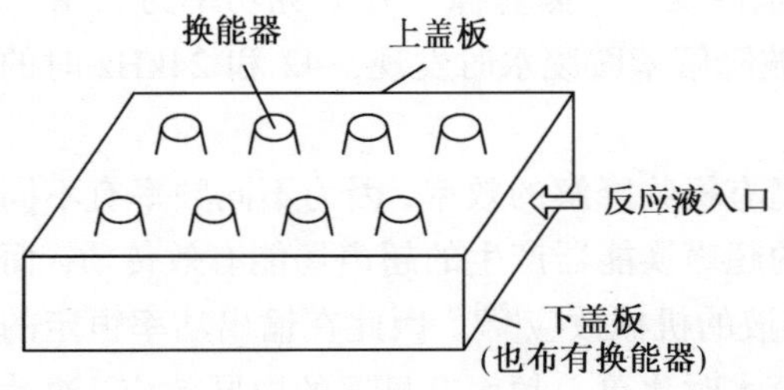

图 5　平行板近声场反应器

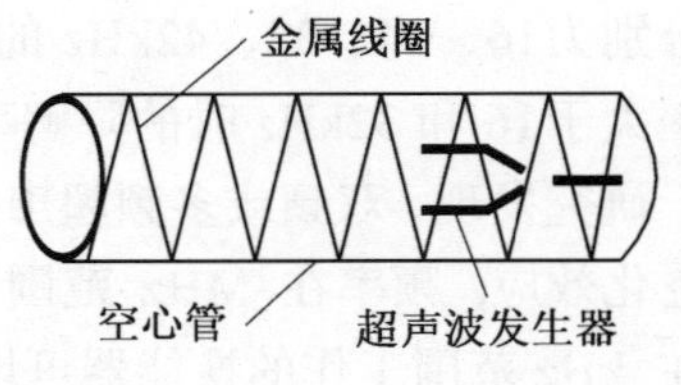

图 6　管式磁声场处理器结构示意图

由于目前所设计的声化学反应器仅仅是停留在间歇处理的实验室阶段，对反应器设计的基础研究很不充分，缺少定量化放大准则[17]。而真正要走向工业应用的瓶颈问题(缺少高效的、大批量处理或流水式的连续运行之声化学反应器)迄今仍未解决。这就制约着这一极有潜力的技术无法在工业中应用。因此，急待加强声化学反应的基础研究。依靠声学、电子、化学、水环、机械领域的研究人员密切合作，尽快探明能实现均匀声空化的物理条件和化学反应机理，并对各种声化学反应器的声学参数及相关条件进行优化研究。

4　超声的声学参数和溶液的化学特性对降解效果的影响

影响功率超声处理废水效果的因素很多，但总的来说可分为物理因素和化学因素两大类。物理因素主要指超声的频率、声功率、声强以及声化学反应器的物理结构(实质是声场分布)等，化学因素如被降解溶液的 pH 值、初始浓度以及溶液的化学特性等。在实际超声水处理过程中，对降解效果的影响是物理因素和化学因素共同作用的结果。

4.1　超声频率对降解效果的影响

超声波的频率范围为 20k~1000MHz，通常用于水处理的超声频率为 20k~2MHz。超声波在低频时，空化泡少但直径大，空化泡有明显的生长、崩溃过程，空化核在稀疏阶段达到共振半径而强烈振荡，而后瞬间发生塌缩崩溃，因而爆破更加猛烈；在高频时，空化泡的形成和崩溃得更快，产生的自由基更容易进入液相主体中，但声周期短，空化泡小，空化极限大但强度弱[18]。因此对于以热解为主的声解反应，当声强大于空化阈值时，随着频率的增大，声周期缩短，空化泡数目增多，声解效率提高；而对于以自由基氧化为主的降解反应，当超声频率较高时，则空化泡粒径小，空化强度减弱，故存在一个有利降解的最佳超声频率。随着超声频率的增高，声波膨胀相对时间变短，空化核来不及增长到可产生效应的空化泡(即使空化泡形成)，声波的压缩相时间亦短，空化泡可能来不及发生崩溃。因此，随着超声频率的增高，空化过程会变得难以发生。熊宜栋[19]在研究功率为 35W、频率分别为16、24、32、42kHz 的超声波降解苯胺废水时发现，42 和 24kHz 时的降解率大于16 和 32kHz 时的降解率。

研究发现，双频或多频超声能提高有机物降解的效率，因为不同频率有不同的声空化效应，频率在 MHz 范围工作的超声换能器产生的超声场能有效传质，而频率在 kHz 范围工作的换能器可增强溶液的机械效应[20]。因此在输出功率恒定的情况下，采用双频或混频组合处理有机废水时比单一频率有显著的协同效应。沈壮志等[21]以五氯苯酚为模拟水样，分别用低频(16kHz)和高频(800kHz)进行组合成双频降解五氯苯酚时，发现双频比各自单频时效果好。南京大学[22~25]对 28kHz 分别与 0.87MHz、1.06 MHz、1.7 MHz 组合的双频超声辐照时的组合效应明显大于各频率单独辐照效应之和。

4.2　声功率/声强对降解效果的影响

超声功率指单位时间内通过垂直于声传播方向的面积 S 的平均声能量(单位为 W)，声强是指通过垂直于声传播方向单位面积上的声功率(单位为 W/m^2)，声功率和声强是影响超声水处理效果的重要因素。一般来说，增加超声废水处理时的声功率或声强，有利于氧化反应的进行，能增大降解速度、增强空化程度。但声功率和声强也不能无限增大，当声强太大时空化泡会在声波的负相长得很大而形成声屏蔽，而且大量的空化泡被激活，对辐照声束产生较强的散射衰减，使系统可利用的声场能量反而降低[26]，降解速度也随之下降。

当频率不变时，超声降解的速率在一定范围内随声功率或声强的增大而增加，呈线性关系[27]。如熊宜栋[19]在用频率为 24kHz，功率分别为 50、60、90、100W 的变幅杆超声波换能器降解浓度为 30mg/L 的苯胺模拟废水时发现，其降解率 C 为 $C_{100W}>C_{90W}>C_{60W}>C_{50W}$；陈伟[28]通过研究发现声功率对降解效果的影响还与有机物的性质有关，它对疏水性、易挥发的有机物氯苯的降解影响较小，对亲水性、难挥发的有机物 4-氯酚的降解率影响较大(见表 1)。

表 1 4-氯酚、氯苯在不同的声功率下的降解效果

有机物名称	初始浓度/mgL^{-1}	超声辐照时间/min	声功率/W	降解率/%
4-氯酚	36.50	240	54	57.5
4-氯酚	36.50	240	14	32.1
氯苯	36.94	60	54	86.4
氯苯	36.94	60	28	79.8

目前超声水处理研究的声强范围大多在 1~100W/cm^2。在较高频率下为促使空化泡形成可以提高辐照溶液的声强，但声压幅值存在一个上限，因此也不能无限地提高声强。Wu[29]研究 20kHz 超声降解 CCl_4 溶液时发现，在 1~24 W/cm^2 的范围内，CCl_4 的降解速率与声强成正比；徐宁等[30]利用声强依次为 0.2、0.3、0.4、0.5 W/cm^2 低频超声辐照间苯二酚水溶液 240min 时发现：降解率从 13.2%提高到 39.5%，声强增大促进了降解效果；钟爱国等[31]利用 CSF-16 型超声波发生器降解甲胺磷水溶液时发现：随着声强的增加，空化程度增加，钾胺磷的降解率增大，但声能太大反而降解速度下降，最后综合得出最适宜降解的声强为 80.3W/cm^2,。赵德明等[32]在研究 Fenton 试剂强化超声波处理对硝基苯酚(p-NP)的过程中，分别在 5、10、15、20 W/cm^2 的声强超声辐照 240min 后发现：20 W/cm^2p-NP 的降解率最大为 68.4%，但超声发生器发热严重，探头表面空化腐蚀明显。史惠祥等[33]在研究超声和臭氧联合作用降解对硝基苯酚时发现：在 32、40、48 W/cm^2 条件下反应 32min 后降解率分别为 86.9%、94.7%、98%，但声强太大时降解率的增加幅度有所降低。卞炜等[34]在利用超声波降解间苯二酚水溶液时发现：功率在 50~300W 之间时，在 200W 时达到最佳降解效果，当功率继续加大时，超声处理间苯二酚的能力有所下降。李光书[35]在利用超声辐照处理石油污水时发现：声功率在 41W 时处理效果更好，功率进一步增大时 COD 的去除率反而下降。

4.3 声化学反应器的物理结构对降解效果的影响

在进行超声水处理的过程中，许多研究者注意到声化学反应器的物理结构对降解速率也有较大的影响。不同物理结构的声化学反应器产生的空化效果是不一样的，因为自由基的产生主要依赖于气泡在崩溃过程中的机械力作用，而这种机械力类型主要是由产生空化泡的装置和操作条件决定的。当空化泡崩溃时处于不稳定状态，那么一系列这样不稳定的气泡产生的·OH 越多越有利于声化学反应的发生，当空化泡处于稳定时崩溃，那么产生的·OH 可能对化学反应并不起作用[36]。只有当输入到液体中的声功率大于空化阈值时才能产生空化效应，在行波场中空化阈值为 0.7W/cm^2，而在混响场中阈值则为 0.3W/cm^2[37]。因此在超声水处理的过程中应通过改变反应器的物理结构，优化声场分布，最大限度地利用声空化效应，提高混响场强度和能量的利用效率[38]。

通过对行波场与混响场的声化学产额变化规律的研究表明[3]：混响场中的空化阈值比行波场低，在相同的发射声强下，混响场的声化学产额明显大于行波场，其原因是由于液面受到声辐射压力的强烈扰动，使空化核骤然增多的结果。王保强等[39]通过计算得出了提高声场能量密度的方法：(1) 利用凹形球面声源，实现声波束的聚焦；(2) 利用动力学和波动学理论，通过波的合成使声强在大的空间得以有效提升。同时，为提升超声场的能量密度，他还利用三个准平面波源分别以相向和垂直正交的方向合成，其声强能提高约 4 倍。

对声学参数来说，起主要作用的是超声频率和声强[40]，它们达到临界值时会产生较好的空化效果，而这个临界点对不同反应器是不同的，这些都需要进一步探讨。

4.4　超声对不同物系的有机溶液的降解效果

1 对脂肪类有机污染物的降解

此类物系主要包括脂肪烃及其衍生物等。Nakui 等[41]研究用 200kHz、200W 的超声波降解一定浓度的肼溶液，发现 pH 是决定其降解的主要因素，降解结果表明了氢氧自由基对其降解有重要作用。直接用 40kHz 超声波降解醋酸，随着初始浓度的降低，降解程度升高，此外，在降解过程中加入 NaCl，其浓度增大，降解程度也变大[42]。Dukkancl 等[43]利用超声波处理草酸也得到相同的结论。

2 对芳香族有机污染物的降解

Petrier 等[44]在氯苯和对氯苯酚的混合溶液中，充入氩至饱和，超声频率为 300kHz 时，更易挥发的氯苯首先进入空化泡中并降解，对氯苯酚只在氯苯降解完全后才开始降解。Hao 等[45]利用频率为 1.7MHz 的超生装置成功降解 4-氯苯酚，降解之后用核磁共振谱和质谱检测，没有发现中间产物和最终产物。由此推断，主要降解机理为在超声形成空化泡中高温分解有机物，而不是自由基氧化。

3 对染料类化合物类的降解

Vajnhandl 等[46]利用超声波降解含氮染料活性黑 5，研究了各因素对降解效果的影响，发现随着频率、声强、作用时间的增大，作用效果明显加强，初始浓度增加导致降解速率下降。Wang 等[47]在超声波降解含氮染料甲基橙时加入 CCl_4，发现脱色速率常数主要取决于 CCl_4 浓度，pH 值和初始浓度，在适当条件下，加入 CCl_4 可以使甲基橙的脱色速率增大 100 倍以上。邢铁玲等[48]利用超声波降解亚甲基蓝，探讨了反应温度、pH 值和 Fe^{2+} 对染料脱色的影响。Appaw 等[49]对不同化合物超声波降解的主要机理和中间产物进行了归纳(见表 2)。

表 2　不同化合物的超声降解机理及中间产物

反应物	超声波条件	主要中间产物	主要机理
苯酚	20，487kHz、30W、空气	对苯二酚、萘酚、苯醌	自由基
2-氯苯	20kHz、50W、空气	萘酚、3-氯萘酚、氯化物	自由基
3-氯苯酚	20kHz、50W、空气	氯化对苯二酚,3-氯萘酚,4-氯萘酚	自由基
4-氯苯酚	20kHz、50W、空气	对苯二酚、氯化物	自由基
2，4-二氯苯酚	氩气	2-氯苯酚、4-氯苯酚、2,4 二氯苯酚	自由基
硝基苯酚		亚硝酸盐、硝酸盐、蚁酸	自由基和热解
氯苯	20,487kHz、30W、空气、氩气、氧气	4-氯苯、对苯二酚、乙炔	自由基和热解
四氯化碳	20,500kHz、30W、空气	四氯乙烯、六氯甲烷	热解
氯仿	200kHz、空气，氩气		热解

5　超声联合其他技术降解有机废水研究

虽然研究表明，用超声波单独作用降解水体中的有机污染物是可行的，也有一定的降解效果，但若要使这项技术走向工业化，还存在能耗大，费用高，降解不彻底等问题。研究表明，将超声与其他水处理技术联用，具有明显的协同效应，其处理效率大大提高，是超声水处理技术新的研究热点和未来的研究方向。

5.1　超声/臭氧联用技术

在超声与其他水处理技术相组合的联用技术中，超声/臭氧(US/O_3) 联用技术是研究最多及最早的技术之一。在单独臭氧体系中，O_3 可通过环加成反应、亲核反应和亲电反应直接对污染物进行降解，也可通过分解成·OH 再对污染物进行间接反映。当臭氧体系中加入超声波时，臭氧分解不再是链式反应。在超声波作用下，不管空化泡内的气体组成如何，臭氧均被迅速分解，并释放出 O· 自由基。

石新军[50]研究了超声强化臭氧氧化降解高浓度苯酚时发现，臭氧混合气体进气量、溶液初始 pH 值、苯酚溶液的初始浓度都会对超声强化臭氧降解苯酚溶液有较大的影响。宋爽等[51]对比了单独超声、单独臭氧、超声协同臭氧对分散蓝染料的处理效果表明，单独超声对分散蓝染料几乎没有处理效果，与单纯臭氧氧化相比，超声协同臭氧氧化速度快，染料分解彻底，溶液的颜色迅速消失。最佳实验条件下，经超声强化臭氧氧化 5min 后的脱色率大于 99%，处理 60min 后总有机碳去除率为 23%。Zhang 等[52]利用超声协同臭氧技术处理含氮染料甲基橙，发现脱色速率随着声强、臭氧流速、气态臭氧浓度的增加而增加，符合一级动力学模型。史惠祥等[33]

发现 US/O_3 协同效应主要是由臭氧在空化泡内热解产生·OH 引起的。采用高效液相色谱(HPLC)、离子色谱(IC)、GC – MS 等方法测定出对硝基苯酚降解的主要中间产物有邻苯二酚、邻苯醌、对苯二酚、对苯醌、苯酚、反丁烯二酸、顺丁烯二酸、草酸和甲酸等(见图 7)。US/ O_3 技术降解水中有毒有机物具有高效、低成本的特点，在水处理中具有很大的应用潜力。

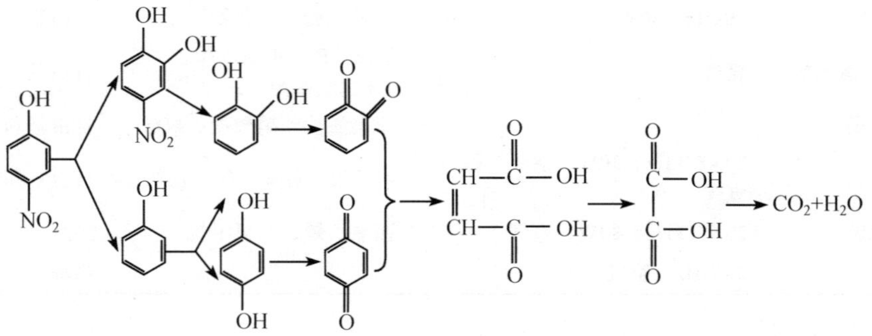

图 7 对硝基苯酚的降解过程

5.2 超声/Fenton 联用技术

Fenton(H_2O_2/Fe^{2+})试剂具有较强的氧化性，常用于处理某些难以生物降解的有机废水，是目前水处理界研究热点之一。US/Fenton 试剂法具有明显的协同效应，这可解释为向反应体系中加入 Fe^{2+}时，会发生如下的反应：

$$Fe^{2+}+H_2O_2 \rightarrow Fe^{3+} + \cdot OH+OH^-$$

超声波可加快 Fe^{3+}向 Fe^{2+}的转化速度,生成的 Fe^{2+}可进一步起到催化分解 H_2O_2 的作用，生成更多的·OH 自由基[54,55]，这些自由基一方面可以与芳香族化合物直接发生氧化反应，同时也可以与苯环结构发生加成反应，破坏苯环，形成脂肪族化合物。

许春建等[53]研究 US/Fenton 试剂法对对硝基苯酚(p-NP)的降解，考察了初始 pH 值、H_2O_2 浓度和 Fe^{2+}浓度等因素对 US/Fenton 试剂法降解 p-NP 过程的影响。溶液的初始 pH 值越小，分子态的 p-NP 比例越大，越易于进行反应；H_2O_2 和 Fe^{2+}浓度越高，·OH 自由基的数量越多，·OH 自由基有利于 p-NP 的降解，因此 US/Fenton 试剂法对 p-NP 的降解效果越好。赵德明等[54]也做过类似研究，并发现 p-NP 降解表观为一级动力学，其增强因子可达到 2.18，存在明显的协同效应。傅厚暾等[55]研究了采用气相色谱-质谱联用法分析 US/Fenton 试剂法降解硝基苯的中间产物，用离子色谱法分析降解的最终产物。实验结果表明：硝基苯降解中间产物中含有间二硝基苯，邻、间、对硝基苯酚及苯酚；降解的最终产物主要为硝酸根。此外，Liang 等[56]对 4-氯苯酚也进行研究，Fenton 试剂加速了 4-氯苯酚的降解，发现 pH

值是降解的关键因素。唐玉斌等[57]采用 US/Fenton 氧化-混凝法对高浓度焦化废水进行预处理。考察了各种影响因素，确定了最适工艺条件。结果表明，在超声波功率 500W，H_2O_2 投加质量浓度为 6.0g/L，Fe^{2+}为 400 mg / L，pH = 3 的条件下，废水的 COD 由处理前的 4799mg/L 降至 1195mg/L,BOD/COD 由 0.196 提高到 0.373，出水可生化性良好。许海燕等[58]研究不仅确定了合适的 Fenton 试剂氧化和混凝条件，使 COD 的去除率大于 80%，而且采用 DSA 电极电解技术，增强处理效果，较低了 Fenton 试剂的用量。

5.3 超声/生物联用技术

超声波在生物工程中应用的作用机制主要是超声的空化作用及机械传质作用[59]。超声的空化对生物的作用大致可以根据超声的强度不同分成两个方面：超声波的瞬时空化作用可使细胞破碎，酶失活；而超声的稳态空化使其周围的酶或细胞颗粒受到微声流切应力的作用，促进可逆渗透，从而加强细胞内外物质运输，减少次生代谢产物的积累对微生物代谢的抑制作用,促进代谢产物的合成来增强微生物的活性、加速生化反应速率[60,61]。对一些难生化降解的废水，可先经超声处理以提高其生化降解性，再用常规生化法处理。既解决了单独使用超声成本高的问题，也解决了生化法难于处理的问题，具有互补性，有良好的工业前景。

沈政赢等[62]利用超声波辐射和好氧活性污泥联合作用的方法，研究了超声波对偶氮染料 AO_7 生物降解的影响。最优操作参数为：超声波强度 6.4W/L；进水葡萄糖浓度 2000mg/L；曝气流量 0.4mL/min；超声波辐射时间间隔 5min；超声波频率 25kHz。超声波强度与进水葡萄糖浓度是影响 AO_7 生物脱色的主要因素。生物脱色速率先是随超声波强度的增加而增加,达到一定程度后超声波强度的增加反而使脱色速率降低。生物脱色速率随着进水葡萄糖浓度增大而增大。李志建等[63]用超声与厌氧生化法联合处理碱法草浆黑液,其生化性提高,综合毒性降低,污泥活性增强,活性期前移。Schlafer 等[64]采用超声/生物联用技术实验考察声强对食品废水中有机物的降解率的影响时发现，声强只是在很小的范围内才能显著提高生物活性，过低的声强对降解速率无影响，过高的声强会显著降低生物活性，因此在研究生物作用时应优化声强：通过实验发现,在频率为 25kHz，声强为 1.5W/m^2 的超声波作用下，最大生物降解率增加超过 100%。从而使反应器体积大幅度减小，同时活化了生物过程，降低了输入能量。超声/生物反应器主要应用于生物技术和制药工业，制得高价值的产品来弥补超声的高投资。

5.4 超声与其他联用技术以及主要联用技术的优缺点比较

除上述主要超声联用技术外，超声还可以紫外/臭氧联用组成超声/紫外/臭氧联用技术，与 H_2O_2 联用组成超声/ H_2O_2 联用技术，与光化学联用组成超声/光化学联用技术，与电化学联用组成超声/电化学联用技术，与微电场联用组成超声/微电场联用技术，与湿法氧化技术联用组成超声/湿法氧化联用技术，与吸附法联用组成超声/脱附联用技术，与磁化学联用组成超声/磁化学联用技术，与电、磁场组成超声/电/磁场联用技术。通过实验研究表明，针对某一具体的有机污染物，这些超声联用技术都有很好的协同降解作用。声波参与处理水中有机污染物的各种技术存在一定的差别，各技术的优缺点对比见表 3。

表 3　超声及主要超声联用技术废水处理的优缺点对比

技术名称	优　点	不足之处
超声波单独作用	能处理水中多种有机物且无污染	处理量少，声能利用率低，成本高，主要用于实验室研究
US/O_3 协同技术	能处理水中各种有机物，降解彻底，且不引入杂质，无污染，有很好的工业发展前景	最优工艺参数还需要进一步研究
Fenton 试剂强化超声波技术	能处理水中各种有机物，且降解效果明显，有实现工业化的可能	水中引入 Fe^{2+}可能使水中盐含量超标
超声波强化微生物技术	能处理部分有机物，与生物技术的结合是个全新的领域	超声强度很难控制，处理有机物周期长，仅限于少量有机物的研究

6　结束语

声化学是一门边缘学科，具有低能耗、少污染和无污染等特点，其独特的物理化学特性开辟了新的化学反应途径，而超声降解水体中有害有机物正在逐渐形成该领域的一个重要分支。尤其是将超声波与其他技术联用后，能将毒性大、难降解的有机物降解成无毒的小分子或无机物，降解速度快，操作简便，协同效应明显，具有良好的拓展和应用前景。

但超声及超声联用技术降解水体中有机污染物的研究目前主要集中在实验室中某一种有机污染物上，要使之成为一项成熟的水处理技术，尚需解决以下几个方面的问题：

(1) 对多组分污染物的处理。从目前的研究结果分析，虽然已对烃、酚类、硝基类或其他芳香族、染料等有机物进行了降解研究，但多为单组分模拟体系，而实际污染水系通常含有多种污染物。因而,开展多组分难降解物系的研究,是面临的问题之一；

(2) 经济上降低成本。从经济上考虑，与其他水处理技术相比，超声波降解技术仍存在处理量少，范围小，声能利用率低，费用高等问题；

(3) 从试验走向工业化。目前有关超声辐射降解有机污染物的研究，大多属于实验室研究，所用试剂量很小，实验条件都很理想，当把实验放大后，应用工业生产时，这种处理技术是否还有与实验室相同的效果，暂时还未有报道。

因此，今后的研究发展方向是：

(1) 研究超声及超声联用技术对混合有机物或工业污水的降解效果，研究多种有机物降解时，它们之间的促进和抑制作用，以拓宽声化学应用范围；

(2) 进一步研究超声波参与技术降解有机物的反应机理，包括超声频率、声强、声功率、声场分布等声学参数及物系的物理化学性质对降解效果的影响，建立数学模型，寻找最优操作条件，为最优设计反应器提供理论参数，以进一步提高降解效率；

(3) 研究超声与其他氧化工艺的联合使用，把超声参与技术从实验室阶段放大到工业级，缩短工业废水处理的工艺流程，减少超声本身的功耗，减少氧化剂的用量，将处理工业废水的成本降到最低，使其从技术和经济上更为可行。

致谢

本文得到国家自然科学基金项目(10574038)的资助。

参 考 文 献

[1] 冯若，赵逸云，陈兆华，等. 声化学主动力—声空化及其检测技术. 声学技术，1994, 13(2): 56.

[2] 叶建忠，陈长琦，方应翠，等. 有机废水超声降解动力学的分析及应用. 合肥工业大学学报(自然科学版)，2003, 26(1): 71-77.

[3] 冯若. 声化学基础研究中的声学问题. 物理学进展, 1996, 16(3,4): 403-407.

[4] Dewulf J, van Langenhove H, et al. Ultrasonic degradation of trichloroethylene and chlorobenzene at micromolar concentrations-kinetics and modeling. Ultras. Sonochem., 2001, 8(2): 143-150.

[5] 付敏，高宇，王孝华，等. 超声波降解苯胺的实验研究. 环境科学学报，2002, 22(3): 402-404.

[6] 陈伟，范瑾初. 超声降解水体中有机物的效果及影响因素. 给水排水，2000, 26(5): 19-22.

[7] 汪承灏，张德俊. 单一空化泡的电磁辐射和光辐射. 声学学报, 1964, 1(2): 59-68.

[8] 张德俊，汪承灏. 单一空化泡运动的高速摄影实验研究. 声学学报，1966, 3(1): 14-20.

[9] 汪承灏，张德俊，宗健. 空化乳化机制的高速摄影实验研究. 物理学报，1977, 26(5): 381-388.

[10] Guo Z B, Zheng Z, Zheng S R, et al. Effect of various sono-oxidation parameters on the removal of aqueous 2,4-dinitrophenol. Ultras. Sonochem., 2005, 12(6): 461-465.

[11] Wang S L, Huang B B, Wang Y S, et al. Comparison of enhancement of pentachlorophenol sonolysis at 20kHz by dual-frequency sonication. Ultras. Sonochem. 2006, 13(6): 506-510.

[12] Zhang H, Duan L J, Zhang D B. Decolorization of methyl orange by ozonation in combination

with ultrasonic irradiation. Hazardous Mater., 2006, B138(1): 53-59.

[13] Liang J, Komarov S, et al. Improvement in sonochemical degradation of 4-chlorophenol by combined use of Fenton-like reagents. Ultras. Sonochem. 2007, 14(2): 201-207.

[14] Wang Y H, Zhu J L, Zhao C G, et al. Removal of trace organic compounds from wastewater by ultrasonic enhancement on adsorption. Desalination, 2005, 186(1-3): 89-96.

[15] 张德俊. 聚焦超声波粉碎肾结石的实验研究. 声学进展，1984.

[16] 宁平，徐金球，徐晓军，等. 超声空化降解水中有机污染物的研究进展(续). 化工环保，2002, 22(6): 333-337.

[17] 刘石生，丘泰球. 超声在废水处理中的应用. 应用声学, 2001, 20(2): 43-46.

[18] Christian P, Anne F. Ultrasonic wastewater treatment incidence of ultrasonic frequency on the rate of phenol and carbon tetrachloride degradation. Ultras. Sonochem. 1997, 4: 295-300.

[19] 熊宜栋. 苯胺废水的超声波降解试验研究. 环境科学与技术, 2002, 26(6): 13-14.

[20] 叶建忠，陈长琦，方应翠. 有机废水超声降解动力学的分析及应用. 合肥工业大学学报(自然科学版), 2003, 26(1): 76.

[21] 沈壮志，程建政，吴胜举. 五氯苯酚降解的超声诱导. 化学学报, 2003, 61(12): 2016-2019.

[22] 朱昌平，冯若，陈兆华，等. 双频辐照的声化学产额及其频率效应的研究. 南京大学学报(自然科学), 1998, 34(1): 93-96.

[23] 陈兆华，朱昌平，赵逸云，等. 用碘释放法研究低频超声的声化学产额. 声学技术，1997, 16(4): 192-197.

[24] 冯若，朱昌平，赵逸云，等. 双频正交辐照的声化学效应研究. 科学通报，1997, 42(9): 925-928.

[25] 朱昌平，李林，徐勇. 用碘释放法研究三维正交超声辐照空化产率的增强效应. 荆州师范学院学报(自然科学版), 1999, 22(5): 70-71.

[26] 冯若，李化茂. 声化学及其应用. 合肥：安徽科学技术出版社，1992.

[27] Price G J, Matthias P, Lenz E J. Use of high power ultrasound for the destruction of aromatic compounds in aqueous solution. Process safety & Environ. Protection, 1994, 72B(1): 27-31.

[28] 陈伟. 超声辐射降解水中有机污染物的研究. 同济大学博士学位论文, 1999.

[29] Wu J M, Huang H S, Livergood C D. Ultrasonic destruction of chlorinated compounds in aqueous solution. Environ. Progress, 1992, 11(3): 195-199.

[30] 徐宁，王凤翔，吕效平. 低频超声辐照降解间苯二酚水溶液的研究. 环境污染治理技术与设备，2006, 7(9): 69-72.

[31] 钟爱国，王宏青. 超声波诱导降解水溶液中甲胺磷. 应用化学, 1999, 16(6): 92-94.

[32] 赵德明，占昌朝，金鑫丽. Fenton 试剂强化超声波处理水中对硝基苯酚的研究. 浙江工业大学学报, 2004, 32(3): 311-319.

[33] 史惠祥，徐献文，汪大翚. US/O_3降解对硝基苯酚的影响因素及机理. 化工学报, 2006, 2(2): 390-396.

[34] 卞炜，朱志庆. 超声波降解间二酚水溶液研究. 应用化工, 2006, 35(9): 706-708.

[35] 李光书. 超声波处理石油污水的实验研究. 石油学报, 2003, 19(3): 99-102.

[36] 尚岩，尚琳，彭亚男，等. 超声降解有机废水影响因素的探讨. 哈尔滨商业大学学报(自然科学版), 2003, 19(3): 277-281.

[37] 王双维，莫喜平，冯若，等. 混响场中超声化学效应的研究. 声学学报, 1993, 18: 92-94.

[38] 马俊华，赵建夫，伊学农. 超声技术在水处理上的研究进展. 上海环境科学，2002, 21(5):

298-301.

[39] 王保强，王敬东，尹蓉莉．超声生物处理与声学参数的调控．生物医学工程学杂志，2004, 21(4): 662-665.

[40] 黄利波，吴胜举，周凤梅．影响声化学产额的几个因素．声学技术, 2005, 24(4): 210-213.

[41] Nakui H, Okitsu K, Maeda Y, et al. The effect of pH on sonochemical degradation of hydrazine. Ultras. Sonochem., 2007, 14(5): 627.

[42] Findik S, Gunduz G. Sonolytic degradation of acetic acid in aqueous solutions. Ultras. Sonochem., 2007, 14(2): 157-162.

[43] Dukkancl M, Gunduz G. Ultrasonic degradation of oxalic acid in aqueous solutions. Ultras. Sonochem., 2006, 13(6): 517-522.

[44] Petrier C, Combet E, Mason T. Oxygen-induced concurrent ultrasonic degradation of volatile and non-volatile aromatic compounds. Ultras. Sonochem., 2007, 14(2): 117-121.

[45] Hao H W, Wu M S, Chen Y F, et al. Cavitation-Induced Pyrolysis of Toxic Chlorophenol by High-Frequency Ultrasonic Irradiation. Environ. Toxicology, 2003, 18(6): 413-417.

[46] Vajnhandl S, Marechal A M L. Case study of the sonochemical decolouration of textile azo dye Reactive Black 5. Hazardous Mater., 2007, 141(1): 329.

[47] Wang L M, Zhu L H, Luo W, et al. Drastically enhanced ultrasonic decolorization of methyl orange by adding CCl_4. Ultras. Sonochem., 2007, 14(2): 253-258.

[48] 邢铁玲, Chu K H, 陈国强．亚甲基蓝的超声化学降解．印染, 2005, 23: 13-15.

[49] Appaw C, Adewuyi Y G. Destruction of carbon disulfide in aqueous solutions by sonochemical oxidation. Hazardous Mater., 2002, 90(3): 237-249.

[50] 石新军．超声强化臭氧降解高浓度苯酚废水研究．四川化工, 2006, 3: 51-55.

[51] 宋爽，金红丽，何志桥．超声强化臭氧氧化分散蓝染料废水的研究．浙江工业大学学报，2006, 6(3): 306-309.

[52] Zhang H, Duan L J, Zhang D B. Decolorization of methyl orange by ozonation in combination with ultrasonic irradiation. Hazardous Mater., 2006, 138(1): 53-59.

[53] 许春建，王卉，吕东来，等．US/Fenton 试剂法在水体系中降解对硝基苯酚的研究．高校化学工程报, 2005, 8(4): 567-570.

[54] 赵德明，占昌朝，金鑫丽．Fenton 试剂强化超声波处理水中对硝基苯酚的研究．浙江工业大学学报, 2004, 32(6): 311-316.

[55] 傅厚暾，赵俐敏，冯娟．Fenton 试剂-超声波降解硝基苯产物的分析．四川环境，2005，3: 12-14.

[56] Liang J, Komarov S, Hayashi N, et al. Improvement in sonochemical degradation of 4-chlorophenol by combined use of Fenton-like reagents. Ultras. Sonochem., 2007, 14(2): 201-207.

[57] 唐玉斌，吕锡武，陈芳艳，等. US/Fenton 氧化-混凝法对焦化废水的预处理研究．工业水处理, 2006, 26(6): 17-20.

[58] 许海燕，刘亚菲，唐文伟，等．超声、电解与 Fenton 试剂处理焦化废水的试验研究．工业水处理, 2004, 24(2): 43-45.

[59] 闫怡新，刘红．低强度超声波强化污水生物处理机制．环境科学, 2006, 27(4): 647-650.

[60] 刘红，何韵华，欧阳威，等．超声波强化污水生物处理的可行性探讨．重庆环境科学, 2003, 8(8): 18-21.

[61] 闫怡新, 刘红. 低强度超声波强化污水生物处理技术. 中国给水排水, 2004, 8: 31-33.

[62] 沈政赢, 袁东星, 马剑, 等. 超声波强化微生物对偶氮染料 AO7 的生物降解机理研究. 厦门大学学报(自然科学版), 2006, 3(2): 243-247.

[63] 李志健, 张志杰, 张素凤. 生物技术在制浆造纸工业的应用与研究进展. 中国造纸, 2001, 1: 51-54.

[64] Schlafer O, Onyeche T, Bormann H, et al. Ultrasound stimulation of micro-organisms for enhanced biodegradation. Ultrasonics, 2002, 40(1-8): 25-29.

大功率超声技术进展

周光平

(深圳职业技术学院电子系，深圳 518088)

1 引言

功率超声是超声学的一个分支，它是利用超声能量使物质的一些物理、化学和生物特性或状态发生改变，或者使这种改变的过程加快的一门技术。它常能大幅度提高处理速度和效率，提高处理质量，完成其他技术不能完成的处理工作，因此，人们正越来越投入更多的力量，来从事功率超声技术的基础理论、应用、设备制造和工艺的改进的研究中。在诸如超声清洗、超声塑料和金属焊接、超声加工、超声乳化、混合、粉碎、提取、雾化、除气、声化学、污水处理、原油处理、中草药提取、超声治疗和超声外科手术等众多功率超声技术中，超声清洗和超声焊接应用最为广泛，其技术也具有代表性。本文就这两个方面来谈谈近几年来我国学者在这两个方面取得的工作进展。

2 超声清洗

常用超声清洗设备，通常采用清洗槽式和浸没式振盒，两者的超声产生装置均是用多个换能器粘贴在一个不锈钢的板上而成的。前者是将这个板放在清洗槽的底部，后者是将这个板做成一个密封的盒子，可浸没在液体中。工程中，钢板上换能器的布阵方式，即相邻换能器构成的形状，以及相邻换能器间的距离，不同公司凭经验决定。有的认为要密布，也有的认为适当增大换能器间的距离有节省成本和提高效果的作用。同时，长期以来，一般认为当钢板上的换能器用同一个信号源激励时，钢板整体作活塞运动。针对这一问题，国内学者对换能器的布阵方式对板的振动分布，以及对应的声场的影响开展了研究，研究认为换能器的布阵方式对振动分布，进一步对其声场特性有很大的影响。图 1~图 4 是一个振动分布的计算结果，它表明板的振动不是活塞式的，有关问题在深入研究之中。

在超声波清洗中，由于声场是在有限空间中产生，因而不可避免出现驻波现象，使声场和空化出现不均匀，这对超声清洗不利。为改善声场的均匀性和提高清洗质量，人们研究了两种方法，其一是改变清洗槽的形状，其二是利用多频。针对第一

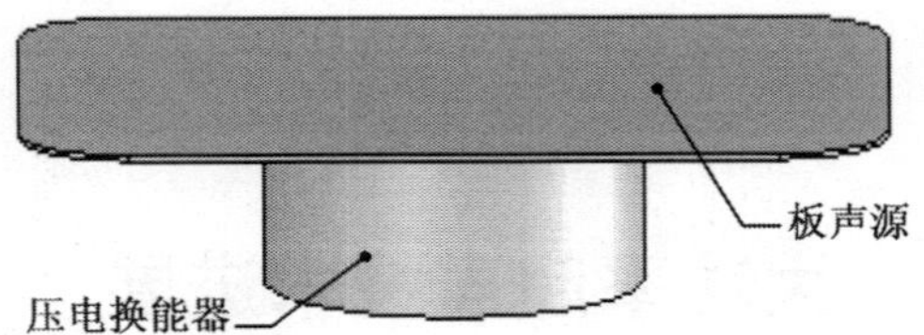

图 1　单换能器激励的板声源

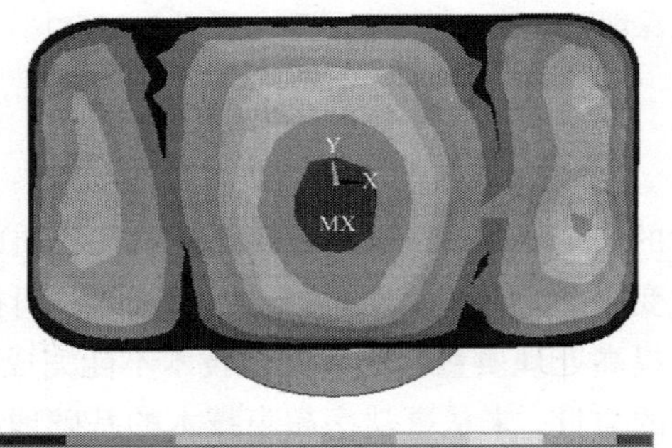

图 2　单换能器激励的板声源振动仿真结果

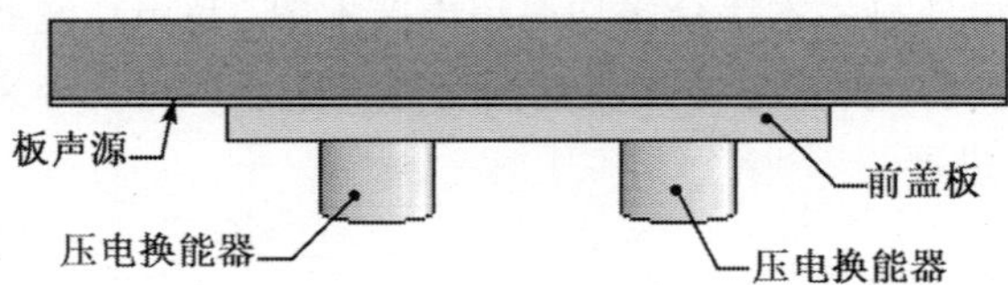

图 3　双换能器激励的板声源

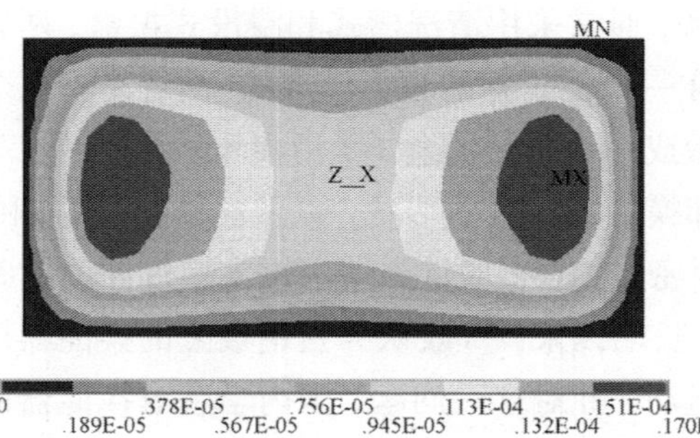

图 4　双换能器激励的板声源振动仿真结果

种方法，人们研究了声波扩散法等方法。采用多频方法，是基于不同频率的超声有不同的驻波分布，因而有效改变了声场的均匀性。人们研究了双频，比如 28 kHz 和 40 kHz；三频，比如 28kHz、40 kHz 和 100 kHz，结果表明多频可以有效改善声场的均匀性(图 5 和图 6)。同时能够提高清洗质量，这是因为不同频率超声波其清洗有不同的针对性，28 kHz 针对顽垢的清洗，40 kHz 针对较为复杂物体内部和小孔，而 100 kHz 针对微杂质更有效，同时 100 kHz 的超声波有去除气泡，扩散气泡的效果。在多频清洗中，不同频率超声波的产生有采用不同换能器和同一换能器两种方法。工作模式有不同频率切换工作和不同频率连续高速变换两种方式。连续高速变换方式在槽中可在槽中产生高次谐波，有关的问题有待进一步研究。

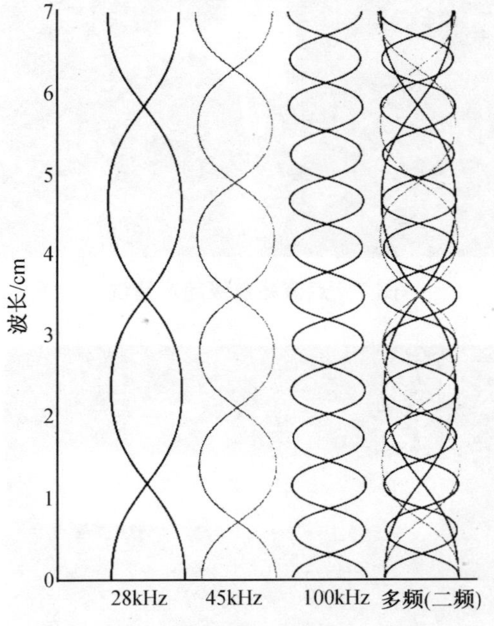

图 5　单频与多频声压分布

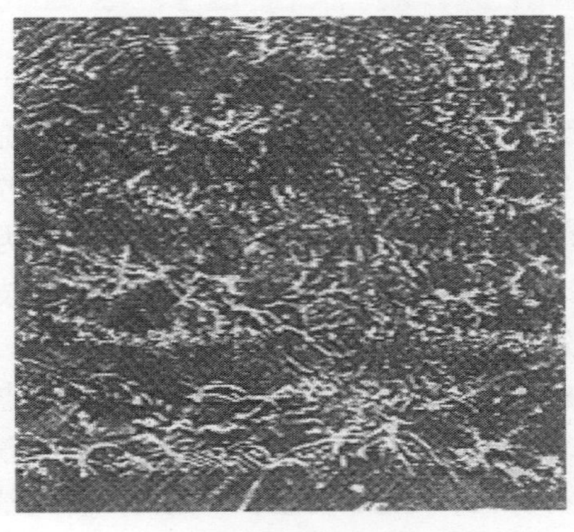

图 6　多频的声场铝箔腐蚀图

针对硅晶片、液晶屏、硬盘、光盘、光学部件镀膜前，精密机械电镀前亚微米粒子的清洗，发展了兆赫级超声清洗设备。这种设备的工作频率在 800k~3MHz，清洗方式分为槽式和流水式。在流水式清洗中，超声产生在流动的液体中，被洗件无需浸入清洗剂中，不会发生污物再附着。流水式有点流和线流(图 7、图 8)，线流的宽度 30~580mm 不等。

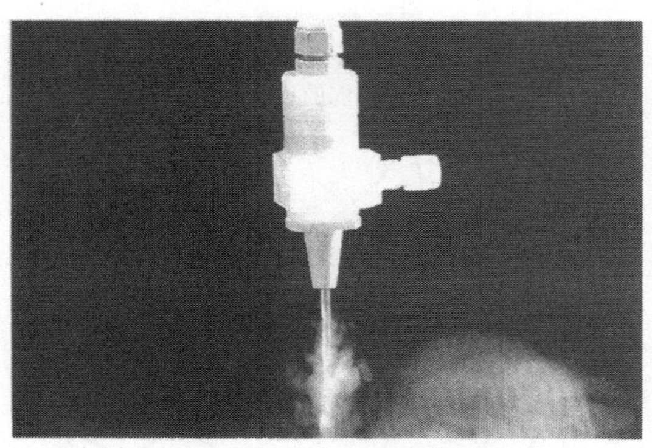

图 7　点流兆赫级超声清洗

图 8　线流兆赫级超声清洗

为有效解决清洗行业几十年来一直沿用氟利昂、三氯乙烷洗涤剂清洗造成污染的问题，我国发展了碳氢溶剂超声清洗设备。碳氢化合物清洗技术在日本、欧洲一些先进的工业国家已达到广泛的应用，中国国家环保总局极为重视这一技术在中国的推广，并要求力争在 2010 年前成功掌握利用碳氢化合物技术清洗工业设备的计划，以尽快解决工业清洗造成的环境污染问题，推动中国清洗工业技术的更新换代。该技术的发展，填补了中国碳氢化合物清洗设备的空白，标志着中国在这一技术领域已达到国际先进水平。碳氢溶剂超声清洗设备采用真空清洗和真空干燥系统。由于采用真空，该技术对有盲孔、狭缝和易叠在一起的零件的清洗效果卓著，同时干燥性极佳。

目前众多超声清洗设备中，超声产生装置均是用多个换能器黏贴在一个不锈钢的板上，针对大部件的超声清洗及大处理量的要求，一个板上包含几十、上百个换能器。这种设备结构庞大，稳定性和效率相对较低。为此国外提出了管形超声振子(图 9)。管形振子辐射效率高，寿命长，使用方便，尤其适合工业大规模超声清洗和处理，当然也可以替代普通超声清洗。我国学者对管性振子的振动特性和声场特性(图 10 是一个声场算例)进行了系统的研究，并有设备生产和投入市场。管形振子由纵向振动换能器推动管振动，从而达到沿整个管均可辐射超声的目的。国外工作频率 25 kHz，长度约 1m 的管形振子，其功率容量是 2000W，目前我国研制的可达 1200W。同时我国对管形振子排列优化的工作在开展中，以便获得高强度声场。

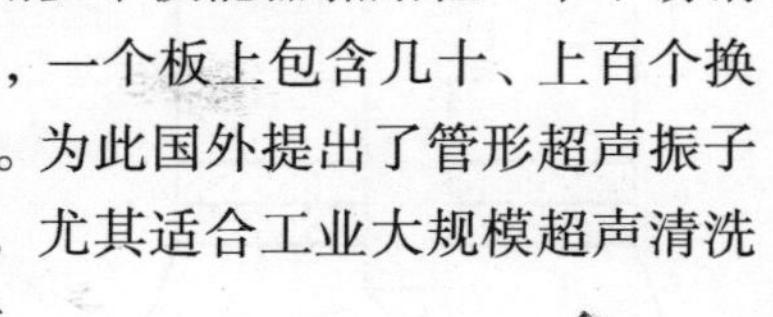

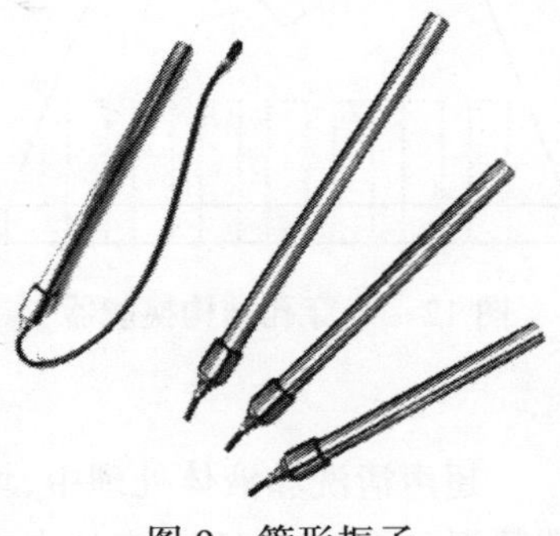

图 9 管形振子

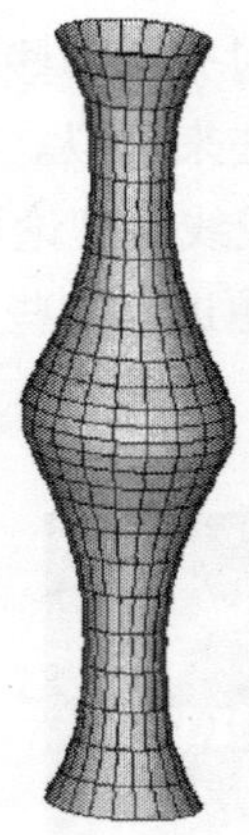

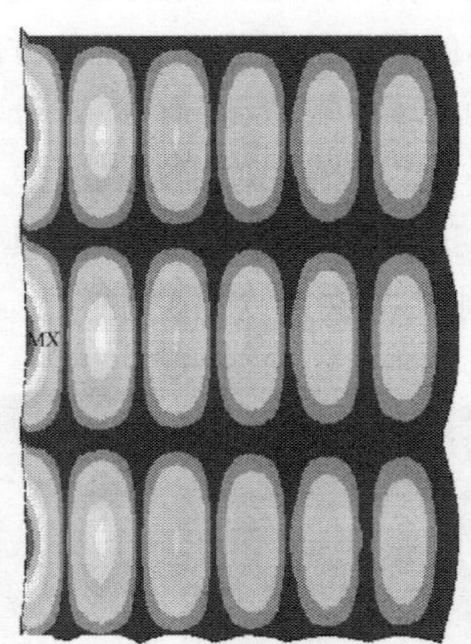

图 10 管形振子声场

针对细长管、深孔和玻璃瓶及化学器皿等小孔径件的超声清洗。研制了棒形超声波辐射器(图 11)，它是在直棒上刻有槽的振动棒。因为刻槽，在刻槽处产生了能

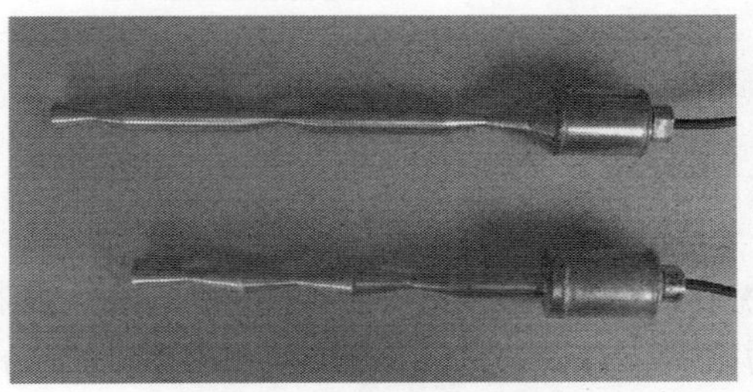

图 11 棒形超声辐射器

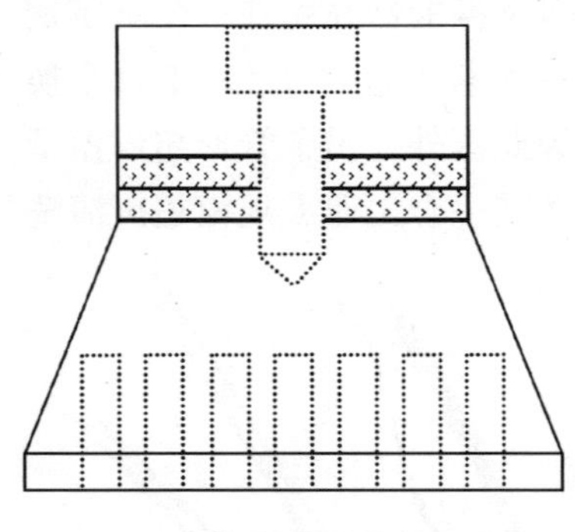
图 12　半穿孔结构换能器

辐射超声波的辐射面，当在棒的端头用纵向振动换能器在棒中激起纵向振动时，辐射器的各个面即可辐射超声波。

为提高换能器的频带宽度，我国研制了半穿孔结构宽频带压电换能器，生产实践表明，其性能优于国外产品。图 12 是这种换能器的示意图。

在超声清洗中，由于是高功率应用，同时设备温度变化，负载变化，致使设备的工作稳定性是一个突出的问题，通过探索系统的特性，利用数字控制技术，目前我国可以做到真正意义上的频率跟踪及功率自动补偿。

超声清洗和液体处理中，均要求在液体中产生一个大功率声场。对于低频超声，即频率小于 40 kHz，空化占主导地位。如何数值模拟空化场，这是科学和工程中都十分有意义的课题。由于问题的复杂性，空化场的数值模拟是比较困难的。近年来，国际上已有较多的研究结果发表。目前方法是对介质作些假设，考虑气泡的分布，采用计算流体动力学、有限元、有限差分等方法来模拟。人们提出了二相流体模型法，分步计算法，以及阻尼作用法。这些方法较线性理论可得到更近实际的结果。利用这些方法，我国学者对工程中一些具体问题进行一些计算(图 13 是对单换能器的一个声场算例)，并在深入研究中。

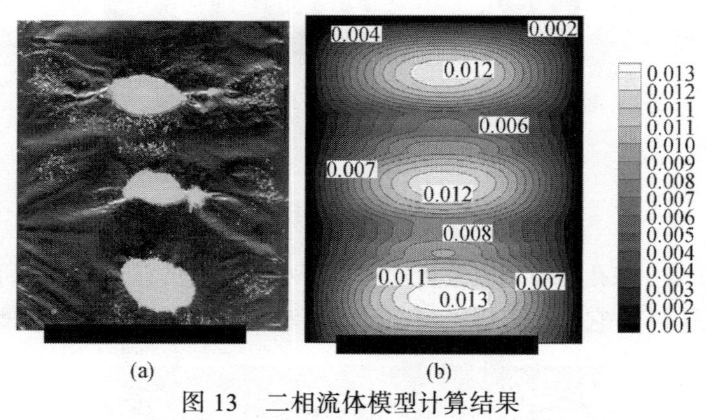

图 13　二相流体模型计算结果

3　超声塑料和金属焊接

随着材料工业的发展，塑料被广泛应用，从体积上说，塑料已超过了钢铁。由于注塑工艺等因素的限制，有相当一部分形状复杂的塑料制品不能一次注塑成形，而沿用的黏合和热合工艺又相当落后，不仅效率低，而且黏接剂还有毒性，因此使得黏合工艺不适应现代塑料工业的发展需要。由于超声波塑料焊接的高效、优质、美观、节能、强度高等优越性，为此受到人们的重视，且越来越广泛地应用于灯具、移动电话、镍氢电池、打火机、玩具、汽车、包装、电器、航空航天等行业。欧美国家在焊接设备的智能化水平，对各种焊接件的焊接性研究，大功率容量焊接设备方面已有很好的工作。我国在这方面还处于跟踪国外水平的状态。这几年来，我国在大功率容量换能器，大尺寸焊接模具，换能振动系统的控制以及焊接设备的智能化等方面进行了很多有意义的工作。

换能器是功率超声设备的核心部件，也是一个技术难点。要求其功率容量大，稳定性好。国外报道一个普通 20 kHz 换能器，功率容量达到 3000~5000W。通过对材料、工艺和结构设计三方面的系统改进，目前我国在换能器的技术水平上大有改进，材料方面的问题最重要的是压电材料，它的功率容量，温度稳定性是最重要的指标，其次是金属材料，以及紧固螺栓。工艺包括热处理工艺，机加工的精度指标。在结构设计上，由于要考虑耦合振动的影响，研究了用有限元方法进行优化设计。大功率容量换能器是一个有待进一步研究的问题。

为满足焊接不同形状塑料部件的要求，针对每个具体的焊件，需要设计不同的焊接模具。对于小尺寸模具，采用一维理论进行设计，根据焊件形状对模具进行形状修改，最后根据实验对焊接模具进行实验修正，这就是工程中采用的 cut and try 焊接模具设计制作法。对于大尺寸超声塑料焊接模具，其横向尺寸大于其中声波波长的 1/4，由于工程应用需要，有时横向尺寸达到三个波长。横向尺寸越大，模具的耦合振动越严重，干扰模式也越多，导致大尺寸超声塑料焊接模具输出端面振幅不均匀，且工程应用中，需要长的、方的和圆的等不同形状的焊接模具。由于弹性体耦合振动问题很复杂，所以大尺寸超声塑料焊接模具的设计是一个比较复杂的问题，需要专门设计。此时根据经验设计，然后进行修正，试图使模具最终满足要求的 cut and try 方法已不适用。我国学者已着手其研究工作，其做法是利用数值方法，

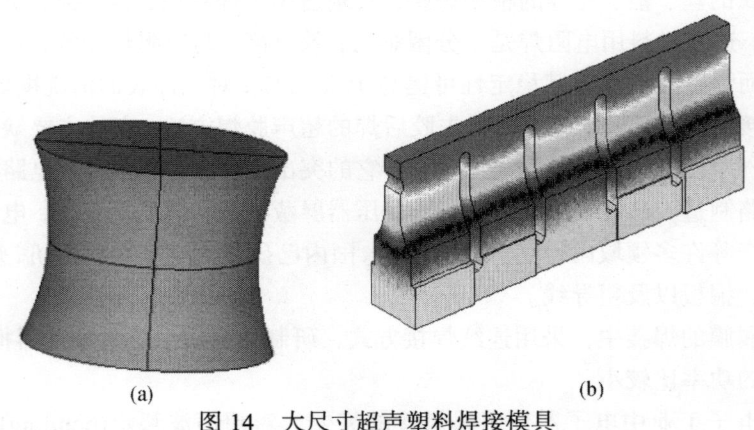

图 14 大尺寸超声塑料焊接模具

以开槽和形状改变为手段，以模具输出端面振幅均匀性、频率间隔性，以及最小应力为目标函数进行优化，这项研究的完成，有望解决大尺寸超声焊接模具的设计要求。图 14(a)是用形状改变法设计的圆形大尺寸模具，图 14(b)是用开槽法设计的长条形大尺寸模具。

在焊接设备的智能化方面，我国有公司正在研究智能化设备。根据工件的大小，形状，材质用计算机设定焊接时间、焊接压力、超声强度等焊接参数(图 15)。

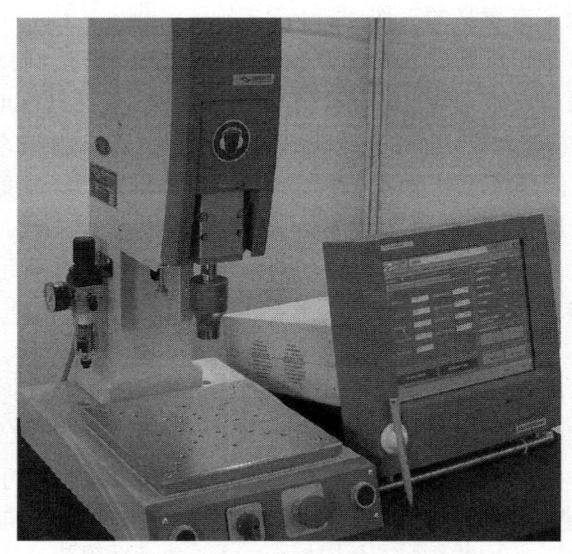

图 15　智能化塑料焊接设备

超声金属焊接利用超声振动能使焊区高频摩擦而产生温升和塑性流动，焊区内金属原子相互扩散，焊件即产生固相结合。它的优点是：可以适用于多种材料组合焊接，可焊范围特别广；由于是固相焊接方法，不会因高温而损伤和污染焊件，故适合于金属的丝、箔、片等的精密焊接；特别适用于焊接铝、银、铜、金等高导电导热材料，这些材料用电阻焊是十分困难的；效率高，与电阻焊相等，功率仅需其5%左右，而焊接强度值及其稳定性可提高 15%~20%；对工件表面清洗度要求不高，甚至可焊接漆包线。近年还发明了先胶后焊的超声胶焊方法。它的主要缺点是需要功率随焊件厚度和硬度呈指数增长。由于它的突出优点，使它在集成电路以及大规模集成电路制造，电容器生产，超高压变压器屏蔽构件，微电机制造，电子元器件及电池生产等许多领域内得到广泛的应用。国内已研制大功率金属焊机，焊接 2mm 厚的铝板、铜板以及粗导线。

在金属膜的焊接中，采用连续焊接方式，研制的振动系统是换能器推动圆盘，这里需要的功率比较小。

由于电子工业中电子器件引线焊接的需要，对超声波邦定(bonding)机(图 16)

的需求量很大。此时要焊的是金丝、铝丝或铜丝。引线直径很小，有的需要显微镜下操作。人们研究了整套的设备和技术，从邦定换能器，焊头，焊接压力和焊接时间等参数的自动控制，从而得到好的键合性能。另外，由于大规模和超大规模集成电路制造的需要，我国学者研究了超声键合工艺的诸多新问题，其中之一是提高焊接频率，需研制高频换能器。图 17 是超声波邦定换能器。

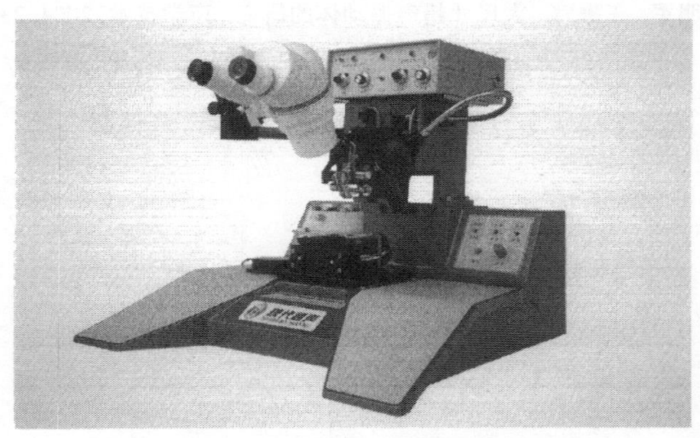

图 16 超声波邦定机

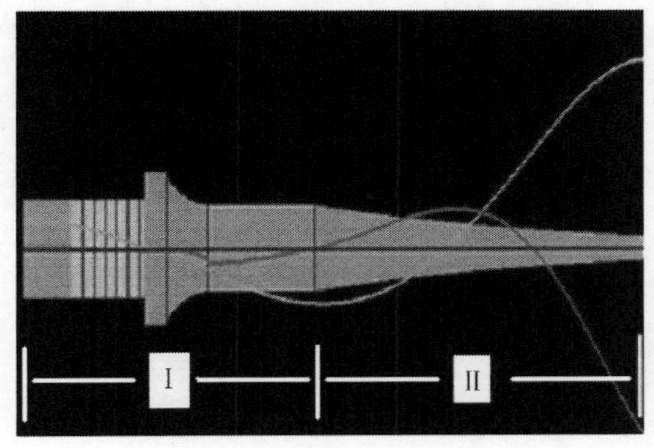

图 17 超声波邦定换能器

以上是近年来我国在超声清洗和超声焊接两方面进行的一些工作，随着我国经济的飞速发展，研究力量的不断增加，这些技术将更好地服务于社会。

参 考 文 献

[1] 周光平，杨齐，李自光，等. 超声换能器激励的板声源振动特性的有限元分析. 声学技术，2007, 26(2): 326-329.

[2] 沈壮志，等. 用声波扩散改善清洗场中声场的均匀性. 应用声学, 1999, 18(5): 41-43.

[3] 沈建中. 超声在改善环境和环境保护方面的应用. 2003 清洗技术国际论坛, 2003: 337-339.

[4] 任金莲，等. 复合频率超声波清洗声场均匀性研究. 声学学报, 2003, 28(2): 127-129.

[5] 林仲茂. 高频超声精细清洗. 洗净技术, 2003, 3: 16-18.
[6] 周光平, 梁召峰. 纵径耦合振动管形振子的特性研究. 声学技术, 2007, 26(2): 320-325.
[7] 梁召峰, 周光平. 基于间接边界元法的管形振子双管布阵优化. 声学技术, 2007, 26(3): 523-527.
[8] 林仲茂. 超声清洗及液体处理设备的进展. 第七届全国清洗行业技术进步与清洁产业发展论坛, 2007: 54-59.
[9] 周光平, 梁明军, 王家宣. 大尺寸超声振动体的研究. 声学技术, 2004, 23(3): 183-188.

超声能量应用机理及其声空化研究

沈建中

(中国科学院声学研究所, 100080)

1 引言

声波作为一种信号，可以是携带信息的载体。声波作为一种机械运动，可以是携带能量的载体。声波作为一种物质运动形式，可以与其他物质与运动方式产生相互作用，成为处理信号的载体。因此，超声波的应用大致涉及上述三个方面。超声波能量的利用是超声应用的一大分支。应用声的能量时通常使用高声强的声波。当超声功率密度足够大时，能够在常温常压的环境条件下在传导介质中产生局部的、短促的、极大的高温、高压、高强电场的极端物理环境，在液体中还会产生所谓的“声空化(acoustic cavitation)效应”，从而引发许多力学、物理、化学、生物等效应。高声强声波的能量能够改变物质的结构、状态、功能、或加速这些改变的过程。研究如何利用超声波能量的学科称为声能学，通常也称为功率超声。功率超声有极其广泛的应用。功率超声的应用领域已经扩展和渗透到机械、材料、石油、化工、纺织、医药、食品等几乎所有工业部门以及农业、生物、环保、国防、空间技术、科学研究、日常生活等领域，用在其他技术难以实现或效率很低的场合。声作为能量载体的研究和应用与许多学科发生交叉，它是涉及学科领域最广的声学研究领域[1]。

功率超声是当前超声学中一个相当活跃的领域。超声能量的应用越来越得到人们的重视，其应用的领域越来越广阔，并日益显示出其特殊的优点和十分有特色的功能。常常能够解决用其他技术不能解决或解决得不好的问题。随着功率超声应用的拓展，涌现出许多新的分支。或者因为这些新应用的巨大成功、或者因为这些新应用的重要性、或者两者兼而有之，这些新的分支成为一些相对独立的研究领域，例如声化学(sonochemistry)、超声医疗等。功率超声应用的飞速扩展，对于应用机理和物理基础的研究提出了迫切的需求。

在功率超声应用中涉及的系统总功率，大的到几百千瓦、小的只有零点几瓦。超声能量的应用方式也五花八门，相应的，其应用机理也涉及许多不同的领域。在很多应用中，超声能量是一把双刃剑。例如，超声既可以产生分散作用，又可以产生团聚作用；既可以促进乳化，又可以导致破乳；既可以使高分子化合物断链，又可以高分子化合物聚合等。因此，由于超声能量应用的复杂性，对于了解超声能量作用的物理基础更提出了迫切的要求。

声空化的一种可能的新应用,也提出了对超声能量应用的机理和物理基础的研究迫切的需求。声致发光(sonoluminescence)现象[2]，是超声能量的一个相当特异的性质。水中的极其微小的气泡(空化核)在超声能量的作用下会长大产生气泡，这种现象称为声空化。空化气泡在超声进一步的作用下，会发出光脉冲。在超声驱动下，空化泡内部形成极端的高温高压,有人计算,气泡把声能在时间空间域聚集成光能，聚集的倍数达到 10^{12}[3]。这使人们联想到，是否可以由此来引发核聚变。这种猜测激发了人们研究声空化的热情,促使人们进行声空化能够达到什么样的极端物理条件的探索，使之成为超声学科中的最新生长点。

现在,许多传统的功率超声应用,例如超声清洗等,已经形成了高新技术产业。许多新应用还在不断冒出。我国在高强超声治疗癌症(HIFU 技术)方面还取得了世界领先的成就。目前,比较令人瞩目的功率超声新应用领域有四个,生物医学领域、环境保护领域、能源领域、和新材料领域。可以预期，在 20 世纪，高强超声的应用和研究将有重大的进展和突破。越来越多和越来越深的学科交叉是高强超声应用的特点。在开拓这些新应用的同时，也带来许多基础性研究的迫切需求。

本文试图介绍几个重要方面的进展，并对存在的问题和将来的发展提出一些建议。

2　超声空化及其产生的极端物理条件

声空化研究是目前国内外的热点课题之一。在有液体存在的场合，常常涉及声空化。声空化效应被认为是许多功率超声应用的主要作用机理。声空化研究是功率超声应用的基础性研究工作。声空化研究也是研究声与物质相互作用的重要的和基本的一个环节。然而，由于声空化现象极其复杂，虽然对声空化研究已经有几十年的历史，但时至今日，人们对声空化现象仍然还有许多重要的问题没有答案。

声空化现象包括两个方面。即强超声在液体中产生气泡，和气泡在强超声的作用下作特殊运动。这里所说的运动，是指广义的运动。它既指气泡在超声的作用下发生的机械运动，包括生长、收缩、再生长、再收缩，多次周期性非线性振荡，或最终以高速度塌陷崩溃，也指气泡在超声的作用下发生的物理、化学变化。超声场中的气泡会在塌陷的瞬间产生短促的极大的高温、高压、和内部物质状态的变化等极端物理条件，从而引发许多力学、物理、化学、生物等效应。

由于声空化产生的空化泡很小,而且在空化泡产生超高温高压等极端物理条件的时刻，是在空化泡塌缩溃灭的瞬间，其空间尺度小于纳米量级，时间尺度在零点几纳秒量级，超快速过程还涉及几千大气压以上的高压和几千摄氏度以上的高温、非线性问题等，这导致对声空化的研究缺乏有效的观察手段，理论分析也有极大的难度。

声空化能够产生声致发光，因而研究声致发光成为研究声空化的重要内容，也为进一步了解空化泡内部的聚能机制和探索进一步提升聚能能力的手段。声致发光为探索声空化所能产生的极端物理条件提供了指针。1992 年 Gaitan 等设计成功单气泡声致发光实验[2]极大地促进了声致发光和声空化的研究。2002 年 3 月 8 日，美国橡树岭实验室的一个研究组在《Science》杂志上发表的“声空化导致核辐射的证据”一文[4]，以及他们于 2004 年 3 月在《Physical Review E》杂志发表了改进的实验结果，极大地促进了国内外科学家对声空化研究的兴趣，和引发了能否由声空化引发核聚变的激烈争论。这个争论，目前还没有结论。它只有依靠探索声空化能够导致什么样的极端环境条件和寻找和实现更好的实验技术来解答。

深入研究声空化及声空化导致的极端环境条件问题，探索声空化能够导致什么量级的极端物理条件？在什么外界条件下达到这些极端物理条件？如何通过改变超声参量、外界环境条件以达到更加极端的物理条件？对于这些问题，正在研究中。

关于声空化研究，我国在近年来召开了多次全国性的研究讨论会，并在 2004 年 4 月召开的第 222 次‘香山科学技术会议’上进行了关于声空化研究及其应用的专题讨论。

在声致发光中，空化气泡能够把分散的声能量聚焦 12 个数量级并产生 ps 量级的宽带紫外闪光。气泡塌缩到最小时，其加速度可以超过重力加速度 10^{11} 倍，并且向周围液体发射压强达兆巴量级的冲击波。测量到产生声致发光的热点大小在 ns 量级。这意味着声致发光的参数空间可以进入量子力学的范畴。几年来，国内一些单位在空化泡的动力学测量和声致发光光谱以及和声致发光和泡内物质组分的关系，与泡内外的物质交换等做了大量有成效的研究。国内研究者还使用两种独具特色的方法，刹管法和改进 U 管法，来实现流体动力型冲击产生瞬态气泡。该类瞬态气泡导致的声致发光较其他研究用的稳态气泡声致发光强很多。用刹管法可得到长得很大的气泡，等效直径可达三个多厘米，其发光比稳态发光强约 1 个数量级。在液体中充入 Xe、Ar 等气体的后，声致发光强度大约提高了 1~2 个数量级。在使用改进 U 管法和表面张力系数大，饱和蒸汽压低的丙二醇做液体介质时，得到了迄今为止国际上最亮的声致发光，用普通胶卷和相机，拍摄了世界上第一张用单次声致发光照明的照片[5]。

声空化气泡内部和气泡附近存在着极端的物理条件：高温、高压、强电场等。气泡还在液体载体里产生强冲击波。这些性质被试图用来解释、分析声空化的化学效应，成为“声化学”这门新分学科的理论基础之一。声空化的极端的物理条件也被认为是存在液体介质时功率超声其他应用的机理。然而，也许由于实验条件的差异，也由于所依据的理论的不同，不同的研究者得到的关于声空化能够达到的极端的高温、高压等的估计数值，可以有几个数量级的差别。导致声致发光的机理和能够实现声致发光的参数空间仍然是一个谜，需要更加深入的研究。

3 超声治疗和 HIFU 技术

新兴的超声治疗技术是功率超声最令人瞩目的新应用领域。对生物和生物体的声学特性和声波的生物效应的研究将是 21 世纪的热点。外激波超声碎石治疗肾结石、超声治疗白内障、超声手术刀治疗脑瘤、超声洁牙、超声减肥、超声美容等已经得到很成功的比较普及的应用。这些应用的机理是不尽相同的。

高强超声在超声治疗领域的应用，在近年来最有影响的成就是 HIFU 技术治疗癌症。在体外施加高强度超声治疗肿瘤的设想很早就提了出来。这类治疗主要基于超声的热效应。起先是利用超声将肿瘤部位加热到 43°C 来杀死肿瘤细胞。然而与由于癌细胞对温度过分敏感，这种方法很难成功。后来发现，将肿瘤组织加热到 70°C 以上，可以有效地杀死肿瘤细胞，发展出高强度聚焦超声(HIFU) 治疗技术。这里，我们看到了应用正确的机理的重要性。

HIFU 在临床应用取得成功后，对 HIFU 的使用剂量、新的应用和体外治疗 HIFU 新设备的研究和开发，都得到迅速发展。

在超声治疗肿瘤技术方面，还有另外一条道路。应用高强度聚焦超声，栓塞给肿瘤供血的动脉，使肿瘤细胞得不到营养而被杀死。这种技术也取得了许多成功的范例，但还没有上一种技术那样普及。

超声治癌的 HIFU 技术显示出广阔的应用前景。例如，超声抗早孕、超声治疗心血管疾病等的研究。医生们发现，为增强超声影像而注入血管的气泡造影剂，有时对血管壁有强烈的侵蚀。这个弊端也许反过来显示出利用超声治疗心血管疾病的一种途径。国外已经在研究应用 HIFU 治疗技术强制堵塞血管快速止血以抢救外伤人员，以及探索在心血管疾病解堵方面的应用。在这些应用中，声空化也许是最重要的作用机理。超声治疗技术将会与超声影像技术一样，成为家喻户晓的医疗技术。

在生物医学领域，功率超声已经还有其他的应用。例如，应用功率超声喷注原理制造生物芯片、应用功率超声振动力切割活细胞样品等。超声提取中药材的有效成分是我国的特色研究项目。用超声可以破坏象灵芝那样坚硬的细胞壁，提取有效成分并保护多糖的生理活性。

超声对于酶活性的影响是奇妙的。有报道，在啤酒发酵过程中用适当强度的超声处理，可以缩短啤酒发酵成熟的时间。每天只要处理十几分钟就可以使啤酒菌活性保持激活状态。这说明，很小剂量的超声能量，对于生物，可能产生很大的影响。这对于应用超声提高生产效率，也对于超声安全剂量的研究有重要的提示作用。这类超声作用的机理急待研究。

4 声化学

早在 1927 年 Richards 和 Loominsm 已发现超声的化学效应[6]。但是，一直到 60 年后，即 20 世纪 80 年代，在欧美国家才又掀起了对于声化学的热情。超声能促进许多化学反应，超声促进无机、有机化学反应，使之成十倍，甚至上百倍的加速。超声可促进聚合物的聚合、解聚和共聚。超声增强催化作用。超声也能启动许多难以发生的化学反应。超声用于化学，受到国际化学界的肯定和重视，创建了“声化学”这门新分支。1987 年起，许多国家成立了声化学学会，召开了很多国际会议，出版了一些声化学专著，《超声学》(ultrasonics)杂志创办了声化学专刊(ultrasonics sonochemistry)。

普遍认为，声空化是超声化学效应的主要机理。这促进了对超声空化现象进一步研究。声空化所产生的局部高温、高压、发光、冲击波、微射流等能加强传质，使固体表面保持高度的活性，使不相溶的液-液界面发生乳化分散，所有这一切都能够加快化学反应速度。

声化学研究已经有大量的研究结果报道，取得了很大的成绩。在声化学方面，对反应动力学、反应器的设计给予了充分的重视。近年来，我国应用功率超声在强化结晶过程、超声电镀、超声污水处理、超声防垢除垢、纳米材料和器件制备、控制沉淀、超声萃取等方面都有成功的应用。其中，超声污水处理，包括有机物降解和污泥脱水等[7]，有较多报道。反映了功率超声在环境保护方面应用是一个生长点。

上面提到，利用超声提取中药材的有效成分是我国的特色研究项目。从植物中提取有效成分的传统方法是搅拌方式浸取。浸取方法耗时长，提取率低，有效成分易被破坏，而且严重污染环境。应用超声强化提取方法所需的温度低，时间短，获得的提取率高。例如，在适当的工作条件下，应用特制的双频超声化学反应器提取方法，从海金沙中提取黄酮的提取率为搅拌方式的 11 倍，槽式超声方式的 2 倍，探头式超声方式的 1.8 倍[8]。

超声化学效应的机理普遍认为是声空化。然而，一方面，影响声空化的因素非常多，这些因素相互之间的关系也十分复杂。超声空化产生的易难程度和强弱与很多因素有关。另一方面，化学动力学参数研究比较复杂，声空化究竟是如何影响化学反应的？许多研究，对声空化与化学反应动力学的联系，对于声学参数与化学参数之间的关联以及它们是如何关联的动力学问题，关心甚少。有少数研究，也只是肤浅地停留在宏观的层面，非常缺少介观、微观层面上的解释。现在，多数声化学研究，还停留在实验室探索阶段。

对于声化学机理，需要正确的揭示。例如，关于超声防垢除垢的机理，有许多说法。超声波对晶核的生成、晶体的生长及结晶溶液稳定性等方面有较大影响。超声波对结晶过程和状态的影响，很可能是超声防垢除垢作用的原理。

对于声化学机理的正确揭示，将为超声化学反应器的设计提供依据，将为超声化学放大用于工业生产开辟道路。

从整体来看，声化学研究在期待突破。“声化学”技术也将成为本世纪重要的新兴技术。

5　超声处理

超声处理指采用超声波来改变所传播介质的某方面性能。它的特色之一是应用对象十分多样，当前应用规模较大的项目有超声清洗、超声塑料焊接、超声治疗、超声乳化、超声加湿、超声干燥、超声除气、超声雾化、超声萃取、超声海水淡化、超声杀菌、超声处理植物种子以及处理鱼卵等。新发展的应用例如超声处理废水、超声影响细胞膜的通透性、超声加速过滤、超声除尘和超声防除积垢、超声冶金、超声改进结晶性能等。许多超声处理应用也可以归入超声化学或超声医学。

超声处理有着不可替代的特色。超声和热风结合的脱水技术，在干燥食品时不破坏食品的结构和特质而受到重视。

在超声处理项目中，有很大一部分的作用机理是和声空化密切相关的，特别是在有液体参与的情况。其他的作用机理有机械力、振动加速度、热效应等许多方面。

在上面列举的超声处理应用项目中，有许多已经有成熟的大规模的工业应用。超声清洗技术在国民经济各个领域中,有着广泛的应用和独特的用途。超声清洗技术是已经得到广泛应用，并且正在不断发展中的清洗新技术[9]。利用超声清洗法清洗零件，要比其他方法效果好更好、工效更高、劳保、环保条件更有保障。超声清洗已经形成了高新技术产业。随着“信息高速公路”、通讯、光学、生化、航空航天和医学等诸多新领域的不断开拓,有越来越多高精度基础材料和超微晶体管零部件需要使用超声清洗。超声清洗在工作原理和工艺技术方面都有很好的研究成果。毫无疑问，了解超声清洗的原理、方法和技术，对于人们选取适当的超声清洗设备和技术、研究开发新颖的超声清洗技术和装置、寻找合适的洗涤剂，以获得最佳的清洗效果，是十分有益的。而且，随着超声清洗应用领域不断扩大，对清洗在工作原理研究也相应的跟进和补充。例如，对高光洁度硅片的清洗，导致了兆频清洗技术的诞生。超声清洗已经成为现代工业必不可缺的技术。

然而，有不少超声处理项目，虽然曾在实验室多次证明有效，却很难拓展到大规模的工业应用。这一点，在上面讨论声化学时已经提到过。声化学是最有实用潜力并且最具规模前景的领域，却长期在停留在实验室里，而不能在工业上推广。

解决的路径需要多方面的努力。以超声清洗为鉴，在对工作原理充分了解的基础上，配合设计高效的、大批量处理的反应器，和其他的手段联合作用，也许是一条较好的道路。以超声废水处理为例，说明这个想法。

在生活污水处理中，现有的技术对污水剩余活性污泥的脱水使用沉降法。沉降法脱水效率很低，即脱水很慢，同时水脱不尽，有 80%~90%的水很难脱去。剩余活性污泥沉降占用了大量的土地资源。在分析污泥脱水机理的基础上，我们认为，超声对污泥进行预处理的方案比较实用。在此基础上设计了一种新型的换能器和反应器原型装置[7]。初步的现场动态实验表明，该装置电功率为 50W，处理污泥量约为 1t/h，脱水率约 23%。动态污泥脱水率比静态污泥脱水率提高近 10%。处理的能耗低，脱水率高。

另外一个例子是一种废水综合处理装置。该装置包括超声气振，固液分离和生物接触氧化三个部分。其核心部分在于超声波气振。废水在运行中加入选定的凝聚剂进入超声气振室，在额定的振荡频率作用下，废水中的部分有机物断链开环，变为易生化的小颗粒被生物接触氧化；在振荡作用下，加速了可挥发物质的挥发进程，并改变了部分物质的结构，变得易于絮凝从水中分离。三种手段联合作用，COD、BOD 可以去除 60%~80%。

将超声污水处理大规模的工业应用还需要更大的努力。

6 超声加工等

超声加工在工业界有广泛的应用，这些应用的深度和领域在不断的开拓。如超声机械加工可以降低平均切削力和切削温度，因此可以加工难加工的超硬材料、提高加工效率、提高加工精度和表面质量、延长刀具寿命等。现已形成了系列的振动切削工艺。振动切削原理主要是从力学的角度来分析。振动切削对于振动激励源的要求与一般情形有些不同，它对超声功率大小的要求不高，但对输出功率的稳定度要求很高。在掌握原理的基础上，对传统的纵向振动切削方式和超声源提出了许多改进。近年来提出了椭圆振动切削、扭转振动切削、回转超声转削等方式，提高了振动切削的加工能力。例如，现在可以有效地加工直径 1mm 深度 40mm 的喷嘴孔。

发现使用大功率的椭圆或圆轨迹可以提高焊接强度。为此，研究了产生椭圆或圆轨迹的多频率多变幅杆的复合振动系统，组合了 27 kHz 和 40kHz 的 6 个朗之万型换能器。用于焊接 1mm 铝板，其焊接强度几乎达到了材料强度。

超声键合(ultrasonic bonding)是用于半导体集成芯片的引线焊接和封装的专用焊接技术。它具有工艺简单，工作效率高，环境污染小等独特的优点，已经成为 IC 工业中重要的生产手段。根据其工作原理，在提高等效机械阻抗和降低机械 Q 值方面做努力，显著地改进了压电超声键合换能器及其系统的工作性能[10]。随着微机电器件(MEMS)的发展和更大规模集成芯片的开发，超声键合工艺显得更加重要，必然有更大的发展。

超声马达提供了普通电机不具备的一些独特功能，有非常广阔的应用潜力。根据各有特色的工作原理已经开拓出许多新的类型。

7 结语

功率超声是当前超声学中一个相当活跃的领域。应用超声能量的研究由于涉及的领域太广，也由于涉及的内容太复杂，本文只能叙述部分方面。高强超声研究和应用有着很大的进步和成就。高强超声研究和应用中也有许多挑战性的前沿问题等待着去解决，在许多方面国家有着强烈的需求。功率超声常常能够解决用其他技术不能解决或解决得不好的问题。要扬长避短，发挥特色功能，需要深入地研究机理、方法和工艺，不断的开拓新技术。

但是在目前，存在着理论研究相对滞后的情况。例如，在对超声能量应用的机理上，对于似乎已经熟悉的声空化，人们虽然有了一定的了解，但常常难以得到定量的结果。关于声空化，有一个最基本和最常用的名词，空化强度，由于空化现象的复杂本质，至今却还没有一个确切的和定量的定义。

与功率超声有关的基础性研究没有得到应有的重视和发展。这也许是由下面四个原因引起的，第一，功率超声的应用性极强从而掩盖了对理论的需求。第二，功率超声基础研究的难度过大，并且缺乏有效的实验手段和理论分析手段。第三，对基础性研究的重要性认同度不够。第四，由于声学自身的规律，时常有一些新的应用超前走到了理论的前面。这些原因有客观方面的也有主观方面的。重视这些基础性的研究将为新理论和应用领域开辟道路。当然，从上面的介绍看出，各种技术和方法的发展是不平衡的，有些需要在技术、工艺，材料方面加以侧重，而有些则特别需要了解机理和得到理论指导。

另一方面，由于缺少相应的机理研究，很多实际应用工作者把应用机理统统简单地归结于声空化，甚至统统用超声清洗的机理去解释各自的问题，显得有些浮躁。

由于功率超声极强的学科交叉性质，一方面要注意其他学科中新需求的出现和及时发现新的应用机会，另一方面要注意吸收其他学科发展的成果，来改进自身的技术和研究手段。

参 考 文 献

[1] 应崇福. 超声学. 北京：科学出版社, 1990.

[2] Gaitan D F, Crum L A, et al. Sonoluminescence and bubble dynamics for a single, stable, cavitation bubble. J. Acoust. Soc. Amer., 1992, 91: 3166-3183.

[3] Barber B P, Hiller R, Arisaka K, et al. Resolving the picosecond characteristics of synchronous sonoluminescence. J. Acoust. Soc. Amer., 1992, 91: 3061-3062.

[4] Taleyarkhan R P, et al. Evidence for nuclear emissions during acoustic cavitation. Science, 2002, 295: 1868-1871.

[5] Chen Q D, Fu L M, Ai X C, et al. Ultrabright cavitation luminescence generation and its time-resolved spectroscopic characterization. Phys. Rev. E, 2004, 70(4): art.047301.

[6] 林仲茂. 声化学发展概况. 应用声学, 1933, 12(1): 1-5.
[7] 沈壮志, 沈建中. 剩余活性污泥的超声脱水及破解. 声学技术, 2007, 26(1): 32-35.
[8] 贲永光, 丘泰球, 阎杰. 双频超声强化从海金沙中提取黄酮的实验研究. 声学技术, 2006, 25(3): 209-214.
[9] 沈建中. 超声清洗技术及其应用. 洗净技术, 2003; 16-21.
[10] 周铁英. 超声键合换能器的研究—回顾与展望. 声学技术, 2006, 25(3): 258-266.

生物医学超声

医学超声成像的进展

张海澜

(中国科学院声学研究所，北京　100080)

1　引言

用于医学诊断的超声成像具有安全、设备比其他影像诊断方法简单、价格便宜、能够区分不同的软组织等优点，是超声技术最主要的应用之一[1]。由于事关人类健康，长期以来国内外在这一方向投入了大量的人力和物力，发展非常迅速。新的原理和方法不断出现，并迅速向实际应用转化，使超声成像的性能有了很大的提高，已与 X 射线层析成像、核磁共振并列为三大影像诊断手段，在各级医院中广泛地运用。

超声诊断成像采用多阵元的阵列换能器向人体内发射超声波，改变各个阵元激发的相对延迟和幅度，可以形成向一定方向发射的聚焦声束。当声束遇到体内不同器官和组织的界面时产生反射回波，再被阵列换能器接收。各个阵元接收的信号经过不同的延迟后叠加，可以加强特定方向的回波，形成接收声束。改变发射和接收波束的方向，使它们在体内扫描，得到的回波幅度反映体内不同位置的组织对声波的反射率。经过处理，在屏幕上的相应位置用灰阶表示体内各点的反射率，形成反映体内解剖结构的图像。这样的图像称为 B 超图像。如果对同一方向连续多次发射声束，接收到的多次回波包含了体内组织运动的信息，如心脏的搏动，血液的流动等，这样可以形成 M 超图像。根据多普勒频移原理，进一步利用自相关方法处理多次发射得到的血流的回波，可以得到不同位置的血流速度信息，再用彩色编码表示，得到表示体内血流分布的彩色血流图，俗称彩超。也可以对同一位置的血流作多普勒频谱分析，得到流速随时间的变化，称为频谱多普勒。在 20 世纪 80 年代，这几种成像方式成为医学超声成像的主流技术，当时的发射、接收和处理主要由模拟电路完成，而数字电路开始用于控制、成像和与多普勒频移有关的处理。此后 20 年，超声成像有了令人瞩目的新发展，本文选择几个重要的发展作简单的介绍。

2　相干成像

为了实时连续地反映器官的动态图像，每秒钟至少需要产生 25 帧图像，因此每幅图像的成像时间不能超过 40ms，这个要求对心脏等运动器官尤为重要。人体软组织的声速大约是 1500m/s，如果体表以下探测区域的深度是 0.2m，声束入射和反射的传播距离是 0.4m，大约需要 270ns，因此 40ms 内可以完成 150 次发射，也就是说每幅图像最多由 150 个声束组成。实际上声束之间还需要有时间间隔，因此每幅图像的声束数还要少一些，20 世纪 80 年代的超声成像设备通常采用 128 个声束。

由 128 个声束产生的超声图像在横向只有 128 个独立的数据点，像素点比较少，图像质量不高。为了加密像素点，又不增加声束，只能根据实际声束的数据插值得到所谓的虚拟声束。超声成像采用窄带脉冲信号，回波信号包括幅度和相位两部分的信息。20 世纪 80 年代以前的成像方法把接收信号送入检波电路，得到包络信号，形成图像。这种方法只利用了回波信号中的幅度信息，丢失了相位信息，成像效果比较差。用包络信号插值，得不到插值点上真实的数据，由此得到的图像只是原有图像的平滑，图像质量不好。随着电子技术的发展，特别是数字化技术的运用，20 世纪 90 年代开始在超声诊断成像中采用相干处理的方法，用正交解调求得信号的复包络。复包络保留了相邻声束间的相对相位关系，根据复包络插值，大大提高了插值的准确度，由此得到的插值图像比原有图像包含更多的信息，分辨率比传统图像高得多。这种成像方法称为相干成像，它的出现对超声成像技术的发展产生了重大的影响，当年科学美国人杂志做了专门的介绍[2]，并逐渐被推广使用[3]。

为了充分利用信号的相位信息，必须研究声波在体内传播时相位的变化规律，了解和控制发射、接收器件和电路的附加相位变化，这些要求促进了有关课题的深入研究。

3　谐波成像

生物软组织是一种非线性的声学介质，一定频率的基波在生物介质中传播的时候，一部分能量会转化成两倍频率的谐波和频率更高的高次谐波。谐波使超声波的波形在传播过程中发生畸变，经过人体组织的散射被探头接收，接收信号中包含发射频率的基波成分和高频的谐波成分。普通的 B 超成像只利用基波成分，把谐波看作噪声，用滤波器去除。20 世纪 80 年代开始深入研究了生物组织产生谐波的过程，得到不同软组织的非线性参数和产生谐波的强度[4]。根据这些研究结果，90 年代后产生了新的谐波成像方法[5]，这种成像方法用滤波器将接收信号中的基波部分滤除，利用谐波成分成像。由于谐波成分的频率比基波高，谐波成像提高了超声图像的分辨率。这种方法比直接发射高频超声波的方法好得多，原因是皮肤和皮下组织是声速和厚度都不均匀的多层结构，探头直接发出的高频超声波通过这些组织时会改变传播的方向和速度，声场畸变，影响聚焦的效果。声波的频率越高，波长越短，这种影响越严重，尤其在声波进入人体时的畸变经过后面较长的传播途径的积累，对成像质量的影响非常严重。而在谐波成像的方法中，通过皮肤进入体内的是频率比较低的基波，受到的影响比较小。高频声波是在体内传播时产生的，可以形象地比喻为放入人体内部的高频探头，大大提高了图像的分辨率，图像细腻，利于观察组织结构的细节和发现小的病灶(参见图 1)。研究还表明，良性的组织和恶性的肿瘤有不同的非线性性质，因此谐波成像有望能更好地识别正常组织和肿瘤。

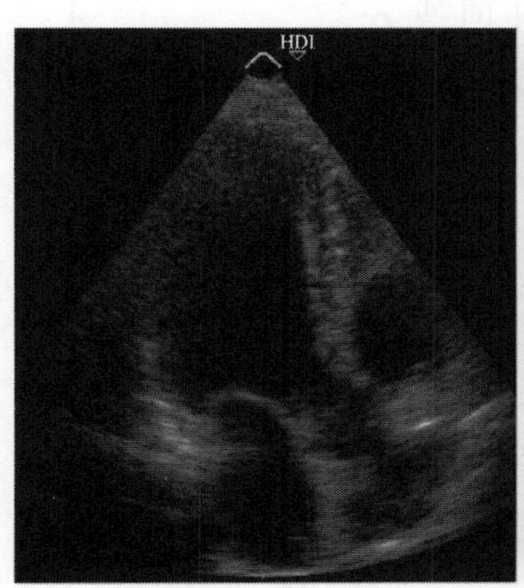

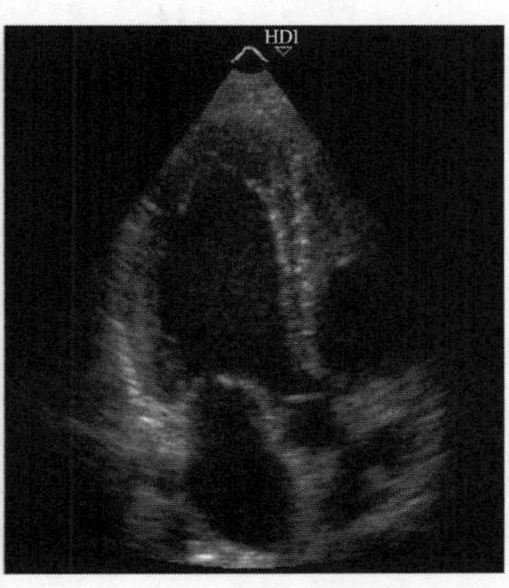

图 1 心脏的基波成像(左)和谐波成像(右); 谐波成像显示的心腔和心室的边界更清楚

谐波的幅度比基波低得多，一般情况下谐波信号比基波信号大约小 20dB，把微弱的谐波信号从强大的基波信号中提取出来，是谐波成像成功的关键。目前的超声技术已经能够满足这样的要求。

谐波成分的幅度与基波幅度的平方成正比，如果发射极性相反的两个声波，它们产生的基波是反相的，而谐波是同相的。根据这个原理发展了脉冲序列成像[6]。探头对同一方向发射两次极性相反的信号，如图 2(a)中的实线和虚线，它们的频谱集中在基频附近，如图 2(b)所示。图 2(c)和(d)分别是传播距离为焦距的 3/4 处的波形和频谱。由于组织的非线性效应，波形发生畸变，其频谱包含基波和多次谐波的成分。把两次接收的信号相加，基波部分互相抵消，谐波部分得到增强，如图 2(e)和(f)。这样提高了谐波成分的信噪比，大大提高了谐波成像的质量。

4 速度矢量图

软组织是随机不均匀介质，内部有复杂的微小结构，声学性质随空间位置不规则地起伏，形成大量分布的微小的声散射目标。它们对入射声波散射产生的大量散射波互相叠加干涉，形成超声图像上明暗相间的不规则斑纹，与激光在固体表面反

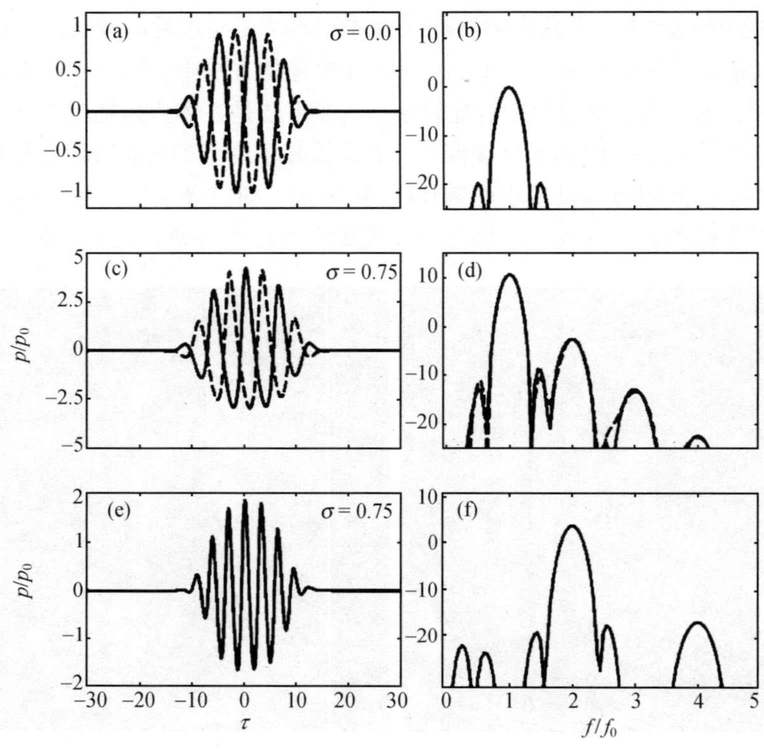

图 2　脉冲序列成像

射时的散斑类似，称为斑纹噪声。不同组织的结构不同，斑纹噪声的性质也不同，因此斑纹噪声的图案是医生根据经验估计组织性质的重要依据，也是超声研究的一个重点[7]。

当软组织运动时，斑纹噪声也跟着运动，因此，利用图像分析的手段，跟踪斑纹噪声随时间的运动可以判断组织的运动情况。根据这个原理，目前开发了许多自动和半自动实时处理心脏图像的软件。首先根据心肌和血流的回波的不同特征，在人工干预下对心脏在某一时刻的图像半自动地勾画出心室或心房边界的轮廓。然后显示心脏搏动的实时图像，同时软件跟踪心室和心房的边界的运动，用直线段不断画出运动的速度矢量，称为速度矢量图[8]，图 3 是一个心脏的速度矢量图的例子。医生根据各部分心肌的运动状况，诊断心脏的健康状况。软件还能自动计算心肌运动的速度，心内容积随时间的变化，心脏搏动的输出量等定量信息，提高了诊断的水平。

跟踪斑纹噪声的原理也可以用于血流的显示。红血球产生的斑纹噪声随血流运动，观察血流的斑纹噪声可以分析血流。这个方法可能取代目前的彩超技术，根本解决彩超帧频太低和受血流方向影响的缺点。但是由于红血球的散射信号很小，斑纹噪声很弱，观察和处理比较困难，目前只对一些浅表的大血流有成功的试验，如

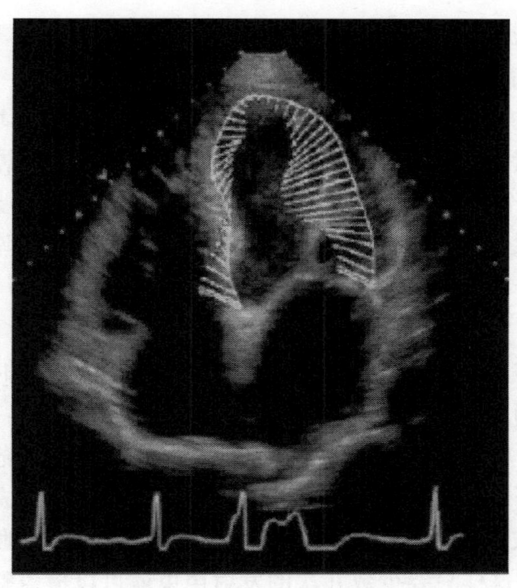

图 3　心脏的速度矢量图

颈动脉和四肢血流等。这种显示的处理方法实际上就是 B 超的方法，因此被称为 B 血流成像。

跟踪斑纹噪声的原理也可以用于组织的弹性成像[9]。当某一部分组织受到外力作用时会发生位移和形变，而这种变化与组织的弹性性质有关，而组织的弹性系数往往与组织的状态和病变有关。如果医生检查时在体外施加压力，同时设备自动跟踪组织的位移，分析组织弹性性质并用图像显示，就可以得到组织病变的信息。这种弹性成像方法已经开始临床的应用。

5　三维超声成像

传统的超声成像采集的是空间二维的数据，得到二维图像。计算机的发展使系统可以处理大量的数据，因此可以采集多个相邻位置的二维面的数据得到空间三维的数据，根据不同的目的形成不同的图像，称为三维成像[10]。近年来这方面的研究吸引了广泛的注意，并已经开始实际试用。利用三维数据获得的立体图像，尤其是腹中胎儿的图片受到社会的欢迎，不过这样的图像临床意义有限，并且胎儿受到的超声辐照剂量比较大，因此不为业内提倡。利用三维数据可以产生医生需要的各个方向的图像，包括与体表基本平行的切面或倾斜的切面图像，能从不同角度观察组织，对一些病变可能提供重要的信息，这方面的应用已经开始受到医生的重视。

目前常见的采集三维数据的装置是一个可以移动或转动的探头，在运动过程中不断采集并存储数据。探头的运动可以是人工的，也可以由一机械装置自动完成。

机械驱动的探头不依赖使用者的具体操作，有利于采集数据的规范化和标准化，便于事后处理和不同病例的对比分析。

移动探头采集的三维数据在空间三个方向的采样密度是不均衡的。常见的一幅超声二维图像的像素点多达 10^4~10^6 个，但是构成一组三维数据的二维图像只有几十幅，因此在空间三个方向的采样密度相差很大，严格地说还不是真正的三维数据。为了得到各个方向采样密度比较接近的三维数据，需要采用面阵探头，产生在三维空间中扫描的声束，有关的研究是当前声学研究的热点，也许声学微机电技术可以解决这个问题。

三维成像需要发射的声束比二维成像多得多，通常不是实时的。对于像心脏这样运动的器官，实时采集是很重要的。为此 20 世纪末提出了一种全新的分区扫描成像的方法，也称为合成孔径的方法。这种方法完全改变了传统的发射窄声束的思路，其发射的声束开角很宽，每个声束可以覆盖相当一部分的成像范围。同时把每个接收阵元的接收波形经过模数变换后存储下来，再用类似于地震勘探的算法反演人体内各点的反射。这样只要少数几次的发射声束就可以覆盖整个成像范围，大大提高了成像速度，并且可以减少超声辐射的剂量，有利于超声成像的安全使用。但是，与传统的方法比较，分区扫描的发射波束很宽，因此可能降低图像的分辨率。目前的研究采用复杂的反演算法补偿成像的分辨率。这些算法的计算量很大，但是，试验已经证明，借助于新的高性能计算机的计算能力，这种方法是可行的，有望得到应用。

6 超声微泡造影剂

90 年代初超声微泡造影剂研制成功并推向应用，这是超声医学的一个革命性的变革[11]。造影剂含有大量带有包膜的微气泡，注入静脉后随血流循环，微泡的尺度很小，直径小于 7μm，可以安全地通过全身最细的毛细血管(图 4)。实际使用的造影剂浓度比较低，血管内微泡的数量比红血球少两个数量级。

由于气体的声阻抗与人体软组织相差很远，造影剂的微泡对超声波的反射很强，可以明显增强超声图像中含造影剂的血流的显示。造影剂最早用于心脏的检查，除了心脏内和大血管的血流外，还可以清楚地显示心肌内部各部位的血流情况，发现心肌缺血的部位和程度。现在，造影剂几乎可以用于各种超声诊断成像。

微泡在超声波的作用下振动，不同直径的微泡有不同的共振频率。胸腹部超声诊断的常用频率是 3~5MHz，在这个频率共振的微泡直径约为 3~5μm。直径 2μm 的微泡的共振频率大约是 7MHz。在许多超声成像的应用中微泡的共振频率和超声波的频率一致，这时微泡对超声波的散射非常强。

在声场中微泡随压强变化振动，压强降低时微泡会跟着膨胀，但当压强增大时

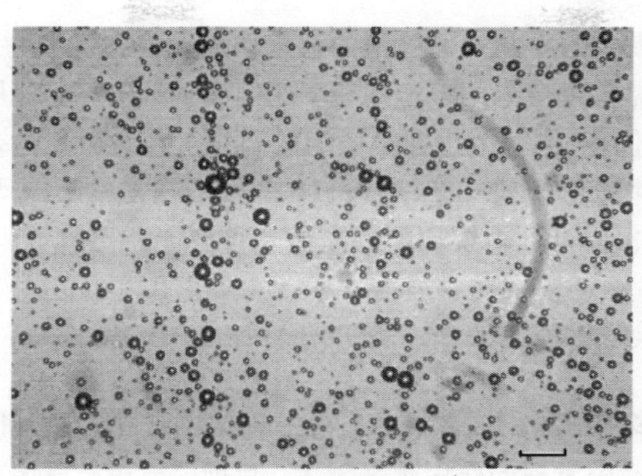

图 4　显微镜下超声造影剂的照片，右下角黑线段长度代表 25μm; 照片显示球状的微泡及其不同的直径

微泡对压缩的抵抗比较大，微泡直径的变化在平衡直径两侧的振动是非对称的，由微泡返回的散射信号的波形与入射波不同。从频率域看，微泡产生的散射信号不但包括入射波的基频信号，还包括二倍和更高倍数的谐波信号，包括频率为基频一半的次谐波信号，表现出很强的非线性性质，因此造影剂用于谐波成像的效果非常好。实际上谐波成像最初就是针对造影剂的应用提出来的，而后才发展为组织谐波成像。

当超声波的强度增加时，微泡的振动变得更加复杂，其形状不再保持为球状，表现出更强的非线性性质。在强超声的作用下，气泡受压缩时还会崩塌。利用这个现象，如果在使用造影剂时对一些器官如肾脏发出强超声脉冲，打碎肾脏微血管内的造影剂，这时在超声图像上血流显示消失。随后其他部位含有造影剂的血流进入肾脏，超声图像清楚地显示造影剂逐渐流入肾脏，慢慢地充满整个肾脏的动态过程。如果再次发射强超声脉冲，就可以多次重复观察，仔细了解血流的过程。

造影剂必须比较稳定，在超声检查的过程中能随血流稳定地流动。造影剂也必须是安全的，对人体不造成任何伤害，检查结束后在不太长的时间内被吸收。目前已经有许多不同的造影剂，新的造影剂还在不断出现。最早的造影剂就是小气泡，现在的造影剂是有包膜的气泡，根据不同的包膜材料造影剂可以分为白蛋白、脂质、表面活性剂及具有广阔前景的高分子材料类造影剂等许多种。新近，又将特异性配体连接到造影剂包膜上，通过血液循环使之到达检查的组织或器官，选择性地与相应受体结合，从而达到特异性增强靶区超声信号的目的，称为靶向造影剂，

使用超声微泡造影剂必须控制超声的强度，避免可能对机体产生的有害的生物效应。目前已有关于超声破坏微泡时引起组织出血、血管内溶血和在体外试验中含气组织和器官(如肺和肠)的损伤的报道，亦有资料证实可引起心室收缩功能可逆、短暂性的降低、冠状动脉灌注压的增高和心肌组织内乳酸盐的过量沉积。因此，这

方面有待研究的课题很多，超声和微泡的相互作用牵涉到许多物理现象，是一个非线性的过程，尤其是大量微泡的多泡问题更为复杂。对于实际应用必须对超声和微泡的各种参数深入优化，同时改进超声微泡的制作工艺及微泡与基因或药物结合的方式。随着分子生物学、物理、化学及材料学(包括纳米技术)等与超声相结合的研究不断发展，超声造影剂将在疾病的诊断中发挥更大的作用。

7 结论

在过去的 20 多年中超声成像技术发生了巨大的变化，超声图像的质量有很大的提高，在临床诊断中发挥的作用越来越大。目前，与超声成像有关的各方面的研究方兴未艾，新技术不断得到运用。新的仪器设备功能越来越全，图像越来越细腻，同时设备的体积和重量不断减小，成本不断降低。可以预见，超声和信号处理、材料、电子与计算机技术紧密结合，将使超声成像技术有更大更快的发展。

超声成像诊断是一个飞速发展的领域，是一个巨大的市场。当前我国在基础研究和仪器研发方面与国际水平有很大的差距，上面介绍的一些前沿的发展都是在西方发达国家完成的。我国各级医院中使用的高端超声成像诊断设备还完全依赖进口。近年来我国超声诊断设备的研发也在原有的基础上取得不小的进步，目前已经能生产低档和一些中档设备，有些设备还能出口。但是由于这个领域的发展非常迅速，目前我国追赶世界先进水平任务还非常艰巨。由于医学超声技术是一个高科技的综合技术领域，因此必须在一个比较长的时期里大力支持基础研究、应用研究、开发、试验、生产等各个层次的研发和互相之间的合作，才能在我国开创新的局面。

参考文献

[1] Lewin P A. Quo vadis medical ultrasound. Ultrasonics, 2004, 42(1-9): 1-7.

[2] Gibbs W W. Ultrasound's new phase. Scientific American, 1996, 274(6): 32-34.

[3] Behar V. Techniques for phase correction in coherent ultrasound imaging systems. Ultrasonics, 2002, 39(9): 603-610.

[4] Carstensen E L, Law W K, et al. Demonstration of nonlinear acoustical effects at biological frequencies and intensities. Ultrasound Med. & Biol., 1982, 6: 359-368.

[5] Averkion M A, Roundhill D R, Powers J E. A new imaging technique based on the nonlinear properties of tissues. Proc. IEEE Ultras. Symp., 1997: 1561-1566.

[6] Jiang P, Mao Z, Lazenby J C. A new tissue harmonic imaging scheme with better fundamental frequency cancellation and higher signal-to-noise ratio. Proc. IEEE Ultras. Symp., 1988, 2: 1589-1594.

[7] Gary C, Freiburger P, et al. A speckle target adaptive imaging technique in the presence of distributed aberrations. IEEE Trans. UFFC, 1997, 44: 140-149.

[8] Cannesson M, Tanabe M, et al. Velocity vector imaging to quantify ventricular dyssynchrony

and predict response to cardiac resynchronization therapy. Amer. J. Cardiology, 2006, 98: 949-953.

[9] Konofagou E E. Quo vadis elasticity imaging. Ultrasonics, 2004, 42: 331-336.

[10] Salustri A, Roelandt J R T C. Ultrasonic three-dimensional reconstruction of the heart. Ultrasound Med. & Biol., 1995, 21: 281-293.

[11] Enhancing the Role of Ultrasound with Contrast Agents. New York: Springer, 2006: 3-14.

超声血流信息的分析与处理

汪源源，陈一骄，王威琪

(复旦大学电子工程系，上海　200433)

1　引言

超声多普勒技术作为医学超声的重要方面，由于能无损地检测人体血管中的血流信息，为血液循环系统和心脏疾病提供诊断依据，从而在医学临床诊断上占有相当重要的地位。回顾超声多普勒技术的发展历史，日本的里村茂夫早在 1959 年就将多普勒技术用于血流的测量，开创了超声多普勒血流测量的先河。后来，在 20 世纪 60、70 年代先后出现了连续波和脉冲波多普勒技术，推动了超声血流检测的医学应用。80 年代中期彩色多普勒血流成像技术的兴起,为临床诊断提供更为丰富的血流信息。90 年代以后，新的超声技术的应用，如血管内超声、心血管三维超声成像技术的相继发展，为血流检测和心脏监护开辟了一个新的领域。跨入 21 世纪，采用超声多普勒技术检测血流愈发趋于成熟，已经成为血流检测的重要手段。

超声多普勒检测技术，主要利用运动的血红细胞对入射的超声波发生多普勒效应，使接收到的超声散射信号(被称为超声多普勒射频信号，其解调后的信号称为音频多普勒信号)具有相关的血流信息。通过信号处理方法对射频或者音频多普勒血流信号进行分析，可以从中获取声谱图、最大频率(流速)曲线、心动周期等可以反映血流状况的信息。进一步分析并结合相关的医学指标，可以估计出血流量、心搏出量、血流速度分布，从而判断是否存在湍流、涡流等异常血流状态，为血管疾病(如是否存在血管狭窄)的诊断提供准确可靠的依据。

超声彩色血流成像技术，一般用自相关技术对超声回波信号进行处理，将获取的血流速度信号经彩色编码后实时地叠加在二维 B 型超声图像上。可见，超声彩色血流图像既具有二维超声结构图像的优点，又同时提供了血流动力学的丰富信息，在临床上受到了广泛的重视。

超声多普勒检测技术和超声彩色血流成像技术各有特点，如超声彩色血流成像技术通过 B 型超声图像准确定位血管，并结合彩色编码，更能直观生动地显示血流状况，方便医生的诊断。而超声多普勒检测技术在血流速度的定量检测精度上具有优势。两种技术的相辅相成，推动了超声血流检测的医学应用。

2 近年国内的研究进展

在超声血流检测的研究上，西安交通大学、清华大学、上海交通大学、南京大学、中科院声学所和复旦大学等单位做了不少工作。作为超声血流检测的一个方面——超声血流信息分析与处理，近年(2004~2007)国内的研究论文主要体现在 6 个方面：超声血流信息的仿真、超声发射形式的选择、超声多普勒信号的降噪、超声多普勒信号的频谱分析、超声多普勒管壁信号的消除和血流信息的特征提取与应用。

2.1 超声血流信息的仿真

超声血流信息的仿真，主要是结合血管的实际生理结构和环境，产生能更精确反映实际情况的计算机仿真信号。

1. 含管壁搏动的超声多普勒血流信号仿真[1]

给定血流的平均流速曲线，根据 Womersley 理论可以推导出血流速度在血管径向上的分布 $V(y, t)$。将血管在径向上划分成若干个平行于管壁的小区，当划分足够细时，认为这些小区内血流速度不随径向位置变化。将所有小区内的血液微粒散射回的超声多普勒信号叠加起来，得到从整个血管散射回的超声多普勒血流信号 $x(t)$：

$$x(t) = \sum_k W_k \sum_j \gamma_j^{(k)} \exp\{\mathrm{i}[\psi_d^{(k)}(t) + \phi_j]\} \tag{1}$$

其中 k 和 j 分别表示小区编号和小区内子采样容积的编号，W 和 γ 是对应小区或子采样容积的权重系数，ψ_d 是微粒运动引起的相位变化，可由流速剖面 $V(y,t)$算得，φ 是附加的随机相位。

考虑到血管壁的搏动，可采用血压随时间变化的曲线。根据血管壁的生理结构，血管的截面积 $S(t)$可看成是血压 $P(t)$和管壁特性的函数，经验公式可以写作

$$S(t) = a\exp[bP(t)] + c \tag{2}$$

其中 a、b 和 c 是与血管壁生理特性有关的常数。获取血管的截面积曲线后，可算出血管壁的搏动速度曲线。同样将血管壁按中心角均匀划分为若干段，每段可看作是一个超声波的反射体。当已知管壁的搏动速度时，反射回的超声波频移可由多普勒公式求得。将采样容积内的所有管壁段反射回的信号叠加，就得到所求的超声多普勒管壁搏动信号。将仿真得到的血流信号和血管壁搏动信号按一定的功率比进行叠加，就可得到仿真的含血管壁的超声多普勒血流信号，从而为研究无损分离血流与管壁信号提供方便而有效的信号源。

2. 单边狭窄血管中的超声多普勒信号仿真[2]

传统的血管狭窄仿真信号仅限于双边狭窄的对称情况，而实际中会出现血管单边不对称狭窄。为仿真该情况，先建立一个单边狭窄血管的几何模型并假设血流是

不可压缩的牛顿流体且是无旋稳恒流。这样，血流流速场满足如下动量方程：

$$\frac{\partial \boldsymbol{u}}{\partial t}+\boldsymbol{u}\cdot\nabla\boldsymbol{u}=\frac{1}{\rho}\nabla\boldsymbol{\tau}+\frac{1}{\rho}(\boldsymbol{u}_1-\boldsymbol{u}) \tag{3}$$

其中 $\boldsymbol{u}$ 和 $\boldsymbol{u}_1$ 分别是血流流体速度和红血球粒子速度，ρ 是血流密度，τ 是应力张量。给定各类边界条件后，运用 Gresho 的 UVP 有限元分析法来计算单边狭窄血管中血流流速分布状况。

计算出空间各位置的血流流速场后，用总体分布的非参数估计法得到待仿真的超声多普勒信号的功率谱密度，再用余弦叠加法就可合成仿真的超声多普勒血流信号。通过改变血管的狭窄程度、雷诺数和采样容积轴向位置等条件，可得到血管单边狭窄时不同情况下的仿真多普勒血流信号，从而可为狭窄血管内血流状况检测方法的性能比较提供有效的信号源。

3. 彩色超声血流成像的计算机快速仿真[3]

传统的散射体模型通过不同发射脉冲下散射体的位移来体现散射体的运动速度。由于相邻两个脉冲下散射体的位移非常小，必须使用非常高的散射体分辨率。这就导致了仿真的大计算量。为此，有必要研究快速的仿真方法。

先采用 Faran 为球形弹性散射体提出的解析模型，将生物组织用一组由复数矩阵表示的散射体模型来描述。复数模的大小对应散射的强度(散射系数)，而复数的相位对应散射体运动速度。再用 Dantas 提出的等效散射体概念，将散射体模型等效为稀疏的且规则分布的等效散射体模型，从而减少了计算所有点散射体回波信号的时间。

对一中心频率为 u_0 的超声发射脉冲，其频谱有效宽度定义为 EBW。该脉冲的频谱有效区域可用一个矩形窗函数 $\mathrm{rect}_{EBW}(u-u_0)$来表示。考虑将散射体在频谱有效宽度内进行复制：

$$H^{**}(u)=[H(u)\cdot\mathrm{rect}_{EBW}(u-u_0)]*\sum_{n=-\infty}^{\infty}\delta(u/u_R-u_0-n) \tag{4}$$

其中 δ 是脉冲冲激响应函数，u_R 是相邻复制频谱间的角频率间距, $H^{**}(u)$进行反傅里叶变换后得到的 $h^{**}(x)$，就是等效散射体的分布函数。因此，回波信号 $g(x)$的频谱 $G(u)=F(u)\cdot H^{**}(u)$。

该模型采用复数的相位值来表示散射体的运动速度，并结合等效散射体的概念，仿真时不需要很高的散射体分辨率，极大地提高了计算机仿真的速度，比传统模型的仿真速度提高 10 倍以上。

2.2　超声发射形式的选择

与传统的脉冲回波成像技术相比，编码激励技术能通过增加发射信号的时间带宽积(TB)，有效调整穿透深度和纵向分辨率间的矛盾，在彩色血流成像和 B 型超声成像中得到了广泛的应用。

超声二进制编码激励血流测量的实验研究[4]在验证理论的同时，进一步研究了编码激励对彩色血流成像系统性能改善的程度。

图 1 显示了原编码调制基础码产生发射信号的原理。图中采用的原编码为 5 位 Barker 码，过采样是简单的插零过程。将基础码与过采样序列进行卷积后就得到了实际发射的信号，它的频率特性主要取决于基础码。

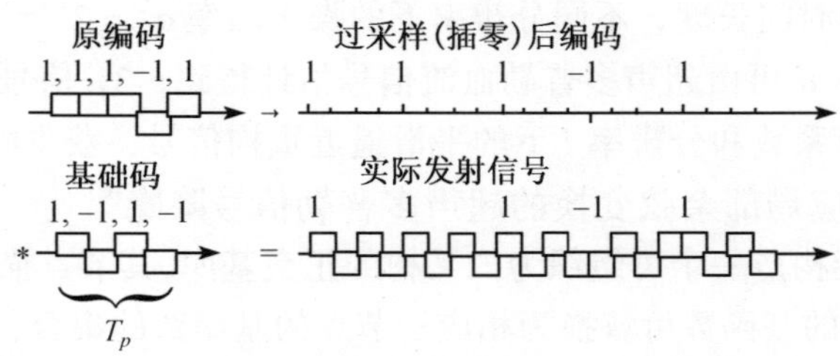

图 1 实际发射信号同原编码及基础码间的关系

通过发射、散射、接收放大及波束合成等得到射频回波信号。脉冲压缩既可以直接针对射频回波进行，也可针对经过正交解调低通滤波后的 I、Q 信号进行。

实验中搭建了一套模拟血流循环装置，主要由超声多普勒体模、蓄水瓶、蠕动泵、缓冲器和超声仿血液组成。激励编码、接受放大和控制部分由单阵元扇扫 B 型超声改造而成，解码滤波器采用 16 阶尖峰滤波器，理论上可达到−28.7 dB 的距离旁瓣水平。为给激励编码提供参照，实验中也研究了发射 4 个周期(即只发基础码)和 16 个周期的方波(传统彩色血流成像发射信号)的流速曲线。

共进行了三个方面的血流测量实验研究：射频回波解码和解调后 I、Q 信号解码的研究；编码激励对探查深度提高的研究；编码激励改善纵向分辨率的研究。结果显示：(1) 当基础码长度 T_p 是解调频率倒数 T_d 的整数倍时，射频回波解码和 I、Q 信号解码是完全等效的，使得解调后解码的方法在模拟成像系统实现编码发射成为可能；(2) 当血流深度不超过 70mm，无论发射编码还是基础码都能得到较好的流速估计结果，但是当血流深度超过 70mm，发射基础码的回波信号检测不到有用的流速信息，可见在保持纵向分辨率的条件下，编码激励具有比常规彩色血流成像方法更深的穿透深度；(3) 采用编码激励能够分辨出相距 2 mm 的两段乳胶管，而发射 16 周期方波脉冲只能辨识出一个较粗的血管，可见在保持穿透深度的条件下，编码激励具有比常规彩色血流成像方法更高的纵向分辨率。

2.3 超声多普勒信号的降噪

超声多普勒信号的降噪，对信号的进一步分析和处理有积极的意义。

1. 基于时移不变的小波框架的超声多普勒信号降噪[5]

用未经降采样的小波变换(小波框架)对血流信号进行小波分析，得到的子带信号具有与原信号同样的时间长度，比传统小波变换具有时移不变性。

降噪过程分为 3 个步骤：1) 信号分解：选择一小波基和分解的最大分辨率 I，计算不同分辨率下信号的小波系数 $d_i(l)$；2) 小波系数阈值化：对分辨率 $1\sim I$ 下的小波系数进行软取阈值处理，其中阈值 t 取为 $r_1\sigma_i\sqrt{2\log L}$，其中 r_1 在正交小波下取为 1，L 为信号的时间长度，不同分辨率下的噪声功率 $\sigma_i^2=2^{-i}\sigma^2$，其中在原始分辨率下的噪声功率 σ 可由超声多普勒血流信号估计得到；3) 信号重构：由各分辨率下阈值化的细节系数和分辨率 I 下的平滑逼近重构信号，获得降噪后的信号。

2. 基于自适应局部余弦变换的超声多普勒信号降噪[6]

局部余弦基能构造一个可组织为二叉树的正交基库，其节点描述了可正交切分的子空间。父节点的基函数可替换为相应子节点的基函数的集合，从而用父节点和子节点信息代价的递归比较而选择最优基来实现信号的自适应描述。

其降噪过程跟小波框架非常相似，不同的是在第一步，血流信号被分解到相应的自适应局部余弦变换域。另外，结合了硬取阈值和软取阈值的特点，变换系数阈值化采取了非负 Garrote 取阈值方法，并且阈值设置为 $r_1\sigma_i\sqrt{2\ln\left[L\log L\right]}$。

由于自适应局部余弦变换考虑了信号本身的特性，并结合了基于信息代价函数的最优基描述，降噪性能比小波框架更胜一筹，尤其是在低信噪比的情况下。但是，自适应局部余弦变换要花费额外的最优基选取时间，计算量较大。

2.4 超声多普勒信号的频谱分析

短时傅里叶变换(STFT)是常见的估计超声多普勒血流信号时频分布的方法，但它在时间频率分辨率上的矛盾使得估计出的血流信号的平均频率和频谱带宽存在较大的误差。为更好估计超声多普勒血流信号的频谱，提出了不少基于现代信号处理技术的算法。

1. 小波变换法和频谱展宽的修正

小波变换使用了不同时宽的窗函数，具有多分辨能力，对多普勒血流信号频谱的估计可获得更精确的时频分辨率。研究表明[7]：$\sigma=5$ 的改进 Morlet 小波具有较好的时间频率分辨率折中，用它来分析超声多普勒血流信号，与 STFT 时频分布相比，提取的平均频率和频谱带宽等参数更接近于理论值。

改进的 Morlet 小波分析超声多普勒血流信号也会带来频带展宽问题，该问题可以通过修正方案[8]进行改善：非平稳超声多普勒信号 $x(t)$实际上是对加窗信号 $x_w(t)=w^1(t)x(t)$ 进行处理，其中 $w^1(t)=\mathrm{e}^{\mathrm{i}\theta(t)}w(t)$。$\mathrm{e}^{\mathrm{i}\theta(t)}$ 是与超声多普勒血流频谱对应的平均频率曲线 $f_m(t)$相关，当窗口宽度和平均频率变化都很小时，$\theta(t)=\pi\beta t^2$。

若用改进的 Morlet 小波来计算信号的时频分布，窗函数 $w(t)$可写作

$$w_s(t)=\frac{1}{\sqrt{s}}\exp(-t^2/2\sigma_t^2 s^2) \tag{5}$$

它是一个窗口宽度随尺度 s 变化的函数。

此时，$x_w(t)$功率谱的期望值为

$$\mathrm{E}[S_w(f,t)]=\left|W^1(f,t)\right|^2 * S_x(f,t) \tag{6}$$

可导出实际频谱带宽和理论频谱带宽的的关系：$\sigma_{f_w}^2(t)=\sigma_{f_x}^2(t)+\sigma_w^2(t)$。该式表明：分析窗 $w^1(t)$展宽了血流信号的频谱。进一步可导出$\left|W^1(f,t)\right|^2$的均方根带宽：

$$\sigma_{rms}(s,t)=\sqrt{\frac{1}{8\pi^2\sigma_t^2 s^2}+\frac{\sigma_t^2 s^2\beta^2}{2}} \tag{7}$$

可见：频谱展宽效应由窗口效应带宽和信号非平稳性带宽两部分组成。对不同的分析频率,窗口效应带宽和信号非平稳性带宽是频变的。

因此可用两种修正方案来改善对超声多普勒血流信号时频分布的估计，一是计算(7)式对信号小波变换时频分布的期望值；二是基于数值计算的方法。一般来说，第一种方法计算量较小。从得到的 $w^1(t)$的频谱带宽计算 $\sigma_{f_x}^2(t)$，就是血流信号的真实频谱带宽。实验表明：在分析窗长度为 5~10 ms 时，平均的频谱带宽误差是未修正前的 1/4~1/2。

2. 自小波相关分析[9]

在单运动目标情况下，回波模型为

$$g(t)=\frac{1}{\sqrt{s}}f\left(\frac{t-b}{s}\right)$$

其中 c 为发射超声波的速度，v 是运动目标的速度，r 是运动目标与 $t=0$ 时刻的距离。设 $f(t)$是持续有限的发射信号，将其直接用作小波基函数对 $g(t)$作小波变换：

$$WT_f g(a,\tau)=\frac{1}{\sqrt{a}}\int_{-\infty}^{+\infty}\frac{1}{\sqrt{s}}f\left(\frac{t-b}{s}\right)f^*\left(\frac{t-\tau}{a}\right)\mathrm{d}t \tag{8}$$

其中 s、b 反映目标位置，τ、a 反映小波尺度伸缩。上式 $WT_f g(a,\tau)$ 实际反映了函数小波变换的自相关特性，定义为自小波变换，相关最大值位于 $a=s$ 与 $\tau=b$ 处。

用高斯信号对超声多普勒血流信号进行自小波相关分析，实验表明：该方法能提供很好的位置和频率分辨特性。

3. 基于 Matching Pursuit 分解的时频分析[10]

Matching Pursuit 方法对信号瞬时结构的局部具有较好的自适应性，对分析非平稳信号具有较好的时频描述和较高的时频分辨率。其核心是将被分析的信号 $x(t)$ 按能量递减的顺序投影到一个正交的原子函数集 $D=\{g_\gamma\}_{\gamma\in\Gamma}$(字典)上：

$$f = \sum_{n=0}^{m} \left\langle R^n f, g_{\gamma n} \right\rangle g_{\gamma n} + R^{m+1} f \tag{9}$$

其中字典 D 可取为离散化的 Gabor 原子函数集。该分解简称为 MPGD。

然而 MPGD 方法估计的时频分布不是最优的，原因在于 Gabor 函数中参数离散化的步长过大且固定不变。现用随机字典的概念，每次进行 MP 分解前在一个连续范围内随机构建原子函数集，再基于这个随机字典对信号 $f(t)$作 MP 分解。为消除统计误差，对同一信号通常计算 K 次基于不同随机字典的时频分布，并作集合平均。这种改进的 MP 算法称为基于 K 个随机字典的 MPSD 算法。

2.5 管壁信号消除

用超声多普勒技术检测血流时，血管壁搏动也会使回波信号产生频移。由它引起的回波信号的功率比血流信号大得多，从而使超声多普勒血流信号淹没在血管壁的搏动信号中。传统的高通滤波器在滤除血管壁信号的同时，也滤除了频带与之重合的低速血流信号。而低频血流信号可反映靠近血管壁的低速血流运动，对血管疾病的诊断非常敏感。因此，研究管壁与血流信号的有效分离对于临床诊断具有重要的意义。

1. 基于三次样条重建的超声多普勒血流信号分离方法[11, 12]

先用准平稳的短时窗划分含管壁搏动的超声多普勒血流信号 $d(n)$。设第 i 段信号可表示为 x_i，其中采样率为 f_s ，短时窗长度为 M/f_s，相邻段的时间间隔为 l/f_s。在一段很短的时间内，管壁搏动信号是缓慢变化的，而叠加在它上面的血流信号则在零均值附近随机地变化，且变化幅值远小于管壁搏动信号的幅值。对管壁信号 $w(n)$作出如下估计：

$$w_1(n') = \frac{1}{M} \sum_{i=1}^{M} x_{n'}(i), \quad n' = 1, \ldots, N' \tag{10}$$

其中 N' 表示准平稳信号 x_i 的段数。

$w_1(n')$ 是采样率降低为 f_s/M 后对管壁信号的估计值。为了减小采样对信号重建的影响，对采样点集合 $w_1(n')$作非均匀采样。选取 L 作为标准长度，根据经验公式

$$L = \frac{1}{N'-3} \sum_{i=1}^{N'-3} \sum_{j=0}^{2} \sqrt{[w(i+j+1) - w(i+j)]^2 + \left(\frac{1}{N'-1}\right)^2} ,$$

按照弦长而不是横坐标对 $w_1(n')$进行采样，将每段弦的节点作为新的采样点，从而得到 $w_2(n'')$。这种采样的方法能保证在信号变化缓慢时，采样点之间有较大的时间间隔，反之亦然。

最后将重采样后的信号 $w_2(n'')$经三次样条插值，重建采样率为 f_s 的管壁搏动信

号 $w(n)$。获取管壁信号后，进一步引入迭代的算法，直至得到的管壁信号收敛，血流信号 $b(n)$就可以得到。

2. 基于主元分析的超声多普勒血流信号分离方法[12, 13]

先将超声多普勒血流信号划分为 x_i。若将其视为 M 维空间的一个点，则整段信号就被投影到一个 M 维的空间中。和血流信号相比，管壁搏动信号起源于一个更简单、维数更低的动态系统。因此管壁和血流信号的分离问题就简化为一个对复杂信号进行降维的问题。

用主元分析(PCA)的方法实现信号从 M 维降为 m 维的具体步骤为：(1) 求 x_i 的相关矩阵

$$R=\frac{1}{N'}\sum_{i=1}^{N'}[x_i-q][x_i-q]^T,$$

其中 $q=\sum_{i=1}^{N'}x_i/N'$；(2) 对相关矩阵进行奇异值分解，求得特征值 $\Lambda=\mathrm{diag}(\lambda_1,\lambda_2,\cdots,\lambda_M)$ 和相应的特征向量 $\boldsymbol{E}=[e_1,e_2,\cdots,e_M]$；(3) 从 M 个特征向量中，选取最大的 m 个特征值所对应的 m 个特征向量 $e_1,e_2,\cdots e_m$，计算投影矩阵 $\boldsymbol{P}=[e_1,e_2,\cdots e_m][e_1,e_2,\cdots e_m]^{\mathrm{T}}$；(4) 将每个 x_i 从 M 维空间投影到 m 维空间，得到降维后的信号 $y_i=Px_i+q$。

计算出 y_i 后，可恢复整个时间域的信号 $w(n)$作为管壁搏动信号的估计，其中重叠的点取其平均值。将它从混合信号中减去，就得到基于 PCA 非线性滤波后的血流信号 $b(n)$。单次非线性滤波后，血流信号中可能仍包含一部分管壁搏动信号，可应用迭代方法，使每次得到的血流信号中残留的管壁信号成分越来越少，直到最后得到的管壁信号收敛。

3. 基于空间选择性降噪法的超声多普勒血流信号分离方法[14]

管壁信号在各尺度上的小波系数有较强的相关性，尤其是边缘附近，其相关性更明显；而血流信号对应的小波系数在尺度空间没有明显的相关性。根据这个原理，采用空间选择性降噪技术可以对管壁信号进行估计。

先计算含管壁搏动的血流信号在尺度 m 上的小波系数 $W(m,n)$，并计算每层的相关系数 $\mathrm{Corr}_2(m,n)=\prod_{i=0}^{1}W(m+i,n)$。为使相关系数和小波系数具有可比性，进一步计算归一化相关系数 $\mathrm{NewCorr}_2(m,n)$：

$$\mathrm{NewCorr}_2(m,n)=\mathrm{Corr}_2(m,n)\sqrt{\frac{\sum_m W(m,n)^2}{\sum_m \mathrm{Corr}_2(m,n)^2}} \tag{11}$$

这样计算出的归一化相关系数与小波系数具有相同的能量，通过比较两者绝对值的大小可抽取出管壁信号对应的小波系数，余下的系数则认为主要是由血流信号引起的。经过若干次抽取后，若所余小波系数的能量低于门限 TH_m，则认为管壁信号已被完全提取出。

经过空间选择性滤波后，可用简单的小波阈值降噪法对 $W(m,n)$再滤一次，消除一些残留噪声的影响。通过小波重建得到管壁信号的估计，从混合信号中减去管壁信号即可获得血流信号。实验研究表明：(1) 样条重建法无论从信号波形、平均频率还是分离速度效果均较理想。但当采样容积靠近血管壁时，血流信号和管壁信号在统计特性上差异不明显，此时会导致滤除管壁信号的效果不理想；(2) 主元分析法运算速度较慢，当管壁/血流功率比太高时，过多的迭代降维会很大程度改变原来血流信号的时域波形，导致提取的血流结果可能较高通滤波器更差；(3) 空间选择性降噪法是基于管壁和血流信号的相关性，受采样容积、管壁/血流功率比的影响较小，适用性广，分离精度高，稳定性好。

4. 超声彩色血流成像中的一种 MTI(动目标指示)解决方案[15]

在二维彩色血流成像中，为获得足够高的帧频，每个位置上仅能获得 8~16 个采样点，要在如此短的数据集上对高强度的管壁信号进行有效的抑制，需要采取与超声多普勒信号管壁消除不一样的方法。

新的 MTI 解决方案由预滤波器、杂波弱抑制器和二阶 AR 估计器组成。预滤波器用 FTC(定目标抵消)滤波器对高强度的组织杂波进行了一定程度的衰减，为 AR 估计器创造了高信噪比的条件，确保了估计的准确和稳定；杂波弱抑制器的阈值判定处理过程使得该方案具有一定的自适应功能，适用于人体各部位血流速度的检测。而且，杂波弱抑制使得低速血流信息产生很小的失真，确保了高速血流和低速血流能够同时被检测到。二阶 AR 估计实际上是一种线性预测，与传统的自相关估计器相比，对于短数据集的处理具有更好的方差性能。

2.6　血流信息的特征提取与应用

主要介绍超声多普勒栓子信号检测和冠状动脉血流状况估计两方面的应用。

1. 超声多普勒栓子信号的检测方法

栓子有可能阻塞脑血管而造成短暂性脑缺血或脑卒中，危害性极大。经颅超声多普勒仪(TCD)可无损检测进入脑循环的栓子，在临床上有广泛的应用。然而，由于探头移动、病人运动或者手术操作等人工干扰的存在，准确检测栓子信号十分困难。传统的声谱分析法通过提取平均频率和频谱宽度等参数检测栓子信号，但由于 STFT 本身具有时频分辨率矛盾和频谱泄漏等问题，并不能对栓子信号和人工干扰进行很好的分类。下面介绍几种检测的新方法。

(1) 基于小波包分析的超声多普勒栓子信号检测[16]

先对超声多普勒信号 $x(t)$进行 3 层小波包分解，获得 8 段频带从低到高的子带

信号 $x_i(t)$，计算每个子带信号的时间均值 t_{mi} 和时间散度 T_i：

$$t_{mi}=\frac{1}{E_{xi}}\int_{-\infty}^{+\infty}t\left|x_i(t)\right|^2\,\mathrm{d}t\,,\quad T_i=\sqrt{\frac{4\pi}{E_{xi}}\int_{-\infty}^{+\infty}(t-t_{mi})^2\left|x_i(t)\right|^2\,\mathrm{d}t} \tag{12}$$

其中 E_{xi} 为信号 $x_i(t)$的能量。分别计算 T_i 的平均值 ave_T，T_i 小于选定阈值 T_{th} 的个数 num_T 和 T_i 均方差 std_T，将这三个参数作为小波包分析的特征参数。

对正常血流，每一子带的 T_i 都较大，因此 ave_T 最大，num_T 最少；而对人工干扰，由于子带信号时间散度 T_i 大多很小，因此 ave_T 最小，num_T 最多；而对栓子信号，部分子信号的时间散度 T_i 较小，因此 ave_T 和 num_T 介于前两者之间。

(2) 基于主元分析的超声多普勒栓子信号检测[17]

针对 3 类信号不同的统计特性，可用 PCA 方法对超声多普勒信号进行动态降维，提取更为敏感的特征参数。设原信号为 $x(n)$，主元成分为 $y(n)$，残留信号为 $r(n)$，经过多次循环迭代 PCA，信号分离趋于收敛。对含有栓子的血流信号，$y(n)$和 $r(n)$分别对应于栓子信号和血流信号的估计值；而对人工干扰，最终得到的 $y(n)$和 $r(n)$实际上仍是两个时域波形相似的混合信号。

根据上述特性，一方面，对 $y(n)$和 $r(n)$在时域上提取其包络并找到最大值点，截取最大值点前后幅值降至−3 dB 的两点间的信号 $y_1(n)$和 $r_1(n)$，计算 $r_1(n)$与 $y_1(n)$的功率比 R_{ry} 作为特征参数。另一方面，根据表征是否存在短时高强度信号(HITS)的参数 $\mathrm{MMR}_x=\mathrm{mean}[|x(n)|]/\max[|x(n)|]$，进一步将完全提取栓子信号或者人工干扰所需的动态子空间维数 k 作为特征参数。

栓子信号源于一个较低维数的动态子空间，其 R_{ry} 和 k 值均小于人工干扰；而人工干扰所对应的动态子空间的维数较高，最终的 k 值比较大。对正常血流信号，由于其本身并不存在幅值瞬时增大的情况，所以其 R_{ry} 值最大，k 值最小。

(3) 基于小波尺度图特征的超声多普勒栓子信号检测[18]

二进小波只在有限的几个二进尺度上分解信号，不能完全反映信号在各尺度的特征。因此，用连续小波变换构建小波尺度图可对信号进行任意尺度的分析。

通过研究 3 类信号在小波尺度图上的横向(时间域)奇异性特征和纵向(尺度域)衰减特征，可提取用来表征信号特性的各类特征参数：a. 横向参数，连接每个时间点上小波系数模最大的点，形成相应的变化曲线 $r(t)$。通过加窗研究 $r(t)$的局部性质，从而提取中心加窗功率比 center_ppr 和加窗功率比变化范围 mmppr 两个参数；b. 纵向参数，对小波尺度图提取模极大曲线，然后选择小波系数最大值和最小值所在的两条模极大曲线作为 ROI 区域的特征曲线，提取这两条曲线随尺度 s 衰减的斜率 p。

实验研究表明：a. 小波包分析中的 ave_T 和 num_T 能较好分类三种信号，参数 num_T 的敏感性最高，最低误判率可达 4.8%；b. 主元分析法中的 R_{ry} 在分类栓子信号和其他两种信号时的精度很高，但无法进一步分清人工干扰和正常血流信号。维

数 k 取得了较理想的分类效果，最低误判率也能达 5%；c. 对于小波尺度图，结合了横向参数和纵向参数的二维分类能很好地检测栓子信号，误判率可达 0%~2.2%，而对人工干扰的检测率稍低一些。

2. 冠状动脉血管阻抗估计系统[19, 20]

先用血管内超声成像(IVUS)实时提供管腔和管壁形态、结构的切面图像,根据动态轮廓检测法提取血管腔，获得管腔截面积随心动周期的变化曲线 $A(t)$。为提高管腔轮廓提取的敏感性和和抗噪性,这里定义了一种结合了灰阶梯度和方差的混合外部能量形式。再计算冠脉内多普勒信号的声谱图，结合形态学算子和基于全局最优的动态轮廓检测法对含背景噪声的声谱图提取最大频率曲线,进而得到平均频率曲线 $f_m(t)$和平均流速曲线 $v_m(t)$。冠腔截面积曲线 $A(t)$与平均流速曲线 $v_m(t)$相乘可得到截面内的流量 $q(t)$。

根据机电类比原理,由血压 $p(t)$和流量 $q(t)$可以估计冠脉的等效阻抗。

$$R(k\omega_c)=\frac{P(k\omega_c)}{Q(k\omega_c)},\quad k=0,1,2,\cdots \tag{13}$$

其中 ω_c 为心动周期的圆频率， $P(k\omega_c)$ 和 $Q(k\omega_c)$ 是血压和流量的傅里叶级数，$R(k\omega_c)$ 表示血管对血流各次分量的基波或谐波等效阻抗。由于冠脉阻抗的引入综合了多种因素，可以用于反映冠脉不同种类、不同程度病变对血管供血能力和储备能力的影响，可直接反映冠脉对心肌的供血能力并为冠心病的诊断和治疗评价提供定量的指标。

3 小结

基于超声多普勒检测技术和超声彩色血流成像技术，介绍了近年来超声血流信息分析与处理的新进展，主要包括超声血流信息的仿真、超声发射形式的选择、超声多普勒信号的降噪、超声多普勒信号的频谱分析、超声多普勒管壁信号的消除和血流信息的特征提取与应用 6 个方面的研究。

超声血流检测技术由于其低成本、无创性，已在医学临床诊断中取得了较好的效果。如何采用现代信号处理、图像处理的新技术，进一步提高超声血流检测的准确性和鲁棒性，将是未来研究关注的热点。

参 考 文 献

[1] 陶倩，汪源源，Cardoso J. 含管壁搏动的超声多普勒血流信号仿真. 声学学报, 2004, 29(3): 267-271.

[2] 方昕，汪源源，王威琪. 单边狭窄血管中超声多普勒信号的仿真研究. 声学技术，2006, 25(4): 304-308.

[3] 张驰，邓寅辉，汪源源．超声彩色血流成像的计算机快速仿真方法．上海生物医学工程，2006, 27(3): 131-135.

[4] 赵珩，高上凯．超声二进制编码激励血流测量的实验研究．中国生物医学工程学报，2007, 26(1): 12-18.

[5] 张羽，汪源源，王威琪．双向血流超声多普勒信号的小波降噪．声学学报，2004, 29(3): 262-266.

[6] 王小涛，沈毅，刘志言．基于自适应局部余弦变换的正交多普勒超声信号降噪方法的研究．生物医学工程学报, 2006, 23(5): 1114-1117.

[7] 张榆锋，郭振宇，李厅，等．基于小波变换与基于短时傅里叶变换的超声多普勒血流信号时频分布比较研究．中国生物医学工程学报, 2005, 24(1): 107-109.

[8] 张榆锋，徐磊，施心陵，等．基于小波变换估计的超声多普勒血流频谱中频带展宽及修正．中国生物医学工程学报, 2007, 26(1): 78-82.

[9] 李天钢，王素品，李坤阳．超声多普勒血流自小波相关分析及 STFT 方法的对比研究．电子学报, 2006, 34(10): 1842-1846.

[10] 张榆锋，马华红，余琦，等．超声多普勒血流信号平均频移估计的仿真研究．系统仿真学报, 2007, 19(4): 865-896.

[11] 陶倩，汪源源，王威琪．基于三次样条重建的超声多普勒血流信号提取．电子学报，2005, 33(1): 154-157.

[12] 金大伟，汪源源，等．血流与管壁超声多普勒信号分离方法的实现与比较．声学技术，2007, 26(1): 27-31.

[13] 陶倩，汪源源, Cardoso J，等．管壁和血流多普勒信号的分离研究．声学学报, 2004, 29(4): 329-333.

[14] 金大伟，汪源源，王威琪．空间选择性降噪法提取血流超声多普勒信号．声学学报，2007, 32(3): 245-249.

[15] 冯乃章，张建秋，沈毅．超声彩色血流成像系统中一种新的 MTI 解决方案．生物医学工程学报, 2006, 23(2): 413-418.

[16] 陈曦，汪源源，王威琪．基于小波包的血栓超声多普勒信号检测．声学学报，2004, 29(4): 341-345.

[17] 徐达，汪源源．基于主元分析的超声多普勒栓子信号检测．声学学报，2006, 31(3): 228-232.

[18] 陈一骄，汪源源，徐达，等．基于小波尺度图特征检测超声多普勒栓子信号．声学技术(增刊), 2006, 25: 169-170.

[19] 罗忠池，汪源源，王威琪，等．冠状动脉血管阻抗估计系统及其临床应用．声学技术，2004, 23(1): 14-19.

[20] 罗忠池，汪源源，王威琪，等．血管内超声技术估计冠状动脉阻抗的方法和实验．声学学报, 2005, 30(1): 15-20.

超声弹性成像技术及应用进展

邵金华[1]，白净[1]，崔立刚[2]，王金锐[2]

(1 清华大学医学院生物医学工程系，北京　100084)

(2 北京大学第三医院超声诊断科，北京　100083)

1　引言

生物组织的机械特性很大程度上依赖于组织的分子构成以及它们在微观、宏观上的组织形式。不同于机械材料，生物组织的机械特性难以用精确的数学表达式描述，它不仅受生物体的代谢状况影响，还同年龄，应变，应变率等条件相关。生物组织的众多机械特性参数中，与“硬度”或”弹性”对应的是剪切模量或者杨氏模量，而其他参数如泊松比，体模量的变化范围都比较小。在正常的组织中，不同的解剖结构之间会存在弹性差异。例如，在正常乳腺中，纤维组织通常比乳腺组织硬，而乳腺组织反过来又比脂肪组织硬。绵羊肾脏的实验表明，肾实质与肾髓质或者肾锥体的弹性系数差异大约为 6dB。不同组织模量的差别能达到几个数量级之上。对于同一种组织，组织弹性系数的变化通常与其病理现象有关。某些正常组织与病变组织之间，存在较大的弹性差异。例如，恶性的病理损害，例如乳腺硬癌、前列腺癌、甲状腺癌及肝癌等，通常表现为硬的小结[1,2]。一些弥散性的疾病例如肝硬化也会使得肝组织的弹性系数显著的增大。此外脂肪过多或者胶原质沉积也会改变组织的弹性系数。

生物组织的硬度能提供组织的重要信息，临床上，医生通常用触诊法获取这种信息。由于简单和方便，触诊被广泛用在乳腺，甲状腺，及前列腺病变的筛选上，但是这种方法对尺寸太小或者深度太大的病变将无能为力，同时触诊的结果依赖于医生的个人经验。由于现有的医学成像方法，如超声，CT 及 MRI 等都无法提供组织的弹性信息，寻找一种新的，能够提供组织弹性分布的成像方式具有重要的意义。

通常，我们将能够反映组织弹性特性的成像方式都称为弹性成像(elasticity imaging)。近年来，这一技术发展迅速，已经成为超声成像领域的一个研究热点，并且已应用于临床。以往的相关综述文献可以参见[3~7]。在弹性成像中，通常对成像组织施加一个机械激励，通过测量组织对激励的相关响应，可以得到组织的弹性相关信息。机械激励可以是外界施加的静态压缩，低频振动，声辐射力，也可以是人体固有的运动如呼吸运动，心脏的收缩舒张及血管的脉动。施加机械激励后，组织内部弹性的差异将会导致不同的响应(应变的差异，振动幅度的差异，剪切波传播速度的差异等)。通过测量该响应，根据生物力学，弹性力学等约束条件，就可能进一步估计得到组织定量的机械属性信息。

目前，弹性成像的分类并没有一个标准。根据测量组织响应的方法，可以分为超声弹性成像，核磁弹性成像及光弹性成像；根据施加机械激励的类型，可以分为静态弹性成像或动态弹性成像；根据估计的参数，可以分为应力，应变及模量的弹性成像；也可以根据应用不同来划分弹性成像，如乳腺弹性成像，血管弹性成像，心肌弹性成像等。本文主要介绍超声弹性成像领域内最受关注的几种成像方法，包括他们的发展和应用情况。

2 超声弹性成像

2.1 静态/准静态弹性成像(static/quasi-static elastography)

静态弹性成像是超声弹性成像领域被研究得最多的成像方法。该方法由 Ophir 教授于 1991 年首先提出[8]，之后国内外的许多研究人员对成像算法[9~12]，效果评估[13~16]，以及临床应用[17~26]做了研究。静态弹性成像的基本原理是利用探头或者一个探头-挤压板装置，沿着声束方向(轴向)缓慢压缩组织(通常在 1%左右)，分别采集组织压缩前、后的超声射频信号，然后估计组织的位移分布，从而计算得到组织内部的轴向应变分布，如图 1 所示。由于在一定的边界条件下，组织的应变分布同组织的弹性模量分布有很大的关联，弹性模量小(硬度小)的部位将比弹性模量大(硬度大)的部位有更大的应变，因此应变分布很大程度上能够代表硬度分布。

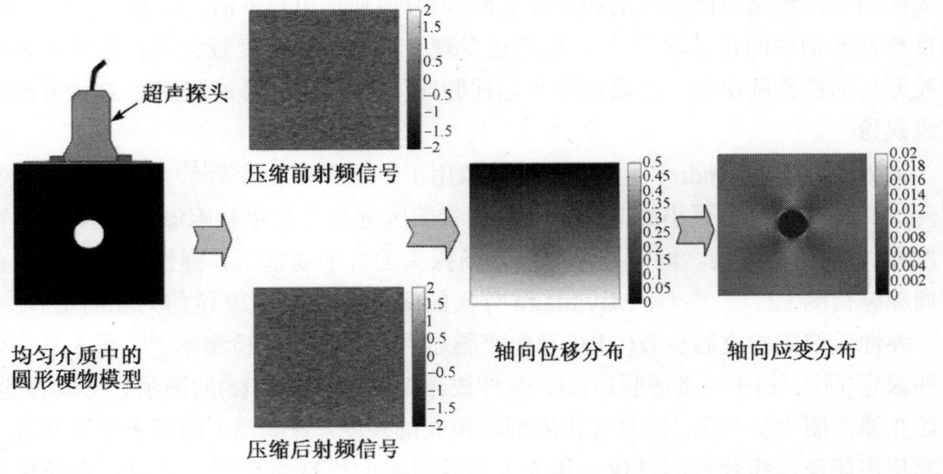

图 1 静态弹性成像基本原理

静态弹性成像中，位移估计的效果将直接影响最终弹性成像的质量。影响位移估计效果的因素主要是: 超声射频信号的质量; 压缩量大的时候压缩前后信号的非相关性; 被压缩组织的侧向运动(lateral motion)以及组织垂直于扫查平面方向的运动(elevational motion)。这些因素对弹性成像系统的影响可以用应变滤波器来刻画[27~29]。为了提高位移估计的质量，人们提出了多重压缩的弹性成像方法[30]和二维压缩扩展(2-D companding)算法[10]以提高弹性成像的信噪比和对比度。实际成像中，成像面内其他方向的组织运动往往是不可忽略的，Luinski 利用软组织的近似不可压缩性，提出了利用轴向应变计算侧向位移的方法[31]。Konofagou 则基于扫描线加权插值，实现了高精度的侧向位移估计。Echavipoo 针对静态弹性成像提出了一种多角度成像方法，可以精确估计成像平面的位移矢量[33]。弹性成像中，通过对侧向位移的估计，不仅可以进行噪声补偿、侧向应变成像，还可以实现剪切应变成像、poisson 比成像等[32,33]。

静态弹性成像算法的日趋成熟,也促进了实用化系统的研究和该技术的临床应用评估。目前，日立的 EUB-8500 和 Siemens 的 Antares 超声诊断仪上已经集成了类实时弹性成像模块。弹性成像最先被应用于体表脏器的成像上，在这些位置，医生可以徒手用超声探头对组织施加压缩。其中较为成熟的弹性成像应用是乳腺癌诊断[17~19]，Garrel 等人的研究表明，B 超图像和应变图像上病灶大小关系可以作为区分良恶病变的依据，由于乳腺恶性肿瘤周边通常存在结缔组织增生，会使得弹性图上的低应变区域明显比 B 超图上大。如图 2 所示，B 超图和弹性图上乳腺囊肿和纤维性瘤(良性)的面积很接近，但是对于浸润性导管癌(恶性)，弹性图上的大小接近 B 超图的两倍。国内的中山大学和复旦大学的研究小组也将实时组织弹性成像(日立 EUB-8500 仪器)用于乳腺肿块的良恶性评估中)，他们的结果验证了超声弹性成像结合传统超声能够提高超声在乳腺肿块(特别是边界不清，形态不规则病灶)的良恶性鉴别中的正确率[34, 35]，他们还发现，对于一些硬度较大的，如伴有钙化和胶原化的良性肿块和一些硬度较小恶性肿瘤(如髓样癌和黏液腺癌)，这种方法会造成误诊[36]。

最近，日本的 Andrej 等人将弹性成像用于甲状腺瘤的诊断[37]，他们发现恶性病变比良性病变具有更小的应变，根据该参数区分良恶性甲状腺瘤具有 96%的特异性和 82%的灵敏性。同时，采用经直肠探头配合手动施压，弹性成像还被用在前列腺癌检测上[22, 23, 38, 39]，Miyanaga 等人的研究表明，在 29 位前列腺癌患者中，超声弹性成像比指直肠检查(DRE)和经直肠超声具有更高的检测率[39]。图 3 是一个前列腺癌(箭头处)在经直肠超声(a)，弹性成像(b)和病理标本(c)的图示，可以看到，病灶在弹性图中呈蓝色，即具有比周围组织大的硬度。香港理工的郑永平等开发了一套超声印压组织弹性测量仪，用于人体软组织的弹性测量[40]，该仪器在糖尿病病人的脚底组织，截肢人士的残肢，肌肉硬度等的评估中得到了应用。

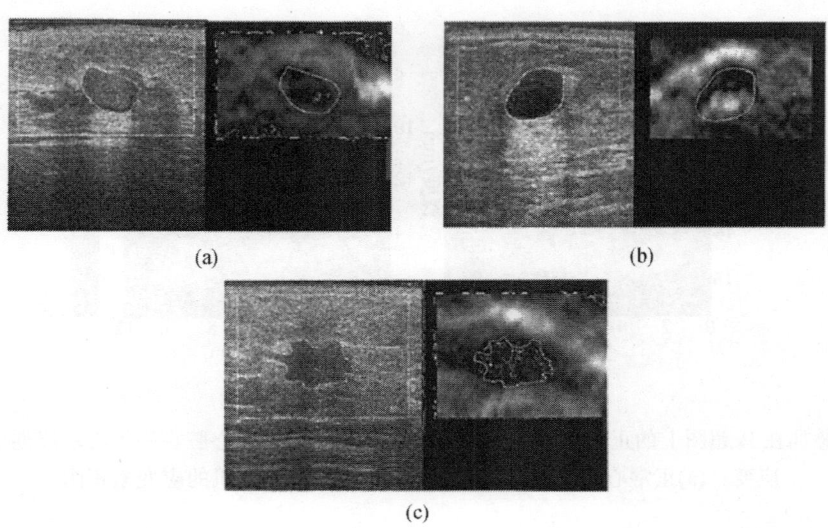

图 2　乳腺病变的 B 超图像和应变图像: (a) 纤维性瘤, B 超和应变图上测量面积分别是 71.4 mm^2 和 75 mm^2; (b) 囊肿, B 超和应变图上面积分别是 139 mm^2 和 145 mm^2; (c) 浸润性导管癌, B 超和应变图上测量面积分别是 96.1 mm^2 和 170 mm^2

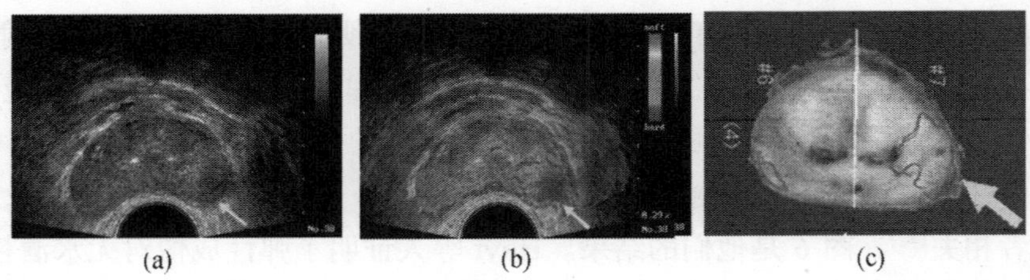

图 3　一个前列腺癌(图中箭头所示)的(a)经直肠超声图像; (b)弹性图像; (c)病理标本图

利用人体本身的固有运动(心脏收缩，血管脉动等)作为机械激励来源，弹性成像还被用于心血管系统中。利用心脏自身周期性的运动，弹性成像能够提供一个心动周期中，从心外膜到心室内壁的心肌应变的变化[41]，从而可以用于局部心肌的功能评估，以及缺血或者梗死心肌的检测和定位。罗建文等人的老鼠实验结果表明，采用一个心动周期内的累积应变作为参数，可以更好的定位梗死心肌的位置[42]，如图 4 所示。利用血管内血压的变化，采集不同血压时血管内超声的射频数据，还可以实现血管内超声弹性成像[26, 43]。血管内超声弹性成像的一个重要应用就是血管斑块评估，国外研究表明，脂肪型，脂肪-纤维型，纤维型血管斑块在超声弹性图上有不同的特征[43]，同时，易破损的斑块(vulnerable plaques)在弹性图上通常表现为一个表面覆盖着高应变区的低应变部位[26]。这将有利于尽早发现易破损斑块，进行相关治疗，从而降低急性血栓的发病危险。

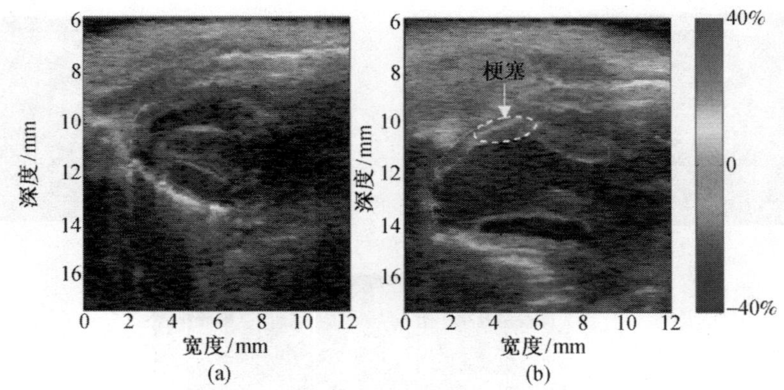

图 4　叠加在 B 超图上的正常老鼠心脏和含有梗死心肌的老鼠心脏在一个心动周期的累积应变：(a)正常心肌应变累加图；(b)含有梗死部位心肌的应变累积图

除了病变的检测，弹性成像在介入治疗监控中的潜在应用也得到了研究。很多治疗方法(如射频消融，高强度聚焦超声，无水酒精注射治疗等)通过物理或者化学效应对局部病变组织进行杀灭，而这些组织在失活变性的同时，往往伴随着弹性模量的增大。Varghese 等人研究了利用呼吸时隔膜运动作为激励，用弹性成像监控肝脏射频消融的可行性[44]，他们的活体猪开胸实验表明弹性成像可以用监控射频损伤的形成过程，图 5 是他们的实验结果，射频损伤在弹性图中显示为一个低应变区。此外，他们研究了用射频消融针产生挤压位移获得的弹性图像的方法[45, 46]。Curiel 等人用弹性成像监控前列腺癌病人的聚焦超声治疗，并同 MRI 成像作比较，结果显示两者相关[47]，图 6 是他们的结果。Hoyt 等人证明了弹性成像对无水酒精损伤成像的可行性[48]，白净等人则用弹性成像研究了离体猪肝上无水酒精损伤的形成过程[49]。图 7 分别是 2ml 无水酒精引起的损伤的 B 超图像，弹性图和病理照片，可以看到弹性图比 B 超图更能清晰地描述损伤及其边界。

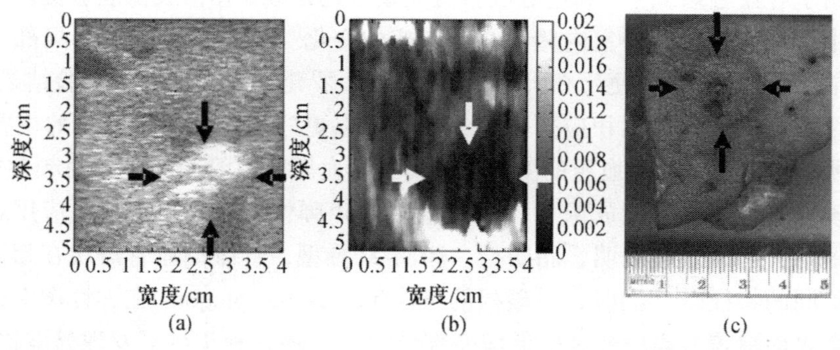

图 5　猪肝脏射频消融结果的弹性成像：(a) B 超图像；(b)弹性图像；(c)病理照片

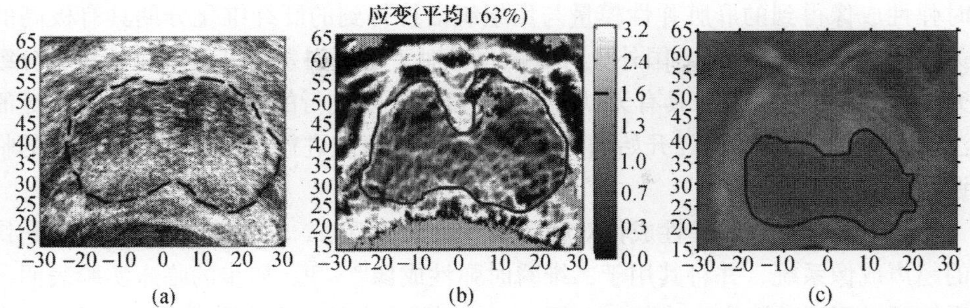

图 6 前列腺癌病人 HIFU 治疗后对应的：(a) B 超图像，前列腺轮廓用虚线画出；(b) 超声弹性图像，治疗硬化区域轮廓由实线描出和(c)MRI 图像，治疗区域用实线描出

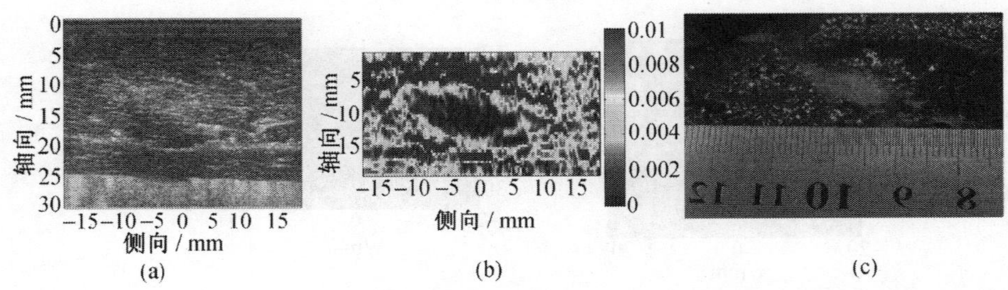

图 7 离体肝脏酒精注射损伤：(a) B 超图像；(b) 弹性图；(c) 病理照片

2.2 声弹性成像(sonoelastography)和瞬时弹性成像(transient elastography)

声弹性成像是另外一种研究组织机械属性的弹性成像方法[50~53]。基本方法是在成像组织外引入一个低频机械振动，通过用超声检测组织内部的剪切波的振幅，相位及波速等参数来得到其机械属性相关信息。当振动频率小于 1kHz 时，机械振动的能量在组织内主要以剪切波的形式传播，该剪切波的速度和吸收系数同介质的黏弹性密切相关[57]，当剪切模量远远大于剪切黏性时，剪切波速 V_t，剪切模量μ和组织密度ρ有如下近似关系: $V_t=(\mu/\rho)^{1/2}$。

Catheline 和 Sandrin 等人分析了声弹性成像中由于组织边界反射，振动波的衍射以及压缩波的存在引入的对成像参数估计的偏差，并提出了基于脉冲振动激励的瞬时弹性成像法(transient elastography)[54~57]。这种方法通过估计瞬时剪切波在组织内的传播速度直接计算组织的剪切模量,从而克服了静态弹性成像中应变受边界条件影响和声弹性成像中幅度和相位图由于波的干涉和衍射导致结果不容易解释的缺点。由于典型的软组织中剪切波波速为 1~10m/s,要准确计算出剪切波的速度，对帧频的要求很高，因此目前得到应用的主要是一维瞬时弹性成像。它的主要应用领域是肝脏纤维化等级的无损评估[58]。国外学者用一种已经产品化的瞬时弹性成像系统(fibroscan)对丙型肝炎导致的纤维化分期作了大量的临床研究[59~64]，结果表明瞬时弹性成像得到的肝脏弹性模量与用组织活检得到的肝纤维化分期具有极高的相关性($p < 0.0001$)。但是，国外少有文献报导对于乙肝引发的肝纤维化的相关分级研究。由于瞬时弹性成像具有无创，快速，可以反复进行的优点，它得到了广泛的关注。目前，这种仪器已经开始同时在国内的几个医院进行乙肝肝纤维化分级的临床评估。

为了满足二维瞬时弹性成像对帧频近乎苛刻的要求，Sandrin 等人设计了超快速的超声成像系统，并将其用于二维瞬时弹性成像[65, 66]。初步的临床实验表明，该系统可以用于乳腺癌的诊断[67]，图 8 是二维瞬时弹性成像系统对一个活检证实为乳腺癌的病灶的成像结果，可以看到病变区域的模量是周围组织的 3~4 倍。但是该系统还仅仅是实验原型机，由于其自身的局限，对乳腺癌的正确诊断率仅有 55%。

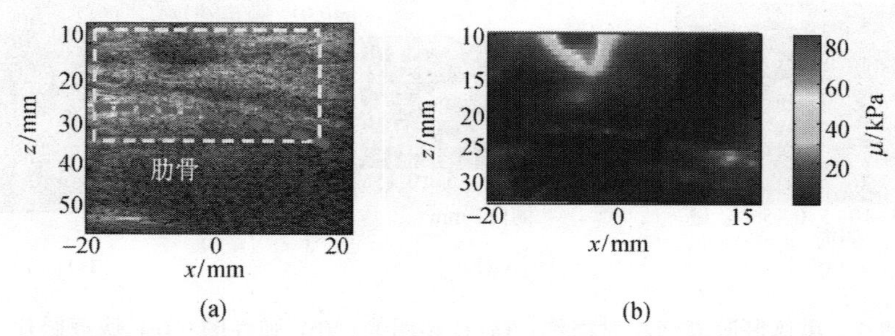

图 8　乳腺癌的二维瞬时弹性成像结果：(a) B 超图像，ROI 由边框画出；(b) ROI 对应的二维瞬时弹性成像

2.3　声辐射力成像(acoustic radiation force imaging)

声辐射力成像是超声弹性成像领域内相对较新，但是发展迅速的一种技术[68~71]。利用聚焦超声辐射力在组织局部产生一个位移，然后观测局部组织对引入的位移的动态响应(峰值位移，位移恢复时间，振动传播速度等)，从而得组织的弹性相关参数。通常硬的局部组织会有更小的峰值位移和更大的振动传播速度，而振动衰减时间则和组织的黏弹性相关。Sugimoto 等人最先研究了聚焦声辐射力激励下，组织响应同组织硬度的关系[68]。由于声辐射力引入的应变仅仅限制在聚焦超声焦距附近很小的范围内，使得这种方法能够克服其他弹性成像受边界条件影响大的缺点，从而受到人们的关注。Sarvazyan 等人建立了声辐射力下组织局部响应的数学模型，并验证了该模型[69]。Nightingale 等人改装了一个的通用超声诊断仪，用普通线阵探头的聚焦产生脉冲声辐射力实现局部位移，然后用同一探头发射超声脉冲序列跟踪该位移及其变化，该系统在<350ms 的时间内就可以获得一幅图像[72~74]，他们将这种成像技术称为声辐射力激励成像(acoustic radiation force impulse imaging)。目前，他们的系统已经被用于乳腺肿块[75]，血管[76]，腹部脏器[77]，

射频消融损伤[78, 79]的成像评估。图 9 是腹部声辐射力激励成像的成像效果，从图中可以看到，肝脏和肾脏界面明显，而且肾脏比肝脏明显硬很多。图 10(a), (b)和(c)是离体的病变血管的声辐射力激励成像图，对于血管的声辐射力激励成像，无论是最大位移(图 10(b))还是位移恢复时间(图 10(c))，都能清楚地看到血管右下部的病变区域，而对应的 B 超图并不能区分病变和正常部位。图 10(d), (e), (f)分别是离体肝脏射频消融前的 B 超图，声辐射力激励成像及射频消融 40s 后的声辐射激励成像，图中可以清楚地看到射频消融引起的局部硬度的变化。

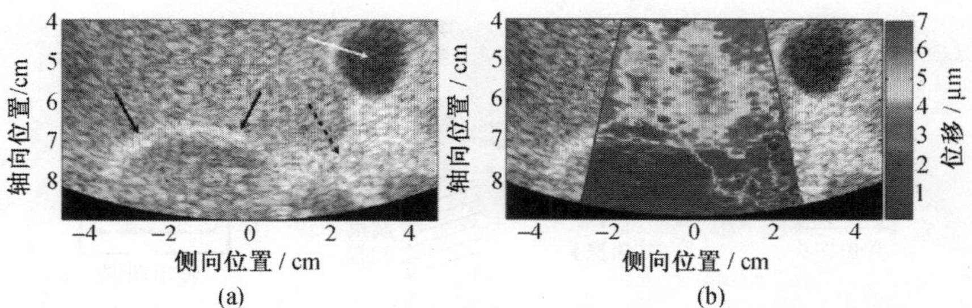

图 9 腹部肝脏和肾脏的声辐射力激励成像：(a) 参考 B 超图，黑色实箭头指示肝脏和肾脏的交界面，黑色需箭头指示一个脂肪块，白色实箭头指示胆囊；(b) 声辐射力激励成像(叠加在 B 超图上)，位移单位是μm

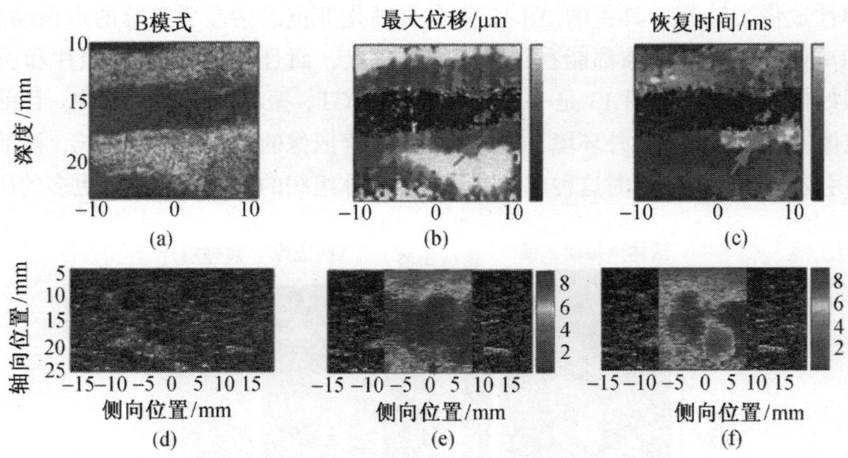

图 10 离体血管的声辐射激励成像(a,b,c)和离体肝脏射频消融损伤的声辐射激励成像(e,d,f)：(a) 血管的 B-mode 图；(b) 声辐射激励后的最大位移图；(c) 声辐射激励后的位移恢复时间图；(d), (e)分别是立体肝脏射频消融前的 B 超图；(f)是射频消融 40s 后的声辐射激励成像

另外一种利用声辐射力的成像方法被称为振动声成像(vibro-acoustography/vibro-acoustic spectrography)[70, 80~82]或者超声激励声发射(ultrasound-stimulated acoustic emission)成像。它的基本原理如图 11 所示，两个共焦超声探头以一定的差

频发射超声波束，在它们共有的焦距处两波束将发生交叠，交叠部位的物体由于差频振动而发声，通过高灵敏度的听音器检测这个声波，将得到的差频频率分量的幅值作为输出图像中对应位置的灰度输出，当共焦超声波束扫描完成像面的每一个点后，就可以得到一幅完整的振动声成像图。这种方法的优点是对物体内部振动的高度灵敏，哪怕是纳米量级的振动，都可以被检测到[70]；同时还具有极高的分辨率，振动声成像的空间分辨率取决于两个共焦超声探头的共焦区域的大小，Fatemi 用这种方法检测到了乳腺组织中 0.11mm 直径的微钙化点[81, 82]。

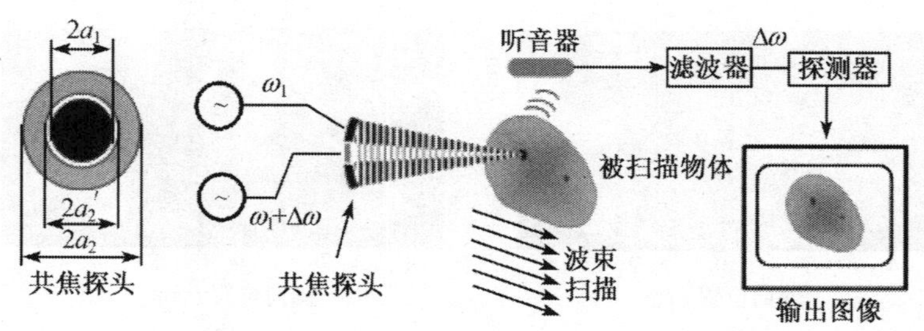

图 11　振动声成像的原理示意图

振动声成像除了能够对软组织进行成像外，还适用于硬物的检测，如乳腺或则血管壁上的钙化点[82]，金属[83]，以及骨骼[84]进行成像。这是传统超声成像和其他超声弹性成像方法都不具备的。图 12 是含有钙化部位的猪左股动脉的声振动成像，活体和离体的声振动成像都能看到明显的钙化点，而且图像同 X 线照片和病理照片有很好的对应关系。图 13 是一个女性髋骨的 CT，振动声成像和照片。目前，振动声成像的应用主要是体外环境，这是因为振动声成像的成像时间比较长，而活体环境下将引入运动伪影，同时这种成像方法对于活体组织的安全性也有待更多的研究。

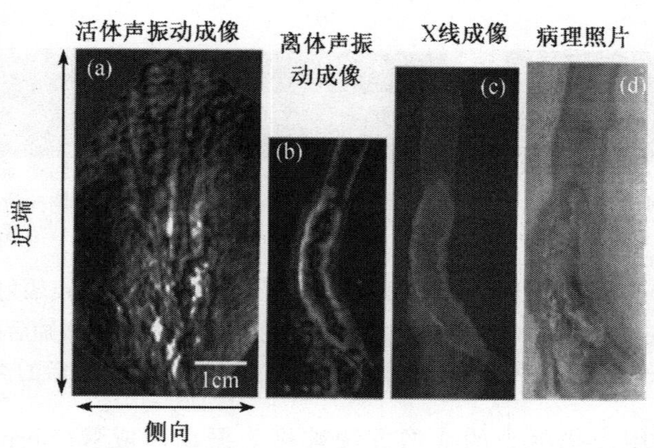

图 12　含有钙化部位的猪左股动脉的声振动成像： (a) 活体声振动成像；(b) 离体声振动成像；(c) X-线成像；(d) 病理照片

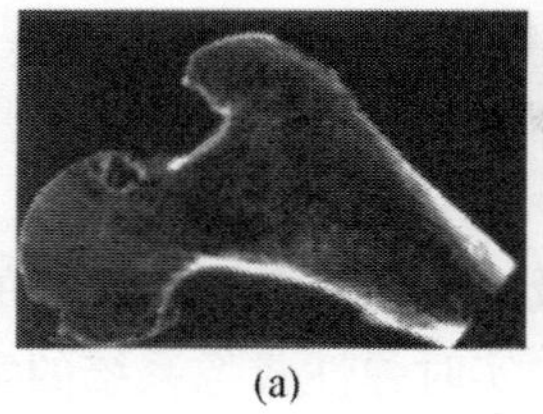
(a)
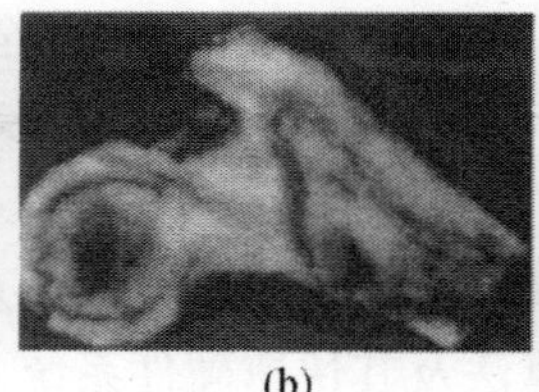
(b)
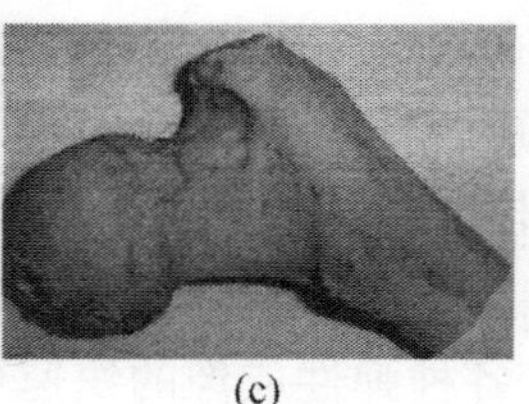
(c)

图 13 人体髋骨的 (a) CT 图；(b) 振动声成像；(c) 照片

3 总结与展望

近 10 年来，超声弹性成像已经成为现有超声成像模式的一个重要补充。本文回顾了现有超声弹性成像中的最受关注的几种技术。弹性成像的最终目标是定量的描述组织的弹性参数，而目前大部分弹性成像技术仅仅提供了相对的或者定性的弹性模量分布信息。但这并不妨碍它们在临床上应用上的意义，很多情况下，对比度和分辨率足够的相对弹性信息就能提供重要的诊断信息。

静态弹性成像是弹性成像中发展得较早的技术，这种由外界施加全局性压缩，估计组织应变的方法简单易行，已经趋于成熟，它的主要应用范围是那些易于施压的脏器(乳腺，甲状腺，前列腺，皮肤等)。目前，在乳腺和前列腺检查中，市场上已经有利用超声探头作为挤压，同时准实时显示相应弹性图的超声仪器。由于这种方法同传统超声诊断方法一脉相承，它很容易被临床医生所接受。

静态弹性成像的缺点是它通常只能提供相对的应变值，而应变不仅决定于弹性模量的分布，还受边界条件(包括物体的几何形状，连接方式)的影响；同时，由于现有的应变估计方法是基于超声扫查平面内的组织位移估计，如果出现平面之外的运动，对成像结果影响很大。因此对于需要定量估计模量或者运动比较复杂的场合，这种方法就无能为力了。瞬时弹性成像由于能提供定量的弹性模量信息，使得它很适合肝纤维化评估等需要知道定量参数的应用中。这种方法不仅需要外界提供一个理想的剪切波输入，而且为了记录剪切波传播过程，要求探测超声波具有很高的帧频(千帧/s)，这也成为二维瞬时弹性成像的一个技术难点。

声辐射力成像在近几年发展迅速。由于可以将机械激励控制在一个很小的范围，使得这种方法可以很大程度上摆脱边界条件的影响，Melodelima 等人研究发现，对于那些弹性模量比背景小的病灶和那些同周围背景连接不好的病灶的成像，采用声辐射力弹性成像法比静态弹性成像具有更好的表现[85]。同时这种方法不需要同成像对象的实际接触，通过相控技术实现聚焦波束空间定位，就有可能获得物体的任意成像面乃至三维空间的弹性信息。由于组织对于声辐射力的响应不仅同物体的硬度，声吸收系数有关，还同聚焦超声本身的性质(比如频率)有关，因此目前声辐射力成像也仅仅是物体弹性分布的定性成像。由于聚焦超声的声能密度大，这种方法在用于临床之前还需要更多的对人体组织安全性方面的研究。

超声弹性成像在过去 10 年中获得了飞速的发展，而且还在不断的发展中。在今后一段时间，该领域内可以期待的进展是:

1. 人体组织机械属性及其参数的更多研究，以及生理病变和这些参数的关系
2. 各种弹性成像的快速算法及其快速硬件系统，实时弹性成像系统的实现。
3. 基于最新 2 维探头的三维运动估计及三维弹性成像。
4. 声辐射成像安全性的研究以及对声辐射激励下组织响应的更深了解，从而根据组织响应推导模量等定量信息。
5. 弹性成像在活体射频，高强度聚焦超声治疗方面的应用，以及其他新的应用。

致谢

本文得到国家自然科学基金(30470466)，清华-裕元医学科学基金，国家 973 计划，高校博士点专项科研基金的支持，在此表示感谢。

参 考 文 献

[1] Sarvazyan A P. Shear acoustic properties of soft biological tissues in medical diagnostics. J. Acoust. Soc. Amer., 1993, 93: 23-29.

[2] Krouskop T A, Wheeler T M, et al. The elastic moduli of breast and prostate tissues under compression. Ultras. Imaging, 1998, 20: 151-159.

[3] Greenleaf J F, Fatemi M, Insana M. Selected methods for imaging elastic properties of biological tissues. Ann. Rev. Biomed. Eng., 2003, 5: 57-78.

[4] Ophir J, Alam S K, et al. Elastography: Ultrasonic estimation and imaging of the elastic properties of tissues. Proc. Inst. Mech. Eng., 1999, 213: 203-233.

[5] Gao L, Parker K J, et al. Imaging of the elastic properties of tissue-a review. Ultrasound Med. & Biol., 1996, 22: 959-977.

[6] Parker K J, Taylor L S, Gracewski S. A unified view of imaging the elastic properties of tissue. J. Acoust. Soc. Amer., 2005, 117: 2705-2712.

[7] 罗建文，白净．超声弹性成像的研究进展．中国医疗器械信息, 2005, 11: 23-31.

[8] Ophir J, Céspedes I, Ponnekanti H, et al. Elastography: a quantitative method for imaging the elasticity of biological tissues. Ultras. Imaging, 1991, 13: 111-134.

[9] O'Donnell M, Skovoroda A, et al. Internal displacement and strain imaging using ultrasonic speckle tracking. IEEE Trans. UFFC, 1994, 41: 314-325.

[10] Chaturvedi P, Insana M F, Hall T J. 2-D companding for noise reduction in strain imaging. IEEE Trans. UFFC, 1998, 45: 179-191.

[11] Zhu Y, Hall T J. A modified block matching method for real-time freehand strain imaging. Ultras. Imaging, 2002, 24: 161-176.

[12] Luo J W, Bai J, et al. Axial strain calculation using a low-pass digital differentiator in ultrasound elastography. IEEE Trans. UFFC, 2004, 51: 1119-1127.

[13] Bilgen M. Target detectability in acoustic elastography. IEEE Trans UFFC, 1999, 46: 1128-1133.

[14] Righetti R, Ophir J, Ktonas P. Axial resolution in elastography. Ultrasound Med. & Biol., 2002, 28: 101-108.

[15] Righetti R, Srinivasan S, Ophir J. Lateral resolution in elastography. Ultrasound Med. & Biol., 2003, 29: 695-704.

[16] Srinivasan S, Righetti R, Ophir J. Trade-offs between the axial resolution and the signal-to-noise ratio in elastography. Ultrasound Med. & Biol., 2003, 29: 847-866.

[17] Garra B S, Céspedes E I, et al. Elastography of breast lesions: initial clinical results. Radiology, 1997, 202: 79-86.

[18] Hall T J, Zhu Y, Spalding C S. In vivo real-time freehand palpation imaging. Ultrasound Med. & Biol., 2003, 29: 427-435.

[19] Hiltawsky K M, Kruger M, et al. Freehand ultrasound elastography of breast lesions: clinical results. Ultrasound Med. & Biol., 2001, 27: 1461-1469.

[20] Vogt M, Ermert H. Development and evaluation of a high-frequency ultrasound-based system for in vivo strain imaging of the skin. IEEE Trans. UFFC, 2005, 52: 375-385.

[21] Varghese T, Zagzebski J A, et al. Ultrasonic imaging of myocardial strain using cardiac elastography. Ultras. Imaging, 2003, 25: 1-16.

[22] Cochilin D L, Ganatra R H, Griffiths D F. Elastography in the detection of prostatic cancer. Clin. Radiol., 2002, 57: 1014-1020.

[23] Souchon R, Rouviere O, Gelet A, et al. Visualisation of HIFU lesions using elastography of the human prostate in vivo: Preliminary results. Ultrasound Med. & Biol., 2003, 29: 1007-1015.

[24] Rubin J M, Xie H, Kim K, et al. Sonographic elasticity imaging of acute and chronic deep venous thrombosis in humans. Ultrasound Med., 2006, 25: 1179-1186.

[25] Rubin J M, Aglyamov S R, et al. Clinical application of sonographic elasticity imaging for aging of deep venous thrombosis: preliminary findings. Ultrasound Med., 2003, 22: 443-448.

[26] Schaar J A, Korte C L, Mastik F, et al. Characterizing vulnerable plaque features with intravascular elastography. Circulation, 2003, 108: 2636-2641.

[27] Varghese T, Ophir J. A theoretical framework for performance characterization of elastography: the strain filter. IEEE Trans. UFFC, 1997, 44: 164-172.

[28] Varghese T, Ophir J. The nonstationary strain filter in elastography Part I. frequency dependent attenuation. Ultrasound Med. & Biol., 1997, 23: 1343-1356.

[29] Varghese T, Ophir J, Céspedes I. Noise reduction in elastograms using temporal stretching with multicompression averaging. Ultrasound Med. & Biol. 1996, 22: 1043-1052.

[30] Lubinski M A, Emelianov S Y, et al. Lateral displacement estimation using tissue incompressibility. IEEE Trans. UFFC, 1996, 43: 247-275.

[31] Konofagou E, Ophir J. A new elastographic method for estimation and imaging of lateral displacements, lateral strains, corrected axial strains and Poisson's ratios in tissues. Ultrasound Med. & Biol., 1998, 24: 1183-1199.

[32] Techavipoo U, Chen Q, et al. Estimation of displacement vectors and strain tensors in

elastography using angular insonifications. IEEE Trans. Med. Imaging, 2004, 23: 1479-1489.

[33] 王怡, 王涌, 张希敏, 等. 实时组织弹性成像技术在鉴别诊断乳腺良恶性肿块中的价值评估. 中华超声影像学学报, 2005, 14: 911-913.

[34] 沈建红, 罗葆明, 欧冰, 等. 超声弹性成像与常规超声对乳腺病灶鉴别诊断价值的对比研究. 中国医学影像技术, 2007, 13: 540-542.

[35] 罗葆明, 欧冰, 智慧, 等. 乳腺肿块超声弹性成像误诊原因分析及对策. 中国超声医学学报, 2007, 23: 259-262.

[36] Lyshchik A, Higashi T, Asato R, et al. Thyroid gland tumor diagnosis at US elastography. Radiology, 2005, 237: 202-211.

[37] Konig K, Scheiers U, et al. Initial experiences with real-time elastography guided biopsies of the prostate. Urol., 2005, 174: 115-117.

[38] Miyanaga N, Akaza H, et al. Tissue elasticity imaging for diagnosis of prostate cancer: a preliminary report. Inter. J. Urol., 2006, 13: 1514-1518.

[39] Zheng Y P, Mak A F T. An ultrasound indentation system for biomechanical properties assessment of soft tissues in-vivo. IEEE Trans. Biomed. Eng., 1996, 43: 912-918.

[40] Konogagou E E, D'hooge J, Ophir J. Myocardial elastography-A feasibility study in vivo. Ultrasound Med. & Biol., 2002, 28: 475-482.

[41] Luo J W, Fujikura K, et al. Myocardial elastography at both high temporal and spatial resolution for the detection of infarcts. Ultrasound Med. & Biol., 2007, 33: 1206-1223.

[42] Korte C L, Pasterkamp G, et al. Characterization of plaque components with intravascular ultrasound elastography in human femoral and coronary arteries in vitro. Circulation, 2000, 102: 617-623.

[43] Varghese T, Shi H R. Elastographic imaging of thermal lesions in liver in-vivo using diaphragmatic stimuli. Ultras. Imaging, 2004, 26: 18-28.

[44] Bharat S, Varghese T. Contrast-transfer improvement for electrode displacement elastography. Phys. Med. & Biol., 2006, 51: 6403-6418.

[45] Jiang J F, Varghese T, et al. Finite element analysis of tissue deformation with a radiofrequency ablation electrode for strain imaging. IEEE Trans. UFFC, 2007, 54: 281-289.

[46] Curiel L, Souchon R, et al. Elastography for the follow-up of high-intensity focused ultrasound prostate cancer treatment: Initial comparison with MRI. Ultrasound Med. & Biol., 2005, 31: 1461-1468.

[47] Hoyt K, Forsberg F, et al. In vivo elastographic investigation of ethanol-induced hepatic lesions. Ultrasound Med. & Biol., 2005, 31: 607-612.

[48] Shao J H, Bai J, et al. Elastographic Evaluation of the Temporal Formation of Ethanol-Induced Hepatic Lesions: Preliminary In Vitro Results. Ultrasound Med., 2007, 26: 1191-1199.

[49] Lerner R M, Huang S R, Parker K J. Sonoelasticity images derived from ultrasound signals in mechanically vibrated tissues. Ultrasound Med. & Biol., 1990, 16: 231-239.

[50] Parker K J, Huang S R, et al., Tissue response to mechanical vibrations for sonoelasticity imaging. Ultrasound Med. & Biol., 1990, 16: 241.

[51] Yamakoshi Y, Sato J, Sato T. Ultrasonic imaging of internal vibration of soft tissue under forced vibration. IEEE Trans. UFFC, 1990, **37**: 47-53.

[52] Parker K J, Fu D, et al. Vibration sonoelastography and the detectability of lesions. Ultrasound

Med. & Biol., 1988, 24: 1437-1447.

[53] Catheline S, Thomas J L, et al. Diffraction field of a low frequency vibrator in soft tissues using transient elastography. IEEE Trans. UFFC, 1999, 46: 1013-1019.

[54] Catheline S, Wu F, Fink M. A solution to diffraction biases in sonoelasticity: the acoustic impulse technique. J. Acoust. Soc. Amer., 1999, 105: 2941-2950.

[55] Sandrin L, Catheline S, et al. Time-resolved pulsed elastography with ultrafast ultrasonic imaging. Ultras. Imaging, 1999, 21: 259-272.

[56] Sandrin L, Tanter M, et al. Shear elasticity probe for soft tissues with 1-D transient elastography. IEEE Trans. UFFC, 2002, 49: 436-446.

[57] Sandrin L, Fourquet B, et al. Transient elastography: a new noninvasive method for assessment of hepatic fibrosis. Ultrasound Med. & Biol., 2003, 29: 1705-1713.

[58] Blanc J F, Sage P B, et al. Investigation of liver fibrosis in clinical practice. Hepatol., 2005, 32: 1-8.

[59] Ziol M, Barget N, Sandrin L, et al. Correlation between liver elasticity measured by transient elastography and liver fibrosis assessed by morphometry in patients with HCV chronic hepatitis. Hepatol., 2004, 40(S1): 136-136.

[60] Saito H, Tada S, et al. Efficacy of non-invasive elastometry on staging of hepatic fibrosis. Hepatol. Res., 2004, 29: 97-103.

[61] Ziol M, Luca A H, et al. Oninvasive assessment of liver fibrosis by measurement of stiffness in patients with chronic hepatitis C. Hepatology, 2005, 41: 48-54.

[62] Castera L, Vergniol J, Foucher J, et al. Prospective comparison of transient elastography, fibrotest, APRI, and liver biopsy for the assessment of fibrosis in chronic hepatitis C. Gastroenterology, 2005, 128: 343-350.

[63] Ghany M G, Doo E. Assessment of liver fibrosis: palpate, poke or pulse. Hepatology, 2005, 42: 759-761.

[64] Beaugrand M, Ziol M, Sandrin L, et al. Liver elasticity measurement by ultrasonic transient elastography: A new non-invasive method for assessment of liver fibrosis in chronic viral hepatitis. Hepatology, 2003, 38(4): 576.

[65] Sandrin L, Tanter M, et al. Shear modulus imaging with 2-D transient elastography. IEEE Trans. UFFC, 2002, 49: 426-435.

[66] Bercoff J, Chaffai S, et al. In vivo breast tumor detection using transient elastography. Ultrasound Med. & Biol., 2003, 29: 1387-1396.

[67] Sugimoto T, Ueha S, Itoh K. Tissue hardness measurement using radiation force of focused ultrasound. Proc. Ultras. Symp., 1990: 1377-1380.

[68] Sarvazyan A, Rudenko O, et al. Shear wave elasticity imaging: a new ultrasonic technology of medical diagnostics. Ultrasound Med. & Biol., 1998, 24: 1419-1435.

[69] Fatemi M, Greenleaf J. Ultrasound-stimulated vibro-acoustic spectrography. Science, 1998, 280: 82-85.

[70] Viola F, Walker W F. Radiation force imaging of viscoelastic properties with reduced artifacts. IEEE Trans. UFFC, 2003, 50: 736-742.

[71] Nightingale K, Palmeri M, et al. On the feasibility of remote palpation using acoustic radiation force. J. Acoust. Soc. Amer., 2001, 110: 625-634.

[72] Nightingale K, Bentley R, Trahey G. Observations of tissue response to acoustic radiation force: Opportunities for imaging. Ultras. Imaging, 2002, 24: 100-108.

[73] Nightingale K, Soo M, et al. Acoustic radiation force impulse imaging: In vivo demonstration of clinical feasibility. Ultrasound Med. & Biol., 2002, 28: 227-235.

[74] Sharma A. Soo M, et al. Acoustic radiation force impulse imaging of in vivo breast masses. IEEE Ultras. Symp., 2004: 728-731.

[75] Trahey G, Palmeri M, et al. Acoustic radiation force impulse imaging of the mechanical properties of arteries: in vivo and ex vivo results. Ultrasound Med. & Biol. 2004, 30: 1163-1171.

[76] Fahey B, Nightingale K, et al. Acoustic radiation force impulse imaging of the abdomen: demonstration of feasibility and utility. Ultrasound Med. & Biol., 2005, 31: 1185-1198.

[77] Fahey B, Nightingale K, et al. Acoustic radiation force imaging of myocardial radiofrequency ablation: initial in vivo results. IEEE Trans. UFFC, 2005, 52: 631-641.

[78] Fahey B, Nightingale K, et al. Acoustic radiation force imaging of thermally- and chemically-induced lesions in soft tissues: preliminary ex vivo results. Ultrasound Med. & Biol., 2004, 30: 321-328.

[79] Chen S G, Kinnick R R, et al. Harmonic vibro-acoustography. IEEE Trans. UFFC, 2007, 54: 1346-1351.

[80] Fatemi M, Wold L E, et al. Vibro-acoustic tissue mammography. IEEE Trans. Med. Imaging, 2008, 21: 1-8.

[81] Fatemi M, Manduca A, Greenleaf J F. Imaging elastic properties of biological tissues by low-frequency harmonic vibration. Proc. IEEE, 2003, 91: 1503-1519.

[82] Mitri F G, TrompetteP P, Chapelon J Y. Improving the use of Vibro-Acoustography for Brachytherapy Metal Seed Imaging: a Feasibility Study. IEEE Trans. Med. Imaging, 2004, 23: 1-6.

[83] Calle S, Remenieras J P, et al. Application of nonlinear phaenmena induced by focused ultrasound to bone imaging. Ultrasound Med. & Biol., 2003, 29: 465-472.

[84] Melodelima D, Bamber J C, et al. Transient elastography using impulsive ultrasound radiation force: a preliminary comparison with surface palpation elastography. Ultrasound Med. & Biol., 2007, 33: 959-969.

声孔效应引起的靶向给药和 DNA 传送研究进展

吴君汝[1,2]，刘晓宙[1]

(1 近代声学教育部重点实验室，南京大学声学所，南京　210093)

(2 美国佛蒙特州立大学物理系，伯灵顿　VT 05405)

1　引言

分子生物学和生物工程的进展表明一些现存的不可治愈的疾病如老年性痴呆、帕金森疾病和其他一些遗传疾病可以通过基因治疗而改变。靶向给药和 DNA 传送技术是现代医学重要的潜在技术之一。转染是指将重组细胞 DNA 引入真核细胞(真核细胞是有核结构的染色体)，接着将 DNA 整合到接收细胞的染色体的 DNA 中[1]。现在的转染技术分为两类：病毒性的和非病毒性的。前者使用病毒如逆转录酶病毒和腺病毒达到目的，而后者不使用病毒。使用病毒的缺点是随意性和缺乏空间的特异性(无法控制基因如何和何处转染)以及可能的副作用：如对新陈代谢降低和免疫系统攻击的抵制。因此，为推进基因微生物的研究，急需可控制的非病毒转染工具，能将 DNA 有效、安全地传送到细胞核中，以便能阐明基因的结构、规则和功能。现在，电孔效应[2]是最普遍的体外研究非病毒转染的工具，已有商用设备出现。电孔效应采用高压的电脉冲来使细胞膜瞬时可渗透吸收外来的大分子。然而，就像病毒性转染，它缺乏位置的控制，在体内存在控制、优化和应用的困难。

已证明[3~9]由包膜造影剂(EMB)协助的超声可以瞬时将细胞膜打开，将大分子通过声激发进入细胞，此效应称为声孔效应。虽然目前用于体内和体外[10~12] 声孔效应的效率还是很低，它仍然被认为是一种有希望和有潜力的技术。使用包膜造影剂协助超声的基因转染技术的优势在于位置的特异性(超声很容易聚焦在所需要的体元)和容易操作所使用的超声参数。

体外通过声孔效应导致转染是使用兆赫频率的超声来激发在媒质中和细胞混在一起的比如 Optison (GE Healthcare, Princeton, NJ, USA)包膜微气泡。包膜微气泡在超声的激发下发生中等大小的振动(它被称为非惯性或稳定的空化)，在细胞膜上产生切变应力。由非惯性空化的微声流(一种直流流体运动图像)可以围绕在包膜微气泡周围，方便 DNA 进入细胞 [12,13]。包膜微气泡也可以发生强烈的振动和崩溃，经历惯性空化或暂态空化[14]。在任何一种情形，在媒质中的细胞膜可以瞬时地“打开”，允许外来的分子或 DNA 进入细胞[15]。使用非惯性空化比惯性空化更容易控制，同时产生更少的不可修补的声孔细胞。Optison 是一种超声成像造影剂和包括微米大小的充满八氟丙烷的变性的白蛋白微滴。白蛋白壳的厚度大约为 30nm。微气泡的浓度为$(5\sim8)\times10^8$/mL，微泡大小的平均半径为 1~2.25 μm。根据厂家的说明书，Optison 的最大半径为 16μm，93%的半径小于 5μm。特别是在体内和体外的靶向给药和 DNA 传送的实验中，已经证明由中等强度超声激发的包膜微气泡可以增加细胞的通透性，允许基因、治疗药物和抗体进入细胞[16~20]，而且这些细胞仍能存活，这一过程称为可修补的声孔效应。已证明[3, 7, 8]空间峰值声压振幅为 0.1~0.2MPa, 频率为 1MHz 或 2MHz 的由悬浮在细胞中包膜微气泡协助的超声可以产生可修补的声孔效应。Ward[8]已证明在振荡的包膜微气泡和细胞之间的相互作用是短距离的：包膜微气泡离细胞越近，相互作用越大。Tran[21]在体外实验中使用了拨片钳整体细胞技术，他们显示一个作过标记的细胞(乳房癌细胞 MDA-MB-231)膜在声孔效应中超极化(1MHz, 0.15MPa 负峰值超声；Sono Vue 微气泡)。生物细胞的超极化意味着贯通膜电压的增加和细胞负荷的更加极化。他们的结论是超声激发的包膜微气泡的振动通过对“细胞的按摩”改变了细胞的电生理活动，从而增加了对宏观粒子吸收的通透性，这种“按摩”被认为与包膜微气泡的微声流有关。

2 声孔效应及可能机理

声孔效应技术使用振动的包膜微气泡来释放 DNA 和药物到邻近的细胞，在兆赫兹超声振动下的包膜微气泡的振动通常是非线性。

2.1 振动包膜微气泡的非线性振动行为

1. 包膜气泡的振动

用下列改进的 Herring 方程研究一个包膜气泡的径向振动[22]，已经证明改进的 Herring 的方程比改进的 Rayleigh 和 Plesset 方程[23]更能准确地预测当气泡经历非线性振荡时的径向振动：

$$\begin{aligned}\rho R\ddot{R}+\frac{3}{2}\rho\dot{R}^2=&\left(P_0+\frac{2\sigma}{R_0}+\frac{2\chi}{R_0}\right)\left(\frac{R_0}{R}\right)^{3\gamma}\left(1-\frac{3\gamma}{c}\dot{R}\right)-\frac{4\mu\dot{R}}{R}-\frac{2\sigma}{R}\left(1-\frac{\dot{R}}{c}\right)\\&-\frac{2\chi}{R}\left(\frac{R_0}{R}\right)^2\left(1-\frac{3\dot{R}}{c}\right)-12\mu_{sh}\varepsilon\frac{\dot{R}}{R(R-\varepsilon)}-(P_0+P_{div}),\end{aligned}\tag{1}$$

在方程(1)中，ρ 为液体的密度，R 为一个包膜气泡的瞬间半径，R_0 为平衡半径，P_0(0.1MPa) 为大气压，μ(0.001Pa·s)为液体的黏性，μ_{sh} (1nmPa·s) 为壳的黏性，χ(0.5N/m)为壳的弹性，σ (0.051 N/m)为表面张力，ε(1nm)为壳的厚度，γ(1.07)为多项式的指数，c(1500m/s)为液体中的声速，P_{div} 指瞬间的声压。

详细的推导和所列参数可见 Morgan [22]。在线性假定下，忽略方程(1)中的二阶和三阶次项，可见包膜微气泡的共振频率近似为

$$f_r = \frac{1}{2\pi}\sqrt{\frac{3\gamma}{\rho R_0^2}\left[P_0 + \frac{2(\sigma+\chi)}{R_0}\right] - \frac{2\sigma+6\chi}{\rho R_0^3} - \frac{4\mu+12\varepsilon\mu_{sh}/R_0}{\rho R_0^2}}. \tag{2}$$

为更真实地模拟实验的条件，使用一个高斯型脉冲，它的声压 P_{div} 可写为

$$P_{div} = P_0 \sin[2\pi f(t-t_c)]\exp[-\pi^2 h^2 f^2 (t-t_c)^2]. \tag{3}$$

由方程(3)描述的脉冲可见图 1，时域中心位于 t_c，中心频率为 f_r，参数 h 决定了脉冲的宽度；在我们的计算中，$t_c = 3/f$, $h = 1/3$, $p_0 = 1$。实验表明声孔效应的结果对 h 的取值不敏感[23]。

表 1 列出 f_r 随 R_0 的变化，表明 Optison®白蛋白壳增加了气泡的共振频率，例如当 R_0 = 2μm, 当壳的弹性参数 S_p 从 0 增加到 8N/m, f_r 从 2.04MHz 增加到 7.40MHz。Optison®包膜造影剂的平均半径在 1~2.5μm, 则相应的共振频率在 5.3~20.7MHz 之间。

表 1 包膜造影剂的共振频率随半径的变化

	S_p=8N/m	S_p=4.2 N/m	S_p=0
R_0 /μm	f_r /MHz	f_r /MHz	f_r /MHz
0.50	58.20	42.90	11.7
1.00	20.70	15.40	4.74
1.50	11.30	8.50	2.87
2.00	7.40	5.60	2.04
2.50	5.30	4.00	1.57
3.00	4.10	3.10	1.28
3.50	3.30	2.50	1.07
4.00	2.70	2.00	0.93
4.50	2.30	1.70	0.81
5.00	1.90	1.50	0.72
5.50	1.70	1.30	0.65
6.00	1.50	1.20	0.59
6.50	1.30	1.00	0.55
7.00	1.20	0.90	0.50
7.50	1.10	0.85	0.47
8.00	0.99	0.78	0.44
8.50	0.91	0.72	0.41
9.00	0.84	0.66	0.39
9.50	0.78	0.62	0.36
10.00	0.72	0.58	0.35

2. 数值计算的结果

使用初始条件：$R(0)=R_0$ 和 $\dot{R}(0)=0$，由方程(1) 描述非线性常微分方程可以使用常微分求解的工具(基于 Runge-Kutta 解法的 ode45)来求解[23]，此工具存在于 Matlab (The Mathworks, Inc. Natick, MA, USA)软件中。计算结果表明一个 Optison® 微气泡在高斯脉冲的机理下(图 1)经历一个非线振荡过程，图 2 为在不同频率(0.5, 2, 3, 4MHz)，同一峰声压(0.2MPa)下的结果，结果表明低频的超声激励下(0.5MHz)能

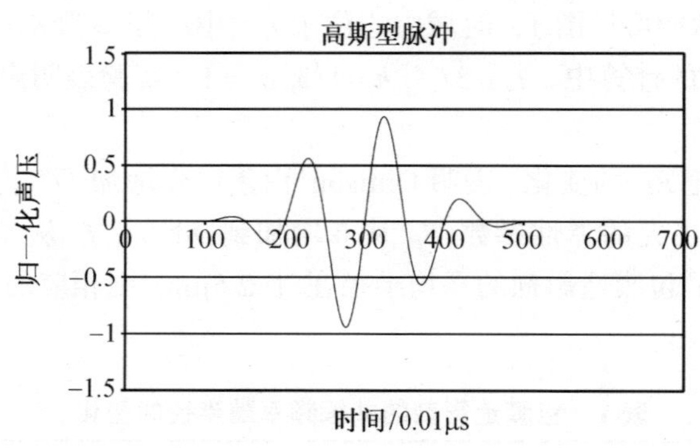

图 1　高斯型脉冲

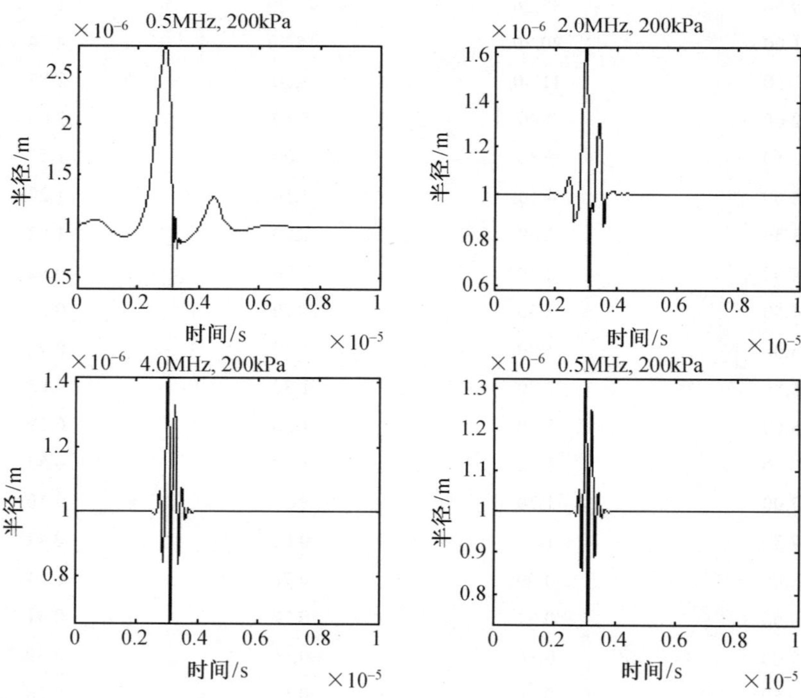

图 2　包膜造影剂的半径与时间的关系

使半径为 1μm 的包膜微气泡振动更强烈，在 $t \approx 0.3\times10^{-5}$s 时刻，半径从 1μm 增加到 3μm，接着发生破裂，这是非惯性空化的特征。

如果 $p_{ac} = p\sin 2\pi f_0 t$, $\rho = 998\text{kg/m}^3$, $\eta = 0.0128\text{Pa·s}$[13], $\sigma = 0.072\text{N/m}$, $\kappa = 1.4$, $S_p = 8\text{N/m}$, $S_f = 4\times10^{-6}\text{Ns/m}$, $R(0) = R_0$, $\dot{R}(0) = 0$, $p = 0.1\text{MPa}$ 或 0.4MPa, $R_0 = 2\mu\text{m}$，那么 $(R-R_0)/R_0$ 随时间的变化如图 3，由图 3 可见，由于声场的频率为 1MHz 或 2MHz，远离共振频率($f_r = 7.8\text{MHz}$)，因此半径的变化较小。图 4 是正压和负压时 $(R-R_0)/R_0$ 随 R_0 的变化，可见 Optison 微气泡对声场的反应是非对称的，即气泡对正压和负压的反应是不同的。

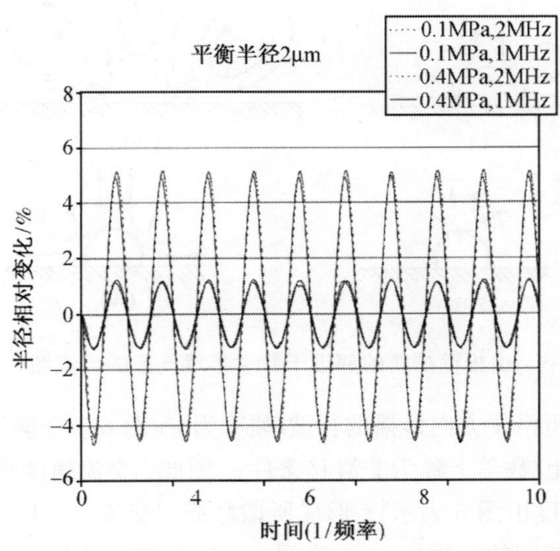

图 3 $(R-R_0)/R_0$ 随时间的变化

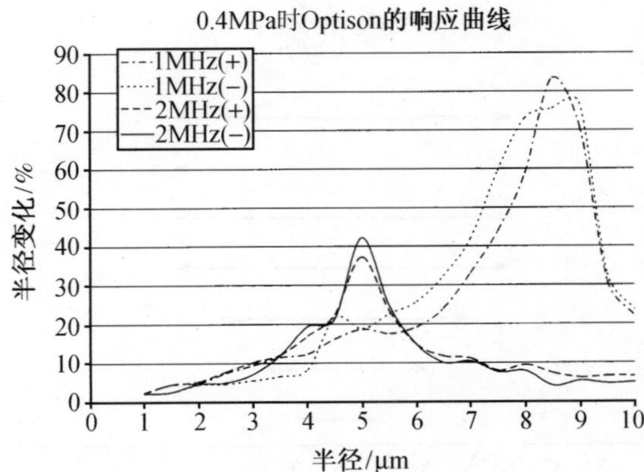

图 4 正压和负压时 $(R-R_0)/R_0$ 随 R_0 的变化

2.2　声流和切变应力

描述在液体和生物组织的方程是非线性偏微分方程。一般来说，在媒质中传播的行波是媒质点速度的函数[24]。当超声的振幅是小振幅，超声的传播可认为是线性的，只保留方程的一阶项。当超声的振幅变得足够大(在诊断和治疗超声的许多应用都属于这一类)，线性近似不成立，一些二阶效应的现象变得很重要，其中一个是声流—指在声场中稳定、直流的流动[25, 26]。与声孔效应相关的声流为微声流，是小尺度的且与边界相关的流动(图 5[27])。

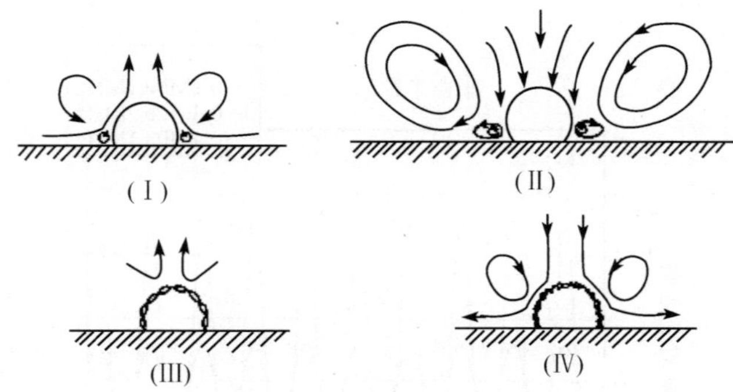

图 5　由板壁捕获的邻近于脉动半球气泡的声流图[27]

考虑固体板附近沿 x 方向传播的行波(频率为 f)(图 6)，在黏滞媒质中，邻近板的质点将黏附在壁上(数学上称为非滑移条件)，因此，交流速度将从主流 v_0 下降到板附近的零(质点速度由图 6 表示)，形成所谓黏滞“交流”边界层。交流边界层的厚度δ 定义为质点速度的振幅从 v_0 下降到 v_0/e 时所需要的长度，数学上δ可以表示为

$$\delta = \sqrt{\frac{\mu}{\pi f \rho}}, \tag{4}$$

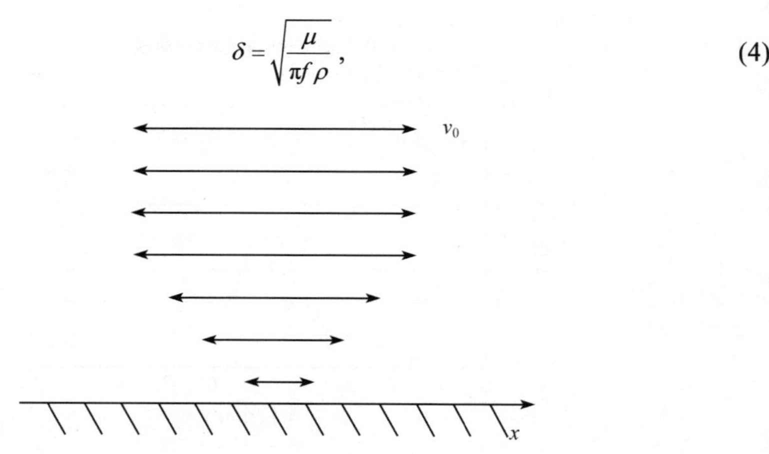

图 6　超声场中邻近板壁的质点速度图

这里：μ和ρ分别为媒质的黏性系数和密度。在水中或软组织中，边界层的厚度在1MHz下大约为0.6μm。频率f升高，厚度δ减小。

正如上述，微声流是二阶效应，稳定的直流流动图可以在一个振动的气泡和一个振动电线附近观察到[28]。在振动小物体或微气泡附近，微声流的直流速度通过黏性边界时，急剧下降。这一边界层称为直流边界层[13~29]。

直流边界层的厚度可与交流边界层相比。如果细胞恰好在此区域，一个由于很高的直流和交流速度梯度引起的很大的切应力将加到细胞上。Rooney [30]发现直流应力而非交流应力是使细胞破裂的主要来源。最大的直流应变由方程(5)给出，条件为位移振幅ξ_0和边界层的厚度比气泡的半径R_0或物体的尖端大小小得多。

$$S_{\max} = 2\pi^{3/2}\frac{\xi_0^2(\rho f^3 \mu)^{1/2}}{R_0} \tag{5}$$

图7为切变应力随R_0的变化，声压振幅为0.4MPa，当$R_0 = 2.5\mu\text{m}$时，1MHz和2MHz的切变应力分别为170Pa和530Pa。

当包膜造影剂破裂成为自由气泡($S_p = 0$)，自由气泡对超声的响应比其相对应的包膜气泡要大，因为此时它更接近气泡的共振尺寸。图8为$R_0 = 2\mu\text{m}$，声压振幅为0.1MPa，频率为1MHz 和2MHz时$(R - R_0)/R_0$随时间的变化，可见$(R - R_0)/R_0$的变化可达300%和50%，而相应包膜造影剂的变化只有3%。与声流有关的应变应力与径向位移有关，因此1MHz比2MHz能产生更大的切变应力。甚至是其他的与气泡的强烈振动有关的一些现象，比如局部高温和内部高强，冲击波形成都有可能发生。因此，可以想见在超声辐照的开始阶段(开始时几秒)，自由气泡的非惯性空化将在致命性声孔效应和细胞破损方面起主要作用。根据我们的经验，一部分包膜微气泡在声压为0.1MPa就已经破裂。这一过程通常发生得非常迅速，时间以秒计算。在长时间的超声辐照后，比如到10min，在包膜造影剂周围的声流将在可修补的声孔效应中起主要作用。

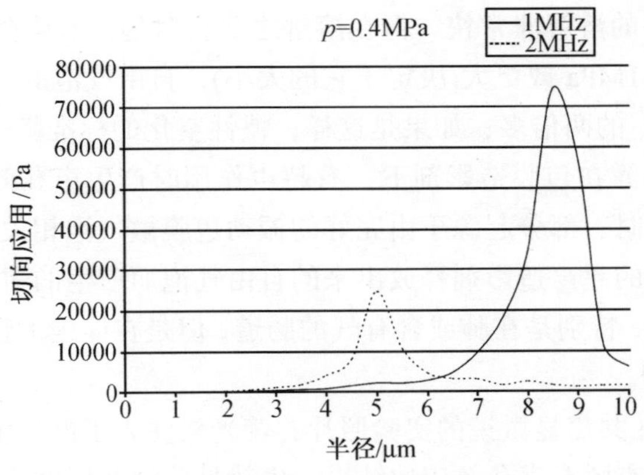

图7 切变应力随R_0的变化

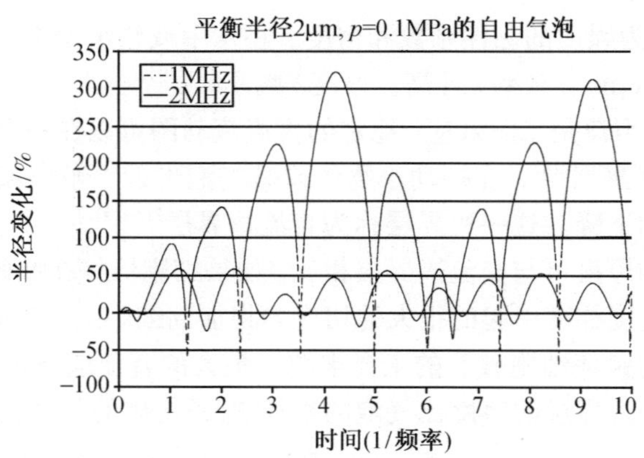

图 8　自由气泡的半径随时间的变化

Ward[7, 8]做了一个有趣的实验，在实验中，发现子宫颈的癌细胞在频率为 2MHz，声压幅度为 0.2MPa，存在 Optison 包膜造影剂的情况下对右旋糖苷分子瞬时可以通透。根据吴[13]的计算，一个典型完好的包膜微气泡的振动幅度 ξ_0 只占它初始半径的一小部分。图 9 表示振动的包膜微气泡能产生声流，因此可认为分子变化可能是由这样的声流引起的。由这样的微声流[13]引起的应力大约在 18~92Pa，与吴等计算的在邻近喇叭尖端，振动频率为 21kHz 时声流所产生的可修补的声孔效应的大小相当，这也可以与[31]决定的白血细胞的消退阈相比较，其中的白血细胞是没有核的。相反，使红血细胞消退所需要的声流引起的应力就很高，在 450~560Pa 之间[28, 32]。在这种情况下，惯性空化产生，决定的机理就变得复杂，因为包膜造影剂在超声的作用下可能改变或毁坏，只要声压和辐照时间超过由包膜造影剂的大小和本质所决定的极限。由高速光学技术[33]表明一个 3μm 包膜造影剂在超声的振幅超过 0.3MPa，频率为 2.25MHz 的两个周期的辐射下而发生毁坏。临界声压随直径的增加而增加，直径为 4μm 的临界声压为 0.6MPa。当包膜造影剂成为碎片，气体逃离成为自由气泡。它们在液体中的溶解非常快，但在溶解之前将对超声起强烈反应。根据吴[13]的分析，声压在 0.1MPa 或更大(决定于它的大小)，自由气泡的半径 R 在振动中可扩展到初始半径 R_0 的两倍多；如果是这样，惯性空化的标准将得到满足。这种可能性带来了细胞暴露在包膜造影剂下，有超声作用时产生声孔效应机理的不确定性。当声压相当小时，部分起源于由完好的振动包膜微气泡相关声流引起的应力，部分起源于由破碎的超声造影剂释放出来的自由气泡而产生的惯性空化。惯性空化也可以出现在体内，特别是在肺或含有气的肠道，但是在体内的惯性空化产生的临界声压要求很高[14]。

图 10 为细胞在共焦显微镜的实验照片，荧光素注入了淋巴细胞，左图为没有声孔效应的结果，右图有声孔效应的结果，也就是药物利用声孔效应进入了细胞，

细胞由绿色变为蓝色或部分蓝色。

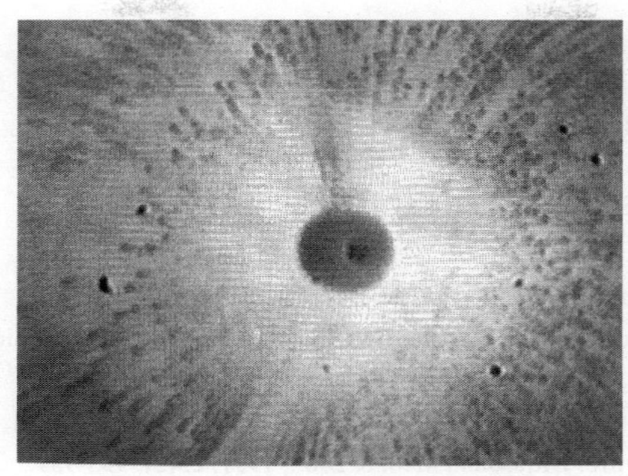

图 9 显微镜下观察到的振荡包膜造影剂下的声流图
包膜造影剂的半径为1.5μm，半径小于 1μm 乳液作为跟踪液[34]

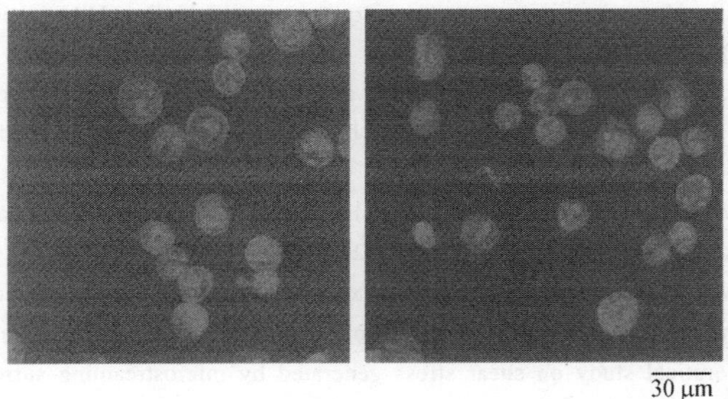

图 10 细胞在共焦显微镜的实验照片

3 总结

声孔效应已经用于体外[23]和体内[11, 12]实验来释放 DNA，抗体及抗癌症的药物到细胞中。可能的物理机理包括包膜气泡的声空化以及声流，同时产生切变应力。声孔效应分为两类：可修补和不可修补。可修补的声孔效应是由非惯性或稳定空化所产生；包膜微气泡在超声激励下经历了一个小和中等大小的振动，邻近包膜微气泡有微声流产生。当细胞位于包膜微气泡的边界层附近，它被微声流所引起的切变力所“按摩”。这种重复的“按摩”使得外来的质子，比如 DNA 和药物更容易渗透到细胞中。这样的细胞膜的改变是完全可逆的，它被称为可修补的声孔效应。另一方面，如果包膜造影剂经历惯性或暂态空化，包膜造影剂的动态非线性振动将使细胞永久变形，这一过程称为不可逆的，通常被称为细胞凋亡。

致谢

本项工作得到了国家自然科学基金 (No. 10674066)的资助。

参 考 文 献

[1] Anderson S F. Human gene therapy. Science, 1992, 256: 808-813.

[2] Wong T K, Neumann E. Electric field mediated gene transfer, biochem. biophys. Res. Commun., 1982, 107(2): 584-587.

[3] Bao S, Thrall B D, Miller D L. Transfection of a reporter plasmid into cultured cells by sonoporation in vitro. Ultrasound Med. & Biol., 1997, 23(3): 953-959.

[4] Miller D L, Bao S, Morris J E. Sonoporation of cultured cells in the rotating tube exposure system. Ultrasound Med. & Biol., 1999, 25(1): 143-149.

[5] Miller D L, Quddus J. Lysis and sonoporation of epidermoid and phagocytic monolayer cells by diagnostic ultrasound activation of contrast agent gas bodies. Ultrasound Med. & Biol., 2001, 27(8): 1107-1113.

[6] Miller D L, Dou C C, Song J. DNA transfer and cell killing in epidermoid cells by diagnostic ultrasound activation of contrast agent gas bodies in vitro. Ultrasound Med. & Biol., 2003, 29(4): 601-607.

[7] Ward M, Wu J, Chiu J F. Ultrasound-induced cell lysis and sonoporation enhanced by contrast agents. J. Acoust. Soc. Amer., 1999, 105(5): 2951-2957.

[8] Ward M, Wu J, Chiu J F. Experimental study of the effects of Optison concentration on sonoporation in vitro. Ultrasound Med. & Biol., 2000, 26(7): 1169-1175.

[9] Wu J. Theoretical study on shear stress generated by microstreaming surrounding contrast agents attached to living cells. Ultrasound Med. & Biol., 2002, 28(1): 125-129.

[10] Greenleaf W J, Bolander M E, et al. Artificial cavitation nuclei significantly enhance acoustically induced cell transfection. Ultrasound Med. & Biol., 1998, 24(4): 587-595.

[11] Lawrie A, Brisken A F, Francis S E. Microbubble-enhanced ultrasound for vascular gene delivery. Gene Ther., 2000, 7(23): 2023-2027.

[12] Lu Q L, Liang H D, et al. Microbubble ultrasound improves the efficiency of gene transduction in skeletal muscle in vivo with reduced tissue damage. Gene Ther., 2003, 10(5): 396-405.

[13] Wu J, Ross J P, Chiu J F. Reparable sonoporation generated by microstreaming. J. Acoust. Soc. Amer., 2002, 111(3): 11460-11464.

[14] NCRP. Exposure criteria for medical diagnostic ultrasound II. criteria based on all known mechanisms. National Council on Radiation Protection and Measurements Report No.140. Bethesda MD: NCRP Publications, 2002.

[15] Prentice P, Cuschieri A, Dholakia K, et al. Membrane disruption by optically controlled microbubble cavitation. Nature Physics, 2005, 1(3): 107-110.

[16] Unger E C, Hersh E, et al. Gene delivery using ultrasound contrast agents. Echocardiography,

2001, 18(4): 355-361.

[17] Unger E C, Matsunaga T O, MaCreery T. Therapeutic applications of microbbubbles. Eur J. Radiol, 2002, 42(2): 160-168.

[18] Miller D L. Emerging therapeutic ultrasound. World Scientific Co. Hackensack, New Jersey, USA, 2007.

[19] Tachbana K, Tachbana S. Emerging therapeutic ultrasound. World Scientific Co. Hackensack, New Jersey, USA, 2007.

[20] Wu J, Pepe J, Ricon M. Sonoporation, anticancer drug and antibody delivery using Ultrasound. Ultrasonics, 2006, 44: e21-e25.

[21] Tran T A, Roger S, Le J Y, et al. Effect of ultrasound activated microbubbles on the cell electrophysiological properties. Ultrasound Med. & Biol., 2007, 33(1): 158-163.

[22] Morgan K E. Experimental and theoretical evaluation of ultrasonic contrast agent behavior. Ph.D. Dissertation, University of Virginia, 2001.

[23] Wu J, Pepe J, Dewitt W. Nonlinear Behaviors of contrast agents relative to diagnostic and therapeutic applications. Ultrasound Med. & Biol., 2003, 29(8): 555-562.

[24] Blackstock D T. Fundamental of Physical Acoustics. New York: John Wiley & Sons, Inc., 2000.

[25] Nyborg W L. Acoustic streaming, in Physical Acoustics. New York: Academic, 1965, IIB: 266-331.

[26] Wu J, Du G. Acoustic streaming generated by a focused Gaussian beam and finite amplitude of tonebursts. Ultrasound Med. & Biol., 1993, 19(2): 167-172.

[27] Elder E. Cavitation microstreaming. J. Acoust. Soc. Amer., 1959, 31: 54-64.

[28] Rooney J A. Hemolysis near an ultrasonically pulsating gas bubble. Science, 1970, 169: 869-871.

[29] Nyborg W L. Physical principles of ultrasound. Amsterdam: Elsevier Scientific Publishing Co., 1978.

[30] Rooney J A. Shear as a mechanism for sonically induced biological effects. J. Acoust. Soc. Amer., 1972, 6: 1718-1724.

[31] Crowell J A, Kusserow B K, Nyborg W L. Functional changes in white blood cells after microsonation. Ultrasound Med. & Biol., 1977, 3: 185-190.

[32] Williams A R, Hughes D E, Nyborg W L. Hemolysis near a transversely oscillating wire. Science, 1970, 169: 871-873.

[33] Chomas J E, Dayton P, May D, et al. Threshold of fragmentation for ultrasound contrast agents. Biomed. Opt., 2001, 6(2): 141-150.

[34] Gormley G, Wu J. Acoustic streaming near Albunex spheres. J. Acoust. Soc. Amer., 1998, 104(5): 3115-3118.

非线性超声医学成像的研究进展

章 东，龚秀芬，马青玉

(近代声学教育部重点实验室，南京大学声学研究所，南京 210093)

1 引言

超声以其独特的优点已广泛且成功地应用于医学诊断及成像中。已有很多研究工作指出，在医学诊断超声所使用的频率(1 ~10MHz)和强度(<0.1W/cm^2)范围中已出现了不容忽视的非线性效应，诸如波形畸变、谐波滋生、逾量衰减及声饱和等[1~3]。和传统的超声成像技术相比较，非线性成像技术提高了空间分辨率，不易产生伪像，在近 20 年中得到广泛关注。超声造影剂的应用[4, 5]进一步推动了超声诊断中非线性成像技术的发展。现在二次谐波成像技术已经得到商业化应用，并且发展起来几种新技术来提高二次谐波信噪比，例如反相脉冲技术[6]可以在抑制基波信号的同时提高了二次谐波 6dB；幅度调制脉冲技术[7]能够消除线性成分而保留二次谐波成分进行谐波成像。另外，编码脉冲序列和调频脉冲激发[8]技术也被用来提高声波的渗透深度同时提高成像质量。和二次谐波相比，高次谐波具有较高的空间分辨率和良好的指向性，但是信号声压却很低，因此需要使用高灵敏度和大动态范围的信号接收系统来获得具有一定信噪比的高次谐波信号；为了降低接收信号的旁瓣和谐波泄露，需要使用窄带信号，这会降低轴向分辨率。因此如何获得具有良好信噪比的高次谐波信号，同时消除由基波和其他谐波信号所引起的图像分辨率下降，已经成为高次谐波成像中十分重要的研究课题。本文将介绍近年来在医学超声非线性成像方面的研究进展，包括：(1) 非线性声参量成像；(2) 组织谐波成像；(3) 基于编码脉冲技术的高阶谐波成像；(4) 超谐波成像技术。

2 非线性谐波滋生及非线性声参量成像

有限振幅声波在流体及似流体(生物组织)中传播时，会产生一系列非线性效应，如波形畸变、谐波滋生、声饱和及冲击波形成等[9]。如图 1 所示，一初始正弦波在无损介质中传播，由于非线性效应，在一定的传播上会产生波形畸变，滋生高次谐波，图中横轴为声传播的距离，纵轴为声压幅度。图 1(a)、(b)、(c)及(d)分别表示 $\sigma = 0, 1.0, \pi/2$ 及 3.0 的波形，图中

$$\sigma = \frac{2\pi}{\rho c^3}\left[p_0 fz + \left(1 + \frac{B}{2A}\right)\right]$$

当σ小于 0.1 时声波可看作线性传播，$\sigma = 1$ 可以看做是声压不连续的阈值，$\sigma = \pi/2$ 标志着冲击波的形成，$\sigma = 3$ 时已形成锯齿波。

非线性声参量[9]能度量媒质产生非线性声学效应的大小，它与声速、声阻抗、声衰减等线性参量相比更能反映生物组织的组分、结构及病变状态变化的动态特性[10]，因而可成为生物组织超声定征的新参量。由于生物组织是一种不均匀且各向异性的介质，研究非线性参量成像已成为医学超声和非线性声学领域中十分关注的课题。日本 Ichida 等应用泵波法进行了人体断臂的非线性声参量成像，但该方法系统较复杂且需要高强度的泵波[22]。我们多年来在有限振幅声波的非线性参量成像方面的取得了一系列研究结果[11,12]，提出了多种反射式非线性声参量成像技术，包括：(1) 基于二次谐波的非线性参量层析成像；(2) 基于参量阵差频波的非线性参量层析成像；(3) 非线性参量的等深度 C 扫成像。我们利用这三种成像方法对多种生物组织，特别对正常和病变的生物组织进行非线性参量成像，并将所得结果与 B 超图像对比以分析非线性参量成像的优越性及其在医学超声诊断中的应用前景。有限振幅声波在媒质中传播时滋生和积累二次谐波，利用二次谐波及基波幅度的比值，可以得到媒质的非线性声参量。为避免声压幅度的绝对测量，我们采用有限振幅插入取代法[12]，即将除气水作为参考介质，利用水及样品中同一距离接收到的二次谐波比值，可以避免基波及二次谐波绝对声压的测量。同时为获得二维非线性声参量的断面像，我们采用 X-CT 的二维扫描成像技术，接收换能器收到样品中的二次谐波幅度及水中的二次谐波幅度的比值作为 CT 扫描中的投影数据，利用 CT 的滤波反投影法重建非线性声参量的层析图像。

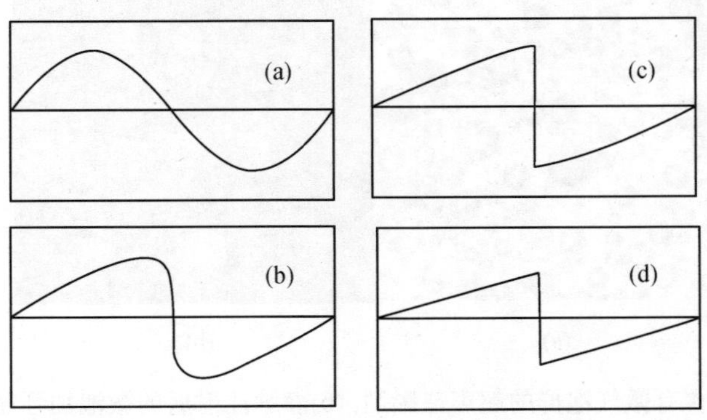

图 1　有限振幅声波的波形畸变

图 2 样品是圆柱体形病变组织模型，直径约为 3.0 cm，右半为正常猪肝组织，另一半为坏死肝组织，如图 2(a)所示。样品相应的 B/A 层析像如图 2(b)所示。图中

灰度值的大小表示 B/A 的值大小，由图可见，生物组织发生病变后，其 B/A 的值变大。

此外参量阵差频波成像是发射两个频率的基波，接收差频波来成像。差频波具有较强的透声能力并且其波束宽度相对于同频的基波较好，有较好的应用前景[21]。为将非线性声参量成像技术更接近临床应用，我们还发展了等深度 C 扫技术的非线性声参量成像技术[11]。所有的研究结果表示非线性声参量可作为生物组织定征及超声诊断的新参量，在医学超声中有潜在的应用价值。

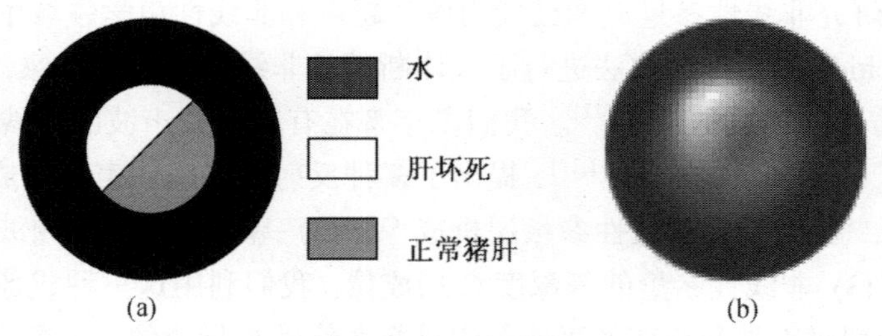

图 2　样品的断面模型(a)；二维 B/A 重建像(b)

3 组织谐波成像及超声造影剂谐波成像

组织的二次谐波成像相对于线性 B 超成像，可以提高图像分辨率，更好地辅助医学诊断。目前组织谐波成像技术已经在诊断超声中得以广泛应用。但组织谐波成像技术在临床上的应用还是得益于超声造影剂[4, 5]的引入。

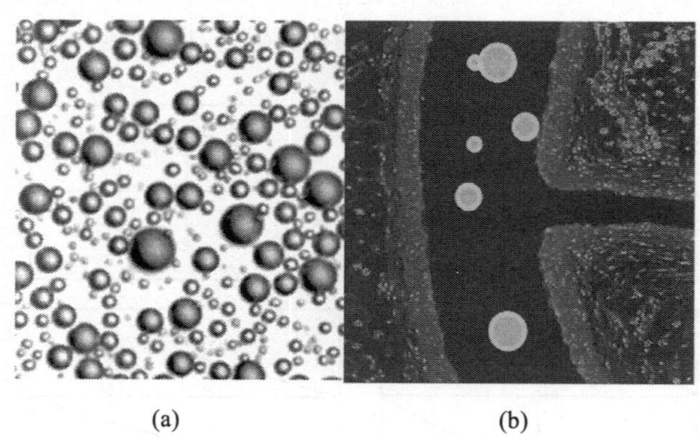

图 3　(a)含有微气泡群的超声造影剂；(b)静脉注射后的微泡加强超声散射

超声造影剂大多是包含微气泡(直径是 1~10μm)的液体(图 3)，如 Albunex, Levovist, Optison, Definity, Sonovue 等。为增强微气泡的稳定性，多种化合物用于形成包膜，常见的有丙稀酸脂、棕涧酸、磷脂、白蛋白和化学聚合物等[13]。超声造影剂可以通过静脉注射流到身体的各部分。由于微气泡的声阻抗特性与组织存在很大差异，可以增强超声成像的诊断能力，例如微小血管的显示、病灶的识别及心肌壁的显示等[14]。图 4 对比了造影前后的超声图像。

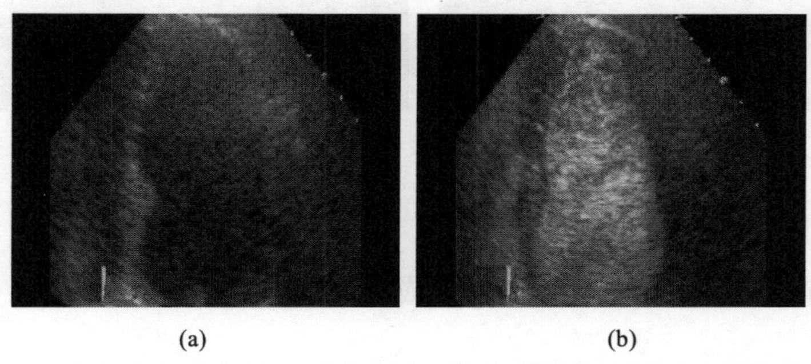

图 4 超声造影剂加强图像对比度：(a) 造影前；(b) 造影后

另一方面，超声造影剂中微气泡在超声激励下可产生非线性振动，激发谐波($2f$, $3f\cdots$)、次谐波($f/2$, $f/3\cdots$)和超谐波($3f/2$, $5f/2\cdots$)等，从而可发展各种非线性成像技术[15]，如图 5 所示。利用宽带换能器，发射基频波并接收二次谐波，就可以进行造影剂的谐波成像。由于组织中产生的二次谐波远小于微气泡产生的二次谐波，超声造影剂的谐波成像既可以提高分辨力又可以提高对比度。当造影剂谐波成像应用于临床后，又进一步促进了组织谐波成像技术的发展。

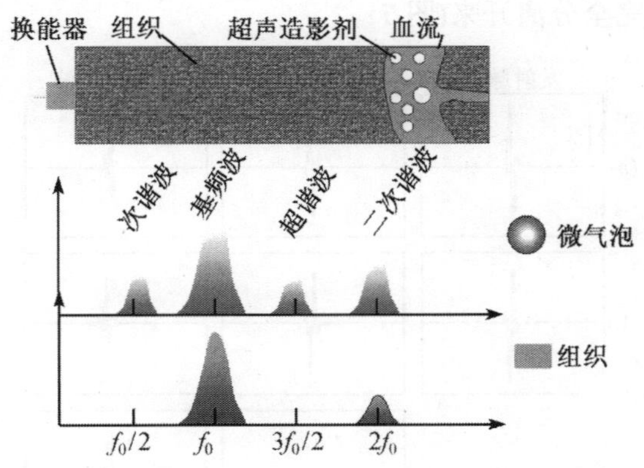

图 5 组织及微气泡的非线性振动对比

组织谐波成像在产科，腹部及心脏科等较大及位置较深的脏器诊断有较好的应用，尤其在区分流体环境中的空腔结构，如怀孕的子宫及囊肿等有优势[16]。组织谐波成像的成功又进一步促进了更高阶次的谐波成像的研究。图 6 为肝肿瘤的基波及组织谐波成像的对比图，由图可见组织谐波像可以提供更好的分辨率及对比度，有助于医生的诊断。

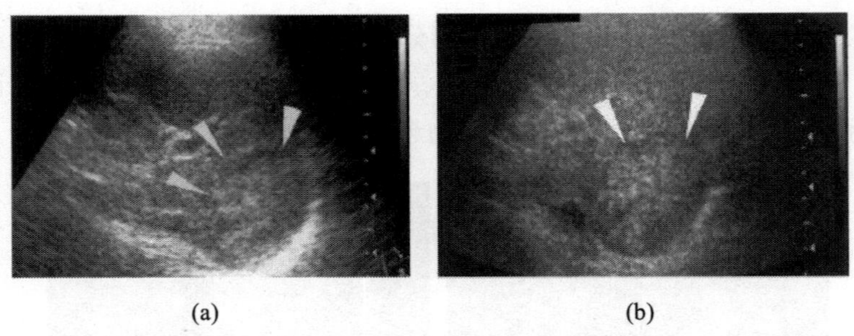

(a)　　(b)

图 6　肝肿瘤的基波像(a)和组织谐波像(b)的对比

4　基于编码脉冲技术的高阶谐波成像

二次谐波成像在空间分辨率和图像对比度方面有很大的改善和提高。但由于二次谐波的能量远远小于基波的能量，为了使二次谐波具有良好的信噪比，信号接收系统需要有很高的接收灵敏度和动态范围；另外，在发射系统中，为了降低发射换能器的旁瓣信号和谐波渗漏，需要发射窄带信号，但是却降低了成像的轴向分辨率。

近年来发展起来的反相位脉冲技术能够有效地提高二次谐波成像中的信噪比[17]。发射电路发送两个脉冲信号，第二个脉冲和第一个信号波形相同，相位相反，将接收到的两个响应信号相加后，奇次谐波包括基波被完全去除，同时偶次谐波包括二次谐波信号加倍，因此，反相位脉冲技术能有效地提高了二次谐波的信噪比，并且将基波和二次谐波完全分离开来(图 7)。

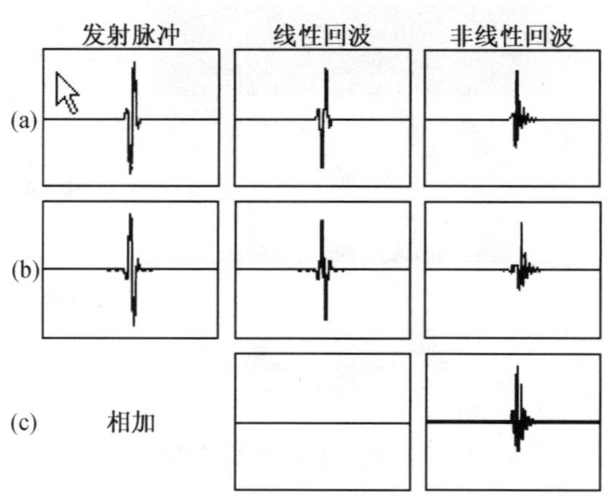

图 7　反相位脉冲技术示意图：(a) 正相位脉冲发射，接收到线性和非线性回波；(b) 反相位脉冲发射，接收到线性和非线性回波；(c) 二者相加，线性回波抵消

反相位脉冲技术已成功应用于心脏造影[14]和肾脏[15]损伤的超声检测中，和传统的 B 超图像相比较，在提高图像对比度和信噪比方面具有明显的效果。图 8 为

反相位脉冲技术应用于肝肿瘤诊断[23]。

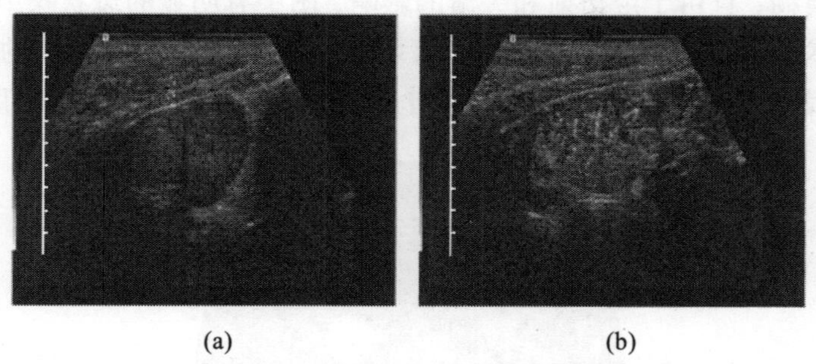

(a) (b)

图 8 肝肿瘤的反相位脉冲技术成像: (a)基波像; (b)注入照影剂后

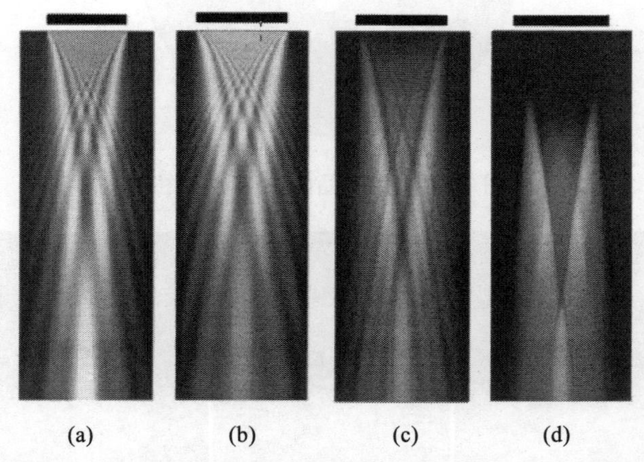

(a) (b) (c) (d)

图 9 2.25MHz 方形平面换能器(边长 20mm)：(a) 线性声束; (b) 基波声束; (c) 二次谐波声束; (d) 10 阶谐波声束

高阶谐波可以更进一步提高图像的分辨率。如图 9 所示，随着谐波次数的提高，波束宽度变窄，同时旁瓣减小。我们在反相脉冲技术基础上，进一步发展了编码脉冲技术的高阶谐波成像技术[18]。使用 N 个恒定的相位差 φ_n 的脉冲信号依次激发换能器。如果第一个脉冲信号的初始相位为 φ_0，则第 n 个脉冲信号的相位为 $\varphi_n = \varphi_0 + 2\pi n/N$，其中 $n = 0,1,\cdots,N-1$。将距声源 x 处将 N 个接收信号进行相加，提取信号中 N 阶谐波分量。和传统的单脉冲技术相比较，使用相位编码脉冲技术后的 N 阶谐波分量提高 N 倍，而包含基波在内的其他谐波被完全消除。反相脉冲技术是一种特殊情况，$N = 2$。因而对于所需要的 N 阶谐波，可使用 N 个相位编码脉冲，其幅度可增强 $20\log_{10} N$ dB，信噪比增加 $10\log_{10} N$ dB。

实验样品如图 10 所示，在猪肝组织上有两个小孔，小孔的直径分别为 3mm 及 2mm。图 11 所示为重建后的图像，不同的组织导致谐波的幅值不同，反映到图像上产生不同的灰阶。利用多个相位编码脉冲(N = 2, 3, 4 和 5)，处理后得到的二到五阶谐波像如图 5(b)~图 5(e)。为便于比较，图 11(a)给出了基波图像，两个小孔在该图中较模糊，且由于声衍射和旁瓣的影响，图中有明显的斑状噪声。利用相位编码脉冲技术，高次谐波的幅度得以显著增强，使得图 11 中(b)~(e)的亮度及对比度得以明显提高，并且随着谐波次数的增大，空间分辨力及图像清晰度变好。

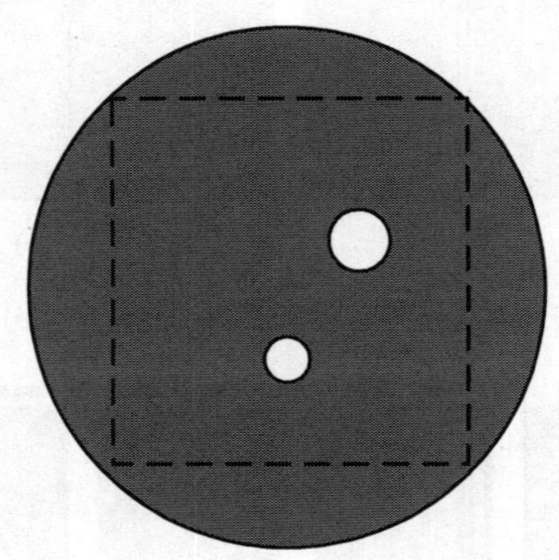

图 10　成像样品的截面示意图

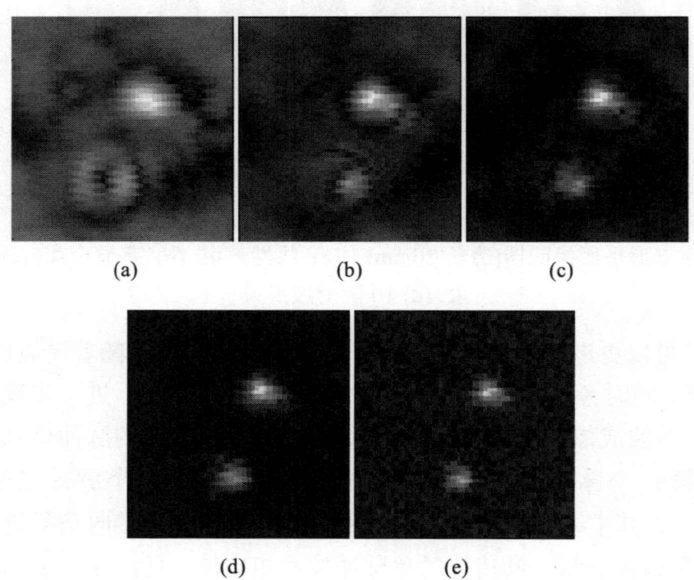

图 11　相位编码脉冲技术重建像：(a) 基波像；(b)二次谐波像；(c) 三次谐波像；(d)四次谐波像；(e)五次谐波像

5　超谐波成像技术

三次以上的高次谐波成分尽管与基带相隔较远且波束更窄，但其能量较二次谐波更低。Bouakaz 等[19]利用 3 阶、4 阶和 5 阶等高次谐波成分线性组合成的超谐波进行了模拟试块的成像，图像的清晰度及对比度都优于二次谐波的图像(图 12)。

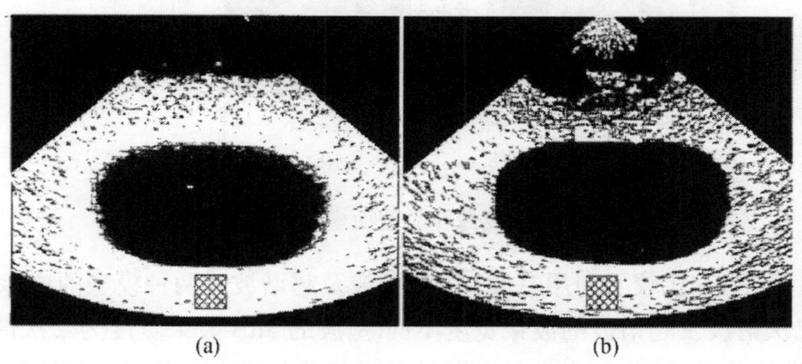

图 12 二次谐波图像(a)与超谐波图像(b)的对比

由高次谐波叠加得到超谐波可有两种方式，即带相位叠加和不带相位的直接幅度叠加。采用带相位叠加时，由于不同阶谐波的相位差异，会产生干涉效应，其幅度有明显起伏。我们进一步研究了超谐波的声场特性，并采用直接幅度叠加的方法，将 3、4、5 阶谐波的幅度直接相加得到超谐波的幅度及图像[20]。图 13 比较了圆形平面活塞换能器(直径 8mm，中心频率 2.5MHz)在 $\sigma = 0.6$ 处的二次谐波和超谐波幅度的相对大小与声源强度的关系，由图可见，只有当声源强度超过 0.7MPa 时超谐波的强度才能超过二次谐波强度。

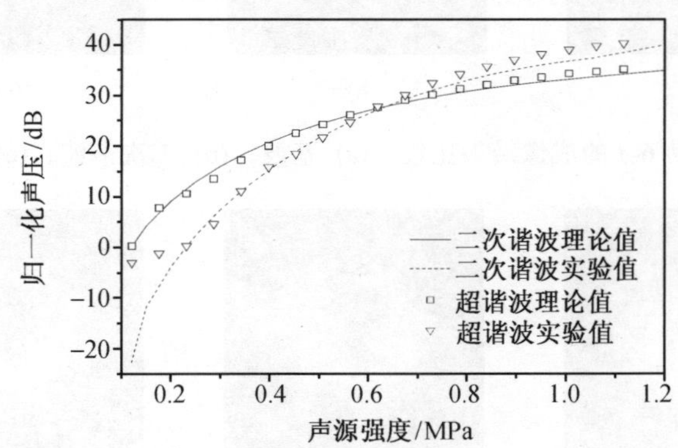

图 13 $\sigma = 0.6$ 处的二次谐波和超谐波幅度的相对大小与声源强度的关系

样品的截面模型如图 14(a)和(b)所示。图 6(a)表示的是样品由上半边猪肝和下半边猪脂肪组合而成；图 14(b)为一个三层动物组织样品,最外层和最内层都为猪脂肪，中间层为猪肝组织。成像实验在 25°C 环境下进行，以超谐波的幅度为成像参量。为获得二维图像，对样品进行范围为 20mm × 20mm 的二维扫描，扫描步进为 0.4mm，所得图像为 50 × 50 灰度图像。

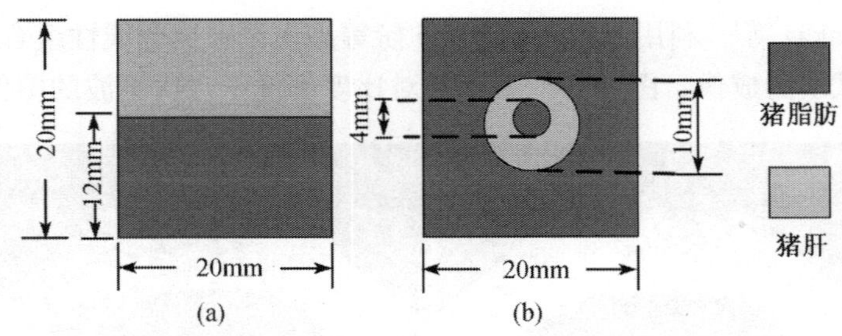

图 14　成像样品截面模型示意图

图 15 及图 16 比较了利用基波、二次谐波及超谐波对两种模型的成像效果。由于基波、二次谐波及超谐波的波束宽度不同(基波的 3dB 波束宽度为二次谐波的 1.3 倍，为超谐波的 1.7 倍)，它们各自图像对细节的分辨力有差异：基波最差，而超谐波最好。图 15(a)中猪脂肪组织及图 16(a)内部脂肪组织的图像质量最差，随着分辨力的提高，二次谐波及超谐波图像中猪肝组织的图像质量明显改善，图像的细节如肝组织的不均匀性逐渐表现出来，如图 15(b)(c)和图 16(b)(c)。此外由于超谐波在幅度上相比于二次谐波的优势，超谐波图像的对比度优于二次谐波图像。

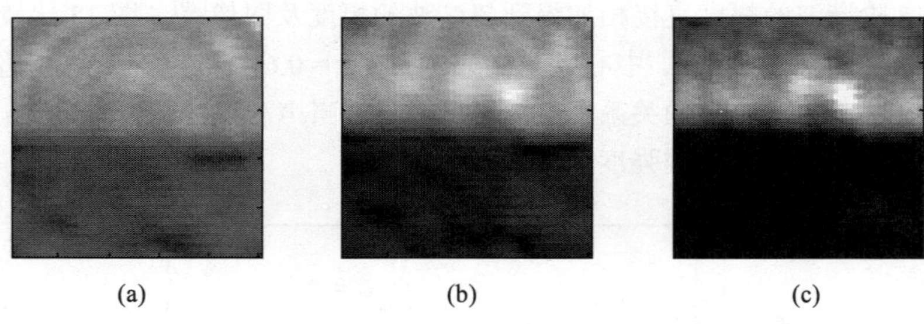

图 15　样品 6-a 的成像结果比较：(a) 基波；(b) 二次谐波；(c) 超谐波

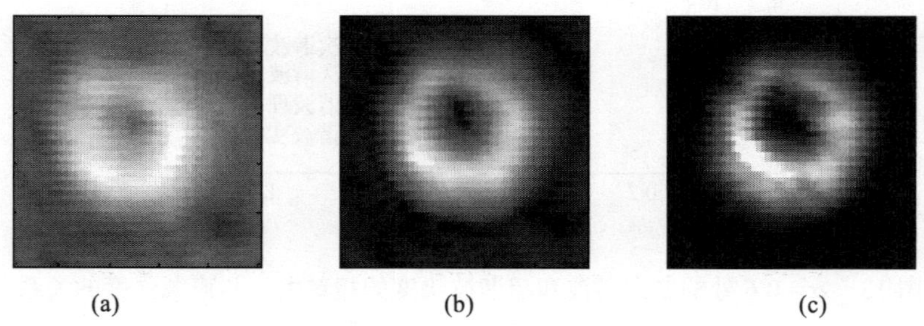

图 16　图 6(b)中样品的成像结果比较：(a) 基波；(b) 二次谐波；(c) 超谐波

6　结语

声波在生物组织中的传播是非线性过程，在诊断超声的很多情况下，线性假设不能成立。例如散射回波的二次谐波能被检测并成像，这是线性声学无法解释的；谐波成分增强了温度的上升及声流效应。本文概述了多种非线性成像技术，包括非线性声参量成像、组织谐波成像、造影剂谐波成像、相位编码脉冲技术的高次谐波成像及超谐波成像。所有结果表明，非线性谐波成分的利用可以进一步提高非线性成像的空间分辨力，图像质量优于基波像，而相位编码脉冲技术及超谐波技术可以提高成像信噪比。深入了解生物组织中的非线性效应，需要更完善的理论及数值计算，这会进一步促进非线性成像技术的发展。

致谢

国家自然科学基金(No: 10474044)资助项目和教育部新世纪优秀人才计划(06–0450)。

参 考 文 献

[1] Muir T G, Carstensen E L. Prediction of nonlinear acoustic effects at biomedical frequencies and intensities. Ultrasound Med. & Biol., 1980, 4: 345-357.

[2] 龚秀芬. 医学超声中的声学非线性研究. 物理学进展, 1996, 16(3): 286-298.

[3] Duck F A. nonlinear acoustics in diagnostic ultrasound. Ultrasound Med. & Biol., 2002, 28: 1-18.

[4] De Jong N, Bouakaz A, Cate F J T. Contrast harmonic imaging. Ultrasonics, 2002, 40: 567-573.

[5] Goldberg B B, Liu J B, Forsberg F. Ultrasound contrast agents: a review. Ultrasound Med. & Biol., 1994, 20: 319-333.

[6] Ma Q Y, Ma Y, Gong X F, et al. Improvement of tissue harmonic imaging using pulse inversion technique. Ultrasound Med. & Biol., 2005, 31: 889-894.

[7] Philips P J. Contrast pulse sequences (CPS): imaging nonlinear microbubbles. IEEE Ultras. Symp., 2001: 1739-1745.

[8] Borsboom J M G, Chin C T, De Jong N. Nonlinear coded excitation method for ultrasound contrast imaging. IEEE Trans. UFFC, 2005, 52: 241-249.

[9] Beyer R T. Nonlinear Acoustics. Naval Ship Sys. Comm. Dept. Navy, 1974: 91-101.

[10] Sehgal C M, Brown G M. et al. Measurement and use of acoustic nonlinearity and sound speed to estimate composition of excised livers. Ultrasound Med. & Biol., 1986, 12: 865-874.

[11] Gong X F, Zhang D, et al. Study of acoustic nonlinearity parameter imaging methods in reflection mode for biological tissues. J. Acoust. Soc. Amer., 2004, 116: 1819-1825.

[12] Zhang D, Gong X F, Ye S G. Acoustic nonlinearity tomography for biological specimens via measurements of the second harmonic wave. J. Acoust. Soc. Amer., 1996, 99: 2397-2402.

[13] Klibanov A L. Ultrasound contrast agents: development of the field and current status. Topics in Current Chem., 2002, 222: 73-106.

[14] Frinking P J A, Bouakaz A, et al. Ultrasound contrast imaging: current and new potential

methods. Ultrasound Med. Biol., 2000, 26: 965-975.

[15] De Jong N N, Cornet R, Lancee C T. Higher harmonics of vibrating gas-filled microspheres 1: simulations. Ultrasonics, 1994, 32: 447-453.

[16] Desser T S, Jesrzejewicz T, Bradley C. Native tissue harmonic imaging: Basic principles and clinical applications. Ultrasound Quart, 2000, 16: 40-48.

[17] Ma Q Y, Ma Y, et al. Improvement of tissue harmonic imaging using pulse inversion technique. Ultrasound Med. Biol., 2005, 31: 889-894.

[18] Ma Q Y, Zhang D D, Gong X F. Phase-coded multi-pulse technique for ultrasonic high-order harmonic imaging of biological tissues in vitro. Phys. Med. Biol., 2007, 52: 1879-1892.

[19] Bouakaz A, de Jong N. Native tissue imaging at superharmonic frequencies. IEEE Trans. UFFC, 2003, 50: 496-506.

[20] Ma Q Y, Zhang D, Gong X F. Investigation of superharmonic sound propagation and imaging in biological tissues in vitro. J. Acoust. Soc. Amer., 2006, 119: 2518-2523.

[21] Zhang D, Chen X, Gong X F. Acoustic nonlinearity parameter tomography for biological tissues via parametric array from a circular piston source-Theoretical analysis and computer simulations. J. Acoust. Soc. Amer., 2001, 109: 1219-1224.

[22] Ichida N, Sato T, Linzer M. Imaging the nonlinear parameter of a medium. Ultras. Imaging, 1983, 9: 295-299.

[23] Moriyasu F. In vivo behavior of microbubbles observed using harmonic grey-scale imaging. The 4th Heart Centre Eur. Symp. Ultrasound Contrast imaging, The Nethelands, 1999: 24-25.

超声微泡造影剂在疾病诊断与治疗中的研究进展

王志刚

(重庆医科大学超声影像学研究所，重庆 400010)

1 引言

随着超声影像新技术的不断发展和超声造影剂制备技术的不断改进,超声造影剂在疾病诊断和治疗中的作用日趋重要。本文就这一领域的研究进展做一述评。

近几年，超声造影剂的研制取得很大进展，主要表现在两个方面: 超声微泡造影剂的直径减小(<8μm),使其能经外周静脉注射后通过肺循环最终到达靶器官或靶组织，实现感兴趣区组织回声增强；超声微泡造影剂的稳定性不断提高，可观察到造影剂在感兴趣区组织中的显影情况。各种类型的超声微泡造影剂相继出现，如白蛋白、脂质、表面活性剂类及具有广阔前景的高分子材料类造影剂(羟基乙酸(PLGA)超声微泡造影剂)[1]。

新近研究出的靶向液态氟碳造影剂,不同于具有先天性反射和背向散射特征的超声微泡造影剂，只有聚集在组织细胞表面时才具有较强的反射和背向散射性能，可明显增强其对比信号。此微泡直径可小于 100nm，可以穿过血管内皮细胞间隙，在体内的循环半衰期长，其聚集时半衰期可延长至数天。可用作超声、CT、MRI 造影剂，连接放射性物质还可作为核医学造影剂。

2 超声微泡造影剂在诊断中的研究与应用

超声微泡造影剂已广泛用于心肌声学造影、急性局灶性炎症、血栓、肿瘤的诊断及部分良、恶性肿瘤的鉴别诊断。靶向超声微泡造影剂近来发展迅速，将特异性配体连接到微泡造影剂表面，通过血液循环使之到达感兴趣的组织或器官，选择性地与相应受体结合，从而达到特异性增强靶区超声信号的目的。目前对靶向造影剂的显像研究主要集中于以下几方面。

2.1 炎症显像

Lindner 等[2]体外和体内实验研究发现，微泡与激活的中性粒细胞和单核细胞黏附后，被吞噬入细胞内，且保持其声学特性不变。因此，当血液循环中的自由微泡被清除后，细胞内的微泡同样可被超声探及，可以用来发现炎症发生的部位。此后，他们又将磷脂酰丝氨酸结合于脂质微泡壳上，发现可以增强补体的活化,提高了微泡与激活的白细胞的结合程度。

2.2　血栓显像

Unger 等[3]报道 MRX408 脂质微泡可结合特异性寡肽，与活化血小板的 GPⅡb/Ⅲa 受体具有强的亲和力。显微镜下观察发现，实验微泡可特异性地结合到血凝块上，并且这些微泡不仅被血栓周边或表面摄取，而且吸收到血栓块的深面。该作者认为，相对于陈旧性血栓，新鲜血栓有更多的表达 GPⅡb／Ⅲa 受体的血小板，可黏附更多的微泡。因此，MRX408 可有助于新鲜与陈旧性血栓的鉴别。

2.3　肿瘤显像

Lindner 等[4]研究发现，靶向超声微泡造影剂能够用于对肿瘤新生血管的评估。他们通过静脉注入表面偶联单克隆抗体或 echistatin 分子(一种可与表达在新生血管内皮细胞特定分子结合的解离素)的脂质体超声微泡，然后通过活体显微镜发现，echistatin 和单抗包被的脂质体微泡紧密黏附在微血管内皮上。在此基础上，他们通过给大鼠皮下注射由肿瘤分泌物的胶状物质(implanting matrige1)，造模 10 天后，注入靶向超声微泡造影剂，发现微泡量与新生血管数密切相关。因此可以认为，靶向超声微泡造影剂可用于显示肿瘤血管和组织的显影。

3　超声微泡造影剂在疾病治疗中的研究

3.1　携带基因或药物治疗

目前基因治疗还存在一些问题，如缺乏安全、有效、有组织特异性和靶向性的基因转载系统，缺乏稳定的表达和转录后的宿主反应等。目前基因导入的方式，多为将目的基因直接注射于靶组织，在某些疾病，如心血管疾病多采用心肌内直接注射或心导管注入质粒 DNA 或腺病毒载体，但其有创性和转染效率低等局限制了其临床应用。超声微泡造影剂可携带基因或药物到达靶组织，有利于达到治疗目的。

如图 1，基因或药物 A 嵌入微泡膜中间；某些物质 b，如 DNA 可以非共价键结合在微泡表面；某些药物 c 可和气体一起被脂质包被在微泡的内部；疏水的药物 d 可混合在一层油脂层内，形成一层薄膜包绕气泡，其外包被着一层稳定的膜，在这种结合方式下，微泡可连接抗体，用于靶向释放药；基因 e 直接黏附在微泡表面(静电吸附)。

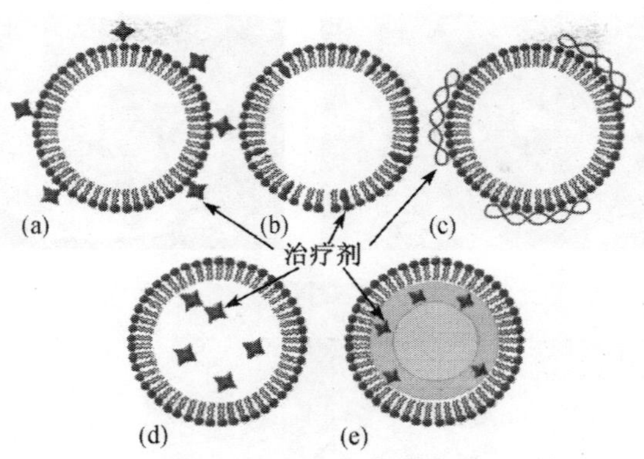

图 1 基因或药物与微泡的结合不同方式

新近研究发现，超声微泡造影剂为基因治疗提供了一种安全，高效的新型载体。其基本原理为：声场内的超声波破坏微泡造影剂后，其产生的空化和机械效应可使细胞膜通透性增加，致直径≤7μm 的微血管破裂、内皮细胞间隙增宽(其“声孔效应”可致细胞出现可逆性小孔，如图 2)，靶基因可通过破裂的微血管和内皮细胞间隙到达组织细胞内，达到治疗目的。

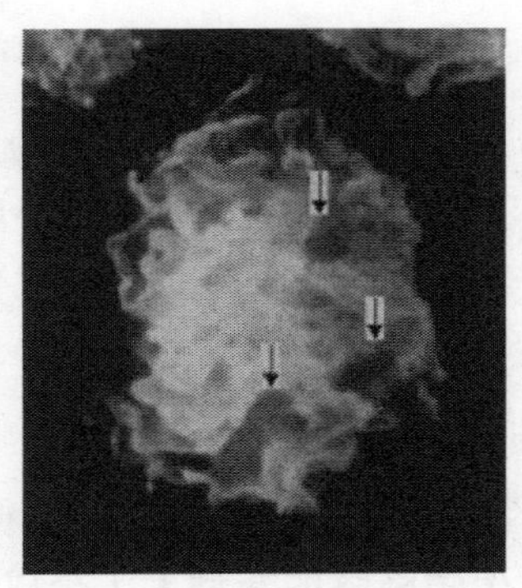

图 2 造影剂+超声辐照组：细胞膜表面出现大小不等、数量不一的小孔，直径多数为 1~2μm 左右，形态不规则(箭头所指)

同时，利用超声波在特定时间和空间内击碎靶组织内微泡，可提高治疗的靶向性。国外的研究表明：超声波破坏微泡可使基因的转染率和表达明显提高。有报道，可使裸露 DNA 的转染率提高 3000 倍[5]。目前，对超声微泡介导的基因转染涉及心脏、血管、肝脏、肾脏、神经系统等众多领域，特别是在心血管疾病的基因治疗中。针对基因治疗中常用心肌直接注射法的有创性和现有载体的局限性，采用超声破坏微泡方法介导基因转染心肌组织，实现了心肌中血管生长因子基因的高效表达，促进了缺血心肌血管的新生[6]。用此基因转移技术同样实现了在体外对肿瘤细胞的基因转染，可为肿瘤的基因治疗提供一种新方法。同样，采用超声破坏微泡的方法也实现了质粒载体和腺病毒载体在肝脏的高效表达[7]。图 3 为超声微泡造影剂介导 VEGF 基因(质粒)转染缺血骨骼肌的研究。治疗后：VEGF 免疫组化染色显示 VEGF 表达增加；Ⅷ因子免疫组化染色显示新生血管生成；DSA 检测侧支循环较多。

影响超声微泡造影剂介导基因转染率的因素较多，除不同组织和基因种类的影响外，超声能量、辐照时间、基因与微泡比例等众多因素均对转染效率可产生影响。其中，超声能量是较重要的因素。研究发现，在体外采用一定能量的超声破坏微泡后，对微泡所携带的质粒结构无明显损伤，而当改变超声强度后，对局部组织的作

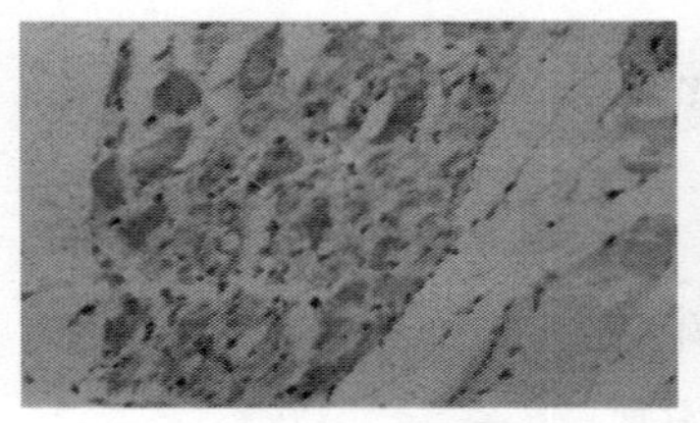
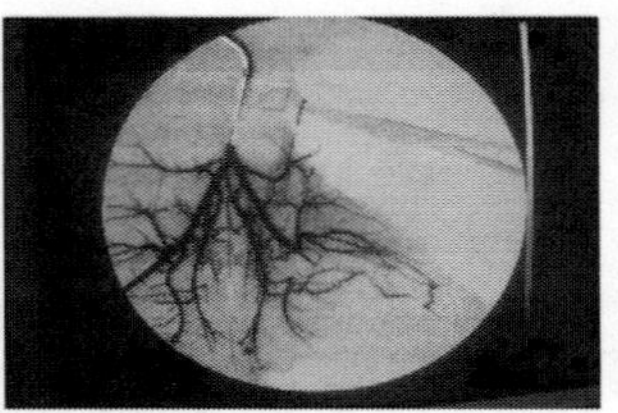
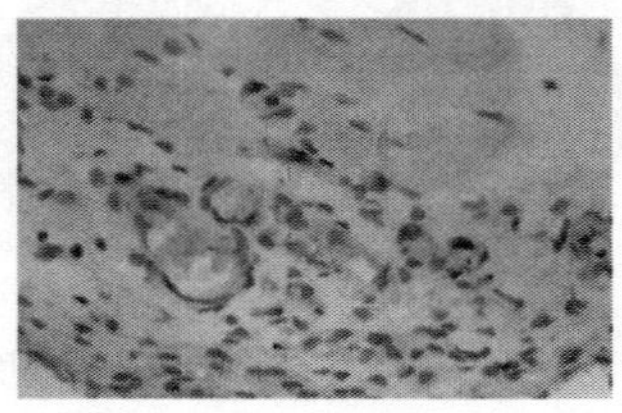

图 3　超声微泡造影剂介导 VEGF 基因(质粒)转染缺血骨骼肌

用随强度增加而逐渐明显。强度过大，对组织可产生损伤。且研究发现，基因转染效率与超声波的频率大小成反比，频率越低，转染效率越高。因此有必要对基因转染的超声辐照条件进行优化。

3.2　携带药物治疗

研究显示，超声破坏微泡可实现蛋白在心脏的定向转移[8]。我们采用能在体内生物降解的新型人工合成高分子聚合物乳酸/羟基乙酸共聚物(PLGA)作为成膜材料，采用双乳化法(乳化溶剂蒸发法)和冷冻干燥技术，成功制备了包裹常用抗肿瘤药物阿霉素和氟碳气体的高分子聚合材料微泡声学造影剂，结合超声破坏微泡技术，证实能在体外定向释放。而且具有免疫靶向的微泡造影剂携带药物在感兴趣区释放，可望取得更好的治疗效果。

3.3　溶栓治疗

血栓形成和栓塞是许多临床紧急事件，如急性心肌梗死、中风和肺动脉栓塞的关键因素。及时、恰当地溶栓治疗常常能挽救患者生命。但由于大剂量纤溶剂会引起出血等并发症，静脉溶栓治疗的应用存在局限性。自 1976 年 Trubestein 首次使用血管内高频超声溶解血栓获得成功后，利用超声进行溶栓治疗受到广泛关注。随着超声微泡造影剂的发展，在血栓显影中显示出巨大优势。20 世纪 80 年代有人提出可以使用微泡与超声联合溶栓，但直到 1995 年 Porter 才进行了真正有实际意义的微泡联合超声助溶的实验。此后，不少研究证实，在理想的条件下，微泡与超声合用可以完美地溶解血栓，并且不会引起出血等并发症。目前，对血栓靶向超声造影剂的研究取得进展，有助于提高溶栓效果。不仅可利用超声联合微泡造影剂进行溶栓治疗，而且研究发现，超声微泡造影剂可提高溶栓药物的作用。将溶栓药物与微泡结合将有助于局部溶栓效果，降低并发症。研究还发现，低频超声联合白蛋白微泡可促进尿激酶溶解体外血栓的作用。因此，溶栓治疗已成为超声微泡携药物治疗的有前景的研究及应用课题。

3.4 抗肿瘤治疗

对恶性肿瘤的治疗一直是研究的重点和难点。利用超声微泡造影剂运送化疗药治疗肿瘤的设想，来源于20年前开始的有关脂质体运送抗肿瘤药物的研究。然而，尽管采取了各种方法，由于过度的肝脏摄取，免疫脂质体在活体动物中的应用一直十分局限。而采用微泡运送细胞毒药物，并在超声介导下破坏微泡，以在局部释放药物，可在提高局部药物浓度，降低药物对全身的毒副作用。

肿瘤滋养血管在恶性肿瘤的生长和转移中起着重要的作用，而用低功率超声破坏微泡可引起肿瘤血管栓塞，体外实验发现，超声破坏微泡可使肿瘤细胞发生溶解和凋亡[9]。这有可能为恶性肿瘤治疗提供一种无需加入基因或药物，只用超声破坏微泡的简便、无创、有效的方法。用超声破坏微泡可使肿瘤新生血管发生明显的超微结构改变，引起内皮细胞线粒体肿胀、髓样变、细胞质空化等，为超声微泡造影剂直接治疗肿瘤提供了理论依据。

4 超声微泡造影剂用于疾病治疗的声像图和超声组织定征监控

超声作为一种无创检诊技术，可用于各种疾病的诊断，而微泡造影剂则可提高超声对疾病的诊断率，声像图可以引导、监控微泡到达靶器官，用一定能量超声波击碎微泡后，可在靶组织进行基因转染或药物释放，将会出现组织特性改变，可用市售超声诊断仪、国产“DFY 型超声图像定量分析诊断仪”和超声背向散射积分技术等进行引导、监控，观察其声像图回声强度变化，对治疗效果做出评价。此方法无创、简便、可反复使用。

5 有关仪器研究

近几年，在超声破坏微泡所用仪器的应用方面取得了进展，我所自行研制的“超声微泡造影剂带基因或药物治疗系统”及“低功率超声辐照微泡肿瘤治疗系统”(已获国家发明专利受理)，可集监控及定向破坏微泡于一体，并对超声辐照时间、能量可控，有利于超声破坏微泡实现基因和药物定向转移研究、应用的深入开展。

6 目前存在的问题

利用超声破坏微泡实现基因和药物的定向转移这一技术同样也可对机体产生一定的有害的生物学效应。超声破坏微泡有引起组织出血、血管内溶血，体外培养细胞和含气组织和器官(如肺和肠)的损伤的报道[10]，亦有资料证实可引起心室收缩功能可逆、短暂性的降低、冠状动脉灌注压的增高和心肌组织内乳酸盐的过量沉积。此外，光学显微镜检测显示靶组织内毛细血管的破裂，红细胞的外渗和内皮细胞的破坏。这一系列的副作用可能直接归因于超声破坏微泡所引起的机械作用，虽然高能量超声辐照可增加内皮细胞间隙和细胞膜的通透性，但同时也可能引起一定的组织损伤，因此，有必要对超声破坏微泡各种相关的超声参数进行更深入的优化，同时改进超声微泡的制作工艺及微泡与基因或药物结合的方式亦显得十分重要。

超声微泡造影剂具有广阔的发展前景。随着将分子生物学、物理、化学及材料学(包括纳米技术)等与超声相结合的“超声分子影像学”的诞生和不断发展，超声造影剂将在疾病的诊断和治疗中发挥更大的作用。

参 考 文 献

[1] 郑元义，王志刚，冉海涛，等. 自制高分子材料超声造影剂及初步实验研究. 中国超声医学学报, 2004, 20(12): 888-890.

[2] Lindner J R, Dayton P A, et al. Non-invasive imaging of inflammation by ultrasound detection of phagocytosed microbubbles. Circulation, 2000, 102: 531-538.

[3] Unger E, Metzger P, et al. The use of a thrombus-specific ultrasound contrast agent to detect thrombus in arteriovenous fistulae. Invest Radiol., 2000, 35(1): 86-89.

[4] Lindner J R, Song J, et al. Ultrasound assessment of inflammation and renal tissue injury with microbubbles targeted to P-selectin. Circulation, 2001, 104(17): 2107-2112.

[5] Lawrie A, Brisken A F, et al. Microbubble-enhanced ultrasound for vascular gene delivery. Gene Ther., 2000, 7(23): 2023-2027.

[6] Wang Z G, Ling Z Y, et al. Ultrasound-mediated microbubble destruction enhances VEGF gene delivery to the infarcted myocardium in rats. Clinical Imaging, 2004, 28(6): 395-398.

[7] 张大志，任红，王志刚，等. 超声微泡造影剂促进腺病毒载体感染肝细胞的实验研究. 临床超声医学杂志, 2002, 4(6): 321-323.

[8] Bekeredjian R, Chen S, et al. Augmentation of cardiac protein delivery using ultrasound targeted microbubble destruction. Ultrasound Med. & Biol., 2005, 31(5): 687-691.

[9] 郑元义，王志刚，冉海涛，等. 诊断超声加微泡造影剂对肿瘤新生血管的影响. 中国医学影像技术, 2004, 20(5): 146-149.

[10] ter Haar G R. Ultrasonic contrast agents: safety considerations reviewed. Eur. J. Radiol., 2002, 41: 217-221.

超声评价松质骨状况的研究进展

他得安，王威琪，汪源源，余建国

(复旦大学电子工程系，上海 200433)

1 引言

骨质疏松症(osteoporosis)是老龄化社会中影响健康的一个严重问题[1,2]，被称为“无声的杀手”。据估计，目前全世界约有 2 亿人患有骨质疏松症[1]。世界卫生组织(WHO)也指出，在未来 50 年中，这种疾病的发生将偏向发展中国家[3]。因此，许多国家为此投入了大量经费进行研究[1]。近年来，我国正逐步向老龄化社会过渡，老年性骨质疏松症患者迅速增加。据估计，目前我国的骨质疏松症患者已接近 1 亿人。骨质疏松的重点是防而不是治，只有做到早期诊断，才能做到早期预防。因此，骨质疏松症的诊断和预防受到国内外学术界的日益重视，成为学术界研究的热点和前沿课题[1, 2, 4~8]。作为临床工作的基础，松质骨状况评价及骨质疏松症诊断方法及其参量的研究显得尤其重要。

近年来，用超声评价松质骨状况及诊断骨质疏松症方面取得了很大的进展，国际上每年发表的论文数迅速增加，如图 1 所示。与传统的 X 线检查法(RA)、双能 X 线吸收法(DXA)和定量计算机断层成像(CT)相比，超声方法具有费用低、无电离辐射、简便、速度快、可携带等优点而受到国内外医学界的高度重视[2, 4~10]。超声研究方法主要分为两类：透射法和背散射法。然而，人们对超声波在松质骨组织中

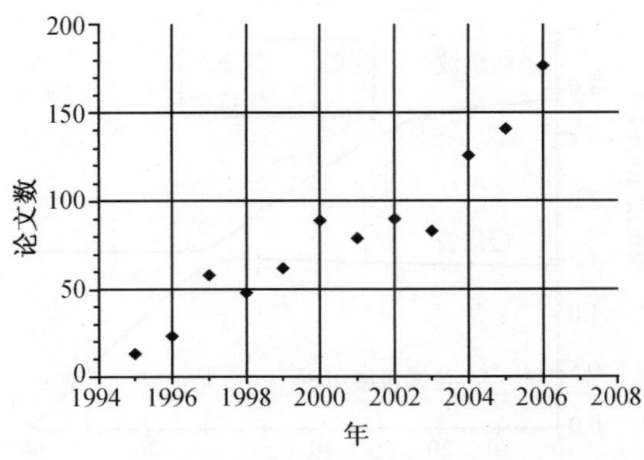

图 1 1995~2006 年发表的关于超声评价骨质状况的论文数(1995~2004 数据源自文献[6])

传播、散射机理和技术实现等一些基本问题的研究与认识上存在着相当程度的差异[10]，使得这一技术还未能得到进一步的推广应用；另一方面，用超声透射法测量的超声传播速度(SOS)和宽带超声衰减(BUA)不能全面反映松质骨质量及骨微结构信息[11]。因此，研究诊断简便，且比较准确的方法及其参量显得非常重要。本文将近年来超声评价松质骨状况的研究进展进行综述，在此基础上提出了当前研究中存在的主要问题及努力的方向。

2　超声透射法研究及松质骨评价

目前，研究超声与松质骨相互作用的模型主要有[12]：以 Biot 理论为基础的流体多孔介质模型[13]和以 Schonberg 理论为基础的层状模型[14]。许多学者利用多孔介质的 Biot 理论对超声波通过骨小梁的情况进行了研究[15]，Biot 理论虽考虑了吸收和滞豫效应，但没有考虑散射和频散[14]。散射是引起声衰减的一个重要原因，所以，Biot 理论对衰减的预测不准确[14]。对于许多人工的流体饱和多孔介质，Biot 理论结果和实验结果符合得很好，但将此理论应用到自然材料，如松质骨中时，它预测的衰减值远远高于实际测量值[15]。一般认为这一误差是由于超声在松质骨中的反射、衍射、相位抵消及散射引起的。对于健康骨小梁，其厚度约为 0.2 mm，间距约为 1.0 mm，这相当于在一般情况下测量时超声的波长。Tavakoli 等[16]的研究表明松质骨中超声的损耗重要取决于微结构而不是骨密度，这说明了散射的重要性。另外，根据 Biot 理论，在骨组织中存在二种纵波，这两种纵波的频谱、衰减等都不相同[17]。但在大多数情况，只考虑快纵波，而没有考虑慢纵波。事实上，慢纵波是存在的[14]。研究结果还发现[18]，超声波的传播方向和骨小梁方向的夹角在 60º附近，快纵波和慢纵波的相速度都有一个转折点；入射角度在 60º以上，角度越大时，骨髓和骨小梁被“锁”得越紧，因此阻止了慢纵波的传播，如图 2 所示[18]。而层状模型假设骨髓为非黏性的，没有考虑黏性吸收[14]。

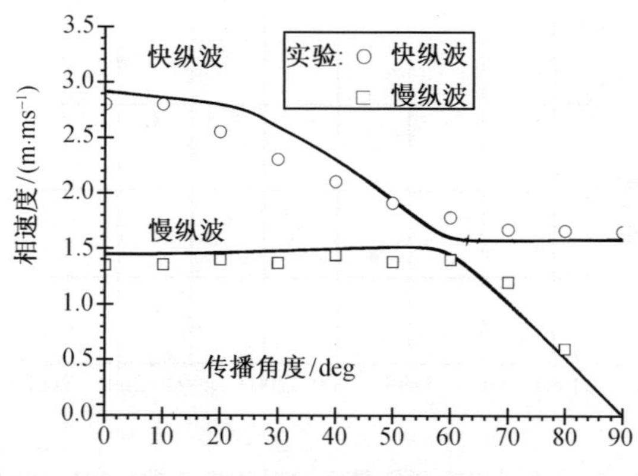

图 2　相速度和传播角度间的关系

国外已上市的骨超声诊断系统都是采用超声透射法[8]，研究和测量超声传导速度(SOS)[11]、宽带超声衰减(BUA 或 nBUA)[19]和硬度指数(SI，是 SOS 和 BUA 的线性组合)，这些量最后都和骨矿密度(BMD)比较[19]。而目前国内的研究仅限于用进口的骨超声诊断仪在临床上分析 SOS 和 BUA 与 BMD 的相关性[20]，而没有在超声与松质骨相互作用的机理上进行深入的研究。即使是现有的骨超声诊断系统也存在以下缺点：(1) 没有考虑散射和频散[8]；(2) 测量 BUA 和 SOS 的仪器只在跟骨单一位置上测量，并且不能准确地控制换能器的位置[21]。因为两参量的测量结果与换能器的位置具有很大的相关性，因此在体测量两参量的重复性较差[22]；(3) 在 SOS 的测量中，超声脉冲形状的变化会产生一定的误差。当脉冲在衰减介质中传播时，频谱向低频方向偏移，导致了脉冲的展宽。当在参考信号和测量透射信号的两固定点上测量 SOS 时，产生了误差[23]。一方面，各厂家生产的骨超声诊断系统没有统一的诊断标准；另一方面，各骨超声诊断系统都无一例外地采用透射法，用两个探头进行检测，其缺点是两个探头不易完全对准，存在以上缺点的结果是出现了较多的漏诊和误诊的情况。

研究资料表明[24]：骨质疏松性骨折的主因是骨强度下降，骨强度(抵抗外力或骨折的能力)的变化约有 70%~75%是由 BMD 决定的，其余 25%~30%的变化还与骨的微结构、构造等因素有关。虽然 SOS 和 BUA 都与 BMD 有高度的相关性[11]，但它们很少反映骨骼微结构的信息(如骨小梁的厚度、距离、数密度等)，而这些微结构与骨的强度和硬度及骨折危险直接有关。因此，测量 SOS 和 BUA 就不能全面反映骨的质量及骨微结构。另一方面，尽管松质骨中的 SOS 与 BMD 具有高度的相关性[25]，但声速的频散与 BMD 几乎没有关系[6]。实际上，骨组织是一种各向异性、且非均匀的流体多孔复合介质，散射和频散是不可避免的[26]。尽管背散射信号在其他生物组织的病变诊断中得到大量应用，它也能反映骨骼的微结构信息[27]，但在当前，用背散射信号来评价松质骨及诊断骨质疏松症方面的研究还比较少。究其原因：(1) 骨组织中超声的衰减较大、散射较强，致使背散射信号较弱，使有用的信号被强背景噪声浸没了；(2) 在信号处理方法上，也大都采用快速傅里叶变换(FFT)算法，使处理结果误差较大。

3 超声背散射法研究及松质骨评价

松质骨作为一种多孔介质，其中的声传播规律与无孔固体中的声传播规律不同，其声速、声衰减、背散射系数(BSC)均与松质骨的孔隙度、骨小梁的尺寸及间距、渗透率和骨髓的黏度等有关，在超声测量所得的信号中已经携带了与这些参数有关的信息。然而人们在测量松质骨中的衰减时，忽略了散射引起的衰减[28]。

为了研究松质骨中的散射对衰减的贡献，文献[28]在现有生物组织非均匀连续介质模型的基础上，利用声速微扰量，在入射频率、松质骨的孔隙度及骨小梁的特征尺寸等三个参数分别变化时，对松质骨中的超声背散射系数(BSC)和由于散射而引起的衰减进行了分析。分析结果表明，由于散射而引起的衰减占松质骨中总的超声衰减的 26%左右。这和 Kaufman 等[29]的预言："松质骨中的超声衰减 25%~30%是由骨的微结构、构造等引起散射的结果"是一致的。由此可见，散射在松质骨状况的评价及骨质疏松症的诊断中是不应该忽视的，研究背散射信号在诊断骨质疏松症中的作用，有可能为定量诊断骨质疏松症开辟一条新的途径。

在以上研究的基础上，文献[30]分析了超声在松质骨中的频散特性及散射机理，用超声背散射信号及其背散射系数(BSC) 来评价松质骨状况；还提出了用频谱质心偏移量、声阻抗分布(AI)及骨小梁间距(TBS)等参量来评价松质骨状况，下面分别加以介绍。

3.1 超声背散射系数

Wear[31]将 Faran 的单个圆柱散射理论引用到骨组织中，将骨小梁看做是直径较小(相对于波长)的散射体元，这种单一圆柱体的散射可近似地表示多个圆柱体的散射波的频率依赖关系。然而，尽管 Wear 的方法在一定程度上成功地预言了背散射，但这种近似的误差还是较大的。另外，有些文献中用自相关函数模型[32]、弱散射模型[27,33]及有限差分数值模拟[10]对松质骨中的 BSC 进行了研究，并用实验结果进行了比较，在一定范围内得到较好的结果。

文献[30]在分析松质骨中的超声传播特性时，在 Kitamura 等[34]模型的基础上，采用了一种蜂窝状的松质骨理论模型，并对松质骨中的超声 BSC 分布进行了较详细的分析和讨论。在这一模型中，假设松质骨中的单个骨小梁形状为无限长(与声波长相比)的柱体，并认为构成骨小梁的材料特性是均匀、横向各向同性的线弹性体，松质骨中骨小梁为近似周期排列的，柱体(即骨小梁)和柱体间液体(即骨髓)组成，比较准确地预言了松质骨中超声 BSC[30,35]，如图 3 所示。从牛胫骨、人尸体跟骨的松质骨和人在体跟骨的背散射实验及理论分析结果中发现[36]：(1) BSC 随频率的增加而非线性地增加。(2) 随松质骨表观密度的增大，BSC 增大；当松质骨的表观密度一定时，BSC 随频率的增大而增大；(3) 用四种自相关函数模型(包括高斯相关函数模型、流体球模型、指数函数模型和扩展指数函数模型)计算所得的 BSC 与以上理论模型和实验结果比较符合。

3.2 松质骨中声阻抗的研究

从人体组织的超声回波中提取反映人体组织成分和组织结构的声学特征量，如

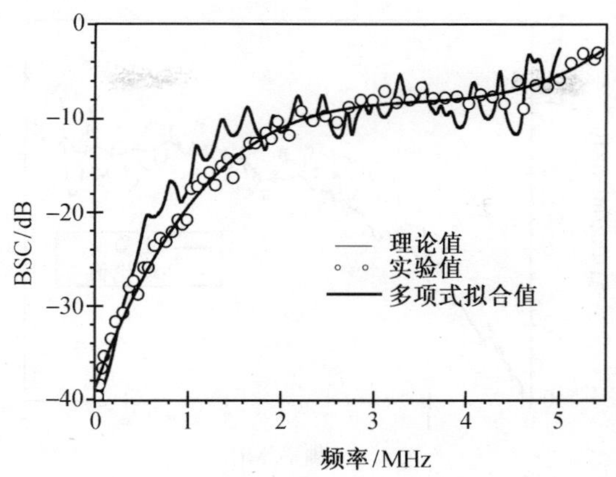

图 3 理论、实验及其多项式拟合得到的人体跟骨松质骨(女性, 38 岁)中超声背散射系数(BSC)和频率的关系

声阻抗等，可提供更加量化的病理信息。在一定频率下，松质骨组织的声阻抗对弹性各向异性很敏感，并且可以用来预测骨的弹性[37]，其值依赖于骨小梁的数目、大小、分布及其松质骨组织的矿物质成分。平均声阻抗与骨的力学特性具有很好的相关性，采用单边方差分析(ANOVA)的统计分析结果也表明，患有骨质疏松组的平均声阻抗明显低于健康组，并具有很高的显著性，说明平均声阻抗随骨质疏松程度的加重而减小。

由于骨质疏松时，钙等矿物质含量的减小，使骨的声阻抗减小。通过声速和骨密度的积就可以得到声阻抗。然而，准确地在体测量松质骨的骨密度和松质骨中的声速是非常困难的。Yoshizawa 等[38]在这一关系的基础上，利用反射干涉法对骨组织仿体的声阻抗进行了测量，但这种方法测得的只是骨组织表面的声阻抗，并不能真正代表松质骨组织的声阻抗。

在用超声背散射信号评价松质骨状况的基础上，文献[39]在理论和实验上对松质骨中的声阻抗分布进行了分析。牛胫骨、人离体跟骨和人在体跟骨松质骨的背散射实验及理论分析结果表明[40]：松质骨中的声阻抗随入射频率的增加而非线性地增加，如图 4 所示；根据独立双总体 T 检验的统计方法，在牛胫骨中，理论和实验结果的显著性为 $p = 0.830$，说明理论和实验结果具有很好的一致性。另外，松质骨中的声阻抗也用式 $Zb = \rho cb$ 进行了计算。用这种方法所得的值与背散射系数法所得结果也是一致的。当松质骨密度大时，说明松质骨中骨小梁的数目多，即骨小梁和骨髓的界面多，声阻抗大。当患有骨质疏松时，松质骨密度将减小，因此，与健康松质骨中的声阻抗相比，患骨质疏松松质骨中的声阻抗较小。根据声阻抗的大小，就可以评价松质骨状况及骨质疏松的程度。

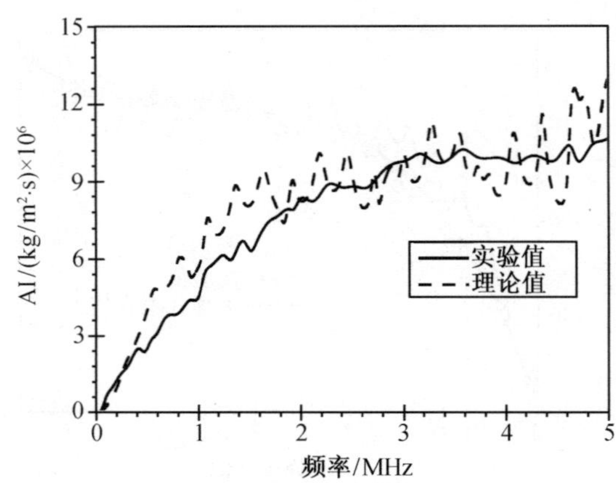

图 4　理论、实验及其多项式拟合得到的人体跟骨松质骨(女性, 38 岁)中声阻抗(AI) 和频率的关系

3.3　骨小梁间距的估计

生物组织中超声的传播依赖于组织的微结构特性，如松质骨中骨小梁的数密度、大小、间距、方向[10]以及骨小梁间的骨髓等。采用超声透射法得到的 SOS 和 BUA 主要反映组织的密度，不能有效反映松质骨的结构状况。骨的密度虽与骨小梁的平均间距成一定的关系，但不是完全的线性关系，所以，以骨密度作为诊断骨质疏松的唯一指标是否合理，还值得深入探讨。而松质骨组织的密度、弹性模量和骨小梁的大小以及骨小梁的间距、方向等的不均匀性，造成了超声的散射，而在背散射信号中含用松质骨结构的重要信息。当发生骨质疏松时，松质骨的结构又主要发生在骨小梁的大小及间距的变化上，如骨小梁的数目减小、骨小梁壁变薄，间距增宽等。显然，如果能准确地测量出松质骨中骨小梁的间距，就能较准确地诊断出是否患有骨质疏松症[41]。

文献[42]用超声背散射信号评价牛胫骨、人尸体跟骨和人在体跟骨松质骨的状况时，对实测的背散射信号采用 AR 倒谱法进行了分析，并估计了牛胫骨、人尸体跟骨和人在体跟骨中骨小梁(即散射体元)的平均间距，并对松质骨的表观密度和骨小梁的平均间距进行了比较分析。其分析结果与松质骨的生理状况是一致的。

文献[43]在传统倒谱方法的基础上，提出了一种利用反向滤波器的改进的倒谱分析方法，并将该方法用于估计离体牛胫骨松质骨内骨小梁平均间距。在包括四个主要参数规则散射元平均间距(MSS)、规则散射元间距的标准差(jitter)、弥散散射与规则散射的回波能量比(SNR_{rd})以及所有散射回波与噪声的能量比(SNR_{wn})的生物组织超声背散射信号仿真模型的统计验证表明[44]：改进的倒谱方法不仅比传统倒谱方法有更大的有效骨小梁间距估计范围，而且能对间距的变化有较好的抗干扰能力，对弥散散射元和噪声也有很强的鲁棒性。离体牛胫骨松质骨组织的实验进一步表明，改进的倒谱方法能有效减少超声换能器脉冲响应与组织散射特性组合而成的频率特性对倒谱的干扰，而且实现简单，计算量小。因此，相比于传统的倒谱方法，改进的倒谱方法在估计骨小梁间距时鲁棒性更强，精度更好。

在以上研究的基础上，文献[45]又提出了一种用于估计松质骨平均骨小梁间距的基于简易反向滤波跟踪(SIFT)算法。这个算法是基于反向滤波器和自相关计算的一种技术。对计算机仿真信号和离体牛胫骨松质骨中超声背散射信号的分析表明，SIFT 算法能简单而有效地减小测量系统和传播介质特性的干扰，并且在较强噪声存在的情况下，SIFT 算法比 AR 倒谱法的估计结果更为精确，因此能有效反映松质骨的微结构特征，初步说明 SIFT 算法是反映骨微结构的一种有效方法。

以上研究结果还表明[41]，松质骨的密度与骨小梁的平均间距成一定的关系，随松质骨表观密度的减小，骨小梁的平均间距增大，如图 5 所示；随年龄的增大，骨小梁的平均间距增大。

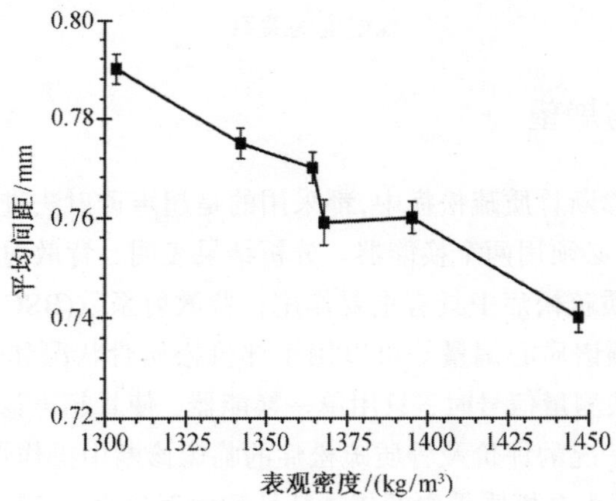

图 5 牛胫骨的骨小梁平均间距和表观密度的关系

3.4 超声频谱质心偏移量的研究

在研究超声背散射信号评价松质骨状况的参量方面，文献[46]还对牛胫骨和人体跟骨中超声背散射信号的质心偏移量与松质骨表观密度的关系，以及在体跟骨松质骨中超声信号质心位置与年龄的关系进行了初步的分析讨论。分析结果表明：随松质骨表观密度的增大，背散射信号频谱的质心向低频方向移动；随年龄的增大，质心位置越接近于发射超声的中心频率；随表观密度的增加，骨小梁平均间距减小，如图 6 所示。

骨质疏松症是由于松质骨中骨质密度减少，骨小梁变细，髓腔增宽而形成的。

因此，当松质骨的骨密度减小时，其松质骨中超声信号的散射衰减减小，背散射信号的频谱向低频偏移的越小，说明患有骨质疏松的可能性越大。

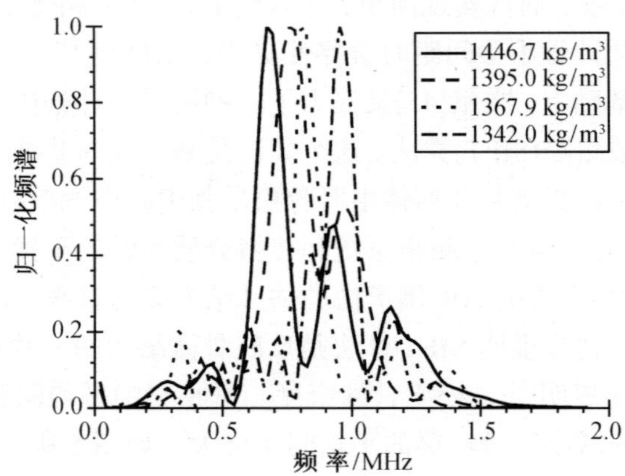

图 6　用宽带聚焦换能器(中心频率 1.0MHz)背向散射法测得归一化频谱与牛胫骨松质骨表观密度的关系

4　存在的问题与展望

在当前的临床诊断骨质疏松症中，都采用的是超声透射法进行测量松质骨组织中的 SOS 和 BUA，必须用两个换能器。分析结果表明，背散射信号在超声评价松质骨状况及诊断骨质疏松症中具有重要作用；背散射系数(BSC)、声阻抗(AI)、骨小梁间距(TMS)和频谱质心偏量等可以用于评价松质骨状况和骨质疏松症的诊断中。用超声背散射法测量信号时，只用单一换能器，使骨超声诊断设备更简单，其实现方式在松质骨状况的评价及骨质疏松症的临床诊断中操作性更强。

目前，虽然对超声在松质骨中的传播特性和散射机理、背散射信号评价松质骨状况和诊断骨质疏松症的参量及方法等方面进行了一些研究，取得到了进展，得到了一些有意义的结果，但这些结果是在较少的样品中得到的，许多问题还有待于进一步深入研究。背散射信号的参量背散射系数(BSC)、声阻抗(AI)和频谱质心偏量等多大，才算做松质骨状况差或患有骨质疏松，这需要大量的医学统计以及和临床测量的骨密度进行比较后，才能得到可靠的结果。因此，要准确地评价松质骨状况和诊断骨质疏松症，需要在以下方面进行进一步的深入研究：(1) 进行大量的临床测量和医学统计，以确定超声背散射信号相关参量的正常值(标准值)，这需要医生的合作；(2) 超声背散射信号的相关参量与骨矿密度(BMD)之间的相关性需要更进一步的研究；(3) 采用超声背散射信号的相关参量成像研究也是值得关注的一个方向[47]；(4) 骨质是由松质骨和皮质骨构成的，骨质疏松症是在松质骨和皮质骨中都发生的疾病。松质骨和长骨皮质骨无论在生理结构上，还是在超声的频散特性上都是完全不同的。松质骨状况的超声诊断，只能对松质骨的病理变化做出评价，而不能全面地评价整个骨质状况及其骨质疏松症的诊断和骨折危险性的预测。然而，与评价松质骨状况相比，对长骨皮质骨的研究没有受到应有的重视。如果在松质骨状况评价的基础上，进一步深入研究长骨皮质骨状况的评价，这将对整个骨质状况的评价及骨质疏松症的诊断是非常有意义的[48]。

国内现有的骨超声诊断系统全是进口的，而且现有的骨超声诊断系统都是用透射法进行测量 SOS 和 BUA 等参量，在测量过程中没有考虑散射和频散的影响，所以测量值不准确；另一方面，以上仪器中都采用的是白种人的标准值，并不符合我国的情况。因此，出现了大量误诊和漏诊的情况。目前我国正在大力推广社区医疗，构建更加合理的社会医疗保障结构。社区医疗不可能配置双能 X 线等大型诊断设备。而基于超声技术的设备具有成本低、检查费用低、无电离辐射、简便、速度快、可携带等优点，适合于普查应用。另一方面，一台进口的骨超声诊断系统的售价在 30~50 万元，因此，不适合在我国大面积普查。所以，在我国研制具有自主知识产权的骨超声诊断系统显得非常重要。

在以上研究的基础上，通过大量的临床测试，确定超声评价松质骨状况和诊断骨质疏松症的 BSC、AI 等一些参量的标准值后，建立具有自主知识产权的采用背散射法进行测量的骨超声诊断系统，对提高人口健康水平及改善人民生活质量具有极其重要的意义。

超声评价松质骨状况和诊断骨质疏松症的技术在临床及大规模人群骨质疏松筛查中具有十分广阔的应用前景。相信随着超声骨诊断技术在理论上的不断深入，实际技术的不断完善，在不久的将来会得到广泛应用。

致谢

基金项目：教育部博士点基金(20040246017)，上海市自然科学基金(06ZR14011)及上海市青年科技启明星计划(07QA14003)项目。

参考文献

[1] Reginster J Y, Burlet N. Osteoporosis: a still increasing prevalence. Bone. 2006, 38: S4-S9.

[2] Siffert R S, Kaufman J J. Ultrasonic bone assessment: the time has come. Bone, 2007, 40: 5-8.

[3] WHO 骨质疏松防治工作中期报告. 全国骨质疏松诊断与防治研讨会资料, 2000, 5: 18.

[4] 他得安. 超声评价松质骨状况的参量及方法研究. 复旦大学博士后流动站出站报告, 2004.

[5] Glüer C C. Quantitative ultrasound——it is time to focus research efforts. Bone, 2007, 40: 9-13.

[6] Laugier P. Quantitative ultrasound of bone: looking ahead. Joint Bone Spine, 2006, 73:

125-128.

[7] 陶蓓，刘建民．骨定量超声测量的临床应用．内分泌代谢，2006, 26: 248-250.

[8] 他得安，余建国，汪源源，等．诊断骨质疏松症的超声参量．中华超声影像学，2003, 12: 47-49.

[9] Hughes E R, Leighton T G, et al. Investigation of an anisotropic tortuosity in a Biot model of ultrasonic propagation in cancellous bone. J. Acoust. Soc. Amer, 2007, 121(1): 568-574.

[10] Padilla F, Laugier P. Recent developments in trabecular bone characterization using ultrasound. Current Osteoporosis Reports, 2005, 3(3): 64.

[11] Chaffaï S, Peyrin F, Nuzzo S, et al. Ultrasonic characterization of human cancellous bone using transmission and backscatter measurements: relationships to density and microstructure. Bone, 2002, 30(1): 229-237.

[12] 他得安，汪源源，余建国，等．超声诊断骨质疏松症中骨骼的模型．应用声学, 2003, 22(6): 34-38.

[13] Haire T J, Langton C M. Biot theory: a review of its application to ultrasound propagation through cancellous bone. Bone, 1999, 24(4): 291-295.

[14] Hughes E R, Leighton T G, et al. Ultrasonic propagation in cancellous bone: a new stratified model. Ultrasound Med. & Biol. 1999, 25(5): 811-821.

[15] Williams J L, Grimm M J, et al. Prediction of frequency and pore size dependent attenuation of ultrasound in trabecular bone using Biot's theory. Mechanics of Poroelastic Media, Dordrecht, Kluwer, 1996: 263-274.

[16] Tavakoli M B, Evans J A. The effect of bone structure on ultrasonic attenuation and velocity. Ultrasonics, 1992, 30: 389-395.

[17] Ta D A, Le L H, et al. Experimental study of the fast and slow longitudinal waves propagating through bovine cancellous bones. Inter. Cong. Ultras., Vienna, Austria, 2007.

[18] 他得安，王威琪，余建国．松质骨中两种纵波的传播特性分析．中国生物医学工程学报, 2005, 24(1): 16-20.

[19] Jenson F, Padilla F, et al. In vitro ultrasonic characterization of human cancellous femoral bone using transmission and backscatter measurements: Relationships to bone mineral density. J. Acoust. Soc. Amer. 2006, 119(1): 654-663.

[20] 曹海伟，梁峭嵘，郎江明．定量超声与双能骨密度测定在骨质疏松诊断中的应用及评价．中国骨质疏松杂志, 2001, 7(2): 110-112.

[21] Gomez M A, Defontaine M, et al. In vivo performance of a matrix-based quantitative ultrasound imaging device dedicated to calcaneus investigation. Ultrasound Med. & Biol. 2002, 28(10): 1285-1293.

[22] Ouedraogo E, Lasaygues P, et al. Contrast and velocity ultrasonic tomography of long bones. Ultras. Imaging, 2002, 24(3): 139-160.

[23] Lasaygues P, Laugier P. Bone imaging using compound ultrasonic tomography, new delhi. India: Anamaya Publiser, 2006.

[24] Hans D, et al. Quantitative ultrasound in bone status assessment. New Rhum Engl Ed, 1998, 65(7-9): 489-498.

[25] Wear K A. The dependence of time-domain speed-of-sound measurements on center frequency, bandwidth, and transit-time marker in human calcaneus in vitro. J. Acoust. Soc. Amer., 2007,

122: 636-644.

[26] Wear K A. Group velocity, phase velocity, and dispersion in human calcaneus in vivo. J. Acoust. Soc. Amer., 2007, 121: 2431-2437.

[27] Padilla F, Peyrin F, Laugier P. Prediction of backscatter coefficient in trabecular bones using a numerical model of three-dimensional microstructure. J. Acoust. Soc. Amer., 2003, 113: 1122-1129.

[28] 他得安，王威琪，汪源源，等．基于声速微扰的松质骨超声参数分析和计算．中国生物医学工程学报, 2005, 24(6): 788-792.

[29] Kaufman J J, Einhorn T A. Perepectives: ultrasound assessment of bone. Bone Miner Res., 1993, 8(3): 517-525.

[30] Ta D A, Huang K, et al. Predict ultrasonic backscatter coefficient in cancellous bone by theory and experiment. Proc. the 27th Ann. Inter. Conf. IEEE-EMBS, 2005: 1131-1134.

[31] Wear K A, Laib A. The dependence of ultrasonic backscatter on trabecular thickness in human calcaneus: theoretical and experimental results. IEEE Trans. UFFC, 2003, 50(8): 979-986.

[32] Chaffaï S, Roberjot V, et al. Frequency dependence of ultrasonic backscattering in cancellous bone: autocrrelation model and experimental results. J. Acoust. Soc. Amer., 2000, 108: 2403-2411.

[33] Deligianni D D, Apostolopoulos K N. Characterization of dense bovine cancellous bone tissue microstructure by ultrasonic backscattering using weak scattering models. J. Acoust. Soc. Amer., 2007, 122: 1180-1190.

[34] Kitamura K, Nishikouri H, et al. Estimation of trabecular bone axis for characterization of cancellous bone using scattered ultrasonic wave. Jpn J Appl Phys, 1998, 37: 3082-3087.

[35] 他得安，王威琪，汪源源．松质骨中超声背散射信号的分析．中国医学影像技术，2004, 20(9): 1434-1436.

[36] 他得安，王威琪，汪源源，等．超声背散射系数评价松质骨状况的可行性研究．航天医学与医学工程, 2005, 18(5): 365-369.

[37] Raum K, Leguerney I, et al. Bone microstructure and elastic tissue properties are reflected in QUS axial transmission measurements. Ultrasound in Med. & Biol., 2005, 31(9): 1225-1235.

[38] Yoshizawa M, Ushioda H, Moriya T. Development of a bone-mimicking phantom and measurement of its acoustic impedance by the interference method. IEEE Inter. UFFC Joint 50th Ann. Conf., 2004: 1769-1772.

[39] Ta D A, Wang W Q, Wang Y Y. Analysis of acoustic impedance in cancellous bone. Ultrasound in Med. & Biol., 2006, 32(5): 89.

[40] 他得安，王威琪，汪源源，等．基于超声背散射信号分析松质骨中的声阻抗．中国生物医学工程学报, 2007, 26(4): 487-492.

[41] 黄凯，他得安，王威琪．估计骨小梁间距的信号处理方法．国际生物医学工程学报，2007, 30(1): 10-14.

[42] 他得安，王威琪，汪源源，等．基于自回归倒谱法估计骨小梁间距．仪器仪表学报，2007, 28(1): 17-22.

[43] Huang K, Ta D A, et al. Estimation of mean trabecular spacing from ultrasonic backscatter using cepstrum based on inverse filter. Inter. Cong. Ultras. Vienna, Austria, 2007.

[44] 黄凯，他得安，王威琪，等．基于反向滤波器的倒谱法估计平均骨小梁间距．航天医学与

医学工程, 2008.
[45] 黄凯，他得安，王威琪，等. 基于简易反向滤波跟踪算法分析松质骨的微结构特征. 中国生物医学工程学报, 2008.
[46] 他得安，王威琪，汪源源，等. 评价松质骨状况的一种频谱方法. 声学技术, 2007, 26(3): 406-410.
[47] 罗春苟，他得安，黄凯，等. 松质骨组织的若干超声参量成像方法. 声学技术, 2008.
[48] Ta D A, Huang K, et al. Identification and analysis of multimode guided waves in tibia cortical bone. Ultrasonics, 2006, 44: E279-E284.

超声热疗下的声场和温度场研究进展

刘晓宙，龚秀芬，章东
(近代声学教育部重点实验室，南京大学声学所，南京 210093)

1 引言

肿瘤超声热疗一般被认为有高强度聚焦超声(high-intensity focused ultrasound, HIFU)和温热疗法(hyperthermia)。被誉为 21 世纪治疗肿瘤新技术的高强聚焦超声(HIFU)是 20 世纪 90 年代兴起的，HIFU 在国内外成为研究的热点，美国、英国、法国等国的科学家已在这方面进行了深入的研究，取得了显著的进展[1,2]。90 年代初,美国腔内聚焦超声前列腺治疗仪进入国际市场,之后华盛顿大学 Crum 等进行高强度聚焦超声止血实验取得成功。英国 ter Haar GR 对 HIFU 也进行大量的物理、医疗等方面的研究。法国学者在 HIFU 的研究中也取得了很大成果：前列腺治疗，甲状腺腺瘤治疗。国内目前能研制 H IFU 产品的厂家(公司)已有近十家之多，最具代表性的有重庆海扶、上海爱申(上海交通大学)、北京源德、深圳 PRO 等公司，其产品已销至国内外，疗效已通过临床得到证实。HIFU 治疗肿瘤的机理是：利用声焦域内的高声强(10^3~10^4 W/cm^2)对人体内肿瘤组织短时间(0.1~5s)辐照，使后者温升达 65°C 以上，致热凝固性坏死，而其周围组织却不受损伤。高强聚焦超声作为一种无创性外科技术，要求能够有选择性地定向破坏靶组织，这就是说，我们希望以精确控制的方法产生焦域内的靶组织损伤(lesions)，而不影响其周围组织，这就必须对高强聚焦超声换能器的声场及温度场的分布有准确的了解。温热疗法是加热肿瘤到 42.5~45.0°C 并保持数十分钟，以抑制癌组织的生长，达到治疗癌症的目的，可见温热疗法中，温度的控制是一个关键。温热疗法结合放疗和化疗已在临床上得到应用，疗效显著。

无论是 HIFU 还是温热疗法，都要使用比较强的超声波，因此必伴有非线性存在，所以，有限振幅超声的非线性特性越来越引起人们的重视。1969 年，Khokhlov-Zabolotskaya (KZ)方程[3]的提出用来描述考虑了衍射和非线性效应的声束传播。此后，Kuznesov[4] 考虑了热黏滞吸收效应，修正了他们的方程，提出了经典的 Khokhlov-Zabolotskaya-Kuznetsov (KZK)方程。一般而言，由平面活塞声源或者聚焦活塞声源发射的声波的传播可以用在频率域 (frequency domain) 或者时间域(time domain)求解 KZK 方程的办法来研究。得到声场后，再根据 Pennes 方程就可得到温度场，这样就可以对超声热疗中的声场和温度场进行有效的预测。

另外超声热疗下的温度无损检测也是一个非常重要的问题,若在超声热疗中能实时检测到温度的变化，就能对治疗过程进行控制，提高治疗的效果。

2　近年国外的研究进展

国外在超声热疗的研究进展研究主要体现在三个方面：(1) HIFU 治疗的评价和监控；(2) 提高 HIFU 的治疗效率；(3) HIFU 治疗的新技术和新领域。

2.1　HIFU 治疗的评价和监控

目前多采用二维实时超声成像系统进行术中监控，但 B 超显示的是二维切面图像，不能清晰显示脏器和病灶的空间构形和位置，且分辨力较低，因此有必要寻求新的术中监控和实时疗效评价方法,保证 HIFU 治疗的有效性和安全性。

弹性成像法(elastography) 在 HIFU 应用中的研究目前尚处于初始阶段，弹性成像可准确地估计产生损伤的范围，计算治疗体积。由于超声对组织弹性系数的变化非常敏感，从弹性图像上可以推测不同的组织损伤机制，如凝固性坏死、组织炎症等[5]。初步研究结果表明，弹性成像可作为一种有效的手段用以检测 HIFU 引起组织热损伤情况[6]。

磁共振成像(magnetic resonance imaging, MRI) 被认为是比较理想的 HIFU 监控成像方式, T_1 加权图像可用于较为精确的温度成像，T_2 加权图像可清晰识别损伤组织,其温度成像可用于监测 HIFU 治疗靶区温度的变化。Hynynen 等[7]应用 MRI 引导 HIFU 热切除乳腺纤维腺瘤，可发现靶区一小的极高信号区，同时还观察到了靶区温度增加、热量扩散和治疗结束后温度下降的过程。Germain 等[8]运用磁共振快速成像和质子共振频率位移技术监控 HIFU 损伤兔大腿肌肉的全过程,也证实了用 MRI 对 HIFU 热切除组织过程的可视化和温度控制的可行性。他们还对靶区及周围组织的温度变化进行了彩色编码，绘制了温度图，发现靶区内温度均在 65°C 以上，靶区中央最高温度达 134°C。如果靶区内温度超过 65°C，则可以认为靶区组织已经发生了凝固性坏死,可以结束治疗,相反则需要延长治疗时间或提高输出功率。

2.2　提高 HIFU 的治疗效率

HIFU 要求治疗时间短，效率高，对于 HIFU 用于治疗颅脑疾病及 HIFU 与脑神经组织的相互作用方面做了大量深入的研究工作。初期研究曾认为，在 HIFU 临床治疗中空化作为不可控因素，应该极力避免。但后来，Glynn Holt[9]等研究发现,在一定条件下,气泡的活性具有聚能作用，只要把有关的声参数、媒质参数控制在适当范围内，空化有可能使 HIFU 辐照的热效应成倍增长。气体微泡的存在有利于空化产生，空化作用本身及其所产生的高温均能增加靶区组织凝固性坏死的体积。Yu 等[10]在超声辐照前将微泡造影剂由静脉注入动物体内，发现造影剂组的坏死率明显高于未注入组。Takegami 等[11]分别采用两种超声微泡造影剂即全氟丙烷蛋白 A 型中心体和 MRX2133 辅助 HIFU 对兔肝脏辐照，发现两个实验组靶区温度均较对照组明显升高，全氟丙烷蛋白 A 型中心体组和 MRX2133 组的坏死体积均显著高于对照组，并且 MRX2133 组高于全氟丙烷蛋白 A 型中心体组。上述研究均证实微泡造影剂能增强 HIFU 的治疗效率。双频超声辐照能明显增强空化效应，其声空化产额均显著大于各频率单独辐照方式的声空化产额之代数和。Sokka 等[12]用高声强 300W 辐照 0.5s 空化形成微泡，随后立即给予较低声强 20W 辐照 19.5s，产生空化效应和热效应形成的坏死体积比没有空化形成时范围较大。He 等[13]实验研究也表明：在相同条件下，双频 HIFU 较传统的单频在组织形成的凝固性坏死体积大，可以显著增强切除肿瘤的疗效。

英国皇家 Marsden 医院的 ter Haar GR 等[14]研究表明，频率为 1.7MHz 的 HIFU 进入生物组织后，其焦点位置将随辐照强度的增大而前移。例如，对于猪的膀胱，声强从 1200W/cm^2 增大到 3430W/cm^2 时，焦点前移 4~12mm。与此同时，焦域形状由椭圆形(cigar shape)变成蝌蚪形(tadpole shape)，见图 1。线性声学理论无法对此给出解释，但采用 KZK 非线性理论计算，则可以给出焦点前移的结果，但依然不能解释蝌蚪形损伤的形成。因此，他们指出欲解释全部实验结果，还需要研究比非线性

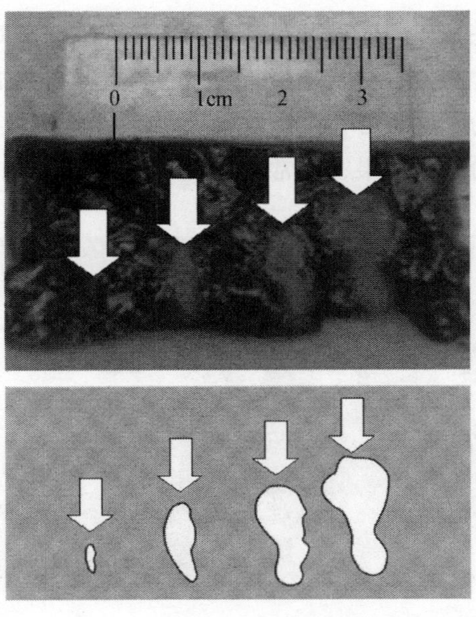

图 1　声强改变，焦域形状的改变

传播更复杂的非线性现象，如超声空化现象等。因此空化效应在提高 HIFU 效率的同时，热坏死的形态可能会发生变化。

2.3　HIFU 治疗的新技术和新领域

将时间反转声学(time-reversed acoustics) [15]技术应用到 HIFU 研究领域。时间反转虽然在经典物理中不成立，但在波动方程中却是可行的。一个声源的声波可被有限个接收器接受并进行时间反转处理后再准确地回到声源。在 HIFU 治疗中，有肋骨的存在，提出采用时间反转技术来解决这一问题[16, 17, 18]。

美国华盛顿大学的 Crum 领导的课题组，将 HIFU 技术拓展到超声止血[19]，即利用 HIFU 能使血液凝结堵塞血管或使器官切口处快速凝结，从而达到止血的目的，这在外科手术、血管破裂的治疗等方面有着重要的意义。

3　近年国内的研究进展

超声热疗下的声场和温度场，国内专家在此方面进行了系统的研究，研究主要体现在以下几个方面：有限振幅声波引起的声场，有限振幅声波引起的温度场，温度场的无损检测。

3.1 有限振幅声波引起的声场

重庆医科大学在 HIFU 方面做了一系列的工作，临床上对肝、肾、前列腺和其他组织进行了 HIFU 实验[20]，分析 HIFU 治疗的效果，对 HIFU 治疗中治疗、监测和评价进行了系统的分析。图 2 在重庆医科大学使用的 HIFU 治疗系统，图 3 为在肝组织上进行 HIFU 的演示效果，非常能体现 HIFU 的特性。

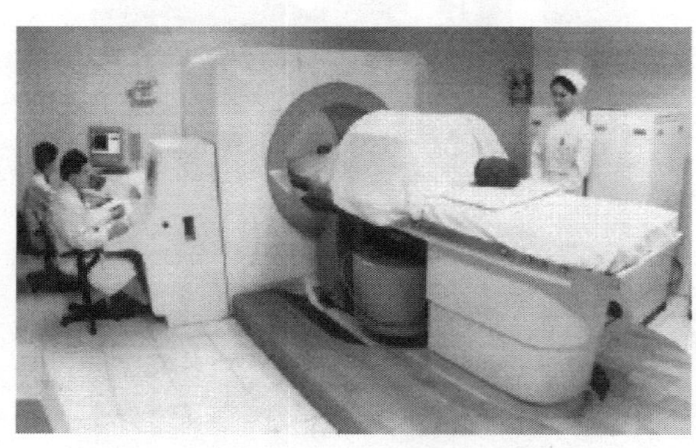

图 2　重庆医科大学使用的 HIFU 治疗系统

图 3　肝组织上进行 HIFU 的演示效果

王志彪等研究了 HIFU 引起的能量积累[21]，他们认为由聚焦超声引起的椭圆形的坏死区域与声焦域的区域不同，因此他们提出“生物学焦域”的概念，它与声强、辐照时间、深度和组织的结构有关。接着他们研究了聚焦超声换能器的频率和曲率半径对生物学焦域的影响[22]，结果表明对于任一种聚焦超声换能器，辐照深度一定时，生物学焦域的体积随换能器辐射声功率、辐照时间的增大而增大。在一定的换能器辐射声功率和辐照时间下，辐照深度一定时，当聚焦超声换能器其他物理参数固定时，生物学焦域的体积随换能器频率的增大而增大，而生物学焦域的形态指数随频率的增大而减小；而当聚焦超声换能器的其他物理参数固定时，生物学焦域的体积和形态指数随透镜曲率半径的增大而增大。

聚焦超声波在生物组织传播时，必须通过多层组织，因此超声波通过层状生物媒质的声波和二次谐波声场就显得非常重要。理论上基于非线性 KZK 方程，提出了在频域中有限振幅聚焦超声波在层状媒质中的非线性传播的理论模型[23]，模型计及媒质的吸收、非线性和边界，同时考虑声源的衍射对声传播的影响。在理论模型基础上数值计算了活塞聚焦超声波在生物组织构成的层状媒质中的非线性传播，图 4 为有限振幅声波插入一层生物组织样品后轴向基波及二次谐波归一化声压，相关实验测量验证了理论模型及数值计算。

有限振幅声波穿过肋骨后的非线性声场也是一个热疗中一个非常重要的问题，基于 KZK 方程，在频域建立求解三维非轴对称声场的方法，理论及实验研究了声波通过肋骨条状障碍物后的非线性声场分布[24]，为模拟超声波从两条肋骨中穿过，将二根肋骨状障碍物的放置关于声轴对称，且它们的几何中心相距为 $\ell = 20\text{mm}$，图 5 为该情况下轴向归一化声压分布，数值计算与实验结果基本相符。

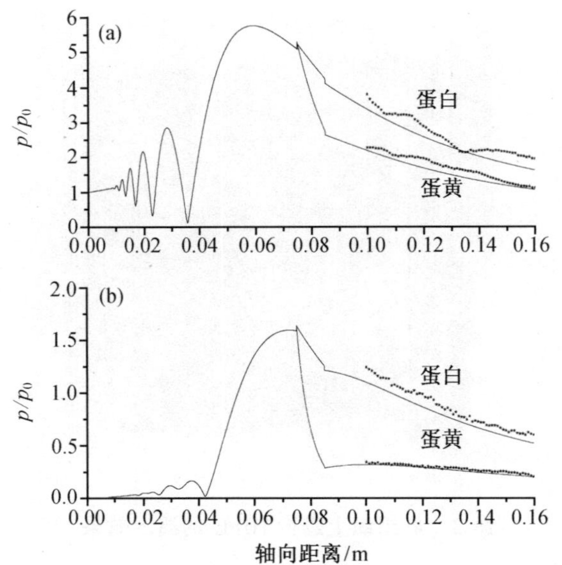

图 4　插入一层生物组织样品后轴向基波及二次谐波归一化声压
(实线为理论结果，*为实验结果)：(a)基波；(b)二次谐波

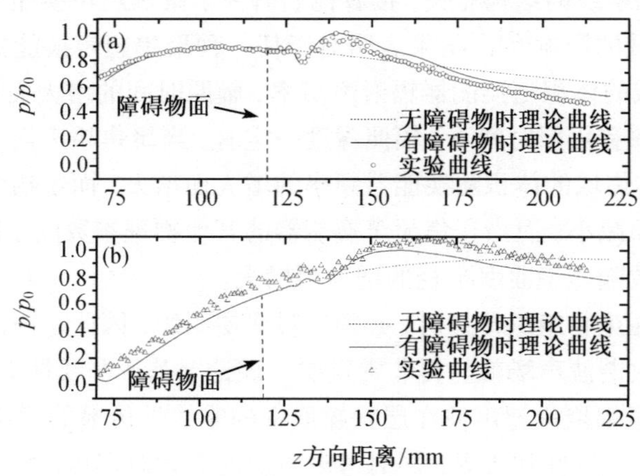

图 5　有障碍物分布下的轴向归一化声压分布：(a) 基波；(b) 二次谐波

以上的研究是换能器是小张角的情形，在热疗，特别是 HIFU 下使用的换能器是大张角，孙敏、章东等提出了一种大张角聚焦换能器线性及非线性声场的新算法[25]。在椭球坐标系中直接由描述声波的流体运动基本方程组出发，用有限差分法在时域计算大孔径几何聚焦声源的声场。

图 6 和图 7 是张角分别为 30°和 40°时的前三次谐波轴向声压分布，实线代表所用 FDTD 方法，虚线代表 SBE 法，纵轴为以声源声压 p_0 归一化后的声压幅值，横轴代表以几何焦距归一化后的轴向距离，ξ等于−1 或 0 分别对应着声源中心和几

何焦距。可以看出这两种方法所得结果基本一致，运用 SBE 法时，随着角度的增加，与 O'Neil[26]解相比的结果表明轴向声场幅值在焦点前的区域稍微向焦点偏移，而在焦点后的区域稍微偏向声源，所用 FDTD 的计算结果表明，在焦点前的区域内，声场向声源处偏移，而在焦点后的区域，声场同样稍微偏向声源。这说明目前该方法可精确计算大张角换能器的聚焦域。该算法避免了二阶抛物线近似等存在的条件限制，对孔径角度没有要求；不仅适用于连续波声源，对脉冲波声源也同样适用；不需要区分近场远场，在整个区域内统一计算，计算区域随聚焦程度加大而缩减；对吸收项和非线性项的离散差分提出了一种新的处理方法，其中吸收项的引入相当于增加了一个低通滤波器。此算法采用时域解，时域解的好处是：可以直接得

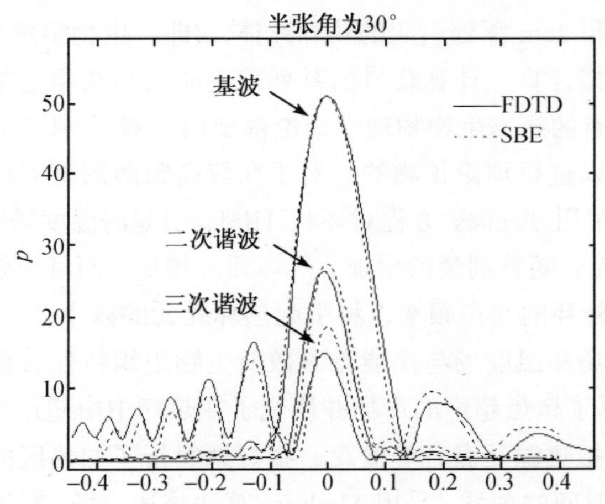

图 6　水媒质中聚焦声源半张角为 30°时的前三次谐波的轴向声压振幅

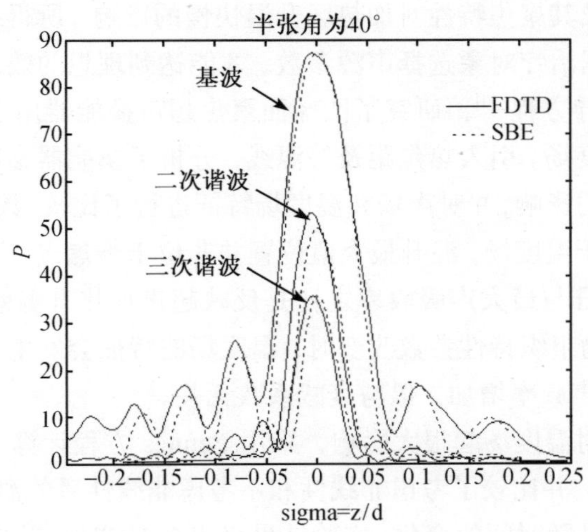

图 7　水媒质中聚焦声源半张角为 40°时的前三次谐波的轴向声压振幅

到任意时刻的空间波形和声场中任意点的时间波形，时域法通常适合描述脉冲、随机波形和阶跃冲击波等声源产生的声场，通过时域法还可以得到存在多种弛豫效应时的声场分布，这是频域法无法做到的，它为以后计算更复杂媒质中声波的传播打下基础。

3.2 有限振幅声波引起的温度场

HIFU 治疗时所使用的常常是环状换能器，冯若等利用 Pennes 方程和 Rayleigh 方程[27]，对一种环状高强聚焦超声(HIFU) 换能器引起声场和温度场进行了研究。在发射声强为 7000~25400W/cm^2 和辐照时间为 0~20s 辐照剂量范围内，对于辐照剂量和它在离体牛肝 2cm 深处引起的热坏死体元(即“生物学焦域”) 体积之间的关系进行了数值模拟计算，计算获得的系列理论曲线与在相应条件下实验测量曲线符合较好。在现有的超声生物物理学理论框架内，对于 HIFU 辐照引起的热坏死体元的体积是可以进行理论预测的，对于在较高辐照剂量下理论与实验之间存在的一定的差异。采用 Pennes 方程对环状 HIFU 引起的温度场进行了数值模拟研究[28]，得到的结论是：随着剂量的增加，热坏死元增加，而且声强的影响大于辐射时间的影响；增加外环的超声频率，将引起热坏死元的减小。

聚焦超声的声场和温度场与换能器参数及生物组织特性参数有关，文章使用 Madsen 的方法计算了聚焦超声的声场并研究了在热疗中由超声作用引起的温度场分布[29]，引入了虚拟热源及温升等概念，很好地解析了加热区的边界条件对温度分布的影响与加热时间的关系。采用 Madsen 算法描述声场，较准确地反映了凹球面聚焦超声换能器在全空间的加热效果。通过大量的数值计算，揭示了生物组织特性参数、声源参数及其聚焦特性对加热区升温快慢的影响。所得结果表明：超声加热治疗时，必需根据治疗对象选择声源参数，才能达到理想的效果。另外还使用差分法求解生物热传导方程[30]，研究了凹球面聚焦超声换能器用于热疗时在人体组织内产生的稳态温度场。引入热焦距及等温线，分析了换能器参数、生物组织特性参数对有效治疗区的影响，并对声场和温度场特征进行了比较。数值计算结果表明：声场的分布并不同于温度场，温升最大值位置并非位于声焦点。最大温升与辐射总功率之比、最大温升与最大声吸收率之比是反映超声加热升温效率的两个重要依据。声源参数及生物组织特性参数改变时，温度场的特征会发生明显变化。温度场轴向 3dB 宽度随超声频率增加，但与衰减系数无关。

非线性效应将对温度场起很大影响，采用 Pennes 方程计算了有限振幅声波引起的非线性吸收[31]，并比较了考虑非线性和不考虑非线性后的温度差别，图 8 为猪脂肪中的温度提升随时间的变化，实验结果表明在 HIFU 治疗中必须考虑非线性对温度场的影响。

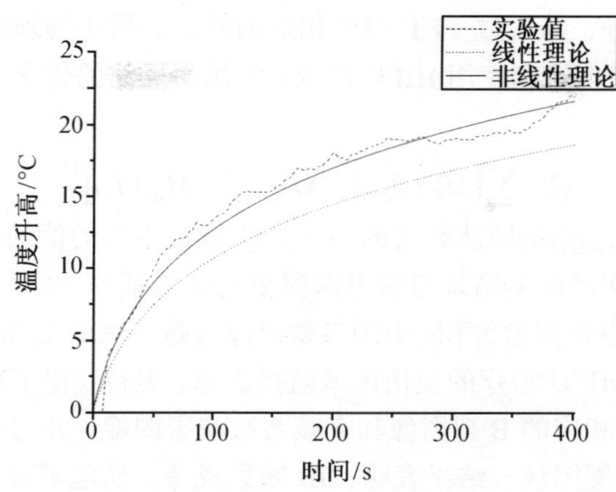

图 8 猪脂肪中的温度提升随时间的变化

3.3 温度的超声无损检测

监控 HIFU 治疗的温度主要由下列几种方法。

(1) 声速和声衰减：通过检测生物组织的声速和声衰减来监控 HIFU 治疗的温度，这种方法将为更好的 HIFU 治疗带来极大便利。文献[32]提供了离体猪肝的声速和声衰减随温度变化的关系曲线，该曲线反映了当温度达到 70~75°C，声速和声衰减曲线斜率发生很大变化，而蛋白质变性温度是 63°C，由此可以满足监控 HIFU 治疗已达到使病灶部位蛋白质变性的要求。

(2) 超声散射：在随机起伏介质超声散射理论下，基于组织超声散射回波功率谱，提出无损获得组织温度信息的新方法[33, 34]，该理论包括：① 生物组织近似为离散随机介质。② 离散随机介质的平均散射功率与组织的衰减系数α和声速有关，对于似水生物组织(如猪肝)，当温度升高时，衰减系数的减小使平均散射声功率增加，但其影响大小与时间窗Δt 有关，而声速的增大则使平均散射声功率减小。实验结果表明，生物组织的平均散射声功率随温度变化趋势明显，该结果提供一种肿瘤热疗无损伤检测温度的新方法。

钱祖文等提出通过散射波与温度的关系来进行无损测温[35]，他们得到如下的关系：

$$M_{th}(f,\beta_2,\beta_3,\Delta T_m)=\frac{|p_e|}{|Vp_i|}=(1-\beta_2\Delta T_m/f^n)(1-\beta_3\Delta T_m/f^n)$$

这里：V为界面 S 的反射系数，$|Vp_i|$和$|p_e|$为加热前和加热后的回波的声压振幅，β_2和β_3为声和热的耦合系数，与源的大小，热扩散系数及温度有关，f为频率，$n\approx1$，ΔT_m 就是组织的温度变化。实验采用一个 80 个单元的超声换能器，工作频率为 3MHz, A 扫采用其中 12 个单元来实现。用脉冲源来激发换能器，分别接收加热前

和加热后的回波信号，并通过 FFT 得到相应的频谱。所用的加热源有三种方式：使用射频信号、交替电流和使用 HIFU 声源。采用声反演的优化方法推测温度的变化，即寻求

$$Q=\sum\left[M_{th}(\beta_2,\beta_3,\Delta T_m;f_i)-M_{ex}(f_i)\right]^2$$

取最小值的参数，$M_{ex}(f_i)$是回波频谱的比率，Q 取最小时的值的ΔT_m 就是我们无损测温得到的参数。实验反演结果与热电偶测量的结果基本一致。

万明习等将超声背向散射积分(IB)参量成像与数字减影法相结合[36]，提出 IB 减影成像方法用于 HIFU 治疗的损伤区域监控成像。实验获得了离体牛肉和牛肝组织的 IB 减影图像及相应的 B 超图像和衰减系数减影图像，并得到不同阈值和频谱计算窗宽下的 IB 减影图像。结果表明：IB 减影成像方法能够较有效地对 HIFU 引起的软组织损伤进行成像，并能检测到 B 超成像不能检测到的非空化性组织损伤，且其对比度和分辨率均高于衰减系数减影成像。

(3) 非线性声参量：龚秀芬、刘晓宙等研究了离体生物组织样品(猪的脂肪、肝脏、肌肉等)的非线性声参量与温度的关系[37,38,39]。有限振幅插入取代法的测量系统为：信号源产生 2MHz 的 Burst 信号，除气水及样品中产生的二次谐波 4MHz 信号由水听器及数字示波器接收采样，样品的温度由恒温水浴控制。测量中首先测量样品未插入前的二次谐波值，样品插入后再次测量二次谐波值。样品的非线性声参量由两次测得的二次谐波的比值确定。结果表明在测量范围 20~65°C 范围内组织的非线性声参量与温度呈线性关系，我们可以把非线性声参量作为无创测温的一个参量。

(a) 由非线性声参量重建热源引起的生物组织温度变化

在上述工作基础上，进一步研究由非线性声参量重建热源引起的生物组织温度变化[38]。将生物组织样品放置在 26°C 的水中浸泡 15min，使得组织各部分的温度均匀，再将生物组织样品放入 60°C 的水中。生物组织非线性声参量 B/A 与温度关系，可以重建 B/A 值所对应的温度值，如图 9 的离散点所示，拟合曲线如图中的实线所示。而图中虚线为由传热模型理论计算得到的结果。实验和理论基本相符。在实验中，还用热电偶对组织中的若干点的温度进行了实际测量，结果如图中的“◊”符号所示。

(b) 由非线性声参量重建超声源引起的组织温度变化

研究了生物组织中的温度随超声源的加热后的变化[39]，用两个超声换能器，一个用于加热生物组织，另一个复合换能器用于测量组织的非线性声参量，根据非线性声参量与温度的变化关系，可得到组织内的温度变化。图 10 为在猪的脂肪组织焦点处由非线性参量反演温度提升，和热电偶的测量结果比较。

(4) 弹性应变检测：采用超声弹性成像的方法检测高强度聚焦超声在动物组织内产生的损伤[40]。动物组织的离体实验结果表明，超声弹性成像能够有效地检测

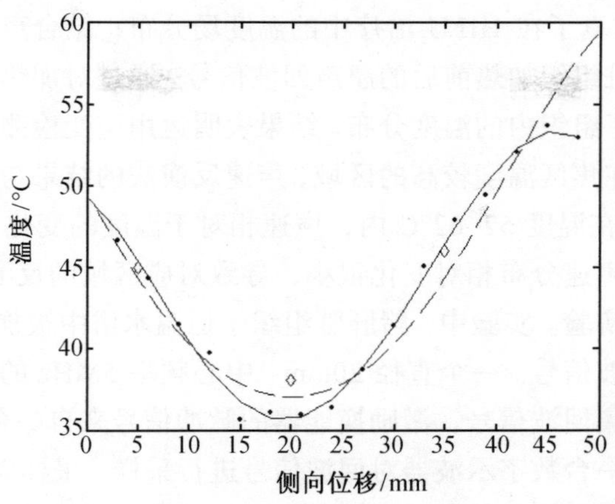

图 9 肌肉组织中的温度分布

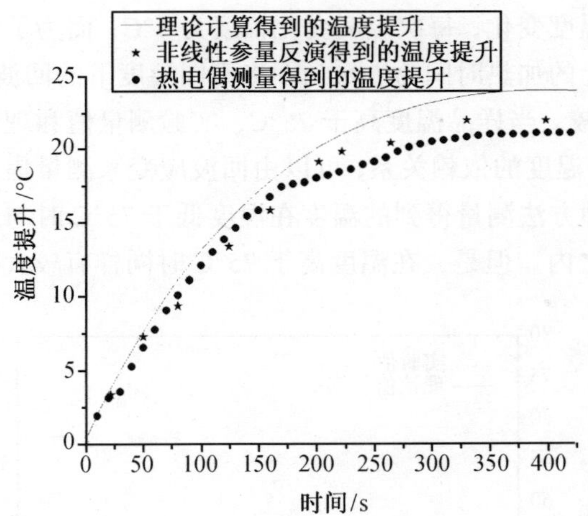

图10 脂肪组织焦点处的温升随时间的变化

HIFU 引起的损伤。该损伤表现为弹性模量增大，在超声弹性成像的应变分布中对应应变较小的区域，而这种组织内部的弹性差异，是用传统的 B 超图像所不能反映的。通过与组织解剖后照片的对比，可以看出照片观察到的损伤的范围和大小都与应变分布图上的一致。不同烧灼方式和烧灼时间产生的损伤的区别，也可在应变分布图上反映出来。

考虑到 HIFU 产生的热效应会使生物组织在加热过程中弹性会发生变化[41]，其热膨胀会发生明显变化。在 HIFU 加热中生物组织的应变变化不仅取决于热效应引起的速度改变，而且与热效应引起的热膨胀变化有关。结合声速及热膨胀与温度的关系，研究了通过检测回声中的应变来重建 HIFU 治疗中的温度变化的可行性，并与基于声速-温度关系的方法进行了比较和讨论。利用非线性 KZK 方程及生物体传热 Pennes 方程，仿真了在 HIFU 治疗中的温度场分布；结合声速及热膨胀与温度的关系，得到了肝脏组织加热前后的超声回波信号。通过对加热前后组织回波信号的相关分析，重建了组织内的温度分布。结果表明运用应变检测温度比声速检测温度更为准确。特别在焦区温度较高的区域，声速反演法的结果与理论值相比误差较大。其原因有：(1)在温度 52~62°C 内，声速相对于温度的变化并不敏感；(2)轴线上焦点附近的反演声速分布相对变化很小，导致对应区域的反演结果分辨率较低。设计了一个初步的实验。实验中，猪肝脏组织于恒温水浴中被加热，同时获取猪肝样品产生的超声回波信号。一个直径 20mm、中心频率 5MHz 的球面聚焦换能器被用来产生脉冲和采集回波信号，激励换能器的脉冲信号来自一台 pulser/receiver，通过计算机控制由一台数字示波器对回波信号进行采样，采样频率为 250MHz。厚度为 20mm 的新鲜猪肝组织样品置于除气水中，其中心位置位于换能器的焦点处。生物组织样品后方放置有吸声材料，以防止实验中产生多次反射。实验中使用水浴来控制生物样品的温度变化，每次温度变化幅度为 5°C，而为了使得样品内部温度均匀，每个温度点上的加热时间为 20min。将不同温度下的回波与 37℃的回波(设为基准信号)进行比较，当样品温度高于 75°C，实验测量值和理论值之间的差异比较明显。根据应变与温度的依赖关系，可以由回波应变来测量焦点处对应的温度大小，可以发现，这种方法测量得到的温度在温度低于 75°C 时与理论结果符合的较好，且精度在 2°C 之内。但是，在温度高于 75°C 时同样有较大的误差，见图 11。

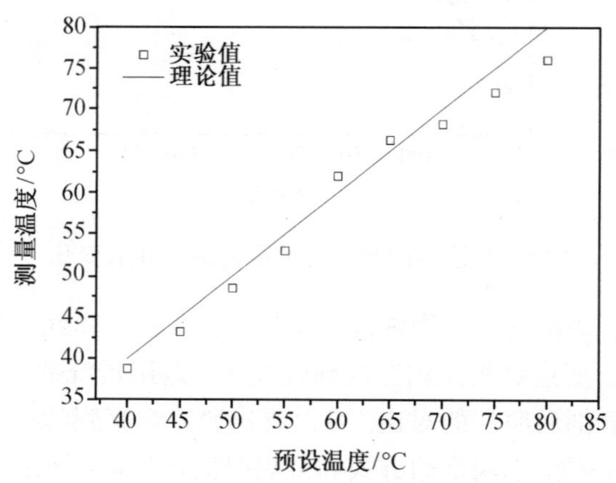

图 11　由回波应变测量得到的焦点处温度变化

4　小结和发展方向

本文从理论上和实验上介绍了有限振幅声波所产生的声场和温度场,并对温度场的超声无损检测的新技术做了说明，主要包括声场和温度场的计算，多层组织和肋骨的影响，利用超声参数进行无损测温的方法。

超声热疗技术由于其无创的优势正日益受到人们的重视，当然作为一种新型的治疗技术，许多问题还有待于进一步研究，如 HIFU 剂量与疗效的关系、治疗的安全性监测、精密定位与跟踪技术、探索组织内精确的测温技术、HIFU 治疗的免疫学研究及对癌转移的影响、HIFU 与放化疗综合应用以及设备的改进等。

今后应用基础研究主要集中在：(1) 无创测温，因为温度是决定焦域中细胞生死的关键参数，过低会影响疗效，过高会有危险，而且必须是无创的。(2) 热剂量学，不解决剂量问题，HIFU 就永远不能成为一项成熟的治疗技术。(3) 基础研究，必须对 HIFU 进行超声热疗的机理和规律搞清楚，这样才能更好地理解和应用 HIFU 技术。

超声热疗中的声场和温度场是其中一个重要而基础的问题，如果能很好地预测和检测由超声热疗引起的声场和温度场，将极大地推动超声热疗技术的发展，为人们的生活带来福音。

致谢

本项工作得到了国家自然科学基金 (No.10474044)的资助。

参 考 文 献

[1] Crum L A. Therasonics: the use of ultrasound in medical therapy. The 14th Inter. Symp. Nanjing Univ. Press, 1996: 16-22.

[2] 龚秀芬. 医学超声中声学非线性研究. 物理学进展, 1996, 16(3, 4): 286-298.

[3] Zabolotskaya E A, Khokhlov R V. Quasi-plane Waves in the Nonlinear Acoustics of Confined Beams. Sov. Phys. Acoust., 1969, 15(1): 35-40.

[4] Kuznetsov V P. Equations of nonlinear acoustics. Sov. Phys. Acoust., 1971, 16(4): 467-470.

[5] Kallel F, Stafford R J, Price R E, et al. The feasibility of elastographic visualization of hifu-induced thermal lesions in soft tissues. Ultrasound Med. & Biol., 1999, 25(6): 641-647.

[6] Bercoef J, Pernot M, Tanter M, et al. Monitoring thermally-induced lesions with supersonic shear imaging. Ultras. Imaging, 2004, 26(2): 71-87.

[7] Hynynen K, Pomeroy O, Smith D N, et al. MR imaging-guided focused ultrasound surgery of fibroadenomas in the Breast: a feasibility study. Radiology, 2001, 219(1): 176-185.

[8] Germain D, Chevalier P, Lanrent A, et al. MR monitoring of tumor thermal therapy. MAGMA, 2001, 13(1): 47-59.

[9] Holt R G, Roy R A, et al. Bubbles and HIFU: the good, the bad, and the ugly. The 2nd Inter. Symp. Therapeutic Ultrasound, USA, 2002: 120-131.

[10] Yu T, Fan X, Xiong S, et al. Microbubbles assist goat liver ablation by high intensity focused ultrasound. Eur Radiol., 2006, 16(7): 1557-1563.

[11] Takegami K, Kaneko Y, et al. Heating and coagulation volume obtained with high intensity

focused ultrasound therapy: comparison of perflut ren proteinype a microspheres and MRX233 in rabbits. Radiology, 2005, 237(1): 132-136.

[12] Sokka S, King R, Hynynen K. MRI-guided gas bubble enhanced ultrasound heating in vivo rabbit thigh. Phys. Med. Biol., 2003, 48(2): 223-241.

[13] He P Z, Xia R M, et al. The affection on the tissue lesions of difference frequency in dual-frequency high intensity focused ultrasound (HIFU). Ultras. Sonochem., 2006, 13(4): 339-344.

[14] Meaney P M, Cahill M D, ter Haar G R. The intensity dependence of lesion position shift during focused ultrasound surgery. Ultrasound Med. & Biol., 2000, 26(3): 441-454.

[15] Fink M. Time-reversed acoustics. Scientific American, 1999, 11: 91-97.

[16] Pernot M, Aubry J F, et al. Ultrasonically induced necrosis through the rib cage based on adaptive focusing: Exvivo experiments. Phys. Med. Biol., 2003, 48(16): 2577-2589.

[17] Pernot M, Aubry J F, et al. Ultrasonically induced necrosis through the rib cage based on adaptive focusing: Exvivo experiments. IEEE Ultras. Symp., 2003: 636-833.

[18] Tanter M, Thomas J L, Fink M. Focusing and steering through absorbing and aberrating layers: Application to ultrasonic propagation through the skull. J. Acoust. Soc. Amer., 1998, 103(5): 2403-2410.

[19] Bailei M R, Khoklova V A, et al. Physical mechanism of the therapeutic effect of ultrasound. Phys. Today, 2001, 49(4): 437-446.

[20] Wu F, Wang Z B, et al. Extracorporeal focused ultrasound surgery for treatment of human solid carcinomas: early chinese clinical experience. Ultrasound Med. & Biol., 2004, 30(2): 245-260.

[21] Wang Z B, Bai J, et al. Study of “biological focal region” of high-intensity focused ultrasound. Ultrasound Med. & Biol., 2003, 29(5): 749-754.

[22] 李发琪，张楠，马平，等．聚焦超声换能器的频率和曲率半径对生物学焦域的影响．中国超声医学杂志, 2004, 20(2): 157-160.

[23] 薛洪惠，刘晓宙，龚秀芬，等．聚焦超声波在层状生物媒质中的二次谐波声场的理论与实验研究．物理学报, 2005, 54(11): 5233-5238.

[24] 李俊伦，刘晓宙，章东，等．条状障碍物对超声非线性声场的影响研究．物理学报，2006, 55(6): 2809-2814.

[25] Sun M, Zhang D, Gong X F. Theoretical prediction of the acoustical field radiated from a concave source with wide aperture angle. Chin. Phys. Lett., 2006, 23(3): 649-651.

[26] O’ Nell T. Theory of focusing radiators. J. Acoust. Soc. Amer., 1949, 21(5): 516-526.

[27] 冯若，张楠，李发琪，等．高强聚焦超声辐照剂量与组织热坏死体元之间的关系．自然科学进展, 2004, 14(7): 819-821.

[28] Zhang Q, Li F Q, et al. Numerical simulation of the transient temperature field from an annular focused ultrasonic transducer. Ultrasound Med. & Biol., 2003, 29(1): 585.

[29] 钱盛友，孙福成，王鸿樟．凹球面聚焦超声换能器用于热疗时在人体内引起的瞬态温度场．中国生物医学工程学报, 2001, 20(3): 236-241.

[30] 钱盛友，王鸿樟．聚焦超声源对生物媒质加热的理论研究．物理学报，2001，50(3)：501-506.

[31] Liu X Z, Li J L, et al. Nonlinear absorption in biological tissue for high intensity focused ultrasound. Ultrasonics, 2006, 44: e27-e30.

[32] 刘丹，许哲宇，夏荣民，等. 离体肝脏组织声学参量的温度特征研究. 声学技术，2007, 26(1): 62-65.

[33] 牛金海，周世平，王鸿樟. 基于超声散射回波功率谱的热疗无损测温模型. 声学学报，2001, 27(2): 185-190.

[34] 牛金海，张红煊，王鸿樟，等. 基于离散随机介质平均散射声功率的无损测温方法. 声学学报, 2001, 25(3): 247-251.

[35] Qian Z W, Xiong L L, et al. Noninvasive thermometer for HIFU and its scaling. Ultrasonics, 2006, 44: e31-e35.

[36] 钟徽，江一峰，万明习，等. 高强度聚焦超声软组织损伤背向散射积分减影监控成像. 航天医学与医学工程, 2006, 19(3): 217-221.

[37] Gong X F, Liu X Z, et al. Estimation of temperature distribution in Biological tissue by acoustic nonlinearity parameter. The 17th ISNA, 2005: 341-344.

[38] 卢莹，刘晓宙，龚秀芬，等. 生物介质中的非线性声参量对温度依赖关系的研究. 科学通报, 2004, 49(24): 2517-2519.

[39] Liu X Z, Gong X F, et al. Noninvasive estimation of temperatures by using acoustic nonlinearity parameter imaging, Ultrasound Med. & Biol., 2008, 34(3): 414-424.

[40] 罗建文,丁楚雄，白净，等. 超声弹性成像用于高强度聚焦超声损伤的检测. 北京生物医学工程, 2006, 25(3): 235-239.

[41] Ma Y, Zhang D, Gong X F, et al. Noninvasive temperature estimation by detecting echo-strain change including thermal expansion. Chin. Phys., 2007, 16(9): 2745-2751.

[32] [illegible] 2007, 26(1): 62-68.
[33] [illegible] 2001, 27(2): 185-190.
[34] [illegible] 2001, 29(3): 24-31.
[35] Guo Z Y, Xiong L Z, et al. [illegible] thermometry for HIFU and RF [illegible]. Ultrasonics, 2006, 44: [illegible]
[36] [illegible] 2006, 18(3): [illegible]
[37] Gong X F, Liu X Z, et al. Estimation of temperature distribution in biological tissue by acoustic nonlinearity parameter. The 1st ISNA, 2005, [illegible]
[38] [illegible] 2006, 49(1): 215-225.
[39] Liu X Z, Gong X F, et al. Noninvasive estimation of temperature by using acoustic nonlinearity parameter imaging. Ultrasound Med. & Biol., 2008, 34(3): [illegible]
[40] [illegible] 2006, 25(1): 218-[illegible]
[41] Ma Y, Zhang D, Gong X F, et al. Noninvasive temperature estimation by detecting echo-strain change including thermal expansion. Chin. Phys., 2007, 16(12): [illegible]

环境声学和建筑声学

环境声学研究及应用进展

田静，刘克，吕亚东，焦风雷，刘碧龙

(中国科学院声学研究所，北京 100080)

1　引言

环境声学研究声环境及其与人类活动的相互作用。人类生活的环境中有各种声波，其中有用来传递信息和进行社会交流及其他活动所需要的声音，也有会对人类的生活与工作产生影响，甚至危害人类健康的不需要的噪声[1]。

环境声学研究的内容主要是声音在空气环境中的产生、传播和接收，及其对人体产生的生理、心理效应；研究改善和控制声环境质量的技术和管理措施。具体包括：噪声控制，音质设计、噪声的影响和噪声标准。核心内容在于噪声及其控制。

环境声学的发展起源于20世纪初，为了改善人类的声学环境，保证语音的清晰可懂，音乐的优美动听，人们开始关注和研究建筑物内的音质问题，形成并发展了建筑声学。20世纪50年代以来，随着工业生产和交通运输的迅猛发展，城市人口急剧增长，噪声源越来越多，噪声强度越来越高，人类的生活和工作环境受噪声的污染日益严重，控制噪声，保证建筑物内外的声环境能够满足人们的生活、学习和工作需要，减少噪声对人类的危害，成为环境声学的主要研究内容。近年来，环境声学研究热点迭出，应用技术日新，不仅学科自身得到较快发展，而且引起了社会各方面的广泛关注。

2005~2007年的第12~14届“国际声学与振动学术会议”(ICSV)[2~4]和第34~36届“国际噪声控制工程大会”(inter-noise)[5~7]的大会报告和技术分会的讨论内容，可以看出声品质、声景观、噪声地图、声学材料、声学与振动模式识别、状态监测与振动测试、分布式声学监测技术、声学数值计算方法、噪声政策、噪声屏障、有源噪声与振动控制、轮胎/路面噪声等方面的研究，是国际上主要的研究热点。其他的研究和应用技术方向还包括城区声传播与评价、噪声的管理评价与策略、复杂环境的社会反应与暴露标准、声功率、飞机噪声、管路噪声、护耳器、振动隔离与阻尼等。

Inter-noise’2007 的会议主题是“全球化噪声控制对策”，会议的大会报告包括：“全球化噪声控制对策”、“建筑隔声”、“心理声学、声品质与音乐”、“模态分析与噪声”，基本上代表了当前环境声学的主要关注方向。

国内的环境声学研究起步并不晚，以马大猷院士为首的我国声学工作者在 20 世纪初的建筑声学研究中就做出了举世公认的贡献，并且在 50 年代新中国的代表性建筑如人民大会堂的音质设计中得到成功应用。自 60 年代起，马先生又领导开展了环境噪声的调查评价、声学标准制定、气动声学及声学材料的研究，形成了完整的环境声学评价及测试标准体系，发展了一系列的噪声控制技术及手段，并且促成了我国第一部环境噪声污染防治法的制定和颁布实施[8]。目前，我国在环境噪声的法律和标准体系、气动噪声控制、有源噪声控制、微穿孔板吸声材料等方面仍然处于国际先进水平。近年来，国家科技投入总体提高很快，同时面临着中长期科技发展规划等重大的发展机遇和奥运会等巨大的技术及市场需求，但是由于对环境声学的基础研究投入不足，技术应用的市场又不够规范，环境声学研究和技术发展水平却没能像其他学科那样随着国家的发展而迅速提高。在环境声学的仿真计算、新型声学材料、声品质、噪声地图、分布式网络声学监测系统等方面均与国际水平拉开了一定的差距。

本文重点围绕声学环境质量评价、噪声控制技术与环境噪声测量技术三个方向，分析讨论了环境声学领域的研究进展和应用发展，对该领域的发展目标、趋势与前景进行了预测，提出了进一步发展的研究方向建议。

2 声学环境质量评价

近年来，围绕声学环境质量的评价，国际声学界提出和发展了一系列的新概念、新方法，其中比较典型的如声品质、声景观、噪声地图等，通过近几年的不断努力，已经得到比较广泛的认可并走向应用。

2.1 声品质[9~19]

“声品质”是指由人耳对于声音事件感知过程最终作出的主观判断。除了频率及强度等客观参数的影响以外，声品质的研究更强调心理声学及非声学因素(认知、期望、社会属性等)的影响。相对于单纯地追求噪声声级的降低，人们更希望提高产品的声品质、改善居住环境的声品质，以满足人们期望从声音获得愉悦感和和舒适感的主观需要。

声品质研究覆盖两个方面的内容：(1) 环境声品质，与传统意义上环境声学评价内容直接相关，更加偏重于评价的主观属性，偏重于环境噪声的烦恼度研究。同时研究改善提高环境质量，与声景观的设计研究直接相关。包括室内环境、区域环境、社区环境等。(2) 产品声品质，研究产品的噪声所反映出来的与产品的质量、品位、功能、偏好等相关的信息。声品质的概念源自产品的声品质。声品质研究的初级阶段是理解人们对于声信号主观判断的本质，揭示其规律，形成客观的评价方法；高级阶段是对声品质进行提高和改善，或者能够事先设计。

目前，国际上对于声品质的研究仍不成熟，对于声品质理解的不同导致研究方法手段和研究结果差异很大，还没有形成统一的声品质评价标准。一般采取两种方法：一种是主观评价，即人们对于噪声声品质从主观感知的角度如何进行理解；另一种是客观评价，即寻求噪声声品质的心理声学、物理声学的属性。

声品质的概念源自20世纪80年代欧美的汽车行业，以产品声品质开始，逐渐在环境声学的其他领域展开，最近两年逐渐扩展到航空、铁路、交通、人居环境等环境噪声声品质的领域。国外许多研究所和大学都相继开展了声品质的专项研究。近两年的inter-noise等国际声学会议都设立了声品质专题。

2004年Ellermeier等分析了成对比较法的BTL和偏好性树模型在噪声不满意度评价研究中的适用性。2005年Ryu研究提出适用于室内噪声评价主观评价实验方法。2006年Yu和Kang在进行英国和中国台湾地区两地对于居住环境噪声评价的研究中指出文化背景的重要性。

2003 年同济大学的毛东兴针对车内噪声集中进行了评价术语、主观评价方法方面的探索。2005 年中科院声学所针对车内噪声，系统地进行声品质的主观及其客观评价分析方法研究，在人群分类对于声品质评价的重要性，以及尖锐度、语音可懂度对于车内噪声评价的突出作用等方面得到了一些重要的研究结论。

新的发展趋势主要在于三个方面：(1) 加强心理声学基础研究。(2) 关注环境中低频噪声评价模型的研究。(3) 分析噪声声品质的人群特征的影响因素。

2.2 声景观[20~35]

声景观(soundscape)是指在一个时期或地点通常所能够听到的声音的主要特征和类型。声景观研究亦称为声景学或者声生态学，主要研究作为自然或人工环境的一部分的声音，包括音乐、语言、噪声与静寂状态等，及其对人类健康、认知和文化的作用，也即研究建立声音、自然和社会之间的相互关系。声景观的研究使得环境声学和噪声控制逐渐走出了“先污染后治理”的阶段，开始转向积极主动地创建舒适的声环境。

但是时至今日，在声景观评价方法的研究方面，还没有统一的标准和方法，具有代表性的概念主要有主音、信号音、标志音、保真度和听觉空间。主音是区域的基本音调，定义为区域声景观的背景声；信号音是指前景声音(即音乐学上的想获得吸引力的声音)；标志音是指在排除了主音和信号音基础上，能显著地被人们注意到的声音。声音的保真度越高，区域听觉空间越大，说明声景观越好。

从人文价值的角度看，城市声景观可以用历史音、文化音、社会音和自然音等概念来描述。历史音是指值得记忆但已失去的历史声音记录，如庙会的嘈杂声、各具特色的叫卖声等；文化音是某一地方文化活动的特殊音，如江南丝竹声、蒙古族的马头琴演奏声等；社会音是社会活动发出的声音，如学校钟声、打铁店打铁的声音、校园里的朗朗读书声等；自然音为特定地域的自然景观声音，如海边的波涛声、海鸥的鸣叫、树叶的沙沙声、清晨漫步时听到的鸟叫等。

同时，与噪声相关的评价量，如烦恼度、声压级等都可以用于声景观的评价。Fumiko 在 1999 年提出了声景观图的主客观描述方法，不仅给出了客观存在的声环境和对应的心理学描述，如声压级、烦恼度、区域内的声事件等，还包括人们对声源的态度、社区的噪声分布，以及生活在该区域的人的历史记忆和生活的各种变化等等。

声景观的概念最早由加拿大作曲家 Schafe 在 20 世纪 70 年代提出，并首先在加拿大和欧洲完成了大量的基础性工作，经过了近 20 年缓慢发展，直至最近几年，才受到环境声学领域的广泛关注，发展成为多学科渗透和交叉的研究热点。2004 年德国的 Fastl 系统研究了颜色、运动以及视觉匹配对交通噪声主观响度评价的影响，2005 年 Semidro 发现环境声景观中的交通噪声与抖晃度、喇叭声与响度直接相关。

国内对声景观的系统研究在近 5 年才刚刚开始，主要利用了心理声学、噪声学的一些基本方法进行了一些实验和分析研究，还比较初步。2005 年，清华大学建筑学院秦佑国等人对“声景学的范畴”进行了界定，指出声景学是从审美的角度和人文的角度研究环境中的声音；研究人对环境景观观看时，在场声音及其听觉感知的作用；研究人在倾听声音时，在场环境及其视觉感知的作用；研究伴随自然环境和人文环境存在的声音遗产的保护、留存与记录。

在 2005 年的国际噪声控制工程学术会议上，浙江大学的葛坚报告了他在日本 Saga 大学完成的中国嵊州听湖水城声景观设计，使用了加减法设计，并从 4 个方面研究了城市声景观：1) 主要成分和结构；2) 声音成分的主观评价；3) 声景观区及其特性；4) 声音成分的相对重要性和设计的优先顺序。同时报告的还有 Fukushima 大学的 Nagahata 等关于“视力残障者的声学警报信号音量设计——无障碍声景观设计方法”的研究，表明声景观的概念在声环境设计和虚拟声环境的实现中具有很好的实际意义。

目前，声景观的研究集中在几个方面进行：1) 视觉和听觉交感作用研究；2) 声景观在声环境设计中的应用研究；3) 不同区域、不同人群的特征声音和特征景观研究；4) 声景观图的研究。

2.3　噪声地图[36~41]

噪声地图(noise map)是应用计算机技术，将噪声源的数据、地理数据、建筑的分布状况、道路、铁路状况、交通资料、声传播模型以及相关地理信息综合、分析和计算后生成的反映城市噪声水平状况的数据地图。

噪声地图从功能上讲可分为两类，即噪声区划和现状图以及噪声影响图。

噪声影响地图制作包括以下步骤：1. 实地勘查测量，收集数据；2. 建立数据库；3. 噪声源分类；4. 建立计算模型；5. 绘制出噪声地图，判断噪声影响。

噪声地图的绘制必须考虑四类影响范围较大的噪声源：道路交通噪声，铁路噪声，航空噪声，工业噪声。

2005 年英国出版了一本世界上最大的官方噪声地图——《伦敦道路交通噪声地图》。在噪声地图上，不同的颜色代表不同的声压级。同时人们只要登录噪声地图网站并输入邮编，就可以知道他们相关街道上噪声。英国环境、食品及乡村事务部(DEFRA)正在进行一项大规模的城镇环境噪声分布预测项目，第一阶段工作预计于 2007 年完成，初期投入 1300 万英镑。在德国已经有 500 个以上的城镇绘制了噪声地图，其中大部分已经基于噪声地图提出了实际计划和可执行措施来控制环境噪声。意大利在 2003 年已经对超过 17000km 的铁路绘制了噪声地图。

香港环保署也已经开发了基于 GIS 的全域噪声模型系统，完成了香港全域的交通噪声分布图。最近又开发了基于网络的三维噪声地图。

在我国大陆，各大城市的噪声地图绘制工作也在陆续开始进行中，今年 9 月 4 日北京市环保局首次公布了反映道路交通噪声状况的噪声地图。

当前，噪声地图研究发展的重要方向是结合 GIS 技术，实现全面数据共享，从三维空间和时间维度上较为全面的对噪声的影响进行事前预测和评价。

2.4 环境声学预测与评价技术及其应用[42~49]

在城市建设和管理过程中，需要对噪声污染情况做出预测评价，以确定未来规划的实施，会不会造成环境噪声超过国家标准所规定的限值，或者评估它所产生的社会经济效益是否足以高出噪声或其他环境因素所产生的影响。实施噪声控制措施时，也需要对其效果进行预估。用于环境噪声影响评价的工具包括：

——噪声等值线图；

——计权噪声指数计算；

——费效评估与噪声控制措施的作用；

——暴露在某些噪声级下的人数表。

所有这些评估工作，核心部分都是噪声的预测，一般都需要利用地理信息系统(GIS)的有关数据，结合环境噪声预测，给出所需要的量化结论。

在环境噪声预测方面，目前的有两个发展趋势：宏观的噪声预估主要针对城市范围内的噪声传播和评价，与 GIS 系统结合使用，对整个城市或其一部分进行噪声地图绘制。微观层次的环境噪声预测往往针对某一具体的路段或某一区域，可以建立较为精确的模型，得到详细准确的噪声分布，以进行环境布置设计。

在大面积环境噪声预测软件方面，人们基于大量的基础研究，建立了一套较完整的计算方法并形成了技术规范，不仅考虑了声波扩散产生的传播衰减，而且加入了地面及气候等条件的影响。如德国的 SoundPLAN、Cadna/A、IMMI、LIMA，法国的 Mithra，英国的 Noisemap，美国联邦公路委员会的公路噪声预测模型和丹麦的 Predictor。

从原理上看，这些软件的计算方法是几何声学模拟方法中的声线追踪法和镜像虚声源法。其中 SoundPLAN 用的是扇面法，比较精确，是包括优化设计、成本核算、工厂内外噪声评估、空气污染评估等的集成软件。从专业角度来看，SoundPLAN 更加适合工业噪声分析，该软件在跨国大型工厂实践用得较多。而 Cadna/A 等更适用于城市大范围的噪声评估。

SoundPLAN 软件自 1986 年由 Braunstein + Berndt GmbH 软件设计师和咨询专家颁布以来，迅速成为德国户外声学软件的标准，并逐渐成为世界关于噪声预测、制图及评估的领先软件。

北欧 2001 年完成的 Nord2000 模型基于点到点的声传播，将轮胎路面噪声和推进噪声分开考虑，实际的车辆抽象成不同高度的两个声源。该模型问世后到现在也在不断得到修正。对噪声预测模型的研究是多元化的，同时兼顾了声源，声传播等的研究，研究的对象也不单单针对道路交通噪声。

英国谢菲尔德大学正在发展一种新的算法——Radiosity，以准确预测较小范围内的噪声分布，如一条或几条街道或一个城市广场。测试与预测的比较证明，这种方法对有非光滑建筑表面的小区有很好的预测结果，同时他们也正在研究把这种算法与传统的声线法及虚声源法结合，以使其应用范围更广。

在铁路噪声预测评价方面，德国的 Schall03 是最具有代表性的规范之一，它应用一种分段计算方法，基本思路包括：(1) 用发射声级来分线、分段的描述铁路声源；(2) 评价声级相对于声入射点来考虑，一定距离范围内不同铁路线的各路段被近似看做是点声源，这些点声源的特性是由相应路段的发射声级来描述；(3) 评价声级是否超过当地的噪声保护规定限值，确定是否应在现有铁路、新建或扩建铁路线上，采取适当的防噪声措施。

香港环保署已经开发实施了基于 GIS 的全域噪声模型系统，完成了香港全域的交通噪声分布图。为了解决因为城市局部地理环境的复杂性引起的噪声地图不容易被理解的问题，2005 年又开发了基于 GIS 的三维可视化模型，该模型把区域内的地理模型划分成 3m×3m 的网格，通过色阶图代表不同的声压级，以得到噪声三维分布的直观可视图。公众可在网上浏览三维的噪声地图，深入了解和参与城市环境评价。

国内学者的研究重点更多地集中在交通噪声的预测上，且主要是对以往的预测方法进行某些改进，以求适应当前与以往不同的交通状况。缺乏对其他类型噪声源的研究，对室外声传播的研究也显得不足。2005 年，大连理工大学也在三维地理信息系统基础上，预测路边城市小区的交通噪声声场强度，研究控制、降低噪声污染的措施。

环境噪声预测和评价技术有如下几个发展方向：(1) 充分利用多媒体、GIS 和 GPS 等技术手段和信息来源的一体化系统；(2) 三维可视化评价系统；(3) 网络化实时监测数据的应用。

交通噪声是目前城市环境噪声的首要噪声源，特别是新兴的一些交通工具如地铁、轻轨和航空噪声等尚缺乏准确预测模型，因此我们应当以此为重点，在利用国外先进预测技术的基础上，结合我国的实际情况，发展出可实际应用的交通噪声预测技术。

2.5 环境声学标准与法规政策[50~88]

在连续多年的 inter-noise 会议上，都有一个“全球噪声政策”的专题研讨会，内容涉及飞机噪声认证和机场噪声规范、工作位置噪声暴露、社会生活噪声、设备噪声及其标签、声品质、声景观、噪声地图、主观反应等等，可见环境声学政策已经和该领域的新发展密切地联系在一起。

环境声学标准可以根据应用目的和针对的污染源的不同，分为声学环境质量标准、环境噪声控制标准和环境噪声发射标准。声学环境质量标准是指为防治环境噪声污染、保护和改善生活环境、保障人体健康、促进经济和社会发展而规定的环境中声的最高允许数值。环境质量标准体现了国家保护声环境的政策和要求，是衡量声环境是否受到污染的一个尺度，同时又是进行环境规划和采取控制措施的依据。环境噪声控制标准是对声环境进行监督管理的依据，属于管制标准；而环境噪声发射标准则是针对噪声源制定的管制标准，在我国常称之为噪声排放标准。这三类标准的关系和适用情况见图 1。

世界卫生组织(WHO)为了给各成员国制定合乎各自实际情况但是同时又能够满足人类共同的噪声反应的环境噪声标准，提出了 21 世纪的声环境质量的指导值(见表 1)。

我国在自 1997 年 3 月 1 日起施行《环境噪声污染防治法》的框架下，目前执行的声环境质量标准是 GB 3096－93《城市区域环境噪声标准》，标准规定了城市五类区域的环境噪声的最高限值。最近，在国家环保总局的主持下，正在对该标准进行新一轮的修订。另外，新制定的环境噪声排放、监测规范、低噪声工作场所设计、噪声源声功率级的测定、消声器测量、隔声罩、部件、阻尼器和阀门噪声测量、报警信号、弹性元件振动声传递特性、机动车辆发射噪声测量、建筑声学测量方面、测听和听力保护等方面标准或导则总计 50 余项。

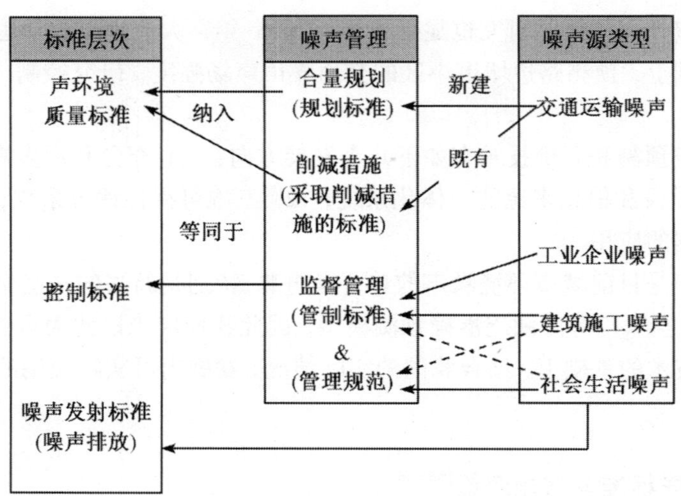

图 1　三类环境声学标准及其适用情况

表 1　21 世纪的声环境质量的指导值

具体环境	健康影响	L_{Aeq}/dBA	时间/h	$L_{Amaxfast}$/dBA
户外生活区	严重烦恼，昼 晚	55	16	
	中度烦恼，昼 晚	50	16	
起居室	语言干扰和中度烦恼，昼晚	35	16	45
卧室	睡眠干扰,夜间	30	8	
卧室外	睡眠干扰，开窗（户外值）	45	8	60
学校及幼儿园室内	语言可懂度，交谈干扰	35	上课期间	
幼儿园卧室	睡眠干扰	30	睡觉期间	45
学校户外活动场所	外部声源干扰	55	活动期间	
医院监护室	睡眠干扰，夜间	30	8	40
病房	睡眠干扰，昼晚	30	16	

总之，我国在声环境质量标准、环境噪声排放标准、相关监测规范、方法标准的基础上，已基本形成由声学基础标准、噪声标准、建筑声学标准作为支撑的较为完备的环境声学标准体系和框架。特别是最近两三年的时间，我国的环境声学标准得到了长足的进步，已经在完备性、先进性等方面接近国际水平。

3　噪声控制技术

3.1　声学预估和计算方法研究[89~105]

随着科学技术的进步以及计算机软硬件技术的迅猛发展，数值计算与仿真技术已成为理论分析和实验研究之外的第三种有效的科研手段。在环境声学领域，除了在声学环境预测和评价中大量应用数值技术以外，在噪声控制领域，数值计算与仿真也广泛用于噪声源分析、声场或结构响应分析、控制效果预报与优化等许多方面。

早期的声学数值计算与仿真技术主要基于有限元(及边界元)分析和统计能量的方法，限于计算机的处理能力和计算量，前者原先主要用于低频响应和模态分析，但是随着计算机和计算方法的发展，目前的有限元计算也在向中频扩展；后者主要用于中高频分析。当前在这两种方法的基础上，又在声学领域发展了应用于声场计算的有限差分方法、无限元方法、射线追踪方法和用于中频段的阻抗分析方法等等。目前声学数值计算与仿真技术已经广泛用于各种复杂的声学计算问题，如复杂消声器中的声传播、消声器的传声损失计算、车辆/船舶/飞机噪声与振动分析、结构振动与声辐射分析计算、流固耦合问题中的声波产生与传播等。

提出有限元的思想已有 60 多年的历史，但是用于声学的数值计算和仿真主要自 20 世纪 70 年代开始，目前在国际上已经形成了一系列的商用软件，如 SYSNOISE、ANSYS、 AUTOSEA、RAYNOISE、FAN-NOISE、NASTRAN 等，其中，SYSNOISE、ANSYS 和 AUTOSEA 是国际上声学振动领域中最著名的几个仿真计算软件。

SYSNOISE 软件具有的有限元和边界元模块，可完成从空腔的声场预测到环绕物体的声场分析，直至计算声场作用下的结构响应等多种分析功能，与 RAYNOISE 模块结合，它可完成低频、高频等各个频段的声-振仿真。ANSYS 软件能够进行多物理场耦合分析，可以在各种计算机平台上运行，具有功能强大的前后处理功能，可方便实现分析计算结果的可视化，具有综合的分析功能，能实现结构的动静力分析、热分析、静态和动态电磁场分析和流体动力学分析，能实现上述不同物理场之间的耦合分析，同时还能灵活设置材料的特性，对各种物理场中的特定物理量进行优化分析，并且能够根据需要完成特定模块的二次开发。AUTOSEA 软件以统计能量分析理论为基础，能够解决有限元(FE)或边界元法(BE)难以有效解决的中高频段高模态情况下的声学和振动问题，能够在精确的样机结构或者有限元模型建立之前快速、简单的模拟可能的解决方案，同时还能快速修正原有模型。

在工业界，有限元分析汽车车内噪声的常见频率范围上端是 150Hz 左右，在个别情况下，分析频率范围可达 250Hz，甚至更高。统计能量分析车内噪声其频率范围下端一般在 400~500Hz。对 250~500Hz 之间的“中频”结构噪声，仍缺少有效的分析方法。工业界和学术界一直致力于开发解决中频结构噪声问题的新方法。RESOUND 就是其中一个有益尝试。RESUOND 是由商用软件公司牵头，工业界投资参与和学术界参加而组成的一个技术联盟，理论基础来自剑桥大学 Langley 教授构筑的理论框架。另外，工业界和学术界同时还不断推出其他方法，试图解决至少部分中频问题，如能量流法、统计能量分析窄频段分析法和能量有限元法。

NVH(noise, vibration and harshness)分析技术起源于航空工业，已经经历近 30

年的发展，其结构动力学的预测模型主要依赖有限元(FEM)和试验模态参数分析(EMA)，并开发出很大附带有噪声分析部分的通用有限元软件及专用的声学有限元软件，如NASTRAN, ANSYS, SYSNOISE等，但其最适宜的范围是低频的NVH问题。统计能量分析法(SEA)及其同类方法(SEAL)是近年来引入的用于NVH分析的新工具，已被成功地尝试应用于各种车辆的振动噪声及传播途径分析，以确定振动能量从已知输入沿结构的传播途径。例如，克莱斯勒的NVH实验室建立了一个SEA模型用于分析传入客车室内的道路噪声，结果表明所研究的车辆的道路噪声在400Hz 以上来源于声源辐射入轮井和车身下声场:主要的噪声传播途径是通过轮井和底板以及缝隙泄漏的非共振传播。这证明SEA是用于高频NVH问题的有效方法。并形成了AutoSEA这样的大型专用软件。

总之，现有的声学仿真技术已经基本解决声学领域的正向仿真计算问题，即在边界条件及物性参数已确定的情况下，推知研究对象的声学特性，为对解决低噪声机电产品设计及环境声学特性预估问题提供了基本的技术保障。

进入21世纪，一些公司开始寻找噪声振动分析软件和其他性能分析软件之间的桥梁及通用性，建立“虚拟实验室”，试图打破计算与实验之间的界限，打破各种软件之间的界限。

在复杂声源特性预估方面，需要将日渐成熟的计算流体力学(CFD)技术与声学仿真技术相结合，以解决飞机发动机、各种流体机械等复杂声源的声学特性预估问题，其关键是如何建立CFD与声学仿真计算的桥梁，将非定常CFD计算结果转化为声学仿真计算的边界条件，包括计算网格转化和计算结果的转化两个方面的问题。在声学反向仿真技术方面，有三个方面的问题需要深入研究：1)理论及算法研究，包括敏感度分析及优化分析等内容；2)相关软件的开发，如敏感度分析及优化分析环节，但离全面综合反向声学仿真平台的建立还有很大距离；3)声学仿真与结构动力学仿真和CFD相结合的反向仿真技术。

3.2　噪声源控制技术研究[105~107]

噪声源控制技术是噪声控制的根本之道，也是实现环境噪声发射标准的主要技术途径。噪声源各种各样，噪声产生的机理也各有不同，有结构振动激励、流体流动的非稳定性激励、流固耦合的扰动或振动激励、电磁激励、燃烧或热脉动或爆炸激励等，但是一般而言，最终都是非平稳过程产生的扰动通过固体或流体媒质向空间辐射产生的，因此，噪声源控制技术说到头就是不稳定性控制，平稳的运动或流动是不会产生噪声辐射的，而缓变的过程也总是比突变产生的噪声要小。

1. 汽车车辆噪声控制

噪声的大小与“品质”已经成为品牌汽车的一个重要标志，为此人们先后在发动机(进、排气)、轮胎/路面、变速箱、车体结构、流体动力学、车厢内等方面的噪声控制中开展了一系列的有效工作。但是随着主要噪声振动源的性能改善，原来的一些次要噪声振动源突出出来，降低系统和零部件的噪声振动变得越来越重要。同时随着环保要求和燃油价格的提升，一些新的动力系统接连问世，比如混合动力、燃料电池、变气缸发动机等，这些新型动力系统的噪声振动特点与传统发动机相差很大，于是汽车的减振降噪就出现了新的课题。目前汽车噪声与振动方面研究和应用的新领域包括：(1) 主动和半主动噪声和振动控制；(2) CAE 的应用；(3) 声品质分析和应用；(4) 高里程车辆的噪声与振动问题；(5) 汽车轻量化带来的噪声与振动问题；(6) 混合动力、燃料电池汽车的振动噪声问题；(7) 变气缸发动机的噪声与振动控制；(8) 低噪声路面；(9) 公交车的制动噪声等等。

尽管最近我国提高了车辆噪声的标准，如 GB 1495-2002 汽车加速行驶车外噪声限值及测量方法以及 2005 年关于摩托车、轻便摩托车、三轮汽车和低速货车的 3 项国家标准，但是与国外现行标准的差距还比较大，新的加速行驶噪声限值标准仅相当于欧洲 ECER51/00 标准(除轿车外)，即欧洲 1982~1988 年水平，和现行欧洲标准相差 4~8 dB，对于小型车辆差距较小，中型车次之，大型车相差达到 8dB。特别是对于城市交通噪声有较大影响的大中型车辆，我国的车辆噪声较高，应是控制的重点，也是技术研发的重点。

2. 铁路噪声控制

欧盟委员会在 2002 年的一份“关于欧洲铁路噪声降低的战略和优先领域的形势报告”中认为，铁路噪声可望在近期(10 年内)得到大幅度的降低。从费效比考虑，铁路噪声应优先考虑的有效控制措施应该是声源控制，包括车辆和轨道的控制措施。铁路噪声可以分为滚动噪声、牵引和辅助设备噪声，以及空气动力噪声，其中，滚动噪声占主导地位。降低滚动噪声的首要措施是设法得到轮轨之间运动表面的平坦，而保持车辆运行造成的强磨损条件下的轮轨之间的表面质量和长期的降噪有效状态，车辆和轨道的定期维护具有十分重要的作用。除了表面粗糙度的控制以外，减振和屏蔽措施也是可以考虑的补充办法。考虑到轨道车辆的长寿命特点，对于新生产的车辆，需要有严格的噪声和振动控制措施。在上述的措施不足以解决铁路噪声的污染问题的情况下，还可以采用声屏障和隔声窗等比较被动的解决办法。

英国南安普顿大学的声学与振动研究所研究铁路噪声多年，在空气噪声和地面振动的环境效应、隔振系统设计应用、低矮声屏障的作用、铁路桥等结构的噪声辐射、道岔等特殊路段的噪声、空气动力噪声(特别是隧道内)产生等方面都有着较系统的工作，发展了轮轨噪声预报、地面噪声与振动分析、隔振器性能分析的功率流方法、铁路单元与大结构性能分析的有限元方法等相关技术，目前正在研究地下铁路所产生的地面振动和声辐射的预报控制问题。

轨道振动传播与所产生的噪声辐射的控制，主要依赖对轨道和路基的处理，例如在轨道上增加质量块或阻尼材料，使用橡胶金属构件或减振器、减小路基的刚性等等。

当车速超过 250km／h 时，空气动力噪声将成为主要的铁路噪声源，传统的隔声方法如声屏障将不再有效，同时，车轮与铁轨的摩擦噪声的声压级增大，频率变高，不稳定性增高。根据我国近期铁路的发展规划，轮轨系统高速铁路将是发展的重点，因此相关的噪声源和控制措施的研究，也应该是环境声学近期工作的重点。

在车厢内的噪声与振动控制方面，一个新的研究方向是智能化的有源控制技术的应用。

3. 飞机噪声

由于航空和科学界的不懈努力，飞机噪声控制取得了巨大的成就。以发动机为例，目前二代涡轮风扇发动机总体上比 60 年代初涡轮喷气发动机降低了约 20dB。面对巨大成就和激烈的市场竞争，航空制造业提出更高的噪声控制要求和庞大的噪声控制计划。以欧盟为例，到 2020 年，规定新飞机要实现十大环境目标。其中，噪声相关的就占据了两项：即 2020 年的飞机噪声要降低到 2000 年噪声水平的一半；2020 年彻底消除机场周边的噪声扰民。

在基础研究方面，首先是计算方法和计算工具取得飞越的发展。随着 CFD、CAA、FEM 和 SEA 等技术的迅猛发展，飞机制造者在设计阶段就可以充分评估结构的动力学特性，评估飞机舱内和舱外的噪声水平。以结构声为例，中频段的噪声预估技术有望在近年出现标准计算方法。其次是实验的手段和理论取得的长足的进步。海量存储、超大计算和实时处理变成可能，复杂噪声源识别、声衬的参数优化和测试技术取得了重要进步。

与此同时，有源噪声控制技术在飞机上的应用取得了突破，英国 Ultra Electronics 公司的有源噪声控制系统已经在 SAAB 2000 和 Q400 Dash 8 飞机上安装了 800 多套。Boeing 公司更进一步提出“流动墙纸” 半主动控制概念，即利用微工艺在很薄的板上设计流体自适应放大器，与传统的有源系统相比，不需要控制器，控制电路和复杂算法。此外，有源噪声控制技术在发动机短舱上的研究也已进入到实用化阶段，其中发动机短舱上主被动结合的噪声控制思路已被确立为今后的重点研究方向。

在新概念方面，美英两国科学家更提出“无噪声飞机”模型，飞机大小约相当于波音 767 型喷气式客机。这种未来飞机将采用发动机置顶、机身与机翼一体化、超大功率发动机和特殊机翼等四大降噪技术，可以大大降低起飞和降落时的噪声，使其达到相当于普通洗衣机运转时的噪声水平，机场附近居民将根本感觉不到。

3.3 声屏障[108~111]

声屏障是一种有效控制噪声污染的重要措施，国外经济发达国家均把建造声屏障作为在改善声环境方面较为合理、经济有效的方法。国外发达国家的声屏障建造数量已经很大，美国 1989 年已经达到 1158km。在日本，声屏障总长达到 1573km。

对于声屏障的最新研究可以划分成两类：一种是无源(被动)声屏障。它通过在道路旁边修建新的吸声屏障以及改善现有声屏障的吸声能力，或者通过设计房屋和门窗建筑材料和内部结构以提高吸声能力，从而达到降低噪声污染的目的。另一种是有源声屏障。它通过在噪声屏障附近放置传声器和次级声源阵列，利用有源噪声控制技术，并采用适当的控制算法，以达到降低噪声强度的目的。

近年来声屏障方面的新研究包括：(1) 风和温度梯度；(2) 屏障表面的吸声性能；(3) 屏障顶部的几何结构；(4) 地面和沥青的声学特性；(5) 周围的建筑、地形等环境特征等对于声屏障的影响。

结果表明:在声屏障侧面的或者顶部的边缘加装各种形状的吸声材料，能够有效地提高声屏障的降噪能力，所取得的效果相当于增加了屏障的高度。在屏障顶端的各种边沿形状中，圆形边沿能够取得最好的效果。同时，对于不同的吸声材料，如玻璃纤维对于高频成分有很好的衰减效果，而聚烯烃对于低频更加有效。

当前，很多工作正在致力于声屏障材料的研究。如欧联盟倡导使用耐火的可再生的欧洲硬木材料，取代以往那种耗费能量和资源的材料，像水泥、铝板和塑料等。许多公司也在研究开发用于改善室内噪声强度的建筑材料，像吸声窗玻璃，吸声地板砖等。这些产品往往通过在材料夹层中填入疏松物质，以达到很好的吸声效果。

有源声屏障的研究源于 90 年代，它是在声屏障上加装参考传声器、次级扬声器阵列和一个有源噪声控制系统，以增强声屏障的降噪能力。但是，有源声屏障实际应用还要解决很多问题，包括各种噪声源环境下声学性能稳定性、户外使用耐候性、成本问题等。

3.4 有源噪声控制[112~117]

有源噪声与振动控制是指使用电子控制系统人为产生的次级声场或振动降低原有的噪声或振动的方法和技术。其核心技术涉及传感器、激励器、控制器与各种控制算法，同时对声场与结构振动的传播及其与控制系统的耦合响应的认识也是有源控制系统成败的关键。与传统的控制手段相比，有源控制技术具有低频效果好，对原来设备或装置的性能影响小，体积和重量代价一般较小等优势。

有源噪声控制源于 20 世纪 30 年代的一项发明， 50 年代至 80 年代的控制系统以模拟电路为主，在声场响应、噪声控制机理以及次级声源设计等方面取得很大进步。自 70 年代后期发展起来的数字化的自适应控制系统，使有源控制系统的发展进入了一个全新的阶段。目前，有源护耳器、管道消声器、机舱噪声有源控制等技术已经进入实用化阶段，随着多种压电、电磁、磁致或电致伸缩、电流变、磁流变等振动激振器的发展，有源阻尼器、有源隔振器、有源减振器也越来越多的接近应用。

但是，有源噪声与振动控制在新世纪仍然没能得到广泛的应用。究其原因，有人认为在于长期可靠性、性能的稳定性、运行费用等方面，有源控制技术存在内在的限制，不如传统的方法来的可靠、稳定和便宜。因此，近几年的研究工作主要在于技术的可靠性和实用性，同时有针对性地解决了一系列的应用实例。

系统的稳定性和鲁棒性(robustness)是目前对控制系统和控制算法研究的重点，同时对驱动器(振动激励器)或次级声源的研究则具有更加广泛的意义，随着材料和换能器技术的发展，人们发明了各种低频宽带高灵敏度的驱动器并用于有源噪声与振动控制，同时根据需要解决了高温、高压、共形等类型的换能器形式。研究工作从有源控制渐渐发展到智能结构、智能材料，在 2005 年的 ICSV 会议上，有人甚至提出了所谓智能(有源)皮肤的概念，已通过连续的表面薄层换能器及其控制系统，实现对结构表面声阻抗的控制，解决薄板结构的吸声或隔声问题。

国内自 20 世纪 80 年代起，在有源控制领域就紧密跟踪世界前沿，南京大学、中国科学院声学研究所等单位先后在声学机理、指向性声源控制、声场简正方式控制、稳定性控制、鲁棒性控制等方向取得了很好的结果，有些认识还领先于国外同行。同时在应用系统中，研制完成的有源护耳器、电子抗噪声送、受话器等已经实现商品化应用，管道有源消声器、有源减振器等也已接近应用。

3.5　声学材料

声学材料研究是目前噪声控制又一热点领域。按照功能分类，声学材料可以分为吸声材料、隔声材料、阻尼材料、透声材料；按应用方向分类，可以分为建声材料、水声材料、超声材料；按材料形式分类，可以分为纤维材料、泡沫材料、高分子材料、结构材料等等。当前声学材料研究的焦点，在于微穿孔板吸声材料、声子晶体材料、低频薄层声学材料和声学智能材料。

微穿孔板吸声技术是由我国声学家马大猷院士在 20 世纪 70 年代提出的，马先生在 1975 年发表在《中国科学》的一篇文章，给出了(金属)微穿孔板的声学特性计算方法和设计原理，并将其应用于如高温、高压、高速流场等一些特殊情况下的噪声控制。90 年代以来，由于在建筑声学等领域的广泛应用，微穿孔板吸声材料和技术再一次得到国内外同行的高度重视，目前在微孔板吸声机理，声涡转换与微流结构声吸收，扩散场内微孔板的声吸收，高声强条件下的微孔板吸声特性等方面的研究中又得到了一些新的结果，同时马先生也亲自给出了微孔板吸声特性的精确算法等新的研究结果。

另外，在微孔板的制造工艺方面，各种生产厂家也根据材料和生产工艺的发展，提出了机械钻孔法、泡沫铝法、激光打孔法、电腐蚀法等多种微孔加工方法。在欧洲，不仅微孔板得到了广泛的应用和发展，而且还利用柔性薄膜等新材料，加工了一种称之为微孔 BARRISOL Microsorber 的材料，国内也有人在微孔的后面加接柔性软管束，以提高低频声阻和吸声效果。

声学材料的另外一个理论上的研究热点是声子晶体材料，它主要是指周期性多元嵌入结构材料，通过 Bragg 散射、局部共振等机理产生通带和阻带特性，提高非线性损耗，可望用于中低频段的吸声和隔声。

最近的研究表明利用低声速的强色散或强非线性材料，或促使纵波能量向横波的转移，可望用于发展低频薄层声学材料。

使用智能材料，实现声能向电能的转变，也是实现低频材料的一种可能选择，伴随着有源控制技术的发展可望在近期实现突破，关键在于机电转换效率与换能材料的形式。

总体来说，声学材料的多样化给建筑声学和噪声控制设计带来更多的选择和可能，而声学材料发展的方向主要包括四个方面，即：薄——材料厚度；轻——材料质量；宽——声学频带；强——结构强度。

4 环境噪声测量技术

噪声作为一种具有分布性和即时性的信号形式，理想的环境噪声监测的方式也应该是分布式、永久性的，测点必须设立在噪声源的附近以准确反映噪声污染事件的发生。现代环境噪声的声源各式各样，有些少瞬即逝，有些时开时关，有些时强时弱，给噪声的测量或监测技术都带来了挑战与机遇。近几年，作为噪声监测和测量领域最为激动人心的技术进步，网络传声器以及与之相关的 MEMS 传声器、智能传声器、网络化监测、阵列化处理等一整套技术的发展和应用，给环境噪声监测学科和技术的发展注入了许多新的内涵和活力。因此，环境噪声测量技术的主要发展在于如下几个方面：

4.1 网络传声器技术

网络传声器一般是指作为一个声场监测节点的、具有一定的信号处理和网络接入能力的传声器，其前身是所谓智能传声器，即在传声器的前端通过加入小型化或微型化的信号处理单元，产生数字化输出的传声器单元。但是近年来，由于基于微机电技术的硅微传声器(又称 MEMS 传声器)与微芯片集成技术的发展迅速，将 MEMS 传声器与其后续的模拟跟随器、前置放大器以及数字化模块、调制解调模块、发射模块，通过一次加工和/或二次封装集成，就可以组成功能完整的片上传感系统芯片(SoC)，目前所谓的网络传声器的内涵也渐渐向着微型化、集成化、低功耗、低成本的声场网络监测节点扩展。相应的，环境噪声的监测处理软件，也由简单的声级计算，向着频谱分析、阵列形成、事件监测、声源定位、特征识别等方向发展，越来越多的软硬件功能集成到了越来越小的前端传声器单元，同时越来越多的传声器节点构成了越来越严密的环境噪声监测网络，最终必将与其他形式的网络监测传感器一起，构成一个数字化的传感世界。

4.2　分布式网络化环境噪声监测技术

分布式网络化的环境噪声监测技术是20世纪末伴随着各种网络的发展而提出来的一种实时监测系统，最早应用于机场噪声监测，然后随着计算机系统和终端技术的价格下降，逐渐向道路噪声乃至社会生活噪声的长期监测发展。分布式网络化的环境噪声监测+GIS+Noisemap有望带来环境噪声评价方法的革命性变化。

对于非介入式的现场监测测量，测量设备和装置需要满足一些特殊的要求，并且在事先可靠地准备好，以保证设备自身能够长期稳定地工作，这些要求包括：较宽的动态范围，每秒每分钟的数据自动记录，事件驱动以保证对噪声事件的跟踪，随时同步记录现场的气象等其他参数，噪声记录已备声源识别，记录信号的事件标签，很强的存储能力，自动校准检查，周期性远程读取数据和设备，防风防雨传声器和终端设备，备用电源，毁坏或动物的防备等等。

永久性的每年365天，每天24小时的噪声监测已经被国际上许多的组织所采用，有利于控制环境噪声稳定地控制在噪声限值，并且还会带来其他的一些好处。在一些主要的机场，永久性的噪声监测是机场日常运转的关键事项，另外的应用场所还包括工业、建筑工地、主要道路、铁路以及娱乐、展览和运动场等等通常在噪声的限制比较严格的地方。永久性的噪声监测还可以给出噪声的发展趋势，帮助绘出噪声地图等等。分布式的噪声监测系统的终端数目取决于监测面积的大小，虽然已经发展出几百的终端的监测系统，但是对大多数的系统都是10~30个节点，一个节点通常包括全天候的传声器、数据分析和存储设备以及信息传送系统如有线/无线电话等等。通常数据分析都包括一系列的噪声参数如L_{Aeq}、L_N、WECPNL、噪声事件检测等等，有些还要提供实时1/3倍频带频率分析以用于即时地计算一些评价量如飞机通过时产生的感觉噪声级L_{PN}。分布式永久性的噪声监测系统得到的短时或长时平均的噪声级可以显示在公共宣传的屏幕上以提醒群众对噪声的重视。另外，该监测系统的移动终端可以快速通过电话线布放，也可以利用车辆设置成流动的监测点，在这种情况下，系统最好具有位置自动识别功能。

分布式永久性的噪声监测系统一般具有很强的用于状态评估、响应分析的数据库，结合GIS可以很快量化地给出人口噪声暴露的数据。

4.3　阵列化测量与声源定位技术

与分布式网络化监测系统几乎同时发展的，还有环境声学领域的阵列化测量技术。随着数字信号处理技术的发展和传声器成本的降低，使用多个传声器单元的阵列化测量成为简单易行的方法，人们逐渐从使用单传声器的声级计，到两个单元的声强测量，再到 4 个单元的矢量声场测量，目前已经发展到使用几十上百只传声器的声场实时成像系统。阵列的形式也由线列阵，到面阵，再到三维阵列，目前又发展到了以网络传声器为节点的随机分布阵列。新的系统不断提出，新的科学和技术问题和挑战也一再地出现。以声源定位技术为例，近年来伴随着阵列化测量发展起来的相关技术包括近场声全息(NAH)，波束形成(beamforming)，统计优化近场声全息(SONAH)、声强测量、传递路径分析技术等。

NAH 是 20 世纪 80 年代由全息领域脱颖而出的新技术。这种声全息场变换技术是通过包围源的全息测量面做声压全息测量，然后借助源表面和全息面之间的空间场变换关系，由全息面声压重建源面的声场。NAH 技术特别适用于低频场源特性的判别、散射体结构表面特性以及结构模态振动等研究，还用于源辐射功率和大型结构远场指向性的预报等。NAH 采用空间 FFT 变换，需要规则的测量阵列，由于空间采样点有限，利用窗函数对空间函数进行截断则会带来不可避免的误差。SONAH 直接在空间域采用声场叠加原理，避免了 FFT 变换带来窗效应和卷绕误差，且对测量阵列形状没有严格要求，利用较小的测量阵列可以对大声源面进行重建，不受窗函数的影响。波束法是一种基于阵列的远场声源定位技术。其基本原理是，通过对特定方向入射的平面波(球面波)进行相位的延迟和相加来重建声场的分布。由于波束法不受二维空间 DFT 变换的限制，其重建区域可以大于阵列的测量孔径，同时还可以采用优化的不规则阵列来取代先前的规则阵列，从而较大的压制的泄漏水平，这是波束法与 NAH 的一个重大不同之处。因此，波束法能够用较小尺寸阵列对较远距离的大区域高频声场进行重建。

在 20 世纪 90 年代以后。市场上逐渐出现了声全息定位的商业化测试与分析系统，如 B&K 公司开发的空间声场变换(STSF)系统，NITS 公司开发的 NITS Sound Explore 分析系统，LMS 公司开发的 LMS CADA 分析系统等等。

5 环境声学的发展方向与建议和意见

进入 21 世纪，人们的物质文化生活水平普遍提高，对声学环境的质量也进一步提高，同时新的声学评价方法、计算方法、噪声控制方法和检测方法与技术也伴随着信息技术等相关领域的进展同步发展。我们应该准确认识国家社会发展和人民生活质量日益增高的需求，把握世界相关领域的发展前沿，及时部署和安排相关的研究与开发工作，一方面解决适合于我们国家和民族特点的声学环境问题，另一方面也在相关的产业发展和市场竞争中立于不败之地。具体来说，在未来的 2~3 年内，应及时部署和安排如下几个方面的研发工作：

(1) 结合国际合作交流，加强环境声品质和产品声品质的跨文化研究，考虑不同文化背景下受噪声影响的差异性，为适合不同人群的消费产品的声学设计、噪声处理的应用及人居环境的改善等方面提供依据。

(2) 在国内基础设施建设持续兴旺的情况下，特别对于奥运会、世博会和高速铁路等重大建设项目，一定要充分关注声学景观和声学环境的研究和设计，以免产生大量的带有声学缺憾的重大基础设施，给后人留下没有声学修养和文化品味的乱哄哄的垃圾建筑。

(3) 加强对环境声学软件开发的投入。声学软件由于存在大量有待研究解决的物理问题，即便是世界上很成功的商业软件，也不能很好地精确解决所有的应用性问题，我们应该根据自身的发展需求和在声学材料、物理传播模型、结构响应等方面取得研究进展的基础上，研究开发具有自主知识产权的符合国内大多数人使用的软件系统，同时作为国外相关软件的有效补充，逐步挤进先进发达国家的行列。

(4) 积极利用我国制造业的高速发展的机遇，发展先进的噪声控制技术，包括低频宽带声学材料、有源噪声与振动控制、声源设计控制等，使我们的噪声控制水平符合我们国家的制造产业发展水平，提供更多在声学上具有国际市场竞争力的先进产品，在降低我国众多的机电产品噪声的同时，降低国内的环境噪声污染。

(5) 抓住网络传声器技术发展的机遇，加快网络化、阵列化声学监测器件和系统的研发和应用，尽早占领这一战略制高点，不仅解决我们自身的环境监测问题，占领相关技术市场，保护我们国家的环境信息安全，而且在新一轮的技术竞争中争取主动。

(6) 加快研究和制定完善我国环境声学基础标准体系，在加大相关研究经费支持的前提下，逐步加大我们自己的研究工作力度，尽早摆脱我们的标准体系跟着西方转的被动局面，逐步形成符合我国特点特色的基础性标准，以便在市场准入和产品竞争中争取主动。

参考文献

[1] 马大猷. 环境物理学. 中国大百科全书出版社, 1982.

[2] Proc. 12th Inter. Conf. Sound & Vibr. Lisbon, Portugal, 2005.

[3] Proc. 34th Inter-Noise, Rio de Janeiro, Brazil, 2005.

[4] Proc. 13th Inter. Conf. Sound & Vibr. Vienna, Austria, 2006.

[5] Proc. 35th Inter-Noise, Hawaii, USA, 2006.

[6] Proc. 14th Inter. Conf. Sound & Vibr. Cains, Australia, 2007.

[7] Proc. 36th Inter-Noise, Istanbul, Turkey, 2007.

[8] 中华人民共和国环境噪声污染防治法. 1996.

[9] Jekosch U. Meaning in the Context of Sound Quality Assessment. Acta Acustica united with Acustica, 1999, 85(5): 679-684.

[10] Wakefield G H, Bultemeier E J, et al. Aircraft sound quality for passenger comfort and enhanced product image. J. Acoust. Soc. Amer., 2005, 118(3): 1920.

[11] Blauert J, Jekosch U. Sound-quality evaluation——a multi-layered problem. Acta Acustica united with Acustica, 1997, 83(5): 747-753.

[12] Fastl H. The psychoacoustics of sound-quality evaluation. Acta Acustica united with Acustica, 1997, 83(5): 754-764.

[13] Hatano S, Hashimoto T. Desirable order spectrum pattern for better sound quality of car interior noise. Inter-Noise, 2005.

[14] Högström C, Frid A. Sound quality aspects in the design of railway vehicles., Sound Quality Symp. 2002.

[15] Ryu J K, Jeon J Y. The development of a noise annoyance scale for rating residential noises. J. Acoust. Soc. Amer., 2005, 118(3): 1921.

[16] 毛东兴. 车内声品质主观评价与分析方法的研究. 同济大学博士论文, 2003.

[17] 焦风雷. 噪声信号声品质评价及分析方法研究. 中国科学院声学研究所博士论文, 2005.

[18] Davies P, Marshall A. Future directions in loudness standardization: time-varying loudness. J. Acoust. Soc. Amer., 2006, 119: 3292.

[19] Yu C, Kang J. Acoustic comfort in urban residential areas: a cross-cultural comparison between the UK and Taiwan. The 9th West Pacific Acoust. Conf. Seoul, Korea, 2006.

[20] Wrightson K. An Introduction to Acoustic Ecology. Soundscape, 2000, 1(1): 10-13.

[21] Ando Y. Correlation factors describing primary and spatial sensations of sound fields. J. Sound & Vibr., 2002, 258(3): 405-417.

[22] Brooks B M. Traditional measurement methods for characterizing soundscapes. J. Acoust. Soc. Amer., 2006, 119: 3260.

[23] Fastl H. Audio-visual interactions in loudness evaluation. ICA-2004, 2004: 1161-1166.

[24] 王俊秀. 音景的都市表情: 双城记的环境社会学想象. 2005.

[25] Semidor C. Listening to a town: the urban soundscape as an image of the city. J. Acoust. Soc. Amer., 2004, 115: 2453.

[26] Ma H, Yano T. An experiment on auditory and non-auditory disturbances caused by railway and road traffic noises in outdoor conditions. J. Sound & Vibr., 2004, 277: 501-509.

[27] 秦佑国. 声景学的范畴. 建筑技术, 2005, 1.

[28] 马蕙, 等. 关于噪声社会反应测定方法的国际共同研究——中国语噪声调查问题和评价尺度的建构. 声学学报, 2003, 28(4): 309-314.

[29] Zhang B J, Shi L L. The influence of the visibility of the source on subjective annoyance due to its noise. Appl. Acoust., 2003, 64: 1205-1215.

[30] 葛坚, 卜菁华. 关于城市公园声景观及其设计的探讨. 建筑学报, 2003, 3: 58-60.

[31] 吴颖娇. 声景观评价方法和典型区域声景观研究. 浙江大学硕士学位论文, 2004.

[32] Kwon Y, Smitthakorn P, Siebein G W. Soundscape analysis and acoustical design strategies for an urban village development. J. Acoust. Soc. Amer., 2006, 119: 3261.

[33] Coensel B D, Botteldooren D. Meaningless artificial sound and its application in urban soundscape research. J. Acoust. Soc. Amer., 2004, 115: 2495.

[34] Axelsson O, Berglund B, Nilsson M E. Soundscape assessment. J. Acoust. Soc. Amer., 2005, 117: 2591.

[35] 张玫, 康健. 宁静的欧洲初探. 绿叶, 2005, 2: 32-33.

[36] John H. BUMP-the birmingham updated noise mapping. Acta Acustica united with Acustica, 2005, S1(1): 66.

[37] Popp C. Noise abatement planning in German-experiences and consequence of the EU directive on the assessment of environmental noise, Acta Acustica united with Acustica, 2003, S1(1): 65.

[38] Bertoni D. Noise abatement strategies in urban areas: the role of local authorities. Acta Acustica united with Acustica, 2005, S1(1): 65.

[39] Coelho J L B. Noise mapping and noise reduction plan as urban noise management tools. Acta Acustica united with Acustica, 2005, S1(1): 64.

[40] Franco C, Andrea N. Noise mapping: the evolution of Italian and European legislation. Acta Acustica united with Acustica, 2003, S1(1): 90.

[41] Paola F, Raffaele M, Pasquale S. Noise mapping of Italian railway network. Acta Acustica united with Acustica, 2003, S1(1): 89.

[42] Sirkka L P. Noise abatement legislation and the transposition of the END in Finland. Acta Acustica united with Acustica, 2003, S1(1): 89.

[43] 韩红霞, 高峻, 刘广亮, 等. 英国大伦敦城市发展的环境保护战略. 国外城市规划, 2004, 19(2): 60-64.

[44] Aschenbrenner D, Kranz H G. The Influence of relevant noise sources on the reliability of automated PD defect identification in GIS using UHF measurement techniques. 2005 Inter. Symp. Electrical Insulating Mater. ISEIM, 2005: 687-690.

[45] Sfakianaki E, O'Reilly M. GIS in road environmental planning and management. Eighth Inter. Conf. Urban Transport & the Environ. for the 21st Century.

[46] de Kluijver H, Jantien S. Noise mapping and GIS: optimising quality and efficiency of noise effect studies. Computers, Environ. & Urban Systems, 2003, 27: 85-102.

[47] Paola L, Sabino L. Noise mapping of the town of naples: methodology and analysis of results with a GIS system. Acta Acustica Stuttgart, 2003, 89: S93-S94.

[48] Zoran M A, Zoran L F V. Assessment of environmental quality of Bucharest urban area by multisensor satellite data. Proc. SPIE Inter. Soc. Opt. Eng., 2004, 5574: 308-314.

[49] 邱荣祖, 张东水, 余德志. 基于 GIS 的城市交通噪声环境影响评价系统. 遥感信息, 2005, 2: 29-32.

[50] 国家标准局信息分类编码研究所. GB 16169—2005 摩托车和轻便摩托车加速行驶噪声限值及测量方法, 北京: 中国标准出版社, 2005.

[51] 国家标准局信息分类编码研究所. GB 19757—2005 三轮汽车和低速货车加速行驶车外噪声限值及测量方法(中国 I、II 阶段), 北京: 中国标准出版社, 2005.

[52] 国家标准局信息分类编码研究所. GB/T 3222-2006 声学 环境噪声的描述、测量与评价 第 1 部分: 基本参量与评价方法, 北京: 中国标准出版社, 2006.

[53] 国家标准局信息分类编码研究所. GB/T 20248-2006 声学 飞行中飞机舱内声压级的测量, 北京: 中国标准出版社, 2006.

[54] 国家标准局信息分类编码研究所. GB/T 20243.1-2006 声学 道路表面对交通噪声影响的测量 第 1 部分 统计通过法, 北京: 中国标准出版社, 2006.

[55] 国家标准局信息分类编码研究所. GB/Z 21233-2007 声学 运用社会调查和社会声学调查

对噪声烦恼度的声学评价.
[56] 国家标准局信息分类编码研究所. GB/T 17249.2-2005 声学 低噪声工作场所设计导则 第2部分 噪声控制措施, 北京: 中国标准出版社, 2005.
[57] 国家标准局信息分类编码研究所. GB/T 20246-2006 声学 用于评价环境声压级的多声源工厂的声功率级, 北京: 中国标准出版社, 2006.
[58] 国家标准局信息分类编码研究所. GB/T 20430-2006 声学 开放式工厂的噪声控制设计规程, 北京: 中国标准出版社, 2006.
[59] 国家标准局信息分类编码研究所. GB/T 21230-2007 声学 工作环境中噪声与暴露的评价与导则.
[60] 国家标准局信息分类编码研究所. GB/T 14367-2006 声学 噪声源声功率级的测定 使用基础标准与制定噪声测试规范的准则, 北京: 中国标准出版社, 2006.
[61] 国家标准局信息分类编码研究所. GB/T 17248.6-2007 声学 机器和设备发射的噪声 声强法测定工作位置和其他指定位置发射声压级的工程法.
[62] 国家标准局信息分类编码研究所. ISO11689-1996 声学 机器与设备噪声辐射数据的比较方法.
[63] 国家标准局信息分类编码研究所. GB/T 20431-2006 声学 应用消声器进行噪声控制导则, 北京: 中国标准出版社, 2006.
[64] 国家标准局信息分类编码研究所. GB/T 16405-1996 声学 管道消声器和空调末端装置的实验室测量方法 插入损失、再生噪声和全压损失.
[65] 国家标准局信息分类编码研究所. GB/T 19886-2005声学 隔声罩和隔声间控制噪声指南, 北京: 中国标准出版社, 2005.
[66] 国家标准局信息分类编码研究所. GB/T 19885-2005声学 隔声间的隔声性能测定 实验室和现场测量, 北京: 中国标准出版社, 2005.
[67] 国家标准局信息分类编码研究所. GB/T 19887-2005声学 可移动屏障声衰减的现场测量, 北京: 中国标准出版社, 2005.
[68] 国家标准局信息分类编码研究所. GB/T 19513-2004声学 规定实验室条件下办公室屏障声衰减的测量, 北京: 中国标准出版社, 2004.
[69] 国家标准局信息分类编码研究所. GB/T 19884-2005声学 各种户外声屏障插入损失的现场测定, 北京: 中国标准出版社, 2005.
[70] 国家标准局信息分类编码研究所. HJ/T 90—2004 声屏障声学设计和测量规范, 北京: 中国标准出版社, 2004.
[71] 国家标准局信息分类编码研究所. GB/T 21232-2007声学 声屏障控制办公室和车间噪声的指南.
[72] 国家标准局信息分类编码研究所. JB/T 10504-2005 空调风机噪声声功率级测定—混响室法, 北京: 中国标准出版社, 2005.
[73] 国家标准局信息分类编码研究所. GB/T 21229-2007声学 混响室内空气末端设备、部件、阻尼器和阀门噪声声功率级的测定.
[74] 国家标准局信息分类编码研究所. GB/T 21231-2007声学 小型通风设备空气声辐射的测量方法.
[75] 国家标准局信息分类编码研究所. GB/T 19888.1-2005声学 室外用固定式听觉报警器 第1部分: 声发射量的现场测定, 北京: 中国标准出版社, 2005.
[76] 国家标准局信息分类编码研究所. ISO 10846.1-1999 声与振动 弹性元件振动声传递特性

实验测量方法 第 1 部分：测量原理指南.

[77] 国家标准局信息分类编码研究所. GB/T 14365-1993 声学 用于机动车辆发射噪声测量的实验道路技术规范.

[78] 国家标准局信息分类编码研究所. GB/T 19889.1-2005 声学 建筑与建筑构件的隔声测量 第 1 部分：侧向传声受抑制的实验室测试设施要求, 北京: 中国标准出版社, 2005.

[79] 国家标准局信息分类编码研究所. GB/T 19889.2-2005 声学 建筑与建筑构件的隔声测量 第 2 部分: 精确数据的确定、验证和应用, 北京: 中国标准出版社, 2005.

[80] 国家标准局信息分类编码研究所. GB/T 19889.3-2005 声学 建筑与建筑构件的隔声测量 第 3 部分：建筑构件空气声隔声的实验室 测量方法, 北京: 中国标准出版社, 2005.

[81] 国家标准局信息分类编码研究所. GB/T 19889.4-2005 声学 建筑与建筑构件的隔声测量 第 4 部分：两室之间空气声隔声的现场测量, 北京: 中国标准出版社, 2005.

[82] 国家标准局信息分类编码研究所. GB/T 19889.5-2006 声学 建筑与建筑构件的隔声测量 第 5 部分：外墙构件和外墙空气声隔声的现场测量, 北京: 中国标准出版社, 2006.

[83] 国家标准局信息分类编码研究所. GB/T 19889.6-2005 声学 建筑与建筑构件的隔声测量 第 6 部分：楼板撞击声隔声的实验室测量方法, 北京: 中国标准出版社, 2005.

[84] 国家标准局信息分类编码研究所. GB/T 19889.7-2005 声学 建筑与建筑构件的隔声测量 第 7 部分：楼板撞击声隔声的现场测量, 北京: 中国标准出版社, 2005.

[85] 国家标准局信息分类编码研究所. GB/T 19889.8-2006 声学 建筑与建筑构件的隔声测量 第 8 部分：重质标准楼板覆面层撞击声改善量的实验室测量, 北京: 中国标准出版社, 2006.

[86] 国家标准局信息分类编码研究所. GB/T 19889.10-2006 声学 建筑与建筑构件的隔声测量 第 10 部分：小建筑构件空气声隔声的实验室测量, 北京: 中国标准出版社, 2006.

[87] 国家标准局信息分类编码研究所. GB/T 20247-2006 声学 混响室吸声测量, 北京: 中国标准出版社, 2006.

[88] 国家标准局信息分类编码研究所. GB/T 18696.1-2004 声学 阻抗管中吸声系数和声阻抗的测量 第 1 部分：驻波比法, 北京: 中国标准出版社, 2004.

[89] 沈豪, 孙洪生. 工程声学中的有限元方法. 1981, 4: 249-259.

[90] 秦佑国. 室内声场计算机声线法模拟的一些问题. 清华大学建筑物理研究论文集, 北京: 中国建筑工业出版社, 1996.

[91] Kulowski A. Algorithmic representation of the ray tracing technique. Appl. Acoust., 1985, 18: 449-469.

[92] Ondet A M, Barby J L. Modeling of sound propagation in fitted workshops using ray tracing. J. Acoust. Soc. Amer., 1989, 85(2): 787-796.

[93] Lyon R H. Statistical energy analysis of dynamical system: theory and applications. M.I.T Press, 1975.

[94] 姚德源，王其政. 统计能量分析原理及其应用. 北京: 北京理工大学出版社, 1995.

[95] Croker M J, Price A J. Sound transomission using statistical energy analysis. J. Sound & Vibr., 1969, 9: 469-486.

[96] Young C I J, Crocker M J. Acoustic analysis, testing design of flow-reversing muffler chambers. J. Acoust. Soc. Amer., 1976, 60(5): 1111-1118.

[97] Jeon W H, Lee D J. A numerical study on the flow and sound fields of centrifugal impeller located near a wedge. J. Sound & Vibr., 2003, 266: 785-804.

[98] Langthjem M A, Olhoff N. A numerical study of flow-induced noise in a two-dimensional centrifugal pump, Part I. Hydrodynamics. J. Fluids & Struct., 2004, 19: 349-368.

[99] Langthjem M A, Olhoff N. A numerical study of flow-induced noise in a two-dimensional centrifugal pump, Part II. Hydroacoustics. J. Fluids & Struct., 2004, 19: 369-386.

[100] 庞剑, 谌刚, 何华. 汽车噪声与振动——理论与应用. 北京: 北京理工大学出版社, 2006.

[101] Gardner B K, Shorter P J, Bremner P G. An application of the resound mid-frequency method to structural-acoustic radiation. Proc. ICSV 9, Orlando, 2002.

[102] Zhao X, Vlahopoulos N. Mid-frequency vibration analysis of systems containing one type of energy based on a hybrid finite element formulation. Proc. the SAE-Noise & Vibr. Conf., 2001, 1: 1620.

[103] Langley R S, Bremner P G. A hybrid method for the vibration analysis of complex structural-acoustic systems. J. Acoust. Soc. Amer., 1999, 105: 1657-1671.

[104] Shorter P J, Gardner B K, Bremner P G. A hybrid method for full spectrum noise and vibration prediction. Fifth World Congress on Computational Mechanics, Vienna 2002.

[105] 马大猷. 现代声学理论基础. 北京: 科学出版社, 2004.

[106] ISVR Consulting-Railway noise and vibration. http://www.isvr.co.uk/index.htm

[107] Ayala B M, Sousaj M C, da Costaj M G S. Intelligent active noise control applied to a laboratory railway coach model. Control Engineering Practice, 2005, 13(4): 473-484.

[108] Mongeau L, Bolton J S. Study of the Performance of Acoustic Barriers for Indiana Toll Roads. http://dols.lib.prardue.edu/jtrp/203, 2002.

[109] Egan C A, Chilekwa V, Oldham D J. An Investigation of the use of top edge treatments to enhance the performance of a noise barrier using the boundary element method. The 13th Inter. Congress on Sound & Vibr. Vienna, Austria, 2006, 7: 2-6.

[110] Recherche C. Environmental acoustics when the weather interferes with noise. Information letter, 2004.

[111] Berkhoff A P. Control strategies for active noise barriers using near-field error sensing. J. Acoust. Soc. Amer., 2005, 118(3): 1.

[112] Schroder W. Aeroacoustics research in Europe: the CEAS-ASC report on 2003 Highlights. J. Sound & Vibration, 2004, 278: 1-19.

[113] Fitzpatrick J A. Aeroacoustics research in Europe: the CEAS-ASC report on 2004 Highlights. J. Sound & Vibr., 2005, 288: 1-2.

[114] Voutsinas S G. Aeroacoustics research in Europe: the CEAS-ASC report on 2005 Highlights. J. Sound & Vibr., 2007, 299: 419-459.

[115] The 9th CEAS-ASC Workshop on Active Control of Aircraft Noise Concept to Reality, KTH, Stockholm, Sweden, 2005.

[116] Paurobally R, Pan J. Practical active noise control——results and difficulties. The 12th Inter. Congress on Sound & Vibr. Lisbon, Portugal, 2005: 738.

[117] Viscardi M, Ferraiuolo S, et al. Active skin for noise control of an electrical motor for railway applications. The 12th Inter. Congress on Sound & Vibr. Lisbon, Portugal, 2005: 841.

有源噪声控制研究进展

邱小军

(近代声学教育部重点实验室，南京大学声学研究所，南京 210093)

1 引言

从 20 世纪 70 年代末有源控制研究的再度兴起，又过去了近 30 年。这 30 年，有源控制研究取得了巨大的进展。在学术上体现在国内外有近百本相关专著问世(最著名的几本专著见参考文献[1~4])，在应用上体现在航空航天、交通、环境和军事中的一系列有源消声降噪减振产品。本文仅介绍国内外的有源控制研究在近几年的若干主要进展，重点介绍近几年中国学者在该领域的一些贡献。

近几年有源控制研究的主要进展集中发表在 2006 年召开的第 6 届国际声与振动有源控制研讨会(ACTIVE 2006)、2007 年召开的第 14 届国际声与振动大会(ICSV14)和第 19 届国际声学大会(ICA19)的大会论文集以及这两年在声学、振动及信号处理期刊中发表的相关论文中[5~7]。ACTIVE 2006 是有源控制领域最重要的国际会议，149 位参会作者来自 17 个国家，提交了 79 篇论文。ICSV14 是世界范围内声与振动领域最重要的综合会议之一，来自 46 个国家的作者提交了 558 篇论文，其中与有源控制有关的有 47 篇。ICA19 是世界范围内最重要的声学会议，每三年举办一次，来自 50 个国家的作者提交了 1300 篇论文，其中与有源控制有关的有 4 篇。国外相应的期刊主要有 Journal of sound and vibration, Applied acoustics, J. Acoust. Soc. Amer. 和 IEEE Trans. Audio, Speech and Language Processing 等。国内相应的主要有《声学学报》和《应用声学》等刊物。本文下面归纳的进展均取材于这两年的国际大会论文集[5~7]，由于篇幅限制，不再一一给出具体作者和论文出处。

2 世界上该领域近几年主要进展

世界上近几年该领域的进展主要在如下五个方向：控制结构、控制算法、换能器、虚拟声环境和各种不同的实际应用。

控制结构方面的进展主要体现在两个方面。一是反馈控制结构的进一步发展，二是半主动控制结构的重新重视。由于一般情况下，前馈控制结构的降噪性能和系统稳定性都比反馈控制结构好，故以往的有源控制系统基本上采用前馈控制结构。

但多通道前馈控制结构存在成本高、安装复杂等缺点，从产品实用角度出发，目前大量的研究集中在用多个单通道反馈控制系统构成多通道有源控制系统上。这方面的代表是英国南汉普敦大学的有源控制研究小组的工作，他们采用振动速度反馈控制声波向闭空间的传入。前几年，由于对有源控制的好处过于乐观，希望完全采用有源控制达到低频控制效果。但在实际产品的应用中，由于成本和可靠性的要求，目前，许多研究转向采用主被动结合的方法。这方面的例子是：澳大利亚的团队将传统的 Helmholtz 共鸣器改成自适应的 Helmholtz 共鸣器进行管道内的有源消声，瑞典的 Larsson 等将传统的消声器和主动控制器结合，提高性能。另外，还有波兰的 Czyż 等提出了利用局域网络的多通道有源控制结构。

新的控制算法在不断提出，主要有两类。一类是针对多通道前馈控制算法的计算量和存储量太大的缺点，在不断改进。这方面的代表是澳大利亚、荷兰和中国南京大学的研究团队，他们提出了逆向、子带、多时延频域等多种性能更好的多通道前馈控制算法；另一类是针对其他应用场合的算法，如美国的 Rajora 等提出将利用人耳掩蔽效应的技术和有源控制技术结合起来，在无法大幅降低噪声级的条件下，将残余噪声变得较舒适。这方面的例子有英国南汉普敦大学和美国北 Northern Illinois 大学的研究团队。另外，还有针对非线性有源控制的非线性算法，如印度的研究团队提出了 FSLMS 算法，波兰的 Figwer 研究了次级通道的非线性建模。

新换能器在有源控制中的应用层出不穷。如澳大利亚和日本的研究团队采用声参量阵的指向性进行有源控制，德国研究团队采用了气动换能器并考虑了其非线性，英国研究团队采用三角形压电作动器，波兰和中国团队(包括台湾的团队)采用磁流变材料进行主动振动控制，美国波音公司团队采用形状记忆合金成功地降低了喷气噪声，台湾的 Ro 等实验研究了利用 NASA 的 MFC 压电换能器来进行用于机舱壁的蜂窝三明治板的声振控制。另外，还有采用压电分流电路减震的美国研究者和采用压电纤维制成辐射模态传感器的瑞士团队。专门针对有源控制，澳大利亚团队开发了零劲度的磁性弹性支撑器，并考虑了磁性弹簧的非线性控制，澳大利亚和美国的研究者开发了声能量密度探头，并探讨扩散声场下采用虚拟传声器和虚拟声能量密度探头进行局部空间降噪。

虚拟声环境的研究是另外一个很大的领域，但其许多原理和有源声控制相同。因此，许多研究有源控制的团队也研究虚拟声环境，这方面的代表是英国南汉普敦大学的有源控制研究小组和加拿大的研究团队。

有源控制这几年在各方面的应用非常广泛。如澳大利亚的 Forrest 等实验研究了通过力矩来控制轴向激励圆柱壳的声辐射，而澳大利亚的 Pan 等对潜艇辐射噪声进行了模态有源控制探讨。中国的 Xiao 等报告了针对船上振动采用混合方法进行的有源双层隔振实验结果。俄罗斯的 Rybak 提出了采用有源控制对船上操作员的振动防护。

奥地利的 Benatzky 等针对轿车车厢振动和噪声有源控制中采用的某一作动器失效问题，提出一种硬件冗余解决方法。台湾的 Tsai 等采用 PZT 换能器对笔记本电脑中的硬盘驱动器进行主动振动控制。英国的 Kaymak 等研究了对牙医电钻的高频窄带噪声进行有源控制。日本的 Kobayashi 等继续提高通风管道里安装的有源控制系统的性能。澳大利亚的 Du 等探讨了对地震引起的建筑物的振动进行有源控制。德国的 Rose 等将有源控制用在机器人的弹性控制中。意大利的 Ameduri 等用有源控制降低结构对外界激励的灵敏度。以及对各种实际有源控制系统的物理系统的优化及其优化方法。澳大利亚的 Gao 等针对非平稳随机激励下的机敏材料的优化设计方法。澳大利亚的 Leclercq 等研究了不同噪声频谱和环境变化情况下多种反馈有源控制策略的鲁棒性。

有源控制在环境噪声控制中的应用主要体现在低频声的控制，澳大利亚的 Guo 等综述了现有方法，认为低频环境噪声依然很难用传统噪声控制方法解决，需要采用有源噪声控制方法。

所有应用中最值得一提的是美国波音公司于 2005 年 8 月进行的飞行实验，他们将形状记忆合金作动器装在喷气机主次喷口的机翼后缘，利用形状记忆合金和温度特性成功地降低了喷气噪声。

3　中国该领域近几年主要进展

3.1　虚拟声屏障

虚拟声屏障(virtual sound barrier, VSB)的目标是探讨如何利用有源噪声控制方法来实现噪声环境中的局部安静区域。因该方法不采用传统隔声材料所做成的声屏障来达到隔声目的，而采用扬声器阵列来产生一个能抵消原噪声的附加声场，就像有一个看不见的声屏障在起作用，故用该技术所实现的系统称为虚拟声屏障。该研究具有广阔的应用前景。例如，在载人航天飞机舱内、在潜艇控制室内都有较高的噪声级，直接影响舱内工作人员的判断力、工作效率和身体健康。由于重量和体积的限制，传统的隔吸声技术在这种场合无法达到很好的效果(尤其是在低频段)。

这几年，南京大学的有源控制研究团队已实现了普通房间内的虚拟声屏障的实验演示系统，验证了“虚拟声屏障”概念的可行性：即在噪声来自于多个方向的普通房间中，通过该系统在中频段产生人头大小的静区是可行的。在研究中取得的主要结果有：(1) 进一步探讨了 Kirchhoff-Helmholtz 积分方程的物理意义，通过数值模拟方法，研究了不同评价指标对虚拟声屏障性能的影响，指出在与声场的势能、动能、声强以及声能量密度有关的四种评价指标中，采用声场的势能较好[8]；(2) 在数值模拟过程中，研究了不同形式的等效控制源的影响，提出了一种组合声源，能够用较少单元个数来代表 Kirchhoff-Helmholtz 积分方程在边界上的连续积分[9]；(3) 实际应用中人头处于系统包围的静区内，研究了人头的散射作用对虚拟声屏障系统性能的影响[10]。

如图 1 为实验中采用圆柱形状的 16 通道的虚拟声屏障系统示意图，16 个误差传感器分为两层，每层各为圆内接正八边形，两层的距离 h_e 等于圆半径 r_e。16 个控制声源采用同样的结构，层间距 h_c 等于圆半径 r_c。

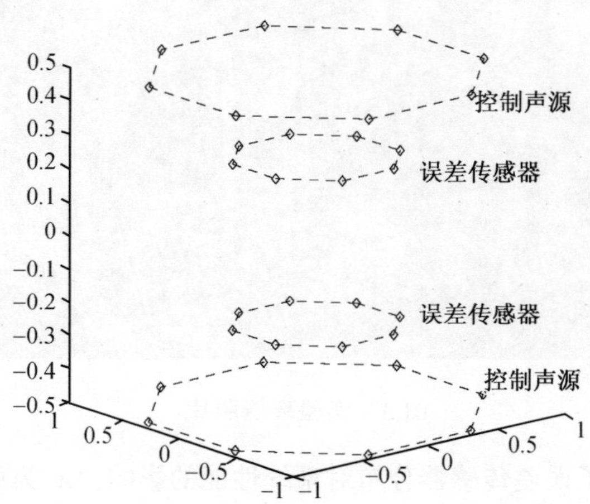

图 1 实验采用的 16 通道 VSB 系统的几何结构

图 2 为实验环境示意图。实验在形状不规则的普通房间进行，房间大小约为 4m×5m×4m。采用自主研发的 16 通道自适应有源噪声控制器(ANC)，接收误差麦克风的信号并控制控制声源的输出，以使误差麦克风处的声压最小。初级源信号为

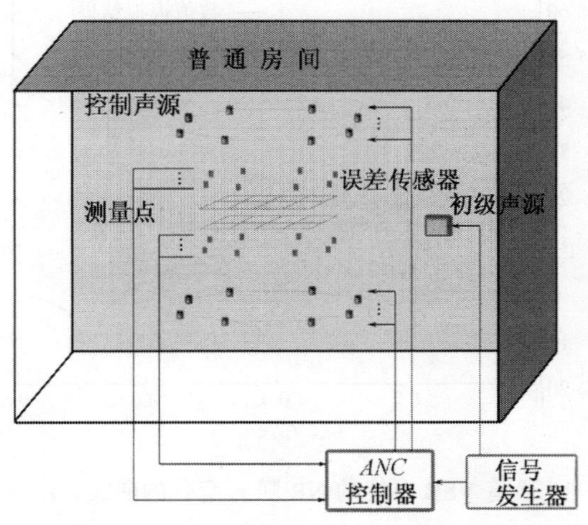

图 2 实验环境示意图

单频 250Hz，同时馈入控制器作为参考信号。使用另外的测量麦克风在静区内测量控制前后的声压，声压测量满足每波长至少 6 个测量点。图 3 为实验环境照片。

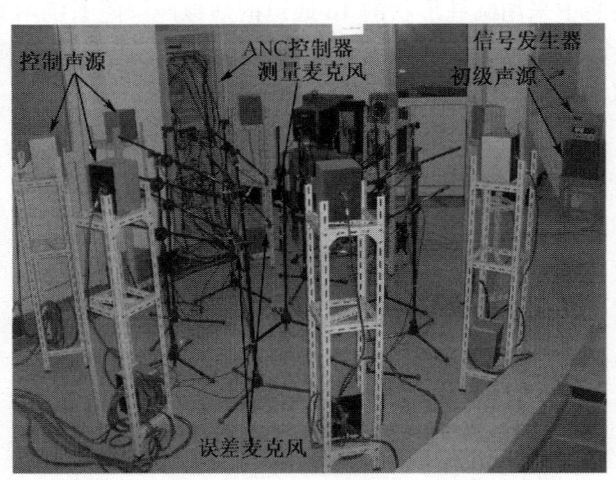

图 3　实验环境照片

通过实验研究了误差传感器分布对系统性能的影响。λ 为所控制噪声的声波波长。r_c 固定为 0.9λ 即 1.22m，r_e 取值为 $i\times0.07\lambda$，i=1…8，图 4 比较了针对本实验系统的数值模拟与实验结果。数值模拟与实验显示了同样的趋势，当 r_e 由小到大增长时，控制效果逐渐下降。要得到 NR>10dB 的有效控制，数值模拟显示 r_e 要小于 0.35λ，实验结果显示 r_e 可以达到 0.4λ。

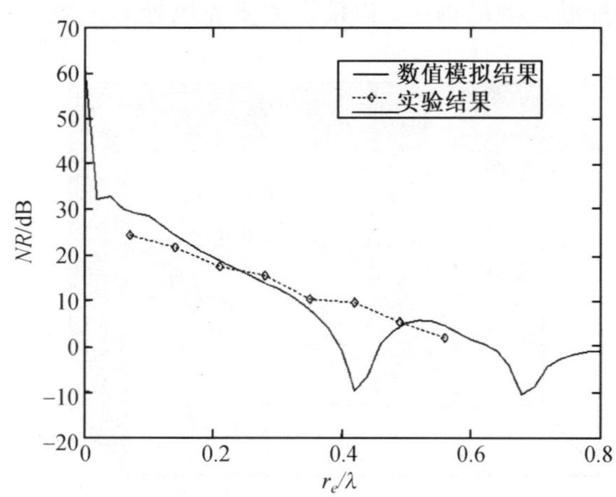

图 4　16 通道 VSB 系统的 NR 随 r_e 变化的曲线，r_c=0.9λ

研究了控制声源分布对系统性能的影响。r_e 固定为 0.28λ，r_c 的 5 个取值点分别为 0.48 λ、0.55 λ、0.63 λ、0.73 λ、0.9 λ，图 5 比较了数值模拟与实验结果，数值模拟表明随着 r_c 增大，控制效果变好，而当 r_c–r_e 超过一定值，就不再有明显区别，实验结果显示出与数值模拟有同样的趋势。

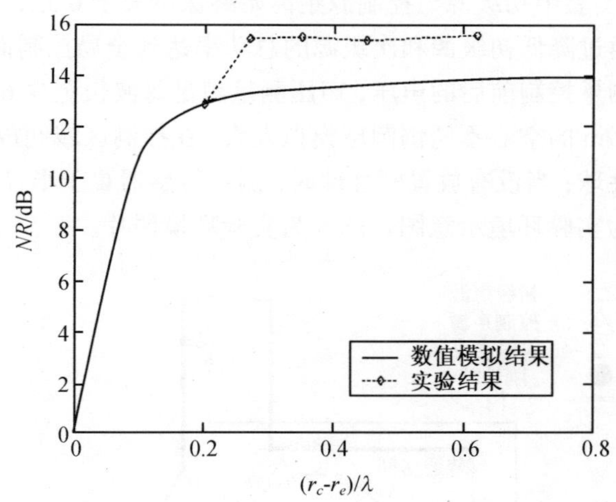

图 5　16 通道 VSB 系统的 NR 随 r_c–r_e 变化的曲线，r_e =0.28λ

还研究了信号频率对系统性能的影响。r_e 固定为 0.2m，r_c 固定为 1.22m，信号频率取值为 250+i×100, i=0⋯5，图 6 显示实验结果中有效降噪的上限频率约为 550Hz，与数值模拟相一致。

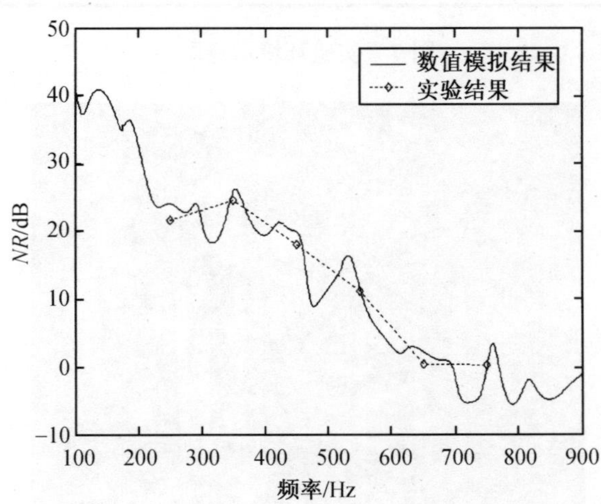

图 6　16 通道 VSB 系统的 NR 随频率变化的曲线，r_c=1.22m，r_e =0.2m

实际应用中人头处于系统包围的静区内，必须考虑人头的散射作用对系统的影响。实验在同一普通房间进行。用信号发生器产生单频初级源信号，放大后由 3

个普通音箱向房间辐射。3 个音箱在房间的不同方向，高度分别为 1.2m、3.0m 和 0.5m。由 16 个误差传感器(驻极体传声器)和 16 个控制源(普通音箱)构成图 7 形式的 VSB 系统放置在房间中间，采用同样的自适应有源噪声控制器。初级源距离 VSB 系统中心约 4m，实验中初级源与控制源距离始终保持大于 0.5λ，因此实验显示的控制效果并不是通过降低初级源和次级源的总功率达到全局控制而获得的。使用另外的测量传感器测量控制前后的声压，声压测量满足每波长至少 6 个测量点。使用一个半径约为 0.09m 的空心不锈钢圆球模拟人头。在控制区域间放置刚性球时，测量传感器紧贴刚性球；当没有放置刚性球时，测量传感器置于半径等于刚性球半径的圆周上。图 7 为实验环境示意图，图 8 为实验环境照片。

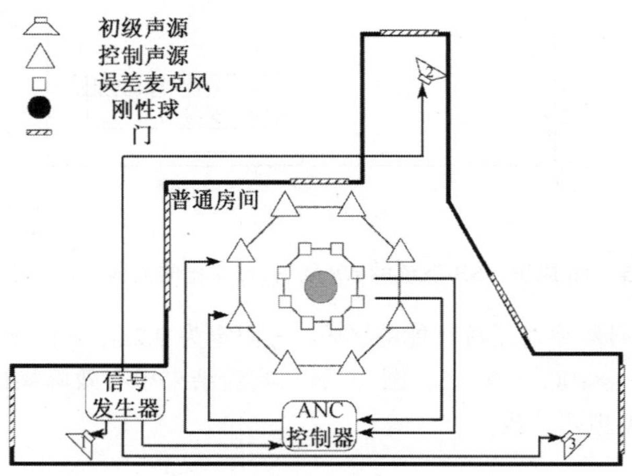

图 7　实验环境示意图

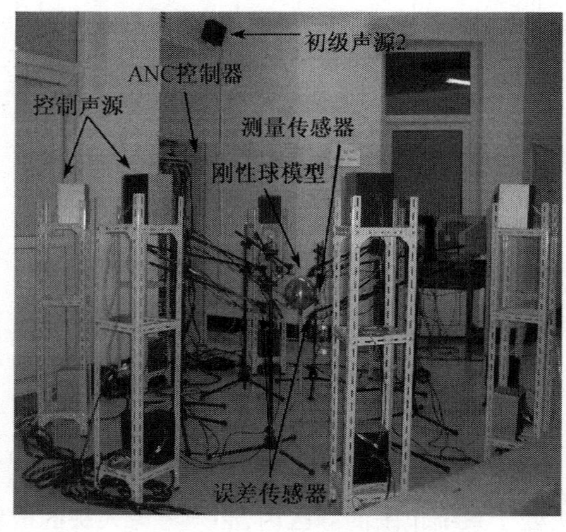

图 8　实验环境照片

实验仅针对 r_e 为 0.2m，r_c 为 1.22m 的 VSB 系统，测量频率变化对系统性能的影响和人头移动对系统性能的影响。图 9 为 *NR* 随频率变化的曲线，信号频率取值为 200+$i\times 50$ (Hz)，i=0···8。从图 9 可以看出，有无人头情况下，该 VSB 系统在所研究的频段都能得到 10dB 以上的降噪效果，但两者略有不同。有无人头情况下降噪效果的差值 Δ*NR* 在−0.8~2.6dB 之间，随频率升高有微小的增加。在图中曲线前段，频率小于 300Hz 时，由于实验系统和实验环境限制，无法测得更大的降噪值，都在 31dB 左右。

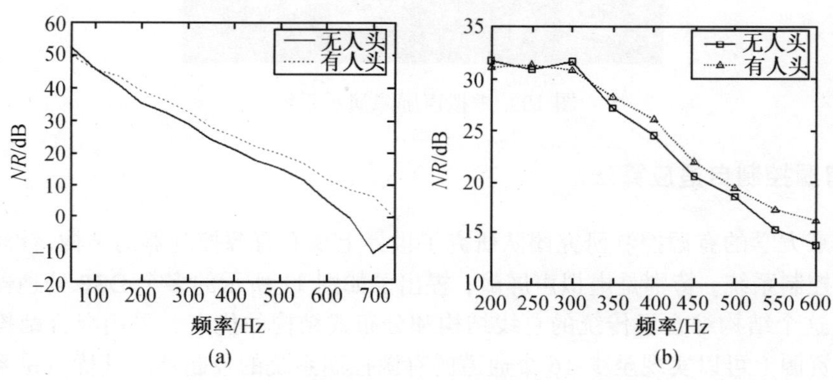

图 9 系统性能 *NR* 随频率变化的曲线

(a) 系统性能 *NR* 随频率变化的曲线 (数值) r_c =1.22m，r_e =0.2m　(b) 系统性能 *NR* 随频率变化的曲线 (实验) r_c =1.22m，r_e =0.2m

进一步的数值模拟和实验表明由于人头的散射作用，在人头附近，声压降低量分布更为均匀，系统性能可能变好也可能变坏，与误差传感器包围区域的半径及噪声频率有关。系统性能随系统物理配置的变化趋势，与未引入人头时是一致的。人头可以在系统包围的静区内移动，随着人头偏离系统中心，降噪效果会下降，但即使人头偏离至系统包围静区的边缘，仍有 10dB 以上的降噪。实验给出一种实用的圆柱状分布的 16 通道的 VSB 系统，引入人头后系统性能变好了。当人头在该系统包围的静区内移动时，即使频率达到 500Hz，降噪效果最差仍达 13.3dB。图 10 为南京大学的有源控制研究团队实现的房间里的虚拟声屏障演示系统照片[11]。

“虚拟声屏障”技术在理论上基于 Huygens 原理和 Kirchhoff-Helmholtz 积分方程，在技术实现上采用控制源阵列和传声器阵列，从而突破了以往有源控制中的所谓“10dB 降噪空间小于 1/10 波长”的限制。国际上目前从事这方面的研究有法国 LMA 实验室的研究者，他们侧重于实验研究，采用 32 通道有源控制系统进行了实验，得到了类似的结果(Epain 和 Friot. J. Sound & Vibr. 2007, 299(3): 587-604。与他们相比，南京大学的有源控制研究的特点是：(1) 物理系统的优化研究；(2) 算法的研究；(3) 人头引入后的影响研究。

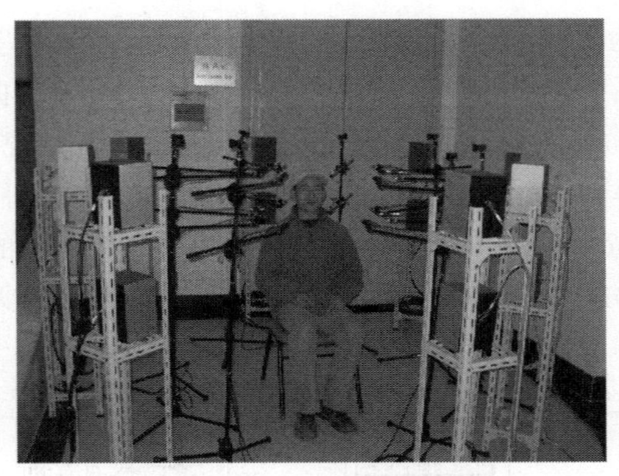

图 10　虚拟声屏障演示系统

3.2　有源控制自适应算法

南京大学的有源控制研究团队研究了世界上现有有源控制器的结构,针对多通道有源控制系统，特别是虚拟声屏障，提出了如图 11 所示的多个 DSP 处理器的结构[12]。这个结构综合了传统的总线结构和分布式结构的优点，采用混合结构，在有限的资源上可以实现至少 16 个通道的有源控制系统的控制器。其优点是系统的灵活性和算法执行的高效率。该控制器用了 8 片 ADSP-21161DSP 芯片，运算性能达 4.8GFLOPS，有 16 通道 16bitAD 和 DA 和 20 个数字 IO，采用了南京大学的有源控制研究团队提出的 FBPLMS 算法[13]。图 12 是南京大学的有源控制研究团队所实现的有源控制系统的控制器的照片。

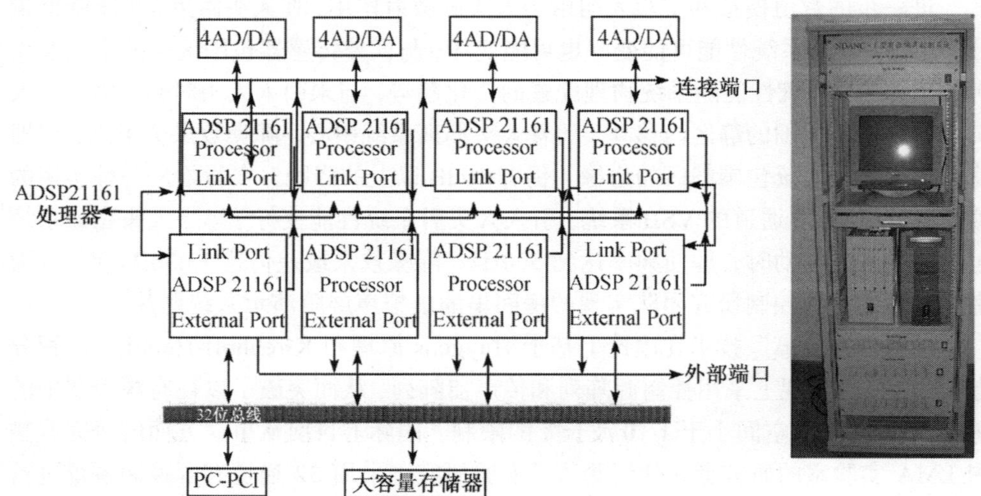

图 11　多通道有源控制系统多处理器结构　　图 12　NDANC-1 型自适应有源控制器照片

南京大学的有源控制研究团队还在自适应有源控制算法研究领域提出了一种新的建模信号，使建模在单频或窄带背景噪声时，可以得到较好的建模精度[14]。该建模信号的提出突破了在有源噪声控制界存在多年的一个错误的观念，即建模信号应该在单频或窄带背景噪声频段注入较多的能量。但南京大学的数值模拟和实验研究结果表明，恰恰相反，建模信号应该在单频或窄带背景噪声频段不注入能量以减少其影响。表 1 给出了当背景噪声为 400Hz 单频，采用新提出的带阻白噪声(BS)在不同收敛系数时建模的相位误差的多次结果的最大值。图 13 给出了在某一收敛系数时，采用传统的随机信号和新提出的 BS 随机信号建模的 100 次随机模拟的相位误差。显然，该信号要比传统的随机信号的建模精度高很多。

表 1　背景噪声为 400Hz，不同信号不同收敛系数时建模的相位误差的最大值

收敛系数		0.002	0.003	0.004	0.005	0.01	0.015
相差/度	随机信号	41	52	66	137	151	166
	BS 随机信号	7	8	14	20	28	55

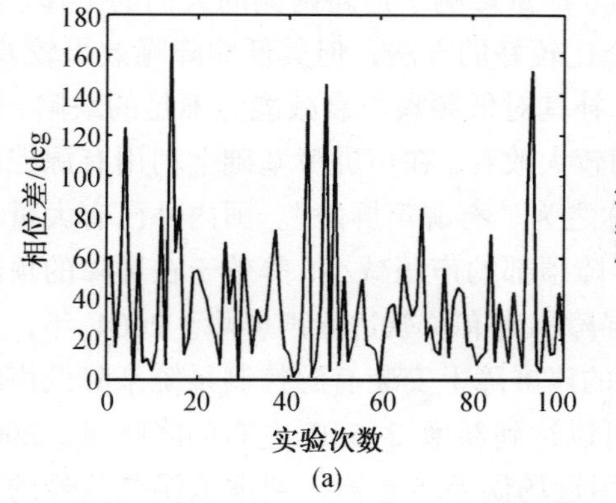

(a)

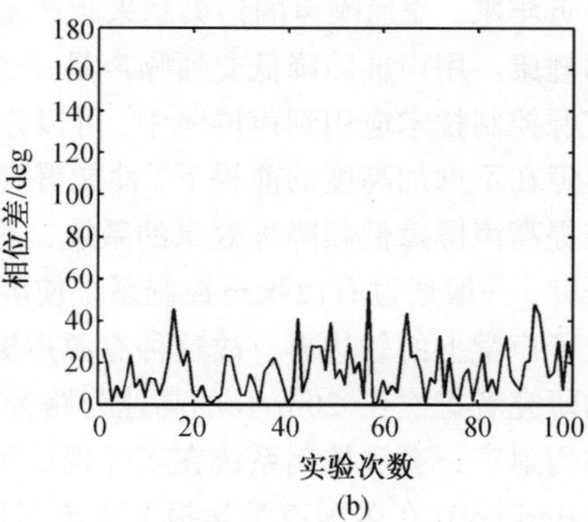

(b)

图 13　某一收敛系数时，两种信号建模的 100 次随机模拟的相位误差：
(a) 采用白噪声作为建模信号；(b) 采用带阻白噪声作为建模信号

对于多通道前馈有源噪声控制系统，需要预先知道 J 个控制源到 K 个误差传声器之间共 JK 个次级通道传递函数。如果和常用单通道有源噪声控制系统一样，采用 L 阶 FIR 滤波器模拟每个次级通道传递函数，则模拟所有的次级通道传递函数共需要 JKL 个参数。南京大学有源控制研究团队提出了采用级联结构的 FIR 滤波器模拟次级通道传递函数，减少了模拟次级通道传递函数所需参数的个数。同时将该级联结构次级通道模型和多通道无延迟子带算法相结合，降低了实现多通道有源噪声控制系统的计算量[15]。

对于模拟反馈有源噪声控制系统，为了使得系统的性能达到最优，需要对反馈控制器进行优化设计。南京大学有源控制研究团队提出采用经典控制理论构造出合适的代价函数；通过差分进化(differential evolution)最优化算法得到控制电路的参数。给出了单通道反馈控制器的设计方法和在通道之间存在耦合情况下多通道反馈控制器的设计方法[16]。

现有的自适应有源控制算法通常采用 FIR 滤波器作为次级通道建模滤波器。但在实际应用中，用于建模的 FIR 滤波器的阶数很难确定，或由于系统硬件的限制，无法采用足够的阶数。南京大学有源控制研究团队研究了当用于建模的 FIR 滤波器的阶数不足时，建模误差的大小，给出了相应的相位误差的均值和方差，为实际选择建模 FIR 滤波器的阶数和了解阶数不足时系统的性能提供了依据[17]。另外，南京大学的有源控制研究团队还分别和澳大利亚阿得莱德大学的有源控制研究团队以及日本秋田县立大学有源控制研究团队合作研究，提出了无时延的子带有源控制算法和多时延频域滤波有源控制算法[18, 19]。

3.3　有源声屏障

近年来，交通噪声的污染越来越严重，严重影响了道路两侧的人们的工作、生活和健康。用声屏障降低交通噪声是一个比较好的方法，但其低频降噪效果较差。将有源控制技术应用到声屏障中，可以弥补其对低频噪声衰减能力不足的缺陷，使声屏障在不增加高度的前提下，性能得到较大改善。在声屏障基础上利用有源控制系统提高声屏障低频降噪效果的系统，称之为“有源声屏障”。国内外已有大量相关研究，一般通过有源噪声控制系统使屏障顶部的声压减小，等效于在屏障的顶部形成了声学上的软边界，故这种有源声屏障称为有源软边界声屏障。2004 年，日本的研究者首次在 20m 长的高速公路旁的声屏障上安装有源控制系统来降低声影区的衍射声，有源控制系统在实际现场可以达到新增 2~5dB 左右的降噪量。2005 年，Berkhoff 在美国声学学报上提出了用近场误差传感器得到虚拟误差信号的方法，从而使有源声屏障更紧凑，取消了使用远场误差传感器的要求。

在这些工作基础上，南京大学的有源控制研究团队对有源软边界声屏障系统中误差传感器布放位置的优化进行了数值模拟和实验研究，分别对误差传感器在次级声源附近时的三种位置进行了比较，同时对在这三种布放位置下误差传感器与次级声源间距离对有源控制系统性能的影响进行了比较，得出了有源软边界声屏障中误差传感器布放在次级声源附近时的规律：(1) 所研究的三种在次级声源附近的布放中，误差传感器的位置在次级声源的正上方时，有源控制系统在屏障后方声影区引入的新增插入损失最大；误差传感器在次级声源正前方时，有源控制系统在屏障后方声影区引入的新增插入损失次之；最差的是误差传感器在次级声源正后方的布放。三种布放均对屏障后方声影区有一定的降噪效果。(2) 当误差传感器的位置在次级声源的附近，特别是布放在次级声源的正上方和正后方时，误差传感器与次级声源间的距离存在一个最优距离使得屏障后方声影区的衍射声得到最好的降低[20]。

针对有源声屏障的紧凑性问题,南京大学的有源控制研究团队还提出了采用声强的方法来提高有源声屏障系统的性能，并对其机理进行了研究[21]。同时还和澳大利亚西澳大学的有源控制团队合作，研究了有源控制系统在存在反射面时的性能[22]。

3.4 其他

国内还有其他若干个团队涉及有源控制的研究。如中国科学院声学研究所的研究团队开发的有源抗噪声护耳器系统在国际上居前列。他们采用固定系数滤波器和自适应滤波器相结合来实现一种有源抗噪声护耳器系统。固定系数滤波器用于降低宽带噪声和减小次级通道的不确定性，提高了自适应算法的稳定性，从而使护耳器系统在宽带和周期性噪声环境中都取得了比较好的降噪效果。另外，中国科学院声学研究所从理论、数值和实验三方面研究了具有压电分流电路薄板的吸声特性。西北工业大学航海学院环境工程系的研究团队在有源声学结构方面进行了大量的研究，在模型构建、次级声源布放、系统优化设计、误差传感等方面进行了系统研究，取得了较大的进展。最近，他们对有源声学结构降噪中的物理机制进行了分析。他们在最小辐射声功率条件下，从控制前后初、次级结构的辐射声功率变化以及声场中声强的分布来阐述降噪中的物理机制，研究结果表明：降噪中的能量转换分为能量抑制、能量吸收及能量反吸收三种机制；对于近场声强分布，有源控制效果主要通过声强幅度抑制和声强方向调整两种机制体现，部分区域的声能量在控制前向远场传递，控制后则流向声源。中国科学院声学研究所、西北工业大学和哈尔滨工程大学的研究团队还有许多相关的工作和国防、企业有关，另有一些国内其他单位的工作侧重于有源控制中的作动器和传感器研究，由于篇幅和保密因素，本文就不一一介绍了。

4 结论及将来发展方向

从 20 世纪 70 年代末到 20 世纪末，有源控制的原理性的、基础性的研究大部分已经完成。有源控制系统的作用原理、分析方法和设计实现方法基本上都已建立，并被收集整理在相应的专著中。有源控制研究的高峰已经过去。但在 21 世纪，有源控制仍在继续发展[23]。近几年的进展主要体现在：

(1) 从应用成本和可靠性出发，有源控制系统的结构倾向于采用多个单通道构成的非控制耦合的多通道系统以及和传统无源方法的结合使用。

(2) 新的多通道自适应有源控制算法的发展，尤其是新的建模信号的提出，无时延子带有源控制算法和多时延频域滤波有源控制算法的提出，多通道级联结构的研究等。

(3) 大量新的传感器、作动器的应用，以及更多更加成熟可靠的实际应用。

结合以上介绍和分析，本文认为有源控制下面几年的发展方向有：(1) 多个单通道构成的非控制耦合的多通道系统的性能和优化研究；(2) 从过分强调有源控制进一步向主被动控制混合控制，争取达到最经济合理的解决方案，以及主动系统和周围声振环境、传统控制方法的整体考虑研究；(3) 和虚拟声环境、环绕立体声重放的研究相结合，不仅仅降低环境噪声，而争取实现对声环境的完全控制；(4) 针对各个应用场合，优化现有方法、发展新的方法，尤其是针对各种不同应用场合研究开发特性化的新型传感器、控制源、控制器和控制算法。

致谢

国家自然科学基金(10304008 和 10674068)资助项目和新世纪优秀人才支持计划资助。

参 考 文 献

[1] Nelson P A, Elliott S J. Active control of sound. Academic Press, 1992.

[2] Hansen C H, Snyder S D. Active control of noise and vibration. E&FN SPON, 1997.

[3] Elliott S J. Signal processing for active control. London: Academic Press, 2001.

[4] Kuo S M, Morgan D R. Active noise control systems-algorithms and DSP implementations. John Wiley & Son Inc., 1996.

[5] Proc. 6th Inter. Symp. Active Contr. Sound & Vibr. Australia, 2006.

[6] Proc. 14th Inter. Cong. Sound & Vibr. Australia, 2007.

[7] Proc. 19th Inter. Cong. Acoust. Spain, 2007.

[8] Qiu X J, Li N R, Chen G Y. Feasibility study of developing practical virtual sound barrier system. Proc. 12th Inter. Cong. Sound & Vibr. Portugal, 2005.

[9] 浦宏杰，邱小军. 一种新的组合声源在有源控制中的应用. 声学技术(增刊), 2005, 24: 394.

[10] Zou H S, Qiu X J, et al. A preliminary experimental stady on virtnal sound barrier system. J. Sound & Vibr., 2007, 307(1-2): 379-385.

[11] 邹海山，邱小军，牛锋，等. 虚拟声屏障的数值及实验分析. 声学学报, 2007, 32: 26.

[12] Qiu X J, Li N R, Chen G Y. Multiprocessor DSP systems for active control. Proc. 18th Inter. Cong. Acoust. II, Japan, 2004: 1277-1280.

[13] Qiu X J, Hansen C H. A comparison of adaptive feedforward control algorithms for the practical implementation of multichannel active noise control. Proc. 8th Inter. Cong. Sound & Vibr. WESPAC, Australia, 2003.

[14] Wu M, Qiu X J, Xu B L, et al. A note on cancellation path modeling signal in active noise control. Signal Processing, 2006, 86: 2318.

[15] Wu M, Chen G, Qiu X. Multichannel delayless subband ANC algorithm with cascaded secondary path modeling. The Japan-China Joint Conference of Acoustics, Sendai, 2007.

[16] 吴鸣. 高频信号处理中建模问题及其应用. 南京大学博士学位论文, 2007.

[17] Wu M, Qiu X J, Chen G Y. The statistical behavior of phase error for deficient secondary path modeling. IEEE Signal Processing Lett., 2008, 15: 313-316.

[18] Qiu X J, Li N R, Chen G Y, et al. The implementation of delayless subband active noise control algorithms. Proc. the Inter. Symp. Active Contr. Sound & Vibr. Australia, 2006.

[19] Qiu X J, Hansen C H. Multidelay adaptive filters for active noise control. Proc. 14th Inter. Cong. Sound & Vibr. Australia, 2007.

[20] Niu F, Zou H S, Qiu X J. Error sensor location optimization for active soft edge noise barrier, J. Sound & Vibr., 2007, 299: 409.

[21] Han N, Qiu X J. A study of sound intensity control for active noise barriers. Appl. Acoust., 2007, 68: 1297-1306.

[22] Pan J, Qiu X J Performance of an active control system near a reflecting surface. Australian J. Mech. Eng., 2008, 5: 35-42.

[23] Hansen C H, Qiu X J, Petersen C, et al. Optimization of active and semi-active noise and vibration control systems. Proc. 14th Inter. Cong. Sound & Vibr. Australia, 2007.

环境声的主观评价及应用

陈克安

(西北工业大学环境工程研究所，西安 710072)

1 引言

相对而言，环境声学是声学学科里较为年轻的一个分支。直到1974年，第8届国际声学会议才正式提出使用“环境声学”这一术语[1]，1978年，中国声学学会建立了环境声学分会，标志着环境声学作为声学的一个分支在我国得到承认，其内容涵盖了建筑声学、环境噪声和噪声控制等多领域的问题。在此之前，环境声学是以研究室内环境中的声学问题为主的，也就是建筑声学问题。建筑声学从研究房间内的混响为开端，以赛宾公式的提出为标志，之后涉及室内的音质评价和音质设计，同时，噪声控制从建筑声学中分离出来，作为一个独立的研究方向得到迅速发展。

20世纪70年代，环境科学作为一个独立的学科分支得到迅速发展，与此相对应，环境声学的研究重点逐渐扩展到与声学相关的环境问题上，也就是声环境问题。我们知道，环境科学中的“环境”，是指以人为主体的周围一切事物的总和。于是，人对声环境的主观感觉成为环境声学研究的重点。

人对环境噪声的社会反应(community response to noise)是环境声学关注的中心议题[2]，主要目的是针对特定人群，通过社会调查、实验室研究等方法得到噪声暴露剂量-反应(noise-dosage-response)关系的原始数据，然后通过数学手段建立确定的数学模型，将其应用于改善声环境和制定科学合理的噪声政策。围绕“剂量-反应”关系的确立，完成“剂量”、“反应”变量的评价和确定、评价方法及其实际应用等任务成为环境声学新的研究方向。本文以此为线索，综述国内外的研究进展。

2 环境声主观评价量及评价方法

2.1 主观评价量

由声信号的各种物理参数可建立噪声的客观评价参量，如声压、声强、声功率等。定量反映人对声音主观感觉的参量称为主观评价量，它的确定是研究“剂量-反应”关系的基础。对于声音品质的主观评价，主要集中在对室内音质和噪声影响评价两方面。室内音质的评价，又分为对语言声和音乐声的主观评价，主要评价参数有语音清晰度、丰满度、亲切感、整体感、空间感等。对于噪声影响评价来说，最基础的主观评价量是响度，它反映了人耳听觉系统对声音“响”的主观感觉，其测量和计算一直是重要的声学基础问题。

响度测量的成果是确定了等响曲线，在此基础上，人们提出了适用于不同特性噪声评价的计权声级，其中目的在于反映人耳对宽带噪声主观感觉的A声级和等效连续A声级获得了广泛应用。此外，衡量噪声暴露剂量的参量还有：昼夜等效声级、有效感觉噪声级、噪声污染级、交通噪声指数等；为了反映噪声对人群的影响，提出了基于昼夜等效A声级的噪声冲击指数[3]。然而，上述评价参量适应范围、准确性也存在争议。

为了对响度进行定量计算，人们利用生理声学和心理声学的研究成果建立了响度的计算模型。Stevens 和 Zwicker 提出模型被 ISO 532 采用作为计算响度的国际标准。1996 年，Moore 对 Zwicker 模型做了重要改进，获得响度模型的解析表达式，实现了响度值随频率、强度改变的连续计算，被 2005 年版的美国国家标准所采用。近年来，国内在对 Zwicker 模型和 Moore 模型的改进及实际应用方面都做了不少工作[4,5]。

在响度计算的基础上，人们提出多个反映听觉感知的心理声学参量用于评价声品质，如尖锐度(sharpness)、粗糙度(roughness)、起伏强度(fluctuation)等。尖锐度作为响度的一次加权矩，定量描述声信号高频成分在其频谱中所占比例。由于人耳对高频声音比较敏感，因此噪声尖锐度值越高，给人的感觉就越刺耳。对于那些随时间变化的声音，一般可引发两种主观上的感觉反应：即声音低频段的波动强度和高频段的粗糙度，这两个指标可用来描述声音中的调制成分。波动强度描述人耳对缓慢移动调制声音的感受程度，适用于评价 20Hz 以下低频调制的声音信号，它反映了人耳主观感受到的声音响亮起伏程度。当声音的调制频率大于 20Hz 时，声音的波动强度逐渐减弱消失，而粗糙度逐渐增强。粗糙度用于刻画声音由平滑到粗糙所反映出的听觉的敏感程度，它反映了信号调制幅度的大小、调制频率的分布情况等特征，适用于评价调制频率为 20~200Hz 的声音。以 Zwicker 为首的一批德国学者进行了大量心理声学实验，建立上述参量的数学模型[6]，因此它们被称为 Zwicker 心理声学参数，在机电产品声品质评价等领域已获得应用。

上述参量适用于描述特定噪声或噪声的单个特性，确定一个综合参量反映人对噪声的主观反应是必需的。为此，研究人员进行长期努力，尝试提出了A声级(或等效连续A声级)、烦恼度、不愉悦度、噪度等众多参量，比较一致的看法是所谓的“烦恼度”(annoyance)。烦恼度将人对噪声烦恼的程度划分为不同等级。以5级分类为例，将烦恼分为“毫不烦恼”、“有点烦恼”、“烦恼”、“非常烦恼”、“极其烦恼”，将“非常烦恼”和“极其烦恼”的人群数量所占百分比称为高烦恼度(percent highly annoyed, HA%，一般简称为烦恼度)。虽然围绕烦恼度本身的争论到今天也未平息[7,8]，但这一概念的提出及其深入研究，对噪声主观评价具有里程碑的意义。

2.2　主观评价方法及其数据处理

主观评价试验和分析方法的研究是声品质研究的基础。基本的方法有社会调查法(social survey)和实验室评价法(laboratory research)两种，同时可采用模糊评价、灰色系统理论、人工神经网络等手段提高评价准确度，并应用一些针对性很强的统计数学方法揭示其内在规律。

(1) 社会调查法

社会调查法是指针对需要研究的问题设计问卷调查表，通过问卷调查获取主观反应数据，在对数据进行统计处理的基础上，揭示噪声暴露剂量与主观反应之间的关系，建立相应的数学模型，应用于噪声效应的评价及预测。社会调查法将现实场景置于研究过程，可以揭示被试在自然状态下的反应，使研究结果充分接近真实状态，因此社会调查法在环境声主观评价中占据基础性地位，是“社会声学”的主要研究手段[2]。然而，社会调查法的缺点在于它很难控制噪声暴露剂量以及被试的个体状态使之按照研究需要进行变化。同时，不同地域、民族、国家的不同研究者调查问题的标准化十分困难，使得调查结果的可比性很差。已有国内学者参与了噪声社会反应国际共同研究[9]，但在国内，跨区域省市的调查研究尚未开展。

(2) 实验室评价法

将实际场景中的声信号录制下或利用人工合成的声信号在实验室重放进行主观评价的方法称为实验室评价法，它能够严格地控制情景和噪声暴露条件，挑选合适的被试对象，精确地揭示单因素变化引起的反应，有利于研究社会调查法不易得到的内在机理。实验室评价法的缺陷在于无法准确控制或还原现实场景，尤其是环境中的非声学因素。目前，实验室评价中采用的主观评价方法主要包括评分法(rating scale)、排序法(ranking)、成对比较法(paired comparison)和语义细分法(semantic differential)[10]。在这几种评价方法中，成对比较法和语义细分法的评价过程易于实现、评价结果的准确度较高而被广泛应用。

成对比较法是一种两两成对比较的评价方法，由于它采用相对评价方法，因而适宜无经验者对两样本细微差别的比较[11]。成对比较法理论基础严密、性能分析完善，在众多社会科学领域已获得应用。该方法的缺点是当样本较多时，比较的次数较多，容易引起被试的疲劳。对于研究中却需大规模的实验样本时，为了降低实验时间，可采用自适应成对比较法(adaptive paired comparison)，它在普通分组成对比较法的基础上，分组时并不采用固定的种子样本，而是在评价实验开始之后，基于前一组比较结果，通过自我调整的方法，不断地选取优化种子样本，大幅度减少主观评价实验的时间和强度，同时又保证理想的实验结果[12]。语义细分法要求评价者依据个人真实感受，采用不同的程度修饰词，对特定声音样本进行主观反应(如烦恼度)的量值判断。与成对比较法相比，语义细分法可以得到评价量的绝对值，而且评价时间大大缩短，适合那些未经培训的人。但该方法的缺点在于不同评价者采用的反应尺度会存在差异，同一评价者对同一样本多次判断的结果重复性较差。

(3) 数学评价法

在社会调查和实验室评价中都可以采用先进的数学工具提高评价的准确度，解释常规方法无法发现和理解的现象。由于噪声影响下人的主观评价是个模糊概念，在主观评价时，噪声的主观反应属于哪一级有时难以判断，应用模糊数学理论可将这种具有模糊性的主观评价纳入定量计算的轨道，提高评价的准确性。例如，噪声引发人“烦恼”与“极其烦恼”感觉之间都没有绝对分明的界限，要表达这些模糊概念，可以将普通集合的概念建立模糊子集，确定各因素隶属度的大小及所占的权重，实现噪声反应较为精确的评判。例如，Botteldooren 等人[13] 建立模糊模型实现了对混合噪声烦恼度的评价，陈刚等人[14] 利用这一方法完成了道路交通噪声对城市居民影响的模糊评价。

在噪声评价中，通常只能获得有限时空的监测数据，提供不完全的或非确知的信息，此时，可采用灰色系统理论对环境噪声影响程度进行综合比较评价[15]。这种因素分析的比较，实质上是系统多个统计数据列所构成的曲线间几何形状的分析比较，可认为几何形状越接近,则发展变化态势越接近，关联程度就越大。因此，通过关联度的计算可实现因素间关联程度大小的定量分析，有利于研究噪声对人影响的内在机理。另外，可通过预先准备好的暴露剂量—反应关系数据对人工神经网络(ANN)模型进行训练，获得噪声暴露剂量与反应之间的非线性关系，揭示深层次的内在联系[16]。

(4) 数据处理与分析方法

由社会调查法和实验室评价获得的原始数据需采用专门的数学统计分析方法进行数据处理与分析，内容包括数据处理与转换、随机过程的统计分析与建模、相关分析、回归分析、因子分析等，其中多维尺度分析(multidimensional scaling, MDS)在揭示人对声音主观反应机理方面发挥了重要作用，获得广泛应用。MDS 是多元统计分析的一个分支，它将人们对事物差异(不相似性)的评价转换成目标距离，用低维空间中点与点的距离来最大限度地拟合目标距离，其目的在于寻找决定多个事物的少数几个潜在标准。将此方法用于声品质评价，能够发掘和解释影响声品质的本质因素[17,18]。实际应用中，可应用 Matlab 的统计分析模块，以及专门的统计分析软件(statistical package for the social science, SPSS)完成主观评价数据的处理与分析。

3　人对噪声的主观反应及评价

基于人的主观反应评价声音特性被称为声品质(sound quality)评价。从声音对人的影响来说，环境声分为正面和负面两大类，引起人负面反应的声音称为噪声。现实环境中的噪声问题是我们主要的关注的对象，主要包括产品噪声和环境噪声，相应地，人们研究产品品质和环境声品质问题。由于环境声品质更多地涉及与环境相关的多学科问题，由此引发了所谓的基于声音的景观问题，下节将予以讨论，本节研究人对环境噪声的主观反应中涉及的研究成果。

3.1　产品声品质

声品质可定义为特定技术目标或任务内涵中声音的适宜性[10]，它说明声品质应涵盖发声部件(声源)特性、听觉感知过程、听者心理期望三方面内容。因此，声品质不能简单地描述为物理量，而必须通过人参与到听觉事件中，并根据主观心理期望进行判断，才能产生声品质。所以，声品质研究必须注重人类听觉的心理学特征或过程，是一种区别于传统物理方法的研究。

由于声品质研究基于人耳的主观感受，声品质的优劣决定了用户对产品的性能的评判，因此，声品质的研究结果首先被运用于机电产品尤其是汽车产品上。在汽车行业中，最初对整车及发动机等主要部件声品质进行研究，目前已深入到汽车的各个部件和不同方面。国外主要的汽车公司都建立了自己的声品质评价体系，提出了数十种评价指标，有些还作为商业秘密。国内研究人员较早注意到了这一研究领域[19]，毛东兴、王登锋等[20,21] 研究了不同评价指标在车内声品质评价中的应用，并完成了相应的主观评价实验和数据处理与分析；同时，王卫防、范玮等[22,23] 进行了轮胎噪声、车门声品质的评价与实验。另外，声品质在其他行业的应用也越来越广泛，国内研究者在空调器、高速列车车内声品质等方面取得了较大的进展[24,25]。

3.2　人对环境噪声的主观反应

(1) 交通噪声的“暴露-反应”关系

在环境噪声中，由地面、空中各种交通工具发出的噪声占据主导地位，不同国家和研究机构的研究者们获得了大量人群噪声主观反应数据。1978 年，Schultz 在总结、比较了大量关于飞机、道路、铁路噪声暴露剂量和反应关系的社会调查的数据后，在《美国声学学会会刊》上发表了长达 29 页的《关于噪声烦恼度社会调查结果的总结》，提出了针对交通噪声的剂量-反应关系曲线[26]，被称为 Schultz 曲线。该曲线中的噪声剂量用昼夜平均声级，人的主观反应采用烦恼度作为评价参量。在 Schultz 曲线提出的 25 年中，人们不断对其进行修订和完善，使得居民对噪声社会反应的研究走向了科学量化的阶段，同时也开始了研究方法标准化和国际化的探讨[27]。在 Schultz 曲线的基础上，1994 年，Finegold 等[28] 提出的昼夜等效声级-烦恼度关系，被美国联邦噪声联合委员会(FICON)推荐用于交通噪声对人影响的预测。

近年来，高速列车噪声效应引起人们的关注。Vos[29] 将磁悬浮列车与城际列车、高速列车，轿车和卡车噪声录音进行烦恼度的实验室研究，对于 A 计权暴露级相等的噪声，磁悬浮列车噪声烦恼度与列车速度无关，与其他道路交通噪声引起的烦恼度几乎相同，城际列车噪声引起的烦恼度比磁悬浮列车和道路交通噪声烦恼度低许多。汤峰等[30] 研究了声突发率对沿线居民受噪声烦恼的影响，发现 75%的居民反映经过磁悬浮桥下时会被磁悬浮噪声“惊吓”，13.5%的居民抱怨会“头疼”。

对于航空噪声，Kryter[31] 认为用昼夜等效声级作为暴露剂量并不合适，并且认为 Schultz 曲线低估了飞机噪声引发的烦恼度。王维[32] 用计权等效连续感觉噪声级(简称噪声级)代替昼夜等效声级作为噪声剂量，研究我国机场航空噪声的暴露-反应关系，发现噪声级小于 60dB 时，烦恼度均在 1%以下，对绝大多数人不构成影响；当其在 65dB 左右的范围内，噪声级增大造成的影响增加不明显；当噪声级大于 65dB 时，烦恼度的增长率开始增加，噪声引起的烦恼度不断加剧。Kurra 等[33] 在神户大学利用人工产生的三种类型的交通噪声进行烦恼度的比较研究，结果表明，铁路噪声引起的烦恼度比其他噪声的要大，尤其是在中等或低噪声级情况下。

(2) 不同特性噪声烦恼度建模

不同特性的噪声引发的烦恼度有很大差别。国内外学者针对低频噪声、脉冲噪声、混合噪声展开了广泛研究，同时，对非声学因素对烦恼度的影响也给予高度重视。

由于实际环境中低频噪声广泛存在，潜在危害持久，控制方法有限，逐渐成为关注的重点。研究表明：低频噪声具备极大的“干扰”潜力；即使低频低噪声环境下(等效连续 A 声级<35dB)仍能引起较高的烦恼度。常用噪声指标与评价方法，均无法实现有效衡量此类噪声的实际干扰程度。闫靓等[34] 通过组织大量评价者对各种类型的常见低频噪声进行评价，提以不愉悦度为综合指标进行低频噪声客观评价，发现常见低频稳态噪声的不愉悦度与响度呈明显正相关关系，与粗糙度和尖锐度负相关。基于响度、粗糙度和尖锐度的不愉悦度客观评价模型与评价数据拟合良好。脉冲噪声对人的影响研究主要是确定暴露剂量。Rylander 等[35]利用大于某一阈值的 C 计权声压值的重武器发声次数作为噪声暴露剂量，通过社会调查获得的“暴露-反应”关系曲线，发现与其他环境噪声的相似。

通常情况下，环境噪声往往是由多个单一噪声共同组成的混合噪声(mixed noise)，它们对环境声品质的影响不是单一噪声影响的叠加，而是复杂的非线性关系。目前，对混合噪声烦恼度的评价已有多种模型，大致分为两类：一类基于能量叠加原理，另一类是能量叠加的基础上考虑了声音的掩蔽效应。具体可分为：经典逻辑理论模型(最强成分模型、矢量叠加模型、叠加与抑制模型和线形回归模型)和模糊语义模型。胡莹等[36]借助标准音效资源，合成了由各种单一类型车辆噪声混合而成的道路交通噪声样本。在此基础上，完成了噪声主观评价实验，获取全部单一与混合噪声样本的烦恼度评价值，发现从模型计算值与主观测量值的相关性角度来看，矢量叠加模型最好，最强成分模型次之，线性回归模型较差。

影响噪声烦恼度的声学因素包括噪声级、频率分量及谱的不规则性，噪声事件的次数，时间特性，背景噪声级等。非声学因素包括环境因素和个体因素，前者包括视觉景象、噪声蕴涵的社会及文化内涵、气象条件等；后者包括人的年龄、性别、身体条件、社会及经济状态、活动状态、生活环境等，关于这方面的研究也有利于深入探讨噪声对人影响的内部机制。张邦俊等[37]研究了噪声源的视觉感受对噪声烦恼度的影响，发现在受声点对于听觉性质大致相同的噪声和噪声源可见的情况下，噪声烦恼度比噪声源不可见的情况要大。

4　声景理论及应用

4.1　基本概念及发展历史

声景(soundscape)，亦称声景观，由加拿大作曲家 Schafer(谢弗)在 20 世纪 60 年代末 70 年代初提出，起初是指在自然和城乡环境中，从审美角度和文化角度值得欣赏和记忆的声音，又被称为“声生态学”(acoustic ecology)。20 世纪 70 年代中期，以谢弗为首组成的声景调查小组，对位于瑞典、德国、意大利、法国和苏格兰的 5 个村庄进行了细致的声景调研和记录，出版了《五村声景》、《欧洲声景日记》、《声学生态学工作手册》等著作；1977 年，谢弗出版了《声景：我们的声环境和世界的音调》[38]；2000 年，出版了学术期刊《声景—声生态学学报》，标志着声景进入学科研究的序列。

声品质与声景的区别在于：声品质主要针对声音事件的物理特性及主观反应进行研究，与周围环境之间的联系较弱；而声景更多地关注声音事件赋予的社会性和人文性。从人文价值的角度看，声景包括历史音、文化音、社会音和自然音。历史音是指值得记忆但已失去的历史声音记录；文化音是某一地方文化活动的特殊音；社会音是社会活动发出的声音。正如谢弗所说：“理解声景的最佳方法，便是尝试着像倾听一部渗透在我们周围、永无休止的音乐作品一样，感受整个世界的声景。”

从物理特性上讲，声景中的声音包括基调音、信号音和标志音三种。基调音又称为背景音，作为其他声音的背景而存在，描绘生活空间中的基本声音特色；信号音也称作情报音,带有信号的功能，利用其本身所具有的听觉上的提示作用来引起人们注意，如钟声、汽笛声、警报声等；标志音在声景设计中也叫做演出音，是具有独特的场所特征的声音，包括自然声和人工声。

随着声景研究在世界各国的推广，参与研究的学者学术背景不断多样化，声景学的范畴逐渐扩大。英国成立了“安静权协会”，日本成立了“声景研究会”，我国学者李国棋、康健等人在 21 世纪初开始关注这一研究领域[39,40]，随后，浙江大学、西北工业大学、合肥工业大学的研究者们在声景的基本理论、研究方法、特性和实际应用中展开多方面研究，取得初步成果[41~44]。

4.2 声景的基本特性

由于声景与人、环境的关于过于密切，使其评价面临极大的困难。首先要解决的问题是确定评价量。研究发现，不同的声音评价参量与人的心理预期和情感取向有关。表面上看，声品质是针对任意声音对人的影响。实际上，它主要关注的是噪声对人负面影响，其评价参数多数都是负面的。声景研究则希望排除声音的负面影响，保持和建立具有深厚人文价值的关于声音的景观，其评价参数应该表现正面现象的[45]。

首先，影响声景的第一要素仍然是声音的物理属性。其次，声景与人所处环境的视觉景象密切相关，在声景研究中，用视觉-听觉关联系数表示视觉对声景的依赖关系；同时，声景蕴藏着丰盛的人文资源；最后，声景的价值由人的主观判断做出的，因此它与评价人的精神状态、个人经历与爱好、身体状况等个体状态有关。愉悦度(pleasantness)可以作为评价声景的参量，这样，决定愉悦度的主要因素包括：声音的物理属性、视觉景象、人文价值和个体特性[46]。

陆晶等[44] 通过对西安市典型公共场所的声景调查数据，分析探讨了城市声景评价的依赖因素及其内在联系，验证了上述结论。由实地考察以及问卷调查，发现自然音普遍比社会音受到大家的喜欢；声音存在的季节、时间及场所都对声景的评价有影响，依据客观条件的不同，各主要声因素的评分排序有所不同；特定声音事件出现的季节、时间或场所是否与其周围环境相协调是影响声景评价的最主要因素。

4.3 声景设计及应用

总的说来，国内外关于声景的研究仍然处于起步阶段，理论基础和方法尚未形成，各个领域的学者都是在结合自己学科的基础上进行一些初步探索。现阶段的声景设计中，由于缺少实验数据，大部分都只停留在理论分析阶段，少量的实际应用，其效果也不尽理想。

声景设计，要充分运用声音的要素，针对对象空间的声环境进行全面的设计和规划，并加强与总体景观的调和。声景设计应考虑：自然声、文化历史声的保护；令人愉悦的声环境的创造，主要通过设计规划背景音乐予以实现；引起人们不快或与周围景观不协调的声因素的去除或减少，主要是噪声的预防和控制。实施步骤主要包括：通过现场考察和文献资料调查获得关于现场的地理、气象、人文、历史等地域特征；通过设计问卷调查对现场所存在的声音进行烦恼度或愉悦度的评价；根据调查结果及功能区划分进行声景设计，同时进行噪声控制、声掩蔽等方法的设计；根据设计进行工程实施，运营后通过回访和观察进行适当修正。

5 结语

环境声的主观评价在环境声学领域受到越来越广泛的关注，它在原有环境噪声评价的基础上，拓展了研究范围，研究对象涵盖了环境中更多的声音事件，将人的主观感受置于中心位置。围绕建立“暴露—反应”关系，国内外研究者以“烦恼度”为主观反应综合评价量，以交通噪声烦恼度建模为重点，研究了不同特性噪声烦恼度的建模，同时发展了一系列主观评价方法。近年来迅速发展的声景研究，将人的感受置于更广阔的自然和社会环境中，为环境声学的发展带来了新的契机。

致谢

本文国家自然科学基金项目(No.10574104)资助。

参 考 文 献

[1] 孙广荣．环境声学进展．物理学进展, 1996, 16(3, 4): 525-532.

[2] 马蕙，矢野隆．关于社会声学研究的回顾．噪声与振动控制, 2007, 4: 6-10.

[3] 陈克安．声学测量．北京：科学出版社, 2005.

[4] 赵忠锋，陈克安．基于 Zwicker 理论的噪声客观评价方法．电声技术, 2005, 244: 63-65.

[5] 郑文，陈克安，马元峰．Moore 模型与响度计算中的关键问题．电声技术, 2007, 31(6): 11-13.

[6] Zwicker H E, Fastl H. Psychoacoustics: facts and models. Berlin Heidelberg: Springer-Verlag, 1999.

[7] Guski R, Suhr U F, Schuemer R. The concept of noise annoyance: how international experts see it. J. Sound & Vibr., 1999, 223(4): 513-527.

[8] Job R F S, et al. General scales of community reaction to noise (dissatisfaction and perceived affectedness) are more reliable than scales of annoyance. J. Acoust. Soc. Amer., 2001, 110(2): 939-946.

[9] 马蕙，等．关于噪声社会反应测定方法的国际共同研究——中国语噪声调查问题和评价尺度的建构．声学学报, 2003, 28(4): 309-314.

[10] 毛东兴．声品质研究与应用进展．声学技术, 2007, 26(1): 159-164.

[11] 毛东兴，俞悟周，王佐民．声品质成对比较主观评价的数据检验及判断．声学学报, 2005, 30(5): 468-472.

[12] Glickmana M E, Jensen S T. Adaptive paired comparison design. Statist. Plann. & Infer., 2005,

127: 279-293.

[13] Botteldooren D, Verkeyn A. Fuzzy models for accumulation of reported community noise annoyance from combined sources. J. Acoust. Soc. Amer., 2002, 112(4): 1496-1508.

[14] 陈刚，刘岩. 道路交通噪声对城市居民影响的模糊评价. 大连铁道学院学报, 2005, 26(4): 12-16.

[15] 李孜军. 灰色关联分析法在噪声评价中的应用. 噪声与振动控制, 1996, 6: 20-21.

[16] Nielsen L B. A neural network model for prediction of sound quality. The Acoustics Laboratory, Technical University of Denmark, 1993, 53.

[17] Susini P, McAdams S, Winsberg S. A multidimensional technique for sound quality assessment. Acta Acustica, 1999, 85: 650-656.

[18] 焦风雷，刘克，毛东兴. 基于非度量多维尺度分析的噪声声品质主观评价研究. 声学学报, 2005, 30(6): 521-529.

[19] 舒歌群，刘宁. 车辆及发动机噪声声音品质的研究与发展. 汽车工程, 2002, 24(5): 403-407.

[20] 毛东兴. 车内声品质主观评价与分析方法的研究. 同济大学博士学位论文, 2003.

[21] 王登峰，等. 车内噪声品质的主观评价试验与客观量化描述. 吉林大学学报(工学版), 2006, 36(2): 41-45.

[22] 王卫防，葛剑敏，常传贤. 轮胎噪声评价指标研究. 轮胎工业, 2000, 20(6): 323-326.

[23] 范玮，孟子厚. 汽车车门声品质调查. 声学技术, 2007, 26(4): 674-677.

[24] 陶建幸，丁厚明，杨胜梅. 空调声质量评估技术的研究与应用. 振动、测试与诊断, 2001, 21(3): 214-218.

[25] 范蓉平，等. 基于心理声学响度分析的高速列车车内噪声评价. 振动与冲击, 2006, 24(5): 46-52.

[26] Schultz T J. Synthesis of social surveys on noise annoyance. J. Acoust. Soc. Amer., 1978, 64(2): 377-405.

[27] Fidell S. The schultz curve 25 years later: a research perspective. J. Acoust. Soc. Amer., 2003, 114(6): 3007-3015.

[28] Finegold L S, Harris C C, Von Gierke H E. Community annoyance and sleep disturbance: updated criteria for assessing the impacts of general transportation noise on people. Noise Contr. Eng. J., 1994, 42(1): 25-30.

[29] Vos J. Annoyance caused by the sounds of a magnetic levitation train. J. Acoust. Soc. Amer., 2004, 115(4): 1597-1608.

[30] 汤峰，陈小鸿，李潭峰. 高速磁悬浮列车噪声声突发率的研究. 2005, 6: 34-35.

[31] Kryter K D. Community annoyance from aircraft and ground vehicle noise. J. Acoust. Soc. A mer., 1982, 72(4): 1222-1242.

[32] 王维. 机场航空噪声暴露——反应关系分析. 应用声学, 2007, 29(1): 35-40.

[33] Kurra S, Morimoto M, Maekawa Z I. Transportation noise annoyance — a simulated-environment study for road, railway and aircraft noises, part 1: overall annoyance. J. Sound & Vibr., 1999, 220(2): 251-278.

[34] 闫靓，陈克安，金义. 低频纯音不愉悦感主观评价的实验研究. 应用声学, 2006, 25(5): 319-325.

[35] Rylander R, Lundquist B. Annoyance caused by noise from heavy weapon shooting ranges. J. Sound & Vibr., 1996, 192(1): 199-206.

[36] 胡莹，陈克安. 混合噪声作用下烦恼度客观评价模型研究. 声学技术, 2006, 25(4): 346-351.
[37] 张邦俊，翟国庆. 视觉感受对烦恼度的影响. 中国环境科学, 2000, 20(4): 382-384.
[38] Schafer R M. The tuning of the world. New York: Knopf, 1977.
[39] 李国棋. Soundscape 通告—声音景观研究 I. 北京联合大学学报, 2001, 15(1): 97-99.
[40] 康健，扬威. 城市公共开放空间中的声景. 世界建筑, 2002, 6: 76-79
[41] 葛坚，赵秀敏，石坚韧. 城市景观中的声景观解析与设计. 浙江大学学报(工学版), 2004, 38(8): 994-999.
[42] 陈克安，闫靓. 声景观的主观与客观评价. 声学技术, 2006, 25: 279-280.
[43] 张道永，陈剑，徐小军. 声景理念的解析. 合肥工业大学学报, 2007, 30(1): 53-56.
[44] 陆晶，陈克安，马晓洁. 西安市典型地域声景观调查与分析. 噪声与振动控制(增刊), 2007.
[45] Dubois D, Guastavino C, Raimbault M. A cognitive approach to urban sound-scapes: Using verbal data to access everyday life auditory categories. Acta. Acust., 2006, 92: 865–874.
[46] 陈克安，等. 声品质与声景观. 循环经济与构建人与自然和谐社会学术论坛, 2005.

噪声的主观感知特征及声品质研究进展

毛东兴

(同济大学声学研究所，上海　200092)

1　引言

在噪声的能量被降低到对人的听觉系统不再产生物理损伤,心理上也不是难以忍受的程度的时候,人对于噪声的舒适以及愉悦等品质方面的要求必然更加受到关注。这就是自20世纪90年代以来引起国际声学研究者从侧重于噪声物理特征的研究向注重于噪声的主观心理感知特征重大转变的直接原动力,并直接导致了声品质概念的创造、清晰定义，从而在国际上形成了新兴的研究领域和研究热点。

从主观感知以及声品质的角度研究噪声，代表了一种“以人为本”的研究的发展趋向，同时也反映了科学研究由认识客观物质世界向主观心理世界的发展趋向。当人对噪声特性获得一定认知度时,听觉系统就会在噪声物理特性和发声体的功能和品质等方面形成特定的感知联系，并形成特定的心理感知需求。这一过程就是声品质的形成过程(如图1)，正如Blauert[1] 所给出的完整定义：声品质是在特定的技术目标或任务内涵中声音的适宜性。声品质定义中的“声”并不是指声波这样一个物理事件，而是指人耳的听觉感知，“品质”是指由人耳对声音事件的听觉感知过程，并最终作出的主观判断。

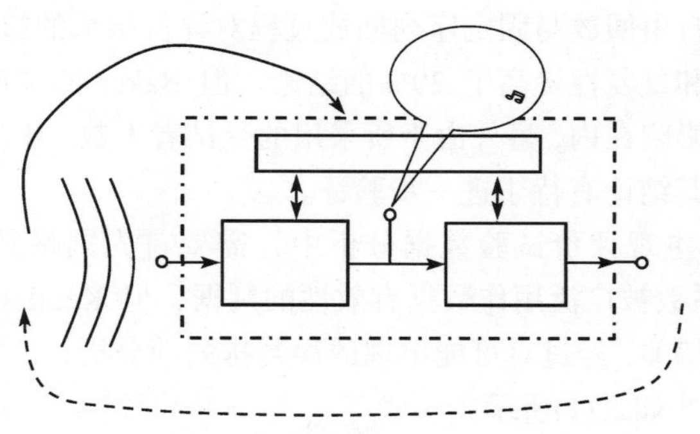

图1　声品质过程中听者流程

国际上对噪声的主观感知特征以及声品质的研究开展得较早,并逐步建立了一些标准的评价方法和参量。尤其是在近二十年来，在基础和应用研究上都有许多研究成果。国内的研究相对起步较晚，但近几年来受到广泛的重视，并取得了长足的进步。仅国家自然科学基金委数理学部近几年资助的相关领域的研究项目就有 7 项，另外在机械学部和建筑学部等其他学部也有约 10 项左右的相关研究项目。从事这一领域的研究机构和研究人员也不断扩展，同时，在应用方面，汽车、电子等企业近几年投入了巨量资金进行了 NVH 的基础设施建设。

本文主要从评价分析方法和声品质参量两个方面介绍最近几年的研究进展。

2　主观评价方法

由于声品质是作为评价主体的人参与到听觉事件并作出判断的过程，主观评价是理解人耳听觉感知心理特征，以及建立听觉感知数学模型的主要途径。因此，主观评价试验和分析方法的研究是声品质研究的基础。目前，主观评价方法主要由评分法、排序法、成对比较法和语义细分法。在这几种评价方法中，成对比较法和语义细分法的评价过程以及数据分析比较完善，评价结果的准确度较高，而且评价试验易于实现，因而被广泛采用。本节就以上两种主观评价方法的进展作阐述。

2.1　成对比较法

成对比较法(PC)是一种两两成对比较的评价方法，在食品、医学等众多领域中使用，也叫 A/B 比较法或对偶比较法。其特点是尤其适宜于两者间差别细微的样本的比较。Bodden 等[2] 在针对齿轮箱 Rattle 噪声的声品质评价时，考虑到齿轮箱 Rattle 噪声和发动机的 Knocking 声比较接近，提出了让评价个体具有更自由的选择的“个性化评价”方法。这种方法结合相对和绝对测试的优点，而避免了其不利因素，而且可以激发评价者的主动性、自信心，并减少压力。Baker 等[3]比较了成对比较法中听音的自由回放与固定序列回放过程对评价结果的影响，得出自由回放过程结果的一致性和重复性提高了 20%的结论。但 Baker 的结论应该有受试者的评价经验等因素的影响在内，另外由于所采用的受试者人数、评价试验的可靠性等方面的缺憾，所以其结论有待于进一步验证。

成对比较法的主观评价试验数据分析中，需要首先剔除其中的误判数据。Kendall 的一致性系数被广泛用作数据有效性的判据，但 Kendall 一致性系数在判断循环误差时出现偏差，经过对可能出现的误判排列的分析，三角循环误判的误判率的准确计算方法[4] 如式(1)所示：

$$C=\frac{1}{A_t^3}\sum_{1\leqslant i,j,k\leqslant t}\delta_{ijk} \tag{1}$$

式中 $A_t^3=t!/3!$，函数 δ_{ijk} 的值只能为 0 或 1。当 $P_{ij}+P_{jk}=0$，而且 P_{ij} 或 P_{jk} 不为 0

时，$\delta_{ijk}=0$；其他情况下，δ_{ijk}根据下式计算：

$$\delta_{ijk}=\text{Min}\left\{\left|\text{Max}\left[\text{Min}\left(P_{ij}+P_{jk};1\right);-1\right]-P_{ik}\right|;1\right\} \tag{2}$$

事实上，成对比较评价中包含了三种误判情形，即相同声事件比较(*i-i* 比较)、不同回放顺序的比较(*ij-ji* 比较)以及循环误判，因此在数据分析中应综合检验三种误判结果，以计权一致性系数[10] 作为数据剔除的判据。计权一致性系数定义为

$$\zeta_w=1-C_w \tag{3}$$

其中，C_w为计权误判率，根据下式计算：

$$C_w=\frac{\sum C_i\cdot E_i}{\sum E_i} \tag{4}$$

式中E_i为第i种误判可能产生的次数，C_i为第i种误判实际产生的误判率。

采用计权一致性系数判据对评价结果进行分析所得到的排序值与根据Bradley-Terry模型预测矩阵得到的绩效值之间有更好的相关性(图 2)，说明了采用计权一致性系数作为判断评价数据有效性的判据更加合理可靠。

在评价样本量较多的情况下，由于评价时间的快速增长使得成对比较法主观评价试验难以进行，这时采用分组成对比较法[5] 可以使得每组评价时间控制在希望的范围内，而总体评价时间缩短n倍(n为分组的数量)。其基本原理可以用图 3 表示，通过分组间的关联样本，各样本的评价结果值ζ可以根据式(5)反演得到

$$\zeta_{ij}=\frac{k}{(V_{1j}-V_{2j})}(V_{ij}-V_{1j})+\beta \tag{5}$$

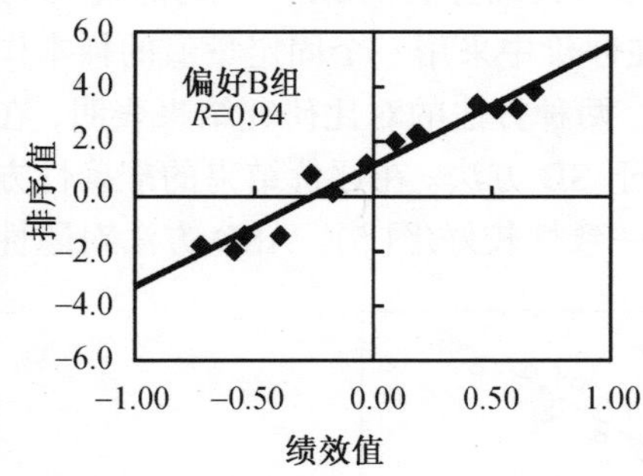

图 2 样本绩效值与排序值的相关性

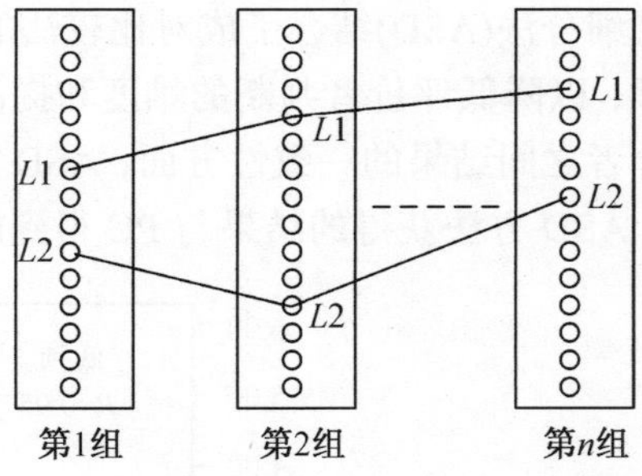

图 3 分组间数据联系的建立

式中j表示样本的组号，i表示样本在组内的编号，V_{1j}和V_{2j}分别表示关联样本$L1$和$L2$在各组内的原始评价值，V_{ij}表示j组内编号为i的样本的原始评价值，k为比例系数，用于调整评价结果的赋值范围比例，β为评价结果刻度范围平移调整量。通过k和β的调节，可以使得最终评价结果位于合适的赋值刻度范围内。

图4中给出了根据分组评价结果反演得到的全体样本的评价结果与Bradley-Terry模型得到的绩效值的相关性。从给出的示例中可以看出分组成对比较法是针对大样本量主观评价的一种有效的方法。

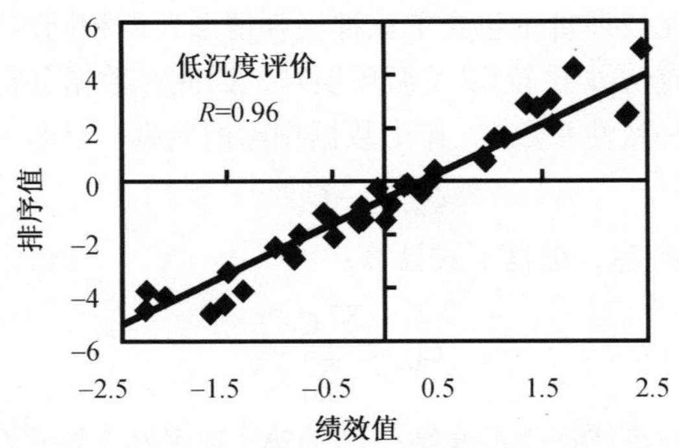

图 4　全体样本排序值与绩效值的相关性

2.2　语义细分法

与成对比较法相比，语义细分法(SD)可以得到评价量的绝对值，而且评价时间大大缩短，很适合那些没有经验，未经培训的人。语义细分法由于需要让听者运用一些形容词来对声音样本进行主观评价，听者根据自己的感受，判断所听到的声样本的量度。由于声音在大脑记忆中的短暂性，评价者往往难以形成对所评价的样本的总体范围感，造成在评价过程中处于标度不断调整的状态中，使得评价结果的离散性较大，而且同一评价者的结果的重复性也比较差。

传统语义细分法的评价不足，可以通过参考语义细分法(ASD)[6] 来弥补。参考语义细分法(ASD)结合了成对比较法的特点，在评价中采用一个固定量值的样本作参考，以降低评价者判断的难度和提高准确性。两种方法的对比研究结果表明，在评价者之间结果的一致性方面，ASD 方法要优于 SD 方法。在评价结果的准确性方面，ASD 方法获得的结果与 PC 得到的结果的一致性较好(图 5)。ASD 方法对隐性

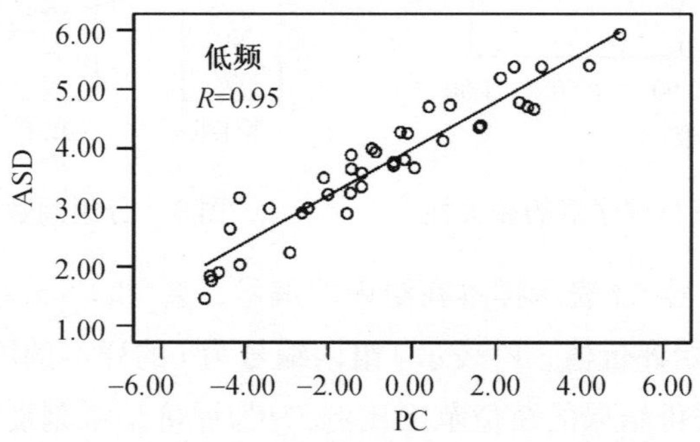

图 5　ASD 与 PC 评价结果的相关性

和难以评价的声品质参量表现出明显的优越性，而对于特征明显的显性参量，采用SD方法就可以获得比较可靠的结果。因此，在难以确定声品质参量的评价难度的情况下，采用ASD方法进行主观评价更为稳妥。

3 参量分析方法[7, 8]

3.1 非度量多维尺度分析

声信息的主观感知特征往往需要从多个维度进行描述,通常在可以预知的空间维度范围内，或者是预设的研究维度上，可以通过因子分析、主成分分析以及聚类分析等方法获得理想的分析结果。而在这些预设条件不能实现时，非度量多维尺度分析(NMDS)是获得认证维度的较理想的方法。

将NMDS应用于对车内噪声特征的分析，从相似度和偏好性两个方面都同时说明了 3 维空间分布已经能够很好地反映评价者对车内噪声的相似性和偏好性描述，图6和图7中给出的相似性和偏好性NMDS分析的碎石图上均表现出3维以后应力趋于稳定的特征。

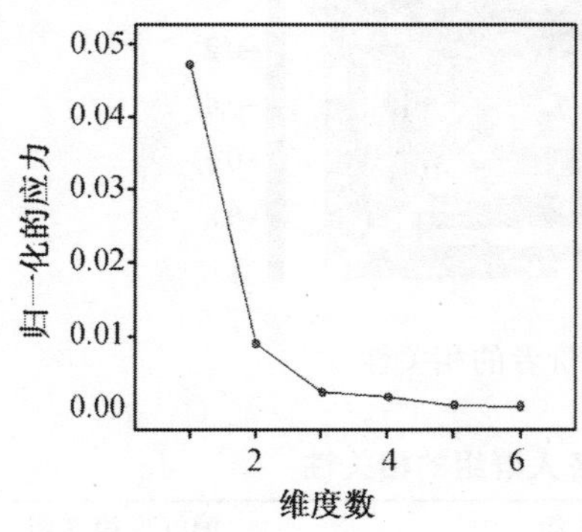

1.0×10⁻²
8.0×10⁻³
6.0×10⁻³
4.0×10⁻³
2.0×10⁻³
0.0×10⁻³
归一化的应力
2 4 6 8 10
维度数

图6 相似性NMDS分析碎石图　　图7 偏好性NMDS分析碎石图

3.2 人群的分类

有些反映主观感知特征的参量并不能在所有人群中获得统一的认知,这一特征反映了声品质感知所存在的群体差异性，正如不同地区的人群在饮食喜好上的差异。针对具有这种特征的参量，在对主观评价数据进行分析的时候，即使是采用NMDS 进行多维度特征相关分析，也只能得到较差的相关性，形成所选择的参量不具有统计规律性的假象。表1中给出低沉度与偏好性特征维度相关性分析结果的例子，从表1中的数据很容易得出低沉度与偏好性无关的结论。

图8中给出了偏好性不同评价者之间的相关性图,图中结果反映了评价者之间

存在很强的负相关。也就是说，不同评价者对同一噪声出现截然相反的偏好取向。因此在数据分析前，需要对评价者进行聚类，将具有类型喜好的评价者集中在一组，然后再进行声品质参量特征的分析。表 2 中给出分组后的分析结果，揭示出偏好性与低沉度高度的相关性，一组人群喜欢低沉的声音，而另一组人群不喜欢低沉的声音。这一结果与实际中一些人喜欢丰富的低音，而另一些人喜欢丰富的高音的听音习惯一致。

表 1　低沉度与偏好性特征维度之间的相关性

	偏好性第 1 维	偏好性第 2 维	偏好性第 3 维
低沉度	−0.479	0.121	0.211

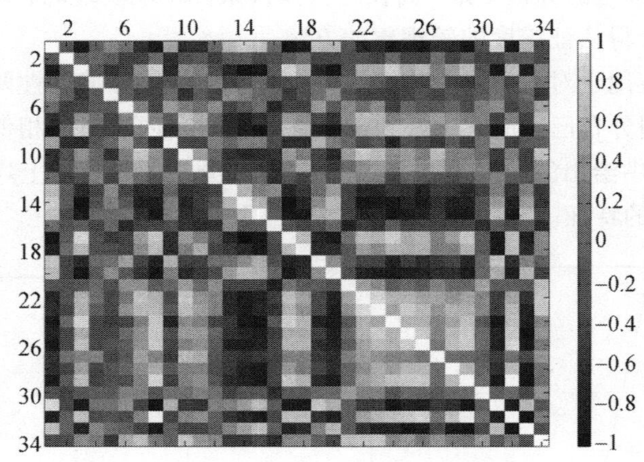

图 8　偏好性不同评价者的相关性

表 2　低沉度与偏好性各人群组的相关性

	偏好性第 1 组	偏好性第 2 组
低沉度	0.889	−0.964

非度量多维尺度分析以及进行人群分类处理的方法，说明了汽车噪声品质改善过程中，针对不同客户群进行声品质改善的必要性。估计对其他产品也会得到类似的结果，但仍需要进一步研究证实，至少在 Susini 等[9] 针对空调噪声的研究结果中未涉及这一点。

4　声品质参量研究

国际上提出过许多声品质的参量，但到目前为止，具有数学模型的参量仅有响度、粗糙度、锐度、抖晃度、音调度和舒适度 6 个参量，而且在这些参量中，仅响度一个参量得到广泛的研究和认可，并制订了 ISO 标准。由此可见，建立一套完善的声品质参量还需要漫长的研究过程。

4.1 响度

作为声品质参量中最成熟的研究结果的响度，国际标准化组织在 2003 年仍对等响曲线的标准 ISO226 进行了修正，并且在 1kHz 以下的低频范围，修正量最高达到 15dB。对我国人群的初步研究结果表明，我国人群的等响曲线和新颁布的 ISO 标准仍存在一些差异[10,11]。表现为在 1kHz 以下的频率范围内，采用耳机测试的我国人群的等响曲线介于新、旧版本 ISO 公布的曲线之间(如图 9)。自由场条件下全频带的测试结果(如图 10)表明，不仅低频存在差异，在曲线的峰、谷频率点上也出现偏移，而且在 3.15kHz 出谷的深度偏差在 10dB 以上。

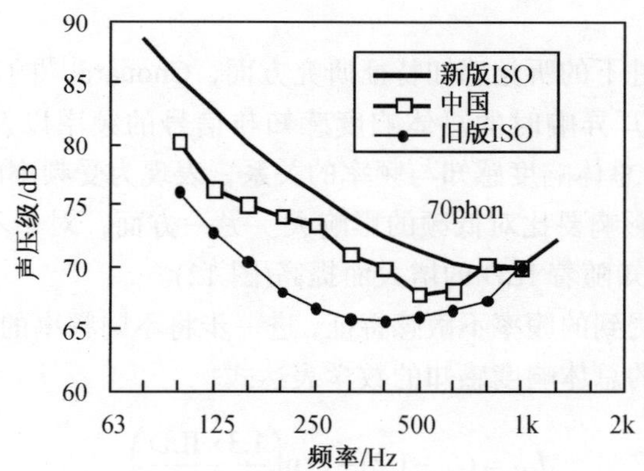

图 9　1kHz 以下我国人群 70 phon 等响曲线与 ISO 曲线对比(耳机测试)

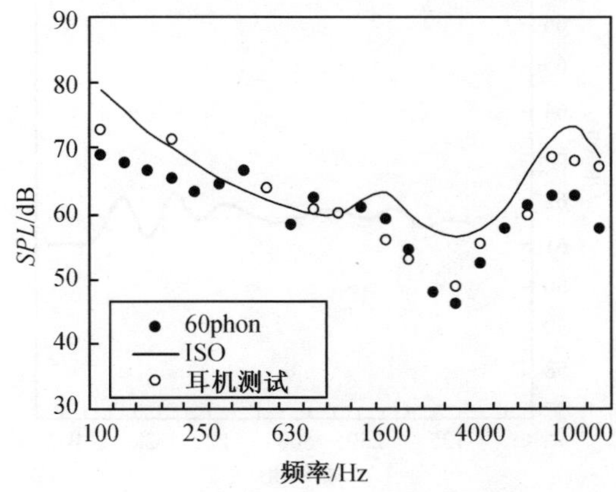

图 10　我国人群 60 phon 等响曲线与 ISO 曲线的对比(自由场测试)

虽然关于响度数学模型的 ISO532 目前尚未进行修订，但一项对目前国际上广泛采用的 6 种商业软件的响度计算结果的对比研究表明，不同的分析系统的计算结果存在差异。这一结果说明，对响度计算方法的修正确实存在并被采用，如 HEAD Acoustics 公司的 Artemis 软件中的响度计算模型就对 ISO532 规定的模型进行了修正。

另一方面，由于在听觉心理研究和声品质参量建立过程中，响度是最基础而且占据最大影响权重的量，因此对响度计算模型的研究在近几年国际上再次受到重视。以至于美国标准研究所根据剑桥 Moore 小组的研究成果[12,13] 在 2005 和 2007 年频繁对 ANSI S3.4 进行修订。 Moore 模型在目前具有比较广泛的影响力和认同度，而且从研究队伍的力量上来看，剑桥在这一领域的研究水准难以超越。

时变信号的响度模型的研究近几年得到广泛的开展，并在德国 DIN-NALS A1/AK1 中进展较为顺利。虽然巡回测试(round robin) 已经完成，但一直迟迟未予公布。在 2006 年 6 月举行的第 151 届美国声学会议中设立了“响度标准”的专题进行了讨论。

在双耳异响条件下的听觉感知特征研究方面，Chouard[14]的双耳响度的平均值结论受到挑战。双耳异响时的总体响度感知与信号的频率以及双耳声压级差有关[15]。图 11 中给出总体响度感知与频率的关系，表现为受频率的影响不是特别明显，而且对高频的影响要比对低频的影响大。另一方面，对于不同的双耳声级差(ILD)，总体响度感知随着 ILD 的增大而提高(图 12)。

考虑到前面所提到的频率不敏感特征，进一步将不同频率的结果进行平均，得到双耳异响条件下的总体响度感知的数学表达式，

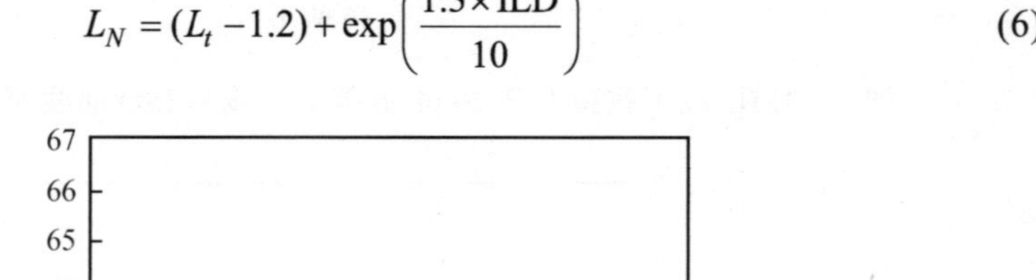

$$L_N = (L_t - 1.2) + \exp\left(\frac{1.3 \times \mathrm{ILD}}{10}\right) \tag{6}$$

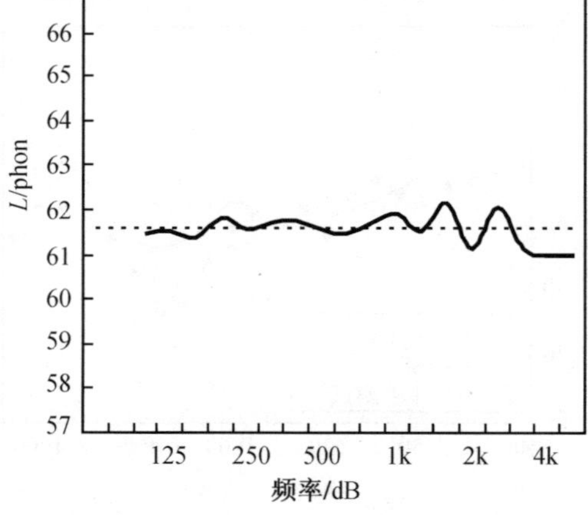

图 11　各响度级差总体响度感知平均值与频率之间的关系

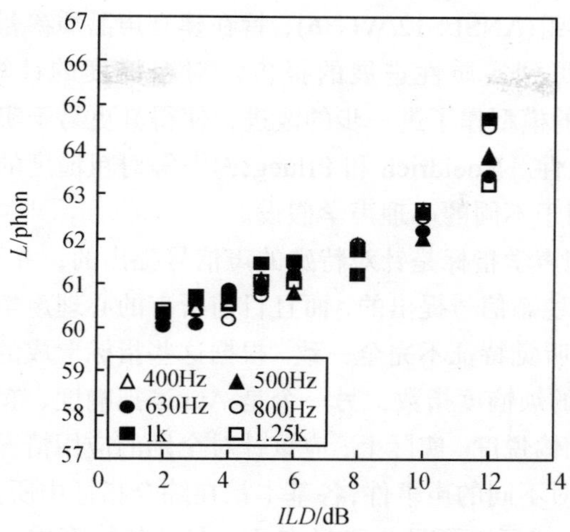

图 12 总体响度感知与 ILD 之间的关系

式中 L_N 为总体感受到的响度级, L_t 为测试音左右耳响度级的算术平均值, *ILD* 为双耳间声压级差。图 13 中给出了利用式(6)计算得到的双耳异响条件下的总体响度与实验测试得到的各频率平均值的对比，两者符合程度达到惊人的一致。

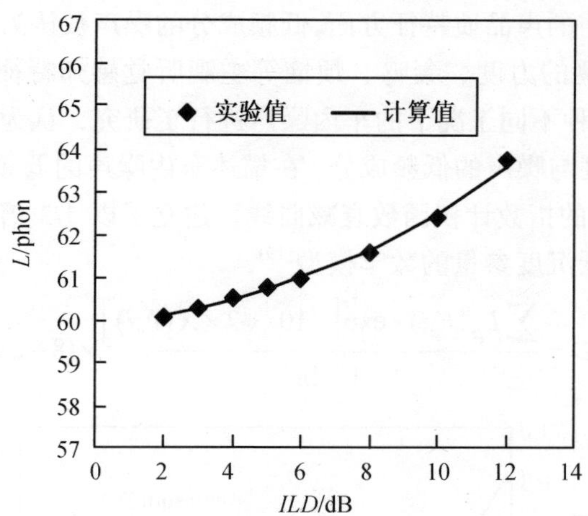

图 13 总体响度感知的计算与实验值的比较

4.2 锐度、粗糙度和抖晃度

与响度的 50 多年的研究积累不同，锐度、粗糙度和抖晃度等参量的提出较晚，但这三个参量是声品质参量研究中进展较快的参量，文献中可以找到许多这方面的研究报道。这三个量在德国 DIN 的标准化程序中是与时变响度同步开展的，其中仅锐度的计算完成了巡回测试，其他参量尚未有突破进展。美国标准化局也于 1994

年成立了声品质工作组(ANSI/S12/WG36)，旨在建立声品质参量和方法的标准，但到目前为止，尚为见到实质性进展的报告。对粗糙度的计算模型，Daniel 和 Weber[16] 对 Aures 的模型作了进一步的改进，使得其更易于实现，并且改善了与主观评价结果的相关性。Hoeldrich 和 Pflueger[17] 等对粗糙度的计算方法作了进一步的改进，可以适用于不同的心理声学假设。

另外，某些心理声学指标是针对特殊的声信号提出的，并不适用于所有情况。例如，一些指标是对稳态信号提出的，而且目前所有的心理声学指标还仅是单耳的指标，这与人的双耳听觉特征不完全一致。根据这些指标形成的综合指标主要有两类，一是 AVL 提出的烦恼度指数，另一个是 Aures 把响度、粗糙度、锐度和音调组合起来提出的感觉愉悦度。实际上，应该针对个别的应用情况形成独自的声品质指标才更合理，因为对不同的声事件，各基本量在综合指标中所占的权重是不同的。Bodden[18] 甚至认为，“可以预见，已经有几个其他指标形成，只是因保密因素而没有公布。其原因很简单，这些指标由工业界研发，实际上适用于特殊情况，成为市场竞争的有利手段。”

4.3　低沉度和低频噪声特征

在汽车内部噪声的声品质特征方面，低频成分的噪声被认为是车内噪声的主要特征之一，并对车辆的力度、轰鸣、烦恼等主观听觉感知特征产生影响，Brandl 等曾在 1999 年对多种不同工况下的车内噪声进行了研究，认为影响车内噪声烦恼度的主要因素是响度与噪声的低频成分。在描述车内噪声的低频特征时，对低频噪声采用如图 14 所示的指数计权函数衰减曲线，建立了以 1/3 倍频程声压级、锐度和粗糙度为变量的低沉度参量的数学模型[19]，

$$D=\frac{\sum L_p(F_c i)\times\exp\left[-10/\sqrt{2}\times X(F_c i)\right]}{1.72n^2}\times(8-2S-R) \tag{7}$$

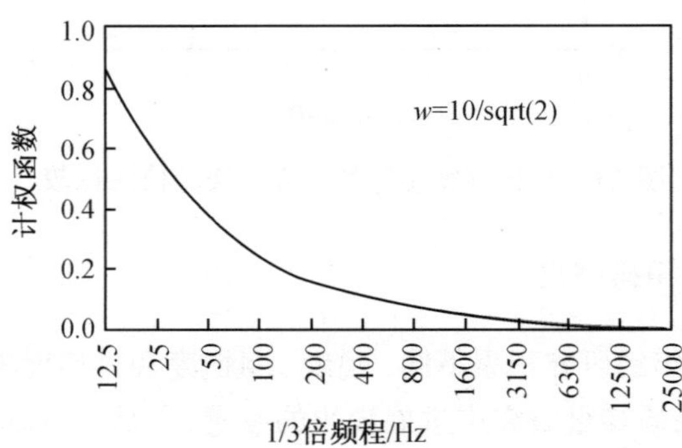

图 14　低沉度计权函数的衰减曲线

式中 F_ci 代表 20~20kHz 1/3 倍频带中心频率；$L_P(F_ci)$ 代表每个 1/3 倍频带中心频率下的声压级；$X(F_ci)$ 是每个 1/3 倍频程中心频率对应的序号，$X(20) = 1$，$X(25) = 2, \cdots$，$X(20k)=31$；n 为 1/3 倍频带中心频率总数。图 15 中给出的应用式(7)的数学模型计算结果与主观评价实验结果的比较，两者的相关性在 0.95 以上。

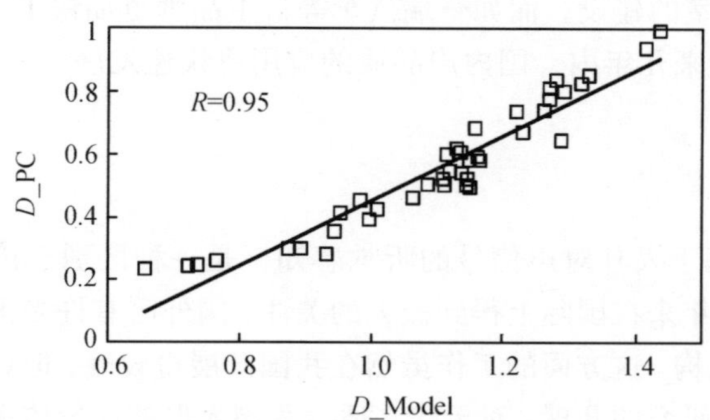

图 15 模型计算结果与主观评价结果的对比

除了针对车内低频噪声的数学模型，近几年来在低频噪声的烦恼度特征的研究方面，同济大学、西北工业大学和浙江大学从不同侧重点开展的研究工作也不断深入。说明经过几年的努力，国内相关领域的研究有了显著的进步。

5 声品质的应用

由于声品质研究基于人耳的主观感受，声品质的优劣决定了用户对产品的性能的评判，因此，声品质的研究结果很快被运用到产品尤其是高端消费品研发上。

汽车产品是最先运用声品质研究结果的产品之一。目前，声品质在汽车行业中的应用研究已经由最初对整车、发动机等主要部件的研究，进入到各个部件和方面的研究。如汽车排气消声系统[20]、汽车传动系统[21]、电动摇窗机[22]、汽车关门声、齿轮噪声、侧向湍流风噪声以及轮胎噪声[23] 等。

除了在汽车行业外，声品质在家电行业的应用也越来越广泛，在空调器、电器、风扇、压缩机等方面取得了较大的应用进展[24]。

在环境噪声方面，Ishiyama 等[25] 分析了交通噪声对烦恼度的影响，以及烦恼度与粗糙度、锐度等的关系。Quehl[26] 研究了飞机机舱的噪声与振动的舒适性，Patsouras[27] 等研究了高速列车的车内单频声对声品质的影响，Quehl[28] 以及 Vos[29] 针对磁悬浮列车噪声的主观反应研究结果，指出了磁悬浮列车噪声引起的烦恼度高于其他交通噪声 5dB。这些研究结果一方面为从声品质角度进行交通噪声防治提供了依据，另一方面可以作为未来高速交通噪声设计的借鉴。

声品质应用的发展推动了关于声品质研究的交流，除了在一些国际会议上设立了心理声学和声品质的专题外，每年在德国奥登堡大学举行奥登堡声品质

(oldenburg symposium)研讨会，以及美国密执安举行的声品质(SQS)研讨会。

国内近年来在声品质应用方面，以汽车工业投入巨资进行基础设施建设和人才建设为先导，正逐步向其他领域渗透和扩展。国内汽车行业从一汽、上海大众、上海通用等较早地完成了汽车 NVH 实验室，长安汽车、东风汽车、广州本田等相继完成了 NVH 实验室的建设，而如奇瑞汽车等自主品牌也加快了 NVH 实验室的建设步伐。相信在未来几年内，国内声品质的应用将快速发展。

6 结束语

声品质研究基于人耳对声信号的听觉感知，是一种区别于传统物理方法的研究。声品质研究近年来在国际上得到极大的关注，国外已有许多大学和研究单位建立了声品质研究机构。这方面的工作虽然在我国开展得较晚，但近年来也取得一些进展。国内声品质研究的开展，对于建立适合我国人群的评价体系和评价参量具有重要意义，同时为国内声品质的应用创造良好的基础。

声品质领域的研究涉及多学科的交融，并与数字音频和语音信号处理、声景观研究以及产品的情感化设计等领域结合在一起，推断科学和技术的进步。

致谢

国家自然科学基金资助(No.10374071)。

参 考 文 献

[1] Blauert J, Jekosch U. Sound quality evaluation—a multi-layered problem. Acta Acustica united With Acustica, 1997, 83(5): 747-753.

[2] Bodden M, Heinrichs R, Linow A. Sound quality evaluation of interior vehichle noise using an efficient psychoacoustic method. Proc. Euronoise, Germany, 1998.

[3] Baker S, et al. Improving the effectiveness of paired comparison tests for automotive sound quality. Proc. the 11th Inter. Cong. Sound & Vibr. Russia, 2004.

[4] 毛东兴，俞悟周，王佐民．声品质成对比较主观评价的数据检验及判据．声学学报，2005, 30(5): 468-472.

[5] 毛东兴，高亚丽，俞悟周，等．声品质主观评价的分组成对比较法研究．声学学报，2005, 30(6): 515-520.

[6] 毛东兴，张宝龙．采用参考激励信号的语义细分法主观声品质评价．声学技术，2006, 25(6): 560-567.

[7] 焦凤雷，刘克，毛东兴．基于非度量多维尺度分析的噪声声品质主观评价研究．声学学报，2005, 30(6): 521-529.

[8] 焦凤雷，刘克，毛东兴，等．人群分类与车内噪声声品质主观评价研究．声学技术，2006, 25(6): 568-572.

[9] Junker F, Susini P, et al. Sensory evaluation of air-conditioning noise: Sound design and psychoacoustic evaluation. Rome: ICA 2001.

[10] 毛东兴，王勇．中国人群纯音等响曲线的初步研究．声学技术, 2007, 26(2): 273-276.

[11] Xu J J, Mao D X. Properties of equal loudness level contours of Chinese people in comparison with ISO 226. The Japan-China Joint Conf. Acoust. Japan, 2007.

[12] Moore B C J, Glasberg B R. A model for the prediction of thresholds, loudness and partial loudness. J. Audio. Eng. Soc., 1997, 45(4): 224-240.

[13] Glasberg B R, Moore B C J. Prediction of absolute thresholds and equal-loudness contours using a modified loudness model. J. Acoust. Soc. Amer., 2006, 120(2): 585-588.

[14] Chouard N. Loudness and unpleasantness perception in dichotic conditions. Ph.D. dissertation, University of Oldenburg, 1997.

[15] 张洁，毛东兴．双耳异响条件下的响度感知特征．中国声学学会青年学术会议论文集，2007.

[16] Daniel P, Weber R. Psychoacoustical roughness: implementation of an optimized model. Acta Acustica united With Acustica, 1997, 83(1): 113-123.

[17] Hoeldrich R, Pflueger M. A generalized psychoacoustical model of modulation parameters (roughness) for objective vehicle noise evaluation. Proc. the 1999 Noise & Vibr. Conf. USA, 1999, 1: 1817.

[18] Bodden M. Instrumentation for sound quality evaluation. Acta Acustica united with Acustica, 1997, 83(5): 775-783.

[19] 毛东兴，王勇，姜在秀．车内噪声品质低沉度参量的数学模型．声学技术，2006, 25(6): 613-619.

[20] Hetherington P, Hill W. An analytical/empirical approach to sound quality evaluation for exhaust systems. Proc. the 1997 Noise & Vibr. Conf. USA: 971872.

[21] Dunne G, Wheeler A, Jennings P. The indentification of powertrain sound quality target sounds. Proc. Inter-Noise, France, 2000.

[22] Zhang L, Vértiz A. What really affect customer perception? a window regulator sound quality example. Proc. the 1997 Noise & Vibr. Conf. USA: 971909.

[23] Buss S, et al. Subjective and objective characterization of tire noise. Proc. Inter-Noise, Netherlands, 2001.

[24] Jeon J Y, You J, Kim Y S. Evaluation of sound quality of air-conditioning Noise. Proc. the 9th Western Pacific Acoust. Conf. Korea, 2006.

[25] Ishiyama T, Hashimoto T. The impact of sound quality on annoyance caused by road traffic noise: an influence of frequency spectra on annoyance. JSAE Rev., 2000, 21: 225-230.

[26] Quehl J. Comfort studies on aircraft interior sound and vibration. Ph.D. Dissertation, Department of Psychology, Carl-von- Ossietzky Universität Oldenburg, 2001.

[27] Patsouras C, et al. Psychoacoustic evaluation of tonal components in view of sound quality design for high-speed train interior noise. Acoust. Sci. & Tech., 2004, 23(2): 113-116.

[28] Quehl J. Psychoakustische untersuchungen zur beurteilung und wirkung von geräuschen der magnetschnellbahn transrapid. Diplomarbeit an der Universität Oldenburg, 1997.

[29] Vos J. Annoyance caused by magnetic levitation train Transrapid 08 — a laboratory study. TNO Report, TM-03-C001, 2003.

建筑声学——室内声学研究进展

王季卿，盛胜我

(同济大学声学研究所，上海　200092)

1　引言

声学各分支中，建筑声学发展较早，主要受到工程实际需要的促进。建筑声学需要物理的背景，又与工程学科交错，属于边缘性学科。按照传统概念，建筑声学分为两大部分：室内声学和房屋隔声学。前者是处理围蔽空间内声传播的音质效果，后者则是控制建筑中的噪声与相应房屋结构中的声传透。由于两者所处理的问题性质不同，本文仅论述室内声学研究进展，而房屋隔声学研究进展在另一篇文章讨论。

室内声学不仅考察声波在空间内的传播特性，而且涉及使用者主观上的听音效果，并要追究主观属性与物理参量之间内在联系，才能定出客观指标及进行工程设计。建筑声学离不开材料的声学性能研究，对室内声学则侧重界面旳吸收、反射、散射等方面。建筑声学又是一门实验性很强的科学，故它的发展与测试技术密切相关。室内声学又涉及工程设计中一些实际问题要考虑，在此只作原则性讨论。

2　声场的方向性特征与空间感

大厅音质评价标准通常以考察其声场的衰变过程(例如混响时间 RT、早期衰变时间 EDT 参量)和空间内各接收点的反射声能量随时间的分布(例如强度指数 G、清晰度指数 C 参量)为主。对于音乐厅而言，由于欣赏要求，注意到其音质还受到声场方向性分布的影响，而后由狭义的空间感发展到广义的包含环绕感(或称包围感)和感知声源宽度等方面，而且随着研究工作深入，逐步认识到所涉及的声场方向性特征是复杂的，需要进一步探索。例如，当初从双耳效应出发，发现早期侧向反射声有助提升空间感和展宽声像的感受，至于来自大厅后墙的反射声则未予注意，有时还希望加以抑制。后来发现头前头后声能比 FBR 会影响听者的环绕感，故增加一些来自头后的反射声的比重有助环绕感的提高。鉴于音乐厅对音质要求非常挑剔，空间感成为一项重要的参量，在音质设计中受到越来越多的关注[1~6]。一些长期以来被认为声场扩散乃是大厅音质优良重要条件的观点，需要重新考虑。

空间感可表述为声源的横向拓宽感、纵向延伸感以及听众被音乐的包围感，即环绕感。早在 1962 年，Beranek 就提出了声场环绕感与墙、天花板等表面扩散性有关[7]。1966~1967 间，Marshall[8] 和 West[9] 同时提出了声场空间感(spatial impression)的概念，并提出了空间感与早期侧向反射声的关系。1968 年，Keet 首次定义了表观声源宽度(ASW)这一表述空间感的主观参量，并将其与早期反射声、声级以及两扬声器发射信号的相关程度相联系。1983 年，Barron[10] 引入了双耳互相关系数 IACC，首次将反射声的客观测量与人头衍射及人耳特征相联系。1995 年 Bradley[11] 将后期侧向反射因子与听众包围感联系起来，空间感参量被归结为表观声源宽度(ASW)和听众包围感(LEV)两项。Morimoto 在 2007 ICA 室内声学卫星会议上对近年来关于空间感的研究作了全面回顾[12]。

房间声场方向性特征的客观测量方法主要有声强法和传声器阵列法[13~16]。Gover[17] 将基于波束成形技术的传声器阵列法应用于室内声学测量，用一个球形空间阵列得到房间的方向性脉冲响应函数，与传统的声强测量法不同的是，它可以将同时到达的不同入射方向的声波有效分离，从而得到更为完全的声场信息。近年来，我们在阵列测量理论的基础上发展了一种简便的、适用于室内声学的主动测量系统，它主要包含了可重复发射的声源与置于缓慢旋转的转动平台上的接收传声器，简称 RRS。这种系统等效于多个完全匹配的传声器组成的圆形阵列，因此可以直接采用传声器阵列的原理与方法，同时又可以避免阵列结构复杂的缺点[18]。图 1 是该系统在不同频率下水平面内的方向分辨能力。系统性能的测量在消声室内进行，传声器在水平 x-y 面内绕中心点以半径 R=0.2m 旋转，声波沿 x 轴入射，图中水平坐标为待测方向与 x 轴的夹角，曲线的尖锐程度反映了系统在 x-y 面内的测量精度。系统竖直平面的分辨能力与入射声的方向有关，当声波沿水平方向入射时，分辨能力稍差。总的说来，声波的 1/4 波长小于传声器旋转半径时，系统具有较为满意的方向分辨能力，且声波频率越高，方向分辨能力越强。在室内测量中，利用“波束成形”分析技术，可得到房间半空间内各个方向的方向性脉冲响应函数，从而可以细致地反映房间内声传播的空间特性，在室内音质评价等领域具有广泛的应用前景。利用该系统在房间中进行测量，房间尺寸 5.13×2.75×2.86m^3，水平面内的方向性脉冲响应如图 2 所示，图中水平坐标为入射脉冲与 x 轴的夹角，竖直坐标为脉冲的到达时间，表达了水平面内早期脉冲的入射方向、到达时间以及幅度。

目前，空间感对厅堂音质的重要性已得到确认，但相关研究还处于起步阶段，能够有效地反映空间感的主观参量被归结为表观声源宽度(ASW)和听众包围感(LEV)两项，客观参量则为侧向反射因子(LF)和耳间互相关系数(IACC)。

主观听觉试验一般在消声室进行，通过电声系统，模拟出不同的声场条件，判断客观参量与主观空间感之间的关系。图 3 为同济大学声学所消声室中用于声场模拟的实验系统。直达声、反射声以及后期混响声由各个不同位置的扬声器发出，通过计算机对各反射声的调节，由测试者判断主观空间感参量受反射声幅度、到达时间及入射方向的影响程度，并将声场的客观参量与之联系，相应的研究正处于逐步深入阶段。

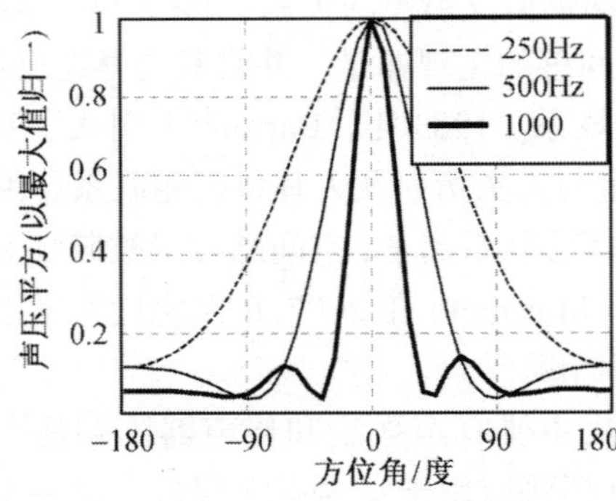

图 1　水平面内不同频率下系统方向分辨能力

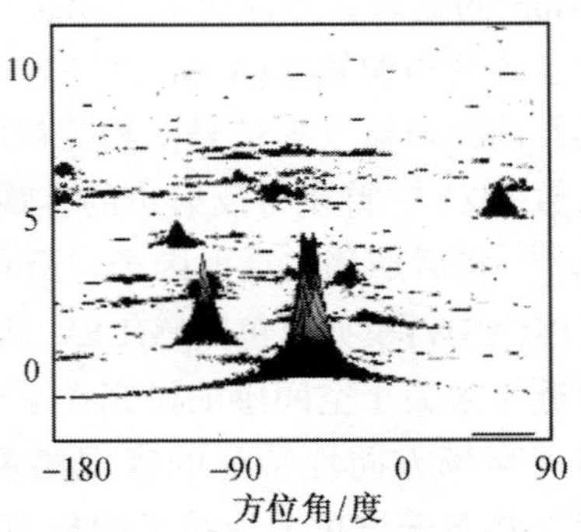

图 2　水平面内方向性脉冲

图 3　用于声场模拟的实验系统

现有的主观空间感参量在一定程度上反映声源的横向拓宽感以及听众被音乐的包围感，但由于空间感本身的复杂性，还谈不上整个空间感评价体系的完备性，也远不能满足建筑声学设计的需求。另外，声场的时间特性和空间特性并不能看成是完全独立的两个方面，人脑对声音的空间与时间感觉之间有着不可分割的关系，但如何有效地应用人的听觉模型仍然是一个复杂的研究课题。因此，在尽可能获得客观声场时间空间特征的基础上，结合人耳的听觉模型，将时频分析法应用于声场空间信息的分析，是今后相关研究的重要方向，这一研究领域具有较大的发展空间，是空间感研究的必然趋势。

3　耦合空间中的声场模型

耦合空间是由两个或多个子空间通过耦合开口相连而形成的一种特殊空间形

式,由于子空间之间存在声能交换,其声场分布和衰变呈现与单空间中不同的特性。耦合空间声场的这种特性使清晰度和混响感这两个一直被认为相互对立的音质参量得到较好兼容,因而在现代厅堂音质设计中获得重要的应用[19],同时针对耦合空间中声场衰变模型的研究也成为室内声学中的一个热点。

为了研究子耦合空间对主厅声场变化所带来的一些特征,需要利用预测模型的手段来进行。耦合空间声场预测模型可分为波动声学模型和几何声学模型,虽然波动声学模型能严格表示声波传播和衰减过程中的全部物理特征,但对于体形复杂的大空间和高频条件,由于巨大的计算量和严格的边界条件要求,在实际应用中难以获得有价值的结果。因而,目前在耦合空间的声场研究中主要采用几何声学模型以及在此基础上考虑声线(声粒子)整体行为而发展起来的统计声学模型。统计声学模型具有表达简单和计算快速的特点,如经典的 Eyring[20] 模型以及可应用于多空间耦合的 Kuttruff [21] 模型。这些模型采用单空间扩散声场中的统计假设,并认为子空间中的声场衰变形式不受耦合效应的影响,通过建立各子空间中声能衰变的线性偏微分方程组而得到耦合空间中声场衰变的解析关系。以后,针对经典统计声学模型在预测实际耦合空间声场中存在偏差进行了不断的改进,如:Lye 提出了考虑子空间声能传播时间的时延模型[22]。Summers [23] 将混响声能的空间非均匀性以及耦合开口的非扩散传播模式引入经典统计声学模型,可对耦合声能的空间分布进行预测,在一定程度上提高了模型预测的准确性,但仍只适用于子空间声场较为扩散以及弱耦合的条件。

基于几何声学的声场模拟方法,如声线(束)跟踪法,在高频范围内针对单空间中的声场模拟具有较好的精度。然而,在耦合空间中受模拟算法的影响,与统计声学模型和声场实测结果产生不同程度的偏差,尤其当耦合开口较小以及接收点靠近耦合开口位置时,其可靠性受到质疑[24~26]。因耦合空间中后期声能的衰减不符合指数规律,所以针对后期声能的快速算法需改进[27]。另外,为获得稳定的模拟结果,在耦合空间声场模拟中所需声线数量也较单空间中有显著的增加,这将计算速度降低[28,29]。

近来,针对耦合空间中的声场衰变,提出了一些新的几何声学模型,这些模型采用部分统计声学假设,结合数值计算方法获得声场分布和衰变,如:扩散方程模型(diffusion equation, DE)[30],通过建立室内声场的扩散方程采用有限元数值计算方法,可对耦合空间中声能衰变的空间特性进行预测,因而其预测精度较传统的统计声学模型有较大的提高。DE 模型中对空间划分的单元尺度与声波的波长无关,而只与平均自由程有关,因而其计算速度也较常规有限元方法有显著的提高[31]。

另一种基于几何声学的数值计算模型:声辐射度(acosutical radiosity, AR)模型也开始应用于在耦合空间声场的预测中研究中[32]。AR 模型由 Kuttruff [33,34] 在单空间声场的理论分析中最先提出的,该模型对一些体形特殊的单空间可采用解析方法得到声能衰变[35,36]，而一般条件下则需将空间界面划分为 N 个面元，通过对这些面元间声辐射度的数值计算[37,38]，得到空间界面上辐射度的时间分布。设空间界面上面元的声辐射度为 $B_i(t)$，则可表示为：

$$B_i(t) = \rho_i \sum_{j=1, j\neq i}^{N} B_j(t - R_{ij}/c)F_{ij} + B_{di}(t) \tag{1}$$

其中 R_{ij} 为面元之间的距离，ρ_i 为面元的声反射系数 $B_{di}(t)$为声源直达声在面元上产生的声辐射度。

最近，Nosal 和 Hodgson 建立了任意多边形空间声辐射度计算模型[39]，在单空间中其模拟精度与界面全扩散的声线法相当[40]。AR 模型对于确定的空间和边界条件，只需进行一次面元辐射度的计算，就可以得到空间任意位置上的声能密度随时间的变化，所以计算速度不受接受点数量的影响。同时，模型对声场条件没有严格要求，仅需假设界面为扩散反射，因此较统计声学模型更能精确预测反射声能的空间分布。近年来，我们在单空间 AR 的基础上发展了应用于耦合空间中声辐射度的改进模型，通过对耦合开口的声能传播特性模拟，实现子空间声能的耦合，该方法的预测精度不受耦合程度的影响，减少了模拟计算量，提高了收敛速度(见图 4)[32]。

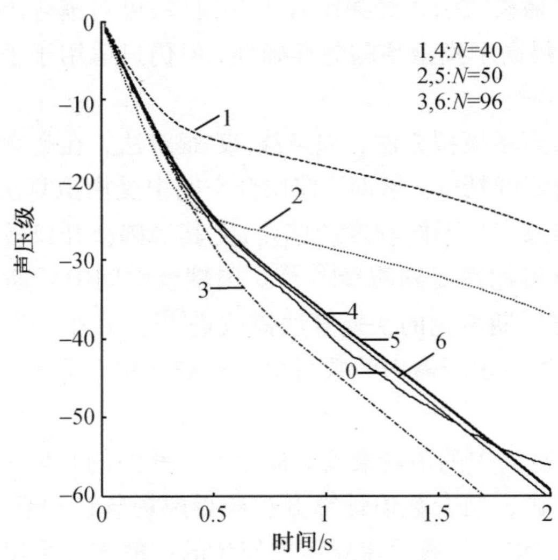

图 4　耦合空间中改进的 AR 模型预测声能衰变时随面元数量 N 的收敛特性

曲线 0: 实测声能值衰变曲线；曲线 1, 2, 3: 常规 AR 模型的预测结果；曲线 4, 5, 6: 改进 AR 模型的预测结果

耦合空间的声场特性与空间位置和频率相关，预测模型要求能适用于不同的

频率范围。基于几何声学的模型在高频范围内可得到较好的预测结果，进一步的研究需在此基础上考虑重要的波动声学特性，尤其是不同频率范围内声能通过耦合开口的传输效率[41]，以及子空间声能交换的声能量流传播方式[42]。另外，针对耦合空间中声能的非指数衰变模式，需采用与单空间中不同参数进行估计[43]。

在实际厅堂音质的设计中利用耦合空间进行音质调控，需要建立所受影响后的主观感受和客观音质参量之间的关系[44]。不久前，Ermann[45] 通过大量成对比较实验，以求了解听众对双折斜率衰变与赛宾衰变相比较时，所能觉察到的识别率和偏爱选择。虽然试听者对偏离标准赛宾衰变越大就越能判断出双折斜率的出现，但他们未必就一定偏爱它。实验结果中也显示出听者对这些区别不是很敏感的。而且在带有耦合空间的大厅现场，这些现象将随接收位置离耦合开口远近而有很大不同，在不同厅堂中还由于大厅形体、耦合开口位置和大小以及耦合空间容积大小等变化，给实际听音效果带来许多不确定因素。故不是一般设想兼顾了混响感和清晰度那么简单的理想效果。

这几年国内开展的工作大都着重在耦合空间的声场分析。苏州科技文化艺术中心大剧院也许是迄今国内首项工程实践，至于是否达到设计人所预期的大幅变化[46]，以适应多种音乐表演的要求，尚有待完工投入使用后的总结。

4　传统中国戏场的音质

我国的音乐、技艺表演历史悠久，在世界上独树一帜，相关的戏场建筑也别具一格，是中华民族宝贵文化遗产的一部分。过去建筑界对传统戏场建筑形制和特点的研究不多，对观演空间(包括露天广场式、庭院式和大厅式戏场三种建筑类型)的声学研究则更少。20 世纪 90 年代后期，我们开始进行建筑调查和声学测量[47~50]，还澄清了长期以来对古戏台下设瓮助声之谜的声学问题。并对庭院式戏场这一无顶的特殊空间音质，进行了专题研究。

4.1　现场调查和测量

传统戏场建筑大多是木架结构为主，它们受自然条件的影响，难以长期保存。国内建于公元 13 世纪(元代)的戏场建筑，只有在山西省还可找到，且有 10 座之多。山西古代戏曲文化兴盛，晋南地区有被誉为中国戏曲艺术的摇篮之说，也促进了当时山西戏场建筑的繁荣。我们对国内戏场建筑展开的调查不下二百余处，半数在山西进行，并已有专著出版[51]。此外，我们选择了北京和江南地区的三类传统戏场(约 20 处)进行了声学测量，总结了各类戏场声场的分布规律[52~54]。其中对庭院式戏场，还进行了声学模型试验[55]，包括对舞台穹顶、厢房看楼、庭院和堂屋等空间内的音质进行了深入的分析。所测音质客观参量包括：混响时间 T_{30}(s)、早期衰变时间

EDT(s)、相对强感 G_{50} 、G_{80}(dB)、清晰度因子 C_{50} (C_{80})(dB)和舞台支持因子 ST_1(dB)等。表 1 所列为北京地区若干厅堂型戏场的空场混响时间。

表 1　厅堂型戏场的实测空场混响时间/s

频率/Hz	125	250	500	1000	2000	4000
A 故宫倦勤斋	0.47	0.42	0.37	0.38	0.39	0.35
B 故宫漱芳斋风雅存	0.91	0.84	0.78	0.83	0.85	0.80
C 北京正乙祠	0.89	0.91	0.93	1.04	0.94	0.75
D 北京湖广会馆	1.16	1.13	1.07	1.04	0.93	0.78
E 北京恭王府	1.56	1.47	1.42	1.27	1.13	0.88
F 天津广东会馆	1.08	1.16	1.1	4	1.12	1.07

鉴于我国传统戏场的戏台是三面敞开、顶面不高的亭子形式，许多还是穹顶，有助于台上演唱者的支持感和加强对观众席的声音。其早期支持因子 ST_1 在−10dB左右。

就全国范围而言，庭院式戏场占相当大的比例。除作现场实测外，还进行了声学模型试验，包括对舞台穹顶、厢房看楼、庭院和堂屋等空间内的音质进行了深入的分析。

在以庭院式戏场中，利用两厢落地长窗的启闭来改变庭院的宽度。这些堂屋如进深较小时，整个戏场内的 $T_{30 \cdot M}$、EDT_M(M 为 500 Hz，1000 Hz，倍频程的 T_{30}、EDT 平均值)空间分布的标准偏差不大。当各空间的联系较弱(其间的窗扇小部分打开)或有顶空间(特别是堂屋)的进深比较大时，一般来说，各空间内的 $T_{30 \cdot M}$、EDT_M 平均值有较大差别。在上述两种条件下，$G_{50 \cdot 3}$、$C_{50 \cdot 3}$(500Hz，1000Hz，2000Hz 倍频程 G_{50}、C_{50} 的平均值)的分布都不均匀，大致随接收点到声源距离的增加而减少。庭院内 G_{50} 沿戏场纵向变化的梯度大致为 0.2~0.5 dB/m，明显比室内戏场的大。所测戏场的庭院面积范围是 200~300m^2。

影响庭院式戏场音质的主要因素是：戏场规模(总面积)、封闭程度、戏台的位置与高度、戏场的长宽比例、各空间耦合的紧密程度等。实测结果表明：庭院面积越大、戏场围蔽高度越低，其封闭程度越差，将使 $T_{30 \cdot M}$、EDT_M、$G_{50 \cdot 3}$ 变小，它们随空间变化的梯度趋于变大。

在同济大学声学所消声室中，作了庭院式戏场 1:10 的模型试验对比分析。结果显示：半围蔽体的壁面对改善局部空间的音质有明显作用。当庭院与厢房总面积小于 300m^2，长宽比例接近 1~1.2，伸出式有顶戏台高度为 1.8~2.5m 时，整个戏场的响度和清晰度都有所提高。

4.2　戏台下设瓮助声之谜

传统戏台下设瓮助声曾在国内广为流传，在国外亦有类似说法。我们对此作了考据和声学分析，认为事属妄传[56, 57]。北京故宫畅音阁大戏楼台下设缸助声之说，流传最广。我们经过实地调查，打开台板，下到台仓，深入勘察，终于探得并无其事。中央有一个直径 190cm、深约 9m 的水井，一套抽水装置的残骸仍在。另有四个上口 86cm × 86cm，深 82cm 的方形小池分布在台仓地面下的四角。都与传说中设瓮助声不相干的。台仓净高 220cm，上有厚达 10cm 的舞台木地板，将使舞台上表演声传至台仓下的传声损失当在 20dB 以上。再说，台基围墙厚达 100cm，围墙上只有几个 40cm × 40cm(台仓一侧为 88cm × 110cm)通风小孔，故台仓空间内声音经由通风小孔的向庭院中外传的也是很微弱的。图 5 和图 6 为首次在故宫畅音阁大戏楼台仓的勘测记录。于是戏台下设瓮助声之传说基本得以澄清。

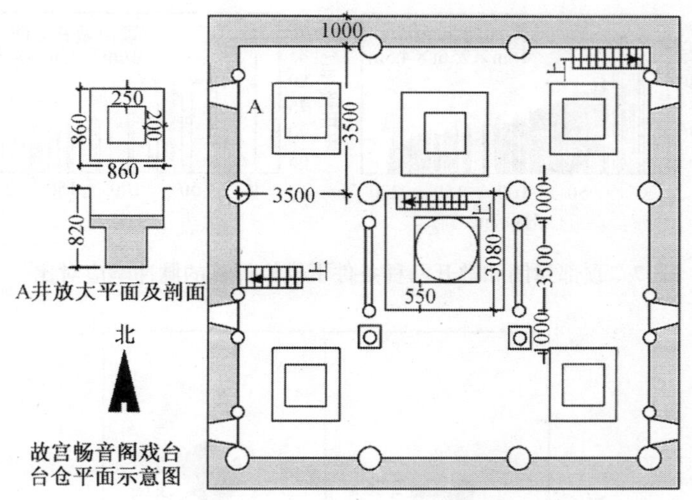

图 5 故宫畅音阁大戏楼台仓平面测绘图 (图中墙厚误写，应为 100cm)

图 6 故宫畅音阁大戏楼舞台地板搬启照片

4.3　无顶空间音质的探讨

基于庭院式戏场是顶面敞开的空间，必然混响很少，声场基本上是非扩散的，故其声学性能与全封闭房间有很大不同。经典的室内声学例如赛宾混响公式在此不再适用。

顶面敞开的庭院空间内，大量射向顶面的声波全部散逸后，在混响过程中缺失了许多来自顶面的反射声，既使声场极不扩散，也改变了反射声序列的精细结构(见图 7)，致使虽具有与封闭房间相同混响时间的庭院空间中，其混响感会明显不同。故一个仅仅反映声能衰减率的经典混响时间参量，将不宜作为庭院空间的主要音质指标。这里使用 EDT 作为表征混响的参量较为接近实际(见图 8)。

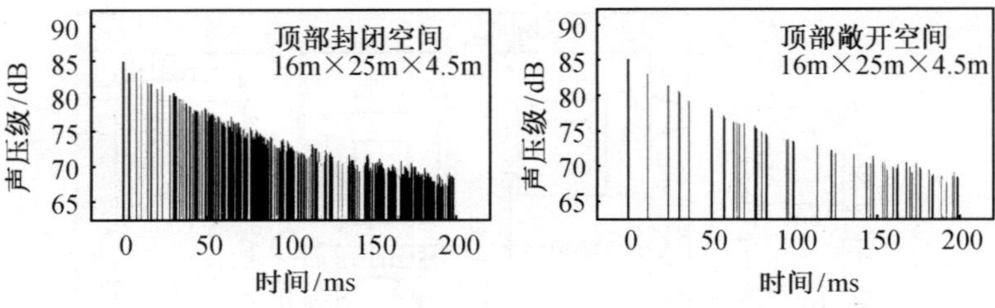

图 7　顶部封闭和敞开两种条件下模拟计算的脉冲响应对比

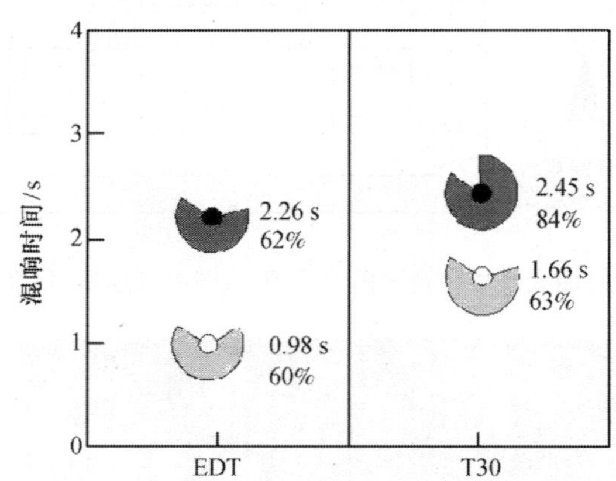

图 8　顶部封闭和敞开两种条件下，T_{30} 和 EDT 计算中值的比较(1000Hz)，圆弧面积代表 ±0.1s 范围所占百分率

强感因子(或称相对强感)*G* 表征接收到的声能强弱，对于一个很少混响的无顶空间来说，将成为更重要音质参量。故考察改变庭院界面条件后的声场变化，以及敞开面积和所在部位对音质有不同程度的影响等，也应从 *G* 值来考量。在此情况下，由早、后期声能比所决定的清晰度指数 C_{80}，在很大程度上取决于 *G* 值。也就是说，庭院中相对强感高了，清晰度也就基本上有满意的效果，但在封闭空间内两

者关系便没有那么简单。

5 声学测试技术

随着建筑声学研究课题的不断深入，对于测试技术的要求也愈来愈高。由于计算机技术与数字信号处理的迅速发展，使室内声学测量的水平有了显著的提高。建筑声学测量包括很多方面，兹就测试技术方面的两项研究热点，结合我们近年工作实践，介绍如下。

5.1 材料扩散系数与散射系数的测量

室内界面声散射通常指的是，由于几何反射和波动衍射而产生的，声波在界面入射点向镜面反射方向以外的其他方向传播的现象。由于界面声散射对室内听闻有着显著的影响，它可以帮助减少有害的强镜面反射声以避免像移和声染色，是厅堂音质的一个重要方面。因此，通过声学测量来定量地评估材料界面的散射特性，显得尤为迫切和重要。而近年的研究也表明在室内声学计算机模型中，包含界面散射的计算是达到较高预测精度的一个关键。

近几年随着对界面声散射研究的不断深入，关于界面散射特性的评价与测量有了较大的进展。国际声频工程学会(AES)与国际标准化组织(ISO)分别公布了关于扩散系数 diffusion coefficient 和散射系数 scattering coefficient 的测量标准[58, 59]。这里需要特别指出的是，两者概念不同(见表 2)，不能混淆[60, 61]。

表 2 扩散系数与散射系数的比较

	扩散系数 d	散射系数 s
评价内容	反射声能在空间分布的均匀性	散射声能和总反射声能的比例
标准体系	AES	ISO
取值区间	0~1 无明确物理意义	0~1 反映两部分能量关系的比例
测量	1) 在消声室或半消声室中进行 2) 考虑反射声的指向性 3) 测量单一入射角，通过计算得到无规入射的值 4) 全尺寸测量或按比例缩尺测量	1) 在消声室中测量单一入射角情况；在混响室中测量无规入射情况 2) 不考虑反射声的指向性 3) 全尺寸测量或在模型混响室中按比例缩尺测量
适用范围	(从反射声能分布的均匀性角度)散射界面和散射体的单值评价与比较	声场的计算机模拟预测，不同界面散射性能的比较

ISO 测量无规入射散射系数的方法，是基于脉冲响应同步平均法。由于脉冲响应叠加的个数和不同脉冲响应中散射成分之间的相关，都直接决定散射成分的消除，因此对叠加后声场能量衰减曲线的影响很大。我们基于扩散声场理论，用统计

声学的方法分析了不同脉冲响应中散射成分存在相关的情况下，由脉冲响应锁相叠加后再经反向能量积分得到的声场中声能的衰减规律[62]。该声能衰减曲线可以看作是由两个按指数规律衰减的曲线叠加而成的。理论的分析和实测的结果都表明，当同步平均的脉冲响应中的散射成分存在相关时，不论脉冲响应的数量有多大，在反向积分上限恰当选取使噪声的影响很小的前提下，用 T_{10} 或 T_{20} 估计镜面反射混响时间必然是有偏差的估值。我们采用声级残差最小二乘非线性拟合法对混响时间作无偏估值，更加符合实际声能的衰减规律，可以获得更合理的结果[63]。

对 AES 的扩散系数来说，最大的问题是参量的取值缺乏明确的物理意义，定义的形式有一定的任意性，不太适用于声场的理论分析。只有扩散系数取值的上限和下限有明确的意义，如 0 表示声能只向一个方向反射(并不一定是镜面反射方向)，1 表示声能在反射空间的各个方向上都是相等的。

5.2　声学缩尺模型测量

厅堂音质设计中缩尺模型试验能反映声波的波动特性，再现声波在界面的反射和散射，因此仍然是建筑声学工程设计中一项重要的辅助手段。在我们近年承担的多个大厅音质缩尺模型试验工作中，曾研究和发展了有关的测量技术。

以前模型测试中大多采用电火花作为声源，但电火花在重复性、指向性、脉冲宽度等方面都比较差。近年来，随着数字信号测量技术的发展，逐渐有人采用十二面体的压电陶瓷作为声源，但其频响较差，辐射的声功率较低。我们采用耳机扬声器制作的超小型正六面体高频无指向性声源，在高频获得良好的无指向性。声源最大线度仅为 1.5cm，如图 9 所示。该声源在 10000Hz 和 20000Hz 的水平方向指向性如图 10 所示。声源经 30° 滑动平均在频率为 10000Hz 和 20000Hz 的偏差仅为 −0.84~+0.42dB 和−1.35~+0.93dB，分别小于 ± 1dB 和 ± 3dB，按 1:20 缩尺比计算符合 ISO3382 对声源指向性所提出的要求。

同时，我们在模型测试中采用了振幅调制非线性调频(AM-NLFM)信号测量声场的脉冲响应[64]。这是一种基于相位驻留原理进行调制的测量信号。该信号在测量声场脉冲响应时，不仅具有良好的抗系统非线性失真和时变影响的能力，而且可以降低非周期傅里叶变换时的频谱泄漏。同时，可以根据电声系统和测试环境本底噪声，控制信号在各个频带的能量分配，并能保持很低的波峰因数，可提高测量的效率，有效地提高室内声场脉冲响应测量的速度与精度。

在厅堂音质缩尺模型测试中空气吸收所引起的声能衰减是一个不可忽视的问题。通过在模型中充干燥空气或氮气可以模拟实际厅堂中的空气声吸收，但会使测试成本大为增加，且测试周期较长。对于混响时间测量来说，也可以直接对模型测试结果进行修正，但会造成由声能衰减曲线上混响时间拟合范围变化所产生的估值偏差。Polack 等提出根据空气吸收衰减对实测脉冲响应进行补偿的方法[65]，但补偿后的脉冲响应信噪比过低，很难用于计算厅堂音质参量。我们提出了更加符合实际厅堂测试要求的空气声吸收修正方法，即根据空气声吸收的理论先对实测的声能衰减曲线进行修正，再对混响时间和 EDT 进行估值[66]。通过将估值的脉冲响应稳态本底噪声平均功率积分曲线从声能衰减曲线中扣除，可以提高对空气声吸收修正后的声能衰减曲线的信噪比。对比直接对模型测试结果进行修正的方法，该方法可以使模型测试结果更加符合实际厅堂测试要求。但该方法不能直接对实测脉冲响应修正，尚不能用于可听化。

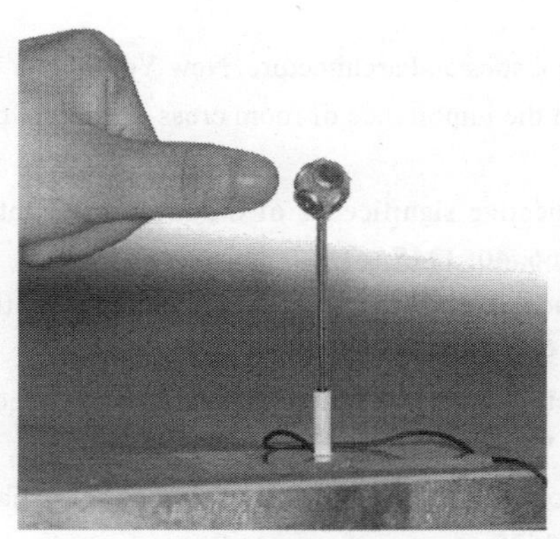

图 9 正六面体高频无指向性声源

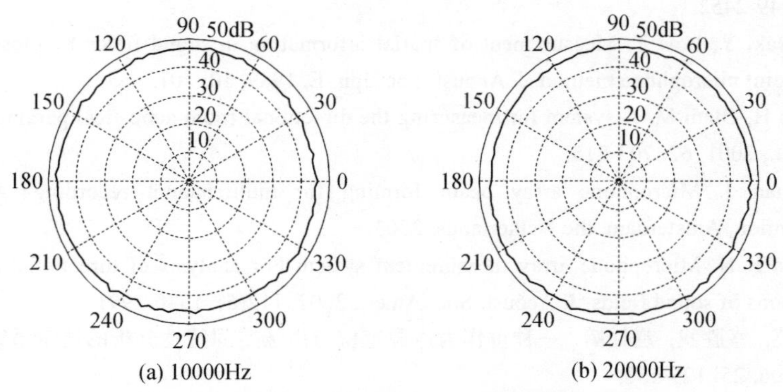

(a) 10000Hz (b) 20000Hz

图 10 高频无指向性扬声器水平方向指向性图

6 结束语

室内声学所涉及的问题甚多，本文仅就其中若干热点结合我们当前研究工作展开讨论。它们分别获得国家自然科学基金资助项目(50078038)，(10574100)，(50778127) 的支持。参加撰写本文的还有蒋国荣副教授、赵跃英副教授和莫方朔博士，谨表谢意。

参 考 文 献

[1] 王季卿. 音乐厅音质设计进展评述. 应用声学, 2003, 22(1): 1-7.

[2] 王季卿. 声场扩散与厅堂音质. 声学学报, 2001, 26(5): 417-421.

[3] 莫方朔. 音乐厅中后期反射声对空间感的影响. 声学技术, 2002, 21(1,2): 84-87.

[4] 朱承宏. 房间内早期反射声方向分布的时差法测量. 电声技术, 2006, 6: 19-21.

[5] Masayuki M. Auditory spatial impression in concert halls. Inter. Conf. Acoust. Seville, 2007.

[6] Okano T. Relations among interaural cross-correlation coefficient (IACCE), lateral fraction (LFE), and apparent source width (ASW) in concert halls. J. Acoust. Soc. Amer., 1998, 104(1): 255-265.

[7] Beranek L L. Music, acoustics and architecture. New York: John Wiley and Sons, 1962.

[8] Mashall A H. A note on the importance of room cross-section in concert halls. J. Sound & Vibr. 1967, 5(1): 100-112.

[9] West J E. Possible subjective significence of the ratio of height to width of concert halls. J. Acoust. Soc. Amer., 1966, 40: 1245.

[10] Keet W V. The Influence of early lateral reflections on the spatial impression. The 6th Inter. Conf. Acoust. Tokyo, 1968, E-2.

[11] Barron M. The subjective effects of first reflections in concert halls-the need for lateral reflections. J. Sound & Vibr., 1971, 15(4): 475-493.

[12] Bradley J S. Comparison of concert hall measurements of spatial impression. J. Acoust. Soc. Amer., 1994, 96: 3525-3535.

[13] Barron M. The current status of spatial impression in concert halls. Inter. Conf. Acoust., 2004, IV: 2449-2452.

[14] Yamasaki Y, Itow T. Measurement of spatial information in sound fields by closely located four point microphone method. J. Acoust. Soc. Jpn. E, 1989, 10: 101.

[15] Okubo H, Otani M. A system for measuring the directional room acoustical parameters. Appl. Acoust., 2001, 62: 203-215.

[16] Backman J. Microphone array beam forming for multichannel recording. AES 114th convention, Amsterdam, the Netherlands, 2003.

[17] Govera B N. Microphone array measurement system For analysis of directional and spatial variations of sound fields. J. Acoust. Soc. Amer., 2002, 112(5): 1980-1991.

[18] 赵跃英, 盛胜我, 赵松龄. 一种可作为声源定位与声场空间特性分析的测量系统. 声学技术, 2006, 25: 129-133.

[19] 王季卿. 耦合空间与厅堂音质. 电声技术, 2005, 11: 7.

[20] Eyring C F. Reverberation time measurements in coupled rooms. J. Acoust. Soc. Amer. 1931, 3(2): 181-206.

[21] Kuttruff H. Room acoustics. New York, Spon Press, 2000: 142-145.

[22] Lyle C D. An improved theory for transient sound hehaviour in coupled diffuse spaces. Acoust. Lett., 1981, 4(12): 248-252.

[23] Jason E S, Rendell R T, Shimizu Y. Statistical-acoustics models of energy decay in systems of coupled rooms and their relation to geometrical acoustics. J. Acoust. Soc. Amer. 2004, 116(2): 969-985.

[24] Ermann M, Johnson M. Exposure and materiality of the secondary room and its impact on the impulse response of coupled-volume concert hall. J. Sound & Vibr., 2005, 284: 915-931.

[25] Bradley D T, Wang L M. The effects of simple coupled volume geometry on the objective and subjective results from nonexponential decay. J. Acoust. Soc. Amer. 2005, 118: 1480-1490.

[26] Anderson J S, Anderson M B. Acoustic coupling effects in ST. Paul's Cathedral, London, J. Sound & Vibr., 2000, 236: 209-225.

[27] Jason E S, Torres R R, et al. Adapting a randomized beam-axis-tracing algorithm to modeling of coupled rooms via late-part tracing. J. Acoust. Soc. Amer., 2005, 118(3): 1491-1502.

[28] Ayr U, Cirillo E, Martellotta F. Predicting of acoustical behaviour of coupled rooms with computer simulation techniques: a case study. Proc. the 17th Inter. Cong. Acoust. Rome, 2001.

[29] Nijs L, Jansens G, et al. Absorbing surfaces in ray-tracing programs for coupled spaces. Appl. Acoust, 2002, 63: 611-626.

[30] Valeau V, Picaut J, Hodgson M. On the use of a diffusion equation for room-acoustic prediction. J. Acoust. Soc.Amer., 2006, 119(3): 1504-1513.

[31] Billon A, Valeau V, et al. On the use of a diffusion model for acoustically coupled rooms. J. Acoust. Soc. Amer., 2006, 120: 2043-2054.

[32] Jiang G R, Zhang X L. A radiosity model for sound decays in coupled rooms. Proc. The 3rd Inter. Symp. Temporal Design, China, 2007.

[33] Kuttruff H. Simulierte nachhallkurven in rechteckraeumen mit diffusem schallfeld, Acoustica, 1971, 25: 333-342.

[34] Kuttruff H. Room Acoustics. London: Spon Press, 2000.

[35] Miles R N. Sound field in a rectangular enclosure with diffusely reflecting boundaries. J. Sound & Vibr., 1984, 92(2): 203-226.

[36] Carroll M M, Chien C F. Decay of reverberation sound in a spherical enclosure. J. Acoust. Soc. Amer., 1978, 62(2): 1442-1446.

[37] Kang J. Sound propagation in street canyons: comparison between diffusely and geometrically reflecting boundaries. J. Acoust. Soc. Amer., 2000, 107(3): 1394-1404.

[38] Kang J. Reverberation in rectangular long enclosures with diffusely reflecting boundaries. Acustica united with Acta Acustica, 2002, 8: 77-87.

[39] Nosal E M, Hodgson M. Improved algorithms and methods for room sound-field prediction by acoustical radiosity in arbitrary polyhedral rooms. J. Acoust. Soc. Amer., 2004, 116: 970-980.

[40] Bot L, Bocquillet A. Comparison of an intergral equation on engergy and the ray-tracing technique in room acoustics. J. Acoust. Soc. Amer., 1000, 108: 1732-1740.

[41] Jason E S, Rendell R T, Shimizu Y. Estimating mid-frequency effects of aperture diffraction on reverberant-energy decay in coupled-room auditoria. Building Acoustics, 2004, 11: 271.

[42] Pu H J, Qiu X J, Wang J Q. A study on acoustic energy flow in coupled volumes. The 9th West. Pacific Acoust. Conf. Seoul, Korea, 2006.

[43] Xiang N, Goggans P M, et al. Evaluation of decay times in coupled spaces: Reliability analysis of Bayeisan decay time estimation. J. Acoust. Soc. Amer., 2005, 117(6): 3707-3715.

[44] Bradley D T, Wang L M. The effects of simple coupled volume geometry on the objective and subjective results from nonexponential decay. J. Acoust. Soc. Amer., 2005, 118(3): 1480-1490.

[45] Ermann M. Double sloped decay: subjective listening testto determine perceptibility and

preference. Building Acoustics., 2007, 14(2): 91-108.

[46] Brain F G K, Kahle E. Design of the new opera house of the suzhou science and arts cultural center. The 9th West. Pacific Acoust. Conf. Seoul, Korea, 2006.

[47] Wang J Q. Acoustics of ancient theatrical buildings in China. J. Acoust. Soc. Amer.1999, 106(4): 4aAA2.

[48] 王季卿. 中国传统戏场建筑及音质初探. 声学技术, 2002, 21(1, 2): 74-79.

[49] 王季卿. 中国传统戏场建筑考略, 之一: 历史沿革. 同济大学学报, 2002, 30(1): 27-34; 王季卿: 中国传统戏场建筑考略, 之二: 戏场特点. 同济大学学报, 2002, 30(2): 178-182.

[50] Wang J Q. Acoustics of traditional Chinese theatres. J. Acoust. Soc. Amer. 2000, 112(5): 4aAAb3.

[51] 薛林平, 王季卿. 山西传统戏场建筑. 北京：中国建筑工业出版社, 2005.

[52] Hsu Y K, Chiang W H, et al. Acoustical measurements of courtyard-type traditional Chinese theaters in East China. The 21th AES Conference, St. Petersburg, 2002.

[53] Chiang W H, Hsu Y K, et al. Acoustical measurements of traditional theaters integrated with Chinese gardens. J. Audio Eng. Soc., 2003, 51(11): 1054-1062.

[54] 薛林平, 王季卿. 江南八座传统庭院式戏场的音质测量和分析. 第九届全国建筑物理年会学术论文集, 中国建筑工业出版社, 2004: 383-386.

[55] 薛林平, 王季卿. 中国传统庭院式戏场声学缩尺模型试验. 第九届全国建筑物理年会学术论文集之二, 2004: 198-199.

[56] 王季卿. 析古戏台下设瓮助声之谜. 应用声学, 2004, 23(4): 21-24.

[57] 王季卿. 庭院空间的音质. 声学学报, 2007, 32(4): 289-294.

[58] AES-4id-2001. AES information document for room acoustics and reinforcement systems -characterization and measurement of surface scattering uniformity. J. Audio. Eng. Soc., 2001, 49: 148-165.

[59] ISO/FDIS 17491-1. Acoustics-sound-scattering properties of surfaces——Part 1: measurement of the random-incidence scattering coefficient in a reverberation room. 2003.

[60] 莫方朔, 盛胜我. 室内界面声散射特性的评价与测量的研究进展. 声学技术, 2004, 23(1): 49-53.

[61] 莫方朔, 盛胜我. 无规入射散射系数测量的研究. 电声技术, 2004, 23(9): 12-15.

[62] 莫方朔, 盛胜我. 无规入射散射系数测量中的声能衰减分析. 同济大学学报, 2005, 33(3): 404-408.

[63] 莫方朔, 盛胜我. 采用声级残差最小二乘非线性拟合法估值混响时间. 同济大学学报, 2007, 35(6): 845-849.

[64] 莫方朔, 盛胜我: 用振幅调制非线性调频信号测量声场的脉冲响应. 声频工程学术交流会论文集, 2005: 172-175.

[65] Polack J D, Marshall A H. Digital evaluation of the acoustics of small models: the MIDAS package. J. Acoust. Soc. Amer., 1989, 85(1): 185-193.

[66] 莫方朔, 盛胜我. 音质缩尺模型测试中空气声吸收的修正. 声学技术(增刊), 2006, 25: 365-366.

建筑声学——房屋隔声学研究进展

王季卿，盛胜我

(同济大学声学研究所，上海　200092)

1　引言

人们的大部分时间是在室内度过的，因此创造一个安静的、具有良好私密性的、不受外界或邻居噪声干扰的建筑环境，乃是现代健康生活和工作条件的追求。它的实现将会涉及许多方面。就建筑技术而言，就包括与建筑隔声相关的一系列问题。过去国内对此项研究较为薄弱。进入 21 世纪后，许多建筑隔声方面新的国家标准和规范陆续修订、编制和颁布实施[1~3]，有望推动相关工作。本文拟对近年建筑隔声研究和实践中若干常遇问题之进展作一简述，以期引起更多关注。

2　质量定律与单值评价

空气声透过墙体的隔声量大致与质量呈现一定的规律。但从近 30 年各国积累的不同面密度(m′)(kg/m^2)实心砖墙的隔声实验室测试结果[4]来看(见图 1a)，其计权隔声量 R_w(一种按规定隔声曲线作出的单值评价量[1]) 数据还是相当离散。除了因隔声频率起伏的影响外，实验设施和试件装置条件不同，使损耗因数(结构阻尼)有明显变化，也会带来不小的偏差[2]。故均质墙体的 R_w 通常可取 ISO 17512(2004)推荐[5] 较为保守的质量定律公式来估算($m' > 150$kg/m^2)：

$$R_w = 37.5\lg m' - 42 \tag{1}$$

如今工程上，常采用空心砖(或砌块)以代替传统实心黏土砖。它们具有较好隔热性能和质轻(较低的面密度)的优点。大家关心这种新型墙体的隔声对质量定律是否仍然有效。图 1(b)所示汇集了欧洲一些实验室对各种轻质空心砖或砌块墙的实测计权隔声量 R_w，发现数据相当分散。鉴于原因复杂，尚难查明[6]。

空心砖重量轻，隔声性能必然远不及同厚的实心砖墙，这也符合质量定律。空心砖块又具有各向非常异性的特点，孔间“筋肋结构”(web structure)型式对隔热保温性能很重要，这与隔声性能有矛盾。例如沿砌块厚度方向的弯曲劲度越高，隔声越好，而这种直通式“筋肋结构”带来的“冷桥”对保温不利。所以空心砖内部“筋肋”结构很有讲究，它会影响低频和高频的隔声量。欧共体国家现在生产的空心砌块有 300 多种，他们正为兼顾隔热和隔声做深入研究[7,8]。

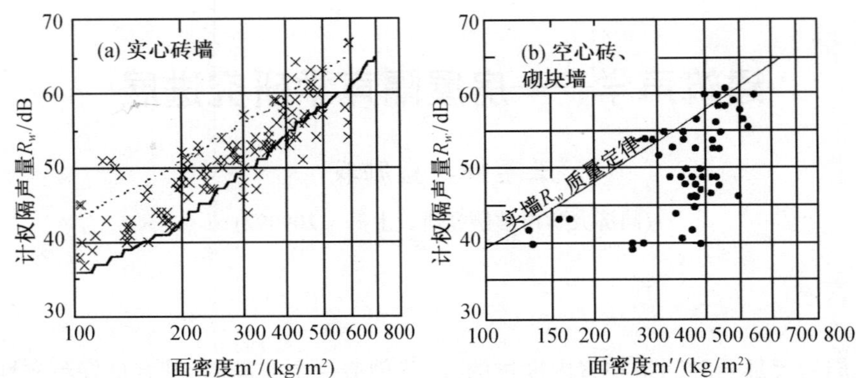

图 1　墙体的实测计权隔声量 R_w 与质量定律: (a) 实心砖墙; (b) 空心砖或砌块墙

再说墙体隔声的单值评价。因为原先所用的单值评价量—计权隔声量 R_w，未考虑噪声源对建筑物和建筑构件实际隔声效果的影响。在新的 ISO 和国家标准中[3]，引入了两类噪声源的频谱修正量 C 和 C_{tr}，前者考虑以生活噪声为代表(中高频成分较多)的噪声源，C 修正量为 1~2dB，故影响不大；后者以交通噪声为代表(中低频成分较多)的噪声源。于是在不同场合，质量定律估算的单值隔声量要修正为

$$R_A = R_w + C = 36\lg m' - 40 \quad (\text{dB}) \tag{2}$$

$$R_{A,tr} = R_w + C_{tr} = 33\lg m' - 36 \quad (\text{dB}) \tag{3}$$

外墙隔声单值评价量 $R_{A,tr}$ 在美国亦早有提出[8]，他们称之为 EWR(exterior wall rating)[9]，它与 ISO 相似。

3　薄板龙骨组合隔墙

龙骨的声桥作用使双层薄板组合隔墙的隔声性能下降，如果把声桥的耦合作用减小到最低限度，墙体的隔声量便有显著提高。木龙骨的刚性大，声桥作用大，因此在同样墙板条件下的隔声性能比之带有弹性的轻钢龙骨隔墙要差[10]。在不同层数薄板组合下隔墙的 R_w 相差可达 5~8dB。其作用原理已有分析讨论[11]。在使用木龙骨为主体的北美国家，通常都采用弹性金属条作为板材与龙骨之间的联系体，使结构耦合减弱以提高其隔声量，据报道 R_w 可提高 7dB 左右[12]。

对这种薄板(如今大多用石膏板)龙骨组合隔墙，如何预计它们在不同组合下的隔声量，曾有许许多多方法提出。最近有人[13] 选了近 50 年来比较重要的 17 种方法进行比较和分析。这些方法中所考虑的参量一般有七八个。最少的为 4 个，最多的达到 14 个。其中只有两种方法考虑了龙骨的弹性作用[11, 14]。最早我们是从声学

测试结果推算得出轻钢龙骨的侧向等效刚度，亦为后人用力学测试方法的动态刚度证实它基本正确。Hongisto 认为过去所有预计模型都存在不足之处，因此与实测结果存在较大差异，但该文的缺点是所提供的分析比较显得粗略，个别还有错。

我们看到问题的复杂性，需要引进一些新的计算方法和模型，来逐步提高估算的精确度。有人[15] 最近在估算飞机机舱双层结构的隔声时，引用了 patch mobility 方法，得到与实验符合良好的结果。其他如汽车制造工业中对车厢双层结构的隔声也有类似问题在考虑[16]。

4 楼板隔声的评价

一些研究工作表明，自 20 世纪 30 年代沿用至今，用轻型(500g)金属鎚作为楼板撞击源(又称撞击器)评价楼板撞击噪声隔绝性能存在不足，它不能恰当地反映人们日常活动产生的楼板撞击声特性。早在 20 世纪 60 年代已有提及[17]，尤其对妇女穿高跟鞋行走时发出的撞击噪声[18]。在美国 ASTM 标准中亦曾提出，以人在楼板上穿鞋走 8 字形路线作为撞击声源。这些问题也引起 ISO TC43 建筑声学专业委员会的关注，在 1970 年代成立了专题工作组。但经过近十年的酝酿，终因找不到满意的替代方法而解散。但此问题一直引起声学工作者的悬念。

事实上楼板撞击声源还和各国的生活习惯有关。如日本提出用轮胎落地砰击的方法来模拟，可较真切地反映榻榻米上实际情况，并在日本 JISA 1418 (1973)标准中补充规定了这种撞击声源。后来又有改进的建议，采用更重的撞击声源[19]。也有人提出用一个装砂的球从一定高度落下，其频率特性与人在楼板上活动更相似[20]。所以有人认为轻量级撞击声源反映的是 125~2000Hz 的效果，重量级撞击声源反映的是 63~500Hz 的效果。韩国近年来也在致力提出适合本国的评价方法[21, 22]。

另外，ISO 140 标准中的轻量级(500g)撞击器是连续撞击的，听起来比重量级砰击噪声要低一些，后者则属于间歇性噪声，两者的主观评价不同[21]。再说，各国的住宅楼板构造也有较大差异。欧洲以圬工结构为主，在北美则木结构更普遍。有人对后者的频率范围建议扩展到 50Hz[23]。但如此低频，对住宅中容积不大的小房间来说，会给测量带来困难。

不久前，Scholl[24] 从撞击源和楼板的动态特性出发，要使标准撞击器具有“类似走路人”的特点，使它具有相同的声源阻抗即可(见图 2)，只要稍作改装，将锤头重量略加数十克，并增加一个柔性垫层后，即可达到较好模拟效果。总之，撞击源的改进正受到更多的关注。

实用中，评定楼板撞击声隔绝效果不只是响度，还要考核它的干扰度，因此它的主观量也需进一步研究。

采用 ISO 标准撞击器尽管已知存在许多不足之处，但是半个多世纪来各国据此法积累的大量数据，作为互比参考还是非常有实用价值的。再说，在过去基础上所建立的若干预计公式，对于控制如何降低楼板撞击声提供了定量结果。如果另立新的评估方法，处理好两者的关系亦是难题之一。

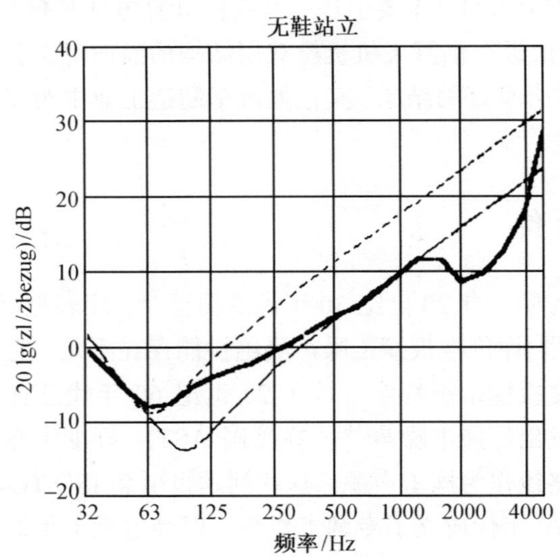

图 2　选用质量-弹簧-质量系统模拟人行走的力阻抗(虚线) (上 m=50g，下 m=120g)与行走力阻抗(中间粗线)的比较[24]

5　侧向传声

两室之间的空气声或撞击声的隔绝，除决定于公共分隔墙(或楼板)的隔声性能之外，还会受到各种侧向传声途径的影响。当隔声要求较高时，侧向传声因素更显得突出。日常经验告诉我们，多层或高层住宅中，常因虽相隔数层邻居家装修的敲打声而感到讨厌，但往往辨不清来自何方，甚至楼下相隔数层在敲打，却会误认来自贴邻上面的楼板平顶。

多年前我们的现场实验结果显示侧向传声所及，有时相当严重。以上下对角房间为例，A 室楼板撞击声影响到楼下相邻 D 室，它们之间虽无公共间壁，由于“对角房间传声”仍有不低的撞击声级 L'_n (见图 3 所示)[25]。以隔声要求曲线相对照，中高频的侧向传声严重，而且在不同结构住宅中效果是不同的。从整幢房屋来看，上下左右受影响的房间范围有时很广，且与结构形式和频率有关。图 4 所示为两种不同结构住宅中，撞击在四层 A 室楼板时，在各室实测的撞击声级 L'_n 分布(这里仅出示中心频率 1000Hz 的倍频带压级)[26]。这种“表观性”实测资料，不能分清每个侧向结构在传声方面所起作用，故难以对不同构造的房屋进行预评估。

不论空气声或撞击固体声的侧向传声都是以振动形式在固体中传递的，主要在结构构件交接处(内墙 i 与内墙或外墙 j、墙 i 与楼板 j，楼板 i 与墙 j 等等的节点处)会有较大衰减，故常以振速级差来衡量侧向传声的损失。这与构件材料、节点构造方式及等效吸收长度(节点处能量耗损又称吸收)等有关。通常以隔振指数 K_{ij} 来表征。图 5 所示一例为，均质构件十字形接点构造中，K_{ij} 与交接两构件的面密度 m_1 和 m_2 之关系曲线。当我们掌握了各个节点处(通常为 4 个，内墙、外墙、楼板平顶和地板)的隔振指数以后，便可以估算出两室之间总体上的实际隔声效果，即算出其现场空气声隔声量 R_{ij} 和撞击声压级 $L_{n,ij}$。

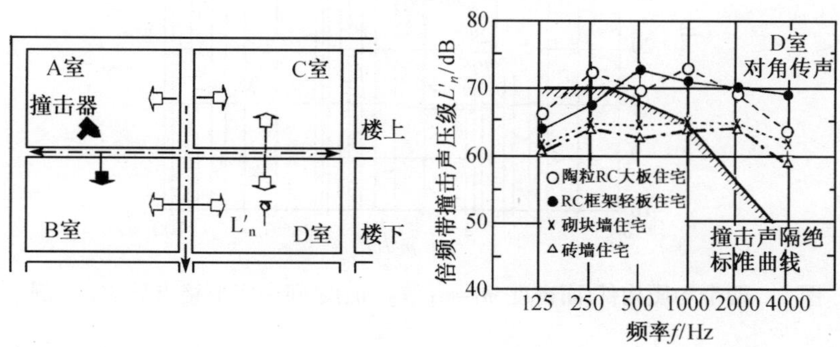

图 3 楼板撞击声对楼下对角房间的影响，所列为四种不同结构形式住宅的实测结果[25]

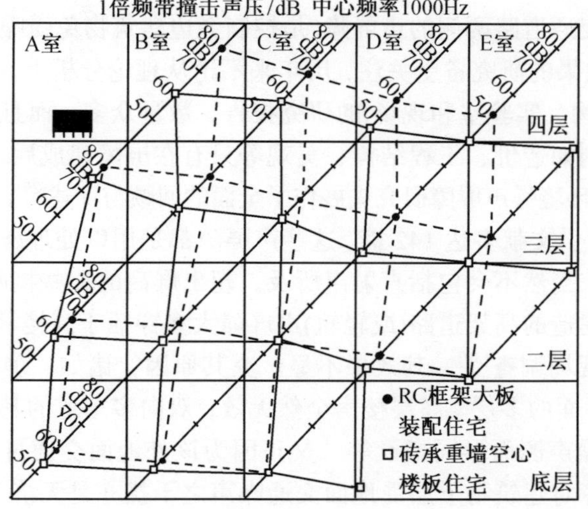

图 4 在两种结构住宅中，楼板撞击声对整幢房屋各室的影响(1000Hz)[26]

这里可以看出，要有效地提高住宅内的隔声性能，不仅要选择好分隔公共墙体或楼板构造，同时在节点构造上选好最有利于降低振动传递的方式。相比非承重的隔墙而言，节点构造更取决于结构强度设计和施工工艺，但我们应该掌握不同接点的传声情况和数据。

欧共体声学家在这方面作出了重要贡献[27, 28]。根据他们长期积累的资料制订了"从构件隔声性能估算出房屋内的实际隔声效果"的 EN 标准文件(1999 年公布)，介绍具体算例。2004 年被 ISO 采用，列为 ISO 15712 标准[5]。我国将会等同采用，值得大家关注。

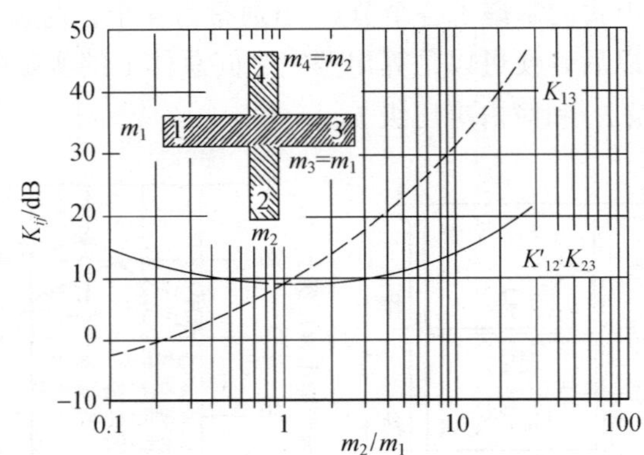

图 5　两个均质构件(面密度 m_1=m_3, m_2=m_4)之间十字形接点处 K_{ij} 一例

6　声屏障及绿化降噪的析疑

建立在繁忙交通道路两侧的声屏障，是控制旁边建筑物免受噪声干扰的一项主要措施。其声学效果的研究备受关注，历年来不论从理论分析上，或是设计和实验上(包括模型和实物，实验室和现场)的研究报告，数量众多。而且在实用中尚有许多非声学因素，例如造价、工程结构、美观等只有在屏障建成后才能给予评定。

有人(2003)对环境噪声屏障研究进展作了全面的回顾与评述[29]，并列举了 15 种类型进行分析，所引文献多达 142 篇。这些声屏障都是用以处理屏障背后不太高接收点的降噪效果，当然不会包括直射声所及、超出屏高的那些接收点。

国内城市中建造的高架道路(或轻轨)声屏障大多穿插于高楼林立的街道之中。根据我们有限的现场调查[30]，其效果不显。究其原因，诸如：屏障不可能建得足够高，故对屏障后面的多层、高层楼房全然无效；双向多车道的甚宽高架道路又使屏障不可能贴近噪声源而形同虚设等。又正因为该处地面交通过于拥挤才建高架道，故这些声屏障对建筑物下层受地面交通噪声之干扰亦是无济于事的。

20 世纪七、八十年代香港建造高架轨道交通时，在通过贴近医院、学校、住宅楼等噪声敏感区时，采用全封闭声屏障以解决噪声干扰。不久前，南京市在高架道路上也建成了全封闭声屏障，是国内大陆的首次实践(2003 年 10 月完工)[31]。据报道在屏障外 1m 处，夜间等效声级 55dBA 左右，4m 处居民楼窗外原来 70dBA 降至 50dBA，达到了安静标准要求。如果按单位投资的得益户数来评估，必将大大优于那些"摆样子"的声屏障。

利用种植绿化作为一种声屏障是否有效，常为人所议论。这里首先需要澄清的问题是：噪声在城市绿化带与森林原野处随距离的声衰减有很大差别。许多文章甚至教科书中之所以夸大其词，就因引用不当所致。再说，城市中的接收点位置大多较高，而目前大量资料的接收点实验条件均与声源高度相近，故与实效相去甚远。

简单地说，绿化的减噪作用应从额外衰减量来评价，它与距离(或绿化带宽度)、频率、气候条件有关。近来台湾学者(2003)[33]提出增加“能见度”这一指标(见图 6)。作为城市绿化，行道树加上一些灌木丛，15m 的绿化带的能见度在 D 级左右，一个 10m 宽绿化带(与开阔平地作比较)不超过 3dB。该资料尚未考虑不同接收点高度下的情况。估计绿化带在城市中的作用将更低。

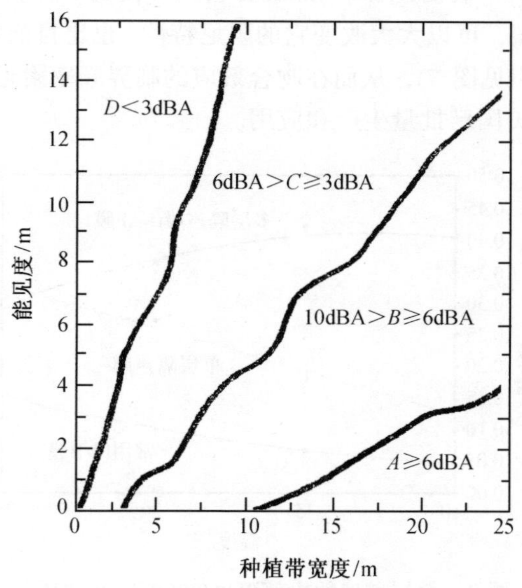

图 6 能见度与种植带宽度的相对衰减量关系[33]

有人曾对树木的吸声及随距离的衰减分别作了混响室和消声室的测量[34, 35]，说明树木及树叶的声学作用有限，对于落叶植物更有季节性变化。但是有研究表明，绿化声屏障有心理作用影响。如有人认为墙体屏障不及树木，因有了吸引人的景观将比声学上的实效好。也有人认为[36]，看不到声源，听者便会感到响度有明显降低。Watts 等 [37] 认为在种植带的声源 S 与接收者 R 关系中，其频谱变化不大。而一般屏障则明显地会对接收处的频谱有影响。因此用 dBA 作为噪声暴露的量值就不合适。这里应采用更完善的参量—响度级来表征其变化。

关于城市绿化降噪的专著最近出版(2006 年) [38]，内容还涉及植物学内容，并附有 200 余篇参考文献，也许是该领域目前仅有的参考书。但也有书评[39] 指出了此书结合工程实践尚很欠缺。

7　窗的隔声及通风

外墙设窗后总的隔声效果会下降，尤其在需要开窗通风的季节，隔声效果大受影响。窗扇隔声量取决于玻璃厚度、层数及窗的密闭程度。这方面的实测资料很多。由于节能要求，中空气密性的双层玻璃窗在许多国家早已规定为住宅建筑所必需，如今国内住宅也已开始注意这项节能要求，并进行批量生产。增加玻璃厚度来提高隔声，其效果并不明显，也非经济实用办法。早期的双层玻璃隔声窗的空气层约6mm，就隔热而言最佳空腔为15mm，如再大则因腔内空气对流而降低隔热性能。而且空腔大了要保持气密性的技术难度也增加。所以通常把空腔控制在10mm左右。最近报道的资料[40]表明，日本Sekisui公司开发的一种新型叠层玻璃——SAF膜(S型acoustic film)，可以大大改变它的阻尼特性，也比目前常用的PVC膜胶合玻璃的阻尼要大得多(见图7)，从而在吻合效应的临界频率附近的隔声性能大大提高(见图8)。日本和美国已批量生产和应用。

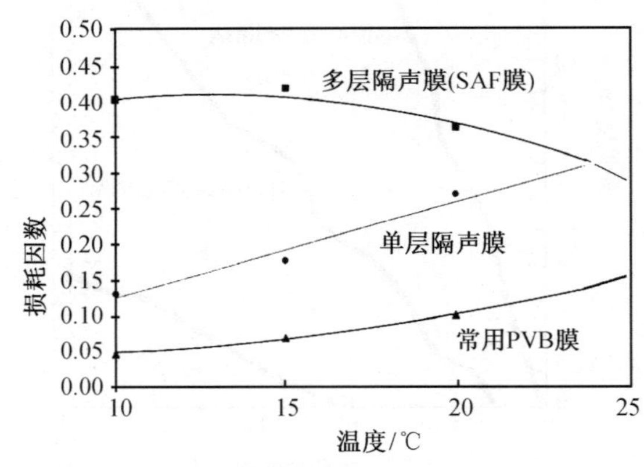

图7　叠层玻璃的内部阻尼(2000至4000Hz)

对于全年采用空调的办公楼可以做成全封闭的玻璃幕墙，隔声问题容易处理。对住宅来说，开窗通风是健康型建筑的必需。但要兼顾隔声和通风有矛盾。过去有人做过尝试，甚至加装一台微型轴流风机以加强通风效果。终因设计不够成熟而夭折。最近国内新设计的一种自然通风消声窗，据报道[41]有近10dBA左右的降噪作用(这里指室内在窗全开和使用通风消声窗的对比，不是窗本身的隔声量)，并在上海闵行区千余户居民住宅中安装。这一成果有望应用在高架道路两侧住宅，对降低室内噪声将比目前那些声屏障会有效得多。国外市场上也有通风消声窗出售[42]，据介绍在通风条件下窗的隔声量达到STC 40-45dB(相当于计权隔声量R_w)，并考虑了双层窗间擦拭清洁的方便。

所有通风消声窗往往只提供隔声性能，没有通风效果的说明或相关资料。如果因通风换气不畅，达不到一定的舒适感要求，必将影响它的应用推广。而通风效果尚缺乏科学指标，例如采用自然换气率来表征，则还需对测试环境加以规范化，不仅为了创造互比条件，亦为与舒适感取得联系所必需。这是设计、生产部门应及时考虑的。

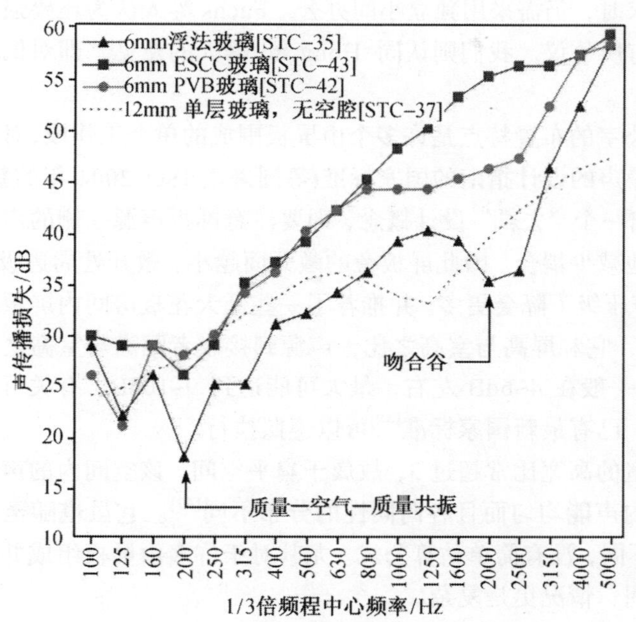

图 8 不同玻璃双层窗(空腔 12mm)的隔声量

8 大空间敞开式办公室的私密性

大空间敞开式办公室在国外流行了数十年，美国目前几乎有一半的白领在此条件下工作。我国亦已普遍采用。在这里办公的最大问题是如何保证有良好私密性和提高工作效率。其主要传声途径是：通过屏板直接透射，来自平顶的反射，屏板顶端的衍射以及室内混响语声。

Bradley 最近(2003)[44] 总结了北美地区大空间办公室的经验，从办公私密性要求出发，提出最有影响的设计参数及推荐值：平顶吸声(α=0.90)，半高屏板高度(h'=1.7m)及吸声(α=0.90)，办公工段尺寸(3m×3m)。其他要求如屏板隔声 $R_w \geqslant$ 20dB，屏板吸声 α=0.90。至于地面吸声与否则无关紧要。铺上地毯主要可消除行走噪声。要达到最佳使用效果，还必须具备最佳掩蔽噪声谱和声级(45dB)。一项很重要的成规是要求在此工作的人都压低嗓门讲话，保证语言清晰度指数 *SII* $\ngtr$ 0.2，如用常规讲话嗓门的 *SII* 将达到 0.4，引起的干扰就太大了。

Hongisto 等[45]调查了北欧芬兰的 30 处大空间敞开式办公室，研究结果表明最大干扰源也是讲话声，它最易引起分心而影响工作效率。也就是说，提高各工段小空间内语言私密性最为重要。除建筑措施外，掩蔽噪声也起重要作用。它包括来自空调系统、办公设备和其他人工掩蔽噪声系统。并由快速语音传递指数 RASTI 来确定言语噪声比，来改进大空间敞开式办公室的声环境质量。他们还确信对言语私密性有较高要求时，仍需采用独立小间办公。Fuchs 等人认为还要强调对低频噪声的控制，对此有所争议。我们则认同 Hongisto 等人的意见，即对低频不必作太多考虑[46]。

敞开式办公室的布置特点是许多个由屏板围成的单个工作段，对于如何利用屏板控制办公室噪声的设计指南的国家标准(等同采用 ISO 2004 年的新标准[47])即将发布。其中提出一个“去耦”设计概念，即要注意屏板声源一侧的声场与房间其他域的声场局部地减少耦合。因此屏板旁的敞开面越小，敞开处周边吸声越大，则去耦更有效，即声压级下降会更多。并推荐了一些低天花板房间内屏板插入声压级差 D_p 设计经验值，它和屏高与室高之比，声源到接收者距离与室高之比有关。使插入声压级差 D_p 一般在 4~6dB 左右，最大可能达到 9~10dB。有关可移动屏板声衰减的现场测量，已有最新国家标准[48]可以遵照执行。

这类办公室的高宽比常超过 3，故属于扁平空间。该空间内的声场分布显然与“赛宾”空间内声能均匀而且各向同性的分布不同[49]。它虽也随至声源的距离衰减，其规律则不同，没有简单估算公式。尤其对于许多由屏板组成并有家具布置的工作段的大空间，情况更是复杂。

9　结束语

一个世纪来建筑隔声研究的中心一直在欧洲，北美、日、韩在应用方面也做了不少工作，都值得我们关注。建筑隔声有地域特点(经济和生活条件以及建筑构造、材料等方面)，因此我们还须为解决国内建设中所提出的种种问题，积极开展自己的研究工作很有必要。

参 考 文 献

[1] 声学—建筑和建筑构件隔声量. GB/T 19889-2005.

[2] 王季卿. 建筑构件空气声隔声测量新标准. 噪声与振动控制, 2007, 27(2): 97-102.

[3] 建筑隔声评价标准. GB/T 50121-2005.

[4] Gerretsen E. Predicting the sound reduction of building elements from material data. Building Acoustics, 1999, 6(3/4): 225-234.

[5] Estimation of acoustic performance of buildings from the performance of elements. ISO 15712.

[6] Scholl W, Weber L. Einfluss der Lochung auf die Schalldammung und Schall- Langsdammung von Mauer- steinen. Bauphysik, 1998, 2: 49-54.

[7] Fringuellino M, Smith R S. Sound transmission through hoolow brick walls, Building

Acoustics, 1999, 6(3/4): 211-224.

[8] Sutherland L, et al. Exterior wall rating (EWR), a single number index for rating the sound TL of A-weighted sound levels for exterior facades, 1986, 11: 8-12.

[9] Tocci G C. A comparison of STC and EWR for rating glazing noise reduction. J. Sound & Vibr., 1987, 21: 32-37.

[10] 王季卿. 提高轻板隔墙隔声性能的实验研究. 同济大学学报, 1981, 2: 79-91.

[11] 顾樯国, 王季卿. 弹性联接对钢龙骨轻板隔墙隔声性能的影响. 声学学报, 1983, 8(1): 87-91.

[12] Stanley D, Gatland H. Lightweight partition design for residential and commercial buildings. J. Sound & Vibr., 2005, 39(12): 12-17.

[13] Hongisto V. Sound insulation of double panels: Comparison of existing prediction methods. Acustica united with Acta Acustica, 2006, 92: 61-78.

[14] Davy J L. Predicting the sound insulation of stud walls. Proc. Inter-Noise 1991, 91(1): 251-254.

[15] Wang J Q, Gu Q G. Performance of sound transmission loss of metal stud lightweight panel partition. Proc. Inter-Noise, 1982: 475-478.

[16] Chazot J D, Guyader J L. Prediction of transmission of double panels with a patch-mobility method. J. Acoust. Soc. Amer., 2007, 121(1): 267-278.

[17] Olynyk D, Northwood T D. Subjective judgements of footstep-noise transmission through floors. J. Acoust. Soc. Amer., 1965, 37: 1035-1039.

[18] Watters B G. Impact-noise characteristics of female hard-heeled foot traffic. J. Acoust. Soc. Amer., 1965, 37: 619-630.

[19] Tachibana H, Tanaka H. Development of a heavy and soft impact source for the assessment of floor impact sound of building. J. Acoust. Soc. Amer, 1996, 100(pt2): 2768.

[20] Shi W, Johnson C, et al. An investigation of the characteristics of impact sound sources for impact insulation measurement. Appl. Acoust., 1997, 51: 85-108.

[21] Jeon J Y, et al. Evaluation of floor impact sound insulation in RC buildings. Acustica, 2004, 90: 313-318.

[22] Jeon J Y, et al. Review of the impact ball in evaluating floor impact sound. Acustica united with Acta Acustica, 2006, 92: 777-786.

[23] Warnock A. Low frequency sound rating of floor systems. Proc. Noise Contr. Eng. 2000: 2611.

[24] Scholl W. Impact sound insulation: The standard tapping machine shall learn to walk. Building Acoustics, 2001, 8: 245-256.

[25] 王季卿. 住宅隔声进展. 同济大学学报, 1979, (1): 1-19.

[26] 王季卿. 框架轻板住宅的现场隔声测量. 第三届全国建筑物理学术会议论文集, 1978.

[27] Gerretsen E. Calculation of airborne and impact sound insulation between dwellings. Appl. Acoust., 1986, 19: 245-264.

[28] Gerretsen E. European developments in prediction models for building acoustics. Acta Acustica, 1994, 2: 205-214.

[29] Ekici I, Bougdah H. A review of research on environmental noise barriers. Building Acoust., 2003, 10: 289-323.

[30] 王季卿. 高架道路声屏障的设计与实效. 噪声与振动控制, 2001, 6: 7-13.

[31] 王庭佛, 徐剑. 路全封闭声屏障的首次实践. 第十届全国噪声与振动控制工程学术会议论文集, 2005: 254-258.

[32] 王季卿: 上海城市高架道路声屏障实效综议. 噪声与振动控制, 2007, 27: 388-393.

[33] Feng C F, Ling D L. Investigation of the noise reduction provided by tree belts. Landscape Urban Panning, 2003, 63: 187-195.

[34] Martens M J M. Foliage as a low-pass filter: experiments with model forests in anechoic chamber. J. Acoust. Soc. Amer., 1980, 67: 66-72.

[35] Yamada S, et al. Noise reduction with vegetation. Inter-Noise, 1977, B: 599-606.

[36] Mulligan B E, et al. Enchancement and masking of loudness by environmental factors. Environ. Behavor, 1987, 19: 411-443.

[37] Watts G, Godfrey L. The effects of vegetation on the perception of traffic noise. Appl. Acoust., 1999, 56: 39-56.

[38] Bucur V. Urban forest Acoustics. Springer, 2006.

[39] Pierucci M. Reviewed on urban forest acoustics. Phys. Today, 2007, 60(2): 66.

[40] Lilly J G. Recent advances in acoustical glazing. J. Sound & Vibr. 2004, 38(2): 8-13.

[41] 苏克堡, 吕玉恒, 郁慧琴. 自然通风消声窗的设计与应用. 第十届全国噪声与振动控制工程学术会议论文集, 2005: 259-265.

[42] http://na. rehau. com/construction/windows…doors/tilt-turn. windows. Shtml.

[43] 王佐民, 俞悟周, 蔺磊. 通风隔声窗声学性的传递矩阵法分析. 声学技术, 2007, 26(2): 277-281.

[44] Bradley J S. The acoustical design of conventional open plan offices. Canadian Acoustics, 2003, 23(2): 23-31.

[45] Hongisto V, et al. Simple model for the acoustical design of open-plan offices. Acustica united with Acta Acustica, 2004, 90: 481-495.

[46] Fuchs H. 对 Hongisto 一文的意见及 Hongisto 的答复. Acustica united with Acta Acustica, 2004, 90.

[47] ISO 17624. Acoustics–Guidelines for noise control in offices and workrooms by means of acoustical screens. 2004.

[48] GB/T 19887-2005. 声学–可移动屏板声衰减的现场测量.

[49] Kurze U J. Sound propagation in work spaces. Encyclopedia of Acoustics. John Wiley & Sons, 1997, 95.

建筑声学研究进展

秦佑国

(清华大学建筑系，北京 100084)

1 引言

尽管中国的建筑声学工作者通常都涉及环境声学和噪声控制的研究和工程设计，但建筑声学的领域严格地讲，只限于建筑(通常是民用建筑)隔声和室内声学，前者包括空气声隔声和撞击声隔声，后者包括吸声降噪和室内音质。而且建筑声学主要以工程设计为主要工作内容，是一门应用科学和技术。建筑声学工程尽管有客观的物理量可以测试，但因为最终的接受者是人，结果的评判是人的主观评价，带来了问题的复杂性和不确定性。

近年来，中国的经济发展迅速，建筑规模和数量空前。住房制度的改变、观演建筑的普遍、建筑标准诉求的提高、建筑材料和结构的变化等等都对建筑声学的需求和发展既带来了巨大的机遇，也带来新的问题和挑战。

2 建筑隔声

中国的城市居民在可以预见的未来，仍然要住在多层和高层的集合住宅内，住户间分户墙的空气声隔声和分户楼板的撞击声隔声、外墙上的窗(及阳台门)和单元内的户门的隔声仍然是建筑声学面临的量大面广的问题。

2.1 分户墙空气声隔声

分户墙空气声隔声首先遇到的问题是隔声标准问题，《民用建筑隔声设计规范》(GBJ118-88)规定了住宅分户墙隔声分为三级：一级(较高标准)R_w=50dB，二级(一般标准)R_w=45dB，三级(最低限)R_w=40dB。实际反应 R_w=40dB 的分户墙难以满足住户的要求，在住房商品化取代了计划分房，住户要求提高和家庭音响设备普及的情况下，住宅分户墙隔声标准取消三级标准 R_w=40dB 的诉求，从住户利益出发被提上议事日程。目前，《民用建筑隔声设计规范》(GBJ118-88)正在修订之中，相应于隔声标准提高的提议，也有对住宅室内噪声级取消三级标准(最低限)：白天50dB，夜间 40dB 的提议。

但建筑材料和建筑结构的改革(即所谓“墙改”)，实心黏土砖墙的禁用，轻质墙材的推广，加之建筑师、施工单位和开发商的“疏忽”，使得不少商品住宅的分户墙隔声甚至低于 40dB。尽管轻质隔墙的隔声国内从 20 世纪 70 年代就已开始研究，但单一材料的单层墙服从“质量定律”，无法取得既要墙轻又要墙隔声好的结果，复合墙体可以突破“质量定律”，内填岩棉的轻钢龙骨纸面石膏板墙(两侧各两层板)可以做到墙既轻隔声又好的结果，但纸面石膏板的强度低，只能被用于办公楼、旅馆客房等公用建筑中，而不能在住宅中应用。看来，不能为了减轻墙体重量(墙改要求)而置墙的隔声性能于不顾，住宅分户墙还是以重墙为宜(不用实心黏土砖的重墙)，瑞典规定集合住宅分户墙必须是不薄于 25cm 的混凝土墙，就是为了保证其隔声性能。住宅设计时，把分户墙和结构承重墙结合起来，使承重墙即是分户墙，可以一举两得。如果分户墙是填充墙，并不得不采用轻墙，那就要采用双层墙或复合墙，保证其隔声达到标准要求。

在空气声隔声评价问题上，当年(20 世纪 30 年代)制定隔声评价曲线主要考虑实心砖墙的隔声性能，没有考虑噪声源的特征，作为主要隔绝住户间生活噪声的分户墙和主要隔绝室外环境噪声尤其是交通噪声的外墙评价曲线是相同的。根据近来的研究，参照 ISO 相关标准，中国国家标准 GB/T50121-2005《建筑隔声评价标准》(2005 年 10 月 1 日起实施)引入了两类噪声源的频谱修正量 C 和 C_{tr}，前者考虑中高频成分较多的生活噪声，后者考虑中低频成分较多的交通噪声。

墙隔声的预测计算，尽管从单层匀质墙的质量定律公式，到用统计能量分析(SEA)法计算复合墙体隔声，发展出许多方法，但墙体隔声作为一个实用性问题，和构筑一堵实际的墙的费用并不高的原因，墙体隔声研究仍然以实验研究为主。如何在实验室测试值与建筑中实际墙隔声性能之间确定对应关系，如何估计实际建筑中侧向传声的影响，是可以研究的问题。但因为问题的复杂性，在隔声设计中，往往采用实验室数据降低 5dB 作为设计余量的方法来处理。

2.2　楼板撞击声隔声

楼板撞击声隔声问题首先碰到的是评价量(指标)，现行的方法是以 ISO 标准规定的“标准打击器”撞击楼板表面，在楼板下房间中测量噪声级的大小。对这种方法，早就有不同看法，一些国家如日本、韩国根据本国民众生活方式的特点采用另外的冲(打)击楼板的方式；一些欧美学者也进行过对打击器改进的研究，ISO TC43 建筑声学专业委员会在 20 世纪 70 年代成立了专题工作组，经过近十年的探讨，终因找不到满意的替代方法而解散。尽管大家都意识到目前采用的标准打击器存在种种问题，但一方面还没有提出更好的方法取代它，另一方面这种方法已经使用多年，在此基础上形成的大量的资料和信息积累难以和新方法对接，所以目前仍然维持标准打击器的测试和评价方法。

基于和住宅分户墙空气声相同的社会背景和时代因素，《民用建筑隔声设计规范》(GBJ118-88)在目前的修订中，取消了原规范中住宅分户楼板撞击声“等外级”的标准：L_{pnw}≤85dB；一级(L_{pnw}≤65dB)和二级(L_{pnw}≤75dB)标准不变。

在中国多层和高层集合住宅楼内，分户楼板通常是钢筋混凝土楼板，无论是现浇板还是预制圆孔空心板，如果楼地面做刚性铺装，如瓷砖、石(板)材、水磨石等，还难以满足二级标准；如做木地板或铺薄地毯，一般可达二级标准，但尚达不到一级标准；如铺较厚地毯，可以达到一级标准，但中国的情况不同于欧美，住户不愿在住宅中满铺或大面积铺设地毯，即使一些非常富有的家庭。

浮筑楼面(即在结构楼板和楼地面铺装层之间设置弹性垫层)是一种有效的解决办法，目前在住宅中采用的通常做法是，在结构楼板上铺设玻璃棉板(厚度 15mm 左右)作为弹性垫层，在其上再浇筑 40~50mm 厚配有钢筋网的细石混凝土，交付用户再行做地面铺装。弹性垫层的材料也不限于玻璃棉板，有用岩棉板、聚酯泡沫材料、再生橡胶、尼龙丝垫等。浮筑楼面做法，撞击声隔声效果很好，增加的造价与商品房的房价相比占的比例很小，但要增加 60~70mm 的楼层层高。

2.3 窗的隔声

住宅对室外环境噪声的防护是建筑外围护结构的隔声。外围护结构中墙体和屋盖的隔声通常较好，但窗子是薄弱环节，窗子的隔声低于墙体，更何况窗子常常要打开，用以房间的自然通风，打开窗子，室外噪声自然也就传入室内，再者窗子还有采光和视线通透的功能。所以对窗子进行防噪设计和采取技术措施，必须考虑窗子的通风、采光和视线功能。

因为近年来建筑节能的要求和窗子制造工艺与材料的改进，窗子玻璃的隔声性能随着其保温性能的改进而提高，窗子的密闭性能也是如此。所以，通常把窗子关闭，即可使传入室内的环境噪声降低到满足标准要求。我国对窗子(作为产品)的热工性能和隔声性能制定了测试规范和标准要求，并在《民用建筑隔声设计规范》中对外墙上的窗(包括阳台门)规定了隔声标准。

窗子隔声的问题在于开窗通风与隔声的矛盾。把窗子关上，用机械通风器通风或采用室内空调新风系统，严格讲已不属于建筑声学范畴。在窗子本身上解决通风和隔声的矛盾，有过一些探索，20 世纪 80 年代国内有单位研制一种“通风隔声窗”，系采用消声百叶的做法，通风没有问题，降噪量因为窗厚度局限，只有 5~7dB 的增加(与开窗相比)，而且降低采光、阻挡视线，难以适用。后来清华大学建筑物理实验室试验了“双层窗交错开启”，在间距 10~15cm 的两层窗子上，内外的开启扇不在相同部位，例如，外窗开启右(或上)侧扇，内窗开启左(或下)侧扇，即“交错开启”，使室外噪声通过曲折的空气通路传入室内，比直接从开启窗口传入有

8~10dB 的降低。室内外空气也通过此曲折通路联通，用以室内通风。此方法在现场试验，重点是夏天的热舒适测试和住户对通风的主观反映，测试和调查反映居民可以接受。2000 年在深圳一高速公路旁的十栋高层住宅中采用此方法，获得成功。随后有多家门窗制造厂家，按照此原理推出“通风隔声窗”产品。至于声称有 20dB 降噪量，是把室外噪声通过开着的窗传入室内就已有 10dB 的衰减也包括在内。

对于住宅以外的民用建筑如学校、医院、旅馆、办公楼等的隔声，因其使用特点不同，在《民用建筑隔声设计规范》中都有各自的隔声标准。但技术措施与住宅大同小异。一些对隔声有特殊要求的建筑，如录音室、播音室、声学实验室等，围护结构需要很高的隔声量，同时也要防止固体传声，通常采用“房中房”的做法，尽管复杂，但目前在技术上可以解决，需要的是技术经济上做方案比较。

2.4 轻型屋盖的雨噪声

近些年来，许多大型公共建筑，如广州体育馆、国家大剧院、奥运会游泳馆(水立方)、北京火车南站等采用轻型屋盖，用金属板、透光的“阳光板”(聚碳酸酯板)、“ETFE 四氟乙烯聚合物”薄膜等做屋面。轻型屋盖在下暴雨时，雨滴撞击屋面，会在建筑室内造成噪声干扰，以致影响室内的正常活动。清华大学建筑学院建筑声学实验室在 2000 年即开始研究，时年国防部某作战模拟演示厅因采用彩钢夹心板屋面，雨噪声影响使用而求助于该实验室；2002 年对国家大剧院钛金属板屋面的雨噪声以及防护进行了研究，2004 年为研究奥运会游泳馆(水立方)屋面雨噪声，搭建了 16m 高的试验塔台。近年来该实验室对雨噪声开展了系统的研究：雨滴(水)撞击屋面产生噪声的机理和影响因素、实际降雨试验与人工模拟试验的比较、测试方法和评价方法及评价指标、减低雨噪声的技术措施等。国际上，从 20 世纪 90 年代中期开始，一些研究机构对雨噪声的模拟试验和测试规范进行了研究，一些屋面材料和工程公司进行了雨噪声降噪技术研究。2002 年 11 月美国、澳大利亚、英国、德国等国家联合向 ISO 提交了雨噪声实验室测量标准草案(ISO140-18/CD)。2004 年英国建筑研究中心(BRE)按照该草案，对 ETFE、聚碳酸酯板、玻璃等进行了系统的雨噪声试验测量。

3 室内声学

建筑声学另一个研究对象是建筑空间内的声音传输：声音从室内的声源发出，在建筑空间中传播，并受到房间界面的吸收和反射，接受者既接收到由声源发出的直达声，也接收到房间界面的反射声。如果声源发出的声音对接收者而言是不需要的和有干扰的(如机器噪声和不想听的人声)，则需要加以减弱，这就是吸声减噪问题；如果声源发出的声音是接收者需要听闻的声音(如语言、音乐)则要求听得清楚和感到动听，这就是室内音质问题。室内声学问题首先涉及室内声场的物理方面和从声源到接收者的声音传输问题，再有是作为接收者的人对室内声场中的声音(直达声与反射声共同存在)的感知和审美问题。

3.1 吸声降噪

吸声降噪主要是一个工程问题，目标是降低室内噪声级。如果不计经济成本和材料使用效率，房间界面的吸声做得越多，噪声级降得越低，这是一个单向问题。这就使得吸声降噪问题，通常不需要对室内声场的物理方面做详细的和精确的分析，白瑞奈克提出的室内稳态声压级公式一般情况下以敷应用，而现场情况的实际分析和工程实践经验倒是十分重要的，如何与建筑空间、室内装修、房间功能、工作(艺)流程等现场实际情况结合，往往是设计考虑的主要因素，也是工程成败的关键。

新型吸声材料和构件的研制和开发，尽管并非完全是建筑声学的范畴，但吸声材料与构件的使用是建筑声学设计的重要内容。由马大猷先生首创的微穿孔板吸声结构，是吸声材料的历史性突破，近年来，复合微穿孔结构、微穿孔薄膜等的问世，表示微穿孔吸声结构还在发展。更好地满足建筑要求(防火、防水、防潮、防霉、防尘、变形小、强度高、外观美)的吸声材料和构件不断为厂家推出。

对于建筑物的公共空间，如门厅、大厅、中庭、餐厅、营业厅、走廊、通道等，建筑师近年来越来越摆脱过去只顾外观装饰效果而忽视声环境的设计手法，意识到布置吸声以降低公共空间噪声级的重要。随着开敞式办公室在国内高档写字楼建筑中的普遍出现，开敞式办公室声环境在中国从研究(清华大学 1990 年开始)走向实际工程设计。开敞式办公室的声环境要求办公人员各自打电话、接待客户和使用办公机器时，工位之间不产生干扰，并保证私密性。声学设计主要包括：吸声设计，顶棚吸声以减少顶棚将一个工位的声音反射到其他工位，地面处理以减少人员走动时的脚步声；隔声屏设计，每个工位都围以隔板，既是用以遮挡视线，也是隔声屏障，隔板表面宜布置为吸声表面，隔板高度虽然越高隔声越好，但通常高度是以人站起来可以通视，坐下来遮挡视线来确定的；空调噪声控制，空调噪声是稳定的连续谱背景噪声，如果空调背景噪声太低，反而使办公人员工位间的干扰声(电话声、谈话声)凸显出来，引起干扰，尤其是私密性难以保证，保持空调背景噪声在一定水平(如 50dBA)，可以对工位间的干扰声(电话声、谈话声)起到掩蔽作用，减少干扰，保证私密性，当然空调噪声也不能太高，引起办公人员的烦恼。

3.2 室内声场理论研究

室内声场(封闭空间内的声场)研究是建筑声学乃至理论声学的经典课题。马大猷先生从青年时代(1930 年代)在房间简正频率研究方面作出举世瞩目的成果以来，一直孜孜不倦地在这块土地上耕耘，20 世纪 90 年代，连续发表“室内声场公式”(1989)、“室内有源噪声控制”(1993)、“室内稳态声场”(1994)的论文，进入 21 世纪，以 90 高龄发表论文继续探讨：“复议室内稳态声场公式”(2002)，“只有数学，缺少物理——莫尔斯室内受迫振动理论”(2004)。马先生指出几十年来奉为经典的室内声场莫尔斯简正波理论是错误的，只是从数学上满足波动方程和边界条件，得出只是简正波系列，而缺乏直达声，这与物理事实不符。马先生考虑室内声源(辐射球面波)和房间边界的反射与散射，提出“双声源”理论，求得了包括直达声在内的室内声场的严格理论和正确结果。近似结果与白瑞奈克统计声学的声场稳态公式基本符合。

3.3 厅堂音质

现代建筑声学(室内音质)在 19 世纪末从赛宾的工作开始，经过了一百多年的时间，有了很大的发展，已经能够在相当的程度上指导厅堂的声学设计。在过去这 100 年中，众多的声学家们对于厅堂声学的各方面的问题用各种方法进行了研究。虽然当今厅堂声学比起 19 世纪已经有了很大进步，但是在很多方面仍然疑云重重，不能完全为人们所掌握，从而厅堂的声学设计在很大程度上仍要依靠经验，甚至要“碰运气”。

厅堂音质与其说是科学，不如说是艺术，“architectural acoustics as an art”(AAAAA)。可以用三件事来说明。一是“轰动一时的失败”，1960 年代，著名美国建筑声学家白瑞纳克有两件事轰动国际建筑声学界：1962 年出版了一部巨著：《Music, Acoustics and Architecture》，至今仍奉为经典；而以他为声学顾问的纽约菲哈莫尼音乐厅建成后，其音质很差，成为轰动一时的失败。二是，目前最好的音乐厅都是近代声学发展以前建成的，如维也纳音乐厅建成于 1870 年，近代声学研究了 100 年，却没有建成一座音质超过以往的音乐厅。三是，音乐厅不能复制，不能在全世界各大城市都去复制一个维也纳音乐厅，让那里的人也能“享受美妙的音质”，业主不会去要求，公众不会去要求，建筑师也不会去设计。

1966 年，德国哥廷根大学的希罗德(Schroeder)写了一篇名为“建筑声学”的文章，将音乐厅音质要解决的问题分为三个方面：物理的、心理声学的和美学的。他这样描述这三个方面的问题：

(1) 问题的物理方面可用一句话表示，就是“给定了形状和墙壁材料已知的房间，声波在里面是怎么传播的？”

(2) 问题的心理声学方面也可用一句话表示，即“给定了已知的声场，我们听到了什么？”

(3) 最后，美学或优选提出的问题是，“给定了一个已知的声场和要听的内容的全部信息，人们喜欢听什么样的音质？”

至今40年过去了，厅堂音质仍然围绕这三个方面进行，取得了一些研究成果，但没有太大的突破；但因为计算机技术的突飞猛进，模拟和试验手段有了极大的改进，开始是硬件跟不上软件的需要，而后来是硬件发展很快，现在是软件(不是指程序编制，而是理论和模型)需要突破。

1. 物理方面的问题

关于第一个问题物理方面，实际就是室内声场问题，但在厅堂音质中，面对的是复杂的空间形状和复杂的界面特性，百年来的研究轨迹可以用表1表示。

表 1

几何声学(及统计声学)	波动声学	系统分析
20世纪前声线作图求反射 1898年赛宾提出混响公式 1911年 Jaeger 用几何声学的统计方法导出赛宾公式 1920-30年导出伊林公式	1900年，Rayleigh，刚性界面矩形房间简正振动及简正频率数公式 1929~1930年，Schuster 和 Waetzmann，混响由简正模式的衰变构成 1936年，均匀阻尼界面矩形房间的简正模式及衰变的解 1938~1939年，马大猷对简正频率数公式的修正和给出均匀阻尼界面矩形房间的混响解	1929年，在厅堂内开枪诊断回声 1935年，房间声频率传递函数提出 40年代用电火花作声源测回声图 50年代房间声频率传递函数的研究 60年代厅堂脉冲响应研究
基于几何声学的计算机模拟	有限差分、有限元、边界元法的计算机求解	数字信号处理：FFT、相关分析、MLS信号测量脉冲响应

在20世纪之前的漫长的厅堂声学的发展历史中，基本上都把声音看作声线或粒子的直线传播，而采用几何分析和统计的方法来进行研究。虽然在20世纪30年代，波动声学曾一度对几何声学提出质疑甚至要推翻它，但是到了40年代，当波动声学挣扎于如何简化以提供实际的应用时，被其认为“很不严密”的几何声学依然继续在厅堂音质设计实践中被广泛地应用。

但是，声音本质是一种波动现象，波动理论的研究揭示了许多几何声学无法揭示的室内声场的特性。然而到了40年代，波动理论的研究就基本上走到了尽头，均匀界面矩形房间中的声场已经可以比较准确地计算，但在向更一般的情况扩展时，遇到了几乎无法克服的困难。至多只能提出形式解。虽然有人做了进一步的研究，但多是采用统计方法进行的，和波动声学寻求严密准确的解的初衷有所偏离。

波动声学方法在室内声学研究中遇到的这种困境的原因在于，在边界条件下求解波动方程的方法只能在非常理想的情况下(规则的房间形状和简单的界面特性)才有解析解。而对于一般的房间，界面的形状由于房间形状和其中的家具的原因，是非常不规则的，界面的声学特性也是不均匀的，从而房间形状和边界条件无法精确地用数学公式表示，即使近似地表示出来，也是很难甚至是不可能求得解析解的。因此，应用波动理论只能得出近似的或定性的结果，实践中直接把波动理论应用于厅堂音质设计几乎是不可能的。

20 世纪 30 年信号处理与系统分析首先在电讯领域产生，1935 年贝尔实验室的 Wente 最先将传输系统的概念引入室内声学，他在题为“房间的声传输特性”的论文写道：“在室内声学的研究中，就像在电路传输工程中，我们主要对于两点之间的信号传输感兴趣。”

系统传输特性分析不考虑系统内部的结构细节，把其看作一个“黑箱”，只通过其输入(激励)和输出(响应)来分析研究系统的传输特性。这种方法应用到厅堂声学中，正好避开室内声场波动问题的复杂性，通过直接的测量声源信号和接收点的接收信号，来获取声场特性，重点放在测量技术及结果分析。

起初，Wente 建议用测量房间中两点之间的稳态频率传输曲线(即频率传递函数)来考察房间音质，并发现测得的曲线的不规则性与房间的吸声量有关。此后，一些研究者对稳态频率传输曲线起伏特征：起伏大小、频带中峰的数目、峰的频率间隔等拟定了一些评价参数，想以此来评价房间的音质。1950 年代柏林技术大学的克莱默和他的三个学生，通过 19 个大小不等的房间的试验测量和理论分析，得出房间稳态频率传输曲线起伏特征和房间混响时间相关，稳态频率传输函数不会比混响时间给出更多的房间声场信息，三个学生之一的希罗德(Schroeder)1962 年在 J.A.S.A 上发文，对此问题做了理论的回答。

脉冲信号用于厅堂声场测量，起初是为了发现回声，也可以用于验证几何声学的声线反射(前次反射)。20 世纪三、四十年代，测量“回声图”并用它来分析反射声时间分布的方法被广泛地应用于声学模型及实际厅堂中。随着系统传输方法的引入和电火花脉冲声源的发明应用，室内声场的脉冲响应的概念和测量应运而生。1965 年，Schroeder 提出用“脉冲积分法”测量混响时间，他所用的已经是真正波动声学意义上的脉冲响应概念了。70 年代，在哥廷根的实验室中，Schroeder 和他的同事们用 MLS 为声源测量脉冲响应，这种方法可以比较可靠地得到脉冲响应曲线。由于脉冲响应测量技术的进步，脉冲响应在厅堂声学中的应用范围逐渐扩展，从测得的脉冲响应中，可以得出所有的声场参数，甚至声场的方向分布也可以从双耳脉冲响应中得到。

随着计算机技术的发展，几何声学的应用更加得到发扬光大。首先是建立在几何反射定律下声线跟踪法，然后是能为指定接收点提供反射声线的虚声源法；从界面作几何反射，到考虑界面服从朗伯定律的扩散反射；声源发出的，从没有“粗细”的一根根分离的声线，到占据一定空间角的锥体；还有用虚声源法求出低阶(近次)反射声(高阶反射非虚声源法之所能)，再加上一个用声线跟踪法经过统计处理的“混响尾巴”等。目前，已开发出各种室内声场模拟的商业软件，声称可以得出要设计的厅堂的声场脉冲响应，甚至用此脉冲响应和“干”音乐卷积，可以让人身临其境聆听未来厅堂的音质效果，即所谓的“可听化”模拟技术。对建立在几何声学基础上的计算机模拟，说到具有如此的本领，恐怕已经是商业宣传了。室内声场本质是一个波动声学问题，用几何声学来研究，就已决定了大前提的误差，具体方法上的“改进”和计算精度的“提高”是无济于事的。几何声学对前次反射声分布(时间和空间分布)的确定是有效的，但认为脉冲响应是一根根反射来的声线，就是错误的理解了，室内声场的脉冲响应本质依然是波动声学问题，一个时域上的单位脉冲函数，在频率域上是一个广谱的白噪声，它可以在很宽的频带(理论上是全频带)上激发起房间的简正振动。拿用几何声学模拟得到的“反射声序列”当成厅堂的脉冲响应，是搞错了！

计算机的高速度和大存储容量使得以前在理论上已经提出的声场波动理论的近似解法得以实现并得到发展，常用的是有限差分法、有限元法和边界元法，这些方法因为计算机的应用可以在一定精度范围内求得波动方程离散的数值解。这对小尺度的声学器件和小房间是有用的，但对于厅堂这样的大房间，简正频率密度达到每 Hz 有几个甚至几十个简正频率，把它们一一计算出来有什么意义呢？厅堂音质的最终接收者是人，人耳对声音的频率、强度、时差等的分辨率和听闻心理的模糊性，不需要如此的“精确”。面对如此多的计算结果的数据，还是要回到统计处理上去，并不比经典统计声学有多大提高。何况，用以计算的初始数据(形状、尺寸、界面声学特性等)和实际情况的误差，就足以改变具体的计算结果的数值。(当然其统计特性并没有太大的不同)。所以，在厅堂中，企图“准确”计算(哪怕用大型计算机，用各种数值方法计算)简正模式，求解波动方程，既是浩大的计算量，也是没有什么价值的。依然还是回到统计的方法。

数字信号处理技术的发展，如快速傅里叶变换 FFT、相关分析、MLS 信号测量脉冲响应等，为室内声学测量分析和声场模拟提供了快速便捷的工具。

2. 生理和心理声学方面

厅堂声学领域中最重要的转变发生在 20 世纪 50 年代，在计算机技术尚未快速和普及发展之前，声场物理问题研究难以进展的同时，研究的重心从客观物理声场转向主观听觉。人们意识到，对于厅堂音质的诸多问题，要找的答案与人耳处理声学信息的方式有关。这样，厅堂声学就超出了纯粹物理学的范围，进入了生理和心理声学的领域。换句话说，客观声场与主观听觉的关系成为研究的核心问题。

这方面的研究以 1951 年的 Hass 效应为开始。以下是厅堂音质生理和心理声学研究的时间表：

1854 年，Henry 研究了反射声的“感知极限”为 50ms；

1898 年，赛宾(Sabine)提出混响时间 T；

1951 年，Hass 效应；

1953 年，Thiele 提出清晰度(definition)D，定义为 50ms 前到达的声能/全部到达的声能；

1962 年，Beranek 出版《Music Acoustics and Architecture》，提出初始延迟间隙(initial-time-delay gap)：第一个反射声相对于直达声的延迟时间，与亲切感(intimacy)有关；

1967 年，Marshall 提出侧向反射声对音质的重要性；

1968 年，Barron 提出空间感的客观量度 S，定义为早期(5~80ms)侧向反射声能/早期(0~80ms)非侧向反射声能；

1970 年，Jordan 提出“早期衰减时间”EDT；1974 年，Abdel Alim 提出明晰度(clarity)C，用于音乐的清晰度，定义 80ms 前到达的声能/ 80ms 后到达的声能；

1976 年，Lehmann 提出强度指数 G 作为厅堂中响度的度量，定义为接收点接收到的声能/参考点接受到的声能(dB)；

1967~1985，Damaske、Schroeder、Ando 等研究双耳听闻；

1985 年，安藤四一(Ando)提出双耳互相关系数 IACC。

3. 音质主观评价

一个厅堂其音质的客观参量可以通过声学测量获得，但音质优劣的最终评价决定于听众的主观感受。一个公认为音质优异的厅堂，肯定具有最佳的客观声学参量；然而一个具备各项最佳(设计取值)客观声学参量的厅堂，却不一定会被公认为是音质优异的大厅。原因在于音质的主观评价是多种因素综合评价的结果。首先当然与客观声学参量有关，但还与厅堂的视觉效果、舒适程度、所处的环境、演唱(奏)曲目的类别以及评价者的素质、音乐修养、民族、爱好、年龄等诸多因素有关，从而使主观评价带有一定的模糊性。因此，采取何种方法能较确切地评价厅堂的音质效果，是声学设计中的一项尚待解决的课题。

Beranek 对厅堂音质评价进行研究，1962 年提出了认为是独立的五个主观参量：响度、混响感、亲切感、温暖感和环绕感，并提出相对应的客观量。在对一个厅堂进行评价时，先对于各个指标进行评分，最后加权得到厅堂音质的总分。这一方法的最大问题是加权的根据不足。

20 世纪 70 年代，德国哥廷根大学、柏林技术大学运用现代心理学的实验方法和多变量分析中的因子分析方法进行了厅堂音质研究工作。哥廷根大学利用录制的

“干”信号在厅堂中重放，并在厅堂中不同坐席上用人工头进行双耳录音。用录制的信号在消声室内做听音试验，通过成对比较，提出了厅堂音质的三个参量：混响时间(RT)，明晰度(C)和双耳听闻互相关(IACC)。在听音试验中总声压级不定，故这些参量中没有涉及响度。

柏林技术大学则采取不同的方法，即听音材料是柏林爱乐交响乐团在6个厅中的演奏录音。听音试验是通过耳机进行的，并要求听音者对各个主观指标评分，经因子分析后得出独立的参量：响度(强度指数G)、明晰度(C)、低频混响比(BR)。结果显示出在40个听音试验的人中明显地分成两组，一组对响度较敏感，而另一组则对明晰度较敏感。同时还发现混响时间除了对响度有影响外，对音质的关系不敏感，只有在混响时间低于1.7s时才对音质有明显的影响。

安藤四一(Ando)在哥廷根大学通过人工合成声场模拟厅堂中的声场，合成声场中包括直达声和反射声，其中反射声的方向、强度及混响时间是可变的。实验得出决定音乐厅音质的4个独立参量：响度、亲切感、混响、双耳互相关IACC。根据这4个参量，安藤提出了相应的音质评分方法，但由于该方法测量时，声源特性不同和接收点位置稍有偏移，结果影响很大，因此，对应用该方法目前尚有争议。

布朗(Barron)组织20个有经验的音质评价人员，大部分为声学顾问，对英国的11个厅堂进行了现场评价。评价者在厅内不同的位置听音，根据问卷调查对各主观指标作出评价。最后对厅堂总的音质分成7个级别，从“顶级”到“很差”。结果显示5个音质指标，即明晰度、混响感、环绕感、亲切感和响度是相互独立的，而厅堂音质的总印象与混响、环绕感、亲切感的相关性最高。同时，也发现评价人员对于厅堂音质有不同的偏好，一部分倾向于混响感，而另一部分则倾向于亲切感。

1996年Beranek在他的新著《how they sound: concert and opera halls》一书中，总结了厅堂音质过去30年的研究工作及对76个大厅的主观调查评价和实测数据分析后，提出了7个厅堂音质主观评价参量及相关的客观物理量，即响度(G)、混响时间(RT)、明晰度(C)、亲切感(ITDG)、空间感(IACC LF)、温暖感(BR)和舞台支持(STI)，并提出了根据厅堂中实测客观参量值的音质综合评价法。运用这套方法对其中37个厅堂进行了评价，按其音质分成三个档次，其结果与主观调查符合较好，由此提出了各客观量的最佳设计值。这种方法，应该说是至今较为全面、可靠性较大的一种主观评价方法，但测量工作量很大，且有些指标如IACC等能够测试的单位不多，也不够成熟。

2002年日本学者Sato、Sakai和意大利学者Prodi尝试用上述主观评价理论，进行了现场聆听的音质评价试验；2006年Prodi等人采用计算机仿真技术，对具有历史价值的歌剧院的音质进行了研究。

厅堂音质研究一直以演奏西方古典交响乐的音乐厅为主流，但即使在西方，歌剧院同样是重要的观演建筑，其音质研究相对于音乐厅开展的要少得多。歌剧院与音乐厅相比，通常以混响时间较短以适应其有歌词听闻的要求，另一方面有巨大的舞台空间，观众席往往有包厢。所以舞台空间和观众厅空间耦合问题、舞台吸收问题、包厢内听闻问题等是歌剧院音质研究的特别问题。另外，演员在舞台上，乐队在乐池内，舞台和乐池间音质平衡问题的研究成为近年来歌剧院音质研究的新进展。

针对中国音乐、戏剧与语言的特点和中国人的欣赏习惯，研究厅堂音质主观评价，近年来在国内有所开展。在剧院音质设计方面，90 年代针对多功能使用的国情，一些剧院尝试了可调混响的技术设计。进入 21 世纪，追随国家大剧院的建设，各地掀起了建设集歌剧院、音乐厅在一起的“大剧院”的风潮，规模、设施和设备追求高标准、大而无当，但音质设计似乎并不十分看重，也没有什么超越前人的变化。

对于中国传统剧场(戏台、戏场)开始是研究中国戏剧史的学者进行过研究，后来有清华大学罗德胤的博士论文研究和同济大学王季卿自然科学基金项目的研究。

4 声景(soundscape)学

4.1 声景(soundscape)学的缘起

Soundscape(声景)的概念由加拿大音乐家 Schafer 在 20 世纪 60 年代末 70 年代初提出。起初是指“the music of the environment”(环境中的音乐)，即在自然和城乡环境中，从审美角度和文化角度值得欣赏和记忆的声音。他和其研究小组调查了温哥华的“环境中的音乐”，出版了《The Vancouver Soundscape》一书，并在加拿大 CBC Ideas 广播电台开设了“Canada soundscape”的广播节目。1975 年 Schafer 在欧洲巡回作学术报告，并采集了欧洲城市和乡村的 soundscape 样本，出版了《European Sound Diary》和《Five Village Soundscape》，从而把 soundscape 推广到欧洲。正因为 soundscape 主要是指自然环境(包括乡村的田园环境)中的声音，所以又被称为“acoustic ecology”(声音生态学)。1978 年 Barry Truax 出版了《Handbook for Acoustic Ecology》。

随着声景研究在世界各国的推广，同时也随着参与研究的学者的学术背景的不断多样化，声景学的范畴逐渐扩大。例如，有人认为，环境中的声音有美好的，也有噪声，声景研究既要保持好的，也要消除差的，所以环境噪声问题也可以纳入声景(学)范畴。如英国成立的“right to quiet society”(安静权学会)。

日本在 soundscape 研究方面大有后来居上的态势。soundscape 在日本译为“音风景”，1993 年成立了日本 soundscape 研究会，其宗旨是让更多的人关心自己周围存在的声音，进而关心听声音的环境。在重视声音的同时，考察遗存的声音，以及各种声音的历史、环境、文化内涵等。研究会曾会同日本环境厅大气保全局主办了

“评选日本音风景100项”的民众参与活动。日本声景研究开展得很活跃，岩宫真一郎所著《声音生态学》对soundscape进行了较为全面的阐述。

中国(大陆)最早进行soundscape研究的是李国棋，他在留学日本期间，曾在岩宫真一郎的指导下，进行过soundscape的研究。他回国后，作为他博士论文的选题继续开展研究。

4.2 声景学的范畴

尽管soundscape的概念从提出到现在已有30多年，开展研究的国家和学者不断增加，方兴未艾。但是对soundscape的理解和研究范畴的界定并没有统一，这也是必然的。秦佑国在2004年提出从人、声音、环境三者之间的关系，通过与相关传统学科的比较来界定声景学的范畴。

在人-环境关系中，传统的landscape(景观学)，研究人通过视觉感知，对自然环境和人工环境的审美体验，通常不考虑听觉对环境中声音的感知。但人在观看环境景观时，在欣赏风景时，不仅仅是眼睛在看，耳朵也在听。人对环境的审美体验是视觉感知和听觉感知协同完成的。所以，声景学的研究范畴之一就是在传统景观学的人对环境的视觉审美中，如何考虑声音，包括自然声音和人文声音及其听觉感知的作用和影响，它涉及视觉景观与“在场”声音在审美上配合和协同关系的研究，进而在景观规划和设计中进行声景的规划和设计。

在人-声音关系中，传统的生理和心理声学研究人的听觉机理和声音作为一个物理刺激如何引起人的感觉和知觉反应，它以作用于人耳的声音作为起点，不涉及环境，也不涉及声音的文化与审美内容。语言声学和音乐声学则主要研究以声音为媒体传播的信息和音乐美学，也不涉及环境。

但人在倾听声音和欣赏音乐时，其审美感觉并不仅仅取决于听觉的感知，还和“在场”的环境及对其的视觉感知有关，人对声音的审美体验是听觉感知和视觉感知协同完成的。所以，声景学的另一个研究范畴是，研究人与声音的关系中环境的影响，且主要是人以审美目的倾听时，“在场”环境的影响。

在声音-环境关系中，传统的建筑声学以及环境声学主要研究构成环境的物质材料、物质实体和空间的声学特性，和声音以物理声波的方式在环境中的传播，以及声音从声源辐射后传播到接受者(人)处产生的物理特性变化及其引起的人听感的变化。厅堂音质虽然涉及人的听感审美，但只是对声音(即使是音乐)的物理特性的主观感受：响度、丰满、清晰、明亮、环绕等。它不涉及环境的视觉特性(景观)，不涉及声音的文化和美学内容。但在这个充满各种声音的地球上，对环境声音的评价，不只是一个分贝数多高、频谱成分如何的问题，也不只是噪声干扰和环境安静与否的问题，还应包括审美的、人文的评价。

因此，声景学的另一个重要研究范畴是，从文化的、社会的、历史的角度，即人文的角度研究环境中的声音，并对具有丰富历史和地域文化内涵的声音——“声景遗产”，加以保护、留存和记录。其中伴随自然环境和人文环境存在的声景遗产的保护最为重要。然而，随着全球化和现代化的急速发展，留在人们美好记忆中的声音正在迅速地消失，迫切需要像保护物质文化遗产那样，保护声景遗产。

总之，声景学是从审美的角度和人文的角度研究环境中的声音；研究人对环境景观观看时，在场声音及其听觉感知的作用；研究人在倾听声音时，在场环境及其视觉感知的作用；研究伴随自然环境和人文环境存在的声景遗产的保护、留存和记录。声景学是一个由声学、音响学、景观学、美学和社会学等学科融合的交叉学科，是科学与艺术的结合。从事声景学的研究，既要有声学的知识和技术，更需要美学和人文的修养，需要敏锐的听觉和视觉审美能力，需要社会调查和历史研究的能力。正因为如此，这门学科散发出诱人的魅力，吸引着越来愈多的各种背景的人进入这个领域。近年来，声景学的研究在中国已经引起广泛的兴趣，例如国家奥林匹克公园进行了声景规划和设计。

参 考 文 献

[1] 编写组. 《建筑隔声评价标准》GB/T50121-2005. 2005.
[2] 编写组.《民用建筑隔声设计规范》(修订版征求意见稿). 2007.
[3] 王季卿. 建筑隔声研究的进展. 同济百年校庆报告会, 2007.
[4] ISO 标准起草组. Laboratory measurement of sound generated by rainfall on building elements. ISO 标准草案, ISO/CD-18, 2004.
[5] 马大猷. 论室内声场. 声学学报, 2003, 28(2): 97-101.
[6] 马大猷. 只有数学，缺少物理—莫尔斯室内受迫振动的理论. 声学学报, 2004, 29(1): 1-5.
[7] Leo Beranek Concert Halls and Opera Halls. 王季卿，等. 音乐厅和歌剧院. 上海同济大学出版社, 2002.
[8] 薛长健. 厅堂声学理论的发展. 清华大学研究生论文, 2002.
[9] 王季卿. 音乐厅音质设计进展述评. 应用声学, 2003, 25: 1.
[10] 吴硕贤，赵越喆. 美国声学学会 75 周年暨 147 届学术会议建筑声学论文评价. 应用声学, 2005, 24(1): 66-67.
[11] 秦佑国. 声景(Landscape)学的范畴. 全国建筑物理会议主题报告, 2004.

语言声学、通讯声学和声频工程

语音识别及其应用综述

颜永红

(中国科学院声学研究所，北京　100080)

1　引言

虽然近十多年来，语音识别技术在大词汇量、非特定人、连续语音识别 (LVCSR) 上取得了一些重大进展，在一般的办公环境下对标准普通话和规范新闻类语料的识别已可达到 90%以上。但是目前的语音识别技术同人类的听觉能力相比还相差甚远。当说话人发音不太标准(可能带一些地方口音)或以口语方式发音时，语音识别系统性能就会急剧下降。这些问题已成为目前语音识别技术发展的主要难题和迫切需要解决的课题。从研究角度来说，实际的语音包含各种现象，如较正规的新闻报道、交谈式的采访、口语化的现场直播及具有音乐背景的广告等。通信信道的语音由于信道的带宽和噪声带来的语音信号畸变，说话人双方因情绪导致的语调及语音的变化，及口语中常见的重复及不合语法的片语均给语音识别带来了巨大的挑战。在声学层面上如何进行声学环境，说话人及语速变化的检测，从不同角度提取特征，如何自动检测口语现象(如重复等)，在模型层如何进行快速的系统自适应，在语言层如何应付多变的内容，在识别过程中如何动态地组合这些信息，及怎样综合利用声学模型及语言模型来处理口语现象是语音技术必须解决的问题。

在过去的近 20 年里，美国国防部高级研究计划署(DARPA)对语音识别研究的推动经历了小词汇量朗读语音 (resource management, 1988~1991)、大词汇量朗读语音 (wall street journal, 1992~1994)、小词汇量电话口语 (ATIS, 1991~1994)、大词汇量电话口语(switchboard，1993~2001)、噪声环境(SPINE, 2000~2002)、电视广播语音(broadcast news，1997~2001)等一系列的任务逐步把语音技术的研究工作向前推进(见图 1)。其开展的 EARS 任务是针对“九一一”后国家安全提出的新项目，旨在对语音信号中各种内容信息的自动识别，扩大应用范围、进一步满足实用需求。目前的语音识别系统采用的均是基于连续概率密度分布的隐含马尔可夫模型。近几年，基于最大互信息估计准则的区别性训练方法由剑桥大学的研究人员率先在大词表连续语音识别系统中成功应用。最近，基于最小音素错误准则(MPE)的区分性训练算法[2] 被证明能够更为有效。在 MPE 的基础上，通过对特征空间做高斯化处理的还能够进一步提高系统的性能[1]。语音识别中声学模型的研究主要在区分性训练方面，此外，在针对自然口语的声学模型建模算法方面，针对自然口语的特点，如发音变异、语速变化、口语中的副语言现象，在声学建模时加以融合考虑[3,4]。

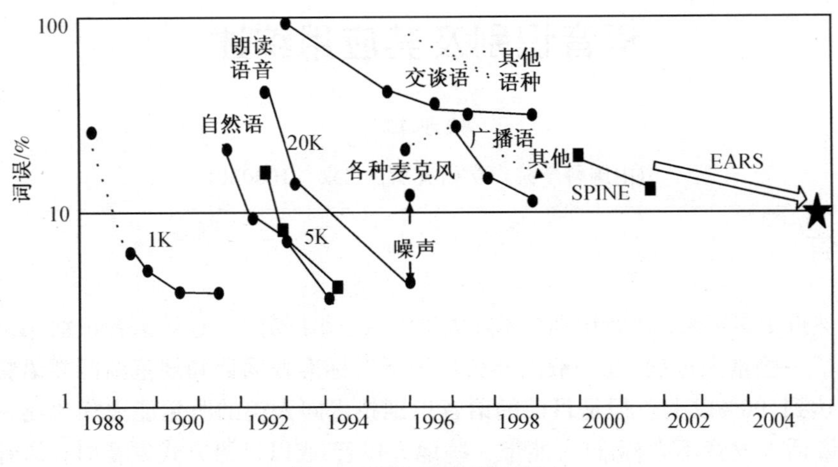

图 1　语音识别国际进展

随着越来越多混合语言应用需求的增加,各国语音科技界与工业界研发的母语语音识别和语音理解系统，开始移植应用于多语言的口语对话场合(如欧洲七国语言的 ISADORA 系统；美国的中英和少数民族等语言的 MASTOR 系统)。多语种语音识别应用需求的增长也是由于国际社会(如亚太地区)电信业的逐渐国际化。这样，要开发应用识别新的语言，例如，听写系统移植到新的语言，或开发用于为机场或火车站等需要理解多种语言旅游信息的信息系统。在一些移民国家或东西文化交汇的国际性大城市，有多种语言或方言常在日常交流中频繁地混杂使用。

对于传统的录音和听的语言学习方式，如果没有教师帮助指出其发音的缺点，学习者的学习进度可能非常缓慢。相关研究表明，学习者之所以发音不准确恰恰是因为其本人无法听出其本身发音同标准发音的差别之处。市场上出现的基于语音处理技术的多语种口语辅助教学产品通过精确地指出学习者发音的问题所在,并且引导学习者将注意力集中在其发音出现问题的地方,能帮助学习者更有效地学习新的语言。

在安全应用中，多语种目标内容信息侦讯装备可配备在 internet 的骨干网上，实时监测 ip 网上的 voip/netmeeting 语音信号流(见图 2)。可配备在电信网的中心局端，实时监测电话网上的语音信号流。另外，该装置可以以离线方式监控 internet 网上的话音文档，检查其是否包含目标内容信息。

我国是在语音识别方面展开工作较早的国家,在中文朗读语音识别上已经取得了与国外基本相当的性能(如中国科学院、清华大学等)，但在某些前沿课题上是有一定差距的。例如,对于语音研究非常重要的各种背景噪声下的信号增强和预处理；

在各种语境下的语音声学机理的基础理论研究；建立在这些理论研究基础之上的声学事件检测、发声器官机理与建模、口语模型、搜索过程中的信息融合等方面都需要深入研究。下面我们对语音识别各个部分分别进行论述。

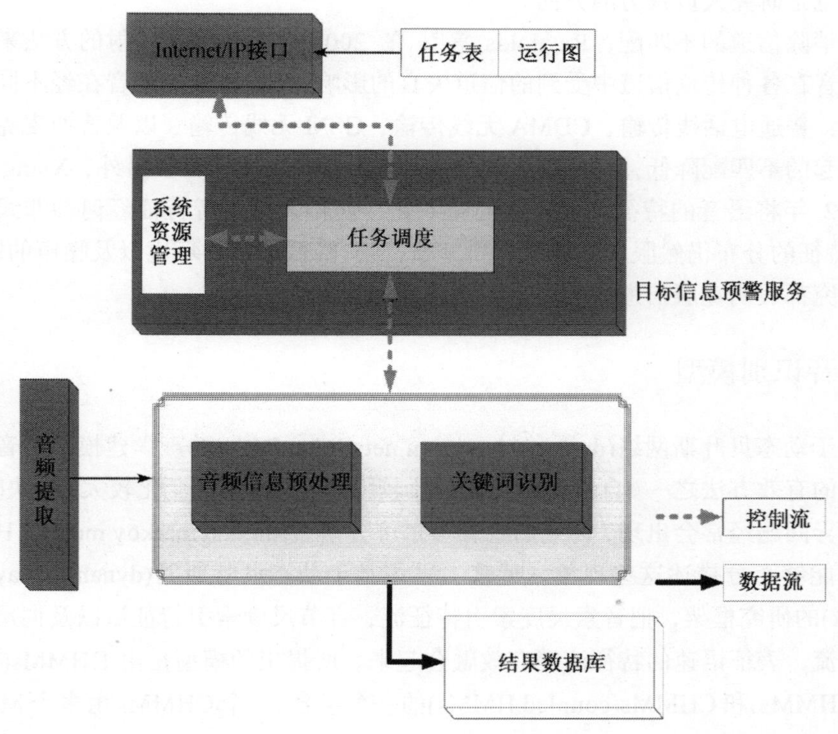

图 2 目标语音信息侦讯系统

2 语音前端处理

为了让语音识别系统在安静的环境和有噪声的环境中都获得令人满意的工作性能，需要综合研究语音前端增强算法。最近，以色列的研究人员[8] 发现在不同噪声情况下,多通道后滤波的语音增强方法的客观和主观评价都要明显好于单通道滤波。

考虑到实际应用场合，在反恐的侦察过程中，嫌疑劫持分子可能把接头地点选择在嘈杂的环境，如饭店、歌厅等，当多个说话人同时讲话时，特警队员如通过常规的侦听设备将无法分清嫌疑分子具体的谈话内容。这时，还需要具有语音信号的盲分离功能的新型智能侦听装备。Scott 等[7] 通过因果有限冲激响应滤波器及自然梯度自适应方法，可以将信号在一定程度上进行分离。

同时，说话人的声音会在现实环境中不可避免地受到污染，如经电话线的传输、周围嘈杂环境引起的噪声等等。带通、噪声干扰、房间混响、回声以及非线性失真等各种现实因素都会造成声纹识别时的测试语音与最初的训练语音有严重的失配现象。这种信道的不匹配一直是引起识别性能下降的一个较大因素，因此信道的补偿方法也是研究人员致力的方向。

为消除信道的不匹配，Reynolds 等[9] 在 2003 年提出信道映射的方法来去除由于声音在各种传输信道中受到的信道失真的影响。将说话人的语音在经不同传输方式如：普通电话线传输、CDMA 无线传输、GSM 无线传输、以及普通麦克风传输等引起的不匹配降低，以维持声纹识别对信道环境的鲁棒性。另外，Xiang 等[10] 在 2002 年将语音的特征进行短时的高斯化，使得无论语音特征经何种非线性失真，其特征的分布仍然服从同样的高斯分布，尽量降低了传输环境以及噪声的影响。这些研究都表明克服信道影响也是识别技术的突破点。

3 语音识别模型

基于动态贝叶斯网络(dynamic bayesian networks, DBN)的声学建模是语音声学层建模的有效方法之一。自然口语中用语比较随意，语速快慢变化较大，时快时慢，发音变异问题经常会出现，传统的隐含马尔可夫模型(hidden markov model，HMM)已经不能够充分描述这些现象。近来，采用基于动态贝叶斯网(dynamic bayesian network)的研究框架，把音素尺度索引特征流，音节尺度索引特征流以及词尺度索引特征流、表征语速的特征流等有效融合起来。所提出的模型是由 HHMMs(hierarchical HMMs)和 CHMMs(coupled HMMs)的一个组合。一个 CHMMs 由多个 Markov 链组成中，每个 Markov 链对应一个索引特征流(见图 3)。CHMMs 中所有的隐状态都可以向任意链的邻居转移。CHMMs 可有效描述不同尺度索引特征流之间的交互协作。HHMMs 中一个隐状态可指向另外的隐状态或隐状态串(或 sub-HHMMs)，从而对应单独的观测变量或变量串。它可以描述对象的多层次结构以及在不同粒度上建模。在所提出的模型中，每一个 sub-HMMs 由一个 CHMMs 组成。每一个尺度的索引特征流都有各自的建模单元(可采用不同尺度的 N-Gram)和建模层次，这些建模单元将由 HHMMs 上的主 HHMMs 上的隐状态组织连接起来，HHMMs 的结构将由各个索引特征流的建模单元决定。这样的模型架构将能够更为精确地描述自然对话语音的特征。

与朗读式语音相比，自然口语中充满碎片、犹豫、纠正、重复、拖音、笑声等副语言现象，此外，由于自然口语中用语比较随意，发音变异问题经常会出现，这些对语音识别系统的性能有着极大的影响，因此如何对这些副语言现象及发音变异现象进行分析，从声学层建立相应模型检测出这些副语言现象，对提高识别系统的鲁棒性至关重要(见图 4)。因此，针对这些问题，需要提出一些训练和建模策略。

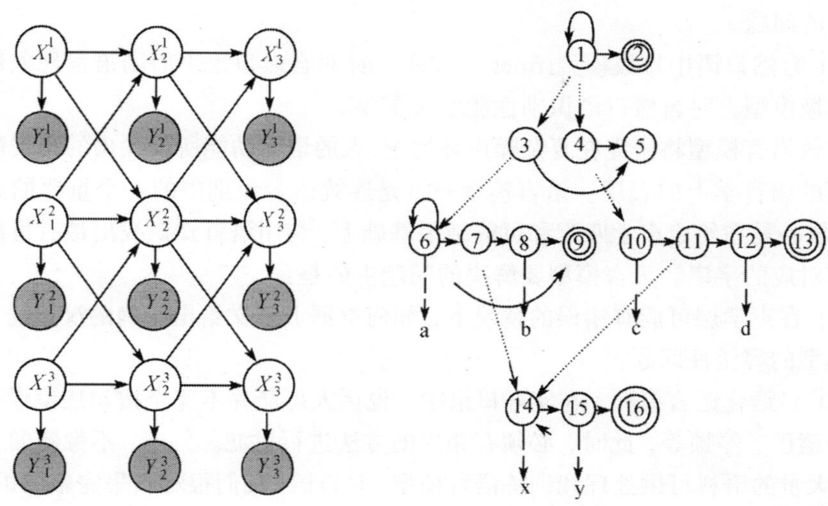

图 3 (左) CHMMs；(右) HHMMs

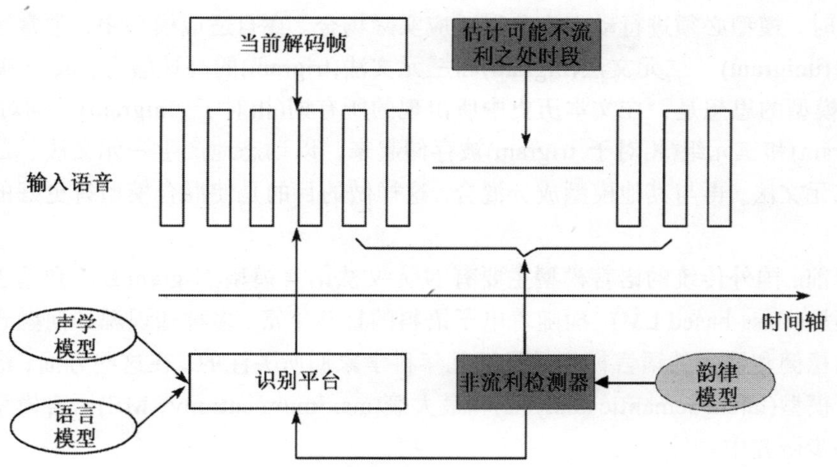

图 4 结合口语化信息检测的语音识别系统

(1) 基于高斯化特征的 fMPE 判别训练(discriminative training)算法。MPE(minimum phone error)判别训练算法准则与传统的基于最大似然估计准则(ML)的训练方法相比，由于其优化准则更接近于识别过程，因此所获得的声学模型性能更优，该方法已被广泛应用于声学模型的训练中。fMPE 与 MPE 的优化准则相同，但对特征做了高斯化处理，因此模型会更为鲁棒，能够更为精确地刻画自然口语的声学特性。

(2) 基于发音变异分析的声学模型训练算法。自然口语中发音变异现象种类繁多，如何有效分析和获取发音变异规则，并将之应用于声学模型建模过程中，是需要研究的问题。

(3) 自然口语中垃圾模型(filler model)。针对自然口语中的副语言现象建立有效的垃圾模型，对自然口语识别性能至关重要。

口语语言模型将研究在复杂噪声环境下,人的语言功能所反映出的与安静环境下不同的语言学上的表现。语言模型一直是连续语音识别中的一个重要的组成部分。其核心是在给定声学匹配和可能结果基础上,利用语言知识找出最有可能的与语音相对应的字串。语言模型要解决的问题主要是:

(1) 在声学层可能有错误的情况下，如何根据上下文给出正确的汉字输出。即语言模型的容错性问题。

(2) 口语化语言模型。在实际口语中，说话人可能并不完全按句法说话，中间会掺杂磕巴、停顿等，此时，必须有相应的方法进行过滤。另外，不像新闻等类语言,有大量的语料可供处理和训练语言模型。对口语,我们很难收集完整的语料库,因此，对稀少语料情况下的语言模型的获取必须进行研究。

(3) 语言模型自适应。由于模型的实际使用场合往往和模型的训练情形不一致，此时，模型必须进行动态变化以适应实际场合。在自适应模型中，常常运用一元文法(unigram)、二元文法(bigram)和三元文法(trigram)的高速缓存(cache)模型。cache 模型的思想是：在文本历史中所出现的所有词(相对于 unigram)、词对(相对于 bigram)和三元组(相对于 trigram)被存储起来，以动态地产生一元文法、二元文法和三元文法，再与其他模型成分混合。这样做的目的是使混合模型有更好的预测能力。

目前，国外传统的语言模型主要有 N 元文法语言模型(N-gram LM)和基于类的语言模型(class-based LM)。而随着电子语料的日益丰富，多种知识源如何融合以得到更加稳健和强大的语言模型是最近几年科学家们所关注的。在这些方面，潜在词义分析模型(latent semantic analysis)和最大熵(maximum entropy，ME)语言模型也正在进一步研究中。

与上述基于统计的语言建模方法相对应,另一种基于规则的建模方法在一些特定领域也有一定用武之地。这种方法对用户可能的说话句法和用词进行了明确限定，因此适合于特定的非常受限的研究领域。尽管此领域非常受限，但很有可能在最早实用化系统中发挥主导作用。

4 语音识别融合算法和自适应

搜索过程中的信息融合将研究在给定基础数据库下、如何利用复杂噪声环境下的声音的产生机理、声音的声学和语言学的特征信息，在识别中进行融合以达到最佳性能。人类大脑通过对语音信号在不同频段及其变化进行分别处理并将响应加以融合以达到识别的目的。人的听力实验同时表明，话音质量越差，为了听懂则所需的注意力越大。目前国际上一种新的方法就是用多种特征及信号处理方法对语音加以分析并分别进行相互独立的识别，然后对这些结果进行融合以期获得最好结果。国际上常用的方法是用ROVER(recognizer output voting error reduction)投票法进行后处理式的融合。用独立的多特征及多信号处理方法是解决语音识别在噪声环境中最具潜力的一种方法,用多信息对语音信号进行多角度的描述给重构语音信号本来面目带来了极大可能性。然而在识别的过程中要全部遍历所有可能的候选在实际的算法中一般是行不通的，因此需要动态进行剪枝。目前的动态剪枝方法有很大的局限性,因为在相互独立的识别过程中,由于各信息通道的互补性没有得到及时应用,正确的路径很可能已被剪除。因此需要研究在搜索过程中如何进行并行的、相关的多组特征同时搜索，在剪枝时参考各特征的表现性能，在线解决不同信息的动态融合。另外，在信息融合时尽量利用一切可以互补的知识源，达到信息的最大限度融合。

将语音识别技术应用到实际系统时,为了解决训练和测试环境或者说话人不匹配的问题，需要采用自适应技术。基于变换的方法(如MLLR)和基于贝叶斯学习的方法(如 MAP)是两类常用的口音或环境模型自适应的方法。近年来也出现了这两种方法的组合或扩展，例如，基于回归的模型预测，结构化MAP，准贝叶斯线性回归，基于变换空间的模型进化[5]，聚类后验的线性回归自适应[6]等。

5 语音识别中的问题与展望

1. 对实际应用环境中的语音识别，重点要突破语音识别对噪声、通道和口音适应等关键技术瓶颈。在特征层面，分析提取抗噪性强、鉴别性高、互补性好的多维参数，从而正确辨别声、音、字的差异。在模型层面，需从统计和规则相结合的角度建立精细的声学和语言学模型及快速高效的自适应算法。主要问题表现在：复杂声学环境下的噪声消除技术及语音识别的紧密结合；精细的声学模型建模技术研究；结合专家知识和统计学知识，提高语音识别后处理的准确度；以及大规模数据库语料中知识的自动提取，有选择的利用和优化。

语音是人类特有的重要的生物学特征。正如上文所述，从“九一一”恐怖袭击事件以后，语音识别在安全、信息等领域的应用愈来愈广，世界各国普遍重视该技术的研发和实际应用。通过综合利用关键词检测、语种和说话人辨识技术可以及时发现目标语音内容，这对保障国家信息安全，维护社会安定有重要意义。

2. 韵律的建模和应用方面，韵律在表征说话人音色方面占据着很大的比重。如果能够将韵律信息进行很好的研究和应用，将能提高声音识别和合成的综合性能。但是，目前韵律信息的建模还处于不成熟阶段。因此，韵律的建模和应用工作是值得认真开展的。

3. 基于滤波器理论的语音预处理方面，需要从听觉心理学和信号处理角度研究基于多通道滤波器理论的语音增强和分离。用非匹配条件下的变换和动态自适应理论来分析信道的不匹配对语音的影响，研究用信道映射方法去除声音的信道失真。

参考文献

[1] Povey D, Kingsbury B, et al. MPE: Discriminatively trained features for speech recognition. Proc. Inter. Conf. Acoust. Speech, & Signal Processing, 2005.

[2] Provy D, Woodland P C. Minimum phone error and I-smoothing for improved discriminative training. Proc. Inter. Conf. Acoust. Speech, & Signal Processing, 2002.

[3] Jiang H, Deng L. A robust compensation strategy for extraneous acoustic variations in spontaneous speech recognition. IEEE Trans. Speech & Audio Processing, 2002, 10(1): 9-17.

[4] Shinozaki T, Furui S. Hidden mode HMM using Bayesian network for modeling speaking rate fluctuation. Proc. Inter. Conf. Acoust. Speech, & Signal Processing, 2003.

[5] Kim D K, Kim N S. Rapid online adaptation based on transformation space model evolution. IEEE Trans. Speech & Audio Processing, 2005, 13(2): 194-202.

[6] Chien J T, Huang C H. Aggregate a posteriori linear regression adaptation. IEEE Trans. Audio Speech & Language Processing, 2006, 14(3): 797-807.

[7] Douglas S C, Sawada H, et al. Natural gradient multi-channel blind deconvolution and speech separation using causal FIR filters. IEEE Trans. Speech & Audio Processing, 2005, 13(1): 92-104.

[8] Gannot S, Cohen I. Speech enhancement based on the general transfer function GSC and postfiltering. IEEE Trans. Speech & Audio Processing, 2004, 12(6): 561-571.

[9] Reynolds D A. Channel robust speaker verification via feature mapping. Proc. Inter. Conf. Acoust. Speech, & Signal Processing, 2003, 2: 53-56.

[10] Xiang B, Chaudhari U V, et al. Short-time gaussianization for robust speaker verification. Proc. Inter. Conf. Acoust. Speech, & Signal Processing, 2002, 1: 681-684.

中国语音学研究的历史与现状

孔江平
(北京大学中文系，北京 100871)

1 引言

中国的现代语音学研究可以认为起始于刘复先生在北京大学国文系建立“语音乐律实验室”，它标志着现代语音学在中国进入了系统科学的研究阶段。刘复先生的《四声实验录》[1] 第一次阐明了基频是声调的物理基础，这是中国学者对世界现代语音学理论的重要贡献。经过了 80 多年的历程，我国语音学研究已经有了很大的发展，本文将从现代语音学在我国的发展过程、研究机构和研究现状简述语音学在中国的发展历史与现状。

2 语音学的发展历史

1921 年 11 月，刘复先生正式向蔡元培先生提交了一份《提议创设中国语音学实验室计划书》(《北京大学日刊》1921 年 11 月 16 日)，提出“鉴于研究中国语音，并解决中国语言中一切与语音有关系之问题，非纯用科学的试验方法不可”。1925 年春，在法国巴黎大学专攻语音学并获得博士学位的刘复回到北大国文系任教，同年 9 月，在其主持下，“语音乐律实验室”正式成立。实验室隶属于国文系，内有研究语音乐律及进行教学实验的仪器多种(部分仪器由刘复亲自制造)。当时的重要工作主要是调查全国方音，制成各种声调曲线及图表。1928 年，实验室改属文科研究所国学门。1934 年起又归属研究院文科研究所。语音乐律实验室的成立标志着我国现代语音学的正式开端。

2.1 20 世纪 30 年代的语音学研究

在 30 年代，随着新的学科制度的建立，学者的研究也趋向专业化。时为国文系研究教授兼研究院文史部主任的刘复，在这一时期将主要精力投入到对古声律的研究中，除任课、撰写论文和专著外，还亲自创制语音实验所用的仪器，并对故宫、天坛古文物陈列所收藏的古代乐器的音律进行了测定。刘复还利用暑假到开封、上海、南京、曲阜、济南等地探访测验私人所藏古今乐器，并到平绥铁路沿线调查方音。

2.2 40 年代的语音学研究

刘复以后由罗常培先生接任语音乐律实验室工作。抗日战争开始后，北大南迁到昆明，与清华、南开合并为西南联大，在条件艰苦，仪器缺乏的情况下，依然做了许多调查研究工作。1936 年罗常培先生调查临川语音，使用浪纹计和声调推断尺完成了《临川音系》这部专著[2]。西南联大时期，罗常培先生组织人力开设了与边疆语言调查相关的课程，在仪器缺乏的情况下，坚持进行对边疆语族的研究，收集了许多西南少数民族语言的材料，做了许多实际而卓有成效的工作，为语言学的研究积累了大量珍贵的第一手材料。1946 年 10 月，北京大学复校回到北京，实验室恢复工作。

2.3 50 年代的语音学研究

1950 年 6 月中国科学院语言研究所成立时实验室大部分归入语言所，其后又归入中国社会科学院语言研究所，这时现代语音学的主要研究力量已转入中国社会科学院，主要代表人物有周殿福和吴宗济两位先生，为了配合普通话的普及开始对普通话的语音性质开展了大规模的研究。在北大只留有一小部分人员和仪器。50 年代中期，为配合汉语方言课，由甘世福讲授语音学，购置了浪纹计等设备，由王福堂负责管理。50 年代后期，在下厂下乡开门办学的浪潮中，林焘、王福堂等也曾在城子煤矿用钢丝录音机等设备进行语音教学和推广普通话。1966 年文化大革命开始后，社科院和北大的语音学研究工作和教学都基本停顿。

2.4 文革以后的语音学研究

文革以后，社科院语音室对普通话开展了大规模的生理和声学研究，1978 年北大中文系决定恢复建立语音实验室，由林焘先生主持，为北京大学重点文科实验室。并从当年起设立实验语音学研究方向，招收研究生。1979 年，美国加州大学伯克利分校著名语言学家王士元先生应邀来北大讲授实验语音学，听讲者来自全国各地共一百多人。王士元先生系统介绍了实验语音学，带来了最前沿的学术知识和信息，讲座内容出版了专辑[3]。此次讲学活动激起了国内语音实验研究的热潮。同年，实验室开办语音学研究生班，由林焘、吴宗济、张家騄授课，这个研究生班为语音学方向培养了一批中坚力量。1991 年 9 月社科院语言所、民族所和北大中文系联合策划，由北大中文系语音实验室主办了第一届“现代语音学研讨会”，这是我国历史上第一次全国性的语音研讨会，与会代表近百人，这次学术研讨会引起了广泛关注，对跨世纪的中国语音学的发展起到了积极的推动作用。

纵观中国现代语音学的发展历史，有两个重要的标志，一个刘复先生在北大建立“语音乐律实验室”，它标志着现代语音学被正式引入中国。另一个是文革以后，王士元先生到北大做学术报告和在北大举办语音学研究生班，它标志着中国语音学研究现代化的开端。另外，由北大主编并即将由商务印书馆出版的《中国语音学报(创刊号)》将会成为中国现代语音学学术发展的另一个重要标志。

3 相关研究机构

语音学是一门交叉学科，无论是文科还是理工科的机构都用自然科学的方法研究语音，但研究目的不尽相同，这些理科机构很多，比如中国科学院的声学所、心理所、自动化所；高校如清华大学、北京大学的相关院系。这里主要介绍文科单位和理工科单位以外的机构。另外，这几年许多学校都在建立语音实验室，因此，本文的介绍可能会有遗漏。

中国的语音学研究机构主要有科研院所、高校和一些特定的与语音相关的研究机构。下面将从科研机构、普通高校研究机构、民族院校研究机构和其他研究机构四个方面对语音学研究机构做一简单的介绍。

3.1 科研院所

社科院语言所的语音研究室有很悠久的历史，主要研究汉语普通话及其方言，这个研究室不仅有较多的专业科研人员，而且有很好的设备。早期对汉语普通话进行了大量的声学和生理研究，出版有《普通话发音图谱》[4]，和《实验语音学概要》[5]，这几本书对中国现代语音学研究的影响都很大。语言所的语音研究室还是我国最早研究共振峰参数合成的机构。目前语言所的语音室在建立大型汉语及方言的口语语料库和生理语音学方面都做了大量的研究，取得了很好的研究成果。社科院民族所的语音实验室建立于 20 世纪 80 年代，主要是进行中国民族语言的语音学研究，其研究主要集中在两个方面，一是藏语、蒙语和哈萨克语的大型声学参数数据库的研究；另一个是中国民族语言嗓音发声类型的研究，主要是对民族语言的嗓音发声类型进行了系统的声学和生理研究，出版有《论语言发声》[6]。另外，民族所和北大中文系合作正在进行中国境内汉藏语声调的声学研究。

3.2 普通高校

在高校的语音学研究是和语音学研究生培养相结合的，我国目前有语音学研究和能够培养语音学方面研究的高校大约有十几所，下面将分别作简单的介绍。北京大学中文系是我国最早建立语音实验室的大学，由刘复先生于 1925 年在北大国文系正式成立，北大的语音乐律实验室主要以中国境内的汉语、汉语方言、民族语以及民族乐律为研究对象，实验室具有许多生理和声学仪器和设备。《北京语音实验录》[7] 是对汉语普通话声学研究的一个主要成果。这几年主要在进行汉语普通话语音多模态的研究和汉藏语声调的声学研究。香港城市大学语言学及翻译系建立有一个很好的语音学实验室，有许多语音设备和仪器。主要研究汉语普通话和方言的语音特性。南开大学是"文革"后建立语音实验室比较早的学校，有一些语音仪器和设备，有自己编制的语音分析软件，主要进行汉语方言和民族语言的语音学研究，并培养了许多语音学方面的研究生，另外，在暑期还开办语音学的学习班。北京语言大学主要是培养外国学生，所以一直对语音学研究很重视，北京语言大学的实验室有非常好的实验室仪器和设备，主要开展汉语韵律的研究以及汉语和外语的对比语音学的研究。中国传媒大学一直对语音研究比较重视，主要是用语音学的基础理论和方法研究播音语言的语音特性，其中主要集中在播音语言韵律、节奏特点和风格的研究方面。上海师范大学建立了一个较完善的语音实验室，主要进行汉语方言语音特性的描写和研究，其研究有自己的特色，即通过汉语方言语音特性的研究来解释汉语语音发展和历史音韵的问题。南京师范大学的实验室主要进行汉语及方言的语音学研究，特别是对汉语方言的声调及其理论进行比较深入的研究。广西大学语音实验室的研究主要集中在广西境内的民族语言的语音和汉语方言语音的研究方面，如标准壮语声学图谱和参数数据库等。另外，中国人民大学、复旦大学、广西师范大学、伊利师范大学和暨南大学也都建立有语音室并在做语音学方面的研究。

3.3 民族院校

在研究民族语言的语音方面主要有内蒙古大学、中央民族大学、西北民族大学等，这些学校都开展了这方面的研究。内蒙古大学建立语音实验室比较早，并对蒙古语的语音进行了大量语音声学分析和研究，建立有大型的蒙古语音数据库，培养了不少民族语言的学生和人才。中央民族大学和美国暑期语言学院合作曾建立了一个语音实验室，但主要是在教学方面，培养了一些学生。近几年民族大学的语音学研究有了较大的发展，并在汉语和不同民族语的语音对比研究方面出了许多成果。西北民族大学近几年在语音学研究方面发展很快，在学校的支持下，购置了大量的语音实验仪器和设备，其研究集中在西北的汉语方言和民族语言的语音学研究上。近几年主要进行了藏语安多方言的声学图谱和声学参数数据库的研究、藏语拉萨话的韵律研究、临夏汉腔和回腔的语音研究以及东乡族的汉语声调的研究。另外，西南民族大学和云南民族大学也在建立语音实验室，并开展了相关的民族语言的语音学研究。

3.4 其他科研机构

比较特殊的语音学研究机构主要有司法声纹鉴定机构和有关的医疗机构。司法声纹鉴定的机构有东北刑警大学、公安部第二研究所、广东刑事侦查技术中心、江苏省公安厅和中国政法大学等。东北刑警大学和公安部第二研究所是开展声纹研究比较早的单位，研究主要侧重在声纹的个人差异方面。在实际的应用方面广东省刑事物证鉴定技术中心做了大量的实际案例，有丰富的经验和数据。另外，江苏省公安厅、中国政法大学等也在开展这方面的基础和实际应用研究。在语音病理方面，主要的机构有中国聋儿康复研究中心、北大口腔医院、北京医科大学聋儿康复研究所、协和医院整形医院等。这些机构的研究和治疗主要涉及聋儿的听力康复、语训、腭裂的治疗和语音康复。

4 研究内容

我国的语音学研究已经发展到了一个比较繁荣的时期，无论从基础理论和研究方法，还是从研究领域和研究队伍都已经达到了相当的规模。特别是高校近几年纷纷建立语音实验室和培养语音学专业的研究生，扩大了语音学的研究队伍。另外，国家科研力度的加大也大大促进了语音学研究的发展。本文将对我国语音学的现状从宏观语音学论坛、面向语言学的语音学、声学语音学研究、语音韵律研究、生理语音学研究、语音工程研究、方言语音研究、对比语音学研究与语音教学、心理语音学研究、司法语音学研究和民族语语音研究 11 个方面对我国语音学的现状做一简单介绍。全面介绍我国语音学的研究是比较困难的事，因此，本文主要是根据 2006 年在北京大学召开的“第七届中国语音学学术会议暨语音学前沿问题国际论坛”的 110 多篇论文，简要介绍语音学的研究现状

4.1 宏观语音学论坛

语音学论坛从宏观语音学、台湾语音学及相关研究、社科院语言所的语音学研究和北大语音实验室的语音学研究情况反映我国语音学研究的概貌。在我国宏观语音学的研究比较少，大部分学者都是在比较具体的语音学研究领域，近年来宏观语音学的研究对于指导我国语音学的发展方向、开拓新的语音学领域和语音学研究的定位都有很重要的意义[8]。虽然我国语音学的领域已经十分广泛，但距国际语音学的研究前沿还有一定的差距，如利用核磁共振(MRI)对动态声道的研究和利用高速数字成像对声带振动的研究；利用功能性核磁共振(fMRI)和脑电仪(EEG)对语音活动的大脑定位研究等。中国台湾地区语音学的特点是充分利用科学和工程的技术，建立大规模的语音数据库，研究汉语韵律的语音学特征，然后将研究成果应用于言语工程[9]。中国大陆的语音学研究有两个方面的发展，一是语音学开始出现面向言

语工程应用，二是开始语音多模态研究和多元化语音学的研究。如建立大规模的语音合成和识别的语音数据库，建立汉语及其方言的口语数据库等[10]。另一个发展方向是开始了汉语语音多模态的研究和语音多元化的研究。在语音多模态研究方面，主要是从语音学的角度来研究汉语普通话的声学、唇位形状、声道运动和声带振动的内在规律和模型[11]。在语音的多元化研究方面，逐步在开展语音相关的研究领域，如聋哑儿童声调习得、腹语、声乐、宗教诵经的语音学声研究等[12]。另外，国内的语音学研究和国际上的语音学和言语工程研究一直都有广泛的联系，如在工程方面和早稻田大学的交流[13] 及 ATR 的交流[14]。

4.2 面向语言学的语音学

面向语言学的语音学研究一直都是语音学基础理论研究的重点，在这个方面目前的研究主要包括：外语译词的音系研究、汉语韵母异同的声学分析、普通话基本调位研究、汉语方言与普通话推广的研究、优选论框架下的音系研究、汉语官话方言元音格局的研究、普通话声韵调音值的研究、语气词重读研究、方言语音比较研究、中文语音学术语的标准研究等。在语音学的理论方面主要有关于赵元任汉语语调思想和边界调的研究[15]、汉语方言元音类型学的研究[16]、语音学术语中文翻译及规范的研究[17] 以及上海话韵律词声调的优选论分析[18]。

4.3 声学语音学研究

在语音声学方面，研究涵盖语音发音机理和声学关系的研究、普通话元音和辅音的声学研究、普通话音长和音高的综合研究、普通话轻声的声学研究、元音相似度的量化研究、普通话平翘声母区别特征的声学参数研究、北京话元音的统计分析等。目前研究趋势主要集中在声学参数数据库的研究上。信号处理技术的发展，使系统研究一种语音的语音体系已经成为可能，因此，声学参数数据库的标准成为大家讨论的热点，总的来说，元音的声学参数相对比较统一，但在辅音的声学参数的提取上，其标准却很难统一[19]，学者普遍认为声学参数的标准不能是唯一的，在现阶段主要看研究的目的是什么，根据研究的目的制定声学参数的标准是比较合理的。随着信号处理技术的深入，制定同时能用于语言学研究目的和用于言语工程目的的声学参数标准势在必行。另外，在研究发音增强与减缩[20]、普通话元音过渡与辅音腭位的关系[21] 以及北京话一级元音的统计分析[22] 等方面的研究反映了语音声学研究的现状。

4.4 语音韵律研究

韵律研究一直都是我国语音学研究中的一个热点，这和目前的汉语普通话的教学及言语工程有密切关系。因为，在教学方面，外国留学生对于掌握汉语韵律特征比较困难，汉语的韵律包含声调变化和语调变化，是一种双重的音调控制。因此，这方面的研究对汉语普通话的教学有重要的意义。另外，由于在汉语的合成方面韵律对自然度有很重要的作用，因此在合成方面，韵律规则也一直是研究的重点。目前在韵律方面的研究包括语调核心单元的研究、汉语语调标记研究、汉语韵律短语的结构研究、普通话焦点重音的研究、连上变调的声学研究、汉语语调研究、普通话词重音的研究、韵律词的结构规则研究、情感句重音研究、节奏支点研究、新闻播音语言节律研究、主持人口语的韵律研究、朗读的喘息研究等。韵律研究主要集中在普通话双音节韵律词时长的研究[23]；韵律不同层级的声学研究[24]；普通话重音的研究[25]。另外，情感句重音模式的研究是韵律研究的一个新的动向[26]，这方面的研究将汉语普通话韵律的研究推向一个更新的研究领域。

4.5 生理语音学研究

语音生理的研究一直是语音学研究的一个重要方面,因为语音生理机制研究是语音学的理论基础。这些研究包含耳语发声与正常声带发声的对比研究、普通话言语测听方面的研究、聋哑儿童普通话声调获得的研究、普通话和上海话辅音发音部位 EPG 的研究、电磁发音仪的元音研究、民族唱法胸部和头部共鸣的声学研究、元音头部共鸣的声学研究、新闻朗读的呼吸节奏研究等[27]。这方面的研究可以归为 4 个重要的方面，一是利用电磁发音仪对发音机理的研究[28]，电磁发音仪是近十年才发展和开发出来的语音学研究仪器,口腔发音部位的定位和时间域上都有较好的精度,是一个有较好前景的语音学研究设备。利用呼吸信号来研究语音的韵律特性是另一个语音生理研究的新思路和新方法[29]。呼吸信号可以用不同的方法来采集，以往对呼吸的研究主要是用气流气压计研究比较微观的语音现象，如辅音、嗓音等。用于研究语音韵律的呼吸信号是利用呼吸带采集胸围或腹围的变化，从而达到研究呼吸和韵律特征的目的。利用这种方面研究语音也是首次出现，呼吸信号引入语音学的研究对韵律风格和个人风格的研究都会有很大推动。在生理研究方面，利用电子腭位仪(EPG)进行语音学的研究也是近十年来语音学研究发展的一个重要方面，目前电子腭位的研究主要是集中在汉语普通话和上海话的发音研究上[30]，电子腭位的利用不仅可以对语音的发音动作和机理学进行研究，还对腭裂术后的语言康复有重要意义。利用 X 射线研究声道的形状有比较长的历史，但随着图像信号和语音信号处理技术的进步，对 X 射线声道录像的研究又展现出了广阔的前景。声道形状和语音声学关系的研究在语音产生的基础理论方面有重要的意义，同时，通过这些研究可以建立声音的视觉反馈系统，因此，在语音教学，特别是聋哑儿童的语音学习方面有重要的应用前景[31]。

4.6　语音工程研究

语音学和语音工程研究的界限很难划分,本文在这里只是根据第七届中国语音学学术会议论文进行一点简单介绍。在语音工程的研究上，有时很难说是属于工程还是属于语音学。由于在研究的方法上有时是完全相同的，因此很难界定，或者说没有必要界定。但有一点是比较明确的，语音学的研究更关注语音的发音机理、声学信号的物理意义和语音的交际功能。而语音工程更关注语音应用的实现。目前面向语音工程的语音学研究主要集中在以下几个方面：人工神经网络识别的研究、基于模式识别的声调识别、基于联合源-滤波器模型优化的语音声门源模型估计、基于感知的韵律层级与基于 F_0 曲线生成模型的语调研究、基于 F_0 曲线生成模型的方言声调系统的分析、语音识别中的音子集设计研究、语音基频结构与情感正负性的研究、面向说话人识别的汉语情感语音库、音节之间相互制约关系的研究、基于发音稳定段的自适应步长段模型解码及其在 LVCSR 中的应用等。总的来说，言语工程中的语音学研究除了对语音的各个方面进行建模外,正逐步开始关注到语音韵律感知层面的建模[32]。另外一个新的发展动向是语音工程由于语音合成等的需要，也逐步开始关注语音的情感计算[33] 和情感的感知建模[34]，这是面向工程的语音学研究的一个新的发展点。

4.7　方言语音研究

方言的语音学研究近几年发展得很快,国内许多高校和研究方言的机构都逐步开始利用语音学的方法对方言的语音特性开展更科学的研究，近来的研究包括：汉语方言单字调音高分组统计研究[35]、方言单、双字调调长分析、香港粤语阳上阴去相混研究、方言元音的声学研究、汉语方言中轻声调值的类型、方言吞音现象的分析、普通话与方言的声学特征对比及转换、基频归一和调系规整的研究、方言复合元音的声学分析、方言入声实验研究、汉语方言元音普遍现象研究、方言声母的气流与声学分析、方言入声字时长特性分析、方言连读变调的语音分析等。一个比较新的特点是对方言基频和调系规整的研究[36]。

4.8　对比语音学研究与语音教学

由于到中国学习汉语的外国学生越来越多，在汉语普通话教学方面，各国留学生学习汉语语音的困难各有不同，这使得汉语的语音教学越来越受到重视，不少具有语音学基础老师开始了面向汉语对外教学的语音学研究,这一部分老师的数量很大，可以预见这方面的研究将会很快成为我国语音学研究的一个重要方面。目前的研究主要包括：中国学生英语朗读的语调模式研究、节律操练法研究、哈萨克族汉语声调的声学研究、维吾尔族汉语语音的声学分析、越南留学生汉语声调的声学研究、基于语料库的中国英语学生朗读介词突显性研究、维吾尔族学习汉语普通话塞音的实验研究、中国学生英语朗读的韵律特征研究、泰国学生汉语语调研究、英语与汉语节奏模式研究等。其中汉语的声调对大多数留学生来说都是一个难点,因此,这方面的研究也就显得更为重要，比较典型的研究，如越南留学生学汉语单字调的声学考察与分析[37]，集中反映这方面的研究情况。

4.9 心理语音学研究

语音心理的研究是语音学研究的一个重要范畴,也是语音学研究的一个比较高级的阶段，因为通过语音心理的研究，使我们能够深入到语音交际活动大脑层面。近期这方面的研究主要包括：儿童言语错误与方言差异研究、时长与广州话元音的感知研究、跨语言元音的声学感知分析、维吾尔族学习者对汉语普通话塞音的范畴感知、认知语言学与语音认知研究、维吾尔族学生对英语松紧元音的感知研究、汉语的节奏及其获得研究、汉语儿童语音系统获得研究、汉语表情话语中的调型改变及其感知等。比较典型的研究主要是在语音的微观感知方面，如方言语音特性的感知[38] 和汉语表情话语中的调型改变及其感知[39]。

4.10 司法语音学研究

司法语音学(forensic phonetics)的研究是随着语音通信设备的广泛使用和相关案件的增加在近十年内开展起来。另外，我国刑法有关条文的改进，使得声纹鉴定得到一定的运用，这为司法语音学的发展鉴定了基础。目前我国声纹鉴定主要分为两个方面，一是语音样本的特征分析，另一个方面是声纹样本的自动检索。近期的研究包括：说话人自动识别系统的研究、噪声对声纹鉴定的影响研究、开口度对声纹鉴定的影响、录音剪辑检验的实验研究、利用鼻韵母共振峰特征进行声纹鉴定的研究、语音特性在鉴别双胞胎语音中的价值、语音的动态性及声纹鉴定的动态分析方法、电声伪装语音的声学研究等。目前比较典型的声纹鉴定研究还是语音的特征分析方面，如利用鼻韵母共振峰特征进行声纹鉴定的研究[40]反映了国内声纹研究与应用的水平。

4.11 民族语语音研究

我国有 55 个少数民族，已确定的语言就有 80 多种，分属汉藏、阿尔泰、南亚、南岛、印欧等语系。这些语言的语音学研究是语音学理论研究的基础。近期这方面的研究包括：金平傣语单字调的声学分析、毛南语中的鼻音对立、蒙古语单词自然节奏模式、安顺仡佬语声调的实验研究、维吾尔语元音的声学特征分析、安多藏语语调的时长和基频的统计分析等。另外，少数民族学习汉语普通话的语音学研究也正在逐步开展。从大的方面看汉藏语的声调研究和阿尔泰语的重音及节奏研究对中国的语音学理论研究有重要意义。如安顺仡佬语声调的实验研究[41] 和蒙古语单词自然节奏模式[42] 反映了民族语言语音的研究状况。

5 我国语音学的发展前景

纵观中国现代语音学的历史、研究队伍和研究现状可以预见我国现代语音学的研究在今后一个阶段将会蓬勃发展，这主要有以下几个原因：

(1) 首先是我国的综合国力增强，国家在科研上的资助力度逐年增加，因此，有关课题的设置大量增加，以前无法做的课题现在都在逐步实现；

(2) 教育的发展培育了大量研究人才，目前，我国具有博士学位的青年语音学研究人员大量增加，而且分布在各种不同的科研机构和高校；

(3) 国家教育经费投入力度逐年加大，使得许多高校的汉语系、外语系和语言学系纷纷建立语音实验室，这使得语音学研究的硬件条件不断改善，和国际的差距也越来越接近；

(4) 中国经济的发展，使得到中国学习汉语的人大量增加，汉语对外教学直接促进了语音学的研究和发展；

(5) 言语技术的发展直接涉及许多语音通信领域的创新和开发，这些领域的需求反过来由对语音和言语的研究提出格更高的要求，形成相互促进的局面。

总之，可以相信中国的语音学研究会快速发展，并为语音学和言语工程的进步作出更大的贡献。

参 考 文 献①

[1] 刘复. 四声实验录. 上海群益书社印行, 1924.
[2] 罗常培. 临川音系. 历史语言研究所, 1940.
[3] 王士元. 语言学论丛，第十一辑. 商务印书馆, 1983.
[4] 周殿福，吴宗济. 普通话发音图谱. 北京：商务印书馆，1963.
[5] 吴宗济，林茂灿. 实验语音学概要. 北京:高等教育出版社, 1989.
[6] 孔江平. 论语言发声. 北京：中央民族大学出版社, 2001.
[7] 林焘，王理嘉. 北京语音实验录. 北京：北京大学出版社, 1985.
[8] 王士元. 宏观语音学. 中国语高学报(第一辑), 2006.
[9] 郑秋豫. 台湾语音学及相关研究近况. 中国语高学报(第一辑), 2006.
[10] 李爱军. 面向言语工程应用的语音学研究. 中国语高学报(第一辑), 2006.

① 参考文献除了注明出处的其余的为“第七届中国语音学学术会议暨语音学前沿问题国际论坛”并被《中国语音学报》第一辑录用，即将出版。

[11] 汪高武，孔江平，鲍怀翘. 从声道截面积推导普通话元音共振峰. 中国语高学报(第一辑), 2006.
[12] 孔江平. 语音多模态研究和多元化语音学研究. 中国语高学报(第一辑), 2006.
[13] X. Sagisaka. Towards computing phonetics. 中国语高学报(第一辑), 2006.
[14] 党建武. Speech production and its modeling. 中国语高学报(第一辑), 2006.
[15] 林茂灿. 赵元任汉语语调思想和边界调. 中国语高学报(第一辑),2006.
[16] 徐云扬. 汉语方言元音的类型学研究. 中国语高学报(第一辑), 2006.
[17] 朱晓农. 中文语音学术语的几个问题. 中国语高学报(第一辑), 2006.
[18] 王嘉龄. 上海话广用式变调的优选论分析. 中国语高学报(第一辑), 2006.
[19] 鲍怀翘. 辅音声学特征简议. 中国语高学报(第一辑), 2006.
[20] 曹剑芬. 发音增强与减缩——语言学动因与语音学机理. 中国语高学报(第一辑), 2006.
[21] 哈斯其木格，郑玉玲. 普通话元音过渡与辅音腭位关系解析. 中国语高学报(第一辑), 2006.
[22] 石锋，王萍. 北京话一级元音的统计分析. 中国语高学报(第一辑), 2006.
[23] 邓丹，石锋，吕士楠. 普通话双音节韵律词时长特性研究. 中国语高学报(第一辑), 2006.
[24] 邝剑菁，王洪君. 连上变调在不同韵律层级上的声学表现. 中国语高学报(第一辑), 2006.
[25] 王韫佳，初敏. 关于普通话词重音的若干问题. 中国语高学报(第一辑), 2006.
[26] 李爱军. 情感句重音模式. 中国语高学报(第一辑), 2006.
[27] 钱一凡. 民歌男高音共鸣的实验研究. 中国语高学报(第一辑), 2006.
[28] 胡方. 论元音产生中的舌运动机制—以宁波方言为例. 中国语高学报(第一辑), 2006.
[29] 谭晶晶. 新闻朗读的呼吸节奏研究. 中国语高学报(第一辑), 2006.
[30] 郑玉玲，刘佳. 基于 EPG 的普通话辅音发音部位及约束研究. 中国语高学报(第一辑), 2006.
[31] 李洪彦，黎明，孔江平. 听障儿童普通话声调获得研究. 中国语高学报(第一辑), 2006.
[32] 顾文涛，広瀬啓吉，藤崎博也. 汉语韵律结构：基于感知的韵律层级与基于 F_0 曲线生成模型的语调分析之比较. 中国语高学报(第一辑), 2006.
[33] 蔡莲红. 情感语音计算性研究的基本问题. 中国语高学报(第一辑), 2006.
[34] 陶建华. 基于情感矢量的情感语音自动感知模型. 中国语高学报(第一辑), 2006.
[35] 贾媛，熊子瑜，李爱军. 普通话焦点重音对语句音高的作用. 中国语高学报(第一辑), 2006.
[36] 刘俐李. 基频归一和调系规整的方言实验. 中国语高学报(第一辑), 2006.
[37] 关英伟，李波. 越南留学生习得汉语单字调的声学考察与分析. 中国语高学报(第一辑), 2006.
[38] 李蕙心. 时长与广州话元音的感知. 中国语高学报(第一辑), 2006.
[39] 朱春跃. 汉语表情话语中的调型改变及其感知. 中国语高学报(第一辑), 2006.
[40] 王英利. 利用鼻韵母共振峰特征进行声纹鉴定的研究. 中国语高学报(第一辑), 2006.
[41] 杨若晓. 安顺仡佬语声调的实验研究. 中国语高学报(第一辑), 2006.
[42] 呼和，陶建华，格根塔娜，等. 蒙古语单词自然节奏模式. 中国语高学报(第一辑), 2006.

语音合成技术现状

朱维彬

(北京交通大学信息科学研究所，北京　100044)

1　引言

语音合成技术的一项重要应用是文语转换系统(text-to-speech, TTS)——将输入的文本转化为清晰、自然的语音。近年来，TTS 系统输出的合成语音质量得到了明显改进，可懂度、自然度等评价指标有了显著提高。国内的语音合成研究，在国家自然科学基金、863 计划等研究计划数十年的持续支持下，在若干前沿课题上已取得了一批富有特色的研究成果，研究内容及水平已和国际接轨、同步。

近期，引领语音合成取得技术突破的，主要是言语科学基础研究及言语工程建模技术两方面的进步。在语音学研究范畴，从语音生成、言语感知等角度，围绕着音段、超音段的声学实现进行了一系列的探索研究。尤其是有关韵律的研究，更是联合了语言学、心理学学科的研究力量，部分解决了工程方面所关心的：语言信息的韵律实现、韵律感知的声学相关物等问题。在技术实现方面，普遍采用了数据驱动的言语建模策略。当前 TTS 系统所采用的主流技术是：基于大规模言语数据库采用韵律导向的单元挑选的波形拼接方案。基本合成单元一般采用较大的(音素以上的)单位，在相当程度上解决了合成语音的清晰度问题；而自然度问题的解决则是通过韵律模型约束下的最优单元挑选实现的。语音合成的任务转化成了最优搜索。事实上，原本在语音识别中所采用的数据驱动建模、最优搜索等算法，在语音合成中得到了普遍的“借用”与发展。TTS 系统中的这种数据驱动建模策略，从方法论的角度，是知识指导下机器学习方法。

以下，本文将介绍构建 TTS 系统所涉及的基础研究及技术实现所取得的进展，分析目前所存在的问题。

2　基础研究——言语韵律研究

近些年，由于言语感知、非线性音系学等基础研究[1]和言语工程需求的相互促进，使得言语韵律研究取得了相当的进展，并成为言语研究的热点。在这些研究中，体现着一条基本的研究思路，就是把韵律作为接口用以探讨言语中高层次语言学信息与低层次声学信息之间的关系。

在韵律的声学特征研究方面，随着对韵律现象分析的深入及计算手段的进步，为了实现对言语声音中超音段特性的精细刻画，在原有的音高(pitch)、音强(intensity)和音长(duration)三个韵律声学参数基础上，Campbell[2]提出了增加第4个参数——嗓音品质(voice quality)，用以刻画发音人的个性、发音风格及言语行为；除此之外，针对言语工程的需求， Hirschberg[3]和 Pfitzinger[4]还分别提出了增加发音人状态(speaker state)和省略程度(degree of reduction)等参数以细致刻画语音的音色。

1992年发布的英语韵律标注符号系统 ToBI(tone and break index)，由汇集了来自言语工程、语言学、心理学等领域的数十名专家共同拟定，通过调(tone)与音高重音(pitch accent)刻画语调(intonation)，通过停顿级别(break index)刻画韵律结构(prosodic structure)，涵盖了主要的英语韵律现象[5]。ToBI 的出现，给韵律研究及言语工程带来了巨大影响[6]，尤其是借助于 ToBI 标注言语数据库，采用数据驱动建模方法，可以实现文本到韵律的预测、韵律到声学的估计两个模型，从而解决了韵律计算问题。目前，ToBI 的原则被广泛地引入到其他语言并用于制定各自的 ToBI 系统，而汉语语音合成系统性能的提高也是在汉语 ToBI 系统[7,8]制定之后。“虽然 ToBI 是被作为标注标准提出的，但它并未成为标准却成为标准的起点”[9]。事实上，每个言语系统所采用的韵律标注系统，根据开发目标及技术路线的不同，或多或少都会有所调整[10,11]。

学术界对于 ToBI 的批评主要有两个方面，一是 ToBI 对于韵律现象的描述浮于表层事件，因而不够准确，为此，Xu [12]基于发音的交际功能，在2006年提出了新的韵律描述方案及实现模型；二是 ToBI 对于韵律现象的描述不够细致，区别性较差。另外，受到应用需求的驱动，韵律研究对象也由孤立语句扩展到语篇，由此产生了篇章韵律现象描述问题，2006 年，Tseng[13]提出了韵律短语成组(prosodic phrase grouping)的概念用以刻画更高层次、更大规模的韵律单元，可以看做是 ToBI 的扩展。

韵律与语言学各层级信息的制约规则，一直受到语言学家、心理学家的广泛关注。德国联邦研究基金支持的 SFB632 项目[14]，更是集中了40余名相关领域的专家，围绕信息结构，即话语、句子、文本的语言学意义的结构化展开研究，其中的言语韵律特征与语法焦点及结构的关系是研究的重点[15]。在汉语韵律研究方面，从语言学角度，Cao 等[16]研究了词法及句法约束对韵律边界的影响，王洪君[17]探讨了韵律结构与句法语用的关联关系，不过这些研究的是在句子层面进行的。在语篇层面，陈玉东[18]采用实验语音学手段，分析了语句焦点的类型及变化形式，研究了语篇构造中语句语调的变化规律和重音组合关系；王蓓[19]采用心理感知实验与大规模言语数据库统计分析相结合的方法，研究了重音和韵律边界结构的声学表现，以及信息结构中新旧信息状态、大尺度信息单元的韵律表现。

有关韵律的基础性研究成果，一方面体现为一些定性结论，可用于指导搭建合理的言语计算模型架构；另一方面是研究过程中形成的言语标注规范及标注着语言学、语音学信息的大规模言语数据库，可直接用于言语计算模型的训练。

3 技术实现与进步

近年来流行的基于大规模言语数据库构建的 TTS 系统，合成语音由自然语音波形直接拼接而成，进行拼接的语音单元是从一个预先录下的言语数据库中挑选出来的，因此有可能最大限度地保留语音的清晰度和自然度。同时还利用了韵律模型的预测结果来约束合成单元的挑选过程，从而使合成语音在音段之上的层面，如语句，也具有很高的可懂度与自然度。

3.1 基于言语数据库的语音合成

在较早期[20,21]的基于单元挑选的波形拼接方案中，基本合成单元所对应的音段单位相对较小，由于拼接波形中的拼接点数目较多，拼接点附近音段的波形及频谱的连续性将极大地影响合成语句的清晰度。在 Black 和 Campbell[20]工作中,采用的单位是双音子；Donovan[21]所采用的单位更小，每个音子对应一个三状态的 HMM(hidden markov model)模型，合成单元所对应的是 HMM 模型的一个状态所属音段，因而单元挑选时必须对相邻音段端点附近的连续性给予优先满足。这一阶段的单元挑选是音联导向的，韵律是以附加韵律模型预测的声学参数为目标值对所选取的音段进行调整得以实现[22]。这一时期在单元挑选时所采用的三个策略是：(a) 综合目标代价(target cost)与转移代价(transition cost)构成选择代价；(b) 以总体选择代价最小化为准则；(c) 利用动态规划(dynamic programming)算法选取最优单元序列。这三个基本策略对后续技术有着很大影响。

后期的单元挑选方案中普遍采用了较大的合成单元。在汉语 TTS 系统中，多数采用了音节为基本合成单元[23~27]。由于音段单位较大，音节内部的协同发音引起的音变得以保留，而音节间的音联对于拼接语音的清晰度的影响相对不大，需要更多考虑的是合成单元的韵律实现，因而这一阶段的单元挑选是韵律导向的。这时，引入了基于数据驱动的韵律建模策略，一种做法是直接利用韵律符号描述信息找到匹配或较匹配的合成单元[23]；另一种做法是先由韵律符号描述信息预测出合成单元的韵律声学参数，再利用韵律声学参数去挑选声学距离最近的合成单元[27]。后一种做法在执行单元挑选时由于具有更好的灵活性，被更多的系统所采用。在这个方案中，由于合成单元音段单位较大，要尽可能地覆盖合成单元不同的韵律实现所需言语数据库的规模较大，从而引发了数据库自动加工[28]、数据库规模裁剪[29]等方面的研究工作。

近期，基于言语数据库的语音合成实现方案有了新的动向，主要是HMM语音合成器在技术上取得了突破[30]：采用动态的 HMM 模型刻画每个合成单元，将每个音段转化为HMM参数，由HMM声学参数恢复出具有极高品质的语音，同时具备很大的超音段调节范围和音色调整能力。在实现方案中[31]，除了韵律声学模型还有由 HMM 模型所刻画的音段模型，可以在韵律/音段声学参数共同约束下，挑选韵律/音段综合最佳的合成单元序列，因而这种单元挑选是韵律、音段综合导向的。对于波形拼接处的平滑，自然可以利用HMM语音合成器，从而可以实现更好的拼接波形语音品质。当然，也可直接由预测的合成单元的HMM参数利用HMM合成器合成出语音信号[32]，这时就不再是波形拼接而是参数合成了。对于由较小规模言语数据库构成的TTS系统，基于HMM合成器的技术显示了明显的优势。

3.2 韵律模型

韵律模型在 TTS 系统实现上可以分为两个模块：一个是韵律声学参数预测模型，将文本分析得到的关于合成单元的发音描述，主要是韵律符号描述信息，转化为合成单元的韵律声学参数预测，决策树加GMM(gaussian mixture model)是最常见实现方案[27]。基于带有韵律描述信息标注的言语数据库，可训练得到韵律声学参数预测模型。另一个模块是韵律事件预测模型，即通过对待合成文本的分析得到每个合成单元的韵律符号描述。以下将着重介绍这方面的工作。

目前的韵律描述预测模型，主要是在句子层面利用合成文本的分词及词性POS(part of speech)信息，预测合成语音的韵律层级结构，辅助词内重音模式 stress pattern(重音语言，如英语)或声调(声调语言，如汉语)信息，刻画韵律的变化[33~35]。如此，可以得到语调流畅的合成语音，但由于句子内部没有轻重变化，句子或短语之间没有呼应，所合成的语音只有单一的语调、语气[36]。

在人与人的言语交流过程中，话语产生时，除了音位信息，通常还会借助于停顿、节奏、重音、语调、语气等韵律调节手段，传递特定的话语结构、语义焦点、功能语调等语义信息[37]。对于语音合成系统来讲，为了准确、生动地传递合成文本所蕴含的语义，首先需要能够从文本中分析出更丰富的语言学信息，除了句法层面的分词、词性信息之外，还需要词义、句义、语义焦点、话语结构等信息，也就是对文本的分析要上升到语义层面。其次，这些信息将被用来确定发什么音、如何发音；一是解决在词性层面存在歧义的多音字注音、韵律结构划分等现有问题；二是实现有关发音的更为准确的描述，这将主要通过韵律特征实现，也就是除韵律结构之外，还将包括语义重音、语调、语气等对发音更细致的描述。最后，借助于高性能合成器将更细致的发音描述转化为更准确的合成语音[38]。目前，问题的关键是解决从文本中获取更丰富的语言学信息，以及将这些丰富信息转化为细致的发音描述两方面的计算问题，也就是要实现文本到语义、语义到韵律两个言语语义计算模型。

将语义引入语音合成的实践，可见于概念语音合成 CTS(concept-to-speech)[39]，一般是将人机对话系统中的语音输出部分自然语言产生 NLG (natural language generation)与文语转换两个模块相串接[40]。Pan 利用了 NLG 输出的丰富信息：包括词性、句法/语义单元边界、语义角色等浅层语义信息，以及语义类型(semantic type)、新/旧(new/given)信息等深层语义信息，基于数据驱动方法构建了韵律预测模型[41]。该模型除了可以预测韵律结构，还可以预测音高重音(pitch accent)的位置，因而使 CTS 具备了一般通用文语转换系统 TTS 所没有的通过重音体现语义焦点的能力。但对于通用语音合成系统来讲，除了词性信息可以相对可靠地由文本处理模块自动分析出来，其他更高层次的语法、语义信息，很难获得可靠的分析结果，自然也就无法应用于实际系统。在汉语语音合成研究中，初敏等[42]将局部语法关系应用于韵律层级结构预测的优化，邵艳秋等[43]利用依存句法分析的结果实现了韵律层级结构预测的改进。但在这些研究中，都没有实现词性信息之上的局部语法关系或句法依存关系的自动分析计算；从两个言语语义计算模型角度来讲，文本分析的结果仍然是词性，韵律预测虽然利用了词性之上的信息但输出结果仍然是韵律层级结构。

4　系统评测与问题分析

由美国自然科学基金支持的英语语音合成系统性能评测 Blizzard Challenge 已经连续举行了三届[44]。参加单位基于共同的合成语音样本数据库，开发各自的系统，提交合成语音样本。评测设置了押韵测试(modified rhyme test, MRT)、语义不可预测句测试(semantically unpredictable sentences, SUS)，采用词错误率(word error rate, WER)反映合成样本的可懂度；设置了 5 分制的主观评价得分(mean opinion score, MOS)用以反映合成样本的自然度。在 2005 年的测试中，由专家构成的测评组测试的最佳系统结果为：WER 为 14.7%，MOS 为 3.19 分。2006 年的测试中，专家组给出的最高 MOS 为 3.696 分。2007 年的测试中，最高 MOS 为 3.9 分。从测试结果看，无论是可懂度还是自然度，较自然人发音都还有明显的差距。

针对汉语语音合成系统，在国家 863 计划的支持下，已进行了五次评测[45]. 在各次评测中，同样设置了可懂度、自然度等测试内容。评测结果反映，在可懂度、自然度方面，汉语的语音合成质量同样还有相当大的提升空间。

无论是英语的 Blizzard Challenge 测试，还是汉语的 863 测试，由于采用统一的测试方案，各参加系统的性能变得可比，可以帮助各研究单位在算法层面做进一步地分析，从而推进了语音合成技术的进步。但由于 WER、MOS 都是综合性指标，虽然测试结果具有较高的权威性，这些指标并不能直接反映系统各功能模块的性能和问题，为了分析影响系统性能的原因，还需进行针对性的诊断测试。

2007 年，朱维彬和吕士楠[38]通过对数个具有代表性的汉语语音合成系统的考察，对观察到的合成语音缺陷进行了分类。主要问题包括：(1) 与可懂度直接相关的发音质量；(2) 与自然度密切相关的韵律结构预测；(3) 由于系统中没有轻重音、功能语调、发音风格等方面的控制，因而造成了合成语音音色单一、语调缺少变化，缺乏表现能力。

这些问题的存在表明，目前的语音合成技术，还处在“表音”层次，而且在这一层次性能还有提升的空间；系统还不具备通过合成语音，准确、生动传递语义信息的、属于更高层次的“表情达意”能力。

5 结束语

语音合成技术的进步，首先得益于语音学、语言学、心理学等学科的交叉合作研究。以言语的韵律特征为接口，围绕着韵律描述规范、韵律特征的声学相关物、合成文本的语言学分析所获得的系列成果，构成了 TTS 系统的理论基础。TTS 系统性能的进一步提高，对文本的分析须上升到语义层面。这就要依赖于多学科的合作探索在理论层面，在有关文本的语义分析、语义的韵律实现等基本问题上能够首先取得突破。

参 考 文 献

[1] Pierrehumbert J. The phonology and phonetics of English Intonation. Ph.D. Dissertation, MIT, UAS, 1980.

[2] Campbell N. Voice quality. the 4th prosodic dimension, Proc. Inter. Cong. Phonetic Science, Spain, 2003.

[3] Hirschberg J. Recognizing and conveying speaker state prosodically. Proc. Speech Prosody, Germany, 2006.

[4] Pfitzinger H. Five dimensions of prosody: intensity, intonation, timing, voice quality, and degree of reduction. Proc. Speech Prosody, Germany, 2006.

[5] Silverman K, Beckman M, et al. TOBI: a standard for labeling english prosody. Proc. Inter. Conf. Spoken Lang. Processing, Canada, 1992.

[6] Mixdorff H. Speech technology, ToBI and making sense of prosody. Proc. Speech Prosody, France, 2002.

[7] Tseng C Y, Chou F C. A prosodic labeling system for mandarin chinese speech database. Proc. Inter. Cong. Phonetic Science, USA, 1999.

[8] Li A J, et al. A national database design for speech synthesis and prosodic labeling of standard Chinese. Proc. Oriental COCOSDA, Taiwan, 1999.

[9] Wightman C. ToBI or not ToBI. Proc. Speech Prosody, France, 2002.

[10] Wightman C, Syrdal A, et al. Perceptually based automatic prosody labeling and prosodically enriched unit selection improve concatenative text-to-speech synthesis. Proc. Inter. Conf. Spoken Lang. Processing. China, 2000.

[11] Zhu W B, Shi Q, et al. Corpus building for data-driven TTS systems. Proc. Speech Prosody, France, 2002.

[12] Xu Y. Speech prosody as articulated communicative functions. Proc. Speech Prosody, Germany, 2006.

[13] Tseng C Y. Fluent speech prosody and discourse organization-evidence of top-down governing and implications to speech technology. Proc. Speech Prosody, Germany, 2006.

[14] http://www.sfb632.uni-potsdam.de/main.html

[15] Féry C, Ishihara S. How information structure shapes prosody. Proc. 1st Inter. Conf. SFB, Germany, 2006: 632.

[16] Cao J F, Zhu W B. Syntactic and lexical constraint in prosodic segmentation and grouping, Proc. Speech Prosody, France, 2002.

[17] 王洪君. 普通话节律与句法语用关联之再探. 第八届全国人机语音通讯学术会议论文集, 北京, 2005.

[18] 陈玉东. 传媒有声语言语段的构造和调节. 北京大学博士论文, 2004.

[19] 王蓓. 汉语韵律知觉的研究. 中国科学院心理研究所博士论文, 2002.

[20] Black A, Campbell N. Optimising selection of units from speech databases for concatenative synthesis. Proc. Eurospeech, Spain, 1995.

[21] Donovan R, Eide E. The IBM trainable speech synthesis system. Proc. Inter. Conf. Spoken Lang. Processing, Australia, 1998.

[22] Black A, Hunt A J. Generating F0 contours from ToBI labels using linear regression. Proc. Inter. Conf. Spoken Lang. Processing, USA, 1996.

[23] Chu M, Peng H., et al. Selecting non-uniform units from a very large corpus for concatenative speech synthesizer. Proc. Inter. Conf. Acoust. Speech, & Signal Processing. USA, 2001.

[24] Li W, Lin Z H, et al. A statistical method for computing candidate unit cost in corpus based Chinese speech synthesis system. Proc. Inter. Conf. Chinese Computing, Singapore, 2001.

[25] 吕士楠, 林凡, 张连毅. 捷通华声 TTS 技术. 邮电商情, 2001, 21: 52.

[26] 陶建华, 赵晟, 蔡莲红. 基于统计韵律模型的汉语语音合成系统的研究. 中文信息学报, 2002, 16: 30.

[27] Ma X J, Zhang W, Zhu W B, et al. Probability prosody model for unit selection. Proc. Inter. Conf. Acoust. Speech, & Signal Processing, Canada, 2004.

[28] Ma X J, Zhang W, Zhu W B, et al. Automatic prosody labeling using both text and acoustic information. Proc. Inter. Conf. Acoust. Speech, & Signal Processing, Hong Kong, 2003.

[29] 张巍, 吴晓如, 赵志伟, 等. 基于虚拟不定长的语音库裁剪方法. 软件学报, 2006, 17(5): 983.

[30] Black A, Zen H, Tokuda K. Statistical parametric speech synthesis. Proc. Inter. Conf. Acoust. Speech, & Signal Processing, USA, 2007.

[31] Ling Z H, Qin L, Lu H, et al. The USTC and iFlytek speech synthesis systems for blizzard challenge 2007. Proc. Blizzard Challenge 2007 Workshop, Germany, 2007.

[32] Zen H, Nose T, Yamagishi J, et al. The HMM-based speech synthesis system version 2.0. Proc. 6th ISCA (Inter. Speech Commun. Assoc.) Speech Synthesis, Germany, 2007.

[33] Qian Y, Chu M. Prosodic word: the lowest constituent in the mandarin prosody processing. Proc. Speech Prosody, France, 2002.

[34] Shi Q, Ma X J, Zhu W B, et al. Statistic prosody structure prediction. Proc. IEEE TTS Workshop, USA, 2002.

[35] Shi Q, Zhang W, et al. Comparisons among four statistics based methods of prosody structure prediction. Proc. Nat. Conf. Man-Machine Speech Commun. China, 2003.

[36] Campbell N. Developments in corpus-based speech synthesis: Approaching natural conversational speech. Trans. IEICE Inf. & Syst., 2004, E88-D(3): 376.

[37] Fujisaki H. Prosody, information and modeling-With emphasis on tonal features of speech. Proc. Speech Prosody, Japan, 2004.

[38] 朱维彬，吕士楠. 基于语义的语音合成——语音合成技术的现状及展望. 北京理工大学学报, 2007, 27(5): 408

[39] Young S, Fallside F. Speech synthesis from concept: a method for speech output from information systems. J. Acoust. Soc. Amer. 1979, 66(3): 685-695.

[40] Pan S M, McKeown K R. Integrating language generation with speech synthesis in a concept to speech system. Proc. ACL/EACL Concept to Speech Workshop, 1997.

[41] Pan S M. Prosody modeling in concept-to-speech generation. Ph.D. dissertation of Columbia Univ. 2002.

[42] 初敏，王韫佳，包明真. 普通话节律组织中的局部语法约束和长度约束. 第六届全国现代语音学学术会议，天津, 2003.

[43] 邵艳秋，韩纪庆，等. 基于依存分析的汉语文语转换停顿指数自动标注研究. 第八届全国人机语音通讯学术会议论文集，北京, 2005,

[44] http://www.festvox.org/blizzard/

[45] Liu Q, Wang X D, et al. Introduction to HTRDP evaluations on Chinese information processing and intelligent human-machine interface. Frontiers of Computer Sciences in China, 2007, 1: 58.

头相关传输函数与虚拟听觉的研究进展

谢菠荪[1]，管善群[2]

(1 华南理工大学物理科学与技术学院声学研究所，广州 510641)

(2 北京邮电大学电信工程学院，北京 100876)

1 引言

人类是利用双耳感知声音信息的，双耳声压包含了声音的主要信息。从物理的角度，声源发出的声波经直达声和环境反射声的途径传输到倾听者，而倾听者的头部、躯干、耳郭等对入射声波散射和反射后传输到双耳，将声源和环境声信息转换成双耳听到的声信号。在自由场(略去环境反射声)的情况下，声源到双耳的传输可以用一个物理量——头相关传输函数(head-related transfer function, HRTF)表示。HRTF 包含了有关声源的主要空间信息，因而在双耳空间听觉的研究方面有非常重要的意义。作为 HRTF 的一个重要应用，虚拟听觉(virtual auditory)是近二十年发展起来的新技术，它利用 HRTF 进行信号处理，模拟出声波从声源到双耳的传输，从而在耳机或扬声器重放中虚拟出相应的空间听觉。 虚拟听觉技术在有关听觉心理和生理的科学实验、消费电子领域、多媒体与虚拟现实、人工智能、通信、室内声学设计、声音节目的制作、家用声重放等科学研究、工程技术以至航天事业都有重要的应用价值。近十多年来，国际上有关 HRTF 和虚拟听觉技术的研究发展很快，已成为声学、信号处理、听觉等研究领域的热门与前沿课题，并已在众多的领域得到应用。

虽然早几年国内从事 HRTF 及虚拟听觉方面研究的课题组很少，但在 20 世纪 90 年代初或更早，国内研究工作者就开始关注和涉及这方面的研究。 本文作者之一管善群曾在专著《电声技术基础》中强调(立体)声重放与定位中应考虑倾听者本身对声场的散(衍)射问题，并提出过人类听觉存在“听觉定向生理计权的假设”[1]；谢兴甫则对采用扬声器的虚拟听觉重放中串声消除的简化处理进行了研究[2]。而从 20 世纪末开始，作者及课题组(包括华南理工大学和北京邮电大学合作)在 HRTF 及其物理特性分析、虚拟听觉信号处理方面已做了大量的基础和应用基础研究工作。近两三年，HRTF 及虚拟听觉已引起了我国研究工作者的兴趣，已有一些研究单位开展或计划开展这方面的工作。以下将对相关的工作进行综述。

2 头相关传输函数的测量与空间插值

HRTF 定义为自由场情况下点声源到双耳的传输函数，它是声源发出的声波经空间传输和头部、耳郭等生理结构对声波散射的综合结果。假设声源的空间坐标可以用相对于头中心的距离 r，仰角 $-90° \leqslant \phi \leqslant 90°$，方位角 $0° \leqslant \theta < 360°$ 表示(习惯上 $\phi = 0°$和 90°分别表示水平面和正上方，水平面内 $\theta = 0°$和 90°分别表示正前和正右方)。则 HRTF 定义为[3]

$$H_L(r,\theta,\phi,f) = \frac{P_L(r,\theta,\phi,f,a)}{P_0(r,f)}; H_R(r,\theta,\phi,f) = \frac{P_R(r,\theta,\phi,f,a)}{P_0(r,f)} \tag{1}$$

其中 $P_L(r, \theta, \phi, f, a)$ 和 $P_R(r, \theta, \phi, f, a)$分别是点声源在左右耳所产生的声压，$P_0(r, f)$为点声源在头中心位置处产生的声压(当头不存在时)。一般情况下，HRTF 是声源的距离、方向、声波频率 f 的函数，同时与受试者的头部、耳郭等生理结构和尺寸有关，是具有个性化特性的物理量(这里引入描述生理尺寸和结构的一个或一组参量 a，以表示个性化特性)。对于声源距离 $r \geqslant 1.0\sim1.2$ m 的远场情况，HRTF 近似和 r 无关。但对于 $r < 1.0$m 的情况，HRTF 与 r 有关，并称为近场 HRTF。

一般情况下，HRTF 可通过实验测量得到。近十多来，国外有多个课题组对远场 HRTF 进行了测量，并建立了数据库。MIT 媒体实验室公布了对 KEMAR 人工头测量的数据库[4]，并被国际上广泛采用。但人工头是对一定人群的生理尺寸进行平均的结果，不能反映不同受试者的个性化特性。而一些真人受试者数据库的空间方向分辨率偏低，例如文献[5]和[6]的水平面方位角的分辨率分别是 22.5°和 10°；也有些数据的受试者的人数偏少，例如文献[7]只有 12 名受试者，不足以给出有效的统计结果。对于真人受试者，只有文献[8]给出的 CIPIC 数据库是高空间方向分辨率的，包括 43 名受试者。但是由于测量采用的是双耳极坐标系统，侧向的空间分辨率还是不足，特别是没有测量正侧向的 HRTF 数据。而国外现有的真人受试者数据库中，受试者的性别比例差别较大。如果某些参量的统计结果存在显著的性别差异，那么整体的统计结果就会出现偏差。最重要的一点，上述数据都是来自国外的测量，主要是在西方人群中挑选受试者(或平均)的结果。由于 HRTF 与受试者的生理结构和尺寸密切相关；不同民族的生理外形、尺寸是有一定差别的，所以国外的数据及其统计规律不一定完全适用于中国人。

为解决上述问题，从 2003 年开始，华南理工大学在国家自然科学基金的资助下，开展了中国人样本的高空间分辨率 HRTF 测量工作，到 2005 年底已建立了相应的数据库[9]。数据库包括 52 名受试者(男、女各半)，每名受试者 493 个空间方向的 HRIR(头相关脉冲响应，HRTF 的时域形式)，其中水平面方位角的分辨率 5°。HRIR 是以 44.1kHz 采样率、16bit 量化、512 点长度的数据文件给出。同时，通过测量还建立了 52 名受试者的头部、耳郭等 17 项生理参数的数据库。因此这是国际上现有的两个包括 40 名以上真人受试者的高空间分辨率 HRTF 和生理参数的数据库之一(另一个为 CIPIC 数据库)，且是唯一的包含等量男女受试者的数据库。这项工作为今后国内有关双耳听觉的研究和虚拟听觉的应用提供了基础。

以上提到的都是远场 HRTF 测量工作。而近场 HRTF 具有与远场 HRTF 明显不同的物理特性，特别是近场 HRTF 包含有声源距离的定位信息，因而在双耳听觉的研究中也有重要的意义，近年已开始引起研究工作者的关注[10]。

原则上近场 HRTF 也可通过实验测量得到，但与远场 HRTF 比较，近场 HRTF 测量有一定的困难。首先在远场的情况下，可以用小型扬声器系统近似作为测量用点声源，其尺度与指向性引起的测量误差较少，扬声器与受试者之间的多重散射也可以忽略。而近场的情况下就必须仔细考虑声源尺度和多重散射，这使得测量声源的选择成为一个重要问题。对于近场 HRTF 测量，通常的扬声器系统不能满足点声源的要求。其次，对近场 HRTF，除了需要对不同的空间方向进行测量外，还需要在 $r \leqslant 1.0$m 的距离内，对每个空间方向再取若干个声源距离进行测量，因而总体的工作量很大。特别是对真人受试者，过长的测量时间可能会难以忍受。试图对多名真人受试者测量而建立个性化近场 HRTF 数据库的总体工作量可能会令研究工作者望而生畏。虽然国外有一些作者进行了近场 HRTF 的测量工作[11,12]，但现有近场 HRTF 的数据库很少，已公布的只有 Hosoe 等对 B&K 4128 人工头系统的测量结果[13]。测量采用压电扬声器所组成的直径 38 mm 小型正十二面体声源，声源距离 r 从 0.2~1.0m 选取 9 个等间隔的距离。对每个测量距离，测量方向包括 28 个仰角 ϕ，每个仰角上 72 个方位角 θ，加上正上方($\theta = 0°$, $\phi = 90°$)，共 18153 组 HRTF 数据。

而中国科学院声学研究所与北京大学合作，2007 年 6 月已完成了对 KEMAR 人工头的近场 HRTF 数据库测量和建立工作[14]，其研究结果将会在近期发表。该数据库包括 r 在 0.2~1.6m 选取的 8 个距离，每个距离上 793 个方向的数据。

另外，即使远场 HRTF 也是声源空间方向的连续函数，而实验测量只能得到空间离散(有限)方向的 HRTF 数据，未测量方向的数据需要采用空间插值的方法得到。虽然国际上已提出了各种不同的 HRTF 空间插值方法，如线性插值、三次样条插值等[15,16]，但并没有研究从理论上给出恢复空间方向上连续的 HRTF 所需要的空间分辨率问题。华南理工大学的钟小丽等采用空间傅里叶分析的方法[17]，对 HRTF 空间方向特性进行了分析，得到在不同纬度面上测量 HRTF 所需要的空间采样率(空间采样定理)，并提出了由空间离散方向的 HRTF 恢复连续 HRTF 的插值公式。将理论结果与现有实验结果进行比较，证明了理论分析的正确性。该结果为解决实验测量 HRTF 所需要的空间分辨率问题提供了理论依据。

在此基础上，进一步从空间方向采样的角度对 HRTF 空间插值、多通路环绕声重放进行了分析[18]，证明了它们在数学上是完全等价的，不同的 HRTF 空间插值方法对应不同的多通路环绕声信号馈给方式，并给出了多通路环绕声信号馈给以及立体声的正弦定理更严格的数学推导。分析指出，企图用相邻线性插值的方法得到侧向 HRTF 是错误的，并从保证声像定位的角度对现有的 HRTF 相邻线性插值公式进行了修正。研究指出，HRTF 以及下面讨论的虚拟听觉重放的许多分析方法可与多通路环绕声的方法相互借鉴。

3 头相关传输函数的特性分析与近似

利用 HRTF 数据库可以对 HRTF 的物理特性和所包含的声源定位因素(如双耳时间差 ITD、双耳声级差 ILD)进行分析。虽然在一些基本特性上，如 HRTF 的时域或频域特性、空间特性、ITD 和 ILD 随声源方向的变化规律等，不同的 HRTF 数据给出的结果是相似的，但对中国人受试者样本的 HRTF 数据库的分析却得到了一些新的结果[9]。

分析表明，在统计意义上某些重要的声源定位因素(如最大双耳时间差)存在显著的性别差异，这是由于头部等生理尺寸的统计差异所引起的。因而用统计方法建立双耳听觉模型的时候应考虑性别上的差别，理想的情况应分别建立适合男性和女性的模型。如果必须建立通用的模型，则至少应选择等量的男、女性受试者的数据进行统计平均，否则就会出现偏差。但现有的研究很少注意到这一点。分析同时表明，中国人样本的最大双耳时间差与主要由西方人样本组成的 CIPIC 数据库的统计结果存在显著性差异，中国人样本的平均结果相对小些。这是由于不同种族生理尺寸的统计差异引起的。因此这也说明建立基于中国人样本的 HRTF 数据库的必要性，直接引用国外数据进行中国人双耳听觉的研究可能会出现误差。

过去许多研究和双耳听觉模型假定 HRTF 是左右对称的(甚至是近似前后对称)。钟小丽等进一步研究了 HRTF 的空间对称性问题[19]。利用对 KEMAR 人工头/躯干系统和真人受试者测量得到的 HRTF，分析了生理结构对 HRTF 空间对称性的影响。结果表明，在 5~6kHz 以上的频率，耳郭破坏了 HRTF 的前后对称性；而受耳道入口位置的影响，真人受试者的 HRTF 在 2.5 kHz 以上的频率就开始出现前后不对称。另一方面，在中、低频的情况下，HRTF 近似左右对称的，然而随着频率的升高，生理外形在细微结构上的左右差异将导致 HRTF 的左右不对称，这种左右不对称的起始频率和程度存在个体差异。进一步利用 52 名中国人受试者的 HRTF 数据，对双耳时间差(ITD)的左右和前后对称性进行分析[20]，结果表明，对每个受试者可能会存在微小的 ITD 左右不对称，但从统计平均的角度，ITD 左右对称是一个合理的模型。但由于生理结构的影响，ITD 有一定的前后不对称，采用前后对称的 ITD 模型会带来误差。因此对称性的分析可以反映出 HRTF 空间对称性的规律和现有双耳听觉模型的适用范围。

实验测量是获得个性化 HRTF 最为准确的方法，但 HRTF 测量需要复杂的条件和设备，且是一项非常耗时的工作，对每个人进行个性化 HRTF 测量是不实际的。虽然采用理论计算 HRTF 可部分地解决这个问题，但无论是精确地或计算机数值计算近似地求解声波散射问题都是一项复杂的工作，计算量很大。并且从目前的情况来说，理论计算结果也不能完全地反映出 HRTF 的高频特征。因而从应用的角度，需要寻求个性化 HRTF 的近似方法，也就是通过对受试者的一些生理尺寸和结构参数的测量，然后用近似的方法估计或定制出相应的个性化 HRTF。

事实上，HRTF 可分解为幅度谱和相位谱两部分，因而对 HRTF 近似估计可分解为对幅度谱和相位谱两部分的估计。其中国外在幅度谱的估计方面已有初步的工作[21,22]，但其方法和结果还有待改进和完善。而在 HRTF 的最小相位近似下，相位谱可以转换为双耳时间差 ITD 表示，因而就转化为 ITD 的近似估计问题。虽然 Algazi 等人通过对 25 名受试者的 ITD 实验数据进行统计分析[23]，已提出采用头宽、头高、头深三个生理参数的计权平均来近似估计 ITD，但其结果仍然有较大的误差，特别是不能反映 ITD 的前后不对称。而钟小丽等利用中国人样本的 HRTF 数据库和多元线性回归的统计方法，并采用空间傅里叶分析，提出了一个具有统计意义的 ITD 计算公式[24]。公式反映了 ITD 的空间左右对称性和前后不对称性；并且通过描述头部以及耳郭主要特征的三个生理参数，公式可预测出受试者在水平面上的个性化 ITD，其总体计算效果较现有的方法为佳。该部分工作是建立个性化 HRTF 及双耳听觉模型的基本一步，并可应用于下面所讨论的个性化虚拟听觉重放。

因此，我国学者对 HRTF 的理论研究和实际测量两方面都已经做出独特的贡献，已经开始引起国际同行的关注。

4 虚拟听觉重放

HRTF 的一个重要应用是虚拟听觉重放。由于双耳声信号包含了声音的主要信息，因而可通过人工模拟双耳声信号并用耳机或扬声器重放的方法，使倾听者产生犹如置身于特定的声学环境的主观感觉，这就是虚拟听觉重放的基本原理。作为最普遍的情况，双耳声信号的模拟就是通过给定的物理和几何条件，通过对声源的物理特性、声传输特性（包括直达声和环境反射声）、倾听者对声波的散射(HRTF)三部分的模拟，从而模拟出声波从声源到双耳传输的物理过程，得到声音的时间（频率）和空间两部分的信息。其中空间信息包括声源定位和环境反射声信息，声源或倾听者的运动都会引起空间信息变化。一方面，这些动态信息对虚拟听觉环境的主观真实性是至关重要的；同时倾听者运动也会带来重要的声源定位因素，这对区分前后镜像方向的声源是重要的。因而虚拟听觉信号处理应该将这些信息及其动态变化合成出来。另一方面，不同倾听者的生理(如头部等)结构和尺寸是不同的，因而对声波的散射等作用也不同。所以完整的虚拟听觉重放系统应该是实时、交互、动态且考虑倾听者个性化特性(至少是合理的人群平均特性)的绘制系统。也就是说完整的虚拟听觉重放系统应包括头踪迹跟踪，根据倾听者头部的位置实时、动态地调整对声传输和倾听者的模拟，从而得到动态变化的双耳声信号。这类虚拟听觉环境实时绘制系统在心理声学的科学研究和虚拟现实的工程技术方面有重要的应用，国外在这方面已有一定的研究[25~28]。

在实际中也经常对虚拟听觉重放系统进行一定的简化。严格的环境反射声模拟需要用双耳房间脉冲响应(BRIR)进行信号处理，但虚拟听觉环境实时绘制系统经常只对低阶的环境界面反射声进行精确的模拟而略去高阶的反射声，并将后期的环境反射声当扩散声场近似。模拟自由场声像是一种极端的情况，这时完全不考虑环境反射声的影响而只采用自由场的 HRTF 进行信号处理，以模拟倾听者对入射声波的散射作用。而在目前大多数的应用中，忽略了倾听者的运动所带来的动态信息，因而是模拟稳态双耳声学信息的虚拟听觉重放系统。而在选用 HRTF 的时候，也经常不考虑倾听者的个性化特性而采用符合某种人群平均特性的 HRTF 进行处理。以上的简化处理不可避免地会影响虚拟听觉的重放效果。由于不同应用所允许(听觉意义上)的误差不同，实际中应根据应用的要求选择不同的简化。

多通路环绕声的虚拟重放是虚拟听觉重放在家用、消费电子类放声的一类特殊应用，商业上习惯称为“虚拟环绕声”。目前 5.1 通路环绕声已被国际电信联盟(ITU)等推荐作为多通路环绕声的标准，并广泛应用到 DVD、数字电视、家庭影院等方面。ITU 推荐的 5.1 通路环绕声扬声器布置如图 1 所示。但系统需要五个独立的全频带扬声器，较为复杂。而在一些实际的应用中，如电视、多媒体计算机等，以及由于房间条件的限制等，并不一定适合布置五个全频带扬声器。因而国外研究也提

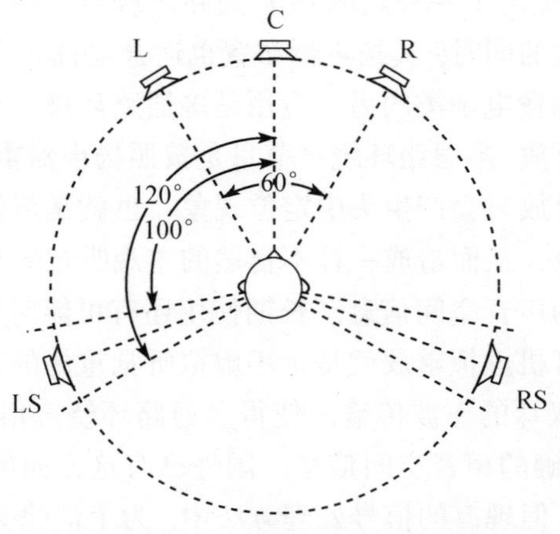

图 1　ITU 推荐的 5.1 通路环绕声扬声器布置

出了 5.1 通路环绕声的扬声器虚拟重放系统，它通过虚拟听觉信号处理的方法，利用少量的真实扬声器(一般为前方一对左、右扬声器)将 5.1 通路系统的其他扬声器虚拟出来，达到节省扬声器、简化系统的目的。目前国外已有这类专利技术，如 SRS 的 trusurround, Qsound 的 qsurround, Dolby 实验室的 virtual dolby surround 等。但这些技术普遍存在听音区域窄、重放声像方向畸变、重放音色改变等问题。

我国在这方面的研究已取得了重大的进展,是掌握这方面识产权的少数国家之一。华南理工大学与北京邮电大学合作，提出了几种改进的 5.1 通路环绕声虚拟重放系统及其信号处理方法[29,30]，并已取得了具有自主知识产权的结果,目前已获得与此有关的几项国家发明专利授权,另有一项更为实用国家发明专利申请也被受理并已公开[31]。

我们提出的专利技术有不少与外国不同的特色,其中重要的有

(1) 研究提出将一对前方重放扬声器布置缩窄到 ± 15°（而不是传统的 ± 30°），在扩大听音区域的同时，也适合于电视和多媒体计算机的实际应用。

(2) 提出了功率均衡的信号处理方法，可明显地减少重放的音色改变。在随后的研究中证明[32]，功率均衡的信号处理考虑了双耳听觉的心理声学因素，能抵消扬声器重放信号处理函数接近 Z 平面单位圆的极点，改善重放的音色，但又不引起声像方向畸变。在功率均衡的基础上，进一步的研究提出采用无耳郭、封闭耳道的 HRTF 进行信号处理[33]。理论和实验分析表明，这有效地减少信号处理函数的零点，从而进一步减少声重放的音色改变。而正是由于功率均衡对信号处理函数的零极点抵消特性，使信号处理得到较大的简化，在 48kHz 的采样频率下，采用四个 128 点甚至 64 点脉冲响应长度的 FIR 滤波器即可实现 5.1 通路环绕声的虚拟重放信号处理，并得到理想的主观听觉效果[34]。因而实际中采用非常简单的信号处理芯片即可实现信号处理，这对产业化应用将有较大的意义。

(3) 另外，研究也提出了一种新的 5.1 通路环绕声三扬声器虚拟重放系统[35]，在提高重放声像稳定性的同时，其扬声器布置也适合电视和多媒体计算机的布置。

虚拟听觉重放在消费电子类的另一应用是多通路环绕声(或普通的双通路立体声,下同)的耳机虚拟重放。多通路环绕声节目是按照扬声器重放的声学原理而录制的。当采用一对耳机重放时会产生头中定位现象，也就是声像常集中在人头内部，得不到正确的立体声像，从而造成一种不自然的主观听觉效果。 因为普通的耳机重放给双耳带来错误的声音空间信息，长期使用还有可能对听觉造成损害。

多通路环绕声的耳机虚拟重放就是采用虚拟听觉重放的方法，用 HRTF 信号处理模拟从扬声器到双耳的声波传输，使得多通路环绕声信号是从适当的虚拟扬声器重放出来,得到正确的声音空间信息。国外已有这方面的专利技术，如 Dolby 实验室的 Dolby 耳机。但现有的信号处理方法中，为了消除头中定位，不适当地引入了听音室的室内声学模型，模拟了房间的反射声，从而产生了新的不自然的主

观听觉效果。

华南理工大学与北京邮电大学合作，对 5.1 通路环绕声的耳机虚拟重放进行了改进，提出了一种新的信号处理方法[36,37]，取得了具有自主知识产权的结果，也已获得国家发明专利授权一项。通过理论分析和心理声学实验证明，采用 HRTF 信号处理、环绕声信号去相关等方法，在克服普通耳机声重放的“头中定位”的缺点、虚拟出多环绕扬声器效果的同时，并未带来新的不自然听觉效果。因此信号处理方法可增加听觉上的包围感，从而改善耳机重放的主观听觉效果。

5 总结与展望

HRTF 是双耳听觉基础研究的重要课题，虚拟听觉是 HRTF 的重要应用，并且虚拟听觉重放在科学研究、工程技术、家用声重放等众多领域有重要的应用前景。在早年，我国的科技工作者已关注这问题。虽然大规模的系统研究起步较国外晚，但经过近年的努力，已取得了重要的进展。中国人样本的 HRTF 数据库和近场 HRTF 数据库的建立为今后开展相关的工作提供了重要的数据基础。对于 HRTF 的空间采样与插值、物理特性分析方面的也取得了进展。而在多通路环绕声的虚拟重放(包括耳机和扬声器虚拟重放)已取得了具有重要自主知识产权的结果。本文的作者之一谢菠荪所写的一本关于 HRTF 和虚拟听觉的专著已正式出版[38]，该专著系统地论述了 HRTF 和虚拟听觉的基本原理与应用，总结了国际上在该领域的研究成果和最新进展，特别是总结了作者的课题组在该领域的研究成果。因而目前国内在 HRTF 和虚拟听觉方面的研究已和国际研究前沿接轨。今后随着研究的不断深入和从事这方面工作的课题组增加，将会有更大的进展。

从基础和应用基础研究的角度考虑，前面第 3 节提到的个性化 HRTF 近似估计或定制(包括幅度谱和 ITD 的估计)是目前国际上研究的热点之一。从事这方面的研究需要有在统计意义上足够的 HRTF 和生参数数据库，但目前国际上已公开的只有 CIPIC 数据库一个，现有的许多研究也是在 CIPIC 数据库的基础上进行。由于 CIPIC 数据库主要是对西方人受试者测量得到的，并不适合于中国人受试者的 HRTF 近似估计或定制。既然中国人样本的 HRTF 和生理参数数据库已建立，并且在个性化 ITD 的近似估计方面已取得进展，因而适合中国人生理特性的个性化 HRTF 幅度谱的近似估计将是有意义的研究课题。

前面第 4 节提到，国际上对虚拟听觉环境实时绘制系统已有一定的研究工作，但目前国内这方面的研究基本上是空白的，而国际上的研究也存在一些普遍的问题。一方面为了得到准确的声音空间信息和真实的虚拟听觉环境效果，需要对声源、声传输和倾听者的物理特性进行精确的实时、动态模拟。但另一方面受系统软硬件资源的限制，大部分为稳态模拟而发展的方法的计算量非常大，是不适合于动态、实时处理的，因而要求尽可能的简化。这两方面的要求是相互矛盾的。而在各种声音信息的取舍和简化上，目前绝大多数的研究是从系统软硬件考虑的角度，由经验或纯粹物理上的误差而定，心理声学方面的考虑不足。但即使是物理上的最佳也不一定对应听觉效果上的最佳。虽然软硬件技术的发展可在一定程度上缓解上述矛盾，但解决问题的关键应该是从心理声学的角度对信息的进行简化，舍去听觉上次要的冗余信息。这不但可以达到简化的目的，并且在系统资源有限的情况下，处理更多的听觉上重要的信息，使主观听觉效果得到改善。未来三年，华南理工大学将在国家自然科学基金的资助下，系统地开展虚拟听觉环境方面的研究。从心理声学和信号处理相结合的角度，研究虚拟听觉环境信号处理的简化、改进和评价，解决目前国际上研究所存在的问题，并研究适合中国人生理特性的听觉环境信号处理方法。在此基础上，研究出相应的虚拟听觉环境系统，使其在听觉意义上的特性较现有的系统有明显的提高。这方面的研究不但对双耳听觉的基础研究有较大的意义，且在虚拟听觉方面的可发展出具有自主知识产权的前沿技术，打破核心技术受国外垄断的局面。

从实际应用与产业化的角度考虑，多通路环绕声的虚拟重放(包括耳机和扬声器重放)是一项应用面非常广的技术，其应用领域包括电视、多媒体计算机、家庭放声、随身听等。特别是高清晰度电视是国家重点发展的一项产业，目前正在试验播出阶段，2008 年北京奥运会将采用高清晰度电视进行转播。高清晰度电视在今后几年内逐渐进入家庭应用。目前国际上(也包括我国)的高清晰度电视支持采用 5.1 通路环绕声作为节目的声音制式。但如前所述，实际的电视接收机的应用中，并不一定适合布置 5.1 通路环绕声的五个全频带扬声器，因而多通路环绕声的两扬声器虚拟重放将有其独特优势。既然国内在这方面已有自主的知识产权，且较国外的技术有较大的改进，因此我们将大力进行这项技术的推广应用工作。

通信与信息系统是虚拟听觉重放的另一个重要应用领域[38]。虚拟听觉方法用于语言通信的一个重要目的是提高语言的可懂度，这在电话和电视会议系统、航空、航天与军事通信方面有重要的应用价值，并且将虚拟听觉重放的方法应用到航天通信还有可能减轻失重给宇航员带来的平衡问题，在这方面我们应该做出应有的贡献，并且可以很好地进行宇航员的个性化处理。虚拟听觉方法在信息系统的另一重要应用是利用声音信息进行定向或导向，主要用于民用或军用的用途。目前虚拟听觉重放在通信与信息系统的各种应用已是国际上发展的热点，国内的研究工作者已开始关注这问题，但需要投入更多的人力与物力进行这方面的研究与开发工作。

致谢

国家自然科学基金资助项目(编号: 10374031, 10774049)

参 考 文 献

[1] 管善群. 电声技术基础. 北京：人民邮电出版社, 1983.

[2] 谢兴甫. 立体声原理. 北京：科学出版社, 1981.

[3] 钟小丽，谢菠荪. 头相关传输函数的研究进展. 电声技术, 2004 , 12: 44-46.

[4] Gardner W G, Martin K D. HRTF measurements of a KEMAR. J. Acoust. Soc. Amer., 1995, 97(6): 3907- 3908.

[5] Mϕller H, Sϕrensen M F, et al. Head-related transfer functions of human subjects. J. Audio Eng. Soc., 1995, 43(5): 300-321.

[6] Riederer K A J. Head-related transfer function measurement. Master thesis, Helsinki University of Technology, Findland, 1998.

[7] Blauert J, Brueggen M, et al. The AUDIS catalog of human HRTFs. J. Acoust. Soc. Amer., 1998, 103: 3082.

[8] Algazi V R, Duda R O, et al. The CIPIC HRTF database. Proc. IEEE Workshop Appl. Signal Processing to Audio and Acoust., 2001: 99-102.

[9] Xie B S, Zhong X L, et al. Head-related transfer function database and analyses. Science in China (Series G), 2007, 50(3): 267-280.

[10] 余光正，谢菠荪. 近场头相关传输函数及其应用. 电声技术, 2007, 31(7): 45-50.

[11] Duda R O, Martens W L. Range dependence of the response of a spherical head model. J. Acoust. Soc. Amer., 1998, 104(5): 3048-3058.

[12] Brungart D S, Rabinowitz W M. Auditory localization of nearby sources. head-related transfer functions. J. Acoust. Soc. Amer., 1999, 106(3): 1465-1479.

[13] Hosoe S, Nishino T, et al. Measurement of head-related transfer function in the proximal region. Proc. Forum Acusticum, Hungary, 2005: 2539-2542.

[14] 龚玫. 近场头相关传输函数的测量和分析. 中国科学院声学研究所研究生毕业论文, 2007.

[15] Wightman F L, Kistler D J, Arruda M. Perceptual consequences of engineering compromises in synthesis of virtual auditory objects. J. Acoust. Soc. Amer., 1992, 92(4): 2332.

[16] Nishino T, Kajita S, et al. Interpolating head related transfer function in the median plane. Proc. IEEE Workshop on Appl. Signal Processing to Audio and Acoust. USA, 1999: 167-170.

[17] Zhong X L, Xie B S. Spatial characteristics of head related transfer function. Chin. Phys. Lett., 2005, 22(5): 1166-1169.

[18] 谢菠荪. 头相关传输函数空间采样、插值与环绕声重放. 声学学报，2007, 32(1): 77-82.

[19] 钟小丽，谢菠荪. 头相关传输函数空间对称性的分析. 声学学报，2007, 32(2): 129-136.

[20] 谢菠荪. 双耳时间差的对称性分析. 声学技术(增刊)，2006, 25: 411-412.

[21] Zotkin D N, Duraiswami R, Davis L S. Rendering localized spatial audio in a virtual auditory space. IEEE Trans. Multimedia, 2004, 6(4): 553-564.

[22] Nishino T, Inoue N, et al. Estimation of HRTFs on the horizontal plane using physical features. Appl. Acoust. 2007, 68(8): 897-908.

[23] Algazi V R, Avendano C, Duda R O. Estimation of a spherical-head model from anthropometry. J. Audio. Eng. Soc. 2001, 49(6): 472-479.

[24] Zhong X L, Xie B S. A novel model of interaural time difference based on spatial Fourier analysis. Chin. Phys. Lett., 2007, 24(5): 1313-1316.

[25] Miller J D, Wenzel E M. Recent developments in SLAB: a software-based system for interactive spatial sound synthesis. Proc. Inter. Conf. Auditory Display, Japan, 2002.

[26] Saviojia L, Huopaniemi J, Lokki T. Creating interactive virtual acoustic environments. J. Audio. Eng. Soc. 1999, 47(9): 675-705.

[27] Blauert J, Lehnert H, et al. An interactive virtual-environment generator for psychoacoustic research I: architecture and implementation. Acustica United with Acta Acustica, 2000, 86(1): 94-102.

[28] Silzle A, Novo P, Strauss H. IKA-SIM: a system to generate auditory virtual environments. AES 116th Convention, Germany, 2004.

[29] 谢菠荪，师勇，谢志文，等. 两扬声器虚拟 5.1 通路环绕声的信号处理方法. 国家发明专利授权，ZL02134416.7, 2005.

[30] 谢菠荪，师勇，谢志文，等. 5.1 通路环绕声的虚拟重放系统. 声学学报, 2005, 30(3): 235-241.

[31] 谢菠荪，张林山，管善群，等. 一种 5.1 通路虚拟环绕声信号处理方法. 国家发明专利申请, 200610037495.0, 2006.

[32] 何璞，谢菠荪，饶丹. 虚拟声音色均衡信号处理方法的主客观分析. 应用声学, 2006, 25(1): 4-12.

[33] 何璞,谢菠荪，钟小丽. 采用无耳壳头相关传输函数的虚拟声信号处理. 应用声学，2007, 26(2): 100-106.

[34] 谢菠荪，张林山，管善群，等. 采用扬声器的虚拟声滤波器简化及其主观评价. 声学技术, 2006, 25(6): 547-554.

[35] 仝菁，谢菠荪. 改进的 5.1 通路环绕声三扬声器虚拟重发系统. 应用声学，2005, 24(6): 381-388.

[36] 谢菠荪，王杰，管善群，等. 一种 5.1 通路环绕声的耳机重发的信号处理方法. 国家发明专利授权, ZL02134415.9, 2005.

[37] 谢菠荪，王杰，管善群，等. 5.1 通路环绕声的耳机虚拟重放. 声学学报, 2005, 30(4): 329-336.

[38] 谢菠荪. 头相关传输函数与虚拟听觉. 北京：国防工业出版社, 2007.

声场控制中的面向目标声辐射生成技术及其应用研究

杨 军[1]，颜允圣[2]

(1 中国科学院声学研究所通信声学试验室，北京 100080)

(2 新加坡南洋理工大学电子电机工程学院，新加坡 637820)

1 引言

在 21 世纪，科技的发展正朝着以人为本的人性化科技(human-centered technology, HT)迈进。随着人们生活质量的不断提高，许多方面都需要声学技术的服务。而声场控制的研究因其广泛的应用背景和知识创新的潜能，成为现代声学最为活跃的热点之一。

声场控制的研究，主要是针对两种情形，即如何控制噪声以改善人居声环境和如何制造出个性化的声学空间提供给人们所需要的听觉享受。对于前者，从传统的噪声控制技术——无源方法到现代的有源消噪法，进展迅速。尤其是近 40 年，有源噪声控制成为声学，特别是噪声控制中发展最快的一个分支，取得不少成果[1~4]。如果说，有源(噪)声控制的目的是实现“无”(噪)声境界，聆听声场控制的目的就是制造“有”声环境。相对来说，后者则是更多地受到电声行业、音频工程和多媒体业者及其研发机构的关注。如何通过声源重放系统，听起来有声有色，且“声”临其境[5~8]。近年来，国内的科研团队在声场控制研究领域也进行了大量的工作，如南京大学邱小军小组，西北工业大学陈克安小组和华南理工大学谢波荪小组分别开展的虚拟声屏障[9, 10]，自适应隔声结构[11, 12]以及双耳空间听觉模型与虚拟环绕声系统研究[13~15]等，并取得了一系列的进展。

由现有的声场控制方法，可以看出：有源噪声控制的目的是防止噪声干扰，产生声学上的“暗区”(acoustically dark zone)，即尽可能减少目标区域的噪声能量；聆听声场控制的目的是传送声波到特定的区域或方向，产生声学上的“亮区” (acoustically bright zone)，即在目标区域或方向集聚声能。声能量的“有”和“无”，对应着在目标区域实现的声场状态，可以看作声场控制结果的“正、反”两面。它们的共同点是产生实现控制目的所需要的声波，不同点仅在于辐射模式的不同。长期以来，这两种情形的声场控制研究却是在各自的科研领域里得到发展。20 世纪 90 年代，英国南安普顿大学的 Nelson 小组尝试利用有源控制技术来实现局域声场的重放[16-18]，可以说他们的研究是将有源噪声控制和声场重放技术联系起来的较早工作。最近，我们建立了统一的声场模型，通过对声辐射模式分析，提出面向目标的声辐射生成技术(target-oriented acoustic radiation generation technique，TARGET)并应用于声场控制中[19]，进一步，我们还研制了基于声参量阵的指向性声源来实现局部声场的重放[20, 21]。本文将首先综述声场控制的最新进展，继而通过研究声场重放和有源控制的内在联系，介绍定向声波辐射技术的理论及其应用研究。

2　声场的重放与噪声的有源控制

聆听声场的控制，即声场重放的研究早在 19 世纪 60 年代就开始讨论[22]，到了 90 年代备受关注。目前使用最广泛的方法是多声道模拟立体声技术(amsonics)[23]，双耳技术(binaural techniques)[24]和波前合成(wave-field synthesis, WFS)技术[25]。科技工作者的研究重点在于运用各种方法(1)获得针对特定听众的较大的可听区域；(2)产生适宜的三维听觉环境，从而提高消费级声场重放技术。需要指出的是，对于涉及声质量、主观评价等心理声学的内容在此将不做讨论。这里介绍的是在特定区域产生声场的研究进展。

早期的声场重放的出色工作是由牛津大学的 Gerzon 教授完成的[23]。利用其发明的多声道模拟立体声系统，Gerzon 实现了声场重建的一阶球谐波函数近似以产生精确模拟原始三维声场效果的环绕声场，即原始声场由测量空间一点声场的球谐成分的传声器记录再通过扬声器重放出来。理论上，增加扬声器的数目和记录原始声场的球谐函数项可提高系统性能，使之能够实现对听众周围 360º 水平范围内声场的精确重放，但实际上，利用传声器测量高阶球谐函数项十分困难。高频段的系统性能较差，所重建的声场区域也有限。稍后，Poletti 提出了广义的声全息技术(holography)[26, 27]，即通过测量原始声场中包围空间一点的表面上声压和速度实现三维立体声的重放。Poletti 的研究表明[26]，多声道模拟立体声是声全息技术的近似。这一点为 Nicol 和 Emerit 所证实[28]。在平面波声源的假设下，Nicol 和 Emerit 由 Kirchoff-Helmholtz 理论推导出多声道模拟立体声技术。相似的工作还有基于 Kirchoff-Helmholtz 积分的声场重放方法的研究[29, 30]，但实际上是有源控制概念的应用，称之为边界压力控制技术(boundary pressure control, BPC)。假设给定体积内声压取决于边界面声压，利用体积边界面上放置的传声器测量次声源产生的声场和待重放的声场比较，通过误差反馈给控制器即自适应滤波器再调节次级声源，从而在特定区域实现给定声场的重放。近来，Epain 和 Friot[31] 理论和实验研究了 BPC 技术应用于声场重放的可行性。尽管给出的结果是通过消声室里的有源噪声控制实验获得的，但只需对硬件和算法略作小的改动，该技术可以应用于聆听声场的重放。

用于声场重放的另一种方法是双耳技术[32~35]，即通过逆滤波器的设计来消除扬声器重放时的交叉串音,并根据头传递函数(head-related transfer functions, HRTFs)预处理声频信号，实现三维声场重放。它的优点在于使用较少的声源(如两只扬声器)就可以“虚拟”出环绕声场。在两只扬声器重放出虚拟环绕声效果的过程中，不仅需要为聆听者的每只耳朵重建声音信息,而且同时需要确保每只耳朵都无法接收到准备传递给另一只耳朵的信息。也就是说，左、右耳只分别听到来自左、右声道扬声器的信息。为了达到上述目的,关键的是对播放信号进行预处理以去除串音干扰(crosstalk)，即采用串音消除(crosstalk cancellation)的技术手段。这类系统不同于利用声全息技术重放声场的系统，它只在人耳处产生需要的声压。研究表明[36]，该系统的声场重放效果要优于一阶多声道模拟立体声系统。问题是，由于逆滤波器的设计是以获得最佳聆听位置(sweet spot)串音抵消为目标的，聆听者的头部移动、个体 HRTFs 的不同，控制器参数的稍有变化，都会破坏虚拟的声场或完整的重放声场信息，导致空间声场感的效果大大降低，阻碍了双耳技术的推广。因此，近年来的研究工作集中在如何提高系统的鲁棒性以实现精确的声场重放[37-42]。本文作者分析了多个声源的布放(相对应人耳的移动或控制参数的扰动)对控制效果的影响[43]，提出三扬声器虚拟声系统，以提高串音消除器的鲁棒性[44, 45]。我们还研发了基于 TMS320C62X DSP 的声场重放系统，优化设计了逆滤波器即串音消除器，通过主观评价实验验证了三扬声器声场重放系统的优越性能[46]。但是，现有的技术或解决方案还是局限在狭小的听音范围,在不同的声场环境下还不能达到精确重放声场的要求。

有别于双耳技术,波前合成技术可以在听者周围产生较大的重放区域。如同多声道模拟立体声技术，其基本原理也是来自于 Kirchoff-Helmholtz 积分，即利用扬声器阵列重放虚拟声源的声场。不同的是，波前合成技术注重于在较宽广的空间区域中重现声场的物理特性，重放声场的效果也更为精确。这项由荷兰 Delft 技术大学提出的声场重放技术被纳入了名为“CARROUSO”的欧盟研究计划之后，受到了广泛的关注。WFS 技术最初并不能够很好地补偿房间声场重现过程中的反射声波，随后提出的均衡步长方法[47, 48]被用来修正室内反射引起的误差，并从空间混叠，声源类型、指向特性，室内补偿，到结合场景的 WFS 技术等进行了深入的研究。目前，WFS 技术得到了实际应用，如一套 WFS 原型机已安装在德国 Ilmenau 的一家电影院。这套样机通过一组环绕大面积的扬声器阵列有效地提供了听众宽广的声场和三维空间感。值得注意的是，典型的 WFS 系统是一个开环结构。它意味着系统的性能会受到房间物理特性改变(如温度的变化)的影响。近来，Betlehem 和 Abhayapala[49]通过对控制区域声场的传递函数有效参量化,利用扬声器产生的混响声场的驻波结构实现声场的精确重建，从而达到重放特定声场的目的。Gauhier 等[50]提出了结合有源控制和 WFS 技术的自适应波前合成技术(adaptive wave field synthesis, AWFS)来实现房间声场重放的最优控制。Spors 等[51]考虑到房间内反射特性的影响，提出一种新的信号处理方法，即波域自适应逆滤波(wave domain adaptive inverse filtering)。这种改进的 WFS 技术，在应用大量扬声器的精确声场重放中具有显著的优势。

从上述三种方法的研究进展中可以看出，有源噪声消除与聆听声场重放在本质上是相同的任务，其控制效果可看作在特定区域或方向产生声场分布的“明、暗”面，其核心技术之一是有效的声辐射。本文作者已在声场控制的理论分析中做出了一些工作[52, 53]，并通过研究声场控制的机理，建立了统一的理论模型，分析了声辐射模式，进而提出应用于声场控制的面向目标声辐射生成技术[19]。

3 基于声场控制机理的面向目标声辐射生成技术

考虑图 1 所示的由 N 个声源和 M 个传感器构成的多输入多输出系统的模型，其中在特定区域中的传感器可以看做是空间声场的离散化“虚拟声传感器”。假设要求的多声源强度和多传感器的声压分别是 $\boldsymbol{q}=[q_1,q_2,\cdots,q_N]^{\mathrm{T}}$ 和 $\boldsymbol{P}=[p_1,p_2,\cdots,p_M]^{\mathrm{T}}$，T 表示向量的转置。我们定义系统的控制增益为传感器输出的功率和声源的输入功率之比[54]：

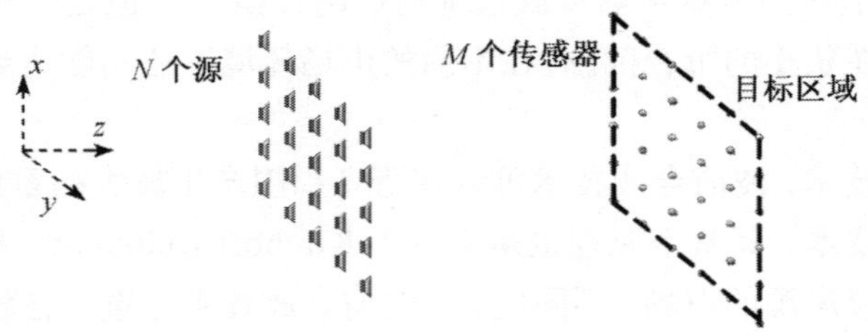

图 1　简单得多输入多输出系统模型

$$g(\boldsymbol{q})=\frac{E_{out}}{E_{in}}=\frac{\boldsymbol{q}^{\mathrm{H}}\boldsymbol{R}\boldsymbol{q}}{\boldsymbol{q}^{\mathrm{H}}\boldsymbol{q}} \tag{1}$$

这里，H 表示共轭转置，$\boldsymbol{R}=\boldsymbol{G}^{\mathrm{H}}\boldsymbol{G}$ 是由声辐射阻抗 $\boldsymbol{G}$ 组成 $N\times N$ 的 Hermitian 矩阵，它和自由或房间声场中的格林函数有关。可以分析得出，$g(\boldsymbol{q})$ 的极值在某种程度上代表了系统对目标区域的声场控制能力。我们可以推导出对应极值的方程 (2)：

$$g\boldsymbol{q}=\boldsymbol{R}\boldsymbol{q} \tag{2}$$

它说明，Hermitian 矩阵 $\boldsymbol{R}$ 的特征值就是函数 $g(\boldsymbol{q})$ 的极值，而其特征向量就是对应的声源强度。由此，我们可以得到 N 个特征向量 $\boldsymbol{q}_1,\boldsymbol{q}_2,\cdots,\boldsymbol{q}_N$ 和 N 个实的特征值 $g_1,g_2,\ldots,g_N$。特征向量可以当作完备正交基表达任意的声源强度，如

$$\boldsymbol{q}=w_1\boldsymbol{q}_1+w_2\boldsymbol{q}_2+\ldots+w_N\boldsymbol{q}_N=\boldsymbol{Q}\boldsymbol{W} \tag{3}$$

这里 $\boldsymbol{Q}=[\boldsymbol{q}_1,\boldsymbol{q}_2,\cdots,\boldsymbol{q}_N]$ 是特征向量矩阵，$\boldsymbol{W}=[w_1,w_2,\cdots,w_N]^{\mathrm{T}}$ 为加权向量。由于特征向量的作用如同振动的模子辐射，且受约束于不同目标和特定区域的定义，所以我们命名为面向目标的声辐射模式(target-oriented acoustic radiation mode, TARM)。基于 TARM 分析得到声源强度的方法，称之为面向目标的声辐射生成技术(target-oriented acoustic radiation generation technique, TARGET)。它是面向加目标的组合，因此，所谓的 TARGET 有两层含义：一是侧重于目标，即为了满足要求如在指定的区域达到某种效果(产生声学亮区或暗区)甚至于特定声场的分布，发展出不同模式的多声源辐射技术；二是强调面向，即形成从声源到目标的波束传播方式如通过设计指向性声源来辐射波束，发展一套利用波束生成实现声场控制的技术。

特征向量矩阵 $\boldsymbol{Q}$ 的另一个特性是它可以使矩阵 $\boldsymbol{R}$ 对角线化:

$$\boldsymbol{R}=\boldsymbol{Q}\boldsymbol{\Lambda}\boldsymbol{Q}^{\mathrm{H}} \tag{4}$$

这里 $\boldsymbol{\Lambda}=diag[g_1,g_2,\cdots,g_N]$ 是对角特征向量矩阵。应用方程(4)和(3)可得到输出功率的表达式

$$E_{out}=(\boldsymbol{QW})^{\mathrm{H}}(\boldsymbol{Q\Lambda Q}^{\mathrm{H}})\boldsymbol{QW}=\boldsymbol{W}^{\mathrm{H}}\boldsymbol{\Lambda W}=\sum_{i=1}^{N}|w_i|^2 g_i \tag{5}$$

考虑到 $\boldsymbol{q}_1,\boldsymbol{q}_2,\cdots,\boldsymbol{q}_N$ 彼此正交，$\boldsymbol{Q}$ 是酉矩阵，TARM 系列也就是标准正交基。它意味着，特定区域的声能量由一系列 TARMs 独立贡献。如果对于特征值按降阶次序排列，那么 $\boldsymbol{q}_1$ 可称作最大增益模式($g_{\max}=g_1$)对应产生声场“亮”区的问题，可用于波束的形成(beamforming)和波束控制(beamsteering)[54]。而 $\boldsymbol{q}_N$ 为最小增益模式($g_{\min}=g_N$)，对应产生声场“暗”区的问题，可用于抑制噪声。但是，在声辐射模子分析的过程中，需要做些修正。举个简单的例子，考虑图 2 的多输入多输出的噪声控制模型。次级声源阵列组成“声屏障”，控制初级声源的声辐射，在特定区域产生“静”场。我们可以根据有源噪声控制技术，求出次级声源的强度应为：

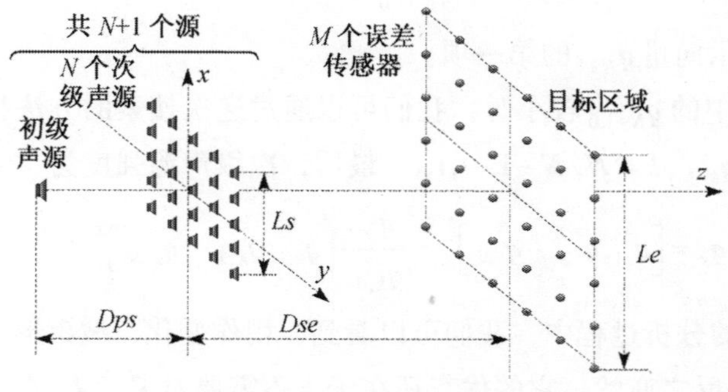

图 2　多输入多输出噪声控制系统

$$\boldsymbol{q}_{s0} = -(\boldsymbol{Z}_{se}{}^{\mathrm{H}}\boldsymbol{Z}_{se})^{-1}\boldsymbol{Z}_{se}{}^{\mathrm{H}}\boldsymbol{Z}_{pe}q_p, \quad \text{当 } M \neq N \text{ 时} \tag{6}$$

或

$$\boldsymbol{q}_{s0} = -\boldsymbol{Z}_{se}{}^{-1}\boldsymbol{Z}_{pe}q_p, \quad \text{当 } M = N \text{ 时} \tag{7}$$

这里 q_p 为初级声源的强度，$\boldsymbol{q}_{s0}$ 是 $N\times1$ 的向量，表示次级声源强度，$\boldsymbol{Z}_{pe}$ 是 $M\times1$ 的向量，表示从初级源到误差传感器处的传递矩阵，$\boldsymbol{Z}_{se}$ 是从次级源到误差传感器处 $M\times N$ 的传递矩阵，显然，式(6)中的 $\boldsymbol{Z}_{se}{}^{\mathrm{H}}\boldsymbol{Z}_{se}$ 必须可逆，当声源阵列和布放的传感器构成了病态矩阵，将得不到有效的控制。常用的方法是减小输出功率，即如下的罚函数 J

$$J = \boldsymbol{P}^{\mathrm{H}}\boldsymbol{P} = (\boldsymbol{Z}_{pe}q_p + \boldsymbol{Z}_{se}\boldsymbol{q}_s)^{\mathrm{H}}(\boldsymbol{Z}_{pe}q_p + \boldsymbol{Z}_{se}\boldsymbol{q}_s) \tag{8}$$

现在我们可以通过分析 TARM 来提出解决方案。假设由 1 个初级源和 N 个次级源构成整体的声辐射模子，问题就变成发现 N+1 个源强度向量减小面向目标的控制增益，即最小增益的 TARMs 就是产生“静”区的解。基于此思路，我们可以通过

$$\boldsymbol{q}^* = \arg\min_{\boldsymbol{q}} g(\boldsymbol{q}) \quad \text{subjected to} \quad q^*_0 = q_p, \tag{9}$$

得出次级声源的强度。上式中，q^*_0 是向量 $\boldsymbol{q}^* = [q^*_0\ q^*_1\ q^*_2 \ldots q^*_N]^{\mathrm{T}}$ 的第一项，而次级源强度是 $\boldsymbol{q}_s = \left[q^*_1, q^*_2 \ldots q^*_N\right]^{\mathrm{T}}$。控制增益 $g(\boldsymbol{q})$ 参见方程(1)的定义，其中的矩阵 $\boldsymbol{R}$ 可修改成

$$\boldsymbol{R} = \left[\boldsymbol{Z}_{pe}\ \boldsymbol{Z}_{se}\right]^{\mathrm{H}}\left[\boldsymbol{Z}_{pe}\ \boldsymbol{Z}_{se}\right] \tag{10}$$

可见，通过 $N+1$ 个 TARMs 的分析，最小增益的 TARM 是 $\boldsymbol{q}_{N+1}$。接下来，利用线性变换来满足条件 $q^*_0 = q_p$：

$$\boldsymbol{q}^* = \frac{q_p}{q_{N+1,0}} \cdot \boldsymbol{q}_{N+1} \tag{11}$$

这里，$q_{N+1,0}$ 表示向量 $\boldsymbol{q}_{N+1}$ 的第一项。

当方程(11)中的 $q_{N+1,0}$ 较小时，我们可以通过递次搜索的方法找到下一个较小增益的 TARM $\boldsymbol{q}_k$，$k = N, N-1, \cdots, 1$。最后，次级声源强度为

$$\boldsymbol{q}_s = \left[q^*_1, q^*_2 \cdots q^*_N\right]^{\mathrm{T}} = \frac{q_p}{q_{k,0}} \cdot \left[q_{k,1}, q_{k,2} \cdots q_{k,N}\right]^{\mathrm{T}} \tag{12}$$

在 TARM 的分析过程中，我们可以看到，稍作变化，波束形成技术就可应用到噪声的控制，反之亦然。它的优势还在于，不需要对 $\boldsymbol{Z}_{se}{}^{\mathrm{H}}\boldsymbol{Z}_{se}$ 直接求逆，将提高系统的鲁棒性。TARGET 技术在声场控制的应用可参见文献[19]。此外，本文作者

还开展了在目标区域产生特定声场分布的研究，如通过数值仿真说明了利用扬声器阵列在相邻空间域产生声学亮区和暗区的可行性[55]。针对实际应用中扬声器输入功率的限制，我们还提出了声场控制的自适应算法用于最优滤波器的设计[56]。另一方面，波束的形成还可以通过设计指向性声源而实现，为声场控制提供了新的途径。分析双耳技术中消除串音干扰的过程，左、右耳只分别听到来自左、右声道扬声器的信息，其效果等同于两束具有指向性的声波传播。我们知道，在管道噪声有源控制的偶极系统中，两只扬声器被用来组合成一个单指向性次级声源，既消除了次级声反馈的影响，又取得管道下游声场的控制。那么，有理由认为，指向性声源的研制将简化声场重放和噪声控制中滤波器或逆滤波器的设计，有助于这两种技术的融合和实际应用。下节将讨论新型指向性声源的设计及其在局部声场重放的实验工作。

4 基于声参量阵原理的定向声波辐射技术

众所周知，在人类听力可及的范围之内，声波就像烛光，会向四面八方辐射，无法聚集成束。声波的波长越小，越不易散射。可声波的波长过小，人类就听不到它的声音。传统扬声器的辐射指向性与波长和声源的尺寸有关，而实现有指向性的宽带声频声非常困难，因为波长有着很大的范围(从约 17cm 到 17m)。举个例子，要产生具有一定方向性的 40Hz 可听声，扬声器的尺寸应超过 6m^2；100Hz 对应尺寸为大于 2m^2 的扬声器；500Hz 对应尺寸为大于 1m^2 的扬声器。不过，随着频率的升高，要求的扬声器尺寸减小(如 2000Hz 以上的频率对应尺寸小到 30cm^2)。到了超声波范围(大于 20kHz)，虽然它超出人类的听力范围，但因为声波可以较集中地传播，有着广泛的实际应用(如医学超声成像、探测等)。那么，我们如何“取长补短”——将可听声(声频范围)聚集成一定窄的波束使之像一束光沿着特定的方向传播或发送到需要的区域？近年来，声参量阵被应用到了高指向可听声重放，已成为声频工程领域的一个研究热点[57-65]。

20 世纪 60 年代，Westervelt[66]和 Berktay[67]先后提出了声参量阵的概念，指出两个频率的信号在非均匀介质中传播时可产生和频与差频信号。其中，Berktay 给出的远场解得到了广泛应用。1983 年，Yoneyama 等[57]率先在空气中开展了声频定向辐射系统的实验研究。这种新型的指向性声源有别于传统的扬声器阵列如声柱，其辐射声的机理在于：将声频信号调制在超声载波上，经过超声换能器发射后，由于空气的非线性作用，在传播过程中声频信号可以进行自解调，从而形成具有指向性的可听声。假定原波为 $p_1(t)=p_0E(t)\cos(\omega_c t)$，其中 ω_c 是载波频率，$E(t)$是任意包络函数，p_0是原波幅度。对于沿着超声换能器发射轴上的一点，在非线性作用下解调后的声频信号的声压可表示为 $p_2(t)\propto \partial^2E^2(t)/\partial t^2$[67]。可见，自解调后的信号是与包络信号的平方对时间的两次微分成正比的。如果包络信号是一个声频信号，则得到的解调信号也是可听声。

基于声参量阵的基本原理，作者研制了一系列高指向性声频声源装置。图 3 是由 91 个超声换能器单元并联构成边长为 10cm 的正六边形超声换能器阵列。在中国科学院声学研究所的全消声实验室测试了指向性声源的指向性，由于全消声室的本低噪声低于 20dB，因此测得 20dB 以上的信号就可以认为是有效信号。传声器采用丹麦 GRAS 公司的 1/2inch① 传声器，距离声源 6m。超声载波方均根值为 0.71V，共振频率为 40kHz，调制信号采用方均根值为 0.36V 的声频信号。在实验中，分别对 1 kHz、2 kHz 和 4 kHz 的调制信号进行了指向性测试，结果如图 4 所示。

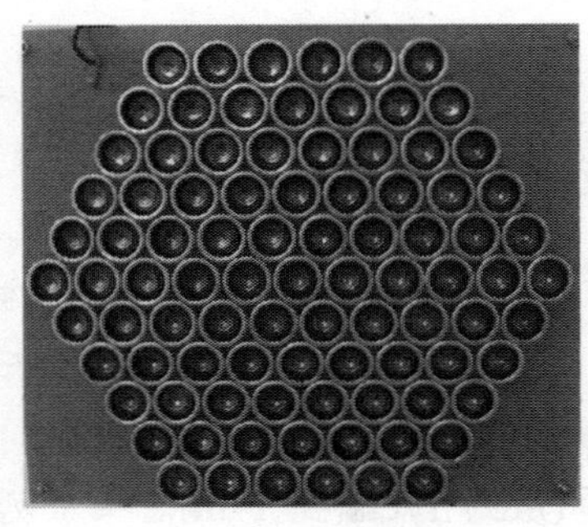

图 3　小型超声传感器阵列

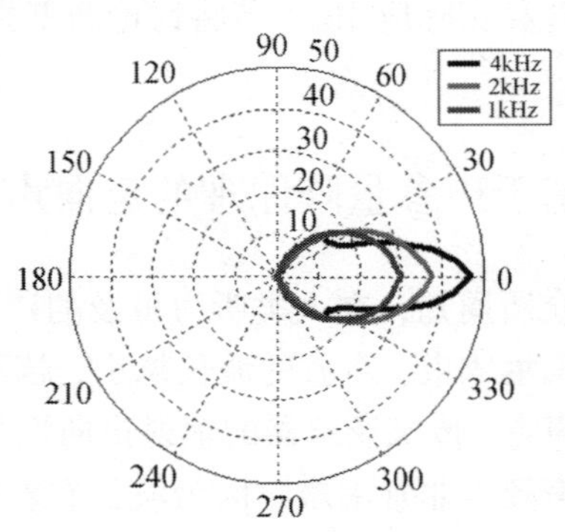

图 4　高指向性声频声源的指向性

从图 4 中可以看出，4 kHz 信号的指向性较好，–3dB 角度为 4°，1 kHz 和 2 kHz 信号的–3dB 角度分别为 13°和 9°。由于超声换能器阵列与功率放大器的阻抗不匹配，导致电声转换效率较低，是制约高指向性声源系统发展的因素之一。我们提出了一种阻抗匹配的方法[68]，即根据超声换能器阵列的特性，通过串联电感与电阻，可使其变成纯阻性的标准负载，从而提高其电声转换效率。实验证明，将超声换能器阵列与电感、电阻串联，可有效的改善功率放大器的负载特性，使其成为 8Ω 的标准负载。该方法可应用于不同大小的超声换能器阵列，有助于高指向性声频声源的设计。大型的 12 通路指向性声源系统设计和指向性实验可见文献[69]。下面介绍利用多波束间非线性相互作用产生局部声场的实验研究。

当两列声波在均匀介质中传播时，由于介质受到声波的扰动变得不均匀，在空间中会发生声散射声现象，从而产生两列原波的和频与差频信号[70]。但是，尚未见到空气中利用多个超声换能器阵列在特定区域产生声频声以及人耳感受的研究报道。最近，本文作者实验研究了两个超声波束在 KEMAR 人工头附近的声散射声现象。在实验中，两个小型指向性声源均为由 91 个超声换能器单元组成的换能

① 1inch=2.54cm

器阵列(如图 3 所示)。驱动信号的频率分别为 41 kHz 和 40 kHz，驱动电压方均根值均为 12V。KEMAR 人工头(型号：45BA)耳内安置传声器用于测量 1 kHz 的差频信号。声源的布放分为并排放置和垂直交叉两种方式。

在两个指向性声源并排放置时，人工头的中心点与声源的距离为 150cm。如图 5 所示，声源在人工头的正前方和左侧方两种情况下进行测试。表 1 给出了人工头两耳内的传声器分别测得的差频声的声压级。

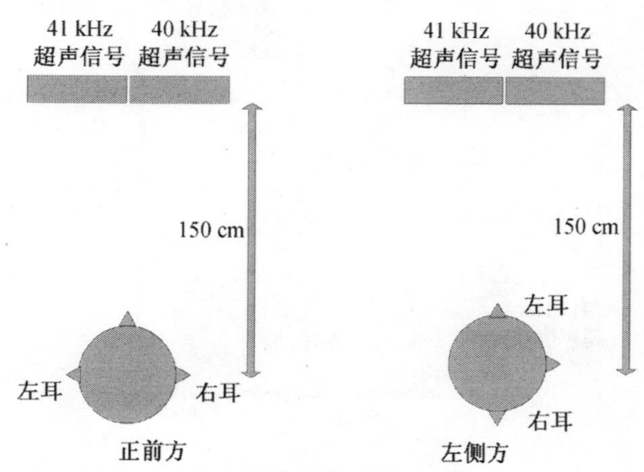

图 5 实验系统示意图(1)

表 1 人工头两耳处测得的差频声声压级(dB)

	左耳声压级	右耳声压级
正前方	55.8	55.6
左侧方	64.7	43.4

当声源在人工头的正前方时，由于对称性，两耳测得的声压级基本相等。当声源在人工头的左侧方时，由于人工头的阴影效果，左耳的声压级比右耳大 20 dB。并且，由于此时左耳恰好在声束的传播路径上，因此测得声压级比声源在正前方时大 9 dB。

在两个指向性声源垂直交叉放置时，人工头放置在交叉点，如图 6 所示。由于超声传感器阵列存在指向性角度，因而超声波束并不是准直束的，所以垂直交叉的超声波束仍可产生声散射声现象。

实验中首先利用人工头耳内的传声器测得了可听声的声压级，然后移去人工头，放置传声器(B&K 4189)在交叉点处测得差频声。表 2 为测试结果。

从表 2 看出，由于人工头的散射作用，左耳测得的声压级比传声器大 10 dB。而由于人工头的阴影作用，右耳的声压级比左耳小 34 dB；并且，因为垂直交叉时的非线性作用比并排放置时较弱，所以此时右耳的声压级比声源在左侧方时右耳的声压级低近 10 dB。产生局部声场的测量结果参见文献[71]。实验结果表明，由于人工头的散射作用，散射声得到了明显的增强；而人工头的阴影作用导致两耳的声压级有明显不同。在文献[72]，我们提出了交叉波束的非向性相互作用下声场的快速算法。这些研究结果对指向性声源在声频工程中的实际应用具有指导意义，也为实现局部的声场重放提供了新的途径。

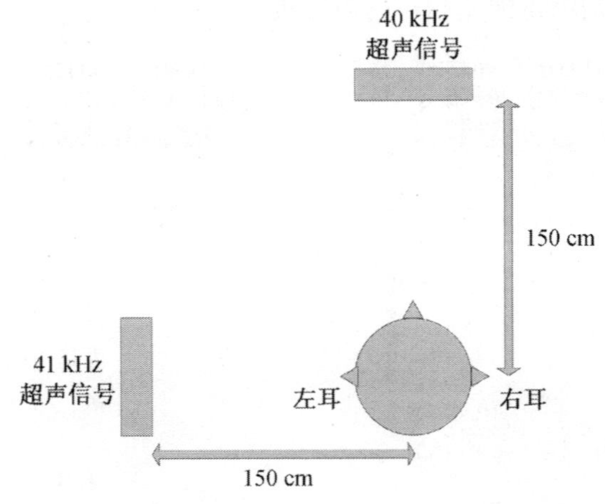

图 6　实验系统示意图(2)

表 2　人工头两耳和传声器测得的差频声声压级(dB)

	左耳声压级	右耳声压级	传声器
仅放置人工头	69.2	35.3	
仅放置传声器			50.0

5　总结与展望

学科之间的相互交叉、渗透是当代科学发展的一大特点，跨领域整合已成为科研开发的世界主流。回顾声场控制的研究进展，有源噪声控制和声场重建的联系日趋紧密。应该看到，有源控制技术应用在实际场合的例子并不多见。影响它在工程中推广的因素之一，就是控制系统中次级源和传感器布放的个数和位置等缺乏灵活性，做不到“因地制宜”。更为关键的是，过于对最优控制(最大降噪量下的理论优化)效果的注重，往往带来算法结构的复杂性和较大的控制代价，系统的鲁棒性较差。它意味着要综合考虑声波的产生、传播和接收等环节的物理机制，提出相应的控制策略。从理论走向实用的过程，就必须兼顾控制效果、实现的代价和人的感受等。那么，当放松对最大降噪量的目标追求，控制系统的稳定“裕度”得以增加。换句话说，对某种条件(如最大区域降噪量)的放松是为了附加其他条件(如较好的鲁棒性)的约束。这种多个目标的兼顾或是平衡，才使得有源控制技术的实际应用成为可能。类似地，实现声场重放的难点在于寻求特定区域产生精确的声场分布如何减少控制系统的复杂性和提高系统的鲁棒性。

在分析统一的声场模型过程中，我们发现不同目标下的声辐射模式对于声场控制起着重要的作用，在特定区域产生期望的声场分布可以看作波束的生成和控制。一般来说，声场控制技术中没有充分利用声源，只是假定点声源或无指向性的初级源。我们认为，通过设计指向性声源来直接产生波束，进而利用波束控制技术是实现声场控制的一种新途径。正如马大猷教授所指出，“噪声控制的工程技术已基本成熟…… 发展方向——根本地解决噪声和振动问题则在于声源的研究”[1]。面向目标的声辐射生成技术及指向性声源的研究，将有助于两种控制技术的交叉、融合和实际的应用。由此开发的声场控制系统，避免了声反馈带来的问题，可以利用波束的可反射性虚拟出声源，得到环绕声的效果，还可以实现定向传声甚至具有保密通话等用途。利用声参量阵控制噪声的初步工作已经开展[73]，但声源研制中还有电声转换效率低、带宽窄和非线性相互作用带来的信号失真等诸多问题需要解决。另一方面，在声场控制中大量的声源使用，还需要考虑换能器(包括扬声器)单元间的互阻抗影响。近来，我们提出了利用高斯展开法计算矩形声源辐射声场的方法[74, 75]以及声源间互阻抗的快速计算方法[76-78]。

本文介绍了声场控制的研究进展，注重于声学方面的内容。实现上，信号处理及其算法实现也是声场控制技术重要的一个组成部分。限于篇幅的关系，这里没有涉及。但我们要强调的是，未来的声场控制技术发展的一个关键在于如何采用面向目标的控制策略，实现量“声”定做的新思路，从而真正地推动声场控制(包括聆听声场的产生和有源噪声抵消)的研究向智能化、实用化等更深层次发展。

致谢

国家自然科学基金资助项目(编号: 10474115 和 60535030)

参 考 文 献

[1] 马大猷. 现代声学理论基础. 北京：科学出版社，2004.
[2] 陈克安. 有源噪声控制. 北京：国防工业出版社，2003.
[3] Nelson P A, Elliott S J. Active control of sound. London: Academic Press, 1992.
[4] Elliott S J. Signal Processing for Active Control, London. Academic Press, 2001.
[5] Begault D R. 3D sound for virtual reality and multimedia. New York: Academic Press, 1994.
[6] Gardner WG. 3D audio using loudspeakers. Boston: Kluwer Academic Pub, 1998.
[7] Bharitkar S, Kyriakakis C. Immersive audio signal processing. New York: Springer, 2006.
[8] Pulkki V, Faller C, Härmä A, et al. Spatial sound and virtual acoustics, EURASIP J. Advances

in Signal Processing, 2007, art. ID 72647: 3.
[9] Han N, Qiu X. A study of sound intensity control for active noise barriers. Appl. Acoust. 2007, 68: 1297-1306.
[10] Zou H, Qiu X, Lu J, et al. A preliminary experimental study on virtual sound barrier system. J. Sound & Vibr., 2007, 307: 379-385.
[11] 陈克安，李双，潘浩然，等. 结构中的次级作动和误差传感. 自然科学进展，2006, 16(6): 747-756.
[12] Chen K, Chen G, Pan H, et al. Secondary actuation and error sensing for active acoustic structure. J. Sound & Vibr., 2008, 309: 40-51.
[13] 谢菠荪. 头相关传输函数与虚拟听觉. 北京：国防工业出版社，2007.
[14] Xie B, et al. Head-related transfer function database and analyses. Science in China, Series G, 2007, 50(3): 267-280.
[15] 谢菠荪. 头相关传输函数空间采样、插值与环绕声重放. 声学学报, 2007, 32(1): 77-82.
[16] Nelson P A. Active control of acoustic fields and the reproduction of sound. J. Sound & Vibr. 1994, 177: 447–477.
[17] Kirkeby O, Nelson P A, et al. Local sound field reproduction using digital signal processing. J. Acoust. Soc. Amer., 1996, 100: 1584-1593.
[18] Kirkeby O, Nelson P A, Hamada H. Local sound field reproduction using two closely spaced loudspeakers. J. Acoust. Soc. Amer., 1998, 104: 1973-1981.
[19] Wen Y, Yang J, Gan W S. Target-oriented acoustic radiation generation technique for sound field control. IEICE Trans. Fundamentals, 2006, E89-A: 3671-3677.
[20] Steering of Directional Sound Beams. US Patent 7146011, 2006, 11.
[21] Karnapi F A, Gan W S, Chong Y K. FPGA implementation of parametric loudspeaker system. Microprocessors & Microsystems, 2004, 28: 261-272.
[22] Camras M. Approach to recreating a sound field. J. Acoust. Soc. Amer., 1968, 43: 1425-1431.
[23] Gerzon M A. Ambisonics in multichannel broadcasting and video. J. Audio Eng. Soc., 1985, 33: 859-871.
[24] Begault D R. 3D sound for virtual reality and multimedia. Boston: AP Professional, 1994.
[25] Berkout A J, Vries D D, Vogel P. Acoustic control by wave field synthesis. Acoust. Soc. Amer., 1993, 93: 2764-2778.
[26] Poletti M A. The design of encoding functions for stereophonic and polyphonic sound systems. J. Audio Eng. Soc., 1996, 44: 948-963.
[27] Poletti M A. A unified theory of horizontal holographic sound systems. J. Audio Eng. Soc., 2000, 48: 1155-1162.
[28] Nicol R, Emerit M. 3D-sound reproduction over an extensive listening area: a hybrid method derived from holophony and ambisonic. AES 16th Inter. Conf. Spatial Sound Reproduction, Helsinki, 1999, II: 436-453.
[29] Ise S. A principle of sound field control based on the Kirchhoff–Helmholtz integral equation and the theory of inverse systems. Acta Acustica, 1999, 85: 78-87.
[30] Takane S, Suzuki Y, Sone T. A new method for global sound field reproduction based on the Kirchhoff's integral equation. Acta Acustica, 1999, 85: 250-257.
[31] Epain N, Friot E. Active control of sound inside a sphere via control of the acoustic pressure at

the boundary surface. J. Sound & Vibr., 2007, 299: 587-604.

[32] Atal B S, Schroeder M R. Apparent sound source translator. 1966, 2: 3, 236, 949.

[33] Bauck J, Cooper D H. Generalized transaural stereo and applications. J. Audio Eng. Soc., 1996, 44: 683-705.

[34] Nelson P A, Bustamente F O, Hamada H. Multichannel signal processing techniques in the reproduction of sound. J. Audio Eng. Soc., 1996, 44: 973-989.

[35] Gardner W G. 3D audio using loudspeakers. Boston: Kluwer Academic Pub, 1998.

[36] Evans M J, Tew A I, Angus J A S. Perceived performance of Loudspeaker-spatialized speech for teleconferencing. J. Audio Eng. Soc., 2000, 48: 771-785.

[37] Kirkeby O, Nelson P A, Hamada H. The stereo dipole – a virtual source imaging system using two closely spaced loudspeakers. J. Audio Eng. Soc., 1998, 46: 387-395.

[38] Ward D B. Joint least squares optimization for robust acoustic crosstalk cancellation. IEEE Trans. Speech Audio Processing, 2000, 8: 211-215.

[39] Nelson P A, Rose J F W. The time domain response of some systems for sound reproductionstar. J. Sound & Vibr., 2006, 296: 461-493.

[40] Akeroyd M A, et al. The binaural performance of a cross-talk cancellation system with matched or mismatched setup and playback acoustics. J. Acoust. Soc. Amer., 2007, 121: 1056-1069.

[41] Bai M R, Lee C C. Subband approach to bandlimited crosstalk cancellation system in spatial sound reproduction. EURASIP J. Appl. Signal Processing, 2007, 71948: 9.

[42] Huang Y, Benesty J, Chen J. On crosstalk cancellation and equalization with multiple loudspeakers for 3D sound reproduction. IEEE Signal Processing Lett., 2007, 14: 649-652

[43] Yang J, Gan W. Speaker placement for robust virtual audio system. IEE Electron. Lett., 2000, 36: 683-686.

[44] Yang J, Liew Y H, Gan W S. Robust regularization for enhanced virtual sound imaging. IEICE Trans. Fundamentals, 2003, E86-A: 2061-2062.

[45] Yang J, Gan W S, Tan S E. Improved sound separation using three loudspeakers. Acoustics Research Letters Online (ARLO), 2003, 4: 47-52.

[46] Yang J, Gan W S, Tan S E. Development of virtual sound imaging system using triple elevated speakers. IEEE Trans. Consumer Electron., 2004, 50: 916-922.

[47] Verheijen E. Sound reproduction by wave field synthesis. Ph.D. Thesis, Delft University of Technology, 1997.

[48] Spors S, Kuntz A, Rabenstein R. An approach to listening room compensation with wave field synthesis. Proc. the AES 24th Inter. Conf., 2003: 70-82.

[49] Betlehem T, Abhayapala T D. Theory and design of sound field reproduction in reverberant rooms. J. Acoust. Soc. Amer., 2005, 117: 2100-2111.

[50] Gauthier P A, Berry A. Adaptive wave field synthesis with independent radiation mode control for active sound field reproduction: theory. J. Acoust. Soc. Amer., 2006, 119: 2721-2737.

[51] Spors S, Buchner H, et al. Active listening room compensation for massive multichannel sound reproduction systems using wave-domain adaptive filtering. J. Acoust. Soc. Amer., 2007, 122: 354-369.

[52] Wen Y, Yang J, Gan W S. Strategies for an acoustical-hotspot generation. IEICE Trans.

Fundamentals, 2005, E88-A: 1739-1746.

[53] Wen Y, Gan W S, Yang J. A fast algorithm for the sound projection using multiple sources. IEICE Trans. Fundamentals, 2005, E88-A, 7: 1765-1766.

[54] Wen Y, Yang J, Gan W S. Acoustic beamforming and beam steering using speaker array. Inter-Noise, 2003, 3: 1151-1157.

[55] Wen Y, Yang J, Gan W S. A new method for the multichannel sound reproduction in a prespecified region. 5th Inter. Conf. on Information, Communications & Signal Processing (ICICS05), 2005: 1457-1460.

[56] Wen Y, Gan W S, Yang J. Application of radiation mode in desired sound field generation using loudspeaker Array. IEEE Inter. Symp. Circuits & Systems (ISCAS'05), 2005: 3139-3142.

[57] Yoneyama M, Fujimoto J. The audio spotlight: an application of nonlinear interaction of sound waves to a new type of loudspeaker design. J. Acoust. Soc. Amer., 1983, 73: 1532-1536.

[58] Kamakura T, Aoki K, Kumamoto Y. Suitable modulation of the carrier ultrasound for a parametric loudspeaker. Acustica, 1991, 73: 215-217.

[59] Pompei F J. The use of airborne ultrasonics for generation audible sound beams. J. Audio Eng. Soc., 1998: 726-731.

[60] Havelock D I, Brammer A J. Directional loud-speakers using sound beams. J. Audio Eng. Soc., 2000, 48: 908-916.

[61] Yang J, Gan W S, et al. Acoustic beamforming of a parametric speaker comprising ultrasonic transducers. Sensors & Actuators A: Physical, 2005, 125: 91-99.

[62] Yang J, Gan W S, et al. Beamwidth control in a parametric acoustic array. J. Appl. Phys., 2005, 44: 6817-6819.

[63] Yang J, Sha K, Gan W S. Modeling of finite-amplitude sound beams: second order fields generated by a parametric loudspeaker. IEEE Trans. UFFC, 2005, 52: 610-618.

[64] Gan W S, Yang J, et al. A digital beamsteerer for difference frequency in parametric array. IEEE Trans. Audio, Speech & Language Processing, 2006, 141: 1018-1025.

[65] Hyper sonic sound system. American Technology Corporation, http://www.atcsd.com.

[66] Westervelt P J. Parametric acoustic array. J. Acoust. Soc. Amer., 1963, 35: 535-537.

[67] Berktay H O. Possible exploitation of nonlinear acoustics in underwater transmitting applications. J. Sound & Vibr., 1965, 2: 435-461.

[68] 叶超，匡正，马登永，等. 高指向性声频声源的阻抗匹配. 噪声与振动控制，2007, 27(S1): 441-443.

[69] 叶超，匡正，纪伟，等. 多通道高指向性声频声源的实验研究. 声学技术，2007, 26: 1026-1027.

[70] 钱祖文. 非线性声学.北京：科学出版社，1992.

[71] Ye C, Kuang Z, et al. The experimental investigation on the reproduction of audible sound from two ultrasonic beams. Jpn. J. Appl. Phys., 2008, 47(5B).

[72] Ji P F, Yang J, Tian J. Rapid calculations of the scattered sound fields generated by two sound beams. Jpn. J. Appl. Phys., 2008, 47(5B).

[73] Brooks L, Zander A C, Hansen C H. Investigsation into the feasibility of using a parametric array control source in an active noise control system. Proc. Acoustics, 2005: 39-45.

[74] Sha K, Yang J, Gan W S. A complex virtual source approach for calculating the diffraction beam field generated by a rectangular planar source. IEEE Trans. UFFC, 2003, 50: 890-897.

[75] Yang J, Sha K, et al. A fast field scheme for the parametric sound radiation from rectangular aperture source. Chin. Phys. Lett., 2004, 21: 110-113.

[76] Yang J, Sha K, et al. Radiation impedance calculation for arbitrary shaped piston. Jpn. J. Appl. Phys., 2004, 43(9A): 6274-6277.

[77] Sha K, Yang J, Gan W S. A simple calculation method for the self and mutual radiation impedance of flexible rectangular patches in a rigid infinite baffle. J. Sound & Vibr., 2005, 282: 179-195.

[78] Yang J, Sha K, et al. A simplified algorithm for impedance calculation of arbitrarily shaped radiators, Chin. Phys. Lett., 2005, 22: 2459-2461.

声回声抵消研究进展

卢　晶，陈　锴，邱小军，徐柏龄
(近代声学教育部重点实验室，南京大学声学研究所，南京　210093)

1　引言

随着现代通信技术的不断发展,免提通信和视频会议系统得到了越来越广泛的应用，而这些系统在实际使用中遇到的一个重要问题便是声回声现象，即说话人的声音传到远端后，由于远端扬声器和传声器之间的耦合而导致声音传回本地。由于通信系统本身固有的一些时延,这种声回声会被说话人感知并严重影响通信双方的沟通效果，甚至会引发啸叫。与通信中常见的线路回声不同，声回声由于其所对应的回声路径响应时间长，并且有时存在较强的时变特征，因此声回声的抵消比线路回声困难得多。

国际通信联盟 ITU 在其议案 G.167 中规定了一个合格的声回声抵消系统需要具备的特征及相关的性能参数，但与编解码和语音增强等领域不同，目前还没有国际协议组织能够给出一套完整的声回声抵消解决方案。现有的免提通信和视频会议商用系统都有各自的声回声抵消解决方案，但还没有一个系统能在任何环境、任何状态下都实现对声回声的完全抑制。正因为声回声抵消系统的处理难度大，因此这方面的研究这些年一直是声信号处理领域的热点。尤其是近几年来，由于对通信系统音质要求的不断提高，高采样、多通道的声回声抵消系统不断受到人们的注意，每年都有上百篇关于声回声抵消的论文被国际论文索引 SCI 和 EI 收录，并且有大量关于声回声抵消的专利申请。本文将围绕有关声回声抵消系统的热点问题，介绍近几年这一领域国内外的研究进展。

2　声回声抵消系统的核心——自适应滤波器

声回声抵消系统解决方案的基本出发点是在信号向远端发送之前,通过已有的系统信息有效判断信号中的回声分量并予以扣除,其本质实际上是一个系统辨识问题。如图 1 所示，如果滤波器 W 能够有效地匹配扬声器到传声器之间的传递函数，那么参考信号 x 在经过滤波器 W 后，可以准确地复制出系统中的回声，这样在传声器采集到的信号 d 中扣除滤波器的输出信号 y，便可以有效地去除回声，同时不影响有用信号的传递。

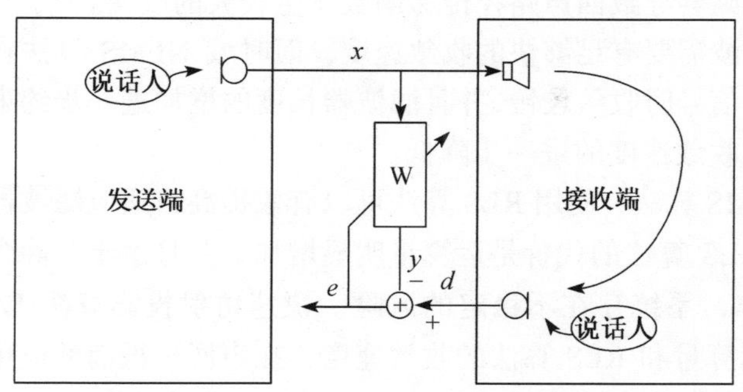

图 1 基本的声回声抵消系统原理示意图

这样一个回声路径的匹配问题,恰好是自适应滤波器的典型应用场合。事实上,自适应滤波理论自提出以来,回声抵消问题一直是其重要的应用范围,并且回声抵消系统的特殊需求反过来不断地促进了自适应滤波理论的发展。对于滤波器的实现形式,尽管理论上由于存在极点参数,使用 IIR 滤波器有可能以较少的阶数匹配回声路径传递函数,但由于 IIR 滤波器存在不稳定的问题,收敛曲面存在多个极小点,并且滤波器参数的自适应迭代算法较为复杂,因此一般说来,滤波器选用 FIR 滤波器形式。关于在声回声抵消系统中使用 FIR 滤波器和使用 IIR 滤波器的比较,文献[1]有较深入的讨论。

决定了滤波器的实现形式,最重要的就是自适应迭代算法的实现了,这也是声回声抵消领域探讨最多的问题。关于声回声抵消算法的讨论大多集中在以下几个方面:(1)如何改善滤波器在非稳态、有色噪声激励下的收敛速度,使其更适合处理语音信号;(2)如何在保证系统稳定的前提下降低运算量,使其更容易在商用 DSP 上完成实时处理;(3)如何在确保系统性能的前提下降低算法的时延。

声回声抵消自适应滤波器面对的一个最基本问题就是滤波器的长度问题。在视频会议系统的应用环境中,回声路径冲激响应的有效时间长度往往会达到数百毫秒量级,如果要求滤波器收敛结果有较小的残差,则滤波器的时间长度应该和回声路径冲激响应时间长度在同一个量级上。以 200ms 的滤波器时间长度为例,如果系统的采样率为 32kHz,则滤波器的阶数为 6400,这意味着如果用经典的时域 NLMS 算法实现滤波器的参数迭代,仅自适应滤波算法每秒钟需要完成的运算量就会超过 400 兆次加乘运算,这样大的运算量对于整个系统的实时实现来说是非常不利的。另外,应用环境的变化也会导致回声路径传递函数的扰动,文献[2]用简单的例证说明了传声器作 1cm 的位置移动可能会导致回声路径冲激响应矢量范数发生超过 70%的相对变化,而人头作 1cm 幅度的晃动可能引起的冲激响应矢量范数相对变化量超过 30%!这样,在一个实际的视频会议系统使用过程中,由于说话人的位置变化，门窗的开关等操作会使得回声路径传递函数处于不停的动态变化之中，而传声器位置的移动则会导致回声路径传递函数发生较大的改变。为了应对传递函数的变化，自适应滤波需要有足够快的收敛速度，而时域 NLMS 算法在处理语音这种非稳态有色噪声信号时收敛较慢，并且滤波器长度的增加进一步约束了迭代参数的选取范围，导致收敛速度的进一步降低。

相比于 NLMS 算法，使用 RLS 算法可以有效提高自适应滤波器对有色噪声的收敛速度，但 RLS 算法的代价是运算量明显增加，并且由于其隐含有对一个高阶矩阵的求逆操作，系统存在不稳定的风险。快速仿射投影算法(FAP)由于其兼具 NLMS 算法的运算量和 RLS 算法的收敛速度，在声回声抵消的应用中受到越来越多的注意[3]。FAP 算法在应用中同样也会遇到矩阵求逆操作的问题，相比于 RLS 算法，由于投影阶数一般较低，矩阵的维数大大降低。实际应用中，一般通过迭代计算方法求解近似逆矩阵，这样的处理往往会导致误差累积，在算法的定点实现中，这种误差累积表现的尤其明显，其结果会导致系统的发散，这对于声回声抵消系统来说是致命的缺陷。针对这一问题，有很多文献提出了折中的方案[4,5]，这些方案通过改变近似求逆的方式以获得系统稳定性，收敛速度和收敛结果的平衡。陈锴等[6]提出的 FAP 算法的改进方案通过在每次迭代计算中引入一步运算量很小的规整操作，有效地改善了矩阵求逆结果的精度，在保留了 FAP 算法的所有优点的基础上极大地提高系统的稳定性，其优势在算法的定点实现中表现得尤为明显。FAP 算法规整因子的选择也是其在声回声抵消系统应用中所面临的重要问题。在不同的应用环境中，参考信号的能量差别可能会很大，为确保系统稳定性，规整因子往往需要取相对较大的值，这使得整个系统的收敛速度受到约束，陈锴等[7]还提出了一种通过参考信号长时能量估计决定规整因子的策略，有效地提高了 FAP 算法在不同使用环境中的适应能力。

从减少算法运算量的角度出发，目前最为常用的自适应处理算法有子带(subband)算法和频域(frequency domain)算法两大类型[3,8]。子带算法通过一个低通原型滤波器将原信号均匀分解为若干个窄带信号，信号分解后，通过降采样，一方面可以有效地减少待处理的信息分量，降低在每个子带使用的滤波器长度，减少运算量；另一方面，由于在每个子带中信号的频谱特性趋于平缓，并且各个子带可以依据各自的特性独立设置参数调整策略，因此在处理非平稳有色噪声时整体收敛特性相比于全通带时域算法有所改进。频域算法通过快速傅里叶变换将时域滤波的卷积运算折算为频域的乘积运算，提高了分块自适应算法的运算效率，并且滤波器参数的迭代在频域进行灵活的调整也有利于改善系统在处理有色噪声时的收敛特性。

子带算法中每个子带所对应的回声路径传递函数由于受到非因果效应的影响，因此在工程应用上往往需要增加一个延时因子用以弱化非因果效应的负面作用；为了避免滤波器混叠效应所导致的误差，子带算法一般不采用临界降采样率的方式，工程上常用的降采样率为子带个数的一半；另外，子带算法由于需要对信号分帧处理，因此算法的延时也不可避免。无延时子带算法[9]将子带滤波器参数更新的结果变换到时域，滤波器输出计算在时域进行，这样避免了算法的延时，但计算量有较多的增加。由于受到误差路径延时以及子带混叠效应的影响，这种算法结构很难在收敛速度和收敛结果上获得平衡，周崟等[10]提出了一种回声路径延时的补偿方案，较好的平衡了无延时算法的综合性能。子带算法还有一个重要问题是其很难避免复数操作，陈锴等[11]对实值子带结构的实现作了探讨，通过对复值子带信号进行调制的方式有效地实现了子带算法的实数操作，避免了复数运算。Choi 等[12]将子带算法与仿射投影算法综合应用到声回声抵消系统中，获得了很好的收敛结果。

由于声回声抵消所要匹配的回声路径冲激响应很长，标准频域算法的块运算会带来难以接受的时延。解决这一问题的常见做法是将滤波器拆分成若干段，把滤波器的输出描述为各个分段滤波器和参考信号的卷积和的形式，这样系统的延时量就由整个滤波器的长度降到了一个分段滤波器的长度，相应的算法称之为分段块状频域算法(PBFDAF)[13]或多延迟频域算法(MDF)[14]。与无延时子带算法的操作类似，Merched 等[15]提出了一种无延时的 MDF 算法；另外，如果利用 MDF 的分段运算性质，将第一段操作放在时域进行，而其余段的操作仍在频域进行，可以获得另一种无延时的 MDF 算法[16]；进一步，周崟等[17]提出了一种时频混合操作算法，在保持无延时特性的基础上提升了系统的性能。MDF 算法的参数更新操作需要有梯度约束操作用以防止卷积效应导致的计算误差，这一操作包含有一次逆傅里叶变换和一次傅里叶变换，运算量非常可观，略去这一约束过程或是减少这一过程的使用次数虽然可以降低运算量，但系统收敛速度会受到较大影响，并且系统有不稳定的风险。Derkx 等[18]从约束条件的矩阵表达式出发，推导出一种新的约束条件，既降低了运算量，也保证了系统的收敛特性。Eneman 等[19]提出的块内迭代操作的算法也可以用于提升无约束条件 MDF 算法的性能。吴晟等[20]则通过多次交叠参考信号的方式改善了无约束条件 MDF 算法的性能。文献[2,15,19,21]都从子带处理的角度对 MDF 算法作了解释，MDF 算法由于降低了原型滤波器的指标要求，因此理论上可以达到比子带算法更低的运算量。文献[19]还从理论上说明了其所提出的改进的 MDF 算法是 FAP 算法的某种频域实现。Buchner 等[22]对 MDF 算法作了进一步扩展，考虑到各分段之间的相关性，提升了算法的总体表现。

值得注意的是，虽然几乎所有的声回声抵消方案都选用自适应滤波作为核心，但也有一些学者提出了一些不同的方案，Faller 等[23]探讨了抛开传统自适应算法结构，直接使用语音增强算法进行声回声抵消的方法。由于在语音增强处理中有大量关于噪声(也就是回声)的信息可以获取，因此这一处理方式有可能取得不错的效果。Jenq 等[24]则提出在参考信号中引入一个低强度的最长序列噪声，通过迭代最长序列相关法估计回声路径传递函数进而实现回声抵消，这种方案同样也避开了自适应滤波的操作，但由于需要在参考信号中引入额外的噪声信号，噪声信号的幅度和回声路径估计的准确度之间需要仔细权衡。

3　双端说话检测

仅有一个收敛特性良好的自适应滤波器,对一个完整的声回声抵消系统来说是不够的。在免提通信或视频会议中，一个很常见的现象是通话双方同时说话，通常称之为双端说话(double talk)状态。声回声抵消系统选择的往往是收敛非常快的自适应滤波器，这也意味着滤波器参数每次迭代的等效调整因子较大，而在双端说话状态下，信号接收端说话人的语音(如图1)会导致滤波器误差信号突然增大。这种情况下，如果不做任何处理，滤波器参数会迅速偏离有效范围，严重情况下甚至有发散的风险。这一问题在接收端存在较大背景噪声时同样存在。为了解决这一问题，需要在声回声抵消系统中引入有效的判断机制，在出现双端说话状态时阻止或减慢滤波器参数的迭代，这便是声回声抵消系统中双端说话检测(DTD)算法所起的作用。免提通信或视频会议还存在回声路径变化(echo path change)的情况，这是指由于接收端传声器位置变化或其他原因所导致的回声路径传递函数的较大改变，其在表征上与双端说话有很强的相似之处，都是滤波器误差信号突然增大，而在回声路径变化时，滤波器需要尽可能的快速收敛才能保证不泄漏回声。因此，如何区分双端说话状态和回声路径变化状态便成了 DTD 所要解决的关键问题。

现有的 DTD 方案基本可以分为两大类：一类是通过信号相似度判断接收端说话人是否发声。这种处理方法基于这样一个前提，即在仅有远端信号或回声路径发生变化时，回声信号与参考信号具有极强的相似度，毕竟它们都是来自同一个说话人的语音信号，在理想情况下仅相差一个线形传递函数模型，而在出现双端说话状态时，由于受到接收端说话人语音信号的干扰，回声信号与参考信号的相似度明显减弱。这一方案的关键在于如何有效地度量参考信号与回声信号的相似度以及如何设定合理的阈值检测出双端说话状态，一般常见的方法是计算两者的相关参量。Benesty 等[25]提出了一种归一化的相关性参量，这种参量有利于判别阈值的设定，文献[26,27]进一步把这种方法推广到了 MDF 算法以及扩展 MDF 算法中。文献[28]讨论了子带算法中相关性参量的计算问题，子带算法的好处在于无需对所有信息进行处理，仅在某些关键子带进行相关性计算就有可能获得比较好的结果，这对于运算量的节省有好处。Ahgren 等[29]通过有关扬声器冲激响应的先验信息对相关性的计算作了进一步的改进。此外，文献[30]指出，除了计算参考信号和回声信号的相关性以外，还可以通过滤波器的输出信号与回声信号的相关性计算判别双端说话状态，这种方式的好处是无需计入回声通道传递函数的延时，但前提是自适应滤波器已经处于较好的收敛状态。相似度的判别不仅仅只有相关性一种方法，Mader 等[31]

尝试使用倒谱距离的方法，这种方式对语音信号有不错的效果，但如果通信中包含了音乐信号，这种方式的处理结果将会受到很大影响。另外，Breining 等[32]还尝试了从信号的能量变化情况结合自适应滤波器的步长因子控制技巧，通过模糊逻辑的方法建立状态机用以控制滤波器在不同状态下的收敛速度。

关于 DTD 的另一类方案是建立双滤波器结构，即一个后台滤波器和一个前台滤波器，后台滤波器始终保持参数更新，而前台滤波器的参数独立更新或者来自于后台滤波器，通过比较前后台滤波器的运行结果判断是否需要更新前台滤波器的参数。这种处理方法的一个好处是不用对各个状态作明显的区分，只需要通过合理的判断机制让前台滤波器始终工作在最优状态就能保证声回声抵消的性能，多出一个滤波器的代价是增大了整个系统的运算量。决定这个方案性能好坏的重要环节是如何选择更新前台滤波器的时机，通常的做法是比较前后台滤波器误差信号的短时能量统计结果。Lindstrom 等[33]将自适应滤波器步长因子的控制技巧应用到双滤波器结构中，进一步提高了后台滤波器参数向前台滤波器复制的可信度。陈锴等[34]针对子带自适应滤波算法，提出一种只采用部分关键子带信息构造后台滤波器，通过后台滤波器的运行状态决定前台滤波器是否需要进行参数迭代。这种 DTD 方案以较小的运算代价利用了双滤波器结构的优点。现有的 DTD 方案，无论是基于信号相似度判断的，还是基于双滤波器结构的，都不可能做到对所有的通话状态进行完全准确的区分。当通信环境中存在较强的背景噪声时，DTD 误操作的可能性极大，而当双端说话状态和回声路径变化快速切换或同时发生时，DTD 的处理结果也会明显恶化。在设计一个完整的声回声抵消系统时，必须充分考虑 DTD 误操作的代价问题，权衡好 DTD 误判(把非双端说话状态误判为双端说话状态)和漏判(即在出现双端说话状态时没有及时判别)对整个系统的负面影响，并通过一些后处理的方式减弱这些负面影响。

4 残留回声的抑制

在一个实际的声回声抵消系统中，由于受到系统的非线性、滤波器阶数不足、DTD 的误操作等因素的影响，仅靠自适应滤波器不可能将回声完全抑制。在很多情况下，自适应滤波的残留回声幅度仍然非常明显，必须对残留回声作进一步的抑制才有可能将回声减少到不被人耳感知的量级上。残留回声的抑制实际上可以看成是一个比较典型的语音增强问题，目标信号是接收端说话人的语音信息，而噪声信号是自适应滤波未能完全滤除的回声信号。语音增强算法常用的有两种基本类型：谱减法和维纳滤波，这两种方法都需要对噪声的幅度或能量进行估计，在一般情况下对非稳态噪声的处理效果有限。虽然残留回声抑制所要处理的噪声是非稳态的语音信号，但关于噪声的先验信息可以从参考信号或自适应滤波器输出信号中得到，再加上经过自适应滤波后含噪信号的信噪比已经作了有效的提升，因此语音增强算法有较大的施展空间。Myllyla 等[35]通过对自适应滤波器失配量的估计进行残留回声的预测并进而实现对残留回声的抑制。更进一步，如果在抑制残留回声的同时对接收端的背景噪声也进行抑制，那么整个声回声抵消系统就兼具了回声抵消和噪声抑制的功能。Jeannes 等[36]讨论了几种抑制声回声和噪声的综合解决方案。Gustafsson 等[37]考虑了人耳的听觉特性在噪声抑制处理中的作用，在确保噪声抑制量的前提下进一步提升了音质。在设计残留回声抑制方案时，有大量关于语音增强的文献可供参考，但考虑到声回声抵消系统的应用背景，有两个问题必须注意：一是算法的运算量，过大的运算量会给系统的实时处理带来困难；二是算法的时延，过长的时延则会影响通信的正常进行。陈锴等[38]提出一种适用于子带自适应滤波的残留回声抑制方案，这一方案不引入额外的延时，且以较小的运算代价实现了对残留回声和接收端背景噪声的抑制，该方案的另一个优点是其能有效地补偿 DTD 的误操作，防止系统发散和啸叫。 残留回声抑制的使用要充分注意语音增强算法对通信音质的影响，尤其是不能改变单端通话时的音质。在双端说话状态下，则需要权衡由 DTD 误操作等引起的回声泄漏和语音增强后音质改变的代价问题，一方面要尽量避免回声的泄漏，另一方面则要防止过于剧烈的残留回声抑制导致接收端语音音质畸变。

5 双通道声回声抵消系统

在视频会议系统中，如果要使通信双方获得更好的临场感，即通信双方在接收对方的语音时所感知的方向与对方在屏幕上的相对位置一致，这就需要至少两路扬声器和传声器用以传递说话人的方位信息，相应的声回声抵消系统就必须扩展至多通道。图 2 给出了一个双通道声回声抵消系统自适应滤波处理的示意图，可以看到，对每一路回声而言，需要匹配的传递函数有两组，仅就自适应滤波处理而言，系统的复杂度会四倍于单通道系统。更重要的是，由于两路参考信号是来自于同一个说话人的语音信息，具有很强的相关性，因此整个系统自适应滤波所对应的正则方程面临着非唯一解的问题，并且求解结果与发送端说话人到传声器的传递函数有关[39]。这意味着发送端说话人切换有可能导致回声的泄漏，严重影响通话双方的正常交流。在一个实际的声回声抵消系统中，由于滤波器阶数往往不足以完全匹配回声路径冲激响应长度，这一问题表现得并不十分明显，但参考信号的相关性对自适应滤波收敛特性的影响仍不容忽视。

Khong 等[40]分析了参考信号的相关性与频域自适应滤波器失配量之间的关联，从理论上明确了相关性对自适应滤波失配量的影响。为了减弱参考信号相关性的负面影响，对参考信号进行去相关操作是大部分双通道声回声抵消系统采用的策略。

Morgan 等[41]推荐使用一个合理幅度的半波整形噪声，在保证信号音质的条件下减弱信号相关性。吴鸣等[42]利用人耳对语音信号相位不敏感的特性，通过在频域加入随机相位扰动的方法获得比半波整形更好的去相关效果。Mayyas 等[43]利用格型预测器对两通道输入信号进行预处理实现去相关的目标。Emura 等[44]修正了双通道 NLMS 算法的参数更新公式，让参考信号中人为加入的非相关参量在参数更新量中有更大的加权值，通过这种方式加快双通道算法的收敛速度。Khong 等[45]通过对每个通道的两组滤波器进行有选择性的参数更新方法规避参考信号相关性对收敛特性的影响。Gansler 等[46]对非线性参数的强度进行自适应调整，在确保抑制参考信号相关性的前提下提高了传输语音的音质。Reed 等[47]则提出了一种考虑发送端传递函数的双通道声回声抵消解决方案，该方案的模型较为理想化，实用性不强，但其不通过去相关，而是利用参考信号相关性设计声回声抵消方案的思路值得借鉴。现有的双通道声回声抵消系统在算法上还没有哪一个方案能完全克服通道间相关性对系统性能的影响，因此相比于单通道系统，双通道系统更需要好的后处理算法以弥补自适应算法收敛特性的不足。双通道系统在使用时一般要求传声器与扬声器的位置相对固定，否则通信时说话人的方位信息会受到影响，这意味着回声路径变化出现的概率较低，设计系统时可更多地注意于双端说话状态的处理。

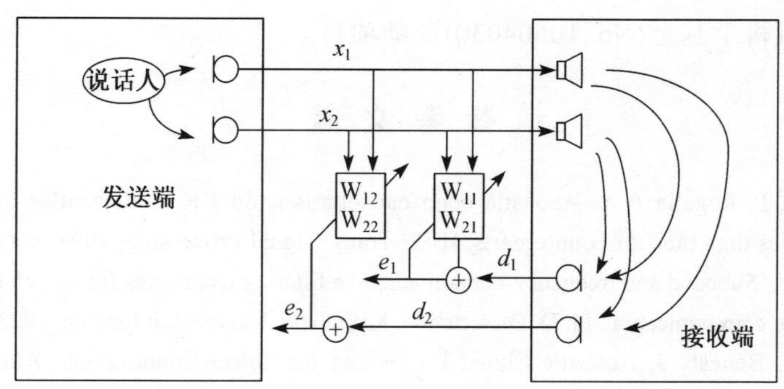

图 2 双通道声回声抵消系统自适应滤波处理示意图

6 总结与展望

自适应滤波的运算量和收敛特性，双端说话检测的准确性，残留回声和噪声抑制算法的信噪比提升和音质之间的平衡以及多通道系统的相关性问题是声回声抵消系统研究中的热点问题。实际上，一个完整的声回声抵消系统除了需要自适应滤波，双端说话检测，残留回声抑制等处理以外，还需要进行回声通道增益控制、输出信号自动增益控制、啸叫抑制以及添加舒适噪声等操作，这些处理更多的是工程实现上的细节问题，此处就不一一赘述了。一个好的声回声抵消系统，需要上述所有操作的协调运作，才能保证在正常的通信环境下对声回声有较好的抑制效果。

现有的声回声抵消商用系统已能满足免提通信或视频会议的基本需求,但要进一步提高通信效果，值得改进的地方还有不少，比如：(1)在双端说话情况下，如果接收端说话人的语音相对于回声的信噪比过低,声回声抵消系统为了抑制回声往往会导致接收端说话人的语音也被抑制甚至被剪切；(2)系统在异常情况下有可能泄漏回声，比如通信两端存在过强的背景噪声，扬声器和传声器出现较严重的非线性失真等。解决好这些问题，才能构造出真正“完美”的声回声抵消系统，这也正是本文所述的声回声抵消研究领域近年来不断努力的方向。声回声抵消系统总体说来是一个相对成熟的研究领域,如果不能有效地突破以自适应滤波为核心的系统框架，未来的研究也是着重于围绕现有系统框架进一步提高声回声抵消性能。此外，多通道通信系统是未来的发展趋势,而现有的声回声抵消方案在向多通道扩展时面临的一个很重要的问题是运算量过大,并且自适应算法的收敛速度不可避免地受到通道间相关性的影响,如何设计更为有效的多通道声回声抵消系统也是值得注意的问题。

致谢

国家自然科学基金(No. 10604030)资助项目。

参考文献

[1] Liavas A P, Regalia P A. Acoustic echo cancellation: do IIR models offer better modeling capabilities than their fir counterparts. IEEE Trans. Signal Processing, 1998, 46(9): 2499-2504.

[2] Eneman K. Subband and frequency-domain adaptive filtering techniques for speech enhancement in hands-free communication. Ph.D. Dissertation, Katholieke Universiteit Leuven, 2002.

[3] Gay S L, Benesty J. Acoustic Signal Processing for Telecommunication. Kluwer Academic Publishers, 2000.

[4] Ding H P. Comparing relaxed and non-relaxed fast affine projection adaptation algorithms. Digital Signal Processing Workshop, Signal Processing Education Workshop, 2006: 342-347.

[5] Ding H P. Fast affine projection adaptation algorithms with stable and robust symmetric linear system solvers. IEEE Trans. Signal Processing, 2007, 55(5): 1730-1740.

[6] Chen K, Lu J, Qiu X J, et al. Stability improvement of relaxed FAP algorithm. IEE Electronic Letters, 2007, 43(20): 1119-1121.

[7] Chen K, Lu J, Xu B L. A method to adjust regularization parameter of fast affine projection algorithm. Proc. Inter. Conf. Signal Processing, 2006: 350-353.

[8] Benesty J, et al. Advances in Network and Acoustics Echo Cancellation. Berlin: Springer-Verlag, 2001.

[9] Morgan D R, Thi J C. A delayless subband adaptive filter architecture. IEEE Trans. Signal Processing, 1995, 43(8): 1819-1830.

[10] Zhou Y, Qiu X J. An error path delay compensated delayless subband adaptive filter architecture. Signal Processing, 2007, 87: 2640-2648.

[11] 陈锴，卢晶，邱小军，等. 适用于声回声抵消的过采样实值子带结构的研究. 南京大学学报，2007, 43(1): 79-88.

[12] Choi H, Bae H D. Subband affine projection algorithm for acoustic echo cancellation system. EURASIP J. Adv. Signal Processing, 2007.

[13] Borrallo J P, Otero M G. On the implementation of a partitioned block frequency domain adaptive filter (PBFDAF) for long aloustic echo cancellation. Signal Prolessing, 2002, 27(3): 301-315.

[14] Soo J S, Pang K K. Multidelay block frequency-domain adaptive filter. IEEE Trans. Acoust. Speech, Signal Processing., 1990, 38: 373-376.

[15] Merched R, Sayed A H. An embedding approach to frequency-domain and subband adaptive filtering. IEEE Trans. Signal Processing, 2000, 48(9): 2607-2619.

[16] Bendel Y, Burshtein D, Shalvi O, et al. Delayless frequency domain acoustic echo cancellation. IEEE Trans. Speech & Audio Processing, 2001, 9(5): 589-597.

[17] Zhou Y, Chen J L, Li X D. A time/frequency-domain unified delayless partitioned block frequency-domain adaptive filter, IEEE Signal Processing Letter, accepted.

[18] Derkx R M M, Egelmeers G P M, Sommen P C W. New constraining method for partitioned block frequency-domain adaptive filters. IEEE Trans. Signal Processing, 2002, 50(9): 2177-2186.

[19] Eneman K, Moonen M. Iterated partitioned block frequency-domain adaptive filtering for acoustic echo cancellation. IEEE Trans. Speech & Audio Processing, 2003, 11(2): 143-158.

[20] Wu S, Qiu X J. Multi-overlap unconstrained multi-delay adaptive adaptive filter for acoustic echo cancellation. Proc. Japan-China Joint Conf. Acoust. 2007.

[21] Enemen K, Moonen M. Hybrid subband/frequency-domain adaptive systems. Signal Processing, 2001, 81(1): 117-136.

[22] Buchner H, Benesty J, Gansler T, et al. Robust extended multidelay filter and double-talk detector for acoustic echo cancellation. IEEE Trans. Audio Speech & Language Processing, 2006, 14(5): 1633-1644.

[23] Faller C, Chen J D. Suppressing acoustic echo in a spectral envelope space. IEEE Trans. Speech and Audio Processing, 2005, 13(5): 1048-1062.

[24] Jenq J C, Hsieh S F. Acoustic echo cancellation using iterative-maximal-length correlation and double-talk detection. IEEE Trans. Speech & Audio Processing, 2001, 9(8): 932-942.

[25] Benesty J, Morgan D R, Cho J H. A new class of doubletalk detectors based on cross-correlation. IEEE Trans. Speech & Audio Processing, 2000, 8(2): 168-172.

[26] Benesty J, Gansler T. A multidelay double-talk detector combined with the MDF adaptive filter. Journal on Applied Signal Processing, 2003, 11: 1056-1063.

[27] Buchner H, Benesty J, Gansler T, et al. Robust extended multidelay filter and double-talk detector for acoustic echo cancellation. IEEE Trans. Audio Speech & Language Processing, 2006, 14(5): 1633-1644.

[28] Jia T, Jia Y, Li J, et al. Subband doubletalk detector for acoustic echo cancellation systems. Proceedings of International Conference on Acoustic, Speech Signal Processing, 2003: 604- 607.

[29] Ahgren P. Acoustic echo cancellation and doubletalk detection using estimated loudspeaker impulse responses. IEEE Trans. Speech & Audio Processing, 2005, 13(6): 1231-1237.

[30] Ghose K, Reddy V U. A double-talk detector for acoustic echo cancellation applications. Signal Processing, 2000, 80(8): 1459-1467.

[31] Mader A, Puder H, Schmidt G U. Step-size control for acoustic echo cancellation filers-an overview. Signal Processing, 2000, 80: 1697-1719.

[32] Breining C. A robust fuzzy logic-based step-gain control for adaptive filters in acoustic echo cancellation. IEEE Trans. Speech and Audio Processing, 2001, 9(2): 162-167.

[33] Lindstrom F, Schuldt C, Claesson I. An improvement of the two-path algorithm transfer logic for acoustic echo cancellation. IEEE Trans. Audio Speech & Language Processing, 2007, 15(4): 1320-1326.

[34] Chen K, Lu J, Xu B L. A novel acoustic echo cancellation structure based on subband system. Proc. Japan-China Joint Conf. Acoust. 2007.

[35] Myllyla V. Residual echo filter for enhanced acoustic echo control. Signal Processing, 2005, 86: 1193-1205.

[36] Jeannes R L B, Scalart P, Faucon G, et al. Combined noise and echo reduction in hands-free systems: a survey. IEEE Trans. Speech & Audio Processing, 2001, 9(8): 808-820.

[37] Gustafsson S, et al. A psychoacoustic approach to combined acoustic echo cancellation and noise reduction. IEEE Trans. Speech and Audio Processing, 2002, 10(5): 245-255.

[38] Chen K, Xu P Y, Lu J, et al. An improved post-filter of acoustic echo canceller based on subband implementation. Applied Acoustics, submitted.

[39] Benesty J, Morgan D R, Sondhi M M. A better understanding and an improved solution to the specific problems of stereophonic acoustic echo cancellation. IEEE Trans. Speech Audio Processing, 1998, 6(2): 156-165.

[40] Khong A W H, Benesty J, Naylor P A. Stereophonic acoustic echo cancellation: analysis of the misalignment in the frequency domain. IEEE Signal Processing Letters, 2006, 13(1): 33-36.

[41] Morgan D R, Hall J L, Benesty J. Investigation of several types of nonlinearities for use in stereo acoustic echo cancellation. IEEE Trans. Speech & Audio Processing, 2001, 9(6): 686-696.

[42] Wu M, Lin Z B, Qiu X J. A frequency domain nonlinearity for stereo echo cancellation. IEICE Trans. Fundamentals. 2005, E88-A: 1757-1759.

[43] Mayyas K. Stereophonic acoustic echo cancellation using lattice orghogonalization. IEEE Trans. Speech & Audio Processing, 2002, 10(7): 517-525.

[44] Emura S, Haneda Y, Kataoka A, et al. Stereo echo cancellation algorithm using adaptive update on the basis of enhanced input-signal vector. Signal Processing, 2006, 86: 1157-1167.

[45] Khong A W H, Naylor P A. Stereophonic acoustic echo cancellation employing selective-tap adaptive algorithms. IEEE Trans. Audio Speech & Language Processing, 2006, 14(3): 785- 796.

[46] Gansler T, Benesty J. New insights into the stereophonic acoustic echo cancellation problem and an adaptive nonlinearity solution. IEEE Trans. Speech & Audio Processing, 2002, 10(5): 257-267.

[47] Reed M J, Hawksford M O, Hughes P. Acoustic echo cancellation for stereophonic systems derived from pairwise panning of monophonic speech. IEE Proc., 2005, 122-128.

扬声器阵列研究进展

沈 勇

(近代声学教育部重点实验室,南京大学声学研究所，南京 210093)

1 引言

扬声器阵列是声频领域的研究热点。早在 1930 年 Wolfe 和 Malter 就已经在美国声学学报上发表有关扬声器阵列的论文，研究分析了点源、线源、曲线源、平面源的指向特性[1]。1957 年 Olson 综合分析了扬声器阵列的基本原理[2]。后来，许多专家学者发表著述论及扬声器阵列，并提出很多优化方法。

近年来世界上大型场馆的不断兴建,使国际上专家学者在扬声器阵列的理论研究方面投入了更多的精力。美国 Bell 实验室、美国得克萨斯大学、南洋理工大学、Philips、日本 NHK、JBL、Meyer Sound、L-acoustics、Eastern Acoustics Works、Sound Technology Consultants Alpine Renkus-Heinz Irvine、ElectroVoice、Apogee Sound 等国外研究机构和公司投入大量人力物力研究扬声器阵列，有很多新的理论和想法[3-6]，发表了大量研究论文，也有不少相应的专利技术和产品问世。如 JBL 的 Vertical Technology、Meyer Sound 的 MILO 高能量曲线阵列、EAW 的第二代线阵列技术 Divergence Shading[7-9]等等。

辐射声场的均匀性是声辐射研究的重要课题。在自由空间，单个扬声器辐射的声波以球面波形式衰减，距离每增加一倍，声压级衰减 6dB，这使远处和近处的声场很不均匀。同时，单个扬声器的指向性随着频率的增加而越来越尖锐。另外，单个扬声器往往也不能在远距离辐射足够的声功率。因此，单个扬声器难以在大范围内保证辐射声场的均匀性。为了实现宽指向性并尽量使远处和近处的声场均匀，许多研究人员在扬声器阵列理论方面开展了大量研究。在自由空间，扬声器阵列不仅可以利用多个声源间的干涉效应控制其辐射指向性,减小不同角度辐射的声场不均匀度，而且可以利用多个声源辐射使声能量在一定的距离内衰减得更慢，在远处获得足够的声压级，减小远近距离声场不均匀度。在封闭空间，扬声器阵列不仅使能量更多地投射到聆听区域，而且可使高混响环境内的反射声得到抑制，从而提高清晰度。另外，扬声器阵列能够在远距离辐射足够的声功率。因此，扬声器阵列能产生均匀的辐射声场。

扬声器阵列可分为离散扬声器阵列和连续扬声器阵列。离散扬声器阵列由若干间隔相同且等强同相的扬声器组成。如各辐射声源的间距趋近于零，其极限情况就是连续扬声器阵列。

2　离散扬声器阵列

早在 20 世纪六，七十年代，扬声器阵列由于可以提高辐射声压级，以及产生特定指向性等特点而流行。使用扬声器构成阵列可提高声压级，在混响较长的房间里代替单个锥形扬声器可大大提高语言可懂度。然而，在高频时指向性会变窄并且产生很大的旁瓣。为了优化扬声器阵列的高频指向性，出现了螺旋形阵列和声负载阵列等改进措施。螺旋形阵列通过旋转布置扬声器单元，缩短高频时扬声器阵列的有效长度从而改善指向性，Klepper 等设计的声负载阵列通过铺设吸声材料缩短阵列的高频有效长度，使得阵列指向特性中的主瓣不随频率改变[10]。近年来，优化扬声器阵列指向性的方法更为丰富有效。

上述扬声器阵列的设计基于离散点声源理论模型。求和模型与乘积理论作为离散扬声器阵列设计的基础，有非常重要的意义。在求和模型中，将阵列中的各个声源看成是无指向性的点声源，则阵列的辐射声压可由点声源的声压叠加得到。假设阵列中各声源的幅度和相位均一致，其示意图如图 1 所示，指向性函数为

$$R(\theta)=\left|\frac{\sin\left(\dfrac{kNd}{2}\sin\theta\right)}{\dfrac{kNd}{2}\sin\theta}\right| \tag{1}$$

其中: k 为波数，N 为扬声器单元个数，d 为单元间距。

乘积理论则考虑到阵列中每个声源都是有指向性的，整个阵列的指向性可以看成是同样排列的无指向性点声源组成阵列的指向性与单个声源指向性的乘积，如图 2 所示。

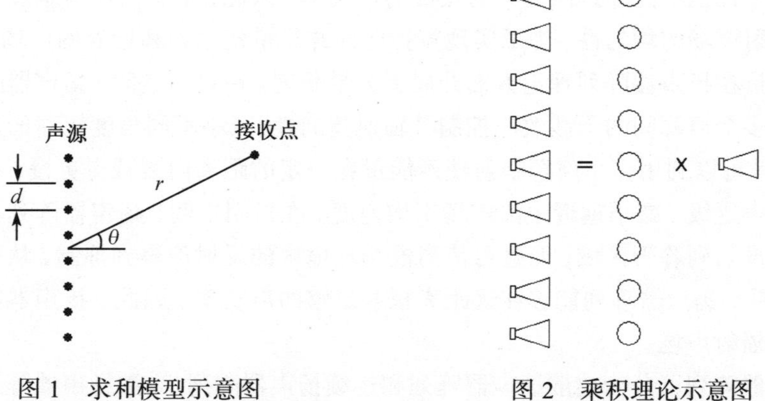

图 1　求和模型示意图　　　　图 2　乘积理论示意图

3 连续扬声器阵列(扬声器线阵列)

扬声器线阵列是电声领域新兴的趋势。法国 L-acoustics 公司的 Urban 和 Heil 研究了连续声源的声场特性[4]。理想的连续直线阵列可以形成柱面波，实现极好的覆盖区域，并且声压随距离衰减得更慢，可以投射更远的距离。

现有扬声器线阵列的改进形式多种多样，常见的有弧线形、J 形、渐进式等[11]。弧线形扬声器阵列可以覆盖更宽的辐射范围，其声场特性与阵列的曲率半径及张角有关。J 形扬声器阵列是直线形和弧线形扬声器阵列的组合，兼有直线形阵列的远投优势和弧线形阵列均匀的指向性。渐进式扬声器阵列由上而下弯曲，没有完全是直线的部分，该阵列在较宽频段上具有较为均匀的指向性。这些改进的线阵列示意图如图 3 所示。

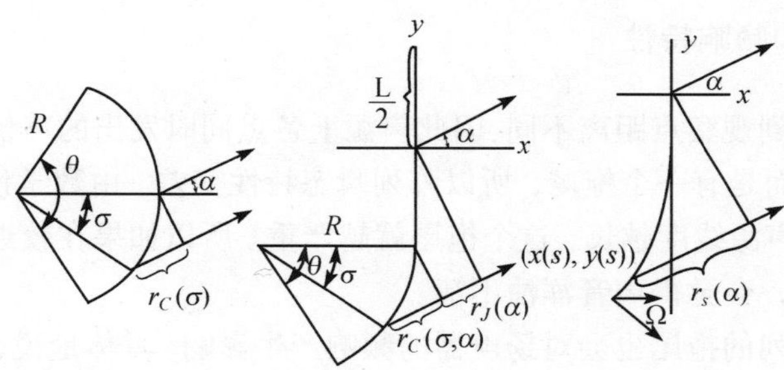

图 3 弧线形、J 形及渐进式阵列示意图(依次从左到右)

下面以连续直线阵列为例，介绍其指向特性、波阵面传播特性、瞬态特性和频响特性、有效辐射率(*ARF*)概念及其估计方法等。

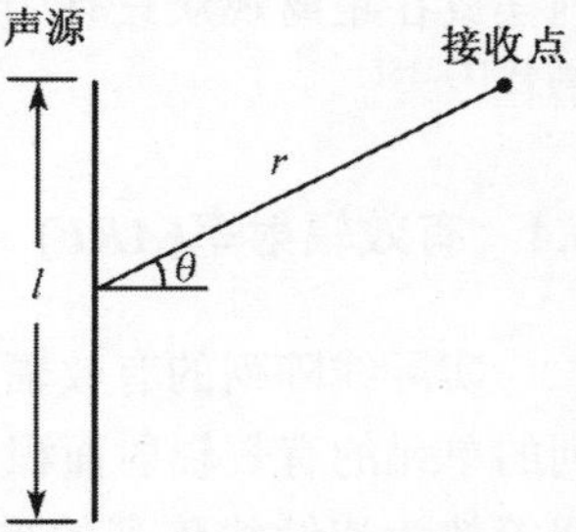

3.1 指向特性

积分模型是研究连续扬声器阵列的模型之一，如图 4，基于该模型可分析线阵列的指向特性。线阵列的指向性主要特点[12]：阵列长度如果小于声波工作波长时，阵列基本上是无指向特性的，而当阵列长度大于声波波长时，指向特性逐渐变得尖锐。指向性表达式为

声源
接收点
r
θ
l

图 4 积分模型的示意图

$$R(\theta)=\frac{\sin\left(\frac{kl}{2}\sin\theta\right)}{\frac{kl}{2}\sin\theta} \tag{2}$$

3.2　球面波与柱面波

球面波的波阵面在三个维度方向传播，距离加倍时声压级衰减 6dB。柱面波的波阵面则只在两个维度方向传播，距离加倍时声压级衰减 3dB。严格地说，只有无限长的线声源才能产生真正的柱面波。平直、连续且恒相位的有限长线声源辐射的声波总是经过一段柱面波后，逐渐过渡到球面波。通常，将柱面波传播的区域称为近场区，球面波传播的区域称为远场区，将柱面波传播和球面波传播的分界处至声源的距离称为过渡距离 TD。过渡距离计算公式[14]为

$$\mathrm{TD}=\frac{3}{2}fl^2\sqrt{1-\frac{1}{(3fl)^2}} \tag{3}$$

其中，f 为工作频率(单位：kHz)，l 为阵列长度(单位：m)。

3.3　瞬态特性和频响特性

线阵列各点到观察点距离不同，因此声源上各点同时发出的声信号并不是同时到达观察点的，而是有一个拖尾，所以阵列瞬态特性变差。由数学计算可知，观察点离声源越近，声源线度越长，这个拖尾就越严重。所以如果在较近的地方聆听一个线阵列的声音，会觉得声音浑浊不清。

扬声器线阵列的拖尾也会对扬声器的频响产生影响。具体地说，线阵列会使高频以每倍频程 3dB 衰减。而该衰减的频带范围随距离的变化而变化。离线阵列越近，衰减的频带越宽，高频的损失也越大。所以当一个设计用来投射 30m 的线阵列摆放在距离观众只有 3m 远的地方，那么高频大部分都被衰减了，声音会变得很糟糕[13, 15]。

3.4　有效辐射率(*ARF*)

实际线阵列的有效辐射率 *ARF* 定义为：$ARF=D/STEP$。其中，D 为组成阵列的单元的有效辐射面积，*STEP* 为单元间距。$ARF>80\%$ 是实际扬声器阵列可近似等效为连续线阵列的重要条件之一[4]，然而由于客观限制，实际扬声器阵列的 *ARF* 值不易测得，或者由尺寸测量得到的 *ARF* 值并不一定准确，为了便于设计者和客户准确的了解实际阵列与理想线声源的近似程度，准确地从声学测量角度获得 *ARF* 值显得十分重要。

南京大学的研究表明，对于由多个声源组成的线声源模型，声源之间存在的间隙会对其频率响应存在影响。对于一个已知的实际扬声器阵列，*ARF* 的值与轴线上频率响应差(*FRD*)之间存在一定规律(见图 5)，通过在一些特定位置测量阵列的频率响应，就能够获得该阵列的 *ARF* 值。

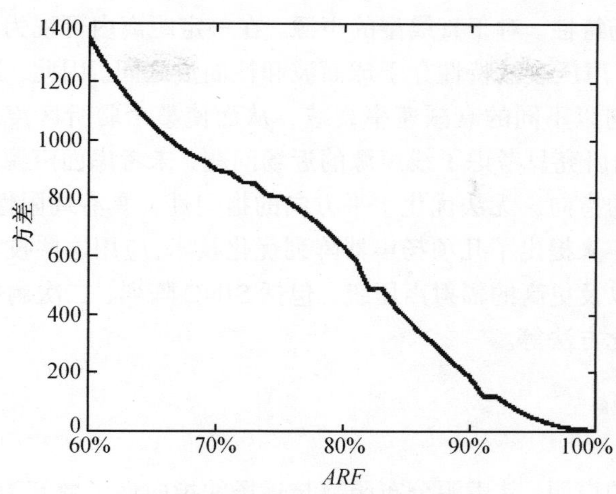

图 5 *ARF-FRD* 方差关系图

4 扬声器阵列优化方法

国际上有关扬声器阵列的理论研究主要集中在两个方面。一方面是通过电学或声学方法，使扬声器阵列高频指向性均匀。如：Wal 等[26]使用对数排列的扬声器阵列优化指向性；Smith[27]采用信号处理的方法，在不同频段给于扬声器单元不同的计权系数的方法优化扬声器阵列的高频指向性。Keele 引入了 CBT(constant-bandwidth transducer)阵列的概念，使用弯曲阵列和延时两种方法使扬声器阵列指向性得到优化[3]。

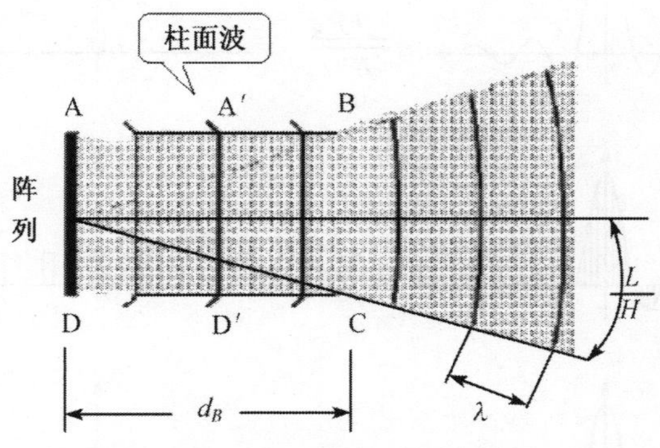

图 6 扬声器阵列辐射示意图

另一方面，国际上开展了许多有关扬声器阵列远近场声辐射特性的理论研究。其核心是使扬声器阵列在一定距离内以柱面波辐射，距离每增加一倍声压级衰减 3dB 而不是像球面波那样衰减 6dB，从而实现远距离投射，见图 6。如 Urban 等研究了线声源近声场特性。对于直线型的声源，在一定距离内可视为柱面波辐射，当线声源弯曲之后，声压衰减特性介于球面波和柱面波之间。因此，适当的弯曲阵列使其在不同的方向以不同的衰减速率衰减，从而使整个聆听区声压均匀[4]。然而 Marcel Urban 等的研究只考虑了线声源的近场问题，未考虑面声源的特性，因此只能优化垂直方向的指向，无法优化水平方向的指向性，具有局限性。

南京大学近年来提出了几项扬声器阵列优化技术,应用这些技术能有效实现更均匀的辐射声场以及更高的辐射声压级，包括 SINC 阵列、二次剩余序列(QR)阵列等扬声器阵列优化方法等。

4.1　SINC 阵列[18]

对于直线型的声源，其声源分布函数与远场的指向性函数互为傅里叶变换。设声源的振速分布函数为$V(l)$，则远场的指向性为

$$R(\theta)=\frac{\int_l V(l)\mathrm{e}^{\mathrm{j}kl\sin\theta}\mathrm{d}l}{\int_l V(l)\,\mathrm{d}l} \tag{4}$$

因此，只要找到一种频谱平坦的函数，即可实现无指向性声源。又由于 sinc 函数的频谱为一矩形窗函数(窗函数宽度为 2)，如果对该函数进行抽样，频谱则变为周期谱，出现很多旁瓣，旁瓣的周期为$2\pi/d_s$。其中，d_s为采样间隔。当采样间隔变为π并取适当的采样偏移时，旁瓣正好拼接起来形成平坦的连续频谱，如图 7。

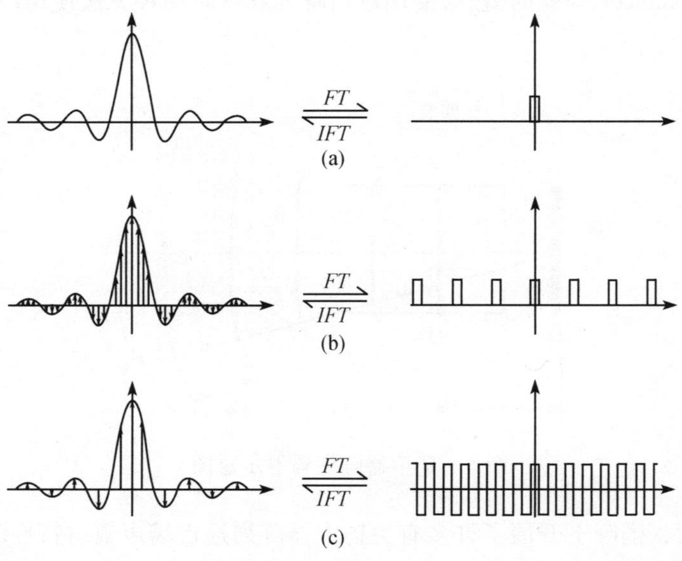

图 7　(a) sinc 函数的频谱为矩形窗函数; (b) 对 sinc 函数采样产生周期性频谱;
(c) 当采样间隔为π并且采样偏移为π/2 时，频谱幅值平坦

根据上述原理，对不同的扬声器单元馈给不同大小的信号，信号大小正比于上述 sinc 函数采样值。对比优化前各单元幅度、相位均一致的扬声器阵列，优化后的指向性能得到很好的改善，优化前后的指向性如图 8 所示。

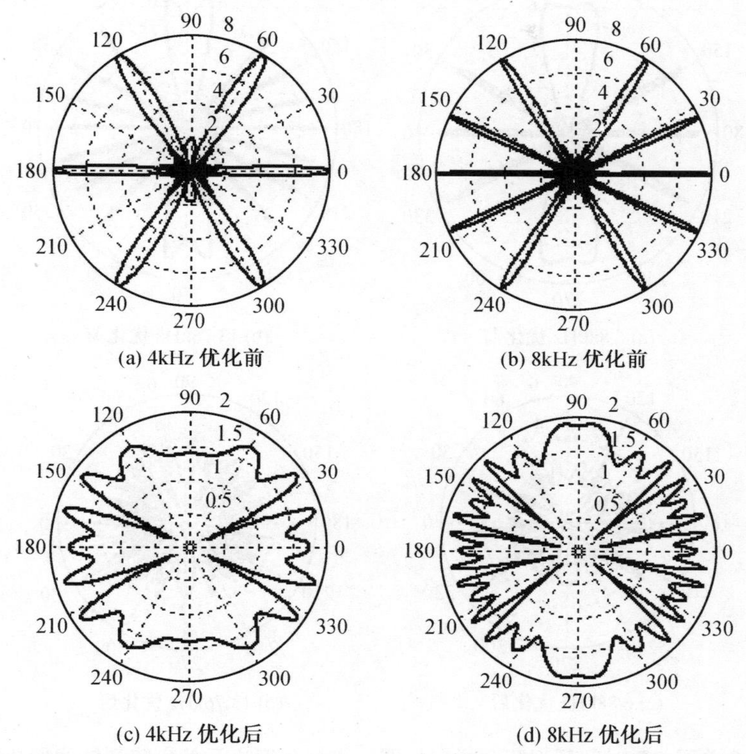

图 8　8 单元 sinc 扬声器阵列指向性图，坐标角度表示偏离阵列轴线的角度，坐标半径表示在远场条件下阵列产生声压与单个声源产生声压的幅值之比

4.2　二次剩余序列(QR)阵列

利用伪随机序列可以优化扬声器阵列的指向性。以二次剩余序列为例，其数学表达式为 $d_n \propto n^2 \bmod N$ 。其中 N 为序列长度，d_n 为序列中第 n 个元素的值。将该序列应用到扬声器阵列，对不同的扬声器单元馈给不同延时的信号，每个延时正比于二次剩余序列中的对应元素。通过使用该方法，可以使阵列在高频时有着较宽的指向性，其优化前后的指向特性如图 9 所示。

也可以利用二次剩余序列进行移相，对不同的扬声器单元馈给不同相位的信号，移相的大小与二次剩余序列有对应关系。对于相位延迟符合 QR 序列的阵列，各声源辐射强度相等，但相位不同。阵列中第 n 个单元对应的相位延迟为 $S_n\varphi_0$ 时，优化前后的指向性如图 10 所示。其中 S_n 为 N 点 QR 序列的第 n 个数，$\varphi_0 = 2\pi / N$ 。

通过以上方法，扬声器阵列具有良好的指向性，辐射声场均匀，并且在任意角度的频率响应也有较大改善。

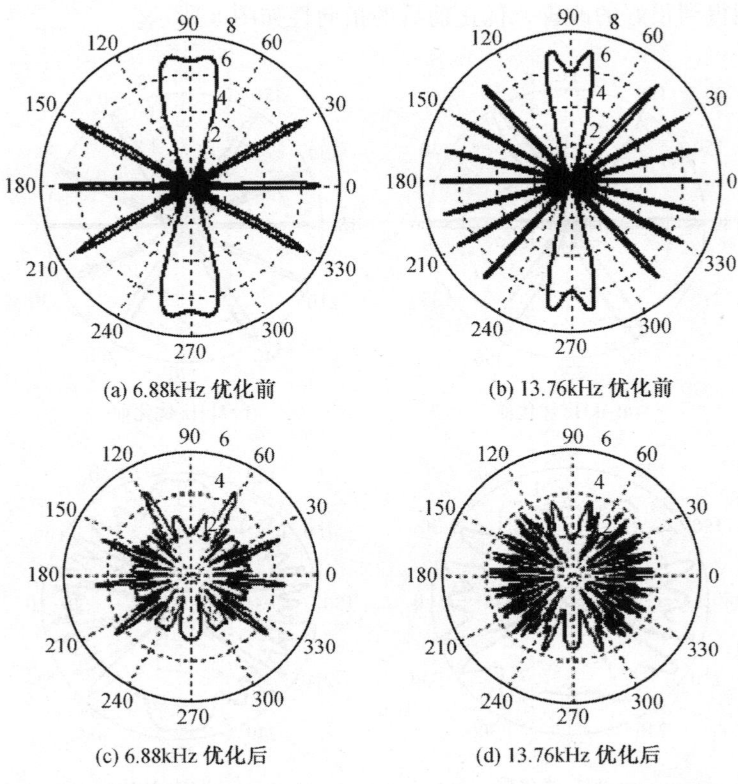

(a) 6.88kHz 优化前　　(b) 13.76kHz 优化前

(c) 6.88kHz 优化后　　(d) 13.76kHz 优化后

图 9　7 单元 QR 时间延迟阵列指向性图，坐标角度表示偏离阵列轴线的角度，坐标半径表示在远场条件下阵列产生声压与单个声源产生声压的幅值之比

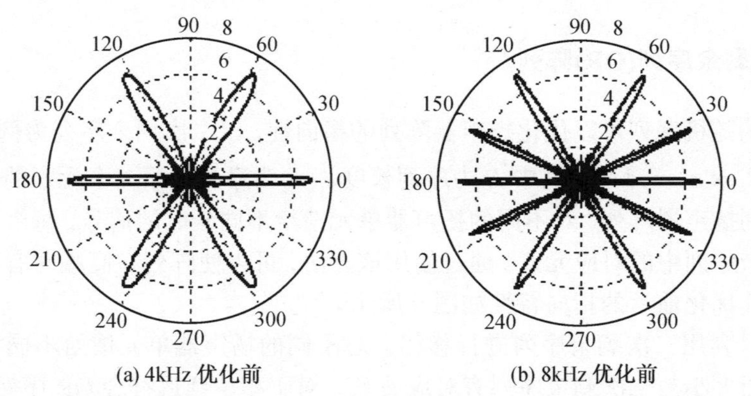

(a) 4kHz 优化前　　(b) 8kHz 优化前

图 10　7 单元 QR 相位延迟阵列指向性图，坐标角度表示偏离阵列轴线的角度，坐标半径表示在远场条件下阵列产生声压与单个声源产生声压的幅值之比

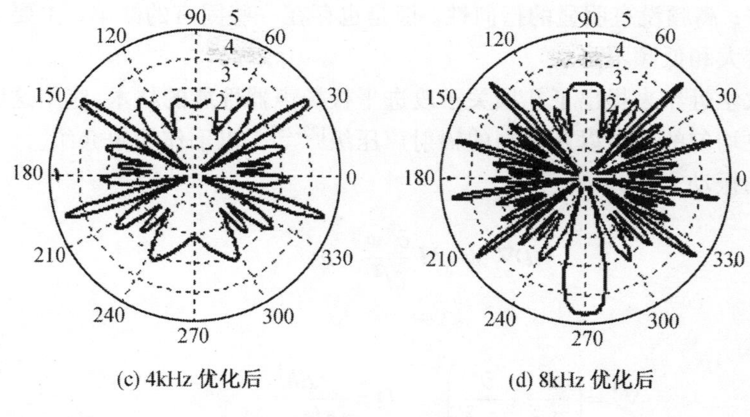

(c) 4kHz 优化后　　(d) 8kHz 优化后

图 10(续)

5 平板扬声器

所谓平板扬声器,指扬声器的声辐射器是由平面振膜构成。可视为面声源阵列。就电动式扬声器而言，要获得轴向上的频响平坦，振膜就必须是平面的，且要求无分割振动。因此，在平板扬声器研究早期，其振动辐射特性在使用频带内都完全是活塞式振动，主要实现途径有三种：静电式平板扬声器、带状磁体平板扬声器和压电效应发声膜平板扬声器。1996 年英国 Verity 集团下属的 NXT 公司首先研制出来一种使用平面薄板的超薄型平板扬声器。

NXT 平板扬声器完全不同于传统的平板扬声器，它是通过一块平面薄板，加以某种特定的激励后，薄板作高阶振动模态状态的无规振动，其声辐射是许多弯曲振动模式共同作用的结果，因此也常常被称为分布模式扬声器、弯曲振动型薄板扬声器(distributed mode loudspeaker)。薄板的各个微型振动单元相对独立，其机械阻抗对整个薄板不会产生辐射阻抗，这就意味着薄板的大小不再受指向性限制，即使采用了很大的薄板也不会引起高频指向性辐射,因此可以设计出音域宽广的薄板扬声器。由于薄板扬声器独特的声辐射特性和物理特征，外形加以装饰后具有很强的观赏性，因而受到消费者的青睐和科研工作者的重视，应用领域越来越广泛。

自薄板扬声器面世以来，在(国际)音频工程学会 Audio Engineering Society 会议上已发表过大量针对薄板扬声器的技术文章。另外在 JAES 等学术性刊物上也有部分研究性文章，理论分析了薄板扬声器的声辐射特性，存在的缺陷以及相应的一些改进措施，如：结合动圈式低音单元提高低频响应[19]，通过优化多驱动器位置改善高频指向性[20]，调节多孔吸声材料改善声频响[21]。研究表明，尽管薄板扬声器拥有很多传统活塞振动式扬声器不具备的优点，如尺寸不受限制；前后方向所辐射声音在自由空间发声时不会产生声抵消现象；可以不用安装在箱内；声辐射以扩散方式为主；高频没有明显的指向性。但是也存在一些固有的缺陷，主要表现在声频响起伏较大和低频不足。

南京大学近年来提出了几项关于改进平板扬声器性能的技术，应用这些技术能有效实现更均匀的辐射以及更高的辐射声压级[22-25]，以下作简单介绍。

薄板的振动方程为

$$D\nabla^4 w + M\frac{\partial^2 w}{\partial t^2} = p \tag{5}$$

其中

$$\nabla^4 = \left(\frac{\partial^2}{\partial x^2} + \frac{\partial^2}{\partial y^2}\right)^2, \quad D = \frac{Eh^3}{12\left(1-v^2\right)}。$$

结合 FEM 所要求的带系数的偏微分方程求解形式，可化为

$$w_1 = w, w_2 = \nabla^2 w。\tag{6}$$

$$-\nabla\begin{bmatrix}0 & -D\\ -1 & 0\end{bmatrix}\nabla\begin{bmatrix}W_1\\ W_2\end{bmatrix}+\begin{bmatrix}-\omega^2 M & 0\\ 0 & -1\end{bmatrix}\begin{bmatrix}W_1\\ W_2\end{bmatrix}=\begin{bmatrix}P\\ 0\end{bmatrix} \tag{7}$$

简支边界条件为

$$\begin{bmatrix}1 & 0\\ 0 & 1\end{bmatrix}\begin{bmatrix}W_1\\ W_2\end{bmatrix}=\begin{bmatrix}0\\ 0\end{bmatrix} \tag{8}$$

通过 FEMLAB 仿真可求得薄板质点的振动速度,薄板振动的模态特征频率。薄板振动产生的声场为

$$p(r) = \mathrm{i}\frac{k\rho_0 c_0}{2\pi}\iint_S \frac{1}{|\boldsymbol{r}-\boldsymbol{r}_0|}v(\boldsymbol{r}_0)\mathrm{e}^{-\mathrm{i}k|\boldsymbol{r}-\boldsymbol{r}_0|}\mathrm{d}S \tag{9}$$

通过 FEMLAB 与 MATLAB 相结合，使用基因算法优化模态分布，降低模态的简并度， 稳态分析时的适应度函数为

$$\psi_f = \frac{\left(\dfrac{1}{N_f}\sum \delta f_k\right)^2}{\dfrac{1}{N_f}\sum \delta f_k^2} \tag{10}$$

其中 N_f 表示模态特征频率间距的个数，δf_k 表示相邻模态特征频率的间距。ψ_f 值越大，模态简并化程度越小，模态分布越均匀。$\psi_f = 1$ 为最大值，表示没有出现模态特征频率简并化的现象。在对薄板添加附加质量,并对其位置进行优化的过程中,为了避免多个附加面质量对整个薄板区域进行位置搜索可能发生重合或者交叉,以及避免由于优化位置距离薄板边界太近而导致的计算复杂度的增加,最终将薄板位置搜索区域划分为如图 11 所示。

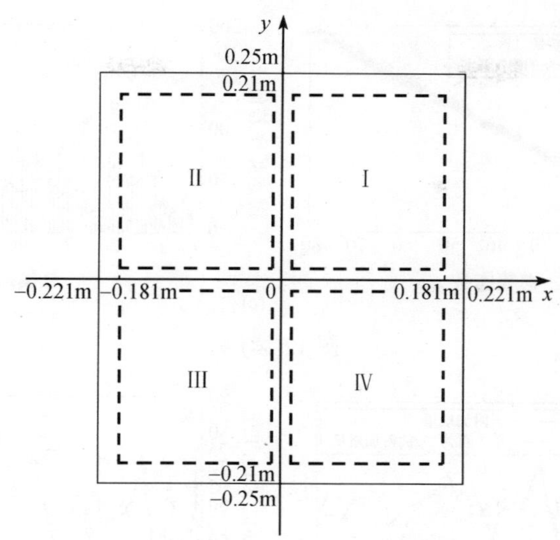

图 11　薄板内部划分为 4 个区域。虚线与坐标轴之间空隙为 0.02 m

通过 FEMLAB 软件的模拟和计算，可以看到，在优化薄板振动的模态的同时，也能够改善薄板振动的频响曲线(见图 12，图 13)。

根据 FEMLAB 仿真得到的优化结果，在南京大学消声室中做了大量关于附加质量对平板扬声器模态分布影响的实验(见图 14)，虽然由于薄板材料不同、边界条

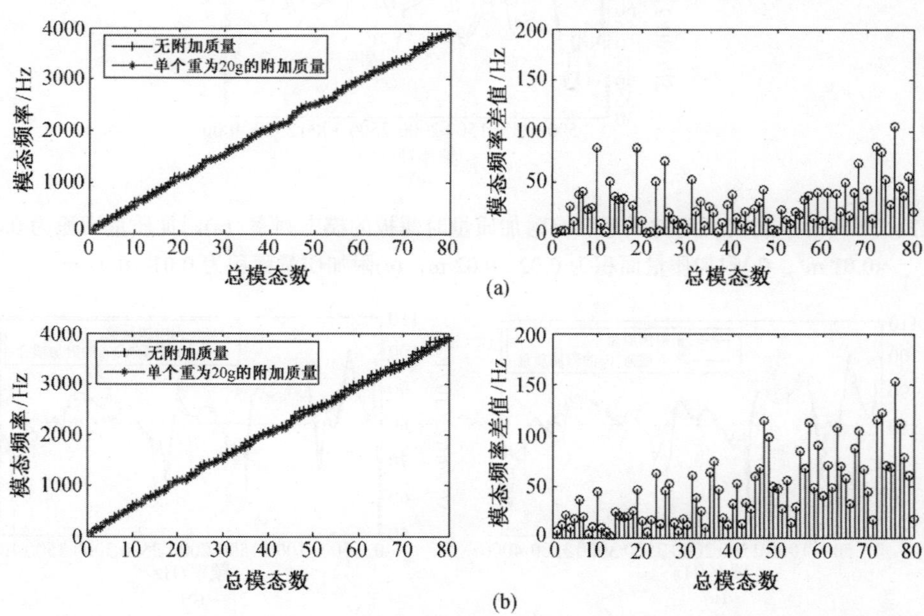

图 12　无附件质量和有附加质量时薄板的模态频率：(a) 附加质量面积为 $0.01\times0.01\text{m}^2$；(b) 附加质量面积为 $0.02\times0.02\ \text{m}^2$；(c) 附加质量面积为 $0.01\times0.01\ \text{m}^2$

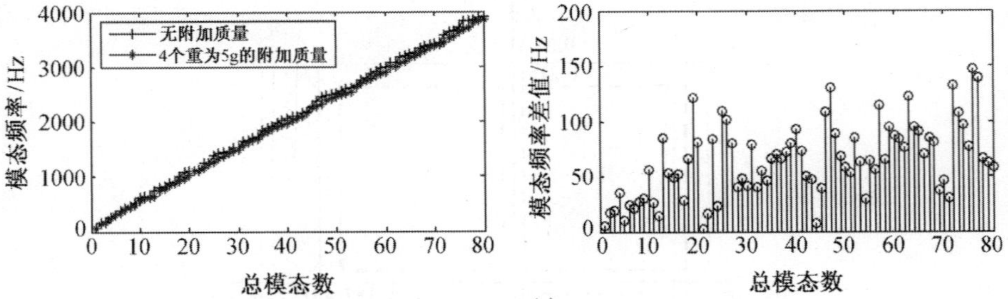

(c)

图 12(续)

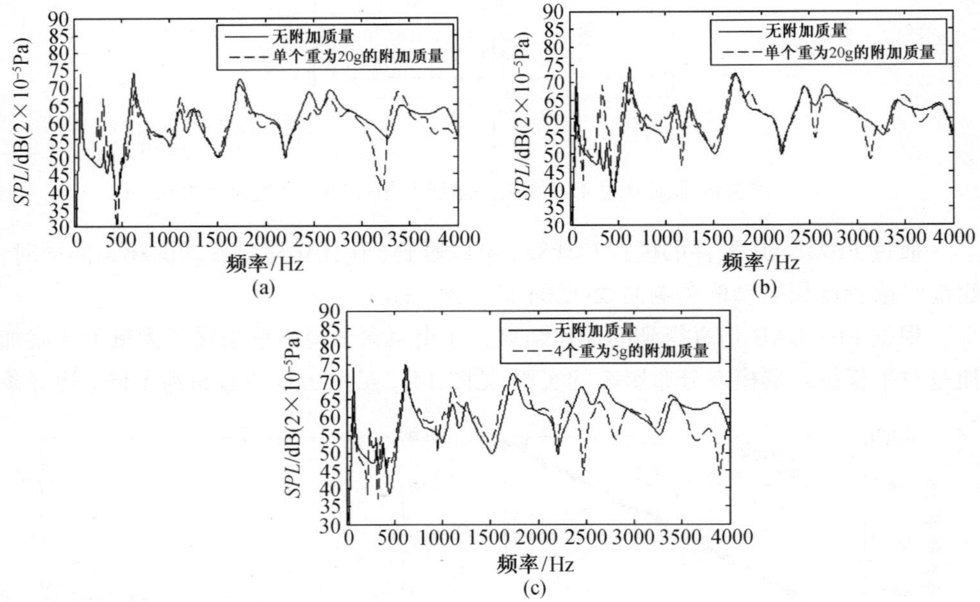

(a)

(b)

(c)

图 13　FEMLAB 仿真无附件质量和有附加质量时薄板的模态频率：(a)附加质量面积为 0.01 ×0.01 m^2；(b)附加质量面积为 0.02 ×0.02 m；(c)附加质量面积为 0.01 ×0.01 m^2

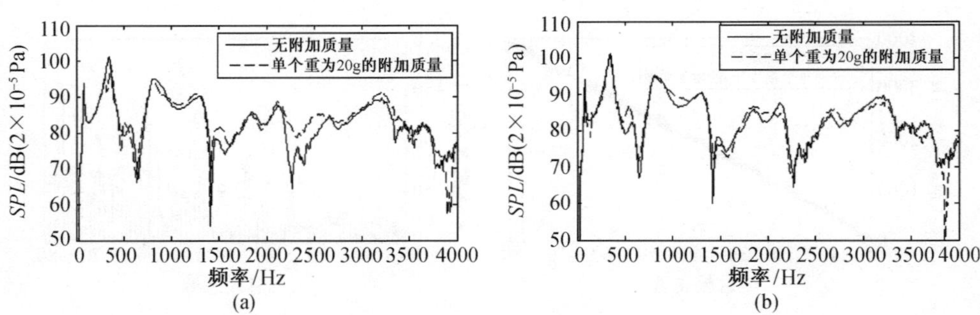

图 14　实验测量无附件质量和有附加质量时薄板的模态频率：(a) 附加质量面积为 0.01 ×0.01 m^2；(b) 附加质量面积为 0.02 ×0.02 m^2；(c) 附加质量面积为 0.01 ×0.01 m^2

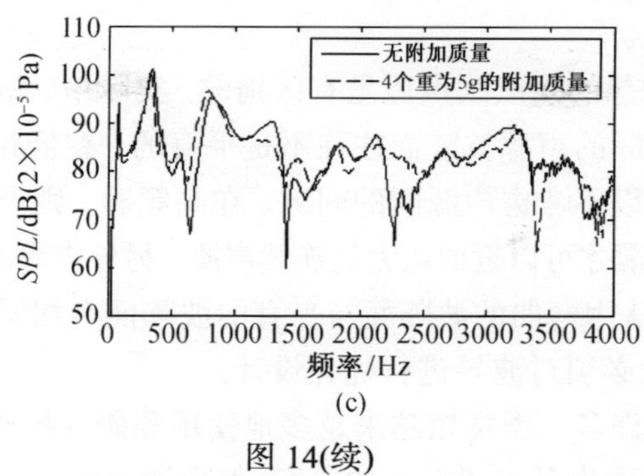

(c)

图 14(续)

件简化的原因，理论模拟与实验测量有一定的误差。但是，实验结果表明了附加质量法能够在改进薄板模态分布的同时切实有效的改进薄板振动的频率响应，为薄板振动的研究开启了一个新思路。

6 小结

扬声器阵列技术在过去的 30 年间有很大的发展。从早期的直接将多个扬声器直接相叠加，到后来的应用较复杂的声学处理和数字处理技术，再到现在的连续线阵列技术，扬声器阵列技术经历过发展、衰退，如今又进入了一个飞速发展的时期。目前，扬声器阵列在扩声领域得到大量的应用。

离散声源阵列作为一种较为传统的阵列，在一些小型场合仍然有应用。离散声源阵列在使用时一般需要对其进行优化。优化方法一般包括缩短高频时的有效长度、优化不同声源的强度、对于不同的声源添加不同的延时以及对于声源的空间分布进行调整。

连续声源阵列是一种较为新颖的阵列，目前得到了非常广泛的应用。对于直线声源阵列，其辐射的声场分为近场和远场：在近场中形成柱面波，声压以每增加一倍距离-3dB 衰减；在远场中为球面波，声压以每增加一倍距离-6dB 衰减。远近场之间的临界距离与线阵列长度以及工作频率有关。曲线声源则不一定有远场区。在近场区，曲线声源的声场为伪柱面波，其声压随距离的衰减介于柱面波和球面波之间。

在使用线声源时，必须考虑声源的脉冲响应和频率响应。线声源的脉冲响应为一个有拖尾的信号。该拖尾的长度与线声源的长度以及观察点到阵列的距离有关。当观察点距离声源过近时，该拖尾信号会导致声音浑浊不清。因此，不可以将观众区置于过近的地方。线声源的频率响应为一低通滤波，转折频率随观察点位置的变化而变化，转折频率以上，以每倍频程-3dB 衰减。所以在使用线阵列时，有必要使用均衡器以补偿高频损失。曲线声源的转折频率较直线声源的低，并且随距离变化不如直线声源明显。

实际的声源和理想的连续线声源是有区别的。实际中，相邻的两个声源之间往往存在间隙，同时实际的声源波阵面往往不是平直的。在低频时，如果相邻声源的间距小于波长时，可以不考虑声源间的间隙。在高频时，则声源的有效辐射系数大于 78%时，离散的声源才可以近似认为是连续声源。另外声源的波阵面弧高必须小于 1/5 波长，这时可以认为弯曲的波阵面与平直的波阵面有相同的声场。这是一个较为苛刻的条件，因此必须对波导进行优化设计。

近年来，我国在许多大型场馆越来越多地使用和研究扬声器阵列，同时在应用环境的吸声与扩散方面也开始了深入的研究。然而国内的扬声器阵列产品还很不成熟，音质优美的扬声器阵列产品均为国外公司研发。到目前为止，我国在扬声器阵列的基础研究已经开展并取得了一些成果，但和我国电声大国的地位仍十分不相称。我国要在该领域实现飞跃，改变国外产品垄断局面，就必须继续加大扬声器阵列基础研究的力度，为研发制造优质的国产扬声器阵列产品打下坚实的理论基础。

致谢

本文得到国家自然科学基金的资助(No. 10774075)

参 考 文 献

[1] Wolff I, Malter L. Directional radiation of sound. J. Acoust. Soc. Amer., 1930, 2: 201.

[2] Olson H F. Acoustical engineering, new jersey. Van Nostrand Company, LTD, 1957.

[3] Keele D B. Full-sphere sound field of constant-beamwidth transducer (CBT), loudspeaker line arrays. J. Audio Eng. Soc., 2003, 51: 611.

[4] Urban M, Heil C, Bauman P. Wavefront sculpture technology. J. Audio Eng. Soc., 2003, 51(10): 912-932.

[5] Komiyama S, Nakayama Y, Ono K, et al. A loudspeaker-array to control sound image distance. Acoust. Sci. & Tech., 2003, 24: 242.

[6] Digital signal prolessing lab. http://eeeweba.ntu.edu.sg/DSPLab/AB/ab.html

[7] Earyle J, Scheirman D, Ureda M. Vertical techonology: achieving optimam line array performanle through predictive analysis, unique aloustic elements and a dedicated loudspeaker system. http://www.jblpro.com/verteLl/VERTEL%20White %20Paper % 20.pdf.

[8] Meyer P. Lavities between MILO 120 loudspeakers and the effect of the MILO 120-I insert on aloustical response. http://www.meyersound.com support/papers/milo_120i_cavities/index. htm.

[9] Mcgreyor C. Eaw technical brief KF760 techomology overview. http://www.eaw.com info/EAW/Technilal_Papers/KF760 white paper2.pdf.

[10] 沈勇，江超．扬声器线阵列分析．电声技术, 2004, 12: 24.

[11] Ureda M S. Analysis of loudspeaker line arrays. Audio Eng. Soc., 2004, 52: 467.

[12] 江超，沈勇．扬声器阵列优化目标和优化方法．电声技术, 2002, 12: 20.

[13] 曾山，苏文静，杨春霞. 线阵列综述(二). 电声技术, 2003, 9: 24.
[14] 曾山，苏文静，杨春霞. 线阵列综述(一). 电声技术, 2003, 8: 18.
[15] 赵其昌. 线阵列的柱面波及其发散. 电声技术, 2003, 11: 26.
[16] 林华冠，陈健俊. GEO T 相切阵列系统的应用. 电声技术, 2003, 6: 24.
[17] Jiang C, Zou J, Shen Y. Impulse response and frequency response of a line loudspeaker array. The 117th Convention of the Audio Eng. Soc. USA, 2004, 28.
[18] Jiang C, Shen Y, An omni-directivity sound source array. The 18th Inter. Cong. Acoust. Japan, 2004: 747.
[19] Bai M R, Huang T. Development of panel loudspeaker system: design, evaluation and enhancement. J. Acoust. Soc. Amer., 2001, 109: 2751.
[20] Bai M R, Liu B W. Determination of optimal exciter deployment for panel speakers using the genetic algorithm. Sound & Vibr., 2004, 269: 727.
[21] Prokofieva E Y, Horoshenkov K V, Harris N. The acoustic emission of a distributed mode loudspeaker near a porous layer. J. Acoust. Soc. Amer., 2002, 111: 2665.
[22] Shen X X, Shen Y, Dong Y Z. Modal optimization of distributed mode loudspeaker. AES 118th Convention, Spain, 2005.
[23] Zhang S Z, Shen Y, Shen X X. Positions effect of multi exciters and the optimization on sound pressure responses of distributed mode loudspeaker. AES 120th Convention, France, 2006.
[24] Zhang S Z, Shen Y, Shen X X, et al. Model optimization of distributed-mode loudspeaker using attached masses. J. Audio Eng. Soc., 2006, 54: 295.
[25] Zhang S Z, Shen Y. Reply to “comments on ‘model optimization of distributed-mode loudspeaker using attached masses’”. J. Audio Eng. Soc., 2006, 54: 981.
[26] Wal M V D, Start E W, Vries D D. Design of logarithmically spaced constant-directivity transducer arrays. Audio Eng. Soc., 1996, 44: 497.
[27] Smith D. Discrete-element line arrays—their modeling and optimization. J. Audio Eng. Soc., 1997, 45: 949.

微型电声器件国内外动态

徐柏龄，林志斌

(近代声学教育部重点实验室，南京大学声学研究所，南京　210093)

1　引言

本文主要涉及两部分内容:第一部分概括了国内外微型受话器和微型扬声器的研究状况以及产品市场的情况,介绍了一些国内外最新的产品以及几种新型的微扬声器和受话器的制作工艺；讨论了手机壳体对微型扬声器性能的影响，给出了一种提升手机中微型扬声器低频响应的方法。第二部分综述了国内外的硅微传声器的发展状况：列举了国内外一些典型产品的性能指标；最新有关集成化 MEMS 的工艺及其发展，并简要概括了近讲聚焦传声器阵列在手机中应用的优势。此外，我们还介绍了最近出现的数字传声器的研究情况。

2　微型扬声器和受话器

微型扬声器和受话器是通信设备中不可缺少的终端器件之一，目前，随着无线电区域网的拓展应用，以及手机的多功能化、微型化发展，对受话器和扬声器也不断地提出新要求。受话器和扬声器需要不断向微型化发展，而现阶段微型化面临的主要问题是器件的电声性能和可靠性的降低。在受话器和扬声器这方面的研究和生产中，国内外的差距并不是很大，在某些方面国内还表现出一定的优势，有很多国外的公司厂家都从国内公司进货。总的来说，目前国内微型扬声器在产品的品种和产量上逐年增加，产品的性能与国外不相上下，差距不大。

随着 MEMS 工艺的发展，也出现了硅集成的微型扬声器：基于压电薄膜的悬臂式微型扬声器和采用传统的动圈结构的硅微扬声器。两者的频响和带宽都还不错，其缺点就是灵敏度较低，不太适合于现代通信设备应用。

2.1　助听器用硅微扬声器设计[1]

随着耳障病人的增加，助听器专用的微型扬声器的使用日益增多，因此制作高性能助听器也越来越受重视。随着 MEMS 技术的进一步发展，这一工艺也逐步在助听器的生产设计上得到应用。

该类硅微扬声器的大小以及耳朵空腔的大小比声波波长要小的多,所以可以将耳朵空腔内声压视为均匀分布,声压的变化仅仅和振膜的振动所导致的体积变化有关。总的来说，硅微扬声器的尺寸较小，整体大小仅为 5mm×5mm，整个工艺过程都是在低温条件下进行的，该类扬声器的声压级在 5kHz 的时候可达 93dB，这对微型扬声器来说是相当不错的。

2.2 铁电硅悬臂集成微型扬声器[2,3]

此类扬声器利用了压电体的压电效应和逆压电效应,采用了具有高机电耦合系数和压电常数的铁电材料锆钛酸铅 Pb(Zr,Ti)O_3(PZT)，设计了基于采用 PZT 铁电薄膜的微型扬声器振膜结构，得到了较好的灵敏度和频率响应曲线。同时，此类微型扬声器的制作工艺和 IC 集成工艺兼容，适合大批量的生产。

2.3 通孔式手机用微型扬声器系统[4]

随着 3G 的推行，通信中所需的微型扬声器系统对音质的要求越来越高，而手机用的微型扬声器存在低频响应的灵敏度较低的问题。 图 1 是装和未装于封闭式

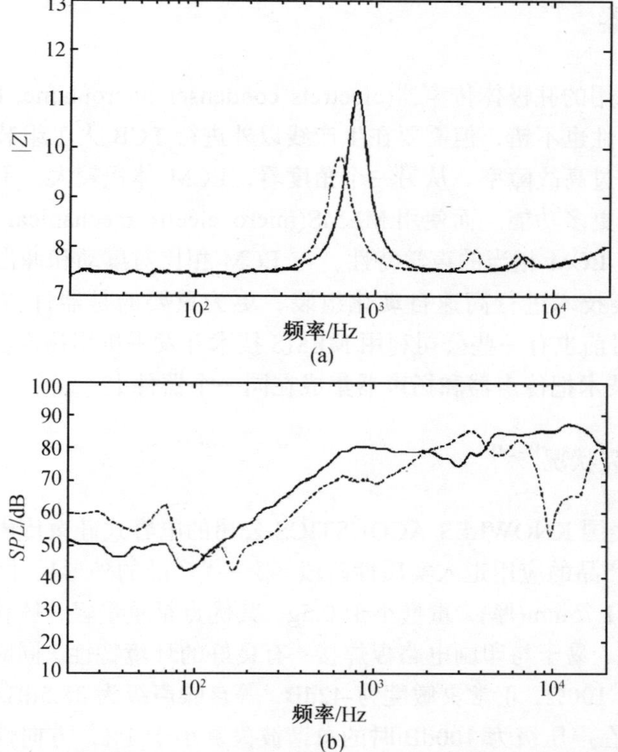

图 1 微型扬声器及其装于手机中的阻抗曲线及其频响, 实线：单一扬声器；虚线：封闭式的手机壳体

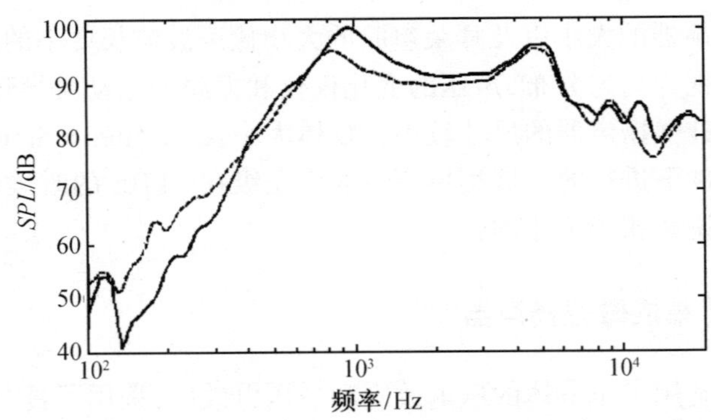

图 2　通孔式扬声器系统开孔和闭孔频响曲线图，实线：开孔；虚线：闭孔

的手机壳体内扬声器的频响曲线比较图，可以看出，封闭式的手机壳体对扬声器的低频性能有很大的影响；而新型的通孔式手机用扬声器系统包含了后空腔加上通孔，通孔所形成的 Helmholtz 共振大大提高了系统的低频性能。采用通孔式的微型扬声器系统使得低频的响应有了明显提高，特别如图 2 所示，在 1kHz 时可以提高 6dB，这是相当可观的。

3　微型传声器

目前手机使用的驻极体传声器(electrets condenser microphone, ECM)，虽说成本较低，声学特性也不错，但需要在生产线以外进行 PCB 人工组装，容易造成产品质量不稳定和过高故障率。从另一个角度看，ECM 体积较大，不利于手机在有限的空间内集成更多功能。而使用 MEMS(micro electro-mechanical system)技术的传声器则拥有与 ECM 相当的声学特性，与 ECM 相比对震动和冲击等更不敏感，可利用表面贴装技术进行高速自动化组装，更为重要的是器件占用的面积只有 ECM 的 40%。目前也有一些公司利用 MEMS 技术开发手机用扬声器，最终可以实现利用 MEMS 技术把传声器和扬声器集成在同一个器件上。

3.1　国内外研究状况[5-24]

2003 年，美国 KNOWLES ACOUSTICS 公司的电容式硅微传声器产品进入市场，标志着这一产品的应用走入实质性阶段。第一代产品的外形尺寸为：6.15mm(长) × 3.76mm(宽) × 1.75mm(厚)，重量小于 0.5g。其优点是重量轻，体积小，价格比传统电容传声器低，易于与印刷电路板焊接；有良好的环境特性。同时，这代产品的输出阻抗均小于 100Ω，正常灵敏度为-42dB，等自噪声级为 38.5dBA，频响范围为 100~10000Hz，在声压级为 100dB 时的总谐波失真小于 1%，方向性为全向，供压在 1.5~5V 之间，同时该类传声器可以在 100℃高温下正常工作，这是普通的 ECM

无法做到的，国内也无法生产此类的产品。在随后的 2004 年，该公司又有生产线投入生产第二代“零厚度”产品和第三代“前置预放大”产品，外形体积尺寸也进一步减小，达到 4.72mm × 3.76mm × 1.50mm，同时还集成了-22dB 的前置放大集成电路。同时，该公司还宣布，将在 2006 年第一季度，进行大批量生产数字式硅微传声器，这将极大限度地满足了手机、摄影机以及 mp3 小型化发展的要求。

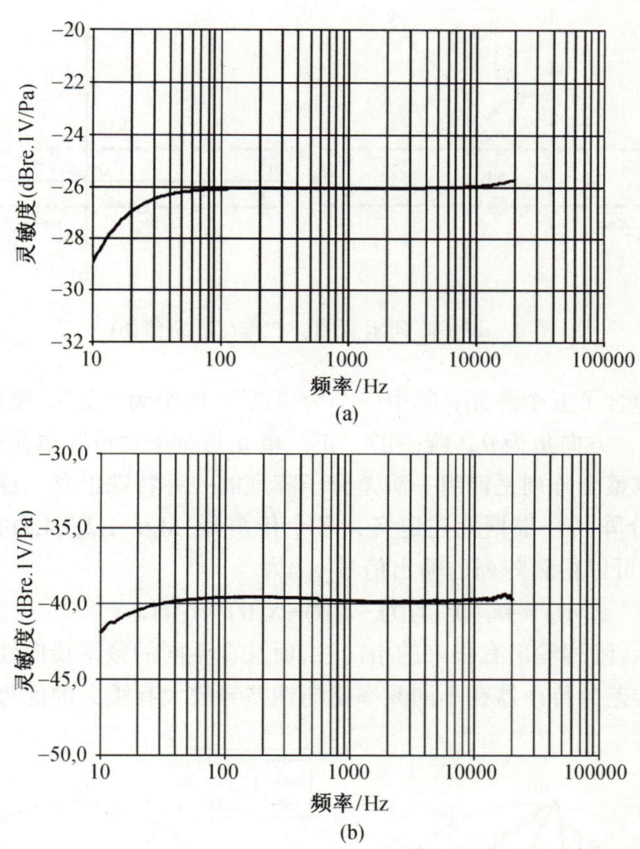

图 3 数字贴片式传声器(a)和模拟贴片式传声器(b)的频响特性

另外，丹麦的 Sonion 公司日前也宣布投产世界上最小的传声器，该类传声器的体积只有 3 立方毫米，是一种表面贴片式的，有很好的稳定性，能很好地适应温度和湿度的剧烈变化，还包含了抗射频干扰功能和集成了一些特定用途的集成电话；该类传声器包括模拟式和数字式。

数字贴片式传声器和模拟贴片式传声器的频响特性如图 3。从这些指标可以看出，Sonion 公司投入生产的硅微传声器在各项性能指标方面都体现出相当的优势。

3.2　近讲聚焦差分传声器阵列在手机中的应用[25]

最近随着阵列信号处理的发展，多通道的抗噪系统也逐渐在手机中应用，这里介绍的是多通道的近讲聚焦差分传声器阵列在手机中的应用，该系统采用了多个传声器，从而提高了手机信号采集的抗噪性能，具体阵列结构示意图如图 4 所示。

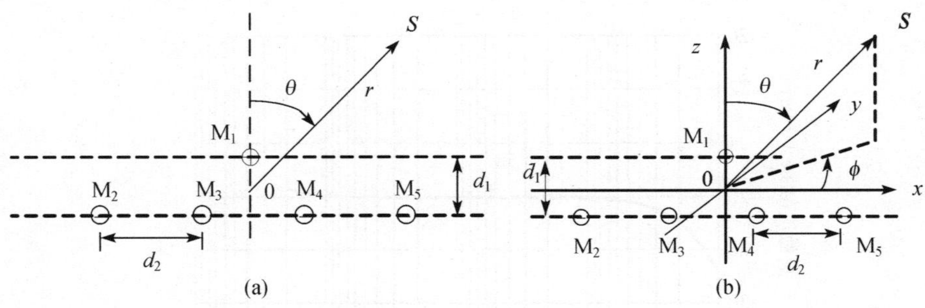

图 4　聚焦阵列示意图：二维(a)；三维(b)

这种系统包含了五个阵元，其中一个为“正”，四个为“负”。设声源 S 距离阵元中心距离为 r，方向角为 θ，唯一的“正”单元与每个“负”单元组成一个一阶差分阵列，所以整个阵列是四组一阶差分子阵列的一种特殊组合，称之为“1+4-”的近讲聚焦差分阵列。根据上述定义，各个传声器 $M_i(i=1,2,3,4,5)$的输出信号为 $x_i(i=1,2,3,4,5)$，可以得到阵列的输出信号 $y(t)$为

$$y(t) = 4x_1(t) - x_2(t) - x_3(t) - x_4(t) - x_5(t), \tag{1}$$

如图 5 所示，阵列输出有很好的指向性，而且在不同的频率指向性的差异不大，这相对于传统的差分传声器在不同频率指向性差异较大有很大的优势。这时，为了

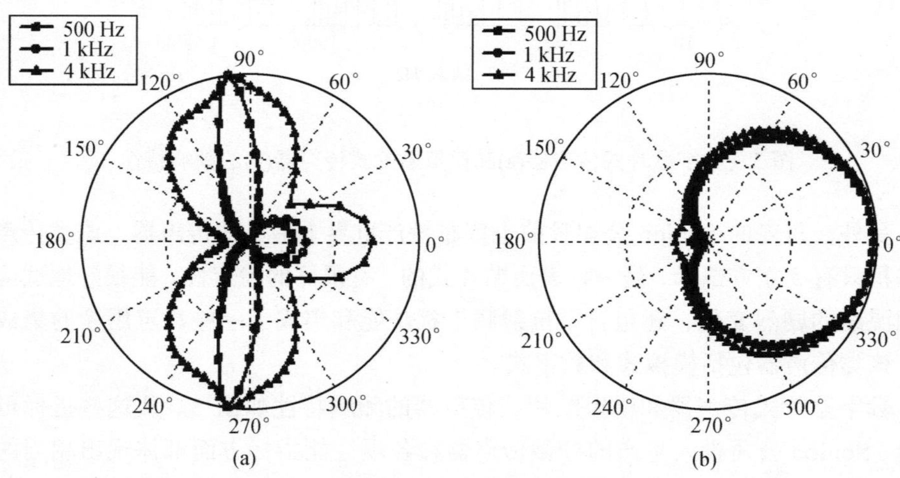

图 5　近讲聚焦差分阵列的指向性图: x-z 平面(a)；y-z 平面(b)

使阵列在某个方向的指向性达到最佳，并使阵列具有一定的自适应导向能力，可以考虑在各个输出进行相应的加权，并选择相应的优化准则，得到的结果会更好，这里选择加权公式如下：

$$y(t)=4x_1(t)+\sum_{m=2}^{5}w_m x_m(t) \qquad \left(\sum_{m=2}^{5}w_m=-4\right) \tag{2}$$

其中 $w_i(i=2,3,4,5)$是对第 i 路传声器信号所加的权重。公式(2)括号中的约束条件保证了阵列中所有五路传声器信号的系数之和为零，因此，整个阵列具有很好的远场抗噪性能。同时采用寻优技术通过调整 $w_i(i=2,3,4,5)$对指向性进行最优化。要研究阵列的自适应导向性能，就需要考察阵列在各个方向的指向特性。因此，这里选择了指向性因子作为目标函数，因此就有了如下的约束最大化问题，其中优化的准则是在 $\sum_{m=2}^{5}w_m=-4$ 时获得 $\max\limits_{w_{2-5}}Q$，其中 Q 为指向性因子定义为

$$Q(\theta_0,\phi_0)=\frac{\left|y(\theta_0,\phi_0)\right|^2}{\dfrac{1}{4\pi}\int_0^{2\pi}\int_0^{\pi}\left|y(\theta,\phi)\right|^2\sin\theta\mathrm{d}\theta\mathrm{d}\phi}, \tag{3}$$

得到结果为如图 6 所示。比较图 5 和图 6 可以得知，经过优化的聚焦阵列指向性更好。为了寻找适用于一个特定频带(这里取 500~4kHz)的通用最优权重，采用了改进的目标函数

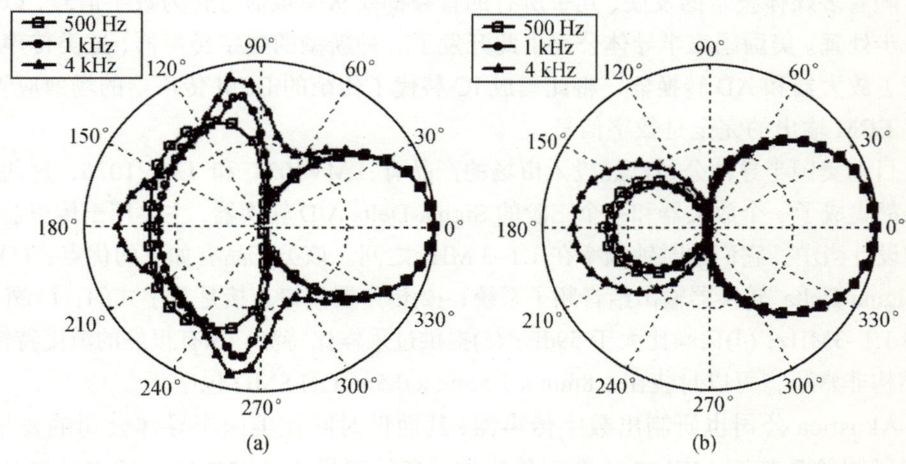

图 6　近讲聚焦阵列单一频率优化指向性图: (a) *x-z* 平面; (b) *y-z* 平面

$$U=\sum_{i=1}^{N}c_iQ_i \text{。} \tag{4}$$

其中的 Q 系列参数对应的是若干典型频率上的近场指向因子，c 系列参数是人为设定的归一化参数，此时优化结果如图 7 所示。综合比较几个指向性图，采用传声器

阵列技术，通过相应的优化策略，可以很好地提高手机中传声器的抗噪性能，非常适合手机应用。

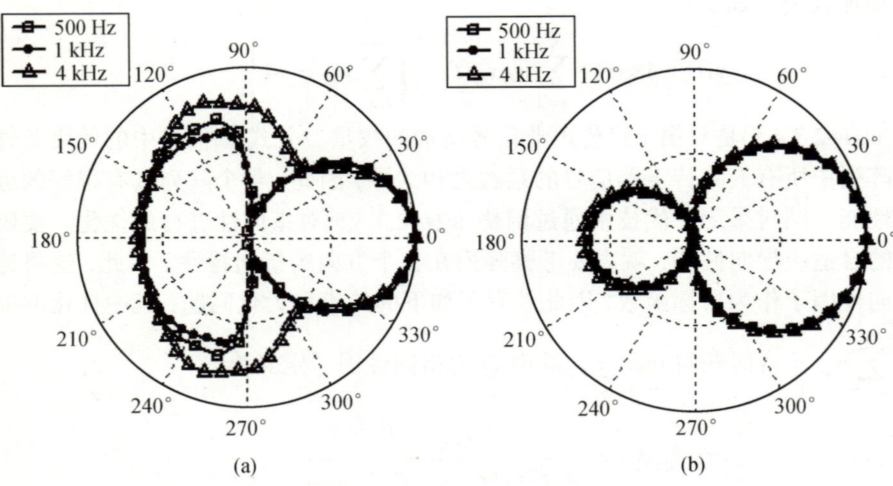

图 7　近讲聚焦阵列宽带优化指向性图: (a) *x-z* 平面; (b) *y-z* 平面

3.3　数字传声器[26-27]

随着多媒体技术的发展，几乎所有的音频都要从模拟信号转为数字信号，以便进一步处理。美国国家半导体公司由此开发了一种新型的数字传声器，这类传声器包含了放大器和 AD 转换器，将此集成 IC 替代了传统的 ECM 传声器的场效应管，使得 ECM 输出的完全是数字信号。

目前美国半导体公司已经投入市场的产品有 LMV1024 和 LMV1026，这两类产品都集成了一个放大器和一个三阶的 Sigma-Delta A/D 转换器，主要用于传声器阵列的设计当中，它们的时钟频率在 1.1~3 MHz 之间。该类产品有如下的优点：(1)提供 Sigma-Delta 转换器输出给音频子系统；(2)传声器接口直接是数字式的；(3)外部时钟 1.1~3MHz; (4)信噪比大于 59dB; (5)提供过采样比特流; (6)有很好的温度特性; (7)结构非常小，可以封装在 1.8mm × 1.5mm × 0.5mm 的 SMD 包中。

Akustica 公司也研制出数字传声器，其面世时间比美国半导体公司的要早，他们研制的是基于 MEMS 的数字传声器，产品型号为 AKU2000。该产品相对传统的产品有很大的优势，它集成了一个四阶的 Sigma-Delta 转换器，主要的性能特点：(1)是个高性能全指向性的数字输出的传声器；(2)是单一的 CMOS MEMS 芯片，集成了传感器、输出放大器和 4 阶的 Sigma-Delta 转换器，脉冲密度调制输出；(3)有很好的幅频特性和相频特性；(4)提供 1~4MHz 的时钟输入；(5)+2.8~+3.6V 的工作电压；(6)75μA 的电流消耗。

4 发展方向和困难

本文总结了微型受话器和微型扬声器的国内外生产状况及技术研究现状，随着通信技术的发展，对微型扬声器和受话器的要求也越来越高，在如何减小器件大小、改善频响、提高声压级、减少谐波失真方和提高带宽等方面都受到了越来越多的关注。

其次，随着各种技术的发展，对微型传声器的功能要求也日渐增高，同时微型器件的集成度也逐步提高，如何将 MEMS 技术和 CMOS 技术有效的结合起来将是硅微扬声器和传声器一个很重要的、也是非常急需突破的难题，单片集成 MEMS 是实现智能传感器的关键，也是 IC 业发展的一个重要方向。虽然目前各种方法都还存在一些问题，但是，随着对其不断地研究与 CMOS 工艺兼容性各种问题也会一一解决。目前看来，集成 MEMS 技术将有如下趋势：

(1) post CMOS 集成方法仍将是未来的主要开发技术，现有实验室已开发各种 post CMOS 单片集成 MEMS 技术并实现产业化；

(2) 在集成 MEMS 系统上集成更多的复杂的电路包括数字接口和微控制器，这样将得到功能更强大、价格便宜的智能系统；

(3) 开发封装技术保护 CMOS 芯片免受环境的影响，不仅需要开发适应 MEMS 集成系统的封装，而且也需要开发能适应封装的单片 MEMS 集成技术。

参 考 文 献

[1] Cheng M C, Huang W S, et al. A silicon microspeaker for hearing instruments. Micromech. Microeng., 2004, 14: 859-866.

[2] Ren T L, Zhang L T, Liu L T, et al. Design optimization of beam-like ferroelectrics silicon microphone and microspeaker. UFFC, 2002, 49: 266-270.

[3] Ren T L, Zhang L T, Liu J S, et al. A novel ferroelectric based microphone. Microelectronic Eng., 2003, 66: 683-687.

[4] Bai M R, Liao J. Acoustic analysis and design of miniature loudspeakers for mobile phones. J. Audio Eng. Soc., 2005, 53(11): 1061-1076.

[5] Nikkei Electronics Asia. Infineon unveils miniature silicon microphone using MEMS techorology. http://techou.hikkeibp.co.jp/enylish/NEWS_EN/20061116/123760/.2006.

[6] Electronicstalk Editoral Team. Mens microphone markets overlom initial inertia. www. electronicstalk.com/news/fro/fro119.html.2006.

[7] 任天令、刘理天、李志坚. 铁电—硅集成微麦克风和扬声器研究. 清华大学学报，1999, 39(S1): 74-76.

[8] 邹泉波、刘理天、李志坚. 一种新结构微型硅电容式麦克风的研制. 电子学报，1997, 25(2): 1-5.

[9] 陈兢，刘理天，李志坚等. 基于微电子机械系统技术的高灵敏度电容式微传声器的研制.

声学学报, 2001, 26(1): 19-24.
[10] 宁瑾，刘忠立，赵慧．电容式微传声器的制备研究新进展.电子器件, 2002, 25(1): 9-13.
[11] 宁瑾，刘忠立．电容式微传声器的性能模拟与优化设计．半导体学报，2003，24(8): 877-881.
[12] 马军，汪承灏等．硅微传声器的电声测试与灵敏度分析．电声技术，2004, 4: 19.
[13] 霍明学，刘晓为等．电容式多晶硅微传声器的模拟与设计．压电与光声，2004，26(1): 31-34.
[14] Neumann J J, Gabriel K J. CMOS-MEMS membrane for audio-frequency acoustic actuation. Sensors & Actuators, 2002, A95: 175-182.
[15] Hansen S T, Ergun A S, Liou W, et al. Wideband micro-machined capacitive microphones with radio frequency detection. J. Acoust. Soc. Amer., 2004, 116(2): 828-842.
[16] Füldner M, Dehé A, Lerch R. Analytical analysis and finite element simulation of advanced membranes for silicon microphones. IEEE Sensors J., 2005, 5(5): 857-863.
[17] Tajima T, Nishiguchi T, Chiba S, et al. High-performance ultra-small single crystalline silicon microphone of an integrated structure. Microelectronic Eng., 2003: 67-68, 508-519.
[18] Miao J M, Lin R M, Chen L Q, et al. Design considerations in micromachined silicon microphones. Microelectronics J., 2002, 33: 21-28.
[19] Brauer M, Dehé A, Füldner M, et al. Improved signal-to-noise ratio of silicon microphones by a high-impedance resistor. Micromech. Microeng., 2004, 14: S86-S89.
[20] Kressmann R, Klaiber M, Hess G. Silicon condenser microphones with corrugated silicon oxide nitride electret membranes. Sensors & Actuators, 2002, A100: 301-309.
[21] Kronast W, Müller B, Siedel W, et al. Single-chip condenser microphone using porous silicon as sacrificial layer for the air gap. Sensors & Actuators, 2001, A87: 188-193.
[22] Rombach P, Müllenborn M, Klein U, et al. The first low voltage, low noise differential silicon microphone, technology development and measurement result. Sensors & Actuators, 2002, A95: 196-201.
[23] Knowles Acoustics Company. Surface mount MEMS microphones. http://www.knowles.com/search/products/m_surface_mount.jsp, 2006.
[24] Pulse Technitrol Company. Pulse digital microphone digiSiMic™ TC100E data Sheet. http://www.pulseeng.com/index.php?1103,2005.
[25] Peng K, Yang X F, Xu B L. A self-steering close-talking microphone array. Prog. Nat. Sci., 2005, 15: 1044-1049.
[26] National Semiconductor. National semiconductor enables next generation microphones. http://www.national.com/appinfo/amps/microphone.html, 2005.
[27] Acustica Company. Digitial microphones. http://www.akustica.com/products/digitalmic.asp, 2004.

电声学科的跨越特点和应用进展

管善群

(北京邮电大学，北京　100876)

1　引言

电声(electro-acoustic)学科应该说是一个大跨度的学科[1]，它跨越人类赖以发展的科学与艺术这两大领域,在这两个领域中它又深入许多学科。在科学领域,它涉及数学、物理学、生理学、心理学、电子学、信息学等许多学科,它的发展和进步与这许多学科的发展和进步休戚与共；在艺术领域,电声学科不但深入了解那些艺术作品的思维内涵,并研究作为它的“信源”的各种音乐、语声、环境反射声甚至噪声信号的时空特征,反过来电声学科也深深影响了音乐作曲和演出的手段和程式。因此，同时具有科学与艺术两种思维并能融会贯通,具有相关多学科的本领并能结合运用，是电声学科工作者从事电声学科工作的重要基础,两种思维和多学科的融合与合作是电声学科的显著特点。近些年电声学科与相关学科共同进步,不但使人们得到由此带来的许多益处,也使人们进一步加深对它的跨领域和跨学科性质的认识。

另外,由于电声学科直接涉及人的听觉感受,而目前的技术手段尚不能充分揭示听觉感受所涉及的所有物理实质和生理实质,于是电声系统和电声产品(包括硬件和软件)的优劣,不但要经过那些物理参量的检测,还要经受人的听觉的测试(listening test),这两种检测加起来才能构成判定电声产品优劣的充分条件,这又是电声学科的一个显著特点。这些涉及生命科学的事实也说明电声学科尚有不少问题需要探究,而不是无事可做。

好在人类听觉生理和心理存在不少错觉,因而显得相当“宽容”。例如,电声系统播放出来的声音信号有某些轻微损伤时许多人并不一定能够发现；再如,一个声音信号由放置在不同位置的多只扬声器同时放送时人们会产生新的声像。最有意思的是,人的听觉具有多种非线性现象,这不但使人类能感受较宽的动态和音域,更使得声音听感丰富多彩(音乐的“和声学”就是利用了听觉非线性)。于是,电声学科的许多实用技术特别是信号处理技术与人的听觉生理和听觉心理结下不解之缘。这又是电声学科跨领域和跨学科特点的发展。

2　电声学科在电影中的应用

电影是人类发明的一项典型的科学与艺术相结合的产物,其中大量体现电声学科跨领域和跨学科的特点。众所周知,原始的电影是无声的(中文“电影”一词只表述了“光”而没有包括“声”恐怕与此有关),但是无声所带来的不完善很快就被认识到,人们试验使用各种手段弥补这个缺憾,最终采用了电声学科的许多手段。于是电影不但从无声到有声,从单声到立体声,从立体声到环绕声,又从可闻声发展到次声(“LFE”声道的频带是 3~120Hz,详见后)。事实上,将人们拉向电影院的非常重要的商业手段就是使电影的声音(包括可闻声和次声)不断地提高和充实,特别是近些年。这使得电影产业成为利用电声学科较为全面的行业,并成为消费类电声产业(电视、广播、唱片、家庭影院等)的技术先驱。

笔者认为值得提出的近些年电声学科在电影产业中较为突出的应用技术有下列三个方面。

2.1 多声道环绕声

电影的多声道环绕声属于“模拟声场型与听觉错觉型的混合型立体声”[2],它将人类听觉对不同方向的声波具有不同的生理和心理识别能力与直达声、前期反射声、混响声具有不同的时空物理特征相结合,仅使用有限的扬声器声道,较好地解决了公众场合中分布在广阔场面的众多听众均能得到包括那些具有特定方向的直达声和前期反射声以及具有扩散特征的混响声的时空感受,是一种很成功的电声学科应用。

早期的多声道环绕声只有 4 个声道,以后发展成 5.1、6.1、7.1 等各种声道花样,他们的主要区别是增多了表述来自四面八方的反射声或环境声的环绕声道的数量,以增加这些声音的环绕(空间)感。

2.2　低频效果声道

为了加强那些动作电影(action movie)时常出现的“地动山摇”惊险场面的“身临其境”感,几位具有开创精神的电影导演与电声科技研究机构共同研究决定,设立一个专门记录和重放那些振动效果的“次声振动声道”。而研究发现,这些具有冲击包络的次声振动信号的频谱要从次声频率(如《侏罗纪公园》中的恐龙脚步声的次声频率约为 5Hz)延伸到可闻声频段大约 120Hz,最后确定其频带为 3~120Hz。

为了方便管理这个“次声振动声道”信号的记录和重放,决定将它加入到那 5 个立体声、环绕声可闻声声道中一并管理,组成一个“次声 + 可闻声组合”。但这里的 6 个声道中的那个“次声振动声道”的信号频带(120Hz)与那 5 个可闻声声道(20kHz 或更宽)相比要窄的多,故给它一个".1"声道的名次(实际上它的频带不足可闻声的0.1)。于是就有了5.1声道的称呼。

当然,有了这个".1"声道以后,那些诸如雷声、冲撞声的可闻声低频效果信号的低频分量也就可以加入到这个".1"声道中来,用以加强低频震撼感。因此,这个".1"声道本身也就成为一个次声 + 可闻声的组合声道,最终给了它一个"低频效果(low frequency effect, LFE)"声道的名称。

需要说明,目前大多数公众电影院并没有重放脉动振动信号的电声换能器,它们的".1"声道扬声器只能重放出可闻声的低频效果声。实际上,许多公众影院的".1"声道的扬声器的重放声频带下限也只有50Hz(甚至更高),因此它们是一种不十分完善的LFE声道。如果它们的那5个可闻声声道(特别是环绕声声道)的扬声器辐射低频的频响不能平直延伸到40Hz(这是完美重放音乐的重要条件),就需要将它们不能辐射的低频信号分量切割出来送入".1"声道的扬声器重放,否则就要缺失低频声了,这时这个".1"声道的扬声器又担负起"辅助低频(sub woofer,简称SW或Sub)"的作用。当然,这时低频声像的方向可能会出现问题,但大多数这些可闻声效果声都具有脉动包络,因而它们包含许多中频和高频分量。实验证明,当它们的中频分量和高频分量的声像方向由那5个立体声、环绕声声道的扬声器较为准确的确定后,听觉心理会驱使人们将含有低频成分的整个低频效果声的声像"牵引到"这些中、高频成分声像的角度上,这就解决了大多数可闻声低频效果声的声像方向。顺便指出,这种情况会更多地出现在大多数5.1(或6.1、7.1等)声道程式的消费类电子产品中,这时将".1"声道称为"辅助低频(SW或Sub)"而不是"低频效果(LFE)"声道可能更准确些。

2.3 "音乐技术"专业的诞生

为了提高声音节目制作速度和降低制作成本,电影中的许多音乐信号以及自然声效果信号已经大量采用数字信号处理(DSP)的办法产生,而不是采用物理方法发声加电声记录的传统方法得到,除非这部电影的音乐有什么特殊需求。就是那些已经记录的声信号需要更改或增加声环境听觉效果时,也多采用数字信号处理方法。这是因为,现代数字信号处理技术的进步在许多场合已经完全能够以假乱真,另外利用数字信号处理方法还能得到物理方法不能产生的信号。

于是越来越多的电影音乐得来方式发生了重大改变:不再采用请作曲者将乐曲写在乐谱上再请乐队演奏、录音的传统方法,而是利用"乐器数字接口(music instrument digital interface, MIDI)"技术,将音乐"生产"出来:使用键盘或鼠标写出各个声部的分谱,各个声部的"乐器"将由那些专门生产"音色库"的公司提供(或者作曲者自己采样产生),而演奏的声环境则由设定的混响来模仿。这样,作曲者使用一台计算机(甚至笔记本计算机)加上MIDI硬件和软件以及监听系统,就可以即刻得到庞大乐队演奏或特殊声音效果的最终听感。这种MIDI方法修改乐谱和更换乐器也极其简单,当乐谱和乐器修改后演奏也随之变更。最终的乐谱用打印机打印出来也是极其方便的。于是逐渐形成了一个典型的科学与艺术相结合的专业:“音乐技术(music technology)”。近些年,“音乐技术”已经广泛应用在其他视听产品中,特别是那些大量生产的大众音乐产品和现场演出, 而那些原来为大乐队专门建设的大型演奏录音房间逐渐被冷落也就在所难免了。

3 电声学科在消费类电子产品中的发展

现代电视和多媒体等消费类电子产业中大量应用了涉及电声学科的技术,值得注意的几项发展是下列两项技术。

3.1 码率压缩技术

消费者总是希望能使用付费低廉的低码率信道接收各种电视和多媒体信号,使得如何使用尽量低的码率来记录或传送人们可以接受的听觉损伤的声音信号的各种码率压缩技术行业兴旺发达。

目前,码率压缩技术经几十年的发展已经十分成熟,近些年向两个方向发展:其一,更低的码率实现低损伤;其二,无损伤码率压缩。前者主要应用于各种传输方式(电缆、卫星、网络、开路广播等)的电视和多媒体以及要求不高的视听光盘以及固态记录(存储)器件(近几年它的存储量大增而价格大降,值得特别关注)产品;后者主要应用于高清晰光盘或专业磁记录产业。前者主要解决低传输(记录)成本,后者主要追求高质量。

应该看到,随着光盘记录容量的大幅度增加,特别是当摒弃了机械旋转结构能并行拾取信号方式的“相干光”光盘出现后,记录容量已不再成为光盘技术瓶颈,有听觉损伤的码率压缩将淡出光盘产业就在所难免了。

3.2 虚拟声像技术

对于那些只有两只重放扬声器的消费类电声产品如何重放那些日渐增多的多声道环绕声节目并能尽可能得到宽阔的声像场面;或者,那些不能按照标准角度放置扬声器的窄角度双扬声器系统又如何得到正确宽度的重放声像;再有,如何解决使用耳机聆听多声道环绕声的办法,进而解决耳机“声像头内定位”的不良听感和有损健康(听力损伤)的问题。这些都依赖于“虚拟声(virtual sound)”技术来实现。

“虚拟声”技术的理论基础是“头相关传输函数(head-related transfer function, HRTF)”和“头相关冲击响应(head-related impulse response, HRIR)”。它们是描述人的两耳收听到的被人的头部和人体衍射的声波与听者不存在时该处参考点自由场声波的相对变化参量[3]。

对 HRTF 和 HRIR 的研究欧美的高校起步较早,但我国的研究已经跨入世界先进行列。

例如,华南理工大学的谢菠荪教授在博士研究阶段就发现,已经大量应用于消费类视听产业的“家庭影院”的扬声器声场将会在 55°~90° 的范围内不可能生成声像的先天性声学缺陷[3], 见图 1。而这些角度的声像重现对产生音乐厅的侧墙反射是不可或缺的,因而这种所谓“环绕声”出现了环绕角度缺失。

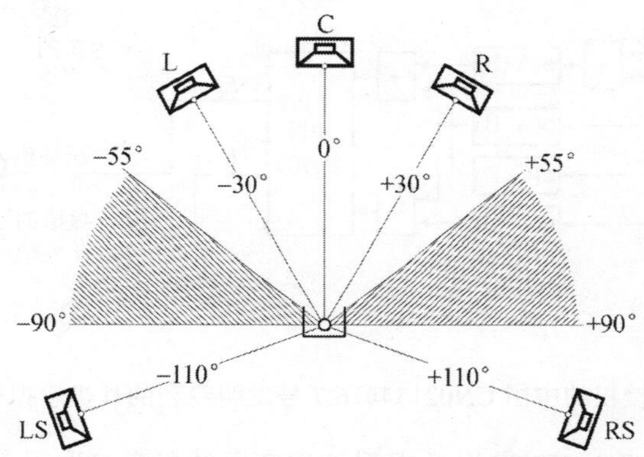

图 1 国际标准(ITU)规定的 5.1 声道扬声器布置和我国谢菠荪教授发现的不可能生成声像角度(阴影区)的示意

再有,我国学者的研究也找到了比国外要优良得多的纠正虚拟声像处理引起频响变化的均衡方法[4-7]。

因而本文要特别推介使用两个窄角度扬声器虚拟 5.1 声道的我国 CN02134415.9 号发明专利[8], 其信号处理原理见图 2。可以看到, 所有 5 个声道的扬声器都是虚拟出来的,这样就可以使用较窄角度的真实重放扬声器(例如电视机的扬声器或放置在计算机显示器两旁的扬声器)仿真 5.1 声道的环绕声听感。

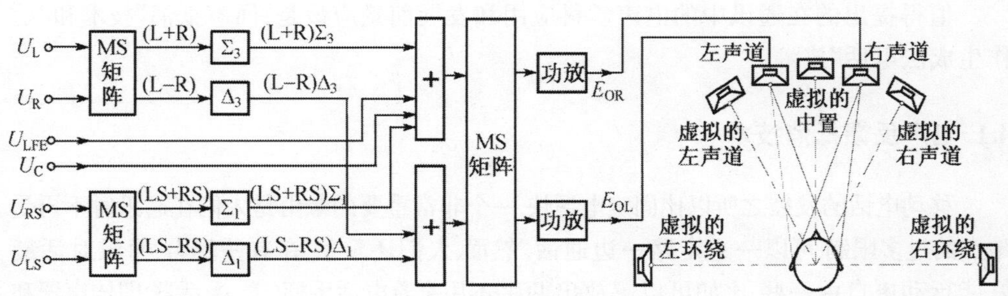

图 2 已经得到授权的中国 CN02134415.9 号发明专利的扬声器重放虚拟处理原理框图(播放扬声器在 15°)

耳机从诞生之日就是将声波直接送入耳道的声耦合方式的电声器件,当聆听耳机声音时,声像将出现在头内,称为“声像头内定位”。国外的耳机虚拟处理采用模仿扬声器重放时室内二次反射声的方式将声像从头内拉出来，但这就不可避免的产生了室外场景有室内感的弊病。我国 CN02134416.7 号发明专利[9]综合利用 HRTF 和信号中原来已经存在的反射声信息综合虚拟公众电影院声像，见图 3，就较好地解决了外国技术的缺欠。

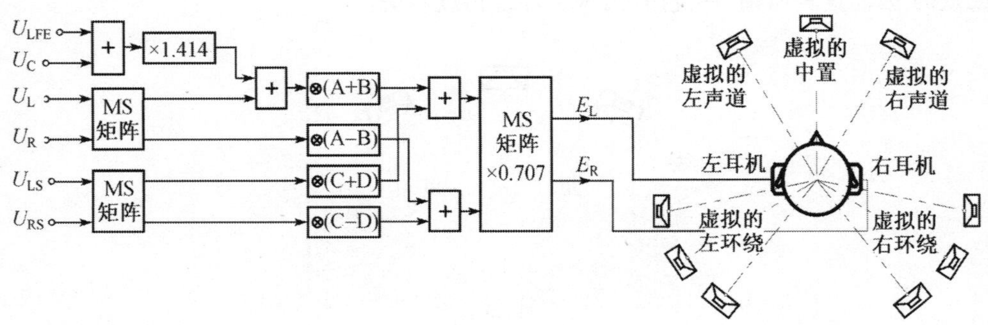

图 3　已经得到授权的中国 CN02134416.7 号发明专利的耳机虚拟处理的原理框图

近几年,我国学者对 HRTF 以及虚拟处理应用的研究又取得新的进展。例如,已经对中国人的 HRTF 进行了大量的测量,发现由于中国人的长相与白种人有不少区别因而 HRTF 与国外已经公布的数据有所区别,这为建立可用于产业的中国人的 HRTF 数据库打下了良好基础;又如,充分研究了肩部(不同的服饰)、耳翼的反射对 HRTF 数据的影响规律,并对 HRTF 空间对称性进行分析,进而得到可应用于产品的各种简化 HRTF 数据库和虚拟处理参数和算法等。这许多进展都值得声学和电声学科工作者的关心。

4　在通讯中的发展

值得提出的在通讯中的电声学科应用和发展前景应该是“回声抵消”技术和“动作生成法电话”技术。

4.1 电声反馈抵消技术

移动电话的发展之所以比固定电话快,一个非常重要的缘由是人们在通讯时不再受地点的过多限制,可以一边走路一边通话。然而,人们还希望,在有些场合,通讯对话最好能行动更自由一些,比如可以解放出两手不用拿着电话手柄(送、受话器,即传声器和耳机)通话,再进一步,不必将嘴凑近送话器就能将自己的讲话声清晰地传送出去,也不必将耳朵靠近耳机,最好能像听 CD 音乐那样远离扬声器就能听清对方的对话,使得通讯双方(或多方)能自由地交谈。这些愿望的实现,要依赖于称之为“回声抵消

(acoustic echo cancellation, AEC)"的电声技术。实际上,"回声抵消(AEC)"是一种科普的称呼,它的电声学科的正式名称应该是"电声反馈抵消",即采用数字信号处理(DSP)技术建立一个自适应通路,使其与通讯终端的收听扬声器 → 通讯房间 → 发信传声器的直达声和反射声组成的电声反馈通路尽量接近,将这个自适应通路的输出信号与电声反馈信号相减,就可以抵消通讯环境产生的直达声和一系列反射声组成的拖着"尾巴"的电声反馈信号,使得本通讯终端发送信号中所包含的电声反馈信号极为微弱,见图 4。只要参与通讯的各个终端都进行这种电声反馈抵消,每个通讯终端就不会再听到通讯系统中其他终端传输回来的自己的讲话回声了。

可以看到,电声反馈抵消的核心技术是数字信号处理(DSP),但是室内声学对室内反射混响规律的研究对这种抵消也有重要贡献,因而这也是一项跨学科的合作。实际上,这里的电声反馈抵消首先要靠声学和电声学加以控制(前者主要是混响时间的控制,后者主要是扬声器和传声器相对指向性的控制),否则将抵消的负担都推给数字信号处理是不能达到期望效果也是不经济的。

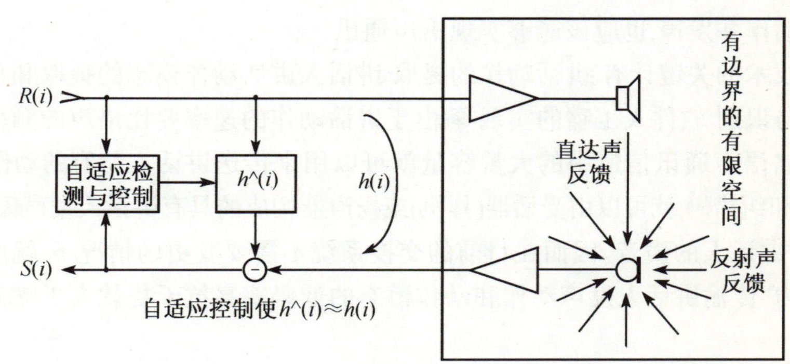

图 4　通讯系统中一个通讯终端的"电声反馈抵消"原理示意图

AEC 技术的发展很快, 20 世纪 90 年代初召开的第一次国际学术会议上还仅仅是原理讨论,几年后就出现了可以应用于通讯会议(视频会议、电话会议)系统的产品了。目前这种用于会议系统的 AEC 技术已经相当成熟,并且制定了相应的会议室声学特性和电声反馈抵消规格的国际标准。但应该指出,我国的会议系统与国际标准所规范的通行商务会议有不少差异:我国的视频会议或电话会议经常是大规模的,不但参与会议的终端数量众多,而且由于许多与会终端的会议室面积较大致使混响时间较长,于是需要抵消的反射声电声反馈"尾巴"要比国际惯例会议室长得多,而且每个会议室的发言人可能较多因而每个终端需要抵消的电声反馈通路增加,这就给中国的电声反馈抵消带来信号处理难度。解决这些问题,一方面需要找到更有效的 DSP 抵消算法,同时更要在声学和电声学方面增加抵消力度,这两点就是我国会议系统的电声反馈抵消技术的特点。笔者主持我国这方面的研究与建设历时近十年,在系统理论研究的基础上,于北京、上海、长沙、南昌等通讯枢纽建设了性能良好的、集信号处理与声学、电声学综合设计的大型会议系统,起到了示范工程的作用。

值得欣喜的是,这种反馈抵消技术的原理也被应用于其他不少领域,例如应用于环境噪声的有源抵消等场合;特别是它已跨出电声科学领域,应用于移动通讯手机中抵消建筑物多个构件产生的多向电磁波反射,以便提高通讯可靠性!

4.2 传送讲话人动作的电话技术

自从爱迪生发明电话以来,一直是采用送话器(传声器)拾取讲话人的声波(转换成电信号)传送到对方实现通讯的。应该说,这种"信号拾取"方式是一种原始的信息提取办法。实际上,得到信息还有另一种方法:"动作生成"法。前述 MIDI 作曲和演奏音乐的方法就是典型的"动作生成"法,不过这里要生成的不是音乐而是语声。

问题的实质是,讲话人的讲话声波是讲话人的口、鼻、喉、舌等发声结构作相应动作产生的,如果将讲话人的这些动作(不必发出声音)信息传送到对方,推动"人工嘴"做出讲话动作并发声,也应该能够实现语声通讯。

这项技术的关键计有:讲话动作的提取、讲话人讲话动作模态的提取和传送或代码的产生与识别、软件人工嘴的实现等。由于讲话动作的速率要比语声的频率低很多,现行的一路语声通讯信道中的大量容量就可以用来传送讲话人特有的动作模态(或模态代码)和纠错码,就可以由受话器(耳机)或扬声器构成的具有讲话人发声模态的"人工嘴"发出讲话人的声音。因而在目前的交换系统不需要变更的情况下,就可以实现可以称之为"传输讲话人发声动作和动作模态的低码率高抗干扰软人工嘴高保真电话"。

这种传送讲话人动作的电话最适用于高噪声环境或需要高度保密的通讯系统中,例如炮火连天的战场、坦克车等军事场合,应用于普通电话尚有待时日。目前上述关键问题分别都有不少进展,据报道已经有了研究样品诞生,我国声学和电声学科工作者应该对这些带有革命性创新的语声通讯的进展给予极大关注。

参 考 文 献

[1] 管善群. 对我国广播电视声音的一些建议-数字时代的电视声音. 北京: 中国广播电视出版社, 2003: 13-35.

[2] 管善群. 立体声纵论. 应用声学, 1995, 14(6): 6-11.

[3] Xie B S. Mixing for a 5.1 channel surround sound system——analysis and experiment. Audio Eng. Soc., 2001, 49(4): 263-274.

[4] 谢菠荪, 师勇, 谢志文, 等. 5.1 通路环绕声的虚拟重放系统. 声学学报, 2005, 30(3): 235-241.

[5] Xie B S, Shi Y, et al. Virtual reproducing system for 5.1 channel surround sound. Acoust., 2005,

24(1): 76-87.
[6] 谢菠荪, 王杰, 管善群, 等. 5.1 通路环绕声的耳机虚拟重放. 声学学报, 2005, 30(4): 329-336.
[7] Xie B S, Wang J, et al. Virtual reproduction of 5.1 channel surround sound by headphone. Acoust., 2005, 24(1): 63-75.
[8] 谢菠荪, 师勇, 谢志文, 等. 两扬声器虚拟 5.1 通路环绕声的信号处理方法. 中国发明专利, No.02134415.9.
[9] 谢菠荪, 王杰, 管善群, 等. 一种 5.1 通路环绕声的耳机重发的信号处理方法. 中国发明专利, No.02134416.7.